普通高等教育精品教材

塑料成型工艺学

（第三版）

杨鸣波　黄　锐　主　编

中国轻工业出版社

图书在版编目（CIP）数据

塑料成型工艺学/杨鸣波，黄锐主编．—3版．—北京：中国轻工业出版社，2025.8
普通高等教育规划教材
ISBN 978-7-5019-9716-9

Ⅰ.①塑…　Ⅱ.①杨…②黄…　Ⅲ.①塑料成型—工艺学—高等学校—教材　Ⅳ.①TQ320.66

中国版本图书馆CIP数据核字（2014）第066366号

责任编辑：王　淳　　杜宇芳　　责任终审：孟寿萱
文字编辑：宋　博　　责任校对：燕　杰　　封面设计：锋尚设计
策划编辑：王　淳　　版式设计：宋振全　　责任监印：张　可

出版发行：中国轻工业出版社（北京鲁谷东街5号，邮编：100040）
印　　刷：三河市万龙印装有限公司
经　　销：各地新华书店
版　　次：2025年8月第3版第10次印刷
开　　本：787×1092　1/16　　印张：34
字　　数：790千字
书　　号：ISBN 978-7-5019-9716-9　　定价：68.00元
邮购电话：010－85119873
发行电话：010－85119832　010－85119912
网　　址：http://www.chlip.com.cn
Email：club@chlip.com.cn

251311J1C310ZBW

第三版编写说明

鉴于《塑料成型工艺学》的第二版受到广大读者的好评，并重印了16次，因此根据原全国高校塑料工程专业教材委员会（即后来的教学指导委员会）讨论制定的编写大纲进行本书的第三版编写。本次编写时除对1996年第二版的《塑料成型工艺学》本科教材中所有各章内容针对近年来本领域的发展、变化进行了增补修改，以及对一些错误修正外，还在原有内容的基础上增写了反应性挤出和静电纺丝内容。本书第三版共分14章，第1章绪论，介绍塑料成型工艺及塑料成型加工工业的一般情况。第2章讨论各种成型工艺共同的基本理论。第3章介绍各种塑料的配制方法并简单讨论各种助剂的作用和工艺性能。第4章～第13章介绍各种塑料成型方法和成型过程的分析。第14章为塑料制品的机械加工、修饰和装配。

第三版修订分工如下：第1章由四川大学黄锐编写，第2章由四川大学刘正英、杨鸣波编写，第3章由四川大学杨其、黄锐编写，第4章、第10章和第14章由四川大学杨伟、黄锐、曾邦禄编写，第5章由四川大学杨鸣波、尹波、林师沛、刘忠仁编写，第6章由天津科技大学赵梓年、尹波、张明善编写，第7章由天津科技大学揣成智、张明善编写，第8章由大连工业大学冯钠、肖作顺编写，第9章由天津科技大学邬素华、张明善编写，第11章由天津科技大学沈慧玲、许健南编写，第12章由天津科技大学卢秀萍、许健南编写，第13章由四川大学任显诚、曾邦禄编写，附录由四川大学杨伟、杨鸣波整理。全书由主编杨鸣波、黄锐负责审定统稿。

改革开放四十多年以来，高分子科学与工程得到了飞速的发展，加工工艺技术也得到较大提升，为满足不同领域的需要，新工艺、新技术不断涌现，电子技术、计算机技术以及CAD/CAE技术在塑料工程领域应用越来越广泛。但是，我们认为无论如何变化，塑料加工方法和工艺的一些基本内容没有根本改变。所以，本次修订仍然保留了原来的框架结构，力图详细完整地介绍各种加工方法、工艺和技术，并辅以尽可能多的信息和工业经验予以说明，以使读者认识塑料加工领域的全貌，为进入该领域进一步学习和实践奠定基础。因此，希望本书能够成为高等学校塑料工程、高分子材料科学与工程等相关专业学生的入门教材，并可供从事塑料制品生产和高分子材料研究开发的科技人员作为手册阅读参考。

在编写过程中，得到中国轻工业联合会、中国轻工业出版社有限公司、有关兄弟院校领导和教师们的帮助与支持，在此谨致以衷心的感谢。本书在编写和出版过程中得到学术界和工业界很多前辈的指导和意见，对他们所付出的辛勤劳动和做出的成绩，编者们谨表示深切的感谢。

由于水平所限，难免有不足和错误之处，诚恳希望使用本书的读者批评指正。

编者

目　录

第1章　绪　　论

1.1　塑料成型加工及其重要性

人类社会的进步是与材料的使用密切相关的。人类要生存、要发展就离不开材料的使用。从石器、铜器和铁器时代发展到今天,人类使用的材料主要有四大类,即木材、水泥、钢铁、塑料,其中塑料是20世纪才发展起来的一大类新材料。塑料是高分子材料中最大的一类材料,2011年世界塑料产量约2.8亿吨,比2010年(约2.7亿吨)增加了4%。其中最主要的几种塑料——聚烯烃、聚氯乙烯(PVC)、聚苯乙烯(PS)、可发性聚苯乙烯泡沫塑料(EPS)和聚对苯二甲酸乙二醇酯(PET)占据世界需求量的约70%,即2亿吨。到2016年,世界塑料消费量将以大约4%的平均年增长率增加。目前世界高分子材料的年产量中,塑料约1.08亿吨,合成纤维约0.2亿吨,合成橡胶约0.09亿吨,其余如黏合剂、涂料、离子交换树脂等产量较少。由于自然条件的限制木材的产量不可能有大的增长,水泥有良好的用途但使用范围有局限性,世界钢铁的产量近十几年来几乎处于停滞状态。而塑料的品种多,性能各具特色,适应性广,生产塑料所消耗的能量较金属低,塑料的密度远低于金属,在许多按体积使用的制品上,其优势就更加突出了。因此,唯有塑料工业仍保持着继续发展的势头,到20世纪90年代塑料的体积年产量已赶上钢铁,塑料在国民经济中已成为不可或缺的材料。塑料工业包括塑料生产(包括树脂和半制品的生产)和塑料制品生产(也称为塑料成型工业)两个部分。没有塑料的生产就没有塑料制品的生产。但是,没有塑料制品的生产,塑料就不能成为生产或生活资料。所以两者是一个体系的两个连续部分,是相互依存的。可以认为塑料产业是以合成树脂和塑料制品生产为中心,包括助剂生产、塑料配制(改性)、塑料成型机械及成型模具生产等组成一体的工业。

塑料制品的生产是一种复杂而繁重的过程,其目的在于根据各种塑料的固有性能,利用一切可以实施的方法,使其成为具有一定形状有使用价值的制件(制品)或型材。在这一过程中,如何将优质的原料制造成性能优良的塑料制品成为过程的关键,这就涉及过程中塑料可能发生的变化。这些变化包括材料的结晶、取向、降解、交联等。由于制品的形状各异,各部位间塑料接触的外部条件(温度、压力等)不同,因而会有不同的物理化学变化。这样期望制品各部位中材料都达到预期的形态结构(即定构过程,Structuring),从而有预期的优良性能是成型过程中最应关注的方向。当然,除加工技术外,生产成本(性价比)也应重点考虑。

塑料制品生产主要由原料准备、成型、机械加工、修饰和装配等连续过程组成(见图1-1)。

成型是将各种形态的塑料(粉料、粒料、溶液或分散体)制成所需形样的制品或坯件的过程,在整个生产中最为重要,是一切塑料制品或型材生产的必经过程。成型的种类

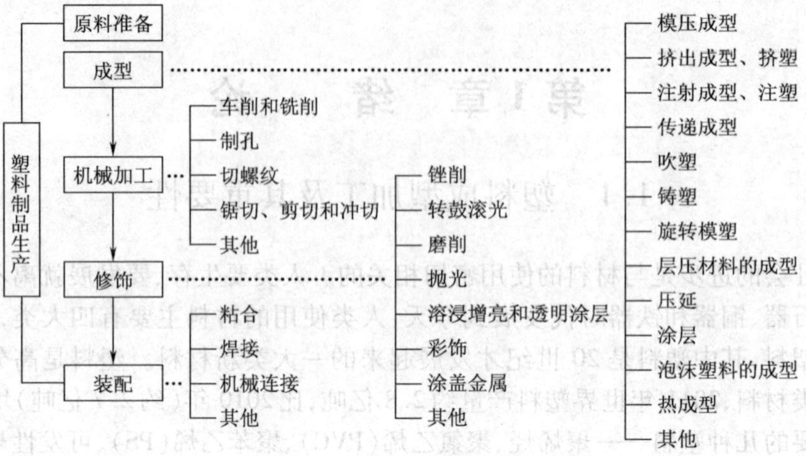

图 1－1　塑料制品生产的组成

很多,如各种模塑、层压以及压延等,其他过程通常都是根据制品的要求来取舍的。也就是说,不是每种制品都需完整地经过这些过程。机械加工是指在成型后的工件上钻孔、切螺纹、车削或铣削等,用来完成成型过程所不能完成或完成得不够准确的一些工作。修饰是为美化塑料制品的表面或外观,也有为其他目的,如为提高塑料制品的介电性能要求它具有高度光滑的表面。装配是将各个已经完成的部件连接或配套使其成为一个完整制品的过程。后三种过程有时统称为加工。对比来说。加工过程常居于次要地位。近年来,在习惯上有时也将整个塑料的成型加工简称为塑料加工(过程)。

1.2　塑料成型工业的过去和未来

就世界范围来说,塑料成型工业自1872年开始到现在已度过仿制和扩展并已转到了变革的时期。当塑料最初问世时,由于品种不多对它们的本质理解不足,在塑料制品生产技术上,只能从塑料与某些材料有若干相似之处而进行仿制。作为借鉴的对象主要是橡胶、木材、金属和陶瓷等制品的生产。此后,塑料品种渐多,在其制品生产的不断实践和实验的基础上,对塑料材料和其各类制品的本质特征有了比较深入的认识,因此不论在生产技术和方法上都有显著的改进和扩展,这一时期的开始约在20世纪的20年代。此后,由于尖端科学技术以及工业、农业等发展的需要,要求具有某些特种性能或性能特别优良的塑料制品,而且在制品数量、结构、尺寸和准确程度上也提出了更高的要求。基于此,并力求不使塑料固有性能在制品生产过程中下降,因而对许多原用的生产方法进行了更深入的研究和革新,对适合客观需要所设计的新型塑料和制品又根据具体的特点在生产上进行创新,革新和创新就是这里所说的变革。至今,不仅塑料制品的数量和应用种类都有了显著的增加,而且绝大多数的新旧生产方法也都逐渐形成合理的系统,使塑料制品的生产日益成为一个独立的专业和较大的生产部门。

塑料制品生产和塑料生产的增长几乎是同步的,世界塑料生产的年增长率在近20

年以来一直保持稳定的增长态势,特别是在发展中国家增长较快。塑料在四大工业材料(钢铁、木材、水泥和塑料)中的年增长率总是居于首位。1950 年中国仅生产了 200 吨塑料,但随后特别是改革开放以来一直保持快速发展,已成为世界上最大的塑料消费、生产、进口、出口大国,塑料消费总量已超过美国居世界首位,远超德国、日本。2011 年我国塑料消费超过 7000 万吨,约占世界塑料消费量 2.8 亿吨的四分之一;人均消费约 50 千克/年,超过 40 千克/年的世界平均水平(美国约 170 千克/年,比利时高达 200 千克/年,其他发达国家也在 120 千克/年以上)。2006 ~ 2010 年我国塑料消费年均增长达 9.6%。

就世界塑料发展的情况看,它的快速增长不完全是原有制品数量的单纯增加,而主要是应用范围的日益增大。改善老产品,开发新产品,提高性能,降低成本,才能不断扩大市场。这说明从事塑料工业的工作者的任务比较繁重和与其他生产部门联系的重要性。

塑料制品应用的主要领域有:

1)农牧渔业。塑料薄膜和片材在农业生产中的育苗护理庄稼、塑料温室、畜舍和收割、蓄水、排水以及储青等方面的积极作用都十分显著。因此,需求量的增长很快,迫切的要求是如何使这类制品耐用、价格便宜、易于回收和减少环境污染。其次,在农田排灌中还需要大量的管材和管件。在渔业方面,船只、鱼网、缆绳等也大量用到各种塑料。

2)包装塑料在制造包装容器、货袋、货物护层和真空包卷用的材料等方面已十分普遍,但如何满足不同需要而兼具原用纸张、玻璃或金属包装的优点上还需继续做大量的工作。

3)交通运输汽车、火车、轮船、飞机等交通工具及相应的附属设施所用的塑料,其单台(架)使用量,逐年都在增加,并不断取代金属材料,而扩大其应用。

4)电气工业电线、电缆、各种家电;计算机以及各种通讯设备所用的塑料数量,均与日俱增,而且要求产品性能在批量上一致和结构上的精致化和微型化,以及分别或同时具有导热导电特性等。

5)化学工业利用塑料轻质和耐腐蚀等特性,力求改进或重建许多典型的化工设备。

6)仪器仪表工业塑料制件的轻量、精细、美观和特种性能(介电、导电、导磁、吸波等)导致塑料在这领域的应用不断增长,而且越来越多的仪器仪表主要采用塑料制作。

7)建筑工业原用的木材、水泥和砖瓦已越来越多地改用了塑料。这不完全是单纯的取代,更多的是新材料、新技术和新结构的采用,对整个建筑工业都富有革命性的意义。此外,在室内采光、给排水、顶板、地面、壁板、室外护板、地板、围栏以及卫生洁具等方面所用的塑料数量也越来越多。

8)航空工业民用或军用飞机用塑料的数量和品种都在不断增加。各种增强塑料作结构和覆面材料,以及坐舱与舱内部件和装饰材料等都已大量使用塑料,对提高使用性能、减轻机体重量减少能源消耗具有重要意义。

9)由于塑料的多种特殊性能,在国防与尖端工业中发挥了其他材料所不能代替的作用,在卫星、火箭、核工业、能源及电子自动化技术等方面应用的有各种烧蚀材料、耐腐蚀材料,增强材料、工程结构材料和各种功能性材料等,而且用量不断增加。在常规武器中用作制造各种零部件等的塑料数量也相当可观。

10)家具。泡沫结构塑料能取代木材而做成各种家具,并使之兼备木质家具原来所没有的一些特性。其次,由模塑或热成型方法所制成的椅凳非常方便实用。而且,家具并不限于家用,机关、工厂、学校和一些公共场所也大量需要。

11)体育用具和日用百货在这方面也在极快的发展,用量不断增加。主要是提供新型和高性能产品,用于替代原来金属制件,在健身和体育器材方面尤其如此。

事实上,塑料制品的使用几乎进入了国民经济的各个领域,与工农业、国防和人民生活密切相关,塑料已成为一种不可缺少的材料。

从目前情况看,塑料制品生产今后发展的方向是:简化生产流程,缩短生产周期,加深对塑料在成型过程中所发生的物理和化学变化的理解,充分认识加工过程材料结构演变规律,以改进生产技术、方法和设备,实现全面机械化和自动化,设计更大更新的设备以适应对大型、微型、精密或新型塑料制品生产的要求。

1.3 塑料制品的生产工序和组织

从原料到塑料,又从塑料到塑料制品的简单流程见图1-2。该流程共分(1)、(2)、(3)三个连续部分。图中纵向长方形表示过程,横向长方形表示原料、中间产物或成品;实线箭头表示流程前进的方向,虚线箭头表示该段流程前进的另一种方式。根据1.1节所述,可知(1)和(3)两部分是分别属于塑料和塑料制品两个生产部门的,而生产也确实是这样分工的。至于第(2)部分按理也应属于塑料部门,但一般较大的成型工厂为了方便,也有将这部分归入自己的生产范围。这样,除能满足自己对塑料在配制上的多样性要求外,还可以简化仓储的管理。为了满足塑料制品使用中不断提高的各种要求,在以往塑料制造(通常加入各种助剂)的基础上,逐渐出现了一些合成树脂(塑料)进行改性的过程,如进行填充、共混、增强,加入成核剂等,这些对塑料的改性过程有些就在塑料制品生产企业完成,同时目前也有较多的独立企业专业从事改性塑料的制造。

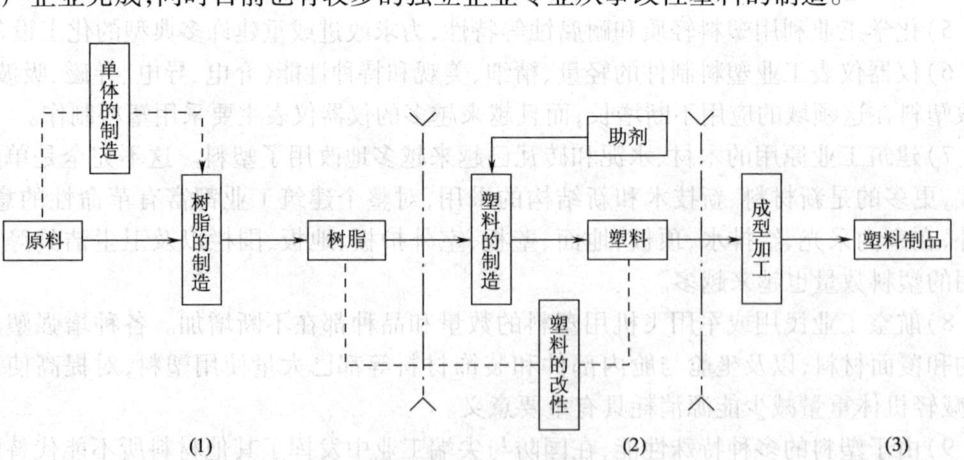

图1-2 从原料到塑料制品的生产流程示意图

塑料制品的生产由几个过程所组成,塑料在成型前有的常需先进行塑料的制造(或配料)、预处理(包括预压、预热或干燥)及塑料的改性等,可统称为原料准备。因此,生产塑料制品的完整工序共五个:①原料准备,②成型,③机械加工,④修饰,⑤装配。在制品的生产过程中,通常都应依上列次序进行,不容颠倒,否则在一定程度上会影响制品的质量或浪费劳动力和时间。如某些制品的生产不需完整地通过这五个工序,则剔除某些工序后仍可按上列次序进行。通常在生产一种新制品前,应先熟悉该种制品在物理力学、热、电和化学性能等方面所应具备的指标,根据这些要求选定合适的塑料并决定成型加工方法,同时还应对成本进行估算,确定其是否合理;然后通过试制并确定生产工艺规程。在工艺规程中,对每个工序规定的步骤常非一个,必须先后分明,对每个工序的操作条件也须有明确的指标,并应规定所能允许的差值。同时,有关防忌事项也应列出,以保证生产的安全。当然,在实践的基础上工艺规程还须不断完善。

成型工厂对生产设备的布置通常有两种体制,一种是过程集中制,就是将前列五种工序所用的各种生产设备分别集中起来进行生产,它的优点是宜于品种多、产量小而又变换快的制品生产,其缺点是衔接生产工序时所需的运输设备多、费时费工和不易连续化。另一种是产品集中制,也就是按照某种产品所需生产过程实行配套成龙的生产。它宜于生产单一、量大和永久性强的制品。由于连续性很强,物料运输较方便,容易实现机械化和自动化,成本也得以降低。不管用哪一种体制进行生产,均应在合理的段落进行技术检验,以保证正常生产和制品质量。

1.4 本课程的主要内容和要求

本课程是在读者已具有热力学、化学、力学、质量与能量传递、高分子化学及物理学和各种塑料性能的基本知识的基础上进行的,论及的内容主要是塑料成型工艺和有关理论。

对工艺的叙述重在成型这一环节,共分十章(第 4 章至第 13 章)进行。至于机械加工、修饰和装配,所涉内容不多,合并为一章(第 14 章)。论述工艺之前,有必要对所用各种塑料的配制进行论述,放在第 3 章。理论叙述,除在与工艺结合的情况下进行外,为了便于对一些共同的基本理论作系统的探讨和学习,集中在各种工艺的前面(第 2 章)。

学习时,要求在密切结合工艺过程的前提下尽可能地对每种工艺所依据的原理、生产控制因素以及在工艺过程中塑料所发生的物理与化学变化和它们对制品性能的影响具有清晰概念,并进一步理解各种成型工艺所能适应的塑料品种及其优缺点。

对所用的设备和模具只提出对它们的主要要求而不作详细的叙述,因还有与本门课程配合设立的两门独立课程(塑料成型机械、塑料成型模具)。随着科学技术的进步,塑料制品生产中的计算机应用日趋成熟并有很快的发展,成为塑料成型加工工业改革与进步的重要内容。由于已有专门的课程,本书中不作详细的介绍。

本书所介绍的内容,只是塑料成型加工中的主要方法、基本原理、基本生产控制过程,限于时间和数学基础,对于一些理论问题,不作过多的繁杂数学推导,而主要就其物理意义加以说明。对于不同的成型加工过程,由于塑料品种繁多,产品千变万化,不可能逐一进行仔细的介绍,只能就主要和典型的内容加以讨论。希望以此为基础,使学习者对一些新的改进和发展能较好地理解与掌握。

塑料成型工艺是一门实践性很强的课程，除了课堂教学外，还需在实验、实习中联系生产实际去理解和掌握，有些生产实际操作，还需在劳动实践中逐步去学会，这样学到的知识才是可以灵活运用的。

随着生产的发展，环境正成为人类共同瞩目的问题，2010 年在有我国参加与制订的 ISO 26000的发布，标志着企业（当然也包括塑料机械、塑料制品生产企业）将从质量管理为中心转变到社会责任管理为中心，企业的发展应该适应世界发展的潮流、国家的发展规划，造福人民造福社会。这就需要朝着构建起企业产品的环境友好、环境消纳的方向发展。当然，这需要有适当的过程。

①环境友好 逐步实现所有生产过程和产品的无毒、无害化的环境友好过程。

②环境消纳 第一步在实现环境友好的基础上，逐步实现废次品的减少和自我消纳，实现零废次品。第二步实现本企业的产品在用户使用失效后（可能 10 年或 50 年后）的全部回收利用，实现真正意义上的环境消纳。

自然界在没有人类干预前就具有环境自我消纳和可持续发展的循环，具有自我修复的能力。一切动植物在完成诞生、成长、消亡的过程中都使大地变得更加肥沃，为后来的生物提供良好的环境。

这正是企业发展的社会责任，也是社会科学、可持续、和谐发展的前提。

随着我国塑料产业的发展，从塑料和塑料制品生产大国走向强国，依靠的是制度、组织、管理、科技、产品等方面的提高和创新，优化产业和产品结构，这些需要大量的高素质、创新型的人才，本书作为工科高校专业教材，希望能在这方面起到微薄的作用。

第 2 章　塑料成型的理论基础

2.1　概　述

塑料成型是一门工程技术，它所涉及的内容是将塑料转变为具有使用价值并能保持原有性能，甚至超过原有性能的材料和制品。

在所有的成型过程中，塑料都会发生物理和（或）化学变化，从而构成材料不同的形态结构，表现出不同的性能。因此，必须对这些变化有足够的认识，才能设计出合理的原料配方，确定出合理的成型工艺和对设备提出合理的要求。在此基础上进一步对材料进行结构和性能设计，构造出能满足不同场合需要的材料和制品。

本章将简要叙述塑料在成型过程中表现的一些共同的基本物理和化学行为——聚合物的流变、传热、结晶、定向和化学反应等现象。其他的一些内容，则将分散在以后各章中讨论。

2.2　聚合物的流变行为

2.2.1　连续性、动量和能量方程

在聚合物加工中，大多数工程设计和工程分析都涉及到质量、动量和能量的传递。即人们常说的输运现象。连续性方程、动量方程和能量方程是描述这些输运现象的基本方程。但是，这些方程阐述的是物理学基本原理，单靠这些方程来评价流动问题是不够的，因为它们与液体的流变行为无关，而这些方程同具体的流变方程相联系，就可以分析和解决聚合物加工过程中的许多流变问题。

运动着的熔体的一个体积单元由密度 ρ 、压力 p、温度 T 的数值和速度向量 v 确定。可以设想体积单元与运动着的整体是隔绝的，但却连续地跟随整体运动，而无任何力施加到体积单元上。体积单元的能量可穿过边界与整体进行交换，但质量不能变换。因为根据质量守恒原理，一个闭合系统的质量保持恒定，故体积单元内密度随时间的局部增减，必然完全反映在材料进入或离开该处的流动速率上，这样才能使体积单元的密度总变化为零。用连续性方程表示为：

$$\frac{\partial \rho}{\partial t} = -\left[\frac{\partial(\rho v_x)}{\partial x} + \frac{\partial(\rho v_y)}{\partial y} + \frac{\partial(\rho v_z)}{\partial z}\right]$$

同样考察体积单元的动量变化，根据牛顿第二运动定律，流体单元动量增加的速率等于作用于该流体单元上力的总和。动量增加的速率为 $\rho \mathrm{d}v/\mathrm{d}t$，在直角坐标系中动量增加速率方程的各个分量的具体形式为：

$$\rho\left(\frac{\partial v_x}{\partial t} + v_x\frac{\partial v_x}{\partial x} + v_y\frac{\partial v_x}{\partial y} + v_z\frac{\partial v_x}{\partial z}\right) = -\frac{\partial P}{\partial x} + \left(\frac{\partial \tau_{xx}}{\partial x} + \frac{\partial \tau_{yx}}{\partial y} + \frac{\partial \tau_{zx}}{\partial z}\right) + \rho g_x$$

$$\rho\left(\frac{\partial v_y}{\partial t}+v_x\frac{\partial v_y}{\partial x}+v_y\frac{\partial v_y}{\partial y}+v_z\frac{\partial v_y}{\partial z}\right)=-\frac{\partial P}{\partial y}+\left(\frac{\partial \tau_{xy}}{\partial x}+\frac{\partial \tau_{yy}}{\partial y}+\frac{\partial \tau_{zy}}{\partial z}\right)+\rho g_y$$

$$\rho\left(\frac{\partial v_z}{\partial t}+v_x\frac{\partial v_z}{\partial x}+v_y\frac{\partial v_z}{\partial y}+v_z\frac{\partial v_z}{\partial z}\right)=-\frac{\partial P}{\partial z}+\left(\frac{\partial \tau_{xz}}{\partial x}+\frac{\partial \tau_{yz}}{\partial y}+\frac{\partial \tau_{zz}}{\partial z}\right)+\rho g_z$$

式中：τ 为应力。对于聚合物熔体而言，ρg 比作用在流体上的其他力小得多，可以忽略。

以热力学第一定律中的能量守恒原理为基础，可导出流体单元的能量方程：

$$\begin{aligned}&\rho C_v\left(\frac{\partial T}{\partial t}+v_x\frac{\partial T}{\partial x}+v_y\frac{\partial T}{\partial y}+v_z\frac{\partial T}{\partial z}\right)\\&=-\left[\frac{\partial q_x}{\partial x}+\frac{\partial q_y}{\partial y}+\frac{\partial q_z}{\partial z}\right]-T\left(\frac{\partial P}{\partial T}\right)_P\left(\frac{\partial v_x}{\partial x}+\frac{\partial v_y}{\partial y}+\frac{\partial v_z}{\partial z}\right)-\left\{\tau_{xx}\frac{\partial v_x}{\partial x}+\tau_{yy}\frac{\partial v_y}{\partial y}+\tau_{zz}\frac{\partial v_z}{\partial z}\right\}-\\&\quad\left\{\tau_{xy}\left(\frac{\partial v_x}{\partial y}+\frac{\partial v_y}{\partial x}\right)+\tau_{xz}\left(\frac{\partial v_x}{\partial z}+\frac{\partial v_z}{\partial x}\right)+\tau_{yz}\left(\frac{\partial v_y}{\partial z}+\frac{\partial v_z}{\partial y}\right)\right\}\end{aligned}$$

式中：C_v 为比定容热容，q 称为导热通量，即单位面积的传热速率。根据傅立叶的热传导定律可知：$q=-k\nabla T$，k 为材料的导热系数。

要求解出这些方程几乎是不可能，但在处理具体的聚合物加工工程问题时可以作一些简化假设，使方程变得易于求解。这一点在后面的章节中，读者可以看到具体的例子。此外，为求解不同的工程问题，连续方程、能量方程和动量方程在不同的坐标系中还有不同的形式，都列在本书附录表5中供读者查阅。

2.2.2 剪切黏度和非牛顿流动

除极少数几种工艺外，在大多数成型过程中都要求聚合物处于黏流状态（塑化状态），因为在这种状态下聚合物不仅易于流动，而且易于变形，这给它的输送和成型都带来极大方便。为使塑料在成型过程中易于流动和变形，并不限定用黏流态的聚合物（聚合物熔体），采用聚合物的溶液或分散体（悬浮液）等也是可以的。熔体和分散体都属于液体的范畴。

为了正确有效地进行加工成型，了解和掌握聚合物的黏性流动规律是很重要的。由于聚合物的流动性质表现出非理想的行为，增加了成型制品的质量控制的复杂性。这就需要我们充分了解在应力作用下，高分子材料产生弹性、塑性和黏性形变以及这些行为的各种因素（聚合物结构与性质、温度、力的大小和作用方式、作用时间以及聚合物体系的组成等）之间的相互关系。由于流动与形变是聚合物加工过程中最基本的工艺特征，所以聚合物加工过程中流变学的研究具有非常重要的现实意义。

液体的流动和变形都是在受到应力的情况下得以实现的。重要的应力有剪切、拉伸和压缩应力三种。三种应力中，剪切应力对塑料的成型最为重要，因为成型时聚合物熔体或分散体在设备和模具中流动的压力降、所需功率以及制品的质量等都受到它的制约。拉伸应力在塑料成型中也较重要，经常是与剪切应力共同出现的。例如吹塑中型坯的引伸，吹塑薄膜时泡管的膨胀，塑料熔体在锥形流道内的流动以及单丝的生产等。压缩应力一般不是很重要，可以忽略不计。但这种应力对聚合物的其他性能却有一定的影响。例如熔体的黏度等，所以在某些情况下应给予考虑。

流体在平直管内受剪切应力而发生流动的形式有层流和湍流两种。层流时，液体主体的流动是按许多彼此平行的流层进行的，同一流层之间的各点速度彼此相同，但各层之间的速度均不一定相等，而且各层之间也无可见的扰动。如果流动速度增大且超过临界值时，则流动转变为湍流。湍流时液体各点速度的大小和方向都随时间而变化，此时流体内会出现扰动。层流和湍流的区分是以雷诺数(Re)为依据。雷诺数由下式定义：

$$Re = \frac{D\bar{v}\rho}{\eta} \tag{2-1}$$

式中：D 为管道直径，$\bar{v}$ 为液体流动的平均速度，ρ 为流体的密度，η 为流体的剪切黏度。对通常流体而言，凡 $Re<2100 \sim 2300$，均为层流，当 $Re=2300 \sim 4000$ 时，为过渡流，当 $Re>4000$ 时则为湍流。由于聚合物流体的黏度大，流速低，在成型中其 $Re<10$，一般为层流。而聚合物分散体的雷诺数通常较大，但也不会大于2300，因此其流动也应为层流。但必须指出，在少数情况下有例外，因为有时由于切应力过大则可能出现弹性湍流，此时不仅要用雷诺数，而且要用弹性雷诺数来判断流动类型。

描述流体层流的最简单规律是牛顿流动定律。该定律描述为：当有剪切应力 τ(用 N/m^2 或Pa表示)于定温下施加到两个相距为 dr 的流体平行层面并以相对速度 dv 运动［见(图2-1)，则剪切应力与剪切速率 dv/dr(s^{-1})之间呈直线关系，可表示如式(2-2)。

$$\tau = \eta \frac{dv}{dr} = \eta\dot{\gamma} \tag{2-2}$$

式中：η 为比例常数，称为切变黏度系数或牛顿黏度，简称黏度，单位为Pa·s。黏度是流体的一种基本特性，依赖于流体的分子结构和外界条件。以 τ 对 $\dot{\gamma}$ 作图得到流动曲线图，牛顿型流体的流动曲线是通过原点的直线，该直线与 $\dot{\gamma}$ 轴夹角 θ 的正切值是牛顿黏度值(图2-2)。

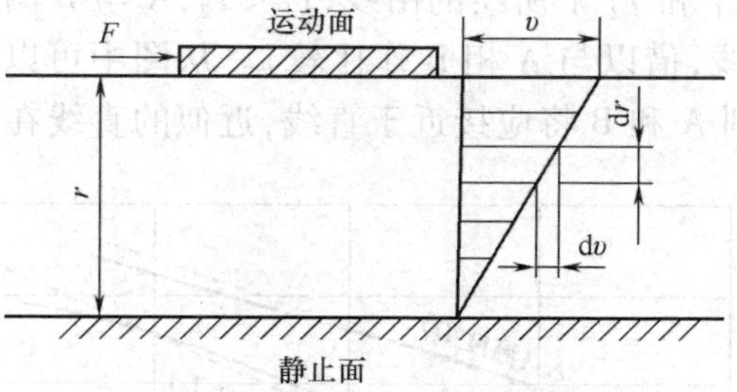

图2-1　剪切流动示意图

F=剪切力　$F/A=\tau$=剪切应力

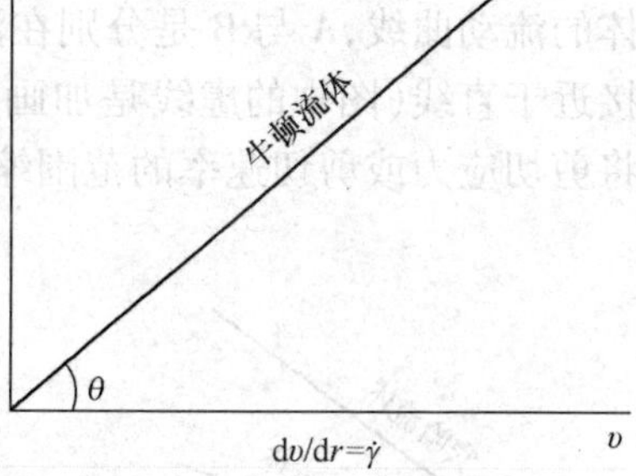

图2-2　牛顿流体的流动曲线

事实上，真正属于牛顿流体的只是低分子化合物的液体或溶液。聚合物熔体除聚碳酸酯和偏二氯乙烯-氯乙烯共聚物等少数几种与牛顿流体相近似外，绝大数都只能在剪切应力很小或很大时表现为牛顿流体。在成型过程中，通常对聚合物流体所施加的剪切应力却不是很大或很小，所以它表现的流动行为与牛顿流体的流动行为不相符合，聚合物分散体在成型过程中的流动行为也不是牛顿流体。

$$\eta = \frac{\tau}{\dot{\gamma}} = \tan\theta$$

凡流体的流动行为不遵从牛顿流动定律的，均称为非牛顿型流体。非牛顿型流体流动时剪切应力和剪切速率的比值不再称为黏度，而称为表观黏度，用 η_a 表示。表观黏度在一定温度下并不是一个常数，可随剪切应力、剪切速率而变化，甚至有些还随时间而变化。如果不考虑聚合物熔体的弹性(这将在以后讨论)，可将非牛顿流体归为两个系统。

(1)黏性系统

这一系统在受到外力作用而发生流动时的特性是其剪切速率只依赖于所施加剪切应力的大小，根据其剪切应力和剪切速率的关系，又可分为宾哈流体、假塑性流体和膨胀性流体三种。

1)宾哈流体　这种流体与牛顿流体相同，其剪切应力和剪切速率的关系表现为直线。不同的是它的流动只有当剪切应力高至一定值 τ_y 后才发生塑性流动(图 2－3)。使流体产生流动的最小应力 τ_y 称为屈服应力。宾哈流体的流动方程为：

$$\tau - \tau_y = \eta_p \frac{dv}{dr} \eta_p \dot{\gamma} \tag{2-3}$$

式中：η_p 称为刚度系数，等于流动曲线的斜率。应力小于 τ_y 时材料完全不流动，$\dot{\gamma} = 0$，$\eta_p = \infty$。当 $\tau < \tau_y$ 时，实际上是固体材料；一旦 $\tau > \tau_y$，体系立刻呈现流动行为，具有一定黏度。宾哈流体所以有这种行为，是因为流体在静止时形成了凝胶结构，当剪切应力超过 τ_y 时这种三维结构即受到破坏。牙膏、油漆、润滑脂、钻井用的泥浆、下水污泥、聚合物在良溶剂中的浓溶液和凝胶性糊塑料等属于或接近于宾哈流体。

2)假塑性流体　这种流体是非牛顿流体中最为普通的一种，它所表现的流动曲线是非直线的(图 2－3)，但并不存在屈服应力。流体的表观黏度随剪切应力的增加而降低。大多数聚合物的熔体，也是塑料成型中处理最多的一类物料，以及所有聚合物在良溶剂中的溶液，其流动行为都具有假塑性流体的特征。图 2－4 是在对数坐标上绘制的聚合物熔体的流动曲线，A 与 B 是分别在温度 T_1 和 T_2 下所绘的曲线，$T_1 < T_2$，A 与 B 两条曲线均接近于直线(图中的虚线是加画的直线，借以与 A 相 B 作比较)。从图中可以看出如果将剪切应力或剪切速率的范围缩小，则 A 和 B 将应接近于直线，近似的直线在剪切

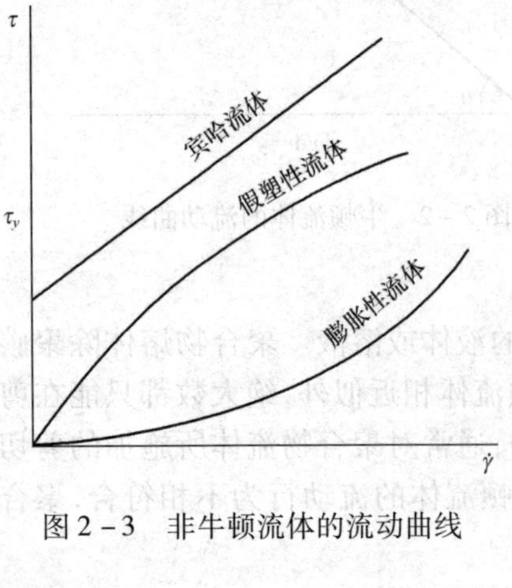

图 2－3　非牛顿流体的流动曲线

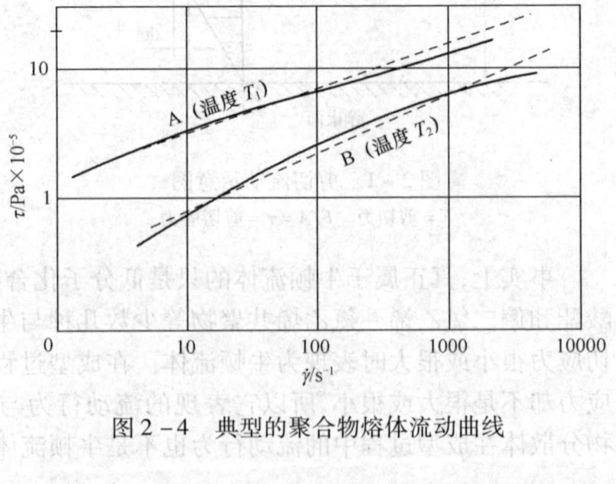

图 2－4　典型的聚合物熔体流动曲线

应力轴上所跨越的范围约为一个数量级，而在剪切速率轴上则约为一个半到两个数量级。由此可以得知：在任何给定的范围内，剪切应力和剪切速率的关系可以用指数定律来描述，即：

$$\tau = K\left(\frac{dv}{dr}\right)^n = K\dot{\gamma}^n \tag{2-4}$$

式中：K 与 n 均为常数（$n<1$）。K 是这种流体稠度的一种量度，流体黏稠度越大时 K 值就越高；n 是判定流体与牛顿流体的差别程度的，n 值离整数 1 越远时，流体的非牛顿性就越强，n 值为 1 时，流体即为牛顿流体。

指数函数仅是描述假塑性流体流动行为的一种方式，描述这种行为且能使之适应剪切应力范围的公式多至十个以上，不论是理论上或是经验上的为数均不少，但是这种较大范围的适应是通过比较复杂的数学关系而取得的，从工程角度讲，在解决具体问题时要求一个公式描述流体流动的剪切应力范围并不十分宽，所以多采用简单经验性的指数函数。但是随着计算机的普遍使用，求解复杂的流变方程已不是难事。

表示假塑性流体流动行为的指数函数还可以用另一种形式表示：

$$\frac{dv}{dr} = \dot{\gamma} = k\tau^m \tag{2-5}$$

式中：k 与 m 也是常数（$m>l$）。k 称为流动度或流动常数，k 值越小时表明流体越黏稠，也是越不易流动。k 和式 2－4 中 K 的关系为：

$$K = \left(\frac{1}{k}\right)^n \tag{2-6}$$

m 所指的意义和 n 一样。但 m 不等于 n 而是等于 $1/n$。

按前述表观黏度的定义知：

$$\text{表观黏度 } \eta_a = \frac{\tau}{\dot{\gamma}} \tag{2-7}$$

则：

$$\eta_a = K\dot{\gamma}^{n-1} \tag{2-8}$$

又：$\dot{\gamma} = k\tau^m$，则有：

$$\eta_a = k^{\frac{1}{m}}\dot{\gamma}^{\frac{1-n}{m}} \tag{2-9}$$

假塑性流体的黏度随剪切应力或剪切速率的增加而下降的原因与流体分子的结构有关。对聚合物溶液而言，当它承受应力时，原来由溶剂化作用而被封闭在粒子或大分盘绕空穴内的小分子就会被挤出，这样，粒子或盘绕大分子的有效直径即随应力的增加而相应地缩小，从而使流体黏度下降。因为黏度大小与粒子或大分子的平均大小成正比，但不一定是线性关系。导致聚合物黏度下降的原因在于其中大分子彼此之间的缠结。当缠结大分子承受应力时，其缠结点就会被解开，同时还沿着流动方向规则排列，因此就降低了黏度。缠结点被解开和大分子规则排列的程度是随应力的增加而加大的。显然，这种大分子缠结学说，也可用以说明聚合物黏度随剪切应力增加而降低的原因。

用指数函数式（2－5）描述聚合物熔体流动行为时，式中的 m 值一般在 1.5～4 的范围内变化，但当剪切速率增高时，某些聚合物的 m 值可达 5 。图 2－4 所示的流动曲线，

其 m 值约为3。平均相对分子质量相同的同一种聚合物，其相对分子质量分布幅度大的流动性对所施加的应力更敏感。

几种热塑性塑料的表观黏度与剪切速率的关系见图2-5。

3）膨胀性流体　这种流体的流动曲线也不是直线（图2-3），而且也不存在屈服应力，但与假塑性流体不同的是它的表观黏度会随剪切应力的增加而上升。膨胀性流体的流动行为也可用式（2-4）或式（2-5）来描述。只是式（2-4）中的常数 n 大于1；式（2-5）中的常数则小于1。属于这一类流体的大多数是固体含量高的悬浮液，处于较高剪切速率下的聚氯乙烯糊塑料的流动行为就很接近这种流体。膨胀性流体所以有这样的流动行为，多数的解释是：当悬浮液处于静态时，体系中由固体粒子构成的空隙最小，其中流体只能勉强充满这些空间。当施加于这一体系的剪切应力不大时，也就是剪切速率较小时，流体就可以在移动的固体粒子间充当润滑剂，所以表观黏度不高。但当剪切速率逐渐增高时，固体粒子的紧密堆砌就次第地被破坏，整个体系就显得有些膨胀，此时流体不再能充满所有的空隙，润滑作用因而受到限制，表观黏度就随着剪切速率的增长而增大。

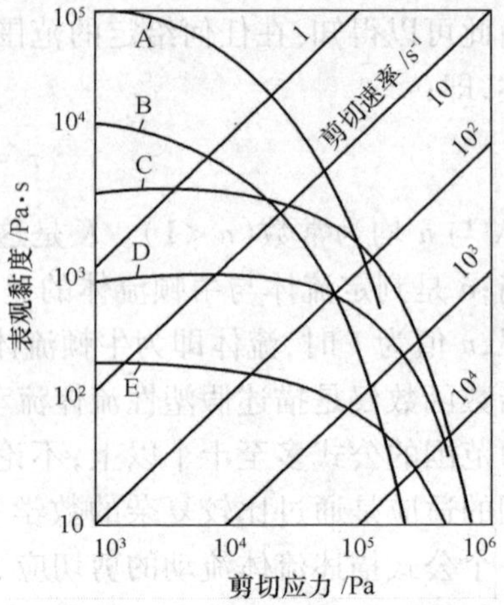

图2-5　几种热塑性塑料的表观黏度与剪切应力关系

A—低密度聚乙烯（170℃）　B—乙丙共聚物（230℃）　C—聚甲基丙烯酸甲酯（230℃）　D—甲醛共聚物（200℃）　E—尼龙-66（285℃）

（2）有时间依赖性的系统

属于这一系统的流体其剪切速率不仅与所施加的剪切应力的大小有关而且还依赖于应力施加时间的长短。当所施加的应力不变时，这种流体在恒温下的表观黏度会随着所施加应力的持续时间而逐渐上升击或下降，上升下降到一定值后达到平衡不再变化。这种变化是可逆的，因为流体中的粒子或分子并没有发生永久的变化。表观黏度随剪切应力持续时间下降的流体称为摇溶性（或触变性）流体，与此相反的则称为振凝性流体。两者中摇溶性流体较为重要，属于摇溶性流体的的有某些聚合物溶液，如涂料和油墨等；属于振凝性流体的有某些浆状物，如石膏的水溶液等。关于这些系统的流动机理问题还研究得不够深透。目前认为与假塑性和膨胀性流体极为相似，所不同的只是在流动开始后需要一定时间以达到平衡，尽管有些学者已对高分子材料触变机理作了探讨，并提出了触变结构模型，建立了触变动力学方程，但要求得实质性的解还有一定距离。

将非牛顿流体按以上方法分类，仅仅是为了分析方便和便于读者理解。事实上，在塑料成型过程中所遇到的同一聚合物的熔体和分散体，在不同条件下常会分别具有以下几种流体的流动行为。

几种主要的成型操作中，塑料所受到的剪切速率范围见表2-1，对给定的塑料，如果通过实验求得了在这种范围内的黏度数据(即流动曲线),则对这种塑料在指定成型中的操作难易程度就能做出初步判断。例如在注射模塑时,如果某一塑料熔体在温度不大于其降解温度而于剪切速率为$10^3 s^{-1}$的情况下测得其表观黏度为50~500Pa·s,则注射将不会发生困难。表观黏度过大时,塑模的大小与设计就受到较大限制,同时成型的制品很容易出现缺陷;过小时溢模的现象比较严重,制品的质量也难以保证。

表2-1　塑料在成型时的剪切速率范围

熔体成型		糊塑料成型	
成型方法	剪切速率/s^{-1}	成型方法	剪切速率/s^{-1}
压缩模塑	1~10	涂层	10^2~10^3
混炼与压延	10~10^2	浇铸与蘸浸	~10
挤出	10^2~10^3		
注射模塑	10^3~10^5		

通常所见的塑料熔体黏度范围为10~10^7 Pa·s,分散体的黏度约在1Pa·s左右。

2.2.3　拉伸黏度

如果引起聚合物熔体的流动不是剪切应力而是拉伸应力时,仿照式(2-2)即有拉伸黏度:

$$\lambda = \frac{\sigma}{\dot{\varepsilon}} \tag{2-10}$$

式中:$\dot{\varepsilon}$为拉伸应变速率,σ为拉伸应力或真实应力,是以拉伸时真正断面面积计算的。拉伸流动的概念可由图2-6来说明,一个流体单元由位(a)变至位(b)时,形状发生了不同于剪切流动的变化,长度从原长l_0变至$l_0 + dl$:

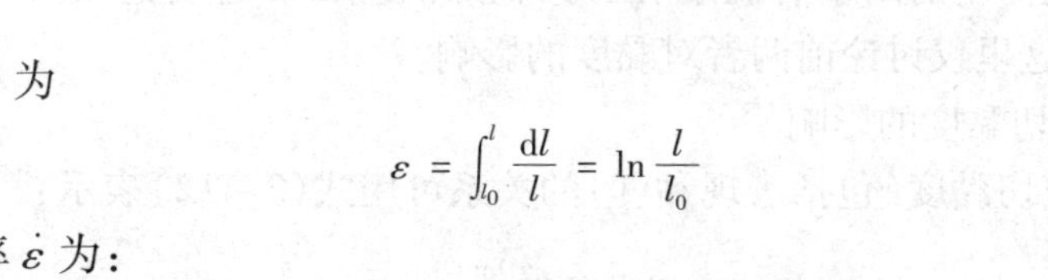

图2-6　拉伸流动示意图

由于拉伸应变ε为

$$\varepsilon = \int_{l_0}^{l} \frac{dl}{l} = \ln \frac{l}{l_0} \tag{2-11}$$

故拉伸应变速率$\dot{\varepsilon}$为:

$$\dot{\varepsilon} = \frac{d\varepsilon}{dt} = \frac{d[\ln(l/l_0)]}{dt} = \frac{1}{l}\frac{dl}{dt} \tag{2-11a}$$

由此可见,剪切流动是与拉伸流动有区别的,前者是流体中一个平面在另一个平面的滑动,而后者则是一个平面两个质点间的距离拉长。此外,拉伸黏度还随所拉应力是单向、双向等而异,这是剪切黏度所没有的。

假塑性流的表观黏度随剪切速率增大而下降,而拉伸黏度则不同,有降低、不变、升高三种情况。这是因为拉伸流动中,除了由于解缠结而降低黏度外,还有链的拉直和沿拉伸轴取向,使拉伸阻力、黏度增大。因此,拉伸黏度随 ε 的变化趋势,取决于这两种效应哪一种占优势。低密度聚乙烯、聚异丁烯和聚苯乙烯等支化聚合物,由于熔体中有局部弱点,在拉伸过程中形变趋于均匀化,又由于应变硬化,因而拉伸黏度 λ 随拉伸应变速率增大而增大;聚甲基丙烯酸甲酯、ABS、聚酰胺、聚甲醛、聚酯等低聚合度线形聚合物的 λ 则与 ε 无关;高密度聚乙烯、聚丙烯等高聚合度线形聚合物,因局部弱点在拉伸过程中引起熔体的局部破裂,所以拉伸黏度随拉伸应变速率增大而降低。应该指出的是,聚合物熔体的剪切黏度随应力增大而大幅度降低,而拉伸黏度随应力增大而增大,即使有下降,其幅度也远比剪切黏度小。因此,在大应力下拉伸黏度往往要比剪切黏度大 100 倍左右,而不是像低分子流体那样 $\lambda = 3\eta$。由此可以推断,拉伸流动成分只需占总形变的 1%,其作用就相当可观,甚至占支配地位。因此,拉伸流动在成型过程中不容忽视。在聚合物成型过程中,拉伸流动行为具有实际指导意义,如在吹塑薄膜或成型中空容器型坯时,采用拉伸黏度随拉伸应力增大而上升的物料,则很少会使制品或半制品出现应力集中或局部强度变弱的现象,甚至发生破裂。几种热塑性塑料的拉伸应力 - 拉伸黏度的实测数据见图 2 - 7。

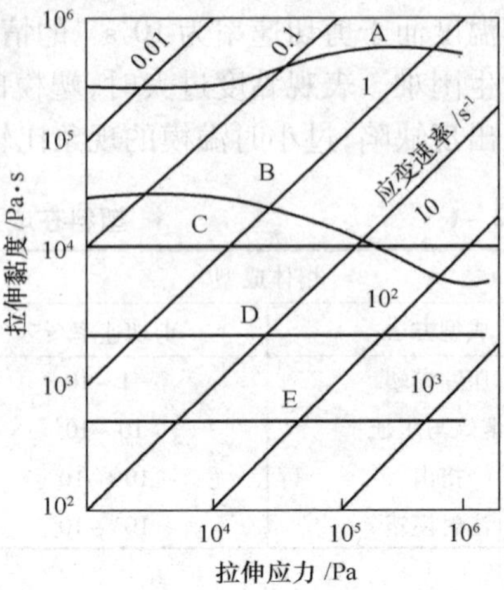

图 2 - 7　几种热塑性塑料熔体在常压下的拉伸黏度——拉伸应力关系

A—低密度聚乙烯(170℃)　B—乙丙共聚物(230℃)
C—聚甲基丙烯酸甲酯(230℃)　D—聚甲醛(200℃)
E—尼龙 - 66(285℃)

2.2.4　温度和压力对黏度的影响

对流体黏度起作用的因素有温度、压力、施加的应力和应变速度等。后两者对黏度的关系已经论及,这里仅讨论前两者对黏度的影响。

(1)温度对剪切黏度的影响

温度与流体剪切黏度(包括表观黏度)的关系可用式(2 - 12)表示:

$$\eta = \eta_0 e^{\alpha(T_0 - T)} \tag{2-12}$$

式中:η 为流体温度在 T 时的剪切黏度,η_0 为某基准温度 T_0 时的剪切黏度,e 为自然对数的底,α 为常数。从实验知,式(2 - 12)中的 α 在温度范围不大于 50℃时对大多数流体而言都是常数,超出此范围则误差较大。

如果将式(2－12)用于剪切黏度对剪切应力(或剪切速率)有敏感性的流体时,则该式只有当剪切应力(或剪切速率)保持恒定时才是准确的。

式(2－12)虽然对聚合物的熔体、溶液和糊都适用,但是必须指出,当用于聚合物糊时应以在所涉及温度范围内聚合物没有发生溶胀与溶解的情况为准。

表2－2列出几种常用热塑性塑料熔体在恒定剪切速率下的表观黏度与温度关系的数据。从表中可知聚合物分子链刚性越大和分子间的引力越大时,表观黏度对温度的敏感性也越大。但这不是很确定的结论,因为敏感程度还与聚合物相对分子质量和相对分子质量分布有关。表观黏度对温度的敏感性一般比它对剪切应力或剪切速率要强些。在成型操作中,对表观黏度随温度变化不大的聚合物,仅凭增加温度来增加其流动性是不适合的,因为温度即使升幅很大,其表观黏度却降低有限(如聚丙烯、聚乙烯、聚甲醛等)。另一方面,大幅度地增加温度很可能使聚合物发生热降解,从而降低制品质量。此外,成型设备等的损耗也较大,并且会恶化工作条件。相对而言,在成型中利用升温来降低聚甲基丙烯酸甲酯、聚碳酸酯和聚酰胺66等聚合物熔体的黏度是可行的,因为升温不多即可使其表观黏度下降较大。

表2－2　几种常用热塑性塑料在恒定剪切速率下的表观黏度与温度关系的数据

聚合物	T_1/℃	T_1与$10^{-3}s^{-1}$情况下的黏度η_1/kPa·s	T_2/℃	T_2与10^3s^{-1}情况下的黏度η_2/kPa·s	黏度对温度的敏感性η_1/η_2
高压聚乙烯	150	0.4	190	0.23	1.7
低压聚乙烯	150	0.31	190	0.24	1.3
软聚氯乙烯	160	0.9	190	0.62	1.45
硬聚氯乙烯	150	2	190	1	2.0
聚丙烯	190	0.18	230	0.12	1.5
聚苯乙烯	200	0.18	240	0.11	1.6
聚甲醛(共聚物)	180	0.33	230	0.24	1.35
聚碳酸酯	230	2.1	270	0.62	3.4
聚甲基丙烯酸甲酯	200	1.1	240	0.27	4.1
聚酰胺－6	240	0.175	280	0.08	2.2
聚酰胺66	270	0.17	310	0.049	3.5

注:所列聚合物均为指定的产品,因此其数据仅供参考用。

(2)压力对剪切黏度的影响

一般低分子的压缩性不很大,压力增加对其黏度的影响不大。但是,聚合物由于具有长链结构和分子链内旋转,产生空洞较多,所以在加工温度下的压缩性比普通流体大得多。聚合物在高压下(注射成型时受压达35～300MPa)体积收缩较大,分子间作用力增大,黏度增大,有些甚至会增加十倍以上,从而影响了流动性。在没有可靠依据的情况下,将低压下的流变数据用在高压场合是不正确的。

黏度与压力的关系如下:

$$\eta_p = \eta_{p0} e^{b(p-p_0)} \tag{2-13}$$

式中：η_p 和 η_{p0} 分别代表在压力 p 和大气压 p_0 下的黏度。b 为压力系数，b 与空洞体积成正比，与绝对温度成反比。b 值约为 $2.07 \times 10^{-1} Pa^{-1}$，这表明压力增大 $6.9 \times 10^7 Pa$，则黏度升高35%；可见压力效应是显著的。

对于聚合物流体而言，压力的增加相当于温度的降低。在处理熔体流动的工程问题时，首先把黏度看成是温度的函数，然后再把它看成是压力的函数，这样可在等黏条件下得到一个换算因子 $-(\Delta T/\Delta p)_\eta$，即可确定出产生同样熔体黏度所需施加的压力相当的温降。表2-3中列举了几种聚合物熔体的换算因子，恒熵下温度随压力的变化和恒熔下温度随压力变化的数据。一般聚合物熔体的换算因子值约为 $(3 \sim 9) \times 10^{-7}$℃/Pa。即压力增大1Pa，相当于温度降低 $(3 \sim 9) \times 10^{-7}$℃。

表2-3　聚合物熔体的 $-\left(\frac{\Delta T}{\Delta p}\right)_\eta$ 值

聚合物	$-(\Delta T/\Delta p) \times 10^7$	$(\partial T/\partial p) \times 10^7$	$(\partial T/\partial p) \times 10^7$
聚氯乙烯	3.1	1.1	16
尼龙66	3.2	1.2	11
聚甲基丙烯酸甲酯	3.3	1.2	13
聚苯乙烯	4.0	1.5	13
高密度聚乙烯	4.2	1.5	13
共聚聚甲醛	5.1	1.4	14
低密度聚乙烯	5.3	1.6	16
聚有机硅氧烷	6.7	1.9	9
聚丙烯	8.0	2.2	19

聚合物结构不同对压力的敏感性也不同。一般情况带有体积庞大的苯基的聚合物，相对分子质量较大、密度较低者其黏度受压力的影响较大。还应指出，即使同一压力下的同一聚合物熔体，如果在成型时所用设备的大小不同，则其流动行为也有差别。因为尽管所受压力相同，所受剪切应力仍可以不同。

(3)温度和压力对拉伸黏度的影响

温度和压力对流体拉伸黏度的影响与对剪切黏度的影响相同，故不再赘述。

2.2.5　弹　性

聚合物熔体是一种高弹性流体。它在流动时，不但有切应力，而且还有法向应力。当流线收敛时，沿流动方向有速度梯度，则还存在拉伸应力。这些力都会产生弹性形变，所以在聚合物流体中存在着三种基本形变，即能量耗散形变或黏性流动、储能弹性或可回复弹性形变和破裂。

聚合物熔体在流动时，由于大分子构象的变化，产生可回复的弹性形变，因而发生了弹性效应。典型的弹性效应例子就是聚合物熔体在挤出时的出模膨胀(见图2-8)。这种现象对低分子流体来说是没有的。弹性形变的回复不是瞬间完成的，因为聚合物熔体弹性形变的实质是大分子长链的弯曲和延伸,应力解除后这种弯曲和延伸的回复需要克复内在的黏性阻滞。因此,在聚合物加工过程中的弹性形变及其随后的回复,对制品的外观、尺寸,对产量和质量都有重要影响。

聚合物熔体随着所受应力不同而表现的弹性也有剪切和拉伸等的区别。

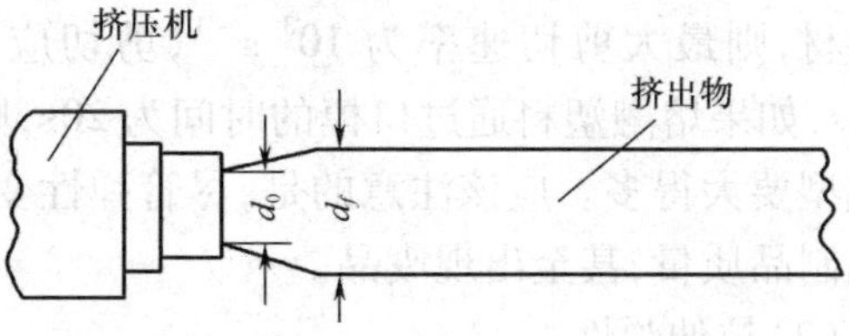

图2-8 挤出塑料时的出模膨胀现象

d_0—出口部分口模的内径 d_f—挤出物膨胀后的直径 d_f/d_0—出模膨胀比

(1)剪切弹性

物料所受剪切应力 τ,对其发生的剪切弹性变形 γ_R(亦称可以回复的剪切变形)的比称为剪切弹性模量 G。

$$G = \frac{\tau}{\gamma_R} \tag{2-14}$$

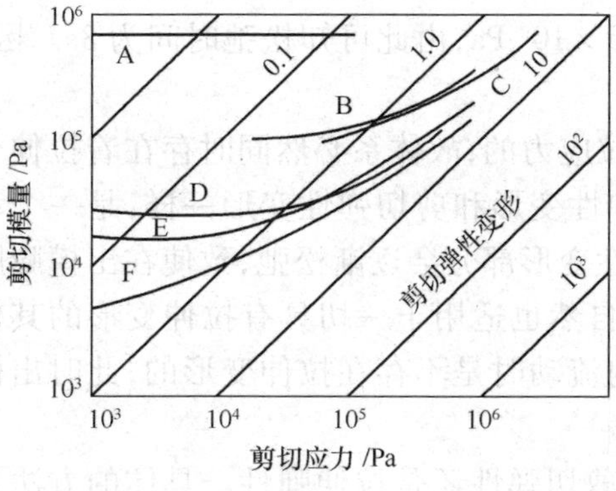

图2-9 几种塑料在大气压力下的剪切弹性

A—尼龙-66(285℃) B—尼龙-11(220℃)

C—甲醛共聚物(200℃) D—低密度聚乙烯(190℃)

E—聚甲基丙烯酸甲酯(230℃) F—乙丙共聚物(230℃)

注:此处所列塑料均为指定产品,因此其数据仅供参考。

绝大多数聚合物熔体的剪切模量在定温下都是随应力的增大而上升的。在应力低于 10^6Pa 时剪切弹性模量约为 10^3~10^6 Pa,当应力继续增大时,熔体模量有上升的趋势,即聚合物熔体往往出现应变硬化的情况。几种热塑性塑料的剪切弹性模量和剪切应力的关系见图2-9。

温度、压力和相对分子质量对聚合物熔体的剪切弹性模量的影响都很有限,影响比较显著的是相对分于质量分布。相对分子质量分布宽的具有较小的模量和大而缓的弹性回复,相对分子质量分布窄的则相反。如前述,聚合物熔体在受有应力时,黏性和弹性两种变形都有发生。两种之中以哪一种占优势,这在成型过程中应当加以考虑。作为一种粗略的估计:凡是变形经历的时间大于松弛时间(定义为聚合物熔体受到应力作用时,表观黏度对弹性模量的比值,即 η_a/G)的体系,则黏性变形将占优势。众所周知的,聚合物熔体在受到应力作用的过程中,一方面有分子被拉直和分子线团被解缠,另一方面又有已被拉直的分子在发生卷曲和缠结,它是一个动态过程,如果在时间上允许分子重新卷曲和缠结进展得多一些,则最后变形中弹性变形部分势必退居次要地位。因为黏性变形部分没有回复的可能,而弹性变形部分则可以回复。例如,在注射温度为230℃和注射时间为2s的条件下注射聚甲基丙烯酸甲酯,如果按表2-1所列数据,最大剪切速率为 $10^5 s^{-1}$,则其相应的剪切应力即可从图2-5中查得为0.9MPa,表观黏度为9Pa·s,又从图2-9中查得其相应的剪切模量为0.21MPa,由此计算出松弛时间为 43×10^{-6}s,同注射时间相比较则实微不足道。因此,在注射过程中的弹性变形是很小的。如果用相同材料在相同温度下挤出棒材,则最大剪切速率为 $10^3\ s^{-1}$,剪切应力为 3×10^5Pa,相应的松弛时间为 2.5×10^{-3}s,如果熔融塑料通过口模的时间为20s,则最后的弹性变形部分仍然较小,但已比注射成型要大得多。应该注意的是,尽管弹性变形很小,但仍能使熔体产生流动缺陷,从而影响制品质量,甚至出现废品。

(2)拉伸弹性

物料所受拉伸应力 σ,对其发生的拉伸弹性变形 ε_R 的比称之为拉伸弹性模量 E。

$$E=\frac{\sigma}{\varepsilon_R} \tag{2-15}$$

聚合物熔体的拉伸弹性模量,在单向拉伸应力低于1MPa时,等于剪切弹性模量的3倍,拉伸弹性变形的最高限值约为2。

成型过程中,决定熔体由拉伸应力引起的变形是黏性还是弹性占优势的依据仍然是松弛时间。例如,挂在口模上的乙丙共聚物吹塑型坯,其温度为230℃,吹胀前经历的时间为5s,垂伸的弹性变形速率约为 $0.03s^{-1}$。在这种情况下熔体的拉伸黏度约为 3.6×10^4 Pa·s(见图2-7),拉伸弹性模量约为 4.6×10^3 Pa,由此可知松弛时间为8s。因此,型坯下垂的性质当以弹性为主。

聚合物熔体在锥形流道中流动时是受有拉应力的,故体系必然同时存在着拉伸变形和剪切变形,而且其效果具有迭加性。拉伸弹性变形和剪切弹性变形一样,是一个动态过程。所以,在较长的锥形流道中流动时,弹性变形部分会逐渐松弛,致使在出模膨胀中由拉伸弹性形变的贡献部分减少。这一情况自然也适用于一切具有拉伸变形的其他成型过程。综上所述,熔体在截面不变的通道内流动时是不存在拉伸变形的,此时出模膨胀与拉伸弹性形变无关。

仍可以用松弛时间来区别熔体中弹性是剪切弹性还是拉伸弹性。具体的方法是根据熔体在成型中所经历的过程分别求剪切和拉伸的松弛时间,在弹性变形中占优势的将是松弛时间数值较大的一种。根据大量实验结果证明:如果两种应力都不超过 10^3Pa,则两种松弛时间近似相等,应力较大时,拉伸松弛时间总是大于剪切松弛时间,其程度与聚合物的性质有关。

2.2.6 流体在简单截面管道中的流动

成型过程中,经常需要让物料通过管道(包括模具中的流道),以便对它加热、冷却、加压和成型。通过管道时塑料的状态可以是流体或固体,但以流体居多。

理解塑料流体在流道内流动时的流率与压力降的关系,以及沿着流道截面上的流速分布是很重要的,因为这些对设计模具和设备、了解已有设备的工作性能以及进行制品和工艺设计都很有帮助,这些结果和数据甚至可以成为设计依据。由于聚合物熔体流动的复杂性,目前只能对一些简单流道进行计算分析,它们是①圆形和狭缝形(即长方形,但其宽与高的比值须等于或大于10)截面的流道;②与①有关联的流道,如环隙形流道,③截面的形状是圆形与挟缝形的组合形状;④矩形、椭圆形和等边三角形截面的流道。前三种不论是对牛顿流体还是非牛顿流体都能从理论分析求得其计算公式,而第四种还只能对牛顿流体进行处理。

(1)在圆形流道中的流动

在成型中所涉及到的塑料流体大多都是塑料熔体和分散体,其黏度都很高,所以它们在流道内的流动基本上都属于层流。此外,流体还仅限于服从指数定律的流体且在等温条件下流动。最后,流动必须是稳态流动,即流动速度不因时间改变而变化。

当塑料熔体按上述条件在等截面圆形流道中流动时,所受到的剪切应力和真实剪切速率之间的关系可用式(2-5)来表示。此时,流速 v 是随任意流动层的半径 r(见图2-10)的增大而减小,中心处流速最大,即

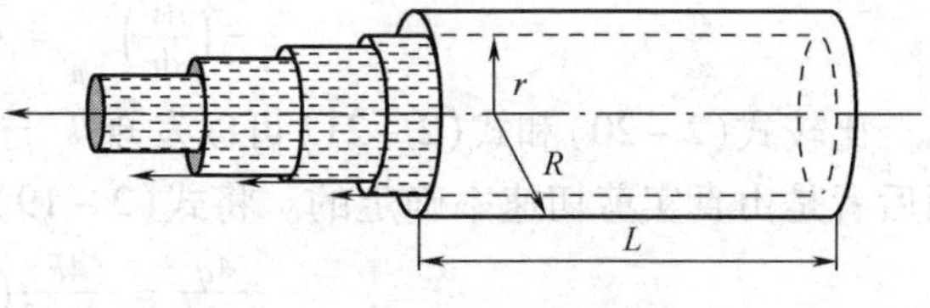

图2-10　流体在圆管内的流动

$$-\frac{\mathrm{d}v}{\mathrm{d}r} = k\tau^{m} \qquad (2-16)$$

规定圆管的半径为 R,管长为 L。于是在任意半径 r 处的流层所受到的剪切应力为:

$$\tau = \frac{RP}{2L} \qquad (2-17)$$

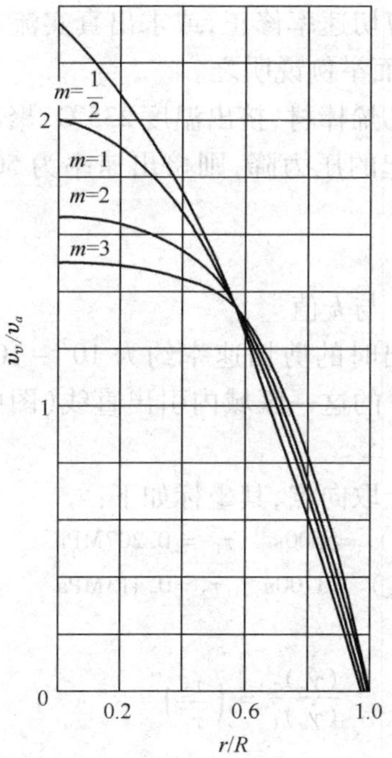

图2-11　服从指数定律的流体在圆管内作等温流动时的流速分布图

式中:p 代表圆管两端的压力降,对于一般流体在管壁处的流动速率为零,即 $v_{r=R}=0$。不过聚合物熔体由于在管壁处可能产生滑移,故流速不为零。但当此效应不明显时仍可以认为 $v_{r=R}=0$,将式(2-17)代入(2-16)并求其积分,得到流体在任意半径处的流速 v_r:

$$v_r = k\left(\frac{p}{2L}\right)^{m}\left(\frac{R^{m+1}-r^{m+1}}{m+1}\right) \qquad (2-18)$$

上式既表示恒压下流体在圆管截面上各点的流动速度,同时也表现出压力与降流动速度的关系。图2-11是以 v_r/v_a(v_a 为平均速度)对 r/R 所作的图。图中四条曲线分别表示四种不同 m 值的流速分布情况。

流体在管中的体积流率 q 为:

$$q = \int_0^R 2\pi r v_r \mathrm{d}r$$

将式(2-18)代入上式积分得:

$$q = \pi k\left(\frac{p}{2L}\right)^{m}\left(\frac{R^{m+3}}{m+3}\right) \qquad (2-19)$$

通常书籍或资料上所载的由毛细管流变仪测出的聚合物熔体流动曲线图,大多是用最大剪切应力 $pR/2L$(也就是在管壁处的应力)和相应的牛顿剪切速率 $4q/\pi R^2$ 所作的图。所谓牛顿剪切速率就是将非牛顿流体视为牛顿流体时的剪切速率,也称为“表观剪切速率”。这样,如果要用这种图来求解式(2-18)、

(2-19)中的 k 值就必须经过换算。对于服从指数定律的流体在圆管内的流动，可以按下式来处理。

首先引入一个称为“表观流动常数”k'的概念，它的意义是：

$$\frac{4q}{\pi R^3} = k'\left(\frac{pR}{2L}\right)^m \tag{2-20}$$

管壁处的真实剪切速率：

$$-\left(\frac{dV}{dr}\right)_{r=R} = k\left(\frac{pR}{2L}\right) \tag{2-21}$$

比较式(2-20)和式(2-21)可以发现 k' 与 k 不同、前者是由表观剪切速率确定的，而后者是由真实剪切速率确定的。将式(2-19)重排得：

$$\frac{4q}{\pi R^3} = \frac{4k}{m+3}\left(\frac{pR}{2L}\right)^m \tag{2-22}$$

由此我们找到了真实剪切速率与表观剪切速率之间的关系：

$$\dot{\gamma} = \frac{3n+1}{4n}\dot{\gamma}' \tag{2-23}$$

这就是非牛顿流体的“拉宾罗维奇(Rabinowitsch)改正”。同样，找到 k 与 k'的关系：

$$k = \left(\frac{m+3}{4}\right)k' = \left(\frac{3n+1}{3n}\right)k' \tag{2-24}$$

由此，在处理非牛顿流体的流动问题时，就可以进行剪切速率修正，或求出真实流动常数来进行进一步计算，从而保证结果更接近于真实。下面举例说明之。

例题：用内径为2cm，长度为8cm 的口模挤出聚乙烯棒材，挤出温度235℃，聚乙烯在235℃的流动曲线见图2-12，如果不计端末效应引起的压力降，则挤出速率为 50cm²/s 时，聚乙烯熔体进入口模时的压力为多少？

解

1)求出描述235℃聚乙烯熔体的指数函数中的 m 与 k 值

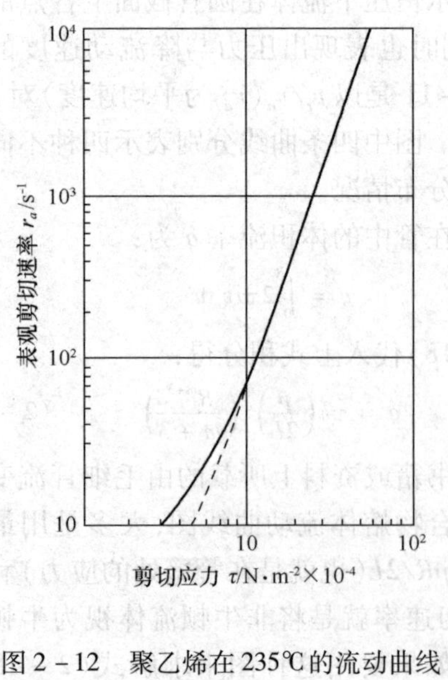

图2-12 聚乙烯在235℃的流动曲线

由于挤出时的剪切速率约为 $10^2 \sim 10^3\ s^{-1}$，故在图2-12的这一区域内引出直线(图中的虚线)。

在直线上取向点，其坐标如下：

$$(\dot{\gamma}_a)_1 = 500s^{-1}, \tau_1 = 0.207MPa$$
$$(\dot{\gamma}_a)_2 = 3700s^{-1}, \tau_2 = 0.413MPa$$

由于：

$$\frac{(\dot{\gamma}_a)_2}{(\dot{\gamma}_a)_1} = \left(\frac{\tau_2}{\tau_1}\right)^m$$

所以：

$$\frac{3700}{500} = \left(\frac{0.413}{0.207}\right)^m$$

算得 $m = 2.73$

因为 $\dot{\gamma}_a = k'\tau^m$，所以

$$k'_1 = (\dot{\gamma}_a)_1 = \frac{500}{(0.207)^{2.73}} = 3.68 \times 10^4$$

$$k'_2 = (\gamma_a)_2 = \frac{3700}{(0.413)^{2.73}} = 4.14 \times 10^4$$

故：
$$k' = \frac{(k'_1 + k'_2)}{2} = \frac{(3.68 \times 10^4 + 4.14 \times 10^4)}{2} = 3.91 \times 10^4$$

又：
$$k = \frac{(m+3)k'}{4} = (2.73 + 3) \times 5.59 \times \frac{10^4}{4} = 5.59 \times 10^4$$

2）求进入口模时的压力

将式（2－19）整理得：

$$p = \left[\frac{2^m L^m (m+3) q}{\pi k R^{m+3}}\right]^{\frac{1}{m}}$$

将原始数据和计算出的数据代入：

$$p = \left[\frac{2^{2.73} 0.08^{2.73} (2.73 + 3) \times 50 \times 10^{-6}}{3.14 \times 5.59 \times 10^4 \times 0.01^{5.73}}\right]^{\frac{1}{2.73}} = 1.52\text{MPa}$$

如果大气压力为0.1MPa，则聚乙烯熔体进入口模时的压力应为：

$$p_c = p + 0.1 = 1.52 + 0.1 = 1.62\text{MPa}$$

（2）在狭缝形流道内的流动

当符合指数定律的塑料流体在等温条件下在狭缝形流道中稳定流动时，如果狭缝宽度 W（见图2－13）大于狭缝厚度 h 的20倍，则狭缝形流道两侧壁对流速的减缓作用可忽略不计。从分析可知，流速在沿狭缝形截面宽度中心线上各点最大，在上下两壁处为零。同理，流体所受到的剪切应力和真实剪切速率之间有如下关系：

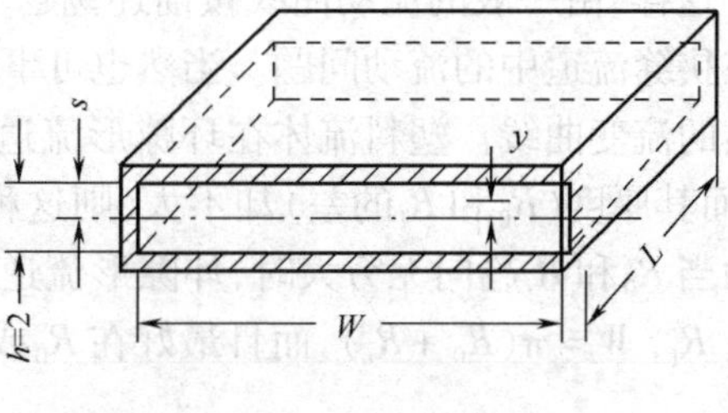

图2－13　狭缝流道示意图

$$-\frac{dv}{dy} = k\tau^m \tag{2-25}$$

式中：y 表示狭缝截面上任意一点到中心线的距离。于是，距中心线 y 处而与中心层平行的流层所受到的剪切应力为：

$$\tau = \frac{p}{L} y \tag{2-26}$$

代入式（2－25）积分有：

$$v_y = k\left(\frac{p}{L}\right)^m \left(\frac{1}{m+1}\right)\left[\left(\frac{h}{2}\right)^{m+1} - y^{m+1}\right] \tag{2-27}$$

又：

$$q = \int_0^{\frac{h}{2}} 2Wv_y \, dy$$

故有：

$$q = kW\left(\frac{p}{L}\right)^m \frac{h^{m+2}}{2^{m+1}(m+2)} \tag{2-28}$$

同在圆管内流动一样，如需利用一般流动曲线来求解式（2－27）和式（2－28）中的常数 k，也需经过换算。已知流体在狭缝形流道上下两壁处所处的应力为（$ph/2l$），相应的表观剪切速率可将式(2－28)中的 m 值定为1而求得,即$(6q/Wh^2)$。于是表观流动常数 k''由下式定义出:

$$k''\left(\frac{ph}{2L}\right)^m = \frac{6q}{Wh^2} \tag{2-29}$$

把式(2－28)重排有

$$k\left(\frac{ph}{2L}\right)^m \frac{3}{m+3} = \frac{6q}{Wh^2} \tag{2-30}$$

比较二式可得:

$$k = \frac{(m+2)}{3}k'' \tag{2-31}$$

近壁处的真实剪切速率 $\dot{\gamma}_w$ 和表观剪切速率 $\dot{\gamma}'_w$ 的关系则可写成:

$$\dot{\gamma}_w = \frac{(m+2)}{3}\dot{\gamma}'_w$$

同时,把式(2－24)同式(2－31)联解得到:

$$k'' = \frac{3(m+3)}{4(m+2)}k' \tag{2-32}$$

这样,由一般的流动曲线按前述例题求出 k'和 m,再求出 k''和 h 后,亦可处理非牛顿流体在狭缝流道中的流动问题。当然也可事先对表观剪切速率进行非牛顿性改正,从而得到真实的流变曲线。塑料流体在环隙形流道内流动时,如果环隙的半径(外径 R_0内径 R_i)很大,而其厚度(R_0和 R_i的差)却不大,则这种流动也可以按式(2－27)和(2－28)进行计算。因为当 R_0和 R_i趋向无穷大时,环隙形流道就是狭缝形流道。进行计算时,上述两式中 $h = R_0 - R_i$, $W=\pi(R_0+R_i)$,而且最好在 R_0或 R_i大于$20(R_0 - R_i)$的情况下,否则误差较大。

2.2.7 流动的缺陷

塑料流体在流道中流动时,常因种种原因使流动出现不正常现象或缺陷。这种缺陷如果发生在成型中,则常会使制品的外观质量受到损伤。例如表面出现闷光、麻面、波纹以至裂纹等,有时制品的强度或其他性能也会劣变。当然,这些现象都是工艺条件、制品设计、设备设计和原料选择不当等所造成的。下面将简单地论列其中较为重要的原因。

(1)管壁上的滑移

在分析聚合物流体在流道内的流动时,往往都有一个前提:贴近管壁一层流体是不流动的(如水和甘油等低分子物在管内的流动就是这种情况)。但是许多实验证明,塑料熔体在高剪切应力下的流动并非如此,贴近管壁处的流体层会发生间断的流动,或称滑移。这样管内的整个流动就成为不稳定流动,即在熔体流程特定点上的质点加速度不等于零,或 $\partial v/\partial t \neq 0$。显然,这种滑移不仅会影响流率的稳定和在无滑移前提下的计算结果(通常比实际结果小5%左右),而且还说明了挤出过程中为何有时会发生挤出物出模膨胀不均,以及几何形状相同或相似的仪器测定的同一种样品的流变数据不尽相同的原因。实验证明,滑移的程度不仅与聚合物品种有关而且还与采用的润滑剂和管壁的性质有关。

(2)端末效应

如前述,不管是用哪种截面流道的流动方程,都只能用于稳态流动的流体,但是在流体由大管或储槽流入小管后的最初一段区域内(见图2－14所示进口区),流体的流动不是稳态流动。这段管长 L 对聚合物熔体而言，根据实验确定大约等于 $0.03 \sim 0.05ReD$，Re 为雷诺准数，D 为管径。这一段管长内的压力降总比用式(2－19)算出的大，其原因在于熔体从大管流入小管时，必须变形以适应在新流道内的流动。但聚合物熔体具有弹性，对变形具有抵抗能力，因此就需消耗适当的能量，即消耗适当的压力降，来完成在这段管内的变形。其次，熔体各点的速度在大小管内是不同的，为调整速度，也要消耗一定的压力降。实验证明，在一般情况下，如果将式(2－19)中 L 改为 $(L+3D)$ 来计算压力降，则由上面两种情况引起的压力降就可被包括在内。当然，也可用巴格利的方法进行严格的入口校正，读者可查阅有关资料，此不再赘述。

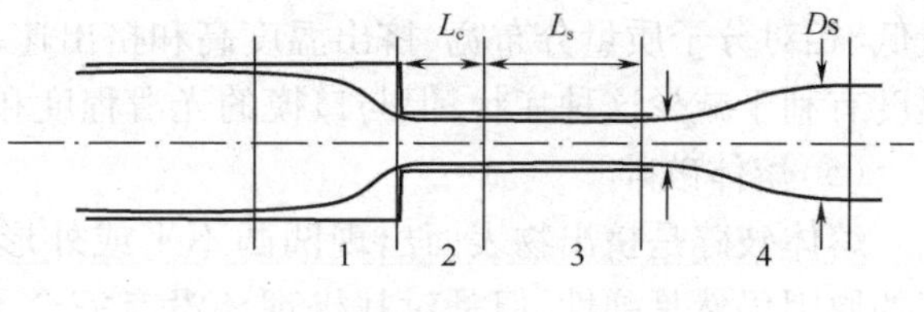

图 2－14　流体在圆管内流动分区图
1—大管或储槽进口区　2—小管进口区
3—小管稳态流动区 1　4—小管出口区

塑料熔体从流道流出时，料流有先收缩后膨胀的现象。如果是牛顿流体则只有收缩而无膨胀。收缩的原因除了物料冷却外，还由于熔体在流道内流动时，料流径向上各点的速度不相等，当流出流道后须自行调整为相等的速度。这样，料流的直径就会发生收缩，理论上收缩的程度可用式(2－33)表示：

$$\frac{D_0}{D} = \sqrt{(m+2)/(m+3)} \tag{2-33}$$

式中：D_0 是料流在出口处的直径，D 为流道直径，m 为常数，其意义同指数定律中的 m 一致。

对于牛顿流体，$m=1$ 则 $D_0/D = 0.87$ 表明收缩率为13%。如果是假塑性流体，则收缩率恒小于此值，由于后面紧接着料流发生膨胀，因此此收缩现象常不易观察到。

挤出物的膨胀是由于弹性回复造成的。如果是单纯的弹性回复而且熔体组分均匀，温度恒定和符合流动规律，则这种膨胀可以通过复杂计算求得，但是实际过程中这种情况极少，圆形流道中的聚合物熔体，其相对膨胀率约为 30% ~100%。

(3)弹性对层流的干扰

塑料熔体在成型过程中的雷诺准数通常均小于 10，故不应出现湍流。但事实却不尽然如此，因为它具有弹性，熔体在管内流动时，其可逆的弹性形变是在逐渐回复的。如果回复太大或过快则流动单元的运动就不会限制在一个流动层，势必引起湍流，通常称为弹性湍流。弹性湍流的发生也有一定规律，对于塑料熔体的剪切流动，只有当 $\dot{\gamma}_R$[见式(2－14)]的值超过 4.5 ~5 时才会发生。

(4)“鲨鱼皮症”

“鲨鱼皮症”是发生在挤出物表面上的一种缺陷。这种缺陷可自挤出物表面发生闷光起，变至表面呈现与流动方向垂直的许多具有规则和相当间距的细微棱脊为止。其起因有认为是挤出口模对挤出物表面所产生的周期性张力，也有认为是口模对熔体发生时黏时滑的作用所带来的结果。根据研究得知：①这种症状不依赖于口模的进口角或直径，而且只能在挤出物的线速度达到临界值时才出现；②这种症状在聚合物相对分子质量低、相对分子质量分布宽、挤出温度高和挤出速率低时不容易出现；③提高口模末端的温度有利于减少这种症状，但与口模的光滑程度和模具的材料关系不大。

(5)熔体破碎

熔体破碎是挤出物表面出现凹凸不平或外形发生畸变或断裂的总称。发生熔体破碎的原因仍然是弹性，但是对其机理还没有完全了解清楚，有些现象还不能从分子结构观点加以解释，更谈不上对其预测和加以防范了。目前对其的解释是：在流动中，中心部位的聚合物受到拉伸，由于它的黏弹性在流场中产生了可回复的弹性形变，形变程度随剪切速率的增大而增大。当剪切速率增大到一定程度，弹性形变到达极限，熔体再不能够承受更大的形变了，于是流线发生周期性断开，造成“破裂”。另一种解释仍然是“黏－滑机理”，认为由于熔体与流道壁之间缺乏黏着力，在某一临界切应力以上时，熔体产生滑动，同时释放出由于流经口模而吸收的过量能量。能量释放后以及由于滑动造成的“温升”，使得熔体再度粘上。由于这种“黏－滑过程”，流线出现不连续性，使得有不同形变历史的熔体段错落交替地组成挤出物。不过这种说法还有一些争论，没有争论的是：①熔体破碎只能在管壁处剪切应力或剪切速率达到临界值后才会发生；②临界值随着口模的长径比和挤出温度的提高而上升；③对大多数塑料来说，临界剪切应力约为0.1～1MPa。塑料品种和牌号不同，此临界值有所不同；④临界剪切应力随着聚合物相对分子质量的降低和相对分子质量分布幅度的增大而上升；⑤熔体破碎与口模光滑程度的关系不大，但与模具材料的关系较大；⑥如果使口模的进口区流线型化，常可以使临界剪切速度增大十倍或更多；⑦某些聚合物，尤其是高密度聚乙烯，显示有超流动区，即在剪切速率高出寻常临界值时挤出物并不出现熔体破碎的现象。因此，这些聚合物采用高速加工是可行的。

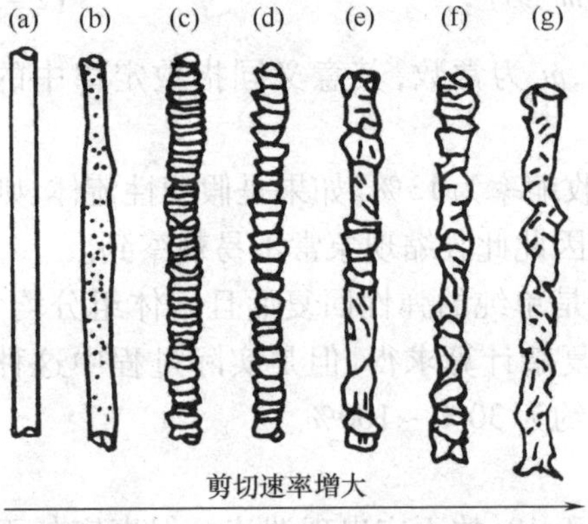

图 2－15　聚合物挤出时熔体破碎示意图

典型的熔体破碎例子见图 2－15。在剪切速率 $\dot{\gamma}$ 极低时，挤出物表面光滑(a)；$\dot{\gamma}$ 逐渐增加挤出物表面出现细纹(b)；进一步出现粘连的螺峰(c)；当 $\dot{\gamma}$ 再增大时，出现单个分离的螺峰(d)；随后出现振荡区，即螺峰与畸变相间。作用力大时为峰，作用力小时为畸变(e)；经过振荡区以后，畸变量大于螺峰量(f)，$\dot{\gamma}$ 足够高时，挤出物整体发生畸变(g)。

2.2.8　聚合物共混体系的形态

为了获得低成本、高性能的新型聚合物材料，在实际生产中最经济可行的方法是将两种或两种以上的聚合物进行混合以获得性能优异的多相结构。如果将聚合物共混的涵义限定在物理共混的范畴之内，则可对聚合物共混作出如下定义：聚合物共混是指两种或两种以上均聚物或共聚物经混合制成宏观均匀物质的过程。共混的产物称为聚合物共混物。高分子共混物是一种多相结构的材料，其力学性能主要取决于共混物相界面、组分之间相互作用以及共混物的相形态。高分子共混物的形态结构是指分散相颗粒的大小,形状和分布等,共混过程中相形态的形成及其演变过程将决定共混物最终的结构,极大地影响着材料的力学性能。

就某些可以完全相容的共混体系而言,其流变行为与均聚物基本一致,但是能达到分子水平相容的聚合物对不多,大部分聚合物之间都是不相容的。当两种不相容聚合物共混时,一相在另一相中的尺寸、形状和分布依赖于材料本身的性质(混合物组成、两相黏度比、界面强度)以及加工条件(加工温度、时间、混合强度以及流体性质等)。因此,如何在流场中控制共混物体系的相形态以及相界面成为共混物制品制备中的重要内容。对于一对给定的聚合物共混物体系,经过适当的混合过程后,可以呈现出几种不同的共混物相形态,对应于不同的制品性能,如高强度和韧性、高的屏蔽性以及高流动性等,见图2-16。

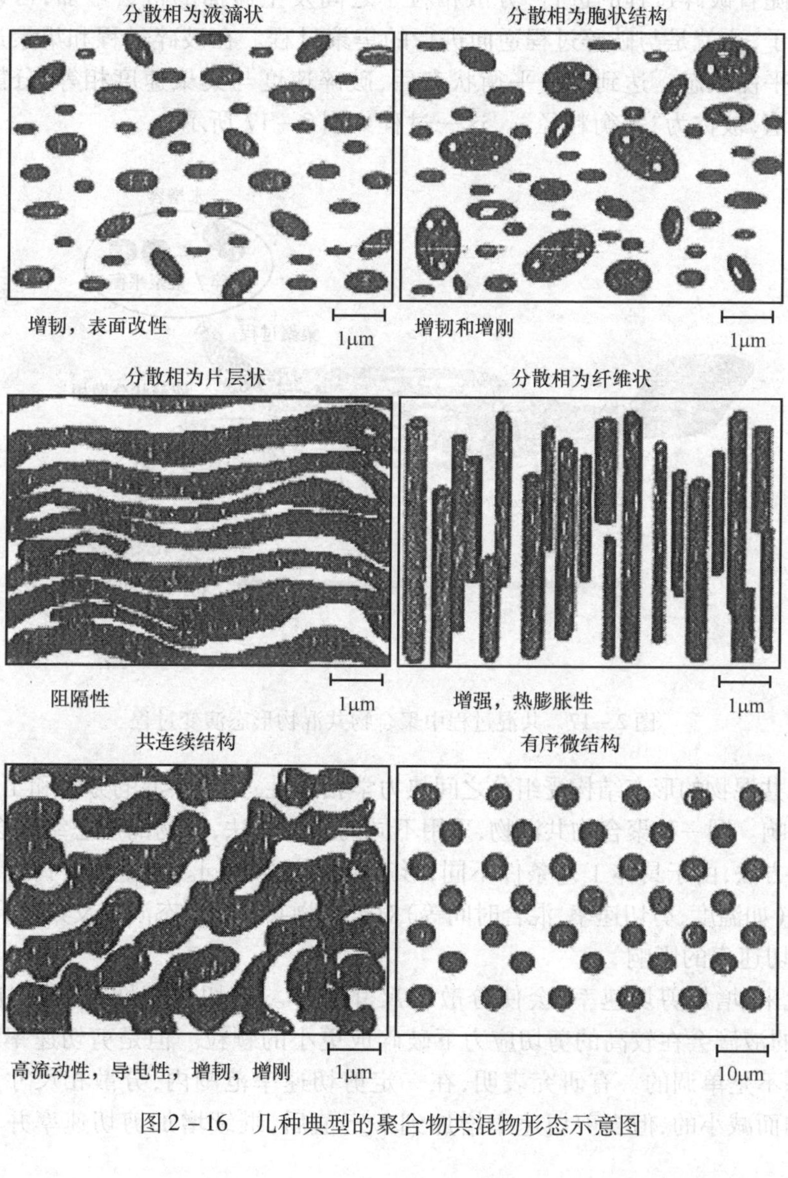

图2-16　几种典型的聚合物共混物形态示意图

近年来,纳米结构聚合物共混物受到越来越多的关注。所谓纳米共混物是指分散相尺寸低于100nm的聚合物共混物。由于其中一相聚合物以纳米尺度分散于基体中,其表现出非常独特的性能,尤其是会极大地提高共混体系的模量。纳米结构的分散相可以通过大分子的自组装(所谓大分子的自组装是通过大分子的一系列构象转变而达到最终有序材料的设计)方法得到,可以增加聚合物共混体系的界面作用,也可以明显提高共混体系的电性能和光学性能等。

聚合物共混物在流动和变形过程中,也受到剪切、拉伸和压缩三种主要应力作用,经历各种的形态演变过程,这里以最终分散相以液滴状存在的共混体系的形态演变为例说明。

共混体系中的分散相物料在剪切拉伸作用下形成片状结构,继而破碎成更小尺寸的粒子。在共混的初始阶段,由于分散相粒径较大,分散相粒子数目较少,所以破碎过程占主要地位。随着破碎过程的进行,分散相粒子之间发生碰撞的机会增加,可以重新集聚成较大的粒子,这就是与破碎过程逆向进行的集聚过程。在破碎过程和集聚过程之间可以达到一种平衡状态。达到这一平衡状态后,破碎速度与集聚速度相等,分散相粒径也达到一平衡值,被称为“平衡粒径”。这一过程如图2－17所示。

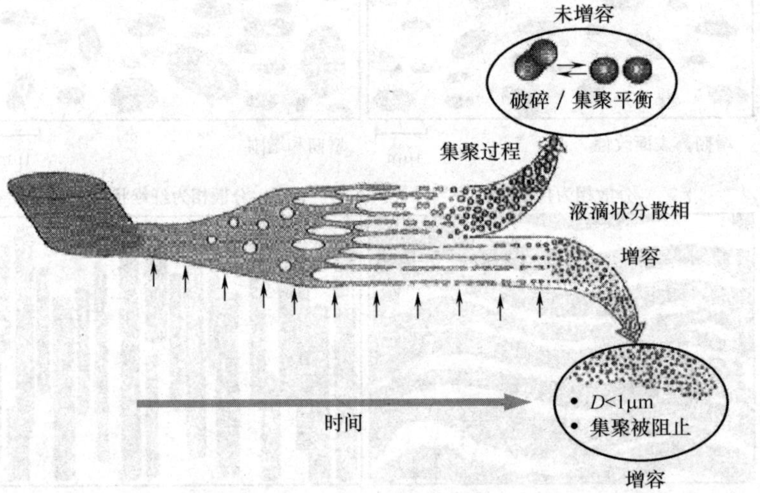

图2－17　共混过程中聚合物共混物形态演变过程

聚合物共混物的形态结构受组分之间热力学相容性、实施共混的方法和工艺条件等多方面因素影响。同一种聚合物共混物,采用不同的制备方法,产物的形态结构会迥然不同;同一种制备方法,由于具体工艺条件不同,形态结构也会不同。这里主要讨论混合和加工的工艺参数(如温度、剪切速率、混合时间等)对聚合物共混物形态演变及其影响因素。

(1)剪切速率的影响

一般说来,增加剪切速率,会使分散相尺寸减小。剪切速率增大,剪切应力相应增大,分散相的液滴会在较高的剪切应力下破碎成更小的颗粒。但是剪切速率对分散相尺寸的影响并不是单调的。有研究表明,在一定剪切速率范围内,分散相尺寸是随着剪切速率的增加而减小的,但当剪切速率增加到一定值后,继续增加剪切速率并不能继续减小分散相尺寸，甚至还可能产生集聚现象，使某些小的分散相颗粒碰撞集聚，形成较大尺寸的分散相。

(2)混合时间的影响

初始混合阶段，分散相尺寸迅速下降，这种趋势与剪切速率的影响是相应的。随着混合时间的延长，分散相尺寸不再有更大的变化。例如用混炼器进行共混时，在最初的1min内，分散相尺寸迅速减小，之后聚合物共混物的形态不再发生变化，继续混合10min后，集聚现象出现，分散相尺寸反倒增加了。

(3)混合温度的影响

温度对共混物形态的影响非常明显，但是针对不同的共混体系，其影响也较为复杂。一方面，增加温度会降低聚合物熔体的黏度，有利于分散相的破碎；另一方面，分散相含量较高时，较低的黏度又增加了分散相颗粒集聚的可能。而且，如果温度对连续相的黏度影响更明显时，则不利于分散相的破碎与分散。因此，在制备不同的聚合物共混体系时，要充分考虑温度对各相的影响。

聚合物共混物的形态演变及控制是非常复杂的，这里仅仅描述了一些简单的变形机理，给大家一个初步了解如何控制共混物形态演变以及最终形态对性能的影响。如果知道共混物在混合设备及加工过程中分散相以及连续相之间的关系，有利于通过调整工艺条件控制分散相的形态，最终达到控制共混物性能的目的。

目前，更多的热点问题集中在如何在聚合物共混体系中，使分散相达到纳米尺度，当分散相尺寸减小到纳米尺度时，有望为共混体系提供更令人瞩目的性能。另一个更受大家关注的问题则是利用一些外界介质(如CO_2)减小分散相的尺寸，改善分散相的分布，这一研究可能得到一些新的结构。

2.3 聚合物的加热与冷却

聚合物在成型加工中为使流动和成型，加热和冷却是必须的。任何物料加热与冷却的难易是由温度或热量在物料中的传递速度决定的，而传递速度又决定于物料的固有性能—热扩散系数α，这一系数的定义为：

$$\alpha = k/C_p\rho \quad (2-34)$$

式中：k为导热系数，C_p为定压热容，ρ为密度，某些材料的热性能见表2-4。

表2-4　某些材料的热性能(常温)

材　料	C_p/cal(g·℃)	$k/10^4$ cal·cm^{-1}·s^{-1}·℃$^{-1}$	$\alpha/10^4$·cm^2·s^{-1}
聚酰胺	0.40	5.5	12
聚乙烯(高密度)	0.55	11.5	18.5
聚乙烯(低密度)	0.55	8.0	16
聚丙烯	0.46	3.3	8
聚苯乙烯	0.32	3.0	10
聚氯乙烯(硬)	0.21	5.0	15

续表

材　　料	C_p/cal(g·℃)	$k/10^4$ cal·cm^{-1}·s^{-1}·$℃^{-1}$	$\alpha/10^4$·cm^2·s^{-1}
聚氯乙烯(软)	0.3～0.5	3.0～4.0	8.5～6.0
ABS塑料	0.38	5.0	11
聚甲基丙烯酸甲酯	0.35	4.5	11
聚甲醛	0.35	5.5	11
聚碳酸酯	0.30	4.6	13
聚砜	0.3	6.2	16
酚甲醛塑料(木粉填充)	0.35	5.5	11
酚甲醛塑料(矿物填充)	0.30	12	22
脲甲醛塑料	0.4	8.5	14
密胺塑料	0.4	4.5	8
醋酸纤维素	0.4	6	12
玻璃	0.2	20	37
钢材	0.11	1100	950
铜	0.092	10000	1200

注:1cak/(g·℃)=4.1868×10^3J/(kg·K);1cal(cm^2·s·℃)=4.1868×10^4W/(m^2·K)。

表2-4中所列的热扩散系数仅为常温状态下的,如果需要准确计算加工温度范围内各种聚合物的热扩散系数是颇为麻烦的,因为式(2-34)中几个因素都随温度而变化。但是,从实验数据统计结果可知,在较大温度范围内各种聚合物热扩散系数的变化幅度并不很大,通常不到两倍。虽然各种聚合物由玻璃态至熔融态的热扩散系数是逐渐下降的,但是在熔融状态下的较大温度范围内却几乎保持不变。在熔融状态下热扩散系数不变的原因是:比热容随温度上升的趋势恰为密度随温度下降的趋势所抵消。

从表2-4中的数据可以看出,各种聚合物的热扩散系数相差并不很大,但与铜和钢相比,则差得很多,几乎要小1～2个数量级。这说明聚合物热传导的传热速率很小,冷却和加热都不很容易。其次,黏流态聚合物由于黏度很高,对流传热速率也很小。基于这两种原因,在成型过程中,要使一批塑料的各个部分在较短的时间内达到同一温度,常需要很复杂的设备和很大的能耗。即使如此,还往往不易达到要求,尤其在时间上很不经济。

对聚合物加热时还有一项限制,就是不能将推动传热速率的温差提得过高,因为聚合物的传热既然不好,则局部温度就可能过高,会引起降解。聚合物熔体在冷却时也不能使冷却介质与熔体之间温差太大,否则就会因为冷却过快而使其内部产生内应力。因为聚合物熔体在快速冷却时,皮层的降温速率远比内层为快,这样就可能使皮层温度已经低于玻璃化转变温度而内层依然在这一温度之上。此时皮层就成为坚硬的外壳,弹性模量远远超过内层(大至10^3倍以上)。当内层获得进一冷却时,必会因为收缩而使其处于拉伸的状态,同时也使皮层受到应力的作用。这种冷却情况下的聚合物制品,其物理力学性能,如弯曲强度、拉伸强度等都比应有的数值低。严重时,制品会出现翘曲变形以致开裂成为废品。

由于许多聚合物熔体的黏度都很大,因此在成型过程中发生流动时,会因内摩擦而产生显著的热量,摩擦热在单位体积的熔体中产生的速率 Q 为

$$Q = \frac{1}{J}\tau\dot{\gamma} = \frac{1}{J}\eta_a\dot{\gamma}^2 \tag{2-35}$$

式中:τ 为剪切应力,$\dot{\gamma}$ 为剪切速率,η_a 为表观黏度,J 为热功当量。如果熔体的流动是在圆管内进行的,则 Q 在管的中心处为零(因为管中心处 $\tau=0$),而在管壁处最大。

借助摩擦热而使聚合物升温是成型中常用的一种方法,例如在挤塑或注塑过程中聚合物的许多热量来自于摩擦生热。用摩擦的方法加热对有些聚合物是十分有益的,它使熔体烧焦的可能性不大,因为表观黏度常随温度的升高而降低。

聚合物熔体在流动过程中,由于黏度大会在较短的流道内造成很大的压力降,从而可能使前后的密度不一致。密度变小表明熔体的体积膨胀,膨胀则会消耗热能。关于这项热能,虽在理论上有不少计算,但与实际有出入。

最后还须一提的是结晶聚合物在受热熔融时,伴随有相态的转变,这种转变需要吸收较多的热量。例如,部分结晶的聚乙烯熔融时就比无定形的聚苯乙烯熔融时吸收更多的热量。反过来,在冷却时也会放出更多的热量。两种聚合物热焓随温度的变化情况见图 2-18,此图是典型的结晶性聚合物和无定形聚合物的热焓图。此外,聚乙烯在相态转变时,比热容常有突变(图 2-19),但聚苯乙烯的比热容变化就较为缓和(图 2-20)。此图也是较为典型的结晶聚合物和无定形聚合物比热容对温度变化图。

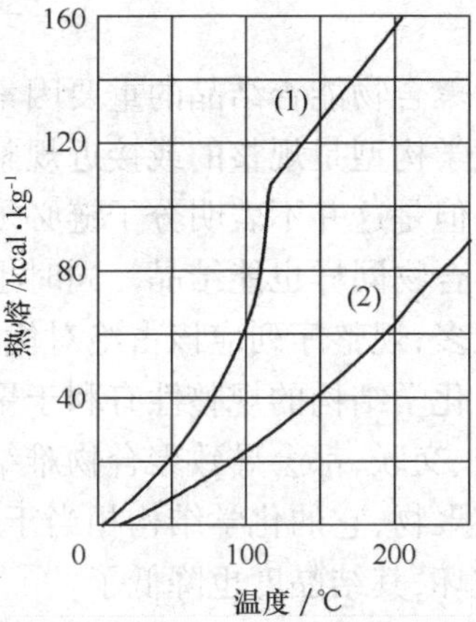

图 2-18　聚乙烯(1)和聚苯乙烯(2)的热焓图

1kcal/kW = 4186.8J/kg

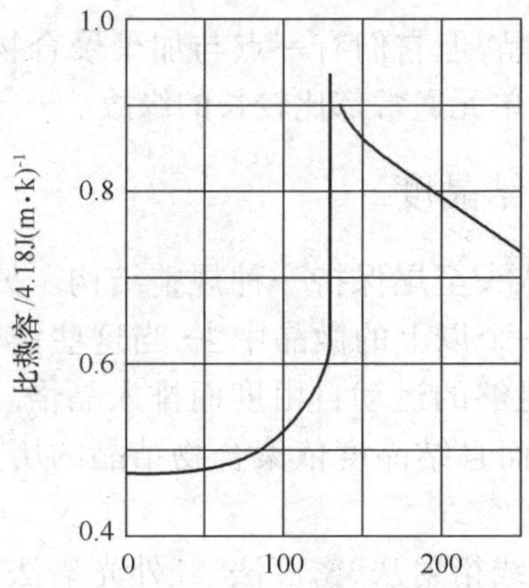

图 2-19　固体和液体聚乙烯的比热容与温度的关系

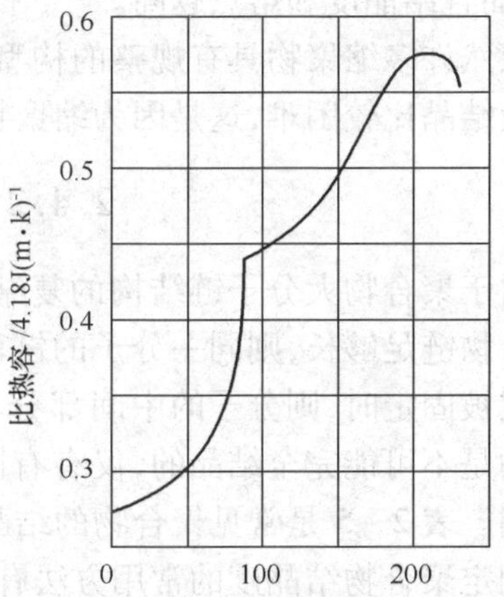

图 2-20　固体和液体聚苯乙烯的比热容与温度的关系

2.4 聚合物的结晶

聚合物加工过程中，伴随有加热、冷却和加压等作用，这将强烈地影响到结晶聚合物的形态和最终产品的性能。因为结晶聚合物的形态结构不仅与聚合物本身的分子结构有关，还与其结晶形成的历史密切相关。从某种意义上讲，加工过程中诸条件对聚合物的最终结构乃至性能起着至关重要的控制作用。因此，对结晶聚合物作深入探讨是十分必要的。

2.4.1 聚合物的结晶能力

聚合物能否结晶的重要因素是其分子结构的规整性。大量研究表明，聚合物分子链的化学构型是规整的或接近规整的就容易结晶，例如聚乙烯、聚偏二氯乙烯、聚四氟乙烯等。但是这并不表明分子链必须有高度的对称性，许多结构对称性不强而空间排列规整的聚合物同样也能结晶。同时也允许分子链在空间有若干部分的不规整，但不规整部分不能多，规整序列应该占绝对优势，而且要有合理的长度，才有利于聚合物结晶。

化学结构的规整性有利于聚合物结晶。反之，任何破坏结构规整性的因素，如支化、共聚、交联，都会导致聚合物难结晶甚至不结晶。如将乙烯同丙烯进行共聚，得到乙烯丙烯共聚物，它的化学结构相当于在大分子链上引入若干甲基支链，大分子结构的规整性被破坏，其结晶度也降低了。

分子链节小和柔顺性适中有利于结晶。链节小易于形成晶核，柔顺性适中，一方面不容易缠结；另一方面使其具有适当的构象才能排入晶格形成一定的晶体结构。

此外，规整的结构只能说明分子能够排列成整齐的阵列，但不能保证该阵列在分子热运动下的稳定性。因此，要保证规整排列的稳定性，分子链节间须有足够的分子间作用力。这些作用力包括偶极力、诱导偶极力和氢链等。分子间作用力越强，结晶结构越稳定，而且结晶度和熔点越高。

虽然许多缩聚物具有规整的构型并且能够结晶，但它们有一点与加聚聚合物不同，即一般结晶比较困难，这是因为缩聚物的重复结构单元通常都比较长的缘故。

2.4.2 聚合物的结晶度

由于聚合物大分子链结构的复杂性，不可能从头至尾保持一种规整结构。另外，如果聚合物链足够长，则同一分子的链段能结合到一个以上的微晶中去，当这些链段以这种方式被固定时，则分子的中间部分不可能再有足够的运动自由度而排入晶格。所以，聚合物是不可能完全结晶的，仅有有限的结晶度，而且结晶度依聚合物结晶的历史不同而不同。表 2－5 是常见聚合物的结晶度范围。

测定聚合物结晶度的常用方法有量热法、X 射线衍射法、密度法、红外光谱法以及核磁共振波谱法等。最为简单的方法是密度法，所费时间和所需样品均不多。采用密度法时，应预先知道聚合物完全结晶和完全非晶时在任何参照温度下的密度，然后测出样品的密度，最后按下式算出样品的结晶度。

表 2－5　　　　　　　　　　　　　　　某些聚合物的结晶度

聚　合　物	结晶度/%
低密度聚乙烯	45～74
高密度聚乙烯	65～95
聚丙烯	55～60
聚对苯二甲酸乙二酯	20～60
纤维素	60～80

$$C = \frac{\rho_1}{\rho}\left[\frac{\rho - \rho_2}{\rho_1 - \rho_2}\right] \tag{2-36}$$

式中：ρ_1 和 ρ_1 分别为完全晶体和完全非晶体的密度，ρ 为测定样品的密度。通常完全晶体的密度从 X 射线衍射分析中求出晶格中单位晶胞的尺寸计算出。完全非晶体的密度是将熔体密度与温度关系图上曲线外推而得到的。X 射线衍射法是通过结晶衍射峰面积积分同总的衍射峰面积积分的比来求得结晶度。宽谱线核磁共振谱也适用于测量样品中非晶态与结晶态的比率，因为非晶区中聚合物可运动的链段比晶区中不能运动的链段产生的信号要窄。聚合物样品的组合光谱可分解为结晶和非晶成分，从而确定一个平均结晶度。许多聚合物的红外吸收光谱含有代表大分子在晶区和非晶区中的谱带。结晶和非晶特征谱带的吸收比率与样品的结晶和非晶比率有关。如果能算出结晶和非晶态聚合物在熔融温度下的比焓，平均结晶度就可以从单位重量聚合物的熔融焓的测量推断出。

应注意的是，上述方法测出的都是平均结晶度，而且是一个相对值，其值的大小与测试方法有关。因此，在谈到聚合物结晶度时，应指出所采用的测试方法。表 2－6 例出了几种常用聚合物的完全结晶体和完全非晶体的密度。

表 2－6　　　　　　　　　　　　　　　结晶聚合物的密度

高　聚　物	ρ_1/g·cm^{-3}	ρ_2/g·cm^{-3}	ρ_1/ρ_2
聚乙烯	1.00	0.85	1.18
聚丙烯	0.95	0.85	1.12
聚丁烯	0.95	0.84	1.10
聚异丁烯	0.94	0.86	1.09
聚戊烯	0.92	0.85	1.08
聚丁二烯	1.01	0.89	1.14
顺聚异戊二烯	1.00	0.91	1.10
反聚异戊二烯	1.05	0.90	1.16
聚乙炔	1.15	1.00	1.15
聚苯乙烯	1.13	1.05	1.08

续表

高聚物	$\rho_1/g\cdot cm^{-1}$	$\rho_2/g\cdot cm^{-1}$	ρ_1/ρ_2
聚氯乙烯	1.52	1.39	1.10
聚偏氟乙烯	2.00	1.74	1.15
聚偏氯乙烯	1.95	1.66	1.17
聚三氟氯乙烯	2.19	1.92	1.14
聚四氟乙烯	2.35	2.00	1.17
尼龙-6	1.23	1.08	1.14
尼龙-66	1.24	1.07	1.16
尼龙-610	1.19	1.04	1.14
聚甲醛	1.54	1.25	1.25
聚氧化乙烯	1.33	1.12	1.19
聚氧化丙烯	1.15	1.00	1.15
聚对苯二甲酸乙二酯	1.46	1.33	1.10
聚碳酸酯	1.31	1.20	1.09
聚乙烯醇	1.35	1.26	1.07
聚甲基丙烯酸甲酯	1.23	1.17	1.05

注：ρ_1—完全结晶体的密度；ρ_2—完全非晶体的密度。

2.4.3 结晶形态

聚合物的晶体以各种形式存在，如单晶、球晶、串晶、柱晶和伸直链晶等。下面分别讨论。

(1)单晶

凡是能够结晶的聚合物，在适当的条件下都可以形成单晶。培养聚合物单晶是十分细致的工作。单晶只能从极稀的聚合物溶液中(浓度一般低于0.01%)缓慢结晶时生成，或将聚合物样品加热到熔点以上，然后十分缓慢地降温制备。得到的单晶只是几个微米到几百微米大小的薄片状晶体，但是具有规则外形。单晶的晶片厚度约为10nm，且与聚合物的相对分子质量无关，只取决于结晶时的温度和热处理条件。晶片中分子链是垂直于晶面方向的，而聚合物分子链一般有几百纳米以上，因此认为晶片中分子链是折叠排列的。

(2)球晶

聚合物从浓溶液或熔体冷却时，往往形成球晶——一种多晶聚集体。依外界条件不同，可以形成树枝晶、多角晶等。球晶可以生长得很大，最大可达到厘米级，用光学显微镜很容易在正交偏振光下观察到球晶呈现的黑十字消光图形。球晶中分子链总是垂直于球晶半径方向。

(3)纤维状晶体

在应力作用下的聚合物结晶，一般不一定形成球晶，而是形成纤维状晶体。这种晶体中心为由伸直链构成的微束原纤结构，周围串着许多折叠链片晶。随着应力的增大和伸直链结构增多，其力学强度提高。具有这种结构的制品，由于没有球晶那种散射作用而呈透明状。

(4)柱晶

聚合物熔体在应力作用下冷却结晶时，若是沿应力方向成行地形成晶核，由于晶体生长在应力方向上受到阻碍，不能形成完善的球晶，只能沿垂直于应力方向生长成柱状晶体。

(5)伸直链晶体

聚合物在极高的压力下结晶，可以得到完全由伸直链构成的晶片，称为伸直链晶体。实验发现，在0.5GPa压力下，200℃时，让聚乙烯结晶200h，则得到晶片厚度与分子链长度相当的晶体，晶体密度为0.994g/cm^3。由于伸直链可能大幅度提高材料的力学强度，因此，提高制品中伸直链的含量是使聚合物力学强度接近理论值的一个途径。

2.4.4 结晶对性能的影响

结晶对聚合物性能的影响，应该用一种聚合物在晶态和非晶态下的性能对比说明。但是，完全结晶和完全非晶的试样很难得到，而且有关这方面的数据很少，因此只能用不同结晶度的同一种聚合物比较。非晶态的聚对苯二甲酸乙二酯在室温下呈透明状，玻璃化温度为67℃，密度为1.33；而晶态的试样，除很薄外是不透明的，玻璃化温度为81℃，密度为1.455。又如比较结晶度自60%至80%的聚乙烯试样知：它的弹性模量从230MPa增至700MPa，其他如表面硬度和屈服应力的变化趋势也一样。再如聚四氟乙烯当结晶度从60%变至80%时，它的弹性模量从560MPa增至1120MPa。总之，结晶态聚合物抵抗形变的能力优于非晶态下的同一聚合物；结晶度高的又优于结晶度低的。

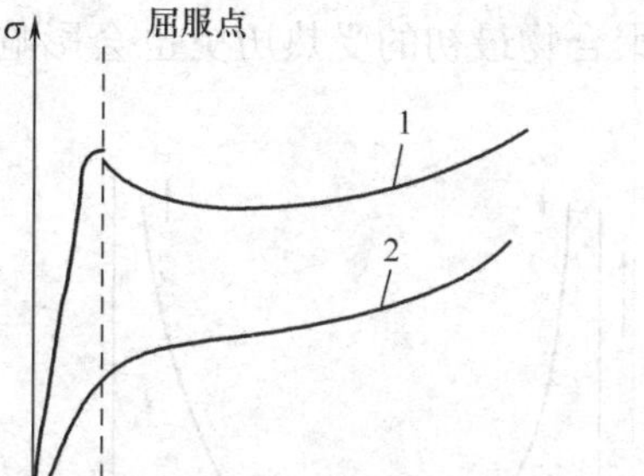

图2－21　聚合物的应力σ应变曲线
1—高结晶度的试样　2—中等结晶度的试样

绝大多数结晶聚合物在其玻璃化温度与熔点之间的温度区域的会出现屈服点，典型的应力应变曲线见图2－21，图中曲线1为高结晶度试样，表现出明显的屈服点，而曲线2(中等结晶度试样)则没有。凡具有明显屈服点的试样，在拉伸时一定出现细颈化；没有屈服点的，在拉伸时恒作均匀伸长，没有细颈现象。

2.4.5 结晶动力学

结晶聚合物当加热温度超过其熔点时，其晶型结构即被分子的热运动所摧毁。如果加热温度已达到熔点，而聚合物尚未显示出熔融的迹象，则因为此时熔化的体积膨胀还不能克服内在的阻力。不过这种滞后时间不长。另外，结晶聚合物不像低分子晶体那样有明确的熔点,它的熔融有一个较宽的温度范围,通常聚合物的熔点仅仅是一个平均概念,而且不同数据处理方法所得到的熔点不尽相同。应指出的是:加热温度到达熔点时并不代表聚合物晶体可以完全熔融。结晶聚合物的熔点、熔融范围与相对分子质量大小,相对分子质量分布关系不大,相反地却与结晶历程、结晶度的高低及球晶的大小有关。

熔融聚合物经过急冷使其温度骤然降到玻璃化温度以下,则冷却后的聚合物就成为非晶态。因为在急冷过程中,分子链段未能及时排入晶格就已被冻结而丧失活动能力,所以保持原来的无序状态。但是如果急冷速率不够快或聚合物结晶速率异常快,则很难得到无定形样品。

聚合物由非晶态转变为晶体的过程就是结晶过程。结晶过程由晶核生成和晶体生长两部分组成。所以,结晶的总速率即由这两个连续的部分所控制。晶核生成和晶体生长对温度都很敏感,且受时间的控制。

在聚合物熔体中,如果它的某一局部的分子链段已形成了有序的排列,且大小已足以使晶体自发地生长,则该种大小的有序排列的微粒称为晶核,小于晶核的则称为晶坯。晶坯在温度高于熔点时是时聚时散的,即有短时间的稳定过程,并且呈现一种动态平衡。晶坯的大小与温度有关,温度越接近熔点越大。可熔体温度刚刚降到熔点以下时,体系原有的晶坯依然存在时聚时散的情况,如果时间充足,某些晶坯就在这种动态平衡下变大,最后达到临界尺寸形成晶核。此后有序的排列即趋向于稳定并自发地进行晶体的生长。所以,刚刚冷至熔点以下的晶坯大小与冷却快慢有关,而随后的晶核和晶体的生成和生长又依赖于晶坯的大小,故结晶过程总是有强烈的时间依赖性。进一步分析会发现,聚合物最初的受热历史也会影响到结晶过程。

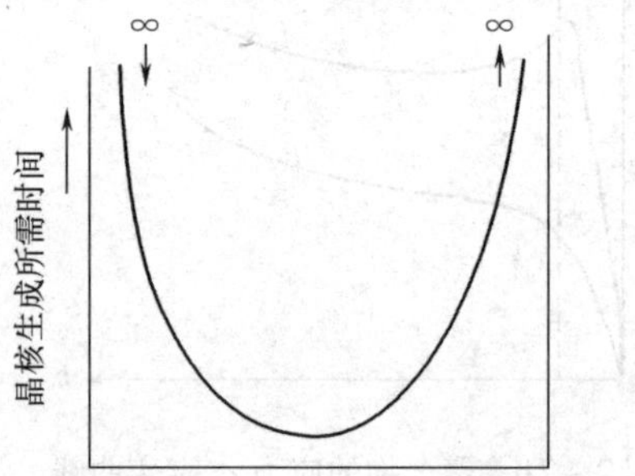

图 2－22　T_m 与 T_g 之间晶核生成时间和温度的关系

当温度比熔点低得不多时,晶核的生成速率非常小,但晶核生成速率会随温度的下降而加快。换言之,如果以 ΔT 表示晶核生成的温度与熔点之间的温差,则晶核生成所需时间就是 ΔT 的函数。最初,当 ΔT 等于零时,即温度为熔点,晶核生成所需时间为无穷大(晶核生成的速率为零)。ΔT 逐渐增大时,晶核生成所需的时间就很快下降(见图 2－22),以至达到一个最小值,这是因为没有达到临界尺寸的晶坯聚多散少和温度下降有利它们形成晶核的结果。ΔT 继续增大时,晶核生成所需的时间又逐渐增大,直至接近玻璃化温度时再次变为无穷大。因为温度足够低时分子链段运动越来越困难,晶坯的生长受到限制。温度降至玻璃化温度时,分子链段运动停止,所以晶坯的生长、晶核的生成及其晶体生长也全部停止。这样,凡是尚未开始结晶的分子均以无序状态保持在聚合物中。如果再将此聚合物加热到玻璃化温度与熔点之间,则结晶将继续原来的状态发展下去。在晶核生成过程中,如果熔体中存在外来的物质(成核剂)则晶核生成所需的时间将大为减少。

对晶体生长速率而言，恰巧在熔点以下的温度时最快，温度下降而随之下降。原因是温度下降时分子链段活动性会降低，从而增加分子链段排入晶格的难度。由于结晶速率是受晶核生成速率和晶体生长速率两步控制，晶核生成最大处在熔点和玻璃化温度中间某点，在这段温度区域内，晶体生长速率恰好从最大逐渐到临近玻璃化温度时变为零。所以，结晶的总速率是两者的叠加，即两边小中间大，也就是在这一段温度区域内的前半段（靠近熔点）受晶核生成速率的控制，而在后半段（靠近玻璃化温度）则受晶体生长速率的控制，至于结晶总速率最大处的位置，是随聚合物而异的。

晶体的生长过程，尤其是在熔体冷却过程中的生长，是很复杂的，既与聚合物分子结构有关，又随外界条件而变动。总的说来，在晶坯形成稳定的晶核后，没有成序的分子链段就围绕着晶核排列生成微晶体。在微晶体表面区域还可能生成新的晶核，这种晶核的生成比在无序分子区域内更容易，结果就在以最初的晶核为中心的情况下形成圆球状的晶区—球晶。它是聚合物熔体结晶的基本形态，是使结晶聚合物呈现乳白色不透明的原因。

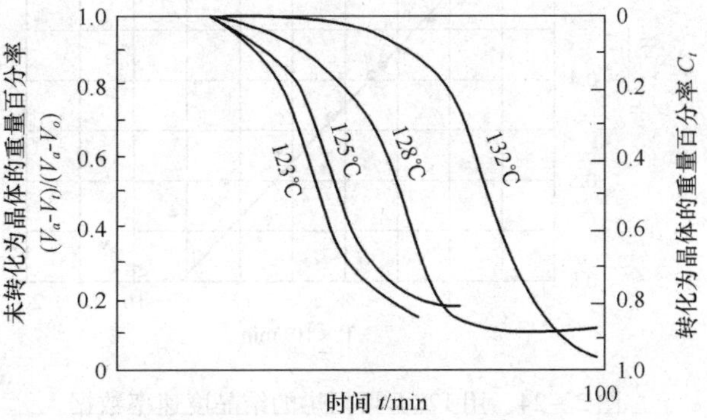

图 2－23　聚丙烯在不同温度的等温情况下的体积变化

研究结晶速率时，大多用膨胀计测量聚合物在结晶过程中的体积变化来实现。结晶是在几个不同温度的等温情况下进行的。图2－23是对聚丙烯研究的结果，其中 V_a 和 V_0 分别代表试样的起始体积和终了体积，V 为 t 时刻的体积。结晶过程可以用阿芙拉密（Avrami）方程来描述：

$$\frac{V_a - V}{V_a - V_0} = \exp(-Kt^n) \qquad (2-37$$

式中：K 为等温下的结晶速率常数，n 是与晶核生成和晶体生长过程以及晶体形态有关的常数，其数值见表 2－7。

表 2－7　**Avrami 指数与生长方式**

晶体生长方式	均相成核	异相成核
一维生长（针状体）	$n=2$	$1<n<2$
二维生长（片状体）	$n=3$	$2<n<3$
三维生长（球状或块状）	$n=4$	$3<n<4$

图 2－24 系用聚丙烯在 128℃ 的结晶速率数据按式（2－37），并取 $n=3$ 所作的图。从图 2－24 中可以看出，曲线前面部分符合阿芙拉密方程而后期发生了偏移。这似乎是用阿芙拉密方程处理聚合物结晶动力学问题时所出现的共性，现已有人对阿芙拉密方程

进行修正,使之更适合聚合物的结晶行为。将式(2-37)取两次对数后,并用 $\ln t$ 对 $\ln\{-\ln[(V_a-V)/(V_a-V_0)]\}$ 用聚对苯二甲酸乙二酯的数据作图(图2-25)。从图中可以看到图形都是直线,表明 n 在恒温下并未改变,但在不同温度下的 n 可有不同的值。n 在110℃时为2,在其他两个温度下则为4,说明不同结晶温度下其生长方式可有不同。另外,从图中也可以推测出 K 值是依赖于温度的。

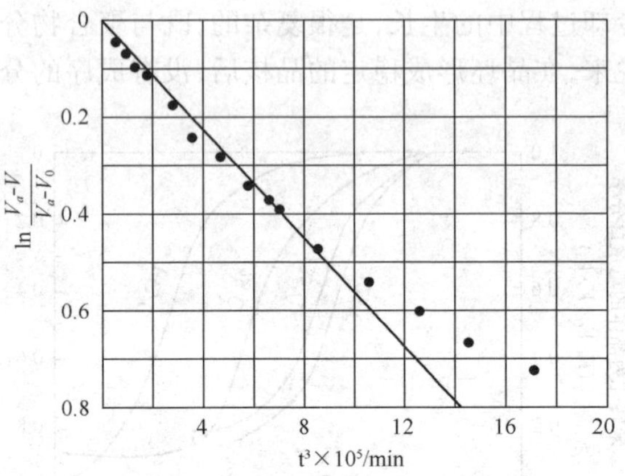

图2-24　用128℃聚丙烯的结晶度速率数据,按式(2-37)作图

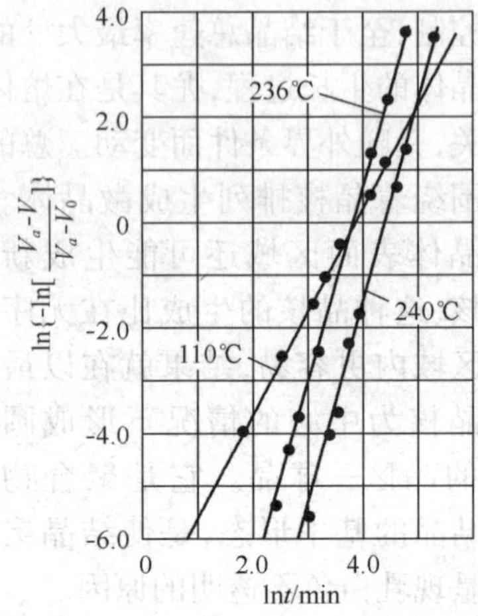

图2-25　不同冷却温度对结晶过程的影响

2.4.6　液晶聚合物

某些聚合物受热时由固体转变到熔体之间,或沉淀过程中由溶液过度到固体之间,存在液体—固体中间相,称为介晶态。一般固体熔融或溶解后分子获得两种自由度—位移和转动自由度,但介晶态中分子仅获得其中的一种。通常获得位移自由度的称为液晶,即能流动的晶体,获得转动自由度的聚合物分子可以转动,但不能流动并处在固体状态,称为塑性晶体。

根据光学方法的研究结果,把液晶分为三类。

(1)近晶型

分子以长轴相互平行地排列着,躺在二维层片中,片间可以相互滑动,此外任何方向的运动都是困难的(图2-26)。

(2)向列型

分子间相互保持着近晶型那样的平行,但它们的重心位置是无序的。它是一维取向,实质上是由取向分子所组成(图2-26)。

(3)胆甾型

分子像近晶型那样排列,分层堆积,层间可以相互滑动,一个平面层内长轴的平行排列和向列型液晶相像,而每一层对下一层都稍为扭转,以适应伸到分子平面外的官能团的要求,这样层层累加起来形成螺旋面结构(图2-26)。

大多数液晶化合物都是热致性的，即当把化合物加热到一定温度以上时，可以观察到它稳定的晶型转变，变成混浊的液体。当温度进一步升高时，混浊突然消失，得到各向同性的澄清液体（图2－26）。一般聚合物的熔点较高，其液晶属于热致性的很少，多属于溶致性的，即聚合物溶液在一定浓度等条件下，可以形成液晶。液晶是硬链高分子从各向同性液体过渡到晶体的中间状态，说明这些高分子并不是由无规状态，一下就转变成三维有序排列，而是有个中间有序状态。

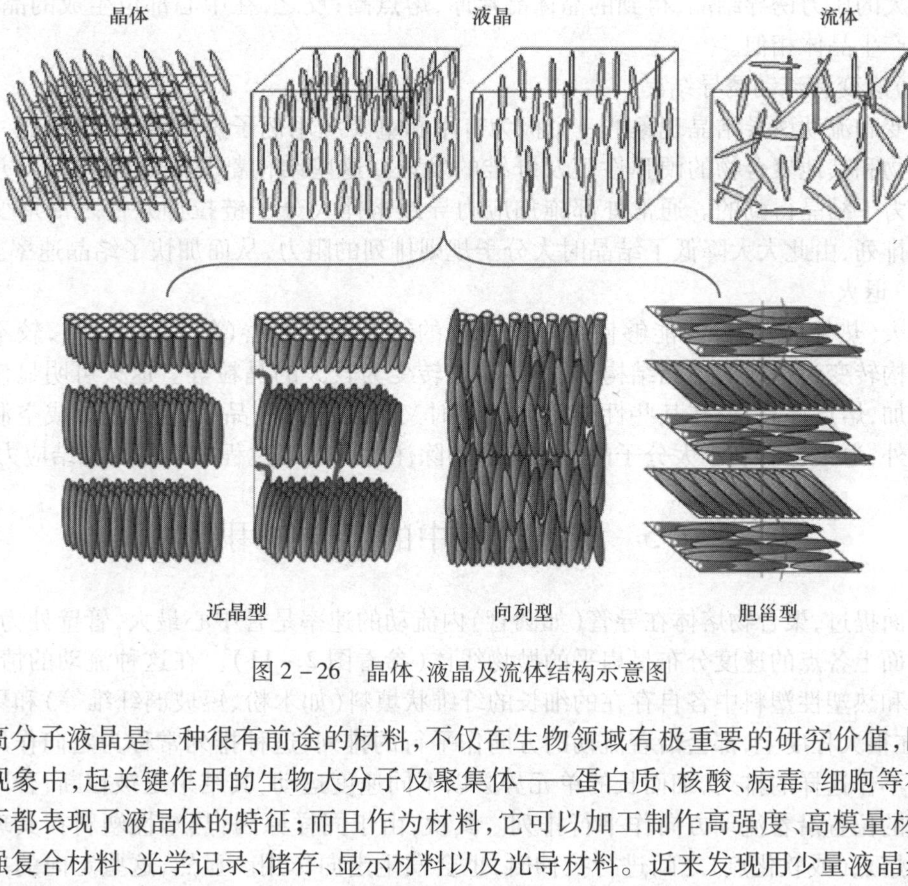

图2－26　晶体、液晶及流体结构示意图

高分子液晶是一种很有前途的材料，不仅在生物领域有极重要的研究价值，因为在生命现象中，起关键作用的生物大分子及聚集体——蛋白质、核酸、病毒、细胞等在某些条件下都表现了液晶体的特征；而且作为材料，它可以加工制作高强度、高模量材料、分子增强复合材料、光学记录、储存、显示材料以及光导材料。近来发现用少量液晶聚合物诱导其他聚合物结晶，有利于制备性能更好的材料。所以，研究高分子液晶，不论在理论上还是实际应用都有意义。

2.4.7　成型加工与聚合物结晶

如前所述，聚合物结晶不仅与分子结构有关，而且强烈地依赖结晶发生的历史，由于加工过程中有许多因素都影响到聚合物聚集态结构的形成，因此能否取得预期的聚集态结构，加工过程的控制将至关重要。

（1）结晶压力的影响

聚合物熔体在高流体静压下的结晶现象是很常见的，例如在注射成型这样的加工过程中，任意压力下的平衡熔点与大气压下熔点之间的关系如下：

$$(T_m)p = (T_m)\,p_0\exp\left[\frac{(V_a - V_c)(p-1)}{\Delta H_t}\right] \tag{2-38}$$

式中：V_a和 V_c是非晶态和结晶态的比容积；p_0是大气压力，p 是流体静压力，ΔH_t是聚合物的常压熔融热。由式(2－38)可知：随着压力的增加，熔点有明显的提高。在压力作用下，熔体的结晶速率增加，因而片晶厚度增加。如在更高的压力下(例如500MPa)甚至可以生成完全伸直链晶体。在注射成型过程中，最初模具中的熔体处于高压下而且温度较高，随着皮层冷却，模具浇口冻结，中心部分流体静压下降。在此过程中，如果压力高，则发生较大的压力诱导结晶，得到的晶体晶片厚，熔点高；反之，在中心部位生成的晶体，同常压下产生晶体相似。

(2)应变和流动诱导结晶

应变和流动诱导结晶现象的一个极为有用和重要应用例子是聚丙烯、聚甲醛－乙缩醛共聚物和其他聚合物的硬弹性膜及纤维的发现。这些结构都是通过熔体挤出并使之在高压力下结晶得到的。通常外部施加应力导致熔体大分子链拉伸并使之沿形变相同的方向排列，由此大大降低了结晶时大分子规则排列的阻力，从而加快了结晶速率。

(3)退火

退火(热处理)的方法能够使结晶聚合物的结晶趋于完善(结晶度增加)，较不稳定结晶结构转变为稳定的结晶结构，微小的晶粒转变为较大的晶粒等。退火可明显使晶片厚度增加，熔点提高，但在某些性能提高的同时又可能导致制品"凹陷"或形成空洞及变脆。此外，退火也有利于大分子的解取向和消除注射成型等过程中制品的冻结应力。

2.5 成型过程中的定向作用

前面提过，聚合物熔体在导管(如圆管)内流动的速率是管中心最大，管壁处为零；在导管截面上各点的速度分布呈扁平的抛物线体(参看图2－11)。在这种流动的情况下，热固性和热塑性塑料中各自存在的细长的纤维状填料(如木粉、短玻璃纤维等)和聚合物分子，在很大程度上，都会沿着流动的方向作平行的排列，这种排列常称为定向作用。其原因是不作这样的排列，细而长的单元势必以不同速度运动，其结果是被拉断，否则只能在不同的位置沿着流动方向作平行排列。其次，由于同样原因，热塑性塑料在其玻璃化温度与熔点(或软化点)之间进行拉伸时，也会发生定向作用。显然，这些定向的单元如果继续存在于制品中，则制品的整体就将呈现各向异性。各向异性有时需要在制品中特意形成(用拉伸方法)，如制造定向薄膜与单丝以及拉伸网格等，这样就能使制品沿拉伸方向的拉伸强度和抗蠕变性能得到提高。但在制造许多厚度较大的制品(如模压制品)时，又力图消除这种现象。因为制品中存在的定向现象不仅定向不一致，而且各部分的定向程度也有差别，这样会使制品在有些方向上的力学强度得到提高，而在另一些方向上必会变劣，甚至发生翘曲或裂缝。以下分别就热固性与热塑性两类塑料模压制品以及拉伸方法中的定向作用进行简单的讨论。

2.5.1 热固性塑料模压制品中纤维状填料的定向

用带有纤维状填料的粉状或粒状热固性塑料制造模压制品的方法分为两类：①压缩

模塑法(详见第4章)。用这种方法制造制品时,其中定向作用很少,可以不讨论。②传递模塑法和热固性塑料的注塑法等(均详见第6章)。采用第②类成型方法时,制品中会引起纤维状填料的定向作用。

为探讨填料的定向,可用成型扇形(1/4圆形,见图2-27)片状物为例来说明。实验证明,扇形片状试样切线方向的力学强度总是大于径线方向,而在切线方向的收缩率(室温下制品尺寸与塑模型腔相应尺寸的比较)和后收缩率(试样在存放期间的收缩)又往往小于径向。基于这种测定和显微分析的结果并结合以上讨论的情况,可推断出填料在模压过程中的位置变更基本上是按照图2-27(a)到(h)顺次进行的。可以看出,填料排列的方向主要是沿着流动方向的,遇上阻断力(如模壁等)后,它的流动就改变成与阻断力成垂直的方向。由图2-27(h)可见,前述力学性能在径、切两向上差别的原因在于填料排列的方向不同。

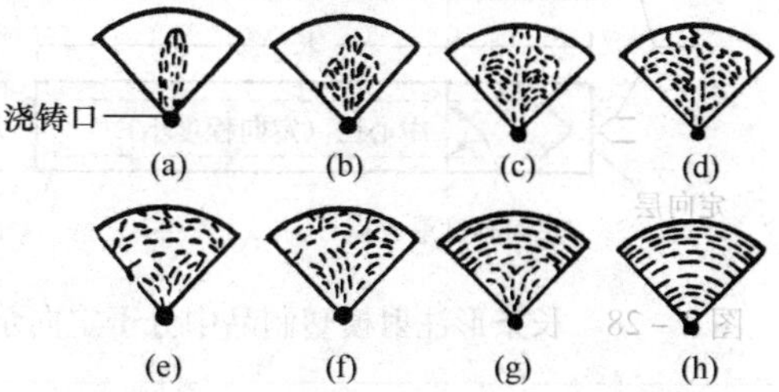

图2-27 扇形片状试样中填料的定向

模压制品中填料的定向方向与程度主要依赖于浇口的形状(它能左右塑料流动速度的梯度)与位置,这是生产上应该注意的。

模塑制品的形状几乎是没有限制的,因此当对塑料在模内流动情况还没有积累足够资料时,要作出一般性结论是困难的。但是可以肯定地说,填料的定向起源于塑料的流动,并且与它的发展过程和流动方向紧密联系。为此,在设计模具时应考虑到制品在使用中的受力方向应与塑料在模内流动的方向相同,也就是设法保证填料的定向方向与受力方向一致。填料在热固性塑料制品中的定向是无法在制品成型后消除的。

2.5.2 热塑性塑料成型过程中聚合物分子的定向

如果所用的热塑性塑料也含有纤维状填料,则填料的定向作用与前节所述相同,故不赘述。这里只讨论聚合物分子定向。

用热塑性塑料生产制品时,只要在生产过程中存在着熔体流动,几乎都有聚合物分子定向的问题,不管生产方法如何变化,影响定向的外界因素以及因定向在制品中造成的后果基本上也是一致的。因此,这里以出现定向现象较为复杂和工业上广用的注塑法来说明,至于在其他方法(挤出、吹塑、压延等)中的情况则可类推。

图2-28是长条形注射模塑制品的定向情况。从图可以看出,分子定向程度从浇口处起沿着料流的方向逐渐增加,达至最大点(偏近浇口一边)后又逐渐减弱。在图2-28(a)所示中心区与邻近表面的一层,其定向程度都不很高,定向程度较高的区域是在中心两侧(若从整体观察,则是中心的四周)而不到表层的一带,以上各区的定向程度都是根据实际试样用双折射法测量的结果。

在没有说明定向现象为何在制品三维上各点有如此差别以前,应该总述下列两点:

1)分子定向是流动速度梯度诱导而成的,而这种梯度又是剪应力造成的;

2)当所加应力已经停止或减弱时,分子定向又会被分子热运动所摧毁。分子定向在各点上的差异应该是这两种对立效应的净结果。要完全理解这两种效应于试样一点上所产生的效果,必须对该点在模塑过程中的温度变化和物料运动的历史过程有所了解,但是把两者结合起来分析是很复杂的。

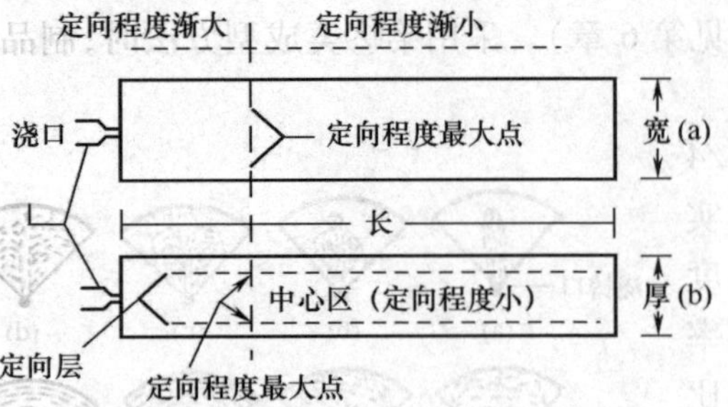

图 2-28　长条形注射模塑制品中分子定向示意图

首先,以图 2-28 所示试样来分析这种情况。当熔融塑料由料筒(使塑制熔化与加压的圆形导管)通向浇口而向塑模流入时,凡与模壁(模壁温度较低)接触的一层都会冻结,导致塑料流动的压力在入模处应是最高值,而在料的前锋应是最低,即为常压。由于诱导分子定向的剪应力是与料流中压力梯度成正比的,所以分子定向程度也是在入模处最高,而在料的前锋最低。这样前锋料在承受高压(承受高压应在塑料充满模腔之后)之前,与模壁相遇并冻结时,冻结层中的分子定向就不会很大,甚至没有。紧接表层的内层,由于冷却较慢,因此当它在中心层和表层间淤积而又没有冻结的时间内是有机会受到剪应力的(在型腔为塑料充满后)作用。所以,临近表层处,分子就会发生定向。

其次,再考虑型腔横截面上各点剪应力的变化情况。如果模壁与塑料的温度相等(等温过程),则模壁处的剪应力应该最大,而中心层应是最小。但从贴近模壁一层已经冻结的实际情况(非等温过程)来看,在型腔横截面上能受剪用力作用而造成分子定向的料层仅限于塑料仍处于熔态的中间部分。这部分承受的剪切应力最大的位置,是在熔态塑料试样的边缘,即表层与中心层的界面上。由此,当分子定向程度最大的区域应该像图 2-28(b)所标示的区域,而越向中心定向程度应该越低。

最后,塑料注入型腔后,首先在横截面上充满的位置既不会在型腔的尽头,也不会在浇口的四周,而是在这两者之间。很显然,最先充满的区域,它的冻结层应是最厚(以塑料充满型腔的瞬时计),而且承受剪应力的机会也最多,因为在充满区的中间还要让塑料通过,这就是图 2-28 所示定向程度最大的地方。

以上讨论虽属定性的,而且还不够完全,例如没有涉及到黏度对温度和剪应力的依赖性等,但已足够说明成型过程聚合物分子定向是如何进行的。

制品中如果含有定向的分子,沿着分子定向的方向(也就是塑料在成型中的流动方向,简称机向或直向)上的力学强度总是大于与之垂直的方向(简称横向)上的,表 2-8 列出某些塑料试样在横直两向上的拉伸强度与断裂伸长率,至于收缩率也是直向大于横向的。例如高密度聚乙烯试样在直向上的收缩率为 0.03cm/cm,而在横向上只有 0.023cm/cm。以上是仅就单纯的聚合物试样进行讨论的,在结构复杂的制品中由定向引起的各向性能的变化往往更为复杂。

表 2-8　　某些塑料试样在分子定向的横直两向上的力学强度

塑　料	拉伸强度/MPa		伸长率/%	
	横　向	直　向	横　向	直　向
聚苯乙烯	20.0	15.0	0.9	1.6
苯乙烯-丁二烯-丙烯腈共聚物	36.5	72.0	1.0	2.2
高冲击聚苯乙烯	21.0	23.0	3.0	17.0
高密度聚乙烯	29.0	30.0	30.0	72
聚碳酸酯	65.0	66.5	—	—

从种种试验结果分析可知：每一种成型条件对于定向的影响都不是单纯的增加或减小，也就是说一种条件在大幅度内的影响，可能有一段是对分子定向具有促进作用，而在另一段则又可能起抑制作用。这一问题的原因在于影响定向的加工因素是多种而彼此牵制的。比如在增加压力的过程中，塑料的黏度就会变，同时温度的梯度等也不可能前后相同。虽然如此，仍然可以给出若干粗略的通则：①随着塑模温度、制品厚度（即型腔的深度）、塑料充模时的温度等的增加，分子定向程度即有减弱的趋势；②增加浇口长度、压力和充满塑模的时间，分子定向程度将会增加；③分子定向程度与浇口设置的位置和形状有很大关系，为减少分子定向程度，浇口最好设在型腔深度较大的部位。

2.5.3　拉伸定向

成型过程中，如果希望聚合物分子有一定的定向，可以在玻璃化温度与熔点之间的温度区域内，沿着一个方向拉伸，则其中的分子链将在很大程度上沿着拉伸方向作整齐排列，亦即分子在拉伸过程中出现了定向。由于定向以及因定向而使分子链间吸引力增加的结果，拉伸并经迅速冷至室温后的制品在拉伸方向上的拉伸强度、抗蠕变等性能就会有很大的提高。例如聚苯乙烯薄膜的拉伸强度可由 34MPa 增至 82MPa，假如制品厚度较小，则增加数值还可更高。对薄膜来说，拉伸如果是在一个方向上进行的，则这种方法称为单向拉伸（或称单轴拉伸）；如果是在纵横两向上拉伸的，则称为双向拉伸（或称双轴拉伸）。拉伸后的薄膜或其他制品，在重新加热时，将会沿着分子定向的方向（即原来的拉伸方向）发生较大的收缩。如果将拉伸后的薄膜或其他制品在张紧的情况下进行热处理，即在高于拉伸温度而低于熔点的温度区域内某一适宜的温度下加热若干时间（通常为几秒钟），而后急冷至室温，则所得的薄膜或其他制品的收缩率就降低很多。不是所有聚合物都适宜进行定向拉伸加工。目前已知能够拉伸且取得良好效果的有：聚氯乙烯、聚对苯二甲酸乙二酯、聚酰胺、聚偏二氯乙烯、聚甲基丙烯酸甲酯、聚乙烯、聚丙烯、聚苯乙烯以及某些苯乙烯的共聚物。

拉伸定向之所以要在聚合物玻璃化温度和熔点之间进行的原因是：分子在高于玻璃化温度时才具有足够的活动能力。这样，在拉应力的作用下，分子才能从无规线团中被拉伸应力拉开拉直和在分子彼此之间发生移动。实质上，聚合物在拉伸定向过程中的变形可分为三个部分：①瞬时弹性变形：这是一种瞬息可逆的变形，是由分子键角的扭变和分子链的伸长造成的。这部分变形在拉伸应力解除时，能够全部恢复；②分子排直的变形：排直是分子无规线团解开的结果，排直的方向与拉伸应力的方向相同。这一部分的变形即所谓分子定向部分，是拉伸定向工艺要求的部分。它在制品的温度降到玻璃化温度以下后即行冻结而不能恢复；③黏性变形：这部分的变形与液体的变形一样，是分子间的彼此滑动的结果，而且不能恢复。当薄膜或其他制品在稍高于玻璃化温度时进行快拉时，第一部分的弹性变形很快就可以发生。而当第二部分的排直变形进行时，弹性变形就开始回复。第三部分的黏性变形在时间上是一定落后于排直变形的。如果能在排直变形已相当大，而黏性变形仍然较小时就将薄膜或其他制品骤然冷却，这样就能在黏性变形较小的情况下取得较大程度的分子定向。假如将拉伸时的温度和骤冷所达到的温度均提高，在这种情况下，即令拉伸保持不变，排直的变形就不会很大。这是因为引起黏性变形需要的时间较少，也就是黏性变形量变大。同时，在高温下，排直变形的松弛也要比在低温时多些。由此可以看出：拉伸定向是一个动态过程，一方面有分子被拉直，即分子无规线团被解开；而另一方面却又有分子在缠结成无规线团。

基于以上这些讨论，可以扼要地将聚合物拉伸的情况总结如下：

1）在给定拉伸比（拉伸后的长度与原来长度的比）和拉伸速度的情况下，拉伸温度越低（不得低于玻璃化温度）越好。其目的是增加排直变形而减少黏性变形（图 2－29）。

2）在给定拉伸比和给定温度下，拉伸速度越大，则所得制品分子定向的程度越高。

3）在给定拉伸比和给定温度下，拉伸比越大，定向程度越高（图 2－29）。

4）不管拉伸情况如何，骤冷的速率越大，能保持的定向程度越高。

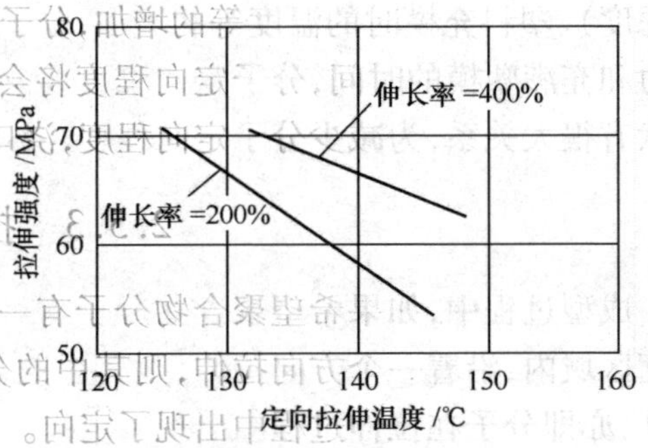

图 2－29　不同条件下拉伸聚苯乙烯薄膜的拉伸强度

在具体产品的拉伸定向过程中，对待无结晶倾向与有结晶倾向的聚合物是不同的。拉伸无结晶倾向的聚合物通常比较容易，只需按上述情况选择恰当的工艺条件即可。但尚需指出两点：①从实验结果证明，在相等的拉伸条件下，同一品种的聚合物，平均相对分子质量高的定向程度较相对分子质量低的要小；②拉伸过程有时是在温度梯度下降的情况下进行的，这样就可能使制品的厚度波动小一些。因为在降温与拉伸同时进行的过程中，原来厚的部分比薄的部分降温慢，较厚的部分就会发生较大的黏性变形，从而减低了厚度波动的幅度。

如果拉伸定向的聚合物是有结晶倾向的，则对结晶在拉伸过程中的影响以及最后得到的产品中需不需要含有结晶度相等问题都须考虑。关于后一问题的回答是，制品中应该具有恰当的晶相。因为对具有结晶倾向的聚合物而言，如果由它制造的薄膜或单丝是属于无定形的，则在使用上并无多大价值；结晶而没有定向的产品一般性脆且缺乏透明性；定向而没有结晶或结晶度不足的产品具有较大的收缩性。如果是单丝，依然没有多大使用价值，而薄膜也只有用作包装材料。其中唯有定向而又结晶的在性能上较好,同时还具备透明性和收缩性小的特点。控制结晶度的关键是最后热处理的温度与时间以及骤冷的速率。

结晶对拉伸过程的影响是比较复杂的。首先,要求拉伸前的聚合物中不含有晶相,这对某些具有结晶倾向的聚合物是困难的。例如聚丙烯等,因为它们的玻璃化温度都低至室温以下很多,即使是玻璃化温度较高的聚合物,例如聚对苯二甲酸乙二酯,如果在制造作为拉伸用的中间产品时的冷却不当,同样也含有晶相。含有晶相的聚合物在拉伸时,不容易使其定向程度提高。因此,在拉伸像聚丙烯这一类聚合物时,为保证它们处于无定形状态,拉伸温度应该定在它们结晶速率最大的温度以上和熔点之间。比如纯聚丙烯的结晶速率最大的温度约为150℃(工业用的有低至120℃的);熔点为170℃(也有低至165℃的),所以拉伸温度应在150~170℃范围。所以,在对一种聚合物进行拉伸定向之前,应对该种聚合物的结晶行为具有足够的了解。

其次,具有结晶倾向的聚合物,在拉伸过程中,伴有晶体的产生、结晶结构的转变(指拉伸前已存有晶相的聚合物)和晶相的定向。拉伸过程中的分子定向能够加速结晶的过程,这是晶体在较短时间(拉伸所需时间不长)就能够产生的缘故。加速的大小是随聚合物品种而异的。具有晶相的聚合物的拉伸在延伸中,每会出现细颈区域(拉伸温度偏高时,可以没有这种现象,参考2.4.4节),从而产生延伸不均的现象,其原因在于细颈区的强度高。所以,如果在非细颈区没有完全变成细颈区时就进行次后的过程,则最终制品的性能即将因区而异,同时厚度的波动也大。如果拉伸时在整个被拉的面上出现细颈的点不止一个,则问题更多。这些都是生产上应该重视的问题。拉伸时结晶结构转变的具体机制,现在还不是十分清楚,需要仔细深入的研究。实验证明,在拉伸定向时,晶体的c-轴是与拉伸方向一致的,但在挤出时则是a-轴与挤出方向一致。这是因为拉伸定向时已有晶体存在,而挤压时晶体尚不存在,晶体是后形成的。

最后,具有结晶倾向的聚合物在拉伸时伴有热量产生,所以拉伸定向即使在恒温室内进行,如果被拉中间产品厚度不均或散热不良,则整个过程就不是等温的。由于非等温过程制得的制品质量较差,所以同前面讨论的无定形聚合物的拉伸定向一样,拉伸定向最好是在温度梯度下降的情况下进行。

热处理何以能够减少制品收缩,在无结晶倾向的与有结晶倾向的两类聚合物中的原因本质上有些不同。对前者而言,热处理的目的在于使已经拉伸定向的中间制品中的短链分子和分子链段得到松弛,但是不能扰乱它的主要定向部分。显然,扰不扰乱的界限是由温度来确定的。所以,热处理的温度应该定在能够满足短链分子和分子链段松弛的前提下尽量降低,以免扰乱定向的主要部分。对于有结晶倾向的聚合物,结晶常能限制分子的运动。因此,这类聚合物中间制品的热处理温度和时间应定在能使聚合物有足够的结晶度,足以防止收缩的范围内。

2.6 聚合物的降解

聚合物在热、力、氧、水、光、超声波和核辐射等作用下往往会发生降解的化学过程,从而使其性能劣化。降解的实质是:①断链;②交联;③分子链结构的改变;④侧基的改变；⑤以上四种作用的综合。在以上的许多作用中，自由基常是一个活泼的中间产物。作用的结果都是聚合物分子结构发生变化。对成型来说，在正常操作的情况下，热降解是主要的，由力、氧和水引起的降解居次要地位，而光、超声波和核辐射的降解则是很少的。显然，标志热作用大小的是温度，但是温度的大小也与力、氧和水等对聚合物的降幅有密切关系。比如，温度高时，对氧或水与聚合物的反应均属有利，而力的影响则是相反的，因为温度高时聚合物的黏度小。

2.6.1 热降解

聚合物是否容易发生热降解，应从其分子结构和有无痕量杂质（能对聚合物分解速度和活化能的大小起敏感作用的）的存在来判断。但大部分的热降解特性都来自前者。聚合物的热降解首先是从分子中最弱的化学键开始的。关于化学键的强弱次序一致认为：

C—F > C—H（烯和烷）> C—C（脂链）> C—Cl，在聚合物主链中各种 C—C 键的强度是：

$$\cdots C—C—C\cdots > \cdots C—\underset{\large C}{\overset{}{C}}—C\cdots > \cdots C—\underset{\large C}{\overset{\large C}{C}}—C\cdots$$

因此，与叔碳原子或季碳原子相邻的键都是不很稳定的。C—C 键若与 C ═C 双键形成 β - 位置的关系，则不论它是处在主链或侧链上，都会造成该链的相对不稳定性。

仲氢原子一般都较叔氢原子稳定。叔氢原子与氧原子一样，其所以不稳定，是由于它们很容易被传递反应移去关系。

含有芳环主链和等同立构的聚合物热降解的倾向都比较小。

乙烯类聚合物的降解，通常认为是自由基的链式反应，同样也具有引发、增长、传递和终止等几个基本步骤。但历程不完全相同。这因为降解反应中所生成的自由基以及其活性都与原来聚合物的结构有关。表 2 - 9 举出聚苯乙烯和聚氯乙烯的热降解历程，以便比较。

表 2 - 9　聚苯乙烯和聚氯乙烯的热降解

聚苯乙烯的热降解	聚氯乙烯的热降解
(1)引发： $\cdots CH_2 \cdot CH\phi - CH_2CH\phi\cdots \rightarrow$ $\cdots CH_2CH\phi \cdot + \cdot CH_2CH\phi\cdots$	(1)引发： $\cdots CHCl \cdot CH_2 \cdot CHCl \cdot CH_2\cdots \rightarrow$ $\cdots CHCl \cdot CH_2 \cdot CH \cdot CH_2\cdots + \cdot Cl$
(2)增长（也称传播）： $\cdots CH_2CH\phi - CH_2CH\phi \cdot \rightarrow$ $\cdots CH_2CH\phi \cdot + CH_2 = CH\phi \cdot$ 等	(2)增长（也称传播）： $\cdots CH_2CHCl \cdot CH_2CHCl\cdots + \cdot Cl \rightarrow$ $\cdots CH_2CHCl \cdot CH \cdot CHCl + HCl$ $\cdots CH_2 \cdot CHCl \cdot CH \cdot CHCl\cdots \rightarrow$ $\cdots CH_2 \cdot CHCl \cdot CH = CH \cdot CH_2\cdots Cl \cdot$

续表

聚苯乙烯的热降解	聚氯乙烯的热降解
(3)传递： $\cdots CH\phi CH_2 \cdot CH\phi \cdot CH_2 +$ $\cdots CH\phi CH_2 \cdot CH\phi CH_2 \quad CH\phi CH_2 \cdots$ $\rightarrow \cdots CH\phi \cdot CH_2 \cdot CH\phi \cdot CH_2 +$ $\cdots CH\phi \cdot CH_2 \cdot C\phi = CH_2 + CH\phi CH_2$	(3)传递：
(4)终止： $R \cdot + R' \rightarrow R \cdot R'$(聚合物)	(4)终止： $Cl \cdot + Cl \rightarrow Cl_2$ $R \cdot + R' \cdot \rightarrow R \cdot R'$(聚合物) $R \cdot + Cl \rightarrow RCl$(聚合物)

注：ϕ 苯环 

能引起聚合物发生热降解的杂质，本质上就是降解中的催化剂。它是随聚合物的种类不同而不同的，不同杂质促使聚合物的降解历程也不同。

2.6.2 力 降 解

聚合物在成型过程中常因粉碎、研磨、高速搅拌、混炼、挤压、注射等而受到剪切和拉伸应力。这些应力在条件适当的情况下是可以使聚合物分子链发生断裂反应的。引起断裂反应的难易不仅与聚合物的化学结构有关，而且也与聚合物所处的物理状态有关。此外，断裂反应常有热量发生，如果不及时排除，则热降解将同时发生。在塑料成型中除特殊情况外，一般都不希望力降解的发生，因为它常能劣化制品的性能。由力降解产生的断裂链段通常都带有自由基，这种自由基将通过再结合、链的歧化、链传递以及与自由基受体的作用而失去活性。

在大量实验结果的基础上，有关力降解的通性可以归为以下几方面：

1)聚合物相对分子质量越大的，越容易发生力降解。

2)施加的应力越大时，降解速率也越大，而最终生成的断裂分子链段却越短。

3)一定大小的应力，只能使分子断裂到一定的长度。当全部分子链都已断裂到施加的内力所能降解的长度后，力降解将不再继续。

4)聚合物在增温与添有增塑剂的情况下，力降解的倾向趋弱。

2.6.3 氧 化 降 解

在常温下，绝大多数聚合物都能和氧气发生极为缓慢的作用，只有在热、紫外辐射等的联合作用下，氧化作用才比较显著。联合作用的降解历程很复杂，而且随聚合物的种类不同，反应的性质也不同。不过在大多数情况下，氧化是以链式反应进行的。聚合物首先通过热或其他能源的引发形成自由基，随之自由基与氧结合形成过氧化自由基，过氧化自由基又与聚合物作用形成过氧氢化物和另一个自由基，这两步即为链传递作用。化学反应式如下：

$$RH \xrightarrow{\text{热或其他能源}} R\cdot + H\cdot \text{（引发作用）}$$

$$\left.\begin{array}{l} R\cdot + O_2\cdot \cdot \longrightarrow ROO\cdot \\ ROO\cdot + RH \longrightarrow ROOH + R\cdot \end{array}\right\}\text{（链传递作用）}$$

引发作用也能由聚合物与氧直接作用而形成。这种作用每发生在聚合物分子链结构的“弱点”处。再者，由引发作用形成的 ROOH 化合物也能通过分解而形成自由基。化学反应式如下：

$$RH + O_2\cdot \longrightarrow R\cdot + \cdot OOH$$

$$ROOH \longrightarrow RO\cdot + \cdot OH$$

链终止作用都是以再化合的方式进行，最终形成交联的稳定化合物。如：

$$\left.\begin{array}{ll} R\cdot + R\cdot & \longrightarrow \\ ROO\cdot + R\cdot & \longrightarrow \\ ROO\cdot + ROO\cdot & \longrightarrow \\ RO\cdot + R\cdot & \longrightarrow \end{array}\right\}\text{稳定生成物}$$

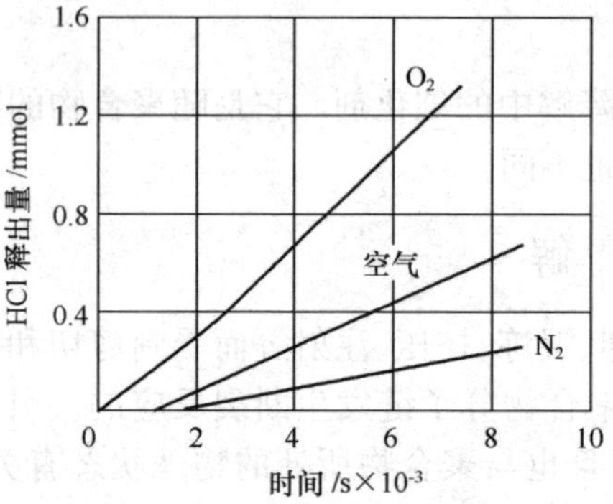

图 2－30　聚氯乙烯在氧气、空气和氮气中的热降解（190℃）

经氧化形成的结构物（如酮、醛、过氧化物等），电性能常比原聚合物的低，且容易受光的降解。当这些化合物进一步发生化学作用时，则将引起断链、交联和支化等作用，从而降低或增高相对分子质量。就最后制品来说，凡受过氧化作用的必会变色、变脆、拉伸强度和伸长率下降、熔体的黏度发生变化，甚至还会放出气味。但是由于化学过程十分复杂，目前就是一些比较常用的聚合物，如聚氯乙烯，其氧化降解历程也只能给出一些定性的概念。总而言之，任何降解作用速率在氧气存在下总是加快，而且反应的类型增多。在解决实际问题时通常是根据实测的结果。图 2－30 所示的形式就是其中的一种。另一种重要方式就是在一定条件下（如在空气中）的降解速率与温度的关系。

2.6.4　水 降 解

如果聚合物分子结构中存有能被水解的化学基团，如酰胺类（$-\overset{O}{\overset{\|}{C}}-NH-$）、酯类（$-\overset{O}{\overset{\|}{C}}-O-$）、腈类（$-C\equiv N$）、缩醛类（$-O-CHR-O-$）以及某些酮类；或者当聚合物经过氧化而具有可以水解的基团时，都可能被水所降解。如果这些基团是在主链上，则降解后的聚合物性能往往不如降解前的。如果在支链上，则所受的损害较小。

2.7　热固性塑料的交联作用

众所周知，热固性塑料在尚未成型时，其主要组成物（树脂）都是线型或带有支链的聚合物。这些线型聚合物分子与热塑性塑料中线型聚合物分子的不同点在于:前者在分子链中都带有反应基团(如羟甲基等)或反应活性点(如不饱和键等)。成型时这些分子通过自带的反应基团的作用或自带反应活点与交联剂(也称固化剂,是后加的)的作用而交联在一起。这些化学反应都称为交联反应,已经发生作用的基团或活性点对原有反应基团或活性点的比值称为交联度。

交联反应是很难完全的,其主要原因是:①交联反应是热固性树脂分子向三维发展并逐渐形成巨型网状结构的过程。随着过程的进展,未发生作用的反应基团之间,或者反应活性点与交联剂之间的接触机会就越来越少,甚至变为不可能;②有时反应系统中包含着气体反应生成物(如水气),因而阻止了反应的进行。

以上都是从化学意义上来说明交联作用的。在成型工业中,交联一词常常用硬化、熟化等词代替。所谓“硬化得好”或“硬化得完全”并不意味着交联作用的完全,而是指交联作用发展到一种最为适宜的程度,以制品的物理 - 力学性能等达到最优的程度作为判据。显然,交联程度是不会大于100%的,但是硬化程度是可以的。一般称硬化程度大于100%的为“过熟”,反之则为“欠熟”。此外,不同热固性塑料,即使采用同类型的树脂,它们的完全硬化在化学意义上也可能是不同的。

工业上还习惯将树脂交联过程分为三个阶段:①甲阶,这一阶段的树脂是既可以溶解又可以熔化的物质;②乙阶,此时树脂在溶解与熔化的量上受到了限制。也就是说有一部分是不溶解不熔化的,但依然是可塑的;③丙阶,这一阶段的树脂是不熔不溶的物质,不过严格地说。丙阶树脂中仍有少量可以溶解的物质。

硬化作用的类型是随树脂的种类而异的,它对热固性塑料的储存期和成型所需的时间起着决定性的作用。硬化不足的热固性塑料制品,其中常存有比较多的可溶性低分子物,而且由于分子结合得不够强(指交联作用不够),以致对制品的性能带来了损失。例如力学强度、耐热性、耐化学腐蚀性、电绝缘性等的下降;热膨胀、后收缩、内应力、受力时的蠕变量等的增加;表面缺少光泽,容易发生翘曲等。硬化不足时,有时还可能使制品产生裂纹,这种裂纹有时甚至用肉眼也能察觉到。裂纹的存在将使前面举述的性能进一步恶化,吸水量也有显著的增加。出现裂纹说明所用模具或成型条件不合适,不过塑料中树脂与填料的用量比不当时也会产生裂纹。

过度硬化或过熟的制品,在性能上也会出现很多的缺点。例如力学强度不高,发脆、变色,表面出现密集的小泡等。显而易见,过度硬化或过熟,以及成型中所产生的焦化和裂解(如果有的话)也包括在内。制品一般过熟都是成型不当所引起的。必须指出,过熟和欠熟的现象有时也会发生在同一制品上,出现的主要原因可能是模塑温度过高,上下模的温度不一,制品过大或过厚等。

检测硬化程度的方法很多,所有化学方法都难令人满意,因为已经硬化的制品,尽管它的硬化程度不足,它的溶解度还是不大的,所以最好用物理方法。常用的有脱模后热硬度的检定法、沸水试验法、萃取法、密度法、导电度测验法等。如果条件许可,当然也可用红外线辐射法和超声波法等,其中以超声波法最好。

第3章 成型用的物料及其配制

3.1 概 述

工业上用作成型的塑料有粉料、粒料、溶液和分散体等几种，不管是哪一种料，一般都不是单纯的聚合物（合成树脂），或多或少都要加入各种助剂（添加剂）。加入的目的是，改善成型工艺性能，改善制品的使用性能或为降低成本。为了成型过程的需要，有将聚合物与助剂配制成粉料或粒料的，也有将其配制成溶液或分散体的。完成配制的方法大都靠混合，以使它们形成一种均匀的复合物。为此，本章将对塑料中各种组分的作用原理、配制方法和成型工艺性能进行介绍。

由于当前工业生产上对热固性塑料的制备作业多是在合成树脂厂进行的，因此，以下的讨论主要是热塑性塑料，不过对热固性塑料的成型工艺性能也将论及。

3.2 粉料和粒料

粉料和粒料在生产中用得比较多，它们的区别不在组成而在混合、塑化和细分的程度不同。将加入各种助剂的树脂制成粉料或粒料的目的主要是为了装卸、计量和成型等操作提供方便。配制粉料时，一般只是使各组分分散均匀。因此，通常仅需经过简单混合作业即可制得。这种粉料也称为干混料。将粉料通过塑炼（混炼）或挤出等作业使之进一步塑化制成粒料，可以减少成型过程中塑化要求，并从而使成型操作较容易完成，但需增加生产过程及设备。过去一般成型工艺（如挤出、注射等）都采用粒料，但随着生产技术的提高和成型设备的改进，现在已有不少工艺改用粉料。

3.2.1 粉料和粒料的组成

不管是粉料还是粒料，都是聚合物和助剂两类物质组成的。其中聚合物是主要成分，助剂则是为使复合物或其制品具有某种特性而加入的一些物质。常用的塑料助剂种类很多，主要有增塑剂、稳定剂、加工助剂、冲击改性剂、填充剂、增强剂、着色剂、润滑剂、防静电剂、阻燃剂、防霉剂等20多类。加至塑料中的助剂是随制品的不同要求而定的，并不是各类都需要，加入的各类助剂必须以相互发挥为要则，切忌彼此抑制。

3.2.1.1 聚合物（树脂）

聚合物是塑料的主要成分，所以它决定了制品的基本性能。在塑料制品中，聚合物应成为均一的连续相，其作用在于将各种助剂熔混成一个整体，从而具有一定的物理力学性能。由聚合物与助剂配制成复合物需要有良好的成型工艺性能，例如，在成型过程中，一般应在一定温度、压力下具有可塑性（连续流动的行为）。

目前，树脂品种有400多个，其中常用的聚合物（树脂）品种就有60多个，各类树脂及其改性树脂牌号有10000多个，成型原料品种超过20000种。而且，对同一种聚合物而言，也会因合成方法不同而性能不完全一致。生产同一种聚合物之所以有各种方法与规格，是为了满足各种制品的要求。因此，为了结合制品的具体要求而正确选用聚合物，需要对各个品种的具体规格、检验方法、使用范围等都有深入的了解。

聚合物制品材料的选用就是要在众多的树脂品种中，选择一个合适的品种。在实际应用中，最常用的树脂品种有二三十种，而有些树脂在性能上十分接近，在选用时需要多方考虑、反复权衡，因此聚合物制品材料的选用又是一项十分复杂的工作。另一方面，聚合物制品材料的选用一般是按一定的原则和程序进行的。而从配料的角度考虑，对聚合物的选择要求主要是相对分子质量大小及其分布、颗粒大小、结构和它们与增塑剂、溶剂等相互作用的强弱等。凡相对分子质量偏高，颗粒结构紧密，以及与增塑剂和溶剂作用较难的，则配制时需较高的温度、较强的外作用力和较长的作用时间。对聚合物的各种要求已在前修课程中介绍，这里不再讨论。

3.2.1.2 助剂

塑料助剂是指那些为改善它的加工特性和使用性能而分布于聚合物中，对聚合物分子结构又无明显影响的物质。因此，合成聚合物时所用的那些助剂不包括在塑料助剂之内。

塑料助剂的种类和品种十分繁多，而且随塑料应用的发展，新助剂不断涌现，很难全面概括。从助剂的化学结构看，既有无机物，又有有机物；既有低分子物又有聚合物；既有单一物，又有混合物。目前，一般按助剂的功用来进行分类，包括稳定化助剂，改善力学性能的助剂，改善加工性能的助剂，柔软化与轻质化的助剂，改变表面性能的助利、改变色光的助剂，难燃化与抑烟助剂及其他。

在为数众多的塑料助剂中如何恰当地选用，是非常重要的问题，而首先应该考虑的是助剂对塑料材料改善性能所起的效果大小及其卫生性。助剂效果大小又与它同树脂的相溶性和挥发性有关。如果助剂与树脂的相容性好，助剂的分布就均匀，两种分子间可能存在一定的作用力，助剂分于就难以向塑料表面迁移，因此所起的作用就可持久；对液状助剂和增塑剂则希望是高沸点的，这样才不会在该种塑料加工温度下大量挥发，容易保持增塑作用。塑料制品总要与人接触，特别是那些食品包装用材料对人的健康更有密切关系，因此必须要符合卫生要求。各类铅盐对聚氯乙烯是高效的热稳定剂，但是无论在加工操作时还是制成聚氯乙烯塑料制品后的缓慢迁出都对所接触的人体有害，所以逐渐为其他无毒或低毒的钡、锌盐类所代替。

高效、特效、无毒、无公害、复配多功能化是全球塑料助剂总的发展趋势。目前，塑料助剂的开发和研制呈现出以下几个特点：①环保化，比如阻燃剂这种赋予聚合物制品难燃性和抑烟性的功能化助剂，目前在全球范围内，有关阻燃剂的生产、使用和回收方面的安全问题已受到各国政府及企业的普遍重视。②发展高速化，如抗静电剂，我国抗静电剂需求将以年均10%～15%的速度增长，预测年需求量将达到4000～4500t左右。③多功能化，如对于抗氧剂，许多公司把重点转移到主剂和辅剂复合使用的开发上，以实现产品分子质量高、热稳定性好、不污染、不变色的特点。④新效能化，新效能添加剂是不少添加剂供应商开发的重点。近年来，新型效能添加剂包括成核剂、增韧剂、透明剂、抗菌剂、永久型抗静电剂、稳定剂等已逐步在市场中得到应用。⑤填料纳米化,各种纳米无机粉体/聚合物复合材料的研究成果不断问世,已经将纳米无机粉体归入一类新的效能添加剂。

以下介绍几种最常用的塑料助剂。

(1)增塑剂

1)概述 为降低塑料的软化温度范围和提高其加工性、柔韧性或延展性,加入的低挥发性或挥发性可忽略的物质称为增塑剂,而这种作用则称为增塑作用。增塑剂通常是一类对热和化学试剂都很稳定的有机物,大多是挥发性低的液体,少数则是熔点较低的固体,而且至少在一定范围内能与聚合物相容(混合后不会离析)。经过增塑的聚合物,其软化点(或流动温度)、玻璃化温度、脆性、硬度、拉伸强度、弹性模量等均将下降,而耐寒性、柔顺性、断裂伸长率等则会提高。目前工业上大量应用增塑剂的聚合物只有聚氯乙烯、醋酸纤维、硝酸纤维等少数几种。其中主要是聚氯乙烯,所耗增塑剂占其总产量的80%以上。因此,以下将着重讨论聚氯乙烯的增塑剂。但所述的原理部分对其他塑料也同样适用。

实际采用的增塑剂,除要求它们对聚合物的相容性好、增塑效率高、挥发度低、化学稳定性高、对光、热稳定性好等外,还要求无色、无臭、无毒、不燃、吸水量低,在水、油、溶剂等中的溶解度和迁移性小、介电性能好,在室温和低温下制品外观和手感好,耐霉菌及污染以及价廉等。要求一种增塑剂同时兼具这些性能是困难的,但其中相容性好和挥发度低是最基本的要求,在使用时,应在满足这两项要求后再按具体情况作适当选择。在多数情况下,常将几种增塑剂混用来达到要求。

要求增塑剂的挥发度低是为减少、甚至杜绝增塑剂从制品中外逸的可能性,否则,就会失去增塑的意义。有人认为合格的增塑剂在533.2Pa的沸点应不低于200℃这种提法只供参考,因为增塑剂向外挥发的速率不仅与其沸点有关,而且还依赖于被增塑聚合物的性质和制品的厚度。在具体的情况下,最好根据实测的数据选用。

除挥发外,增塑剂还可由于游移、萃出和渗出而损失。游移是指增塑别从已增塑的聚合物中向着与它接触的另一种聚合物中迁移的现象。决定增塑剂游移速率的因素是:①增塑剂对接触聚合物的亲合力。如果没有亲合力,则游移速率为零;②增塑剂在已增塑聚合物和与之接触的聚合物中的扩散速率,两种扩散速率越大时,游移速率也越大;③温度和压力两者的升高均会增大游移速率。

萃出是指制品中的增塑剂因与溶剂接触而被洗去的现象。它主要取决于增塑剂对所接触溶剂的溶解度。

渗出是指聚合物中所加增塑剂的量超过一定值后,会像“发汗”一样从制品中游离出来的现象。渗出一般并不在配料或制品成型后立即出现,而需要经过一定甚至很长的时间。提高温度和阳光曝晒均能促进渗出。

2)增塑剂的分类 增塑剂的分类,不同的角度可以有不同的方法。目前分类方法虽多,但都存在一定的缺点。工业上的使用也比较混乱,现简述常用的几种。

①按化学组成分 将所用增塑剂按其化学属性可分为邻苯二甲酸酯、脂肪族二元酸酯、石油磺酸苯酯、磷酸酯、聚酯、环氧化合物、含氯化合物等类,这种分类法对制造增塑

剂有一定意义,但在应用上则不够方便,因为同类的增塑剂的增塑效果可能相差很远,而不同类的有时又可能很相近。

②按对聚合物的相容性分　可分为主增塑剂和次增塑剂,主增塑剂对聚合物具有足够的相容性,因而与聚合物可在合理的范围内完全相容(通常以增塑剂与聚合物的比率能达到1∶1,而不发生析出的为准),故能单独使用。次(辅助)增塑剂对聚合物的亲合力较差,致使其相容性难以符合工艺或使用上的要求,不能单独使用,只能与主增塑剂共用,相容的限量最多是1∶3,其使用主要是代替部分主增塑剂以降低成本。主与次需以被增塑的聚合物为前提,如蓖麻醇酸乙酰-正丁酯是硝酸纤维素的主增塑剂,但只能作聚氯乙烯的次增塑剂,当然相容能力还与温度和聚合物相对分子质量有关,但这却无严格的规定,故这种分法只有相对的意义。不过这种分类法能将增塑作用的主要矛盾,即相容性反映出来,所以具有一定实用价值。此外,也有将相容限量低至1∶20者称作增充剂的。其作用主要是增量。

③按结构分　可以分为单体型和聚合体型。两者的主要不同点是黏度,单体型黏度常在0.03Pa·s左右,聚合体型则为20~100Pa·s。黏度大的分子活动受到较大的抑制,作增塑剂时不易从制品中逸失。

④按应用性能分　可分为耐热型增塑剂(如双季戊四醇酯、偏苯酸三酯),耐寒型增塑剂(如癸二酸二辛酯、己二酸二辛酯),耐光热增塑剂(如环氧大豆油、环氧十八酸辛酯),耐燃型增塑剂(如磷酸酯、含氯增塑剂),耐霉菌增塑剂(如磷酸酯类)及无毒、低毒增塑剂等。

3)增塑机理　聚合物大分子链常会以次价力而使它们彼此之间形成许多聚合物-聚合物的联结点,从而使聚合物具有刚性。这些联结点在分子热运动中是会解而复结的,而且十分频繁。但在一定温度下,联结点的数目却相对地稳定,所以是一种动平衡。加入增塑剂后,增塑剂的分子因溶剂化及偶极力等作用而“插入”聚合物分子之间并与聚合物分子的活性中心发生时解时结的联结点。这种联结点的数目在一定温度和浓度的情况下也不会有多大的变化,所以也是一种动平衡。但是由于有了增塑剂-聚合物的联结点,聚合物之间原有的联结点就会减少,从而使其分子间的力减弱,并导致聚合物材料一系列性能的改变,如图3-1所示。

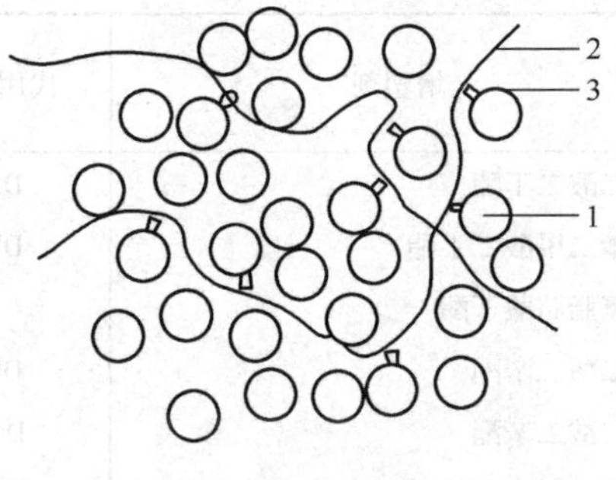

图3-1　聚合物增塑机理示意图
1—增塑剂分子　2—聚合物分子
3—增塑剂与聚合物之间的联结点

4)增塑剂性能的评价　增塑剂对塑料的加工性能和制品性能都有很大影响,如果要作比较,应该是全面的。不过这种比较既难于进行而且也没有必要,因为加工或使用塑料时都不会是全面要求的。工业上对增塑剂的评定主要有两个方面:

①聚合物与增塑剂的相容性　由于增塑剂对聚合物的作用是发生在它们分子之间的。因此,最重要的要求是它们之间应该有相容性,即彼此之间有互溶性。评定相容性

的最好根据是实验数据，不过实验是颇为繁复的。首先，应按不同比率的聚合物和增塑剂分别配料并模塑成一系列的样条，而后再在一定压应力的情况下测出样条开始渗出增塑剂所需的时间。时间越长的相容性越好。采用压应力的大小以及用多长时间作为合格标准，可按具体情况规定。

聚合物与增塑剂的相容性也可根据溶度参数来估计，两者的溶度参数差值如不大于1，在大多数情况下它们之间具有良好的相容性。

②增塑剂的效率　比较不同增塑剂的增塑作用效果，可用增塑剂的效率来表示。它是从改变聚合物的一定量的物理性能所需加入增塑剂的量作为标记的。选择的物理性能指标可以不同，如用弹性模量、柔顺性、玻璃化温度、脆折温度、回弹量以及一切变形（伸长、弯曲、扭曲、压缩等）等均可。物理性能不同，效率比值也不同。但根据测出的数据所作的排列次序却不变，表3－1列出了某些通用增塑剂对聚氯乙烯增塑效率的比值。所定的物理性能指标是弹性模量（温度为25℃，伸长率为100%）为6.89MPa，表中将邻苯二甲酸二辛酯的效率比值作为100的理由是：这种增塑剂用得较多有较好的全面性能，故特将它定为增塑剂的标准。应该看到，这里所指的效率高低，只是从增塑的角度来说的。如从表3－1可以看出，达到等效的用量，DOP需63.5份而DBP只要54.0份，从这个意义上说，DBP应是最好的增塑剂。但是评定增塑剂的优劣除了增塑效率外还应考虑到相容性、挥发性、抽取性、迁移性等因素，而在这许多方面DBP不一定比DOP好。

表3－1　　聚氯乙烯常用增塑剂的增速效率

增塑剂	代用符号	等效用量/份 以100聚氯乙烯为准	效率比值
癸二酸二丁酯	DBS	49.5	0.78
邻苯二甲酸二丁酯	DBP	54.0	0.85
环氧脂肪酸丁酯		58.0	0.91
癸二酸二辛酯	DOS	58.5	0.93
己二酸二辛酯	DOA	59.9	0.94
邻苯二甲酸79醇酯	DAP	61.2	0.97
邻苯二甲酸二辛酯	DOP	63.5	1.00
邻苯二甲酸二异辛酯	DIOP	65.5	1.03
石油磺酸苯酯	M－50	73～76	1.15～1.2
环氧油		78.0	1.23
磷酸三甲酚酯	TCP	79.3	1.25
磷酸一二甲酚酯	TXP	83.1	1.31
己二酸丙烯酯		85	1.34
氯化石蜡（63%氯）		89	1.4

5）聚氯乙烯常用的增塑剂　聚氯乙烯使用的增塑剂种类很多。且仍在不断地增

加。表3－2列出了常用增塑剂的性能及其使用情况。聚氯乙烯常用的增塑剂几乎都是酯类，其中又以邻苯二甲酸酯类用得最多。原因是其成本较低，各种性能均较平衡。通用的邻苯二甲酸的酯类，大多是由带有支链的醇形成的。其中又以邻苯二甲酸二辛酯（邻苯二甲酸二－2－乙基己酯）和邻苯二甲酸二异辛酯用得较多，因两者均具有较全面的性能，因而工业上也常将其作为标准。带有较高或较低支链的醇酯，均各有其特殊性能，一般在制品有这种要求时采用。总的说来，构成酯的醇相对分子质量越高时，其增塑效率、耐油性、挥发性和加工性能均将下降，而低温柔顺性和耐肥皂水的能力则有提高。

表3－2　常用聚氯乙烯增塑剂的性能及使用情况

增塑剂的品种	代用符号	显著性能	使用情况		
			薄膜或板材	电绝缘材料	糊塑料
1. 邻苯二甲酸酯类					
邻苯二甲酸二丁酯	DBP	相容性好、柔顺性大、挥发性高，不单独用，成本低	•	•	•
邻苯二二甲酸丁苄酯	BBP	相容性好、成型性能好，耐污染、耐油、光、热稳定性好	•		•
邻苯二甲酸－7，9－酯	DAP	挥发性、物理性能、耐萃出性和低温性能均与DCP相近，但价廉、电性能差、有臭味	•		•
邻苯二甲酸二辛酯	DOP或DEHP	相容性好，能符合大多数通用制品的要求，光热稳定性好、电性能好、挥发性小、耐低温、低毒	•	•	•
邻苯二甲酸二异辛酯	DIOP	与DOP很接近但各种性能均较DOP稍低，且有臭味，优于DOP的是毒性很低，价廉	•	•	•
邻苯二甲酸二仲辛酯	DCP	除低温性能，光热稳定性与DOP相近外，其他均略低，所制糊塑料的黏度随时间增长不大	•	•	•
邻苯二甲酸二异壬酯	DINP	有较好的通用性能	•	•	•
邻苯二甲酸二异癸酯	DIDP	挥发性，革出性和游移性都小、电性能好，须与耐低温的增塑剂同用，否则制品较硬	•		•
邻苯二甲酸二[十三]酯	DTDP	耐高温、耐萃出，柔顺性的保持力强，防雾能力高	•	•	•
邻苯二甲酸的直链醇酯和只带一个甲基支链的直醇酯		较好的低温性能和低挥发性	•	•	
2. 己二酸二烷基酯类		优良的低温性能，相容性差			•

续表

增塑剂的品种	代用符号	显著性能	使用情况		
			薄膜或板材	电绝缘材料	糊塑料
3. 壬二酸二烷基酯类		优良的低温性能,相容性差	●		●
4. 癸二酸二烷基酯类		低温性能优良、成本高、相容性差	●	●	●
5. 苯偏二酸三烷基酯类		挥发性极低,耐肥皂水洗涤,成本高	●	●	●
6. 磷酸三芳酯类		阻燃、耐污染、耐光,耐磨、耐寒性差,有毒	●	●	●
7. 季戊四醇酯类		挥发性极低,热稳定与介电性能都极好		●	
8. 环氧油类		挥发性低,耐热、耐光、不易萃出,相容性好,电性能好、兼具稳定剂作用,不能单独使用	●	●	●
9. 聚合体型(主要用己二酸和癸二酸的丙二醇酯)		耐萃出、不会游移,抗热强但混炼较难,不单独使用	●	●	
10. 其他					
氯化石蜡(含氯42%)	Cl-P42	耐燃,介电性能好,价廉、不单独使用对糊塑料的黏度起稳定作用	●	●	●
氯化石蜡(含氯50%~54%)	Cl-P52	与Cl-P42相同,但用量可以较多	●	●	●
石油磺酸苯酯	M-50	介电性能好,价廉,不单独使用			

由直链醇和只带有一个甲基支链的直链醇构成的邻苯二甲酸酯类的特性是低温工作性能好和挥发性低,而邻苯二甲酸丁苄酯的特性则是溶剂化能力大和耐污染。值得提出的是,邻苯二甲酸二异丁酯对植物有极大的危害性,故不能作农用薄膜的增塑剂。

己二酸,壬二酸和癸二酸等脂肪族二元酸的酯类,都有良好的低温工作性能,苯偏三酸的酯类对高温常具有较好的持久性。柠檬酸酯类一般都是低毒的。这些都是邻苯二甲酸酯类所不具备或不足的,但前三种脂肪族二元酸酯类的相容性差,只能作次增塑剂用,其余的酯类因成本高或性能不够全面,均不单独使用。

磷酸的酯类一般都与其他增塑剂共用,以使增塑的聚氯乙烯具有耐热性。磷酸芳酯类还能使增塑的聚氯乙烯具有持久性(使塑料特性不易因时间与环境变化而改变)和耐油性。磷酸烷基酯类还能提高制品的低温柔顺性,但相容性能差。常用的磷酸酯是磷酸三甲酚酯(TCP)、磷酸二甲酚酯(TCX)、磷酸二苯-辛酯(DPOP)等。但TCP,TXP所用原料来自煤焦油,供应量较少,有毒。近年来用合成法制得的磷酸三丙烯酯来代替。磷酸三丙烯酯的耐光性、耐燃性、耐污染性、耐菌性、制品耐油酯类的抽出性都较好,且无臭、无毒。在配方中它能增大氯化石蜡等含氯增塑剂用量,取代部分邻苯二甲酸二辛酯以降低成本。

季戊四醇酯类的耐热性、耐老化性能均较好,主要用于制造耐高温(110℃)的电线与电缆的绝缘层,通常都与其他增塑剂并用。

环氧油类和聚合体型两类增塑剂虽都具有某些特性（见表3－2），但因耐低温性能差。故都与其他增塑剂共用。

作为增塑剂用的氯化石蜡有平均链长为碳15，含氯量为45%和48%～54%以及平均链长为碳15，含氯量为43%的几种。这类化合物价廉、耐燃、电绝缘性较好，但相容性和热稳定性较差，只作辅助增塑剂使用。近年来，有用正烃氯化，氯含量达52%后作为主增塑剂使用的，该品种能提高制品的热稳定性，还可起阻燃作用。

石油磺酸苯酯和烃类等只能作为次增塑剂使用，以降低成本，但对增塑的净效果会有些损害，而对介电性能，糊塑料黏度的稳定则有所改进。也有使用含芳烃量高的黏油作辅助增塑剂以降低成本的。

目前还发展了一些固体的增塑剂，主要是二甲苯磺酸酰胺类、二甲苯甲醛缩合物和丙烯系聚合物。用于加工硬聚氯乙烯时可使其流动性提高数倍而不降低其刚性，还可减少粉尘以改善劳动条件，但热变形温度及冲击强度却有一定下降。

聚酯及乙烯共聚物的高分子增塑剂具有不被抽出、不挥发、耐迁移等特点，但成本高，生产还较少。

选择增塑剂应考虑的方面大体是：能符合制品的性能要求，加工方便，与塑料中其他助剂的协调性好、价廉、毒性及污染小等。

（2）稳定剂

凡在成型加工和使用期间为有助于材料性能保持原始值或接近原始值而在塑料配方中加入的物质称为稳定剂。在塑料中加入稳定剂是制止或抑制聚合物因受外界因素（光、热、氧、细菌、霉菌以至简单的长期存放等）所引起的破坏作用。外界条件对聚合物的降解过程已见第2章。适用于各种聚合物的稳定剂并不完全相同，按所发挥的作用，稳定剂可分为热稳定剂、光稳定剂（紫外线吸收剂，紫外线淬灭剂、光屏蔽剂等）及抗氧剂等。由于稳定剂的作用原理大多是阻滞或延缓降解过程的化学反应，因此这里将按此进行以下的分类：

1）紫外线抗御剂　从太阳辐射到地面的光波中，紫外线（波长为290～400nm）约占5%，其强度随地理位置、季节、气候等有一定变化。由于波长与光量子能量成反比，波长越短，辐射能量越强，所以紫外线足以引起一般有机物化学键的破坏。因此，户外或照明用的塑料制品，常会因光照而发生聚合物分子的降解。反映在外观上则发生开裂、起霜、变色、退光、性能变劣、起泡以致完全粉化。各种聚合物对紫外线的抵抗能力有所不同，如表3－3所示。聚甲基丙烯酸甲酯和聚氟乙烯抵抗紫外线的能力就很强，而聚丙烯则会很快地变质。

表3－3　　聚合物品种及其敏感的紫外光波长

塑料品种	最敏感的紫外光波长/μm
聚甲醛	300～320
聚碳酸酯	295
聚乙烯	300
有机玻璃	290～315

续表

塑料品种	最敏感的紫外光波长/μm
聚丙烯	310
聚苯乙烯	318
聚氯乙烯	310
热塑性聚酯	290 ~ 320
不饱和聚酯	325
氯乙烯醋酸乙烯共聚物	320 ~ 364

为了防止这种光降解,通用的方法是加入紫外线抗御剂。

紫外线抗御剂的作用有两种:①先于聚合物吸收入射的紫外线而放出无破坏性的长波光能或热能,从而使聚合物减缓或免除降解。具有这种作用的物质称为紫外线吸收剂或蔽光剂。②移出聚合物吸收的光能,使其内储的光能达不到光降解所需要的水平,以这种作用保护聚合物的物质常称为能量转移剂。目前,工业上用的以前一种居多,后一种很少,仅限于某些重金属的络合物。

常用的紫外线抗御剂有以下几类:

①2 - 羟基二苯甲酮的衍生物。

②2(2 - 羟基苯)连二氮杂茚的衍生物。

③取代的丙烯酸酯类。

④芳酯类,包括水杨酸芳酯类和间苯二酚的酯类。

⑤含镍络合物,主要是硫代双酚,氨荒酸和磷酸的镍盐或镍络合物。

⑥某些颜料,如炭黑、氧化锌、氧化钛和絮凝状的金属等。这些颜料主要是对聚合物起屏蔽作用,避免紫外线的射入。其中如氧化钛在紫外线作用下可能生成原子氧,对聚丙烯会起降解作用,但在用量较多时则可起屏蔽作用。

⑦三嗪系紫外线吸收剂。能强烈吸收 300 ~ 400nm 的紫外线,性能较好,成本较低。促使各种聚合物发生光降解的紫外线波谱不完全相同,因此各种聚合物所用的有效紫外线吸收剂也不同。最可靠的还是从实测的数据来断定。表 3 – 4 介绍了一般应用的情况。

表 3 – 4　　常用塑料中使用紫外线抗御剂的情况

塑料名称	建议采用的抗御剂	塑料制品的类型
聚烯烃	含有长烷基的 2 – 羟基 – 4 – 羟基 – 二苯甲酮类或硫化双酚的镍络合物	肥料、农药的包装袋,温室薄膜,吹塑容器等
聚氯乙烯	一羟基二苯甲酮类、羟基苯基二苯甲酮类、羟基苯基连三氮杂茚类、水杨酸酯类或取代丙烯腈类、三嗪类	汽车座垫套、雨衣、包装、人造革等
聚苯乙烯	一羟基二苯甲酮类、羟基苯基连三氮杂茚类	灯罩等
聚碳酸酯及丙烯酸类树脂	羟基二苯甲酮类、羟基苯基连三氮杂茚类或取代丙烯腈类	灯罩,信号灯部件等

2）抗氧剂　许多聚合物在制造、储存、加工和使用过程中都会因氧化而加速降解，从而使其物理力学性能和化学性能下降。抗氧剂是这样一类物质，将其加至塑料中（用量通常为0.01% ~1.00%），就可以制止或推后聚合物在正常或较高温度下的氧化。易于氧化而采用抗氧剂的塑料有：聚烯烃类、聚苯乙烯、聚甲醛、聚苯醚、聚氯乙烯、苯乙烯－丁二烯－丙烯腈共聚物等。

按照抗氧剂的抗氧作用粗略地可分两类：

①自由基或增长链的终止剂。属于这一类的主要物质是化合酚类（阻碍酚类）和芳基仲胺类。属于化合酚类的主要有烷代单酚、烷撑双酚、烷代多酚等。而胺类则多为Ar_2NH结构的化合物。这些化合物都具有不稳定的氢原子，借此可以与自由基或增长链发生作用，从而免除自由基或增长链从聚合物中夺得氢原子的作用。这样，聚合物的氧化降解就被停止。其反应如下：

$$ROO\cdot + AH(\text{自由基或增长链的终止剂}) \rightarrow ROOH + A\cdot$$

$$RO\cdot + AH \rightarrow ROH + A\cdot$$

$$HO\cdot + AH\cdot \rightarrow H_2O + A\cdot$$

$$A\cdot + ROO \rightarrow \text{稳定化合物}$$

$$2A\cdot \rightarrow \text{稳定化合物}$$

$$R\cdot + AH \rightarrow H + A\cdot$$

其中最后一个反应是比较不重要的。其次，A·虽是自由基，但是比较稳定，几乎没有与氧发生作用或从聚合物分子中夺得氢原子的能力，因此也就不会引起氧化降解作用中的引发和传递。

②氢过氧化物的分解剂，属于这一类的主要物质有亚磷酸酯类和各种类型的含硫化合物（如金属硫化物、硫代二羧酸酯、硫撑二丙烯酸酯类）。这些物质都能使氢过氧化物分解成非自由基型的稳定化合物，从而避免因氢过氧化物分解成自由基而引起的一系列降解，分解的简单形式可表示为：

$$ROOH + PD(\text{分解剂}) \rightarrow \text{非自由基型的稳定化合物}$$

上述两类抗氧剂的作用是相辅相成的，所以，通常都是两者兼用。目前使用的前一类抗氧剂主要有：2,6－二特丁基－4－甲酚（264 酚），2,2－双（3－甲基－4－羟基苯基）丙烷（双酚 C）、双酚 A、1,1,3－三（2－甲基－4－羟基）丁烷（CA）、四〔3(3,5－二特丁基－4－羟基苯基）丙酸〕季戊四醇酯（1010）、3,5－二特丁基－4－羟基苯丙酸（1076）、N 苯基 N′环己基对苯二胺（防老剂 4010）等。而后一类则有：硫代二丙酸二（十八）酯（DSTP）、硫代丙二酸二月桂酸（DLTP）、亚磷酸三苯酯（TPP）、亚磷酸三（壬基苯酯）等。表 3－5 列出几种常用塑料使用抗氧剂的情况。

3）转变降解催化剂的物质　在工业生产中，对聚合物降解具有催化作用的主要物质是金属离子，催化作用的强弱随重金属离子的性质而异。例如铝、锌、铜、铁、锡和镉的离子对聚氯乙烯的降解都具有积极的催化作用。较差的是钡和铅的离子，不起作用的是钙离子。重金属离子的来源有：①原存于聚合物中的杂质，如工业用聚氯乙烯中所带的铁盐。②生产聚合物时所用的催化剂的残余体，如生产聚丙烯时采用的铝盐等。③聚合物降解过程中的副产物，如聚氯乙烯降解时释出的氯化氢与设备所用金属材料所生成的金属氯化物。消除这些重金属离子催化作用的方法是加入适量的螯合剂，例如某些亚磷酸的烷酯和芳酯（这类物质同时也有抗氧和捕捉自由基的作用），消除催化作用的原理，一致认为是螯合剂与重金属盐形成了络合物。

表 3-5　　几张常用塑料使用抗氧剂的种类

聚合物	使用目的	建议采用的抗氧剂	备注
聚乙烯	防止加工中变色和熔体黏度的变化	1. 用作吹塑的塑料可加 0.01%~0.05% 硫撑二丙烯二月桂醇酯和相等浓度的二叔丁基对甲养酚 2. 加工温度高和时间长的以及高级薄膜用的聚乙烯可加入相对分子质量高和挥发度低的化合酚	如果聚氯乙烯中已加有炭黑时，常会使许多化合酚的抗氧作用钝化，所以，应改用硫代双酚类化合物
聚丙烯	抑制其氧化和延长期使用期、尤以氧化可能性大的制品，如薄膜等为甚	应加入防氧化能力强的抗氧剂，如兼用相对高分子质量和挥发度低的酚类和硫撑二丙烯酸酯类。两者的浓度均为 0.01% ~ 0.05%	
聚甲醛	防止其发生降解作用	采用烷叉双酚类化合物	
聚氯乙烯	防止聚氯乙烯本身的氧化降解和增塑剂的氧化	采用烷叉双酚类化合物	
聚酰胺	防止其氧化变黄	可采用化合酚类以防止其热氧化和光氧化，但常用的是加入锰盐和钢盐	

上述重金属离子的第③种来源既然是由于聚氯乙烯降解过程中的氯化氢引来的，因此，先排除氯化氢也是阻滞聚氯乙烯降解的措施。工业上用作聚氯乙烯的热稳定剂大多都有与氯化氢结合的作用，但是这些热稳定剂都不只是结合氯化氢。有关其他作用将在4）中讨论，现将聚氯乙烯通用热稳定剂的类别和它们与氯化氢的作用举例如下：

①铅、钡、镉、锌、钙等的无机酸盐、醇盐、酚盐、硫醇盐等和皂类

$MX_2 + HCl \rightarrow MCl_2 + 2HX$（无机酸盐类），如三盐基性硫酸铅、二盐基性亚磷酸铅。

$(RO)_2M + 2HCl \rightarrow 2ROH + MCl_2$（醇盐类）

$(ArO)_2M + 2HCl \rightarrow 2Ar(OH) + MCl_2$（酚盐类），如钡、钙的酚盐。

$(RS)_2 + 2HCl \rightarrow 2RSH + HCl_2$（硫醇盐类），如二烷基锡的硫醇盐。

$(RCOO)_2M + ZHCl \rightarrow 2RCOOH + MCl_2$（皂类），如硬脂酸的铅、锌、钙、钡盐。

从上列化学反应式可以看出，所有生成物中均有金属氯化物的存在，因此，除没有或仅有微量催化作用的金属离子外，采用这类稳定剂时都应伴用螯合剂。

②胺类

$$RNH_2 + HCl \rightarrow RNH_3Cl$$

③有机锡化合物：

$$R_2Sn(OOCR')_2 + 2HCl \rightarrow R_2SnCl_2 + 2R'COOH$$

④环氧化合物

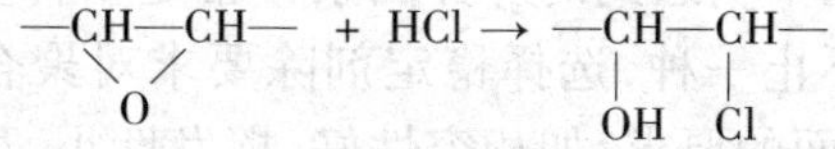

4)去除活性中心的物质　凡是原来或发生降解以后的聚合物分子，如果其结构的某一部分具有化学活性且能促使其本身或导致其他聚合物分子发生降解的，则该部分结构即为活性中心，显然去除活性中心是可以抑制聚合物降解的。活性中心的种类很多，现在只讨论通用聚合物（尤其是聚氯乙烯）中比较重要的几种。

①聚合物降解后析出的自由基　有关自由基导致聚合物降解的情况已在2－9节和抗氧剂一节中讨论过，现在需要补充的是，前述有机锡化合物也有与自由基反应的能力，其反应如下：

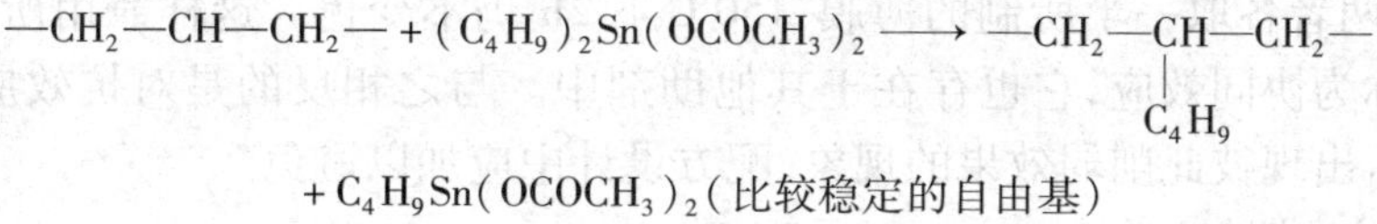

有机锡化合物是聚氯乙烯稳定剂中比较重要的一类，其显著优点是效率高，相容性好，不会伤害制品的透明性，可以单独使用等；缺点是成本高。有机锡化合物的稳定作用除能与氯化氢和自由基结合外，视有机锡化合物的具体品种还可以有其他稳定作用。

②聚氯乙烯分子中的不稳定氯原子　聚氯乙烯或因合成上的缺陷，或因降解以后结构发生变化，致使其分子结构中常带有不稳定的氯原子。例如与叔碳原子结合的氯原子、叔碳原子α－位上的氯原子和烯丙基氯原子以及支链上的氯原子等。这些不稳定的氯原子都是引起降解的中心，很多聚氯乙烯稳定剂的稳定作用就是以稳定化学基团置换这种不稳定的氯原子：

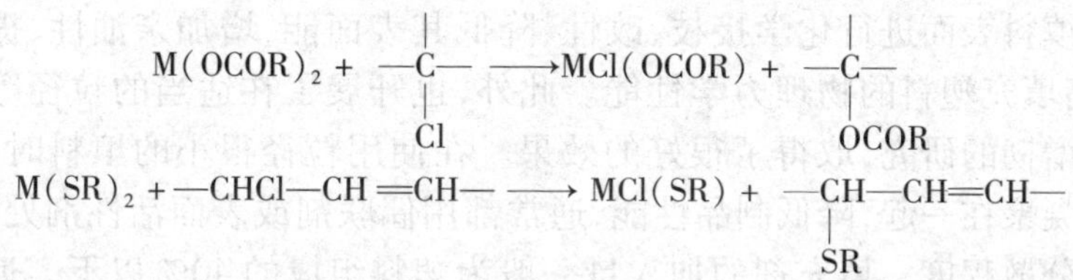

置换后的聚氯乙烯分子比较稳定，这里举出的只是金属皂类和金属硫醇盐类的反应式，事实上，这一机理对其他金属化合物如胺类、亚磷酸酯类，以及 $R_2Sn(SR')_2$ 和 $R_2Sn(OC—OR')_2$ 也是适用的。

③双键结构　实验证明，双键常存在于降解前后的聚合物分子结构中。这种双键在外界条件的影响下，往往成为降解的中心。同时，双键还能改变聚合物对光线吸收的波长范围，这对聚氯乙烯来说尤其显著。当其分子中存有6～7个按共轭形式排列的多烯结构（出现这种结构是由于连续脱除氯化氢的结果）时，它就能吸收紫光而显示黄色。如果降解继续加深，共轭双键增多，则其显示的颜色将渐次由黄色而转为红色、棕色以至黑色，因此消除双键对聚合物的降解和变色是有抑制作用的。凡对双键能发生加成作用的

物质,如各种螯合剂、硫醇类(金属硫醇盐与氯化氢作用后的副产物也属于这一类)和顺丁烯二酯类均属于这一类稳定剂。

塑料制品在成型和应用中所遇到的外界因素常常是多种多样的,所以配制塑料时在聚合物中加入的稳定剂常不止一种,选择稳定剂除要求对聚合物的稳定效果要好外,和增塑剂一样,也还有其他方面的要求,如相容性好、挥发性小、尽可能无色(有时还要求保持制品透明);加工条件下热稳定,无毒或低毒,对化学品稳定等。稳定剂的加入量一般≤2%,少数也有高达5%左右的。选择稳定剂的基本要求大体与增塑剂相同,但稳定剂的加入常会使塑料熔体的流变行为变劣,这与增塑剂是不同的,必须在选用品种及用量上注意。同时还应注意稳定剂与其他助剂的配用效果。稳定剂的选用目前还在很大程度上属于经验性的。

兼用几种稳定剂的协同效应有时很显著,如用3%蓖麻醇酸钡作稳定剂制造的聚氯乙烯薄膜,在150℃停留75min后即变黑,用3% 2-乙基己酸镉的,在相同温度下,30min后变紫,而将两者各取一半所制的薄膜,150℃下2h仍不变色。这样兼用所收到的相互增进的效果称为协同效应,它也存在于其他助剂中。与之相反的是对抗效应,即在兼用两种稳定剂后出现彼此削弱效果的现象,配方设计中应加以避免。

(3)填充剂(填料)

填充剂一般都是粉末状的物质,而且对聚合物都呈惰性。配制塑料时加入填充剂的目的是改善塑料的成型加工性能,提高制品的某些性能,赋予塑料新的性能和(或)降低成本。

填充剂的加入并不是单纯的混合,而是彼此之间存有次价力。这种次价力虽然很弱,但具有加合性,因此当聚合物相对分子质量较大时,其总力则显得可观,从而改变了聚合物分子的构象平衡和松弛时间,还可使聚合物的结晶倾向和溶解度降低,以及提高玻璃化温度和硬度等。为了改善聚合物与填充剂之间的结合性能,最好先用偶联剂对填充剂进行处理,然后再加入聚合物中。关于偶联剂的种类和处理填充的方法见第8章。近年来也有在填料表面进行化学接枝、改性、降低其表面能、增加亲油性、提高与聚合物的亲和性、提高填充塑料的物理力学性能。此外,也开展了在适当的粒径等条件下刚性填料对聚合物增韧的研究,取得了很好的效果。在使用粒径很小的填料时,为不使微细的粒子间相互凝聚在一起,降低制品性能,通常都用偶联剂或表面活性剂处理,以改善填料在塑料中的分散程度。填充剂的加入量一般为塑料组成的40%以下。近年来生产的一些高填充塑料制品等,填充剂的加入量则可能远超过此范围。

常用的填充剂参见表3-6。

填充剂的大小和表面状况对塑料性能有一定影响,球状、立方体状的通常可提高成型加工性能,但力学强度差,而鳞片状的则相反。粒子越细时对塑料制品的刚性、冲击性、拉伸强度、因次稳定性和外观等改进作用越大。

加入填充剂后也有缺点,如粉状填料常使塑料的拉伸和撕裂强度、耐低温性等下降。大量加入时使成型加工性能和表面光泽下降,故应合理地选用品种、规格和加入量。一般要求是:分散性好,吸油量小(吸油量对增塑塑料来说就是吸收增塑剂的量,其标志是在聚合物和填充剂各100份所配制的塑料中加入增塑剂的份数,加入量系以塑料硬度达到纯聚合物的硬度为度)，对聚合物及其他助剂呈惰性，对加工性能无严重损害，不严重磨损设备，不因分解或吸湿使制品产生气泡等。填充剂中含有微量的铁、锰、铜及少量铝时均使稳定剂的效率下降。硫的存在会污染铅类稳定剂，金属杂质还会对钡镉稳定剂起反作用。为了改善填料在塑料中的分散状况，使成型加工过程更为方便、清洁等，除了在生产的配料或成型加工现场直接添加填料外，也有将填料中加入少量树脂及其他助剂，做成粒状的填料含量极高的"填充母料"出售。在成型加工现场，只需在使用的树脂粒料中均匀混入一定量的填充母料即可。

表 3-6　　常用的塑料填充剂

填充剂种类	来源	作用
1. 碳酸钙		用于聚氯乙烯、聚烯烃等，提高制品耐热性、硬度，降低收缩率。降低成本。遇酸易分解，故不宜用于耐酸制品中。细粒都在制品中分散较好，但比容积较大，应进行适当的表面处理，使之在制品中分散良好
重质型	由白垩，贝壳，石灰石等天然物质经机械粉碎而制得的，粒径 2～10μm。近年利用湿法，球磨、气流粉碎等，已使重质型碳酸钙(滑石粉等也同样)粒子加工得更细(<10μm)，与轻质者相近，使用后对塑料的加工性能及物理力学性能均不致有大的下降	
轻质型	由无机合成后沉降而得，粒径在 0.1μm 以下	
2. 黏土、硅酸盐类		用于聚氯乙烯、聚烯烃等
黏土、高岭土(陶土，瓷土)、硅灰石基	由天然物质精制、煅烧、粉碎得	改善加工性能，降低收缩率，提高制品耐药物、耐燃、附水性及降低成本，煅烧陶土可提高制品介电性能
滑石粉	由硅酸镁研磨成，呈片状	提高制品刚性，尺寸稳定性、高泪蠕变性、耐化学腐蚀及降低摩擦因数
石　棉	由含镁、铁、钙、钠等的硅酸盐有几种类型，呈纤维状	提高制品刚性，尺寸稳定性、高温蠕变性，但因其毒性，近年使用用量下降
云　母	由含铝硅酸的钾、镁、铁等盐类有几种类型，呈片状	提高制品耐热性、尺寸稳定性、介电性能，多用于电绝缘制品中
3. 炭黑	由天然气、汽油不完全燃烧或热裂解得，有接触法、炉法、热裂法等多类	用于聚氯乙烯、聚烯烃等。常兼具着色剂、光屏蔽剂作用，以提高制品导热、导电性能
4. 二氧化硅(白炭黑)	沉淀法粒径 20～40nm，含水 10%～14%，气相法粒径 10～25nm，含水量 <2%	用于聚氯乙烯、聚烯烃、不饱和聚酯、环氧树脂等，提高制品节电、抗冲击性能，可作树脂流动性调节剂
5. 硫酸钙(石膏)	由天然产或化学沉淀法制的	用于聚氯乙烯、丙烯酸类树脂等，降低成本，提高制品尺寸稳定性、耐磨性，用"钙塑"材料等
亚硫酸钙	由化学法制的	

续表

填充剂种类	来源	作用
6. 金属粉或纤维	常用有铝、古铜(铜锌合金)、锌、铜、铝等粉末。由熔融金属喷雾或由金属碎片机械粉碎制得,近年来也用到铜、钢、不锈钢纤维等	用于各种热塑性工程塑料、环氧树脂等,提高塑料导电、传热、耐热等性能。铅粉可使塑料具有遮蔽 X 或 γ 射线的作用。采用金属纤维时,除上述作用外,对制品物理力学性能当有所改善。在使用金属粉或纤维时,应进行适当处理,以除去表面氧化层,使之具有良好的导电、导热等性能
7. 二硫化钼 石墨	由天然物精制或合成 天然或合成	用于尼龙浇铸制品等以改进表面硬度,降低摩擦因数、热膨胀系数,提高耐磨性。二硫化钼用量可较石墨小
8. 聚四氟乙烯粉或纤维	合成	用于聚氯乙烯、聚烯烃及各种热塑性工程塑料,提高制品耐磨性、润滑性和极限 PV 值
9. 中空微球	由无机或有机材料经熔融喷射,挥发性成分气化、发泡、熔融分解等形成,再是由粉煤灰中的带色中空玻璃微球分离清洗得到	相对密度低、耐热、耐蚀、隔热、介电、隔声用在有这些需要的产品中,作为工程塑料材料。粉煤灰还可以降低成本
10. 木粉、核桃壳粉、纤维素	天然物加工	用在热固及热塑性塑料中,作为增量或提高某些物理力学性能

(4)增强剂

加入聚合物中使其力学性能得到提高的纤维类材料,称作增强剂。它实际上也是聚合物的填料,只是由于性能上的差别和目前有很大的发展,所以特将其单独列作一类。增强剂以往多用于热固性塑料中,20 世纪 60 年代以来在热塑性塑料中也有了广泛的应用。其用量越高,增强效果也越大,但却使塑料流动性下降,恶化成型加工性能,对设备的磨蚀也较严重。有关增强剂的具体内容,见第 8 章。

(5)着色剂(色料)

给予塑料以色彩或特殊光学性能或使之具有易于识别等功能的材料称为着色剂。填料着色有整体着色(内着色)和表面着色(外着色),后者常视为塑料制品的修饰加工内容。因此,这里所讨论的主要是整体着色,但一些基本原则对表面着色也是适用的。加入色料不仅能使制品鲜艳、美观,有时一也能改善制品的耐候性。

给予色彩的色料主要有无机颜料、有机颜料和染料三类,其说明与比较见表 3-7。

表 3－7　　　　　　　　　　　三大基本色料的比较

	无机颜料	有机颜料	染料
来源	天然或合成	合成	天然或合成
相对密度	3.5～5.0	1.3～2.0	1.3～2.0
在有机溶剂及聚合物中的溶解情况	不溶	难溶或不溶	溶
在透明塑料中	不能成透明体	一般不能成为透明体，低浓度时少数呈半透明体	能成透明体*
着色力	小	中等	大
颜色的亮度	小	中等	大
光的稳定性	强	中等	差
热的稳定性	大多在500℃以上分解	200～260℃分解	175～200℃分解
化学稳定性	高	中等	低
吸油性	小	大	
游移现象	小	中等	大

注：*用染料而要使透明塑料有光泽，必须给它提供反射面，如采用镀金属的背衬或加入白色颜料（1%钛白）等。

表中最后一项所指的游移现象包括色料由一种塑料制品移向与它接触的另一塑料制品，由一种塑料制品内部移向表层以及在成型时移至设备的金属部件上。给予特殊光学性能的有金属絮片，珠光色料、磷光色料和荧光色料等（见表 3－8）。

表 3－8　　　　　　　　　　具有特殊光学效应的色料

种类	组分	光学效应
金属絮片	铝、铜或铜合金的细小碎片	能反射出辉亮的色彩，用铝的呈银色；用铜的呈铜红色；用铜合金的呈金黄色
珠光色料	铅或铋的合成物，鱼鳞的提炼物	能使塑料呈现珠光
磷光色料	无机硫化物的晶体	经过光线照射后能在黑暗中发光
荧光色料	无机钨酸盐、硼酸盐、硫化物或有机多环化合物	能放出与吸收不同波长的光线，因而形成闪烁辉光，但不能在黑暗中发光

成型加工中对色料的一般要求是性能稳定、不分解、易扩散、耐光和耐候性优良、不发生从制品内部移向表面的洇色现象（渗霜、渗出或渗移）以至移向与其接触的其他物品的迁移现象。选用色料时，除应熟悉具体品种的性能外，还应着重考虑以下三点。

1）塑料在配制和成型过程中的具体情况　各种塑料在配制和成型过程中所遇外界条件是各不相同的，因此，必须根据具体情况进行选择。例如：聚氯乙烯在成型中会放出HCl，故不宜用对酸敏感的镉红、群青等。又如聚乙烯中一般不能加入含铜、锌、钴、锰等元素的色料以免其促进降解反应。几种常用塑料在配制与成型过程中的情况以及对色料的要求见表 3－9。此外，所用色料对聚合物及其他助剂有无不良影响，是否增加成型加工的困难等也应注意。

表3-9　　常用塑料在配制与成型时的情况和对色料的要求

塑料	配置与成型时的情况	对色料的要求
聚乙烯(低密度)	中性、中等高温*	耐光牢度优良、不退色
聚乙烯(高密度)	中性、中等高温,有时可到270℃	耐高温,耐光牢度优良,不退色
聚氯乙烯	有变成酸性的倾向,中等高温	耐光牢度强、分散性好、不退色,耐酸
聚苯乙烯	中性、高温、具有残余的氧化力	耐光牢度强、分散性好
纤维素塑料	中性到微酸性、中等高温	耐光牢度强
聚酰胺	高温、高于260℃,有强还原性	耐高温,不含水分、耐光牢度强、分散性好
聚甲基丙烯酸甲酯	中性、中等高温、聚合时有强氧化性	耐光牢度强,中等耐热性
氟塑料	高温	耐高温、分散性好
聚丙烯	中性、高温**	耐高温,耐光牢度强、不退色
聚碳酸酯	高温	耐高温、不含水分,耐光牢度强、分散性好
聚甲醛	中等高温、中性	中性,耐光牢度强
苯乙烯-丁二烯一丙烯腈共聚物	中性、高温、具有残余的氧化力	耐光牢度强,分散性好

注:*中等高温约为150~260℃,高温则为>260℃。

**有时也可以在中等高温。

2)色料的用量　聚合物与色料的比率不仅决定色调的浓淡深浅,而且这一比率只能高至一定数值,否则就得不到好的效果。各种色料对一种塑料可加入的最高比率值是不同的,最高比率值越大的其着色力越强。此外,最高比率值小的则颜色对光的稳定性就大些,但泅色现象也增强。色料的加入量一般均小于2%,某些情况下其用量可低至0.01%。

3)着色制品的用途　选用色料应着重考虑制品的限定用途。例如用作食物盛器的塑料,除要有一定的力学强度外,应该注意的是无毒、无臭、抗溶、耐沸水、可用于微波加热等而不须考虑电气性能。

色料一般有粒状、膏状、粉状之分。用前两种在运输上虽较方便,但在混合时比较费工;用后一种,操作时会引起粉尘飞扬,需要添加防尘措施,所以选择色料时应该结合混合成本以及工厂所能提供的设备和环境保护的要求做出合理的选择。此外,目前也有工厂专业生产一些高浓度(50~200倍或更高)的色母料,供成型加工厂使用,因它清洁、方便又易于控制,因而发展很快。

(6)润滑剂

为改进塑料熔体的流动性能,减少或避免对设备的摩擦和粘附(粘附也可能由其他助剂引起)以及改进制品表面光亮度等,而加入的一类助剂称为润滑剂。常用热塑性塑料中需要加润滑剂的有聚烯烃、聚苯乙烯、醋酸纤维素、聚酰胺、ABS、聚氯乙烯等,其中又以硬聚氯乙烯更为突出。常用的润滑剂有脂肪酸及其皂类、脂肪酸酯类、脂肪醇类和酰胺类、石蜡、相对分子质量低的聚乙烯、合成蜡、丙烯酸酯类及某些有机硅化合物。

习惯上常将润滑剂分为内、外两类,内润滑剂在聚合物中具有限量的相容性。主要作用是减少聚合物分子的内摩擦。外润滑剂与聚合物仅有很低的相容性,故能保留在塑料熔体的表层,降低塑料与加工设备间的摩擦。所以将润滑剂分为内外两类的关键就在于它与聚合物之间的相容性。一种润滑剂是内还是外润滑要结合具体的聚合物来判断。所谓“内”与“外”也不是绝对的。实际上有不少润滑剂是兼具内、外两种作用的,如金属皂类作聚氯乙烯的润滑剂就是如此。由于金属皂(如硬脂酸钙,$C_{17}H_{35}COOCaOCOC_{17}H_{35}$)分子是由两个较长碳链通过一个极性基团联结而成的,虽然在聚氯乙烯中溶解较差,但却能靠其中的极性基团在聚氯乙烯中得到较多的分散而呈显内润滑作用。另外,由于两侧的碳链很长,不溶于聚氯乙烯中,故又显出外润滑作用。

温度和压力均能影响给定系统的润滑作用,某些润滑剂(如十八烷醇和硬脂酸用作聚氯乙烯的润滑剂时),当温度高时会挥发逸失,影响润滑效果。提高温度能促进润滑剂与聚合物间的相容性,使原来是外润滑剂的也兼有一些内润滑作用,如用作润滑聚乙烯的石蜡或相对分子质量低的聚乙烯就是这种情况。与提高温度一样,增大压力也能使一部分外润滑作用转为内润滑作用。

润滑剂的用量常低于1%。选用时应注意的是:①聚合物的流动性能如已满足成型加工的需要,则主要考虑外润滑作用,否则就应求得内外平衡,且外润滑作用应在成型温度和压力下得到足够保证。为此,所用润滑剂常不止一种。为了在某种塑料产品的加工中取得满意的润滑效果,常将几种润滑剂搭配使用。相应地也有多种复合型润滑剂作为产品供应,具有使用方便,用量省,润滑效果良好及前后期效果较平衡等优点。外润滑剂过量时易使制品表面渗霜。②润滑剂应对其他助剂无不良作用。③外润滑剂是否有效,应以能否在成型温度时,在塑料面层结成完整的液体薄膜为准。因此,外润滑剂的熔点既不能十分接近成型温度,又不能低得太多(除非它的黏度随温度变化很小,挥发度很低)。过分接近时,润滑剂(在成型温度下应是液体)的黏度太大,有碍薄膜的形成;太低时,又由于黏度太小,不易构成完整的薄膜。

(7)防静电剂

聚烯烃、聚苯乙烯、聚酰胺、聚氯乙烯等塑料制品的表面,常因在成型过程中与模具或设备表面分开而积有静电,这种积电还会在制品后加工或运转中增加。带有静电的制品表面容易积灰,对生产与使用不利。静电过大时常会震击人身,如果静电压大至3000V时还会产生静电火花,甚至引起火灾。为使制品具有适量的导电能力以消除带静电的现象,可在塑料中加入少量防静电剂。防静电剂主要有胺的衍生物、季胺盐类、磷酸酯类和聚乙二醇酯类。这类物质既有微弱的电离性,又有适当的吸水性,致使塑料制品表面具有导电的分子层。如果这种导电层被擦脱,则制品内防静电剂将继续移至表面重新形成导电层,以保证制品在较长时间内不会出现带电现象。导电层须在吸水后才能形成,故新生产的制品一时还可能带电。在天气十分干燥时,防静电剂也可能暂时失效。防静电剂的加入量一般均小于1%。在某些特定的场合,需要塑料制品具有长期稳定的抗静电、电磁波屏蔽等性能,除了近年来正在开发的大分子本身具有一定程度导电性从而生产的结构型导电塑料外,在多数情况下,可在塑料中添加一些导电填料(如炭黑、石墨、碳纳米管、石墨烯、金属粉或纤维,表面镀金属的纤维等)以生产在一定程度上具有导电性的复合型导电塑料。

(8)阻燃剂

不少塑料是可燃的，这给应用带来许多限制，如在塑料中加入一些含磷、卤素的有机物或三氧化二锑等物质常能阻止或减缓其燃烧，这类物质即称为阻燃剂。此外在某些聚合物（如环氧、聚酯、聚氨酯、ABS 等）合成时，引入一些难燃结构（基团），也可起到降低其燃烧性能的作用，这些称为反应型阻燃剂。

常用阻燃剂大多为元素周期表中Ⅲ、Ⅴ、Ⅶ族元素（如铝、氮、磷、锑、氯、溴等）的化合物，如磷酸酯类（如磷酸三甲酚酯、磷酸三苯酯、磷酸甲苯二苯酯等）、含卤磷酸酯类［如三（2,3－二溴丙基）磷酸酯、三（2,3、二氯丙基）磷酸酯等］、有机卤化物（如含氯量 70％的氯化石蜡、六溴苯、十溴联苯醚、氯化联苯、全氯环戊癸烷等）、无机阻燃剂（如三氧化二锑、氢氧化铝、氢氧化镁、无水氢二胺、偏硼酸钡、硼酸锌、赤磷等）。随着环境保护要求的不断提高，以及欧盟颁布相关限制条例以来，对阻燃剂环境友好性要求越来越严苛，所以目前研究开发新型环保阻燃剂受到了普遍重视。

添加型阻燃剂的使用量一般较大，从百分之几到 30％，因此添加型阻燃剂常会使制品的性能，特别是力学性能下降。反应型阻燃剂则有可能克服这一缺点。

(9)驱避剂

塑料制品在储存、使用过程中，可能遭受老鼠、昆虫、细菌、霉菌等的危害，用于抵御、避免和消灭这类情况发生的物质统称驱避剂。

为防止老鼠对塑料制品的损害，除可在设计制品时选取无老鼠搭牙咬齿的外形外，常可采用老鼠所厌恶的药物混入或涂抹在塑料制品上。具有一定实用价值的有：有机锡类（丁基系有机锡、三嗪有机锡等，但剧毒）、抗菌素类、硫脲系有机物、三硝基苯胺络合物和氯化三酚吡嗪等。

白蚁对塑料也有相当大的危害。常用的塑料防蚁剂有：狄氏剂（$C_{12}H_3Cl_6O$）、艾氏剂（$C_{12}H_8Cl_6$）、氯丹（$C_{10}H_5Cl_6$）、林丹（$C_6H_6Cl_6$）、七氯（$C_{10}H_5Cl_7$）等，使用时多与塑料直接混合。用量一般为 0.5％～5％。

常用的杀菌驱避剂有正汞盐和四元碱式盐等，但作用有限，前者对霉菌的活性小而对人有毒，后者对细菌的活性差，且使制品变色。不同的聚合物可以采用一些专用的杀菌剂。例如聚氯乙烯可用活性高的羧亚胺三氯硫基衍生物。应指出的是，聚氯乙烯本身不会被细菌侵蚀，被侵蚀的只是与它配合的一些助剂。使用驱避剂时应注意使用安全。

(10)其他助剂

以上几类助剂都是较为重要的，但在某些场合，为使塑料制品能够满足特殊的要求或便于成型，也有加入一些特用助剂的，其种类甚多，很难给以完备的描述。这里仅举少数例子，以了解其大概情况。

①为生产泡沫塑料用的发泡剂（将在第 9 章中介绍）。

②为防止聚烯烃和聚氯乙烯薄膜自身之间的黏着所加入的改性脂肪酸类（在吹塑薄膜中使用时常称作开口剂）。

③为免除农用薄膜因水汽凝结而出现的雾层而加入的非离子型表面活化剂，如木糖醇酯。加入这种物质的薄膜也有利于包装一般含有少量水分的食品口。

④为增进聚氯乙烯制品在受荷下的热稳定性所加入的氯化聚氯乙烯。

⑤为降低聚氯乙烯熔体黏度而有利于成型和后加工（指板材）所加入的丙烯酸类树脂、氯化聚乙烯和ABS树脂等。

塑料制品目前已广用于日常生活（如食品、包装、衣物、儿童玩具）、医疗器材等许多行业，它们和人体接触较多，故毒性问题是值得注意的。

上述种种仅能对设计聚氯乙烯（以至其他各种塑料）配方起到初步定性与估量的作用，尚不能决定其是否正确，具体的选择，如无现成的成熟配方，一般均应通过试差法由实验决定。

表3－10列出几种聚氯乙烯塑料制品配方供参考。

表3－10　　聚氯乙烯塑料配方举例

原料名称		农用薄膜	硬管	电线护层	注塑某种工业部件	绳或粗丝
聚氯乙烯		100	100	100	100	100
DBP	增塑剂	—	—	—	—	—
DOP		30	—	40	4	4
M－50		10	—	—	—	—
环氧大豆油		5	—	—	3	1
氯化石蜡		10	—	—	—	—
三盐基硫酸铅	稳定剂	—	4.66	3	5	—
二盐基亚磷酸酯		—	—	2.5	—	—
亚磷酸苯二异辛酯		0.5	—	—	—	—
硬脂酸铅		—	0.5	—	—	0.5
硬脂酸钡		1.0	1.2	2	1.5	1.5
硬脂酸镉		0.7	—	—	—	—
硬脂酸钙		—	0.8	—	1.0	0.5
月桂酸二丁基锡		—	—	—	—	1.5
硫酸钡	填料	—	10.0	—	—	—
特制炭黑母料	色料	—	0.3	—	—	—
炭黑		—	—	—	0.1	—
钛白		—	—	—	10	—
酞菁蓝		—	—	0.001	—	—
硬脂酸	润滑剂	0.3	—	—	—	—
石蜡		—	0.8	—	0.5	—

3.2.2　粉料的配制

多数塑料品种，如聚烯烃等，均由树脂厂直接提供已加有助剂的粒料。塑料制品厂需要自己进行配方和制备粉料或粒料的主要是聚氯乙烯塑料。其中加入相当数量液态助剂（如增塑剂）的原料（如软聚氯乙烯用料），在配制时常称作润性物料，反之则称为非润性物料。

粉料的制备过程主要包括原料(聚合物及各种助剂)的准备和原料的混合两个方面。原料的准备首先是对根据制品要求所选定的塑料配方进行必要的原料预处理、计量及输送等过程,然后再进行混合。混合的目的是将原料各组分相互分散以获得成分均匀物料的过程。某些情况下(如目前广泛使用的高速混合,料温可升到约为120℃)也包含有水分及低分子物的去除、树脂进入高弹态并对增塑剂等部分吸收,某些助剂(如加工助剂、冲击改性剂、润滑剂等)已开始熔化,而相互渗入,因而已不完全是简单机械混合(各组分粒子的均匀分散)。原料混合后的均匀程度显然将直接影响制品质量,可见混合是关键问题。因此,本节将首先讨论混合过程的作用原理,其次再分述粉料制备的操作过程。

3.2.2.1　混合过程

混合作业虽然在工业上大量使用,但对过程分析和混合物的鉴定等问题却因其过于复杂而尚存在不少有待研究的问题。一个混合物通常由两种或更多可鉴别组分组成。按照一般概念,凡是只使各组分作空间无规分布的称为简单混合,如果还要求组分聚集体尺寸减小的则称为分散混合。在塑料配制过程中,属于简单混合的情况极少,即令如捏合等过程,因为组分中常采用液状物质,所以其中还包含有各组分间的相互渗透、互溶等作用。严格地说,也不是简单的混合。

(1)混合作用的机理

混合作用一般是靠扩散、对流、剪切三种作用来完成的。扩散作用靠各组分之间的浓度差推动,构成各组分的微粒由浓度较大的区域中迁移到浓度较小的区域,从而达到组成的均一。对于气体与气体间的混合,扩散过程能较快地自发进行。在液体与液体或液体与固体间,扩散作用也较显著,但在固体与固体之间,则扩散作用是很小的。升高温度,增加接触面,减少料层厚度等均有利于扩散过程的进行。

对流作用是使两种或多种物料在相互占有的空间内发生流动,以期达到组分的均一,对流需借助外力的作用。通常用机械搅拌力进行。不论何种聚集态的物料,要使其组成均一,对流作用总是不可少的。

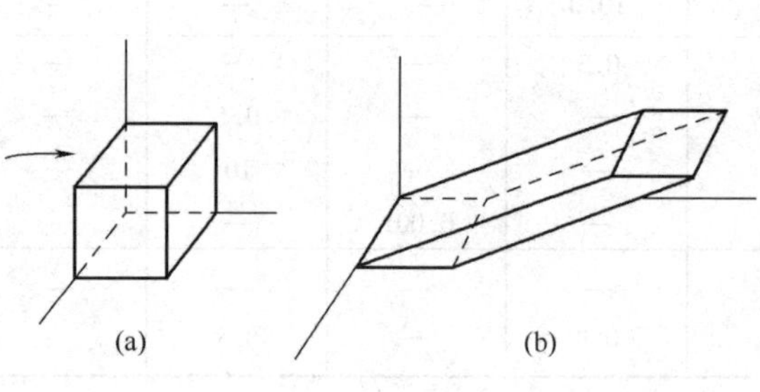

图3-2　塑性物料在剪切作用下的变形

剪切作用是利用剪切力促使物料组分均一的混合过程,这种方法可由图3-2加以说明。设在一物料块[图3-2(a)]上有一力作用于上平面而使它移动,由于下平面不动而使物料块发生变形、偏转与拉长[图3-2(b)]。在这个过程中,物料块本身体积没有变化,只是截面变小,向倾斜方向伸长,并使表而积增大和扩大了物料分布区域。因而剪切作用可以达到混合的目的。

剪切的混合效果与剪切速率的大小和剪切力的方向是否连续改变有关。剪切速率越大,对混合作用越为有利。剪切力对物料的作用方向,最好是能不断作90°角的改变,即希望能使物料连续承受互为90°的两剪切力的交替作用,如此则混合作用的效果最好。

通常的混合(塑炼)设备,不是用改变剪切力的方向,而是用改变物料的受力位置来达到这一目的,例如用双辊筒机塑炼塑料时,只有固定的一个方向的剪切力,因此,必须通过翻料的办法来不断改变物料的受力位置,以便能够更快更好地完成混合塑化作业。

(2)混合程度的评定

混合作业完成得好坏,混合质量是否达到了预定的要求和生产中混合过程终点的判断,都是需要明确的问题,一句话就是怎样来判断混合的效果。下面将进行简要的讨论。

对液体物料混合效果的衡量,可以分析混合物不同部分的组成而看其各分组成和平均组成相差的情况。但对固体或塑性物料混合效果的衡量,则应从两个方面来考虑,即组成的均匀程度和物料的分散程度。

组成的均匀程度是指混入物占物料的比率与理论或总体比率的差异。但就是相同比率的混合情况也是十分复杂的。从图3-3可以看出,假设一混合物中,甲、乙两组分各占总体含量的50%,则理想的情况是图3-3(a)中的那样,但实际上是达不到的。而图3-3(b)和(c)试样的分布却很可能出现(图中以黑白两色表示甲、乙两种物料),在取样分析组成时,如试样的量足够多,则图3-3中(a)、(b)、(c)的分析结果,均可能得出甲乙两组分含量各为50%的结论。或者,取样量虽不够多,但因取样次数很多,虽然各次分析的结果有所出入,还是可以得出平均组成为50%的结论。即取样次数越多,统计出的平均组成值就越与总体组成值接近。因此,如果只按取样分析组成结果来看,就可能得出图3-3中(a)、(b)、(c)的混合情况都很好的结论。然而事实上,如果从物料的分散程度来看,则图示的两种情况相差很远,因此分散程度是需要考虑的。关于物料的分散程度,通常都可从混入物料间的距离来考虑。距离越短,分散程度越好。而物料间的距离,则与各组分粒子的大小有关。粒子的体积越小,或在混合过程中不断减小粒子的体积,则可达到的均匀程度越高,或从几率的概念出发,同样重量或体积的试样,粒子越小,则相当数量的同种粒子集中于一局部位置的可能性越小,即微观分布越均匀。

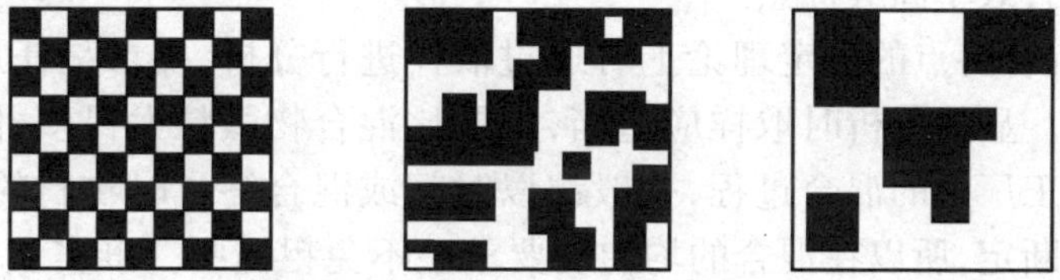

(a) (b) (c)

图3-3 两组分固体物料的混合情况

混合均匀度的问题将直接影响到制品的性能,特别是物理力学性能。例如,加入增强填料能很大地提高制品强度,但如分散不均匀,则会在制品中出现薄弱点,在某些情况下将会带来严重的问题。在许多时候,常常需要预计制品的强度,则混合的均匀性将是一个重要的因素。

生产中应视配制物料的种类和使用要求来掌握混合的程度并尽量做到以下三方面:

①在混合过程中要尽量增大不同组分间的接触面,减少物料的平均厚度;

②各组分的交界面(接触面)应相当均匀地分布在被混合的物料中;

③使在混合物料的任何部分,各组分的比率和整体的比率相同。

3.2.2.2 粉料的制备

共分原料的准备和原料的混合两个过程。

(1)原料的准备

主要有原料的预处理、称量及输送。由于聚合物的装运或其他原因,有可能混入一些机械杂质。为了生产安全、提高产品质量,最好进行过筛吸磁处理和除去杂质。在润性物料的混合前,应对增塑剂进行预热,以加快其扩散速率,强化传热过程,使聚合物加速溶胀,以提高混合效率。目前采用的某些稳定剂、填充剂以及一些色料等,其固体粒子多在0.5μm左右,常易发生凝聚现象,为了有利于这些小剂量物料的均匀分散,事先最好把它们制成浆料或母料后再投入到混合物体中。母料系指事先配制成的含有高百分比助剂(如色料、填料等)的塑料混合物。在塑料配制时。用适当的母料与聚合物(或聚合物与其他助剂的混合物)掺和,以便能达到准确的最终浓度和均匀分散。制备浆料的方法是先按比例称取助剂和增塑剂,而后进行搅匀,有的须再经三辊研磨机研细。而制备母料的方法大都是先将各成分均匀混合、塑化、造粒而得到。

称量是保证粉料或粒料中各种原料组成比率精确的步骤。袋装或桶装的原料,通常虽有规定的重量,但为保证准确性,有必要进行复称。配制时,所用称量设备的大小、形式、自动化程度及精度等,常随操作性质的不同而有很多变化,应予注意。

原料的输送,对液态原料(如各种增塑剂)常用泵通过管道输送到高位槽储存,使用时再定量放出。对固体粉状原料(如树脂)则常用气流输送到高位的料仓,使用时再向下放出,进行称量。这对于生产的密闭化、连续化都是有利的。

(2) 原料的混合

混合是凭靠设备的搅拌、振动、空气流态化、翻滚、研磨等作用完成的。以往混合多是间歇操作的,因为连续化生产不易达到控制要求的准确度。目前有些已采用连续化生产,具有分散均匀,效率高等优点。

如前所述,混合终点的测定理论上可通过取样进行分析,要求是任意各组分的差异降低到最小程度。显然分析时取样应适当,即要比混合物微粒大得多,但又远小于混合物的整体。但是工厂中的混合过程,一般都以时间或混合终了时物料的温度来控制,而终点大多靠经验断定,所以在混合的均匀度要求上不免粗糙些。事实上也不可能十分精确,因为混合的均匀性是属于偶然性变化范畴内的事情。必须指出,采用各种原料的密度和细度应该很接近,不然将难达到均匀混合的目的。

对于加入液体组分(主要是增塑剂)的润性物料,除要取样分析结果符合要求外,还要求增塑剂既不完全渗入聚合物的内部,又不太多地露在表面。因为前一种情况会使物料在塑炼时不易包住辊筒,从而降低塑炼的效率;而后一种情况又常能使混合料停放时发生分离,以致失去初混合的意义。

混合工艺随工厂的具体情况有所变化,但大体上是一致的。对非润性物料的初混合,工艺程序一般是先按聚合物、稳定剂、加工助剂、冲击改性剂、色料、填料、润滑剂等的顺序将称量的原料加入到混合设备中。随即开始混合,如采用高速混合设备,则由于物料的摩擦、剪切等所作的机械功,使料温迅速上升,如用低速混合设备,则在一定时间后,通过设备的夹套中油或蒸汽使物料升至规定的温度,以期润滑剂等熔化及某些组分间的相互渗透而得到均匀的混合。热混合达到质量要求时即停止加热及混合过程,进行出料。为防止加料或出料时的粉尘飞扬,应用密闭装置及适当的抽风系统。混合好的物料应有相应的设备(如带有冷却夹套的螺带式混合机)一边混合,一边冷却,当温度降至可储存温度以下时,即可出料备用。对润性物料的初混合采用较低速的设备(如捏合机)时可采用的一种工艺步骤是:

1)将聚合物加入设备内,同时开始混合加热,物料的温度应不超过100℃。这种热混合进行约十多分钟,其用意是驱出聚合物中的水分以便它更快地吸收增塑剂。如果因为聚合物吸收增塑剂过快或聚合物中水分不多。用热混合反会造成混合不均或不当,则可结合具体情况改用低温混合或冷混合。当所用增塑剂数量较多时,则最好将填料的一部分随同聚合物加入设备中。

2)用喷射器将预先混合并热至预定温度的增塑剂混合物喷到翻动的聚合物中。

3)加入由稳定剂、染料和增塑剂(所用的数量应计入规定的用量中)调制的浆料。

4)加入颜料、填料以及其他助剂(其中润滑剂最好也用少量的增塑剂进行调制,所用数量也应并入规定用量内计算)。

5)混合料达到质量要求时。即行停车出料。

所出的料即可作为成型用的粉料。对聚氯乙烯塑料来说,由于它直接用于成型,因此,尽管其中加有增塑剂,仍然要求它在混合后能成为自由流动,互不粘结的粉状物,为此应注意:①选用的聚氯乙烯,应是易于吸收增塑剂的。②聚氯乙烯粒子间吸收的增塑剂应力求均匀,否则会出现质量不均一,特别不允许存在没有吸收增塑剂的粒子,因为它将给制品带来"鱼眼"斑,在选定原料的情况下,控制聚氯乙烯吸收增塑剂的因素是料温和混合设备的搅拌速率。③最好选用剪切速率较大且能变速的混合设备。④混合后的物料应冷至40~60℃始能存放。粉料的主要优点是:原料在配制中受热历程短,对所用设备的要求较低,生产周期短。它的主要缺点是对原料的要求较高,均匀度较差,不能用高含量的增塑剂和成型工艺性能较差(压缩率较大)。

对干性物料的混合,其过程大体与上述润性物料相同。但目前一般都采用高速混合机进行。操作中主要应注意混合机的电流变化及料温的升高,出料温度可达110~130℃,通常即以此作为出料时间。原因是混合开始时,混合机的起始温度并不一致,新启动开车时,混合机的温度常为室温。因此混合料要达到出料温度的时间较长,而运行一段时间后,混合机的温度逐渐升高(例如可 >80℃),因此,混合料要求达到出料温度的时间较短。规定必须达到出料温度目的在于:在这一混合过程中,不仅能使各组分分散均匀,且能使某些添加剂(如润滑剂、某些加工助剂及冲击改性剂等)熔化而均匀包覆或渗入到已成高弹态的聚氯乙烯粒子中。经过高速混合好的混合料,应进入冷混合器中迅速搅动冷却(有时在冷混合器的夹套中通入冷却水),通常到40℃以下后出料备用。这种物料既可直接供挤出或注塑用,也可通过塑化造粒成为粒料供制品生产用。

用于初混合的设备类型较多,现举常用的几种如下。

1）转鼓式混合机　这类混合机的形式很多（图3－4），其共同点是靠盛载混合物料的混合室的转动来完成的，混合作用较弱且只能用于非润性物料的混合。为了强化混合作用，混合室的内壁上也可加设曲线型的挡板。以便在混合室转动时引导物料自混合室的一端走向另一端，混合室一般用钢或不锈钢制成，其尺寸可以有很大的变化。目前只用于两种或以上树脂粒料并用时或粒料的着色等混合过程。

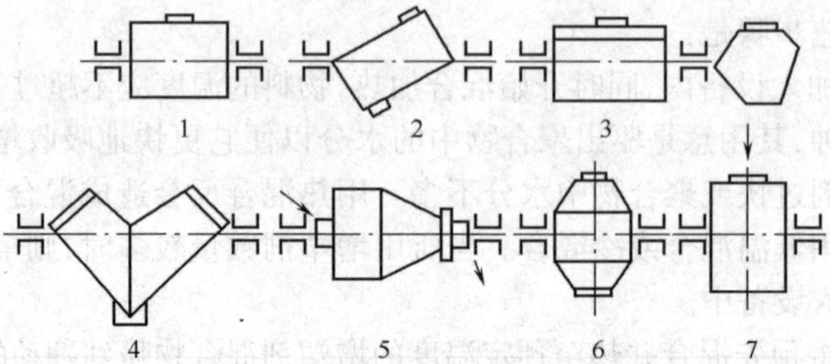

图3－4　转鼓式混合机示意图
1—筒式　2—斜形筒式　3—六角形式　4—双筒式　5—锥式　6—双链式　7—颠覆筒式

2）螺带式混合机　这种混合机（图3－5）混合室（筒身）是固定的。混合室内有结构坚固、方向相反的螺带两根。当螺带转动时，两根螺带就各以一定方向将物料推动，以使物料各部分的位移不一，而达到混合的目的。混合室的外部装有夹套，可通人蒸汽或冷水进行加热或冷却。混合室的上下都有口，用以装卸物料。口的位置不一定在中间。

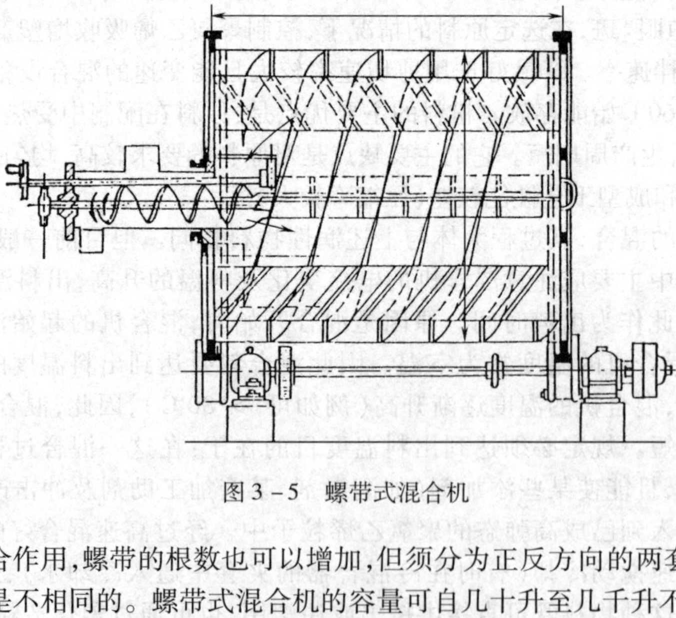

图3－5　螺带式混合机

为加强混合作用，螺带的根数也可以增加，但须分为正反方向的两套，此时同一方向螺带的直径常是不相同的。螺带式混合机的容量可自几十升至几千升不等。

这类设备以往用于润性或非润性物料的混合，目前已很少使用，而多用在高速混合后物料的冷却过程，也称作冷混合机。也有一些冷混合机的结构与下述的高速混合机相同,只是使用时在夹套通冷却水并以较慢的速度转动使混合料冷却。

3)捏合机　可兼用于润性与非润性物料的混合,其主要结构部分是一个带有鞍形底的混合室和一对搅拌器(见图3-6)。搅拌器的形状变化很多,最普通的是S型和Z形。混合时,物料借搅拌器的转动(两个搅拌器的转动方向相反,速度也可以不同)沿混合室的侧壁上翻而在混合室的中间下落。这样物料受到重复折迭和撕捏作用并从而得到均匀的混合。捏合机除可用外附夹套进行加热和冷却外,还可在搅拌器的中心开设通道以便冷热载体的流通。这样就可使温度的控制比较准确、及时。必要时,捏合机还可在真空或惰性气氛下工作。捏合机的卸料一般是靠混合室的倾斜来完成的,但也可在底部开设卸料孔来完成。捏合机的混合效率虽较螺带混合机提高,但仍存在混合时间长,均匀性差等缺点,目前已较多的被高速混合设备所代替。

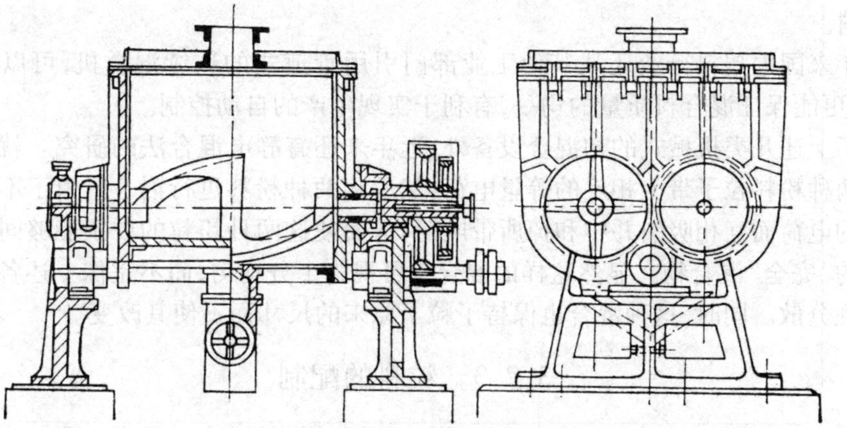

图3-6　Z形捏合机

4)高速混合机　这种混合机不仅兼用于润性与非润性物料,而且更适宜于配制粉料。该机主要是由一个圆筒形的混合室和一个设在混合室内的搅拌装置组成(见图3-7)。

搅拌装置包括位于混合室下部的快转叶轮和可以垂直调整高度的挡板。叶轮根据需要不同可有一到三组,分别装置在同一转轴的不同高度上。每组叶轮的数目通常为两个。叶轮的转速一般有快慢两档,两者之速比为2:1。快速约为860r/min,但视具体情况不同也可以有变化。混合时物料受到高速搅拌。在离心力的作用下,由混合室底部沿侧壁上升,至一定高度时落下,然后再上升和落下,从而使物料颗粒之间产生较高的剪切作用和热量。因此,除具有混合均

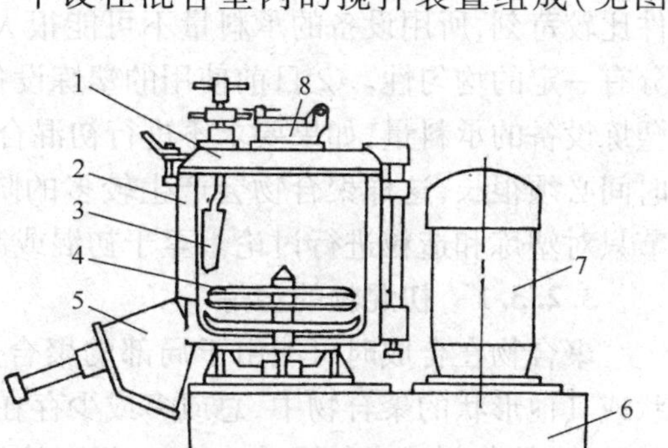

图3-7　高速混合机

1—回转盖　2—容器　3—挡板　4—快转叶轮
5—出料口　6—机座　7—电机　8—进料口

匀的效果外,还可使塑料温度上升而部分塑化。挡板的作用是使物料运动呈流化状,更有利于分散均匀。高速混合机是否外加热,视具体情况而定。用外加热时,加热介质可采用油或蒸汽。油浴升温较慢,但温度较稳定,蒸汽则相反。如通冷却水,还可用作冷却混合料。冷却时,叶轮转速应减至150r/min左右。混合机的加料口在混合室顶,进出料均有由压缩空气操纵的启闭装置。加料应在开动搅拌后进行,以保证安全。

高速混合机的混合效率较高,所用时间远比捏合机为短,在一般情况下只需8~10min。实际生产中常以料温升至某一点,例如硬聚氯乙烯管材的混合料可为120~130℃时,作为混合过程的终点。因此,近年来有逐步取代捏合机的趋势,使用量增长很大。高速混合机的每次加料量为几十至上百公斤。目前有的高速混合机已可全自动操作,加料时不需将盖打开,树脂和量大的添加剂,由配料室风送入混合机,其余添加剂由顶部加料口加入。混合时,先在低速下进行一短段时间(如0.5~1.0min),然后自动进入高速混料。

近年来国内塑料行业还从其他工业部门引用管道式的连续混合机,可以提高生产率,同时更能保证混合料质量的均一,有利于实现生产的自动控制。

除了上述几类机械式的初混合设备外,近年来还有静电混合法的研究。就是使所需混合的两种粉料粒子带上相反的等量电荷,然后将两种粉料进行混合。由于不同粒子带有相反的电荷而互相吸引并中和掉所带电荷,从而使这两种粉粒的粒子能够间隔排列成为理想的“完全”混合物。显然这样的混合物可视为十分均匀,而不是像上述各种方法所作的无规分散。同时,这种混合也保持了粒子原来的尺寸而不使其改变。

3.2.3 粒料的配制

如前所述粒料与粉料在组成上是一致的,不同的只是混合的程度和形状。粒料的制备,实际上首先是制成粉料,再经过塑炼和造粒而成。因此,在粒料制备的工艺上,常将用简单混合制成粉料的过程称为初混合,而将由此取得的粉料称为初混物,以便与以后的塑炼(事实上也是一种混合)区别。塑炼前所以要经过初混的理由是:①塑炼要求的条件比较苛刻,所用设备的承料量不可能很大,所以塑炼前常用简单混合的方法使原料组分有一定的均匀性。②目前使用的塑炼设备对一种很不均匀的物料,即使其重量不超过塑炼设备的承料量,如果要求不进行初混合而只进行塑炼,要取得合格的均匀度,则塑炼时间必须很长,这样聚合物会产生较多的降解,塑炼设备也得不到充分有效的利用。本节只对塑炼和造粒进行讨论。至于初混或制备粉料见3.2.2节。

3.2.3.1 初混物的塑炼

聚合物在合成时可能由于局部的聚合条件或先后条件的差别,因此不管是球状、粉状或其他形状的聚合物中,总或多或少存在着胶凝粒子。此外,聚合物还可能含有杂质,如单体、催化剂残余体和水分等。塑炼的目的即在借助加热和剪切力使聚合物获得熔化、剪切、混合等作用而驱出其中的挥发物并进一步分散其中的不均匀组分。这样,使用塑炼后的物料就更有利于制得性能一致的制品。

初混物的塑炼既然是在聚合物流动温度以上和较大的剪切速率下进行的,这就可能造成聚合物分子的热降解、力降解、氧化降解(如果塑炼是在空气中进行的)以及分子定向等。显然,这些化学和物理作用都与聚合物分子结构和化学行为有关。其次,塑料中的助剂对上述化学和物理作用也有影响,而且助剂本身,如果塑炼条件不当,也会起一定的变化。因此,不同种类的塑料应各有其适宜的塑炼条件。塑炼条件虽可根据塑料配方大体拟定,但仍需靠实验来决定,这主要是指塑炼的温度和时间。此外,在用双辊筒机塑炼时,翻料的次数也应作为塑炼的一种条件。

塑炼的终点虽可用拉力机测定塑炼料的拉伸力来判断,但在生产中一般是靠经验决定的。因为上述检定方法需要较长的时间,不能及时做出判断。常用的经验方法是,用刀切开塑炼料来观察其截面,如截面上不显毛粒,而且颜色和质量都很齐匀,即可认为合格。

塑炼所用的设备目前主要有双辊机、密炼机和挤出机等,现分述如下。

(1)双辊机

双辊机又称双辊筒塑炼机或开启式塑炼机。机中起塑炼作用的主要部件是一对能转动的平行辊,多由冷铸钢铸成,表面硬度很高,以减少工作中的磨损。辊筒靠电动机经减速箱、离合器,然后由两个互相啮合的齿轮带动。其长径比约为2.5,辊间间隙应是可调的。辊筒内有循环加热或冷却载体的通道。两辊的转动轴系位于同一水平面上并作相向的转动,一般为17~20 r/min。为避免间隙中落入硬性物料而损害设备或发生意外,在操作空间上部应有紧急刹车装置,以便临时停车。双辊机的生产能力与辊筒直径大小有关。由于在辊筒间的物料中存在有速度梯度,即产生了剪切力。这种剪切力即可对塑料起到混合塑炼作用。间隙越小时,剪切作用越显著,塑化效果越好。但是减小辊筒间隙虽可增大剪切作用,双辊机的生产能力则有所降低。生产中为了加大辊筒间的剪切作用,既不能过度减少辊筒间隙,因此,通常是采用两辊转速不等的办法,其速比一般为1:(1.05~1.1)。这样就能对处在两辊间的物料加大剪切作用,以提高混合塑炼的效果。

由于塑料在双辊机上与空气接触的机会较多,因此会因冷却而使其黏度上升,并从而增加剪切的效果,这在其他塑炼机上是少有的。但塑炼毕竟处在高温(由于塑料还能从内摩擦取得热量,所以它的温度有时比辊筒表面还要高)与空气接触多了就容易引起氧化降解。

在双辊上每一瞬间被剪切的料并不多,而且这些料也很少和其相邻的料发生混合。也就是说,它的主要作用在于单方向的剪切,而很少有对流作用,这从辊出的片状物料所显示的颜色差别就可以看出。所以,双辊机对物料在大范围内的混匀是不利的,为了克服这一缺点,可在塑炼中用切割装置或小刀不断地划开辊出的物料,而后再使其交叉叠合并进行辊压。这样做的目的,即前边所述不断改变物料受剪切力的方向以提高混合的效果。这种操作在生产中常称作翻料或"打三角包"。塑炼时,辊筒的温度不能太高,如果在慢速辊上操作则其温度应调得高一些,以便物料能成片的包住慢速辊,而有利于划开工作的进行。如果填料和润滑剂的含量较高,则辊温不妨稍高。双辊机的特点是投资较低,但劳动强度大,劳动条件差,粉尘及排出的低分子物料污染大。因此,近年来使用有所减少。

(2)密炼机

密炼机的主要部件是一对转子和一个塑炼室(见图3-8)。转子的横切面呈梨形,并

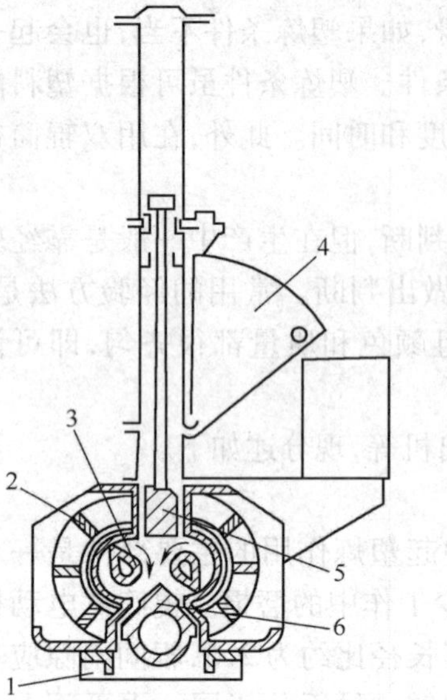

图 3－8　密炼机示意图

1—底座　2—混炼室　3—转子

4—加料斗　5—上顶柱　6—下顶柱

以螺旋的方式沿着轴向排列。当其转动时，被塑炼物料的移动不仅绕着转子，而且也顺着轴向。两个转子的转动方向是相反的，转速也略有差别，而两个转子的侧面顶尖以及顶尖与塑炼室内壁之间的间距都很小。因此，转子在这些地方扫过时都对物料施有强大的剪切力。塑炼室的顶部设有由压缩空气操纵的活塞，以压紧物料而使其更有利于塑炼。密炼机的特点是能在较短的时间内给予物料以大量的剪切能，而且是在隔绝空气下进行工作的，所以在劳动条件、塑炼效果和防止物料氧化等方面都比较好。

密炼机塑炼室的外部和转子的内部都开有循环加热或冷却载体的通道，以加热或冷却物料。由于内摩擦生热的关系，物料除在塑炼最初阶段外，其温度常比塑炼室的内壁高。当物料温度上升时，黏度随即下降，因此，所需剪切力亦减少。如果塑炼中转子是以恒速转动，而且所用电源的电压保持不变，则常可借电路中电流计的指引来控制生产操作。密炼后的物料一般呈团状。为了便于粉碎或粒化，还需用双辊机将它辊压成片状物。

(3)挤出机

挤出机的主要部件是螺杆和料筒（其结构将在第 5 章中介绍）。当初混物投入料斗后，物料即被转动的螺杆卷入料筒。一方面受筒壁的加热而逐渐升温与熔化，另一方面则绕着螺杆向前移动。由螺杆拖曳所产生的正流流速在物料前进纵截面上的各点是不等的，其中以贴近螺杆的为最大；而以靠在筒壁上的为最小［图 3－9(a)］。物料前进时，由于受到料筒端部口模的限制，在流道中会形成反压力，以致物料又产生逆流［图 3－9(b)］。如果不计螺纹棱面与筒壁间隙中因反压造成的泄漏，则物料向前移动的净流即如图 3－9(c)所示。此外，螺杆导引物料前进时，还使它与螺杆轴线形成一

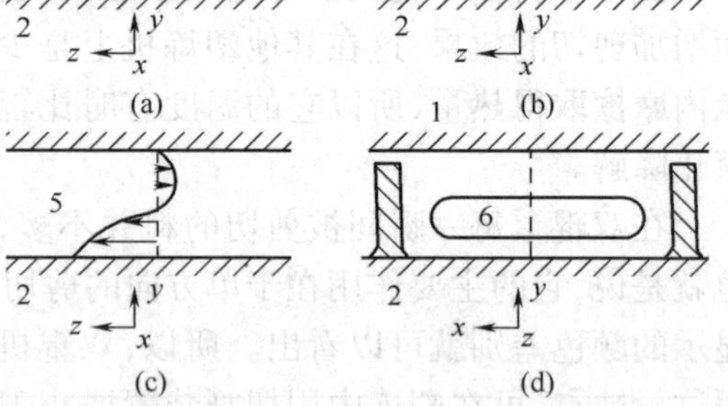

图 3－9　单螺杆挤出机内物料流动立面图

1—料筒　2—螺杆　3—正流

4—逆流　5—净流　6—环流

定角度，因此，物料在前进方向的横截面上还存在着环流［图 3－9(d)］。显然，环流与前进净流的合流才是物料真正的流动情况。由此可以想到物料各点的速度是不会相等的，所以一定有剪切作用的发生。挤出机内物料的塑炼就是在受热与受剪切的作用下完成的。显然物料在挤出机中的对流作用也是很少的，因此它对物料在大范围内的混匀是不

好的，所以挤出机一般都须用初混物作为进料。

除单螺杆挤出机外还可用多螺杆挤出机进行塑炼。它的优点是螺杆长径比较小，物料在机内塑化质量较好，受热时间短，因而产生降解作用较少。由挤出机塑炼成的物料一般可使其成为条状或片状，以便直接将其切断而得到粒料。与双辊机相比，挤出机是连续作业，在动力消耗、占地面积、劳动强度上都比较小。以塑炼用的挤出机与成型用的相比，前者常是较大型的，面且螺槽偏浅，以增大剪应力。剪应力的大小还可通过改变螺杆转速来调整。作为造粒用的挤出机，机头前方常带有切粒装置进行切粒。

用玻璃纤维增强的热塑性塑料造粒时，如果采用短玻璃纤维，则在制造上也可将它作为一般填充剂看待，而通过前述的初混合和塑炼及后文所述的粉碎和粒化制成。使用短纤维法的缺点是密闭不好时玻璃纤维容易飞扬，使劳动条件恶化；在初混合和塑炼中易使玻璃纤维断裂，从而降低增强效果；设备磨损较大。所以现在用长纤维的较多，其中一种方法就是用挤出机来制造。其方法与上述用挤出机塑炼很相近，只是将挤出机机头换成如图 3 - 10 所示的结构。生产时将经过脱浆和表面处理的成束的玻璃纤维从机头一端引进。这样，长玻璃纤维就会连续地和热塑性塑料被挤出机挤成条状物而向机外排出。条状物是玻璃纤维为塑料紧密充实和包裹的复合物，经切粒后即成粒状的玻璃纤维增强塑料。详见第 8 章第 9 节，热塑性增强塑料。近年来在聚合物的共混改性及纤维增强热塑性塑料的制备等过程中大量使用了各种类型的双螺杆挤出机。其螺杆的长径比可在 22 ~ 48 的范围内变动。作为聚烯烃与其他聚合物的共混改性及用作纤维增强塑料时，通常都用长径比较大的同向双螺杆挤出机，其产量较大，例如 ϕ110 的平行双螺杆挤出机共混物的年产量可达 5 千吨(参见第 5 章)。

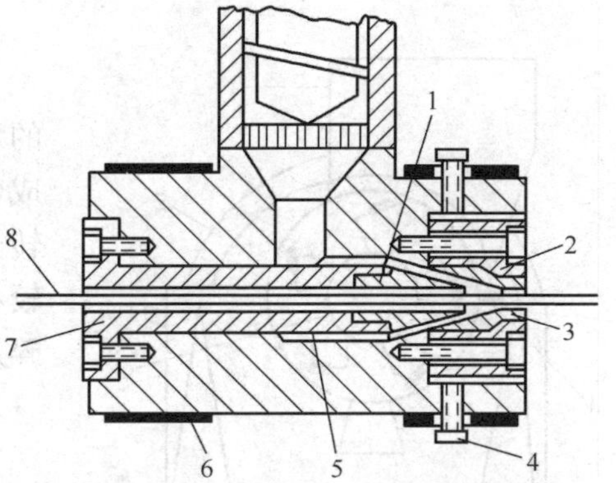

图 3 - 10　玻璃纤维增强塑料条状物的挤出机头

1—导嘴　2—口模夹持套　3—口模　4—定位螺栓
5—型腔　6—加热器　7—芯模　8—玻璃纤维束

3.2.3.2　炼成物的粉碎或粒化

粉碎和粒化同样都减小固体尺寸，所不同的只是前者所成的颗粒大小不等，而后者比较整齐且具有固定的形状。减小固体尺寸的基本作用通常是压缩、冲击、摩擦和切割，所以不管哪一种减小固体尺寸的设备总是对物料施加上述一种或几种作用。塑料大多是韧性或弹性的物料，因此具有切割作用的设备就获得了更为广泛的应用。设备的选择还依赖于炼成物的形样。由双辊筒机所制得的炼成物通常是片状的，处理片状物的一种方法是将物料用切粒机切成粒料。由挤出机挤出的条状物一般是用装在口模处的旋转刀(有时即由螺杆带动)来进行切粒的，但也有将条状物用粒化设备来成粒的。

粒化设备有成粒机和切粒机两类。成粒机主要也是由转动的叶刀和固定刀组成，在形式与结构上却可以有很多的变化。由成粒机粒化的物料，颗粒大小是很不均匀的，变化范围从细粉状到8mm之间。切粒机是将片状炼成物粒化的一种设备，也用纵切和横切两个连续作用将片状物切成矩形六面体。纵切常用一对带有锯齿表面的辊筒（与一般切面机相似）来完成的。横切作用则是通过跳动频繁的铡刀或带有叶刀的转子来完成的。如果被粒化的物料是条状的（如挤出的条状物），则其切粒比片状物容易，因为可以省去纵切的工序。所以，将上述切粒机中的纵切装置换成等速限料辊即可。

片状物一般是冷切，即将由双辊机辊成并经冷却的片状物在切粒机上进行切粒。条状物一般都是热切，因为热切通常都直接用附在挤出机上的旋刀来完成。

在废料回收中。由于供料的外形不一，通常采用切碎机或粉碎机将废料粉碎。

（1）切碎机

通用的切碎机主要由一个带有一系列叶刀的水平转子和一个带有固定刀的柱形外壳所组成（见图3－11）。沿外壳的轴向设有进料斗。转子的转速很大，固定刀与叶刀的交口间距则较小，进入的物料在两刀口交口处被切成碎片，碎片从壳体底部排出，必要时还可通过筛选。

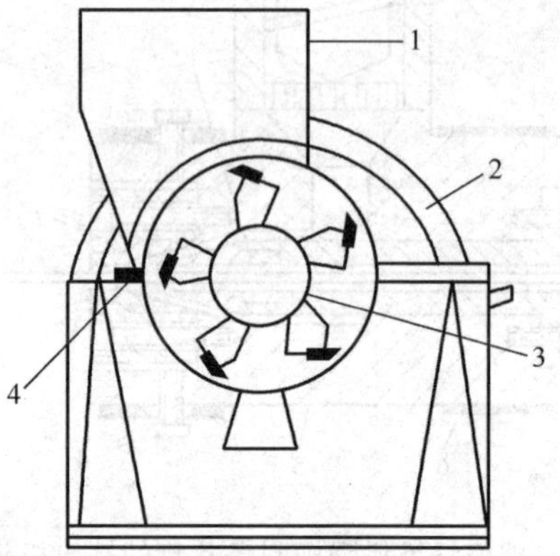

图3－11　切碎机示意图

1—料斗　2—外壳　3—转子　4—固定刀

（2）粉碎机

用作粉碎碎片的设备主要是粉碎机。这种设备是靠转动而带有波纹或沟纹的表面将夹在其中的碎片磨切为粉状物的，其结构大体和盘磨相同。通用的锤磨机和轮辗机用得并不多，因为这些设备对具有韧性的塑料粉碎效果不好。

由于生产条件不同，各地各行业所用的设备常有差别。同时习惯用的名称也各不相同。如我国轻工系统的塑料制品厂中，常将挤出塑化后加旋刀切粒的设备称作造粒机，将双辊机辊压放片后再行切粒的设备称作切粒机，将薄膜等废塑料切碎的设备称作切碎机。

以上简单介绍了粉料及粒料的制备方法，为了实现塑料制品生产的连续化和自动化以提高劳动生产率和改善劳动条件，对塑料配制的整个过程应作精心地选择，因为它也是一个重要的组成部分，这将包括合理的选择生产流程，实现各种原材料的密闭输送和自动计量，初混合和塑炼过程的密闭化和连续化等，这里不作多的讨论。

3.2.4　粉料和粒料的工艺性能

了解粉料和粒料（包括热固性塑料）的工艺性能对正确控制采用这类原料的成型作业和提高制品质量，无疑是很重要的。以下将按热固性塑料和热塑性塑料分别讨论其工艺性能同时将各种通用塑料的工艺性能列于附录表1中以便参考。为了说明各种性能，先引出“模塑（成型）周期”的定义是必要的，它是指循环而又按一定顺序的模塑作业中，由一个循环的某一特定点进至下一循环同一点所用的时间。例如，从粉料或粒料加入模具中起，经加热加压、硬化到解除压力、脱出制品、清理模具至重新开始加料为止所需的总时间。

3.2.4.1　热固性塑料的工艺性能

热固性塑料的工艺性能主要有以下六种。

(1)收缩率

以粉料或粒料生产塑料制品常是在高温熔融状态下在模具中成型的,当制品冷却到室温后,其尺寸将发生收缩。收缩率的定义是由式(3-1)规定的。

$$S_L = \frac{L_0 - L}{L_0} \times 100\% \tag{3-1}$$

式中:S_L为塑料的收缩率;L_0为模具型腔在室温和标准压力下的单维尺寸;L为制品在相同情况下与模具型腔相应的单维尺寸,如果制品上各维的S_L分别有零、相等与不相等的变化,则制品的形样即会分别相应地与模具型腔相等、相似与不相等也不相似。为了保证制品的准确性,在规定模具型腔的尺寸时,即不得不结合各维上的S_L值而定出适当的放大系数。但这一问题是很难得到满意的解决的,因为影响因素复杂,各维上的S_L各次成型中也不一定是定值。所以,在实际工作中都采用实测S_L的平均值,这样,制品就有一定的公差范围,可以看出塑料的收缩率实际应是塑料在成型温度下的单维尺寸,与在室温下的单维尺寸间的差值计算得到的。但是,由于高温下尺寸的测定困难,且这种数据在工艺及模具设计等方面的用处不大,因而采用了上式中定义的收缩率。

影响热固性塑料制品收缩的基本原因现知的有:①化学结构的变化:制品中的聚合物是体型结构,而所用塑料中的则为线型结构,前者的密度较后者为大,因而产生了收缩。②热收缩:塑料的热膨胀系数比钢材大(塑料的线膨胀系数为25×10^{-6}~120×10^{-12},而钢材则为11×10^{-6}),故制品冷却后的收缩较模具为大。③弹性回复:制品在硬化后并非刚性体,脱模时压力降低即有一弹性回复。这将会减小收缩率。④塑性变形:脱模时压力降低,但模壁仍紧压着制品四周,从而使制品发生局部塑性变形。发生变形部分的收缩率比没有发生的要大些。

影响制品收缩率的因素可归为三类:①工艺条件;②模具和制品的设计;③塑料的性质。影响热固性塑料制品收缩率的因素和原因的关系列于附录表2中。

测定收缩率用的试样是,直径(100±0.3)mm;厚(4±0.2)mm的圆片或每边长为(25±0.2)mm;厚(4±0.2)mm的立方体。试样应采用该塑料牌号所规定的成型条件。试样脱模后应在恒温(20±1)℃下放置16~24h,再测定其尺寸,测定的准确程度应达到上0.2mm。

一般说来,收缩率太大的制品易发生翘曲、开裂。工厂中降低收缩率的有效措施是:采用预热、严格遵守工艺规程和采用不溢式的模具。

(2)流动性

塑料在受热和受压下充满整个模具型腔的能力称为流动性。它与塑料在黏流态下的黏度有密切关系。关于塑料流动性的测定方法,目前大体有三种:①测流程法:在特定的模具中,于固定温度、压力及施压速率下,测定塑料在模具中的流动距离;②测流动时间法:从开始对模具加压至模具完全关闭所需的时间。流动性即以此时间表示;③流程时间测量法:将上两法结合起来,即用流动速度来表示流动性。

三种方法中以①法最简单，故使用较多。在具体应用时，各国采用的模具并不完全相同，所定的标准也不一样。我国通用拉西格法。

拉西格法系将定量的塑料，在一定的温度与压力下，用图 3 − 12(a)所示的模具在规定的时间内压成如图 3 − 12(b)所示的成型物。然后以成型物"细柱"长度(仅算其光滑部分)的毫米数来表示塑料的流动性。按流动性的大小，一般将热固性塑料分为三级：一级 35 ~ 80mm；二级 81 ~ 130mm；三级 131 ~ 180mm。

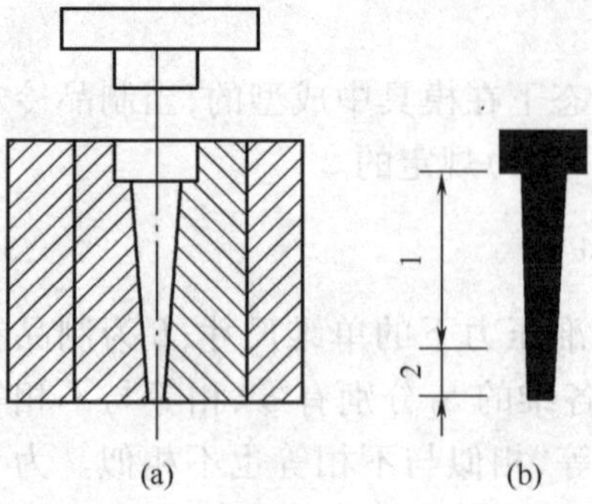

图 3 − 12　测定流动性用的模具和压成的成型物示意图
(a)模具　(b)成型物
1—光滑部分　2—毛糙部分

影响流动性的因素很多，大体可归纳为两类：①属于塑料本身的，如：树脂与填料的性质和比率与大小、含水量、增塑剂及润滑剂的含量等。一般树脂相对分子质量越小，填料颗粒细小而又呈球状的。增塑剂、润滑剂、含水量增高时，流动性增大。②属于模具与成型条件的，如：模具型腔表面的光洁程度和流道的形状、模具的使用情况、模具的加热情况、塑料的预热方法与条件及成型工艺条件等。型腔表面光滑又呈流线型的，常能提高塑料的流动性；塑料在新制模具中的流动性不如在使用较久的模具中的大；原用某种塑料压制的模具，在改用另一种塑料的初期，常会出现流动不正常；对塑料进行预热和在压制中采用均匀而又快速的加热均对流动性的提高有利。至于预热、顶压与工艺条件对流动性的影响，将在第 4 章中讨论。

制造不同制品对流动性的要求也不同，如压制大型或形状较复杂的制品时，需要塑料有较大的流动性。如果塑料的流动性太大，常会使塑料在型腔内填塞不紧或树脂与填料分头聚集(树脂流动性比填料大)，从而使制品质量下降，甚至成为废品。流动性太大时，还会使塑料溢出模外，造成上下模面发生不必要的黏合或使导合部件发生阻塞，给脱模和整理工作造成困难。同时还会影响制品尺寸的精确度。流动性过小时，则不能压制大型或形状复杂的制品，同时还使设备生产能力降低，易于产生废品。所以，每一种制品对所用塑料的流动性常有一定的要求。

工厂中为了保证大量塑料具有相同的流动性，常采用并批的方法(即将多批塑料在大型混合设备中进行混合)。

(3)水分与挥发分

塑料中常多少含有水分与挥发分。水分是大气中渗入的水汽或在制造塑料时没有排完的游离水分。挥发分是指塑料受热受压时所放出的低分子物，如氨、甲醛与结合水等。

引起水分与挥发分多的原因有：①树脂相对分子质量偏低；②塑料在生产时未得到充分干燥；③存放不当，特别是吸水量大的塑料，如脲 − 甲醛等。

塑料中水分与挥发分过多时，会使其流动性过大(水分有增塑作用)，成型周期增长。制品收缩率增大，多孔以及易于出现翘曲、表面带有波纹和闷光等现象。不仅如此，更重要是降低了制品的电性能和力学性能。绝对干燥的塑料也是不适用的,因其流动性较低,从而使预压和压制发生困难。所以,各种塑料的水分和挥发分均有一定的技术指标。部分塑料的水分和挥发分含量标准见本书附录表3。

生产中常常是测定水分和挥发分的总量。测定方法一般是取称准的试样(约5g)在100~150℃的烘箱内烘30min,烘后的重量损失率即为水分与挥发分的含量。

(4)细度与均匀度

细度是指塑料颗粒直径的毫米数,均匀度是指颗粒间直径大小的差数。

细度与塑料的比容积有关。颗粒越细,比容积就越大。颗粒小的塑料能提高制品的外观质量,在个别情况下,还能提高制品的介电和物理力学性能。颗粒太小的塑料并不是很好的,因为它在压制中所包入的空气不容易排出,这不仅会延长成型周期(空气的导热系数比塑料更小),甚至还会引起制品在脱模时起泡。

均匀度好的塑料,其比容积较一致,因此在预压或成型中可以采用容量法计量。在压制时受热也比较均匀,使制品质量有所提高,前后制品的性能也比较一致。均匀度差的,在运转、预压或自动压机中受机械的振动,常会使颗粒小的聚集在容器或料斗的底部,这样在生产制品时就会出现制品性能的前后不一致。

细度和均匀度通常是用过筛分析来衡量的。根据技术要求的不同,各种塑料常定有一定的指标。例如在生产酚醛塑料时,粉碎后的粒子不会是同一直径的,其粒度常是多分散性的。将这种塑料粉进行筛分,则在不同筛号有不同百分率的残留物。如酚醛压塑粉的要求见表3-11。

表3-11　残留物百分率

筛孔(孔/cm^2)	残留物/%	筛孔(孔/cm^2)	残留物/%
36	0	1000	30
64	20	通过1000者	15
576	35		

(5)压缩率

压缩率是由下式定义的

$$压缩率=\frac{制品的相对密度}{塑料的表观相对密度}=\frac{塑料的表观比容积}{制品的比容积}$$

塑料的压缩率总是大于1。压缩率越大,所需模具的装料室也越大,这不仅耗费模具钢材,而且不利于压制时的加热。此外,压缩率越大,装料时带人模具中的空气就越多,如需排出空气,便会使成型周期增长。工业上降低压缩率的通用方法是预压。这将在第4章中讨论。

(6)硬化速率

硬化速率是指用塑料压制标准试样(一般用直径为100mm;厚度为5mm±0.2mm的圆片)时使制品物理力学性能达到最佳值的速率。通常都用“秒/毫米厚度”来表示,此值越小时,硬化速率就越大。

硬化速率依赖于塑料的交联反应性质，并在很大程度上决定于成型时的具体情况。采用预压、预热及提高成型温度和压力时均会使硬化速率增加。

硬化速率应有一适当的值，过小时会使成型周期增长，过大时又不宜用作压制大型或复杂的制品，因为在塑料尚未充满模具时即有硬化的可能。

塑料的硬化速率是通过一系列标准试样来确定的。试样压制的条件，除时间外，其他都保持不变。各个试样系按逐次增加 10s 压成。压成后，检定各试样的某一性能指标，并绘出性能与压制时间的曲线。从曲线上即可确定最好的硬化时间，并从中确定硬化速率。图 3－13 即是一例。从曲线（170℃的）可以看出最好的硬化时间约为 4min。

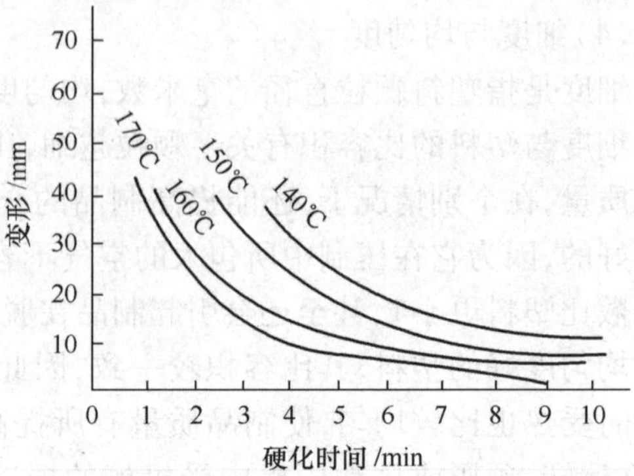

图 3－13　不同温度下的变形－硬化时间曲线
（木粉填充的酚醛塑料）

3.2.4.2　热塑性塑料的工艺性能

热塑性塑料的工艺性能除硬化速率（热塑性塑料在成型时的硬化是物理的冷却过程，与模具的冷却速率有关）外，其他项目都与热固性塑料相同，在此仅补充两点。

（1）收缩率

与热塑性塑料收缩关联最密切的是塑料体积与温度和压力的关系。前者表现为热收缩，后者则为弹性恢复。

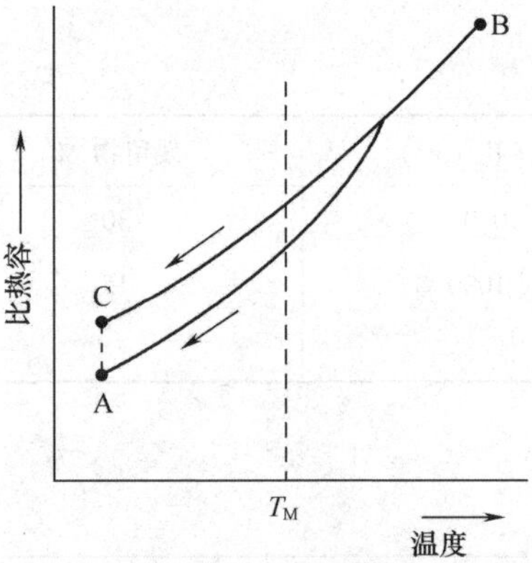

图 3－14　无定形聚合物加热与冷却时的体积－温度典型曲线

聚合物体积随温度变化的关系中牵涉到时间因素。图 3－14 为无定形聚合物加热与冷却时的体积－温度典型曲线。曲线 AB 表示一个原在平衡状态的试样由低于熔化温度 T_m 按等速升温时比容积变化的情况。曲线 BC 则为它的逆过程。随后，已经冷却的试样体积再在等温情况下沿直线 CA 又回至原来的平衡态。但由 C 到 A 要经过一段相当长的时间（数天）。就指定的试样而论，经历 CA 过程所需的时间并非恒定，而是依赖于加热和冷却的速率，如果两者都进行得极为缓慢，则 AB 与 BC 两曲线就可以重合。

收缩在时间上滞后的原因是：无定形聚合物在局部结构上常有一定数量类似晶体般的有序排列，但这种结构都不很大。围绕这些有序区域的分子则是一种混乱的排列，其中带有许多空洞，在较高的温度下，无序的程度会有所增加，也就是带有空洞区域的比率得到增长。由温度变化所引起的空洞消涨是需要经历一段时间的，消涨的机理可能与扩散作用或粘滞流动有关。

具有结晶行为的聚合物，其中晶区的比容积较非晶区的要小。因此，在考虑体积温度关系时还存在着结晶度的问题。从第2章的讨论已知，聚合物的结晶度是依赖于聚合历程和结晶时的温度变化，压力、时间等因素，所以结晶聚合物的收缩比无定形聚合物更为复杂，在收缩率上要大得多。必须指出，结晶聚合物的收缩同样也存有时间效应。

基于同样的理由，聚合物体积与压力的关系也牵涉到时间效应的问题。值得注意的是，一般固体与液体的体积随压力的变化，都是比较小的，甚至可以略而不计。但对聚合物来说，体积随压力的变化，在成型过程中常常是不可忽视的。如果不考虑变化速率的问题，则在定温下，多数聚合物的体积与压力粗略地呈直线形的反比关系。假如再将温度包括进去，则三者的关系可以相当合理地用改良的范德华方程式来表示，即

$$(p+\pi)(Vb) = RT/M \qquad (3-2)$$

式中：p 为压力；V 为聚合物的比容积；M 为“作用（链节）单元”的相对分子质量，须由实验决定；π 与 b 均为常数，也须由实验确定；R 为气体常数，T 为绝对温度。表3-12列出几种聚合物的状态方程常数。

就上述而论，如果允许时间上的等待，热塑性塑料的收缩率应该是一个定值，且可通过实验来计算。但是，在实际的成型作业中，收缩率却与计算值有些出入，所以计算值只具有指导的意义。其原因是：①制品在成型过程中冷却时，各部分的冷却速率和冷却的最终压力不完全相同，因而各部分的收缩不会相等；②冷却时由于制品厚的部分比薄的部分冷得慢些。这样，塑料在模具内的冷却过程中，两部分的密度就会出现差别，从而形成压力梯度，以致厚的部分的一些塑料会向薄的部分流动。这种内部流动对收缩的不均是很重要的；③制品在成型和使用过程中所发生的塑性形变、定向、结晶和吸湿等对体积变化的影响。

表3-12　状态方程常数

聚合物	M	π/MPa	b/$cm^3 \cdot g^{-1}$
聚苯乙烯	104	180.4	0.822
聚甲基丙烯酸甲酯	100	213	0.734
乙基纤维素	60.5	237	0.720
乙丁酸纤维素	54.4	281	0.688
聚苯乙烯	28.1	324	0.875

（2）流动性

热塑性塑料的流动性就是它在熔融状态下的黏度的倒数。与黏度一样，流动性不仅依赖于成型条件（温度、压力、剪切速率），而且还依赖于塑料中聚合物和助剂的性质。其关系已在第2章和本章有关的章节中讨论过。

热塑性塑料的流动性，除可用通用流变仪测定其黏度而求得外，工业中常通过熔体流动速率（Melt flow rate）的测定来反映某些热塑性塑料的流动性能。它是在规定的试验条件下，一定时间内挤出的热塑性物料的量。按照我国国家标准GB3682—2000，“热塑性塑料熔体流动速率试验方法”来测定。其仪器称为熔体流动速率测定仪。它主要由试料挤出系统和加热控制系统构成。加压方式是在柱塞（压料杆）上加荷重。仪器的主要

技术数据如下：

压料杆所加负荷($\times 9.81\times 10^{-3}$N)	325　1200　2160　5000
装料筒直径	ϕ9.55mm ±0.025mm
活塞杆头部与装料筒配合间隙	0.075mm ±0.015mm
出料口直径	ϕ2.095mm ±0.005mm
出料口长度	8.000mm ±0.025mm

测控温度　室温～400℃连续可调，125℃、150℃、190℃、200℃、215℃、230℃、235℃、265℃、275℃、300℃、372℃、400℃ 12种温度可定点测温。

使用该仪器时，由于试料不同而规定了不同的测试温度，如聚乙烯为190℃，聚丙烯为230℃等。在规定的温度、压力($2160\times 9.81\times 10^{-3}$N)下，每10min内通过上述指定尺寸毛细管的试料总质量(克数)，即为该材料的熔体流动速率(MRF)，单位是"克/10分钟(g/10min)"。聚合物的熔体流动速率(MFR)越大，就是流动性越好。此外，也可用图3－12(a)的模具来完成，但在具体作法上略有不同。测定时，先将模具装在两个等高的金属支座上，而且下面还垫上一块抛光的金属板。然后将定量的塑料放人模槽中，并在定温下对阳模施加规定的压力。此时应注意模具下孔有无塑料流出，当塑料开始流出时即记取时间。经过1min后，将流下的塑料刮下并称准至0.001g。流动性用"毫克/秒(mg/s)"表示。

流动性是比较塑料加工难易的一项指标，但从它与它所依赖的变量的关系来说，比较时所用的流动性数据应该与成型时相近或相同的为准，否则所得结论是不足为凭的，这在第二章中已有说明。工业上也有用一长流程的模具(常称为阿基米德螺旋线模)，模腔为螺旋形，流道断面为圆形。测定时在同样工艺条件下，比较不同塑料注塑充模后所得螺旋形试样的长度以说明其流动性的好坏。如果没有测定仪器而要在相同条件下比较不同塑料的流动性，则可用型腔流道较长的模具(如梳子模具)在注射机上，于规定条件下进行注射即可。

3.3 溶　液

3.3.1 溶液的组成及其作用

用流延法生产薄膜、胶片及生产某些浇铸制品等常常使用聚合物的溶液作为原料。溶液的主要组分是溶质与溶剂，作为成型用的溶液中的溶质是聚合物和除溶剂外的有关助剂，而溶剂通常则是指烃、芳烃、氯代烃类、酯类、醚类和醇类。用溶液作原料制成的制品(如薄膜)，其中并不含溶剂(事实上可能存有挥发未尽的、痕量的溶剂)，所以构成制品的主体是聚合物。溶剂只是为加工而加入的一种助剂。

选择溶剂的原则是要求它对聚合物有良好的溶解性能，无色、无臭、无毒、不燃、吸水量低、化学稳定性高、沸点较低及成本低等。要完全符合这些要求是不可能的，通常首要考虑的应是溶解性能和制品的质量。

一种溶剂能否溶解一种聚合物，通常可以用“结构相似可以互溶”这一经验法则来判断，但可靠性较差，进一步也可用热力学上所推导的溶度参数（δ）来判断。溶度参数（δ）是由式（3－3）所定义的。

$$\delta = \left(\frac{\Delta E}{V}\right)^{\frac{1}{2}} \tag{3-3}$$

式中：ΔE 为物质的摩尔蒸发能（以 cal 计）；V 为摩尔分子体积（以 cm^3 计）。如果聚合物与溶剂两者的溶度参数（通用溶剂、增塑剂与聚合物的溶度参数见附录表3、4 和5）近于相等（差值在0.1 以内），则两者即能互溶，相差较大时，则溶解就有限制或不溶。结晶和氢键对聚合物在溶剂中的溶解会起不良影响，因而在用溶度参数判断时会出现不准的情况。但从实践证明，在大多数情况下这种溶度参数技术的应用仍然是有效的（参见本章3.2.1.2，增塑剂中关于增塑效率的有关介绍）。

混合溶剂的溶度参数（δ_m）可用式（3－4）计算

$$\delta_m = \frac{n_1 V_1 \delta_1 + n_2 V_2 \delta_2}{n_1 V_1 + n_2 V_2} \tag{3-4}$$

式中：n_1 和 n_2 分别为混合溶剂中第一和第二两种溶剂的摩尔分数；V_1 和 V_2 分别为两种溶剂的摩尔体积；而 δ_1 和 δ_2 则分别为两种溶剂的溶度参数。应用式（3－4）所示的规律，即有可能将两种溶剂配比进行调整（即调整 n_1 与 n_2，$n_1 = 1 - n_2$）而使 δ_m 接近于需要溶解的聚合物的溶度参数。这样所配的混合溶剂就会很好地溶解该种聚合物，即使在采用两种非溶剂时也同样有效。例如硝酸纤维素（$\delta_m = 10.7$）既不溶于乙醚（$\delta_m = 7.4$），也不溶于乙醇（$\delta_m = 12.7$），但能溶于两者的混合物中。采用混合溶剂是工业上解决技术与经济问题的一种有效方法。为了解决使用溶度参数法判断时出现的不准确情况，曾有采用溶度参数分量（考虑摩尔蒸发能量是有机物质分子间的色散力，偶极力和氢键的贡献，分别以三者的溶度参数分量来计算）来进行比较，一般认为这会有更可靠的结果。同时也采用弗洛利（Flory）－哈金斯（Haggins）理论来推断聚合物间或与溶剂间的相容性。随着高分子共混物应用的飞速发展，高聚物间共混相容性的问题日益突出。对高分子二元及多元体系的相容范围、相图、相行为理论和相容性判断，新的高分子增容剂的设计与制备、改善控制体系相行为等均有大量工作，已在其他课程中讨论。

成型工业中用作原料的溶液其组成除聚合物与溶剂外，还可按需要加有增塑剂、稳定剂、色料和稀释剂等。加入前三种助剂的目的与在3.2 节中所讨论的完全相同，至于稀释剂。对聚合物来说，是一种有机性的非溶剂，也就是上述混合溶剂中的一个组分。加人稀释剂常为降低黏度或成本以及提高挥发性等。

3.3.2 聚合物的溶解

当片状、粉状或粒状的无定形聚合物与溶剂接触时，由于聚合物分子链段间有大量的空隙，溶剂分子即逐渐向空隙部分侵入，从而使聚合物分子发生溶剂化。溶剂化发生后，聚合物的体积逐渐膨胀，即发生溶胀。之后，各个片状、粉状或粒状聚化物即成为黏性小团，再通过彼此间的粘结而成为较大的团块。按质量的大小，团块或沉或浮。如果对这种团块不加任何搅动，则聚合物分子需要经过几天或更长时间的继续溶胀，相互脱离和扩散的过程方能成为溶液。

显然，像以上这样漫长的自然溶解过程，在工业上是不允许的。加快溶解过程的关键是加速溶胀和扩散作用，其办法通常有：采用疏松或颗粒较小的聚合物作原料，加热溶解，利用搅拌防止团块的发生或摧毁团块等。

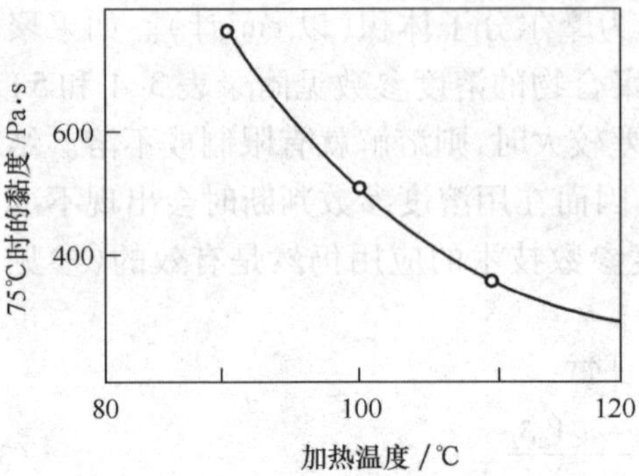

图 3－15　加热溶解时的温度对氯乙烯－乙酸乙烯酯共聚物溶液黏度的影响

晶型聚合物的溶解虽然也是溶胀和扩散两个过程，但是由于它们的分子排列很规整，敛集比较紧密和分子间的作用力大，所以在溶解上比无定形聚合物更要困难和复杂些，即使是微具结晶倾向的聚合物也有显著的影响。例如，许多晶型聚合物室温时在溶剂中只能作轻微的溶胀而不溶解（聚乙烯在甲苯中就是这种情况）。只有当温度升高，甚至要升高到它们的熔点以上，待晶相消失后才能溶解。温度下降时。晶型聚合物则又会从溶液中析出。再者，溶解时的温度对所成溶液黏度会发生一定影响。图3－15是不同温度下用甲乙酮－甲苯（3:1）混合溶剂配制氯乙烯－乙酸乙烯酯共聚物（浓度为37.5%）冷至75℃时的黏度变化情况。出现这种变化的原因仍然是结晶，因为聚合物在较低温度下进行溶解时，其晶体结构不会被溶剂完全破坏，溶液黏度就显得高些。溶解温度高些，晶型结构被破坏得多些，黏度也就低一些。但当高至一定的配制温度（在上述例中为120℃）而将晶型结构完全破坏时，则再升高配制温度溶液黏度也不会发生变化。此外，还有一种值得注意的现象，如上述配制的氯乙烯－乙酸乙烯酯共聚物溶液，在搁放一段时间后，其黏度会有所增加。这种现象的起因还是结晶，因为聚合物分子在溶液中仍然是活动的，当分子间距离由于活动而能缩短到分子作用力的范围以内，则晶型结构又重形成，时间一久，晶型结构的数量就会显得可观。以致黏度增加。但应指出，当黏度已增至溶液胶凝点时，黏度继续增加的倾向就会减弱。因为已经形成晶型结构的分子链段有限制整个分子活动的作用。

如果没有其他因素存在时，聚合物溶液的黏度就决定于溶剂的黏度，溶液的浓度和聚合物的性质与相对分子质量。其关系可表示为

$$\eta = \eta_0(1 + Ac + Bc^2 + Cc^3 + \cdots\cdots) \qquad (3-5)$$

式中：η 为溶液的黏度，A、B、C 均为常数，决定于聚合物的性质和相对分子质量，η_0 为溶剂的黏度；c 为溶液的浓度。

温度对溶液黏度的影响，除结晶作用外，须视溶剂的性质而定。如为良性溶剂（如甲苯对聚苯乙烯）。则溶液的黏度随温度的上升而下降；如为不良溶剂（如环已烷对聚苯乙烯），其黏度则随温度的上升而上升。前者是因为溶剂的黏度会随温度的上升而下降。至于后者，溶剂黏度虽也随温度上升而下降，但在不良溶剂中，当温度由低变高时，聚合

物分子链会从比较蜷曲的状态向比较舒展的状态发展,从而使黏度上升。良性溶剂中的聚合物分子大多是舒展的,所以在温度升高时几乎没有舒展的余地,甚至从实验证明它们反会出现少许向蜷曲发展的倾向。工业上用以配制聚合物溶液的溶剂绝大多数都是良性溶剂,而且一般都是浓度较大的溶液,这种溶液黏度随温度变化的关系与第2章所讨论的聚合物熔体黏度随温度变化的关系相同。也就是在温度变化不超过50℃的范围内溶液黏度的对数($\log\eta$)与绝对温度的倒数($1/T$)呈直线性关系。

由良性溶剂配成的聚合物溶液事实上都是假塑性液体。因为聚合物分子的链在溶液中都比较舒展,在受有应力时既允许变形,又能很顺利地定向。这样,抵抗流动的阻力(即黏度),就会因应力的增加而减小。如果溶液的浓度已高至聚合物分子间能形成疏松的胶凝结构,则促使这种溶液流动时必须给予一定的应力以摧毁这种胶凝结构。因此,溶液又会出现宾哈液体的流动行为。有些聚合物浓溶液还表现出摇溶性液体的行为,这在第2章已提到过。

3.3.3 溶液的制备

成型中所用的聚合物溶液,有些是在合成聚合物时特意制成的,如酚醛树脂和聚酯等的溶液。而另一些则需在用时配制,如乙酸纤维素和氯乙烯－乙酸乙烯酯共聚物的溶液等。

配制溶液所用的设备,一般都用附有强力搅拌和加热夹套的釜。为便于将聚合物结块撕裂和加强搅拌作用,也有在釜内加设各式挡板的。以下结合上面所述溶解过程原理,介绍两种工业上常用的具体配制方法。

(1)慢加快搅法

配制时,先将选定的溶剂在溶解釜内加热至一定温度,然后在快速搅拌和定温下,缓缓加入粉状或片状的聚合物,直至投完应加的量为止。投料的速率应以不出现结块现象为度。缓慢加料的目的在于使聚合物完全分散之前不致结块。而快速搅拌则既有加速分散和扩散作用,又借搅拌桨叶与挡板间的剪应力来撕裂可能产生的团块。

(2)低温分散法

先将溶剂在溶解釜内进行降温,直到它对聚合物失去活性的温度为止,然后将应加的聚合物粉状物或片状物一次投入釜中,并使它很好地分散在溶剂中,最后再不断地搅拌将混合物逐渐升温。这样当溶剂升温而恢复活性时,就能使已经分散的聚合物很快溶解。

配制溶液时,对溶剂和溶液加热的温度,应在可能范围内尽量降低,不然即使在溶解釜上设有回流冷凝装置,也会引起溶剂的过多损失,甚至影响生产安全。另外,由于溶解过程时间较长,高温常易引起聚合物的降解。当然过于剧烈的搅拌也可能使聚合物有一定降解。

用上述方法配制的溶液均须经过滤、脱泡后方能使用。

配制过程中的生产控制和质量检验指标主要是固体含量与黏度。至于溶液的检查项目,则视其用途而定。

3.4 分 散 体

3.4.1 成型用的分散体及其分类

成型工业中作为原料用的分散体主要是固态的氯乙烯聚合物或共聚物与非水液体形成的悬浮体,通称为聚氯乙烯溶胶塑料或聚氯乙烯“糊”。采用的非水液体,主要是在室温下对聚氯乙烯溶剂化作用很小的溶剂(增塑剂也属于这一类),也称分散剂,必要时也可添加非溶剂性的稀释剂、热固性树脂的单体或热固性树脂。溶胶塑料生产制品要经过塑形(成型)和烘熔两个过程。塑形就是利用模具或其他器械,在室温下,使溶胶塑料具有一定的形状,包括用它制造涂层制品,如人造革等。由于塑料溶液在室温下是非牛顿液体,所以塑形比较容易而且不需要很高的压力。这是利用溶胶塑料成型的一大特点。烘熔是将塑形后的物体进行热处理,从而使溶胶塑料通过物理或化学变化成为固体。物理变化是胶凝和熔化两种作用的结合(参见浇铸成型第10章)。而化学变化是在加有热固性树脂的单体(或树脂)的溶胶塑料中才发生。

除树脂和非水液体外,溶胶塑料还可因使用目的不同而加人各种助剂。因此,其组成是比较复杂的。按照加入的组分不同,溶胶塑料的性质就会出现差别,通常将其分为四类:

1)塑性溶胶　氯乙烯树脂的悬浮体,其液相完全是增塑剂,又称增塑糊。

2)有机溶胶　氯乙烯树脂的悬浮体,但其液相物有分散剂和稀释剂两种,分散剂内可以有增塑剂,也可以没有。又称稀释增塑糊。

3)塑性凝胶　加有胶凝剂的塑性溶胶。又称增塑胶凝糊。

4)有机凝胶　加有胶凝剂的有机溶胶,又称稀释增塑胶凝糊。

从以上所述,可见四类之间存有一定关系,如图3-16所示。图中非水挥发性液体系指溶剂或(和)稀释剂。

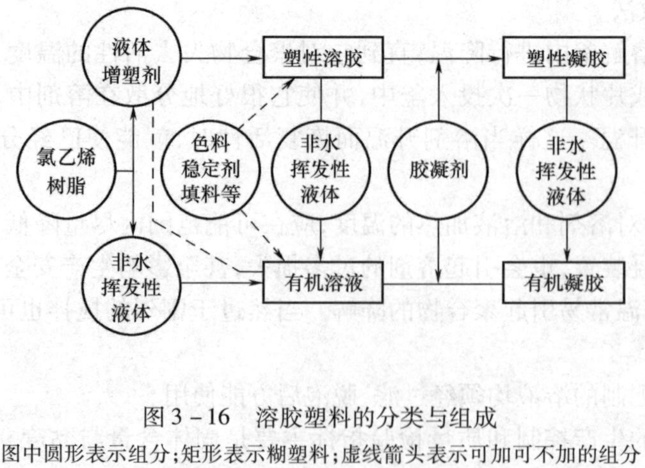

图3-16　溶胶塑料的分类与组成

图中圆形表示组分;矩形表示糊塑料;虚线箭头表示可加可不加的组分

塑性溶胶既以增塑剂作为唯一的分散剂,为保证它的流动性,增塑剂的含量一般不得少于树脂的40%,由于增塑剂的沸点都很高,因此在烘熔时损失很小。同时,也不易燃烧、爆炸和中毒(与有机溶胶和有机凝胶比较而言),而且还有利于它自身的保存和厚壁制品的制造。但由于增塑剂的含量高,故只能作软制品。

为了克服塑性溶胶所制成品硬度不高的缺点,将增塑剂的部分或全部用挥发性高的非水溶液来代替,这样便成为有机溶胶。这类溶胶的液相物不能全是非极性液体(即稀释剂),而必须伴用相当分量的分散剂,否则不能取得良好的效果,其理由后述。

塑性凝胶与有机凝胶的区别和塑性溶胶与有机溶胶的区别相同。前两者与后两者的不同点在于组成中都加有胶凝剂,因此其流动性表现为在开始时就呈现宾哈液体的行为,即只有当剪应力高达一定值后才发生流动。这种屈服值是有意识地进行控制的,目的是使凝胶塑料在不受外力和加热的情况下不会因自身的重力而发生流动,但成型又很容易。这样在整个成型过程中,物料就不会产生流泄和塌落的现象,从而使最后所得制品能保持塑成时的形样。

3.4.2 溶胶塑料的组成及其作用

溶胶塑料所含组成有树脂、分散剂、稀释剂、胶凝剂、稳定剂、填充剂、着色剂、表面活化剂以及为特殊目的而加入的其他助剂等。凡在3.2节中提过的组分,在溶胶塑料中的作用与前面所述均相同,故不再赘述,只有需要补充和没有提及的组分才另行说明。为便于形成具体概念和比较,表3-13中列出了四类溶胶塑料的具体配方。必须指出,工业上所用的配方,按要求不同,在分量和所用材料的品种上容有出入,组分也可以不同。

表3-13　四种溶胶塑料的配方

组成名称	材料品种	塑性溶胶/份 (1)	塑性溶胶/份 (2)	有机溶胶/份	塑性凝胶/份	有机凝胶/份
树脂	乳液聚合聚氯乙烯(成糊用的)	100.0	100.0	100.0	100.0	100.0
分散剂						
(1)增塑剂	邻苯二甲酸二辛酯	80	50	40	40	40
	环氧树脂		50	—	40	
(2)挥发性溶剂	二异丁酮	—	—	70		40
稀释剂	粗汽油(沸程155~193℃)	—	—	70		10
稳定剂	二盐基性亚磷酸铅	3	3	3	3	3
填充剂	碳酸钙	—	20	—	—	—
包料	(1)镉红	2	2	—		
	(2)二氧化钛	—	—	—		—
	(3)炭黑	—	—	—	0.9	0.9
胶凝剂	有机质膨润黏土	—	—	—	5.0	5.0

（1）树脂

采用的树脂应具有成糊性能。对其粒度要求是：用于塑性溶胶和塑性凝胶的，直径约0.20～2.0μm；在其他两类中用的则为0.02～0.20μm。颗粒太大时，容易在所配制的分散体中下沉，而且在加热处理后不易得到质量均匀的制品。反之，颗粒太小时，在室温下常会因过度的溶剂化而使溶胶塑料的黏度偏高，同时还不耐存放。但从成糊的难易程度来说，小颗粒是较易成糊的，由于有机溶胶和有机凝胶中液相物的黏度一般偏低，因此为防止沉淀而选用颗粒偏小的树脂。在颗粒形状上，常希望它呈球形，因为球形体的表面系数小，可以防止室温下过多溶剂化。溶剂化多时，分散体易成膨胀性液体的流动行为，反之，则易成假塑性流体的行为，最能符合上述要求的树脂是用乳液聚合法生产的。用作成糊的乳液聚合树脂又分为拌入型与磨入型两种。前者颗粒较大，而且较为疏松，更大的特点是树脂颗粒表面上沉积的表面活化剂较多，因而易于分散。后者则恰好相反，但成本较低。此外，由于乳液聚合的树脂相对分子质量高，因此它能适当地阻止溶剂化，还能为制品带来较为优良的物理－力学性能。由于以往国产乳液树脂较少，有些工厂曾研究过用悬浮聚合树脂部分或全部代替乳液树脂，起到了一定的作用。

（2）分散剂

分散剂包括增塑剂和挥发性溶剂两类，这两类物质都是极性的。

增塑剂的黏度对所配溶胶塑料的黏度有直接的影响，即黏度高的，所配溶胶塑料的黏度也高。增塑剂的溶解能力大小常反映在配制溶胶塑料的存放时间上，溶解能力越大的，越不利于久放，因为存放时其黏度增长快。用邻苯二甲酸酯类作分散剂时，溶胶塑料的黏度较适中，存放时也比较稳定。磷酸酯的溶解能力一般偏高，尤当其中芳基居多时为甚。己二酸或二元脂肪酸的酯类，如果连接两个酯基之间的链是烷基，则烷基链越长时，溶解能力越小。环氧油类和聚合体型增塑剂只与其他增塑剂伴用，且使用的浓度偏低。环氧油类在黏度与溶解能力方面与邻苯二甲酸酯类相仿，聚合体型增塑剂的溶解能力接近于零。一切次增塑剂的溶解能力，相对来说都很小，配用时对黏度的降低和存放都有利。

挥发性溶剂的黏度和溶解能力对所制溶胶塑料的影响与增塑剂相同。常用的溶剂以酮类为多，如甲基异丁基甲酮和二异丁基甲酮等，其他还有某些酯类和二醇醚类，所用溶剂的沸点应在100～200℃。

（3）稀释剂

使用稀释剂的目的在于降低溶胶塑料的黏度和削弱分散剂的溶剂化能力。作为稀释剂用的物质是烃类，它们的沸点亦应为100～200℃。但所用稀释剂的沸点均应低于分散剂。这样，在热处理时，稀释剂就会先逸出，从而使余存的分散剂能够充分地发挥溶剂的作用而为制品带来较好的性能。应该指出，芳烃对聚氯乙烯树脂是略具溶胀作用的，萘烃几乎没有，而脂烃则完全没有。

（4）胶凝剂

胶凝剂的作用是使溶胶体变成凝胶体。当溶胶体中加有胶凝剂时，即能在静态下形成三维结构的凝胶体。这种三维结构是以物理力结合成的，在外界应力大至一定程度后即被摧毁，以致胶凝体又重新表现液体的行为。而当应力解除后又恢复其三维结构。常用的胶凝剂有金属皂类和有机质膨润土，后一类比前一类效果好，但无前一类兼有的润滑作用。胶凝剂的使用量约为树脂的3% ~5%。

(5)填充剂

用作填充剂的物质有磨细或沉淀的碳酸钙、重晶石、煅烧白土、硅土和云母粉等。含水最高的物质，如纤维素与木粉等，一般不用作填充剂，因为在加热处理时易起泡。填充剂颗粒的直径应为5 ~10μm，颗粒大小和形样对填充剂的分布均匀性和制品的性能具有一定的影响。对填充剂的吸油量应该引起重视，吸油量越大时所配制的溶胶塑料的黏度增加越大(显然，采用大量色料时也会引起这种问题)。吸油量的大小与填充剂的种类和所用非水液体的类型有关，而用同一种填充剂时，如果其他情况不变，则颗粒大的吸油量偏小，这是因为表面系数小的缘故。所以，在填充剂用量高而要使配制的溶胶塑料的黏度偏小时，可采用颗粒偏大的填充剂。填充剂的用量一般不超过树脂的20%。

(6)表面活化剂

这类物质是用来降低或稳定溶胶塑料的黏度的。常用的有三乙醇胺、经乙基化的脂肪酸类和各种高相对分子质量的烷基磷酸钠等。表面活化剂的用量一般不超过树脂的4%。

(7)其他助剂

这一类助剂在溶胶塑料的组成中都是较次要的，种类很多，重要的有：为增加制品表面黏性而加入的氧茚－茚树脂；为增加制品硬度而加入的各种热固性树脂单体和热固性树脂；为使溶胶塑料能够用作制造泡沫塑料面加入的发泡剂；以及在粉料与粒料中已说明其作用的稳定剂、润滑剂、阻燃剂、色料、驱避剂等。总之，加入这类助剂的目的，是有利于成型操作，提高制品性能和使用价值，扩大溶胶塑料的用途等。

3.4.3 溶胶塑料的制备

制备溶胶塑料时，主要是将成团的粉状固态物料很好地分散在液态物料中。常用的设备是球磨机。用钢制的球磨机，虽因钢球的相对密度大而可得到较高的剪切效率，但这并不排斥用瓷球、瓷衬的球磨机，因为用它可以避免树脂因铁质引起的降解作用。不然，在用钢制球磨机时须对树脂的稳定作用作出保证。

配制时，可以将树脂、分散剂和其他所有助剂一起加入球磨机中进行混合。当增塑剂用量较大时，为了充分利用球磨机的剪切效率和节省时间，增塑剂宜分步加入。在配制有机溶胶和有机凝胶时，宜将增塑剂一起加入，这样可以避免有机液体的挥发损耗以及因此引起的事故。为求得较好的效果，采用的色料、稳定剂和胶凝剂等宜先用少量增塑剂在三辊磨上混匀，然后再加于整个物料中。

由于增塑剂的挥发性小，所以配制塑性溶胶或凝胶时，可以采用行星搅拌型的立式混合机(见图3－17)、捏合机或三辊磨。前者宜用于制造黏度较低的塑性溶胶或凝胶，尤其是采用拌入型树脂的时候。后者

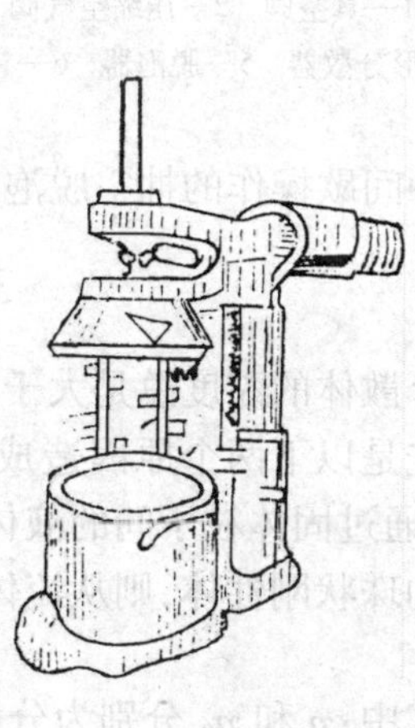

图3－17 行星搅拌型立式混合机

宜于黏度较大的场合，为了提高塑性溶胶和凝胶的质量，即使不用三辊磨配制，最后也有将它在三辊磨上研磨一两次的，这在配有色料和填充剂时尤其必要。

混合期间的温度应低于30℃，否则会促使树脂的溶剂化，从而增大黏度。因此，混合设备最好附有冷却装置。同理，混合时的搅拌不应过于剧烈，还应注意不使较多的空气卷入。

混合时，混合料的黏度一般是先高后低，变至最低值后，如果再行混合，则黏度又能回升。先高后低的原因是成团或成块的树脂逐渐被分散的结果，而以后由低而高的原因则是树脂溶剂化作用有了增加。配成的溶胶塑料的黏度自几至几十帕·秒不等，混合时间有快至2~3h，也有高达8~10h甚至更长时间的。这些均依赖于混合料的配方、混合效果和所需要的分散度。

混合过程的控制一般都靠黏度的测定，而混合料的细度则常用测定油漆中固态颗粒的方法来检验，测定细度的仪器是一个在纵向上铣有两个倾斜槽的钢板，板宽约7.5cm，长约20cm。槽的一端深度为0.1mm，而另一端为零。沿着槽长附有用微米表示深度的标度。检验时，放平钢板，并在槽深较大的一端放入少量的试样。然后用直边的刮板顺着钢板的长度方向，以均匀的速度，向另一端刮去，试样表面最先出现缺料处的标度即为试样细度的测定数据。

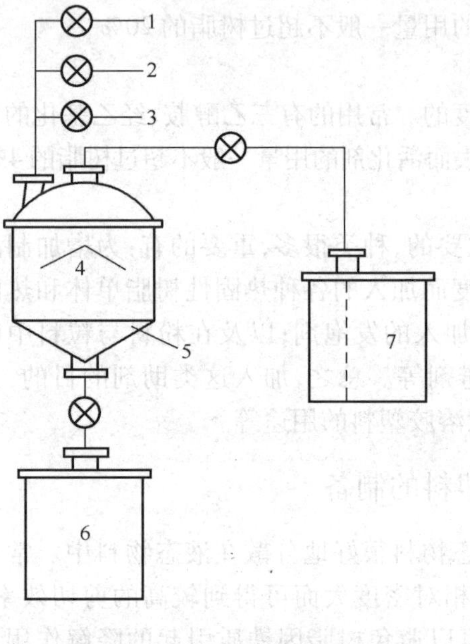

图3-18　间歇式真空脱泡装置

1—真空阀　2—压缩空气阀　3—放空阀
4—锥形分散器　5—脱泡器　6—接受槽　7—供应槽

配制溶胶塑料时，难免要卷入一些空气。使用表面活化剂或料的黏度较高时，这一现象就更严重。为保证成型品的质量，需要将气泡脱除。脱除的方法有：①将配成的溶胶塑料，按薄层流动的方式，从斜板上泻下，以便气泡逸出。②抽真空使气泡脱除。③利用离心作用脱气。④综合式，即同时利用上述两种或两种以上作用的结合式，图3-18即为一种间歇操作的抽空脱泡装置。

3.4.4　溶胶塑料的流动行为

分散体的黏度总是大于它的分散媒的黏度，而且随着固体粒子含量的增加而增大。这首先是以下两个原因造成的：①由于分散体中固体粒子间的碰撞而导致摩擦力的增加；②通过固体粒子间的液体发生了干扰。如果固体粒子的含量不大，而且粒子是大小相等的珠状刚性体，则从流体力学的推证可得：

$$\eta = \eta_0(1 + 2.5V) \tag{3-6}$$

式中：η 和 η_0 分别为分散体和分散媒的黏度，V 为分散质的体积分数。固体粒子的含量高时，则：

$$\eta = \eta_0\left[\exp\left(\frac{2.5V}{1-KV}\right)\right] \tag{3-7}$$

式中：K 为敛集常数，在多数情况下约为 1.35（按敛集程度不同，K 的变化范围是1.00～1.91）；式中其他符号的意义与式（3-6）相同。此外，有人还推证出能用于颗粒大小不等的分散体的方程式。尽管如此，溶胶塑料的黏度还可以由于以下几种原因而使其剧烈上升：①树脂的溶剂化；②树脂粒子吸附的分散媒能增加颗粒的有效体积；③受力时，树脂颗粒会变形；④表面活化剂对粒子的作用；⑤树脂颗粒带有电荷；⑥树脂颗粒容易结块等等。因此，目前理论上的探讨还不够成熟。

当剪切速率很低时，溶胶塑料的流动行为可能与牛顿液体一样，而在剪切速率较高时，则表现为假塑性液体；如果剪切速率继续增高，则又能出现膨胀性液体的流动行为（此现象仅限于树脂浓度大的溶胶塑料）。但也有表现为牛顿液体后直接表现为膨胀性液体的（如果所用分散剂的溶剂化能力是优良的）。加有胶凝剂的还具有一定的屈服值。出现假塑性液体行为的原因是，树脂表面吸附层或溶胀层在受剪应力下剥离或变形的结果；出现膨胀性液体行为则是因为树脂颗粒产生了敛集效应，以致能够任意活动的液体数量有所减少而造成的。

溶胶塑料在储存期中，可能由于溶剂化的增加而使其黏度上升。如果配方与配制操作无误，黏度应不会有过大的变化。储存期中，温度不能超过 30℃；且不应与光以及铁、锌等接触，不然在储存、成型及使用中会造成树脂的降解。储存的容器可以用锡、玻璃、铝或某些纤维板制成。

有机溶胶中的液相物有分散剂与稀释剂两种。配制时，如果分散剂用得太多，树脂颗粒常易发生过度的溶剂化，黏度会增大。反之，稀释剂用得太多，黏度也会变大，这是由于树脂颗粒发生絮凝作用的结果。因此，如果两种液体的比率能够取得平衡，则有机溶胶的黏度就会出现最低值（见图 3-19）。

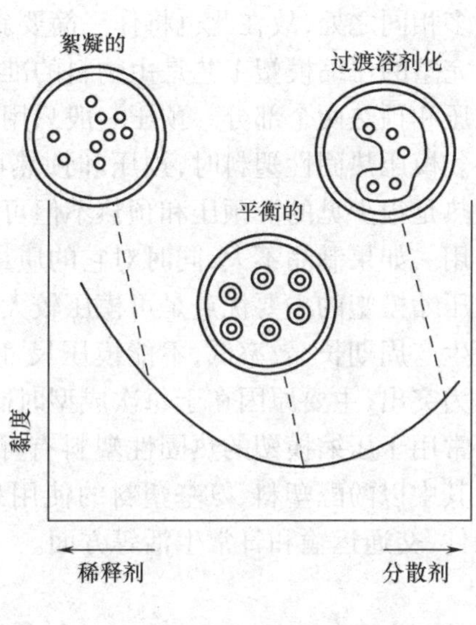

图 3-19　有机溶胶中分散剂－稀释剂比率对黏度的影响

就有机溶胶来说，分散剂与稀释剂是互溶的。但是分散剂的分子具有亲树脂基团，而稀释剂分子中则没有。所以将分散剂加入树脂与稀释剂的混合物中，分散剂就会被吸附在树脂颗粒的表面上，并从而消除絮凝作用。但是分散剂并不停止于吸附，它还能进一步渗入树脂内形成溶胶。如果此时溶胀不予限制，即稀释剂不够多，则有机溶胶黏度即会因溶胀程度的增加而上升。因此，分散剂与稀释的比率必须恰当才能使黏度最低。在生产中，为稳妥起见，分散剂的用量总是略高于黏度最低值的应有用量。这样，一方面可以抵偿在储存中由树脂缓缓吸收的一部分分散剂，再则可减少热处理过程中出现的絮凝现象。

第4章 压缩模塑

4.1 概 述

压缩模塑又称模压成型或压制成型。这种成型方法是先将粉状、粒状或纤维状等的塑料放入成型温度下的模具型腔中,然后闭模加压而使其成型并固化的作业。压缩模塑可用于热固性塑料和热塑性塑料。模压热固性塑料时,塑料一直处于高温状态。型腔中的热固性塑料在压力作用下,先由固体变为半液体,并在这种状态下流满型腔而取得型腔所赋予的形状和尺寸,随着交联反应的深化,半液体的黏度逐渐增加以至变为固体,最后脱模成为制品。热塑性塑料的模压,在前一阶段的情况与热固性塑料相同,但是由于没有交联反应,所以在流满型腔后,须将模具冷却使其固化才能脱模成为制品。由于热塑性塑料模压时模具需要交替地加热与冷却,生产周期长,因此热塑性塑料制品的成型以注射模塑法等更为经济,只有在制备较大平面的塑料制品时才采用模压成型。本章只着重讨论热固性塑料的模压成型。但是,这里必须指出,压缩模塑并不是热固性塑料的唯一成型方法。热固性塑料还可用传递和注射法成型等方法,相关内容将在以后有关章节中分别介绍。用于聚四氟乙烯塑料成型的冷压烧结法,其中冷压形坯工序与压缩模塑有很多相同之处,故在此也将作一简要叙述。

完整的压缩模塑工艺是由物料的准备和模压两个过程组成的,其中物料的准备又分为预压和预热两个部分。预压一般只用于热固性塑料,而预热则可用于热固性和热塑性塑料。模压热固性塑料时,预压和预热可都使用,也可以只用预热。仅进行预压而不进行预热是很少见的。预压和预热不但可以提高模压效率,而且对制品的质量也起到积极的作用。如果制品不大,同时对它的质量要求又不很高,则准备过程也可免去。

压缩模塑的主要优点是可模压较大平面的制品和利用多槽模具进行大量生产,其缺点是生产周期长、效率低,不能模压尺寸精确性要求较高的制品。这一情况尤以多槽模具较为突出,主要原因在于每次成型时制品毛边厚度不易求得一致。

常用于压缩模塑的热固性塑料有:酚醛塑料、氨基塑料、不饱和聚酯塑料、聚酰亚胺等。其中以酚醛塑料、氨基塑料的使用最为广泛。模压制品主要用于机械零部件、电器绝缘件、交通运输和日常生活等方面。

4.2 预 压

将松散的粉状或纤维状的热固性塑料预先用冷压法(即模具不加热)压成质量一定、形样规整的密实体的作业称为预压。所压的物体称为预压物,也称为压片、锭料或形坯。

预压物的形状并无严格的限制,一般以能用整数而又能十分紧凑地配入模具中为最好。常用预压物的形状及其优缺点见表4-1。

表 4-1　　预压物的形状及其优缺点

预压物的形状	优缺点	应用形式
圆片	压模简单、易于操作、运转中破损较少,可以用各种预热方法预热	广泛采用
圆角或腰鼓形的长条	适用于质量较重的预压物,顺序排列是可获得较为紧密的堆积。便于用高频电流预热。如果对其长、宽、高取得恰当,则在模压时可使型腔受压均匀。缺点是运转中磨损较大	较少采用
扁球	运转中磨损较少,模压时装料容易。缺点是成堆的扁球体很难作规整排列、以致表观密度不够,不宜采用高频电流预热	较少采用
与制品形状相仿	便于采用流动性较低的压塑粉,制品的溢料痕迹不十分明显,模压时可使型腔受压均匀。缺点是制品表面易染上机械杂质(运转中由外界带入),有时不能符合高频电流预热的要求	只用于较大的制品
空心体和双合体(由两瓣合成的空心体)	模压时可保证型腔受压均匀,不致使嵌件移位或歪曲,不易使嵌件周围的塑料出现熔接不紧的痕迹。缺点与上栏类似	适用于带有精细嵌件的制品

模压时,用预压物比用松散的压塑粉具有以下优点:

1)加料快,准确而简单,从而可避免加料过多或不足时造成的废次品。

2)降低塑料的压缩率(例如可将一般工业用酚醛塑料粉的压缩率由 2.8～3.0 降到 1.25～1.4),从而可减小模具的装料室,简化模具结构。

3)避免压缩粉的飞扬,改善了劳动条件。

4)预压物中的空气含量少,使传热加快,因而缩短了预热和固化的时间,并能避免制品出现较多的气泡,有利于提高制品的质量。

5)便于运转。

6)改进预热规程。预压物的预热温度可比压塑粉高,因为粉料在高温下加热会出现表面烧焦,如一般酚醛塑料粉只能在 100～120℃下预热,而其预压物则可高至 170～190℃下预热。预热温度越高,预热时间和固化时间就越短。

7)便于模压较大或带有精细嵌件的制品。这是利用与制品形状相仿的预压物或空心预压物的结果。

虽然采用预压物有以上的优点,但是也有它的局限性。一是需要增加相应的设备和人力,如不能从预压后生产率提高上取得补偿,则制品成本就会提高。二是松散度特别大的长纤维状塑料预压困难,需用大型复杂的设备。三是模压结构复杂或混色斑纹制品不如用粉料的好。

4.2.1　压塑粉的性能对预压的影响

压塑粉的预压性依赖于它的水分、颗粒均匀度、倾倒性、压缩率、润滑剂含量以及预压的温度和压力。

如果压塑粉中水分含量很少,这对预压是不利的。但含量过大时,则对以后的模压又不利，甚至导致制品质量的劣化。

预压时，压塑粉的颗粒最好是大小相间的。压塑粉中如果出现过多的大颗粒，则制成的预压物就会含有很多的空隙，强度不高；细小颗粒过多时，又容易使加料装置发生阻塞和将空气封入预压物中。再则，细粉还容易在预压所用的阴阳模之间造成销塞。

倾倒性是以120g压塑粉通过标准漏斗（圆锥角为60°，管径为10mm）的时间来表示的。这一性能是保证靠重力流动将料斗中的压塑粉准确地送到预压模中的先决条件。用作预压的压塑粉，其倾倒性应为25～30s。

要将压缩率很大的压塑粉进行预压较为困难，但压缩率太小又失去预压的意义。压塑粉的压缩率一般应在3.0左右。

润滑剂的存在对预压物的脱模有利，而且还能使预压物的外形完美，但润滑剂的含量不能太多，否则会降低制品的力学强度。

前文已经提及，预压是在不加热的情况下进行的，但是当压塑粉在室温下不易预压时，也不妨将温度提高到50～90℃。在这种温度下制成的预压物，其表面常有一层熔结的塑料，因此较为坚硬，但流动性有所降低。

预压时所施加的压力应以能使预压物的密度达到制品最大密度的80%为原则，因为这种密度的预压物可以预热得很好，而且具有足够的强度，加工运转中不易破碎。施加压力的范围为40～200MPa，其大小随压塑粉的性质以及预压物的形状和尺寸而定。

4.2.2 预压的设备和操作

预压的主要设备是压模和预压机。压模共分上阳模、下阳模和阴模三个部分，其原理如图4-1所示。由于多数塑料的摩擦因数都很大，因此压模最好用含铬较高的工具钢来制造。

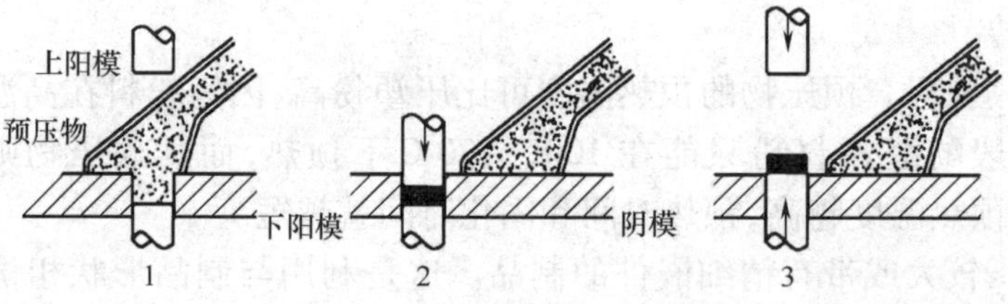

图4-1 预压机压片原理示意图

上下阳模与阴模之间应留有一定的间隙，开设间隙不仅可以排除空气而使预压物紧密结实，并且还能使阴阳模容易分开和少受磨损。阴模的边壁应开设一定的斜度，否则阴模中段即会因常受塑料的磨损而成为桶形，从而使预压成为不可能。斜度大约为0.001cm/cm。压模与塑料接触的表面应很光滑，以利于脱模而提高预压物的质量和产量。

预压用的预压机类型很多，但用得最广的是偏心式和旋转式两种。近来也有采用生产效率比偏心式压片机高，而压片重量比旋转式压片机更精确的液压式压片机。

偏心式压机的吨位一般为100～600kN，按预压物的大小和塑料种类的不同，每分钟可压8～60次，每次所压预压物的个数为1～6个。这种预压机宜于压制尺寸较大的预压物,但生产效率不高。

旋转式预压机每分钟所制预压物的数目为250~1200个不等。常用旋转式预压机的吨位为25~35kN。它的生产率虽然很高,但只宜于压制较小的预压物。

液压式压片机织构简单紧凑、压力大、计量比较准确,操作方便。它特别适用于松散性较大的塑料的预压。此外操作时无空载运行,生产效率高,较为经济。

由于预压机操作时会引起粉尘飞扬,所以通常都将这些设备集中在一起,以免波及其他作业。同时也正是出于灰尘较重,预压机上不免会集聚不少的灰尘,如果聚集在预压机的活动部分,则可能带来较大的磨损,故在操作前必须仔细检查各个活动部分,并添足润滑油。开动机器时,最好先将压力调低,各部分调节妥当后,便可在操作中逐渐增加压力,直至完全达到规定的数值。此后的工作就是保证供料和抽查预压物的密度。密度偏小时预压物不合规格,而偏大时则会使机器压力负荷过大,从而影响压模寿命,甚至压机也会损坏。

4.3 预　　热

为了提高制品质量和便于模压的进行,有时须在模压前将塑料进行加热。如果加热的目的只在去除水分和其他挥发物,则这种加热应为干燥。如果目的是在提供热料以便于模压,则应称为预热。在很多情况下,加热的目的常常是两种兼有。

热塑性塑料成型前的加热主要处起到干燥的作用,其温度应以不使塑料熔成团状或饼状为原则。同时还应考虑塑料在加热过程中是否会发生降解和氧化。如有,则应改在较低温度或真空下进行。

热固性塑料在模压前的加热通常都兼具预热和干燥双重意义,但主要是预热。采用预热的热固性塑料进行模压有以下优点:

1)缩短闭模时间和加快固化速率,也就缩短了模塑周期。

2)增进制品固化的均匀性,从而提高制品的物理力学性能,见表4-2。

表4-2　预热对某种酚醛塑料物理力学性能的影响(本表以未预热的指标作为100计)

模压温度	预热情况	冲击强度	弯曲强度	马丁耐热	布氏硬度	吸水性(24h)
175℃	未预热	100	100	100	100	100
175℃	在175℃下预热	111	109.4	110	125	74

3)提高塑料的流动性,从而降低塑模损耗和制品的废品率,同时还可减小制品的收缩率和内应力,提高制品的因次稳定性和表面光洁程度。

4)可以用较低的压力进行模压。例如未经预热的酚醛塑料通常须在(30±0.5)MPa压力下模压,预热后则可降至15~20MPa。由于模压压力的降低,因而可用较小吨位的压机模压较大的制品,或在固定吨位的压机上增加模槽的数目。

不同类型和不同牌号的塑料均有不同的预热规程,最好的预热规程通常都是获得最大流动性的规程。确定预热规程的方法是,在既定的预热温度下找出预热时间与流动性

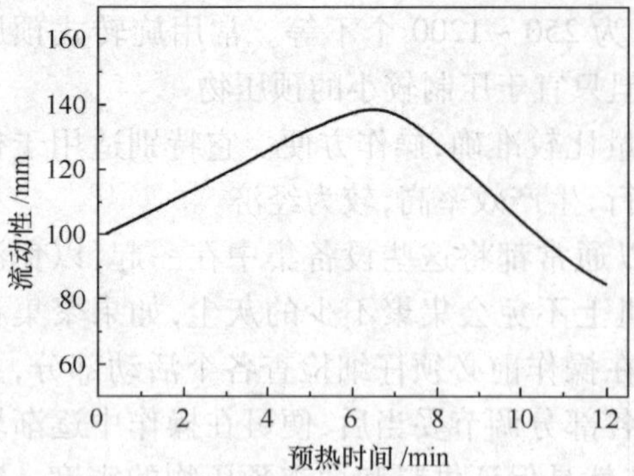

图 4－2　流动性与预热时间的关系
（由拉西格测定的流动性）

的关系曲线，然后可根据曲线定出预热规程。图 4－2 为某一酚醛塑料预压物在预热温度为 180℃ ±10℃ 下所测得的流动曲线。可见，在 0～4min 之间，曲线一直上升，表征着流动性持续增加；4～8min 期间，曲线变化不大，表征着水分与挥发物的逐出过程；8min 以后，曲线急趋下降，表征着塑料中树脂的化学反应加深，从而使其黏度增大，流动性降低。达到最大流动性的时间为 5～7min。所以预热这种塑料的规程可定为 180℃ ±10℃和 5～7min。常用热固性塑料的预热温度范围列于表 4－3 中。

表 4－3　　常用热固性塑料的预热温度范围

塑料类型	预热温度范围
酚醛塑料	分低温和高温两种，低温为 80～120℃，高温为 160～200℃
脲甲醛塑料	最高不超过 85℃
脲－三聚氰胺甲醛塑料	80～100℃
三聚氰胺甲醛塑料	105～120℃
聚酯塑料	只有增强塑料才预热，预热温度为 55～60℃

预热和干燥的方法常用的有：热板加热、烘箱加热、红外线加热、高频电热等。

4.3.1　热板加热

所用设备是一个用电、煤气或蒸汽加热到规定温度而又能作水平转动的金属板，经常放在压机旁边。使用时，将各次所用的预压物分成小堆，连续而又分次地放在热板上，并盖上一层布片。预压物必须按次序翻动，以期双面受热。取用已预热的预压物后，即转动金属板并放上新料。

工厂中还有一种简便的预热法，即在模压第一个制品的固化过程中，用料铲或小盘将第二个制品的用料装好并放在压机下压板的空隙处预热，预热时也可以翻动。此法的预热温度不易控制，也不够均匀，但很方便。

4.3.2　烘箱加热

烘箱内设有强制空气循环和控制温度的装置。这种设备既可用作干燥也可用作预热。热源有用电和蒸汽两种，但一般为电热。烘箱的温度应能在 40～230℃ 范围内调节，并用风扇使空气循环。

把塑料铺在盘里送到烘箱内加热,料层厚度如不超过 2.5cm 可不翻动。盘中塑料的装卸应定时定序,使塑料有固定的受热时间。

干燥热塑性塑料时,烘箱温度约为 95 ~ 110℃,时间可在 1 ~ 3h 或更长,有些品种需在真空和较低温度下干燥。烘后的塑料如不立即模压,应放在密闭的容器内冷却。

预热热固性塑料的温度一般为 50 ~ 120℃,少数也有高达 200℃的,如酚醛塑料。准确的预热温度最好结合具体情况由实验来决定。

4.3.3 红外线加热

塑料也可用红外线来预热或干燥。所用设备是装有相应热源的箱体,箱的内壁涂有白漆或者镀铬,壁外应保温。

多数塑料都无透过红外线的能力,尤其是粉料与粒料。因此,用红外线加热时,先是表面得到辐射热量,温度也就随之增高,而后再通过热传导将热传至内部。由于热量是由辐射传递的,所以红外线的加热效率要比用对流传热的热气循环法高。加热时应防止塑料表面过热而造成分解或烧伤。控制温度的因素有加热器的功率和数量,塑料表面与加热器的距离以及照射的时间等。

用红外线预热或干燥塑料有连续与间歇两种方式。连续式是将塑料放在输送带上使其通过红外线灯的烘箱。调节输送带的速度就可控制塑料受热的时间。塑料层的厚度最好不超过 6mm。间歇式则是将塑料用盘放在装有红外灯烘箱的格架中,并应定时装卸与翻动。烘箱中也可加设送风设备,以带走水分和挥发物。

红外线预热的优点是:使用方便,设备简单,成本低,温度控制比较灵活等。缺点是受热不均和易于烧伤表面。

近来远红外线已逐渐用于塑料的预热,效果良好,可克服红外线预热的缺点。

4.3.4 高频电热

任何极性物质,在高频电场作用下,分子的取向就会不断改变,因而使分子间发生强烈的摩擦,以致生热而造成温度上升。所以,凡属极性分子的塑料都可用高频电流加热,如图 4-3所示。高频电热只用于预热而不用于干燥,因为在水分未驱尽之前,塑料就有局部被烧伤的可能。

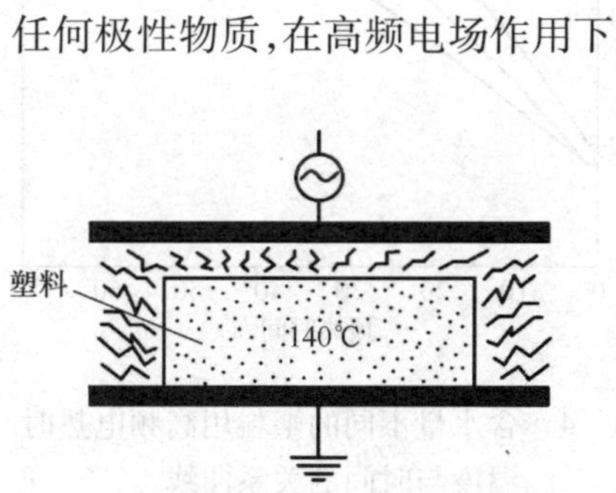

图 4-3 高频电热塑料示意图

用高频电流预热时,热量不是从塑料外部传到内部,而是在全部塑料的各点上自行产生的。因此,预热时,塑料各部分的温度是同时上升的,这是用高频电流预热的最大优点。不过事实上,各点的温度还是略有差别,因为塑料外层的部分热量可能被电极导走或向空中散失。此外,塑料组分和密度的不均也会造成差别。

各种塑料用高频电流预热的行为是不同的,这可用式(4-1)来说明。

$$t = \frac{C\rho(t_2 - t_1) \times 10^{14}}{13.3\left(\frac{fv^2}{b^2}\right)(k\tan\delta)} \tag{4-1}$$

式中：t 为物塑料预热所需的时间（s）；C 为塑料的比热容（cal/g·℃）；ρ 为塑料的密度；f 为电频（Hz）；t_1 和 t_2 为塑料的始末温度（℃）；v 为施加的电压（V）；b 为电极间的距离（cm）；k 为塑料的介电常数；$\tan\delta$ 为塑料的介质损耗角正切值。

从式（4-1）可以看出，各种塑料用高频电流预热时所需要的时间正比于它的比较系数$\left[\frac{1}{(k\tan\delta)}\right]$，几种通用塑料的比较系数见表4-4。比较系数不能太大，否则就不宜于高频预热。例如，利用某一高频加热器加热一定体积的酚醛塑料达至某一温度所需的时间为30s，而在相同情况下加热相同体积的聚苯乙烯就需要6h。实际上。在这样长的加热时间内，塑料内部所产生的热已很难补偿它所损失的热，所以像聚苯乙烯这样的塑料用高频电热是不行的。其次，凡能影响塑料 k 和 $\tan\delta$ 的因素都是影响高频电热的影响因素，其中较重要的是塑料中的水分和表观密度。

表4-4　几种通用塑料的比较系数

塑料	比较系数	塑料	比较系数
酚醛塑料	1.9	聚乙烯	1100
氨基塑料	3.8	聚苯乙烯（本体聚合物）	1330
聚氯乙烯	20		

（1）水分

含水量大的塑料用高频电热就快。因为水在20℃时的 k 值为80，而塑料则为5，所以水的 k 值比塑料大得多。水比热压塑料约大3倍，从而使塑料的预热时间加长，但是占优势的还是前者，所以加热的结果依然较快。图4-4是三种含水量不同的同一种酚醛塑料用高频电热时温度与时间的关系。可以看出，水分含量高的加热快些，但到达一定温度后曲线趋于平坦，其原因是有较多的热量消耗于水分的蒸发。

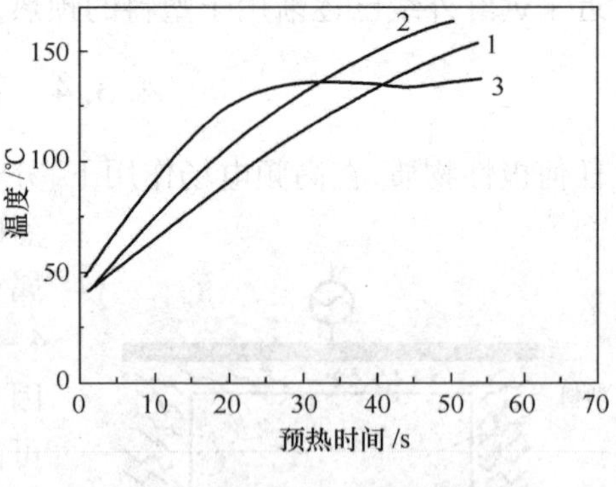

图4-4　含水量不同的塑料用高频电热时温度与时间的关系曲线

1—含水量1.6%　2—含水量3.2%　3—含水量9.5%

（2）表观密度

控制表观密度的因素是塑料中空气的含量。空气的 k 值接近于1，比塑料小，因此空气含量大的，也就是表观密度小的塑料用高频加热所需的时间就长。图4-5表示在相同高频加热的情况下，酚醛塑料预压物的表观密度与所得物料的温度关系。可见，塑料预热前进行预压在用高频电热时是必要

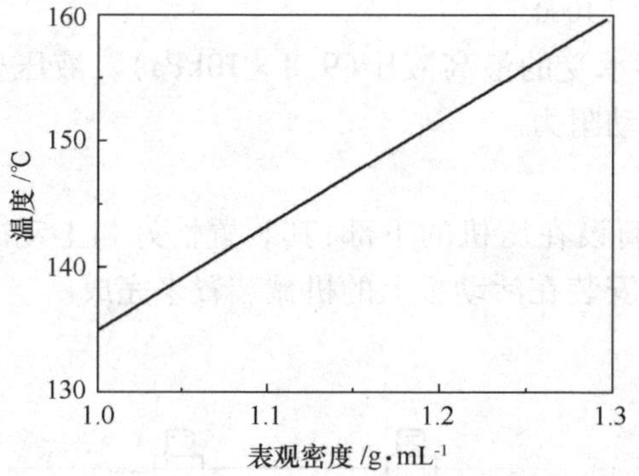

图4－5　表观密度与预热温度的关系

的。不过表观密度也不能太大，否则预压物在模内不易粉碎，对流动性有限制的作用，同时对塑料中水汽的逸出也是不利的。

从式（4－1）还可看出，如果其他条件不变，则加热所需要的时间与电压的平方和电频都成反比，增加电压对加热时间的缩短虽比增加电频有利，但电压过高，危险性大，故电压只能作适当的提高，一般为几千伏特，而常用的电频则为（10～40）×10^6Hz。

高频预热的优点是：①塑料受热均匀，因此用这种方法预热可以使同一种塑料的流动性比用其他方法预热好；②容易调节温度，且能自动化；③显著地缩短了预热时间，如通常的热固性塑料预热只需30s～3min，而用其他方法时则需6～9min；④缩短了模压时的固化时间。所需的时间只是用其他常用预热方法的1/10～1/2，特别是对模压厚的制品更为有利。高频电热的缺点是：①由于高频振荡器本身要消耗50%的电能，故总的电热效率不高；②由于升温较快，塑料中的水分不易驱尽；加之预热后塑料固化又快，容易将水汽封在制品内，所以制品的电性能不如用烘箱预热的好。

4.4　压缩模塑用的设备

压缩模塑用的主要设备是压机和塑模。

4.4.1　压　　机

压机的作用在于通过塑模对塑料施加压力、开闭模具和顶出制品。压机的重要参数包括公称重量、压板尺寸、工作行程和柱塞直径。这些指标决定着压机所能模压制品的面积、厚度以及能够达到的最大模压压力。

模压成型所用压机的种类很多，但用得最多的是自给式液压机，重量自几千牛顿至几万牛顿不等。

液压机按其结构的不同又可分为很多类型，其中比较主要的是以下两种。

（1）上动式液压机

这种压机如图4－6所示。压机的主压筒处于压机的上部，其中的主压柱塞是与上压板直接或间接相连的。上压板凭主压柱塞受液压的下推而下行，上行则靠液压的差动。下压板是固定的。模具的阳模和阴模分别固定在上下压板上，依靠上压板的升降即能完成模具的启闭和对塑料施加压力等基本操作。制品的脱模是由设在机座内的顶出柱塞担任的，否则阴阳模即不能固定在压板上，以便在模压后将模具移出、由人工脱模。液压机的公称重力按下式计算：

$$G = \frac{\pi D^2}{4} \times \frac{p}{1000} \quad (4-2)$$

式中：D 为主压柱塞直径（cm）；p 为此机能够承受的最高液压（9.8×10kPa）。液压机的有效重量应该是公称重量减去主压柱塞的运动阻力。

（2）下动式液压机

这种压机如图4－7所示。压机的主压筒设在压机的下部，其装置恰好与上动式压机相反。制品在这种压机上的脱模一般都靠安装在活动板上的机械装置来完成。

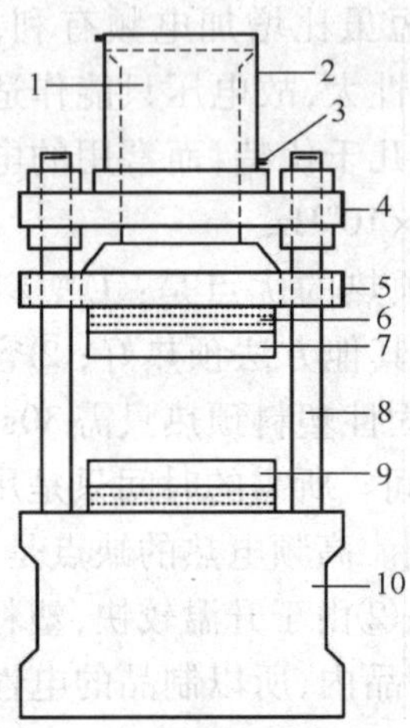

图4－6　上动式液压机

1—柱塞　2—压筒　3—液压管线　4—固定垫板　5—活动垫板　6—绝热层　7—上压板　8—拉杆　9—下压板　10—机座

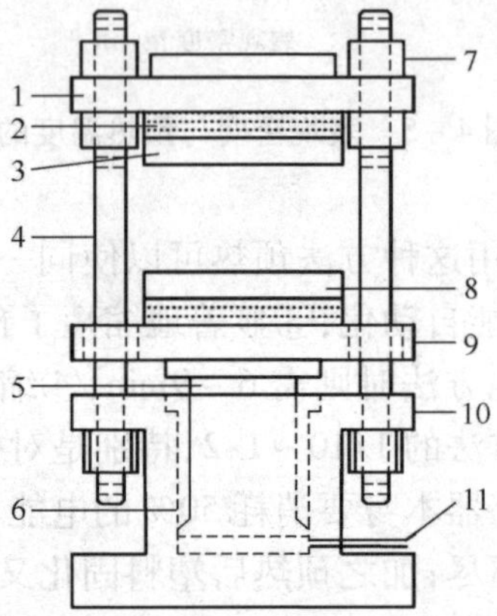

图4－7　下动式液压机

1—固定垫板　2—绝热层　3—上模板　4—拉杆　5—柱塞　6—压筒　7—形成调节套　8—下模板　9—活动垫板　10—机座　11—液压管线

4.4.2 塑　　模

压缩模塑用的塑模，按其结构的特征，可分为溢式、不溢式和半溢式三类，其中以半溢式用得最多。

（1）溢式塑模

这种塑模如图4－8所示。其主要结构是阴阳模两个部分。阴阳模的正确位置由导合钉保证。脱模推顶杆是在模压完毕后使制品脱模的一种装置。导合钉和推顶杆在小型塑模中不一定具备。溢式塑模的制造成本低廉，操作也较容易，宜用于模压扁平或近于碟状的制品，对所用压塑料的形状无严格要求，只需其压缩率较小即可。模压时每次用料量不求十分准确，但必须稍有过

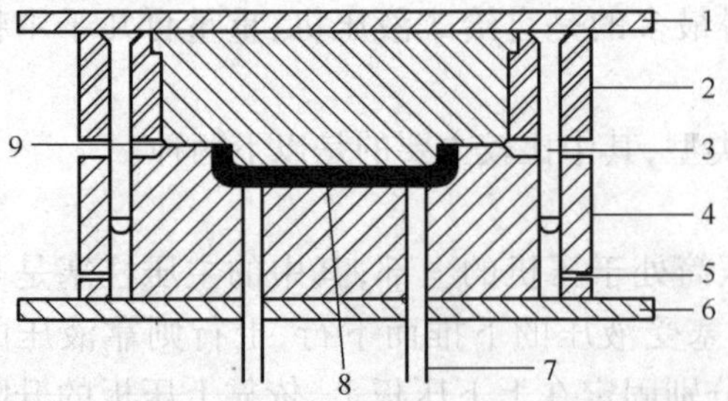

图4－8　溢式塑模示范图

1—上模板　2—组合式阳模　3—导合钉　4—阴模　5—气口　6—下模板　7—推顶杆　8—制品　9—溢料缝

量。多余的料在阴阳模闭合时,即会从溢料缝溢出,并积留在溢料缝而与内部塑料仍有连接的,脱模后就附在制品上成为毛边,事后必须除去。为避免溢料过多而造成浪费,过量的料应以不超过制品质量的5%为宜。

由于有溢料以及每次用料量的可能差别,成批生产的制品,在厚度与强度上,就很难求得一致。

(2)不溢式塑模

这种塑模如图4-9所示。它的主要特点是不让塑料从型腔中外溢和所加压力完全施加在塑料上。这种塑模不但可以用于流动性较差或压缩率较大的塑料,而且还可以制造牵引度较长的制品。此外,还可以使制品的质量均匀密实而又不带显著的溢料痕迹。

由于不溢式塑模在模压时几乎无溢料损失,故加料不应超过规定,否则制品的厚度就不符合要求。但加料不足时制品的强度又会有所削弱,其至变为废品。因此,模压时必须用称量的加料方法。其次不溢式塑模不利于排除型腔中的气体,这就需要延长固化时间。

(3)半溢式塑模

这类塑模是兼具以上两类结构特征的一类塑模,按其结合方式的不同,又可分为无支承面与有支承面的两种。

1)无支承面的(见图4-10)　这种塑模与不溢式塑模很相似,唯一的不同是阴模在A段以上略向外倾斜(锥度约为3°),因而在阴阳模之间形成了一个溢料槽。A段的长度一般为1.5~3.0mm。模压时,当阳模伸入阴模而未达至A段以前,塑料仍可从溢料槽外溢,但受到一定限制。阳模到达A段以后,其情况就完全与不溢式塑模相同。所以模压时的用料量只求略有过量而不必十分准确,给加料带来了方便。但是所得制品的尺寸却较准确,而且质量也很均匀密实。

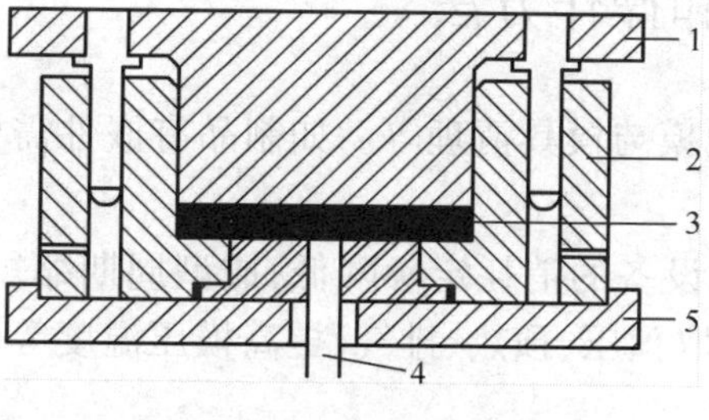

图4-9　不溢式塑模示意图

1—阳模　2—阴模　3—制品

4—脱模杆　5—定位下模板

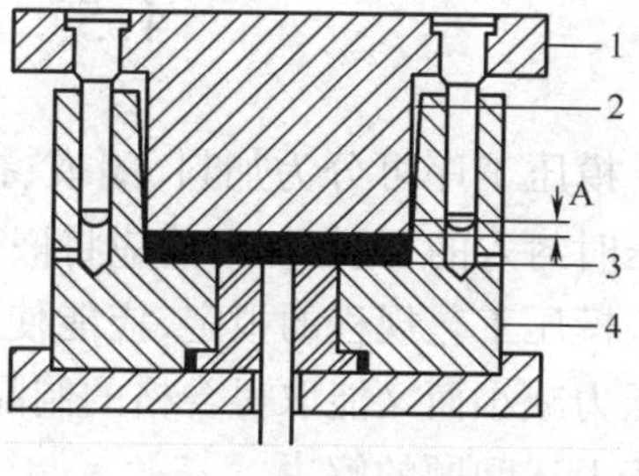

图4-10　无支承面半溢式塑模示意图

1—阳模　2—溢料槽　3—制品

4—阴模　A段为平直段

2)有支承面的(见图4-11)　这种塑模除设有装料室外,与溢式塑模很相似。由于有了装料室,因此可以采用压缩率较大的塑料,而且模压带有小嵌件的制品比用溢式塑模好,因为后一种塑模需用预压物模压,这对小嵌件是不利的。

塑料的外溢在这种塑模中受到限制,因为当阳模伸入阴模时,溢料只能从阳模上开设的刻槽(其数量视需要而定)中溢出。不用这种设计而在阴模进口处开设向外的斜面

(参见图 4 – 10)亦可。基于这样一些措施,所以在每次用料的准确度和制品的均匀密实等方面,都与用无支承面的半溢式塑模相仿。这种塑模不宜于模压抗冲性较大的塑料,因为这些塑料容易积留在支承面上从而使型腔内的塑料受不到足够的压力,其次是形成的较厚毛边也难于除尽。以上所述,仅为压缩模塑塑模的基本类型。为了降低制模成本,改进操作条件,或便于模压更为复杂的制品,在基本结构特征不变的情况下,可以而且也必须进行某些改进,例如多槽模和瓣合模就是常见的实例。

模具加热主要用电、过热蒸汽或热油等。其中最普遍的是电加热,加热方式如图 4 – 12 所示。电加热的优点是热效率高、加热温度的限制性小,容易保持设备的整洁。缺点是操作费用高,且不易添设冷却装置。

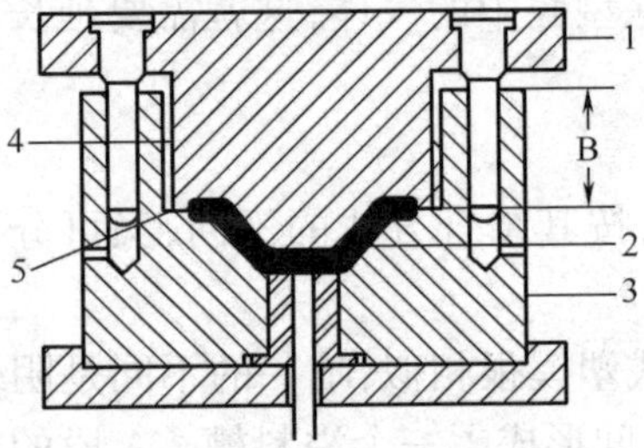

图 4 – 11　有支承面半溢式塑模示意图

1—阳模　2—制品　3—阴模　4—溢料刻槽

5—支承面　B 段为装料室

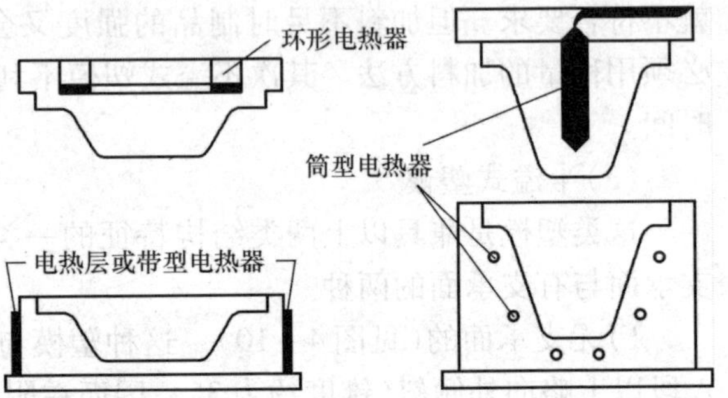

图 4 – 12　深浅槽模具的电热方式

4.5　模压过程和操作方法

模压工序可分为加料、闭模、排气、固化、脱模与模具清理等。如制品有嵌件需要在模压时封入的,则在加料前应将嵌件安放好。

模压工艺规程的拟定,应能使材料、能量及设备的消耗定额降低,成型周期缩短,模压压力减小而又能取得合格的制品为准则。采取预压、预热、排气、提高模压温度等均有助于上述问题的解决。

4.5.1　嵌件的安放

嵌件通常是作为制品中导电部分或使制品与其他物体结合用的。常用的嵌件有轴套、轴帽、螺钉和接线柱等。为使嵌件与塑料制品结合得更加牢靠,其埋入塑料部分的外形通常都采用滚花、钻孔或设有突出的棱角、型槽等。一般嵌件只需用手(模具温度很高,操作时应戴上手套)按固定位置安放,特殊的需用专门工具安放。安放时要求正确和平稳,以免造成废品或模具损伤。模压成型时,防止嵌件周围的坯料出现裂纹,常采用浸胶布做成垫圈进行增强。

4.5.2 加 料

在模具内加入模压制品所需分量的塑料即为加料，如图 4 - 13 所示。如型腔数低于六个，且加入的又是预压物，则一般采取人工加料；如所用的塑料为粉料或粒料，则可用勺加。型腔数多于六个的通用加料设备，如图 4 - 14 所示。加料的定量方法有质量法、容量法和计数法三种。质量法准确，但较麻烦。容量法虽不及重量法准确，但操作方便。计数法只用作加预压物。实质上仍然是容量法，因为预压物是用容量法定量的。

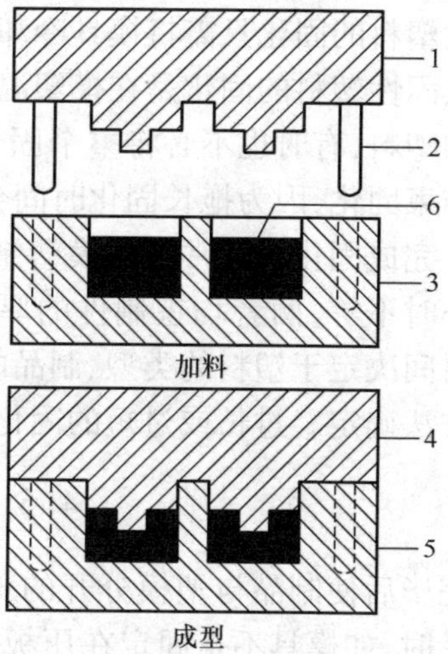

图 4 - 13　模压成型中塑料在成型前后的示意图

1、4—阳模　2—导合钉　3、5—阴模　6—塑料

加入模具中的塑料宜按塑料在型腔内的流动情况和各个部位需用量的大致情况作合理的堆放，否则容易造成制品局部疏松的现象。这在采用流动性差的塑料时尤为突出。采用粉料或粒料时，宜堆成中间略高的形式，以便于空气的排出。

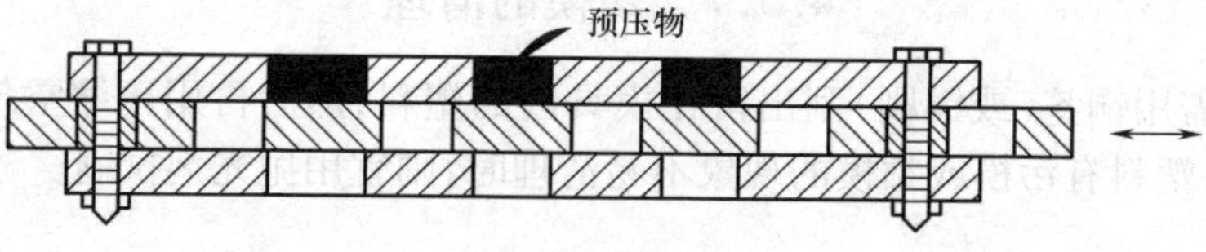

图 4 - 14　加料器

4.5.3 闭 模

加完料后就进行闭模。当阳模尚未触及塑料前，应尽量使速度加快，以缩短模塑周期和避免塑料过早固化或过多降解；阳模触及塑料后，速度即行放慢。否则很可能提早在流动性不好的较冷塑料上形成高压，从而使模具中的嵌件、成型杆件或型腔遭到损坏。此外，放慢速度还可以使模内的气体得到充分的排除。显然速度也不应过慢。总的原则是不使阴阳模在闭合中适形成不正常的高压。闭模所需的时间自几秒至数十秒不等。

4.5.4 排 气

模压热固性塑料时，在模具闭合后，有时须再将塑模松动少许时间，以便排出其中的气体，这道工序即为排气。排气不但可以缩短固化时间，而且还有利于制品性能和表观质量的提高。排气的次数和时间应按需要而定，通常排气的次数为一至二次，每次时间几秒至二十秒。

4.5.5 固　化

热塑性塑料的固化只需将模具冷却，以使所制制品获得相当强度而不致在脱模时变形即可。热固性塑料的固化是在模塑温度下保持一段时间，以待其性能达到最佳。固化速率不高的塑料，有时也不必将整个固化过程放在塑模内完成，而只需制品能够完整地脱模即可结束固化，因为拖长固化时间会降低生产率。提前结束固化时间的制品须用后烘的办法来完成固化。通常酚醛模塑制品的后烘温度范围为 90 ~ 150℃；时间自几小时至几十个小时不等，两者均视制件的厚薄而定。模内的固化时间一般由二十秒至数分钟。固化时间决定于塑料的类型、制品的厚度、物料的形式以及预热和模塑的温度，一般须由实验方法确定。过长或过短的固化时间，对制品的性能都是不利的。

4.5.6 脱　模

固化完毕后使制品与塑模分开的工序为脱模。脱模主要是靠推顶杆来执行的。模压小型制品时，如模具不是固定在压板上的，则须通过塑模与脱模板的撞击来脱模。有嵌件的制品，应先用特种工具将成型杆件拧脱，而后再行脱模。热固性塑料制品，为避免因冷却而发生翘曲，则可放在与模具型腔形状相仿的型面在加压的情况下冷却。如恐冷却不均而引起制品内部产生内应力，则可将制品放在烘箱中进行缓慢冷却。热塑性塑料制品是在原用塑模内冷却的，所以不存在上述的问题。最多是对冷却的速率严加控制。

4.5.7 塑模的清理

脱模后，需用铜签（或铜刷）刮出留在模具内的塑料，然后再用压缩空气吹净阴阳模和台面。如果塑料有污模或粘模的现象不易清理时，则宜用抛光剂拭刷。

4.6 模压成型的控制因素

模压过程的控制因素主要是模压压力、模压温度和模压时间。由于模压时间与模压温度有密切的关系，因此将两者放在一起讨论。现将模压压力和模压温度分述如下。

4.6.1 模压压力

模压压力是指模压时迫使塑料充满型腔和进行固化而由压机对塑料所加的压力，可用下式计算：

$$p_m = G \times 1000/A \tag{4-3}$$

式中：p_m为模压压力；G 为所用压机的公称重力；A 为阳模与塑料接触部分的投影面积。

如果模压时使用的液压没有达到压机规定的最高压力，则模压压力应改用下式计算：

$$p_m = p_L \times \pi R^2/A \tag{4-4}$$

式中：p_L 为压机实际使用的液压压力；R 为主压柱活塞的半径；p_m 和 A 代表的意义同式

(4 - 3)。

塑料在整个模塑周期内所受的压力与塑模的类型有关,并不一定都等于 p_m。图 4 - 15 的下曲线即系用不溢式塑模模压热固性塑料时压力随时间变化的关系。可见,整个模塑周期共分五个阶段(按塑料在模内所发生的物理与化学变化分),各个阶段的名称与意义均见图 4 - 15 的说明。第 1 阶段内,当阳模触及塑料后,塑料所受压力即在短期急剧上升至规定的数值。而在 2 和 3 两个阶段则均保持规定的压力不变(指用液压机),并且等于计算的压力,所以塑料是在等压下固化的。第 4 阶段为压力解除阶段,塑料(此时已为制品)又恢复到常压,并延续到第 5 阶段的终了。五个阶段中塑料体积的相应变化如图 4 - 15 上曲线所示。第 1 阶段中体积缩小是由于受压时从松散变为密实的结果。第 2 阶段中体积回升是塑料受热后的膨胀造成的。而后塑料在第 3 阶段中发生固化反应,体积又随之下降。第 4 阶段中由于压力的解除,塑料的体积又因弹性回复而得到增加。第 5 阶段,塑料制品的体积因冷却而下降,并在室温下趋于稳定。

在实际模压中,虽然各部分的塑料都有五个阶段的变化,但有些阶段是同时进行的。例如,当某一部分正在进行第 1 阶段时,另一部分可能已在进行热膨胀,而与塑模紧贴的塑料又可能正在进行固化。压力解除后,弹性回复也不一定立即发生,可能在冷却时继续发生。所以一般的制品,在冷至室温后,还会发生后收缩。后收缩的时间很长,有时可达几个月,后收缩的比率通常约在 1%。

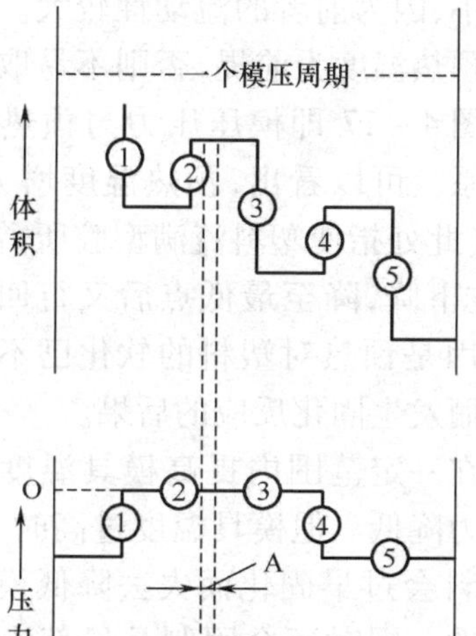

图 4 - 15 用不溢式塑模时,压力与体积随时间的变化示意图

①—施压 ②—塑料受热 ③—固化 ④—压力解除 ⑤—制品冷却 O 点为计算的模型压力 A 段是排气阶段

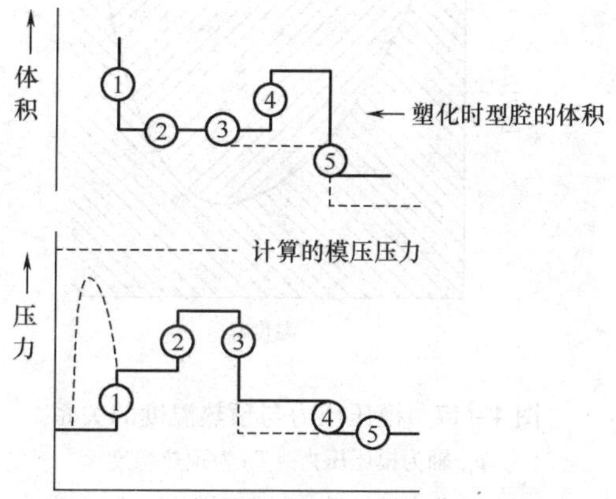

图 4 - 16 采用带有支承面的半溢式模塑时压力与体积随时间的变化示意图

① ~ ⑤所代表的意义同图 4 - 15

如用带有支承面的半溢式塑模,模压时压力与体积随时间的变化关系可示意为图 4 - 16。该图上下曲线代表的意义与图 4 - 15 相同。两图的主要不同点在于图 4 - 15 所

示的固化阶段是在等压下进行的，而图4－16所示的则不然。现将图4－16中五个阶段进行的情况分述如下：

①阳模触及塑料后，塑料所受压力即逐渐上升，而当溢料发生后，压力又行回落（如虚线所示），直到阳模闭至支承面时，压力回落停止。必须注意，压机所施总力是由型腔中的塑料和支承面共同承担的，所以塑料所受压力就可能低于计算的模压压力。在这一阶段内，松散的塑料逐渐变为密实，体积因此缩小。

②型腔体积是不变的，所以塑料的热膨胀只能反映为压力的增加，也就是在第2阶段中支承面上的压力负荷有所降低。

③在这一阶段中，由于塑料发生了化学收缩，压力重又回落。回落的大小依赖于收缩的程度，甚至压力完全失去，下曲线中虚线即表示了这一情况，并将继续到模塑周期的终了。同样，在塑料体积的变化上也相应地反映了这一情况，如上曲线中的虚线。

④压力解除后，制品的体积会因弹性回复而有所增加（上曲线实线部分）。如果化学收缩过大，则在这一阶段中的制品体积即无变化（虚线）。

⑤制品体积因冷却而下降。

正如前面所指出的，图4－16所示的五个阶段在实际中有些也是同时进行的。这样划分的目的旨在帮助理解。

压缩率高的塑料，通常比压缩率低的需要更大的模压压力。

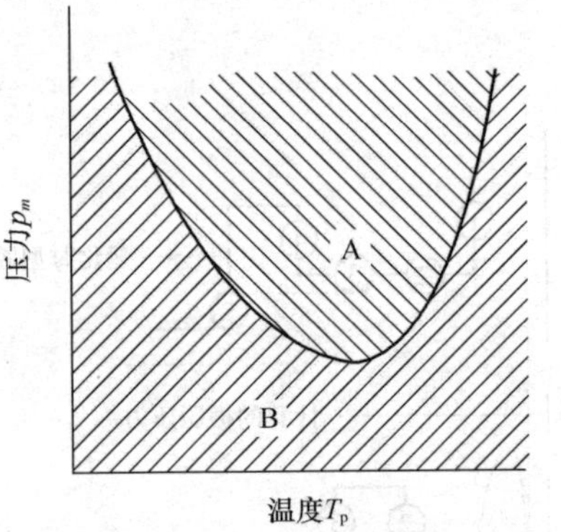

图4－17　模压压力与预热温度的关系
p_m 轴为模压压力　T_p 为预热温度
A代表塑料可以充满塑模的区域
B代表不能充满的区域

预热的塑料所需的模压压力均比不预热的小，因为前者的流动性较大。但应以正确的预热温度为前提，否则不易取得好的效果。图4－17即模压压力与预热温度的典型关系。可以看出，预热温度增大时，模压压力（此处指使塑料流满型腔所需的最小压力）先下降，降至最低点后又行回升。回升的原因是预热对塑料的软化已不能抵消因升温而发生固化反应的后果。

在一定范围内提高模具温度有利于模压压力降低。但模具温度过高时，靠近模壁的塑料会过早固化而失去降低模压压力的可能性。同时还会因制品局部出现过热而使性能劣化。如模具温度正常，则塑料与模具边壁靠得越紧，塑料的流动性就越好，这是由于传热较快的缘故。但是靠紧的程度与施加的压力有关，因此模压压力的增大有利于提高塑料的流动性。

如果其他条件不变，则制品深度越大，所需的模压压力也应越大。预热与不预热的酚醛塑料，模压时模压压力随制品深度变化的关系如图4－18所示。其中A曲线为不预热的情况；B与C所划出的区域为高频预热的情况。模压时，制品深度如果是定值，则面积较小的宜用偏向C的数据，否则宜用偏向B的数据。

制品的密度是随模压压力的增加而增加的，但增至一定程度后，密度的增加变得有限。密度大的制品，力学强度一般偏高。从实验知，单独增大模压压力并不能保证制品内部不带气孔。使制品不带气孔的有效措施就是合理设计制品、模压时放慢闭模速度、预热和排气等。但降低模压压力会增加制品带有气孔的机会。

仅从以上讨论，已可看出模压压力所涉及的因素十分复杂，表4－5虽列出各种热固性塑料的模压压力范围，但只能作为参考数据，在每一具体情况下，模压压力必须用试差法求得。

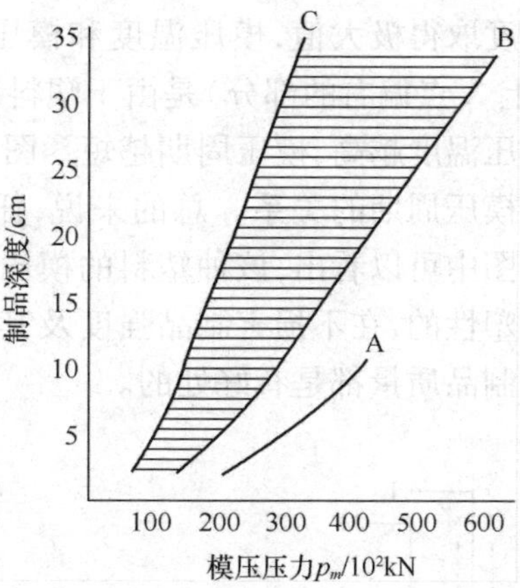

图4－18　制品深度与模压压力的关系

表4－5　**热固性塑料的模压温度与模压压力**

塑料类型	模压温度/℃	模压压力/MPa
苯酚甲醛塑料	145～180	7～42
三聚氰胺甲醛塑料	140～180	14～56
脲甲醛塑料	135～155	14～56
聚酯	85～150	0.35～3.5
邻苯二甲酸二丙烯酯	120～160	3.5～14
环氧树脂	145～200	0.7～14
有机硅	150～190	7～56

模压压力对热塑性塑料的关系，基本上与上述情况相同，只是没有固化反应及有关的化学收缩。

4.6.2　模压温度

模压温度是指模压时所规定的模具温度。显然，模压温度并不等于模具型腔内塑料的温度。热塑性塑料在模压中的温度是以模压温度为上限的。热固性塑料在模压中温度的变化情况见图4－19（以某一试样中心温度为例）。图中试样的温度高过模压温度是由于塑料固化时放热引起的。温度最高点在固化开始后一段时间才出现，这是因为所测的是试样的中心温度。中心和边缘的温度差起初比较大，所以其固化反应不是同时开始的。通常制品表面带有残余压应力而内层带有残余张应力的原因就在于这种不均匀的固化。模压热塑性塑料时，同样也有这种现象发生，但造成的原因是在于冷却的不均匀。

图4－19中的下曲线表示制品强度随模压时间的变化关系。在不同的模压温度下（模压压力不变）所得强度曲线的形样是相同的，不同的只是最大数值的量。过大或过小

的模压温度均会促使最大值的降低，且在温度过低时还会徒然增长固化时间。所以要使制品强度取得极大值，模压温度和模压时间也是决定的因素。强度曲线出现下降现象(曲线上A点偏右的部分)是由于塑料制件“过熟”的缘故。

模压温度越高，模压周期越短。图4－20表示以木粉为填料的酚醛塑料模压的模压温度与模压周期的关系。总的来说，任何热固性塑料的模压都有与图4－20相似的关系。从图中可以看出，该种塑料的模压温度最好在170℃左右。不论模压的塑料是热固性或热塑性的，在不损害制品强度及其他性能的前提下，提高模压温度对缩短模压周期和提高制品质量都是有好处的。

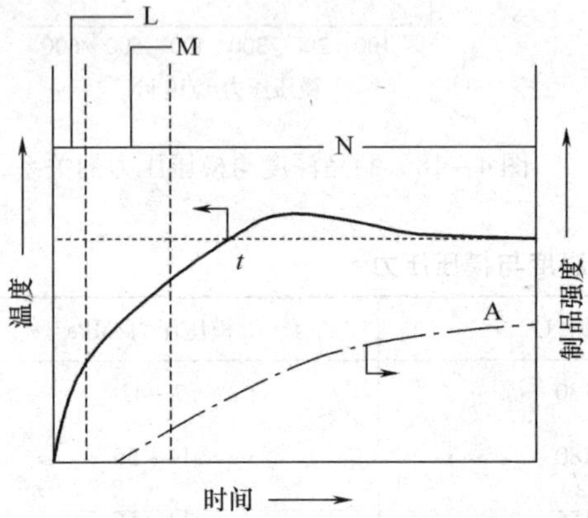

图4－19　塑料温度和制品强度随时间的变化关系
A—强度最高点　t—塑模温度　L—塑料流动区域
(根据体积变化确定，下同)　M—塑料热膨胀区域
N—塑料固化区域

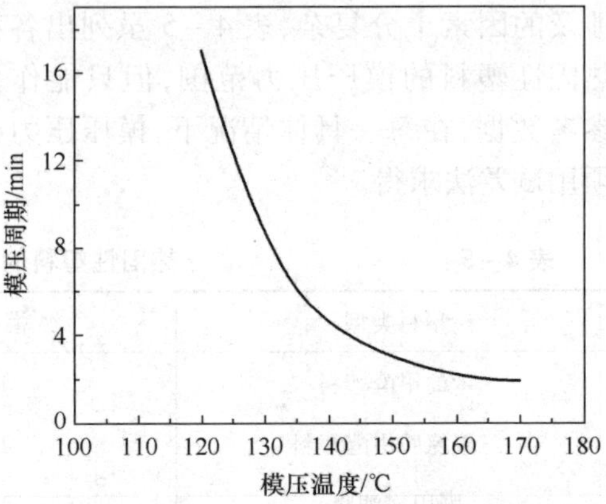

图4－20　模压温度和模压周期的关系

由于塑料是热的不良导体，因此模压厚度较大的制品就需要较长的时间，否则制品内层很可能达不到应有的固化程度。提高模压温度虽可加快传热速率，从而使内层的固化在较短时间内完成，但容易使制品表面发生过热现象。所以，模压厚度较大的制品，不是增加而是要降低模压温度。经过预热的塑料，由于内外层温度较均匀，塑料的流动性较好，故模压温度可以较不预热的高一些。

不同的塑料有不同的模压温度。表4－5列出部分热固性塑料的模压温度和模压压力范围。薄壁制件取温度上限(深度成型除外)；厚壁制件取温度下限；同一制件有厚薄断面分布的取温度的下限或中间值，以防薄壁处过热。

4.7　模压成型中容易产生废品的类型、原因及其处理方法

制品必须通过检验方可认为是成品。检验项目的多少须看对成品性能的要求。其类型大体可分为：①外观质量；②内应力的有无；③尺寸和相对位置的准确性；④与成品有关的物理力学性能、电性能和化学性能等。凡不合规定要求的即分别为次品或废品。

产生废次品的可能性在生产中每个工序均可出现。为防止废次品的产生,工作人员除应严格遵守每个工序的工艺规程及保证质量所作出的组织制度和技术措施外,更应积极地发挥主观能动性,以找出处理问题的办法。

有关热固性塑料模压成型中产生废次品的主要类型和原因以及处理方法参见附录表7。

4.8 冷压烧结成型

大多数氟塑料熔体在成型温度下具有很高的黏度,事实上是很难熔化的,所以虽说是热塑性塑料,但却不能用一般热塑性塑料的方法成型,只能以类似粉末冶金烧结成型的方法,通称冷压烧结成型。成型时,先将一定量的含氟塑料(大都为悬浮聚合树脂粉料)放入常温下的模具中,在压力作用下压制成密实的形坯(又称锭料、冷坯或毛坯),然后送至烘室内进行烧结。冷却后即成为制品。现以聚四氟乙烯为例,简述其工艺过程如下。

4.8.1 冷压成型

聚四氟乙烯树脂是一种纤维状的细粉末,在储存或运输过程中,由于受压和振动,容易结块成团,使冷压时加料发生困难,或所制形坯密度不均匀,所以使用前须将成团结块捣碎,用20目筛过筛备用。

将过筛的树脂按制品所需量加入模内,用刮刀刮平,使之均匀分布在型腔里。需要注意的是:一个形坯应一次完成加料量,否则制品就可能在各次加料的界面上开裂。

加料完毕后应立即加压,加压宜缓慢进行,严防冲击。升压速度(指阳模压入速度)视制品的高度和形状而定。直径大而长的形坯升压塑料应较慢,反之则较快。慢速为5~10mm/min,快速为10~20mm/min。

通常模压压力为30~50MPa。压力过高时,树脂颗粒在模内容易相互滑动,以致制品内部出现裂纹。压力过低时,制品内部结构不紧密,致使制品的物理力学性能显著下降。为使形坯的压实程度尽可能一致,高度较高的制品应从型腔上下同时加压,当施加的压力达规定值后,尚需保压一段时间。保压时间也视制品的情况而定。直径大而长的制品保压时间为10~15min,一般的则为3~5min,然后缓慢卸压,以免形坯强烈回弹产生裂纹。

如果形坯的面积较大,则由树脂粉末裹入的空气不易排出,所以模压时需要排气。排气的次数和时间应由实验确定。

冷压所制的形坯,强度较低,如稍有碰撞就可能损坏,故脱模时必须留心。

4.8.2 烧　　结

烧结是将形坯加热到树脂熔点(327℃)以上,并在该温度下保持一段时间,以使单颗粒的树脂互相扩散,最后粘结熔合成一个密实的整体。聚四氟乙烯的烧结过程是一个相变过程。当烧结温度超过熔点时,颗粒中的晶体部分全部转变为无定形结构。这时,物体外观由白色不透明体转变为胶状的弹性透明体。待这一转变过程充分完成(即称烧结好了的型坯)后,方可进行冷却。合理的控制烧结过程的升温、保温和冷却以及烧结程度是确保制品质量的重要因素。

按操作方式的不同,烧结方法有连续烧结和间歇烧结两种。连续烧结用于生产小型管料,而间歇烧结则常用于模压制品。按照加热载体的不同又可分为固体载热体烧结,液体载热体烧结和气体载热体烧结三种。气体载热体烧结包括普通烘箱和带有转盘的热风循环的烧结。由于带有转盘的热风循环烧结具有坯料受热均匀,随时可以观察坯料的烧结情况,制品洁白,操作方便以及易于控制等优点,因此这种方法目前已广为国内采用。下面即以这种方法生产聚四氟乙烯制品的情况简述如下。

4.8.2.1　升温

将型坯由室温加热至烧结温度的过程叫升温。由于聚四氟乙烯的传热性能差,所以加热须按一定的升温速度进行。升温太快,形坯各部分膨胀不均,易使制品产生内应力,以至出现裂纹。再者,型坯外层温度已达要求,而内层温度还很低。如果就此冷却,则会造成"内生外熟"的现象。当然,升温速度太慢也不可,这会使生产周期增长。在实际生产中,升温速度应视型坯的大小、厚薄等因素而定。大型制品的升温速度通常为30~40℃/h,直到380~390℃为止。为了确保烧结物内外温度的均匀性,应在线膨胀系数较大的温度(300℃,340℃)下各保温一段时间以便其内外膨胀一致。小型制品可采用80~120℃/h的升温速度。用分散树脂制薄板时的升温速度应慢一些,以30~40℃/h为宜。

聚四氟乙烯的烧结温度主要是根据树脂的热稳定性来确定的,热稳定性高的,烧结温度一般规定为380~400℃;热稳定性差的,烧结温度可低些,通常为365~375℃。烧结温度的高低对制品性能影响很大。例如,在烧结温度范围内提高温度,制品结晶度高,相对密度大,但收缩率却增大了。如果将烧结温度不恰当地继续提高或降低,均会使制品的性能变差。

4.8.2.2　保温

保温就是将到达烧结温度的形坯在该温度下保持一段时间使其完全"烧透"的过程。保温时间主要决定于烧结温度、树脂的热稳定性以及制品的厚度等因素。在保证烧结质量的前提下,烧结温度高时,保温时间应该短。热稳定性差的树脂,保温时也应该短些,否则都会造成树脂的分解,致使制品表面不光、起泡以及出现裂纹等。为使大型厚壁制品中心区烧透,保温时间就应长些。在生产中,大型制品通常都是选用热稳定好的树脂,保温时间为5~10h,小型制品的保温时间为1h左右。

聚四氟乙烯在加热到250℃以上时,便开始轻度分解。当温度高于415℃时,分解速度急剧增加。聚四氟乙烯的分解产物是一些具有毒性的不饱和化合物,如全氟异丁烯,四氟乙烯以及全氟丙烯等。因此,烧结时必须采取有效的通风措施和相应的劳动保护。

4.8.2.3　冷却

冷却是将已经烧结好的成型物从烧结温度降到室温的过程。与烧结一样,聚四氟乙烯的冷却也是一个相变过程,不过冷却是烧结的逆过程,即由非晶相变为晶相的过程。

冷却有"淬火"与"不淬火"两种。淬火为快速冷却,不淬火指慢速冷却。淬火是将处于烧结温度下的成型物以最快的冷却速度通过最大结晶速度的温度范围。由于冷却介质不同，淬火又有“空气淬火”和“液体淬火”之分。显然，液体比空气冷却快些，所以液体淬火所得制品的结晶度比空气淬火的小。所谓不淬火就是将处于烧结温度下的成型物缓慢冷却至室温的过程。由于降温缓慢，利于分子规整排列，所以制品的结晶度通常都比淬火的大。

冷却速度对制品的物理力学性能和结晶度的影响见表 4－6。

表 4－6　　冷却速度与制品性能和结晶度的关系

性能＼冷却速度	慢速冷却（不淬火）	快速冷却（淬火）
结晶度/%	80	65
相对密度	2.245	2.195
收缩率/%	3～7	0.5～1
断裂伸长率/%	345～395	355～365
拉伸强度/MPa	35～36	30～31

不同制品对冷却速度的要求也小尽相同。大型制品，如果冷却太快，内外层温差就大，以致收缩不均而具有内应力，甚至出现裂纹，故厚度或高度大于 4mm 时，一般都不淬火。通常以 15～24℃ 的速度缓慢冷却，并应在结晶速度最快的温度范围内保温一段时间，以使其结晶度增加，冷至 150℃ 后取出再放于石棉箱内冷至室温。厚度大于 25mm 的制品应在烧结炉内缓慢冷至室温后方可取出。对板材或尺寸要求准确的制品，从烧结炉中取出后应放在定型模内在受压下冷至室温。小型制品则以 60～70℃/h 的降温速度冷却到 250℃ 时取出。这种制品是否淬火应根据用途决定。

聚四氟乙烯冷压烧结成型中制品容易出现的问题、原因及处理方法见附录表 8。

第5章 挤出成型

5.1 概　　述

挤出成型又称挤出模塑或挤塑、挤压。挤出在热塑性塑料加工领域中是一种变化多、用途广、在塑料加工中占比例很大的加工方法。由挤出制成的产品都是横截面一定的连续材料,如管、板、丝、薄膜、电线电缆的涂覆等。挤出加工方法在热固性塑料加工中应用很有限。

挤出过程可分为两个阶段:第一阶段是使固态塑料塑化(即变成黏性流体)并在加压下使其通过特殊形状的口模而成为截面与口模形状相仿的连续体;第二阶段是用适当的方法使挤出的连续体失去塑性状态而变成为固体即得所需制品。

按照塑料塑化的方式不同,挤出工艺可分为干法和湿法两种。干法的塑化是靠加热将塑料变成熔体,塑化和加压可在同一个设备内进行,其定型处理仅为简单的冷却。湿法的塑化是用溶剂将塑料充分软化,因此塑化和加压须分为两个独立的过程,而且定型处理必须采用较麻烦的溶剂脱除,同时还得考虑溶剂的回收。湿法挤出虽在塑化均匀和避免塑料过度受热方面存有优点,但基于上述缺点,它的适用范围仅限于硝酸纤维素和少数醋酸纤维素塑料的挤出。

挤出过程中,随着对塑料加压方式的不同,可将挤出工艺分为连续和间歇两种。前一种所用设备为螺杆挤出机,后一种为柱塞式挤出机。螺杆挤出机又有单螺杆和多螺杆挤出机的区别,但用于制品挤出的多为单螺杆挤出机。用螺杆挤出机进行挤出时,装入料斗的塑料借转动的螺杆进入加热的料筒中(湿法挤出不需加热),由于料筒的外加热以及塑料本身和塑料与设备间的剪切摩擦热使塑料熔化而呈流动状态。与此同时,塑料还受螺杆的搅拌混合而均匀分散,并不断前进。最后,塑料在口模处被螺杆挤到挤出机外而形成连续体,经冷却凝固,即成产品。

柱塞式挤出机的主要部件是一个料筒和一个由液压操纵的柱塞。操作时,先将一批已经塑化好的塑料放在料筒内,而后借柱塞的压力将塑料挤出口模外,料筒内塑料挤完后,即应退出柱塞以便进行下一次操作。柱塞式挤出机的最大优点是能给予塑料以较大的压力,它的明显缺点则是操作的不连续性,并且物料还要预先塑化,因而应用较少。只有在挤压聚四氟乙烯塑料等方面尚有应用。

所以,塑料的挤出,绝大多数是热塑性塑料,而且采用连续操作和干法塑化的方法。此外,单螺杆挤出机主要用于塑料制品的挤出,而双螺杆挤出机则主要用于塑料物料的混合配制,尤其是用在聚合物共混、填充和增强方面。

5.2 挤出设备

挤出设备一般是由挤出机、机头和口模、辅机等几部分组成。

5.2.1 螺杆挤出机

挤出机由挤出装置(螺杆和料筒)、传动机构和加热冷却系统等主要部分组成。螺杆挤出机的种类较多,主要有单螺杆挤出机和双螺杆挤出机两类。

5.2.1.1 单螺杆挤出机

单螺杆挤出机是由一根阿基米德螺杆在加热的料筒中旋转构成的。单螺杆挤出机的大小一般用螺杆的直径来表示,其基本结构主要包括传动装置、加料装置、料筒和螺杆等几个部分,如图5-1所示。

(1)传动装置

传动装置是带动螺杆转动的部分,通常由电动机、减速机构和轴承等组成。挤出过程中,螺杆转动速率若有变化,会引起塑料料流的压力波动。所以,在正常操作条件下,不管螺杆的负荷是否发生变化,螺杆的转速都应维持不变,以保持制品质量的稳定。但在不同场合,又要求螺杆转速能够变级,以便使用同一台挤出机挤压不同的制品或不同的塑料。为满足上述要求,挤出机的传动装置最好采用无级调速。获得无级调速的方法约有三种:①整流子电动机或直流电动机,它既是驱动装置,又是变速装置;②常速电动机驱动的机械摩擦传动,如齿轮传动的无级变速装置;③用电动机驱动油泵,将油送至液压马达,改变泵的排油量而改变挤出机螺杆转速。

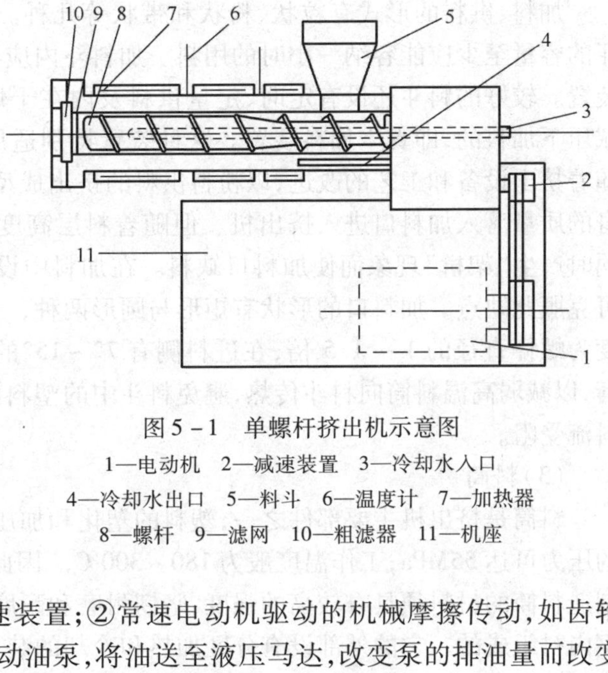

图5-1 单螺杆挤出机示意图

1—电动机 2—减速装置 3—冷却水入口
4—冷却水出口 5—料斗 6—温度计 7—加热器
8—螺杆 9—滤网 10—粗滤器 11—机座

衡量挤出机能量消耗的指标,常用挤出每1kg塑料所需焦耳(1kW·h=3.6MJ)数表示。例如,在200~220℃加工聚乙烯时所耗能量约为0.22~0.24kW·h/kg。但是,随着挤出机的改进,同一直径挤出机的挤出量都有增大的趋势。例如用螺杆直径为60mm的挤出机加工低密度聚乙烯时,其挤出产量可低至30kg/h,也可高达220kg/h或以上。因此,挤出机所需功率也随挤出量的提高而增大,其变化情况见表5-1。

传动装置应设有良好的润滑系统和迅速制动的装置。

表 5－1　　挤出机系列的技术数据

标定转矩/kN·m	螺杆直径/mm	螺杆的最高转速/(r/min)	驱动功率/kW	推力轴承的动载荷轴承容量/kN
800	45	105～322	7.5～18.5	475
1600	45,50,60	84～288	11～30	475/815
2200	60	110～278	23～45	815
3500	60,70,80,90	72～275	23～60	815,1180
7000	70,80,90,100,120	64～230	37～110	1180/1330
13000	90,100,110,120,150	58～207	68～189	1530/2240
30000	120,140,150,160,200	45～146	110～280	2240/3750
7000	180,200,220,250	32～100	230～600	5850/8100

(2)加料装置

加料、供料的形式有粒状、粉状和带状等几种。加料装置一般都采用加料料斗。料斗的容量至少应能容纳一小时的用料。加料斗内应有切断料流、标定料量和卸除余料等装置。较好的料斗还设有定时、定量供料及内在干燥或预热等装置。此外,也有采用在减压下加料的,即真空加料装置。这种装置特别适用于加工易吸湿的塑料和粉状原料。随着挤出设备和工艺的改进,以粉料供料的挤出成型越来越多。粉料和粒料可以依靠本身的质量落入加料口进入挤出机。但随着料层高度的改变,可能引起加料速度的变化,同时产生“架桥”现象而使加料口缺料。在加料中设置搅拌器或螺旋输送装置强制加料可克服此缺点。加料口的形状有矩形与圆形两种,一般多用矩形,其长边平行于轴线,长度为螺杆直径的1～1.5倍,在进料侧有7°～15°的倾斜角。加料孔周围应设有冷却夹套,以减弱高温料筒向料斗传热,避免料斗中的塑料因升温而发黏,以致引起加料不均或料流受阻。

(3)料筒

料筒是挤出机主要部件之一,塑料的塑化和加压过程都在其中进行。挤压时料筒内的压力可达55MPa,工作温度般为180～300℃。因此,料筒可看作是受压和受热的容器。制造料筒的材料须具有较高的强度、坚韧耐磨和耐腐蚀。通常料筒是由钢制外壳和合金钢内衬组成的。它的外部设有分区加热和冷却的装置,而且各自安装有热电偶和自动仪表等。加热的方法有电阻加热和电感加热等,后一种加热效果较好,冷却也方便,但成本较高。挤出机虽然也可用油及蒸汽加热,并在一定温度范围内具有加热均匀的优点,但由于装置复杂,温度控制范围有限,且有增加制品污染的可能等缺点,现在很少采用。

料筒通常还设有冷却系统,其主要作用是防止塑料过热或者是在停车时使之快速冷却,以免树脂降解或分解。料筒一般用空气或水冷却,某些挤出机的料筒或加热器上所附置的翼片就是为增加风冷的效率而设的。就冷却效率而言,用冷水通过嵌在料筒上的铜管来冷却是合算的。但用冷水冷却易造成急冷,使得塑料熔体黏度急剧上升,从而导致挤出机螺杆扭矩过大而发生事故。

(4)螺杆

螺杆是挤出机的关键部件。通过它的转动，料筒内的塑料才能发生移动，得到增压和部分的热量（摩擦热）。螺杆的几何参数，如直径、长径比、各段长度比例及螺槽深度等，对螺杆的工作特性均有重大的影响。因此，将螺杆的基本参数和其作用简介如下。一般螺杆的结构如图 5 - 2 所示。

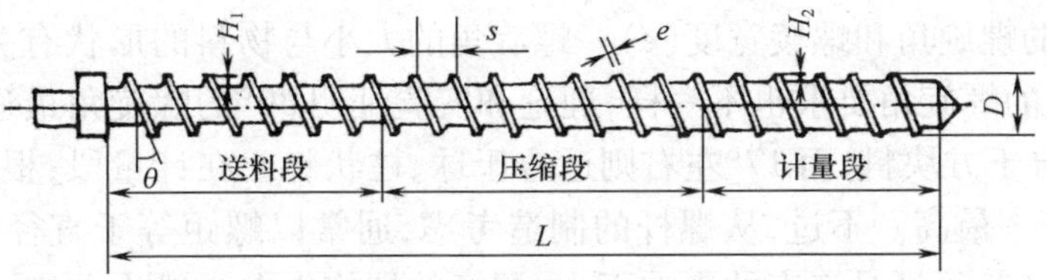

图 5 - 2　螺杆示意图

H_1—加料段螺槽深度　H_2—计量段螺槽深度　D—螺杆直径

θ—螺旋角　L—螺杆长度　e—螺棱宽度　s—螺距

1）螺杆的直径（D）和长径比（L/D）　螺杆直径是螺杆基本参数之一，它是根据所挤出制品的形状大小及需要的生产率来决定的。因此，挤出机大小的规格常用螺杆的外径来表示。另外，螺杆的其他参数如长度、螺槽深度和螺棱宽度等，其尺寸均与直径有关而且大多用它们与直径之比来表示。

表征螺杆特性的另一重要参数是螺杆的有效长度（L）与其直径之比，即长径比（L/D）。如果把螺杆仅看成为输送物料的一种装置，螺杆的长径比是决定螺杆体积容量的主要因素。另外，长径比会影响热量从料筒壁传给物料的速率，这反过来会影响由剪切所产生的热量、能量输入以及功率与挤出量之比。因此，增大长径比可使塑料塑化更均匀，通常可提高螺杆转速以增大挤出量。随着制造技术和材料水平的提高，螺杆长径比有逐渐增大的趋势，以提高挤出机的塑化效果和成产效率。但是，长径比过大会给制造与装配带来一些困难。长径比一般以在 25 左右居多，但也有长径比接近 50 的挤出机。

2）螺杆各段的功能　根据塑料在螺杆上运转的情况可分为加料、压缩和计量三个区段，这种通用螺杆，有时称为标准螺杆或计量型螺杆，它是螺纹角为 17.6°、螺距等于直径的螺杆。

螺杆各区段的功能是不同的。加料段是自塑料入口向前延伸的一段距离，其长度为（4 ~ 8）D。在这段中，塑料依然是固体状态。这段螺杆的主要功能是从加料斗攫取物料传送给压缩段，同时使物料受热。由于物料的密度低，为满足挤出过程的压缩要求，所以螺槽深度较大，加料段的螺槽深度（H_1）通常为（0.10 ~ 0.15）D。另外，为使塑料有最好的输送条件，要求减少物料与螺杆的摩擦而增大物料与料筒的切向摩擦，为此，可在料筒与塑料接触的表面开设纵向沟槽，提高螺杆表面光洁度，并在螺杆中心通水冷却。

压缩段（过渡段）是螺杆中部的一段。塑料在这段中除受热和前移外即由粒状固体逐渐压实并软化为连续的熔体，同时还将夹带的空气向加料段排出。为适应这变化，通常使这一段螺槽深度逐渐减小，直至计量段的螺槽深度（H_2）。这样既有利于制品的质量，也有利于物料的升温和熔化。通常，将加料段一个螺槽的容积与计量段一个螺槽容积之比称为螺杆的压缩比。对于这种等螺距螺杆，压缩比可用 H_1/H_2 表示，其值为 2 ~ 4，它取决于所加工塑料种类、进料时的聚集状态和挤出制品的形状。

计量段（均化段）是螺杆的最后一段，其长度为（6 ~ 10）D。这段的功能是使熔体进一步塑化均匀，并使料流定量、定压由机头和口模的流道挤出，所以这段称为计量段。这段螺槽的深度比较浅，其深度为（0.02 ~ 0.06）D。

3）螺杆上的螺旋角和螺棱宽度（e）　螺旋角的大小与物料的形状有关。物料的形状不同，对加料段的螺旋角要求也不一样，理论和实验证明 30°的螺旋角最适合于细粉状塑料；15°左右适合于方块料，而 17°左右则适合于球、柱状料。在计量段，根据公式推导，螺旋角为 30°时产率最高。不过，从螺杆的制造考虑，通常以螺距等于直径的最易加工，这时螺旋角为 17.6°，而且对产率的影响不大，螺杆的螺旋方向一般为右旋。

螺棱的宽度般为 0.08 ~ 0.12D，但在螺槽的底部则较宽，其根部应用圆弧过渡。

4）螺杆头部的形状　螺杆头部一般呈钝尖的锥形，以避免物料在螺杆头部停滞过久而引起分解。螺杆也有做成能在轴向变位的，如此则在螺杆头部还可起到调整压力的作用。螺杆头部也可以是鱼雷状的，称为鱼类头或平准头。平准头与料筒的间隙通常小于它前面螺槽的深度，其表面也可开成沟槽或滚成特殊的花纹。这种螺杆对塑料的混合和受热都会产生良好的效果，且有利于增大料流压力和消除脉动现象，常用来挤出黏度大、导热性不良或熔点较为明显的塑料。

5.2.1.2　双螺杆挤出机

双螺杆挤出机是指在一根"∞"截面孔道形成的料筒内由两根相互啮合或相切的螺杆所组成的挤出装置。双螺杆挤出机由传动装置、加料装置、料筒和螺杆等几部分组成，如图 5－3 所示。各部件的功能与单螺杆挤出机相似。但在众多双螺杆挤出机中最重要的差别是螺杆结构的设计。首先，两根螺杆是啮合的还是非啮合的；其次，在啮合型双螺杆中，螺杆是同向转动，还是反向转动；第三，螺杆是圆柱形（平行双螺杆）还是锥形；第四，实现压缩比的途径：①变动螺纹的高度或导程，②螺杆根径由小变大或外径由大变小，③螺纹的头数由单头变成二头或三头；第五，螺杆是整体的还是组合的。所有这些表明，双螺杆挤出机的螺杆结构要比单螺杆挤出机的复杂得多。现举出几种有代表性的双螺杆以说明螺杆的几何形状。

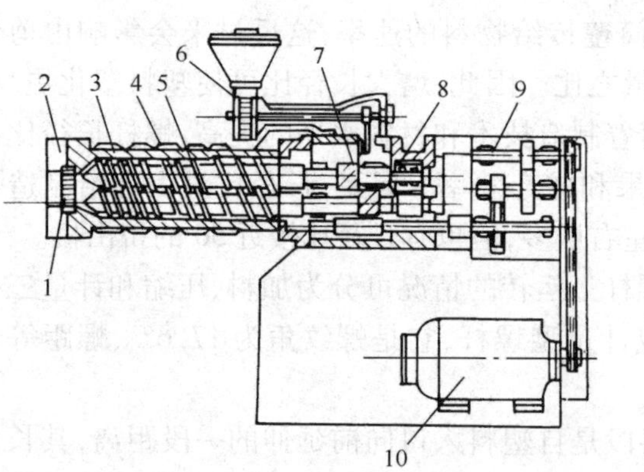

图 5－3　双螺杆挤出机示意图

1—连接器　2—过滤器　3—料筒　4—螺杆　5—加热器
6—加料器　7—支座　8—上推轴承　9—减速器　10—电动机

（1）Colombo 型双螺杆

如图 5－3 所示的双螺杆。这是早期开发的双螺杆，螺杆分为三段，每一分段有一混合室，加料段的外径和螺距为最大，压缩段次之，均化段为最小，以此方式组成压缩比。

但在同一段中，螺杆是等径等距的。现在，根据加工硬质聚氯乙烯管材的需要，已开发出具有多种功能（进料、剪切、混合、排气和均化等）的双螺杆挤出机（图 5－4）。

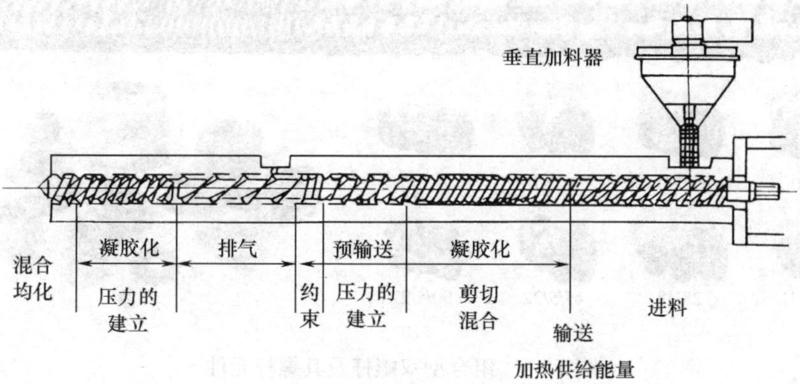

图 5－4 生产聚氯乙烯管材的双螺杆挤出机的功能区

（2）锥形双螺杆

如图 5－5 所示，这类挤出机是向外反向转动的。从加料段到计量段，螺杆的外径和根径均匀地由大到小。通过螺杆各部分的长度、螺纹头数、螺槽数、螺棱宽度、螺棱形状等的变化，实现对物料的输送、压缩、排气、混合与塑炼。这种锥形双螺杆挤出机具有剪切速率沿口模方向减小和安装推力轴承的空间较大等优点，但制造较困难。

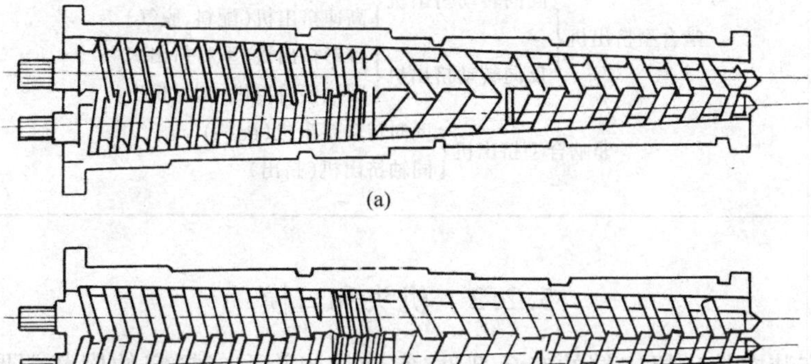

图 5－5 Anger 型锥型双螺杆
（a）"单"锥形螺杆系统 （b）"双"锥形螺杆系统

（3）组合型双螺杆

这种螺杆是由不同数目的具有不同功能的螺杆元件（输送剪切、混合、压缩和捏合等元件）按一定要求和顺序装到带导键或三角形芯轴上组合而成的。它可以连续输送、塑化、均化、加压、排气，以灵活适应特定用途。这种配料用双螺杆挤出机有强大的剪切力，能剪断和分散填料、颜料和玻璃纤维。属于这类双螺杆的有 ZSK 型配料双螺杆挤出机

(图5－6)。

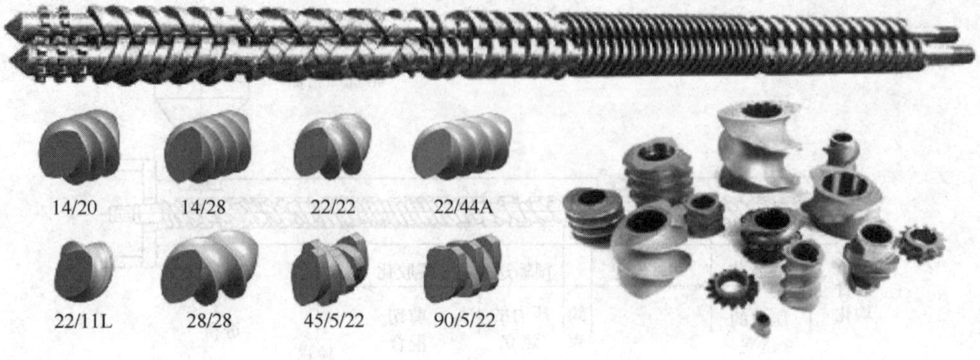

图5－6　组合型双螺杆及其螺杆元件

(4)非啮合型双螺杆

在结构上类似于两根平行单螺杆在料筒中转动，但两根螺杆反向转动并相切。按照整体结构又可分为单阶和双阶两种形式。

综上所述，双螺杆挤出机的类型和用途列于表5－2。

表5－2　双螺杆挤出机的类型和用途

啮合型挤出机	同向转动挤出机	低速挤出机(型材挤出)
		高速挤出机(配料，脱气)
	反向转动挤出机	锥形挤出机(型材挤出)
		圆柱型挤出机(型材挤出)
非啮合型挤出机	反向转动挤出机(配料)	
	同轴挤出机(挤出)	

5.2.2　机头和口模

口模是安装在挤出机末端的有孔部件，它使挤出物形成规定的横截面形状。口模连接件是位于口模和料筒之间的那部分，这种组合装置的某些部分有时称作机头或口模体。由于许多口模的结构相当复杂，口模和口模体(机头)实际上是一回事。因此，习惯上把安装在料筒末端的整个组合装置称为口模，但也有称作机头的。

筛板也是口模组合装置的组成部分，它是由多孔圆板组成，并安装在料筒和口模体之间。筛板的主要作用是使物料由旋转运功变为直线运动，增加反压、支撑过滤网等。过滤网是由不同数目和粗细金属丝组成，其作用是过滤熔融料流和增加料流阻力，以滤去机械杂质和提高混合或塑化效果。

口模一般由口模分配腔、引流道和口模成型段(“模唇”)这三个功能各异的几何区组成(图5－7)。口模分配腔是把流入口模的聚合物熔体流分配在整个横截面上，并承接由熔体输送设备出口送来的料流；引流道是使聚合物熔体呈流线型地流入最终的口模出口,口模成型段是赋予挤出物以适当的横截面形状,并消除在前两区所产生的不均匀流动。

影响口模设计的主要因素有:口模内部流道的设计、结构材料和温度控制均匀性。口模设计工程目的是在给定尺寸均匀性限度内在最高的可能产率下得到所需的制品形状。目前,口模设计是根据实际塑料制品的加工经验和理论分析,并结合计算机模拟进行的。从流变学角度考虑,在设计前应计算流量分布、压力降和停留时间,以及有无不稳流动现象,以便决定流道尺寸。其次,根据制品的形状和尺寸、聚合物的热稳定性以及挤出生产线与口模的相对位置,选择口模的形式和结构,最后在这些工作的基础上进行口模设计。应当指出,前面所作计算是以黏性流动为基础的,而实际上聚合物熔体是黏弹性流体,它的离模膨胀对口模形状设计和制品形状都有重要的作用,但目前对此问题的研究还没有达到进行量化计算的水平,特别是异形口模的设计仍需借助实践经验和一些模拟实验进行设计。

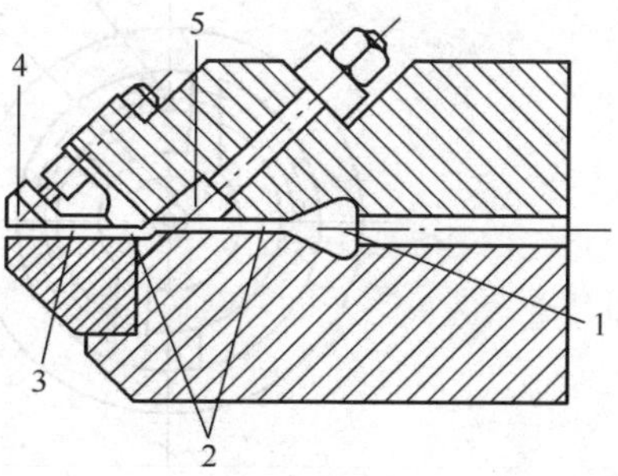

图 5-7　挤片口模的结构

1—分配腔　2—引流道　3—模唇

4—模唇调节器　5—扼流棒

5.2.2.1　圆孔口模

在挤出塑料圆棒、单丝和造粒时所用口模均具有圆形出口的横截面,这就是圆孔口模。这种口模中的流动是典型的一维流动。虽然沿半径方向流速有很大变化,但在同一横截面上相同半径上的轴向流速则是相同的。另外,圆孔平直部越短则熔体的离模膨胀越大。口模平直部分长度(L)与直径(D)之比一般低于10。

挤出棒材口模的结构比较简单,进口处的收缩角为30°~60°左右,平直部分为(4~6)D,出口处可做成喇叭形,以适应不同直径棒材挤出的需要,其扩张角在40°以下。

对于单丝口模,喷丝孔应布置在等速线上以使丝条在拉伸时受力均匀,长径比一般为6~10,而孔径的大小则取决于单丝的直径和拉伸比,孔数般为20~60(图5-8)。另外,喷丝孔的精度应高,以免平丝粗细不均,因为孔径误差10%,则大致可使体积流率误差达到47%。

造粒口模的长径比也低于10,圆孔的排布多排在同心圆上使料流速度基本相同,以获得均匀的粒料,图5-9为造粒口模的一例。

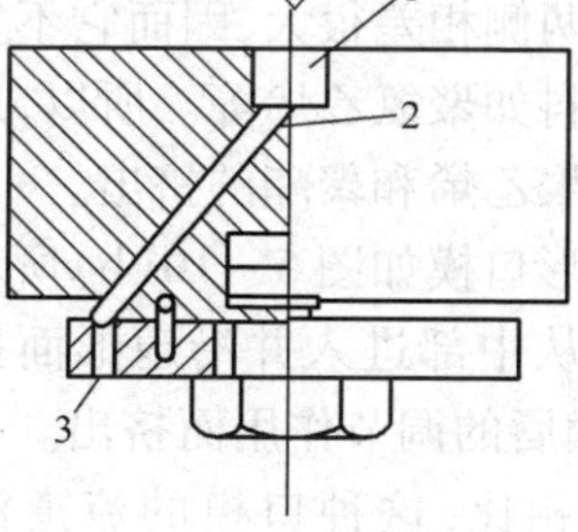

图 5-8　单丝口模

1—熔体入口　2—分流管　3—喷丝孔

5.2.2.2　扁平口模

用挤出法生产平膜(厚度小于0.25mm)和片材(厚度大于0.25mm)的口模,在其出口都具有狭缝形的横截面,这就是扁平口模。从挤出机送来的熔体一般为圆柱体,要把它转变成扁平的矩形截面而且具有相等流速的流体,就需要在口模内构成具有分配流体作用的空腔

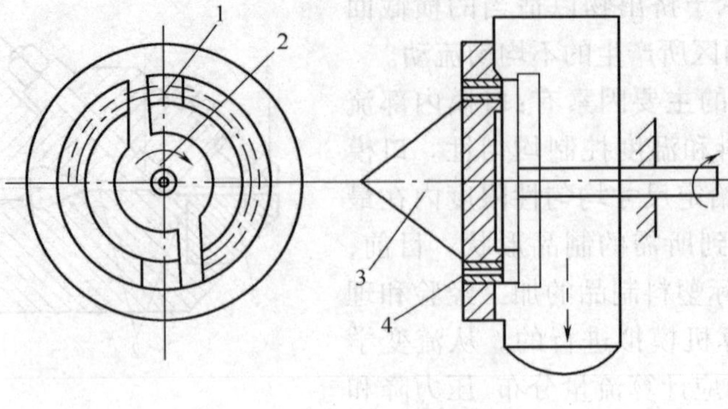

图 5－9　同心刀轴式造粒口模

1—切刀　2—刀架　3—分流梭　4—圆孔

(分配腔)。根据分配腔的几何形状不同,扁平口模可分成直支管式口模(T 型口模)、鱼尾形口模(扇形口模)和衣架式口模三种(图 5－10)。

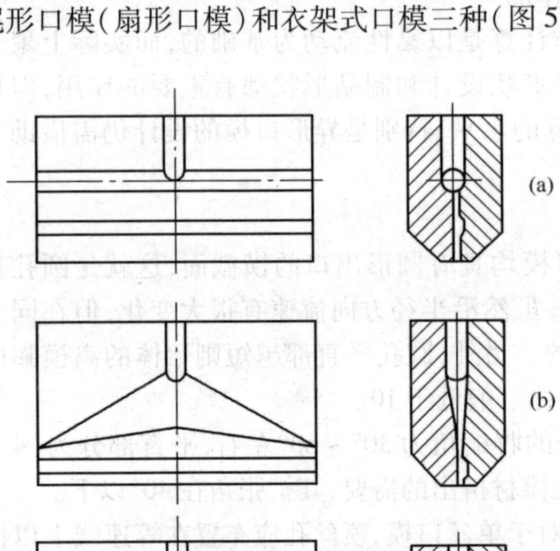

图 5－10　扁平口模

(a)直支管式口模　(b)鱼尾形口模　(c)衣架式口模

支管式口模是用一根带缝的直圆管与矩形流道组成。聚合物熔体从中间部分进入,经过圆管分配腔而从狭缝流出片状流体。如果熔体从中心到支管末端的压力降比较大,通过狭缝(模唇)挤出的片材则会出现中间较厚、两边较薄的情况。如果增大支管半径,这种厚薄不均的现象将会减小。通过口模内的流动分析,可以得到合理的支管半径。另外,在流道内设置扼流棒和对模唇间隙加以调节(参见图 5－7),即可得到厚度均匀的产品。但是,熔体在这种口模内的停留时间在中部和两侧相差很大,因而它不宜挤出热敏性塑料如聚氯乙烯等。所以,这种口模常用于聚乙烯和聚酯的挤出。

鱼尾形口模如图 5－10(b)所示。聚合物熔体从中部进入并沿扇形面扩展开来,再经模唇的调节作用而挤出。与直支管式口模相比,这种口模的流道没有死角,流道内的容积小而减小了熔体的停留时间。因此,这种口模对于熔体黏度高而热稳定差的聚合物(如聚氯乙烯)有较好的效果。但扇形的扩张角不能太大,所以片材宽度受到一定的限制。为使速率更均匀,在模唇前加上弧形阻力块和扼流棒,熔体再经模唇挤出。

为了改进聚合物熔体在上述口模内的流动分布均匀性,将直支管式口模与鱼尾形口模的优点结合在一起而构成了衣架式口模。这种口模的分配腔是由两根直径递减的圆管(即支管)与两块三角形平板间的狭缝构成形似衣架的流道,如图 5-10(c)所示。从挤出机送来的柱塞状流体,通过两根支管的分流和三角形的"中高效应"而分布成片状熔体流,再经过扼流棒和模唇的调节作用,挤出物的流速更加均匀,最后经冷却即得片材。熔体在这种口模内的停留时间分布较一致,特别适于硬质聚氯乙烯的挤出。

5.2.2.3　环形口模

用于挤出管材、管状薄膜、吹塑用型坯和涂布电线的口模,在其出口都具有环形截面,这类口模称为环形口模。这种环形流道是由口模套和芯模组成的。根据口模套与芯模间的连接形式不同,可分为支架式口模、直角式口模、螺旋芯模式口模和储料缸式口模等,如图 5-11 所示。

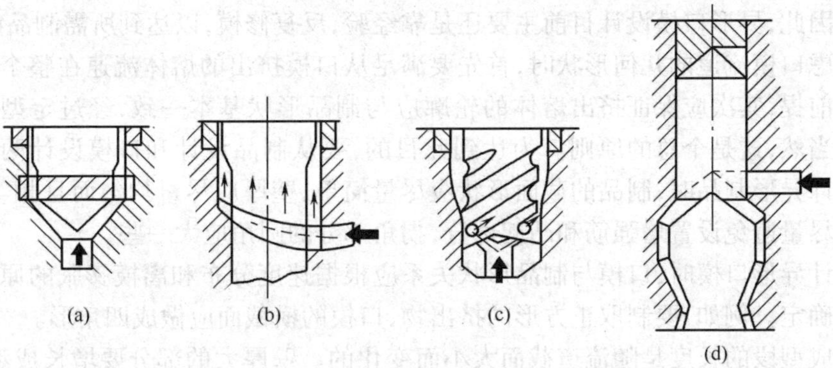

图 5-11　环形口模

(a)支架式　(b)直角式　(c)螺旋芯模式　(d)储料缸式

支架式口模[图 5-11(a)]是将芯模用支架柱支撑在模体上构成环形空间的。从挤出机送来的聚合物熔体经分流梭再绕过支架后汇合成管状物从环形流道挤出。这样,汇合处的熔接痕就会影响到制品的质量,如力学强度、光学性能和壁厚不均等。改进方法是将主架设计成筛孔管式,用来挤出聚烯烃管。也有将分配腔设计成莲花瓣状或补尝心脏式,用来吹制管膜。

直角式口模是将从挤出机送来的熔体流向转变成与挤出机螺杆轴线一般成 90°的装置。从图 5-11(b)可见,聚合物熔体从进口到出口的流程是不等的,因此在模唇部分的压力降和流率也有不同,进而影响厚度分布。为了改进口模内流率不均的缺陷,可将口模的分配腔改成衣架式或支管式。属于直角式口模的还有电线涂敷用的口模等。

螺旋芯模式口模是为了克服支架式和直角式口模在挤管和吹制管膜中所出现的熔接痕而研制的。如图 5-11(c)所示,聚合物熔体从中心进入,通过径向分配系统分成几股进入芯模上的几根螺旋槽,这些螺旋槽的深度在流动方向上逐渐减小,而芯模与模套的间隙在轴向则逐渐增大。这样,聚合物熔体一方面沿螺旋槽流动(螺旋流),另一方面通过模芯与模套的间隙而沿轴向流动(漏流)。结果使螺旋流逐渐减小,漏流再与其螺旋槽中的料流汇合使轴向流量增大。当螺旋槽深度降至零时则口模中只有由漏流组成的轴向流动。

储料缸式口模是将经挤出机塑化的物料储存在圆筒形缸内，此时柱状活塞由于物料量增加而上升，当物料达到一定量时，活塞迅速下降将物料经支架由模唇排出，即得到管状型坯。如将芯模固定在口模的顶部，由环形空间和管状活塞组成环形储料缸。这样，消除了流痕，降低了口模阻力，再加上用型坯调节器来调节模口的间隙，因而能制得壁厚分布较为均匀的制品。

5.2.2.4　异形口模

这里所谓异形制品（或称型材）是指从任一口模（异形口模）挤出而得到具有不规则截面的半成品。它包括中空和开放的两大类。由于聚合物熔体具有黏弹性，加之壁厚不一定均匀和边界条件的复杂，要分析异形口模中的流变行为，并用以指导口模设计是很困难的。因此，异形口模设计目前主要还是靠经验，反复修模，以达到所需制品的形状。

在考虑口模流道的几何形状时，首先要满足从口模挤出的熔体流速在整个横截面应是相同的前提，其次应保证挤出熔体的轮廓应与制品形状基本一致，经过定型达到制品的形状。当然，这是个总的原则。为达到此目的，要从制品设计和口模设计两个方面考虑。在设计异形制品时，制品的截面形状应尽量简单，壁厚应尽量均匀而且相等，中空型材内部应尽量避免设置增强筋和凸起部分，拐角部分的圆角应大一些。

在设计异形口模时，口模与制品形状关系应根据速度分布和离模膨胀的原则结合实践经验来确定。例如，要制取正方形的挤出物，口模的横截面应做成四角形。

口模成型段的长度是随流道截面大小而变化的。壁厚大的部分要增长成型段，壁薄的成型段要短，尽可能使压力分布均匀，以保持挤出物具有相同流速，在口模结构上，有两个极端的设计，一是板式口模，另一个是流线型口模（图5－12）。板式口模的流道几何形状从入口到出口发生急骤变化。这种口模简单，容易制造，也容易改进，但有大量死角，耐热稳定性差的聚合物则会发生降解，主要用于热稳定性好的聚合物。

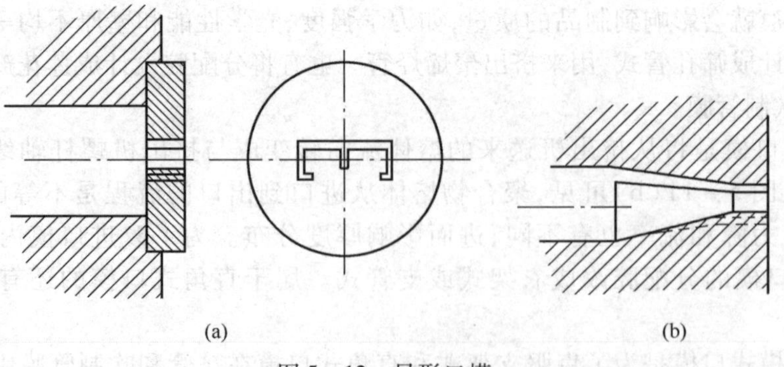

图5－12　异形口模

（a）板式口模　（b）流线型口模

流线型口模的流道几何形状从入口到出口是逐渐改变的。显然，这种口模较为复杂，制造和改进的难度也较大，适合于热稳定性差的聚合物。

5.2.3 挤出机的辅助设备

挤出机的辅助设备大致可分为以下三类：

1）挤压前处理物料的设备（如预热、干燥等），一般用于吸湿性塑料。用于干燥的设备可以是烘箱或沸腾干燥器，也可以采用真空加料料斗。

2）处理挤出物的设备，如用作冷却、牵引、卷取、切断和检验等的设备。

3）控制生产条件的设备，也就是各种控制仪表如温度控制器，电动机启动装置、电流表、螺杆转速表和测定机头压力的装置等。

以上三类设备不仅随制品的种类、对制品质量的要求以及自动化程度等的不同而有差别，而且每一种设备的类型也有不同的形式。

5.2.4 挤出机的一般操作方法

挤压不同制品的操作方法是各不相同的，以下仅简要介绍挤压各种制品的共同工序和方法。

供挤出用的塑料最好先进行干燥，必要时还需预热。

开车以前应换上洁净的粗滤器和滤网，并在压力表中加足润滑脂。随后对挤出机需要加热的部分进行加热，料斗底部的冷却夹套也应开启水冷却。当各部位达到规定温度时，对机头部分的衔接处、螺栓等均应检查并乘热拧紧，以避免在运转时发生漏料。而后开动挤出机并进行加料。开始速度不宜过快，料也不要加足，同时应时时注意电流计、压力表和进料的情况。

在塑料被挤出口模之前，任何人均不得处于口模的正前方。塑料挤出后，即须将挤出物慢慢引上冷却和牵引设备，并开动这些设备。然后根据控制仪表的指示值和对挤压制品的要求，将各部分作相应的调整，以便整个挤出操作达到正常的状态。

停车时，一般都将挤出机内的塑料尽可能挤完，以便下次操作。遇热稳定性差的塑料时，一定要将机内物料挤完，以免损害设备。必要时可用软聚氯乙烯或含无机填料较多的聚苯乙烯和聚乙烯等塑料通过最后挤出来清理料筒和螺杆，但不必通过机头、口模和粗滤器，这些部件是在拆除后进行清理的。挤出薄膜或板材时，也有在挤出机满载的情况下停车的。采用这种方法应防止空气进入料筒以免物料氧化而在继续生产时影响制品的质量。

清理挤出设备时，只能采用钢丝刷、铜刀和压缩空气吹管等工具。一般很少用溶剂来清理。若需要采用，最好用四氢化萘，但成本较高。滤网可用火烧的方法处理残留物料。

挤压时应注意的安全事项有：电、热、机械的转动和笨重部件的装卸等。拆除时应先拆出螺杆，后拆料筒，而安装时则应先装料筒，后装螺杆。

5.3 单螺杆挤出原理

理论上，为使挤出机达到稳定的产量和质量，一方面沿螺槽方向任一截面上的质量流率必须保持恒定且等于产量。另一方面，熔体的输送速率应等于物料的熔化速率。如果不能实现这些条件，就会引起产量波动和温度波动。因此，从理论上理解挤出机中固体输送、熔化和熔体输送与操作条件、塑料性能和螺杆的几何结构之间的关系，无疑是有重要意义的。

5.3.1 固体输送

目前，最为成熟的理论推导是根据固体对固体的摩擦力静平衡而进行的，并假设①物料与螺槽和料筒内壁所有边紧密接触，形成固体塞或固体床，并以恒定的速率移动；②略去螺棱与料筒的间隙，物料重力和密度变化等的影响；③螺槽深度是恒定的，压力只是螺槽长度的函数，摩擦因数与压力无关；④螺槽中固体物料像弹性固体塞一样移动。固体塞的移动是受固体周围的螺杆和料筒表面之间的摩擦力控制的，只有物料与螺杆之间的摩擦力小于物料与料筒之间的摩擦力时，物料才能沿轴向前进，否则物料将与螺杆一起转动。

如果固体塞在轴向的速度为 v_{pl}，则其与固体塞截面积的乘积就是固体输送率(Q_s)

$$Q_S = v_{pl}\int_{R_s}^{R_b}\left(2\pi R - \frac{ie}{\sin\theta_a}\right)dR \tag{5-1}$$

式中：R_s 和 R_b 分别为螺槽底部和顶部的半径，e 为螺棱宽度，θ_a 为平均螺旋角，i 为螺纹头数。如果螺杆固定不动，料筒对螺杆作相对运动，其速度为 $v_b = \pi D_b N$，固体塞沿螺槽方向的速度为 $v_{pz} = v_{pl}/\sin\theta_b$，其切向速度为 $v_{p\theta} = v_{pl}/\tan\theta_b$。作用在固体塞与料筒表面间摩擦力的大小，取决于固体塞相对于料筒的角度 φ 的大小（图 5-13），这个 φ 称为移动角，其值为 $0 < \varphi < 90°$。从物理意义上说，φ 角的方向是“位于”固体塞上的观察者所看到的料筒运动的方向。

从图 5-13 可求得

$$\tan\varphi = \frac{v_{pl}}{v_b - \dfrac{v_{pl}}{\tan\theta_b}} \tag{5-2}$$

将上式的 v_{pl} 代入式(5-1)，则得

$$Q = \pi D_b nH(D_b - H)\frac{\tan\varphi\tan\theta_b}{\tan\varphi + \tan\theta_b}\left[\frac{\pi}{4}(D_b^2 - D_S^2) - \frac{peH}{\sin\theta}\right] \tag{5-3}$$

式中：n 为螺杆转速，θ_b 为料筒表面处的螺旋角，D_b 为螺杆的外径。

为了得到移动角 φ，可根据作用于固体塞上的力和力矩平衡来算出，其结果为

$$\cos\varphi = K\sin\varphi + 2\frac{H}{W_b}\frac{f_s}{f_b}K\sin\theta_b + \frac{f_s}{f_b}\frac{W_s}{W_b}K\sin\theta_b + 2\frac{H}{W_b}\frac{f_s}{f_b}\frac{D}{D_b}\sin\theta_b\cot\theta + \frac{W_s}{W_b}\frac{f_s}{f_b}\frac{D_S}{D_B}\sin\theta_b\cot\theta_s +$$
$$\frac{W}{W_b}\frac{H}{z_b}\frac{1}{f_b}\left(K\sin\theta + \frac{D}{D_b}\cos\theta\right)\ln\frac{P_2}{P_1} \tag{5-4}$$

式中：$K = \dfrac{D}{D_b}\dfrac{\sin\theta + f_s\cos\theta}{\cos\theta - f_s\sin\theta}$，$D_s$ 为螺杆根部直径，D 为平均直径，θ_s 为螺杆根部的螺旋角，θ 为平均螺旋角，t 为螺纹的导程，L 为固体输送段的轴向长度，f_b 为塑料与料筒表面的摩擦

因数，f_s为塑料与螺杆的摩擦因数，P_1和P_2分别为固体输送段进、出口处的压力。

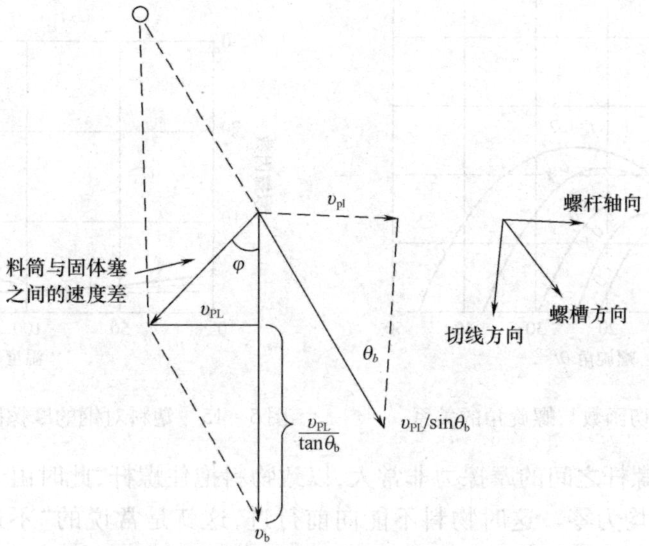

图5-13　计算料筒与固体塞之间速度差的速度矢量图

从式(5-3)可知，固体输送速率不仅与DnH（$D-H$）成比例，而且也与正切函数($\tan\varphi\tan\theta_b/\tan\varphi+\tan\theta_b$)成比例。前者是容易理解的，而与后者的关系则比较复杂。因为移动角与螺杆和料筒的几何参数、摩擦因数(f_b，f_s)和固体输送段的压力降均有联系[参见式(5-4)]。为简化计，略去输送端压力降的影响，并在$f_b=f_s$的情况下将($\tan\varphi\tan\theta_b/\tan\varphi+\tan\theta_b$)对螺旋角$\theta$作图(如图5-14所示)，从图中可见，如果$f_s$已定，正切函数均会在特定的螺旋角处出现极大值。另一方面，最佳螺旋角是随摩擦因数的降低而增大的。从实验数据可知，大多数塑料的f_s在0.25~0.50范围内，因此最佳螺旋角应为17°~20°。

为了获得最大的固体输送速率，可从挤出机结构和挤出工艺两个方面采取措施。从挤出机结构角度来考虑，增加螺槽深度是有利的，但会受到螺杆扭矩的限制。其次，降低塑料与螺杆的摩擦因数(f_s)也是有利的。这就需要提高螺杆的表面光洁度(降低螺杆加工的表面粗糙度)，这是容易做到的。再者，增大塑料与料筒的摩擦因数，也可以提高固体输送率。基于此，料筒表面似乎应该粗糙些，才会有利于提高产率，但是这同时会引起物料停滞甚至分解。因此，料筒内表面还是要尽量光洁。提高料筒摩擦因数的有效方法是：①料筒内开设纵向沟槽；②采用锥形开槽的料筒。此外，决定螺杆螺旋角时虽应采用其最佳值，但必须注意制造上的方便。为此，一般选用的螺旋角为17°41′。

从挤出工艺角度考虑，关键是控制送料段料筒和螺杆的温度，因为摩擦因数是随温度而变化的。一些塑料对钢的摩擦因数与温度的关系如图5-15所示。从公式(5-4)可知，在螺杆的几何参数确定之后，移动角只与摩擦因数有关。

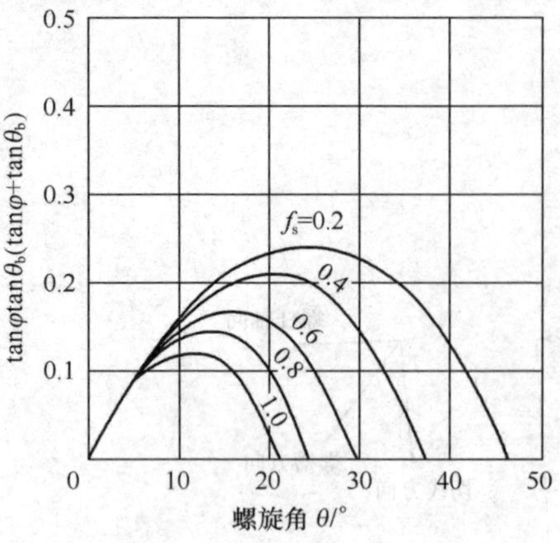

图 5-14　正切函数与螺旋角的关系

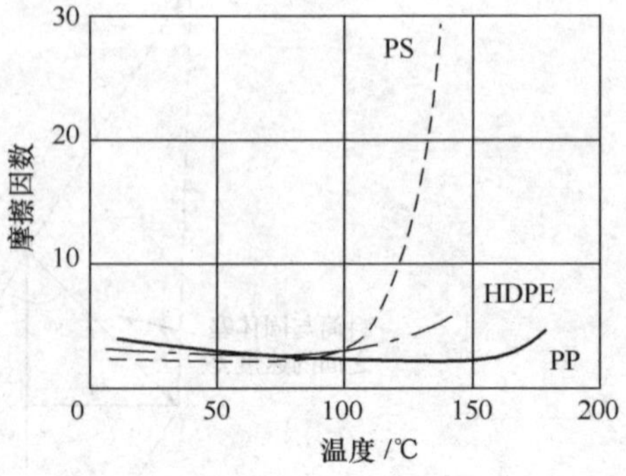

图 5-15　塑料对钢的摩擦因数与温度的关系

如果物料与螺杆之间的摩擦力非常大，以致物料抱住螺杆，此时由于 $\varphi=0$，所以挤出量 Q_s 和移动速度均为零。这时物料不能向前行进，这就是常说的“不进料”的情况。如果物料与螺杆之间的摩擦力很小，甚至可略而不计，而对料筒的摩擦力很大，这时物料即以很大的移动速度前进，即 $\varphi=90°$。如果在料筒内开有纵向沟槽，迫使物料沿 $\varphi=90°$ 方向前进，这就是固体输送速率的理论上限，一般情况是在 $0<\varphi<90°$ 范围。在挤出过程中，如果不能控制物料与螺杆和料筒的摩擦力为恒定值，势必引起移动角变化，最后造成产率波动。

5.3.2　固体熔化

塑料在挤出机中受外热和内热（料之间和料与金属之间的摩擦作用）的作用而升温，因此原为固体的塑料就逐渐熔化而最后完全转变成熔体。因此，其中必然有一个固体和熔体共存的区域，即熔化区或相变区。由于这一区域是两相共存的，给研究带来许多困难，所以直到1966年才提出较为合理的理论。理论的推导非常繁杂，这里只介绍重要的结果。

5.3.2.1　冷却实验和熔化机理

冷却实验是为了弄清塑料在挤出机中的熔化过程。实验时，将本色塑料和着色塑料（3%～5%）的混合物进行挤出，当到达稳态时立即停止挤出并迅速冷却螺杆和料筒，使机内塑料凝固，然后将螺杆与凝固的物料起从料筒中拔出，把物料从螺杆上剥下。将得到的螺旋状带逐一切片，并观察物料的熔化状况。如果这种冷却操作进行很快，则可以从切片中观察到挤出机在稳态运转时的原来状态，也就是熔化物料和部分混合物会呈现出流动的痕迹，而未熔化的物料则仍然保持原来的固体状态。

根据观察和分析的结果，认为塑料在挤出机中的熔化过程应为：由输送段送入的物料，在进入熔化段后即在前进过程中同已加热的料筒表面接触，熔化发生在固体塞与料筒的接触界面上，并在此形成一层熔体膜。若熔体膜的厚度超过螺棱与料筒之间的间隙时，就会被旋转的螺棱刮落，并将其强制积存在螺棱的前侧形成熔体池，而在螺棱的后侧则为固体床,如图 5-16 所示。这样在沿螺槽向前移动的过程中,团体床的宽度就会逐渐减小,直至全部消失,即完全熔化。从熔化开始到固体床的宽度下降到零的总长度,称为熔化区的长度。

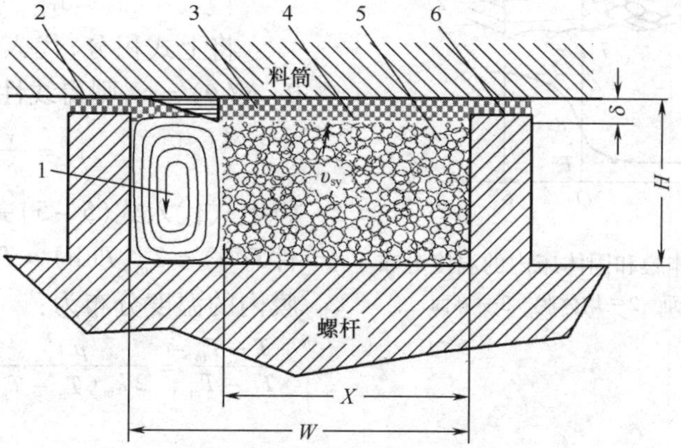

图 5-16　螺槽内塑料塑化过程模型

1—熔体池　2—料筒内壁　3—熔体膜　4—固体-熔体界面　5—固体床　6—螺棱

X—固体床宽度　W—螺棱宽度　H—螺槽深度　δ—熔膜厚度

熔体膜形成后的固体熔化是在熔体膜和固体床的界面处发生的,所需的热量一部分来源于料筒的加热器,另一部分则来自螺杆和料筒对熔体膜的剪切作用。

5.3.2.2　数学模型

研究熔化理论的主要目的是为了预测螺槽中任何一点未熔化物料的量,熔化全部物料所需螺杆的长度,以及这两个变量对物料物性、螺杆的几何形状和操作条件的依赖关系。为了简明地说明这个问题,现以 Tadmor 的熔化模型为例进行分析。

1)为了建立熔化过程的数学模型,特作以下基本假设:①熔化过程是稳态的;②螺槽中的物料被压实成连续而均匀的固体床(塞),它以一定速度沿螺槽移动;③螺槽为矩形,螺棱与料筒的间隙忽略不计;④界面边界清晰,即塑料具有明显的熔点;⑤固体的熔化只在料筒与固体之间的固体床/熔体膜界面上进行;⑥热传导和流动是一维的,即温度和速度只是离界面距离(Y)的函数,在 X 和 Z 方向的传热和流动忽略不计;⑦熔体为牛顿流体。

2)固体的熔化速率　由于物料在螺槽内的熔化是发生在熔体—固体界面上的,如果以界面为准,则其进出界面的热量之差即为物料熔化所消耗的热量。为求得单位界面上的熔化速率与操作条件、物理性能和固体床宽度之间的关系,需要首先知道熔体膜和固体中的温度分布以及进入、离开其中的热量变化。

如果螺杆固定不动,料筒以速度 v_b 移动,在螺槽方向的分量为 v_{bz},进入界面的速度为 v_{sy},固体床的相对速度为 v,熔体膜厚度为 δ,远离界面的固体床温度为 T_0,物料的熔点为 T_m,在料筒表面的温度为 T_b,熔体的黏度为 μ(图5-17)。

根据假设,能量方程简化成:

$$k_m \frac{d^2 T}{d y^2} + \mu \left(\frac{d v_j}{d y} \right)^2 = 0 \qquad (5-5)$$

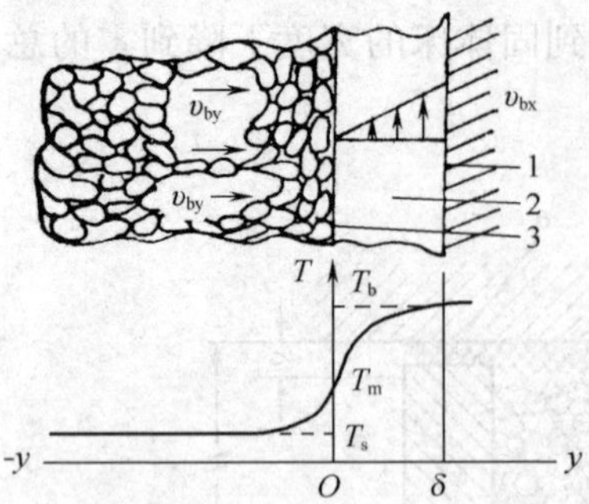

图 5 - 17 熔体膜和固体床内的温度分布

1—料筒表面 2—熔体膜 3—界面

进而简化为：

$$\frac{d^2 v_j}{d y^2} = 0 \qquad (5-6)$$

将上式积分，代入边界条件 $v_j(0) = 0$，$v_j(\theta) = v_j$，则得线性速度分布为：

$$v_j = \frac{y}{\delta} v_j \qquad (5-7)$$

将上式代入式(5 - 5)并积分，结合边界条件$T(0) = T_m$，$T(b) = T_b$，整理后得到熔体膜内的温度分布为：

$$\frac{T - T_m}{T_b - T_m} = \frac{\mu v_j^2}{2 k_m (T_b - T_m)} \frac{y}{\delta} \left(1 - \frac{y}{\delta}\right) + \frac{y}{\delta} \qquad (5-8)$$

式中：y 是离界面的距离；k_m 是导热系数；无因次数群 $\mu v_j^2 / k_m (T_b - T_m)$ 称为勃林克曼准数，它表示由剪切所生热量与温差为$(T_b - T_m)$对由料筒导入热量的比率。如果勃林克曼准数大于2，则料筒与界面之间的某一位置的温度可出现比 T_b 更高的值，其原因在于剪切生热的热量较大。

从熔体膜进入单位界面的热量为：

$$-(q_y)_{y=0} = k_m \left(\frac{dT}{dy} \right)_{y=0} = \frac{k_m}{\delta} (T_b - T_m) + \frac{\mu v_j^2}{2\delta} \qquad (5-9)$$

固体床内的温度分布可在边界条件 $y = 0, T = T_m$ 和 $y \to -\infty, T \to T_s$ 时推得为：

$$\frac{T - T_s}{T_m - T_s} = \exp\left(\frac{v_{sy}}{\alpha_s} \right) y \qquad (5-10)$$

式中：$\alpha_s = k_s / \rho_s$ 是热扩散系数；k_s、ρ_s 和 C_s 分别为固体床的导热系数、密度和比热容。式(5 - 10) 说明固体床的温度是按指数规律从熔点 T_m 下降到固体床的起始温度。

在单位界面上从熔体膜传至固体的热量为：

$$-(q_y)_{y=0} \, k_s \left(\frac{dT}{dy} \right)_{y=0} = \rho_s C_s v_{sy} (T_m - T_s) \qquad (5-11)$$

从料筒到固体床的温度分布曲线见图 5 - 17。

综合式(5 - 10)和式(5 - 11)可以得到单位界面上进、出热量之差，即为熔化物料耗去的热量：

$$\left[\frac{k_m}{\delta} (T_b - T_m) + \frac{\mu v_j^2}{2\delta} \right] - [\rho_s C_s v_{sy} (T_m - T_s)] = v_{sy} \rho_s \lambda \qquad (5-12)$$

式中：λ 是塑料的熔化热。

由于体系处于稳定运行状态，故进出界面的物料也应是平衡的，建立所有关联项的平衡方程并简化，则得到：

$$\omega \equiv v_{sy} \rho_s X = \frac{v_{bx}}{2} \rho_m \delta \qquad (5-13)$$

式中：ω 定义为单位螺槽长度上的熔化速率。解出式（5－12）的 v_{sy}，代入式（5－13）中，则用固体床的宽度 X 表示的熔体膜的厚度 δ 和熔化速率可表达为：

$$\delta = \left\{ \frac{[2k_m(T_b - T_m) + \mu v_j^2]X}{v_{bx}\rho_m[C_s(T_m - T_s) + \lambda]} \right\}^{1/2} \tag{5-14}$$

$$\omega = \left\{ \frac{v_{bx}\rho_m\left[k_m(T_b - T_m) + \frac{\mu}{2}v_j^2\right]X}{2[C_s(T_m - T_s) + \lambda]} \right\}^{1/2} = \varphi X^{1/2} \tag{5-15}$$

$$\varphi = \left\{ \frac{v_{bx}\rho_m\left[k_m(T_b - T_m) + \frac{\mu}{2}v_j^2\right]}{2[C_s(T_m - T_s) + \lambda]} \right\}^{1/2} \tag{5-16}$$

由 φ 定义的变量群是熔化速率的量度，即 φ 值大则熔化速率高。这一方程的分子正比于熔化时供热的速率，而分母则正比于固体从其本身温度（T_s）变为温度 T_m 的熔体时所需的热量。

3）固体床的分布固体床的宽度 X 是沿着螺槽向下的长度 Z 的函数。其关系可用螺槽方向上固体床中一个微元体积的物料平衡来得到，其结果可用下式表示：

$$\frac{d(HX)}{dZ} = -\frac{\omega}{\rho_s v_{sz}} \tag{5-17}$$

这个微分方程对渐变螺槽和等深螺槽有不同的解。

对于渐变螺槽，其深度一般呈直线下降即 $H = H_1 - AZ$，式中 H_1 是 Z 为零时的螺槽深度，而 A 为螺槽的锥度，求解上式则得到渐变螺槽的固体床分布：

$$\frac{X}{W} = \frac{X_1}{W}\left[\frac{\psi}{A} - \left(\frac{\psi}{A} - 1\right)\left(\frac{H_1}{H_1 - AZ}\right)^{1/2}\right]^2 \tag{5-18}$$

$$\psi = \frac{\phi W^{1/2}}{\frac{G}{H_1}} \tag{5-19}$$

$$G = v_{sz} W H_1 \rho_s \tag{5-20}$$

渐变螺槽熔化段的长度为：

$$Z_T = \frac{H_1}{\psi}\left(2 - \frac{A}{\psi}\right) \tag{5-21}$$

对于等深螺槽而言，固体床分布和熔化段长度的关系则为：

$$\frac{X}{W} = \frac{H_1}{W}\left(1 - \frac{Z}{Z_T}\right)^2 \tag{5-22}$$

$$Z_T = \frac{2H_1}{\psi} \tag{5-23}$$

式中：G 是质量流率，ψ 是无因次群。

如果熔化是在 $Z = 0$ 处开始的，则式（5－18）中的固体床宽度（X_1）就是螺槽宽度（W），这时渐变螺槽和等深螺槽的固体床分布就分别为：

$$\frac{X}{W} = \left[\frac{\psi}{A} - \left(\frac{\psi}{A} - 1\right)\left(\frac{H_1}{H_1 - AZ}\right)^{1/2}\right]^2 \tag{5-24}$$

$$\frac{X}{W} = \left(1 - \frac{Z}{Z_T}\right)^2 \tag{5-25}$$

这样，固体床分布（X/W）在渐变螺槽时即为无因次数群 A/ψ 的函数，而在等深螺槽时则只是 Z/Z_T 的函数。图 5－18 中示出了不同 A/ψ 时的固体床分布曲线。

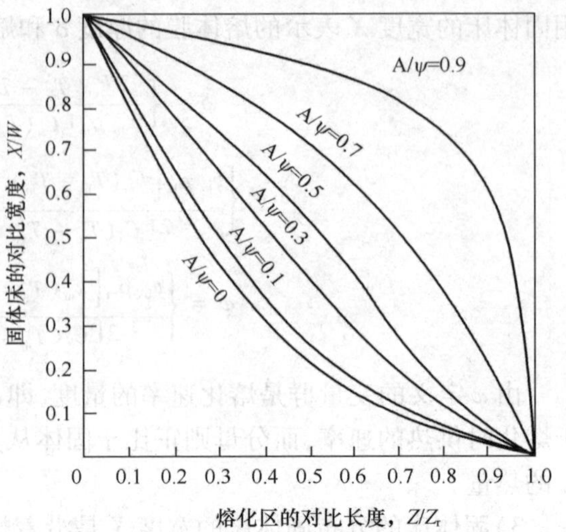

图 5－18　固体床的分布曲线

从图 5－18 可以看出，固体的分布形状是依赖于 A/ψ 值的，对于等深螺槽，$A/\psi = 0$，固体床分布呈抛物线。当 A/ψ 增大时曲线即由凹曲线逐渐变成凸曲线，在极限情况 $A/\psi = 1$ 时，固体床宽度保持不变，分布成为阶梯函数。一般情况下 $A/\psi < 1$，固体床宽度是连续下降的。

5.3.2.3　应用

上述理论对工艺控制和螺杆设计都具有重要意义。现以等深螺槽为例说明其在工艺控制中的作用。

从式（5－19）和式（5－23）可得：

$$Z_T = \frac{2G}{\varphi W^{\frac{1}{2}}} \tag{5-26}$$

上述关系式的最重要结果是，熔化区的长度正比于质量流率（G）。因此，如果要增大流率而且保持熔化区的长度不变（以挤出制品质量不变为前提），这就需要改变其他操作条件以使 φ 值取得与流率等量的增加。从式（5－16）可知，增大 φ 的方法是将料筒的温度 T_b，物料温度 T_s 和螺杆转速分别或同时提高，但仅凭提高螺杆转速一种办法是不容易达到目的的，因为这样所增加的剪切热量不足以补偿产量增加的需求。

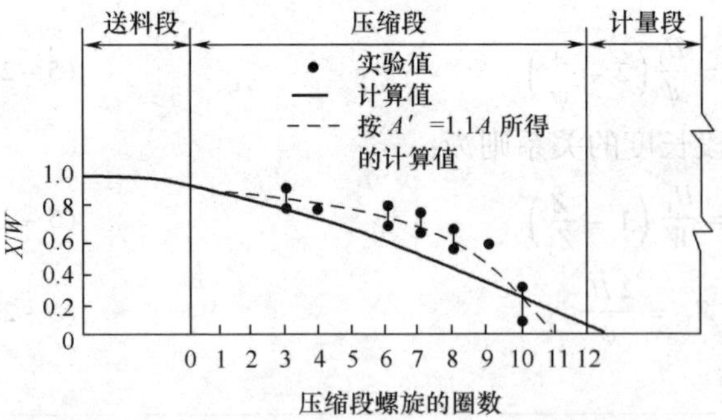

图 5－19　固体床的计算值与实测值的比较

其次，在设计螺杆时可根据熔化理论算出熔化区的长度，从而使熔化段的设计较为简化和合理。但必须指出，与用理论计算的固体床宽度和熔化段长度都与用实验测得的值还有一定差距，见（图 5－19）。从图中可见，在相变初期，计算的熔化速率比实测的要快一些。如果在计算时将锥度加大 40%，则计算结果即与实验较为一致。

产生误差的原因是所用数学模型的许多假设与实际不合。例如，实际上熔体是非牛顿流体，固体床的厚度是有限的，同时物理性能有变化，而且螺槽也不是矩形等。因此，在这一基础上又有人提出了各种修正模型。当然修正过的数学模型更接近于实际情况，但计算更为复杂。

5.3.3 熔体输送

计量段中熔体输送的理论是单螺杆挤出理论中研究得最早而又最充分的。开始是以两块无限大平行板之间的等温牛顿流体为对象，其后又扩展到非牛顿流体。当然，这依然是在极为简化的情况下来处理这一问题的。随着技术和方法的发展，理论研究也更直接近实际情况，不过它的复杂程度则更大。这里仅就其最为简单的进行讨论。应该指出，由最简理论所推导的公式的计算结果仍然有一定的准确性，而且计算简便。

5.3.3.1 简化流动方程

为了推导方便，把螺槽展开并定位在平面，料筒被看作是螺槽上一块移动的平板，并与螺槽成 θ 角以恒定速度移动（图 5-20）。简化假设有：①熔体是不可压缩的牛顿流体，其黏度（μ）与温度无关；②流动是充分发展的稳定层流；③流体在壁面无滑动；④螺槽为矩形，螺槽深度（H_m）比螺槽宽度（W）小得多，即 $H < W$；⑤均不考虑惯性力、重力等的影响；⑥熔体的密度等物理性质不变；⑦螺槽深度恒定，压力梯度（dp/dZ）为一常数。

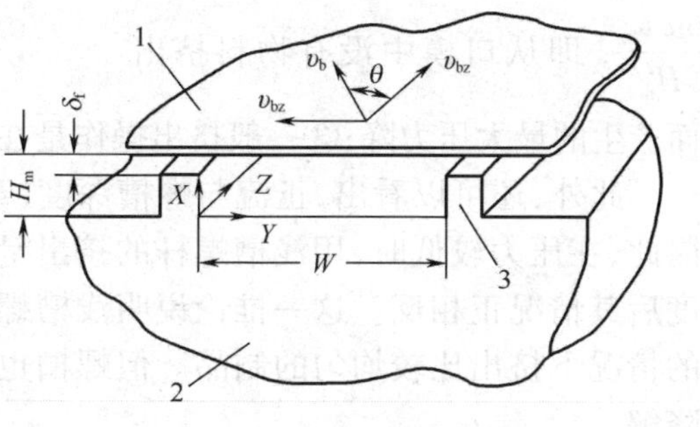

图 5-20 螺槽的几何形状

1—料筒 2—螺杆根部 3—螺纹

熔体在螺杆计量段有正流（拖曳流动）、逆流（压力流动）、横流和漏（泄）流四种流动。正流（Q_d）是由于料筒移动在螺槽方向所产生的流动。逆流（Q_p）是料流压力梯度所产生的流动，其方向与正流相反。横流（Q_t）是物料沿 x 轴所产生的流动，为了保证横流的连续性，物料在 y 轴上也有流动，这样便形成环流，它对混合和传热有影响，但不影响流量。漏流（Q_L）也是压力梯度造成的，它是物料从螺棱与料筒之间的间隙（δ）沿螺杆轴向料斗方向的流量。

如果物料沿螺槽的速度为 v_z，且不考虑漏流损失和横流的影响，则动量方程与牛顿黏性定律结合，可得：

$$\frac{d^2 v_z}{d y^2} = \frac{1}{\mu}\frac{dp}{dZ} \tag{5-27}$$

积分上式，并代入边界条件 $v_{z(y=0)} = 0, v_{z(y=H_m)} = v_{bz}$，则得：

$$\frac{v_z}{v_{bz}} = \frac{y}{H} + \frac{y}{H}\left(\frac{1}{2\mu}\frac{dP}{dZ}\frac{H^2}{v_{bz}}\right)\left(\frac{y}{H} - 1\right) \tag{5-28}$$

上式的右边第一项代表正流的速度分布，第二项代表逆流的速度分布，两者之和就是 Z 向净流熔体输送速率的速度分布，如图 5-21 所示。

熔体输送速率（净流）可将螺槽的速度分布通过螺槽横截面积分而得出：

$$Q_m = \int_0^{H_m}\int_0^{W} v_z dy dx = \frac{v_{bz} W H_M}{2} - \frac{W H_m^3}{12\mu}\left(\frac{dp}{dZ}\right) = \frac{1}{2} v_{bz} W H_m - \frac{W H_m^3 \Delta p}{12\mu Z} \tag{5-29}$$

式中：Z 是沿螺槽方向的长度，Δp 是其压力降。

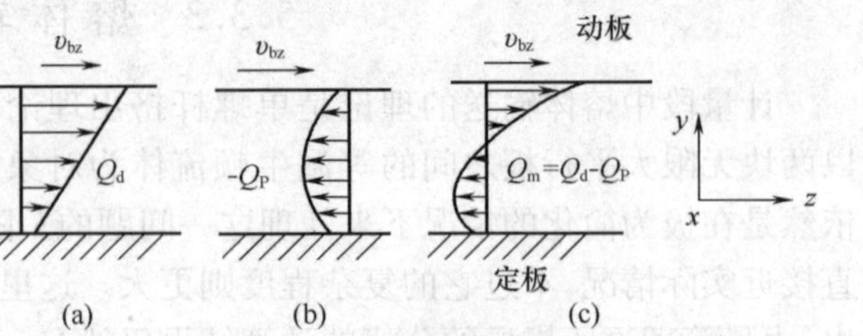

图 5－21　沿螺槽的流速分布
（a）正流　（b）逆流　（c）净流

从式（5－29）可以得出：①当 $\Delta p=0$ 时，$Q_{\max}=\frac{1}{2}v_{bz}WH_m$，即在挤出机中没有压力梯度（不安装口模）的最大熔体输送速率，但塑化效果很差；②当 $Q=0$ 时，$\Delta p_{\max}=\frac{6\mu v_{bz}}{H_m^2}$，即从口模中没有物料挤出而产生的最大压力降；③一般挤出操作是在前两个极端条件之间进行的。

此外，还可以看出，正流与螺槽深度（H_m）成正比，而逆流则与它的三次方成正比。因此，在压力较低时，用浅槽螺杆的挤出量会比用深槽螺杆时低，而当压力高至一定程度后其情况正相反。这一推论说明浅槽螺杆对压力的敏感性不很显著，能在压力波动的情况下挤出比较均匀的制品。但螺槽也不能太浅，否则过高的剪切速率会导致塑料降解。

利用螺杆的几何关系，简化流动方程可写成：

$$Q_m=\frac{\pi^2 D_b^2 n H_m \sin\theta_b \cos\theta_b}{2}-\frac{\pi D_b H_m^3 \sin\theta_b \Delta p}{12\mu L} \tag{5-30}$$

式中：n 为螺杆的转速，Δp 为计量段料流的压力降，L 为计量段的长度。

5.3.3.2　螺杆和口模的特性曲线

为简明计，式（5－30）可写成下式：

$$Q_m=An-B\frac{\Delta p}{\mu} \tag{5-31}$$

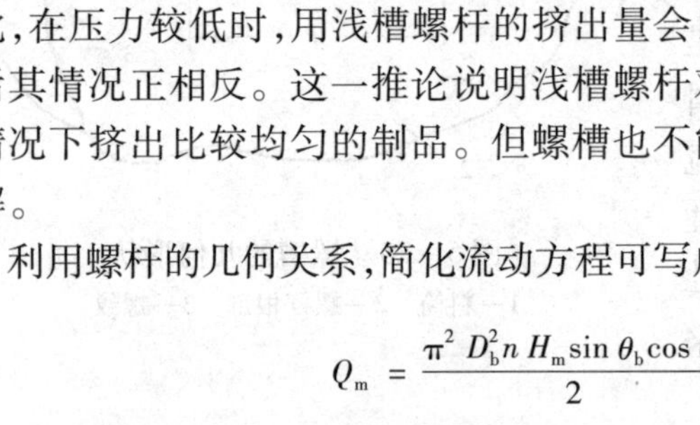

图 5－22　螺杆和口模的特性曲线（牛顿液体）

式中：A 和 B 都只与螺杆结构尺寸有关，对指定的挤出机在等温下的操作情况来说，除 Q_m 与 Δp 外，式（5－31）中其他符号都是常数，这样式（5－31）即为直线方程。如果将它绘在 $Q_m-\Delta p$ 坐标图上就可得到一系列具有负斜率的平行直线，这些直线常称均螺杆特性曲线（如图 5－22）。

塑料熔体（假定为牛顿流体）通过口模的方程可简写成：

$$Q_m=K\frac{\Delta p}{\mu} \tag{5-32}$$

式中：K 为常数，与口模的几何结构有关，Δp 为塑料通过口模的压力降。

如果进入计量段的料流压力与口模处出料的压力相等(绝大多数的挤出都是这种情况),则式(5-32)中的Δp与式(5-31)中的Δp相等。采用同一坐标而将式(5-31)绘出,就可得到像图5-22所示的一组直线(D_1,D_2,D_3)等,不同的直线表示用不同的口模(也就是K值不同),这种直线称为口模特性曲线。

图5-22中两组直线的交点就是操作点。利用这种图可以求出指定挤出机配合不同口模时的挤出量,使用极为方便,同为直线只需两点就可决定。

将式(5-31)和式(5-32)联立而消去Δp即得:

$$Q_m = \left(\frac{AK}{K+B}\right)n \tag{5-33}$$

从式(5-33)可知,挤出机(带有口模)的挤出量仅与螺杆转速以及螺杆、口模的结构尺寸有关,而与塑料的黏度无关。

5.4 单螺杆结构设计的改进

为使挤出机在挤出量和挤出物的质量上都能提高,多年来在实践经验和理论的启发下,对单螺杆的结构作了很多改进和创新的尝试,其中不少改进都取得了良好的效果。

5.4.1 排气式螺杆

用排气式挤出机螺杆可连续从聚合物中抽出挥发物。这种挤出机在其料筒上设置一个或多个排气孔以便挥发物逸出,排气式挤出机可用于排出单体、低聚物、缩聚反应物(如水等)、聚合物配料的挥发组分和亲水聚合物(ABS、PA、PC等)的水分。

图5-23是一根典型的两阶排气式挤出机螺杆,它至少有5个不同几何形状的功能段。前三段为加料、压缩和计量,与通用螺杆相同。在计量段之后,用排气段相接以迅速解除压缩,其后便是迅速压缩和泵出段。为了排气良好,有两个重要的功能要求:一是排气孔下聚合物熔体的压力为零,二是排气孔的聚合物是完全熔化的。要求零压力是避免聚合物熔体从排气孔逸出。要求完全熔化聚合物有几个原因,如果聚合物在计量段没有完全熔化,排气孔和加料口之间的密封不好,就不能达到所要求的真空度,影响挥发物的排出。另一原因是挤出机的排气是受扩散过程控制的,而扩散系数对温度有较大的依赖性,如果聚合物温度低于熔点,扩散则在极低的速率下进行。因此,聚合物温度应在熔点以上,以增大扩散速率,从而也提高了排气效率。所以聚合物应处于熔融态,扩散系数则随熔体温度的升高而增大。此外,聚合物处于熔融态,表面可以更新,这对排气过程有很大促进。表面更新的程度与螺杆设计有重要关系,多螺纹、大螺距的排气段将增进排气效率。所以,为求高的排气效率,聚合物进入计量段应在较高温度下并完全熔化。

零压力可通过排气段的螺槽只为部分聚合物充填来实现。当螺槽未全部充填,至少在沿螺槽方向就没有压力发生的可能。为了达到部分充填,排气段的深度必须比计量段的深度大得多,一般至少是3倍,而泵出段的输送能力要比计量段的输送能力大。如果泵出段的输送量不够,聚合物熔体将在泵出段积滞并从排气孔逸出。因此,泵出段螺槽深度与计量段深度之比,一般取成1.5~2.0。

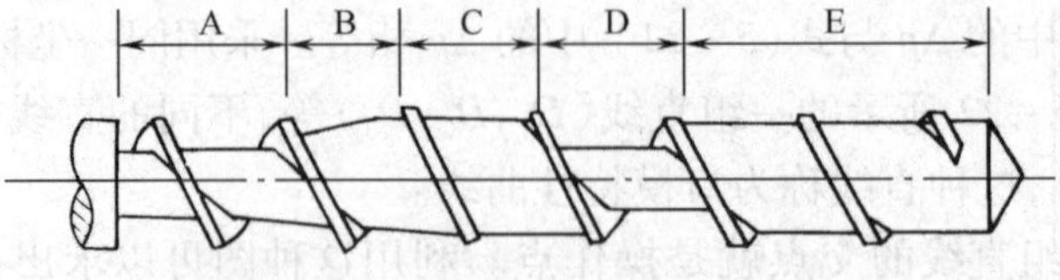

图 5-23　两阶排气式挤出机螺杆

A—加料段　B—压缩段　C—计量段　D—排气段　E—泵出段

5.4.2　屏障型螺杆

由于用作屏障螺杆螺纹结构的不同，屏障型螺杆也有多种。这类螺杆的共同特点是在压缩段的螺纹旁再加一道辅助螺纹（称为屏障螺纹），于是将螺杆主螺纹的前缘一边分为熔体槽，而其后缘一边分为固体槽。屏障螺纹与料筒的间隙比主螺纹的间隙大5～9倍，这只能允许固体槽中由固体床生成的熔体进入熔体槽，而未熔化的塑料则被阻隔，典型的屏障型螺杆如图5-24所示。这根屏障螺纹具有将固体与熔体分离之功能（故又称为离型螺杆），在固体床崩溃时可避免固体粒子与熔体混合在一起。另外，屏障螺纹的螺距比主螺纹的大，这种几何结构使固体槽截面积减小，起到减小固体槽深度和宽度的作用，而熔体槽的截面积则增大，起到增大槽深和槽宽的作用，屏障螺纹跨越螺槽而在固体槽宽度为零处终止，熔体槽宽度则增大到主螺槽的宽度。屏障螺纹不仅能促进熔化，同时也有助于内压的升高。这种屏障螺杆是由Mailefer首先研制成的，因此，也称Mailefer螺杆。

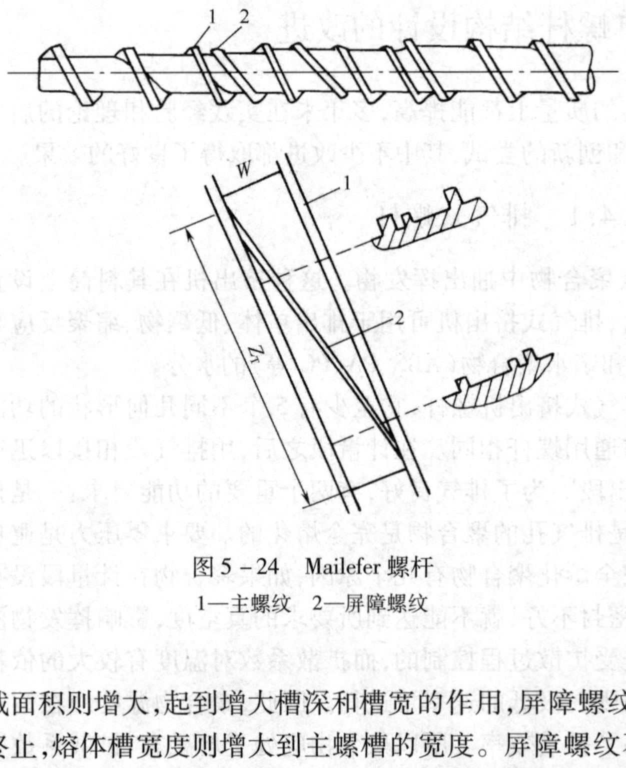

图 5-24　Mailefer螺杆

1—主螺纹　2—屏障螺纹

另一种形式的屏障型螺杆称为Barr螺杆，它的起始部分与Mailefer螺杆相同。当熔体槽足够宽时，屏障螺纹开始于主螺纹平行如图5-25（a）所示。因此，固体槽和熔体槽两者的宽度保持恒定。但当物料沿着螺杆前进方向移动时，固体槽逐渐变浅，从而将固体床推压在料筒表面上并使其熔化。另一方面，熔体槽的深度却逐渐增加以适应塑料熔体不断增加的需要。这种螺杆有两个主要优点：一是不需要固体床有任何的变形；二是固体床对料筒表面的接触面积显著增加，因此就增加了塑料在螺杆中的熔化量。这种型式螺杆的产率比常用型式的螺杆多20%～30%。但是，这种屏障螺纹是从主螺纹前缘一边开始的，会使主螺纹的宽度突然在前缘一边增加到大约为送料段原螺槽宽度的三分之一。螺槽宽度的急剧增加将明显地影响螺槽的横截面积，并使体积流动速率大为降低。如果主螺纹宽度在后缘增加，如图5－25(b)所示，原来的主螺纹变为屏障螺纹，而加宽的后缘一边则为主螺纹。这种更换的几何形状被认为能降低对熔体的干扰。然而，突然增加螺纹宽度也要减小螺槽的横截面积和妨碍熔体的流动。

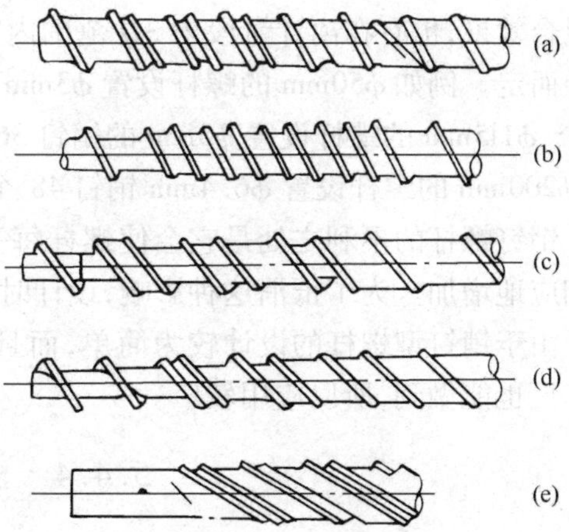

图5－25　屏障型螺杆的结构

(a)Barr 螺杆　(b)Lacher/Hsu/Willer/Barr 螺杆　(c)Dray/Lawrence 螺杆　(d)Kim 螺杆　(e)Ingen/Housz 螺杆

Dray/Lawrence 螺杆如图5－25(c)的几何形状与 Barr 螺杆很相似，其主要差别是主螺纹的螺旋角在引入屏障螺纹处突然改变。这就使固体槽的宽度仍保持加料段螺槽宽度，但也引起固体床方向突然改变而造成不稳定。为了改进这一缺点，将主螺纹和屏障螺纹的螺旋角逐渐改变，以得到从加料段平滑地转变到屏障段，但固体槽的宽度仍保持 Dray/Lawrence 螺杆的宽度，这种螺杆称 Kim 螺杆如图5－25(d)。另外 Ingen/Housz 螺杆如图5－25(e)则是将屏障与多螺纹结合在一起以改进熔化性能。

除上述屏障型螺杆外，还发展了另一类屏障型螺杆，即在螺杆的中部或端部设置相当短而具有屏障性能的混合段，以便把熔体与未熔化的固体分离，并使熔体只能向端部输送。

5.4.3　销钉型螺杆

这种螺杆是因在靠近熔化段末端到计量段这区间设置一组或几组起混合作用的销钉而得名的(见图5－26)。由于固体床崩溃时所产生的塑料粒子往往会与熔体混在一起，由于得到热量的机会少，不易熔化，甚至在到达螺杆端部时这些物料也不能完全熔化。如果在这一区域设置销钉，就必然会使料流发生搅动，并从而产生局部的高剪切以增进固体粒子的熔化。此外，设置的销钉还将有助于内压力的提高，借此还可保证螺槽被充满和压实。从实践的情况知，设有销钉的螺杆的确能达到上述目的。

图5－26　销钉型螺杆

销钉的设置位置和排布方式，以及大小和数量对物料的混合都有影响，设置位置一般以螺杆轴向上未熔化的固体料尚有20%～30%的部分(即靠近压缩段的末端)为好。

排布方式一般是使成排的销钉垂直于螺槽。设置面积有为螺槽一圈或几圈的。为了加强混合效果，也有在离计量段末 $3D$ 范围内密布销钉的。销钉的大小和数量一般随螺杆直径而定。例如 ϕ50mm 的螺杆设置 ϕ3mm 销钉 30 个，ϕ90mm 的螺杆设置 ϕ4mm 的销钉 36 个，ϕ115mm 的螺杆设置 ϕ5mm 的销钉 36 个，ϕ150mm 的螺杆设置 ϕ5.5mm 的销钉 42 个，ϕ200mm 的螺杆设置 ϕ6.4mm 销钉 48 个。

销钉螺杆的不利之处是它会使螺杆每一转的产率减少 5% ~15%，同时还使熔体温度相应地增加。为了抵消这种影响，设计时应该适当地加深计量段螺槽的深度。

由于销钉型螺杆的设计较为简单，而且销钉在螺杆上的安装也较容易，即使在塑料加工厂也能做到，所以应用较广。

5.4.4 波型螺杆

这种螺杆的螺槽根部是偏心的，偏心部位沿轴向按螺旋形移动，如图 5－27(a)所示，由于螺槽深度前后各点不一样，螺槽彼此的连接就呈现波浪的形式，所以称为波型螺杆。在塑料压缩阶段，固体床的宽度会随其前进而逐渐缩小，熔体池则逐渐增大。当熔体池达到 40% ~70% 时，固体床的崩溃就会发生。如果固体床的崩溃在此时是加速的，则未熔化的物料将产生细小的颗粒，增加表面积，从而促进物料的熔化。

在波型螺杆转动的同时，螺槽根部产生周期性的一起一伏运动。因此，随静止料筒和转动螺槽之间的速率来运动的固体床就会受到重复的压缩和膨胀作用。基于这种理由，固体床的崩溃将加速，对物料的混合十分有效。

另一种波型螺杆是轴向波型螺杆，在主螺纹之间套有一根间隙扩大一倍的辅助螺

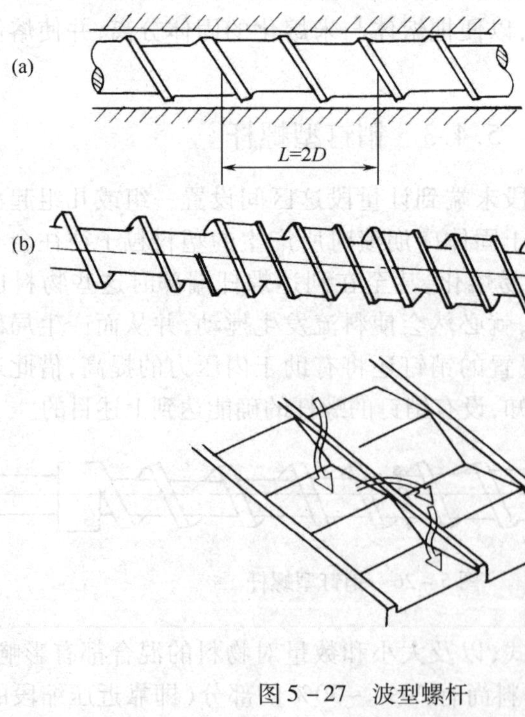

图 5－27　波型螺杆

纹,而且由辅助螺纹隔开的两种螺槽波度都沿轴发生变化如图 5－27(b)。在这种情况下,当同一个节距中的一种螺槽深度增加时,另一螺槽深度的变浅是按这一种方法来进行的,即在几个节距的一段距离内,螺槽深度的关系是变换进行的。利用这种设计,一个节距中由辅助螺纹所分开的两个螺槽横截面积的比值就具有周期性的变化。因此,当物料在螺槽内向前移动时,在跨越辅助螺纹的同时有流进的也有流出的,因而促进了物料的混合。

与屏障型螺杆相比,波型螺杆没有一点可以使物料的流动受到阻止,所以挤出量是最大的,但是物料温度的提高却有所减少。基于这种理由,这种螺杆适合于高速挤压操作。关于熔体在流动方向上的均匀性,波型螺杆所产生的结果与用屏障型螺杆的相当。

5.4.5 混合螺杆

所谓混合是指降低组分非均匀性的过程,或者将混合定义为改变组分在空间的有序或堆集状态的原始分布,从而增加在任一特定点上任一组分的一粒子或体积元的几率,以便达到合适的空间几率分布。单螺杆挤出机虽有这种混合功能,但混合效果有一定限制。为此,对单螺杆挤出机的螺杆结构作了许多改进,研制出了各种混合元件,根据混合元件功能的不同可分为分配混合元件和分散混合元件,从而产生了各式的混合螺杆。

为了改进通用螺杆的分配混合程度,一般在计量段设置分配混合元件,使螺槽中的速度分布扰乱,以产生分配混合。所谓分配混合是指所混合的组分都是流体,而无屈服点存在,它既有层状变形也有在成束的线形料流之间产生相对位置的变化。常用的分配混合元件(或段)如图 5－28 所示,所用分流元件是密集的销钉、沟槽和凹穴等。图中的静态混合器是不属于螺杆主体的,而与螺杆分离并设置于螺杆的端部。

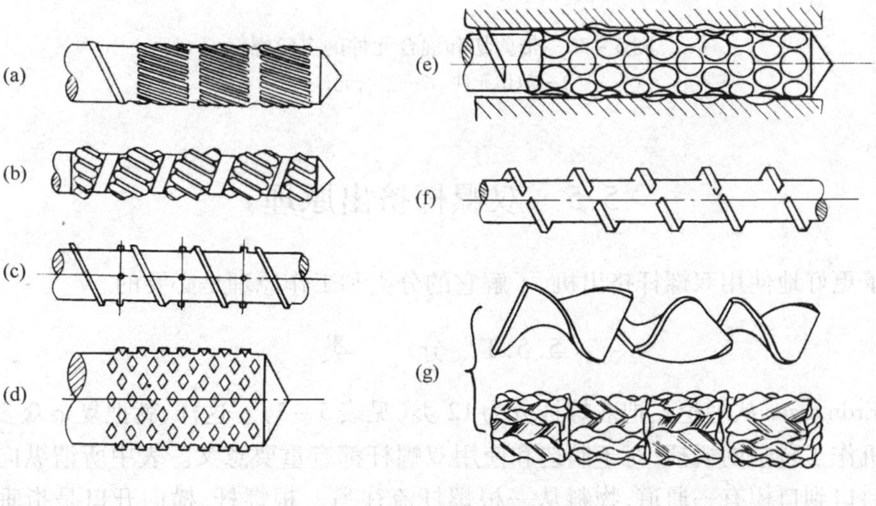

图 5－28 分配混合元件(段)

(a)Dalmage 混合段 (b)Saxton 混合段 (c)销钉混合段 (d)波罗型混合段
(e)凹穴传递式混合段 (f)切口螺线 (g)两种静态混合器

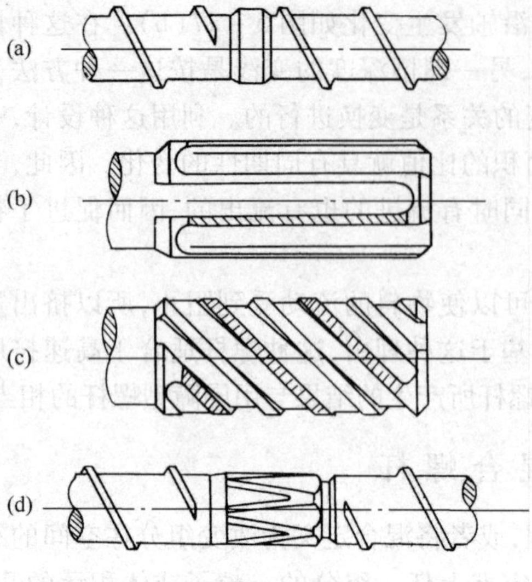

图 5－29　分散混合元件

(a)凸环　(b)VC 混合段

(c)Egan 混合段　(d)Dray 混合段

在实际挤出操作中，聚合物往往要添加着色剂、填充剂和改性剂等，或者挤薄型薄膜，这时良好的分散混合往往比分配混合更为严格。这就要求在螺杆上设置分散混合元件，产生强大的局部作用，以克服附聚粒子的内聚力。另一方面，剪切力的作用时间也很重要。图 5－29 是常用的分散混合元件。可见所有屏障型螺杆均能产生不同程度的分散混合作用，因为物料屏障间隙中经受很高的剪切，足以使熔体中的粒子或附聚物粉碎。这种元件有时也称为剪切元件。

以上两类混合元件，可根据需要单独设置在螺杆上，或者两者结合，或者加上排气功能，以构成多阶混合螺杆(图 5－30)。

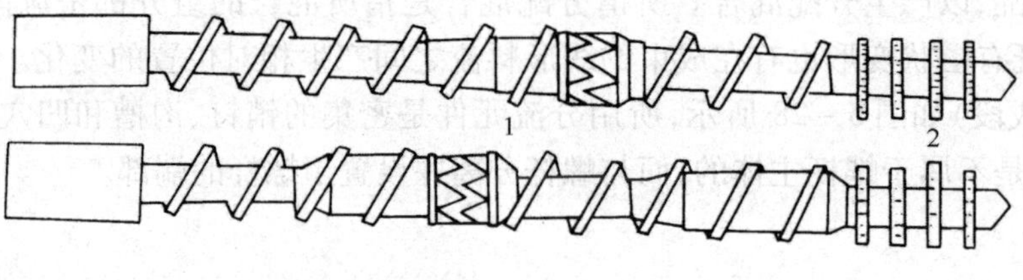

图 5－30　带剪切和混合元件的多阶螺杆

1—剪切元件　2—混合元件

5.5　双螺杆挤出原理

为了更好地使用双螺杆挤出机，了解它的分类和工作原理是必要的。

5.5.1　分　　类

R. Erdmerger 从理论上把双螺杆分为 12 类(见表 5－3)。这样，就把复杂众多的双螺杆挤出机作了科学的概括，对于制造和使用双螺杆都有重要意义。表中所谓纵向开口是指自加料口到口模有一通道，物料从一根螺杆流往另一根螺杆；横向开口是指垂直螺棱方向，物料能越过螺棱，在一根螺杆的各个螺槽之间进行物料交换。螺杆的纵向开口，或横向开口，或有一封闭的几何形状，对螺杆的输送条件、混合及积蓄压力的能力都有直接影响。

表 5－3　　双螺杆挤出机的类型

啮合情况		系　统	反向转动螺杆	同向转动螺杆
啮合	全部	纵、横向封闭	1. 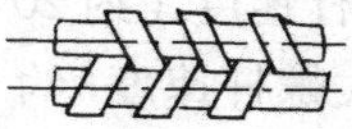	2. 理论上不可能
		纵向开口、横向封闭	3. 理论上不可能	螺杆 4. 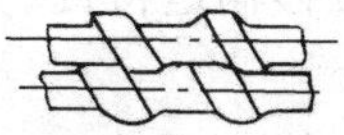
		纵、横向开口	5. 理论上可能，但实际上不行	捏合盘 6. 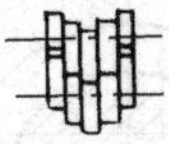
	部分	纵向开口、横向封闭	7. 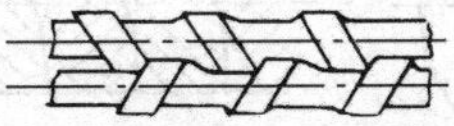	8. 理论上可能
		纵、横向开口	9a. 	10a. 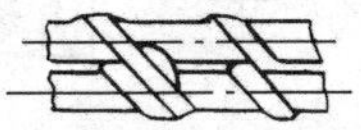
			9b. 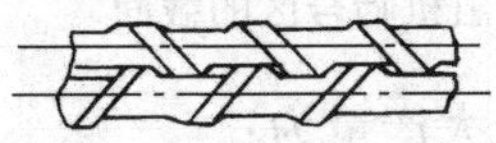	10b. 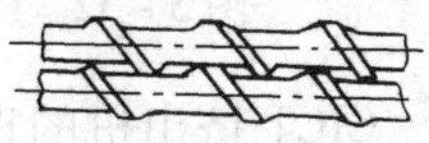
非啮合		纵、横向开口	11. 	12. 

非啮合双螺杆在纵、横向都是开口的，只有全啮合、反向转动的双螺杆在纵、横向都是闭合的，不考虑机械间隙，它能形成封闭室。全啮合、同向转动双螺杆是纵向开口、横向封闭的，而捏合盘在纵横向都是开口的，对于部分啮合的双螺杆，要区分纵向开口和横向封闭系统与纵、横向开口的系统。

5.5.2　反向啮合型双螺杆挤出机

典型的封闭式反向（转动）啮合（CICT）型双螺杆挤出机的螺杆几何形状，如图 5－31 所示。

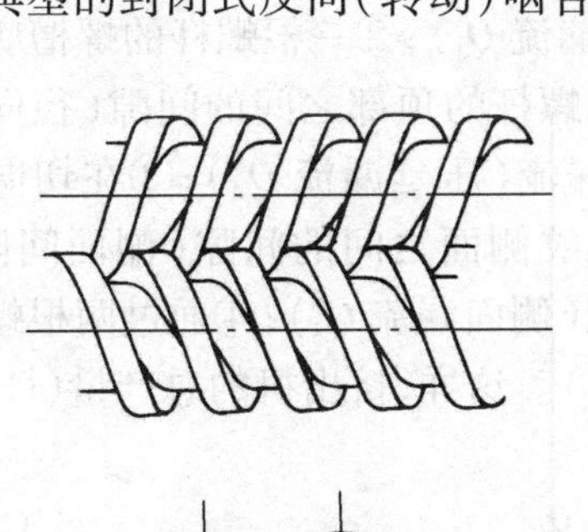

图 5－31　CICT 挤出机的螺杆几何形状

从啮合区截面（图 5－32）可见，两根螺杆螺槽之间的开口是很小的。因此，CICT 挤出机可达到相当好的正位移输送特性。

反向啮合型双螺杆挤出机具有滚压式啮合特性，如图 5－33 所示。啮合区的螺杆速度都在同一方向。进入啮合区的物料具有强制通过啮合区的倾向。如果两根螺杆之间的间隙很小，则通过啮合区的流动也很小。这将在啮合区的入口处产生储存物料的料垄，进入辊隙的物料将对两根螺杆产生很大的压力，致使螺杆挠曲。所以，CICT 挤出机一般适合在低速下运行，以免在啮合区发生过大的压力。若使用大间隙设计螺杆,螺杆速度可以提高,但是正位移特性将会受到损失。于是,CICT挤出机的最大允许螺杆速度,常常是评判机器正位移输送特性是否良好的指标。低的最大螺杆速度(约20~40r/min)表明,机器具有正位移输送特性,大多用于型材挤出。高的最大螺杆速度(约100~200r/min)表明,机器具有较小的正位移输送特性,大多用于配料、连续的化学反应,以及其他特定的聚合物加工作业。

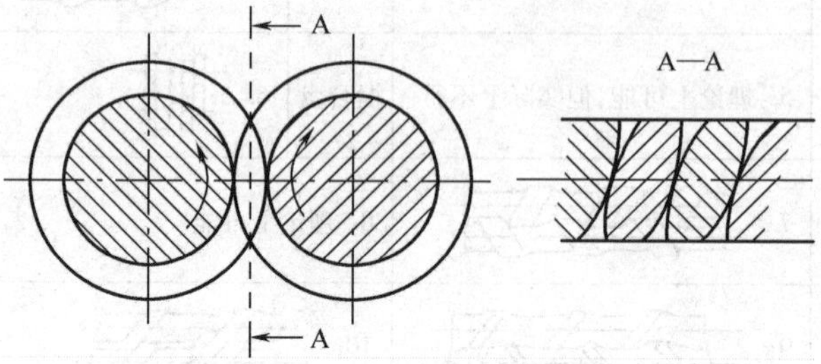

图5-32 CICT挤出机啮合区的截面

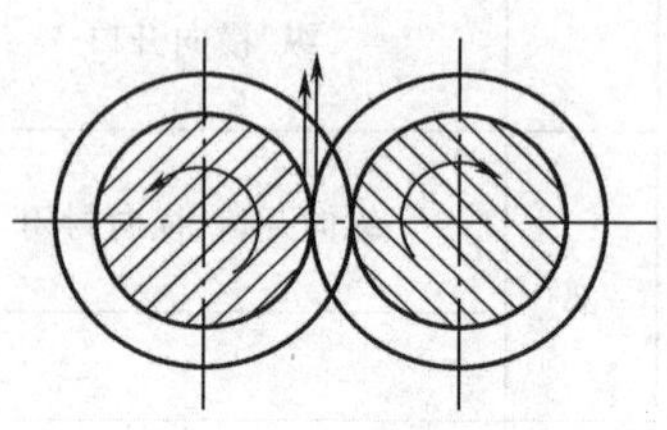

图5-33 反向挤出机的滚压式啮合

CICT挤出机的理论最大产量为:

$$Q_{max} = 2inV \quad (5-34)$$

式中:i是平行螺纹数,V是C形室的体积,n为螺杆的转速。

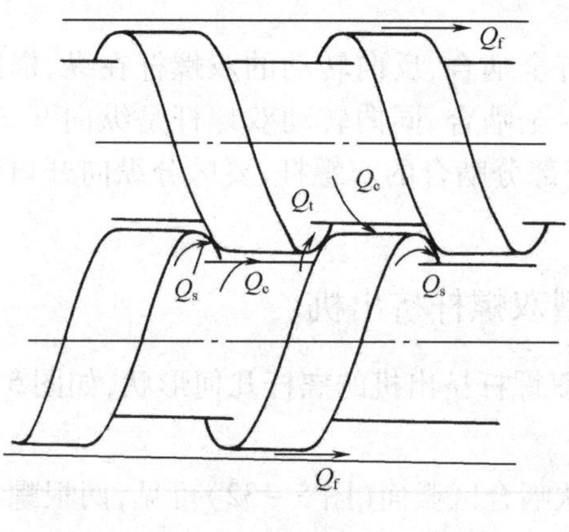

图5-34 挤出机中的漏流

在式(5-34)中,假设螺槽被物料完全充满而且无漏流。此方程首先是由Schenkel提出的。实践表明,CICT挤出机的实际产量大大低于理论值(Q_{max}),所以有人对该式引入经验性修正。Janson对反向转动挤出机中的漏流作了详细分析,他将漏流分为四种(图5-34)。①通过螺棱与料筒之间的间隙(螺棱间隙δ)的漏流(螺棱漏流Q_f);②一根螺杆的螺槽底部和另一根螺杆的顶部之间的间隙(径向间隙δ_d)的漏流(压延漏流Q_d);③在切向通过两根螺纹侧面之间的间隙(侧面间隙δ_s)的漏流(侧面漏流Q_s);④通过两根螺杆螺纹侧面之间的四面体间隙(σ_t)的漏流(四面体漏流Q_t)。这样,挤出机的总产量(Q)可按下式确定:

$$Q = 2inv - 2iQ_{cs} - 2Q_f - Q_t \quad (5-35)$$

式中:Q_{cs}是压延漏流与侧向漏流之和。

5.5.3 同向啮合型双螺杆挤出机

这种挤出机有低速和高速两种。它们在设计、操作特性和应用方面都是不同的。低速同向(转动)双螺杆挤出机主要用于型材挤出,而高速挤出机则用于特定的聚合物加工作业。

(1)封闭式啮合型挤出机

低速挤出机具有封闭式结合螺杆几何形状,其一中根螺杆的螺纹插入另一根螺杆的螺槽而密切配合,即共轭螺杆轮廓。封闭式同向啮合(CICO)型双螺杆挤出机的典型几何形状。如图 5 - 35 所示。

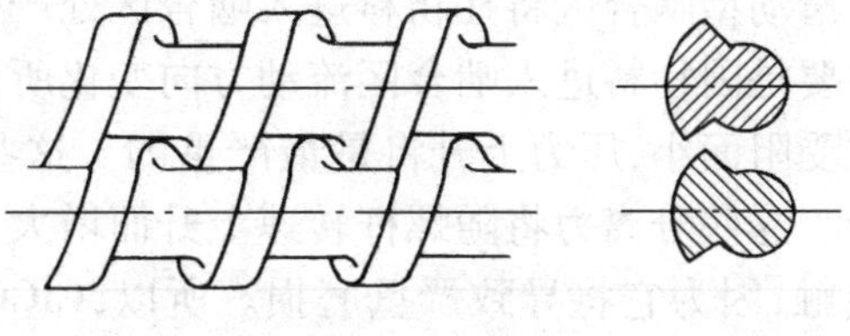

图 5 - 35 CICO 挤出机的螺杆几何形状

图 5 - 35 所示的共扼螺杆轮廓显示出在两根螺杆之间形成了良好的密封。可是,啮合区的截面(图 5 - 36)显示出,在两根螺杆的螺槽之间存在着相当大的开口。因此,CICO 挤出机的输送特性不如 CICT 挤出机(见图 5 - 31,图 5 - 32)的正位移。同向双螺杆挤出机具有滑动式啮合,如图 5 - 37 所示。由于在啮合区螺杆的速度是相反的,因此进入啮合区的物料,除了螺纹面的间隙很大(图 5 - 38)外,几乎没有向啮合区移动的倾向。由于螺槽间的开口很大,进入啮合区的物料则有流进相邻螺杆的螺槽的倾向,物料将呈 8 字形运动方式(图 5 - 39),同时也沿轴向运功。

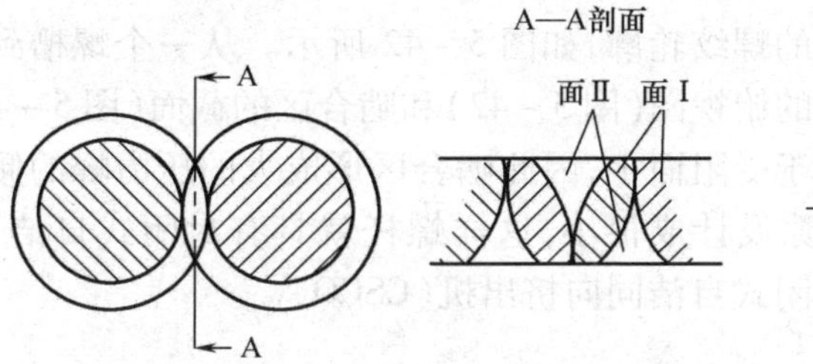

图 5 - 36 CICO 挤出机中啮合区的截面

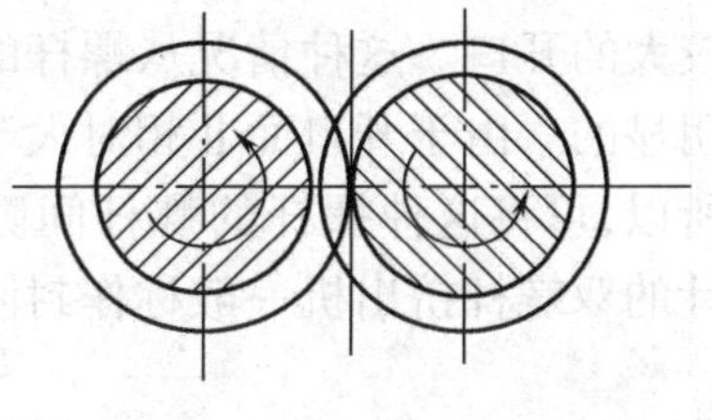

图5 - 37 CICO 挤出机中啮合区的截面

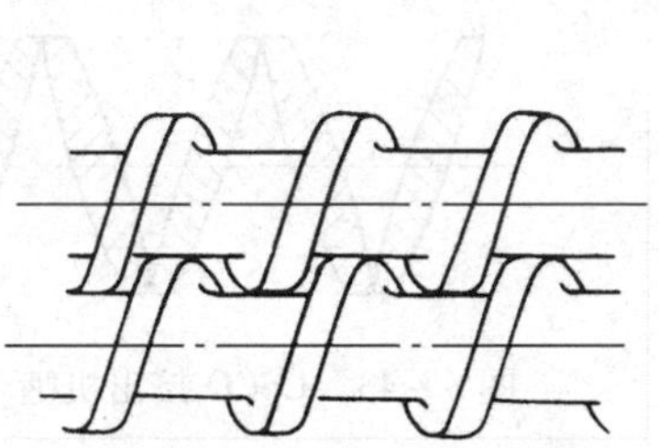

图 5 - 38 具有大的螺纹面间隙的啮合区

图 5 - 39 物料呈 8 字形运动

靠近无源螺纹面的物料,由于受到相邻螺杆螺棱的阻碍,不能进入相邻螺杆的螺槽。因此,这些物料将产生回流,如图 5 - 40 所示。这种物料的一部分将贡献于螺杆的正位移输送特性。

如果受阻面(图 5 - 36 中的Ⅰ面)相对大于开口面(图 5 - 36 中的Ⅱ面),输送特性将是完全正位移的。如果开口面相对大于受阻面,正位移输送特性则会较大地降低,致使停留时间(RTD)增加和产量对压力的依赖性增加。CICO 挤出机相对地具有正位移输送特性,因为它的螺杆几何形状是使开口面相对小于受阻面的。

滑动型啮合区将在物料进入啮合区处产生高的压力区,如图 5-41 所示。压力的上升主要是因物料进入啮合区流动方向变化所引起。显然,对于 CICO 双螺杆挤出机,开口面比受阻面小,压力上升将是最严重的。这些高压区将对螺杆产生横向力,试图将螺杆推开。这些分离力将随螺杆转速上升而增大。很显然,这种分离力不应大到使螺杆与料筒接触,因为它将导致严重磨损。所以,CICO 挤出机必须在低速下运转,以免在啮合区出现大的压力峰。

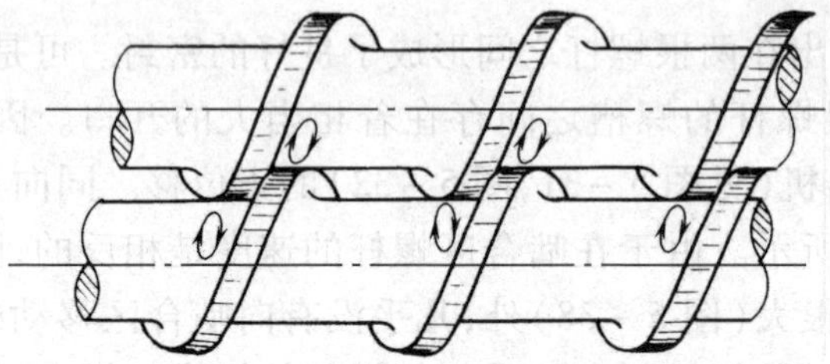

图 5-40 无源螺纹面处的回流

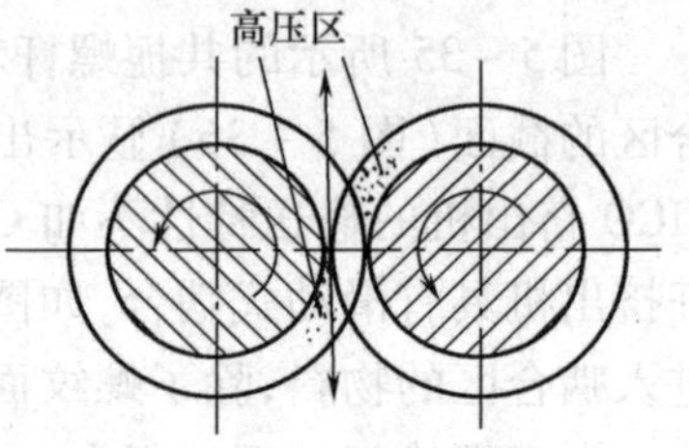

图 5-41 啮合区入口处的高压区

(2)自洁式挤出机

高速同向挤出机具有封闭式匹配的螺纹轮廓,如图 5-42 所示。从一个螺槽到相邻螺槽有较大的开口。这种情况从螺杆的俯视图(图 5-42)和啮合区的截面(图 5-43)观察是很明显的。由于开口面Ⅱ相对大于受阻面Ⅰ,因此啮合区形成大的压力峰的倾向相当小。所以,可将这种螺杆的螺杆间隙设计成很小,这样螺杆就具有封闭式自洁作用。这种设计的双螺杆挤出机一般称作封闭式自洁同向挤出机(CSCO)。

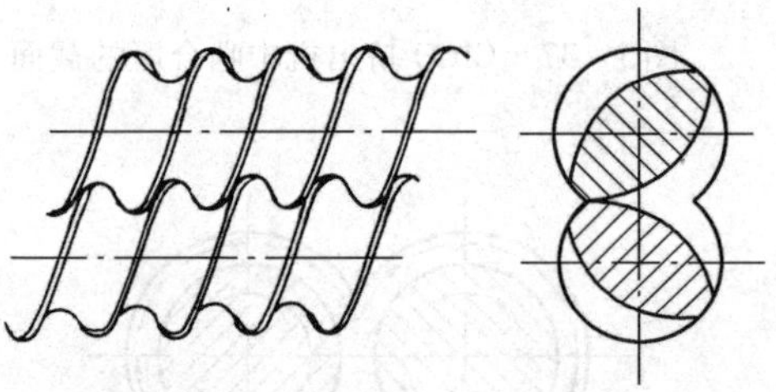

图 5-42 CSCO 挤出机的螺纹几何形状

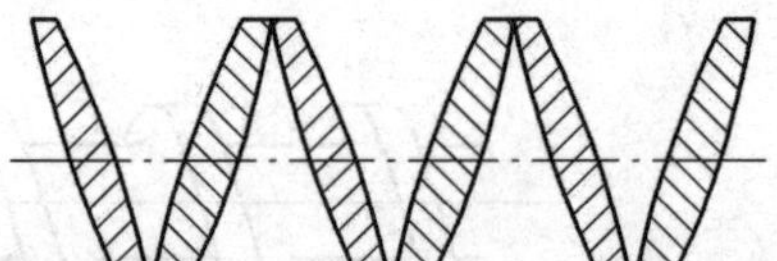

图 5-43 CSCO 挤出机啮合区的截面

采用 CSCO 挤出机时,在啮合区产生大压力峰的倾向很小,可以在高速下运转(高达 600r/min)。这种情况利用啮合区相对大的开口面是可能的。可是,这种几何特性也产生相当的非正位移动输送特性,使停留时间增加和产量对压力的敏感性增加。所以,这些机器不适于直接挤出型材。通常双螺杆挤出机中,大部分物料将按 8 字形流动,而 CSCO 挤出机中的这部分要比 CICO 挤出机中大得多。物料在一个螺槽中传送如图 5-44 所示。

对于三头螺纹 CSCO 挤出机,进入一根螺杆螺槽的啮合区的大部分物料,传送到另一根螺杆的相邻螺槽,如图 5-45 所示。流道(截)面积在啮合区前是由螺杆与料筒之间的面积决定，即螺槽面积 A（图 5－45）。在啮合区流道面积则由两根螺杆与料筒之间的面积决定（如 A_2）。啮合起始点，流道面积增加到最大，但在啮合区末端，它又降低到 A_1。在 CSCO 挤出机中，螺棱的宽度相对小于螺槽的宽度，这种流道面积的变化有利于物料从一根螺杆递到另一根螺杆，使物料受到剪切和混合。

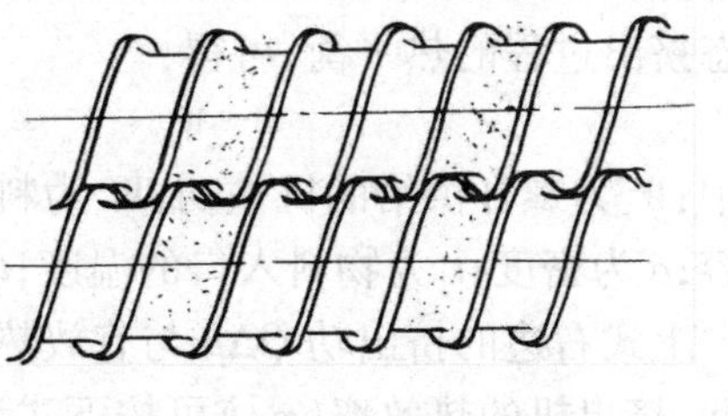

图 5－44　物料在双螺纹 CSCO 挤出机中的传送

5.5.4　非啮合型双螺杆挤出机

非啮合型双螺杆挤出机在 5.2.1 中已提

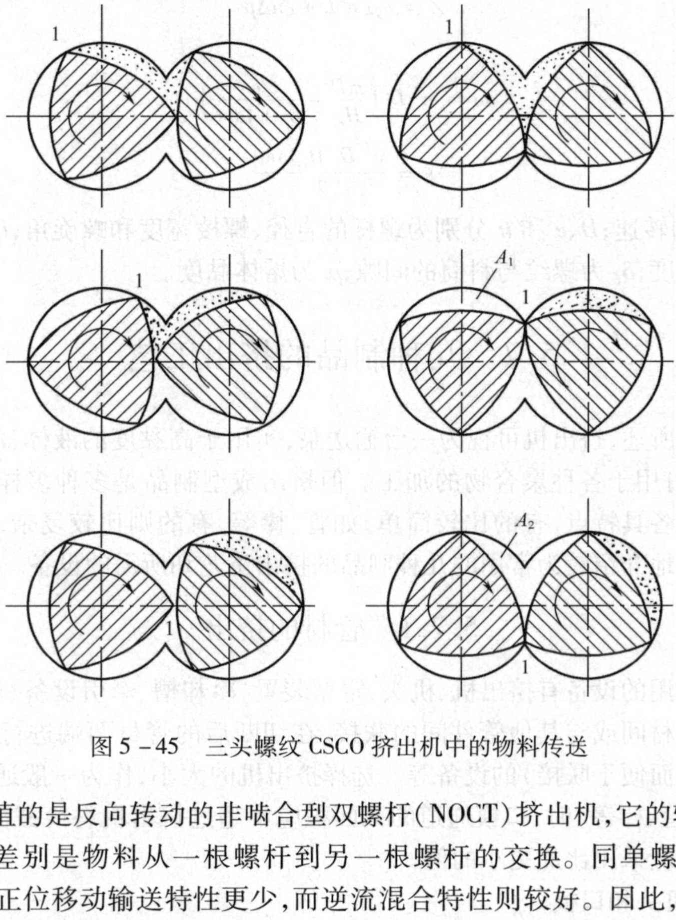

图 5－45　三头螺纹 CSCO 挤出机中的物料传送

到过，有实用价值的是反向转动的非啮合型双螺杆（NOCT）挤出机，它的输送与单螺杆挤出机类似，主要差别是物料从一根螺杆到另一根螺杆的交换。同单螺杆挤出机相比，NOCT 挤出机的正位移动输送特性更少，而逆流混合特性则较好。因此，NOCT 挤出机主要用于共混、排气和化学反应作业等。

5.6　挤出所需的机械功与热量

挤出机在挤出过程中分别以热量（料筒外部的加热）和机械功（转动螺杆的电动机）

供给塑料,并使之熔化、升温到挤压的温度和克服口模等装置的阻力而向外挤出。根据稳态挤出过程的热平衡,可得:

$$W_s + W_n = C_p\rho Q(t_2 - t_1) + Q\Delta p + W_1 \tag{5-36}$$

式中:W_s为螺杆供给的机械功;W_n为料筒外部供给的热量;W_1为热损失;C_p为平均定压比热容;ρ 为密度;t_1为物料入口的温度;t_2为物料出口的温度;Δp 为口模压力降。

上式右边的挤出功 $Q\Delta p$ 与有放热量 $C_p\rho Q(t_1 - t_2)$相比是很小的,一般可略而不计。因此,挤出机的热效率(η_{th})可按下式计算:

$$\eta_{th} = \frac{C_p\rho Q(t_1 - t_2)}{W_s + W_n} \tag{5-37}$$

对于一台挤出机实际所需的功率,目前还只能凭经验来解决。不过对单螺杆挤出机均化段所需的功率(Z)则可用下式计算:

$$Z = \omega\mu n^2 L + \xi n\Delta p \tag{5-38}$$

式中:

$$\omega = \pi^2 D^2\left(\frac{\pi D}{H_m} - \frac{e}{\delta_f + \tan\theta}\right) \tag{5-39}$$

$$\xi = \frac{\pi^2 D^2 H_m \tan\theta}{2} \tag{5-40}$$

式中:n 为螺杆的转速;D、e 和 θ 分别为螺杆的直径、螺棱宽度和螺旋角;L 和 H_m为计量段的长度和螺槽深度;δ_f 为螺纹与料筒的间隙;μ 为熔体黏度。

5.7 几种制品的挤出工艺

已如5.2 节所述,挤出机可视为一台输送泵,实用于高黏度的液体,而且可在高温高压下运行,因此可用于各种聚合物的加工。但挤出成型制品是多种多样的,每一种制品的工艺和技术都各具特点,有的比较简单,如管、棒等,有的则比较复杂,如薄膜、异型材等。这里只简单地介绍较为常用的几种制品的挤出工艺和所需的设备。

5.7.1 管材的挤出

挤出管材所用的设备有挤出机、机头、定型装置、冷却槽、牵引设备、切断设备以及在使用中为方便管材间或与其他管件间的联接,在切断后的管材两端进行扩管(使管材两端口径略为扩大而便于联接)的设备等。选择挤出机的大小,作为一般通则,在挤压圆柱形聚乙烯制品(管、棒等)时,口模通道的截面积应不超过挤出机料筒截面积的40%。挤压其他塑料时则应采用比此更小的值。

5.7.1.1 机头和口模

用于挤出各种热塑性塑料管材的机头,大体上可以分为偏移式和直通式两类。前者只用于对内径尺寸要求准确的生产,一般很少采用。用得最多的是后者。图 5-46 所示的是一种直通式机头。挤出机挤出的熔融塑料进入机头由芯棒及口模外套所构成的环隙通道流出后即成为管状物。芯棒与口模外套均按制品尺寸的大小而给出其相应的尺寸。口模外套在一定范围内可通过调节螺栓作径向移动,从而调整挤出管状物的壁厚。

必须注意,机头在长时间的工作中或由于不正确的温度控制而导致的塑料局部过热分解,或由于壁厚调节不当而使流道出现死角,从而致使塑料在机头内表面上驻留结垢。此外,还可能由于其他一些原因而使塑料熔体在流道内出现不均匀流功,使芯棒受到不均匀的应力,并在垂直于挤出方向上受到推动,会使制品的壁厚不均。如果仍然想通过调整螺栓进行调整,则死角将会扩大,塑料熔料驻留会加重导致更为严重的分解。所以,设计时,对于多脚架的强度以及它和芯棒的联接方式,都必须予以考虑。调节螺栓的数量取决于口模的直径,可以是3、4或6个。

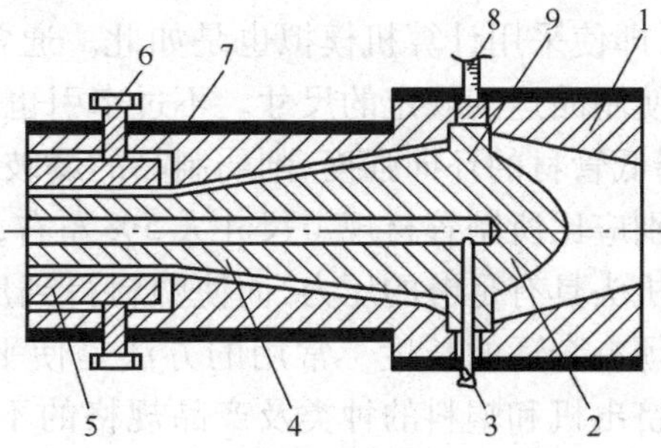

图5-46 直通式机头结构

1—机头体 2—分流梭 3—空气进口
4—芯棒 5—口模外套 6—调节螺栓
7—加热器 8—测温计 9—多脚架

为使机头内流道通畅,流道必须呈流线型而且应十分光滑,有时还要求镀铬(对聚氯乙烯尤其需要,以防止化学腐蚀),以提高管材表面质量。

所有的直通式机头都需要用多脚架来支承芯棒。但是,多脚架的筋会使通过的料流产生如图5-47所示的合流痕迹,降低制品质量。造成合流痕的原因可从图5-48所示流动情况得到说明。料流通过多脚架时,靠近多脚架筋的料所受的剪切量高,通道中心处的料则反是。因受应力而发生弹性变形部分,如果在以后不能回复,在产品中就会呈现一条可见的料线或纵向裂纹。为了防止这种现象,在机头结构设计上所能采取的方法有多种。通常是减少多脚架筋的数量、长度或(和)厚度,但是这种设计效果是有限的。一种有效的方法是延长口模平直部分的长度和增大多脚架与出料口的距离,以便被多脚架分成多股的料流能在出模前得到应有的松弛,实现良好的熔接。

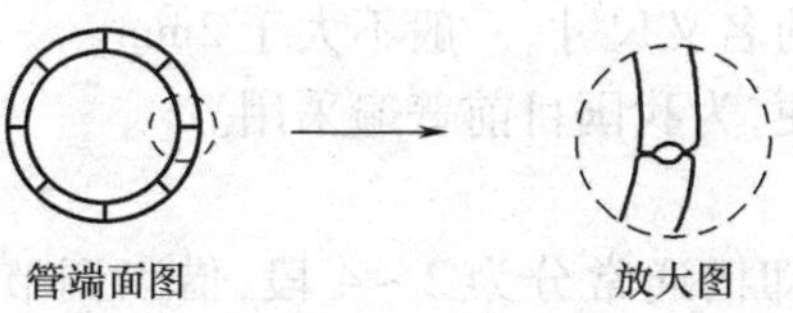

图5-47 合流痕

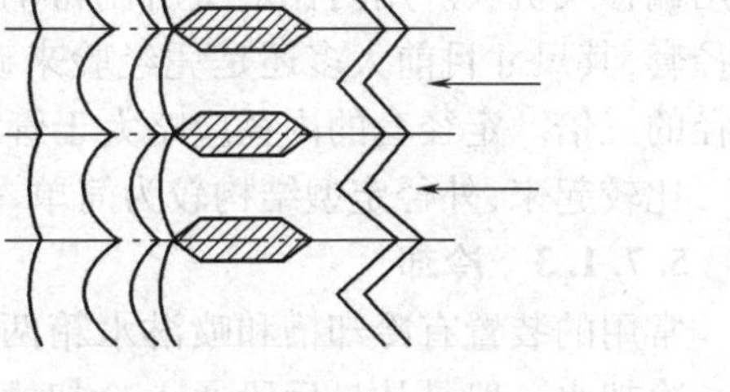

图5-48 在多脚架处的速度分布

机头中、口模平直部分是使熔融塑料形成产品形状的部分。表面看来,挤离口模的管状物的壁厚应该等于平直部分通道的厚度,实际上却不然。离开口模的管状物,一方面由于牵引和收缩的原因,其截面积常会缩小,而另一方面则由于应力的解除会使聚合物熔体出现弹性回复,从而发生膨胀。这种膨胀与收缩均与物料的性质和采用的工艺条件有关。显然,这种情况在挤出其他制品时同样也会发生。对于膨胀和收缩的问题,虽在等温等压下可以计算，但实际情况远非等温等压，因此在设计口模时，一般都需要借助经验，即使采用计算机模拟也是如此。通常都将芯棒和通道的直径放大，以便用牵引的快慢使制品达到规定的尺寸。不过牵引也不能过快，不然会在制品中引起过大的分子取向，降低管材的环向强度，削弱制品的爆破强度。挤出聚氯乙烯管材时，通道和芯棒的直径分别应比所制管材规定尺寸大5%左右，挤压高密度聚乙烯管材时则应放大10%。为了使机头具有足够的压力，而使塑料得到压实并消除多脚架所造成的合流痕，平直部分还必须有合适的长度。常用的方法是使平直部分的长度和口模缝隙保持一定的比例。按照挤出机和塑料的种类及产品规格的不同平直部分的长度也不一样。就挤管的机头来说，通常所取平直部分的长度为壁厚的10～30倍。熔体黏度偏大时取值偏小，反则反是。

5.7.1.2 定型

挤出的管状物首先应通过定型装置，使之冷却变硬而定型。为了获得粗糙度低、尺寸准确和几何形状正确的管材，有效的冷却是至关重要的。定型方法一般有外径定型和内径定型两种。外径定型是在管状物外壁和定径套内壁紧密接触的情况下进行冷却，而得到实现的。保证这种紧密接触的措施是从设在多脚架的一个支架和芯棒内的连通孔向管状物内通入压缩空气，并在挤出的管端或管内封塞，使管内维持比大气压力大而又恒定的压力。此外，也有在套管上沿圆面上钻一排小孔用真空抽吸使管状物紧贴套管的方法。内径定型的方法如图5－49所示。这种定型方法是将定径套的冷却水管从芯棒处伸进，所以必须使用偏移式机头。用内径定型所制得的管材内壁较为光滑。不管定径套是外径套还是内径套，其尺寸目前大多还是凭经验来确定。对外径定型来说，定径套的长度一般取其内径的三倍。定径套的内径应略大于管材外径的名义尺寸，一般不大于2mm。

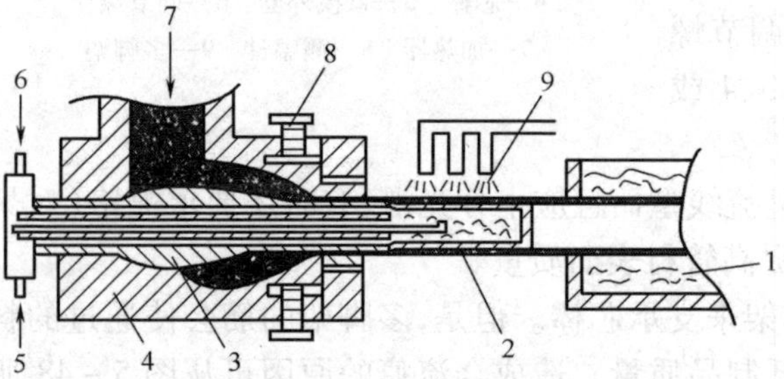

图5－49　内径定型装置

1—水槽　2—定型芯棒　3—芯棒　4—机头主体　5—冷却水入口　6—冷却水出口　7—挤出机　8—调节螺栓　9—冷却水

比较起来，外径定型结构较为简单、操作方便，为我国目前普遍采用。

5.7.1.3 冷却

常用的装置有冷却槽和喷淋水箱两种。冷却槽通常分为2～4段，借以调节冷却强度。冷却水一般是从最后段通入冷却槽，然后再使其逐段前进，也就是使水流方向与挤出管材的运动方向逆向而行，使管材冷却比较缓和，内应力也较小。冷却水槽一般为1.5～6m。由于冷水槽中上下层水温不同，管材在冷却过程中有可能发生弯曲。此外管材在冷却槽中受到浮力作用也有可能使其弯曲，尤其以大型管材为甚。采用沿管材圆周上均匀布置的喷水头对挤出管材进行喷淋冷却，常能随少管材的变形。

5.7.1.4 牵引

常用牵引挤出管材的装置有滚轮式和履带式两种。对这类装置均要求具有较大的夹持力，并能均匀地分布于管材圆周上。此外，牵引速度必须十分均匀，而且应能无级调速。这些要求，无非是保证管材的尺寸均匀和提高其力学强度。牵引速度是依赖于挤出速度的，一般在 2～10m/min，也有更高的。挤出速度过快时常会造成塑料混合不均和料流出现脉动现象。

5.7.1.5 操作

挤管所用的原料，尤其是聚乙烯有时会根据需要着色，有些色料，如炭黑容易吸湿，因此必须在挤压前进行干燥，否则制品表面就比较粗糙。挤压管材所取的料温比挤压其他制品（除吹塑薄膜外）均低。原因是：①挤离口模时的塑料黏度大，有助于准确定型；②减轻冷却系统的负荷以便提高产率。对聚氯乙烯来说，还可减少降解的可能。挤出硬聚氯乙烯的料温约为175℃；聚烯烃约为200℃。

挤出管材时出现的问题，所产生的原因和解决的方法见附录表9。

5.7.2 薄膜的挤出吹塑

图5－50为生产吹塑薄膜的一种装置示意图。塑料熔体由环隙形口模挤成管状物后，即被牵引装置牵引上升（少数也有水平向或向下引出的）并同时进行吹胀，至一定距离后通过导向夹板而被牵引辊夹拢。吹胀是在所挤管状物离开口模和被夹拢的一段距离内由芯棒中心孔导入的压缩空气将它吹胀成泡状物的，同时压缩空气的压力还用来控制泡状物的壁厚。泡状物一般是由空气来冷却的，冷却后的泡状物由一组夹持辊引出并展平。根据所制薄膜的要求，生产中还须相应地加设破缝、折叠、表面处理、卷取等装置。

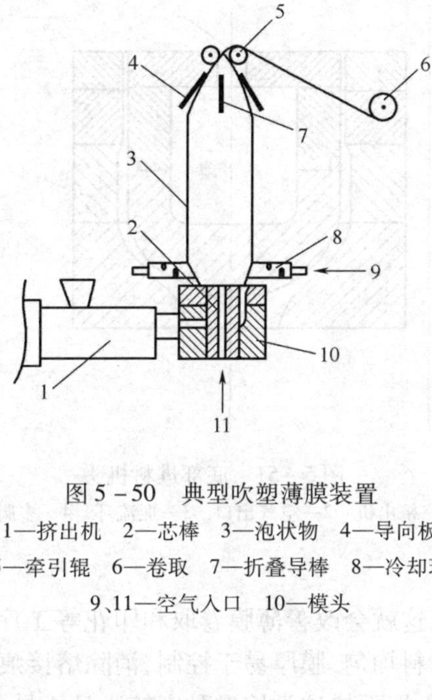

图5－50 典型吹塑薄膜装置

1—挤出机 2—芯棒 3—泡状物 4—导向板 5—牵引辊 6—卷取 7—折叠导棒 8—冷却环 9、11—空气入口 10—模头

吹塑法广泛用于生产聚乙烯和聚氯乙烯等塑料薄膜，这是因为它比其他方法具有如下的优点：①设备紧凑，单位产率所需的投资少；②通过控制泡状物中的空气容量和挤出机螺杆的转速即能较容易地在一定范围内调整薄膜的宽度或（和）厚度；③没有平口模挤出薄膜的边缘影响，免去整边的装置和减少废料损失；④薄膜在吹塑过程中得到了双轴定向，因此强度较高。

这种方法的缺点是：①由于冷却速度一般偏小，薄膜的透明度较差；②薄膜的厚度偏差较大。

5.7.2.1 挤出机

通常都采用单螺杆挤出机，其大小随所制薄膜的宽度和厚度而定。挤出机的产率一般是受冷却和牵引两种速率控制。薄而窄的膜，如用大机生产，则在快速牵引下的冷却是不很容易的。相反厚而宽的膜，如用小机生产，势必使塑料处于高温的时间过长，对质量的损害就大，同时在产率上亦不利。所以一种挤出机只适于生产少数几种规格的制品。

5.7.2.2　机头和口模

吹塑薄膜的机头类型主要有转向式的直角型和水平向的直通型两大类。两大类的结构与挤管用的相仿，也都备有芯棒和口模外套。由于直角型机头易于保证口模唇部各点的均匀流动而使薄膜厚度波动减少，所以工业上用这类机头居多。直通型适用于熔体黏度较大和热敏性的塑料。直角型机头由于有料流转向的问题，因此在设计中应该设法不使近于挤出机一侧的料流的速度大于另一侧。在这方面，用底部进料的机头（图5－51）当比用侧面进料的（图5－52）好。不过当模口尺寸大于20cm时，塑料熔体对模芯底部的推力就很大，此时需改用侧面进料的直角型机头。此外，为使薄膜的厚度波动在卷取薄膜辊上得到均匀分布，常有采用所谓旋转机头的。此种机头事实上仍然是直角型机头，不过它的芯棒或模套是可以旋转的，旋转速度大致为每5分钟1～2转，也有的模套以至整个机架只是作一定角度（如120°）的来回旋转。由于芯棒或模套的旋转，薄膜厚薄不均处就不会集中在一点。

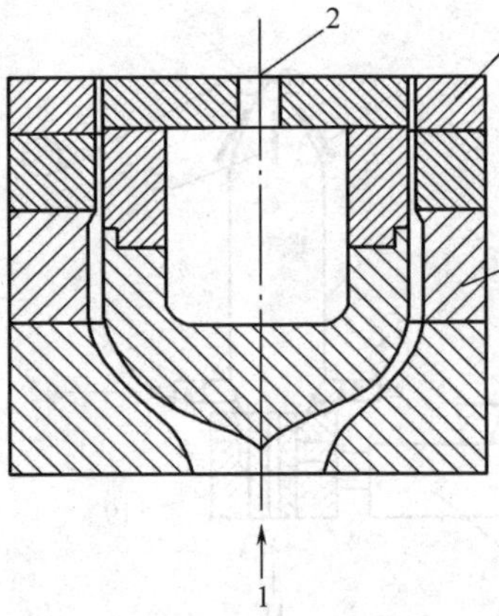

图5－51　底部进料机头

1—挤出机　2—空气出口　3—扼流环　4—多脚架

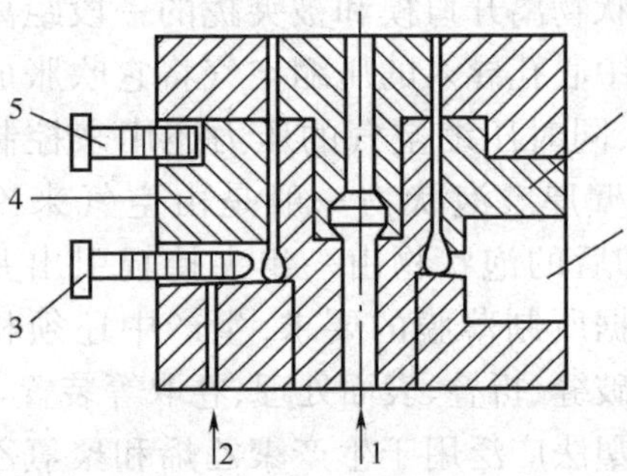

图5－52　侧面进料机头

1—压缩空气入口　2—溢料孔　3—调节螺栓　4—扼流环　5—口模调节螺栓　6—歧管　7—挤出机

这就会改善薄膜卷取和印花等工序。使用带螺旋芯棒的机头（如图5－53所示）具有出料均匀，膜厚易于控制，消除熔接痕的特点。但由于流道结构复杂，仅运用于加工聚乙烯、聚丙烯这类熔融黏度较小且不易分解的塑料。

口模缝隙的宽度和平直部分的长度与薄膜厚度有一定的关系，通常吹塑0.03～0.05mm厚的薄膜所用模缝宽度为0.4～0.8mm，平直部分长度为7～14mm。

5.7.2.3　冷却

为了减轻冷却的负担和提高产率，在吹塑工艺中控制较低的料温是重要的。通用的冷却方法是利用压缩空气通过风环向泡状物各点直接吹送。为了提高冷却速率，也有使用冷冻空气、二次风环、芯棒内冷等技术的。图5－54为吹塑薄膜快速冷却的一种典型工艺装置。由环隙形口模挤出的管状物，首先通过一个大直径的管形型芯向外引伸，经由导向夹板送至夹辊。吹胀用的压缩空气经由芯棒中心孔进入泡状物内部使薄膜达到要求的直径，随即进入冷水浴中。另一方面，管形型芯内部的冷却水流使其金属表面得以冷却，从而加速了冷却过程。由芯棒中心孔传至挤出泡状物内的压缩空气，由于管状物下方已为夹辊压平而无法逸出，所以在正常状态下压缩空气只需维持定压而很少需要补充。

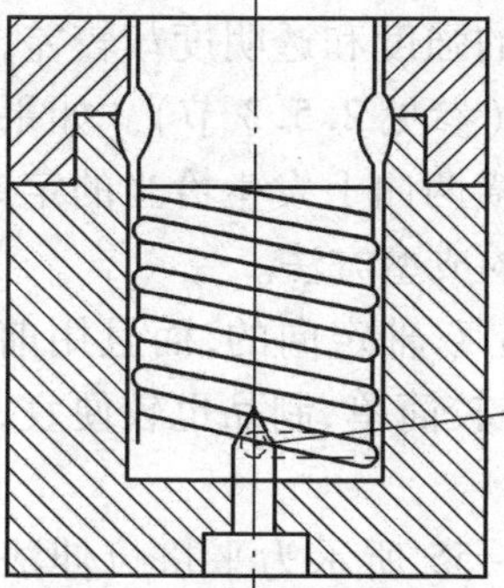

图 5－53　带螺旋芯棒的底部进料机头

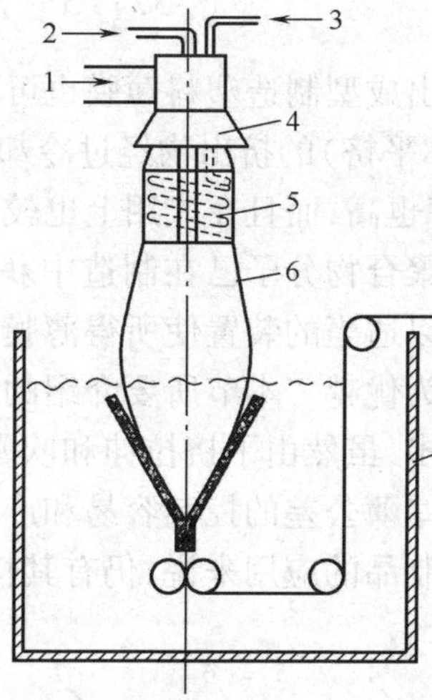

图 5－54　吹塑薄膜快速冷却装置示意图

1—挤出机　2—压缩空气　3—冷却水　4—机头口模
5—管形芯棒　6—泡管　7—冷水浴槽

5.7.2.4　牵引

吹胀的泡状物在机头的顶部进入导向板并由牵引辊（一个为橡胶辊，另一个为钢辊）将它夹封、牵引导至卷取装置。不用导向板而改用多对金属小辊也是可以的。模口至牵引辊的距离决定泡状物的冷却时间。这一时间与塑料的热性能有关，例如用于聚乙烯的就比用于聚氯乙烯的长。

5.7.2.5　操作

在吹胀过程中，泡状物的横直两向都有伸长，因此两向都会发生分子定向。为求得性能良好的薄膜，两向上的定向最好取得平衡，也就是使泡管向上的牵伸比与横向上的吹胀比（即泡管的直径与口模直径的比）相等。实验证明，吹胀比越大，薄膜的透明度和光泽度也越大。但吹胀比过大时会造成泡状物的不稳定和扩大口模原有的缺陷，其中尤以不稳定影响最严重，它会使薄膜发皱和厚度不均。通用的吹胀比为 2～3。吹胀比既不便随意增加，为使制品厚度符合要求，就不得不从牵伸比上来调整，这样牵伸比和吹胀比就难以相等。如仍需维持薄膜横直两向性能一致，就必须靠冷却速率和口模温度的控制来平衡，因为增加挤出物在高温的停留时间，可以减少薄膜在直向上的分子定向程度。

在采用风环冷却工艺的吹塑薄膜中，刚挤离口模的管状物是透明的，一旦冷却到适当温度聚合物开始结晶时(指聚乙烯等结晶性塑料),即失去透明性而变得浑浊。浑浊与透明区的交界线被称为冷冻线,决定冷冻线离口模高低的因素很多,大抵吹胀比和冷却速率越大时,冷冻线离口模越近;牵引速率、挤压温度和薄膜厚度越大时则离口模越远。距离远时会降低薄膜的横向撕裂强度和增高薄膜的浊度。同时,对薄膜的强度也是有影响的。

吹塑薄膜中出现的问题,所产生的原因和消除方法见附录表10。

5.7.3 双向拉伸薄膜的平挤

利用挤出成型制造塑料薄膜也可不用5.7.2节所述的机头而用扁平机头,由扁平机头挤出(通称平挤)的挤出物经过冷却、辗光等所取得的薄膜不仅在厚薄公差上比吹塑薄膜小,生产率也高,而且在应用上也较广泛。但这种薄膜的强度和透明度却较差,因为吹塑薄膜中的聚合物分子已在制造中获得纵横定向的结果(参见2.5.3节)。如果使用扁平机头再辅以适当的装置使所得薄膜中聚合物分子在纵横两向上发生恰当的定向,则薄膜性能就较为优越。本节所要介绍的就是这种平挤拉伸的成型方法。

应该指出,虽然由平挤拉伸和吹塑所制出的薄膜都是双轴定向的,而且用前一种方法能使薄膜厚薄公差的控制容易和产率提高,但吹塑设备较简单,制品也较便宜,所以就生产方法和制品的应用来说,仍有其特定的地位。

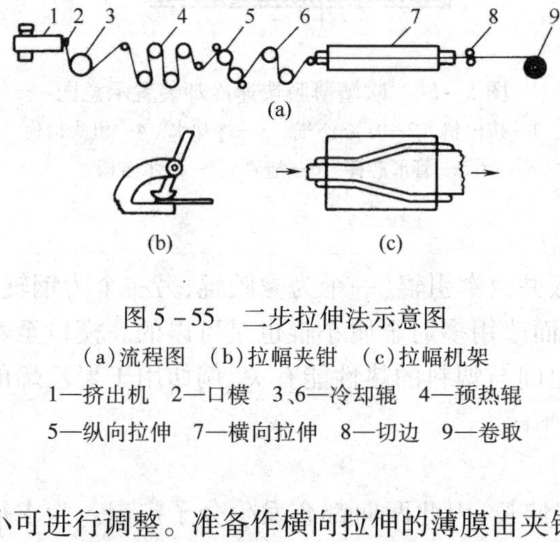

图5-55 二步拉伸法示意图

(a)流程图 (b)拉幅夹钳 (c)拉幅机架

1—挤出机 2—口模 3、6—冷却辊 4—预热辊 5—纵向拉伸 7—横向拉伸 8—切边 9—卷取

图5-55所示为平挤拉伸法的一种装置。塑料熔体由扁平机头挤成厚片后(使用聚酯时,也有用计量泵将反应釜中合成的液状树脂送入窄缝形口模直接作成厚片的),被送至不同转速的一组拉伸辊上进行纵向拉伸。拉伸辊须预热使薄膜具有一定的温度(熔点以下),拉伸比一般控制在4:1~10:1之间。经过纵向拉伸的薄膜再送至拉幅机上作横向拉伸。拉幅机主要由烘道、导轨和装置夹钳的链条组成。导轨根据拉伸要求而张有一定的角度,为了满足变更拉伸比,张角的大小可进行调整。准备作横向拉伸的薄膜由夹钳夹住而沿导轨运行,即可使被加热的薄膜强制横向拉伸。烘道通常采用热风对流和红外线加热,要求有精确的温度控制。薄膜离开拉幅机后即进行冷却和卷取。

5.7.3.1 挤出机

挤出机除大小应符合规定要求外,还应保证挤出的物料塑化和温度均匀且料流无脉动现象,否则会给制品带来瑕疵或(和)厚薄不匀。

5.7.3.2 机头和口模

机头为中心进料的窄缝形机头,如图5-56所示。这种机头的结构特点是,模唇部分十分坚实或加有特殊装置,以克服塑料熔体形成的内压,防止模唇变形,以免引起制品厚度不均。口模的平直部分应较长,通常不小于16mm。较长的理由在于增大料流的压力以提高薄膜质量,去除料流中的拉伸弹性,有利于制品厚度的控制。

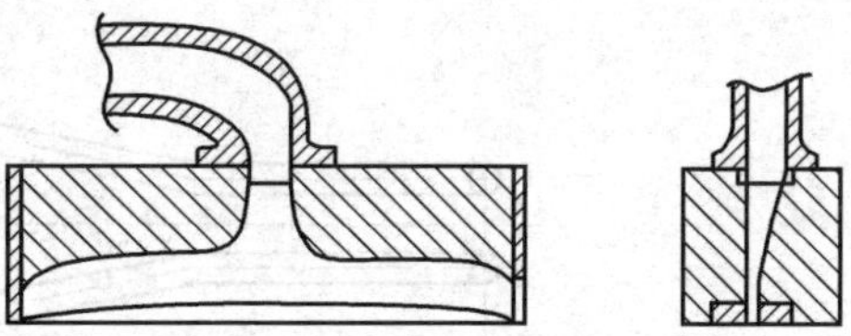

图5-56 中心进料窄缝形机头示意图

5.7.3.3 厚片的冷却

正如2.5.3节所述,用于双向拉伸的厚片应该是无定形的。工艺上为达到这一目的对结晶性聚合物(如聚酯、聚丙烯等)所采取的措施是在厚片挤出后立即实行急冷。急冷是用冷却转鼓进行的。冷却转鼓通常用钢制镀铬的,表面应十分光洁,其中有通道通入定温的水来控制温度,聚酯为60~70℃。挤出的厚片在离开口模一短段距离(<15mm)后,贴附上稳速旋转和冷却的转鼓,并在一定的方位撤离转鼓。

口模与冷却转鼓最好是顺向排列。冷却转鼓的线速度与机头的出料速度大致同步而略有拉伸。若挤离口模的厚片贴于冷却转鼓后出现发皱现象,应仔细调整冷却转鼓与口模间的位置和挤出速率。

厚片厚度大致为拉伸薄膜的12~16倍。将结晶性聚含物制成完全不结晶的厚片是困难的。因此在工艺上允许有少量的结晶,但结晶度应控制在5%以下,厚片横向厚度必须严格保持一致。

5.7.3.4 纵向拉伸

图5-57为聚酯厚片纵向拉伸的示意图。厚片经预热辊筒1、2、3、4、5预热后,温度达到80℃左右,接着在6、7两辊之间被拉伸,拉伸倍数等于两拉伸辊的线速比。拉伸辊温度为80~100℃。温度过高会出现粘辊痕迹,影响制品表面质量,严重时还会引起包辊;温度过低则会出现冷拉现象,厚度公差增大,横向收缩不稳定,在纵横拉伸的接头处易发生脱夹和破膜现象。纵拉后薄膜结晶度增至10%~14%。

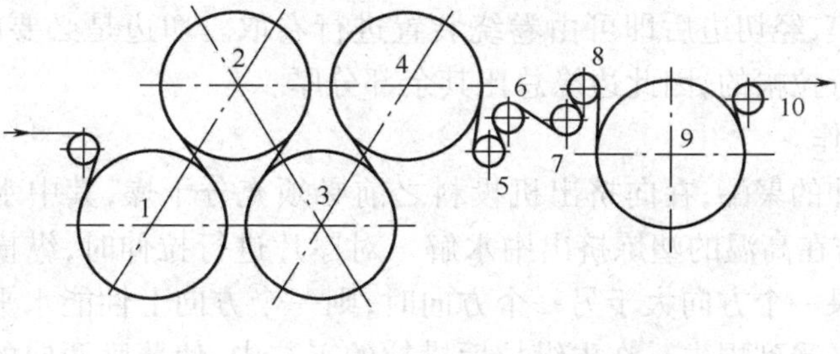

图5-57 聚酯薄膜纵向拉伸示意图

纵拉后的薄膜进入冷却辊7、8、9冷却。冷却的作用一是使结晶迅速停止,并固定分子的取向结构,二是张紧厚片,避免发生回缩。由于冷却后须立即进入横向拉伸的预热段,所以冷却辊的温度不宜过低,一般控制在塑料的玻璃化温度左右。

5.7.3.5 横向拉伸

纵拉后,厚片即送至拉幅机进行横向拉伸。拉幅机分预热段和拉伸段两个部分,如

图 5-58 所示的前面两段。

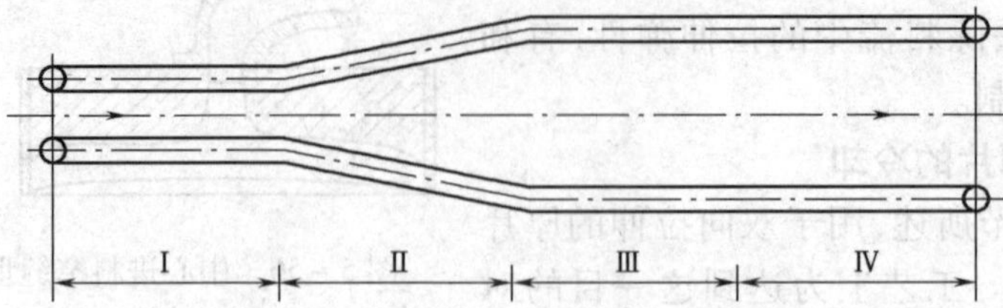

图 5-58　横向拉伸、热定型和冷却

Ⅰ—预热段 90℃左右　Ⅱ—拉伸段 95℃左右　Ⅲ—热定型段 200℃左右　Ⅳ—冷却段

预热段的作用是将纵拉后的厚片重新加热到玻璃化温度以上，进入拉伸段后，导轨有 10°左右的张角，使厚片在前进中得到横向拉伸，横拉倍数为拉幅机出口处宽度与纵拉后薄膜宽度之比，拉伸倍数一般较纵拉时小，约在 2.5～4 之间。拉伸倍数超过一定限度后，对薄膜性能的提高即不显著，反而易引起破损。横向拉伸后，聚合物的结晶度增至 20%～25%。

5.7.3.6　热定型和冷却

热定型的目的和理论根据见 2.5.3 节。所采用的温度至少应比聚合物最大结晶速率温度高 10℃。在进入热定型段之前，拉伸的薄膜须先经过缓冲段。缓冲段宽度与拉伸段末端相同，温度只稍高于拉伸段。缓冲段的作用是防止热定型段温度直接影响拉伸段，以便拉伸段温度能够得到严格控制。为了防止破膜，热定型段宽度应稍有减小，因为薄膜宽度在热定型过程中升温时会有收缩，但又不能任其收缩，因此必须在规定限度内使拉伸薄膜在张紧状态下进行高温处理，即热定型。经过热定型的制品，其内应力得到消除，收缩率大为降低，力学强度和弹性也都得到改善。

热定型后的薄膜温度较高，必须冷却至室温，以免成卷后热量难以散失，引起薄膜的进一步结晶、解除定向与老化。最后所得制品的结晶度约 40%～42%。

5.7.3.7　切边和卷取

冷却后的薄膜，经切边后即可由卷绕装置进行卷取。切边是必要的，由于薄膜是靠夹钳钳住边缘进行拉幅的，因此边缘总比其余部分厚。

5.7.3.8　操作

用于双向拉伸的聚酯，在向挤出机投料之前必须充分干燥，其中水分含量应控制在 0.02% 以下，以防在高温的塑炼挤出中水解。对厚片进行拉伸时，纵横两向的定向度最好取得平衡。如果一个方向大于另一个方向时，则一个方向上性能水平的增加必会使另一个方向上的水平受到损失。在先纵拉后横拉的工艺中，使薄膜两向的定向程度取得平衡，并不意味着两向的拉伸比应该相等，因为先经纵向拉伸的厚片，在随后横拉的过程中，其纵向就会发生收缩，所以上面说横向拉伸比应该较纵向拉伸比小。生产时所用两向拉伸比都是由实验确定的。

此外，纵向拉伸的厚片既会在横向拉伸时发生纵向收缩，则很难指望薄膜的中心与边缘两部分会取得相同的收缩，因此就会造成薄膜成品的厚薄偏差。所以，挤出机所采用的厚片的中心厚度最好比它的边缘大 15% 左右，使最终薄膜的厚度偏差较小。一般浇铸薄片制得双轴定向薄膜会有25% 厚薄差异，而薄片具有锥形边缘就可使厚薄差异缩小到6%。

5.8 反应挤出技术

反应挤出(reactive extrusion)是指在聚合物和/或可聚合单体的连续挤出过程中完成一系列化学反应的操作过程。反应性挤出技术最早应用于聚乙烯(PE)与丙烯酸(AA)的接枝反应挤出。采用单螺杆挤出机反应挤出得到降解 PP。

反应挤出是以螺杆和料筒组成的塑化挤压系统作为连续反应器，将欲反应的各种原料组分，如单体、引发剂、聚合物、助剂等一次或分次由相同的或不同的加料口加入到螺杆中，在螺杆转动下实现各原料之间的混合、输送、塑化、反应和从口模挤出的过程。而传统挤出过程一般以聚合物为原料，通过外加热量和螺杆转动过程中施加给物料的剪切摩擦热将其熔融并混合均匀，然后经口模挤出、模具造型、脱模冷却后得到制品。其挤出过程是物料由固态(结晶态或玻璃态)→液态(黏流态)→固态(结晶态或玻璃态)的以物理变化为主的过程。而反应挤出中存在着化学变化，如单体之间的缩聚、加成、开环形成聚合物的聚合反应，聚合物与单体之间的接枝反应，聚合物之间的交联反应等。

反应挤出技术利用挤出机处理高黏度聚合物的独特功能，对挤出机螺杆料筒上的各个区域进行独立的温度控制、物料停留时间控制和剪切强度控制。使物料在各个区域传输过程中完成固体输送、增压熔融、物料混合、熔体加压、化学反应、排除副产物和未反应单体、熔体输送和泵出成型等一系列化工基本单元操作。

目前反应挤出技术已经广泛应用于聚合物降解、接枝、本体聚合、交联及反应性共混等方面，在聚合物制备、功能化及高性能化学改性等领域发挥了重要作用，是高分子材料反应加工学科的重要组成部分。

5.8.1 反应挤出技术的特点

反应挤出技术具有以下一些优点：

1)螺杆挤出机可根据需要设置多处加料口，根据各种化学反应自身的规律，沿螺杆的轴向按一定程序和最合适的方式分步加入物料，可以控制化学反应按预定的顺序和方向进行。

2)可以精确控制反应温度，并可根据化学反应本身的特点和规律，通过温度沿螺杆轴向的分布和分布梯度来控制反应进行的方向、速度和程度，以减少副反应的发生。

3)螺杆挤出机的混合能力很强，提高了反应物料体系的混合均匀程度。

4)通过调整螺杆转速和螺杆的几何结构，可以控制反应物料的停留时间和停留时间分布。反应挤出比较适合于反应速度较快的化学反应。

5)副反应较少，选择性较好。

6)螺杆挤出机既是反应器，又是制品成型设备，从而使生产工艺过程做到了工序少、流程短、能耗低、成本低、生产效率高。

反应挤出技术同时也存在一些缺点和问题：

1）技术难度大。不但要进行配方和工艺条件的研究，而且要针对不同的反应设计所需的新型反应挤出机，研发资金投入大，时间长。

2）难以观察检测。物料在挤出机中始终处于动态、封闭的高温、高压环境中，难以观察、检测物料的反应程度，物料停留时间较短，一般只有几分钟时间，因而要求所要进行的反应必须快速完成。

3）技术含量高。反应挤出技术涉及聚合物材料、化学工程、聚合反应工程、橡塑机械、聚合物成型加工、机械加工、电子等诸多学科，需较长时间的研究和多方合作才能取得成果。

5.8.2 反应挤出技术的类型

由于反应挤出技术具有多方面的优点，在聚合物合成和加工领域得到进一步的拓展和应用，能够在挤出过程中实施的反应类型也不再局限于接枝、降解等反应，更多的反应类型得到应用。目前在反应挤出过程中得到应用的反应类型主要有：

1）本体聚合：由单体、低相对分子质量预聚物、单体混合物、单体与预聚体的混合物制备高相对分子质量的聚合物。

2）接枝反应：由聚合物和单体反应，生成接枝聚合物或接枝共聚物。

3）链间共聚物的形成：两种或多种聚合物通过离子键或共价键反应生成无规、接枝或嵌段共聚物。

4）偶联/交联反应：聚合物与多官能度的偶联剂或支化剂反应，使大分子链增长、支化，从而提高了相对分子质量；或聚合物与缩合剂反应，使分子链延长，从而获得较高相对分子质量；或聚合物与交联剂反应，通过交联而提高聚合物的熔体黏度。

5）可控降解：使高相对分子质量聚合物发生相对分子质量可控降解，生成单体或低相对分子质量聚合物。

6）官能化/官能团改性：将官能基团引入聚合物主链、端基、侧链，或对原有的官能团进行改性。

5.8.3 反应挤出设备

用于反应挤出的设备主要是反应挤出机。反应挤出机的设计制造是反应挤出技术的关键和基础。不同的化学反应需要使用不同的反应挤出机。用于反应挤出的挤出机一般是经过专门有针对性的设计制造的，而不是像共混所用的挤出机是通用的。因此必须考虑反应挤出过程对挤出机设备的具体要求：

1）反应挤出机需要为物料提供足够的熔化时间、反应时间，并有足够的时间在除杂段对产品进行纯化处理，即要求反应挤出机要有较大的长径比。

2）反应挤出机中物料的停留时间分布要窄，在保证化学反应充分完成的前提下，要防止部分物料因停留时间长而引起降解、交联等其他副反应。

3）反应挤出机应具有优秀的排气性能，因为在反应挤出过程中，加入的反应单体不可能完全参加反应。要脱除未反应的单体、反应生成的小分子副产物、物料中夹杂的挥发性组分等，往往要求高真空度下短时间内迅速完成，但同时又不会引起反应挤出机冒料。

4)反应挤出机的螺杆对物料应具有强输送能力和强剪切功能。由于反应混合物熔化后黏度差别大,混合输送相对困难,因而螺杆的输送能力要强化,强烈的剪切可以有助于化学反应进行。

5)反应挤出机应具有良好的热传递功能。由于反应挤出过程中,特别是本体聚合过程中,释放的反应热必须尽快排出反应体系,因而要求挤出料筒具有良好的冷却功能。

通常反应挤出机有单螺杆型和双螺杆型,各具特点而都得到普遍应用。单螺杆型反应挤出机具有设计制造相对容易、物料停留时间适宜、造价低等特点,但其混合能力、排气能力、运输能力和热交换能力都不够理想,同时物料在单螺杆挤出机内的停留时间分布较宽。

双螺杆型分为啮合型和非啮合型、同向型和异向型,具有剪切混合功能强、自洁性好、物料停留时间分布窄等优点,同时模块化的双螺杆挤出机可根据需要设置加料口和排气口,工艺控制灵活,但造价高、设计制造困难、物料停留时间短、研发投入大。不同类型的双螺杆反应挤出机的特性见表5-4所示。

表5-4　不同类型的双螺杆反应挤出机的特性

性能	非啮合异向旋转双螺杆挤出机	啮合异向旋转双螺杆挤出机	啮合同向旋转双螺杆挤出机
混合能力	较好	较差	最好
停留时间	最长	较短	较长
停留时间分布	较宽	最窄	较窄
排气能力	较好	最好	较好
输送能力	最差	最好	较好
自洁性	最差	较好	最好
挤出机产能	最高	较高	最高
螺杆磨耗	较大	最大	较小

5.8.4　反应挤出技术的应用

目前反应挤出技术已经广泛应用于聚合物降解、接枝、本体聚合、交联及反应性共混等方面。在聚合物制备、功能化及高性能化学改性等领域发挥了重要作用,主要应用领域如下。

5.8.4.1　接枝反应挤出

以聚丙烯和聚乙烯为代表的聚烯烃是用途广泛的通用塑料,具有产量大、价格低、耐水、耐化学药品、成型工艺好等优点。但由于它们是非极性材料,与其他聚合物或填料共混时,界面作用力差。同时,它们的熔点低,热变形温度低,尺寸稳定性不好,给实际应用带来限制。

通过与极性不饱和单体进行接枝，在聚烯烃分子链上引入极性基团，可以改善其性能上的不足，同时又增加新的性质，是一种简单有效的聚烯烃改性方法。

聚烯烃接枝改性方法主要有溶液接枝、熔融接枝、固相接枝、辐射接枝、悬浮接枝等。熔融接枝主要是在挤出机和密炼机中进行。挤出机中的熔融接枝不仅能灵活设计具有特性的高分子材料，而且无溶剂回收，减少设备费用，可以方便、经济地在聚合物分子链上接枝不同的官能团，改善原有聚合物的染色性、吸湿性、粘接性、反应活性及与其他聚合物的相容性等，从而开发性能更优的高分子材料。

(1)接枝反应挤出的单体

反应挤出中，聚烯烃接枝的单体主要有酸性官能团单体、碱性官能团单体和其他单体。

酸性官能团单体主要有：马来酸酐(MAH)、丙烯酸(AA)、甲基丙烯酸(MA)、富马酸(FA)、衣康酸(IA)、异氰酸酯等。

碱性官能团单体主要有：甲基丙烯酸缩水甘油酯(GMA)、唑啉基化合物等。

还有官能化过氧化物、不饱和硅烷、苯乙烯(St)等。

(2)接枝反应挤出的引发剂

挤出机中聚烯烃接枝采用的引发剂一般与其有较好的热力学亲合性，并且分解温度适宜于反应挤出加热过程。接枝和副反应之间的竞争在很大程度上依赖于引发剂种类和浓度。引发剂在聚合物和单体中的反应活性和溶解性对接枝反应和转化率有很大影响。引发剂和单体亲和性越大，接枝效率越低。

挤出机中物料停留时间一般为几分钟，因此要求引发剂在加工温度范围内，半衰期应该比挤出机中物料停留时间短，一般为0.2～2min。

反应挤出中使用的引发剂通常为过氧化物，常用的包括过氧化二异丙苯(DCP)，过氧化苯甲酰(BPO)和叔丁基类过氧化物。

(3)影响接枝反应挤出的因素

反应挤出过程中，影响接枝率的主要因素有：单体和引发剂种类、用量、可溶性，反应温度，加工条件(螺杆转速及构造、挤出产量、停留时间等)，加料顺序等。

加工温度过高可能导致聚烯烃降解，降低引发剂半衰期，影响反应速度。

物料在挤出机中停留时间过短，不利于接枝反应进行，而停留时间过长，会引起聚烯烃的降解等副反应。

为使单体和引发剂与聚烯烃有效混合，挤出机一般要求具有较强的混合段，螺杆的设计使聚合物与单体及引发剂和其他助剂有最大的接触表面。

5.8.4.2 本体聚合挤出

由单体、低相对分子质量预聚物、单体混合物、单体与预聚体的混合物制备高相对分子质量聚合物的过程可以在挤出机中来实现，这被称为本体聚合挤出技术。应用反应挤出技术进行本体聚合反应最关键的问题在于：

1)物料的有效熔化混合、均化和防止因形成固相而引起的挤出机螺槽的堵塞；

2)能否自由有效地向增长的聚合物进行链转移；

3)排除聚合物反应热以保证反应体系的温度低于聚合反应的上限温度(一般指分解

温度)。

因此不是所有的聚合反应都可以在反应挤出机中来实现,目前采用反应挤出技术进行本体聚合主要有缩聚反应和加聚反应两大类。其中,缩聚反应的典型例子有聚醚酰亚胺、聚酯、聚酰胺等;加聚反应的典型实例有聚氨酯、聚酰胺、聚丙烯酸酯及相关共聚物、聚烯烃、聚硅氧烷、聚环氧化物和聚甲醛等。

5.8.4.3 偶联与交联反应

偶联/交联反应包括单个聚合物大分子与缩合剂、多官能团偶联剂或交联剂的反应,通过链的增长或支化来提高相对分子质量,或通过交联增加熔体黏度。

由于偶联/交联反应中熔体黏度增加,而且其反应体系的黏度梯度与挤出机内物料本体聚合的黏度梯度相似,因此适用于偶联/交联反应的挤出反应器与用于物料本体聚合的挤出机类似。

聚烯烃具有优异的电绝缘性、憎水性、耐化学介质性、低温性、延展性、透明性及低成本和良好加工性,这使其成为产量最大的通用塑料品种。但耐高温性差却是其最大的缺点,通过反应挤出制备交联聚乙烯(PEX)和交联聚丙烯(PPX)是提高其耐热性、力学性能和耐化学性的重要方法。

挤出机的偶联和交联反应的另一重要用途是制造动态硫化热塑性弹性体。

将聚丙烯、聚乙烯、热塑性弹性体、有机过氧化物交联剂和交联助剂等经高速混合后,加入到双螺杆挤出机中去进行动态硫化,可制备高熔体强度聚丙烯材料。这种聚丙烯材料的冲击韧性和熔体强度得到显著改善。

5.8.4.4 可控降解反应

反应挤出技术可用于控制聚合物的相对分子质量分布,特别是用于聚烯烃的可控降解,经过降解后的聚烯烃相对分子质量分布变窄。例如将聚丙烯(PP)在空气气氛下进行挤出可以得到流变性可控的PP产物,并用特制的单螺杆挤出机升高或降低挤出机温度,分别制得黏度较低或较高的材料。熔体黏度较低、相对分子质量分布窄、相对分子质量小的PP可满足高速纺丝、薄膜挤出、薄壁注塑制品的要求。

除PP外,PET和PA也可通过反应挤出进行可控降解。

5.9 静电纺丝

5.9.1 概　　述

静电纺丝是一种使带电荷的聚合物溶液或熔体在静电场中射流来制备聚合物超细纤维的加工方法。早在20世纪30年代就有利用高压静电场进行纺丝的报道,但直到近十年来,由于对纳米技术研究的迅速升温,使静电纺丝这种可制备纳米尺寸纤维的纺丝技术激起了人们对其进行深入研究的浓厚兴趣。

制备聚合物纤维的传统方法包括熔融纺丝、溶液纺丝、液晶纺丝和胶体纺丝等。用这些方法得到的纤维的直径范围一般为5~500μm,而采用静电纺丝技术制得的纤维直径可达纳米级,其直径范围一般为3nm~5μm。用静电纺丝纤维制得的无纺布,具有孔隙率高、比表面积大、纤维精细程度与均一性高、长径比大等优点。这些用传统纺丝方法所无法获得的优良特性,使得静电纺丝纤维在过滤、组织工程、超敏感传感器等方面具有很大的潜在应用前景。

5.9.1.1 静电纺丝技术的发展

静电纺丝技术已有近七十年的历史。自1981年以来,由于纳米技术的升温以及利用静电纺丝可以较容易地制备高聚物超细纤维等原因,静电纺丝技术受到了广泛的关注,得到了较大的发展,表5-5列出了静电纺丝技术制备聚合物超细纤维的发展情况。许多国家都在积极地研究和发展静电纺丝技术,我国对这方面的研究始于20世纪末,研究领域包括生物医用高分子材料的静电纺丝及其在组织修复和药物控制释放中的应用、借助于溶胶-凝胶法制备无机氧化物超细纤维等。

表5-5　静电纺丝制备聚合物超细纤维的发展历程

时间(年)	发展历程
1934	Formals申请了制备聚合物超细纤维的静电纺丝装置专利
1966	Simons申请了由静电纺丝法制备超薄、超轻无纺布织物的专利
1981	Larrondo等对聚乙烯和聚丙烯进行了熔融静电纺丝的研究
1995	Reneker研究组开始对静电纺丝进行研究
1999	Fong等研究了影响珠丝形成的关键因素,Buchko等首次提出了静电纺丝纤维在轴向有微弱取向,其模型为串晶型
2000	Spivak等人首次采用流体动力学描述静电纺丝过程,并且提出了静电纺丝的工艺参数。Reneker等研究了静电纺丝过程的不稳定性
2001	Deitzel等系统研究了静电纺丝过程参数如电压和溶液浓度对聚氧乙烯(PEO)超细纤维微观形貌的影响。Shin等研究了射流的电荷密度和不稳定性等
2002	Kenawy等研究了静电纺丝超细纤维膜在药物释放上的应用。Megelski等研究了静电纺丝超细纤维的小孔结构和表面化学性能
2003	全面系统地研究静电纺丝超细纤维微观形貌的影响因素、表征、过程参数的改进(如提高纺丝产量和纤维的取向),以及间接地制备无机氧化物超细纤维等,扩大静电纺丝超细纤维的应用范围等
2004	多组分聚合物的静电纺丝

5.9.1.2 静电纺丝的分类

静电纺丝可分为溶液静电纺丝和熔融静电纺丝。由于溶液静电纺丝过程操作简单、易于控制等特点,受到极大关注,发展极快。迄今,对溶液静电纺丝的基本原理、工艺参数以及产品的性能特点等的研究都已取得了较大的进展。当前研究的热点包括提高纺丝产率、产品的潜在应用、纤维取向和多组分静电纺丝等。

与溶液静电纺丝相比,熔融静电纺丝工艺具有其独特的优点,但也面临诸多挑战。其主要优点是不需要溶剂,排除了去除溶剂的困难,避免有些化学溶剂对人体和环境的伤害。有些极难找到溶剂的聚合物也可通过熔融方法进行静电纺丝。此外它也是制备具有特殊用途的超细纤维的一种方法。熔融静电纺丝的缺点主要有设备要求高、易受环境因素影响和纤维直径较粗等。

5.9.1.3　静电纺丝技术的特点

与传统纺丝方法相比,静电纺丝具有如下特点:

1)纤维直径小。溶液静电纺丝纤维直径通常在3nm~5μm范围内,熔融静电纺丝相对较粗,在几百纳米到几十微米之间,但常规纺丝纤维的直径约为5~500μm,因此静电纺丝得到的纤维比表面积相对较大,制成的非织造布纤维毡具有孔隙率大等特点。

2)工艺简单,易控制。静电纺丝装置一般由高压电源、毛细管挤出装置(也称喷丝头)和接收装置三个部分组成。比传统纺丝设备要小很多,是一种微型纺丝装置。

3)原料广泛。到目前为止,有近百种聚合物都成功地通过静电纺丝制得了超细纤维,其中少数以熔体的形式,而大多数是以溶液的形式。包括常规纺丝用原料如涤纶和尼龙6等,导电高分子如聚苯胺,生物高分子如多肽和胶原,可降解高分子如聚ε-己内酯等。而传统纺丝法的原料比较有限,只有聚酯、聚烯烃、尼龙以及聚芳香烃等几类聚合物。

5.9.2　静电纺丝装置

5.9.2.1　静电纺丝装置的组成

典型的静电纺丝装置如图5-59所示,主要由高压电源、溶液储存装置、喷射装置和接收装置四个部分所组成。

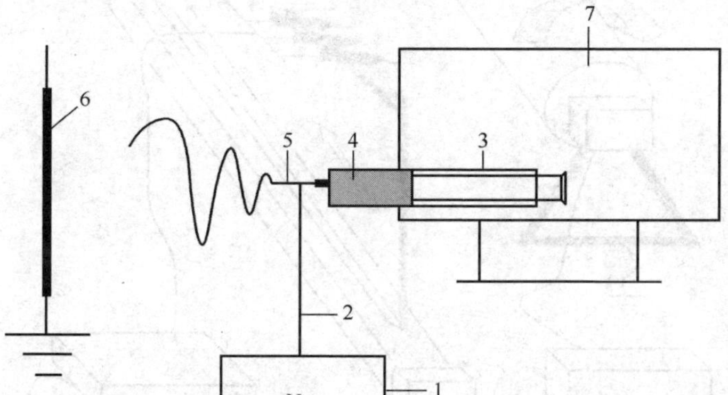

图5-59　典型的静电纺丝装置(单喷丝头装置)

1—高压电源　2—金属电极　3—注射器　4—高分子溶液

5—毛细管(针头)　6—接收屏(铝箔)　7—注射泵

高压电源一般采用最大输出电压30~100kV的直流高压静电发生器来产生高压静电场。

溶液储存装置可以使用注射器或储液管等,其中装满聚合物溶液或熔融液,并插入一个金属电极。该电极与高压电源相连,使液体带电。

喷射装置为内径0.5~2mm的毛细管或注射器针头。它的放置有几种不同的方式:垂直放置,这是最简单、采用最多的一种方式;和接收装置保持一定的角度,这种方式能够更好的控制溶液的流速;和接收装置平行放置,利用数控机械装置缓慢推动注射器将溶液挤压出来。

接收装置可以是金属平板、网格或滚筒等,利用平板式的接收装置,可制成各种无纺布产品。对于大多数静电纺丝过程来说,采用平板式的接收装置得到的是无序排列的纤维,形成的是类似非织造布的纤维毡(网或者膜)。同非织造布形式的纤维相比,彼此可分离的纳米长丝或短纤维的应用领域更加广泛。然而由于静电纺丝技术的复杂性,往往很难得到连续的平行排列的纳米纤维。

5.9.2.2　静电纺丝装置的种类

喷射系统是静电纺丝装置的核心部分,按喷丝头的数量可将静电纺丝装置分为单喷丝头装置和多喷丝头装置。单喷丝头装置结构简单(见图5-59),喷丝过程控制容易,但纺丝速率慢,生产效率低,目前常用于基础研究。多喷丝头装置生产效率大为提高,但其结构较为复杂,各个喷丝头间易产生干扰,因而设计、操作和控制方面更为复杂,多喷丝头装置的结构如图5-60所示。

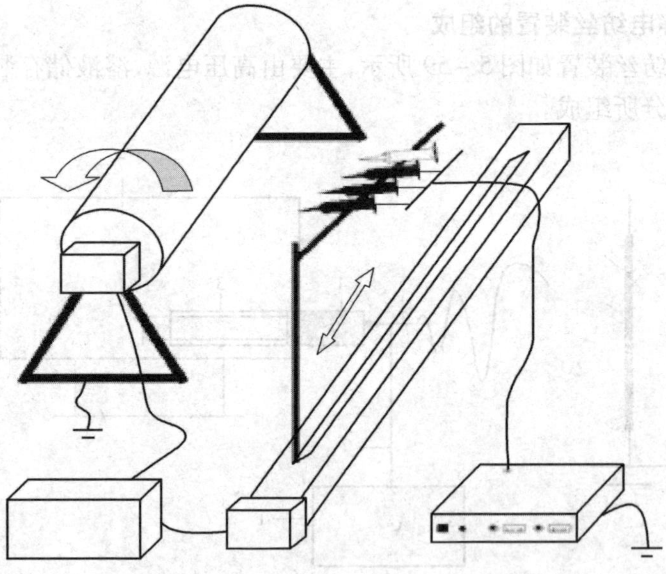

图5-60　多喷丝头静电纺丝装置

按照喷丝头与收集板的角度可将静电纺丝装置分为立式和卧式两类。

立式静电纺丝装置的喷丝头与收集板呈垂直排布,其接收纤维的过程最为简单,主要用于静电纺丝的基础研究。

卧式静电纺丝装置的喷丝头与收集板呈平行排布,其结构与立式装置十分相似,但接收过程的控制要复杂一些。

目前，静电纺丝装置的发展十分迅速，在只能得到无规则排布纤维的常规静电纺丝装置基础上产生了能获得取向纤维的新型静电纺丝装置。该装置可通过使用高速旋转的收集筒、辅助电极/电场、铁饼型收集轮、收集框等接收装置来获得取向的纳米聚合物纤维。

5.9.2.3　新型接收装置

为获得取向有序的纳米纤维，一些不同于平板结构的新型接收装置得到应用。图5－61(a)为高速旋转柱状接收装置，即转鼓接收装置，其转速可达每分钟上千转。采用该装置可制备平行排列的聚合物纳米纤维。但该方法尚不能得到完全有序的纤维结构，仍有部分纤维无规则排布。

在转鼓接收装置上附加电场，通过电场在转鼓上施加负电压［见图5－61(b)］，可获得更为有序的纳米纤维。一般而言，附加电场的负电压约为－28～－12kV。

图5－61(c)是一种锥形、线轴状的接收装置，以一定的速率旋转。其边缘非常尖锐，能够极大地将电场集中在此处，喷出的纳米纤维几乎全部吸引至其尖端，然后连续的缠绕在旋转的线轴上。该装置可获得平行排列规整的聚合物纳米纤维，尺寸范围为100～400nm，纤维之间的间距为1～2μm。纤维之间产生间距的原因是在纤维沉积线轴尖端之

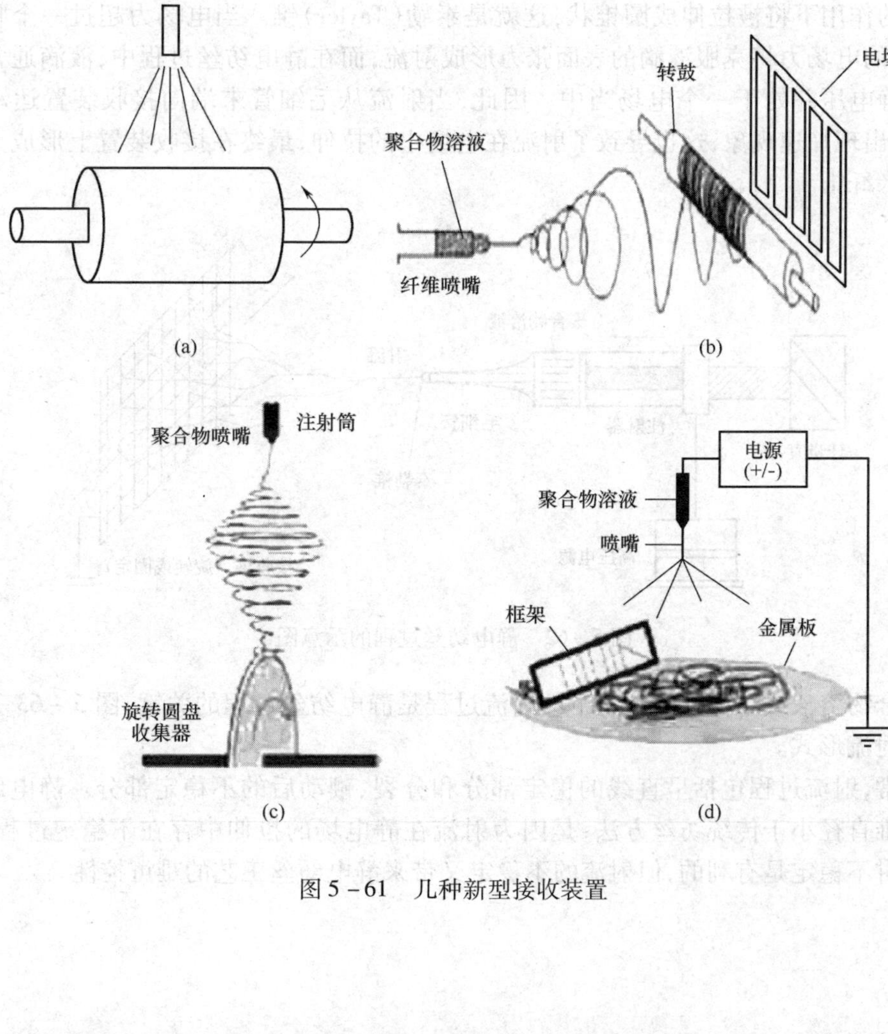

图5－61　几种新型接收装置

前，纺出的纤维带有残余的电荷，当前一根纤维沉积在线轴尖端后，就会对下一根纤维产生排斥作用，从而使纤维和纤维之间有了一定的间距。间距的大小与纤维尺寸以及残余电荷量有关。

此外，还可以采用框架式的接收装置，如图 5 - 61(d)。该装置也可获得平行排列的纳米纤维。接收框架的材质将影响纤维的排列，一般而言，铝框架收集的纳米纤维的平行排列性较好。

5.9.3 静电纺丝原理

静电纺丝技术与传统纺丝技术有着明显的不同，即静电纺丝技术通过静电力作为牵引力来制备超细纤维。图 5 - 62 是静电纺丝过程的示意图。如图所示，在静电纺丝工艺过程中，将聚合物熔体或溶液加上几千至几万伏的高压静电，从而在毛细管和接地的接收装置间产生一个强大的电场力。当电场力施加于液体的表面时，将在表面产生电流。相同电荷相斥导致了电场力与液体的表面张力的方向相反。这样，当电场力施加于液体的表面时，将产生一个向外的力，对于一个半球形状的液滴，这个向外的力就与表面张力的方向相反。当电场力的大小等于高分子溶液或熔体的表面张力时，带电的液滴就悬挂在毛细管的末端并处在平衡状态。随着电场力的增大，在毛细管末端呈半球状的液滴在电场力的作用下将被拉伸成圆锥状，这就是泰勒(Taylor)锥。当电场力超过一个临界值后，排斥的电场力将克服液滴的表面张力形成射流，而在静电纺丝过程中，液滴通常具有一定的静电压并处于一个电场当中。因此，当射流从毛细管末端向接收装置运动的时候，都会出现加速现象，这也导致了射流在电场中的拉伸，最终在接收装置上形成无纺布状的纳米纤维。

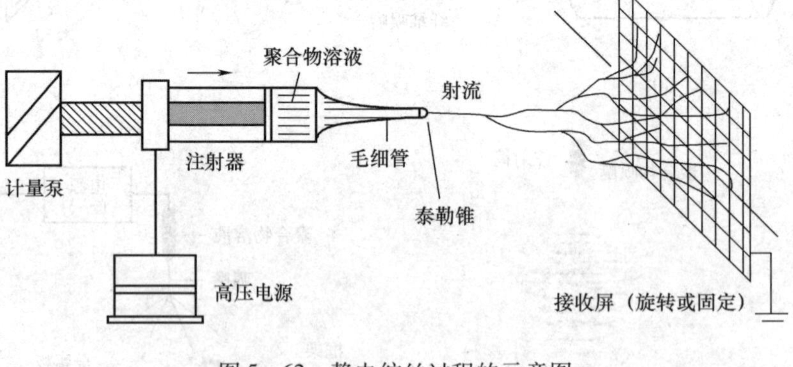

图 5 - 62　静电纺丝过程的示意图

聚合物溶液或熔体在静电场下的射流过程是静电纺丝过程的关键，图 5 - 63 是几种常见的射流形式。

通常，射流过程包括呈直线的稳定部分和分裂、鞭动后的不稳定部分。静电纺丝得到的纤维直径小于传统纺丝方法，是因为射流在静电场的拉伸中存在不稳定过程，从这个角度讲不稳定是有利的，但射流的不稳定又带来静电纺丝工艺的难可控性。

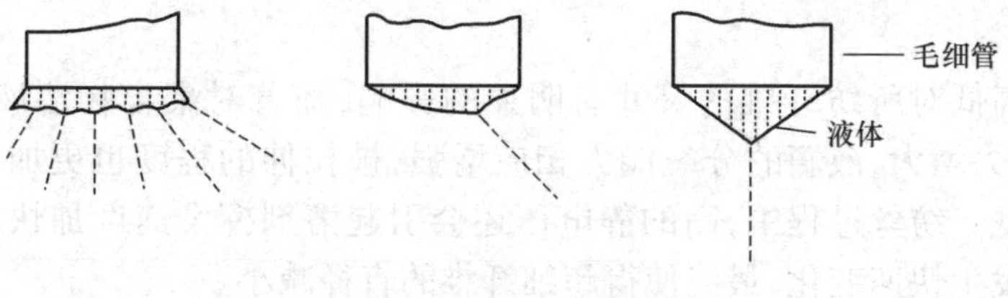

图 5-63 喷射细流的几种形式

静电纺丝中会出现三种不稳定性状况，第一种是黏性（Rayleigh）不稳定性；第二种是曲张不稳定性；第三种是弯曲不稳定性。后两种不稳定性状况完全是射流的表面电荷在电场的作用下引起的，而且可能随纺丝射流的伸展而放大。高压静电场下聚合物溶液射流的不稳定的主要原因是：①高压静电场下射流表面电荷的相互排斥；②分裂液滴间或更细射流间的相互排斥；③射流与环境流体的混合流动。

5.9.4 影响静电纺丝的因素

静电纺丝过程如其他许多过程一样，都是由过程操作参量和所操作物质的材料参量所决定的，过程的进行和产品的特性都是由这些基本参量所控制。静电纺丝过程的主要控制因素有：

1）静电纺丝的过程参量。主要包括：施加的静电电压、流量、毛细管末端与收集板之间的距离。

2）溶液性质。包括：黏度或黏弹性（浓度）、表面张力、电导率、比热、导热率及相变热（例如溶剂的蒸发热和熔体的结晶热）。

3）射流周围的环境。如真空度、空气的温度和湿度，以及气体流通速率等。

4）聚合物的结构参数。如聚合物的化学结构、平均相对分子质量、相对分子质量分布等。

上述各因素对静电纺丝过程以及得到的纤维尺寸和性能的影响较为复杂，也是目前研究的重点。值得注意的是，对于不同的聚合物体系，各因素的影响规律并不一致。下面对影响静电纺丝纤维尺寸的主要因素进行简要的讨论。

（1）聚合物溶液浓度

聚合物溶液浓度是影响静电纺丝纤维尺寸的最重要因素，聚合物溶液浓度越高，黏度越大，表面张力越大，而离开喷嘴后液滴分裂能力随表面张力增大而减弱。通常在其他条件不变时，随着聚合物溶液浓度和黏度的增加，纤维的直径增大。一般而言，静电纺丝纤维的直径与聚合物溶液浓度的立方成正比。但聚合物溶液浓度过稀、黏度过低时，不能得到连续的静电纺丝纤维，只能形成分散状微粒，只有溶液黏度达到一定值时才能形成连续的静电纺丝纤维。

不同的聚合物溶解于不同的溶剂中，可纺黏度范围不一，譬如聚氧化乙烯溶解于乙醇和水的混合溶剂，所得溶液可纺黏度范围是 0.1～2Pa·s，黏度过低将出现液滴而黏度过高将由于溶液的高度黏结而使得静电纺丝无法进行。又如醋酸纤维素溶解于丙酮和二甲基甲酰胺后，可纺黏度范围是0.12～1.02Pa·s。

(2)静电压

静电压的高低对所纺纤维的尺寸有明显的影响，随着对聚合物溶液施加的电压增大，体系的静电力增大，液滴的分裂能力相应增强，被拉伸的程度也更加充分，所得纤维的直径趋于降低。纺丝过程中，高的静电压还会引起溶剂挥发速度加快，射流的温度和黏弹性参数等发生快速变化，最终使得超细纤维的直径减小。

(3)固化距离

聚合物液滴经喷头喷出后，在空气中伴随着溶剂挥发的同时，聚合物浓缩固化成纤维，最后被接丝装置接受，从喷头到接收装置间的距离就是固化距离。固化距离也是影响静电纺丝纤维性能的主要因素。在静电纺丝过程中，接收距离不应过小，否则，射流到达接收装置之前，溶剂未能完全挥发，残留的溶剂可能会将纤维重新溶解粘连，这种现象较严重时，产品无法维持纤维无纺布的结构。对于不同的体系，固化距离对纤维直径的影响不同。例如，对于PS/THF体系，改变固化距离，对纤维直径的影响不明显。而对于PAN/DMF体系，纤维直径随着固化距离的增大而减小。

(4)聚合物的相对分子质量

通常，聚合物的相对分子质量增加，其相同浓度的溶液的黏度会增大，从而提高纺丝溶液的表面张力，降低了液滴在喷射过程中的分裂能力，导致所得纤维的直径增加。

(5)环境温度

喷射的聚合物溶液在空气中挥发溶剂和冷却，其环境温度对纤维的结构有明显影响。通常，提高环境温度，有利于溶剂的快速挥发；另一方面环境温度的提高，降低了溶液温度与环境温度的差值，使溶剂挥发更均匀、射流更稳定。因此，环境温度增加，将使所纺纤维的直径更为均匀，直径分布降低。例如聚亚氨酯溶于二甲基甲酰胺后进行静电纺丝，温度为70℃时所得聚亚氨酯纤维直径分布比室温下所得聚亚氨酯纤维直径分布要窄很多。

(6)其他因素

与常规的溶液纺丝相似，溶剂的性质对溶液的静电纺丝纤维的成形与结构性能有很大的影响，溶剂的挥发性对纤维的形态起着重要的作用。与电场强度相反，当其他参数不变，超细纤维的直径与溶液的流量成正比。流量越大，射流直径增大，表面积相对减小，使得溶剂越不易挥发，超细纤维直径因此增大。

随着对静电纺丝工艺和具体的聚合物体系的深入研究，对这方面的原因将了解的更透彻，从而开发出更多具有优异性能的超细纤维。

5.9.5 静电纺丝的应用

由于静电纺丝方法制备的超细纤维具有比表面积高及多孔结构，可用于纺丝的高分子材料又多种多样，因此其应用领域很广。在医用方面，可以应用在人工皮肤、创伤愈合、药物控释、牙齿增强、组织工程支架、神经细胞再生等场合。还可以利用有某些特性的聚合物电纺纤维空隙率高与比表面积大的特点制成各种类型的传感器，如气敏传感器、热敏传感器、光敏传感器等。还可以将聚合物与其他无机材料进行复合，通过电纺丝工艺制成纳米功能材料。静电纺丝纤维的主要潜在应用领域主要有以下一些。

5.9.5.1 复合增强

用超细纤维作增强材料除具有较常规纤维增强复合材料更好的力学性能外，还具备一些独特的优点。例如，若复合材料中纤维与基体的折射率不同，材料将不透明，但当纤维直径小于可见光波长时，则不会出现这种现象。例如尼龙46无纺纤维增强材料对环氧树脂增强后，其外观透明，虽然纤维含量较低，但其硬度和强度都有显著提高。通过聚苯并咪唑超细纤维对橡胶和环氧树脂进行增强，可使橡胶的抗撕裂强度提高一倍，模量提高到原来的10倍；环氧树脂的弯曲模量和韧性也都有所提高。由于静电纺丝超细纤维具有的高比表面积，还可用于提高层压复合材料的层间剪切强度。

5.9.5.2 生物医用材料

静电纺丝超细纤维膜可用作组织修复材料，如血管等，还可用作隔离膜和止血用品。静电纺丝超细纤维的尺度与细胞外基质相当，因此用作支架时能够为细胞的繁殖、迁移和生长提供较好的模板。在电场力作用下，可降解聚合物超细纤维可以直接喷射到皮肤的伤口，使伤口愈合，它不但有利于正常皮肤的生长，而且还使皮肤不留疤痕。由于超细纤维膜孔径范围通常在500nm ~ 1μm，比表面积高达5 ~ $100m^2/g$，因而用作创伤敷料可防止细菌侵入，同时使受体能够有效地与外界进行物质和能量的交换。另一方面，静电纺丝超细纤维能有效地控制药物的释放。采用乙烯醋酸乙烯共聚物/聚乳酸共混物的超细纤维作载体，可实现对药物的控制释放，超细纤维较高的比表面积使得药物释放的速度加快。

5.9.5.3 过滤膜

由于静电纺丝超细纤维的直径达纳米级，比表面积高以及由此导致的高表面吸附性，因而用作过滤材料具有高效低阻的特点，尺寸为0.5μm的细小颗粒能够轻易的被此类过滤材料捕获。除了满足常规过滤，这种聚合物超细纤维与其他选择性机体复合涂层后，还可以应用于如分子过滤、化学和生化药物的隔离。例如采用特种材料制备的静电纺丝军用防护服，既能有效地扩散潮湿蒸汽，捕获浮质颗粒，还具有重量轻、不溶于任何溶剂以及抵抗神经毒气等有害的化学气体的特点。

5.9.5.4 传感器

某些具有特殊性能的聚合物材料的静电纺丝超细纤维能用作传感器。传感器的灵敏度是一个重要的指标，而传感膜的灵敏度与每单位质量膜的表面积成正比。由于静电纺丝纳米纤维的比表面积比通用膜大得多，所以，静电纺丝纤维可大大提高传感器的灵敏度。将炭黑加入聚碳酸酯等聚合物的纺丝溶液，所得超细纤维的颜色将随温度的变化而改变，因此可将其用作温度传感器。将静电纺丝超细纤维膜应用于液晶装置中的某个元件，其厚度只有几十微米，超细纤维膜放置于两电极之间，在上面加电场使得液晶/超细纤维混合物的透射率不同。纤维的直径决定液晶材料和纤维之间的折射率的敏感性，从而控制装置的透射率。由静电纺丝得到的导电聚合物超细纤维膜还可用作电极，且具有表面积大的优点。

5.9.5.5 新型纤维

用静电纺丝技术开发新型纤维，其工艺简单、成本低廉，且前途非常广阔。例如静电纺丝所得二氧化锡纳米纤维可防远紫外光辐射。通过静电纺丝制得的氧化镁纳米纤维可制作纳米电子、光电子、传感器等的功能元件。

5.9.6 用于静电纺丝的聚合物

近几年来,静电纺丝技术已经用于几十种不同的聚合物,即包括大品种的采用传统技术生产的合成纤维,如:聚酯、尼龙、聚乙烯醇等柔性高分子的静电纺丝,又包括聚氨酯、丁二烯-苯乙烯嵌段共聚物(SBS)等弹性体静电纺丝以及液晶态的刚性高分子聚对苯二甲酰对苯二胺等的静电纺丝。此外,包括蚕丝、蜘蛛丝在内的蛋白质和核酸等生物大分子也进行过静电纺丝。表5-6列出了文献中介绍的一些可进行溶液纺丝的聚合物及其所采用的溶剂,同时还列出了它们可能的一些应用领域。

此外,聚乙烯、聚丙烯、聚酯、尼龙12等聚合物在高温条件下还能够进行熔体静电纺丝。和聚合物溶液纺丝装置不同,在聚合物熔体纺丝装置中,储液管、带电荷的熔体喷丝通道和接收装置都必须密闭,处于真空状态。

表5-6 可用于溶液静电纺丝的聚合物

聚合物	溶剂	应用领域
聚酰胺(PA6,PA66)	甲酸	保护织物
聚氨酯	二甲基甲酰胺	保护织物,过滤膜
聚碳酸酯	二甲基甲酰胺,二氯甲烷,氯仿,四氢呋喃	保护织物,传感器,过滤膜
聚丙烯腈	二甲基甲酰胺	碳纳米纤维
聚乙烯醇	蒸馏水	-
聚乳酸	二甲基甲酰胺	防止外科手术所引起粘连的薄膜,传感器,过滤膜,药物载体
乙烯-醋酸乙烯酯共聚物	-	药物载体
聚乳酸混合物/乙烯-醋酸乙烯酯共聚物	-	药物载体
聚氧乙烯	蒸馏水,氯仿,丙酮,乙醇	微电子导线,过滤膜
胶原质蛋白/聚氧乙烯混合物	盐酸	伤口愈合,保护织物,止血剂
聚甲基丙烯酸甲酯	四氢呋喃,丙酮,氯仿	-
聚苯胺/聚氧乙烯混合物	氯仿,樟脑磺酸	导电纤维
聚苯胺/聚苯乙烯混合物	氯仿	导电纤维
聚酯	二氯甲烷/三氟乙酸(1:1)	-
聚苯乙烯	四氢呋喃,二甲基甲酰胺,氯仿,甲乙酮	催化剂,过滤膜,生物转化酶
聚氯乙烯	四氢呋喃,二甲基甲酰胺	-
聚己内酯	氯仿/甲醇(3:1),二氯甲烷:甲醇(3:1),甲苯/甲醇(1:1)	药物载体

续表

聚合物	溶剂	应用领域
醋酸纤维素	丙酮，醋酸	膜材料
胶原蛋白	六氟－2丙醇	－
PA46	甲酸	透明复合材料
PA6/蒙脱土混合物	六氟－2丙醇	－
聚苯并咪唑	二甲基乙酰胺	保护织物，纳米纤维增强复合材料
蚕丝/聚氧乙烯混合物	蚕丝溶液	生物材料支架
聚乙烯咔唑	二氯甲烷	传感器，过滤膜
乙烯－乙烯醇	异丙醇/水(7:3)	生物医用

第6章　注射模塑

6.1　概　　述

注射模塑（又称注射成型或简称注塑），是成型塑料制品的一种重要方法。几乎所有的热塑性塑料及多种热固性塑料都可用此法成型。用注射模塑可成型各种形状，尺寸、精度、满足各种要求的模塑制品。

注塑制品约占塑料制品总量的20%～30%，尤其是塑料作为工程结构材料的出现，使塑料注塑制品的用途从民用扩大到国民经济的各个领域，并将逐步代替传统的金属和非金属材料的制品，包括各种工业配件，仪器仪表零部件、壳体等。在尖端技术中，也是不可缺少的。

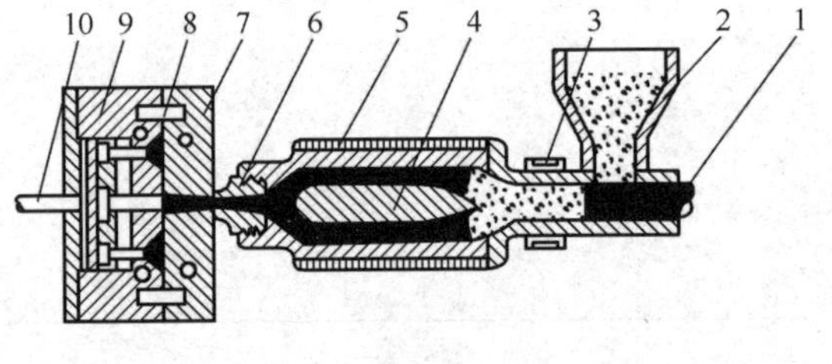

图6－1　注塑机和塑模的剖面图

1—柱塞　2—料斗　3—冷却套　4—分流梭　5—加热器　6—喷嘴　7—固定模板　8—制品　9—活动模板　10—顶出杆

注射模塑过程是将粒状或粉状塑料从注塑机（见图6－1柱塞式注塑机示意图）的料斗送进加热的料筒，经加热熔化呈流动状态后，由柱塞或螺杆的推动，使其通过料筒前端的喷嘴注入闭合的模具中。充满型腔的熔料在受压的状况下，经过冷却（热塑性塑料）或加热（热固性塑料）固化后即可保持注塑模具型腔所赋予的形状。开启模具取出制品，在操作上即完成了一个模塑周期。以后是不断重复上述周期的生产过程。

注射成型的一个模塑周期从几秒至几分钟不等，时间的长短取决于制品的大小、形状和厚度，塑料品种以及模具冷却系统和工艺条件等因素。每个制品的重量可自一克以下至几十千克不等，因制品的需要而异。每个模塑周期生产的制品重量，视制品形状、模具结构和注塑机的规格而定。

注射模塑具有成型周期短，能一次成型外形复杂、尺寸精确以及带有嵌件的制品；对成型各种塑料的适应性强；生产效率高，易于实现全自动化生产等一系列优势，是一种比较经济而先进的成型技术，并将朝着高速化和自动化的方向发展。

注射模塑是通过注塑机来实现的。注塑机的类型很多，无论哪种注塑机，其基本作用均为：①加热塑料，使其达到熔化状态；②对熔融塑料施加高压，使其高速射出而充满模具型腔。为了更好地完成上述两个基本作用，注塑机的结构已经历了不断改进和发展。

最早出现的柱塞式注塑机（见图6－1）结构简单，是通过一料筒和活塞来实现塑化与注射两个基本作用的，但是调控温度和压力比较困难。后来出现的单螺杆定位预塑注塑机(如图6-2),由预塑料筒和注射料筒相衔接而组成。塑料首先在预塑料筒内加热塑化并挤入注射料筒,然后通过柱塞高压注入模具型腔。这种注塑机加料量大,塑化效果得到显著改善,注射压力和速度较稳定,但是操作麻烦和结构比较复杂,所以应用不广。

随后出现的移动螺杆式注塑机,它是由一根螺杆和一个料筒组成的(见图6-3)。加入的塑料依靠螺杆在料筒内的转动而加热塑化,并不断被推向料筒前端部靠近喷嘴处,因此螺杆在转动的同时就缓慢地向后退移,退到预定位置时,螺杆即停止转动。此时,螺杆受液压缸柱塞传递的高压作用而进行轴向位移,将积存在料筒前端的塑料熔体推过喷嘴而以高速注射入模具。

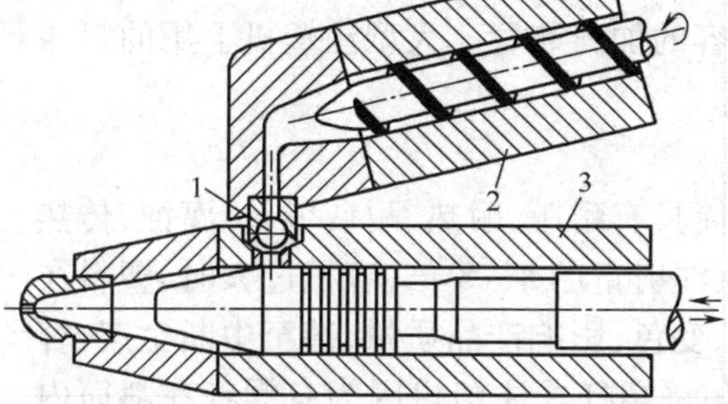

图6-2 单螺杆定位预塑注塑机结构示意图
1—单向线 2—单螺杆定位预塑料筒 3—注射料筒

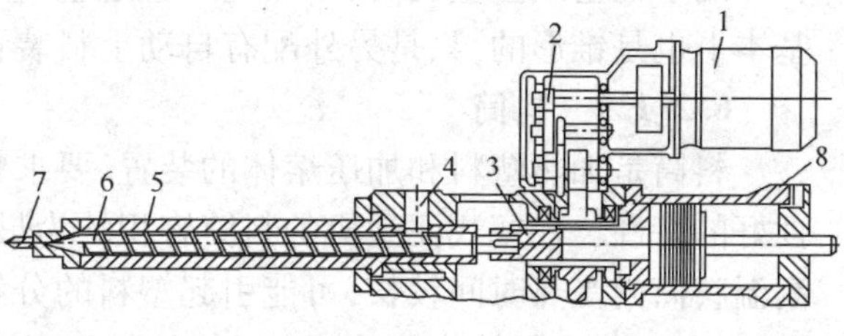

图6-3 移动螺杆式注塑机结构示意图
1—电动机 2—传动齿轮 3—滑动键 4—进料口
5—料筒 6—螺杆 7—喷嘴 8—油缸

移动螺杆式注塑机的效果与预塑注塑机几乎相当,而且结构简化,制造方便;与柱塞式注塑机相比,可使塑料在料筒内得到良好的混合和塑化,不仅提高了模塑质量,还扩大了注射成型塑料的品种和注射量。因此,移动螺杆式注塑机在注塑机的发展中获得了压倒的优势。

目前对于注射模塑各种塑料,包括透明、着色、热敏性以及流动性差的各种塑料,大、中、小及精密型的塑件,广泛使用的是各种规格的移动螺杆式注塑机。仅有少量柱塞式注塑机留存于一些小型企业中,生产质量要求不高或有特殊要求的小型塑件。因此本章内容将以这两种设备和其成型工艺,着重介绍移动螺杆式注塑设备和工艺。

热固性塑料用注塑方法生产制品的成功,不仅使其制品质量稳定、性能提高、尺寸准确、成型周期缩短,而且劳动条件也得到改善,所以发展很快。本章也将作简要介绍。此外,由注射模塑成型原理演变而用于热固性塑料成型的传递模塑,以及反应注塑等也将作简要介绍。

6.2 注射模塑设备

移动螺杆式和柱塞式两种注塑机都是由注射系统、锁模系统和模具三大部分组成的,现分述如下。

6.2.1 注射系统

它是注塑机最主要的部分,其作用是使塑料均化和塑化,并在很高的压力和较快的速度下,通过螺杆或柱塞的推挤将塑化和均化好的塑料注射入模具。注射系统包括:加料装置、料筒、螺杆(柱塞式注塑机则为柱塞和分流梭)及喷嘴等部件。

6.2.1.1 加料装置

小型注塑机的加料装置,通用与料筒相连的锥形料斗。料斗容量约为生产 1~2h 的用料量,容量过大,塑料会从空气中重新吸湿,对制品的质量不利,只有配置加热装置的料斗,容量方可适当增大。使用锥形料斗时,如塑料颗粒不均,则设备运转产生的振动会引起料斗中小颗粒或粉料的沉析,从而影响物料的表观密度,造成加料量的波动。这种料斗用于柱塞式注塑机时,一般应配置定量或定容的加料装置。大型注塑机上用的料斗基本上也是锥形的,只是另外配有自动上料装置。

6.2.1.2 料筒

料筒是加热塑料和加压熔体的装置,要求料筒具有耐压、耐热、耐疲劳、抗腐蚀、传热性好的特性。柱塞式注塑机的料筒容积约为最大注射量的 4~8 倍,容积过大时,塑料在高温料筒内受热时间较长,可能引起塑料的分解、变色,影响产品质量,甚至中断生产;容积过小,塑料在料筒内受热时间太短,塑化不均匀。螺杆式注塑机因为有螺杆在料筒内对塑料进行输送、压实和剪切作用,料层比较薄,传热效率高,塑化均匀,一般料筒容积只需最大注射量的 2~3 倍。

料筒外部配有加热装置,一般将料筒分为三个以上的加热区,以便分段加热控温。料筒各段温度是通过热电偶测温和温度控制仪表来精确控制的,靠近料斗一侧的温度较低,向喷嘴方向温度逐渐升高。料筒内壁截面积变化处应平滑过渡,以避免塑料熔体因滞料分解而影响制品质量。

6.2.1.3 柱塞与分流梭

柱塞与分流梭都是柱塞式注塑机料筒内的重要部件。柱塞的作用是将注射油缸的压力传给塑料并使熔料注射入模具。柱塞是一根坚实、表面硬度很高的金属柱,直径通常为 20~100mm。注射油缸与柱塞截面积的比例范围在 10~20 之间。注塑机每次注射的最大注射容量是柱塞的行程与柱塞截面积的乘积。柱塞和料筒的间隙应以柱塞能自由地往复运动而塑料熔体又不泄漏为原则。

分流梭是装在料筒前端内腔中形状颇似鱼雷体的一种金属部件。它的作用是使料筒内的塑料分散为薄层并均匀地处于或流过料筒和分流梭组成的通道,从而缩短传热导程,加快热传递和提高塑化质量。塑料在柱塞式注塑机内升温所需的热量,主要是靠料筒外部加热器所供给。由于塑料在料筒内通常都是层流流动,所受剪切速率不高,黏度偏大,而且塑料的导热系数很低,如果希望通过提高料筒温度梯度来增加传热量,以实现均匀塑化的效果,不仅会延长塑化时间,而且使靠近料筒部分的塑料容易发生热分解。分流梭上附有紧贴料筒壁起定位作用的若干翅翼,可以传递热量对翅翼之间通道内的塑料起加热作用。装上分流梭后,可使料层变薄,使分布在通道内的薄层塑料受到内外两面加热,使塑料能较快和均匀的升高温度。此外,在通道内,由于料层的截面积逐渐减小，熔料所受的剪切速率和摩擦热都会增加，使物料黏度下降，这对注射和传热都有利。

6.2.1.4 螺杆

螺杆是移动螺杆式注塑机的重要部件，其作用是对塑料进行输送、压实、塑化和施压。螺杆在料筒内旋转时，首先将料斗加入的塑料输送进入料筒，并逐步将其向前推送、压实、排气和塑化，随后熔融的塑料就不断地被推到料筒前端的螺杆顶部与喷嘴之间，而螺杆本身则因受熔料的压力而缓慢后移。当积存的熔料达到预定塑化量时，螺杆停止转动。注射时，螺杆在液压缸压力的作用下向前移动将熔料注入模具。

螺杆的结构与挤出机螺杆基本相同，但有其特点：①注射螺杆在旋转时有轴向位移，因此螺杆的有效长度是变化的。②注射螺杆的长径比和压缩比较小，一般 $L/D = 16 \sim 25$，压缩比 2～2.5。注射螺杆在转动时只需要它能对塑料进行塑化，不需要它提供稳定的压力，塑化中塑料承受的压力是通过调整背压来实现的。③注射螺杆的螺槽较深以提高生产率。④注射螺杆因有轴向位移，因此加料段应较长，约为螺杆长度的一半，而压缩段和计量段则各为螺杆长度的四分之一。典型的注射螺杆如图 6－4 所示。⑤为使注射时不致出现熔料积存或沿螺槽回流的现象，对螺杆头部的结构应该考虑。熔融黏度大的塑料，常用锥形尖头的注射螺杆，如图 6－5 所示。采用这种螺杆，还可减少塑料降解。对黏度较低的塑料，需在螺杆头部加装止逆环，如图 6－6 所示，当螺杆旋转时，熔料即沿螺槽前进而将止逆环推向前方，熔料沿着止逆环与螺杆头的间隙进入料筒的前端。注射时，由于料筒前端熔料的压力升高，止逆环被压后退而与螺杆端面密合，从而防止物料回流。

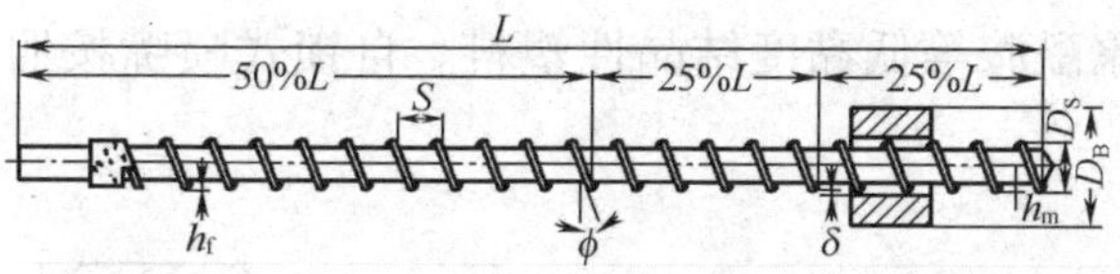

图 6－4 注射用螺杆

D_B— 料筒外径　h_m— 计量段螺槽深度　D_s— 螺杆公称直径　L— 螺杆总长度　ϕ— 螺纹角
δ— 径向间隙　S— 螺距　L/D— 长径比　h_f— 进料段螺槽深度　h_f/h_m— 压缩比

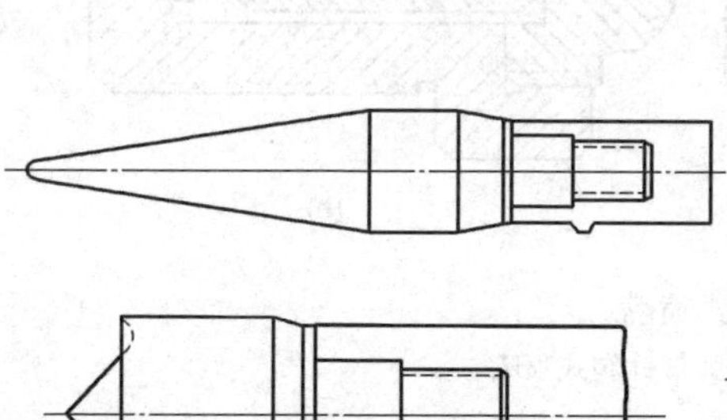

图 6－5 螺杆头

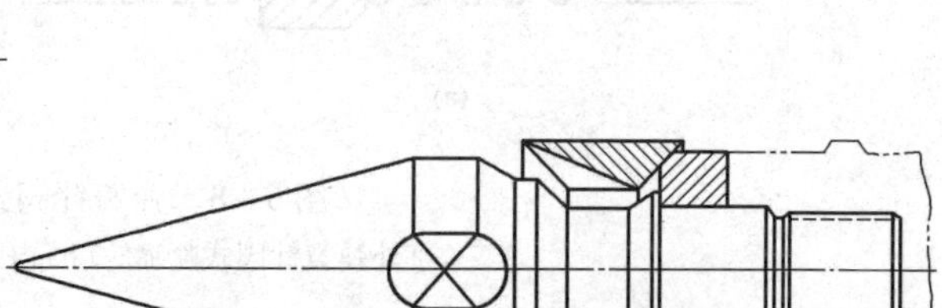

图 6－6 带止逆环的螺杆头

6.2.1.5 喷嘴

喷嘴是联接料筒和模具的过渡部分。注射时,料筒内的熔料在螺杆或柱塞的作用下,以高压和快速流经喷嘴注入模具。因此喷嘴的结构形式、喷孔及通道形状和尺寸等都将影响熔料的压力和温度损失、射程远近,以及补缩作用的优劣和是否产生"流涎"现象等。目前使用的喷嘴种类繁多,且都有其适用范围,生产中常用的喷嘴一般为开式、闭式和特殊用途三种类型。

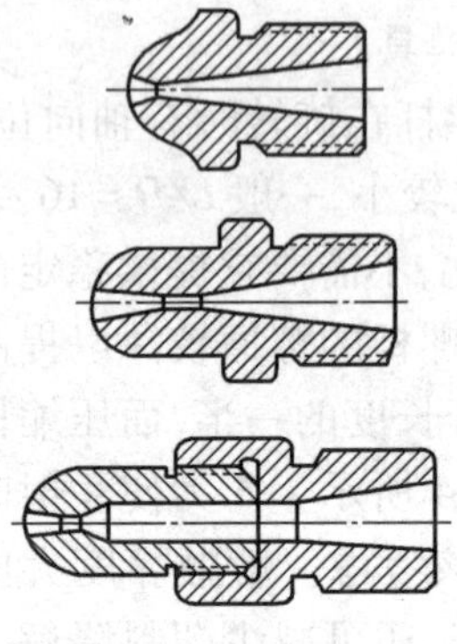

图6-7 直通式喷嘴

(1)直通式喷嘴

又称开式喷嘴,按照喷嘴长度和孔径大小,分为以下三种类型,如图6-7所示。

1)PVC型喷嘴 这种喷嘴呈短管状,孔径较大,熔料流经喷嘴时的压力和热量损失都很小,而且不易产生滞料和分解,其外部一般都不附设加热装置,适用于热稳定性差的高黏度物料。

2)延长型喷嘴 又称为延伸式喷嘴。这种喷嘴延长了嘴体长度,可以进行加热,补缩作用好,射程远,但加工低黏度塑料时,易产生"流涎"现象。

3)小孔型喷嘴 此结构因储料多和喷嘴体外加热,不易形成冷料,因孔径小而射程远,"流涎"现象有好转。主要用于加工低黏度物料和薄壁、形状复杂的制品。

(2)自锁式喷嘴

又称闭式喷嘴,在注射过程中为了防止熔料的流涎或回缩,需要对喷嘴通道实行暂时封闭,应用于注塑聚酰胺等低黏度结晶性塑料。自锁式喷嘴按照结构分为弹簧式(见图6-8)和针阀式。

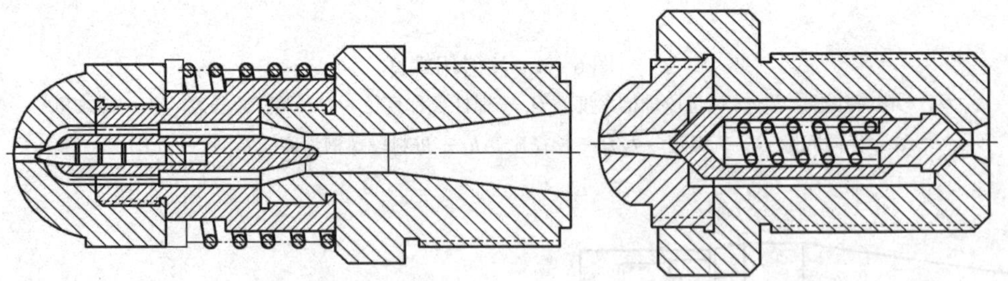

(a) (b)

图6-8 弹簧针阀式喷嘴

(a)外弹簧针阀式喷嘴 (b)内弹簧针阀式喷嘴

1)弹簧喷嘴 依靠弹簧压合喷嘴体内的阀芯实现自锁。在注射时,阀芯受熔料的高压而被顶开,熔料注入模具;注射结束时,阀芯在弹簧力作用下复位而锁闭。其优点是能有效地防止注射低黏度塑料时出现"流涎"现象,使用方便,自锁效果显著。但是,结构比较复杂，注射压力损失大，射程较短，补缩作用小，对弹簧的要求高。

2）杠杆针阀式喷嘴　这种喷嘴与弹簧喷嘴一样，也是在注射过程中对喷嘴通道实行暂时启闭，其结构和工作原理见图6-9。它是用外在液压系统通过杠杆来控制联动机构启闭阀芯的，使用时可根据需要操纵液压系统准确及时地开启阀芯。该喷嘴具有使用方便，自锁可靠，压力损失小，计量准确等优点。此外，它不使用弹簧，所以没有更换弹簧之虑，主要缺点是结构较复杂。

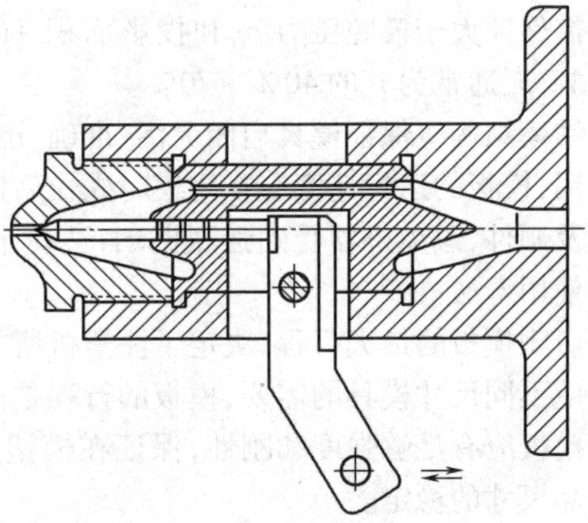
图6-9　液控杠杆针阀式喷嘴

选择喷嘴应根据塑料的性能和制品的特点来考虑。对熔融黏度高，热稳定性差的塑料，如聚氯乙烯，宜选用流道阻力小，剪切作用较小的大口径直通式喷嘴；对熔融黏度低的塑料，如聚酰胺，为防止"流涎"现象，则宜选用带有加热装置的自锁式或杠杆针阀式的喷嘴。形状复杂的薄壁制品宜选用小孔径，射程远的喷嘴；而厚壁制品则最好选用大孔径、补缩作用大的喷嘴。

（3）特殊用途喷嘴

除上述几种喷嘴外，还有供特殊用途的喷嘴。例如混合型喷嘴，该喷嘴内装有筛板或静态混合器，目的是增加剪切混合作用而提高混合均匀性。

喷嘴结构设计均应尽量简单和易于装卸。喷嘴孔的直径应根据注塑机的最大注射量，塑料的性质和制品特点而定。喷嘴头部一般为半球形，要求能与模具主流道衬套的凹球面保持良好接触，以防止漏料。喷孔的直径应比主流道直径小0.5~1mm，便于将两次注射之间积存在喷嘴孔处的冷料随同主流道赘物一同抽出。

6.2.1.6　加压和驱动装置

加压装置就是供给柱塞或螺杆对塑料熔体施加压力，使柱塞或螺杆在注射周期中产生往复运动进行注射的设施，它的动力源有液压力和机械力两种，大多数都采用液压力，且多用自给式的油压系统供压。

驱动装置是使注塑机螺杆转动而完成对塑料预塑化的装置，有单速交流电机和液压马达两种形式。采用电机驱动时，可保证转速的稳定性。采用液压马达的优点有：①传动特性较软，启动惯性小，对螺杆过负载有保护作用；②易平滑地实现螺杆转数的无级及较大的调速；③传动装置体积小，重量轻和结构简单等。目前的注塑机主要采用液压马达驱动。

6.2.2　锁模系统

在注塑机上实现锁紧模具、启闭模具和顶出制件的机构总称为锁模系统。熔料通常以40~150MPa的高压注入模具，为保持模具的严密闭合而不向外溢料，要有足够的锁模力。锁模力 F 的大小决定于注射压力 p_z 和与施压方向成垂直的制品投影面积(A)的乘积,即 $F \geqslant p_z \cdot A$。事实上,注射压力在模塑过程中有很大的损失,为达到锁模要求,锁模力只需保证大于模腔压力 p_m 和投影面积 A(其中包括分流道投影面积)的乘积,即 $F > p_m \cdot A$。p_m 通常为 p_z 的 40% ~70%。

锁模结构应保证模具启闭灵活、准确、迅速而安全。工艺上要求,启闭模具时要有缓冲作用,模板的运行速度应在闭模时先快后慢,而在开模时应先慢后快再慢,以防止损坏模具及制件,避免机器受到强烈振动,适应平稳顶出制件,达到安全运行,延长机器和模具的使用寿命。

启闭模板的最大行程,决定了注塑机所能生产制件的最大厚度,而在最大行程以内,为适应不同尺寸模具的需要,模板的行程是可调的。

模板应有足够强度和刚性,保证在模塑过程中不致因频受压力的撞击引起变形,影响制品尺寸的稳定。

启闭模具和锁模机构可以有三种型式。

6.2.2.1　机械式

这种装置一般是以电动机通过齿轮或蜗轮、蜗杆减速传动曲臂的机构来实现启闭模具和锁模作用的(见图 6－10)。这种型式结构简单,制造容易,使用和维修方便,但因电动机启动频繁,启动负荷大,频受冲击振动,噪声大,零部件易磨损,模板行程短等原因,早期应用于小型注塑机。

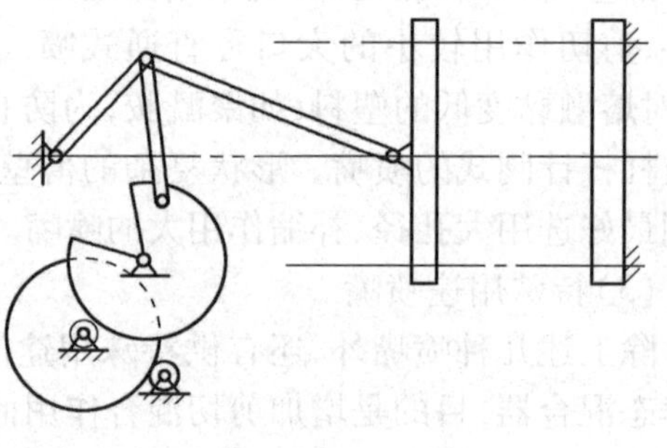

图 6－10　机械锁模装置

6.2.2.2　液压式

液压式是采用油缸和柱塞依靠液压力推动柱塞作往复运动来实现启闭和锁模的,如图 6－11 所示。其优点是:与其他结构相比,移动模板和固定模板之间开档较大;移动模板可在行程范围内的任意位置停留,从而易于安装和调整模具以及易于实现调压和调速;工作平稳、可靠,易实现紧急刹车等,但较大功率的液压系统造价较高。

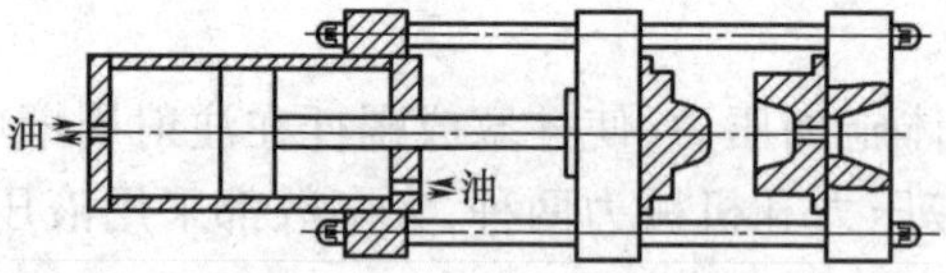

图 6－11　液压式锁模装置

6.2.2.3　液压—机械组合式

这种型式是由液压操纵连杆或曲肘撑杆机构来达到启闭和锁紧模具的,如图 6－12 所示。这种机构的优点是:①连杆式曲肘自身均有增力作用。当伸直时,又有自锁作用,即使撤除液压,锁模力亦不会消失。所以设置的液压系统只在操纵连杆或曲肘的运动,所需要的负荷并不大,从而成本较低。②机构的运动特性能满足工艺要求,即肘杆推动模板闭合时,速度可以先快后慢,而在开模时又相反。③锁模比较可靠。其缺点是机构容易磨损和需要专门的调模机构。但是当前中小型注塑机中所用的仍以这种机构占优势，关键在于结构简单和成本较低。

上述各种锁模装置中都设有顶出装置，以便在开模时顶出模内制品。顶出装置主要有机械式和液压式两大类。

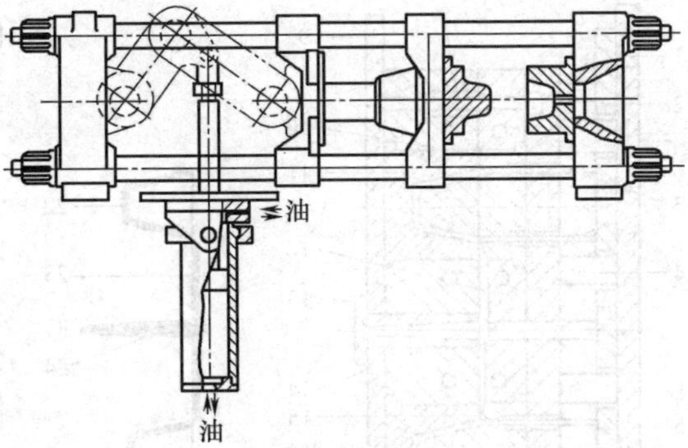

图6－12　液压—机械组合式锁模装置

1）机械式顶出装置　它是利用设在机架上可以调动的顶出柱，在开模过程中，推动模具中所设的脱模装置而顶出制件的。但是，顶出必须在开模终了时进行，而脱模装置的复位要在闭模后才能实现。顶出柱和脱模装置均根据锁模机构特点而定，可放置在模板的中心或两侧。顶出距离则按制品不同可进行调节。这种装置简单，功能单一，不能满足模具顶出机构在顶出力、速度和顶出次数的需求。

2）液压式顶出装置　是在动模板上依靠专门设置顶出油缸来实现制品顶出的，优点是可满足制品顶出的位置、速度、顶出力、行程和顶出次数的调节要求，且可自行复位，适应自动化生产要求。但是结构比较复杂、力量小。如成型大面积制品不如机械顶出简便可靠。因此，许多设备上同时设有液压和机械两种顶出机构，以满足不同制品对顶出的要求。

6.2.3　注塑模具

注塑模具是在成型中赋予塑料以形状和尺寸的部件。模具的结构虽然会因塑料品种和性能、塑料制品的形状和结构以及注塑机的类型等不同而可能千变万化，但是基本结构是一致的。模具主要由浇注系统、成型零件和结构零件三部分组成。其中浇注系统和成型零件是与塑料直接接触部分，并随塑料和制品而变化，是塑模中最复杂，变化最大，要求加工光洁度和精度最高的部分。

浇注系统是指塑料从喷嘴进入型腔前的流道部分，包括主流道、冷料穴、分流道和浇口等。成型零件是指构成制品形状的各种零件，包括动模、定模和型腔、型芯、成型杆以及排气口等。典型塑模结构如图6－13所示。

6.2.3.1　主流道

它是模具中连接注塑机喷嘴至分流道或型腔的一段通道。主流道前端呈凹形，以便与喷嘴衔接。主流道进口直径应略大于喷嘴直径（0.5～1mm）以防止两者因衔接不准而发生的堵截。进口直径根据制品大小而定，一般为4～8mm。主流道直径应向内扩大，呈3°～5°的角度，以便流道赘物能顺利地脱模。

6.2.3.2　冷料穴

它是设在主流道末端的一个空穴，用以捕集喷嘴端部两次注射之间所产生的冷料，从而防止分流道或浇口的堵塞。而且如果冷料混入型腔，则所制制品中就容易产生内应力和外观缺陷。冷料穴的直径约8～10mm，深度约6mm。为了便于脱模，其底部常由脱模杆端部来构成。脱模杆的端部宜设计成曲折钩形或设下陷沟槽，以便脱模时能顺利拉出主流道赘物。

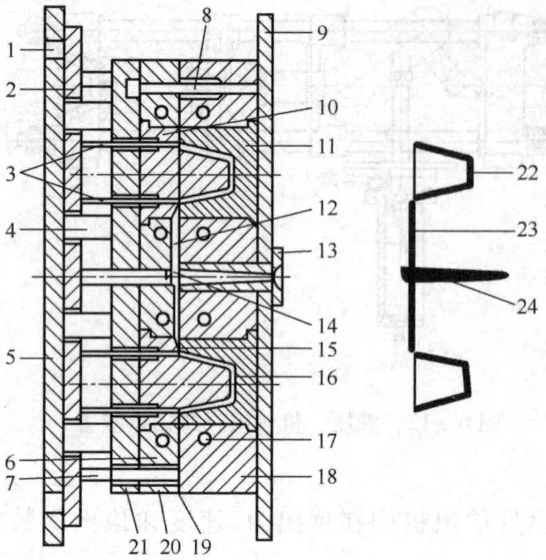

图 6－13　典型塑模结构图

1—用作推顶脱模板的孔　2—脱模板　3—脱模杆　4—承压柱　5—后夹模板　6—后扣模板　7—回顶杆　8—导合钉　9—前夹模板　10—阳模　11——阴模　12—分流道　13—主流道衬套　14—冷料穴　15—浇口　16—型腔　17—冷却剂通道　18—前扣模板　19—塑模分界面　20—后扣模板　21—承压板　22—制品　23—分流道赘物　24—主流道赘物

6.2.3.3　分流道

它是多腔模中连接主流道和各个型腔的通道。为使熔料以等流速充满各型腔，分流道在塑模上的排列应成对称和等距离分布。分流道截面的形状和尺寸对塑料熔体的流动、制品脱模和模具制造的难易都有影响。如果按相等料量的流动来说，则以圆形截面的流道阻力最小。但因圆柱形流道的比表面小，对分流道赘物的冷却不利，而且这种分流道必须对称开设在两瓣模上，制造精度要求高难度大。因此，经常采用的是梯形或半圆形截面的分流道，且开设在带有脱模杆的一瓣模具上。流道表面必须抛光以减少流动阻力提供较快的充模速度。根据塑料树脂品种，制品的尺寸和厚度决定流道的截面尺寸。对大多数热塑性塑料来说，分流道截面宽度均不超过8mm；特大、特小的制件例外，可分别超过12mm，或小于2mm。在满足需要的前提下应尽量减小截面积，以免增加分流道赘物和延长冷却时间。

6.2.3.4　浇口

它是接通主流道（或分流道）与型腔的通道。通道的截面积可以与主流道（或分流道）相等，但通常都是缩小的。所以它是整个流道系统中截面积最小的部分。浇口的形状和尺寸对制品质量影响很大。浇口的作用是：①控制料流速度；②在注射中可因这部分的熔料早凝而防止倒流；③使通过的熔料受到较强的剪切而升高温度，从而降低表观黏度以提高流动性；④便于制品与流道系统分离。浇口形状、尺寸和位置的设计取决于塑料的性质、制品的大小和结构。一般浇口的截面形状为矩形或圆形，截面积宜小而长度宜短，这不仅基于上述作用，还因为模具制造中小浇口变大较容易，而大浇口缩小则很困难。浇口位置一般应选在制品最厚而又不影响外观的地方。浇口尺寸的设计应考虑到塑料熔体的性质。

6.2.3.5　型腔

它是模具中成型塑料制品的空间。用作构成型腔的组件统称为成型零件。各个成型零件常有专用名称。构成制品外形的成型零件称为凹模（又称阴模），构成制品内部形状（如孔、槽等）的称为型芯或凸模（又称阳模）。设计成型零件时首先要根据塑料的性能、制品的几何形状、尺寸公差和使用要求来确定型腔的总体结构。其次是根据确定的结构选择分型面、浇口和排气孔的位置以及脱模方式。最后则按制品尺寸进行各零件的设计及确定各零件之间的组合方式。塑料熔体进入型腔时具有很高的压力,故成型零件要进行合理地选材并进行强度和刚度的校核。为保证塑料制品表面的光洁美观和容易脱模,凡与塑料接触的表面,其粗糙度应在 0.32 ~ 0.63μm 范围,或根据制品质量要求粗糙度更低,而且要耐腐蚀。成型零件一般都通过热处理来提高硬度,并选用耐腐蚀的钢材制造。

6.2.3.6 排气口

它是在模具中开设的一种槽形出气口,用以排出在型腔中原有的及熔料带入的气体。熔料注入型腔时,原存于型腔内的空气以及由熔体带入的气体必须在料流的末端通过排气口向模外排出,否则将会使制品带有气孔、熔接不良、充模不满,甚至积存空气因受压缩产生高温而将制品烧伤。一般情况下,排气孔既可设在型腔内熔料流动的末端,也可设在塑模的分型面上。后者是在凹模一侧开设深 0.03 ~ 0.2mm,宽 1.5 ~ 6mm 的浅槽。注射中,排气孔不会有很多熔料溢出,因为熔料会在该处冷却固化将通道堵死。排气口的开设位置切勿对着操作人员,以防熔料意外喷出导致人员伤害。此外,亦可利用顶出杆与顶出孔的配合间隙,顶块和脱模板与型芯的配合间隙等来排气。

6.2.3.7 结构零件

它是指构成模具结构的各种零件,包括:导向、脱模、抽芯以及分型的各种零件。诸如前后夹模板、前后扣模板、承压板、承压柱、导向柱、脱模板、脱模杆及回程杆等,如图 6-13 所示。

6.2.3.8 加热或冷却装置

这是使熔料在模具内固化定型的装置,对热塑性塑料,一般是阴阳模内设置冷却介质的通道,借冷却介质的循环流动来达到冷却目的。通入的冷却介质随塑料种类和制品结构等而异,有冷水、热水、热油和蒸汽等。关键是高效率的均匀冷却,冷却不均匀会直接影响制品的内在质量(冻结的内应力)和外形尺寸。应根据熔料的热性能(包括结晶),制品的形状和模具结构,考虑冷却通道的排布和冷却介质的选择。

6.3 注射模塑工艺过程及控制因素

注射模塑工艺过程包括:成型前的准备,注射过程,制件的后处理,现分述如下。

6.3.1 成型前的准备

为使注射过程顺利进行和保证产品质量,应对所用的设备和塑料做好以下准备工作。

6.3.1.1 成型前对原料的预处理

根据各种塑料的特性及供料状况,一般在成型前应对原料进行外观(指色泽、粒径大小及均匀性等)和工艺性能(熔体流动速率、流动性、热性能及收缩率等)的检验,均已见第 3 章。如果来料是粉状料,则有时还需要进行造粒或染色,也已见于第 3 章。此外,依据原料的亲水性，确定是否需要对原料进行干燥；依据制品形状和质量要求，选择干燥方式和干燥条件。对于诸如聚碳酸酯、聚酰胺、聚砜和聚甲基丙烯酸甲酯等，其大分子上含有亲水基团，容易吸湿，致使原料中含有不同程度的水分。当水分高过一定量时，轻则使产品表面出现银丝、斑纹和气泡等缺陷；重则引起熔料在注射时产生降解，严重地影响制品的外观和内在质量，使各项性能指标显著降低。因此，模塑前对这类塑料应进行充分的干燥。不吸湿的塑料，如聚苯乙烯、聚乙烯、聚丙烯和聚甲醛塑料等，如果储存运输良好，包装严密，一般可不预干燥。

对各种塑料的干燥方法，应根据其性能和具体条件进行选择。小批量生产用的塑料，大多采用热风循环烘箱或红外线加热烘箱进行干燥；高温下受热时间长时容易氧化变色的塑料，如聚酰胺，宜采用真空烘箱干燥；大批量生产用的塑料，宜采用沸腾干燥或气流干燥，其干燥效率较高又能连续化。干燥所采用的温度，在常压时应选在100℃以上，如果塑料的软化温度不及100℃，则干燥温度就应控制在软化温度以下。一般延长干燥时间有利于提高干燥效果，但是对每种塑料在干燥温度下都有一最佳干燥时间，过多延长干燥时间效果不大。值得注意的是，应当重视已经干燥塑料的防潮。

6.3.1.2　料筒的清洗

在初用某种塑料或某一注塑机之前，或者在生产中需要改变产品、更换原料、调换颜色或发现塑料中有分解现象时，都需要对注塑机（主要是料筒）进行清洗或拆换。

柱塞式注塑机料筒的清洗常比螺杆式注塑机困难，清洗时需要拆卸清洗或者进行料筒替换。

螺杆式注塑机通常是直接换料清洗。为节省时间和原料，换料清洗应采取正确的操作步骤，掌握塑料的热稳定性、成型温度范围和各种塑料之间的相容性等技术资料。例如欲换塑料的成型温度远比料筒内存留塑料的温度高时，应先将料筒和喷嘴温度升高到欲换塑料的最低加工温度，然后加入欲换料（也可以是欲换料的回料）并连续进行对空注射，直至全部存料清洗完毕时才调整温度进行正常生产。如欲换塑料的成型温度远比料筒内塑料的温度低，则应将料筒和喷嘴温度升高到料筒内塑料的最好流动温度后，切断电源，用欲换料在降温下进行清洗，如欲换料的成型温度高，熔融黏度大，而料筒内的存留料又是热敏性的，如聚氯乙烯、聚甲醛等，为了预防塑料分解，应选用流动性好，热稳定性高的聚苯乙烯或低密度聚乙烯塑料作过渡换料。

6.3.1.3　嵌件的预热

为了装配和使用等要求，塑料制件内常需要嵌入金属制的嵌件。注射前，金属嵌件应先放进模具内的预定位置，成型后使其与塑料成为一个整体件。有嵌件的塑料制品，在嵌件的周围容易出现裂纹或导致制品强度下降，这是由于金属嵌件与塑料的热性能和收缩率差别较大的缘故。因此除在设计制件时加大嵌件周围的壁厚，以克服这种困难外，成型中对金属嵌件进行预热是一项有效措施。预热后可减少熔料与嵌件的温度差，成型中可使嵌件周围的熔料与基体熔料的冷却速率较为一致，收缩均匀，可防止嵌件周围产生过大的内应力。

嵌件的预热须视加工塑料的性质和金属嵌件的大小而定。对具有刚性分子链的塑料，如聚碳酸酯、聚砜和聚苯醚等，其制件在嵌件周围容易产生应力开裂，因此金属嵌件一般都应进行预热。预热温度以不损伤金属嵌件表面镀层为限，一般为 110～130℃。对于表面无镀层的铝合金或铜嵌件，预热温度可提高到 150℃左右。

6.3.1.4　脱模剂的选用

脱模剂是使塑料制件容易从模具中脱出而涂覆在模具表面上的一种助剂。一般注射制件的脱模，主要依赖于合理的工艺条件与正确的模具设计。但是在生产上为了顺利脱模，采用脱模剂的也不少。常用的脱模剂有：硬脂酸锌，除聚酰胺塑料外，一般塑料均可使用。液体石蜡（又称白油），作为聚酰胺类塑料的脱模剂效果较好，除润滑作用外，还有防止制件内部产生空隙的作用。硅油类润滑效果良好，但价格较高，使用上受到一些限制。无论使用哪种脱模剂都应适量，过少起不到应有的效果；过多或涂抹不匀则会影响制件外观及强度，对透明制件更为明显，用量多时会出现毛斑或混浊现象。

6.3.2　注射过程

完整的注射过程周期上共包括加料、塑化、注射入模、保压、冷却和脱模等几个步骤，但是实质上只是塑化、流动与冷却两个过程。

6.3.2.1　塑化

塑化是指塑料在料筒内经加热达到流动状态并具有良好的可塑性的全过程。因此可以说塑化是注射成型的准备过程。生产工艺对这一过程的总要求是：在进入模腔之前应达到规定的成型温度并能在规定时间内提供足够数量的熔融塑料，熔料各点温度应均匀一致，不发生或极少发生热分解以保证生产的连续进行。上述要求与塑料的特性、工艺条件的控制以及注塑机的塑化结构均密切相关。而且直接决定着制件的质量和数量。有关用螺杆与料筒对塑料塑化的问题已在第 5 章讨论过，这里只就柱塞式注塑机内的塑化略作论述。

（1）热均匀性

对于接近静态受热的塑料，因其导热性差，以致靠近料筒壁的塑料温度偏高，而在料筒中心的则偏低，形成温度分布的不均。此外，熔料在圆管内流动时，料筒中心处的料流速度必然快于筒壁处的，这一径向上速度分布的不同，将进一步导致注塑机射出熔料各点温度的不均，甚至每次射出料的平均温度也不等。用这种热均匀性差的熔料成型的制品，其物理－力学性能也差。

现引入加热效率（E_h）的概念来分析柱塞式注塑机内熔料的热均匀性。设料筒温度为 T_w，塑料进入料筒的温度为 T_1。如果塑料在料筒内停留的时间足够长，则全部塑料的温度将上升到接近 T_w，并以 T_w 为温度上限，塑料温度上升的最大距程即为 $T_w - T_1$，这一距程将直接与塑料所获得的最大热量成比例。但是通常由喷嘴射出的塑料平均温度 T_2 总是低于 T_w 的，所以实际温度上升的平均距程为 $T_2 - T_1$，而实际获得的热量也比例于这一距程。两距程的比率即为加热效率 E_h：

$$E_h = \frac{T_2 - T_1}{T_w - T_1} \tag{6-1}$$

必须指出，如果塑料在料筒内停留的时间足够长而且还获得了摩擦热，则 T_2 可能大于 T_w，这时 E_h 就大于 1。但是用柱塞式注塑机注射熔融黏度不大的塑料时，这种现象是少有的。

已如前说，由喷嘴射出的塑料各点温度是不均的，它的最高温度极限为T_w。现假定它的最低温度为T_m，则T_m必然是高于T_1而低于T_2的。所以实际塑料温度分布范围应为$T_m \sim T_w$。在T_w固定的情况下，如果塑料温度分布范围越小，T_2就越高，E_h就越大，如图6－14所示。所以E_h不仅间接表示T_2的大小，同时还表示塑料的热均匀性。生产中，射出塑料的温度既不能低于它的软化点，又不能高于分解温度，因此T_2的大小有一个范围。实践证明，E_h值在0.8以上时，制品质量已可以接受。据此，当T_2已定，则T_w就不难确定。

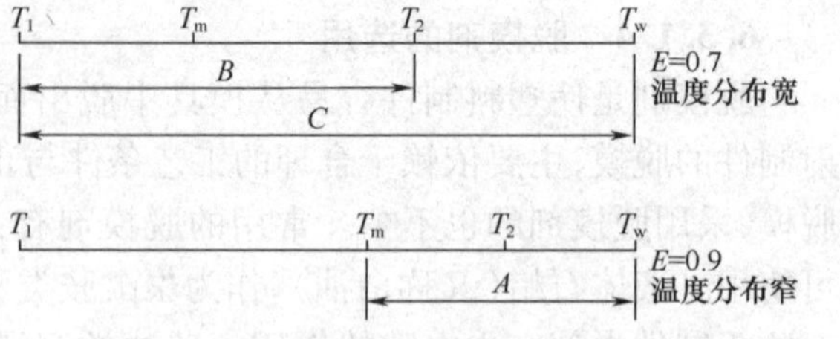

图6－14　加热效率与温度均匀性的关系

T_1—塑料进入料筒的温度　T_m—最低温度

T_2—平均温度　T_w—料筒温度

显然，E_h的大小依赖于料筒的结构、塑料在料筒内的停留时间和塑料的导热性能等，这种关系可用函数表示如下：

$$E_h = f\left[\frac{\alpha t}{(2a)^2}\right] \tag{6-2}$$

式中：α为热扩散速率；t为塑料在料筒内停留的时间；a为受热的料层厚度。如果分流梭也作加热器用，则式(6－2)可变为：

$$E_h = f\left[\frac{\alpha t}{a^2}\right] \tag{6-3}$$

(2)塑化量

塑化量是指单位时间内注塑机熔化塑料的重量或体积。柱塞式注塑机的塑化量q_m可用式(6－4)表示：

$$q_m = K\frac{A^2}{V} \tag{6-4}$$

式中：A为塑料的受热面积；V为塑料受热的体积；K为常数（以固定注塑机、塑料、射出塑料的平均温度和E_h值为前提）。

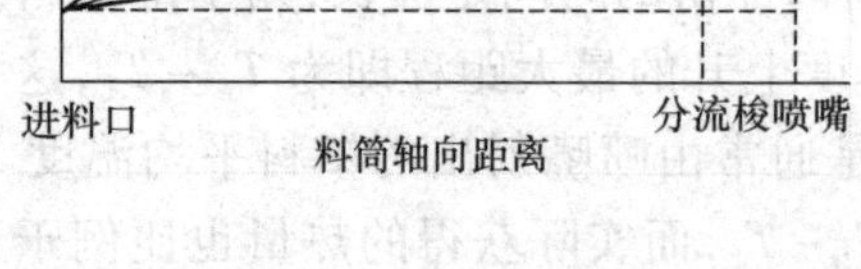

图6－15　注塑机料筒内塑料升温曲线

1—螺杆式注塑机（剪切作用强烈时）

2—螺杆式注塑机（剪切作用较平缓）

3—柱塞式注塑机（靠近料筒的物料）

4—柱塞式注塑机（中心部分物料）

就上式分析，如要提高塑化量q_m，则增大A和减小V都有利，但在柱塞式注塑机中，由于料筒的结构所限，增大A就必然加大V。解决这一矛盾的方法是采用分流梭，兼用分流梭作加热器和改变分流梭的形状等。用相同的塑料而用不同的注塑机注射时，如果将熔料射出的平均温度和加热效率都固定，则K值就可作为评定料筒设计优劣的标准。

图6－15表达了料筒内从加料口至喷嘴的

塑料的温升曲线。由图可见,在柱塞式注塑机内,靠近料筒壁处塑料的温升较快,而料筒中心的塑料温升较慢,直到流经分流梭附近料温才迅速上升,并且逐渐减小塑料各点间的温差,但是最终料温仍低于料筒温度。在螺杆式注塑机内,塑料升温速率开始较柱塞式机内靠近料筒壁的物料还慢,可是由于螺杆的混合和剪切作用,不仅可以提供大量的摩擦热,而且还能加速外加热的传递,从而使物料温升很快。如果剪切作用强烈时,在到达喷嘴前,料温就可能升至或超过料筒温度。

6.3.2.2 流动与冷却

这一过程是指用柱塞或螺杆推动,将具有流动性和温度均匀的塑料熔体注入模具开始,经型腔注满,熔体在控制条件下冷却固化定型,到制品从模腔中脱出为止的过程。这一过程经历的时间虽短,但熔体在其间所发生的变化却非常复杂,而且这种变化对制品的质量有重要的影响。

熔料自料筒注入模腔需要克服一系列的流动阻力(包括:熔料与料筒、喷嘴、浇注系统和型腔的外摩擦和熔体内部的摩擦),与此同时,还需要对熔料进行压实,因此,所用的注射压力应很高。

塑料在柱塞式注塑机中受压和受热时,首先由压力将粒状物压成柱状固体,而后在受热中,逐渐变成半固体以至熔体。所以料筒内的塑料自前至后共有三种状态或三个区段。这三个区段在注射时的流动阻力是不同的。柱状固体在流动中的阻力可用所发生的压力降 Δp_s 表示。

$$\Delta p_s = (1 - e^{-4\mu L/D}) p_m \tag{6-5}$$

式中:e 为自然对数底数;μ 为粒状固体与管壁间的摩擦因数;L 为粒状固体在管内的长度;D 为管的直径;p_m 为推动粒状固体的压力,即注射压力。注射时,这段压力的损失最大,可高达料筒内压力总损失的 80%。半固体和熔融体的压力损失可采用式(6-6)(参见第 2 章 2.2.6 的有关描述)计算:

$$\Delta p = \frac{2L}{R}\left[\frac{(m+3)q}{\pi k R^3}\right]^{\frac{1}{m}} \tag{6-6}$$

式中:R 为管的半径;q 为容积速率;k 为流动常数;m 为与牛顿流体的差别程度的函数。

从式(6-5)和式(6-6)可以看出:三种状态的压力损失都是随料筒直径加大而减小的。增大直径对塑化量是不利的,所以柱塞式注塑机中塑料的流动和加热过程之间存在着矛盾。

注射时,塑料在移动螺杆式注塑机中,所遇的阻力共有两种:第一种是螺杆顶部与喷嘴之间的流体流动阻力。这可由第 2 章的式(2-19)计算。但是必须注意,由于这段塑料的温度已达到模塑温度,料筒外加热器的作用仅为保温而不是加热,塑料流动与受热之间不存在矛盾,料筒直径可以偏大。其次,这一区域的长度不会很大,因为总料量仅略大于一次注射量,而且平均料温已达最佳值,黏度也较低。综上所述可见此段阻力将远比柱塞式注塑机中熔体段阻力小。第二种是螺杆区塑料与料筒内壁之间的阻力。无论塑料是固体、半固体或熔体,其流动阻力均可用式(6-7)计算:

$$F_f = \mu p A \tag{6-7}$$

式中：F_f为摩擦阻力；μ 为塑料与料筒之间的摩擦因数；p 为塑料所受的压力；A 为塑料与筒壁接触的面积。

在螺杆式注塑机内，因为塑料熔化较快，固体区不会很长（即 A 不会很大），同时压力（p）也不大，所以在固体区的阻力较小。而在流体和半固体区域中，接近筒壁处的塑料已熔化，使 μ 值显著降低，同时 A 值也不大，所以阻力仍然是较小的。

由以上分析可见，移动螺杆式注塑机注射时的阻力要比柱塞式注塑机小得多。

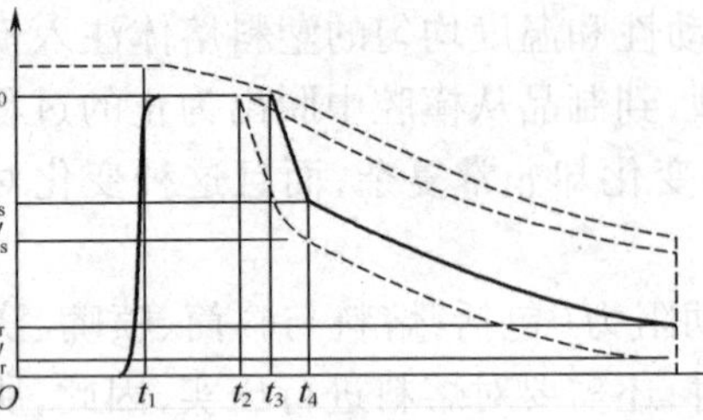

图 6-16　模塑周期中塑料压力变化图

p_0— 模塑最大压力　p_s— 浇口冻结时的压力

p_r— 脱模时残余压力　t_1 ~ t_4 各代表一定时间

不管是何种形式的注塑机，塑料熔体进入模腔内的流动情况均可分为充模、压实、倒流和浇口冻结后的冷却四个阶段。在连续的四个阶段中，塑料熔体的温度将不断下降，而压力的变化则如图 6-16 所示。

（1）充模阶段

这一阶段从柱塞或螺杆开始向前移动起，直至模腔被塑料熔体充满（从零至 t_1）为止。充模开始一段时间内模腔中没有压力，待模腔充满时，料流压力迅速上升而达到最大值 p_0。充模的时间与模塑压力有关。充模时间长，先进入模内的塑料，受到较多的冷却，黏度增高，后面的塑料就需要在较高的压力下才能进入塑模。反之，所需的压力则较小。在前一情况下，由于塑料受到较高的剪切应力，分子定向程度比较大。这种现象如果保留到料温降低至软化点以后，则制品中冻结的定向分子将使制品具有各向异性。这种制品在温度变化较大的使用过程中会出现翘曲或裂纹，裂纹的方向与分子定向方向一致。而且，制品的尺寸稳定性也较差，因为塑料的软化点随分子定向程度增高而降低。高速充模时，塑料熔体通过喷嘴、主流道、分流道和浇口时将产生较多的摩擦热而使料温升高，这样当压力达到最大值的时间 t_1 时，塑料熔体的温度就能保持较高的值，分子定向程度可减少，制品熔接强度也可提高。充模过快时，在型芯后部的熔接强度不足，致使制品质量变劣。

（2）压实阶段

这是指自熔体充满模腔时起至柱塞或螺杆撤回时（从 t_1 到 t_2）为止的一段时间。这段时间内，塑料熔体会因受到冷却而发生收缩，但因塑料仍然处于柱塞或螺杆的保压作用下，料筒内的熔料会向塑模内继续流入以补足因收缩而留出的空隙。如果柱塞或螺杆停在原位不动，压力曲线会略有衰减，由 p_0 降至 p'_s；如果柱塞或螺杆能够随着熔料补充入模的同时向前作少许移动，则在此段中模内压力可维持 p_0 不变，此段压力曲线即与时间轴平行。压实阶段对于提高制品的密度、降低收缩和克服制品表面缺陷都有影响。此外，由于塑料还在流动，而且温度又在不断下降，定向分子容易被冻结，所以这一阶段是大分子定向形成的主要阶段。这一阶段持续越长，分子定向程度也将越大。

（3）倒流阶段

这一阶段是从柱塞或螺杆后退时开始（从 t_2 到 t_3）的，这时模腔内的压力比流道内高，因此就会发生塑料熔体的倒流，从而使模腔内压力迅速下降，由 p_0 降至 p_s，倒流将一直进行到浇口处熔料冻结时为止。如果柱塞或螺杆后撤时浇口处的熔料已冻结，或者在喷嘴中装有止逆阀，则倒流就不会发生，也就不会出现（t_2-t_3）段压力下降的曲线。因此，倒流的多少与有无是由压实阶段的时间所决定的。但是不管浇口处熔料的冻结是在柱塞或螺杆后撤以前或以后，冻结时的压力和温度总是决定制品平均收缩率的重要因素，而影响这些因素的则是压实阶段的时间。

倒流阶段既然有熔料流动，就会增多大分子的定向，但是这种定向比较少，而且波及的区域也不大。相反，由于这一阶段内熔料温度还较高，某些已定向的分子还可能因布朗运动而解除定向。

（4）冻结后的冷却阶段

这一阶段是指浇口的塑料完全冻结时起到制品从模腔中顶出时（从 t_3-t_4）为止。模腔内压力迅速下降，由 p_s 或 p_0 降至 p_r，模内塑料在这一阶段内主要是继续进行冷却，以便制品在脱模时具有足够的刚度而不致发生扭曲变形。在这一阶段内，虽无塑料从浇口流出或流进，但模内物料还可能有少量的流动，因此依然能产生少量的分子定向。由于模内熔料的温度、压力和体积在这一阶段中均有变化，到制品脱模时，模内压力不一定等于外界压力，模内压力与外界压力的差值称为残余压力。残余压力的大小与压实阶段的时间长短有密切关系。残余压力为正值时，脱模比较困难，制品容易被刮伤或破裂；残余压力为负值时，制品表面容易有陷痕或内部有真空泡。所以，只有在残余压力接近零时，脱模会较为顺利，并能得到满意的制品。

应该指出，塑料自进入塑模后即被冷却，直至脱模时为止。如果冷却过急或塑模与塑料接触的各部分温度不同，则由于冷却不均就会导致收缩不均匀，所得制品将会产生内应力。即使冷却均匀，塑料在冷却过程中温度通过玻璃化温度的速率还可能快于分子构象转变的速率，这样制品中也可能出现因分子构象不均衡所引起的内应力。

6.3.3 制件的后处理

注射制件经脱模或机械加工后，常需要进行适当的后处理，以改善和提高制件的性能及尺寸稳定性。制件的后处理主要指退火和调湿处理。

（1）退火处理

由于塑料在料筒内塑化不均匀或在模腔内冷却速度不同，常会产生不均的结晶、定向和收缩，使制品存有内应力，这在生产厚壁或带有金属嵌件的制品时更为突出。存在内应力的制件在储存和使用中常会发生力学性能下降，光学性能变坏，表面有银纹，甚至翘曲变形、开裂。生产中解决这些问题的方法是对制件进行退火处理。

退火处理的方法是使制品在定温的加热液体介质（如热水、热的矿物油、甘油、乙二醇和液体石蜡等）或热空气循环烘箱中静置一段时间。处理的时间决定于塑料品种、加热介质的温度、制品的形状和模塑条件。凡所用塑料的分子链刚性较大，壁厚较厚，带有金属嵌件，使用温度范围较宽，尺寸精度要求较高和内应力较大又不易自消的制件均须进行退火处理。但是，对于类似聚甲醛塑料的制件，虽然它们存有内应力，由于分子链本身柔性较大和玻璃化温度较低，内应力能够缓慢自消，在制品使用要求不严苛时可不必进行退火处理。退火温度应控制在制品使用温度以上10~20℃,或低于塑料的热变形温度10~20℃为宜。温度过高会使制品发生翘曲或变形;温度过低又达不到目的。退火时间视制品厚度而定,以达到能消除内应力为宜。退火处理时间到达后,制品应缓慢冷却至室温。冷却太快,有可能重新引起内应力而前功尽弃。退火的实质是:①使强迫冻结的分子链得到松弛,凝固的大分子链段转向无规状态,从而消除这一部分的内应力;②提高结晶度,稳定结晶结构,从而提高结晶塑料制品的弹性模量和硬度,降低断裂伸长率。

(2)调湿处理

聚酰胺类塑料制件在高温下与空气接触时常会氧化变色,并且在空气中使用或存放时又易吸收水分而膨胀,需要经过长时间后才能得到稳定的尺寸。因此,如果将刚脱模的制品放在热水中进行处理,不仅可隔绝空气进行防止氧化的退火,同时还可加快达到吸湿平衡,故称为调湿处理。适量的水分还能对聚酰胺起着类似增塑的作用,从而改善制件的柔曲性和韧性,使冲击强度和拉伸强度均有所提高。调湿处理的时间随聚酰胺塑料的品种、制件形状、厚度及结晶度大小而异。

6.4 注射模塑工艺条件的分析讨论

生产优质注射制品所牵涉的因素很多。一般说来,当提出一件新制品的使用性能和其他有关要求后,首先应在经济合理和技术可行的原则下,选择最适合的原材料、生产方式、生产设备及模具结构。在这些条件确定后,工艺条件的选择和控制就是主要考虑的因素。

注塑最重要的工艺条件是影响塑化流动和冷却的温度、压力和相应的各阶段作用时间。

6.4.1 温　　度

注塑过程需要控制的温度有料筒温度、喷嘴温度和模具温度等。前两种温度主要是影响塑料的塑化和流动,而后一种温度主要是影响塑料的流动和冷却。

6.4.1.1 料筒温度

料筒温度的选择与塑料的特性有关。每种塑料都具有不同的流动温度 T_f(对结晶型塑料则为熔点 T_m),因此对无定形塑料,料筒末端最高温度应高于流动温度 T_f,对结晶性塑料应高于熔点 T_m,但必须低于塑料的分解温度 T_d,故料筒最合适的温度范围应在 T_f 或 T_m ~ T_d 之间。对于 T_f ~ T_d 区间狭窄的塑料,料筒温度控制应偏低(比 T_f 稍高);而对 T_f ~ T_d 区间较宽的塑料可适当高一些(比 T_f 高得多一些)。料筒温度决定着塑料熔体的温度并直接影响到充模过程及制品质量。提高料筒(熔体)温度,有利于注射压力向模腔内的传递。熔体温度高,充模结束后物料温度保持在玻璃化温度(或熔点)以上的时间越长,越有利于取向大分子的解取向,减小制品的收缩率。随料温升高,熔体黏度降低,注射系统的压力降减小,熔料在模具中的流动性增加,从而可改善成型性能,增大注射速率,减少熔化、充模时间,缩短注射周期,降低制品的粗糙度(提高制品表面光洁度)。

塑料的热氧化降解机理十分复杂,而且随着外界条件的变化可以出现不同的形式。

通常随着熔体温度越高，保持的时间越长，降解的程度就越大。因此对于热敏性塑料，如聚氯乙烯、聚甲醛等，除须严格控制料筒最高温度外，还应控制塑料在加热料筒中停留的时间。

同种类塑料，由于厂商或牌号不同，其流动温度及分解温度也是会有差别，这是由于平均相对分子质量和相对分子质量分布（分散度）不同所致。凡是平均相对分子质量高，分布较窄的塑料熔融黏度都偏高；而平均相对分子质量低，分布较宽的塑料熔融黏度会偏低。为了获得适宜的流动性，前者较后者应适当提高料筒温度。

对于玻璃纤维增强热塑性塑料，随着玻璃纤维含量的增加，熔料的流动性降低，因此要相应地提高料筒温度。

塑料在不同类型的注塑机（柱塞式或螺杆式）内的塑化过程是不同的，因而采用的料筒温度也不尽相同。柱塞式注塑机中的塑料仅靠料筒壁及分流梭表面静态传热，传热速率低，为此需要较高的料筒温度。而在螺杆式注塑机中，在逐渐缩小的螺槽内，螺棱拖曳物料向前输送并对物料施加剪切作用，还能获得较多的摩擦热，并且内热更有利于物料塑化，因此选择的料筒温度可适当降低（一般可比柱塞式的低 10～20℃）。实际生产中，应结合塑料熔体的流动性和摩擦生热的程度，以监测和控制实际的熔体温度，作为料筒温度的设定依据。

选择料筒温度还应结合制品及模具的结构特点。由于薄壁制件的模腔比较狭窄，熔体充模的流动阻力大，冷却快，为了顺利充模，料筒温度应略高。相反，注射厚壁制件时，料筒温度可适当降低。对于形状复杂或带有嵌件的制件，或者熔体充模流程曲折或流程较长的，料筒温度也应适当提高。

具有结晶能力的塑料，料筒温度以及熔料在这一温度下停留的时间，均会对熔体内所含晶胚数量与大小产生影响。晶胚数量和大小均对熔体凝固后的结晶形态有影响。这些已在第 2 章 2.4 节中有所阐述。值得注意的是，如需考虑制品中的结晶情况，则对料筒的温度应有正确的选择。表 6－1 列出聚甲醛熔体在不同温度和停留时间下所保有的晶胚数量。

表 6－1　聚甲醛熔体晶胚数量与保持温度和时间的关系

熔体温度/℃	在熔融态停留的时间/s	$1cm^3$ 中的晶胚数/个
190	10	181×10^6
190	60	115×10^6
200	10	150×10^6
200	60	14×10^6
210	10	119×10^6
210	60	25×10^6
220	10	5×10^6

料筒温度的分布，一般是从料斗一侧（入料口），至喷嘴（前端），逐渐升高，使塑料温度平稳上升达到均匀塑化的目的。由于螺杆式注塑机的剪切摩擦热有助于塑化，也会提高熔体温度，因此前段的温度可低于中段，以便防止塑料的过热分解。

6.4.1.2 喷嘴温度

由于通常使用直通式喷嘴，为了防止可能发生的“流涎现象”，喷嘴温度通常略低于料筒最高温度。降低喷嘴温度对熔料的不利影响，可从塑料注射时所生的摩擦热得到一定的补偿。另外，喷嘴温度也不能过低，否则将造成熔料的早凝将喷嘴堵死，或由于早凝料注入模腔而影响制品质量。

料筒和喷嘴温度的选择不是孤立的，与其他工艺条件之间有一定的关联。当采用较低的注射压力时，为保持塑料的流动性，就要适当提高料筒温度。反之，料筒温度偏低就需要较高的注射压力。由于影响因素很多，一般在成型前通过“对空注射法”或“制品的直观分析法”来进行调整，以便从中确定最佳的料筒和喷嘴温度。

6.4.1.3 模具温度

模具温度对制品的内在性能和表观质量具有很大影响。塑料的结晶性、制品形状、尺寸与结构决定了模具温度的高低，并且还要兼顾其他工艺条件（熔料温度、注射压力及注射速度、模塑周期等）。通常模温增高，使制品的定向程度降低（相应的顺着流线方向的冲击强度降低，垂直方向则相反）、结晶度升高、有利于提高制品的表面光洁程度。但料流方向及与其垂直方向的收缩率均有上升，所需保压时间延长。

模具温度通常是以循环通入定温的冷却介质来控制的，也有靠熔料注入模具自然升温和自然散热达到平衡而保持一定模温的。对于软化点温度较高的塑料，也有用电加热使模具保持定温的。不管采用什么方法使模具保持定温，对热塑性塑料熔体来说都是冷却，因为保持的定温都低于塑料的热变形温度，这样才能使塑料固化成型和脱模。

无定形塑料熔体注入模腔后，随着温度不断降低而固化，并不发生相的转变。模温主要影响熔料的黏度，也就是充模速率。如果充模顺利，采用低模温是有益的，可以缩短冷却时间，提高生产效率。所以，对于熔融黏度较低或中等的无定形塑料（如聚苯乙烯等），模具的温度常偏低。反之，对于熔融黏度高的（如聚碳酸酯、聚苯醚、聚砜等），则必须采取较高的模温（聚碳酸酯 90～120℃，聚苯醚 110～130℃，聚砜 130～150℃），并且这些塑料的软化点温度都较高，提高模温可以调整制品的冷却速率使之均匀一致，以防制品因温差过大而产生凹痕、内应力和裂纹等缺陷。

结晶性塑料注入模腔后，当温度降低到熔点以下时即开始结晶。结晶速率受冷却速率的控制，而冷却速率是由模具温度控制的，因此模具温度直接影响制品的结晶度和结晶构型。模温高，冷却速率小，结晶速率可能大，因为一般塑料最大结晶速率都在熔点以下的高温一边。其次，模具温度高时还有利于分子的松弛过程，分子取向效应小。这种条件仅适于结晶速率很小的塑料，如聚对苯二甲酸乙二酯等，实际注塑中很少采用。因为模温升高亦会延长成型周期和使制品发脆；模具温度中等时，冷却速率适宜，塑料分子的结晶和定向也适中，这是用得最多的条件。不过所谓模具温度中等，事实上不是一点而是一个区域，具体的温度仍然须由实验决定；模具温度低时，冷却速率大，熔体的流动与结晶同时进行，但熔体在结晶温度区间停留的时间缩短，不利于晶体的生长，使制品中分子结晶程度较低。如果所用塑料的玻璃化温度又低，如聚烯烃等，就会出现后期结晶过程，引起制品的后收缩和性能变化。此外，模具的结构和注塑条件也会影响冷却速率。例如提高料筒温度和增加制品厚度都会使冷却速率发生变化。由于冷却速率不同引起结晶程度的变化，对低密度聚乙烯可达 2% ~3%，高密度聚乙烯可达 10%，聚酰胺可达 40%。即使是同一制件，其中各部分的密度也可能是不相同的。这说明各部分的结晶度不一样。造成这种现象的原因很多，但是主要是熔料各部分在模内的冷却速率差别太大所致。

6.4.2 压　　力

注塑过程中的压力包括塑化压力和注射压力，并直接影响塑料的塑化和制品质量。

6.4.2.1 塑化压力（背压）

采用螺杆式注塑机时，螺杆顶部熔料在螺杆转动后退时所受到的压力称为塑化压力，亦称背压，这种压力的大小可以通过液压系统中的溢流阀来调整。塑化压力（背压）的大小是随螺杆的设计、制品质量的要求以及塑料的种类等的不同而异的。如果这些情况和螺杆的转速都不变，则增加塑化压力将加强剪切作用并提高熔体的温度，但会降低塑化速率，增大逆流和漏流、增加驱动功率。此外，增加塑化压力能够增加熔体温度均匀性、色料混合的均匀性，并有利于排出塑料中的气体。

增加塑化压力就会延长预塑时间并增加了摩擦生热，因此也就增加了塑料降解的可能性，尤其是所用的螺杆属于浅槽型的。

操作中，确定塑化压力应在保证制品质量的前提下越低越好，随所用塑料的品种而异，通常很少超过 2.0MPa。

注射聚甲醛时，较高的塑化压力（也就是较高的熔体温度）会使制品的表面质量提高，但有可能使制品变色、塑化速率降低和流动性下降。

对聚酰胺来说，塑化压力必须较低，否则塑化速率将很快降低，这是因为螺杆中逆流和漏流增加的缘故。如需增加料温，应采用提高料筒温度的办法。

聚乙烯的热稳定性高，提高塑化压力不会有降解危险，这在混料和混色时尤为有利。不过塑化速率仍然是要下降的。

6.4.2.2 注射压力

注射压力是以柱塞或螺杆顶部对塑料所施的压力（由油路压力换算来的）为准的。其作用是克服塑料从料筒流向型腔的流动阻力、给予熔料充模的速率以及对熔料进行压实。这与制品的质和量有紧密联系，且受到很多因素的影响（如塑料品种、注塑机类型、制件和模具结构以及工艺条件等），因果关系较复杂，至今还未找到相互间的定量关系。

从克服塑料流动阻力来说，流道结构的几何因素是首要的，在第 2 章和本章前面已讨论过。流动阻力的另一决定因素是塑料的摩擦因数和熔融黏度，两者越大时，注射压力应越高。同一种塑料的摩擦因数和熔融黏度是随料筒温度和模具温度而变动的。

为了保证制品质量，对注射速率常有一定的要求，而对注射速率较为直接的影响因素是注射压力。就制品的力学强度和收缩率来说，每一种制品都有自己的最佳注射速率范围值。这种数值与很多因素有关，常由试验确定。但是影响因素中最为主要的是制品壁厚。定性而言，厚壁的制件需要用低的注射速率，反之则反是。通常，随注射压力的提高，制品的定向程度、重量、熔接缝强度、料流长度、冷却时间等均有所增加，而在料流方向的收缩率和热变形温度则会下降。

型腔充满后，注射压力的作用是对模内的熔料进行压实。压实时的压力在生产中有等于注射时所用的注射压力，也有适当降低的。注射和压实的压力相等，往往可使制品的收缩率减小，并使批量制品间的尺寸波动较小。缺点是可造成脱模时的残余压力较大和成型周期较长。对于结晶性塑料，成型周期也不一定同步延长，因为较大的压实压力可以提高塑料的熔点（例如聚甲醛，如果压力加大 50MPa，其熔点可提高 9℃），在较高的模具温度下可以提前脱模。

6.4.3 时间（成型周期）

完成一次注塑过程所需的时间称成型周期，也称模塑周期。它包括以下几部分：

- 成型周期
  - 注射时间
    - 充模时间（柱塞或螺杆前进的时间）
    - 保压时间（柱塞或螺杆停留在前进位置的时间）
  - 闭模冷却时间（柱塞后撤或螺杆转动后退的时间均包括在这段时间内）
  - 其他时间（指开模，脱模，涂拭脱模剂，安放嵌件和闭模等时间）

（保压时间与闭模冷却时间合称：总冷却时间）

成型周期直接影响生产效率和设备利用率。因此，生产中应在保证质量的前提下，尽量缩短成型周期中各段时间。

整个成型周期中，以注射和冷却时间最重要，对制品质量有决定性的影响。注射时间中的充模时间直接反比于充模速率，已在前面讨论过。生产中，充模时间一般约3～5s。

注射时间中的保压时间就是对型腔内塑料压实的时间，在整个注射时间内所占的比例较大，一般约 20～120s。在浇口处熔料冻结之前，保压时间对制品外形和尺寸精度有显著影响（保压时间不足，熔料会从模腔中倒流，使模内压力下降，致使制品出现凹陷、缩孔等）；若在之后，则无影响，前面已有说明。保压时间也有最佳区间，它依赖于料温、模温以及主流道和浇口尺寸的大小。如果主流道和浇口尺寸以及工艺条件都正常，通常即以制品外形和收缩率波动范围最小的保压时间值为准。

冷却时间主要决定于制品的壁厚，塑料的热性能和结晶性能，以及模具温度等。冷却时间的终点，应以保证制品脱模时不引起变形为原则。冷却时间一般约 30～120s。冷却时间过长没有必要，不仅降低生产效率，对复杂制件还将造成脱模困难，强行脱模会产生影响制品质量的脱模应力。成型周期中的其他时间则与生产过程是否连续化和自动化程度等有关。

注射模塑的缺陷及其可能产生的原因见附录表 11。

6.5 几种常用塑料的注射模塑特点

现将几种常用热塑性塑料的注射成型特点简介如下。

6.5.1 聚苯乙烯塑料

聚苯乙烯塑料本身吸水率很小,成型前一般不需要干燥。如有需要,可在70~80℃下干燥2~4h。

聚苯乙烯为无定形塑料,黏度适宜,流动性、热稳定性均较好,注塑比较容易。用于注塑的聚苯乙烯相对分子质量约为7万~20万,成型温度范围较宽,在黏流态下温度的少许波动不会影响注塑过程。

处于黏流态的聚苯乙烯,其黏度对剪切速率和温度都比较敏感,在注射成型中无论是增大注射压力或升高料筒温度都会使熔融黏度显著下降。料筒温度可控制在140~260℃之间,喷嘴温度为170~190℃,注射压力为60~150MPa。为提高生产效率,也可用提高料筒温度来缩短成型周期。工艺条件应根据制件的特点、原料及设备条件等而定。模具常用水冷却。由于聚苯乙烯分子链刚硬,成型中容易产生分子定向和内应力。为了减少这些症状,除调整工艺参数和改进模具结构外,应对制品进行热处理,即将制品放入65~80℃的热水中处理1~3h,然后缓慢冷却至室温。生产厚壁制件时常因模具冷却不均匀而产生内应力,甚至发生开裂。故模具温度应尽量保持均匀,温差应低于3~6℃。

聚苯乙烯因性脆,力学强度差,热膨胀系数大,制件不宜带有金属嵌件,否则容易产生应力开裂。其成型收缩率为0.3%~0.7%,为了使制件顺利脱模,模壁斜度应增大至1°~2°。

6.5.2 聚丙烯塑料

聚丙烯为非极性的结晶性聚合物,吸水率很低,约为0.03%~0.04%。注射时一般不需干燥,必要时可在80~100℃下干燥3~4h。

聚丙烯的熔点为160~175℃,分解温度为350℃,成型温度范围较宽,约为195~285℃,其最大结晶速度的温度为120~130℃。注塑用的聚丙烯的熔体流动速率为2~9g/10min,熔体流动性较好。一般料筒温度控制在210~280℃,喷嘴温度可比料筒温度低10~30℃。生产薄壁制品时,料筒温度可提高到280~300℃;生产厚壁制件时,为防止熔料在料筒内停留时间过长而分解,料筒温度应适当降低至200~230℃,料筒温度过低,大分子定向程度增加,制品容易产生翘曲变形。

聚丙烯熔体的流变特性是黏度对剪切速率的依赖性比温度的依赖性大。因此在注射充模时,通过提高注射压力或注射速度来提高熔体流动性比通过提高料温更为有利。一般注射压力控制在70~120MPa。

聚丙烯的结晶能力较强,提高模具温度有助于制品结晶度的增加,甚至能够提前脱模。基于同一理由,制品性能当与模具温度有密切关系。生产上常采用的模温,约为70~90℃,这不仅有利于结晶,又有利于大分子的松弛,减少分子的定向作用,并可降低内应力。如模温过低，冷却速度太快，浇口过早冷凝，不仅结晶度低、密度小，而且制品内应力较大，制品凹陷，甚至引起充模不满。

冷却速度不仅影响聚丙烯的结晶度，还影响其晶体结构。急冷时呈碟状结晶结构，缓冷时呈球晶结构。晶体结构不同，制品的物理力学性能也各异。

由于聚丙烯的玻璃化温度低于室温，当制品在室温下存放时还可能发生后收缩现象（制品脱模后发生的收缩），原因是聚丙烯在这段时间内仍在结晶。后收缩量随制品厚度而定，并随壁厚增加而增加。后收缩总量的90%约在制品脱模后6h内完成，剩余10%约发生在随后的10天内，因此，制品在脱模24h后基本可以定型。成型时，缩短注射和保压时间，提高注射和模具温度都可减小后收缩。

6.5.3 聚酰胺塑料

聚酰胺品种较多。其中尼龙6，尼龙66，尼龙610，尼龙612，尼龙11，尼龙12及我国独创品种尼龙1010等均已在工业上广泛使用。由于其化学结构略有差异，性能不尽相同，但是其成型工艺具有共性特征。

聚酰胺类塑料的分子结构中因含有亲水的酰胺基，容易吸湿。其中尼龙6吸水性最大；尼龙66次之；尼龙610的吸水性为尼龙66的一半；尼龙612的吸水性较尼龙610低8%；尼龙1010的吸水性较小，平衡吸水率为0.8%~1.0%。水分对这些塑料的物理性能常有显著的影响。为顺利成型，须先进行干燥，使水分降至0.3%以下。水分大时，成型中会引起熔体黏度下降，使制品表面出现气泡、银丝和斑纹等缺陷，以致制品的力学强度下降。

干燥尼龙塑料时应防止氧化变色，因为酰胺基对氧敏感，易氧化而降解。干燥时，最好用真空干燥，因为脱水率高，干燥时间短，干燥后的粒料质量好。干燥条件一般为：真空度95kPa以上；烘箱温度90~110℃；料层厚度25mm以下。在这种条件下干燥8~12h后，水分含量可达0.1%~0.3%。如果采用普通烘箱干燥，应将干燥温度降至80~90℃，并延长干燥时间。干燥合格的料应密封保存，以免再吸湿。

聚酰胺为结晶性塑料，有明显的熔点，而且熔点较高（200~290℃视品种不同而异），熔融温度范围较窄（约10℃左右），熔体的流动性大，熔体的热稳定性差而且容易降解，成型收缩率较大。因此注射时对设备及成型工艺条件的选择都应重视以上特点。

由于尼龙塑料熔化温度范围较窄，熔化前后体积变化较大，选用螺杆式注塑机时，应采用高压缩比的螺杆。螺杆头应装上良好的止逆环，以免低黏度的熔体发生过多的漏流。为防止喷嘴处熔体的“流涎”现象，都应采用自锁式喷嘴，小型设备以外弹簧针阀式喷嘴较好。

料筒温度，主要应根据各种尼龙的熔点来确定。螺杆式注塑机料筒温度可比塑料熔点高10~30℃，而柱塞式注塑机的料筒温度应比塑料熔点高30~50℃。

几种常用尼龙的注塑工艺参数见表6-2，模具温度（一般控制在40~100℃）对制品性能影响较大。模温高时，制品结晶度高，硬度大，耐磨性好；模温低时，结晶度低，伸长率大，透明性和韧性好。模温过低，厚壁制件要保证各部分的冷却速率一致，以免制品出现凹陷、空洞等缺陷。

表 6－2　　几种尼龙塑料注射成型工艺参数

塑料名称		尼龙 6	尼龙 66	尼龙 610	尼龙 1010
熔点/℃		210～215	250～260	215～225	205
干燥条件	真空度/MPa	0.1	0.1	0.1	0.1
	干燥温度/℃	100±5	100±5	90～100	100±5
	干燥时间/h	15～25	16～24	14～16	8～12
含水量指标/%		<0.1	<0.1	<0.1	<0.1
注射料筒温度/℃		210～260	260～315	225～285	245～275
喷嘴温度/℃		210～260	260～300	220～260	240～260
模具温度/℃		60～80	40～100	40～100	40～100
注射压力/MPa		50～210	50～210	80～210	80～130
成型周期/s		60～150	60～150	50～200	—

注：上表系在柱塞式注射机内进行。

尼龙制品脱模后常会同时发生两种不同的变化，搁置或退火处理能使它发生收缩，而吸湿则会引起膨胀，两者相互作用之后才能决定制品的最后尺寸。作为工程零件，要求制品具有一定的尺寸稳定性，因此为了加速脱模后的收缩，最好对制品进行热处理，即将制品放进热油、液体石蜡或充氮炉中，在 100～120℃ 处理一定时间，然后缓慢冷至室温。热处理还可以收到消除内应力的效果。

为发挥尼龙塑料的坚韧性，冲击强度和拉伸强度，有时还需要进行调湿处理，即将制品放置在相对湿度为 65% 的大气中一段时间，以使其达到 4% 的吸湿量。由于这一个过程进行缓慢，厚制品往往需要较长时间。为了加速吸湿，可将产品放进水或醋酸钾溶液中控制温度为 80～100℃，并按制品厚度决定处理时间，在数小时后即可达吸湿平衡。

6.5.4　聚碳酸酯塑料

聚碳酸酯虽有很好的韧性和机械性能，但是分子链刚性大，缺口敏感性高，冷却过程中的内应力不易释放，导致制品的耐环境应力开裂性差。

聚碳酸酯塑料结晶倾向较小，无明确的熔点，属于非结晶性塑料。其玻璃化温度较高，为 149～150℃，熔融温度为 215～225℃，成型温度可控制在 250～310℃。

聚碳酸酯的热稳定性和力学强度随相对分子质量的增加而提高，熔融黏度也随相对分子质量的增加而明显加大。用于注射成型的聚碳酸酯相对分子质量一般为 2 万～4 万。

聚碳酸酯的熔融黏度较尼龙、聚苯乙烯、聚乙烯大得多，这对注射充模影响较大，因为流动长度随黏度增大而缩短。其流动特性接近于牛顿型流体，熔融黏度受剪切速率的影响较小，对温度变化则十分敏感，如图 6－17 和图 6－18 所示。因此在注塑过程中，通过提高温度来降低黏度比增大压力更有效。

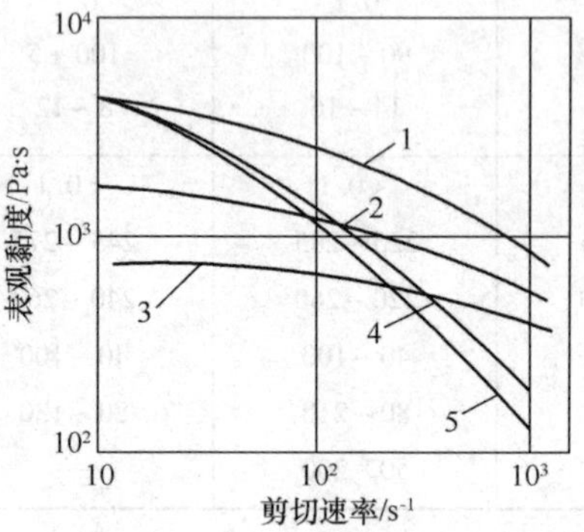

图 6－17　剪切速率与表观黏度的关系

1—聚砜（挤出用）350℃　2—聚砜（注射用）350℃

3—聚碳酸酯 315℃　4—低密度聚乙烯 210℃

5—聚苯乙烯 200℃

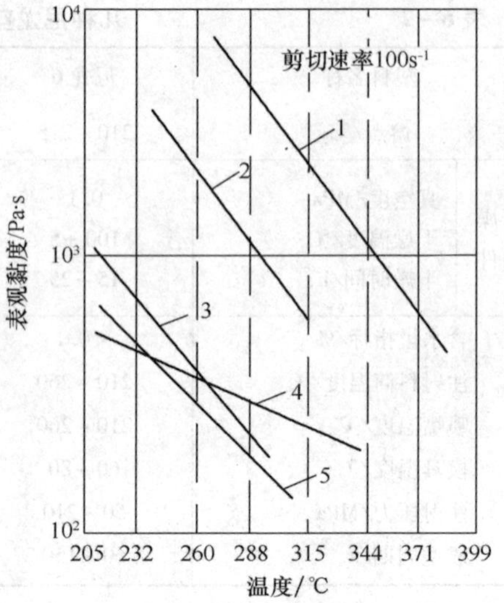

图 6－18　不同聚合物黏度和温度的关系

1—聚砜（P1700）　2—聚碳酸酯

3—聚酚氧树脂　4—高密度聚乙烯

5—聚苯乙烯

聚碳酸酯具有较大的吸水性，其主链上的酯基使其在高温下对微量水分也很敏感，常会造成降解而放出二氧化碳等气体，使树脂变色，相对分子质量急剧下降，制品性能变劣。所以在成型前必须严格干燥。由于聚碳酸酯主链上的苯环结构，使之具有刚性，尺寸稳定性好，冷流动性较小（抗蠕变性能好），但在成型中产生的内应力不易自行消失，脱模后的制品最好进行热处理。

6.5.4.1　原料的干燥

为保证制品质量，成型前要对原料充分干燥。干燥方法可采用：沸腾床干燥（温度 120～130℃，时间 1～2h）；真空干燥（温度 110℃，真空度 96kPa 以上，时间 10～25h）；普通烘箱干燥（温度 110～120℃，时间 25～48h）。干燥时间过长，树脂颜色会变深，导致性能下降。干燥后水分应小于 0.03%。注射时，料斗应是封闭的，其中可设加热装置（红外线灯或电加热），料温允许达到 120℃，防止干燥后的树脂再吸湿。料斗中存料不超过 0.5～1h 的用量。已干燥的树脂，应在密闭容器内保存。使用时，应在 120℃下再干燥 4h 以上。湿含量是否符合要求的快速检验方法，可采用注塑机“对空注射”法，如果从喷嘴缓慢流出的熔料呈均匀无色、光亮无银丝和气泡的细条为合格。

6.5.4.2　成型温度

成型温度的选择与树脂相对分子质量及其分布、制品形状及壁厚，注塑机的类型等有关，一般控制在 250～310℃内。注射成型宜选用相对分子质量稍低的树脂，但韧性有所降低。树脂的 K 值在 52～54 较适宜。对薄壁制件，成型温度应偏高，以 285～305℃为好；厚壁（大于 10mm）制件的成型温度可略低，以 250～280℃为宜。由于厚壁制件成型周期长，塑料在料筒内塑化较好；再者，厚壁制件所用浇口及型腔尺寸较大，所以塑料熔体流动阻力小，在稍低温度下亦能成型。在超过290℃以上经历较长的受热时间，增大过热分解的倾向，会降低制件的综合性能。不同规格的注塑机，成型温度也不尽相同，喷嘴均应加热，温度为260～310℃。加料口一端的料筒温度应在聚碳酸酯的软化温度以上，一般要求大于230℃，以减少料塞的阻力和注射压力损失。

6.5.4.3 注射压力

聚碳酸酯的熔融黏度较高，成型薄壁或形状复杂的制品需要较大的注射压力。一般注射压力为80～160MPa。保压时间对制品内应力的影响较大。为获得各项性能良好的制件，选用高料温和低压力以减少制品的残余压力。保压时间过长，不仅内应力大，制品易开裂使强度降低，同时会延长成型周期。

6.5.4.4 模具温度

制件的内应力，常与冷却时的料温和模温间的差值大致成正比关系。因此，模温应尽量高。聚碳酸酯制品能在140℃模温下顺利脱模，所以模温一般可保持85～140℃。模温过高时，制件冷却慢，成型周期延长，易发生粘模，使制件在脱模过程中产生变形。

6.5.4.5 制件的热处理

聚碳酸酯制件的内应力可通过热处理来消除。热处理温度应选择在玻璃化温度以下16～20℃，一般控制为125～135℃。处理时间视制件厚度和形状而定，制件越厚，处理时间应越长。

热处理对制件性能影响较大，如图6－19、图6－20所示。制件通过热处理后，内应力基本消除，随热处理时间延长，其拉伸、弯曲强度、洛氏硬度，热变形温度都有提高（以处理2h左右的提高较大），但伸长率和冲击强度却有下降，不过这种下降在处理2h后还不明显，直待20h后方较显著。提高热处理温度与延长热处理时间有相似的影响，如表6－3所示。制件中的内应力随热处理温度和时间的变化如图6－21所示。

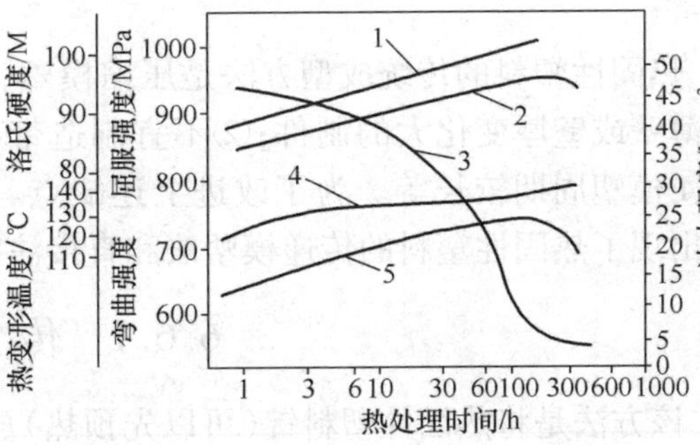

图6－19 热处理时间对制件性能的影响

1—洛氏硬度（120℃） 2—弯曲强度（130℃）

3—冲击强度（130℃） 4—热变形温度（130℃）

5—拉伸屈服强度（130℃）

表6－3 热处理温度对聚碳酸酯性能的影响

热处理温度/℃	拉伸强度/MPa	伸长率/%	冲击强度/kJ·m^{-2}	浸入四氯化碳溶液中出现开裂情况
不处理	67.7	133	22.6	破裂
100	66.0	103	19.0	大部分开裂
110	70.2	117	17.1	不开裂
120	69.0	106	10.7	不开裂
130	70.0	106	12.2	不开裂

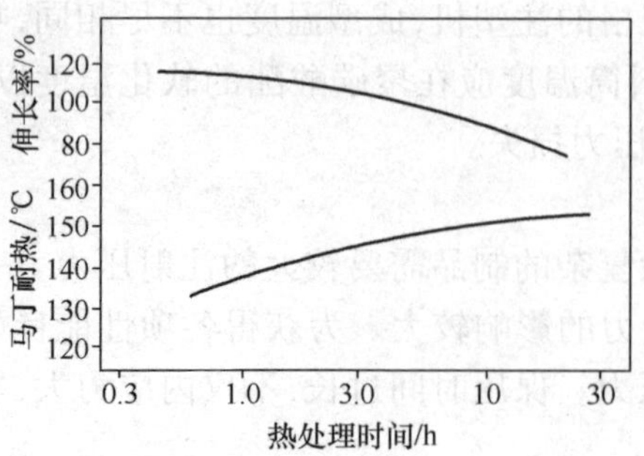

图 6－20　热处理时间对制件性能的影响

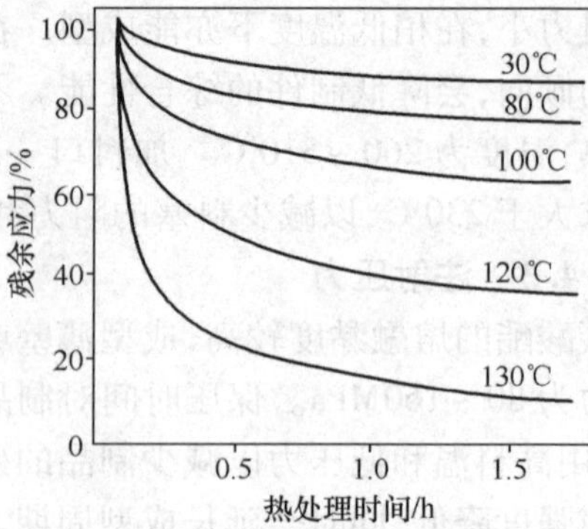

图 6－21　热处理时间对聚碳酸酯内应力降低值的影响

6.6　热固性塑料的传递模塑和注射模塑

热固性塑料的传统成型方法是压缩模塑，这种方法有以下缺点：①不能模塑结构复杂、薄壁或壁厚变化大的制件；②不宜制造带有精细嵌件的制品；③制件的尺寸精度较差；④模塑周期较长等。为了改进上述缺点。在吸收热塑性塑料注射模塑经验的基础上，出现了热固性塑料的传递模塑法和直接注射模塑法。

6.6.1　传 递 模 塑

该方法是将热固性塑料锭（可以先预热）放在一加料室内加热，在加压下使其通过浇口、分流道等而进入加热的闭合模内，待塑料硬化后，即可脱模取得制品。

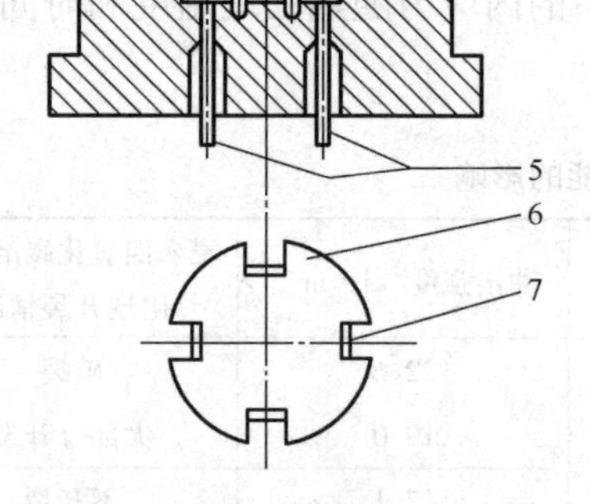

图 6－22　活板传递模塑用的塑模
1—阳模　2—塑料预压物　3—阴模
4—嵌件　5—顶出杆　6—活板　7—浇口

传递模塑按所用设备不同，有以下形式。

（1）活板式传递模塑

这种方式最为简单，通常采用手工操作，模塑的制品较小，所带嵌件大多是两端都伸出制品表面的。采用压缩模塑用的压机，仅塑模结构略有不同，如图 6－22 所示，包括阴模、阳模和活板三个部分。活板是横架于阴模中的，活板上部的空间为装料室，下部为型腔。

操作时，先将塑模在压机上加热到规定的温度，而后将嵌件装在活板上，并连同活板放入阴模中。此时应保证嵌件的另一端要安放在阴模的相应孔眼上。再将预热过的塑料放进装料室，随即开动压机使阳模下行并对塑料施压。于是塑料在受压情况下，通过活板四周的铸口而流满型腔。塑料固化后，打开塑模，借助顶出杆的作用顶出制件、活板和残留在活板上部的硬化塑料。随后在工作台上进行制品的脱离。为了提高生产效率，每副塑模常配用两块活板，以便更替进行模制。

(2)罐式传递模塑

这种方式与上述方式极为相似，只是所用塑模结构不同，图6－23所示有这种塑模的典型结构和操作程序。这种塑模结构与热塑性塑料注射塑模结构的主要差别是在引料接头的方向相反，目的是便于脱出残留在装料室中硬化的塑料。

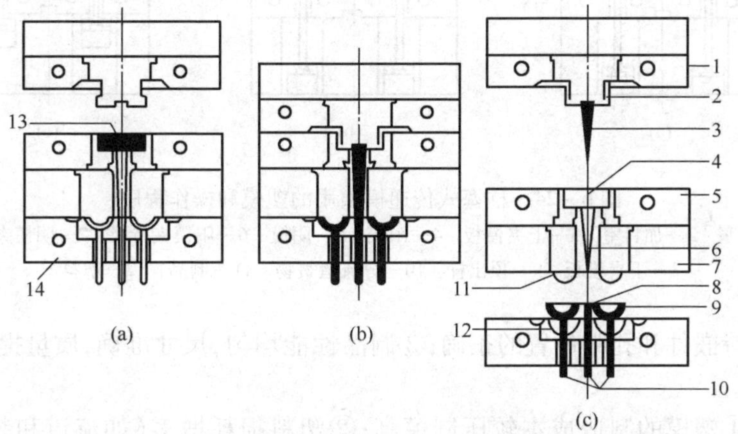

图6－23　罐式传递模塑用的塑模和操作程序

(a)表示加料程序　(b)表示加压程序　(c)表示脱模程序

1—传递柱塞夹持板　2—传递柱塞　3—主流道赘物　4—加料室　5—加料室夹持板　6—引料接头　7—阳模夹持板　8—分流道赘物　9—制品　10—顶出杆　11—阳模　12—阴模　13—塑料　14—阴模夹持板

塑模结构要求传递柱塞的截面积应比阴阳模分界面上制品、分流道和主流道等截面积的总和大10%，以保证塑模在压制中能完全合拢。

这种方式的传递模塑，可以采用多槽模或模塑较大的制品并可进行半自动化操作。

(3)柱塞式传递模塑

这种方式与罐式传递模塑有两点不同：①主流道呈圆柱状且不带任何斜度；②压机有两个液压操纵的柱塞，分别称为主柱塞和辅柱塞。前者用作夹持塑模，而后者则用作压挤塑料。模塑时，主柱塞夹持塑模的力，即阴阳模分界面上制品、分流道和主流道等截面积总和与塑料承受压力的乘积，至少应比分离塑模的力大10%。

柱塞式传递模塑所用塑模结构和操作程序如图6－24所示。由图6－24(c)可见，制品、分流道赘物以及残留在装料室中的硬化塑料是作为一个整体而从塑模中脱出的。因此，塑模周期比罐式传递模塑要短。

上述三种方式，虽然使用设备不同，但塑料都是在塑性状态下用较低压力流满闭合型腔的。因此，传递模塑具有以下优缺点。

优点是：①制品废边少，可减少后加工量；②能模塑带有精细或易碎嵌件和穿孔的制

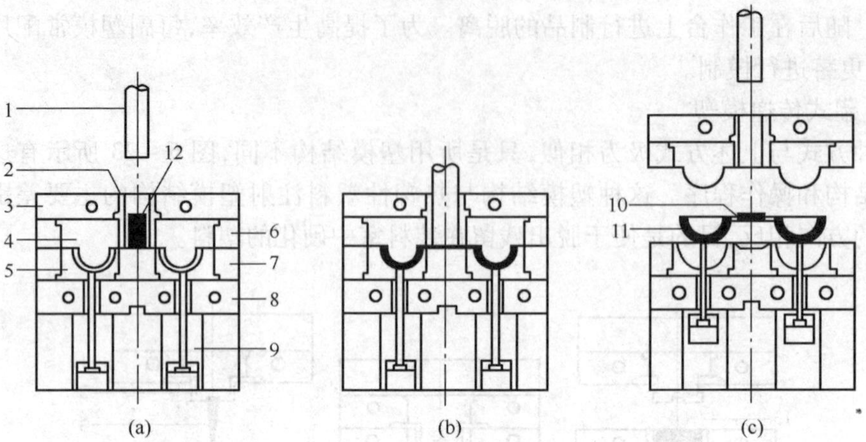

图6-24　柱塞式传递模塑用的塑模和操作程序

1—柱塞　2—加料室　3—上夹模板　4—阳模　5—阴模　6—阳模夹持板　7—阴模夹持板　8—下夹模板　9—顶出杆　10—分流道赘物　11—制品　12—塑料

品，并且能保持嵌件和孔眼位置的正确；③制品性能均匀，尺寸准确，质量提高；④塑模的磨损较小。

缺点是：①塑模的制造成本较压制模高；②塑料损耗增多（如流道和装料室中的损耗）；③压制带有纤维性填料的塑料时，制品因纤维定向而产生各向异性；④围绕在嵌件四周的塑料，有时会因熔接不牢而使制品的强度降低。

传递模塑对塑料的要求是，在未达到硬化温度以前塑料应具有较大的流动性，而达到硬化温度后又须具有较快的硬化速率。能符合这种要求的有酚醛、三聚氰胺甲醛和环氧树脂等塑料。而不饱和聚酯和脲醛塑料，则因在低温下具有较大的硬化速率，所以，不能压制较大的制品。

与压缩模塑相比，传递模塑一般采用较低的模塑温度，因为塑料通过铸口时可以从摩擦中取得部分热量；而模塑压力则偏高，约 13～80MPa，塑料流动时需要克服较大的阻力。

6.6.2　热固性塑料注射模塑

热固性塑料的注射模塑是20世纪60年代初出现的一种新型成型方法，所用的设备和工艺流程与热塑性塑料的注射模塑相仿，但由于两种塑料在受热时的行为不同而有很大差别。

热固性塑料在受热过程中不仅有物理状态的变化，还伴随化学变化，而且是不可逆的。注射时，最初加到注塑机中的热固性塑料是线型或稍带支链，分子链上还有反应基团（如羟甲基或反应活点）和相对分子质量不十分高的物质。在注塑机料筒内加热后先变成黏度不大的塑性体，但可能因为化学变化而使黏度变高，甚至硬化成为固体，这须以温度和经历的时间为转移。不管怎样，如果要求注射成功，通过喷嘴的物料必须达到最好的流动性。进入模具型腔后应继续加热，此时物料就通过自身反应基团或反应活点与加入的硬化剂（如六次甲基四胺）的作用而发生交联反应，使线型树脂逐渐变成体型结构，并由低分子变成大分子。反应时常会放出低分子物（如氨、水等），必须及时排出，以便反应顺利进行。交联反应进至使模内物料的物理力学性能达到最佳的境界，即可作为制品从模中脱出。从上述可见热固性塑料在注塑时①成型温度必须严格控制（温度低时物料的塑化不足流动性很差，温度稍高又会使流动性变小甚至发生硬化），通常都是采用恒温控制的水加热系统，温度可准确地控制在±1℃范围内；②热固性塑料在模具内发生交联反应时有低分子物析出，故注塑机的合模部分应能满足放气操作的要求；③热固性塑料在料筒内停留时间不能过长，严防发生硬化，通常是采用多模更替；④注塑机的注射压力和锁模力应比模塑热塑性塑料的注塑机大。现将热固性塑料注射模塑所用原料、设备和工艺略述于后。

6.6.2.1 对原料的要求

用于注塑的热固性塑料是从酚醛塑料开始的。到目前为止，几乎所有的热固性塑料都可采用注射模塑，但用量最多的仍然是酚醛塑料。

用于注塑的酚醛压塑粉要求具有较高的流动性（用拉西格法测定时应大于200mm），在料筒温度下加热不会过早发生硬化，即在80～95℃保持流动状态的时间应大于10min；在75～85℃则应在1h以上。同时黏度应较稳定。但流动性过大，制品易产生“飞边”或“粘模”。此外还要求熔料热稳定性良好，熔料在料筒内停留15～20min，黏度仍无大的变化。在原料配方中可添加稳定剂，可在低温下起阻止交联反应的作用，进入模具中的高温状态即失去这种作用。熔料充满模腔后应能迅速固化，以缩短生产周期。

6.6.2.2 注塑机的特征

热固性塑料注塑机是在热塑性塑料注塑机的基础上发展起来的，在结构上有很多相同之处，其基本形式有螺杆式和柱塞式两种。热固性塑料注射成型多采用螺杆式注塑机，而柱塞式注塑机仅用于不饱和聚酯树脂增强塑料。以下主要介绍螺杆式热固性注塑机的特点，并以酚醛塑料的注塑为例来讨论。

1）通常螺杆上无供料段、压缩段和计量段的区别，是等距离、等深度的无压缩比螺杆。这种螺杆对塑化物料不起压缩作用，只起输送作用，可防止因摩擦热太大引起物料固化。螺杆的长径比为12～16，便于物料迅速更换，减少物料在料筒中的停留时间。当注射成型硬质无机物填充的塑料时，要求螺杆具有更高的硬度和耐磨性。

2）喷嘴通用敞开式，一般孔口直径较小（约2～2.5mm），喷嘴要便于拆卸，以便发现硬化物时能及时打开进行清理。喷嘴内表面应精加工，防止阻滞料引起硬化。

3）料筒加热系统是为了保证物料的稳定加热和均匀温度用的，目前多采用水或油加热循环系统。其优点是温度均匀稳定，能实现自动控制。其他的料筒加热方式有电加热水冷却方式和工频感应加热方式。

4）注射螺杆的传动宜采用液压马达，防止物料因固化而扭断螺杆。

5）注塑机的锁模结构应能满足放气操作的要求，也就是需具有能迅速降低锁模力的执行机构。一般是采用增压油缸对快速开模和合模的动作进行控制来实现的。当增压油缸卸油，可使压力突然减小而打开模具，瞬间又对增压油缸充油而闭合模具，从而达到开小缝放气的目的。

6)模具要有加热装置和温度控制系统。模具表面淬火后的硬度应达到 HRC50。型腔应进行薄层镀铬和设置出气口。

6.6.2.3 成型工艺

注塑要靠合理的工艺条件保证。塑化过程包括料筒温度、螺杆转速和螺杆背压;注射充模过程包括注射压力、充模速度和保压时间;固化过程包括模具温度和固化时间。下面分别讨论。

(1)料筒温度、螺杆转速和螺杆背压

注塑热固性塑料时,温度控制是关键。因为它对塑料流动性、硬化速率均有影响,而这些又对成型工艺和制品质量有密切关系。料筒温度太低,塑料在螺杆与料筒壁之间产生较大的剪切力作用下,靠近螺槽表面的一层塑料因剧烈摩擦发热固化,而内部却是"生料",造成注射困难。料筒温度过高,线型分子过早交联,失去流动性,使注射不能顺利进行。

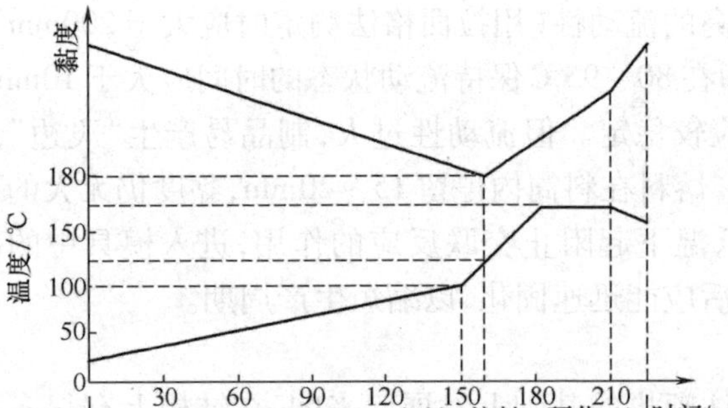

图 6-25 热固性塑料在注射过程中温度和黏度的变化

塑料从料斗进入料筒后,一定要逐步受热塑化,温度分布宜逐步变化。因为温度突变,会引起熔料黏度变化,发生充填不良现象。如图 6-25 所示是料筒温度的分布状况及注射成型中黏度的变化。注射时,塑料在喷嘴处流速很高,所以因摩擦而使塑料温升很快。对注射出的熔料温度最好控制在 120~130℃,此时熔料呈现出最好的流动性能,并接近于硬化的"临界塑性"状态。为此,在工艺和机械设计中均应根据上述情况采取相应措施。目前一般采用控温方式是进料端 30~70℃,料筒 75~95℃,喷嘴 85~100℃,通过喷嘴的料温可达到 100~130℃。

螺杆转速应根据物料的黏度变换。黏度小的材料摩擦力小,螺杆后退时间长,转速可提高一些。黏度大的塑料预塑时摩擦力大,物料很快到达螺杆前端,混炼不充分,应降低转速,使物料充分混炼塑化。料筒内螺杆旋转的预塑工序是与模具内的固化反应同时进行的。热压时间总是大于预塑时间,因此螺杆的转速不必很高。转速过高,螺杆与料筒之间的剪切热易导致部分塑料过热,成型条件难控制。螺杆转速通常在 40~60r/min 范围内。

在注射顺利的情况下,背压对于成型制件的物理性能影响较小。但提高背压,物料在料筒内停留时间延长,发生固化程度加大,黏度增高,不利于充填。为减少摩擦热,避免早期固化,通常选用较低的背压。一般情况下,放松背压阀,仅用螺杆后退时的摩擦阻力作背压。

(2)注射压力、注射速度和保压时间

注射压力的作用是将料筒内的熔料注入型腔内,还对充填在型腔内的塑料起保压作用。注射压力在流道内的损失很大,型腔压力仅为注射压力的50%。为保证生产出合格的制品,注射压力宜高一些。注射压力越高,制品的密度越大,力学强度和电性能都较好。但是,注射压力高会引起制品内应力的增加,飞边增多和脱模困难。通常注射压力在100~170MPa的范围。由于注射压力高,锁模力也需要相应加大。

注射速度随注射压力变化。注射速度快,预塑物料通过喷嘴、浇口处获得摩擦热,使熔料温度提高,可缩短固化时间。但是注射速度太快,模具内的低分子气体来不及排出,将在制件的深凹槽、凸筋、四角等部位出现缺料、气痕、接痕等现象。

注射速度还直接影响到充模的熔体流态,从而影响制品的质量。注射速度过低,制品表面易产生波纹等缺陷,而过高则会出现裂纹等。通常,注射速度为3~5cm/s为宜。

注射结束,模具内的塑料逐步固化收缩,这时应继续保压,向模具内补充熔料以抵消塑料的收缩。通常保压压力比注射压力低一些。保压时间长,浇口处的塑料在加压的状态下固化封口,塑料密度大,收缩率也下降。

(3)模具温度和固化时间

模具温度的选择很重要,它直接影响制件的性能和成型周期。提高模具温度对缩短成型周期有利。模温低时,硬化时间长,生产效率低,制品的物理力学性能亦下降;模温高时,硬化快,其情况正相反。不过模温也不能过高,否则硬化太快,低分子物不易排除,会造成制品质地疏松、起泡和颜色发暗等缺陷。模具温度一般控制在150~220℃,且动模温度应较定模高10~15℃。表6-4列出不同热固性塑料注塑时的模具温度供参考。随塑料品种和制品的不同,模具温度要相应调整。控制模温应保持在±3℃以内。

表6-4　几种热固性塑料注塑时的模具温度

材料名称	模具温度/℃	材料名称	模具温度/℃
酚醛	177~199	苯二甲酸二烯丙酯	166~177
环氧	177~188	三聚氰胺	154~171
含填料的聚酯	177~185	脲醛	146~154

固化时间,与制件的壁厚成正比例,形状复杂和厚壁制件需适当延长固化时间。固化时间对制品的质量也有影响,随固化时间的增加,冲击强度、弯曲强度增加,成型收缩率下降。但过度增长固化时间,对制品质量的改善已不显著,反而使生产周期延长,故一般制品的固化时间以常在3~6s的范围。

综上所述,热固性塑料采用注射模塑比压缩模塑具有以下优点:成型周期显著缩短,生产过程简化(省去预压和预热工序),生产效率可提高10~20倍,制品的后加工量减少,劳动条件改善,生产自动化程度提高,产品质量稳定,并适合大批量生产等,因此获得迅速发展。近年来在模具上不断有新的发展,开始采用无浇口注射、冷流道模具、注射压缩模塑等。采用无浇口注射后,单腔模具的废料显著降低,在一模多腔中可节约原料17%~76%。冷流道模具可减少废料达60%,不仅节约原料,还可缩短成型周期,但是成本约提高10%~15%。注射压缩模塑是将注射模塑与压缩模塑相结合的一种新工艺。其模塑原理是将物料注入半开启状态的模腔里,然后夹紧模具压缩成型。优点是:由于模具是在半开启状态下进行注射，注射压力低，摩擦热显著减少，排气容易；锁模力低，能成型投影面积比较大的制件，浇口附近注射压力低，几乎无残余应力，浇口处开裂现象少；消除了注射成型中纤维填料的定向作用，从而减少制件的翘曲变形，提高了制品的精度。

热固性塑料的注射模塑，现正向着不断提高质量、增加品种、减少废料，并继续向自动化、高速化、制件加工合理化等方向发展。

6.7 反应注射模塑

反应注射模塑（Reaction Injection Moulding 简称 RIM）。此工艺是将两种具有高化学活性的低相对分子质量的液态原料，在高压（14～20MPa）下经撞击混合，然后注入密闭的模具内，完成聚合、交联、固化等化学反应并形成制品的工艺过程。这种将聚合反应与注射模塑结合为一体的新工艺，具有物料混合效率高，节能、产品性能好，成本低等优点。

由于液态原料黏度低，流动性好，易于输送，原料配方灵活，易混合均匀，充模压力低，仅为普通注塑的1/5～1/10，锁模力不大；调整化学组分可模塑性能不同的产品；反应速度快，生产周期短；需要模具数量及夹具量少，可节约设备投资；生产过程简化，不需要造粒、熔化，耗能少，适宜生产大型及形状复杂的制品。因此，受到世界各国的重视。

RIM 工艺于 1972 年正式投入生产。此后，随着原料、机械设备的改进，至今应用领域已十分广泛。RIM 制品多数为聚氨酯体系的产物，随着共混改性技术的发展，聚氨酯体系单体中掺入苯乙烯、甲基丙烯酸可制取聚合物共混物。RIM 适用的树脂有：聚氨酯、环氧树脂、聚脂、尼龙、甲基丙烯酸系共聚物、有机硅等树脂。

表 6－5 列出了反应注射模塑与热塑性塑料注射模塑的比较。

表 6－5　**RIM 与热塑性塑料注射模塑的比较**

比较项目	RIM	热塑性塑料注射模塑
反应物的温度/℃	30～60	200～320 或更高
模具温度/℃	70～140	视品种而异
注射压力/MPa	<14	70～220
锁模压力	低	高
材料黏度/Pa·s	0.001～0.1	$10 \sim 10^4$
模塑周期	较慢	快
模具价格、运行成本	低	高
制品后加工与修饰	要	不要
次品率/%	大	小
制品的再利用	不可	可
模塑技术	较高	一般

6.7.1 反应注塑工艺流程及原料

反应注塑工艺流程如下：

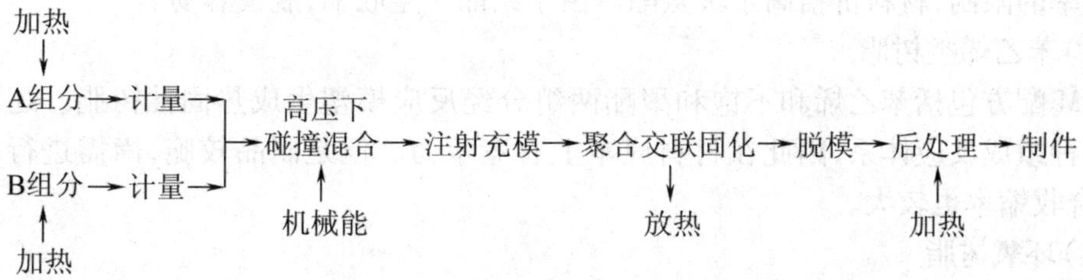

单体或齐聚物以液体状态经计量泵按一定的配比送入混合头混合，混合物注入模具后，在模具内进行快速聚合反应并交联固化，脱模后成为制品。反应注塑用原料及加工参数见表6－6。

表6－6　　　　RIM常用原料及加工参数

名称及化学结构	原液温度 ℃	模壁温度 ℃	固化时间 s	反应热 摩尔热力学能/kJ·mol⁻¹	活化能	收缩率 %
氨基甲酸乙酯 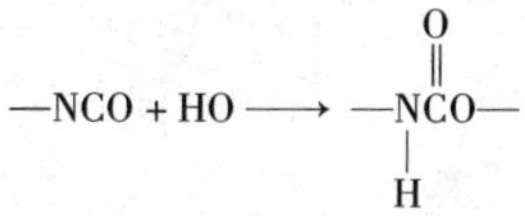	40	70	45	84(20)	59(14)	5
尼龙 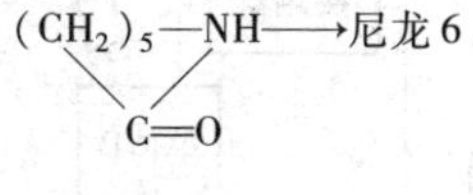	100	130	150	42(10)	88(21)	10
苯乙烯类树脂 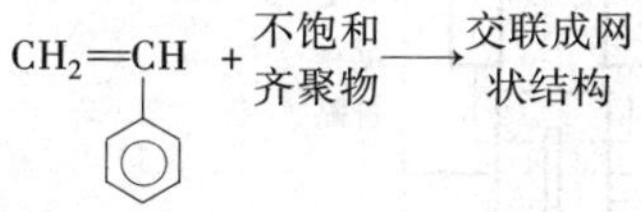	25	150	60	69(16)	126(30)	20
环氧树脂 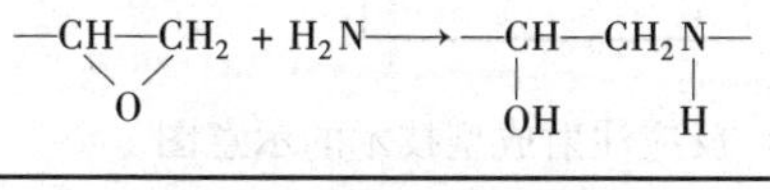	60	130	150	126(30)	69(16)	5

(1)氨基甲酸乙酯

RIM后生成聚氨酯，是最先商业化并不断取得新进展的品种。在汽车工业配件领域占有优势，并已向农业设备、电话通信设备、家用电器市场扩展。

(2)尼龙 6

RIM 尼龙 6 制品热变形温度达 160℃，质地坚硬。尼龙 6 的弹性模量可用多元醇或橡胶类材料进行嵌段共聚来调整。但是 RIM 尼龙 6 受到吸水性、脱模时间、模具温度和结晶速率的限制，材料价格高于聚氨酯。由于结晶产生收缩，脱模容易。

(3)苯乙烯类树脂

RIM 配方包括苯乙烯和不饱和聚酯两组分经反应模塑生成热固性树脂。还可引入许多品种组成反应体系，因此在材料成本上有竞争力。但是制品较脆，尚需进行增韧处理，聚合收缩率也较大。

(4)环氧树脂

RIM 环氧树脂制品，具有很好的力学性能和优良的电性能。但是，原料成本较苯乙烯类树脂高，固化时间比聚氨酯要长。

6.7.2 反应注射模塑设备

6.7.2.1 反应注射模塑对设备的要求

①能准确控制原料各组分的流量及混合比率。

②能快速加热或冷却原料。

③两组分在混合头内能获得充分的混合，混合头内的原料注入模腔后具有自动清理作用。

④两组分应同时进入混合头，不允许某一组分超前或滞后。

⑤料流应以层流形式注射入模内。

⑥入模后固化速度快，能进行快速的模塑循环。

6.7.2.2 RIM 设备的工作原理

RIM 设备工作原理如图 6－26 所示。

它的工作过程包括加料比例的控制，两组分的均匀混合及注模等。加料常用两种基本形式。一种是用计量泵来计量反应物原液；另一种则使用活塞位移来计量反应物，通过活塞的位移来完成一次送料脉冲。这两种方式都使用高压来强迫反应液体通过喷嘴孔进入一个小的混合室，由于进入的物料具有很高的速度，两组分在混合室强烈撞击得以充分混合。

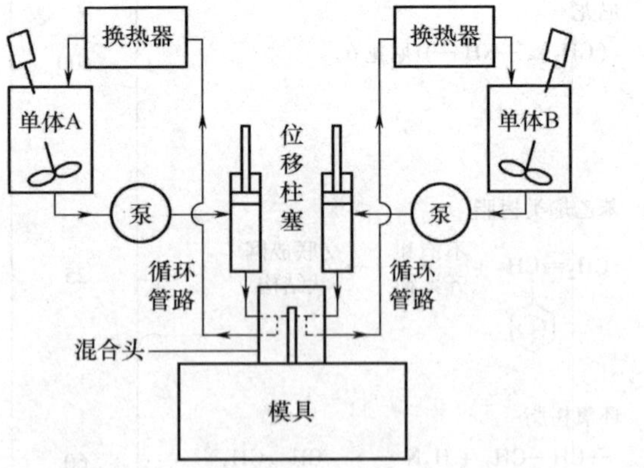

图 6－26 反应注射成型技术的示意图

6.7.2.3 RIM 设备的组成

主要由以下三个系统组成。

(1)储料系统

储料系统主要由储料槽和接通惰性气体的管路所构成。

(2)液压系统

液压系统是由泵、阀、管件及控制分配缸工作的油路系统和管路所组成，其作用是使A、B两组分物料能按准确的比例进行输送。

(3)混合系统

混合系统是使A、B组分物料实现高速、均匀混合，并加速混合液从喷嘴注射到模具中。混合头必须保证物料在小混合室得到均匀混合与加速再送进模腔。混合头设计应符合流体动力学原理，并具有自动清洗作用。

混合头的活塞和混合阀芯在油压控制下的动作如图6-27所示。

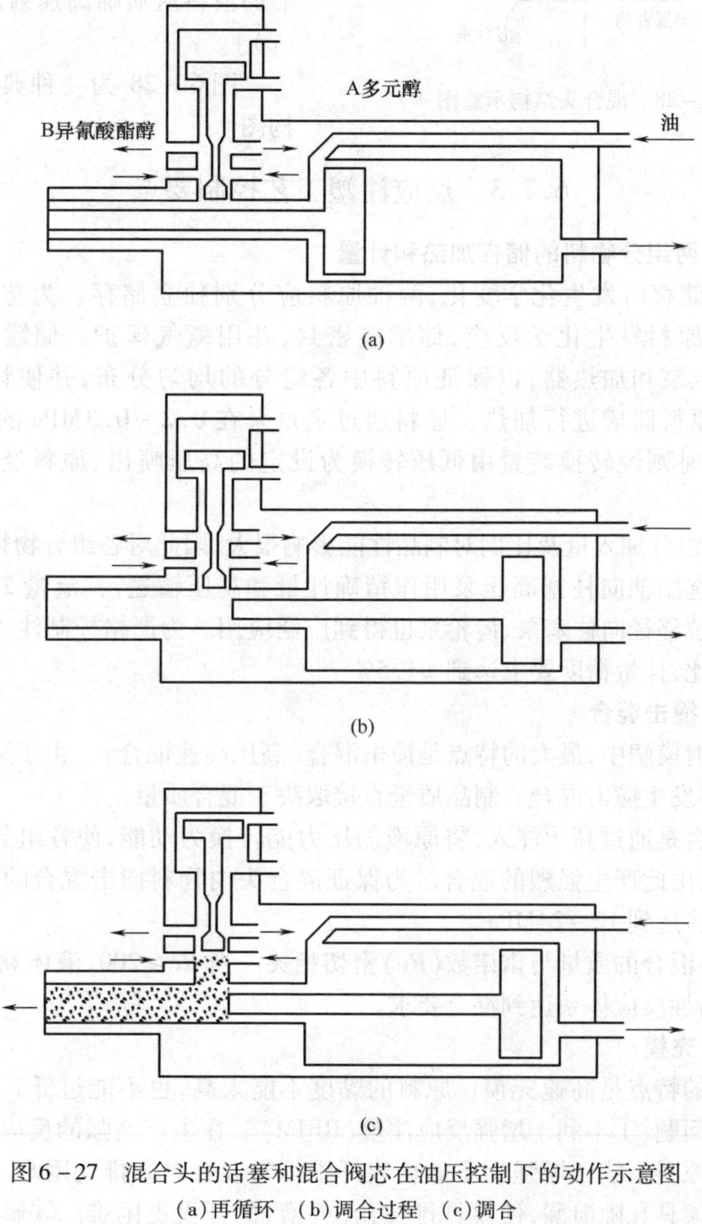

图6-27　混合头的活塞和混合阀芯在油压控制下的动作示意图

(a)再循环　(b)调合过程　(c)调合

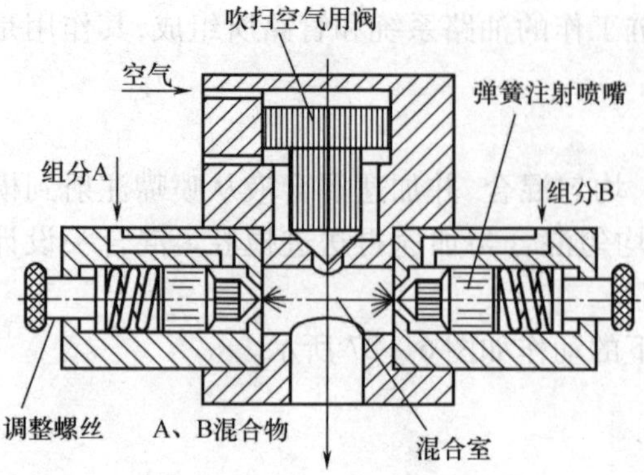

图6-28　混合头结构示意图

1）再循环　柱塞和混合阀芯在前端时，喷嘴被封闭，A、B两种液料互不干扰各自循环[如图6-27(a)]。

2）调合过程　柱塞在油压作用下退至终点，喷嘴通道被打开[如图6-27(b)]。

3）调合　混合阀芯退至最终位置，两种液料被接通，开始按比例混合，混合后的液料从喷嘴高速射出[如图6-27(c)]。

图6-28为一种典型的混合头结构图。

6.7.3　反应注塑工艺控制要点

6.7.3.1　两组分物料的储存加热和计量

为防止在储存时发生化学变化，两种原料应分别独立储存。为防止空气中的水分进入储罐与原料发生化学反应，储罐应密封，并用氮气保护。储罐内设有保护装置，还配有低压泵和加热器，以保证原料中各组分的均匀分布，并使物料保持恒温，因此，需要对原料储槽进行加热。原料通过定量泵在0.2～0.3MPa的低压下进行循环。原料喷出时则经转换装置由低压转换为设定的高压喷出，原料经液压定量泵进行计量输出。

由于A、B组分加入量及比例对制品性能影响很大，因此对各组分物料的加入量要精确计量。普遍选用轴向柱塞高压泵用作精确计量和高压输送，其流量2.3～91kg/min。其他类型的正位移径向柱塞泵、齿轮泵也得到广泛应用。为严格控制注入模腔反应物各组分的正确配比，计量精度要求达到±1.5%。

6.7.3.2　撞击混合

在反应注射模塑中，最大的特点是撞击混合（高压高速混合）。由于采用低黏度液体原料，才有条件发生撞击混合。制品质量直接取决于混合质量。

RIM的混合是通过高压注入，将原液的压力能转换为动能，使各组分获得很高的速度并相互撞击，由此产生强烈的混合。为保证混合头内物料撞击混合的效果，高压计量泵的出口压力将达到12～24MPa。

实验表明：混合的质量与雷诺数（Re）密切相关。当$Re \geqslant 200$、液体黏度为1Pa·s以下时，可使高活性反应体系达到混合要求。

6.7.3.3　充模

RIM工艺的特点是高速充模。原料的黏度不能太高，也不能过低。黏度过低时，充模会产生以下问题：①不利于增强反应注塑（RRIM）。在生产增强的反应注塑材料时，黏度过低的反应原料不能和增强物质如玻璃纤维均匀混合。②排气困难。由于低黏度的反应物容易沿模具孔隙泄漏，使模具排气孔（或槽）的开设更困难。③影响充模稳定性。

低黏度的反应物容易夹带空气进入模具，造成充模不稳定，充模时反应物的黏度一般规定下限为0.1Pa·s，以免发生上述情况。

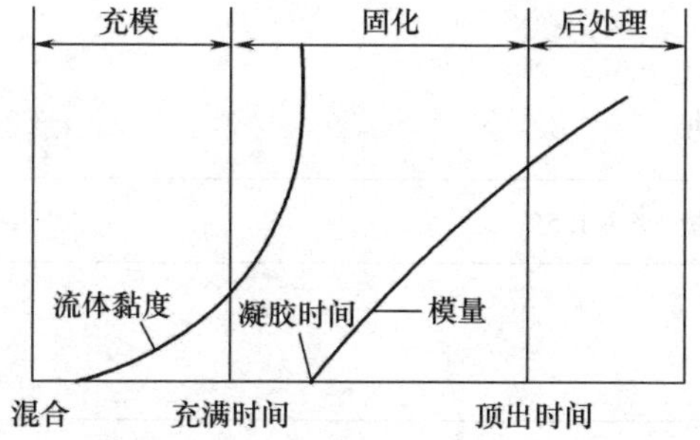

图6－29　RIM生产中黏度与模量的变化

充模情况可以由流变参数的变化反映出来。图6－29所示为RIM工艺过程的典型流变曲线。由图可见，充模初期对于高质量的碰撞式混合，黏度保持比较平缓的上升曲线，使充模初期的最高黏度保持在要求的低黏度范围内。这样就能保证高速充模和高速撞击式混合的顺利实现。在充模期间，理想的混合物应在充满模腔后尽快凝胶化，模量迅速增加，使成型周期缩短。为了在化学反应迅速开始前，提供足够的充模时间，可以加入一些抑制剂，延迟反应的发生。

由图6－29流体黏度曲线可以预先确定现有模具是否能够完成充模过程。取平均温度为确定凝胶时间的参数。平均温度可取制品表面温度与中心温度的平均值。充模时间与凝胶时间之比称为凝胶潜势 G。对于所有的反应注塑材料，其通用的 G 值均小于0.5。而聚氨酯反应注射模塑时，G 值应控制在0.1左右，以防止凝胶过早发生，造成注射欠料。一般凝胶时间为3～30s，聚氨酯的凝胶时间为5～10s。

物料进入模具后，开始发生链增长和交联反应，黏度逐渐增大而固化。同时在反应过程中要放出大量的热量，使发泡剂受热分解而发泡。但应控制温度不能过高，防止出现“焦心”现象。为了移走多余的热量，应在模具内设有冷却水通道，以便通入冷却水以控制模温。

6.7.3.4　固化脱模

制品固化有两种机理：一种是化学交联，另一种是相分离。反应液体必须具有两个以上的官能团才能发生化学交联。如表6－6所列的环氧树脂和苯乙烯树脂模塑固化是由交联完成的。这时反应温度必须超过达到完全转换成聚合物网络结构的玻璃化温度 T_g。因此，这两种材料在反应末期制品仍保持在弹性状态。如果这时制品尚不具备脱模的模量和强度，就应该延长生产周期，等制品冷却到 T_g 以下的温度再行脱模。

对于相分离固化体系，在聚合期间，硬化段联结成一些区域。这些区域能够进行结晶，实际上起着刚性粒子的作用，它使反应体系的黏度迅速上升至凝胶化。尼龙6在反应过程中由于结晶热会使反应体系的温度上升。当制品达到一定的强度后即可进行脱模。一般模具内都要涂脱模剂，以利于制品的脱出。

综上所述，可以归纳出对所有的RIM材料通用的加工工艺要求，如表6－7所示，这些工艺要求可作为反应注射成型的一般规则使用。

表 6-7　　RIM 用料的加工工艺要求

加工过程	工艺要求
反应液的储存	初始温度 100～150℃ 黏度 <0.1Pa·s 搅拌稳定性　保持 24h
计　量	允许化学配比不平衡量 1%～1.5%
混　合	液体黏度 ≤0.1Pa·s 雷诺数 $Re>200$
充　模	充模黏度 $\eta>0.1$Pa·s 充模时间 t_A 与凝胶时间 t_B 之比 <0.5 $3s<t_B<30s$
固　化	反应最高温度 < 分解温度 固化时间 30s～3min

6.7.4　聚氨酯的反应注塑(RIM)和增强反应注塑(RRIM)

6.7.4.1　聚氨酯的反应注塑

聚氨酯材料是最早开发,首先达到实用化的反应注射成型品种,经济效益显著,发展迅速,迄今发达国家聚氨酯 RIM 的生产装置每年增长 25%～40%,产品消费量每年增长 20%～28%,由于制品性能好,已广泛应用于各个领域。目前已发展了四代聚氨酯反应注射材料。第一代聚氨酯反应注射产品是由二苯基甲烷二异氰酸酯(简称 MDI)、二醇扩链剂和聚醚多元醇所生成的聚氨酯弹性体,使用外脱模剂,生产周期长,制品常有空洞,模具需经常清洁。第二代产品采用芳胺扩链剂,生成聚氨酯混合链型聚合物,仍用外脱模剂,制品初始强度和脱模性较好。第三代产品以聚氨酯聚脲为基础,使用内脱模剂(IMR),使 RIM 聚氨酯(PUR)结构泡沫生产能力提高 40%～70%,RIM－PUR 弹性体生产能力提高50%,成本降低20%以上。新近开发的第四代产品是采用端胺基聚醚取代聚醚多元醇,并使用芳胺扩链剂二乙基甲苯二胺(DETDA),生成纯聚脲型聚合物,多采用非硅氧烷内脱模剂,制品模量高、刚性大,初始强度好,不需后熟化。

(1)原料组分

聚氨酯的反应注塑所用原料与通用型聚氨酯基本相同。反应注塑要求液态原料的黏度较低、流动性好,反应活性高。原料一般应配制成 A、B 两种组分。

A 组分:为聚醚型多元醇、扩链剂(或称交联剂)、催化剂、发泡剂和表面活性剂。

B 组分:为异氰酸酯(缩写 MDI)或异氰酸酯的预聚体、发泡剂和表面活性剂。

多元醇有聚酯多元醇和聚醚多元醇。聚酯多元醇常为二官能度,制品具有优良的力学性能,但是价贵,不耐潮湿,选用少些;聚醚多元醇为 3～8 官能度,相对分子质量小,黏度低，价格低，制品的机械性能优良，为常选用的原料。

异氰酸酯为另一主要原料，常用的为液化异氰酸酯，在250℃时黏度为3×10^{-2} Pa·s。

扩链剂的作用是与大分子中的异氰酸酯基反应，从而将大分子连接起来。常用扩链剂为脂肪系二元醇，如乙二醇、丙二醇、1，4－丁二醇等，后者应用较多。

催化剂对聚氨酯的链增长和扩链反应起催化作用。常用的催化剂有两类：有机锡类化合物和叔氨类化合物，二者都有催化作用，仅催化的强弱不同。有机锡类催化剂的主要品种是二月桂酸二丁基锡，常用氨类催化剂为三乙撑二胺。

采用物理发泡时，以往常选用卤代烃类化合物为发泡剂。包括一氟三氯甲烷、二氟二氯甲烷、三氟三氯乙烷和二氯甲烷等，但由于这类化合物对环境的污染，对大气臭氧层的破坏，已逐步被禁用，而改用一些非卤代烃类发泡剂。选用不同发泡剂，由于沸点不同，发泡温度各异。

A、B两组分原料应分别置放于原料储罐内，并通以氮气保护，控制一定的温度，保持适宜的黏度和反应活性。通过定量泵将两组分原料按已定比例送入混合器，经撞击混合充分后，注入密封的模具内迅速完成聚合、交联、固化而成型。

（2）RIM的工艺配方及工艺条件

半硬质聚氨酯泡沫塑料类低密度制品RIM的典型工艺配方，如表6－8所示。该配方的制品性能为：密度0.5g/cm^3，硬度63TRHD（国际橡胶硬度），极限拉伸强度10MPa，极限延伸率380%。1$^\#$配料通常包括聚己二酸乙二醇酯和5%～15%的聚己二酸丙二醇酯的混合物，以防止单独使用线性聚乙二醇的冷硬化现象；2$^\#$配料采用扩链剂，较适合于氨基催化剂，能提供合适的固化速率并传输较高的浓度，但是必须考虑氨基的毒性问题；3$^\#$和4$^\#$为混合催化剂体系，能够同时提高聚合能力和产生二氧化碳的NCO/H_2O反应能力，从而生成泡沫；5$^\#$加有硅表面活性剂，以调节微孔泡沫结构的尺寸规整性，否则会导致泡沫结构的不规则分布；6$^\#$是将干燥的颜料磨成球状粉末并加以分散。通常可采用某种多元醇作为固体颜料的反应载体；7$^\#$通常是加入粉状成核剂，在粉末周围很容易形成气泡核，这一气泡核是成为较大泡沫体的基础。成核剂有云母粉、膨润黏土、硫化亚铅等；8$^\#$以水作活化剂，它控制着泡沫塑料中闭孔泡沫的数目；9$^\#$采用纯异氰酸酯。为得到高强度和高韧性的制件，必须采用纯的或线性的异氰酸酯。若使用不纯的异氰酸酯则得到刚性和脆性的聚氨酯制品，这种硬质聚氨酯泡沫塑料不适合在高应力状态下使用；10$^\#$采用易挥发的有机液体作物理发泡剂，以得到开孔泡沫为主的泡孔结构。该发泡剂在稍高于室温就能汽化，50～150℃迅速汽化。用于聚氨酯RIM发泡制品目前主要的发泡剂是三氯氟甲烷（Cl_3FC），商品名称为TCFM。采用物理和化学发泡剂并用，效果更好。

多元醇、二异氰酸酯与扩链剂的比值称区段比值，表示起始物料的化学计算比值。区段比值影响刚性链段的含量、聚氨酯的硬度、拉伸强度、光线穿透能力。如图6－30所示，在低区段比值柔性段结晶很少，呈半透明。而在高区段比值，由于刚性链段结晶使不透明度增加。

表 6-8　　典型 RIM 的工艺配方

		配方编号	典型配方	质量比
原液组分	A	1	混合乙二醇，己二酸聚酯（相对分子质量 2000）	80
		2	1,4-丁二醇	10~11
		3	氨基催化剂（三亚乙基二胺或 DABCO）	0.2~0.5
		4	二月桂酸二丁基锡稳定剂（DBTDL）	0.2~0.7
		5	硅共聚物表面活性剂	1
		6	颜料糊（分散炭黑占 50%）	8
		7	成核剂	0.5~1.0
		8	水	按需要定
	B	9	二苯基甲烷二异氰酸酯（MDI）	60
		10	三氯氟甲烷发泡剂	0~15

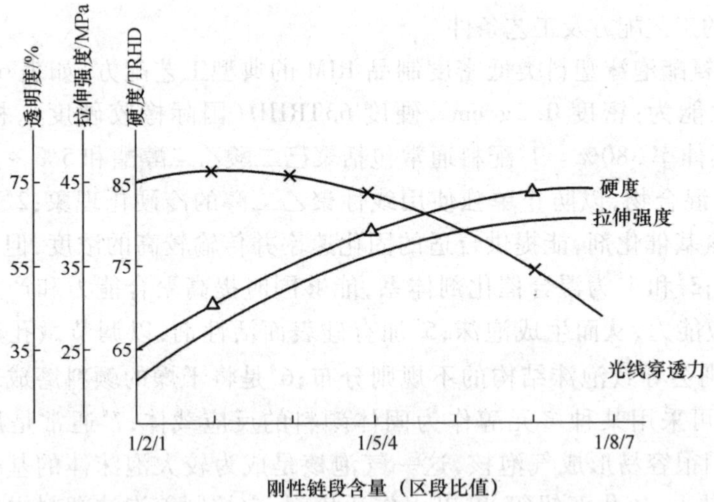

图 6-30　刚性链含量对聚氨酯性能的影响

聚氨酯反应注塑的工艺条件是：

反应温度：聚醚预热温度 32℃

异氰酸酯预热温度 32℃

模具温度 60℃

注射压力：聚醚组分 15.7MPa　　　生产周期：充满模具约需 1~4s

异氰酸酯组分 15MPa　　　生产周期 32~120s。

6.7.4.2　增强聚氨酯的反应注塑（RRIM）

为提高聚氨酯 RIM 制品的弹性模量，选用增强材料，例如碳纤维、玻璃、尼龙、木质素纤维等短纤维和云母、硅石、碳酸钙、滑石粉等矿物质作为原料的一种组分，加入到 A 或

B 组分中,通过高压计量装置进入混合头,经撞击混合均匀,注入模具内固化成型称为增强反应注塑。

RRIM 的设备与 RIM 基本相同。由于原料中掺入增强材料,料液黏度增大,对计量泵的磨损相应增加,因此需要增加必要的辅助设备。例如在高压计量泵后增设高压计量缸,物料管线内的压力要相应提高到 25 ~ 29MPa,混合头的孔径要相应扩大等。

6.8 注射模塑的发展

随着塑料工业的发展,注射技术、注射设备、注射制品的质和量都日益改善和提高。注射成型机日益向着精密、自动、大型和微型方向发展;注射成型技术则在塑化、节约原料和复合制品的注塑等方面发展。现仅从工艺方面作简略的介绍。

6.8.1 排气式注塑

为解决易吸湿材料注射制品的质量问题,从 1959 年就开始对有机玻璃进行排气注塑试验。1972 年后,排气式注塑机不断扩大其应用范围,如今已形成合模力 1.25 ~ 30MN 排气式注塑机的系列。排气式注塑机可直接成型具有亲水性或含有单体、溶剂及挥发物的热塑性塑料。例如用聚碳酸酯、尼龙、有机玻璃等易吸湿的塑料成型时,可不必经过预干燥就能保证质量。

排气式注塑机的特点是:①在注塑机料筒中部开设有排气口,并与真空系统相连接。当塑料塑化时,由塑料排出的水汽、单体、挥发性物质及原料带入的空气等,均可由真空泵从排气口抽走,从而增大塑化效率,有利于提高制品质量和生产率。由于排气式注塑机塑化质量均匀,因此,注射压力和保压压力均可适当降低,而无损于制品的质量。②排气式注塑机所用螺杆的排气段较排气式挤出机的排气段长,因注射螺杆除旋转运动外,还要作轴向移动。因此,排气段的长度应在螺杆作轴向移动时始终对准排气口。通常排气段的螺槽较深,其中并不会完全为熔料充满,从而防止螺杆转动时物料从排气口溢出。③典型的排气式注塑机是采用一种双阶四段的排气螺杆,如图 6 - 31 所示。第一阶段是

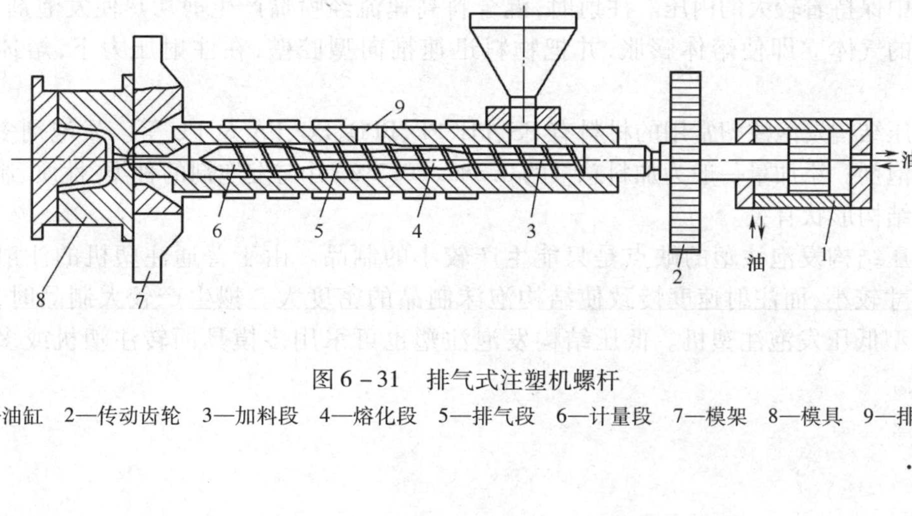

图 6 - 31 排气式注塑机螺杆

1—油缸 2—传动齿轮 3—加料段 4—熔化段 5—排气段 6—计量段 7—模架 8—模具 9—排气口

加料区和压缩区；第二阶段为减压区和均化区。塑料从料斗进入料筒后，由加料区经压缩输送到压缩区并受热熔融。进入减压区时，因螺槽深度突然变大而减压，熔料中的水分及挥发性物质气化，并由真空泵通过排气口抽走。塑料在均化区经过进一步均匀塑化后被送到螺杆的前端以备注射入模。为了防止螺杆前端熔料返流而由排气口向外推出，螺杆的头部都应设有阻逆元件。

6.8.2　结构发泡注塑

结构发泡材料是指密度在10～60kg/m^{3}之间的发泡材料。这种制品表面呈封闭的致密表层，而芯部却呈微孔泡沫结构。这种产品自20世纪60年代初出现以来，已经发展了多种结构发泡材料的注射成型技术。

此法适用于成型壁厚5mm以上，具有较大重量和尺寸的塑料制品。制品不仅抗弯曲、刚性好、可减少加强筋，而且制品的内应力小，使用过程中不易产生大的变形。结构发泡制品还可进行表面处理，具有机械加工性能好等特点。结构发泡制品与木材近似，可用作木材的替代物，很有发展前途。

结构发泡注塑分类如下：

- 结构发泡注塑
  - 单组分
    - 低压注塑
    - 高压注塑
  - 双组分——（夹心注塑）

6.8.2.1　低压结构发泡注塑

低压结构发泡注塑与普通注塑的区别在于模腔压力低。普通注塑的模腔压力为30～60MPa，高压结构发泡注塑为7～15MPa，而低压只有2～7MPa。在低压结构发泡注塑中，模腔的充料量只占模腔容积的75%～85%，为欠料注塑。由于低压结构发泡注塑的模腔压力低，因而只需要较小的锁模力。

低压结构发泡注塑通常采用添加化学发泡剂与热塑性塑料一起在料筒内进行混合塑化，使发泡剂均匀地扩散到塑料熔体中，在温度的作用下，发泡剂分解并释放出气体渗入到塑料熔体中，渗入量取决于气体在熔体中的溶解度。熔体与气体的混合物在料筒的储料室中保持着较大的内压。注射时，混合料高速流经喷嘴产生剪切热使发泡剂分解，释放出的气体立即使熔体膨胀，并把物料迅速推向型腔壁，在注射压力下，熔体充满模腔。

低压结构发泡注塑常用的材料有PS、PE、PP、PPO、PC、PA及PU等。发泡剂多选用化学发泡剂。添加量一般为加料总量的0.3%～0.7%，并与发泡剂的种类、性质、制品的原料及结构形状有关。

低压结构发泡注塑的缺点是只能生产较小的制品。由于普通注塑机的注射量和模腔尺寸较小，而注射速度慢致使结构泡沫制品的密度大。拟生产较大制品时，必须选用大型低压发泡注塑机。低压结构发泡注塑也可采用多模具回转注塑机或多喷嘴注塑机。

6.8.2.2 高压结构发泡注塑

高压结构发泡注塑的注塑机与普通注塑机比较，增加有二次锁模保压装置。当熔体注入模腔后延长一段时间，合模机构的动模板要稍许后移，使模具的动、定模之间有少量分离，使模具的型腔扩大，利于模内塑料熔体发泡膨胀。

高压结构发泡注塑的缺点是模具费用高，对注塑机提出二次锁模保压的要求，普通注塑机不能适用。同时，在二次移动模具时，制品容易留下条纹、折痕等。因此，模具制造精度要求更高。

近年来，为提高结构发泡注塑制品的表面性能做了大量研究工作外，在结构发泡注塑设备及工艺方面也取得许多新的进展。

6.8.2.3 夹心注塑

夹心注塑是随着结构发泡制品的生产和发展而出现的。由于塑料在汽车制造业、电气和生活用品领域内的广泛应用，对厚壁（大于5mm）刚性较高的塑料制品的需求增加。普通的注塑制品，因收缩率大，制品表面易出现凹坑，影响外观和平整度。结构发泡注塑虽解决了这一问题，但是采用低压结构发泡注塑，因塑料中含有发泡剂，制品表面常有旋痕和气体痕迹。采用高压结构发泡注塑，模具结构复杂，费用昂贵，从而出现了夹心注塑成型工艺。

夹心注塑是20世纪70年代投入工业化生产的，随后又制造出双流道喷嘴和三流道喷嘴，这种夹心注射模塑如图6-32所示。设置有两个独立的料筒和塑化装置，采用特殊的喷嘴。两个料筒的注射顺序可以任意调节。

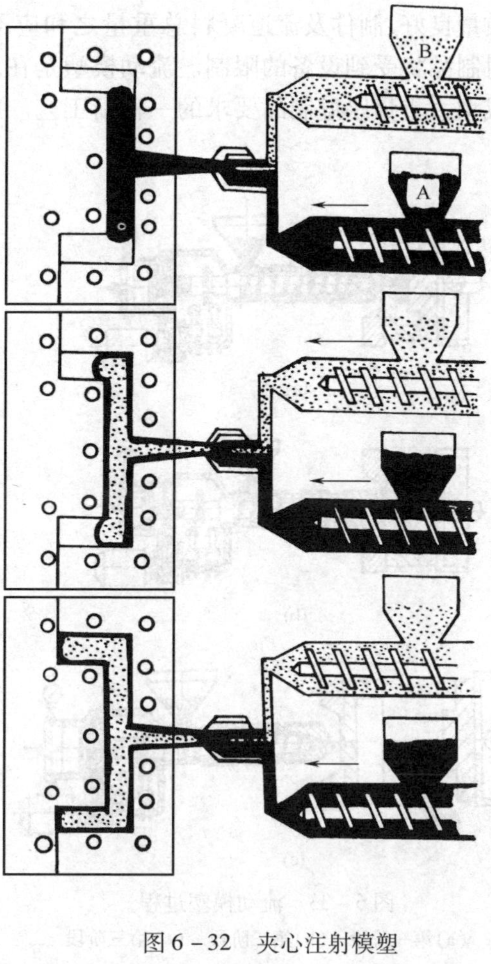

图6-32 夹心注射模塑

夹心注射模塑用于生产夹心发泡制品时，先注射表层材料（即不含发泡剂的A材料），随后将内层材料（含发泡剂的B材料）经同一浇口的另一流道与还在注射的A材料同时注入模具，最后再次注入A材料使浇口封闭，去掉浇口后的制品就具有闭合的、连续不发泡的表皮和发泡结构的芯层。

夹心注塑成型除用于成型内层发泡、外层不发泡和外层发泡、内层不发泡的结构泡沫制品外，还可成型以下制品：

1）外层采用增强塑料，内层为非增强塑料。主要用于承受弯曲应力和负载作用在表面的制品，可大大降低成本。

2)内层为增强塑料,外层为高光洁度材料,以达到制品外观美和强度高的统一。

3)内层为高强度材料,外层为耐磨材料。用于成型表面耐磨,具有低的摩擦因数,同时整体又具有较高强度的制品。如轴套、齿轮等零件。

4)内层为导电、导磁材料,外层为绝缘材料的制品。内层采用导电、导磁材料,成型内层具有导电、导磁的能力,能进行电磁屏蔽,而外层为普通塑料,具有绝缘作用,可防止电气元件壳体发生短路现象。上述制品大量用于仪表电气、办公设备、计算机壳体等。

夹心注塑制品,由于具有特殊的夹心结构,还可以根据不同的需要选择内、外层材料,将不同塑料各自的优良特性“组合”在一起,得到一般塑料加工无法得到的特殊制品,因而应用较为广泛。但是,当内外层材料不同时,要考虑到两种材料之间的粘合性和材料收缩率的差别,否则内外层材料会发生剥离现象。

6.8.3　流动注射模塑

通常注射模塑制件的重量都不能超过注塑机的最大注射量。为了保证塑化均匀和制品质量良好,制件及流道凝料总重量之和应不超过最大注射量的80%。因此,生产大型注射制品将受到设备的限制。流动模塑是在原有注塑机上对设备和工艺加以改进,以适应成型大重量厚壁制品要求的一种新工艺。此法是用普通移动螺杆式注塑机,螺杆的快速转动将塑料不断塑化并挤入模具型腔,待模具充满后,停止螺杆的转动,并用螺杆原有轴向推力使模内熔料在压下保持适当时间。通过冷却定型即可取出制品。流动模塑的特点是塑化的熔料不是储存在料筒内,而是不断挤入模具中,因此,流动模塑是挤出和注射相结合的一种方法。

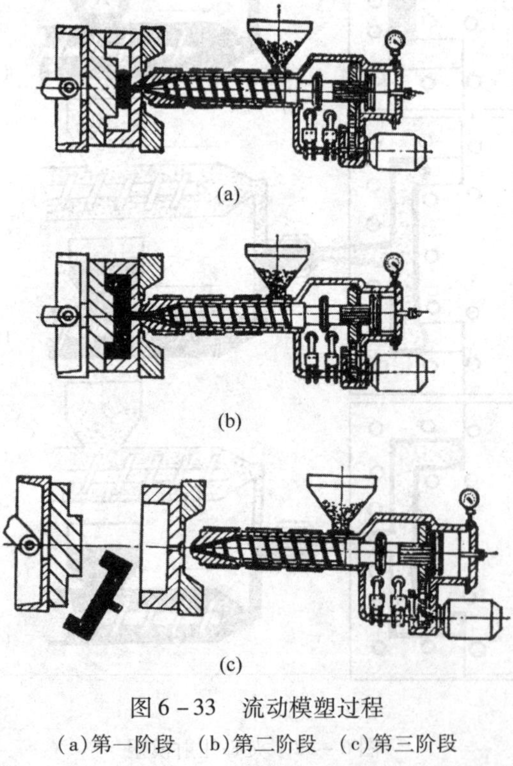

图6-33　流动模塑过程

(a)第一阶段　(b)第二阶段　(c)第三阶段

流动注塑的过程如图6-33所示。流动注塑的优点是:制件重量可超过注塑机的最大注射量;熔料停留在料筒内的量较少,时间短,适合于加工热敏性塑料;制件的内应力小。但是,由于塑料的充模是依靠螺杆的挤出,流动速率较慢,这对厚壁制件影响不大,对薄壁长流程制件则造成充模困难、易缺料。同时为避免制件过早凝固或产生表面缺陷,模具必须加热,控制在适宜的温度。几种塑料流动注射模塑工艺条件列于表6-9。

表 6－9　　几种塑料流动模塑工艺条件

工艺条件		丙烯腈－丁二烯－苯乙烯共聚物	乙丙烯共聚物	聚苯乙烯	聚碳酸酯	聚丙烯	硬质聚氯乙烯	聚乙烯
制件质量/g		465	435	450	450	345	570	460
螺杆转速/r·min^{-1}		73	145	107	73	200	52	200
充模时间/s		60	42	54	43	125	105	30
保压时间/s		90	78	106	137	55	70	165
总周期/s		150	120	160	180	180	175	195
料筒温度/℃	后	162	190	180	230	190	128	176
	中	190	200	204	242	215	160	220
	前	204	208	215	260	232	155	223
螺杆背压/MPa		1.9	0.9	2.1	3.2	1.0	3.5	1.4
注射压力/MPa		1.9	1.4	2.1	3.2	1.0	3.5	0.85
模具温度/℃		60	27	72	120	35	50	63

注：设备为235克移动式单螺杆注塑机，在双腔模具上进行的。

6.8.4　无分流道赘物的注射成型

通常注射成型制品都带有浇口和流道等赘物，事后需要除去。这不仅浪费注塑机的能量和原料，而且增加回料处理工序，使成本上升。采用无分流道赘物的注射成型法即可避免以上缺点。其特点是在注塑机的喷嘴到模具之间有一个歧管部分，而分流道即分布在内（参见图6－34）。注射过程中，流道内的塑料是一直保持在熔融流动状态的，而且在脱模时不与制品一同脱出，所以没有分流道赘物。根据塑料的类型不同，保持分流道内塑料为熔融流动状态的措施也不同。对热塑性塑料是加热，故亦称为热流道，而对热固性塑料则是冷却，故亦称为冷流道。

热塑性塑料无分流道赘物的注射成型，其流道形式很多，目前主要有下列三种：

1）热流道模具。流道封闭加热，使塑料在进入模腔以前一直保持熔融状态。

2）绝热流道模具。流道无外加热，流道系统的热量主要靠料筒来的熔融料所提供。流道中熔料的外表层虽会凝固，但中心始终保持熔融态。

3）带加热探针的绝热流道。其原理和绝热流道相同，只是在浇口处设有加热探针，以便物料顺利通过浇口。上述三种热流道，以第3种用得较多，其结构如图6－35所示。图中上部是包括绝热流道系统的模具，使塑料保持熔融不凝固；下部是制品模腔部分，温度较前者低，有利制品的冷却凝固。

对热固性塑料无分流道赘物的注射成型是采用冷流道模具。冷流道注射模的歧管及流道部分，周围均用水冷却，以保持较低的温度，而模套和模芯则采用电加热，具有较高的温度。在这两部分之间必须要有良好的绝热。控制歧管部分流道的温度很重要，温度过低，物料不能畅流；温度过高，物料在流道内易发生硬化。

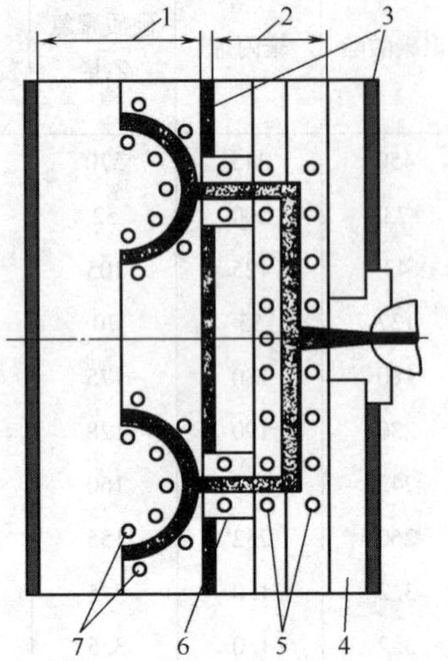

图 6－34　无分流道赘物注射模的歧管排列

1—热模部分　2—歧管部分　3—绝热层　4—夹板
5—冷却水孔　6—喷头　7—电热筒

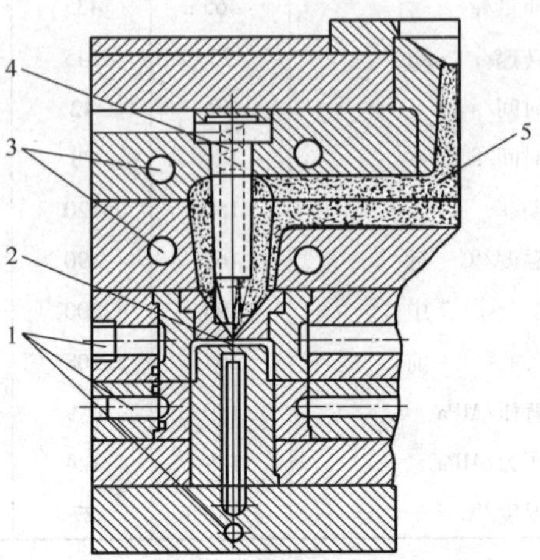

图 6－35　带加热探针的绝热流道模具

1—冷却系统　2—制品　3—温控系统
4—加热探针　5—热流道

6.8.5　共注射成型

共注射成型是指用两个或两上以上注射单元的注射成型机，将不同的品种或不同色泽的塑料，同时或先后注入模具内的成型方法。此法可生产多种色彩或多种塑料的复合制品。共注射成型的典型代表有：双色注射和双层注射，亦可包括夹层泡沫塑料注射，不过后者通常是列入低发泡塑料注射成型中，已如前述。因此这里只简单介绍双色注射成型。

双色注射成型这一成型方法有用两个料筒和一个公用的喷嘴所组成的注塑机，通过液压系统调整两个推料柱塞注射熔料进入模具的先后次序，来取得所要的不同混色情况的双色塑料制品。也有用两个注射装置、一个公用合模装置和两付模具制得明显分色的混合塑料制品的。注塑机的结构如图 6－36 所示。此外，还有生产三色、四色和五色的多色注塑机。

近几年来，随着汽车部件和台式计算机部件对多色花纹制品需求量的增加，又出现了新型的双色花纹注射成型机，其结构特点如图 6－37 所示。该机具有两个沿轴向平行设置的注射单元，喷嘴通路中还装有启闭机构。调整启闭阀的换向时间，就能制得各种花纹的制品。不用上述装置而用花纹成型喷嘴（图 6－38）也是可以的，此时旋转喷嘴的通路，即可得到从中心向四周辐射形式的不同颜色和花纹的制品。

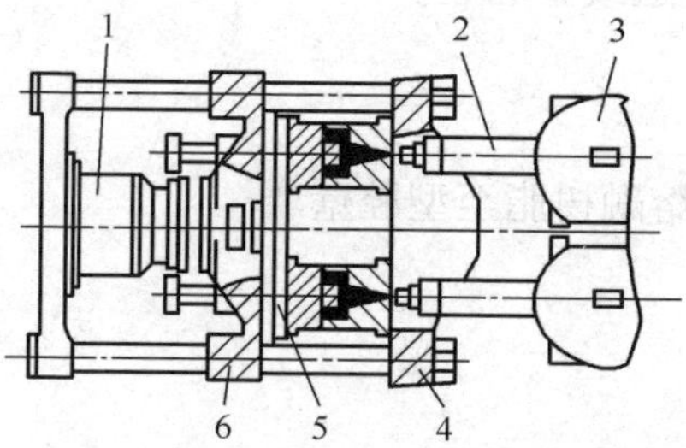

图 6 - 36　双色注塑机示意图

1—合模油缸　2—注射装置　3—料斗

4—固定模板　5—模具回转板　6—动模板

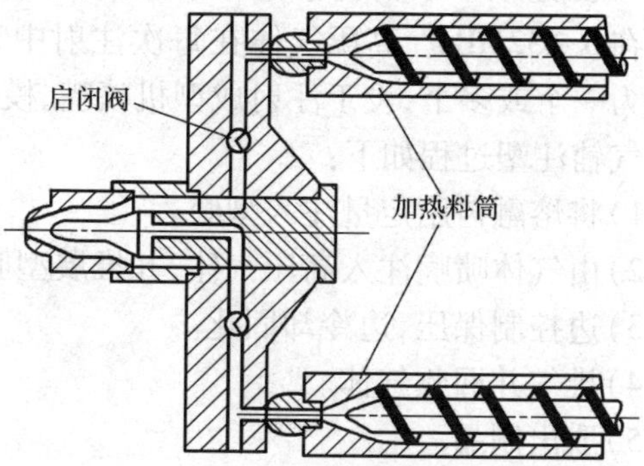

图 6 - 37　双色花纹注塑成型机结构图

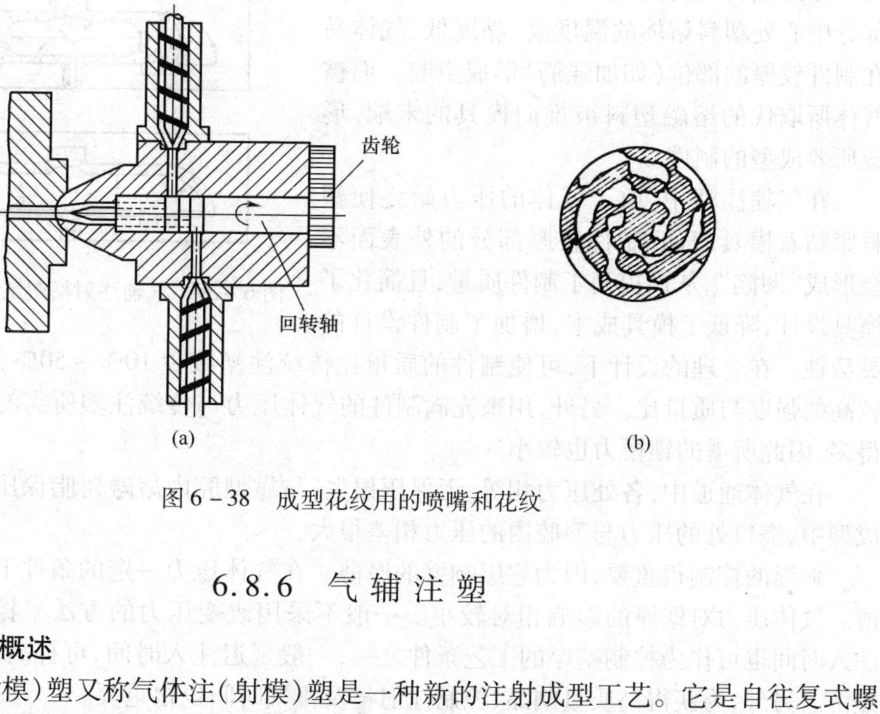

图 6 - 38　成型花纹用的喷嘴和花纹

6.8.6　气辅注塑

6.8.6.1　概述

气辅注(射模)塑又称气体注(射模)塑是一种新的注射成型工艺。它是自往复式螺杆注塑机问世以来,注射成型工业最重要的发展之一。气辅注塑是注射成型的延伸,它是在注射成型技术和结构泡沫注射成型的基础上发展起来的;也可认为是注射成型与中空成型的某种复合,从这个意义上,也可称为“中空注射成型”。其原理是在原来的注射成型的保压阶段,利用压力相对低的气体代替型腔内的树脂保压。气辅注塑只要在现有的注射成型机上增设一个供气装置即可实现。供气装置由气泵、高压气体发生装置、气体控制装置和气体喷嘴构成。气体控制装置用特殊的压缩机连续供气,用电控阀进行控制使压力保持恒定。压力通常有 3 级。一套气体控制装置可配多台注射成型机。

一般使用的气体为氮气。气体压力和气体纯度由成型材料和制品形状决定。压力一般在5～32MPa。高压气体在每次注射中，以设定的压力定时从气体喷嘴注入。气体喷嘴为一个或多个，设于注射成型机喷嘴、模具的流道或型腔上。

气辅注塑过程如下：

1）将熔融树脂定量注入型腔。

2）由气体喷嘴注入高压气体，并推展型腔内的熔融树脂至型腔壁。

3）边控制保压，边冷却固化。

4）排气并回收气体。

5）取出制品。

气辅注塑过程如图6－39所示。首先把部分熔融的塑料注射到模中，称为“欠料注射”（Shortshot）。接着再注入一定体积和一定压力的惰性气体到熔融塑料流中。由于靠近模具表面部分的塑料温度低，表面张力高，而制件较厚部分中心处塑料熔体的温度高、黏度低、气体易在制件较厚的部位（如加强筋）形成空腔。而被气体所取代的熔融塑料被推向模具的末端，形成所要成型的制件。

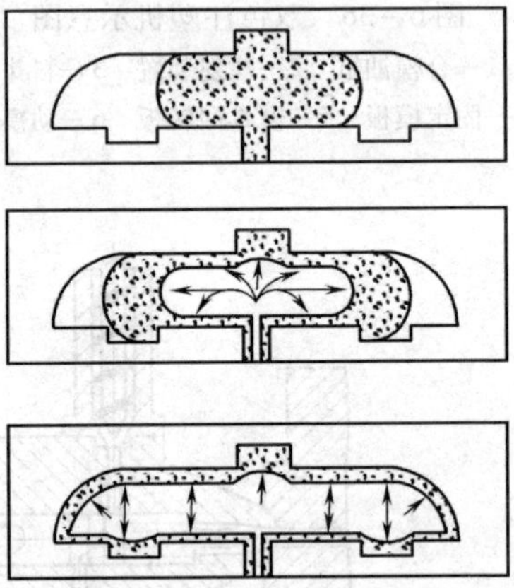

图6－39　气辅注射模塑工艺的工作原理

在气辅注塑中，由于气体的压力始终使塑料紧贴着模具表面，制件较厚部分的外表面不会形成“凹陷”，从而提高了制件质量，且简化了模具设计，降低了模具成本，增加了制件设计的灵活性。在合理的设计下，可使制件的质量比传统注塑减少10%～50%，且使制件得到较高的强度与质量比。另外，用来充满制件的气体压力与传统注塑所需的压力相比要小得多，因此所需的锁模力也较小。

在气体通道中，各处压力相等，无保压损失，与靠型腔内熔融树脂保压不同。在注射成型中，浇口处的压力与型腔内的压力相差很大。

料温的控制很重要，因为它影响壁的厚薄。在气体压力一定的条件下，料温高、壁厚薄。气体压力对壁厚的影响相对较小。一般不采用改变压力的方法来控制壁厚。气体注入时间也可作为控制壁厚的工艺条件之一，一般延迟注入时间，可提高壁厚，但此法不经济。另外，为获得高质量制品，控制注射量及排气时间也很重要。

注射成型在制品设计上要求壁厚均匀，壁厚不匀会造成制品缩孔、缩痕或变形。对厚壁制品，即使壁厚均匀也难以避免出现缩孔或表面缩痕，因为在注射充模后的冷却过程中物料必定要发生收缩。为克服这些缺点，一般采用保压和补料的方法。但是，在离浇口较远处，即使过量充模，压力也难以达到。而且，如浇口冻结后，就无法补料了。而浇口附近的过量充模，常给制品带来残余应力，造成制品翘曲和开裂等。

结构泡沫成型因能均匀收缩和生成均匀的气泡，而达到防止制品内部缩孔和表面缩痕的目的，而且制品重量轻、成型周期短，能改进注射成型的某些缺点。但是，结构泡沫成型制品外观不良，而且要保证发泡均匀，一般制品厚度需要在5～6mm以上。另外，结构泡沫成型不适于壁厚不均匀的制品。

气体注射成型克服了上述两种成型方法的不足，具有如下特点：

①能成型壁厚不均匀的制品，提高了制品设计的自由度。

②制品上可设置中空的筋和凸台结构，提高制品的刚性和强度。

③与结构泡沫厚壁成型相比，因气体不是微细分散，而是夹在熔体中形成空间，所以既能保持结构泡沫质轻的优点，又改进了外观质量。

④成型周期短。

⑤ 气体压力从浇口（或气体喷嘴）至流动末端形成连续通道，无压力损失，从而能低压成型，残留应力低，制品翘曲小、尺寸稳定性好、电镀性能提高。

⑥气体通道能起到支撑流动的作用，提高了成型性，从而可降低平均壁厚、减少大型制品的浇口数。

⑦ 成型压力低，可在较小的注塑机上成型较大的制品，同时，模具可小型化。

⑧ 节能。

⑨可完成中空成型和注射成型不能加工的三维中空制品的成型。

6.8.6.2 设计注意的问题

基于以上特点，气辅注塑在制品及模具设计上，应注意下列问题：

(1)壁厚

壁厚设计是利用气辅注塑优越性的主要方面。传统注塑中，一般是制件尺寸越大，所需的壁越厚，使制件得到足够的强度、刚度和适当的充模，但在气辅注塑中，制件壁厚可以较薄，气体可利用内部加强筋等作为压力分布的通道在制件中均匀分布压力。制件的厚度一般为3～6mm。只要气体能通过流道充入制件，在流动距离较短或尺寸较小的制件中，壁厚还可更薄(1.5～2.5mm)。为了增加制件的强度、刚度和适当的充模，一般应将流道、内部加强筋和浇道设计得大些。

(2)厚薄壁之间的过渡

传统注塑中，设计原则是保持壁厚均匀，而在气辅注塑中，由于有上述特点，情况已不相同，在有需要时，也可以在同一制件上有不同的壁厚。图6－40所示是用气体通道作为管状边缘及厚薄壁相交处过渡的情况。

(3)加强筋

要使气体能在制件中形成空腔和使塑料充满模具，合理布置加强筋非常重要。传统注塑中，为减小外表面的凹陷，在相接处，加强筋厚度一般不大于相接壁壁厚的50%，在气辅注塑中，加强筋的壁厚可达相接壁厚的100%～125%而不导致表面凹陷。注塑加强筋几何形状的设计如图6－41(a)所示。图

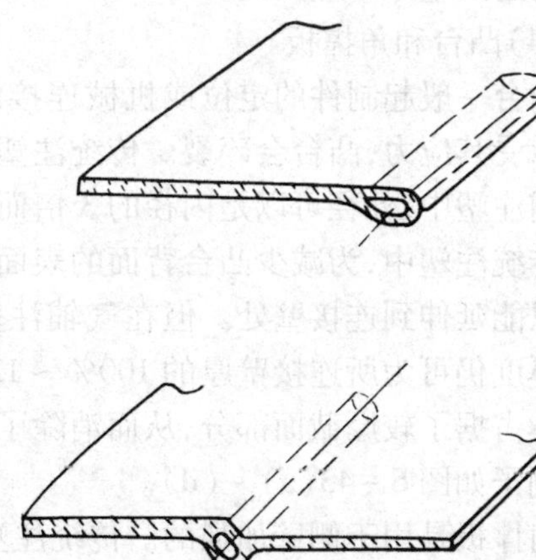

图6－40 气体通道用于管状边缘和薄厚壁相交处

6 - 41(b)和 6 - 41(c)为气辅注塑制件加强筋的设计，图 6 - 42 为典型的气辅注塑制件在加强筋与所接表面处设置气体通道的例子。其中，加强筋的高度[图 6 - 41(c)中的 H]，可以大于相接壁壁厚的 3 倍；加强筋的宽度[图 6 - 41(c)中的 W]可以是相连壁厚的 2 倍；加强筋的过渡圆角半径(图 6 - 43 中的 t)可以是壁厚的 1/2；两个加强筋之间的宽度应该不小于相连壁厚的 2 倍；加强筋两侧面的脱模斜度应每边为 1°。较深的加强筋需要更大些。

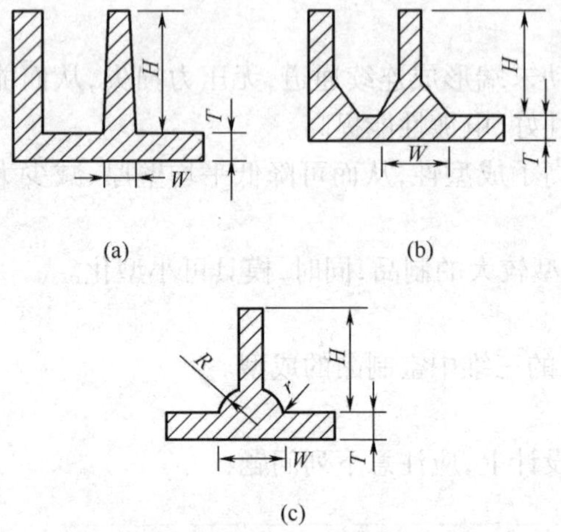

图 6 - 41　注塑模中的加强筋设计
(a)传统注塑中的设计　(b)气辅注塑中的设计
(c)气辅注塑中另一种设计形式

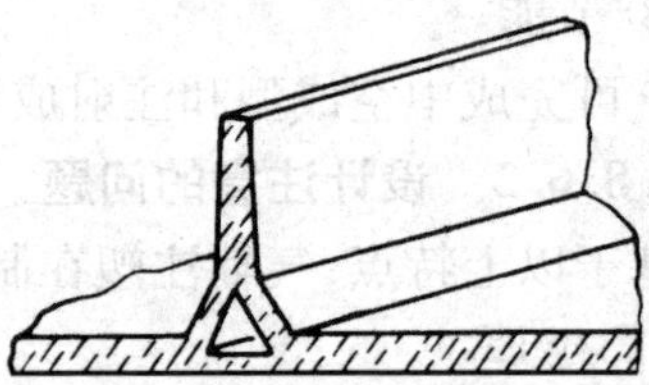

图 6 - 42　加强筋底部有空心气体通道的典型气辅注塑部件

气辅注塑件中加强筋宽度应等于或小于相接壁厚的 3 倍；加强筋高度应等于或大于相接壁厚的 3 倍；在薄壁制件中，制件的几何形状须使气体能较容易地通过加强筋，即加强筋附近的壁厚不应太大。

(4)凸台和角撑板

凸台一般起制件的定位或机械连接的作用，能承受一定的应力和应变，如果壁厚不足以承受其应力，凸台会碎裂。传统注塑中，一般设计准则是凸台外径是内径的 2 倍，而在气辅注塑中，外径可以是内径的 3 倍而不引起表面凹陷和较高的内应力。

传统注塑中，为减少凸台背面的表面凹陷，不削弱高应力处制件的强度，凸台的芯柱一般只能延伸到连接壁处。但在气辅注塑中，较厚的凸台壁可提供更多的余量，且加强筋的厚度仍可为所连接壁厚的 100% ~ 125%，芯柱的长度比传统注塑短 20% ~ 25%，因为气体占据了较厚截面部分，从而消除了表面凹陷，降低了制件内应力，一些凸台设计的对比例子如图 6 - 43(a) ~ (d)。

角撑板是用于侧壁加强的。传统注塑与气辅注塑制件角撑板的设计分别列于图 6 - 44(a)和图 6 - 44(b)。

总体说来在气辅注塑制件和模具的设计中，下面几个一般的设计原则应予重视。

1)沿气体通道部位的制件壁应较厚，从而限定气体的流动，避免气体在壁薄处穿透。

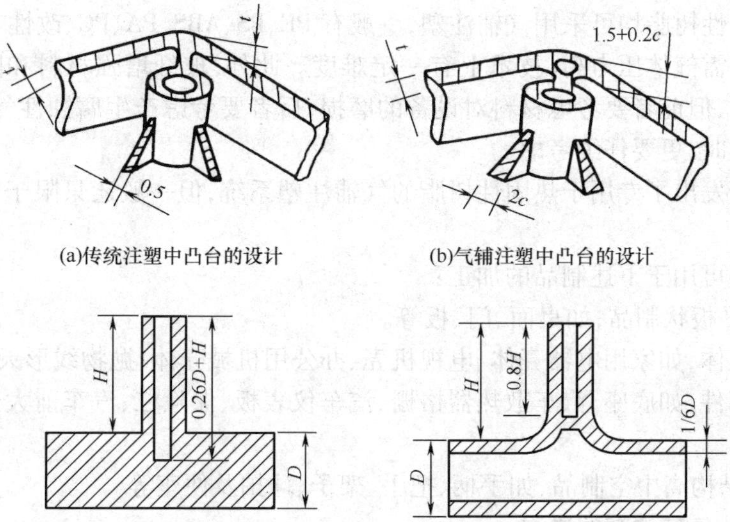

(a)传统注塑中凸台的设计　(b)气辅注塑中凸台的设计

(c)传统注塑中带有中心销的凸台设计　(d)气辅注塑中带有中心销的凸台设计

图 6－43　注塑模中凸台的设计

2）为适当选择浇口位置，应对塑料流入模具中的流动情况进行分析，一般只使用一个浇口，该浇口的设置应该使“欠料注射”的塑料可以均匀地充满模腔。

3）由气体所推动的塑料必须有去处，且须足以将模腔充满。

4）气体通道的几何形状相对于浇口应是对称或单方向的。气体通道必须是连续的，但不能自成环路。最有效的气体通道是圆形截面；一般情况下，气体通道的体积应小于整个制件体积的 10%。

5）模具中应设置调节流动平衡的溢流空间，以得到理想的空心通道。

部件的结构、模具的设计和工艺优化的同步进行是成功地生产气辅注塑制件的保证。

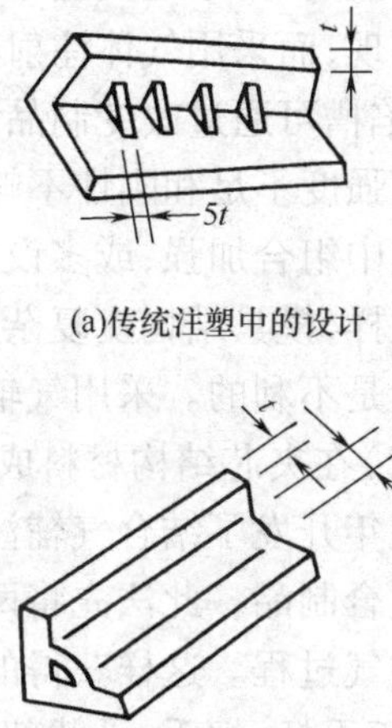

(a)传统注塑中的设计

(b)气辅注塑中的设计

图 6－44　注塑模具角撑板的设计

但是，气辅注塑也有其不足，主要有下述几点：

①留下排气孔，如有外观要求，则须后处理。

②在注入气体和不注入气体部分，制品表面光泽差。虽然可通过模具设计和调整成型条件予以改善，但最好采用表面加饰花纹或遮盖。

③因要求各腔欠料量固定，一模多腔控制较注射成型难度大。

④因壁厚决定于冷却，需控制模温和注气。

⑤机械改装较易，但模具改造有一定难度。

气辅注塑与一般注塑比较成本可降低 1/5～1/2，如几台注塑机共用一套注气装置，则成本将进一步降低。且越是大型制品，经济效益越大。

各种热塑性树脂均可采用气辅注塑，一般有 PE、PS、ABS、PA、PC、改性 PPO 等。但黏度高的树脂所需气体压力高，技术上有一定难度。此外，玻纤增强材料和阻燃树脂也可用于气体注射，但前者要考虑材料对设备的磨损，后者要考虑产生腐蚀性气体的问题，尤其是气体回收时，更要仔细考虑。

近年又开发出了专用于热固性树脂的气辅注塑系统，但一般还只限于较小型的注射成型机。

气辅注塑可用于下述制品的加工：

① 大型平板状制品，如桌面、门、板等。

②大型柜体，如家用电器壳体、电视机壳、办公用机械壳体、抛物线形天线等。

③结构部件，如底座、汽车散热器格栅、汽车仪表板、保险杠、汽车前大灯罩等汽车内外饰件。

④ 三维结构高中空制品，如手柄、把手、架子、球拍及便座等。

6.8.6.3 气辅注塑的进展

(1)在复杂形状制品整体成型中的应用

整体成型是指将原来需要分别成型的零件一次成型为一个复合件的方法。显然，这种复合整体成型可减少组装工序(粘接或焊接)、减少模具数等，经济上是合理的。但复合整体设计时，常遇到壁厚要求不一或带侧陷槽等的结构。这些结构用通常的注射成型不能实现，而采用气体注射成型则可解决这一问题：制品厚壁处通入气体，避免缩孔或变形；侧陷槽可通过改变制品设计来解决。

因强度不足和刚性不够的大型制件和结构部件，原来通过另外准备的部件，在后加工过程中组合加强，或多设置加强筋，或通过结构泡沫成型等使整个制件加厚的方法解决。这样，模具结构变复杂或制品重量增加，随之而来的是成型周期变长。这从经济的角度看是不利的。采用气辅注塑并设置中空筋结构，即可解决上述问题。

(2)在夹芯结构材料成型中的应用

近年开发了结合气辅注塑和夹芯结构材料成型两者优点的新方法，生产中空厚壁双组分复合制品。此法先将两种材料分别注入模具，在即将完成充模的前一刻，注入气体，完成注气过程。这样获得的中空厚壁双组分复合制品质轻，常采用外层软、内层硬的材料，用于手柄、把手、承载部件和需要局部增强的制品。

(3)气辅注塑在结构发泡成型中的应用

它保持了气辅注塑法的优点，但制品中空部分用发泡芯材替代。具体方法是在材料充模，注入气体后，控制气体压力，使其以一定速率降压，这样，内层熔体向中心膨胀发泡，形成双组分结构泡沫体，用于轻质、刚性制品的成型。

第7章　中空吹塑

7.1　概　述

聚合物的中空吹塑成型(Blow molding,又称为中空吹塑模塑)是一种生产中空制品的加工方法。这种成型方法是借鉴于历史悠久的玻璃容器吹制工艺,在20世纪30年代发展成为塑料吹塑成型技术,迄今已成为塑料的主要成型方法之一,并在吹塑模塑方法和成型机械的种类方面也有了很大的发展。

吹塑成型是将挤出或注塑成型所得的半熔融态管坯(型坯)放于各种形状的模具中,在管坯中通入压缩空气使其膨胀,紧贴于模具型腔壁上,经冷却脱模得到中空制品的方法。整个过程可由5个步骤组成:①将选用的塑料加热熔融,在一定的温度下通过挤出机头或注塑模具制成管状型坯;②将半熔的型坯放到吹塑模具内,闭合模具并用夹紧装置锁紧模具,同时夹紧型坯;③利用辅助的空气压缩机提供的压缩空气充入管坯进行吹胀;④将吹胀后的型坯吹到冷的模具壁上冷却定型;⑤冷却定型后,开模取出中空制品。

上述成型过程中,首先是需要生产管坯,通常称为型坯,此术语来源于玻璃工业。可以用挤出机或注塑机生产型坯,常将注塑机生产的型坯称为预成型。

多数情况下,中空制品需要后加工,例如去除飞边、印刷、贴标签、灌入产品等。一些制品上的钻孔、研磨操作等可用自动操作设备完成,基本的吹塑加工过程见图7-1。

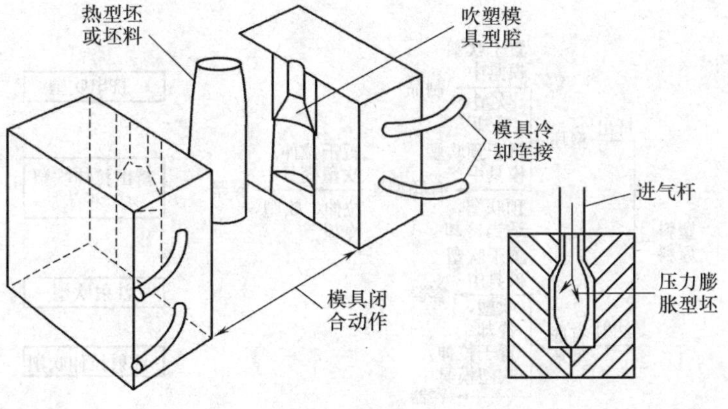

图7-1　基本吹塑成型加工过程

这种中空吹塑成型方法可以生产不同形状、不同容量的塑料瓶、桶、壶等中空容器,日常生活用品及儿童玩具等,也可以生产不同用途的工业中空制品。现已广泛应用于化工、交通运输、农业、食品、饮料、化妆品、药品、洗涤制品、儿童玩具等领域中。

通常把中空吹塑产品分为包装容器和工业制件及结构用制品。

(1)包装容器

塑料包装容器具有安全、质量轻、耐冲击、耐腐蚀、设计灵活性较大、颜色鲜艳、成本低、成型加工容易等优点,主要用于包装和运输食品、饮料、化学药品、化学试剂、日用品、化妆品、润滑油等。

1)各种物品的包装容器　食品及饮料行业是塑料容器的最大市场。这类容器主要由聚烯烃、PET 或 PVC 通过挤出吹塑、拉伸吹塑、注塑吹塑或共挤出吹塑来成型。

2)大容积储桶/储罐　容积大于 30L 的储桶/储罐被称为大型容器。

3)可折叠容器　可折叠容器可由挤出吹塑成型,这种类型的容器在储存或运输之后折叠以减少占地面积。

(2)工业制件及结构用制品

为达到汽车轻质化从而降低制造成本与节省燃油费用的目的,汽车塑料化的进程得到了迅速发展。汽车配件越来越多采用中空吹塑方法来成型,且采用的塑料品种也越来越多。汽车燃油箱是目前产量最大的中空吹塑汽车部件。汽车工业用零部件,如保险杠、汽油箱,各种管件包括进气管、排气管及冷却器管等也是采用中空吹塑的方法生产出来的,它们多为立体弯曲形,要求两端与中部有柔软性,以方便拆装,吸收发动机的振动。具有更高的技术含量和功能性,因此又称为“工程吹塑”。

(3)其他

中空制品在其他方面的应用也越来越多。主要有家具:医用家具、办公用家具、户外用家具,座椅等,器具:气动操作设备、空调外罩,工业:工具箱、垃圾箱、圆桶等,娱乐:玩具、漂浮装置、海上用救生圈等。

吹塑成型也适用于生产大容积、高强度的制品,如汽车和农业用储罐、压力容器、通风管道及电线、电缆槽等。

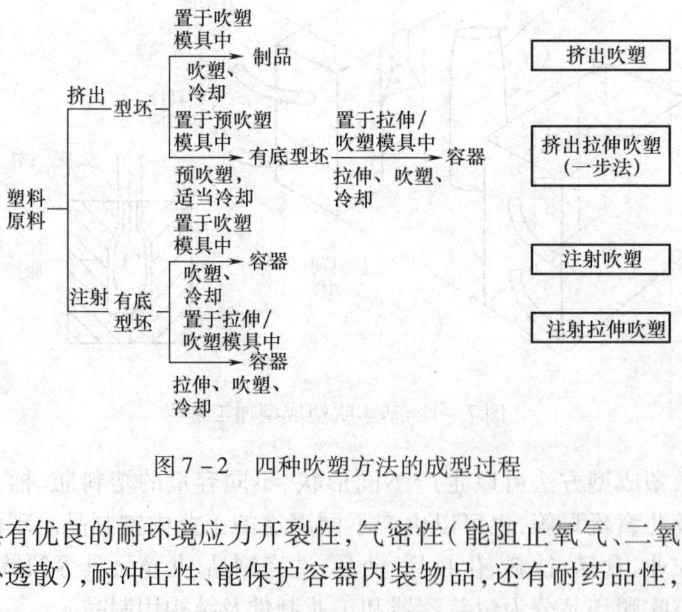

图 7-2　四种吹塑方法的成型过程

吹塑制品具有优良的耐环境应力开裂性,气密性(能阻止氧气、二氧化碳、氮气和水蒸气向容器内外透散),耐冲击性、能保护容器内装物品,还有耐药品性,抗静电性、韧性和耐挤压性等。

中空吹塑可以分为两大类:挤出吹塑和注塑吹塑。两者的主要区别在于型坯的制备,吹塑过程基本相同。在这两类成型方法的基础上发展起来的还有挤出—拉伸—吹塑和注射—拉伸—吹塑及多层吹塑的共挤吹塑和共注吹塑等,图 7－2 概述了四种吹塑方法的成型过程。

7.2 吹塑用聚合物

7.2.1 吹塑用聚合物的分类

可用于吹塑成型的聚合物,根据其合成反应分类有:

1)加成聚合物,如 PE,PVC,PS,PAN,ABS,POM 与含氟聚合物;

2)缩聚聚合物,如 PET 与 PA,PC 等工程塑料。

按聚合物分子排列的有序度可分成:

1)非结晶或称无结晶倾向的聚合物,如 PS,PVC,ABS,PC,丙烯酸类塑料,PPS 与聚砜等;

2)结晶或有结晶倾向的聚合物有 PE,PP,PA,POM 与 PET 等。

根据聚合物特性则可分成:

1)透明性高的聚合物:PC,PS,PAN,SAN,PVC,取向 PET 与聚砜等;

2)阻氧渗透性高的聚合物:EVOH,PVDC,PAN,PA,PET 与 PVC 等;

3)阻湿气渗透性高的聚合物:PP,PE 与 PVDC 等。

7.2.2 吹塑材料性能对比

通过表 7－1 和表 7－2 对各种吹塑材料的一些基本性能对比,就可在生产设计中综合选择材料。

表 7－1　　塑料的弹性模量

塑料	弹性模量	吹塑制品
HMW—HDPE	1.0～1.6	储罐、大桶、燃油箱
HDPE	1.0～1.6	包装瓶、罐
MDPE	0.34	药品包装瓶
LDPE	0.23	包装瓶,通风管
PP	0.7～1.4	包装瓶、工业制件
PVC	3.0	包装瓶
PA	1.3	工业制件、储桶
POM	3.2	工业制件
ASA	2.0～2.6	工业制件
ABS	2.1～2.8	工业制件

续表

塑料	弹性模量	吹塑制品
ASA/PC	2.3	工业制件
ABS/PC	2.2	工业制件
PPE	2.5~2.7	工业制件
改性 PET	1.8	工业制件
PBT/PC	2.25	工业制件
PSU	2.7	医用制件

表 7-2 塑料的渗透率

塑料	透 O_2 率①	透 CO_2 率②	透湿气率③
EVOH	0.2~0.7	1.2	5.5~21.3
PVDC	0.2~3.5	1.2	0.4~0.8
PAN	2.0~3.0	12	14~20
PA	10	47	63~79
取向 PA	8.3	—	40
PETP	19~35	80	7~12
取向 PETP	10	47	4.7
硬 PVC	20~80	120	3.5~20
取向 PVC	27.5	59	8
HDPE	600	1200	1.2~1.6
MDPE	1000	—	2.8
LDPE	1650	—	4~6
PP	600	1800	1~2.8
PS	1380	3150	28~39
PC	1900	2900	4.7

注：①$(cm^3 \cdot mm)/(cm^2 \cdot 24h \cdot MPa)$;25℃,65% RH

②$(cm^3 \cdot mm)/(m^2 \cdot 24h \cdot MPa)$

③$(g \cdot mm)/(m^2 \cdot 24h \cdot MPa)$;40℃,90% RH

7.2.3 工程热塑性塑料的吹塑

聚烯烃(PE、PP)制品的最高连续使用温度较低,多数工程热塑性塑料的连续使用温度则较高,例如 PA 最高为 140℃,聚醚砜(PES)可达 180℃以上,工程塑料的刚度也比聚烯烃的高许多。

工程塑料起初是由于汽车制造业的需要而用于吹塑的。实际上,目前工程塑料的吹塑制件仍主要用于汽车制造业,例如,汽车上的保险杠、仪表板、扰流板、通风管、后挡板盖、液压油罐等。除此之外工程塑料还可用于吹塑医疗设备中的配件,例如由ABS吹塑血压测量仪中的双壁容器。工程塑料还可用于吹塑其他工业制件,例如飞机上用的零部件、冰箱、洗衣机、计算机、复印机与烘箱等的外壳、盖板、门与侧板,真空吸尘器、电熨斗等家用电器的壳体等。工程塑料除主要用于单层挤出吹塑外,还可用于注塑吹塑,多层吹塑与拉伸吹塑,表7-3列出了一些主要工程塑料挤出吹塑的工艺条件及制品用途。

表7-3　工程塑料挤出吹塑的工艺条件及制品用途

塑料	用途实例	加工温度/℃	模具表面温度/℃
PA	液压油储罐,通风管	240~270	50~90
PA/PPE	扰流板	270~300	90~120
PBTP	保险杠横梁	245~260	40~60
PBTP/PC	扰流板、保险杠	240~260	60~90
ABS	汽车内部构件	200~230	50~80
ASA	通风管	210~230	60~90
ASA/PC	通风管,扰流板	230~250	60~90
PPE/SB	扰流板	250~280	60~100
PMMA	汽车灯罩	210~250	70~90
POM	浮标	170~190	60~100
PES	医用制件	280~330	130~160
PSU	医用制件	280~330	130~160

7.3　中空吹塑设备

不论是挤出吹塑、注塑吹塑还是拉伸吹塑,其生产过程都是由型坯的制造和型坯的吹胀组成。挤出吹塑和注塑吹塑的不同点:前者是挤塑制造型坯,后者是注塑制造型坯。拉伸吹塑则增加一纵向拉伸棒,使制品在吹塑时除横向被吹胀(拉伸)外,在纵向也受到拉伸以提高其性能。吹塑过程基本上是相同的。由于挤出和注塑成型都已讨论过,本节将侧重介绍型坯和吹胀设备的特征与要求以及对工艺的影响。由于挤出吹塑形式和种类较多,发展较快,将重点加以介绍。

7.3.1　型坯成型装置

挤出型坯有间歇挤出和连续挤出两种方式。间歇挤出是型坯达到规定长度后,挤出机螺杆停止转动和出料,待型坯吹胀冷却定型完成一生产周期后,再启动挤出机挤出下一个型坯。连续挤出,是挤出机连续生产预定长度的型坯,由移动模具接纳,并在机头处切断,送至吹塑工位或由传送机械装置夹住型坯送往后续工序。由于连续挤出法能充分发挥挤出机的能力,提高生产效率,因此被大量采用。

型坯的质量直接影响最终产品的性能和产量,而影响型坯质量的主要设备因素是挤出机机头和口模的结构,现简介如下。

7.3.1.1 挤出机

挤出吹塑成型前期阶段的塑料固体输送、熔融、熔体混炼与挤出等所表现出的熔料流变行为特性及遵循的规律与一般挤出成型加工基本相同。由挤出机挤出装置提供的熔料直接影响着型坯的质量,而型坯质量又直接影响着最终容器的物理力学性能和产量。因此,挤出系统是中空吹塑最重要的组成部分之一。挤出系统的主要部件是挤出机的螺杆与机筒、机头和口模。要求螺杆与机筒所组成的塑化挤出装置能够完成高效、塑化均匀和稳定挤出熔料的功能;要求由机头口模挤出的型坯温度、压力、流率均匀一致;要求能耗低、生产量高。

1)螺杆是挤出机最关键的部件,长径比应适宜。长径比太小,物料塑化不均匀,供料能力差,型坯的温度不均匀;长径比大些,分段向物料进行热和能的传递较充分,料温波动小。长径比大小取决于原材料的性能。螺杆长度大约在 20 ~ 30*D* 范围内,随着挤出技术的发展,螺杆长径比增大,螺杆长度有上升的趋势,其长度可达 30*D* 以上。

2)型坯在较低的温度下挤出,由于熔体黏度较高,可减少型坯下垂保证型坯厚度均匀。有利于缩短生产周期,提高生产效率。但是在挤出机内会产生较高的剪切和背压,要求挤出机的传动和止推轴承应坚固耐用。

7.3.1.2 机头及口模

机头包括多孔板、滤网连接管与型芯组件等。对机头的设计要求是:流道应呈流线型,流道内表面要有较高的光洁程度,没有阻滞部位,防止熔料在机头内流动不畅而产生过热分解。

吹塑机头一般分为:转角机头、直通式机头和带储料缸式机头三种类型。

(1)转角机头

转角机头是由连接管和与之呈直角配置的管式机头组成。结构如图 7-3 所示。

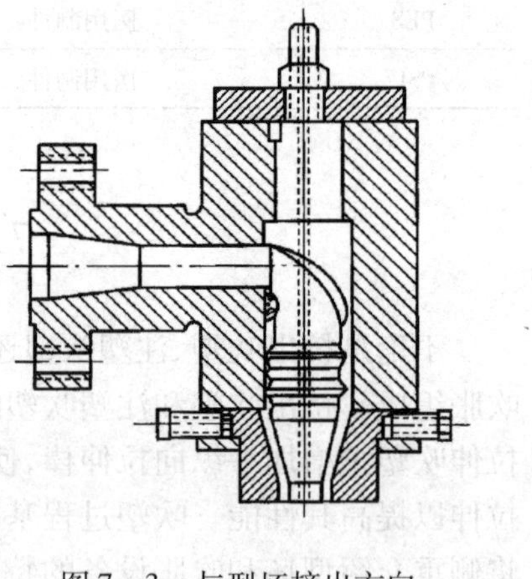

图 7-3　与型坯挤出方向成直角的管式机头

这种机头内流道有较大的压缩比,口模部分有较长的定型段,适合于挤出聚乙烯、聚丙烯、聚碳酸酯、ABS 等塑料。

由于熔体流动方向由水平转向垂直,熔体在流道中容易产生滞留,加之进入连接管环状截面各部位到机头口模出口处的长度有差别,机头内部的压力平衡受到干扰,会造成机头内熔体性能差异。为使熔体在转向时能自由平滑地流动,不产生滞留点和熔接线,多采用螺旋状流动导向装置和侧面进料机头。其结构如图 7-4 所示。

这种结构使熔体流道更加流线型化,螺旋线的螺旋角为 45° ~ 60°,收敛点机加工成刃形,位于型芯一侧,与侧向进料口相对,在侧向进料口中心线下方约 16 ~ 19mm 处,这种结构还不能完全消除熔接线。改进的措施:一是各分流道的物料应充分汇合,以达到在机头内均匀的停留时间；二是提高机头压力，促进熔体的熔合。在管心的分流梭下方装置一个节流阀，成为可调的移位节流阀式机头，其结构如图7-5所示。节流阀使机头内通道的有效截面缩小，增大熔体压力。节流阀的外形呈流线型。

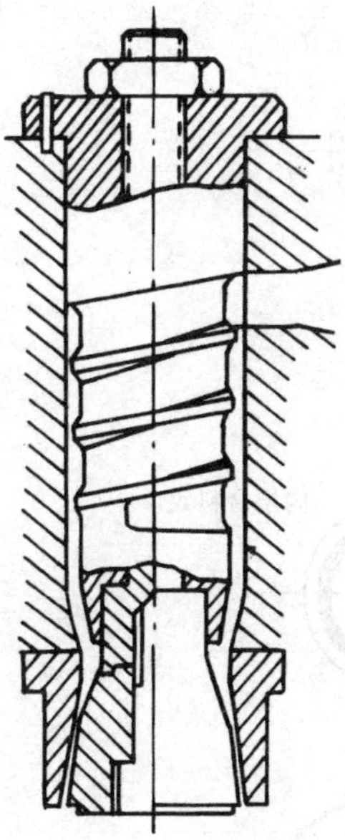

图7-4　使用螺旋状沟槽心轴的机头

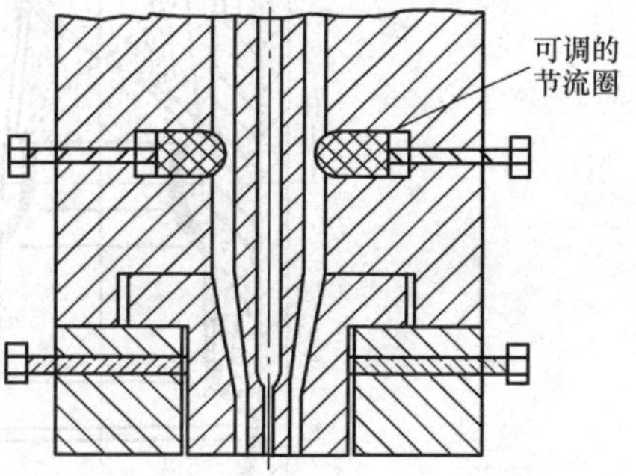

图7-5　可调的移位节流阀式机头

(2)直通式机头

直通式机头与挤出机呈一字形配置，从而避免塑料熔体流动方向的改变，可防止塑料熔体过热而分解。直通式机头的结构能适应热敏性塑料的吹塑成型，常用于硬聚氯乙烯透明瓶的制造。

(3)带储料缸的机头

生产大型吹塑制品，如啤酒桶及垃圾箱等，由于制品的容积较大，需要一定的壁厚以获得必要的刚度，因此需要挤出大的型坯，而大型坯的下坠与缩径严重，制品冷却时间长，要求挤出机的输出量大。对大型制品，一方面要求快速提供大量熔体，减少型坯下坠和缩径，另一方面大型制品冷却期长，挤出机不能连续运行，从而发展了带有储料缸的机头。其结构如图7-6所示。

由挤出机向储料缸提供塑化均匀的熔体，按照一定的周期所需熔体数量储存于储料缸内。在储料缸系统中由柱塞(或螺杆)定时、间歇地将所储物料(熔体)全部迅速推出，形成大型的型坯。高速推出物料可减轻大型型坯的下坠和缩径，克服型坯由于自重产生下垂变形而造成制品壁厚的不一致。同时，挤出机可保持连续运转，为下一个型坯备料。该机头既能发挥挤出机的能力，又能提高型坯的挤出速度，缩短成型周期。但应注意，当柱塞推动速度过快，熔体通过机头流速太大，可能产生熔体破碎。

确定口模直径时，首先应选取适合制品外径的吹胀比，即制品的外径与型坯外径。确定型坯的最大外径，还要考虑口模膨胀问题，最后确定口模的直径。

实际上，口模的直径不仅由吹胀比，还可由型坯切口的宽度来决定。可按下式计算，由吹胀比决定口模直径时：

$$D_d = \frac{D_{max}}{B(S+1)} \tag{7-1}$$

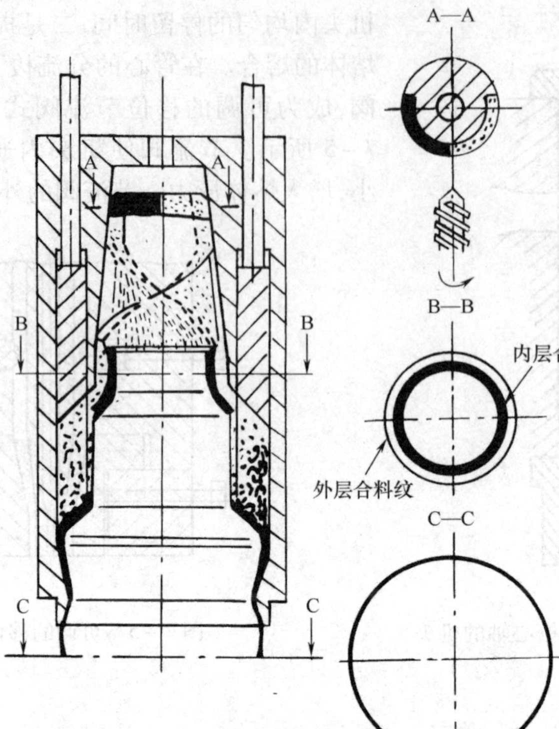

图 7－6　典型的储料缸机头示意图

由切口宽度决定口模直径时：

$$D_{\mathrm{d}} = \frac{2P_{\mathrm{w}}}{\pi(S+1)} \qquad (7-2)$$

式中：D_{d}为口模直径；$D_{\max}$为制品最大外径；B 为吹胀比（制品最大外径/型坯外径）；S 为膨胀比（即型坯外径与口模直径之差/口模直径）；P_{w}为型坯切口宽 +2 × 型坯壁厚。

模芯外径计算式为：

$$D_{\mathrm{c}} = \sqrt{D_{\mathrm{d}}^2 - 2W/\pi L\rho} \qquad (7-3)$$

式中：D_{c}为模芯外径；W 为制品质量（包括颈部、毛边）；L 为制品长度；ρ 为树脂密度。

口模缝隙宽度大，树脂熔体受到的剪切速率变小，则不易因熔体破碎引起型坯表面粗糙。定型段长，机头内部熔体压力上升，有利于消除熔接线，但产生压力损失。定型段长度（l）与缝隙（t）之比（L/t）一般取 10 左右为宜，对挤出机和机头的总体要求是均匀地挤出所需直径、壁厚和黏度的型坯。

7.3.2　吹胀装置

型坯进入模具并闭合后，吹胀装置即将管状型坯吹胀成模腔所具有的精确形状，进而冷却、定型、脱模取出制品。

吹胀装置包括吹气机构、模具及其冷却系统、排气系统等部分，现分述如下。

7.3.2.1 吹气机构

吹气机构应根据设备条件、制品尺寸、制品厚度分布要求等选定。空气压力应以吹胀型坯得到轮廓图案清晰的制品为原则，一般有针管吹气、型芯顶吹、型芯底吹等三种方式。

1）针吹法　如图7－7所示，吹气针管安装在模具型腔的半高处，当模具闭合时，针管向前穿破型坯壁，压缩空气通过针管吹胀型坯，然后吹针缩回，熔融物料封闭吹针遗留的针孔。另一种方式是在制品颈部有一伸长部分，以便吹针插入，又不损伤瓶颈。在同一型坯中可采用几支吹针同时吹胀，以提高吹胀效果。

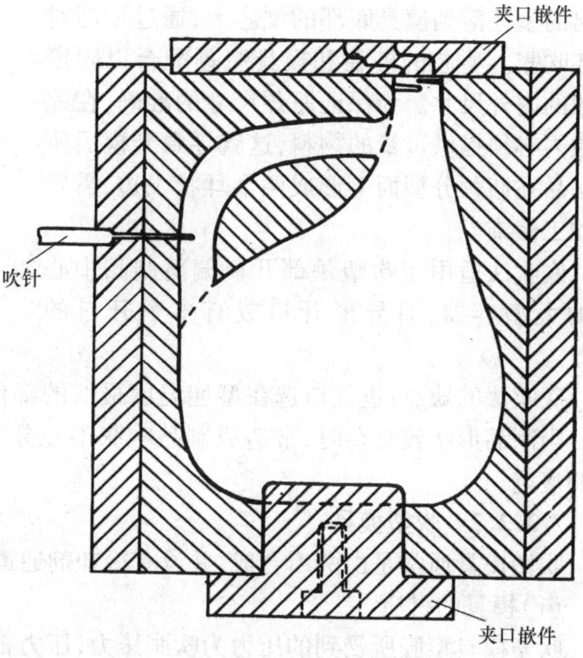

图7－7　吹针结构

针吹法的优点是：适于不切断型坯连续生产的旋转吹塑成型，吹制颈尾相连的小型容器，对无颈吹塑制品可在模具内部装入型坯切割器，更适合吹制有手柄的容器，手柄本身封闭与本体互不相通的制品。

缺点是：对开口制品由于型坯两端是夹住的，为获得合格的瓶，需要整饰加工，模具设计比较复杂，不适宜大型容器的吹胀。

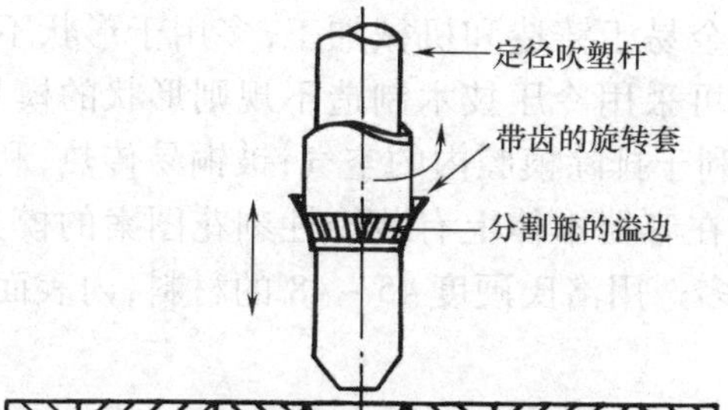

图7－8　具有定径和切径作用的顶吹装置

2）顶吹法　如图7－8所示，顶吹法是通过型芯吹气。模具的颈部向上，当模具闭合时，型坯底部夹住，顶部开口，压缩空气从型芯通入，型芯直接进入开口的型坯内并确定颈部内径，在型芯和模具顶部之间切断型坯。较先进的顶吹法型芯由两部分组成。一部分定瓶颈内径，另一部分是在吹气型芯上滑动的旋转刀具，吹气后，滑动的旋转刀具下降，切余料。

顶吹法的优点是：直接利用型芯作为吹气芯轴，压缩空气从十字机头上方引进，经芯轴进入型坯，简化了吹气机构。顶吹法的缺点是：不能确定内径和长度，需要附加修饰工序。压缩空气从机头型芯通过，影响机头温度。为此，应设计独立的与机头型芯无关的顶吹芯轴。

3）底吹法　底吹法的结构如图7－9所示。挤出的型坯落到模具底部的型芯上，通过型芯对型坯吹胀。型芯的外径和模具瓶颈配合以固定瓶颈的内外尺寸。为保证瓶颈尺寸的准确，在此区域内必须提供过量的物料，这就导致开模后所得制品在瓶颈分型面上形成两个耳状飞边，需要后加工修饰。

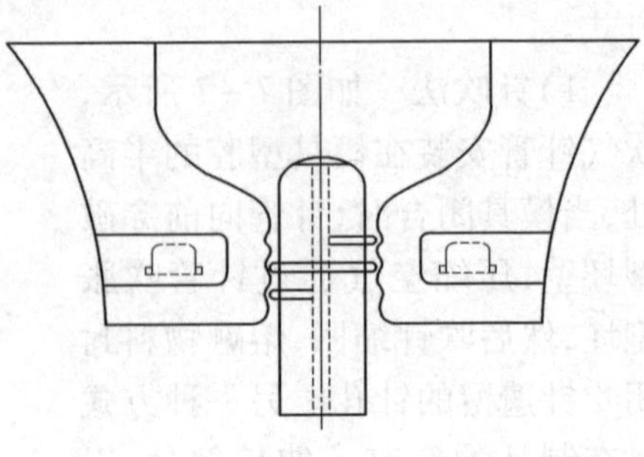

图7－9　底吹结构示意图

底吹法适用于吹塑颈部开口偏离制品中心线的大型容器，有异形开口或有多个开口的容器。

底吹法的缺点：进气口选在型坯温度最低的部位，也是型坯自重下垂厚度最厚的部位。当制品形状较复杂时，常造成制品吹胀不充分。另外，瓶颈耳状飞边修剪后留下明显的痕迹。

7.3.2.2　吹塑模具

吹塑模具通常是由两瓣合成，并设有冷却剂通道和排气系统。

（1）模具的材质

吹塑模具型腔所受到的压力为吹胀压力，压力都不是太大，一般为0.2～1.0MPa，结构也比较简单。所以，吹塑模具对材料的要求较低，可以选用性能稍低的材料来制造，材料选择范围较宽。常用的材料有铝、铝合金、铜基合金、锌合金、生铁和钢材等。可以根据容器的数量、大小和塑料材料来选择。铝合金易于铸造和机械加工，多用于形状不规则的容器；铝的导热系数高，机械加工性优良，可采用冷压技术制造不规则形状的模具，还可采用喷砂处理使模腔表面形成小凹坑，有利于排除模腔内的空气；铍铜易传热，利于模具冷却，多用作硬质塑料的吹塑模具及需要在容器本体上有装饰性刻花图案的模具；工具钢用作大批量生产硬质塑料制品的模具，多选用洛氏硬度45～48的材料，内表面应抛光镀铬，以提高制品的表面光泽度。

（2）模具的冷却系统

冷却系统直接影响制品性能和生产效率，因此合理设计和布置很重要。一般原则是：冷却水道与型腔的距离各处应保持一致，保证制品各处冷却收缩均匀，如图7－10所示。冷却水道直径一般为10～15mm，根据模具的材质、制品形状和大小而定。在满足模具强度要求下，距离越小，冷却效果越好；冷却介质（水）的温度保持在5～15℃为宜；为加快冷却，模具可分为上、中、下三段分段冷却，按制品形状和实际需要来调节各段冷却水流量，以保证制品质量。

冷却系统结构有：内部互通的水道；模具铸成后钻出水道；将冷却蛇形管铸入模具内；冷却流道在模具铸造时一体制成；在型腔制成后再机械加工冷却系统等，其形状、结构、流向和密封形式很多，应根据模具不同而异。

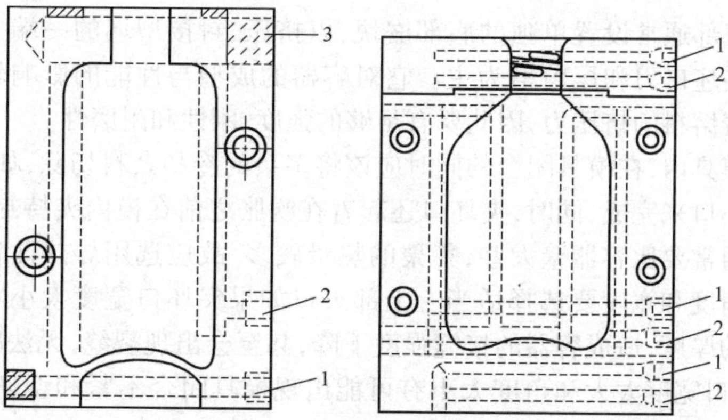

图 7－10　吹塑模具冷却系统

1—冷却水入口　2—冷却水出口　3—管塞

(3)模具的排气系统

排气系统是用以在型坯吹胀时,排除型坯和模腔壁之间的空气,如排气不畅,吹胀时型腔内的气体会被强制压缩滞留在型坯和模腔壁之间,使型坯不能紧贴型腔壁,导致制品表面产生凹陷和皱纹,图案和字迹不清晰,不仅影响制品外观,甚至会降低制品强度。因此,模具应设置排气孔或排气槽,如图 7－11 所示。

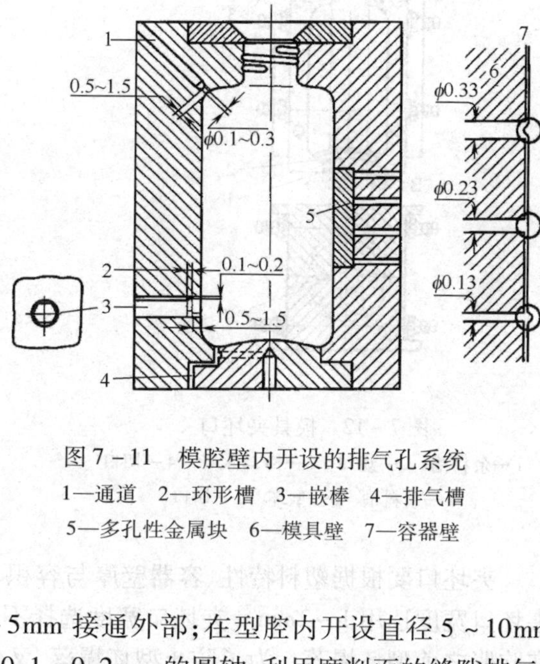

图 7－11　模腔壁内开设的排气孔系统

1—通道　2—环形槽　3—嵌棒　4—排气槽

5—多孔性金属块　6—模具壁　7—容器壁

排气孔(或槽)开设的位置和形式有:在一瓣模具分型面上加工出宽度5～15mm、深度 0.1～0.2mm 的排气槽,加工要求平直、光洁,制品上不留痕迹;在模腔内直接开排气孔,孔径 0.1～0.3mm、深度 0.5～1.5mm,其后部孔径 3～5mm 接通外部;在型腔内开设直径 5～10mm 的大孔,孔中应嵌入轴向对称,两面各磨去 0.1～0.2mm 的圆轴,利用磨削面的缝隙排气,在制品上不会留下痕迹;在模腔内嵌入多孔金属圆柱,圆柱直径为 ϕ 5～10mm,圆柱顶端加工成多个排列均匀的微孔,直径 ϕ 0.1～0.2mm,深度为 2～3mm,其后加工成大孔接通外部,制品上不留痕迹;在模具的上、中、下模块接合面加工宽度 5～15mm、深度 0.1～0.2mm的排气槽,采用磨削或铣削加工,要求光洁平直,制品上不留痕迹;在型腔内嵌入多孔性金属块,在其背面加工成多个通气孔,这种排气结构制品上易留下痕迹,因此可将端面轮廓形状作成花纹、图案或文字进行装饰。排气孔(或槽)的形式、位置和数量应根据型腔的形状而定,排气孔(槽)均直接与制品接触,要求加工精度比较高。

（4）夹坯口

在模具的底部通常设置单独的底部嵌块，以挤压、封接型坯的一端并切去尾料。底部嵌块主要以夹坯口刃和尾料槽为主。它对容器的成型与性能的影响较大。嵌块在反复合模中承受着熔料的挤压力，因此要有足够的强度、刚性和耐磨性。

型坯放入模具内，在模具闭合的同时应该将多余的冷却余料切除，如图7－12所示。切除余料由夹坯口来完成；同时，夹坯口还起着在吹胀之前在模内夹持封闭型坯的作用。夹坯区的厚度通常要比容器壁大些，集聚的热量较多，故应选用导热性较好的材料来制造。夹坯口的角度和宽度要选择适当。上部刃口如果夹坯口宽度太小和角度太大会减小容器接合缝的厚度，造成容器的接缝强度下降，甚至会出现裂缝，无法吹胀型坯。与此相反，如果夹坯口宽度太大和角度太小有可能出现模具闭合不紧和型坯切不断的现象，甚至无法使模具完全闭合。

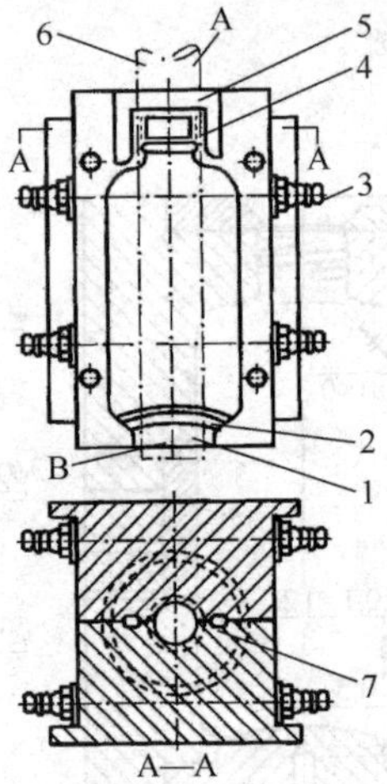

图7－12　模具夹坯口

1—余料槽　2—切口　3—冷却水嘴　4—切口

5—余料槽　6—型坯　7—切口

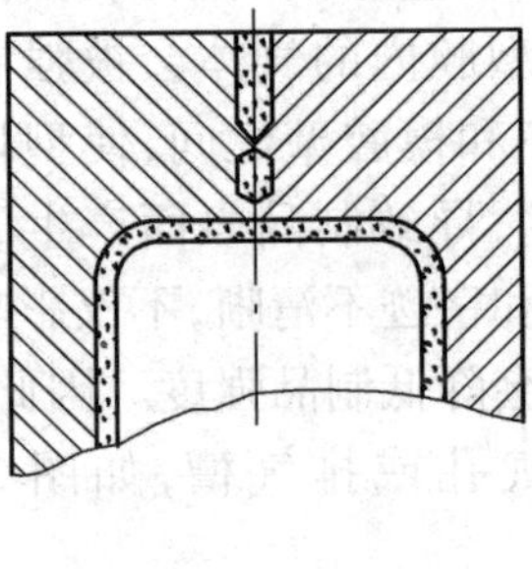

图7－13　二道夹坯口

夹坯口要根据塑料特性、容器壁厚与容积、合模速度以及夹角的大小来确定。通常，夹坯口宽度选用1～2mm。夹坯口宽度选择不当，型坯上部的夹持能力会削弱，容易引起在吹胀之前型坯塌落。为了防止型坯塌落，又便于将余料削除，可选用二道夹坯口，如图7－13所示。

（5）余料槽

在模具的上部和下部的余料刚好落在模具的分型面内，在某种程度上影响模具的闭合。为此，在模具夹坯口下方部位开设余料槽容纳余料，其位于模具分型面上。图7－14为五种余料槽的结构。余料槽深度对成型和容器的自动修整影响较大，特别是对于那些直径大、壁厚小的型坯。槽深过小会使余料受到过大压力的挤压，使夹坯口刃受到过高的应变，甚至模具不能够完全闭合，难以切断余料。槽深过大余料不能及时与槽壁接触，无法快速冷却，残余热量容易软化容器的接合缝，影响对接合缝的修整。余料槽的大小应根据型坯夹持后余料的宽度与厚度来确定，以模具能够闭合严密为准。每半边的余料槽深度最好取型坯壁厚的 80% ~90%。

余料槽夹角通常选取 30° ~90°，夹坯口刃宽度较大时，余料槽夹角可选大值。余料槽夹角较小时，有助于把少量熔料挤入接合缝中。

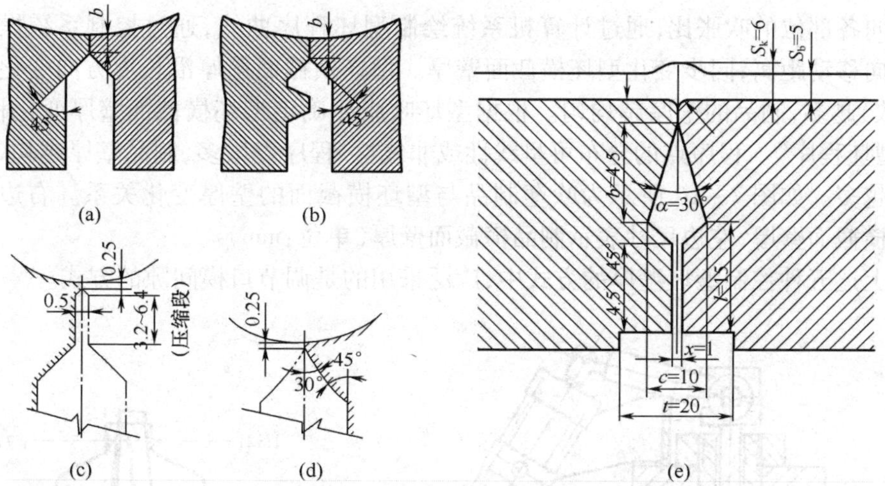

图 7 - 14　模底夹坯口刃及尾料槽结构

(a)普通式　(b)凸块式　(c)压缩式　(d)双锥式　(e)对锥式

7.3.3　辅 助 装 置

7.3.3.1　型坯厚度控制装置

型坯从机头口模挤出时，会产生膨胀现象，使型坯直径和壁厚大于口模间隙，悬挂在口模上的型坯由于自重会产生下垂，引起伸长使纵向厚度不均和壁厚变薄（指挤出端壁厚变薄）而影响型坯的尺寸、乃至制品的质量。控制型坯尺寸的方式有：

1）调节口模间隙　在口模处安装调节螺栓以调节口模间隙。用圆锥形的口模，通过液压缸驱动芯轴上下运动，调节口模间隙，以控制型坯壁厚，如图 7 - 15 所示。

2）改变挤出速度　挤出速度越大，由于离模膨胀，型坯的直径和壁厚也就越大。利用这种原理挤出，使型坯外径恒定，壁厚分级变化，能改善型坯的下垂的影响和适应离模膨胀，并赋予制品一定的壁厚，又称为差动挤出型坯法。

3）改变型坯牵引速度　周期性改变型坯牵引速度来控制型坯的壁厚。

4）预吹塑法　当型坯挤出时，通过特殊刀具切断型坯使之封底，在型坯进入模具之前吹入空气称为预吹塑法。在型坯挤出的同时自动地改变预吹塑的空气量，可控制有底型坯的壁厚。

5）型坯厚度的程序控制　它是通过改变挤出型坯横截面的壁厚来达到控制吹塑制品壁厚和质量的一种方法。

吹塑制品的壁厚取决于型坯各部位的吹胀比。吹胀比越大，该部位壁越薄。吹胀比越小,壁越厚。

形状复杂的中空制品,为获得壁厚均匀,对不同部位型坯横截面的壁厚应按吹胀比的大小而变化。而型坯横截面壁厚是由机头芯棒和外套之间的环形间隙所决定,因此改变机头芯棒和环形间隙就能改变型坯横截面壁厚。

现代挤出吹塑机组型坯程序控制是根据对制品壁厚均匀的要求,确定型坯横截面沿长度方向各部位的吹胀比,通过计算机系统绘制型坯程序曲线,通过控制系统操纵机头芯棒轴向移动距离,同步变化型坯横截面壁厚。型坯横截面壁厚沿长度方向变化的部位(即点数)越多,制品的壁厚越均匀。根据型坯吹胀比确定型坯横截面壁厚变化程序点,称为“型坯程序”。程序点的分布可呈线性或非线性,程序点增多,制品壁厚越均匀,节省原材料越多。如图 7-16 所示为吹塑制品与型坯横截面的壁厚变化关系。右边尺寸表示型坯横截面壁厚,左边尺寸表示制品横截面壁厚(单位:mm)。

在上述五种控制型坯壁厚的方式中,广泛采用的是调节口模间隙的方式。

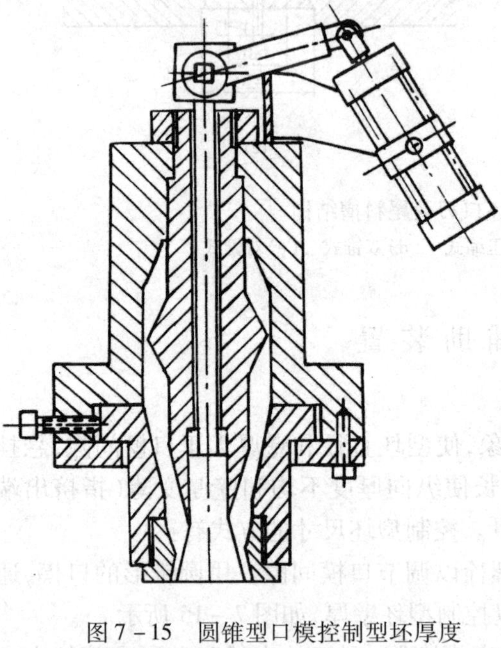

图 7-15 圆锥型口模控制型坯厚度

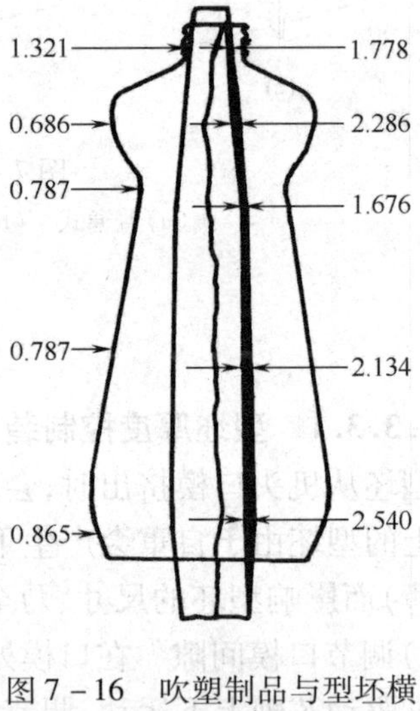

图 7-16 吹塑制品与型坯横截面的壁厚变化关系

7.3.3.2 型坯长度控制

型坯的长度直接影响吹塑制品的质量和切除尾料的长短,尾料涉及原材料的消耗。型坯长度决定于在吹塑周期内挤出机螺杆的转速。转速快,型坯长,转速慢,型坯短。此外,加料量波动、温度变化、电压不稳、操作变更均会影响型坯长度。

控制型坯长度,一般采用光电控制系统。通过光电管检测挤出型坯长度与设定长度之间的变化,通过控制系统自动调整螺杆转速,补偿型坯长度的变化,并减少外界因素对型坯长度的影响。这种系统简单实用、节约原材料,尾料耗量可降低约 5%。通常型坯厚度与长度控制系统多采用联控方式使用。

7.4 挤出吹塑成型工艺过程及控制因素

7.4.1 挤出吹塑成型工艺过程

挤出吹塑工艺过程包括:①挤出型坯;②型坯达到预定长度时,夹住型坯定位后合模;③型坯的头部成型或定径;④压缩空气导入型坯进行吹胀,使之紧贴模具型腔形成制品;⑤制品在模具内冷却定型;⑥开模脱出制品。对制品进行修边、整饰,挤出吹塑的基本工艺过程如图7-17所示。实现上述工艺过程有多种方式和类型,并可实现全自动化运行。挤出吹塑的方式及类型如表7-4所示。

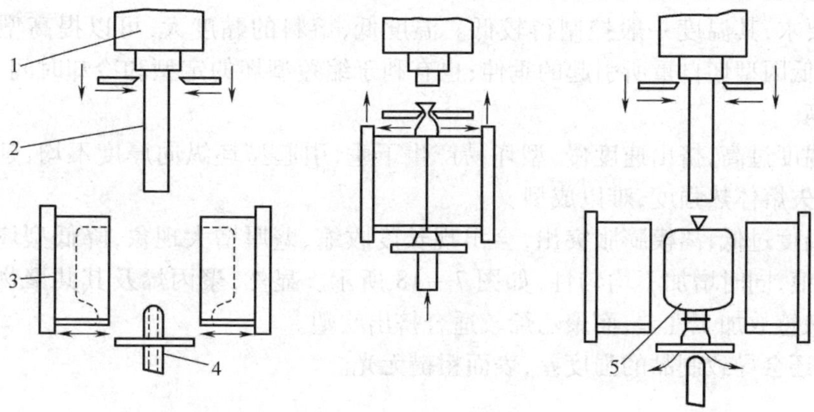

图7-17 挤出吹塑成型过程

(a)挤出型坯 (b)合模吹塑 (c)脱出制品

1—型坯机头 2—型坯 3—吹塑模具 4—进气杆 5—制品

表7-4 挤出吹塑的方式及类型

挤出型坯方式	吹胀模具型式
1.间歇挤出型坯	一副模具或多副模具移至型坯处
2.连续挤出轮换出料	两副模具—单一型腔 多副模具—多型腔
3.连续挤出—递送型坯	水平递送,垂直递送
4.连续挤出—带储料器	大型模具
5.连续挤出—使用螺杆或柱塞推料	—
6.连续挤出—移动模具	垂直移动,水平移动,转盘移动
7.连续挤出—制冷型坯	—

就挤出型坯而论,主要有间歇挤出和连续挤出两种方式。间歇挤出型坯、合模、吹

胀、冷却、脱模都是在机头下方进行。由于间歇挤出物料流动中断，物料易发生过热分解，而挤出机的能力不能充分发挥，多用于聚烯烃及非热敏性塑料的吹塑。

连续挤出型坯，即型坯的成型和前一型坯的吹胀、冷却、脱模都是同步进行的。连续挤出型坯有往复式、轮换出料式和转盘式三种，适用于多种热塑性树脂的吹塑，熔融塑料的热降解可能性较小，并能适用于 PVC 等热敏性塑料的吹塑。

7.4.2 挤出吹塑控制因素

影响挤出吹塑工艺和中空制品质量的因素主要有：型坯温度和挤出速度、吹气压力和鼓气速率、吹胀比、模温和冷却时间等。

7.4.2.1 型坯温度和挤出速度

塑料的熔融、型坯的挤出是由挤出系统和机头完成的。挤出机、机头温度的高低影响着熔料黏度和型坯长度与壁厚的变化，也是影响容器冷却时间长短的一个重要因素。根据工艺要求，其温度一般控制得较低。温度低，熔料的黏度大，可以提高型坯熔体强度，从而降低因型坯自重所引起的垂伸；也有利于缩短型坯的定型和冷却时间，有利于生产率的提高。

型坯温度过高，挤出速度慢，型坯易产生下垂，引起型坯纵向厚度不均，延长冷却时间，甚至丧失熔体热强度，难以成型。

型坯温度过低，离模膨胀突出，会出现长度收缩、壁厚增大现象，降低型坯的表面质量，出现流痕，同时增加不均匀性，如图 7－18 所示。显然，聚丙烯及其共聚物比聚乙烯对温度更敏感故加工性差，而聚乙烯较适合挤出吹塑。

另外，还会导致制品的强度差，表面粗糙无光。

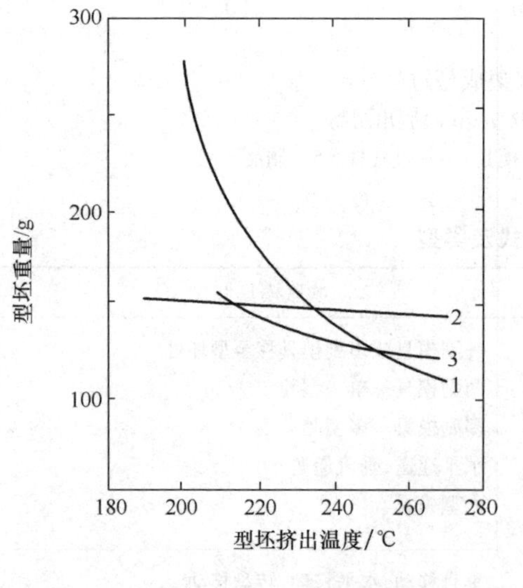

图 7－18　型坯挤出温度与型坯重量的关系

1—聚丙烯共聚物　2—高密度聚乙烯　3—聚丙烯

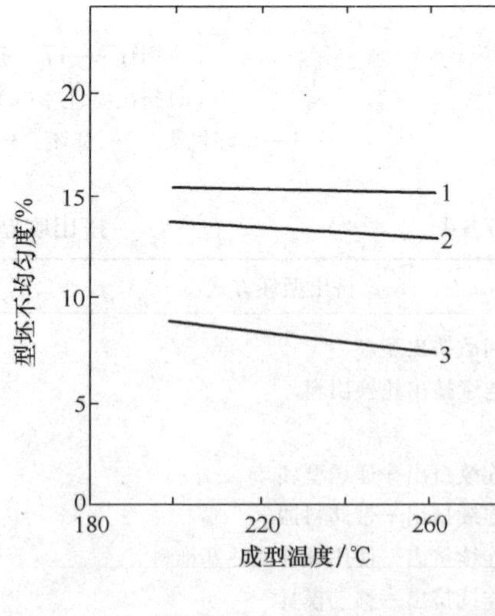

图 7－19　成型温度与型坯表面均匀度的关系

1—聚丙烯共聚物　2—高密度聚乙烯　3—聚丙烯

经验证明:熔融塑料的剪切应力为零时的表观黏度 η_a(Pa · s)、型坯的长度 L(cm)、塑料熔体的密度 ρ(g/cm^3)和挤出速度v(cm/s)之间应满足下列关系式:

$$\eta_a = 158L^2 \frac{\rho}{v}$$

在挤出吹塑过程中,当 L、v、ρ 一定时,可计算出所需 η_a,通过调节挤出型坯的温度,使塑料的实际黏度大于计算黏度,即可保持型坯的形状。由于各种塑料的熔体黏度受剪切速率和温度的影响大小不同,除考虑型坯稳定性外,确定型坯温度时还要综合考虑其他因素。当型坯温度降低时,树脂挤出模口时离模膨胀严重,会出现明显的长度收缩和壁厚增加、鲨鱼皮、流痕,使表面质量降低;同时型坯的不均匀度随温度降低而增加,这易导致制品强度差,易破裂。因此适当提高型坯温度是必要的。挤出型坯温度一般应控制在树脂的 $T_g - T_f$(或 T_m)之间,并略偏 T_f(或 T_m)一侧,如图 7 – 19 所示。对同一种树脂,MFI 大的加工温度宜低、反之宜偏高。

挤出吹塑过程中,常发生型坯上卷现象,这是由于型坯径向厚度不均匀所致,卷曲的方向总是偏于厚度较小的一边。型坯温度不均匀也会造成型坯厚度的不均匀,因此要仔细地控制型坯温度。一般遵守的生产原则是:在挤出机不超负荷的前提下,控制稍低而稳定的温度,提高螺杆转速,可挤出表面光滑、均匀,不易下垂的型坯。表 7 – 5 所示,为三种通用塑料的挤出温度控制范围。

表 7 – 5　　三种塑料挤出型坯时的温度控制范围　　单位:℃

塑料品种	聚乙烯	聚丙烯	透明聚氯乙烯
机身温度　1	110 ~ 120	170 ~ 180	155 ~ 165
2	120 ~ 140	200 ~ 210	175 ~ 185
3	140 ~ 150	200 ~ 215	185 ~ 195
机头温度		145 ~ 150	190 ~ 200
储料缸温度		170 ~ 180	

7.4.2.2　吹气压力和鼓气速率

型坯吹胀是借助压缩空气对型坯施加气体压力而使闭合在模具内的热型坯吹胀并紧贴模腔壁,冷却后形成具有精确形状的容器,压缩空气在吹胀的同时,也起到冷却作用。

由于塑料的种类和性能不同,型坯的模量值各异,从而使之形变所需要的气体压力也不同。空气压力应以吹胀型坯得到清晰的轮廓和图案为准则,通常吹胀压力为 0.2 ~ 1MPa。对于黏度大、模量高的型坯取高值;对于黏度低易变形的型坯取低值。此外,吹气压力的大小还与型坯的壁厚、容器容积的大小有关系。对于厚壁小容积容器,由于型坯厚度大,温度下降较慢,熔料黏度不会很快增大以致影响吹胀,可选用较低的吹气压力;对于薄壁大容积容器,需要较高的吹气压力来保证容器的完整性。

鼓气速率是指充入空气的容积速率。鼓气速率大,可缩短型坯的吹胀时间,使制品厚度均匀,表面质量好。但是鼓气速率过大,会在空气进口处产生局部真空,造成这部分型坯内陷，甚至将型坯从口模处拉断，以致无法吹胀。为此，需要加大空气的吹管口径。当吹制细颈瓶不能加大吹管口径时，只能降低容积速率。

7.4.2.3 吹胀比

吹胀比是指容器最大直径与型坯的最大直径之比，是型坯吹胀的倍数（非圆形时，以横向最大尺寸为准）。型坯的尺寸、吹胀比的大小直接影响着容器的尺寸，在型坯的尺寸和质量一定时，型坯的吹胀比越大则制品的尺寸就越大。加大吹胀比，制品的壁厚变薄，虽可以节约原料，但是使吹胀变得困难，制品的强度和刚度降低；吹胀比过小，原料消耗增加，制品壁厚，有效容积减小，制品冷却时间延长，成本升高。一般吹胀比为2～4，应根据塑料的品种、特性、制品的形状尺寸和型坯的尺寸等酌定。通常大型薄壁制品吹胀比较小，取1.2～1.5；小型厚壁制品吹胀比较大，取2～4。吹胀细口瓶时，也有高达5～7倍的。

7.4.2.4 模具温度

模具温度直接影响制品的质量。模具温度应保持均匀分布，以保证制品的均匀冷却，模温过低，型坯冷却快，形变困难，夹口处塑料的延伸性降低，不易吹胀，造成制品该部分加厚，通过加大吹气压力和鼓气速率，虽有所克服，但仍会影响制品厚度的均匀性，制品的轮廓和花纹不清楚，制品表面甚至出现斑点和橘皮状。模温过高时，冷却时间延长，生产周期增加，当冷却不够时，制品脱模后易变形，收缩率大。

通常对小型厚壁制品模温控制偏低，对大型薄壁制品模温控制偏高。确定模温的高低，应根据塑料的品种来定。对于工程塑料，由于玻璃化温度较高，故可在较高模温下脱模而不影响制品质量，高模温有助于提高制品的表面光洁度。一般吹塑模温控制在低于塑料软化温度40℃左右为宜。

7.4.2.5 冷却时间

型坯吹胀后应进行冷却定型，冷却时间控制着制品的外观质量、性能和生产效率。增加冷却时间，可防止塑料因弹性回复而引起的形变，制品外形规整，表面图纹清晰，质量优良。但是，因制品的结晶度增大而降低韧性和透明度，延长生产周期，降低生产效率。冷却时间太短，制品会产生应力而出现孔隙。

通常在保证制品充分冷却定型的前提下加快冷却速率，来提高生产效率。加快冷却速率的方法有：加大模具的冷却面积，采用冷冻水或冷冻气体在模具内进行冷却，利用液态氮或二氧化碳进行型坯的吹胀和内冷却。

模具的冷却速度决定于冷却方式、冷却介质的选择和冷却时间，此外还与型坯的温度和厚度有关。如图7－20所示，随制品壁厚增加，冷却时间延长。不同的塑料品种，由于热传导率不同，冷却时间也有差异；在相同厚度下，高密度聚乙烯比聚丙烯冷却时间长。对厚度和冷却时间一定的型坯，如图7－21所示，聚乙烯制品冷却1.5s时，制品壁两侧的温差已接近相等，延长冷却时间是不必要的。

对于大型、厚壁和特殊构形的制品可采用平衡冷却，对其颈部和切料部位选用冷却效能高的冷却介质，对制品主体较薄部位选用一般冷却介质。对特殊制品还需要进行第二次冷却，即在制品脱模后采用风冷或水冷，使其充分冷却定型防止收缩和变形。

综上所述，挤出吹塑的优点是：①适用于多种塑料；②生产效率较高；③型坯温度比较均匀，制品破裂减少；④能生产大型容器；⑤设备投资较少等。因此挤出吹塑在当前中空制品生产中仍占绝对优势。

挤出吹塑制品易出现的问题、原因及解决办法见附录表13。

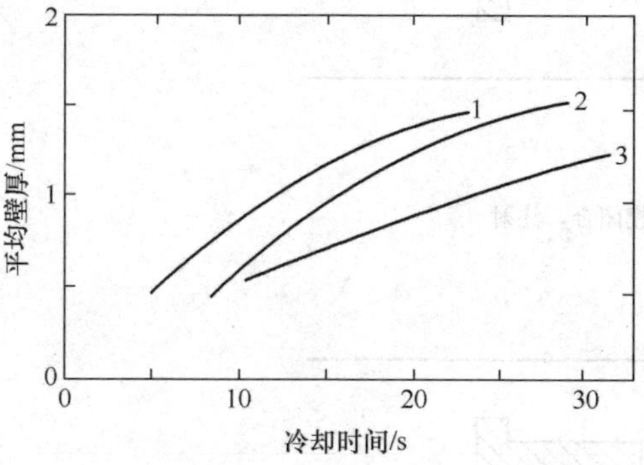

图7－20　制品壁厚与冷却时间的关系

1—聚丙烯　2—聚丙烯共聚物　3—高密度聚乙烯

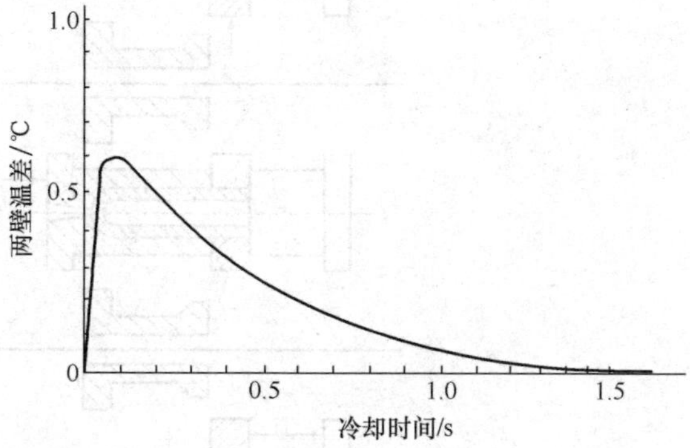

图7－21　聚乙烯制品冷却时间与制品壁两侧温差的关系

7.5　注塑吹塑

7.5.1　注塑吹塑生产工序

注塑吹塑是生产中空塑料容器的两步成型方法，其全过程分为三个阶段。

(1)注塑型坯

注塑吹塑过程是由注塑机将固体塑料熔融成液体并由注射装置将熔料注入到型坯模具内的胎模上，形成一个封底的管坯，管坯冷却便收缩在型芯上，形成黏弹性的预吹塑型坯。开模后型坯留在型芯上。然后，按着程序将型芯上的型坯，通过机械装置转至吹塑工位，进行吹塑成型。

(2)吹塑成型

将热型坯置于吹塑模具内，模具闭合后，立即将压缩空气由型芯上的气孔导入(压缩空气压力大约0.2～0.7MPa)，型坯在压力的作用下从型芯壁上分离，开始膨胀，一直膨胀到与模腔的轮廓紧密接触为止，经冷却后转移到脱模工位。

(3)容器脱模

在脱模工位容器从型芯上顶出落下，直接送于包装处，生产工序如图7－22所示。

如前述，挤出吹塑法生产的容器虽然比较普遍，但这种方法也有不足之处，主要表现为型坯挤出速度慢；容器厚度不均匀，薄厚公差大；容器有合缝线，毛边多，后加工量大；不适宜小型精致容器的生产。注塑吹塑成型法则可以解决上述问题。注塑吹塑和挤出吹塑的根本不同点是注塑吹塑的型坯是有底部的。它所生产的容器可以得到密封好、盖

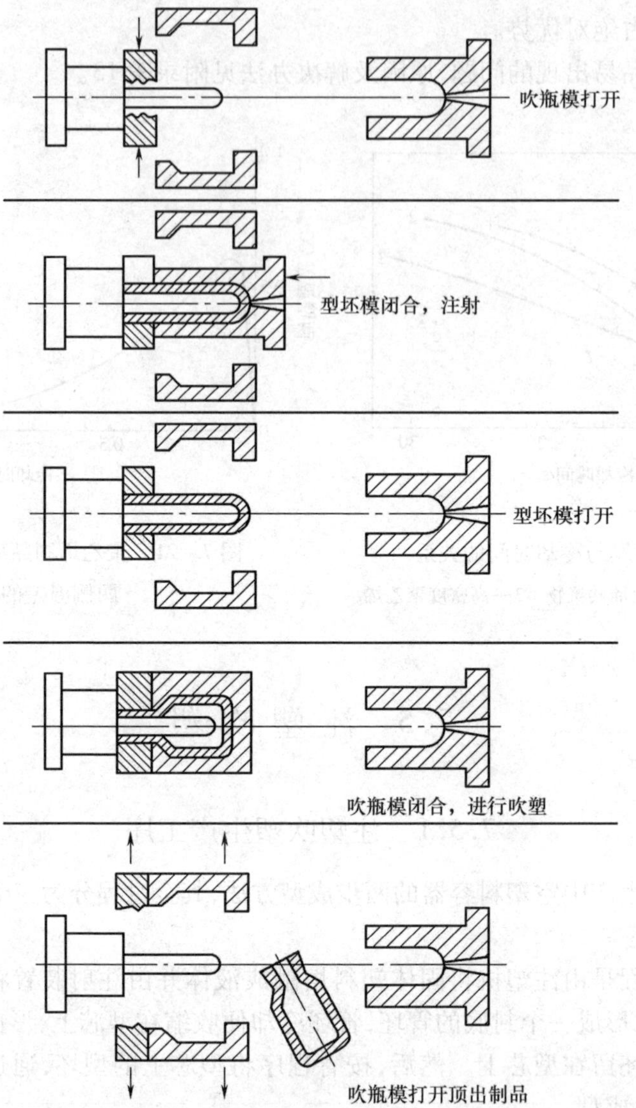

图 7－22　注塑吹塑成型过程

得严、精度高的口部端面内表面和螺纹部分；型坯壁厚容易控制，所吹塑的容器壁厚均匀；重量误差小、容积比较稳定；容器无结合线；底部无切口，强度高；无废边，不需要进行再修饰；原材料消耗低、生产效率高等优点。但是，必须使用两副模具进行成型。模具的费用较高；模具的精度要求高，模具的制造成本增加；型芯的机械强度对长型坯有较大的影响，对于口颈较细而又较深的容器较难以成型；适宜生产批量大的小型精制容器和广口容器，不适宜生产大的容器。

注塑吹塑法所吹制的容器主要用于化妆品、日用品、医药和仪器的包装。常用的树脂有 PP、PE、PS、SAN、PVC、PC 等。

7.5.2 注塑吹塑设备特点

注塑吹塑需要具备型坯注塑模具、吹塑模具两套。型坯注塑模具和吹塑模具之间要设有型芯的转移顺序装置和定位装置，能够及时、准确地控制型芯的移位以及型芯脱模进入吹塑模具内，完成型坯吹胀和容器的脱落程序。

7.5.2.1 注塑吹塑的基本特征

注塑吹塑设备有二工位、三工位和四工位之分。二工位机(相隔 180°)，脱除容器是采用机械液压式的顶出机构来完成，它具有较大的灵活性，如图 7－23 所示。

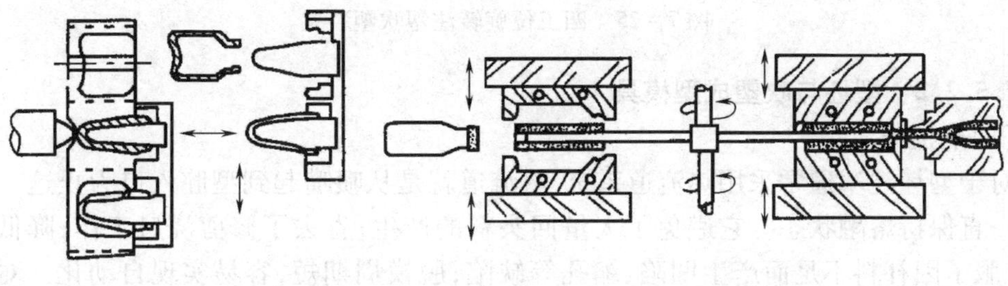

图 7－23　二工位旋转式注塑吹塑装置

(a)型芯直线运动　(b)型芯旋转运动

三工位机相隔 120°，增设脱除容器的专用工位，如图 7－24 所示。它是最常用的一种机器，大约占 90% 以上。

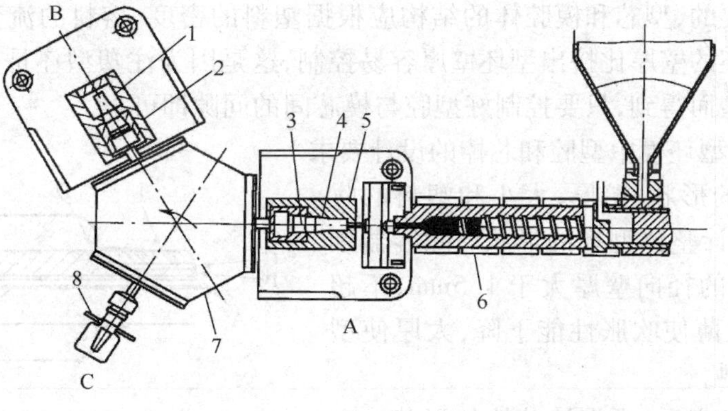

图 7－24　三工位旋转式注塑吹塑装置

1—容器　2—吹塑模具　3—型芯　4—型坯　5—型坯模具　6—注塑机
7—旋转装置　8—脱模板　A—型坯成型工位　B—吹塑工位　C—脱模工位

四工位机相隔 90°，有为适应特殊工艺要求而增设的专用工位，如图 7－25 所示。

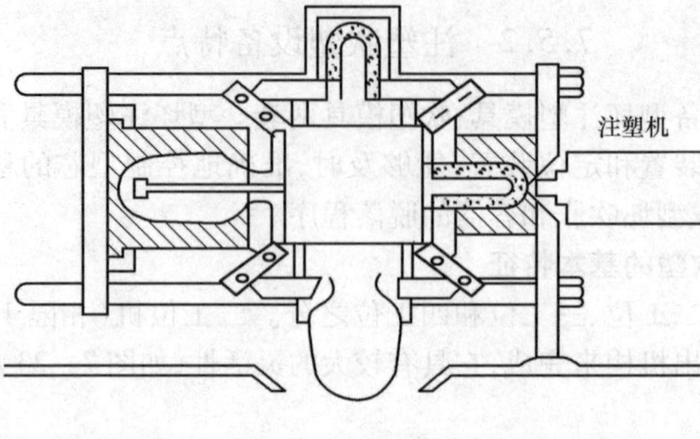

图 7－25　四工位旋转注塑吹塑装置

7.5.2.2　型坯与吹塑成型模具

（1）热流道

对于型坯注塑通常采用热流道系统，热流道就是从喷嘴起到型腔入口为止这一段流道中一直保持熔融状态。它避免了大量回头料的产生；省去了修剪浇口工作；降低了成本；克服了因补料不足而产生凹陷、缩孔等缺陷；脱模周期短，容易实现自动化。对于型坯长度较长的情况，热流道还可以缩短开模距离与合模行程，缩短成型周期。

热流道的结构特点就是在流道的附近或中心设有加热装置，如加热棒或加热圈，以使流道处于高温状态，确保塑料维持熔融，满足降低成型温度和注射压力，使熔料更容易充满模腔的要求。

（2）型坯模具

型坯注塑模具完成型坯的成型。型坯模具通常由两半模腔体、芯模、底板和颈圈套等部分组成。通常，型坯成型质量好，才能吹塑出良好的容器。因此，型坯模具结构的合理性是非常重要的，型芯和模腔体的结构应根据塑料的密度、熔料的流变行为等性能来决定。注塑型坯的壁厚比挤出型坯壁厚容易控制，这是因为注塑型坯是直接由注塑模腔和模芯间隙成型而得到，只要控制好型腔与模芯间的间隙即可。

（3）对注塑型坯模中型腔和芯棒的设计要求

根据制品的形状、壁厚、大小和塑料的收缩性、吹胀性设计整体型坯的形状。除容器颈部外，要求型坯的径向壁厚大于 1.5mm，不超过 5mm，壁厚太薄使吹胀性能下降，太厚使型坯无法吹胀成型。

型坯形状确定后，再设计芯棒的形状。由于芯棒要从容器中脱出，因此应满足：①芯棒直径应小于吹塑容器颈部的最小直径，以便芯棒脱出；②容器的最小直径尽可能大些，使吹胀比不致过小，以保证制品质量。芯棒的结构如图7－26所示。

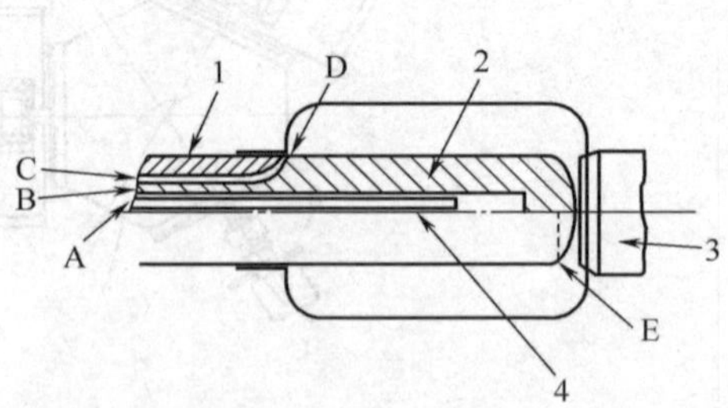

图 7－26　芯棒结构简图

1—型芯棒　2—型芯　3—底塞　4—加热油导管

A—热油入口　B—热油出口　C—气道

D—吹气口　E—L/D 大时，瓶底吹气口位置芯棒具有三种功能：在注塑模具中以芯棒为中心充当阳模，成型型坯；作为运载工具将型坯由注塑模内输送到吹塑模具中去；芯棒内有加热保温通道，常用油作加热介质，控制其温度，芯棒内有吹气通道，供压缩空气进入型坯进行吹胀，吹气口设于容器的肩部，以保证压缩空气能达到容器的底部并利于吹胀。在芯棒的通气道上装有控制开关装置，使芯棒吹气时打开，注塑时闭合。

由于芯棒具有上述功能，又是形成容器的内表面，因此芯棒表面加工精度要求较高，选七级以上。芯棒应具有足够的刚度，韧性好，表面硬度高，耐腐蚀，材质要求高于模具的其他部件，宜选用油淬火工具钢、含铬的合金钢制作。

当型坯和芯棒确定后，注塑模型腔的形状即已确定。为保证加工精度，其结构常采用嵌套式，包括注塑型腔套、型腔座、吹塑模的芯棒定位板及螺纹口套。为满足型腔座分区加热或冷却的传热要求，型腔套与型腔座的配合宜选 H7/h7 以上。合模宜用四周楔面定位，不宜用导柱定位。由于模具要求的强度、硬度较普通注塑模高。因此，常选用高碳钢或碳素工具钢制作型腔座。型腔套的材料与芯棒相同。

(4)吹塑模具的设计要求

吹塑模具是容器成型的关键装置，直接呈现容器的形状、表面粗糙度及外观质量。因此，模具应保证在吹胀后能充分冷却至定型，各配合面选用公差的上限值，以防制品表面出现合缝线，为使吹胀过程中模具夹带的气体顺利排除，在合模面上应开设几处排气槽，根据容器的形状，排气槽的深度 15～20μm，宽度 10mm 为宜。容器的底部应设计呈凹状以便脱模。一般软塑料容器底部凹进 3～4mm，硬塑料容器底部凹进 0.5～0.8mm 已足够。特殊要求可设计为具有伸缩性的成型底座。模体材质一般选用耐腐蚀的碳素工具钢及普通合金钢制造。

7.5.3　注塑吹塑工艺要点

(1)注塑吹模的树脂

适合注塑吹模的树脂应具有较高的相对分子质量和熔融黏度，而且熔体黏度受剪切速率及加工温度的影响较小，制品具有较好的冲击韧性，有合适的熔体延伸性能，以保证制品所有棱角都能均匀地呈现吹塑模腔的轮廓，不会出现壁厚明显偏薄，薄厚不均。

在注塑吹塑成型中，某些塑料粒料都含有不同程度的水分，所含水分又分布在粒料表面和粒料内部，需要进行干燥，如果对粒料干燥不好，则对容器的内在质量与外观质量都有一定的影响，并造成吹塑成型的困难。内在质量表现为各项性能指标下降，内应力增大，容易开裂，促使塑料熔体水解与降解。外观质量表现为有气泡、斑纹、银丝等，透明度下降。

(2)管坯温度与吹塑温度

注射型坯时，管坯温度是关键。温度太高，熔料黏度低易变形，使管坯在转移中出现厚度不均，影响吹塑制品质量；温度太低，制品内常带有较多的内应力，使用中易发生变形及应力破裂。

为能按要求选择模温，常配置模具油温调节器，由精度较高的数字温控仪控制(温度范围 0～199℃)，温差 < ±2℃。一般还配置有较大制冷量(23kW)的水冷机，有利于缩短

生产周期，节约费用。

注射吹塑制品易出现的问题、原因及解决办法见附录表14。

7.6 拉伸吹塑

拉伸吹塑是指经双轴定向拉伸的一种吹塑成型。它是在普通的挤出吹塑和注塑吹塑基础上发展起来的。先通过挤出法或注射法制成型坯，然后将型坯加热到塑料适宜的拉伸温度，经内部（用拉伸芯棒）或外部（用拉伸夹具）的机械力作用而进行纵向拉伸，同时或稍后经压缩空气吹胀进行横向拉伸，最后获得制品。

拉伸的目的是为了改善塑料的物理力学性能。对于非结晶性的热塑性塑料，拉伸是在热弹性范围内进行的。而对于部分结晶的热塑性塑料，拉伸过程是在低于结晶熔点较窄的温度范围内进行的。在拉伸过程中，要保持一定的拉伸速度，其作用是在进行吹塑之前，使塑料的大分子链拉伸定向而不至于松弛。

同时，还需要考虑到晶体的晶核生成速率及结晶的成长速率，当晶体尚未形成时，即使达到了适宜的拉伸温度，对型坯拉伸也是毫无意义的。因此，在某些情况下，可加入成核剂来提高成核速度。

经轴向和径向的定向作用，容器显示优良的性能，制品的透明性、冲击强度、硬度和刚性、表面光泽度及阻隔性能都有明显提高。如表7－6和表7－7所列。

表7－6　注塑型坯定向拉伸吹塑瓶的物性

成型方法	注坯吹塑	注坯定向拉伸吹塑		
原料聚丙烯				
密度/$g\cdot cm^{-3}$	0.9	0.9	0.9	0.9
熔体流动速率/$g\cdot (10min)^{-1}$	7	3	7	7
制品物性				
体积/cm^3	500	180	450	1350
质量/g	38	8	12	12
拉伸强度/MPa				
纵向	45	75	70	125
横向	45	86	65	115
伸长率/%				
纵向	750	56	50	50
横向	750	60	100	50
弹性模量/MPa				
纵向	950	1280	1290	1370
横向	950	1690	1140	1470
雾度/%	50～60	5.2	13.3	10.5

表 7-7　　挤出型坯定向拉伸吹塑瓶的物性

制品类别	第一种	第二种			第三种
原料聚丙烯	A	A	B	C	C
熔体流动速率/g·(10min)$^{-1}$	2	2	2	3	3
制品物性					
体积/cm^3	360	270	270	270	1000
质量/g	22	22	23	21	44
纵弯曲强度/MPa	12	52	25	20	18
弹性模量/MPa					
纵向	780	1680	870	1040	1035
横向	730	1710	850	1000	1070
垂直跌落次数					
1.2m 20℃	<20	<20	<20	<10	<20
5℃	<20	<5	<20	<10	<4
雾度/%	4.3	13.1	9.2	10.5	10.3

7.6.1　拉伸吹塑工艺

拉伸吹塑工艺分为一步法和两步法。

一步法是指制备型坯、拉伸、吹塑三道主要工序在一台设备中连续依次完成的,又称为热型坯法。型坯是生产过程中的半成品。设备的组合方式有:①由挤出机和吹塑机组成;②由注塑机和吹塑机组成。

两步法生产,第一步制备型坯,型坯经冷却后成为一种待加工的半成品,具有专门化生产的特性。第二步将冷型坯提供另一企业或另一车间进行再加热、拉伸和吹塑,又称为冷型坯法。两步法的产量、工艺条件控制是一步加工法无可比拟的,适宜大批量生产,但能耗较多。

目前拉伸吹塑有四种组合方式:①一步法挤出拉伸吹塑,用于加工 PVC;②两步法挤出拉伸吹塑,用于加工 PVC 和 PP;③一步法注塑拉伸吹塑,用于加工 PET 和 RPVC;④两步法注塑拉伸吹塑,用于加工 PET。

拉伸吹塑工艺过程包括:注塑型坯定向拉伸吹塑,挤出型坯定向拉伸吹塑,多层定向拉伸吹塑,压缩定向拉伸吹塑等。其特点都是将型坯温度控制在低于熔点温度下用双向拉伸来提高制品的强度。下面介绍两种主要的拉伸吹塑工艺过程。

(1)注塑型坯定向拉伸吹塑

先注射成型有底型坯,并连续地由运送带(或回转带)送至加热炉(红外线或电加热),经加热至拉伸温度,而后纳入吹塑模内借助拉伸棒进行轴向拉伸,最后再经吹胀成型。一步法四工位注拉吹成型过程如图 7-27 所示,二步法注拉吹成型过程如图 7-28 所示。此法的工艺特点是在通常吹塑机上增加拉伸棒将型坯先进行轴向拉伸 1~2 倍。为此需要控制适宜的拉伸温度。此法可用多腔模(2~8 个)进行,生产能力可达 250~2400 只/h(容量为 340~1800mL 饮料瓶)。

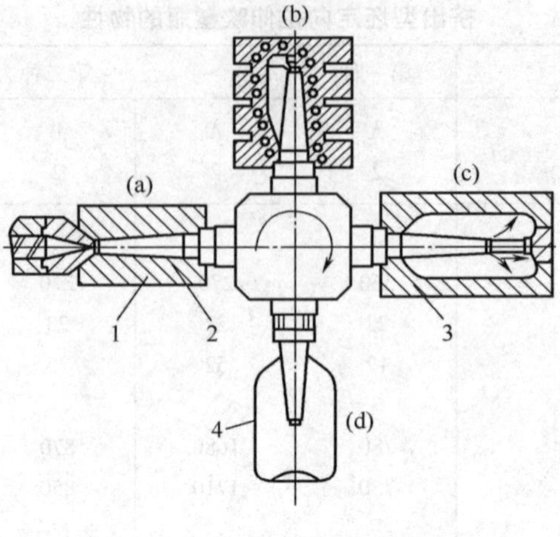

图 7－27　一步法注拉吹成型过程

（a）型坯注射　（b）型坯加热调温　（c）型坯拉伸吹胀　（d）容器脱模

1—型坯模具　2—型坯与型芯　3—拉伸与吹胀　4—容器

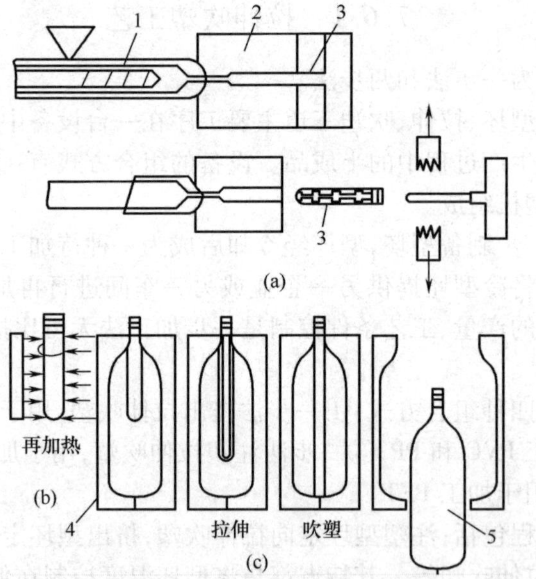

图 7－28　两步法注拉吹成型过程

（a）型坯注射　（b）型坯再预热　（c）拉伸吹塑

1—注塑机　2—型坯注塑模　3—型坯　4—拉伸吹塑模　5—制品

（2）挤出型坯定向拉伸吹塑

先将塑料挤成管材，并切断成一定长度而作为冷坯。放进加热炉内加热到拉伸温度，然后通过运送装置将加热的型坯从炉中取出送至成型台上，使型坯的一端形成瓶颈和螺牙，并使之沿轴向拉伸 100% ～200% 后，闭合吹塑模具进行吹胀。另一种方法是从炉中取出加热的型坯，一边在拉伸装置中沿管坯轴向进行拉伸，一边送往吹塑模具，模具夹住经拉伸的型坯后吹胀成型，修整废边，一步法挤出—拉伸—吹塑的成型过程如图7－29所示。此法生产能力可达到3000只/h，容量为1L的瓶子。为了满足不同工艺的要求，迄今已发展了多种工业用成型设备，并已开发出多层定向拉伸吹塑，表7－8为双向拉伸聚酯（PET）瓶的性能与PVC瓶性能的比较。

表7－8　　双向拉伸聚酯瓶与聚氯乙烯瓶性能比较

项目	双向拉伸聚酯吹塑瓶		聚酯吹塑瓶		聚氯乙烯吹塑瓶	
	纵向	横向	纵向	横向	纵向	横向
屈服拉伸强度/MPa	81.5	95.3	46.1	44.8	45.7	44.3
断裂拉伸强度/MPa	157.8	169.2	60.7	68.5	39.1	36.4
断裂伸长率/%	80.1	55.3	340	350	134	169
落锤冲击值/N·m	300		300		100	
试样壁厚/mm	0.3		0.60		0.55	
试样黏度	低黏度		高黏度			

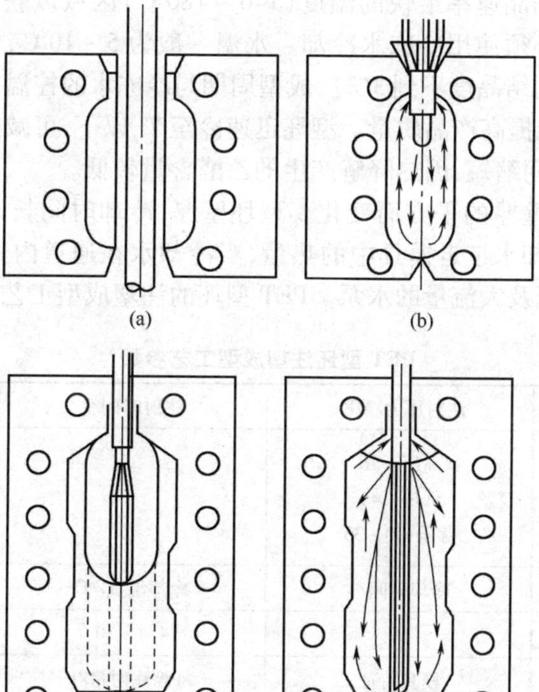

图7－29　一步法挤出—拉伸—吹塑成型过程

（a）型坯挤出和截取　（b）瓶颈螺纹成型和预吹　（c）拉伸瓶坯　（d）吹胀成型

7.6.2 拉伸吹塑工艺控制要点

(1)原材料的选择

一般而言,热塑性塑料都能拉伸吹塑。通过双向拉伸,能明显地提高拉伸强度、冲击韧性、刚性、透明度和光泽,提高对氧气、二氧化碳和水蒸气的阻隔性。从目前技术水平而论,能满足上述要求的塑料主要有:聚对苯二甲酸乙二醇酯(PET),聚氯乙烯(PVC)、聚丙烯(PP)、聚丙烯腈(PAN)。其中聚对苯二甲酸乙二醇酯的用量最大,聚丙烯腈的用量最小。聚丙烯对水蒸气的阻隔性较好,经双向拉伸后,其低温(5~20℃)脆性有较大改进。从原料价格及对生理的无害性出发,人们正在不断地研究、开拓拉伸吹塑的新原料。

(2)注射型坯工艺控制

温度、压力、时间是注射型坯的三大工艺因素。料筒温度控制树脂的塑化温度,注射压力影响产品形状和精度,成型周期决定生产效率。三因素互相制约又互相影响。以PET树脂瓶为例:由于PET树脂为结晶性聚合物,结晶度50%~55%,有明显的熔点为260℃,分解温度>290℃。据此,料筒喷嘴温度应控制在260~290℃之间。熔体呈黏度较低的黏流态,采用适中的注射压力和注射速度。注塑模具温度关系到型坯的性能,并直接影响下一步的拉伸吹塑工艺,注入模腔的PET熔体必须在T_g(70~78℃)以下迅速冷却,快速通过PET结晶速率最快的温度(140~180℃)区域以获得透明的无定形的型坯。为此,型坯模具必须使用冷冻水冷却。水温一般为5~10℃,将使模温下降到20~50℃,此时PET型坯的结晶度不到3%。成型周期与冷冻水的控温有关。运行良好,不仅能缩短成型周期,并能提高产品质量。型坯迅速冷至T_g以下,可减少发雾和结晶。同时,树脂在高温下滞留时间缩短,因热降解产生的乙醛含量较低。

冷却时间随型坯壁厚的平方而变化。型坯壁厚,冷却时间长,生产周期加大。型坯在冷却过程中是靠冷却水带走模具中的热量,当冷却水在通道内呈湍流状态时,传热增大。因此,应配备高压及大流量的水泵。PET型坯的注塑成型工艺参数见表7-9。

表7-9　PET型坯注塑成型工艺参数

<table>
<tr><th>料筒温度/℃</th><th>注射压力/MPa</th><th>注射时间/s</th><th>模腔温度/℃</th></tr>
<tr><td>后 288
中 282
前 282</td><td>高压 76
低压 41
背压 0~35</td><td></td><td rowspan="5">$1^{\#}$266~277
$2^{\#}$266~277
$3^{\#}$277~304
$4^{\#}$277~304
$5^{\#}$277~304
$6^{\#}$277~304
$7^{\#}$277~304
$8^{\#}$277~304</td></tr>
<tr><td>螺杆预塑时间/s</td><td>冷却时间/s</td><td>冷却温度/℃</td></tr>
<tr><td>8.5</td><td>9</td><td>4.4~10</td></tr>
<tr><td>模腔数</td><td>模具特征</td><td>每腔注射量/g</td></tr>
<tr><td>8</td><td>热流道</td><td>68</td></tr>
</table>

注:用2500g注塑机,8腔热流道模具,采用单独加热控制浇口。

(3)拉伸吹塑工艺控制特点

拉伸吹塑过程主要受到型坯加热温度、吹塑压力、吹塑时间和吹塑模具温度等工艺因素的影响。现简介如下。

1）型坯的再加热　它是两步法生产的特征。当型坯从注塑模取出冷却至室温后，要经过24h的存放以达到热平衡。型坯再加热的目的是增加侧壁温度到达热塑范围，以进行拉伸吹塑。使之获得充分的双轴定向，使PET瓶达到所需的物理性能，使制品透明、富有光泽，无瑕疵和表面凹凸不平。再加热一般用有远红外或石英加热器的恒温箱。恒温箱呈线型布置，型坯沿轨道输送，固定轴使型坯转动，保持平缓加热。型坯取出时温度为195~230℃，应进行10~20s的保温，以达到温度分布的平衡。

2）拉伸吹塑和双轴定向　型坯经再加热后的温度应达到玻璃化温度以上10~40℃，然后送到拉伸吹塑区合模，拉伸杆启动并沿轴向进行纵向拉伸时，通入压缩空气，在圆周方向使型坯横向膨胀，当拉伸杆达到模具底部，型坯吹胀冷却后，拉伸杆退回，压缩空气停止通入时，即得产品。

拉伸比（包括拉伸速率、拉伸长度、吹塑空气压力和吹气速率）是影响制品质量的关键。纵向拉伸比（制品长度与型坯长度之比）是通过拉伸杆实现的，横向拉伸比（制品直径与型坯直径之比）是通过吹塑空气实现的。实践证明：横向拉伸5倍，纵向拉伸2.5倍时，PET瓶的质量较满意，超过上述纵、横向拉伸比时，制品会泛白，强度下降。

吹塑空气压力对有底托的PET瓶仅需要20Pa，对无底托的PET瓶则需要30Pa，此时吹塑制品质量较佳。吹塑空气严禁带入水分和油污，否则热膨胀时会产生蒸汽，附在制品内壁形成麻面，使瓶子失去透明性影响外观和卫生性。

7.7 多层吹塑

多层吹塑是利用两台以上的挤出机，将同种或异种塑料在不同的挤出机内熔融混炼后，在同一个机头内复合、挤出，然后吹塑制造多层中空容器的技术。

多层吹塑是在注塑吹塑、挤出吹塑的基础上发展起来的，工艺上差别不大，只是制品壁不是单层而是多层而已。目前采用的多层结构有：尼龙/聚烯烃、聚乙烯醇/聚烯烃、聚乙烯/聚氯乙烯/聚乙烯、聚苯乙烯/聚丙烯腈/聚丙烯等。多层吹塑容器主要是为了满足日益发展的化妆品、药品、食品包装对气密性的要求。因此，多层容器的原料和层数应根据需要来选择。可以采用二种塑料二层结构，二种塑料三层结构，三种塑料四层结构或四种塑料四层结构等，如图7-30所示。层次越多，技术要求也越高。

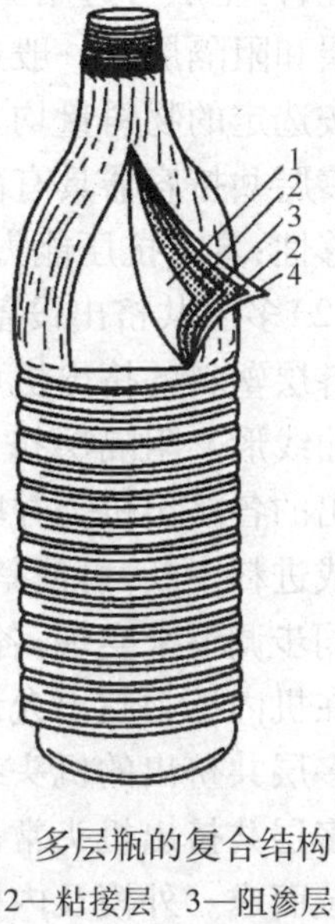

图7-30　多层瓶的复合结构

1—基层　2—粘接层　3—阻渗层

4—混有回收料的基层

多层吹塑的关键是控制各层树脂间的熔粘，其粘接方法有两种。第一种是混入有粘接性能的树脂,这可使层数减少而能保持一定的强度。第二种是添设粘接材料层,这就需要添置挤出粘接材料用的挤出机,使设备、操作复杂。

多层吹塑有:共挤出吹塑和多层注坯吹塑两种。共挤出吹塑工艺,是采用几台挤出机各自塑化的树脂,同时挤入多层机头形成多层而同心的管坯,并通过芯棒成为多层型坯,而后再进行吹塑。也有采用特殊储料缸机头成型 3 ~ 5 层型坯的。储料缸内各种塑化树脂是彼此分开的,然后用环形活塞使各种塑料同时沿芯棒顶出而形成多层型坯。

7.7.1 多层注坯吹塑

多层注坯吹塑是在阳模上注射第一层后,改变模腔在第一层上再形成第二层,重复操作即可形成多层型坯,然后进行吹胀成型。

多层注坯吹塑工艺的特点是:无废边;瓶底无切割残痕;不需要热熔或化学作用即能制成多层容器。但是,设备成本较高,仅限于大批量、广口容器的生产。

7.7.2 多层共挤出吹塑

(1)多层结构的材质选择

多层共挤出吹塑中空容器技术和设备的开发,使选择最佳材料(层)组合方案和制造理想性能的容器得以实现。

按照制品容量范围及性能要求,可生产 3 ~ 6 层的结构。层结构及材质选择原则如下:阻隔层塑料可选用聚酰胺(PA)、聚丙烯腈(PAN)或乙烯/乙烯醇共聚物(EVOH);内、外层塑料可选用聚乙烯(PE)、聚丙烯(PP)或聚碳酸酯(PC)等,应具有良好的热封合性,印刷性;再生层可选用型坯的飞边和余料。其中内壳层、再生层或外表层的厚度应大于粘结层和阻隔层。一般选用拼合式可调共挤出机头及程序逻辑控制或微机监控,使多层塑料按选定的物料量均匀分配,共挤成坯,型坯经移动工位顶吹成型。

多层共挤容器具有高耐化学药品性(抗氧化、耐光老化)、防有害物质透过性、防气味的迁移性;具有抗压能力、耐冲击、表面光滑、耐热性及防止表面划伤等。

(2)多层共挤出设备

各层塑料的挤出机可选用通用挤出机,多用直流电机无级调速。挤出机料斗喉部设计成曲线形。阻隔层挤出机的进料采用温控预热。各挤出机都应装有扭矩监控装置。共挤出的各挤出机为并联运行,分级监控。各挤出机系联合启动,当某一台挤出机扭矩下降或进料中断,可使整机停车,并可按程序联合动作;控制型坯长度,依赖流量分配,能自动同步调节来实现;各台挤出机的熔体温度与扭矩超出并联运行条件时、粘接层和阻隔层在机内压力超出允许范围时均由故障显示进行监控调节。

多层共挤出的机头结构如图 7 - 31 所示。

多层共挤出机头常设计成拼合式。机头外壳由几块法兰式外模组成,内模由几件模芯拼装而成。外模及内模芯块经精确加工,机头流道经镀铬抛光处理,以减少塑料熔体流动阻力。整个机头采用四段式可调功率陶瓷加热器加热,配合机头快速启动,并具有良好的隔热措施,确保机头有最佳的温度环境。

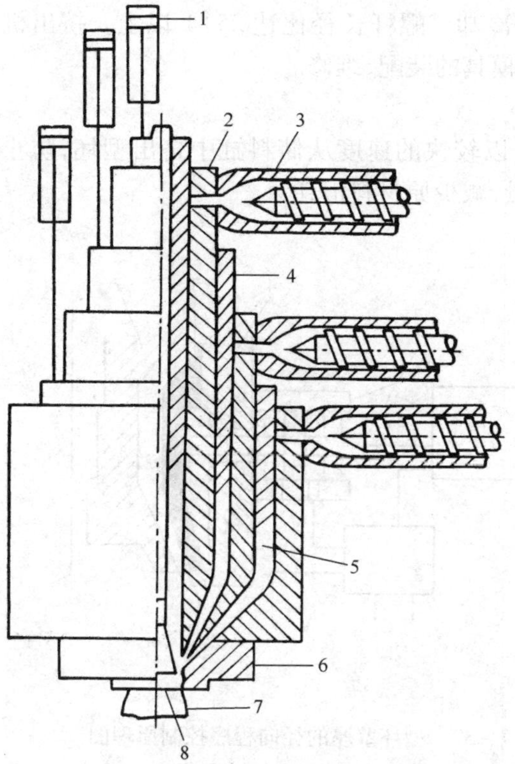

图 7-31　多层储料缸式机头
（三种原料三层）结构图

1—注射缸　2—隔层　3—挤出机　4—环状柱塞
5—环状室　6—机头　7—三层型坯　8—模芯

整机选择程序逻辑控制或微机控制。模具开模和合模阶段的速度分布，吹塑泡管的移动速度均可采用液压比例阀和数值位置变换器来控制。

7.7.3　多层共挤出拉伸吹塑

多层共挤出吹塑容器充分显示出各种塑料的优点并能相互取长补短，但是容器的透明性差，不能显示内装物的特征，降低了商品价值。

经过对乙烯－乙烯醇共聚物/聚丙烯多层双向拉伸吹塑技术的开发，发现单层聚丙烯的双向拉伸吹塑容器与乙烯－乙烯醇共聚物/聚丙烯双向拉伸吹塑多层容器比较，后者氧气透过率减至 1/20，而对水的阻隔性无变化。双向拉伸多层容器与未拉伸多层容器比较，透明性明显提高，同时改进了机械强度，降低了容器的破损率，减轻了容器重量。

由于塑料种类不同，其玻璃化转变温度、熔点、弹性模量、屈服应力、破断拉力等物理性质各异，因而拉伸方法、工艺条件等也不尽相同。例如，乙烯－乙烯醇共聚物因含有极强的氢键，较难进行双向拉伸。

采用双向拉伸吹塑制得的多层容器，解决了多种性质完全不同的塑料的双向拉伸，层间不发生剥离的问题而制得满意的多层容器，是多层吹塑成型技术的新成就。多层吹塑的缺点是，设备投资大，生产控制复杂，产品成本较高。

7.8　大型中空吹塑

通常将容积超过 20L 的中空吹塑容器称为大型容器。随着高相对分子质量聚乙烯和专用高效大型坯挤出设备的发展，通过挤出吹塑可生产出容积可达 100～3000L 超大型的中空吹塑制品。如大型燃料容器、各种液体圆桶、罐、水处理槽罐等。

7.8.1　大型中空吹塑设备特征

（1）挤出机

挤出机是中空吹塑装置中最主要设备。要求挤出机采用效率高的直流驱动电机，螺杆的塑化能力强，多采用混合剪切元件组成螺杆，以改善熔体温度的均匀性，有利于提高生产效率。料筒加料段开槽，该段设有全长水冷却。螺杆长径比达 25∶1 以上。挤出机高度可借助于油压系统进行升降，以适应不同模具的装配、维修。

（2）机头

生产大型吹塑制品多采用储料缸式机头，以较快的速度从储料缸中挤出型坯，防止下垂。合理的储料缸机头设计可提高产品质量，减少原材料消耗。

环形活塞式储料缸式机头具有重要意义。环形储料缸能较好地控制熔料温度，因为它在物料和加料缸之间提供了较大的表面积。其优点是：塑料熔体积蓄在储料缸的环形室中，环形室的几何形状与预成型的型坯一致，储料缸位置与口模靠近，当熔体推出时，不仅速度快，而且很少有滞留现象。这种储料缸结构不仅适用于高相对分子质量聚乙烯的加工，还用于热敏性高黏度塑料的加工。大型容器均设有型坯长度和壁厚控制装置。型坯长度是依靠储料缸活塞的冲程来控制。型坯壁厚则通过壁厚可调装置，对容器不同部位，按要求控制其壁厚。图 7－32 为型坯壁厚的径向程序控制原理图。它是在成型过程中，通过控制装置设定的位置变动自动地进行壁厚控制。

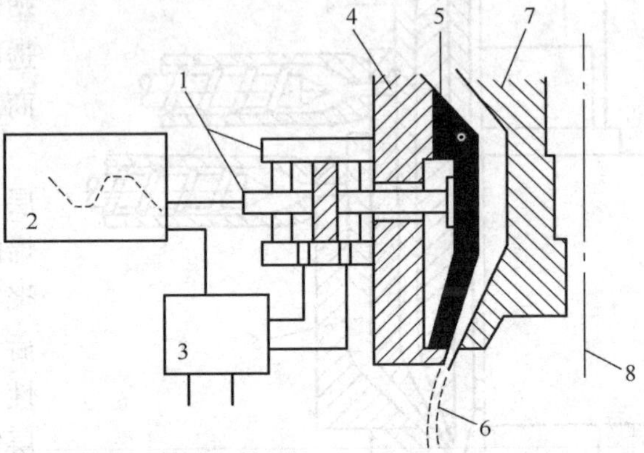

图 7－32　型坯壁厚的径向程序控制原理图

1—油缸　2—型坯程序装置　3—伺服阀　4—口模　5—挂曲环　6—型坯　7—型芯　8—型坯机头中心线

（3）锁模装置

大型吹塑容器设备均有锁模速度控制和数字行程控制的液压锁模装置，锁模速度可程序化，锁模行程的控制点能极准确地调控和改变。锁模装置结构坚固，锁模油压一般在 20MPa 以上，具有相当大的锁模力，使得制品的接缝线较牢，无飞边，并能节省原料，免去清除飞边的工作。

（4）吹塑模具及冷却

吹塑成型模具通常是由两瓣模具组成，模具除了赋予容器形状与尺寸之外，还起到对容器的冷却作用。模具的结构和制造质量是制品高质量的重要保证。模具应具有精确加工的接缝区、耐磨的合模刀口、最佳的冷却水道、符合塑料成型的表面处理和良好的排气。

模具用高强度铝合金制造，可使冷却时间缩短 10%，对有较大塑化能力的大型中空吹塑机组，模具冷却的高效介质有二氧化碳（CO_2）、氮气（N_2）和气水混合物等。

7.8.2 工艺过程分析

生产大型中空制品的关键在于克服型坯的垂伸、帘流和制品的变形，现分述如下。

(1)型坯长度的垂伸

挤出型坯长度的垂伸，是由本身质量造成的下垂力和挤出时间所决定的，也和材料本身的固有特性有关。

垂伸随熔融黏度减小和挤出时间增加而增大，因此高相对分子质量聚乙烯型坯长度的垂伸减小。

循环时间对垂伸的影响，随熔融黏度的减小而增大，故低分子质量聚乙烯比高相对分子质量聚乙烯明显。

当口模缝隙保持不变时，型坯壁厚的变化会引起型坯挤出速度的变化，由于出口膨胀与垂伸之和是恒定的，只有型坯长度达到70%时速度的增大才比较明显。所以，选用高相对分子质量聚乙烯连续挤出制造大型坯时，通过壁厚控制既可补偿垂伸，又能获得理想的纵向壁厚。

(2)型坯质量的变化

对于大型吹塑制品，型坯的直径和质量的数值变化均会影响型坯的壁厚而引起下垂。提高挤出物料的速度和锁模速度，当速度超过型坯控制器所能控制的范围，亦会造成型坯的纵向误差。特别是生产直径较大的薄壁制品时，产生下垂的同时易产生帘状的纵向皱纹—称为帘流现象。克服帘流现象的措施是：设计机头时，利用尽量低的树脂压力进行挤出以控制型坯的离模膨胀，同时在操作过程中注意调节预夹、预吹的时间及吹塑压力亦很重要。

(3)制品变形

大型吹塑制品在模具中进行冷却时，由于冷却不均匀，易引起制品变形。

大型吹塑模具因型腔体积较大，吹塑过程中模内空气排不尽，使型坯与模腔接触不良不仅降低热交换效率，延长吹塑周期，同时也造成冷却不均匀产生变形。因此，需要在模具分型面上开设数条排气槽和在镶拼处加设排气孔，或在局部镶块上设置储气盲孔并使各盲孔相互贯通，以缓和气体的积聚量，效果尤佳。

大型模具内表面进行喷砂处理或化学腐蚀法可获得型腔内的细麻点效果，可提高热交换效率，遮盖轴向丝痕，改善制品外观质量。

对加工后制品的变形，可采用强制定型(放到定型框中)和退火等方法来克服。

7.9 中空吹塑新技术

7.9.1 多维挤出吹塑

多维挤出吹塑是指吹塑不规则多维形状中空制品的吹塑技术，例如汽车进气管等。

多维挤出吹塑有以下几种形式：

1)挤出机在 $X-Y$ 方向上可移动，机头在 Z 方向移动。

2)下模板可倾斜,并能在 $X-Y$ 方向上移动,型坯直接挤在模腔内,转动、调整下模板并与上模板合模,然后吹塑成型。

3)模板左右合模。在模板的上、下部设有挡板,模具在闭合状态下,由机头挤出型坯,型坯在模腔内下降到底部,上下挡板闭合,然后进行吹塑成型。

4)采用机械手。按规定将型坯放置在模腔中合模、吹塑。

按上述四种多维挤出吹塑方法制造的制品与普通挤出吹塑制品比较,可减少 80% 以上的废边,因而可选用螺杆直径较小的挤出机,设备投资低,减少能耗。

7.9.2 双壁吹塑模塑技术

通常,容器的吹塑均采用两瓣凹模,而双壁吹塑则要采用一瓣凹模和一瓣凸模,目前更多双壁吹塑应用于乐器、照相机、打字机等的防冲击箱包上的成型。把用于箱包等闭合制品的初始产品定义为双壁吹塑制品,双壁吹塑模塑具有以下特征:①模具具有一瓣凸模和一瓣凹模;②型坯被封口并预吹;③凸模贴近预吹型坯;④型坯被推进入凹模;⑤排除型坯壁与型腔壁之间的空气,型坯紧贴于凸模和凹模的内表面;⑥制品在闭合的模具中冷却。

大多数先进吹塑制品具有薄而中空的截面,并且通常带有开合铰链连接,把柄和搭扣锁也可以与制品一起吹塑成型。

7.9.3 深拉模塑技术

常规双壁吹塑制品的最大拉伸深度不超过整个制品长度的 30% ,更大的拉伸深度会造成制品底部变薄。但使用深拉模塑技术可使拉伸比超过 70% 。

深拉双壁吹塑不仅能成型大拉伸比的制品,还能成型具有以下特征的制品:①在两瓣模具的分型面上具有凸缘、支架和手柄的制品;②表面具有较深花纹的制品,无需取出制品就可成型商标等侧凹的制品;③盖子不需要是正方形的制品,如其可为圆形或多面形的制品;④外表面呈向内锥形的制品;⑤U 形或者 L 形管道的制品。

7.9.4 偏平吹塑成型

生产偏平中空产品,如缓冲器、保险杠、配电盘等一般多采用挤出圆形型坯吹塑形成偏平状中空制品。因此废边多,壁厚不均匀。

采用偏平型坯生产偏平中空制品时具有以下优点:制品壁厚均匀,废边少,后续工序少,加工周期缩短。

7.9.5 交替挤出吹塑

交替挤出吹塑可制备非单一塑料的中空制品。具有交替吹塑机头,能生产软、硬塑料组合的中空制品,产品如图 7-33 所示。

交替吹塑要关注软、硬塑料之间的熔接强度。软、硬塑料的组合如表 7-10 所示。

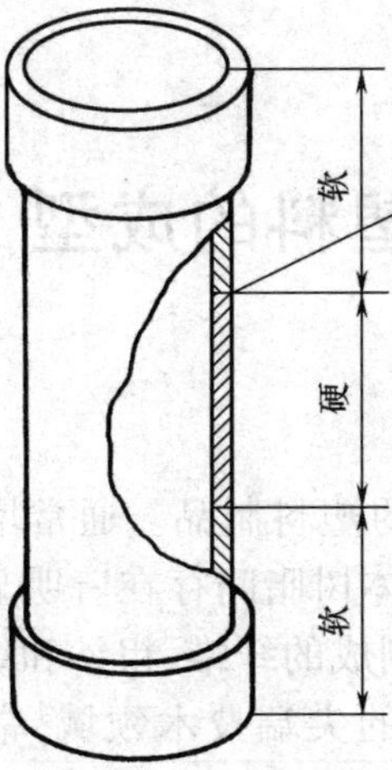

图 7－33　交替吹塑产品示意图

表 7－10　软硬塑料的组合

硬	软
PP	TPO
PA6	TPAE(PA11、PA12)
PA6(GF)	TPAE(PA11、PA12)
PA66(GF)	TPAE(PA11、PA12)
HDPE	TPO
HDPE	LDPE

第 8 章　层压塑料和增强塑料的成型

8.1　概　　述

增强塑料(FRTP)是指用加有增强物的塑料所制得的塑料制品。通常增强物在硬度、强度和模量等性能方面比基体材料的大,增强物与基体树脂间存在着明显界面。常用的增强物有玻璃、石棉、金属、剑麻、棉花或合成纤维所制成的纤维、粗纱和织物等。其中玻璃纤维(GF)和织物用得最多。在对性能要求很高的尖端技术领域,常用碳纤维(CF)、硼纤维(BF)、晶须和高性能有机聚合物纤维及其织物等作为增强物。

层压塑料系指用成叠的、浸有或涂有树脂的片状底材,在加热和加压下,制成的坚实而又近于均匀的板状、管状、棒状或其他简单形状的制品。浸有或涂有树脂的底材也被称为附胶片材。常用的底材有纸张、棉布、木材薄片、玻璃布或玻璃毡、石棉毡或石棉纸以及合成纤维的织物等。另外,广义的层压塑料还包括挤出或涂层方法所制造的塑料薄膜与纸张、棉布、金属箔等相互贴合的复合材料,习惯上不将这类材料归类为增强塑料,这里不作讨论。

增强塑料和层压塑料的主体材料都是树脂和增强物,层压塑料是增强塑料众多类型中的一种,只是层压塑料中的增强物以规则的片状底材层叠起来而成形的。因此,本章将两者合并,如无特殊需要,不再单独提出层压塑料。

增强塑料中增强物的作用是增强制品的力学强度,而所用的树脂则是使这种复合材料能够成型,对增强物进行粘结与固定,并借以传递应力,充分发挥增强物的增强作用。此外,还可赋予制品抵抗外遇介质的侵蚀。常用的树脂种类很多,过去大多数是用热固性树脂,如酚醛、环氧、氨基、不饱和聚酯、有机硅等树脂;自 20 世纪 60 年代以来,已有十几种热塑性树脂成功地用于增强塑料,如聚烯烃、聚氯乙烯、聚苯乙烯等通用树脂和聚碳酸酯、聚酰胺、聚苯醚、氯化聚醚,以及特种工程塑料等高性能树脂。由于热塑性增强塑料的出现,大大扩展了热塑性塑料作为结构材料在工程领域的应用范围。除树脂与增强物外,为了降低成本或改善制品某些性能,增强塑料中通常还加有颗粒状填料,如碳酸钙、滑石粉、石英粉、硅藻土、氧化铝、氧化锌等。一般加有颗粒状填料的制品,其强度会有所下降。

随着应用领域的不断扩大,增强塑料的数量和品种日益增多,其成型方法也在不断发展和扩充。工业上习惯根据成型时所用压力的大小不同,将热固性增强塑料的成型方法分为高压法(压力高于 7MPa)和低压法(压力低于 7MPa)两种。高压法又可细分为层压法和模压法,而低压法则又可细分为袋压法、真空法、喷射法、接触法等。有时也可根据成型时附在纤维或织物上的树脂状态分为干法(所用的纤维或织物是先用树脂浸渍并干燥的方法)和湿法(纤维或织物在成型时就地浸渍)。热塑性增强塑料的成型与普通热塑性塑料一样,可采用注射成型、挤压成型、压制成型、层压成型等加工方法,并且一般不需要增加特殊的成型设备。

增强塑料的性能特点，除其强度超过未增强的塑料外，还具备许多其他优异的性能：

1）密度低，比强度高。增强塑料的比强度优于一般的金属材料。增强塑料的密度通常都小于 $2\times10^3kg/m^3$，只有钢材的 20% ~25%，但力学强度竟能达到甚至超过普通钢材，按比强度（强度与密度的比值）计算，有的可超过高级合金钢。这一轻质高强度的特性，使其在飞机、火箭、导弹以及要求减轻重量的运载工具方面广泛应用。

2）绝热性强。与未增强的塑料相比，增强塑料的热变形温度高，收缩率小，导热系数低，其导热系数一般只有金属的 0.1% ~1%。这不仅能提高制品的耐热性，改善耐低温性能，而且适合成型尺寸精度要求较高的制品。在瞬时高温作用下，能自行烧蚀而放出大量气体，同时能吸收大量热量，可作为良好的热防护材料，用于宇航和国防工业。

3）耐化学腐蚀性强。增强塑料的耐化学腐蚀性能取决于本体树脂和增强物的性质，通过改变树脂和增强物的种类和配方，可以制得抵抗一种或几种特定化学腐蚀的增强塑料。除氢氟酸外，玻璃纤维的耐化学腐蚀性能是优良的，而树脂种类不同，其耐化学性也不尽相同。如尼龙耐碱，聚苯醚耐高温水蒸气，聚甲醛耐水和有机溶剂等。这类材料在制造各种化工设备方面获得了良好应用。

4）介电性能优良。增强塑料一般都具有较好的电绝缘性，有的在高频电作用下仍能保持良好的介电性能不变，不受电磁作用，不反射电磁波，微波透过性良好。可广泛用于制造各种电气仪表和电气设备。

尽管增强塑料也存在弹性模量较低（仅为钢材的5% ~10%），受力时变形较大，表面硬度低，耐温性能差（使用温度一般不超过 200℃），容易老化，高强度的玻璃纤维对设备磨损作用大等缺点。但由于其优良的物理力学性能，成型加工方便，生产周期短，可以制成形状复杂且尺寸精确的制品，容易修补、耐腐蚀性好，冲击韧性和断裂韧性高等特点，增强塑料广泛用于建筑、交通、船舶、汽车、化工、机械制造、仪器仪表以及航空航天领域。

8.2 增强作用和界面作用

8.2.1 增 强 作 用

为了从树脂和增强物的固有性能推算出增强物的增强作用，科学家们提出了许多理论，但由于种种原因，推算的结果往往与实测的数据有出入。现主要以短纤维（或晶须）增强以及连续长纤维单向增强等两种有代表性的增强塑料为例作简单说明。

（1）短纤维（包括晶须）增强机制

在短纤维（包括晶须）增强塑料体系中，纤维是主承力相，它承受由基体树脂传递来的有效载荷。

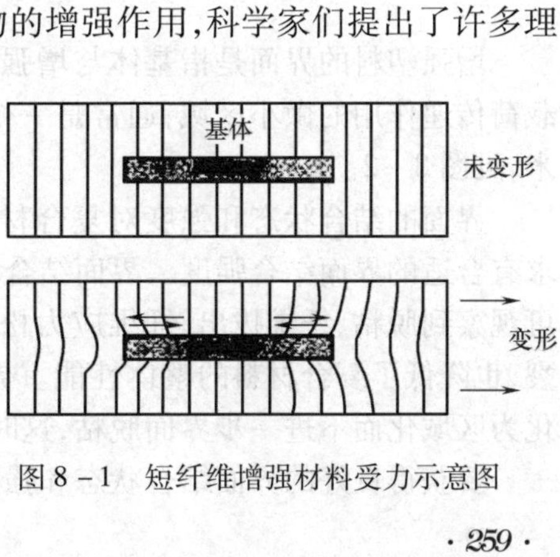

图 8－1　短纤维增强材料受力示意图

假定：纤维和基体树脂理想结合，且泊松比

相同,在外力作用下,由于组分模量的不同产生了不同形变(位移),使基体树脂产生剪切应变,并通过界面将外力传递到纤维上,见图 8-1。

短纤维增强复合材料的拉伸强度可由下式表示:

$$\sigma_F = \sigma_{fF}\left(1 - \frac{L_c}{2L}\right)V_f + \sigma_m(1 - V_f) \tag{8-1}$$

式中:σ_m 为与纤维的屈服应变同时发生的基体应力;σ_{fF} 为纤维的平均拉伸应力;V_f 为纤维的体积分数;L 为纤维的长度;L_c 为最大拉应力等于纤维断裂强度时,纤维的临界长度。

分析上式可得:

1)L/L_c 越大,复合材料的拉伸强度越大。当 $L/L_c = 10$ 时,增强效果可达到连续纤维的 95%。

2)引入纤维直径 d,$(L/d)c$ 为纤维临界长径比,当 $(L/d)c \geqslant 10$ 时,复合材料可获得理想的增强效果。

(2)连续长纤维单向增强机制

对于连续长纤维增强塑料体系,在平行于纤维长度方向的强度计算,主要考虑基体树脂的强度和纤维与基体树脂的结合强度。假定增强材料宏观上是均质的,不存在内应力;各组分材料是均质的各向同性及线弹性材料;各组分之间粘结牢靠,无空隙,不产生相对滑移。

则增强复合材料的力学性能同组分之间存在如下关系:

$$X_c = X_m V_m + X_f V_f \quad 或 \quad X_c = X_f V_f + X_m(1 - V_f) \tag{8-2}$$

式中:X 代表材料的性能,如强度、弹性模量、密度等;V 代表材料的体积百分比;下标 c、m、f 分别代表增强材料、基体树脂和纤维。

从上面两种增强机制可以看出,要使增强物对复合材料起到增强作用,不仅增强物自身的强度和模量必须很高,而且增强物和树脂之间必须有良好的粘接作用。如果两者之间完全没有粘接,则复合材料受力时,增强物将不承载任何负荷,这样复合材料的强度反而不如单纯的树脂。上面的公式虽然是在极为简化的情况下推出的,与实际差别很大,但对于认识和理解复合材料增强作用无疑是有帮助的。

8.2.2 界面作用

增强塑料的界面是指基体与增强相之间化学成分有显著变化,构成彼此结合,能起载荷传递作用的微小区域,通常是一个多层结构的过渡区域,厚度约几个纳米到几个微米,见图 8-2。

界面的结合状态和强度对复合材料的性能有重要影响。对于每一种复合材料都要求有合适的界面结合强度。界面结合较差的复合材料大多呈剪切破坏,且在材料的断面可观察到脱粘、纤维拔出、纤维应力松弛等现象。界面结合过强的复合材料则呈脆性断裂,也降低了复合材料的整体性能。界面最佳态的衡量是当受力发生开裂时,裂纹能转化为区域化而不进一步界面脱粘,这时的复合材料具有最大断裂能和一定的韧性。

要获得良好的界面结合状态和强度,最有效的方法是使树脂与增强物在界面处产生化学键结合作用，在工艺上是用一种同时能与增强物和树脂发生化学反应的偶联剂来完成的。偶联剂可以涂在增强物的表面或加在树脂中，但也可以是两者并用。良好的粘接是建立在良好接触润湿基础上的。

为了增进粘接作用，树脂对增强物的润湿能力是重要指标。润湿能力可以用液体（树脂）对固体（增强物）的界面润湿理论来说明。界面润湿理论是以液态树脂对纤维表面的浸润亲和作用，即物理和化学吸附作用为基础的。浸润不良会在界面上产生空隙，而导致界面缺陷和应力集中，界面强度下降。良好的或完全浸润可使界面强度大大提高，甚至优于基体本身的内聚强度。

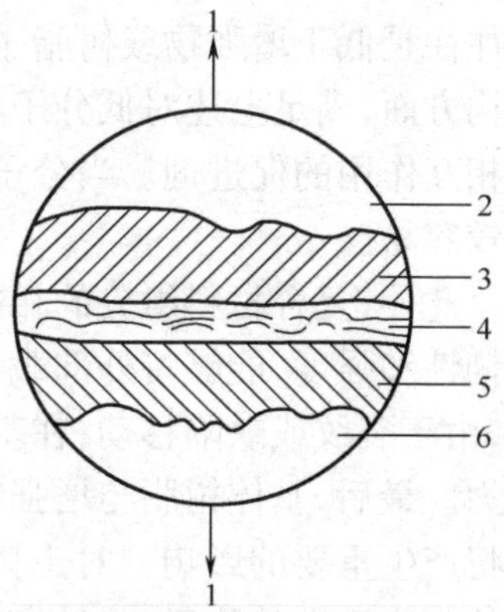

图 8－2　增强塑料的界面结构示意图

1—外力场　2—基体　3—基体表面区

4—相互渗透区　5—增强物表面区　6—增强物

当一滴液体与固体表面接触时，会形成一个接触角θ（见图 8－3）。对作用于界面处的力（表面张力γ）进行分析，可以得到下列方程：

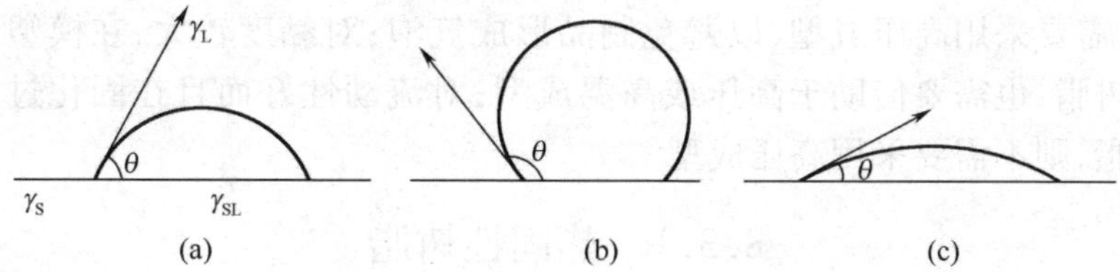

图 8－3　液体在固体表面的润湿情况

根据力的合成：

$$\gamma_L \cos\theta = \gamma_S - \gamma_{SL} \quad (8-3)$$

粘合功可表示为：

$$W_A = \gamma_S + \gamma_L - \gamma_{SL} = \gamma_L(1+\cos\theta) \quad (8-4)$$

粘合功 W_A最大时：$\cos\theta = 1$，即$\theta = 0$，液体完全平铺覆盖在固体表面。

同时：　　　　　　　　　　$\gamma = \gamma_{SL}, \gamma_S = \gamma_L$

因此，为求得最好的润湿覆盖力，也就是液体与固体之间的良好接触，必须降低液体与固体界面处的表面张力γ_{SL}。

从分子角度考虑，如果要求γ_{SL}降低，则固体分子与液体分子之间应存在较大的吸引力。但增强塑料中所用的增强物属于无机性的或纤维素性的，大多呈现极性；而所用树脂的极性一般都不是很高，因此两者的吸引力较小。为了提高它们之间的相互作用，可以在树脂中加入一些能够与树脂相容的极性物质，如含有羧基、胺基或酰基等相对分子质量较低的有机物，以便在树脂中有较大的扩散性，并且能较快地聚集在界面处；同时，相对分子质量较小的物质还能给树脂带来一定的韧性，有助于增强塑料性能提高。但加入的物质不宜太多，否则聚集在界面处将成为几个分子层，而这些分子层之间的剪切强度往往是低于增强物或树脂本身的，常会降低增强塑料的性能。常用的偶联剂，在分子结构方面，满足上述对低分子物质的要求。所以，在一定程度上也可以将偶联剂看作促进相互作用的促进剂。当分子吸引力相同时，黏度小的树脂与增强物的润湿与粘接相对比较容易。

此外，复合材料组分的相容性对材料性能影响也很大。首先基体树脂应具有足够大的韧性和强度，能够将外部载荷均匀地传递到增强物上而不发生明显的不连续现象。其次，由于裂纹或缺陷移动，在基体树脂上产生的局部应力不应在增强物上形成高的局部应力。最后，基体树脂与增强物的热膨胀系数的差异对复合材料的界面结合及各类性能也将产生重要的影响。对于韧性树脂材料，最好具有较高的热膨胀系数，这是因为具有高热膨胀系数的物质，从较高的加工温度冷却时将会受到张应力；对于脆性树脂材料的增强物，一般都是抗压强度大于抗拉强度，处于压缩状态比较有利。

8.3 树 脂

用于增强塑料的树脂形态有粒状，粉状，片状，有机溶液，水溶液，悬浮液，乳液等，而且属于液体范畴的还会有黏度的不同。对某些在固化过程中会放出挥发性的副产物的热固性树脂，需要采用高压成型，以避免制品形成气泡；对黏度较大，在模塑过程中不易流满模腔的树脂，也需要借助于高压或高温成型；对流动性好而且在固化过程中不放出副产物的树脂，则不需要采用高压成型。

8.3.1 热固性树脂

热固性树脂通常为相对分子质量较小的液态或固态预聚体，经加热或加固化剂发生交联化学反应，经凝胶化和固化阶段后，形成不溶、不熔的三维网状高分子材料。这类树脂通常为无定形结构，具有耐热性好、刚度大、电性能、加工性能和尺寸稳定性好等优点。

(1)聚酯树脂

用于增强塑料的聚酯树脂通常为不饱和聚酯树脂和单体配成的浓稠液体。按使用要求的不同，可加入适当的填料和色料等。固化反应是在较高温度下进行的，树脂逐渐由浓稠液体转变为稀薄液体，软性凝胶，脆性固体。固化反应受引发剂的种类，用量和温度的控制。一般以有机过氧化物作为树脂固化反应的引发剂，为使树脂在室温下就能固化，可加入促进剂，促进剂的种类随着所用引发剂的类型而不同。例如，过氧化二苯甲酰一般与叔胺类化合物成对使用。

由聚酯树脂制成的增强塑料的主要优点是具有优异的电性能，较强的耐水性，耐酸性，较好的透明性以及优异的耐腐蚀性，能够抵御大多数有机溶剂的侵蚀，但对含氯有机物和酮类的侵蚀比较敏感。缺点是耐热性较差，固化时收缩率大，为4% ~8%，此时制品表面一般不很光滑，耐水和耐候性也有会所下降。

(2)环氧树脂(EP)

环氧树脂是分子中含有两个或两个以上活性环氧基团的低聚物。环氧基团可以位于分子链的末端、中间或成环状结构。这类树脂在物理特性方面与聚酯树脂相似。在形态上有固体与液体两种,但通常用的都是较为浓稠的液体。固化时须用酐类或胺类化合物为固化剂。固化反应中没有副产物放出,可用低压成型,但固化反应较慢。

环氧树脂对各种增强物的粘接作用都很好,但脱模时较困难,常采用巴西棕榈蜡或特种合成蜡作脱模剂。

环氧树脂形式多样,固化方便,粘附力强,收缩率低(固化收缩率一般低于3%),力学性能、电绝缘性、化学稳定性和尺寸稳定性优良,具有良好的耐久性,耐霉菌。主要缺点是成本较高,固化剂有时毒性较大。

(3)酚醛树脂

酚醛树脂一般是由碱性物质催化生成的水溶性或醇溶性的物质,由于水或醇不参加固化反应,因此在成型过程中必须排除。同时,固化反应是分三个阶段进行的,反应中有较多挥发性物质放出,所以通常不能在模具内与增强物直接成型,须先涂浸在增强物上并使其固化反应形成预浸物,以驱除溶剂和部分固化反应的副产物,而后再成型。因此,酚醛树脂主要用于层压塑料,很少用于其他增强塑料。

水溶性酚醛树脂是用苛性碱催化生成的,其相对分子质量偏低,水溶液的黏度较低,浸渍时容易渗入底材的内部。其次,水溶液对纤维素增强材料具有良好的润湿作用,所以制品具有较好的耐湿性。醇溶性树脂是由氨水催化生成的,其相对分子质量和溶液黏度较高,在浸渍时较困难。与水溶性树脂相比,这种制品的耐湿性较差,但韧性和电性能较高。

采用酚醛树脂的优点是成本低,制品强度高,耐湿性和耐化学腐蚀性好,耐热性好;缺点是制品颜色较深,需要预浸和高压成型。

(4)有机硅树脂

常用的有机硅树脂的形态也是溶液型的,通常为有机性溶液,在固化时有挥发性物质放出,成型时需要预浸和高压成型。经过改性的树脂也可采用0.1~0.4MPa的低压成型方法。此外,有机硅树脂的固化时间一般很长。

有机硅树脂常用于对制品电性能,强度和耐热性要求较高的场合,因其成本较高,应用上受到一定限制。

(5)三聚氰胺甲醛树脂

三聚氰胺甲醛树脂是由三聚氰胺和甲醛缩聚而成的热固性树脂,在成型中与酚醛树脂有很多相同之处,也必须经过预浸,固化中亦有挥发性物质放出。其成本比酚醛树脂或大多数的聚酯都高,应用时应注重它优越的耐电弧性,硬度高,耐热性高,耐磨性好等特点。

8.3.2 热塑性树脂

随着增强塑料的广泛应用,高性能的热塑性增强塑料正在成为发展的热点。这里主要介绍几种耐高温热塑性树脂材料。

(1)聚醚醚酮(PEEK)

聚醚醚酮是一种耐高温、高性能的热塑性特种工程塑料。其热变形温度为160℃,

热稳定性良好，在空气中420℃、2h条件下失重仅为2%，500℃时才产生显著的热失重。它具有良好的力学性能和耐化学品、耐磨损、耐水解等性能；而且相对密度小，自润滑性能好，加工性能好，可以与碳纤维、二硫化钼等增强物复合，制备耐高温的增强塑料。

(2)聚苯硫醚(PPS)

聚苯硫醚是一种含硫芳香族结晶型聚合物，线型结构，当在空气中被加热到345℃以上时，会发生部分交联反应，固化产物坚韧，难溶。聚苯硫醚具有优异的综合性能，突出的热稳定性，热变形温度260℃左右，在400~500℃的空气和氮气中仍稳定，交联后可耐600℃以上高温，可长期耐热至240℃；优良的化学稳定性、耐蠕变性、刚性、电绝缘性及加工成型性。它在170℃以下不溶于所有的溶剂，高温时，除了强氧化性酸，如浓硫酸、氯磺酸、硝酸外，不溶于烃、酮、醇类物质，也不受盐酸及氢氧化钠的侵蚀，是一种仅次于聚四氟乙烯的防腐材料。由于聚苯硫醚(PPS)的脆性较大，因此常常与玻璃纤维、碳纤维复合作为增强塑料使用。

(3)热塑性聚酰亚胺(GCPITM)

热塑性聚酰亚胺不仅具有优异的耐热、力学、介电、耐腐及抗辐射等性能，还表现出卓越的热加工特性，可采用热模压、挤出和注射等成型方法。热塑性聚酰亚胺与碳纤维、玻璃纤维、聚四氟乙烯、石墨等复合，可显著提高材料的力学强度和自润滑耐磨等性能。在特定场合下为一种替代金属和陶瓷的理想材料。

8.4 增强物及其表面处理

增强塑料的性能除与所用的树脂性能有关，还直接受到所用增强物的类别与性能的影响。因此，有必要对它们进行讨论。

8.4.1 玻璃纤维

玻璃纤维是由玻璃制成的，在许多物理和化学性能方面都和玻璃相同，但玻璃纤维的强度却比玻璃大得多，因此曾有人误认为在拉丝的过程中发生了分子定向作用，不过从X射线衍射证实它没有发生分子取向现象。玻璃强度所以低的原因是因为它内部存在着许多细微裂纹和缺陷，从而在受力时发生了应力集中。玻璃拉成丝后，细微裂纹大大减少，所以强度得到提高。

玻璃纤维的主要成分是铝硼硅酸盐和钙钠硅酸盐两种。含前者多的常称无碱或低碱玻璃纤维(E-玻璃纤维)，含后者多的常称为有碱或中碱玻璃纤维(A-玻璃纤维)。区分的标准是它所含的碱金属氧化物(以R_2O来表示)的百分率。中碱玻璃纤维的R_2O含量是6%~12%，低碱玻璃纤维的2%~6%，无碱玻璃纤维是在2%以下。此外，还有特种玻璃纤维，例如由纯镁硅铝三元组成的高强度玻璃纤维(S-玻璃纤维)和由镁铝硅系组成的高弹玻璃纤维(M-玻璃纤维)等。有碱和中碱玻璃纤维的资源广，制造时耗铂量小，成本低，耐酸力大，但是强度只有无碱纤维的80%~90%，遇水时有风化作用，因而会降低其强度。随着碱的析出，吸湿和风化将加速。当包覆树脂后，玻璃纤维的风化就会受到阻止。各种玻璃纤维的组成及性能见表 8－1。

表 8－1　　玻璃纤维的组成及性能

组成与性能	名称	E－玻璃纤维（无碱）	A－玻璃纤维（中碱）	S－玻璃纤维（高强度）	M－玻璃纤维（高弹性模量）
化学组成（质量分数%）	SiO_2	53.3	67.3	64.3	53.7
	Al_2O_3	15.3	7.0	24.8	
	CaO	16.3	9.5	< 0.01	12.9
	MgO	4.5	4.2	10.27	9.0
	Na_2O+K_2O	<0.5	12.0	0.27	—
	B_2O_3	10.0	—	—	—
	Fe_2O_3	微量	微量	0.21	0.5
	Li_2O	—	—	—	7.0
	BeO	—	—	—	8.0
	TiO_2	—	—	—	8.0
	CeO	—	—	—	3.0
性能	相对密度	2.54	2.5	2.49	2.89
	抗拉强度/Pa	3.5×10^9	2.8×10^9	4.65×10^9	3.5×10^9
	弹性模量/Pa	7.4×10^{10}	7.0×10^{10}	8.7×10^{11}	1.12×10^{11}
	热膨胀系数	5×10^{-6}	7.2×10^{-6}	2.9×10^{-4}	3.06×10^{-6}
	软化点/℃	846	750	970	—

玻璃纤维属于弹性材料，但断裂伸长率小，弹性模量不高，制成弹性塑料后的刚性不如金属。任何种类的玻璃纤维的拉伸强度均与其直径和长度有关，其中以细而短的强度高。这是因为随着玻璃纤维的长度和直径的增加，纤维中的微细裂纹也增加，因而强度下降。使用温度对强度也有影响。超过 300℃时，强度即行下降。

玻璃纤维的外形是光滑的圆柱体，它的横断面几乎是完整的圆形，不像有机纤维的表面呈现出较深的皱纹。表面光滑，虽然与树脂粘结不利，但这种表面光滑和圆形却可使纤维面间的空隙缩小，使所制的增强塑料比较密实。玻璃纤维的密度比有机纤维大，而比金属小，一般为 2.4～2.7。玻璃纤维的耐热温度约为 300℃，线膨胀系数比铝和钢等金属材料和树脂都低。玻璃纤维除少数几种可与碱作用外，一般都能和氢氟酸和热的浓磷酸发生作用，但是对其他化学物质都比较稳定，这比天然和合成纤维优越。玻璃纤维是一种良好的电绝缘材料，但不如聚乙烯等高级绝缘材料。此外，玻璃纤维性脆易碎，不耐磨，对人的皮肤有刺激性，使用时不很方便。

8.4.2　玻璃纤维及织物的制造

8.4.2.1　玻璃纤维的制造

玻璃纤维通常都制为连续纤维。制造时先根据纤维质量要求进行配料并按照制造玻璃的方法将其制成玻璃球。而后将合格的玻璃球进行拉丝。

拉丝的首步工序是将玻璃球在电热的坩埚中熔化（见图 8－4）。坩埚是一个底部带有孔眼的容器。通常都用铂合金制造，但是根据我国研究的结果，也可用陶土制的坩埚。熔化后的玻璃凭自重即能缓慢的从孔中流出，经过卷筒的快速牵伸，在玻璃没有硬化之前就被拉成 3 ~ 15μm 的纤维。卷上卷筒之前，纤维还需喷上浆料。浆料对纤维起有粘合集束、润滑、耐磨、保护、消除静电效应等作用，从而保证拉丝和织制工序的顺利进行。常用的浆料有纺织型和强化型两种。前者是石乳化剂，其中含有石蜡、凡士林、硬脂酸、变压油器、硬化剂、表面活性剂和水等。这类浆料有利于纺织加工，但却妨碍树脂和玻璃纤维的粘结。因此，制造增强塑料时，需先将其除掉。后一种浆料常用的是聚醋酸乙烯酯、聚酯等。这类浆料对树脂与玻璃纤维的粘结性能影响不大，因此制造增强塑料时可以不用除去。但这种浆料在纺织时容易使纤维起毛，所以一般只用于生产无捻粗纱、无捻粗纱织物以及短切纤维和短切纤维毡等。从漏板中拉出的细玻璃纤维，又称为单丝，将浸有浆料的多根单丝集束为一股即为原纱。每根原纱内单丝的数目一般为 50、100、200 或 400。

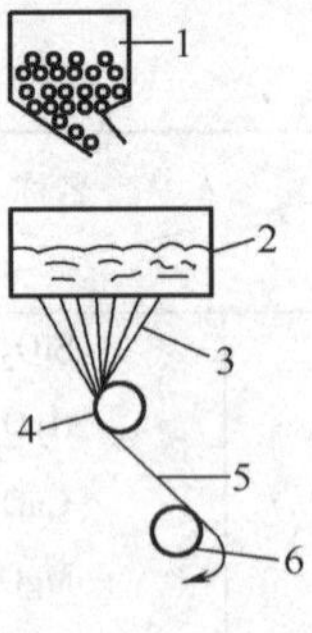

图 8 - 4　玻璃纤维制造方法示意图

1—玻璃球加料斗　2—铂金坩埚及玻璃溶液　3—玻璃纤维单丝　4—集束轮　5—玻璃纤维原纱　6—拉丝卷筒

玻璃纤维的支数和棉纱的支数一样，都是工业上通用的术语，间接的用于区别织物的粗细。纤维支数是指一克重量的单丝所具有的长度。显然，支数越大时，单丝就越细。支数相同的玻璃单丝和棉纱，其粗细并不相同，因为它们的密度不一样，常用于增强塑料的玻璃单丝的支数有 40tex*、80tex、160tex 三种。

8.4.2.2　玻璃纤维织物的制造

玻璃纤维可以用纺织方法将其制成各种玻璃纤维织物。纺织前，玻璃纤维应先经过纺纱的过程。纺成的纱有加捻纱和无捻纱两种。加捻纱是将玻璃纤维经过退烧、加捻、并股、络纱而制成的。无捻纱是不经过退烧和加捻，由单丝直接并股、络纱而制成。加捻纱用石蜡乳剂作为浆料，而无捻纱则用聚醋酸乙烯酯作为浆料。无捻纱切成 6 ~ 50mm 不同长度的纤维，即称为短切纤维，可用于模压成型。具体流程如下：

(1)玻璃绳

玻璃绳是由许多股玻璃纱加捻绞紧而成的，强度很高，常用于增强塑料的局部处加强。加捻常以捻度表示，即单位长度内玻璃纤维束所经过的搓捻转数。加捻可以提高纤维的抱合力，改善纤维的受力情况，有利于纺织工序的进行。但是，捻度过大的玻璃纱不利于树脂的浸透。

(2)玻璃布

按照织法的不同，玻璃布常分为平纹布、斜纹布、缎纹布和单向布等。

1)平纹布是最普通的织法。经纱和纬纱都是从一根纱下面穿过，并压在另一根纱的

---

* tex 特克斯。旧称公支，又称号数，是指 1000m 长线在公定回潮率下重量的克数，tex = g/1000m

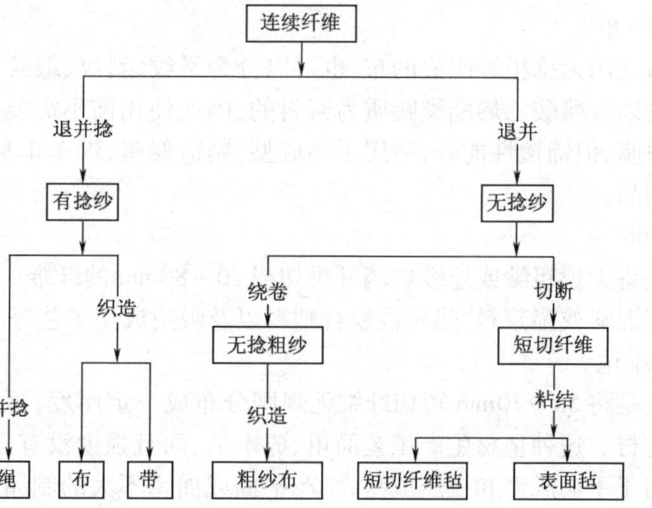

上面。常用于各向强度要求一致的增强塑料中，且适于制作形状简单而且平坦的制品。这种布编织紧密、表面平整，但在浸渍树脂时不易排出气泡。此外，还由于在这种布中玻璃纱在单位长度的经向和纬向的曲折次数最多，因此拉伸强度较低，但剪切强度却最高。

2）斜纹布的经纱和纬纱都是从两根纱下穿过并压在另两根纱上，而且相邻的两根经纱或纬纱在穿过的次序上是错开的，因此布上出现斜纹。由于这种布中的经纬纱的曲折次数比平纹布中少，因此它的抗张强度较高而又比较柔软，在制造增强塑料时有良好的铺覆性，适用手糊成型，常用于制作具有曲面和各向强度都要求较高的制品。

3）缎纹布的经纬纱在单位长度内的曲折次数最少，因此它在柔软程度、铺覆性和拉伸强度等方面均比前两种布高，适用手糊成型和制造有复杂曲面的增强塑料。

4）单向布是以强纱为经纱，以弱纱为纬纱制成的。因此，经向强度比纬向强度大得多，适用于要求单向强度特别高的制品。就一种布而论，厚度越大的，压缩强度越低，但是冲击强度却很高。这因为厚布是用大束玻璃纤维织成的，布越厚，玻璃纤维卷曲程度越大，因而压缩强度越低，不过卷曲纤维在未完全压实以前是能够吸收冲击能量的，所以厚布有较高的冲击强度。制造增强塑料时，使用厚布虽然可以减少层数，降低成本，但是厚布往往使树脂不易完全浸透，柔软性较差，影响制品的强度，并易出现分层现象。

（3）玻璃布带

玻璃布带与布的结构组织相同，只是幅面较窄而已，一般宽度为 10～30mm，少数也有约 55mm 的。布带主要用于缠绕管道、接头等增强塑料制品。

（4）无捻粗纱

无捻粗纱是许多股平行的连续玻璃纤维不加捻而合成的玻璃丝束，常用的无捻粗纱的股数有 10、20、40、60 股等几种。市场出售的无捻粗纱都是缠绕在圆柱形纱管上的。由于这种粗纱中的纤维只是一个方向上排列，所以强度具有单向性。此外，还由于它没有加捻，组织比较松散，浸渍时容易为树脂所浸透。无捻粗纱在增强塑料制品中主要用于缠绕高压容器和管道。

(5)无捻粗纱布

无捻粗纱布是用无捻粗纱织成的布，也可以分为平纹、斜纹、缎纹和单向等几种。由于所用的纤维是以聚醋酸乙烯酯类物质为浆料的，因此使用前不需要经过处理。这种纱布不容易浸透树脂，但铺覆性能好，适用手糊成型，制造船艇、汽车车身和大型容器等，也可以用于层压制品。

(6)短切纤维

短切纤维是将无捻粗纱或连续玻璃纤维切成20～80mm的纤维。这种纤维主要用于制造模压用的干混料或湿浆料、热塑性复合塑料以及吸附成型工艺等。

(7)短切纤维毡

短切纤维毡是将50～70mm短切纤维无规则分布成一定厚度，再用黏结剂粘紧而具有一定强度的毡材。这种毡材生产工艺简单、成本低、而且强度没有方向性，但强度不如玻璃布。主要用于手糊成型和模压成型，生产平面或曲率不大的制品。不用黏结剂而用机缝的方法也可将短切纤维织造成毡。这种毡常称为针状毡，它具有良好的铺覆性，易被树脂浸透，常用于模压成型和橡皮带加压成型。

(8)表面毡

表面毡是用大量的可溶性黏结剂将定长纤维粘接成很薄的一层毡料，其厚度为0.30～0.38mm。它的浸渍速度快，且能吸收比较多的树脂，覆盖性能好，因此可以覆盖制品，掩盖玻璃纤维，使制品表面光滑，常用于手糊成型。

(9)连续玻璃纤维毡

先将连续纤维平行或交叉排列，再直接喷上黏结剂而制成的片状材料，即为连续玻璃纤维毡。这种毡用的玻璃纤维直径较粗，因此毡的厚度根据所用纤维的不同也有不同的规格，粘结用的树脂也可以根据用途的不同进行选择。这种毡的特点是在拉丝的过程中就喷上了树脂，不需要使用浆料，同时在制作过程中没有织的过程，不仅简化或减少了生产工序，同时还减少了纤维的辗转而受到损伤。这种毡料主要用于压制绝缘板和缠绕绝缘管等制品。

近年来纤维织物有一些新的发展，如针对制品的形状用计算机三维编织技术将纤维织物织成立体的骨架形状，然后再与树脂成型为一体的制品，这种制品三维上有较均衡的高的强度，具有耐层间剪切的特性。

8.4.3　玻璃纤维及织物的表面处理

为了提高纤维增强塑料的强度，增加玻璃纤维和树脂间的粘接力，有必要首先了解玻璃纤维的表面结构和增强粘接力的理论。

8.4.3.1　玻璃纤维表面结构及粘接机理

去除了浆料的玻璃纤维或织物，其表面的化学结构常为硅醇键(—Si—OH)和硅醇键之间键合的氢键。这种结构具有较大的极性，能吸附难以去除的水分。如果在浸渍时采用的树脂是带有极性的基团，它们之间形成氢键的键合作用，而与玻璃纤维表面的粘结性很强。显然，氢键的密度，即玻璃纤维表面上硅醇键的密度和树脂中极性基团的密度将直接影响界面间的粘接强度。如果在浸渍时采用的树脂没有极性或极性很小，则难使两者在界面处有很好的粘接，此时就需要用偶联剂来增加它们之间的粘接作用。偶联剂的分子结构中兼有与极性和非极性能发生化学作用的两种活性基团，能够在玻璃纤维表面与树脂基体之间形成化学键。用偶联剂处理玻纤表面能够改善树脂与纤维间的润湿性，并能提高界面之间的粘接力，显著提高复合材料的综合性能，并可能延长复合材料的使用寿命。

偶联剂既可以在玻璃纤维或其织物的表面处理过程中涂覆在纤维上，也可以添加在树脂中。

常用的偶联剂有以下几类：

(1)有机酸氯化铬络合物类

常用的是甲基丙烯酸氯化铬的络合物类，又称沃兰，简称铬络合物。它是由碱式氯化铬和羧酸作用而得到的。其中碱式氯化铬是由三氧化铬在低级脂肪醇和盐酸的水溶液中还原得到的。在水溶液中，氯化铬络合物水解成氢氧化铬络合物。其作用机理如下：

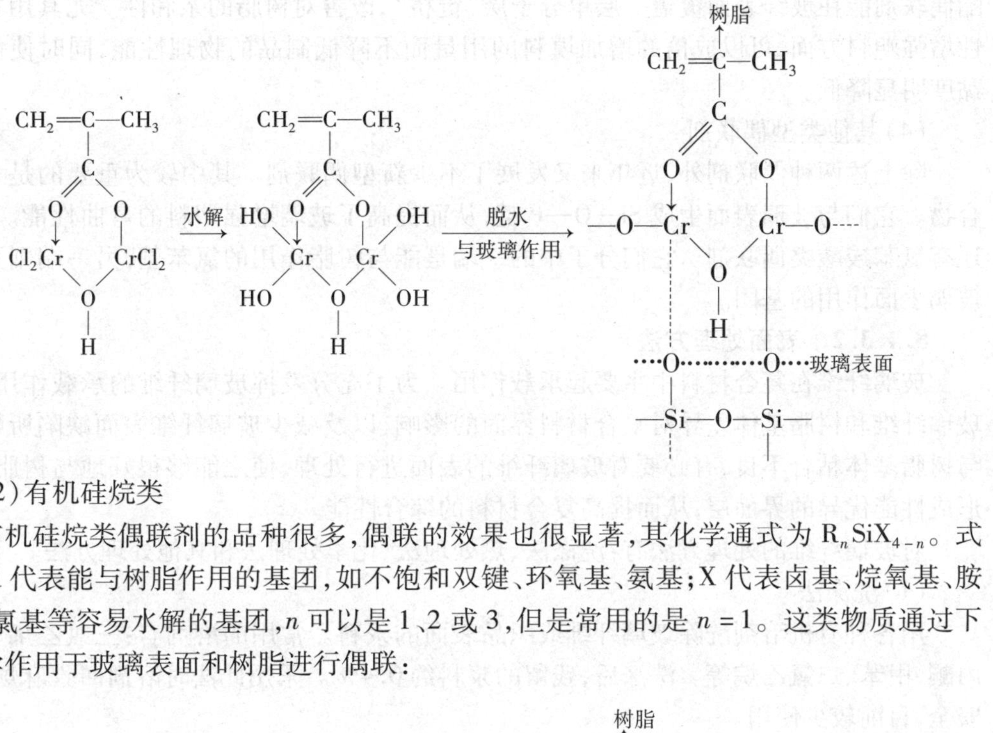

(2)有机硅烷类

有机硅烷类偶联剂的品种很多，偶联的效果也很显著，其化学通式为 R_nSiX_{4-n}。式中的 R 代表能与树脂作用的基团，如不饱和双键、环氧基、氨基；X 代表卤基、烷氧基、胺基、酰氯基等容易水解的基团，n 可以是 1、2 或 3，但是常用的是 $n=1$。这类物质通过下列化学作用于玻璃表面和树脂进行偶联：

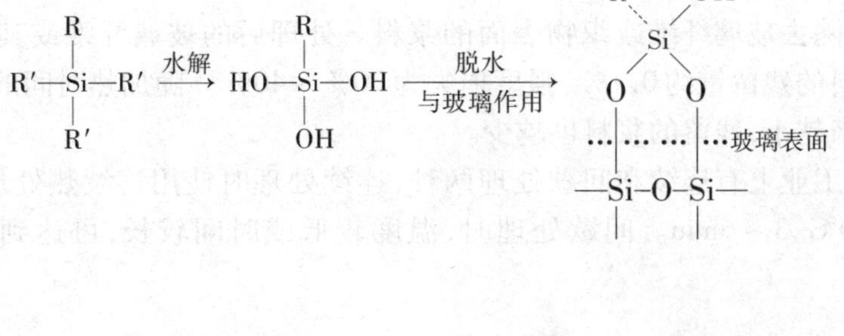

选用硅烷偶联剂时，要根据树脂的反应基团特性，选择具有良好反应匹配性的硅烷偶联剂。比如环氧树脂和聚氨酯可以选用带有胺基的硅烷偶联剂处理玻纤表面，因为胺基能与环氧、聚氨酯发生化学反应。酚醛与三聚氰胺固化过程中胺基能起催化作用，所以也可选用带胺基硅烷偶联剂处理玻纤表面。不饱和聚酯树脂则不能选用带胺基的硅烷偶联剂处理玻纤表面，因为胺基对不饱和聚酯固化具有阻聚作用；而带有乙烯基和甲基丙烯酰基官能团的硅烷偶联剂者则适用于不饱和聚酯，这是由于硅烷偶联剂中的不饱和双键与树脂中的不饱和双键在引发剂和促进剂的作用下能够发生化学反应，形成化学键。以上原则主要是从热力学角度来考虑的，但实际上增强塑料的树脂与增强物复合过程是非常复杂的，除了玻纤表面的偶联剂与树脂起反应之外，树脂本身也在进行固化反应，如果偶联反应速度大于树脂本身固化反应，则偶联效果很好，否则效果较差。

(3)钛酸酯类偶联剂

钛酸酯类也是迅速发展的偶联剂，主要用于热塑性塑料的填充增强中。钛酸酯偶联剂无论是用于热固性或热塑性增强塑料中都取得很好的效果。与硅烷偶联剂一样，钛酸酯偶联剂能在玻纤表面覆盖一层单分子层“键桥”，改善对树脂的亲和性。尤其用在热塑性增强塑料方面，可以成倍的增加填料的用量而不降低制品的物理性能，同时使体系的黏度明显降低。

(4)其他类型偶联剂

除上述两种偶联剂外，近年来又发展了不少新型偶联剂。其中较为重要的是含磷化合物。它们与玻璃表面生成 Si—O—P 键，从而提高了玻璃增强塑料的弯曲性能。另外，还有氯苯羧酸类偶联剂。它们分子中的一端是能与树脂作用的氯苯基，另一端则是能与玻璃表面作用的基团。

8.4.3.2 表面处理方法

玻璃纤维在复合材料中主要起承载作用。为了充分发挥玻璃纤维的承载作用，减少玻璃纤维和树脂基体差异对复合材料界面的影响，以及减少玻璃纤维表面缺陷所导致的与树脂基体粘合不良，有必要对玻璃纤维的表面进行处理，使之能够很好地与树脂粘合，形成性能优异的界面层，从而提高复合材料的综合性能。

对玻璃纤维的处理方法有：洗涤法、热处理法、化学处理法和其他处理方法。

(1)洗涤法

用各种有机溶剂洗除玻璃纤维或织品表面的浆料。常用的溶剂有：三氯乙烯、汽油、丙酮、甲苯、二氯乙烷等。洗涤后，残留的浆料约0.4%。采用此法时溶剂回收麻烦，又不安全，目前较少使用。

(2)热处理法

利用高温除去玻璃纤维或织物表面的浆料。处理后的玻璃纤维或其织物呈金黄色或深棕色，浆料的残留量约0.1%，强度损失为20%～40%。随加热时间的延长和温度升高，强度将越来越小，残留的浆料也越少。

热处理在工业上有连续和间歇处理两种，连续处理时使用连续热处理炉，工艺条件可取300～450℃，3～6min。间歇处理时，温度较低或时间较长，可达到280℃和15～

25min。虽然玻璃纤维的强度在热处理中有所损失，但增强塑料制品的强度却有所提高。因为未处理的玻璃纤维强度虽高，但在制品中由于与树脂粘接性不好，纤维的强度不能得到充分发挥。

(3)化学处理法

化学处理法分三种，即后处理法、前处理法和迁移法。

后处理法是先将玻璃纤维或其织物经过热处理，使其浆料残留量小于1%，再经过偶联剂溶液处理、水洗和烘干，使玻璃纤维表面覆上一层偶联剂。此法效果好，质量较稳定，也比较成熟。但需热处理、浸渍、水洗、烘焙等多种设备，成本较高。

前处理法是将偶联剂加在浆料中，偶联剂在拉丝的过程中就附在玻璃纤维的表面上。在这一方法中与偶联剂作用的浆料不同于石蜡乳剂，含油质成分少，成为增强型浆料，常用聚醋酸乙烯酯型浆料。与后处理法相比，可以省去复杂的工艺和设备，使用方便，不需要热处理，强度损失小，是一种较理想的方法。但是，很难找到一种偶联剂能同时满足纺织和制造增强塑料两方面工艺的要求。

迁移法是将偶联剂按一定的比例直接加到树脂中，再经过浸胶涂覆使其与玻璃纤维或其织物发生作用。这种方法工艺简单，不需要庞大的设备，但是效果较前两种差。适于缠绕成型和模压成型。

(4)其他的处理方法

近年来，表面处理技术出现了表面接枝法、等离子体表面处理法和稀土表面处理法等方法。

表面接枝法是在玻纤表面接枝聚合物或小分子的方法。选择与基体相容性好的接枝物包覆在玻璃纤维的表面，使经接枝处理的玻璃纤维与基体具有很好界面粘结，提高复合材料的综合力学等性能。

等离子体表面处理法有工艺简单、节省时间、对环境无污染等优点，对增强物表面的改性只对几个纳米的薄层起物理或化学变化，能在不影响增强体力学性能的前提下使表面产生超解析作用并得到粗化，改善增强物表面物理性质，且不改变其化学性质。

稀土表面处理法指利用稀土元素有其他常规元素所没有的特性对玻璃纤维表面进行处理的方法。根据化学键理论和扩散理论，通过化学键键合和物理吸附，使稀土元素被吸附在玻璃纤维的表面并在靠近纤维表面产生畸变区。被吸附的稀土元素改善了玻璃纤维与树脂的界面粘合力，使复合材料的性能提高。

此外，还可采用将几种方法联用来处理玻璃纤维表面。

8.4.4 新型无机纤维材料

(1)碳纤维

碳纤维是由粘胶纤维、聚丙烯腈、木质素和特种沥青等制得的。它是先在低温下氧化，然后在惰性气体中进行高温碳化和石墨化制得的。在氧化、碳化、石墨化过程中，应对纤维施加拉力，使其分子定向排列，从而制得具有高强度和高弹性模量的碳纤维。根据碳化温度可分为三类：300～500℃的为耐燃材料；500～800℃的为碳化纤维；2000℃以上的为石墨纤维。耐燃纤维是无定形物质，耐热温度可达200～300℃；碳化纤维是碳素结构、耐热性更高，且具有导电性；石墨纤维具有结晶型结构，耐热性和导电性都比前两种高，而且具有润滑性，以上三种纤维一般都称为碳纤维。除在氧化环境外，碳纤维在3000℃高温下不熔融，不软化，化学稳定性好，热膨胀系数小，导热系数大，导电性好，无毒，不自燃，其缺点是纤维与树脂胶接性不好，剪切强度差。

碳纤维粗纱是由10000根单丝集束而成的，并能由它制成短切纤维、带和其他织物。这些织物与树脂混合粘接后即可制成缠绕、层压和模压制品。碳纤维复合材料的强度和模量随着纤维含量的增多而增大，纤维的最适宜含量为60%，纤维含量过多时将会影响力学性能。

碳纤维，尤其是高模量的石墨纤维，其表面常为惰性，与树脂粘接力差。为了增加胶接力，须对碳纤维表面进行表面处理。碳纤维表面处理方法很多，但与碳纤维生产线在线配套使用的成熟方法主要有阳极电解氧化法和气相法，包括空气氧化法和臭氧氧化法。阳极电解氧化法是国内外较成熟的在线配套使用的方法，已得到广泛应用。其特点是氧化反应缓和，易于控制，处理效果显著。但是，它属于液相氧化，氧化处理后残留电解质的洗净和干燥十分烦琐。空气氧化法工艺最简单，消耗也少，但操作弹性太小，氧化反应不易控制，氧化过快会导致碳纤维的抗拉强度大幅度下降，因而在线配套使用的较少。

(2)硼纤维

硼纤维是由钨丝作为芯线，连续通过装有氯化硼和氢并加热到1160℃的反应室制得的。在反应室中，氢气还原氯化硼，使生成的硼沉淀于钨丝表面成为硼纤维。纤维直径达到43～120μm，成本昂贵。硼纤维的弹性模量比玻璃纤维大五倍，硬度与金刚石相当。其缺点是直径较粗，可变性差，延伸率不好。由硼纤维所制得的增强塑料可用于航空工业的发动机叶片、飞机的机翼以及宇航设备的烧蚀材料及其他结构材料。

(3)碳化硼纤维与碳化硅纤维

碳化硼纤维与碳化硅纤维类似于硼纤维，也是采用化学沉积法制得。前者密度小、强度高、弹性模量大、耐热性好，用于尖端技术；后者热稳定性优于硼纤维，也用于航天飞行等尖端技术中。

(4)晶须

晶须为单晶类纤维增强材料，其纤维极细，直径在1～30μm。这类纤维除强度高外，还具有玻璃纤维的延伸率和硼纤维的弹性模量。目前已生产的有氧化铝、碳化硅、氧化硅等晶须。

(5)石棉纤维

石棉纤维是天然结晶质无机纤维的总称，具有耐热、耐磨、耐酸、吸湿性小、因次稳定性好、摩擦因数小等特点，其缺点是难被树脂浸渍。其中，纤蛇纹石棉有优良的可纺性和较大的抗张强度，可用于热塑性塑料。因其含约14%的结晶水，所以由它制成的增强塑料时，在外界升温很快时内层温度却不会发生陡变，这一特性在国防和航空上均有重要的使用价值和意义。斜方角闪石棉具有耐酸碱性好、电绝缘性能优越等特点，被广泛用于耐化学腐蚀用器及电气绝缘器材。而青石棉则因其强度和化学稳定性较好被广泛用作化工设备。

此外,还有来源广、价格便宜、便于加工的木材;有较好力学强度和匀整性的棉布;有成本低、易成型、密度小的麻纤维以及纸张、合成纤维等也被用来作为增强材料。

8.5 高压成型

高压成型可分为层压成型、卷绕辊压成型和模压成型。

8.5.1 层压成型

层压成型是指将多层附胶片材叠合并送入热压机内,在一定温度和压力下,压制成层压塑料的成型方法。这种方法发展较早也比较成熟,所制制品的质量高,也比较稳定,缺点是只能生产板材,而且板材的规格受到设备大小的限制。

层压成型的树脂多用酚醛树脂和环氧树脂,对于要求特殊电性能的制品,可选用聚邻苯二甲酸二烯丙酯树脂(DAP)。增强材料则以玻璃布、棉布、纸张、石棉等片材为多。层压成型一般分为两个过程。现以玻璃布为例,说明如下。

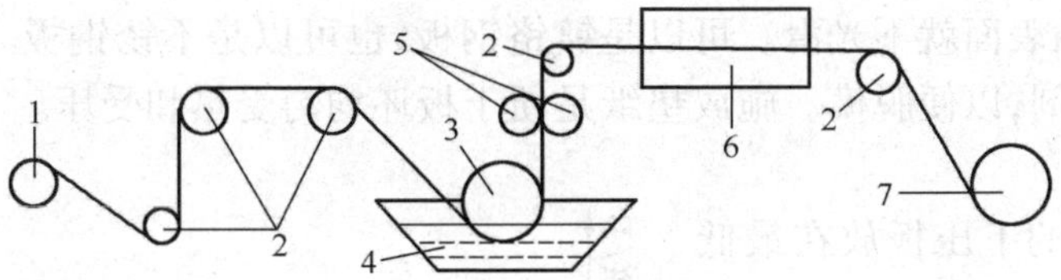

图 8-5 浸胶机示意图

1—卷绕辊 2—导向辊 3—涂胶辊 4—浸槽 5—挤液辊 6—烘炉 7—卷取辊

8.5.1.1 浸渍

图 8-5 为浸渍过程的示意图。由卷绕辊 1 放出的片状基材经导向辊 2 和涂胶辊 3 在装有树脂溶胶的浸槽 4 内进行浸渍,再经挤液辊 5 挤掉多余的胶料,进入烘炉 6 内干燥而成为附胶片材,再由卷取辊 7 收取。浸渍时要求基材必须为树脂所浸透,并达到所规定数量的树脂,规定数量视树脂种类而定,其变化范围为 25% ~46%,涂拭要均匀,无杂质,避免卷入空气。

除用浸渍法外,还可采用喷射法或涂拭法。

8.5.1.2 层压板材的成型

层压板材成型工艺过程由为叠料、进模、热压、脱模、加工和热处理等过程组成。

(1)叠料

首先是对所用附胶材料的选择。选用的附胶材料要浸胶均匀、无杂质、树脂含量符合规定要求,用酚醛树脂时其含量在 32 ±3%;用邻苯二甲酸二烯丙酯树脂时为40 ±3%,而且树脂的硬化程度也应达到规定的范围。接着是剪裁和层叠,即将附胶材料按制品预定尺寸,长宽均比制品要求的尺寸大出 70 ~80mm,裁切成片并按预定的排列方向叠成成扎的板坯。制品的厚度似乎是决定于板坯所用附胶材料的张数,但由于附胶材料质量的变化，往往不容易准确。因此，一般是采用张数和质量相结合的方法来确定制品的厚度。

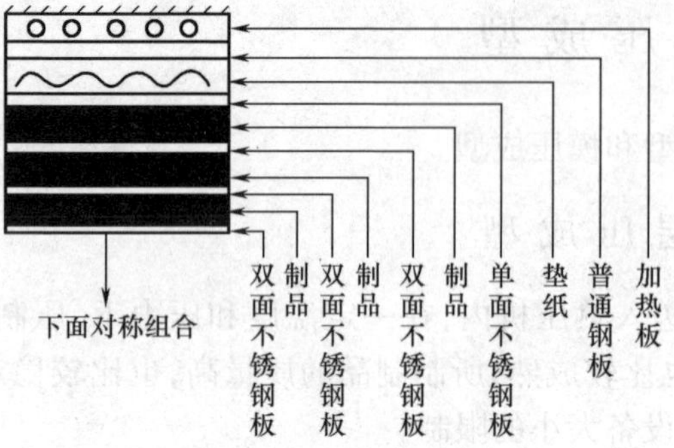

图 8-6　压制单元组成示意图

为了改善制品的表观质量，也有在板坯两面加用表面专用附胶材料的，每面约放 2~4 张。表面专用附胶材料不同于一般的附胶材料，它含有脱模剂，如硬脂酸锌，含胶量也比较大。这样制成的板材不仅美观，而且防潮性好。

将附胶材料叠放成扎时，其排列方向可以按同一方向排列，也可以相互垂直排列，用前者制品的强度是各向异性的，而后者则是各向同性的。叠好的板坯应按下列顺序集合成压制单元（见图 8-6）：

金属板→衬纸→单面钢板→板坯→双面钢板→板坯→单面钢板→衬纸→金属板。

金属板通用钢板，但表面应力求平整。单面和双面钢板，凡与板坯接触的面均应十分光滑，否则制品表面就不光滑。可以是镀铬钢板，也可以是不锈钢板。放置板坯前，钢板上均应涂润滑剂，以便脱模。施放垫纸是便于板坯均匀受热和受压。

（2）进模

将多层压机的下压板放在最低位置，而后将装好的压制单元分层推入多层压机的热板中，再检查板料在热板中的位置是否合适，然后闭合压机，开始升温升压。

（3）热压

开始热压时，温度和压力都不宜太高，否则树脂易流失。压制时，聚集在板坯边缘的树脂如已不能被拉成丝，即可按照工艺参数要求提高温度和压力。温度和压力是根据树脂的特性用实验方法确定的。热压时温度控制一般分为五个阶段（见图 8-7）。

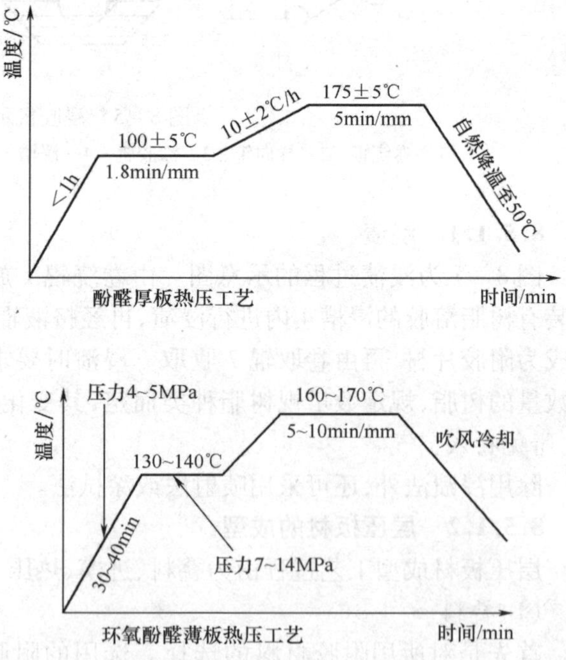

图 8-7　热压工艺五阶段升温曲线示意图

第一阶段是预热阶段。是指从室温到硬化反应开始的温度。预热阶段中，树脂发生熔化，并进一步浸透玻璃布，同时树脂还排除一些挥发分。施加的压力为全压的1/3~1/2。

第二阶段为保温阶段。树脂在较低的反应速度下进行硬化反应，直至板坯边缘流出的树脂不能拉成丝时为止。

第三阶段为升温阶段。这一阶段是自硬化开始的温度升至压制时规定的最高温度。升温不宜太快，否则会使硬化反应速度加快而引起制品分层或产生裂纹。

第四阶段是当温度达到规定的最高值后保持恒温的阶段。它的作用是保证树脂充分硬化，使成品的性能达到最佳值。保温时间取决于树脂的类型、品种和制品的厚度。

第五阶段是冷却阶段。当板坯中树脂已充分硬化后进行降温，准备脱模的阶段。降温一般是热板中通冷水，少数是自然冷却。冷却时应保持规定的压力直到冷却完毕。

五个阶段中所施的压力，随所用树脂的类型而定。例如酚醛层压板压力为(12 ± 1) MPa，邻苯二甲酸二烯丙酯层压板压力为7MPa左右。压力的作用是除去挥发分，增加树脂的流动性，使玻璃布进一步压缩，防止增强塑料在冷却过程中的变形等。

(4)脱模

当压制好的板材温度已降至60℃时，即可依次推出压制单元进行脱模。

(5)加工

加工是指去除压制好的板材的毛边。3mm以下厚度的薄板，可用切板机加工，3mm以上的一般采用砂轮锯片加工。

(6)热处理

热处理是使树脂充分硬化的补加措施，目的是使制品的力学强度、耐热性和电性能都达到最佳值。热处理的温度应根据所用树脂而定。

8.5.1.3 层压成型设备

层压成型所用的设备为多层压机(见图8-8)，其常用吨位为2000~4000t。其工作原理与下推式液压机类似，区别在于多层压机的上、下压板之间设有许多工作垫板，层数从十几层多至几十层，借以容纳多层板坯而达到提高产率的目的。当下压板处于最低位置时推入被压物，这时，垫板的位置均利用自带的凸爪而挂在特设的条板阶梯上得到固定，而各个垫板的凸爪尺寸是依次向下缩小的，以便在施压时下压板上推，各个垫板由上而下相互靠拢，使所有板坯受压。压机对板坯的加热一般是将蒸汽通入加热板内来完成的，冷却时间则是在同一通道内通冷却水。

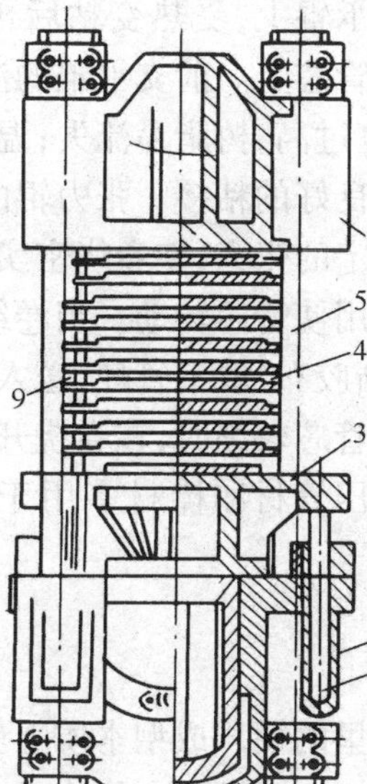

图8-8 多层压机

1—工作压筒 2—工作柱塞 3—下压板 4—工作垫板 5—支柱 6—上压板 7—辅助压筒 8—辅助柱塞 9—条板

层压成型工艺虽然简单方便，但制品质量的控制却很复杂，必须严格遵守工艺操作规程(见图8-7)，否则常会出现裂缝、厚度不均、板材变形等缺陷。裂缝的出现是由于树脂流动性大和硬化反应太快，使反应热的放出比较集中，以致挥发分猛烈向外逸出所造成的。因此，附胶材料中所用的树脂，其硬化程度应受到严格控制。要控制板材厚度就要控制胶布的厚度，使胶布的含胶量均匀。层压板的变形问题，主要是热压时各部温度不均造成的，这常与加热的速度和加热板的结构有关。

8.5.2　卷绕辊压成型

层压塑料制品只限于扁平形或外形简单的制品。增强塑料管材和棒材的制造，是以干燥的附胶片材为原料，用卷绕方法成型的。与层压成型所不同的是，这种成型方法是将附胶片材一层层卷绕在管芯上，再以支承辊和大压辊压实。其成型过程见图 8－9 所示。

卷绕辊压成型时，按棒、管长度裁切附胶宽度，在涂有脱模剂的管芯上包上一段附胶片材作为底片，将其置于前、后支承辊与大压辊之间压紧。然后，将绕在卷绕机上的附胶片材拉直并与底片端搭接，开始慢速卷绕，正常后逐渐加快速度。此时，附胶片材经张力辊和导向辊而进入已经预热的前支承辊上，受热变粘后再卷绕到包好底片的管芯上。前支承辊的温度应严格控制，温度过高，树脂易流失；温度过低时，不能保持良好的粘接。张力辊的作用是给附胶片一定的张力，使卷绕密实，同时可借助摩擦作用使管芯转动。当卷绕到规定尺寸时，割断胶布，取下管坯，送入炉内进行固化。最后，在室温下自然冷却，从管芯上取下管材。当管芯较细时，在卷绕开始不久，就将芯棒抽出，即成为层压棒材制品。

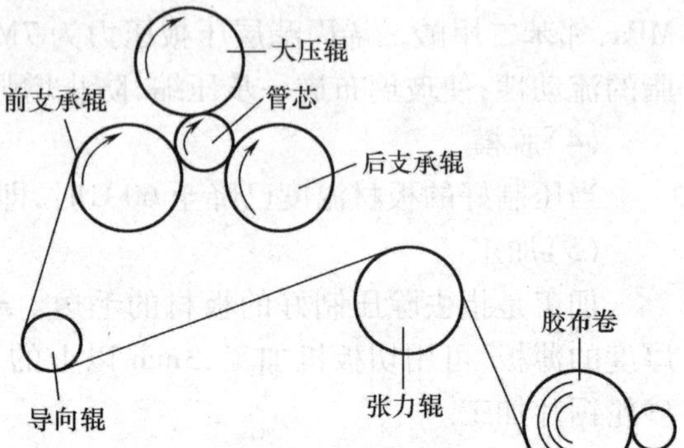

图 8－9　卷管工艺示意图

层压管材和棒材多用于加工各种机械零件，也可直接用作各种绝缘套管和工业制品。

8.5.3　模压成型

这里的模压成型本质上就是第四章所说的压制成型，不过以附胶片材（底材以用织物为主）作为原料而已，由于它在模压中很难流动，需采用剪裁、缝制或制坯等方法，将其制成与制品形状相仿的型坯并正确地安放在阴模中，再进行压制模塑。这种模压制品只能是扁平或形样简单的，但其力学强度却比一般模压制品高得多，常用于齿轮、滑轮、轴瓦、轴衬、阀件等的制造。

8.6　低压成型

低压成型是用橡皮袋等弹性施压物与刚性模配合作用的成型方法，因其加工压力较低，故称为低压成型。这种成型制品在外观和强度上稍差，但对设备要求不高，可制造大型制品，对增强材料的损伤小。根据弹性施压物传递压力的方式，低压成型法种类很多，但应用较多的有接触法和袋压法，其他各种方法大多只用于特殊场合，这里重点讨论接触法低压成型。

8.6.1 接 触 法

接触成型是指成型方法仅借助于增强材料、树脂与模具之间的接触而成型，又称为涂敷法、裱糊法或手糊法。其工艺过程是，在预先涂好脱模剂的模具上，将附胶片材，如制造的是玻璃织物增强塑料，也可直接用玻璃布或玻璃毡，用树脂连铺带涂并一层层地贴上。每贴一层，均应将其中空气排出，铺到所需厚度时，即进行硬化处理。硬化完毕后，经适当修整，即可得到制品。

8.6.1.1 成型中采用的模具和主要材料

(1)模具

模具结构的设计和选用的材质都会对成型工艺、制品质量和成本产生影响。用作模具的材料应有足够的刚度，不被树脂浸蚀，能够满足成型工艺的要求和制品容易脱模。常用的材料有木材、金属、玻璃纤维增强塑料、石膏、石蜡、水泥、红砂、可溶性盐、硬质泡沫塑料等。

模具结构形式可分为阳模、阴模、对模三种，见图8-10。阳模的工作面是突出的，因此用这种模具时不仅便于操作，而且对制品质量也易于控制，常用于成型仪器盒、机器罩、船壳等。用阳模成型制品的缺点是外表面粗糙。阴模的工作面是凹陷的，当凹度比较大时，操作就很不方便，制品质量也不易控制。但是所制制品的外观平整光滑，适用于对外表要求较高的制品，如汽车外壳、船壳等。对模是兼有阳模和阴模的模具。用这种模具成型，可使制品内外表面都平整光滑，而且厚度也能较好的控制。

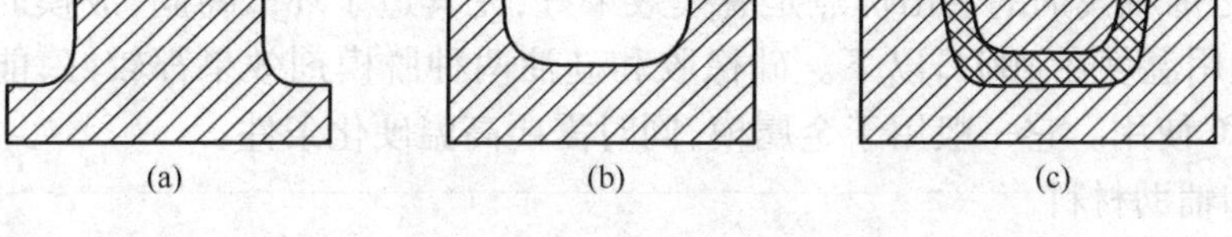

图8-10 接触成型模具示意图
(a)阳模 (b)阴模 (c)对模

(2)脱模剂

塑料因在其加工成型中塑料熔体与模具表面接触，往往会在它们的表面形成一种化学键，也会在两物体表面形成负压，因此存在着成型制品难以脱离，或者几乎不能脱离的问题。这时必须使用能够防止粘合的脱模剂。在工业生产中，有些塑料，如酚醛、环氧、聚酯、高压聚乙烯等成型时比较难脱模，采用传统的石蜡、硅油往往不能满足要求，特别是在不饱和聚酯和环氧树脂的成型过程中往往容易粘模。脱模剂一般应具有热稳定性、不腐蚀模具、化学惰性、不与树脂中的组分反应、不残留分解物、不影响制品色泽和后加工性、清洗性好、易成型、脱模性优良、不污染环境等特点。

脱模剂的作用机理是在模具表面喷涂脱模剂之后，固化成型时的实际界面如图 8－11。胶料与脱模剂的接触面为 A 面，脱模剂面为 B 面，脱模剂与模具的接触面为 C 面；脱模剂层为凝聚层。脱模时，当在 A 面和 C 面剥离时称为界面剥离，而在 B 面剥离时叫做凝聚层破坏。

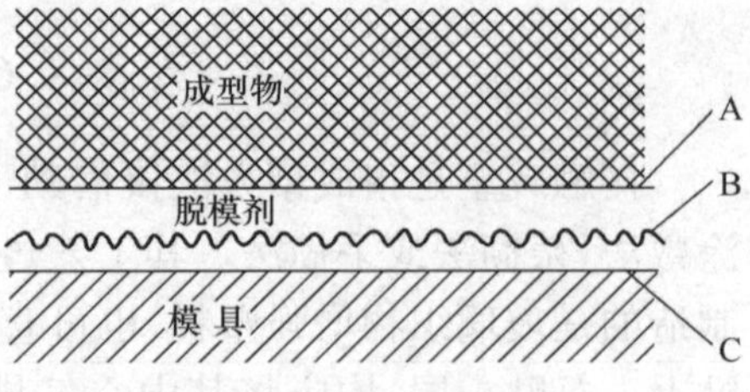

图 8－11　脱模剂示意图

脱模剂的转移率是指脱模剂在脱模过程中转移到成型产品上的百分率。一般由 A 面剥离脱模，脱模剂不转移；由 A 面剥离及 B 面凝聚层破坏脱模，脱模剂发生少量转移，约为 22%；因凝聚层的破坏而脱模，脱模剂转移较多，达到 44%～70%；由 B 和 C 面剥离及凝聚层的破坏而脱模，引起大量脱模剂转移，可以达到 93%；成型物与脱模剂接触，发生混合、粘接，当勉强脱模时，就会使部分成型物的表面和界面破坏而脱模。通常选用脱模剂时，要求在 B 面剥离脱模。由凝聚层引起的脱模，其脱模效果最好。

常用的脱模剂可薄膜型、溶液型和油蜡型等三大类。

薄膜型脱模剂有玻璃纸、涤纶薄膜、聚氯乙烯薄膜、聚乙烯薄膜、聚乙烯醇薄膜和醋酸纤维薄膜等。这些薄膜使用方便，只要将其按模具形状进行适当的剪裁，然后用油或凡士林等粘附在模具表面并不留空白和折皱即可。这种脱模剂的效果比较好，但是由于薄膜变形较小，铺敷性差，一般只适用于形状简单的制品。

溶液型是目前使用最多的一种脱模剂。几种常用的溶液型脱模剂有过氯乙烯溶液、聚乙烯醇溶液、聚苯乙烯溶液、硅橡胶和硅油脱模剂。其中过氯乙烯溶液脱模剂一般不能与制品表面接触，而是与其他脱模剂复合使用，使用温度在 120℃以下。聚乙烯醇脱模剂无毒，价格便宜，使用性能好，可以直接与制品接触，因此是目前接触成型中最常用的脱模剂。聚苯乙烯脱模剂的突出优点是脱模效果好，尤其适于环氧树脂，成模时间短、成模平整光滑，使用温度在 100℃以下。硅橡胶和硅油两种脱模剂效果都较好，能耐高温，可在 150～200℃使用。它一般用于金属模，同时需要高温硬化条件。

（3）树脂和辅助材料

接触成型中采用的合成树脂主要是环氧树脂和不饱和聚酯。采用的辅助材料有稀释剂、填料、催化剂和色料等。

（4）增强材料

适用于接触成型的增强材料有玻璃布、无捻粗纱方格布、玻璃毡等。用玻璃毡时，浸渍树脂、施工和排除气泡等工艺均较容易，但制品含胶量高，力学强度较低，只适用于制造力学强度要求不高而厚度较大的制品。用无捻粗纱布时，浸渍树脂和排除气泡也较容易，而且铺敷性好，强度较高。采用玻璃布时，布的厚度为 0.1～0.5mm，一般都用无碱玻璃布。使用前应在 300℃以上的高温下进行热处理。

8.6.1.2　接触成型工艺

这里以玻璃布作增强材料的接触成型工艺为例，简要说明接触成型工艺的主要过程。

(1)玻璃布的准备

根据要求选择经化学处理或热处理的玻璃布。已处理的玻璃布要放在干燥处,不得沾染油污。按模型裁剪玻璃布。形状复杂的应用纸板做成的样板,进行剪裁。用斜纹布和缎纹布时要注意方向性,对于各向同性制品,要把玻璃布纵横交替铺放,同时搭接处每层要错开。

(2)模具准备

模具所用的材料应根据制品和成型工艺的要求选择。模具表面要平整光滑,擦洗清洁并涂好脱模剂。使用木模和石膏模时,由于它们是微孔材料,所以要进行封孔处理,以防脱模剂向内部渗透,造成脱模困难。常用的封孔材料有硝基清漆和聚氨酯清漆等。石膏模、水泥模和木模都含有水分,使用前必须进行干燥,因为水分的存在会影响树脂的硬化过程。

(3)浸渍液的配制

为便于施工,浸渍用的树脂溶液黏度在0.40~1.00Pa·s范围。浸渍液要随配随用,用量较大时,最好按进度分批配料,否则常会由于硬化反应的进行使料的黏度太大,造成加工困难。

(4)糊制

手工糊制时要求操作者准确迅速,含胶量要严格控制,并将气泡及时排除。操作时,先均匀地刷一层树脂,然后贴上一层玻璃布,玻璃布要紧贴在表面上,无折皱无气泡。然后再刷一层树脂,贴第二层玻璃布,可用手动橡胶辊或毛刷将布推平并赶出多余的树脂和气泡。

糊制较厚的大型制件时,一定要分几次糊制,一次糊制的厚度不应超过10mm,否则厚度太大放热量大,制品内部内应力就会过分集中,从而使制品变形分层。糊制时环境温度和湿度对硬化的影响较大。一般要求环境温度不低于15℃,而湿度不高于80%。

(5)硬化及热处理

裱糊好的坯件,如果使用的是不饱和聚酯树脂,一般放置24h后,硬化反应就能大体完成,并可以进行脱模。热处理可以提高硬化速度、缩短周期、比常温的硬化更充分,制品质量好。热处理的条件取决于树脂和硬化剂的种类、玻璃布的层数和操作条件等。热处理时必须逐步升温和降温,升温速度约为10℃/h,切忌突然升降温,否则制品会产生内应力集中,发生气泡和分层。

(6)脱模及后加工

脱模工具最好是木制的或铜制的,以免将模具和制品划伤。大型制品的脱模有时可借助一些机械,如千斤顶、吊车等。制品从模具取出后可按照一般金属加工的办法进行后加工。

8.6.1.3 制品常见不正常现象及消除方法

接触成型工艺制品常见不正常现象及消除方法见表8-2。

表 8-2　　常见不正常现象及消除办法

缺陷	原因	解决办法
制品发黏	1. 脱模剂未充分干燥 2. 配料未搅拌均匀 3. 使用的器皿未充分干燥 4. 固化剂用量不够 5. 制品表面固化前未封闭隔绝空气	1. 脱模剂应充分干燥 2. 配料要充分搅拌 3. 使用器皿要干燥 4. 选用合理的配方 5. 使用苯乙烯蜡液、玻璃纸、涤纶薄膜等封闭
制品气泡多	1. 树脂用量过多 2. 树脂黏度太大 3. 增强材料的选择与处理不当	1. 控制含胶量 2. 适当加溶剂 3. 选用适当增强材料
制品流胶	1. 配料时搅拌不均匀 2. 固化剂和促进剂用量不够 3. 树脂黏度太小	1. 配料时搅拌均匀 2. 适当增加固化剂和促进剂的用量 3. 加入适量的触变树脂或气相法二氧化硅，轻质碳酸钙提高树脂的黏度
制品分层	1. 树脂含量不够，玻璃布未完全浸透 2. 玻璃布铺放的不紧密 3. 促进剂太多，固化太快 4. 不能一次成型的制品，在下次操作前表面拉毛不充分	1. 使玻璃布充分被树脂浸透 2. 玻璃布注意铺放平整 3. 减少促进剂用量 4. 需要连续操作已固化的表面应充分拉毛

8.6.2 袋压法

袋压法与接触法相似，不同的只是在硬化过程中须对已铺好的铺叠物施加压力。施加的压力是靠橡皮袋抽真空或加压来实现的，所以称为袋压法。由于施有压力，使得树脂能够充分浸渍，从而取得密实和强度均较高的制品。采用的模具是由刚性部分（也称硬质模）和弹性部分（橡皮袋）组成的。刚性部分是使制品获得固定形状的部分；弹性部分，即橡皮袋，则是在成型过程中将弹性介质的压力传递给铺叠物的部分。制品与刚性模接触部分的表面光滑，外形准确，而与橡皮袋接触的部分则较差。

根据弹性部分传递压力方式的不同又可分为三种方法：真空法，压力在 0.05 ~ 0.08MPa；气压法，压力在 0.4 ~ 0.5MPa；热压器法，压力在 2.5MPa 左右。

8.6.2.1 真空法

真空法如图 8-12 所示，成型时将橡皮袋覆盖在阴模中已铺好的铺叠物上，再在袋的四周用夹具将它夹紧在模具底板的边缘上，使铺叠物完全处于密封的空间。通过抽气口用真空泵将橡皮袋内部的空气抽出，这时铺叠物就会受到大气压的作用而被压紧。为了防止橡皮袋和制品粘在一起，可在制品和橡皮袋之间放一层玻璃纸。硬化是在加热室中进行的，亦可以使模具本身加热。待树脂固化后，即可进行冷却和脱模，并得到制品。

这种成型方法由于压力小，所以只适用于不饱和聚酯树脂和玻璃纤维或玻璃布的成型。

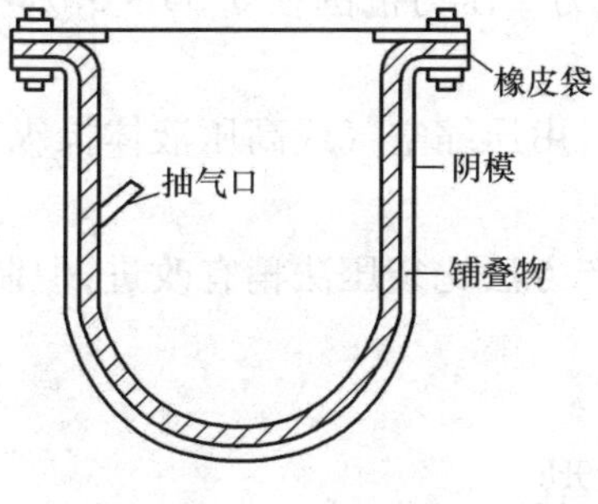

图 8-12　真空袋压装置

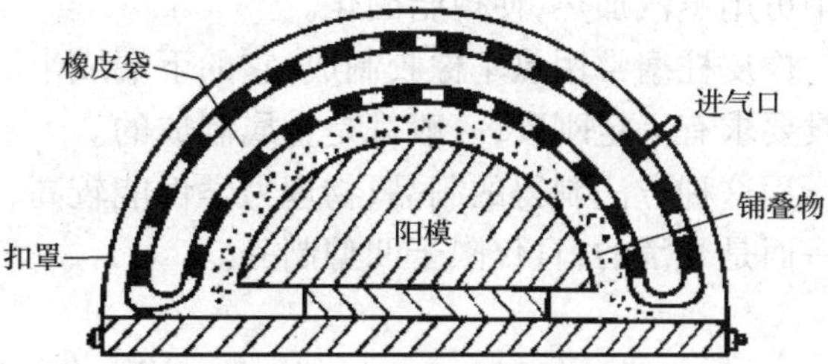

图 8-13　气压橡皮袋装置

8.6.2.2　气压法

气压法也是将橡皮袋铺放在铺叠物上的成型方法如图 8-13 所示。铺叠物和橡皮袋都放在一个容器内，当压缩空气进入橡皮袋后，橡皮袋就膨胀而对铺叠物施加压力，整个装置应能够加热而使树脂硬化。施压时，气压能够均匀地分布在铺叠物的表面上，由于压力较高，约 0.4～0.5MPa，因此模具通常都须用金属制造，同时所得制品的物理力学性能较高。

8.6.2.3　热压器法

热压器法的生产装置如图 8-14 所示。热压器法也与真空法相似，不同的只是成型件所受的压力较高，1.5～2.5MPa。成型时，将铺叠物放在刚性模上，再包上橡皮袋，而后放在小车上推到热压器内。在热压器封闭的情况下将橡皮袋内的空气抽出，然后将蒸汽通入热压器中对成型物加热和加压，使铺叠物完成硬化。

这种方法扩大了材料的应用范围，由于压力较高，提高了制品的物理力学性能。

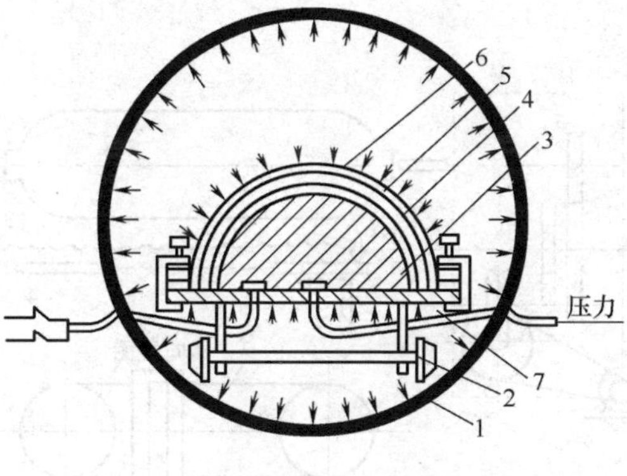

图 8-14　热压器装置

1—热压器　2—小车　3—进气口

4—阳模　5—橡皮袋　6—铺叠物　7—抽气口

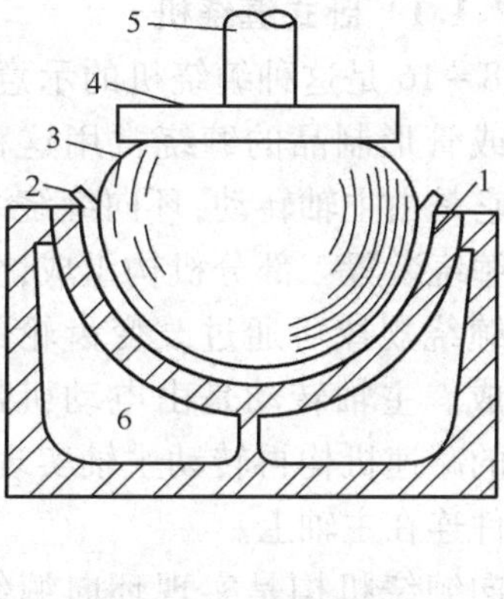

图 8-15　柔性柱塞法

1—阴模　2—制品　3—柔性柱塞

4—压机压板　5—压机柱塞　6—蒸汽通道

还有一种柔性柱塞法，如图 8-15 所示。它是用柔性柱塞代替橡皮袋来完成加压的。操作时先将玻璃布或玻璃毡铺放在阴模上,然后向底部倒入树脂,再铺上玻璃纸,最后慢慢将橡皮柱塞压入阴模的铺叠物上施加压力。橡皮柱塞原来是细长的,当接触到铺叠物逐渐变成近似的球形,并均匀地对铺叠物施加压力。压力范围在0.35~0.7MPa,阴模中可用蒸汽加热,使树脂固化。

橡皮柱塞常用氯丁橡胶制成,它的下端成半圆形,由压缩空气或高压液体操纵运动,模具要求有一定刚度,一般都是金属制成的。

用这种方法制得的制品,物理力学性能较高,生产方法比袋压法稍有改进,但制品只有一面是光滑的,且仅限于凹型制品。

8.7 缠绕成型

缠绕成型是将浸有树脂的纤维在相当于制品形状的芯模上作规律性的缠绕,然后再加热硬化并脱模取得制品的一种成型方法。这种方法只适用于制造圆柱形和球形等回转体,缠绕成型具有制品强度高,能充分发挥玻璃纤维的优良性能,容易实现机械化和自动化,生产效率较高,制品质量易控制而且稳定,成本较低等优点。此外,在制品种类上既可制造大型储罐和铁路罐车以及火箭筒体等,也可制造耐腐蚀的化工管道和耐压容器。因此,近年来缠绕成型在技术和规模上都得到较快的发展。

8.7.1 缠 绕 机

缠绕机是进行纤维缠绕的设备,大多是由芯模和绕丝头两种机构组成的。根据芯模和绕丝头两种机构的组成以及芯模和绕丝头相对运动的不同,缠绕机有芯模自转而绕丝头平移,芯模自转而绕丝头平移及旋转,芯模平移和自转而绕丝头旋转,芯模平移和自转而绕丝头不动,芯模不动而绕丝头平移及旋转等形式。按芯模放置位置的不同,缠绕机又可分为卧式和立式两种。

8.7.1.1 卧式缠绕机

图8-16是这种缠绕机的示意图。圆筒形或管形制品的缠绕常用这种缠绕机。它是由主轴转动,环向缠绕装置及螺旋缠绕装置三部分机构组成,变动制品的缠绕规律可通过改变齿轮的配比来完成。主轴转动是由电动机带动传动箱的减速机构再转动主轴实现的,缠绕制件连在主轴上。

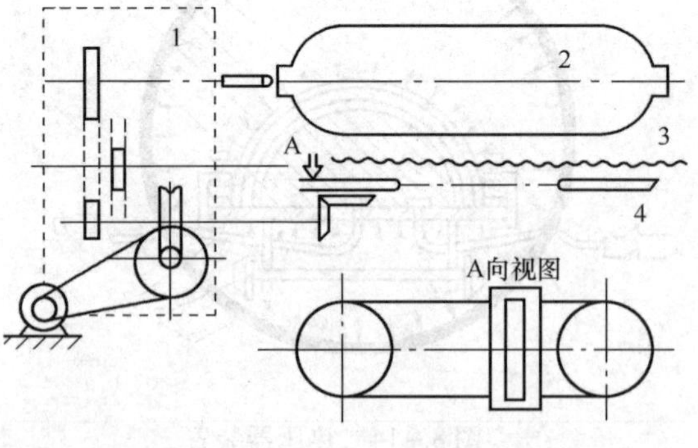

图8-16 卧式缠绕机示意图

1—传动箱 2—芯模 3—丝杠 4—链轮

环向缠绕机构是实现环向缠绕用的,它由一个与主轴平行的丝杆和一个换向器组成。螺旋缠绕机构是实现螺旋缠绕用的,它由减速器、链条主动轴、链条、小车和静止凸轮五部分组成。工作时电动机通过减速器使链条主动轴转动，再带动链条围绕一个两端呈半椭圆形的静止凸轮作回转运动，并且通过链条上的拨杆，带动一个四轮小车平行于缠绕件的往复直线运动，绕丝头设在小车上。

8.7.1.2　立式缠绕机

立式缠绕机示意图如图8－17所示。短粗筒形、球形、椭圆形以及大尺寸制件常用这种缠绕机成型。它主要由主轴传动，绕臂和丝杆三部分组成。缠绕时芯模垂直放置，并作缓慢连续转动。绕臂每旋转一周，缠绕件转动一个纱片的宽度。绕臂是用于纵向缠绕的，绕臂的旋转平面与主轴轴线间的夹角一般不大，但可任意调节，当夹角调到90°时，即可以进行环向缠绕。丝杆是用来带动芯模作往复运动，以配合绕臂的旋转作环向缠绕用。这种缠绕机只适用于干法缠绕，有较大局限性。

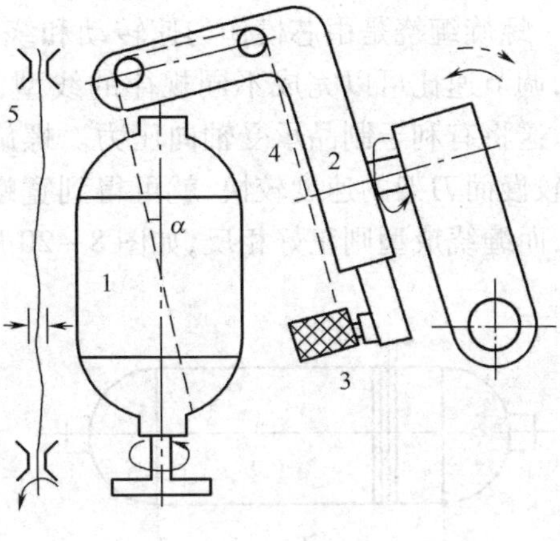

图8－17　立式缠绕机示意图

1—芯模　2—绕臂　3—纱团　4—纤维　5—丝杠

不管是卧式或立式缠绕机都必须满足能够保证纤维按照缠绕规律进行缠绕，操作简便可靠和结构紧凑等要求。

8.7.2　缠绕规律

缠绕成型时，纤维必须是有规律的缠绕，以保证纤维缠绕时有良好工艺性能，如不打滑，以及满足制品强度设计的要求。缠绕的基本规律主要有下面的三种。

(1)纵向平面缠绕

如图8－18所示，它的特点是绕丝头固定在一个平面内作圆周运动，而芯模则绕自己的中心轴作间歇转动。绕丝头转一周，芯模转过与一条纱带宽度相对应的角度。这种规律主要用于球形、扁椭圆形以及短粗筒形容器的缠绕。这种缠绕在头部易出现架空现象而影响制品强度。

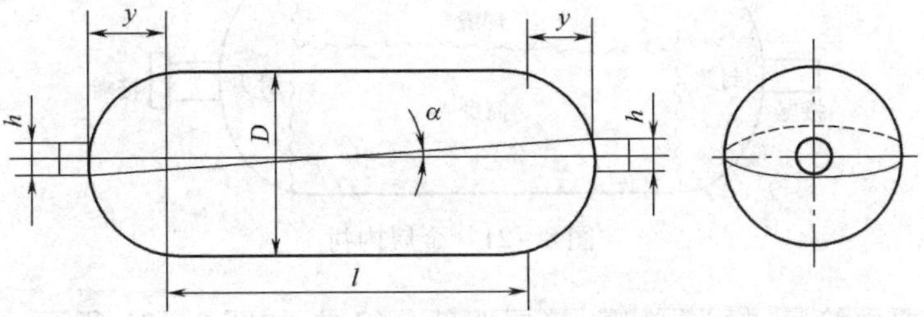

图8－18　纵向平面缠绕线型图

(2)环向平面缠绕

如图8－19所示，环向平面缠绕规律的特点是绕丝头沿着芯模轴线方向作缓慢的往返运动，而芯模则绕自己的轴线作均匀的转动。芯模转一周，绕丝头移动一条纱带宽的距离。环向平面缠绕设备简单、质量容易保证，并能使环向强度提高和充分发挥纤维的强度。所以，一般内压容器的成型都采用环向缠绕和径向相结合的方式。

(3)螺旋缠绕

螺旋缠绕是由芯模作匀速转动和绕丝头按一定速度沿芯模轴向作往返运动来实现的，调节速比可以完成不同规律的线型，一般在满足工艺条件下，螺旋缠绕角应尽可能小，这将有利于制品承受轴向压力。螺旋缠绕和车床上螺纹的情况相似，如果工件的转速较慢而刀架的速度较快，就可得到宽螺距螺纹，反之则得细螺纹。车床上是将材料削去，而缠绕成型则正好相反，如图 8－20 所示。

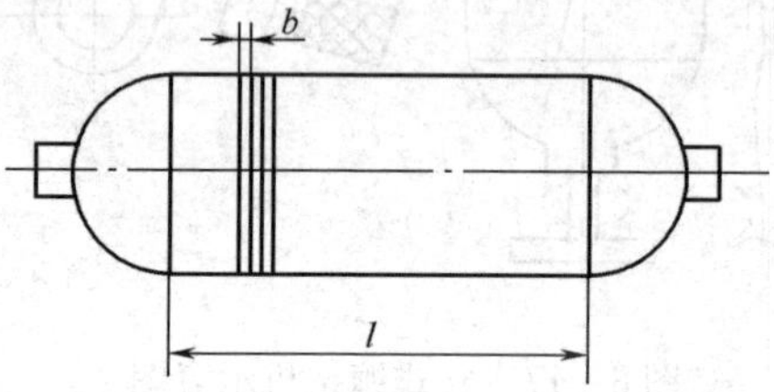

图 8－19　环向平面缠绕成型图

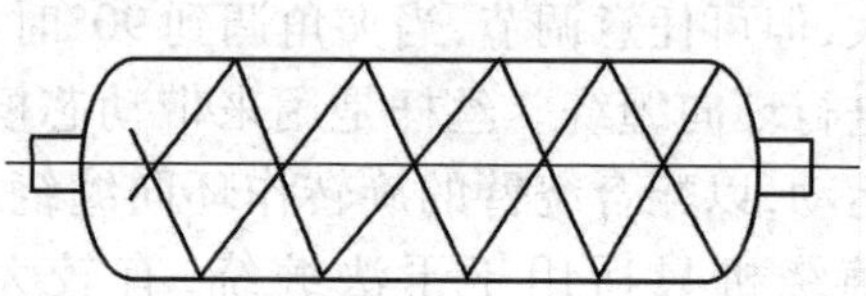
图 8－20　螺旋缠绕示意图

8.7.3　内　　衬

玻璃增强塑料是一种非气密性材料，因此由缠绕成型的玻璃增强塑料内压容器在装有受压液体时容易出现泄露现象，所以必须使用气密性好的材料，如铝、橡胶、其他塑料等作为内衬，用刚性较高的材料如铝内衬时，其本身就可兼做芯模使用，否则还须另选用芯模。

(1)铝内衬

对铝材的要求是延伸性能好，加工焊接性能好，耐疲劳性好，耐腐蚀性能好。用于接嘴的材料还要求强度高，通常筒身和封头常用纯铝材料而接嘴常用铝合金材料。

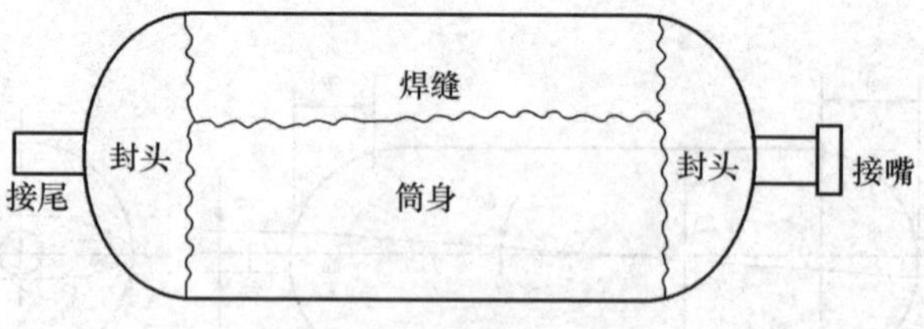

图 8－21　金属内衬

铝内衬主要由筒身、封头、接嘴、接尾四部分组成，如图 8－21 所示。接尾部分是为缠绕工艺的需要而设置的，它位于容器的纵轴上，与直径与接嘴直径相同。接尾可采用粘合法连接，封头和筒身可用焊接连接。为了提高内衬与玻璃纤维增强塑料的粘接，可以在内衬的外表面打毛喷花。

(2)橡胶内衬

橡胶内衬具有优异的气密性、弹性和耐疲劳性,同时制造工艺简单,但是强度和刚度不够高,所以要用芯模才能进行缠绕。

8.7.4 芯　　模

芯模可根据制法和用途的不同分为不可卸式的金属模,单一材料制成的可卸式芯模和几种材料组成的可卸芯模等。现分述如下:

(1)不可卸式金属芯模

这类模具通常可以由钢、铝、铸铁等浇注而成,也可以焊接而成。它即是内衬又是芯模,适用于内压容器的成批生产。

(2)金属可卸式芯模

若绕制带封头而又不需要将它切掉的筒形容器时,可用拆卸式芯模。这种芯模是由多块零件拼凑而成的筒形物,它的内部是用圆盘形肋板作为撑架,而后再用螺旋把各零件连接在一起。制造时,待制件硬化后,拧下螺栓并拆除圆盘,组合芯模的各零件便散落下来,可从极孔中抽出。用这种芯模的成型工艺比较复杂。

(3)可敲碎式芯模

这种芯模是用石膏、石膏－砂、石蜡或陶土制成的。这种芯模待制品硬化后拆模时,可将芯模打碎或用水冲刷。例如向制成的容器内部加入水和金属小球,连续转动,便可将芯模冲成泥浆倒出,清洗干净即可。这种芯模造价低廉,但只能用一次,而且制造过程较麻烦。

(4)橡皮袋芯模

对于直径不大的筒形制品,可以用压缩空气吹胀的橡皮袋作芯模。当制品绕完并硬化后,放掉压缩空气,即可从壳体把橡皮袋取出。对于大直径制品来说,因为橡皮芯模变形太大而不适合。球形壳体也可采用这种芯模。

(5)组合芯模

组合芯模包括金属－橡胶、金属－石膏等多种组合。例如先将石膏做成圆盘肋板,肋板外周刻有半圆形槽孔,再用金属管子放在槽孔中,使许多管子组成一个圆柱体,并在管子上涂一层石膏,而后加工到需要的直径和光洁度。在其两端装上石膏封头后即可作为芯模使用。制造时,当制品绕完并硬化后,打碎圆盘的肋板,再将管子抽出。

8.7.5 玻璃增强塑料内压容器的制造工艺

8.7.5.1 材料的选择

缠绕工艺中所用的原材料主要有玻璃纤维和树脂两大类。原材料的质量和工艺性能的好坏,将直接影响制品的质量。

玻璃纤维是玻璃增强塑料容器的主要承力材料,容器的强度主要取决于它的强度,缠绕用的玻璃纤维材料应满足较高的强度和模量,易被树脂浸润,具有良好的加工性能,在缠绕过程中不起毛、不断头,有良好的稳定性等要求。

通常用于缠绕成型的玻璃纤维是有捻纤维和无捻纤维。有捻纤维加工性能好,使用过程中不起毛、不断头,但由于加工工序多,强度损失较大。无捻纤维加工性能稍差,使用时容易发生松散、起毛、断头等现象,但成本低,强度损失小,此外还可用连续单股纱和无纺布带。纱的股数一般采用20股为宜,股数太多,不易被树脂浸渍,而且各股纤维的张力很难保持均匀。

为了提高玻璃纤维与树脂的粘结强度,所用的玻璃纤维须进行热处理和化学处理。采用的树脂应根据制品使用情况进行选择,但也须考虑它的成型性能。对缠绕工艺采用的树脂应具备对玻璃纤维有良好的浸润性和粘结力,有较高的强度和弹性模量,适宜的伸长率,有良好的加工性能,使用期长,起始黏度低,溶剂易除去,硬化温度低,毒性低,刺激性小,符合制品使用的特定要求等。常用的树脂有环氧树脂和不饱和聚酯树脂。

8.7.5.2　缠绕工艺

根据特点,缠绕工艺可分为干法和湿法两种方法,如图8-22所示。

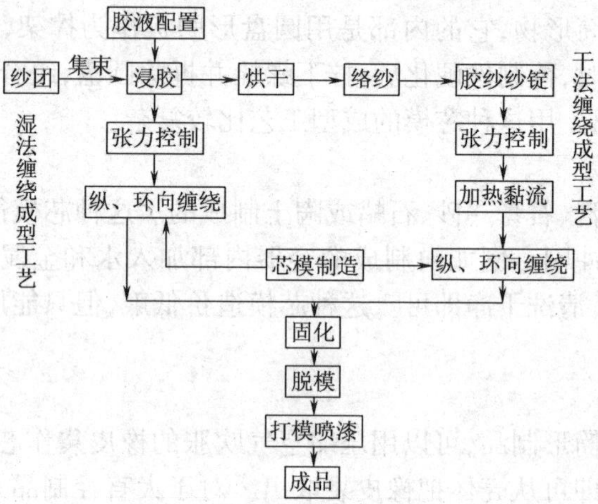

图8-22　缠绕成型工艺流程图

(1)干法成型

用浸有树脂溶液并经干燥而使树脂反应至第二阶段的玻璃纤维进行缠绕成型的方法称为干法纺丝。干法成型的优点是玻璃纤维厂可直接配用预浸料,树脂含量易控制,在绕制坡度大的位置不打滑,缠绕设备清洁,缠绕操作快速等,缺点是树脂要严格控制在第二阶段,预浸料不能长期储存,生产成本高。

(2)湿法成型

将浸胶纤维直接绕在芯模上的成型方法称为湿法成型。此法工艺简单,操作方便,使用范围广,易实现自动化,但树脂含量不容易控制,陡坡处易打滑,由于未经干燥,树脂中含有较多的溶剂。因此,硬化时易形成气泡,影响制品质量。

8.7.5.3　工艺参数

合理选择缠绕工艺参数是充分发挥原材料特性,提高缠绕制品质量的重要条件。根据生产工艺流程,缠绕成型中的主要工艺参数有纤维烘干处理及时间、浸胶方式及含胶量、缠绕张力、缠绕规律和固化检测等。

(1)缠绕张力

缠绕张力是缠绕工艺的重要参数,它对缠绕制品的强度、物理和化学性能都有较大的影响。张力小时,内衬所受的压缩小,充压时变形大,制品强度偏低。张力大时,纤维间摩擦大,强度损失大,制品强度也会下降。由于张力作用,常会使先缠上的纤维发生压缩变形,并从而出现内松外紧的现象。这样,纤维在外力作用下,不能全部都处于同样的受力状态,以致制品强度降低。若采用由内到外逐渐减小的张力系统,可保持内外层都有相同的初始张力,这样可提高制品强度。张力系统位于浸胶槽和绕丝头之间。通常用摩擦轮来控制张力,缠绕张力一般采用纤维强度的5%~10%。

(2)硬化

树脂硬化时不会达到100%的硬化程度,必须根据制品使用要求确定不同硬化程度。一般到85%硬化程度即可满足力学性能要求,但还不能满足耐老化和耐热性能等的要求。若再提高硬化程度,可能满足耐老化和耐热性能要求,但是力学性能可能下降。例如,高温使用的制品应有较高硬化程度,因而需要较高的硬化温度和较长的硬化时间。

此外,厚壁制品宜采用分层缠绕和分层硬化的方法,即先在内衬上成型一薄层并硬化,而后冷至室温并将表面打磨,再进行薄壳成型。这样可避免壁厚的不均匀,纤维的折叠和张力的变化。否则厚壁制品的比强度会低于薄壁制品。

(3)纤维的烘干和热处理

用于玻璃纤维的浸润剂通常都是水溶液,因此玻璃纤维的表面会有大量水分。此外,干燥的纤维也会吸附大气中的水汽,水分的存在将影响树脂与玻璃纤维的粘合,因此都要进行烘干处理。对无捻粗纱来说,一般是在60~80℃下烘24h。如玻璃纤维表面附有石蜡乳型浸润剂,使用前须用热处理除掉,否则将影响纤维与树脂的黏结强度。

热处理温度一般为350℃,这样可使玻璃纤维残油量<0.3%。如果玻璃纤维上采用的是强化型浸润剂,也可以不进行热处理。热处理后,如须将处理的纤维放置一段时间后再使用。在使用前,还须在低于100℃下经24h烘干处理。

8.8 其他成型

8.8.1 蜂窝塑料的成型

蜂窝塑料是用来制造夹芯结构材料中较为优越的芯材,其结构参见图8-23。由蜂窝塑料所制的典型制品是夹芯结构材料(即三夹板,以蜂窝塑料为芯材,以金属板、层压塑料板或木材胶合板为底面两层承力板的结构材料)。这种复合材料受力弯曲时,边缘弯曲应力最大,而中间几乎没有弯曲应力。因此,这种材料质轻、强度大、刚度高,具有缓冲、隔震、保温、隔热和隔声等功能,同时,具有较高的经济价值,并可回收利用,可以替

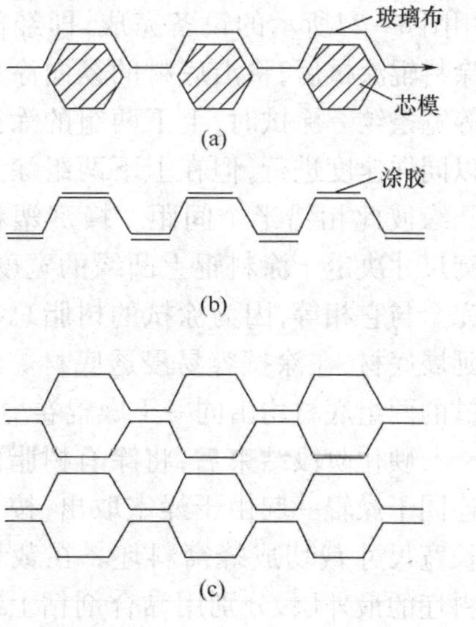

图8-23 模压法制蜂窝夹芯示意图

代木材、泥土砖和高发泡聚苯乙烯等材料，被广泛应用于建筑业、车船制造业、家具制造、包装和运输业。

8.8.1.1 原材料

蜂窝塑料是由纸张、棉布、或玻璃布浸渍各种树脂制成的。用它制造三夹板时，其底面层大多用玻璃层压塑料板，几者之间的连接是用黏合剂完成的。

用玻璃布做蜂窝塑料时常用平纹布，因为它密实质硬，不易变形，而使蜂窝芯材有较好的稳定性。常用的黏合剂有环氧树脂胶、聚乙烯醇缩醛胶和聚醋酸乙烯酯胶。但聚醋酸乙烯酯胶能溶于苯乙烯，故不能用于由聚酯树脂制成的蜂窝芯材。

8.8.1.2 蜂窝塑料的成型

用玻璃布制造蜂窝芯材的方法主要有模压法和胶接拉伸法两种。

(1)模压法

将单层或几层成叠的胶布用模具热压成形状整齐的波纹板，其厚度由胶布的厚度和层数决定，然后在适当位置用树脂将其粘成蜂窝形坯料，并在适当温度和压力下使树脂硬化，最后将硬化的蜂窝料沿孔眼垂直方向切开，即可取得所需厚度的蜂窝塑料。由于六角形稳定性高，所以蜂窝塑料一般制成六角形孔眼。

采用上下模板和芯棒来压制成型时，模板表面刻有许多蜂窝形的槽，用以固定芯棒。压制时，首先将玻璃布放在模板和芯棒上热压成波纹形坯料，而后在压成的波纹形坯料的顶点涂上黏合剂，再将涂好黏合剂的坯料迭起来，使坯料相邻两波纹顶点相互接触。待黏合剂硬化后将它切成需要长度即取得制品。用模压法制造的蜂窝芯具有几何形状准确，格孔整齐，树脂含量容易控制等优点。但模具制造成本高，劳动强度大，生产效率低，所以只适于小批量生产。

(2)牵伸法

图 8－24 是牵伸法的生产工艺流程图。制造时，片状底材的涂拭和干燥一般用图 8－24所示的设备完成，即经凹缝形涂料辊涂拭后，将沿底材的径向涂成若干等宽条纹。涂拭时，上下两组的涂拭同时以同样速度进行，但在上下两组涂料辊的凸缘彼此相错半个间距。蜂窝塑料的蜂窝尺寸决定于涂料辊上凸缘的宽度，但不完全与它相等，因为涂拭的树脂总有一些延展底材，在涂拭容易浸透底材。经过涂拭的两组底材均由同一干燥辊卷绕。

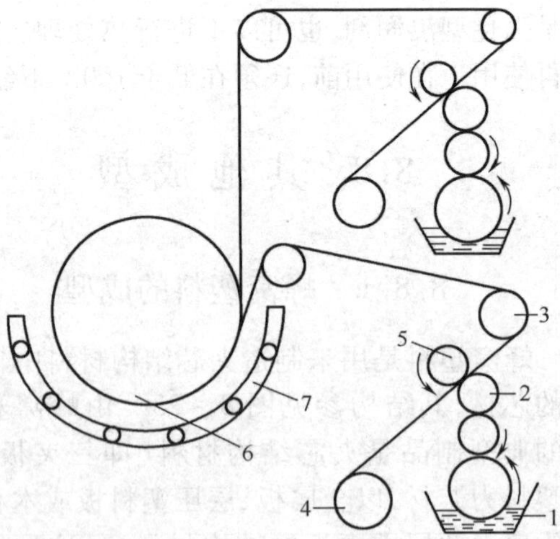

图 8－24 牵伸法的涂拭和干燥

1—浸槽 2—涂料辊 3—导向辊 4—底材卷绕辊 5—压紧辊 6—干燥辊 7—加热设备

硬化阶段结束后，将涂有树脂的底材连同干燥辊一起由干燥室取出，按要求的长宽尺寸裁切成蜂窝料坯。在裁切蜂窝料坯的最外层，分别用黏合剂粘上绳索和加固绳索用的纸张或玻璃布，而后将它放在漏孔的承托板上进行牵伸，见图 8－25。牵伸后，连同承托板一起放在浸槽内用树脂进行浸渍。控制蜂窝料坯的树脂浸渍量的主要因素有树脂黏度和温度，底材的吸收能力等因素。浸渍后，取出蜂窝料坯和承托板，沥出多余的树脂，随后在适当温度的烘箱内使它硬化。经过锯切取得规定尺寸的蜂窝塑料。

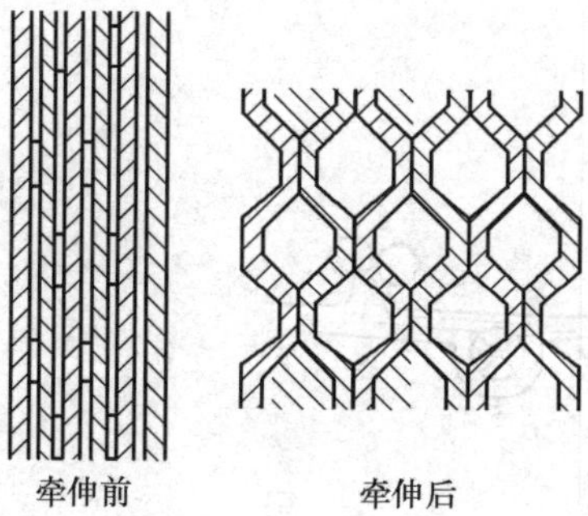

图 8－25　牵伸前后的蜂窝料坯

8.8.2　吸　注　法

吸注方法主要用于制造大型制件。采用的装置见图 8－26，先将玻璃布均匀铺在阳模上，然后合上阴模并密封；开动真空泵，液态树脂即被吸入阴、阳模所构成的型腔内。待树脂充满后，再经固化，即得吸注成型制品。

此法所用树脂不能含有挥发组分，最常用的树脂为聚酯树脂。其次玻璃纤维布不能铺叠太厚，否则不易被树脂充满，影响制品强度。由吸注法成型的制品强度不会很高，也不会很均匀，制品多为油槽、水槽、小艇等大型制品。

8.8.3　用短切纤维雏形物的成型法

这种成型方法是指将定长的，一般为 3～5 厘米长的短切股坯做成与制品相仿的雏形物，再将雏形物和树脂放在匹配的模腔上，在加热和加压下固化成型。当制品的形状不复杂而又比较扁平时，雏形物也可用玻璃毡在匹配模上铺成。用短切股坯制造雏形物的成型方法有箱室法和手工法两种，见图 8－27 和图 8－28。

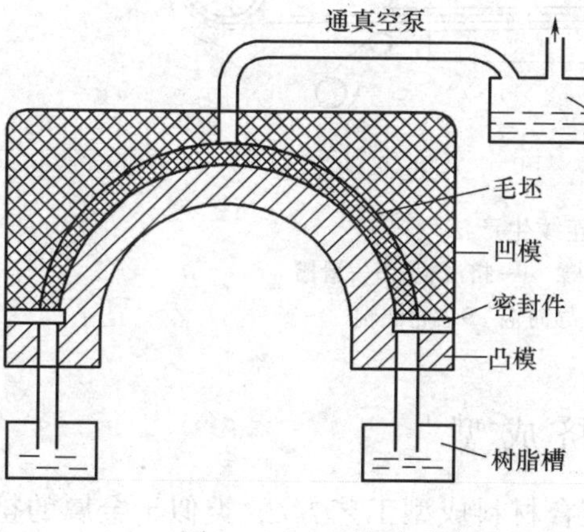

图 8－26　吸注法示意图

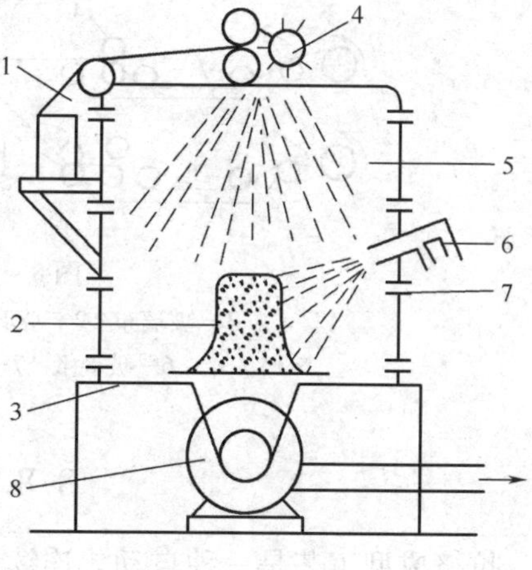

图 8－27　箱室法操作原理图

1—毛纱　2—网状钢模　3—转台　4—毛纱切割装置
5—箱室　6—树脂喷射器　7—控制风门　8—排风机

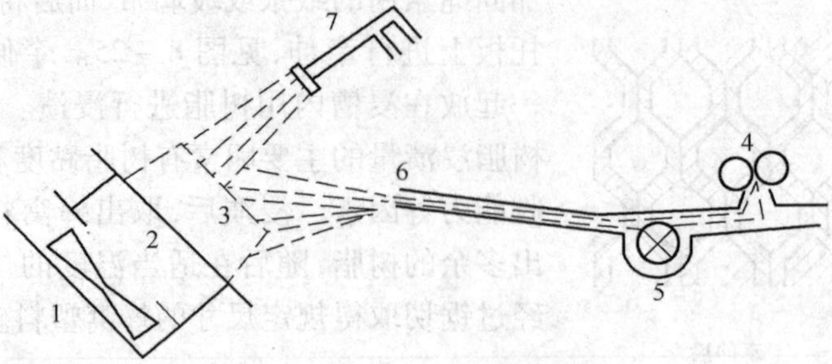

图 8－28　手工法操作原理图

1—风扇　2—转台　3—网状钢模　4—毛纱切割装置　5—鼓风机　6—软管　7—树脂喷枪

8.8.4　板材的连续成型法

图 8－29 是板材的连续成型法示意图。生产时，作为底材的玻璃布经机械带入聚酯树脂浸槽中并通过挤压辊浸吸适量树脂后，在加压辊上与玻璃纸压合，再经烘房固化后被卷于卷取辊上而制得板材。为保证硬化顺利进行，硬化室中的温度应分段控制。树脂在硬化室中出现放热的一段区域，温度应偏低，以避免制品发生小泡和开裂。板材运行的最高速率为 30mm/min，所制板材厚度约为 1.5～2.5mm。

以玻璃毛纱为原料，用与制造板材类似的方法可制成棒材或其他型材。此方法所制得的管材强度不高，如要提高强度，则以玻璃毛纱或玻璃纱带为原料采用缠绕法成型。

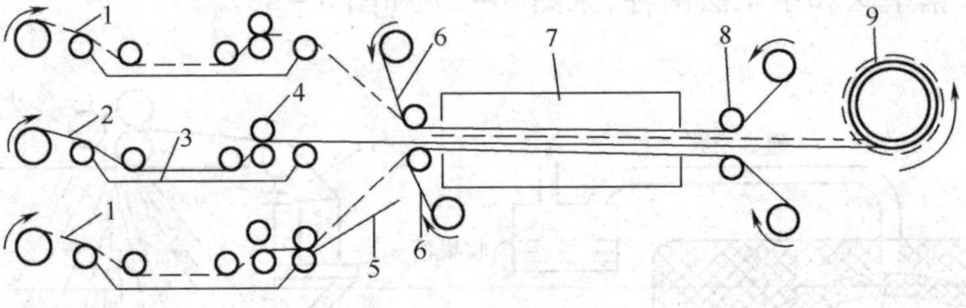

图 8－29　板材连续生产法

1—玻璃布　2—玻璃毡　3—浸槽　4—挤液辊　5—滑槽
6—玻璃纸　7—烘房　8—导向辊　9—卷曲辊

8.8.5　拉 挤 成 型

拉挤成型工艺是一种自动化连续生产的复合材料成型工艺方法，类似于金属的挤出工艺。其主要优点是制造速度快，拉挤成型材料的利用率高，可达 95%，而手糊成型材料的利用率仅为 75%。用拉挤成型方法制成的拉挤制品具有高强、质轻，约为钢的 20%，铝的 60%，较少或不需维修、耐化学腐蚀、耐老化、耐紫外线降解、尺寸稳定、表面光滑、易着色、无磁性、电磁透过性好、易于加工、可机械连接或胶接等特性。拉挤制品与其他成型方法成型制品的不同之处是可大批量生产；生产率高，成本低；制品纤维含量高，强度和刚度高;制品可复制性好;产品为直线型柱体。

8.8.5.1　拉挤成型工艺

拉挤成型工艺是指将纤维通过浸胶槽,再拉入于制品外形相似的成型阴模腔内,当其通过阴模腔时,浸胶纤维加热固化,并形成所需要的制品,这种成型方法称为拉挤(拉拔)成型(见图8-30)。

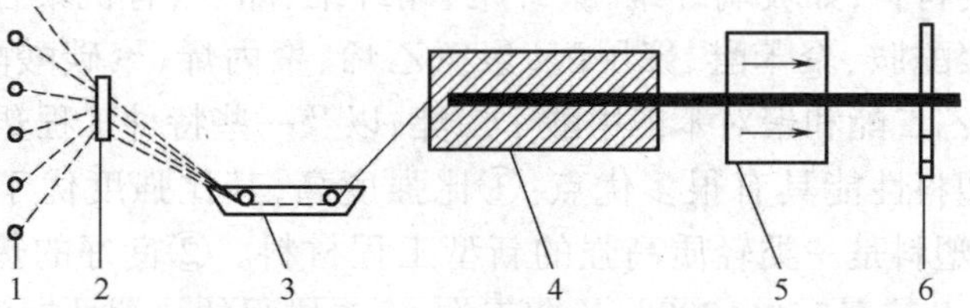

图8-30　拉挤成型工艺示意图

1—卷绕纱团　2—纤维控制系统　3—浸胶槽　4—定型槽　5—牵引装置　6—切割装置

通常的拉挤工艺过程包括纤维粗纱自纱团架经纤维控制系统向前牵引;在浸渍槽中用适宜的浸渍树脂浸润并整理;将合在一起的浸渍过树脂的纤维束穿过成型模;使已成型的浸渍了树脂的预浸件穿过拉挤模等过程。

拉挤成型工艺有三种不同方式。

1)隧道炉拉挤工艺:该工艺是把玻纤粗纱或类似的增强材料牵引穿过树脂浴后,经过整形套管除去包藏的空气和多余的树脂,达到预定的直径,然后牵引穿过隧道炉并悬空连续固化得到最终产品。

2)间歇成型拉挤工艺:该工艺是把增强纤维牵引穿过树脂浸渍槽并进入对分式阴模,在静止状态下由模外加热固化。通常模具的进入端要冷却以防树脂固化,当一段增强纤维上的浸渍树脂完全固化后,打开模具再把下一段牵引到模中。

3)高频或微波加热拉挤工艺:该工艺与上述两种方法类似,但采用高频或微波加热。这种方法树脂固化速度快,在模内即可固化。由于连续纤维毡的问世解决了拉挤型材的横向强度问题,使拉挤成型工艺获得高速发展。

8.8.5.2　主要材料

拉挤成型工艺中使用的材料包括树脂、增强材料、无机填料和内脱模剂等。拉挤成型工艺使用的树脂与其他复合材料成型工艺使用的树脂不同。目前可用于拉挤工艺的树脂有聚酯、环氧树脂等几个固定的牌号。

拉挤成型常用的增强物有玻璃纤维、石墨纤维、芳纶纤维、硼纤维和混杂纤维等。在拉挤工艺中适当加入填料可提高树脂基体的耐热性,降低树脂收缩率,改善拉挤制品表面性能和降低成本,还可赋予拉挤制品阻燃,耐化学腐蚀或电绝缘等功能。对拉挤工艺使用的无机填料的要求是填料的化学成分稳定,杂质含量少,吸水率低于0.5%,平均粒径5~10μm。填料加入量一般为15%~40%。

随着拉挤成型工艺的不断发展,拉挤制品已广泛应用于电气、建筑、交通及航天航空等领域。

8.9 热塑性增强塑料

继热固性增强材料之后，自20世纪60年代以来，国内外又相继开发了热塑性增强材料。热塑性增强塑料是将热塑性树脂与增强材料进行复合得到热塑性增强塑料。增强材料通常是纤维类材料，如玻璃纤维、碳纤维、硼纤维、晶须、有机聚合物纤维及其织物。常用基体树脂有聚酰胺、聚苯醚、聚甲醛、聚氯乙烯、聚丙烯、聚碳酸酯、氯化聚醚、聚乙烯、聚对苯二甲酸乙二酯和聚对苯二甲酸丁二酯，以及一些特种工程塑料等。

热塑性增强塑料性能具有很多优点：①比强度高，其比强度优于一般的金属材料。因此，热塑性增强塑料是一类轻质高强的新型工程材料。②良好的热性能，热塑性增强塑料可在100℃以上甚至150~200℃长期工作，而未增强的热塑性塑料，其热变形温度较低，只能在50~100℃使用。③良好的电性能，采用玻璃纤维作增强材料的热塑性增强塑料有着良好的电绝缘性，在高频作用下仍能保持良好的介电性能，不受电磁作用，不反射电磁波，微波透过性良好。④良好的耐化学腐蚀性能，耐化学腐蚀性能取决于本体树脂和增强材料，除氢氟酸外，玻璃纤维的耐化学腐蚀性能优良。⑤良好的耐老化性，虽然在光和热的作用下热塑性增强塑料会发生老化，但性能下降的幅度比基体树脂小。⑥优良的可加工性能，与一般热塑性塑料一样，热塑性增强塑料可采用注塑、挤出成型等加工方法，不需特殊的成型设备。尽管热塑性增强塑料的熔体流动性与纤维含量有关，随着纤维含量的增加，流动性能有所降低。但以目前的注塑成型设备和工艺条件而言，可以满足加工热塑性增强塑料的需要。⑦成型收缩率低，热塑性增强塑料的收缩率大大减少，均小于1%。同时，由于纤维类材料的加入，增强塑料的线膨胀系数比本体树脂小得多，因而制品成型收缩率小，但是成型收缩率有方向性，这在产品设计、模具设计及制造时应予以考虑。

热塑性增强塑料材料也存在一些不足，如材料的黏度增加，制品表面平滑性降低，材料的力学性能、成型收缩率及热膨胀系数易出现各向异性；制品透明性降低，材料的焊接强度降低，高强度的玻璃纤维对设备磨损作用大。

由于热塑性增强塑料制品具有优良的物理力学性能，成型加工方便，生产周期短，可重复使用，成本低，可以制成形状复杂而尺寸精确的制品，容易修补、耐腐蚀性好，冲击韧件和断裂韧性高等特点，所以已广泛用于建筑、交通、船舶、汽车、化工、机械制造、仪器仪表等工程领域。

8.9.1 热塑性增强塑料的制备

制造纤维增强热塑性增强塑料粒料的工艺方法主要根据树脂、玻璃纤维等原材料的形态和性能，以及工厂本身所具有的设备条件而确定。一般是将体积庞大、结构疏松的玻璃纤维加入到基体树脂中去，形成均匀分散的粒料半成品。根据采用的玻璃纤维的长短的不同，热塑性增强塑料的粒料可以用长纤维和短纤维的方式进行生产，然后用于注塑模塑成型。

对于制造热塑性增强塑料粒料有以下要求：①玻璃纤维能均匀地分散于树脂之中；

②玻璃纤维与树脂应尽可能包覆或粘结牢固，以避免包装运输、供料、成型过程中玻璃纤维飞扬，影响环境及操作条件；③制造过程中应尽可能减少对玻璃纤维的机械损伤，尽可能减少树脂分子的降解。

(1)长玻璃纤维增强热塑性塑料

长玻璃纤维增强热塑性塑料的方法一般采用电线包覆式生产工艺，该方法设备简单、操作连续，质量优异，效率高，因而国内外普遍采用这种方法。其生产工艺流程如图8－31所示。

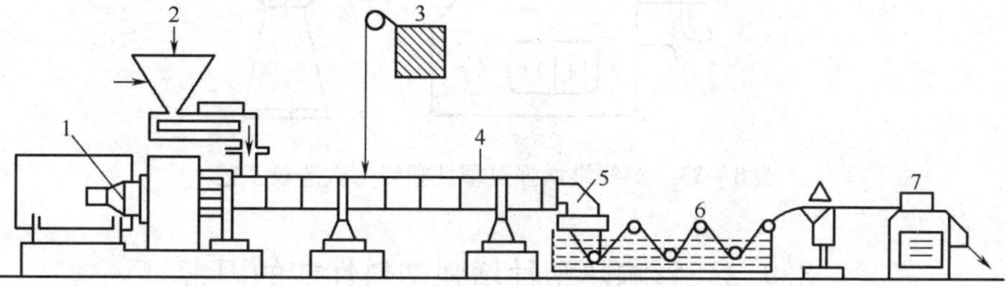

图8－31　双螺杆配料挤出机生产长纤维增强热塑料工艺流程图

1—传动装置　2—热塑性塑料　3—玻璃纤维细纱　4—排气　5—机头　6—水浴　7—切粒装置

熔融树脂对纤维的包覆是该生产方法的关键，根据包覆情况可以分为如三种形式，如图8－32所示。可以看出，图8－32(a)中的纤维呈大束状分布于树脂中，纤维聚集在中间，纤维分散不均匀，与树脂的结合不牢固，切粒时容易起毛，纤维也容易飞扬；图8－32(b)中的纤维成小束分散于树脂的周边，虽然玻璃纤维分散了，但是由于纤维过于靠近粒子周围边上，树脂的包覆力不够，因而在切粒时也容易起毛，纤维也容易飞扬；图8－32(c)中的纤维呈小束状于树脂中，分散均匀，且又不在树脂的周边，树脂包覆力大，结合牢固，所以切粒时纤维不易飞扬，是较好的复合形式。

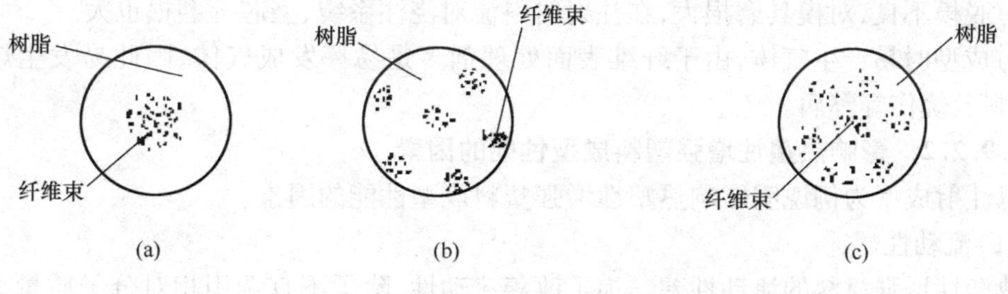

图8－32　长玻璃纤维增强热塑性塑料粒料断面结构形式

(2)短玻璃纤维增强热塑性塑料

短玻璃纤维增强热塑性塑料粒料的生产可采用单螺杆挤出机或双螺杆挤出机，配上特制的模头进行。生产时，纤维由料斗或料筒近中段导入挤出机，与已熔融好的树脂混合，同时纤维在强大剪切作用力破碎成一定的长度，并良好地分散在树脂中，从而制成短纤维增强热塑性塑料。图8－33是短纤维增强热塑性塑料造粒工艺图。

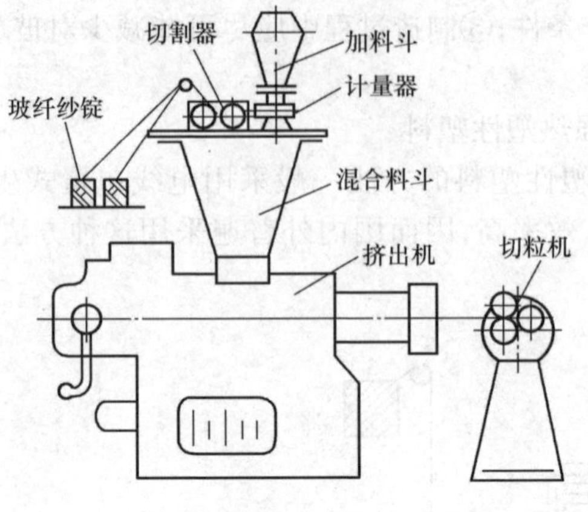

图 8－33　短纤维增强热塑性塑料一次造粒工艺

8.9.2　影响热塑性增强塑料性能的因素

热塑性增强塑料可以采用挤出、注射和压制等方法生产制品。与未增强热塑性塑料相比,有其自己的工艺特性,在成型时应注意热塑性增强塑料的流动性,纤维长度的短化,制品性能具有方向性,制品表面光洁性差以及纤维对设备的磨损等问题。

8.9.2.1　工艺特性

1)流动性差。增强料熔融指数比普通料低 30% ~70%,故流动性不良,易发生填充不良,熔接不良,玻璃纤维分布不匀等弊病。尤其对长纤维更易发生上述缺陷,并还易损伤纤维而影响性能。

2)成型收缩小,异向性明显。成型收缩比普通料小,但异向性增大,沿料流方向收缩率小,垂直方向收缩率较大;近进料口处收缩率小,远处收缩率大,塑件易发生翘曲、变形。

3)脱模不良,对模具磨损大,在注射时料流对浇注系统、型芯等磨损也大。

4)成型时易产生气体,由于纤维表面处理剂多是易挥发成气体,因此易发生熔接不良、缺料及烧伤等弊病。

8.9.2.2　影响热塑性增强塑料成型性能的因素

以注射成型为例说明影响热塑性增强塑料成型性能的因素。

(1)流动性

热塑性增强材料的流动性差。为了改善流动性,除了不宜选用相对分子质量大的高黏度树脂和不宜设计壁薄的大面积制品外,在成型时可以采用加大浇口及流道的直径,增加注射压力,提高料筒和模具的温度等措施加以解决,从而制得合格产品。

(2)玻璃纤维长度的变化

玻璃纤维的长短将影响热塑性增强材料制品的力学强度,尤其是冲击强度。玻璃纤维在注射成型时易因剪切作用而被切断,当热塑性增强材料熔体通过模具的流道浇口时,玻璃纤维将会进一步切断。通常制品的玻璃纤维长度在 0.3 ~0.7mm。为了避免玻璃纤维的过度切断，可适当降低螺杆转速，使纤维受到较小的剪切作用，但混炼效果差，影响制品的表面光洁度。目前采用改进螺杆头部来增强混炼效果，改善制品性能。

(3)玻璃纤维在制品中的方向性

注射成型时，制品中纤维排列的方向与熔体在型腔中的流程、流动速度和熔体冻结的快慢、以及浇口设置的位置等因素有关。由于玻璃纤维排列的方向不同会引起制品性能具有方向性，特别是薄壁制品更为明显，为了尽可能减少制品的各向异性，除很好控制成型工艺条件外，设计制品时应注意平衡设计。

(4)收缩率

影响热塑性增强塑料成型收缩率的主要因素有：塑料品种、纤维含量、成型工艺条件、制品的形状和厚度以及浇口位置和大小等。热塑性增强塑料的收缩率都比热塑性塑料低；结晶型聚合物的收缩率比无定形聚合物大；随着玻璃纤维含量增加，制品收缩率低；料筒温度高和注射压力大时，收缩率小；模具温度高，熔体冷却速度缓慢，由于结晶型塑料结晶度高，故收缩率较大。无定形聚合物的收缩率则与制品的薄厚有关，对于薄壁制品，收缩率增加；浇口一般开设在制品最厚截面上。

(5)玻璃纤维对设备的磨损

注射成型时，由于玻璃纤维和偶联剂等填加剂对螺杆和料筒的磨损和腐蚀，使逆流和漏流流量增加，必然影响成型效果。因此，设备要选用合适的钢材，并要用氮化和镀铬处理。

8.9.3 热塑性增强塑料的发展

(1)混杂纤维增强热塑性塑料

混杂纤维增强热塑性塑料是用两种或多种纤维与热塑性塑料制备而成的复合材料。混杂纤维复合材料的起源是从热固性树脂开始的，现在尼龙、聚甲醛、聚苯硫醚等是常用的基体树脂。

两种纤维的匹配能适当的均衡材料的力学性能，且降低成本。如玻璃纤维与碳纤维混杂而制成的复合材料，既可发挥玻璃纤维的韧性，提高复合材料的冲击性能；又可发挥碳纤维的强度和刚性，使制品结构在载荷下的变形较小。

(2)芳纶纤维增强热塑性塑料

芳纶纤维过去大多和热固性树脂复合，在摩擦材料方面已经工业化生产。近年来随着热塑性树脂耐热性的提高，对于摩擦性能也提出更高的要求。芳纶增强热塑性树脂不仅力学性能好，耐热性和热稳定性高，而且摩擦性优良，对设备部件的磨损性小，避免了玻璃纤维增强热塑性材料对设备接触面造成严重磨损。因此在齿轮、轴承、导向器和辊筒等机械零部件上有广泛应用。

(3)热致液晶高分子原位增强热塑性材料

热致液晶高分子(TLCP)是一种具有高模量、高强度、稳定性等优良综合性能的新型高分子材料，并且其在液态下呈现特有的流动性。

热致液晶高分子原位复合材料是指主链型热致液晶聚合物与热塑性树脂共混，在挤出或注射成型时，在合适的应力作用下，热致液晶高分子能够取向形成微纤结构，并被有效地冻结或保存在热塑性树脂基体中，从而形成一种具有自增强特性的“原位复合材料”。与传统的短纤维，如玻璃纤维、碳纤维等增强复合材料相比，它具有易加工，低能耗，可循环加工，增强效果明显等优势。

(4)植物纤维增强热塑性塑料

近年来，天然植物纤维作为增强材料的潜在优势越来越引起人们注意。植物纤维资源丰富，质轻，价格低廉，密度比所有无机纤维都小，而模量和拉伸强度与无机纤维相近，同时植物纤维复合材料加工耗能少，对加工设备损耗小，有利于节约能源；其最突出的优点是具有生物降解性和可再生性。植物纤维增强材料正在成为一种绿色环保的新型复合材料而迅速发展。

第9章 泡沫塑料的成型

9.1 概 述

泡沫塑料是一种以塑料为基础而内部含有无数微小泡孔的塑料制品，因此泡沫塑料也可以说是以气体为填料的复合塑料，又称为微孔塑料或多孔塑料。采用不同的树脂和发泡方法，可制成性能各异的泡沫塑料。现代技术几乎能将所有的热塑性和热固性树脂加工成泡沫塑料，而且在塑料制品中占有相当重要的地位。

泡沫塑料品种繁多，发泡方法也各有所不同，常用的发泡方法有机械发泡法、物理发泡法和化学发泡法等。其共同的特点是在发泡过程中树脂都处于液态或黏度较低的塑性状态，只有在此时加入发泡剂或加入能产生气泡的固体或液体，才能产生气体而形成泡孔结构。

9.1.1 泡沫塑料的分类

根据泡沫塑料的特性可进行如下分类。

1）根据发泡倍数的不同，泡沫塑料可以分为高发泡与低发泡。泡沫塑料的发泡倍数是不发泡的塑料密度与发泡的同种塑料密度之比。一般以4倍为分界线，大于4倍的称高发泡塑料，低于4倍的称低发泡塑料。还可以密度400kg/m^3为界限来划分高发泡和低发泡。常用的泡沫塑料床垫、座垫、包装衬块和包装膜等多是高发泡塑料；发泡板、管、异型材等以塑代木的泡沫塑料大多是低发泡塑料。

2）根据泡体质地的软硬程度，可以分为硬质、半硬质和软质泡沫塑料。泡沫塑料质地的硬软是塑料一种物理性能的表现。常以塑料的弹性模量为标准。在23℃和50%相对湿度时的弹性模量大于700MPa的称为硬质泡沫塑料；于70～700MPa的称为半硬质泡沫塑料；小于70MPa称之为软质泡沫塑料。

3）根据泡孔的结构可分为开孔泡沫塑料与闭孔泡沫塑料。泡沫塑料泡孔的开闭，对泡体的力学性能影响很大，是泡体的重要结构参数。开孔泡沫塑料泡体中的泡孔间相互连通，泡体中的气相和塑料都是连续相，流体可以通过泡体，通过的难易程度与聚合物材料的性能及开孔率有关。闭孔泡沫塑料泡体中的泡孔是封闭的，孤立地分散在泡体中，只有塑料基体是连续相。在实际的泡沫塑料中，泡孔不是纯开孔或纯闭孔，而是开孔中带一些闭孔，或闭孔中带一些开孔。泡体中泡孔的分布对泡沫塑料性能的影响也是很大的。

4）根据泡体的结构可以分为自由发泡塑料和结构泡沫塑料。结构泡沫塑料的泡体具有不发泡或少发泡的皮层和发泡的芯体，它与自由发泡塑料的主要区别是皮层，自由发泡塑料的表层也发泡，经过定型皮层可以达到平整，但不可能达到和结构泡沫塑料那样光滑。结构泡沫塑料的成型难度比较大，为了得到光滑的不发泡皮层，一般可以通过两种途径：

①皮层和芯体采用同一种原材料配方，但在发泡成型时，使皮层与芯部处在不同的温度和压力条件下，结果得到的结构泡沫塑料如图9-1(c)所示；

②图9-1(d)所示为采用复合成型原理制得的，皮层和芯体采用不同的原材料配方，皮层所用的塑料可以和芯体相同，但不含发泡剂；也可以用不同的塑料不含发泡剂。

为了提高泡沫塑料的物理力学性能可以加纤维增强，如图9-1(e)所示，成型难度比较大，还可以加空心球，如图9-1(f)所示，一般用在浇注发泡成型中，在建筑行业中有其特殊的应用价值。

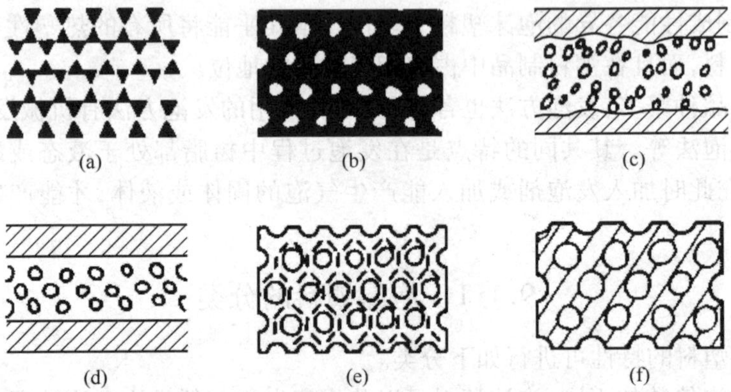

图9-1 泡沫塑料泡体结构类型示意图

(a)开孔结构 (b)闭孔结构 (c)结构泡沫—皮层和芯体配方相同，特殊工艺

(d)结构泡沫—皮层和芯体配方不同，复合成型工艺 (e)增强泡沫—加入纤维状填料

(f)增强泡沫—加入球状填料

9.1.2 泡沫塑料的特性

由于有气相的存在，无论哪种泡沫塑料都具有以下一些共同特性，也可以说是泡沫塑料的可贵性能。

1)密度低 泡沫塑料中的部分塑料被气体取代，其密度在10～500kg/m^3，为非发泡塑料制品的几分之一至几十分之一。不仅减轻重量，也节省了塑料的用量。

2)热导率低，隔热性能优良 泡沫塑料的热导率通常由三个因素决定：

①通过实心聚合物和气体的热传导；

②通过泡孔的热对流；

③通过泡孔壁和横切空穴的热辐射。

由于气体的热导率比塑料的热导率低近一个数量级，所以泡沫塑料的热导率比不发泡的塑料低得多。泡沫塑料气泡中的气体相互隔离，可减少气体的对流传热，有助于提高泡沫塑料的隔热能力。

辐射热能透过泡体中的气体层传递，泡沫塑料对辐射热传递能力主要由塑料对红外线的吸收系数,泡孔大小,泡孔的形状和气体的容积率等因素决定。由于影响因素较多,因此要精确计算比较困难。但可以认为,在一定的温度条件下,辐射传热量对总传热量的影响将随着泡沫塑料中的气相容积和泡孔的直径增加而增加。

泡沫塑料的传热能力应是以上三种传热结果的综合,由于对流传热影响比较小,故在图 9-2 中所示仅为导热与辐射传热与泡体密度之间的关系。从图中可以看出,在泡体密度很低时,辐射传热量在总的传热过程中起了主要的作用。但在温度不高的条件下,泡沫塑料的传热性能主要取决于泡体的热导率。

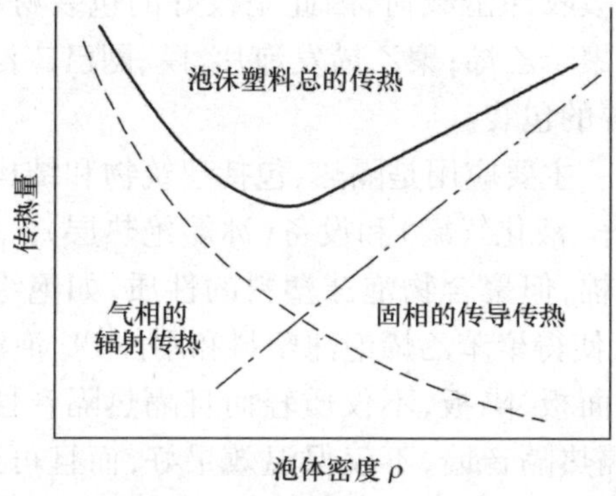

图 9-2　泡沫塑料传热能力与泡体密度的关系

3)减振性能好　泡沫塑料受到外来冲击载荷时,泡孔中的气体通过滞流和压缩,使外来的作用能量被消耗,散逸。因此,泡沫塑料具有优良的缓冲能力。

4)隔音效果好　泡沫塑料的隔音效果主要是通过两种途径,一种是吸收声波的能量,使它不能反射或传递。声波是纵波,与冲击波很相似,当声波到达泡体壁时,泡体将受到的冲击能量通过对泡体中气体的压缩和滞流,使能量消耗和散逸,以达到吸收声波能量的目的。另一种是消除共振,减少噪音。泡沫塑料的体积大,比刚性也大,通过增加泡体的刚性,以消除或减少泡体由于受到声波冲击而引起共振,产生噪声,由于以上两方面的效果,所以泡沫塑料具有良好的隔音能力。

5)比强度高　泡沫塑料的机械强度虽低,但比强度高,因为泡沫塑料具有较大的体积。泡沫塑料的机械强度随着发泡倍数的增加而下降,一般以微孔或小孔泡沫塑料强度较高。

泡沫塑料除了具有以上所述的共同特性外,还可以通过原材料和成型工艺的改变,来制取所需要的泡体,包括泡体质地,密度,结构,泡孔的形状,大小和开闭等。使泡沫塑料具有各种不同的性能,以更好地适应使用要求。

9.1.3　泡沫塑料的用途

随着科学技术的发展,泡沫塑料的用途不但在逐步被认识,而且还在逐步扩大、改善和提高。现在泡沫塑料的应用已遍及各行各业,特别在包装、建筑、交通运输、生活日用和高科技等领域,泡沫塑料已占有不可取代的地位。其主要应用见表 9-1。

表 9-1　泡沫塑料的主要用途

泡沫塑料类型	主要用途
硬质闭孔	绝热、绝缘、结构、减振、漂浮材料等
硬质开孔	隔音材料、过滤介质等
软质闭孔	绝热、绝缘、包装、漂浮材料、室内装饰材料及气垫等
软质开孔	隔音、减振、包装、衬垫、室内装饰材料及过滤介质等

泡沫塑料因质轻又能吸收冲击载荷,因此是极好的包装材料,家用电器包装中用的大量白色垫块就是高发泡聚苯乙烯;聚乙烯发泡片、模、网已广泛用于细、软、不规则外形的各种电器、仪器及水果等的包装。

聚合物泡沫塑料的另一主要应用是隔热,包括建筑物和结构件(墙和地板隔热、管隔热)、运输(冷冻食物运输车、液化气罐)和设备(冰箱绝热层)。尽管在建筑应用中,最常用的绝热材料仍然是矿物棉,但聚合物泡沫塑料的性质,如绝缘性更好、容易加工、不吸水(闭孔泡沫)、成本低等,使得聚苯乙烯泡沫塑料和刚性 PU 泡沫塑料的用量都非常大。

用发泡板制作的各种面板、隔板,不仅质轻而且隔热隔音性能显著。用固态空心球为填料,浇注成型的各种隔热隔音墙,不仅保温效果好,而且可到现场直接浇注成型,极为方便。用发泡塑料异型材制作的门窗,不仅具有塑料异型材门窗的各种优点,而且更轻,隔热隔音性能更好,不易变形。因为泡体有缓解内应力的功效,低发泡塑料是以塑代木的主要品种,可以和木材一样钉、锯、刨。

泡沫塑料在生活日用领域的涉及面更宽,软质泡沫塑料具有良好的弹性,现已大量用于做各种座垫、床垫、枕芯、衬里、服装,也有用于保温的、有用于缓冲的、防振的。聚氨酯合成造革具有优异的透气吸湿性,用其制作的包、外套、鞋类不仅美观、手感好,而且舒适,可与天然皮革媲美。

开孔泡沫塑料中气体呈连续相,因此可充当过滤器,载油体,载水体,人造土壤等。

以上所述泡沫塑料的各种特性,在高科技领域也得到了应用,如载油、载水、隔热、隔音、轻量、缓冲等都是极为可贵的特性。可用作雷达罩、飞行器防辐射的遮蔽材料;某些耐高温材料应用在火箭、人造卫星上作防护板。

泡沫塑料虽然具有很多可贵的性能,但与不发泡的塑料相比,它的绝对强度是较低的,为了提高泡沫塑料的强度,近几十年来出现了不少增强的泡沫塑料,如用改性高聚物、加入增强助剂和增强填料、改变泡体的结构等,结构泡沫塑料的出现就是其中一例。结构泡沫塑料具有不发泡或少发泡的皮层,这不仅使泡体表面光滑平整,而且起了增强的作用,提高了泡体表面的硬度。增强助剂和填料也是增强的有效途径;提高聚合物的交联度,可以提高泡体的强度;加玻璃纤维,活性碳酸钙等都可以起到增强的效果,也是人们常用的增强方法。

近几年来发泡技术和生产工艺得到了较快的发展,新的发泡材料也不断出现,如微孔发泡技术、超临界气体微孔发泡技术、注射结构发泡技术及吹塑发泡技术;还研发出了利于环保的新型发泡剂、发泡功能母粒、自熄性及抗静电泡沫塑料等。

9.2 泡沫塑料成型原理

泡沫塑料的成型方法与普通塑料成型方法有许多相似之处,但由于任何气液共存的体系都是极不稳定的,气泡可能膨胀也可能塌陷,因而影响其变化的因素很多,有些因素又相互交错影响。因此,泡沫塑料的成型定型过程比普通塑料成型定型过程要复杂得多。泡沫塑料的成型和定型过程一般可分为三个阶段:气泡的形成、气泡的膨胀和泡体的固化定型。发泡成型首先应在塑料熔体或液体中形成大量均匀细密的气泡,然后再膨胀成为具有所要求结构的泡沫体,最后通过固化定型将泡沫体结构固定下来,得到泡沫塑料制品。这三个阶段的成型机理不同,主要影响参数也不同,气泡的膨胀阶段和气泡的形成阶段紧密相联,特别对低发泡体,其膨胀阶段极短,因此很难断然分开。但对高发泡体情况就不同了,影响成核过程的参数与影响膨胀过程的参数在主次顺序上存在较大差异。气体在高聚物中的扩散速度对成核阶段影响不大,但对膨胀阶段影响极大,特别在膨胀的后期,气体在泡体或液体中扩散速度和渗透速度都是控制气泡膨胀速度的重要参数。此外,气泡的膨胀阶段直接影响泡体的几何形状和结构,如泡孔的大小,开闭孔,泡孔的形状和分布等都是由膨胀阶段的条件决定的。熔体的膨胀结果能否巩固,直接取决于开始固化阶段的时机和固化的速度,影响泡体固化速度的因素很多,而温度起着主导的作用,必须了解温度对膨胀与固化的双重关系,才能制定出发泡成型定型过程适宜的温度条件。由于发泡成型各个阶段存在不同的机理和要求,因此在研究分析发泡成型机理和影响因素时必须分段进行,找出最佳条件,再进一步分析相互间的关系,进行综合考虑,以制定出最佳总体方案。

(1)气泡的形成

在树脂加工过程中,受热的作用达到一定温度后,物理发泡剂气化而化学发泡剂分解产生气体。如果发泡剂均匀分布于树脂中,气体也在树脂内均匀分布,以树脂熔体作为中间壁而相互隔开,且分散地存在。气泡的形成阶段对泡体中泡孔的密度和分布情况起着决定性的作用,因此是控制泡体性能和质量的关键阶段。若熔体中能同时形成大量均匀分布的气泡,则将有利于得到泡孔细密而均匀的泡沫体;若在熔体中只产生少量气泡,则最终形成的泡沫体少而不均匀,泡沫体密度较大且质量也较差。所以,在发泡过程中控制好气泡的形成阶段是非常重要的。

在实际生产中常加入成核剂以利于成核作用能在较低的气体浓度下发生。以促进大量小气泡形成。否则,将产生极为不均匀的泡孔。成核剂一般是极细的惰性颗粒,碳酸钙、高岭土、炭黑等添加剂均可以作为成核剂。

(2)气泡的膨胀

气泡的膨胀阶段紧接在气泡核的形成之后,很难断然分开,但各段的机理和主要影响因素存在明显的不同。气泡核的形成阶段,能量重点消耗在气相的形成。气泡的膨胀阶段,气相已形成,膨胀的动力来自气泡内压,膨胀的阻力是聚合物熔体或液体的黏弹性和外压,黏弹性太大或太小都不利于气泡的膨胀。太大会使气泡膨胀阻力过大,不利于气泡的膨胀,太小又会使气泡膜没有足够的强度包不住气体。因此,气泡的膨胀阶段,聚合物的黏弹性很重要,需要适宜。气泡的内压与气泡内的气体分子量有关,要成型高发泡的泡体除了聚合物的黏弹性要适宜外,气泡内的气体分子应能得到及时的补充,膨胀的速度要与聚合物材料的弹性和松弛速度相适应,这些都是必须满足的条件。

泡体的几何结构主要取决于膨胀阶段的工艺条件。当膨胀速度过快或材料的收缩率过大时,容易得到开孔泡体,如果膨胀阶段皮层所处的温度低,而芯部的温度高,或皮层受压而芯部减压,结果就可能得到结构泡体。假如膨胀阶段在外力(拉伸力或剪切力)作用下进行,泡孔将沿外力方向延伸,结果得到各向异性的泡体。总之,成型泡沫塑料的膨胀阶段对泡体的结构性能影响很大,泡沫塑料的某些性能是可以通过改变膨胀阶段的条件来得到的。

要控制气泡的膨胀过程,必须了解影响气泡膨胀动力和阻力的各种因素及它们之间的关系。影响气泡膨胀的因素很多,归纳起来可分为原材料和成型加工条件两大类:前者包括原材料的品种、规格、性能及用量,如发泡剂的类型、溶解度和扩散系数等;后者包括成型工艺、工艺条件和设备的结构参数等,如成型的温度、压力、剪切速度和模头的几何形状尺寸等。要控制气泡的膨胀过程,必须了解气泡膨胀的动力和阻力、各影响因素相互之间的关系等。

(3)泡体的固化定型

在泡沫形成过程中,由于气泡的不断生成和膨胀,使得泡沫体系的体积和表面积增大,气泡壁的厚度变薄,致使泡沫体不稳定。对于热塑性树脂而言,随着体系温度的上升,气泡体积不断膨胀,而熔体黏度随温度上升急剧下降,泡孔之间的孔壁强度也在不断下降,从而导致形成的分散气泡穿破泡壁互相聚集成大气泡,并很容易逸出熔体而不能发泡。热塑性树脂中常存在上述发泡特点,尤其以聚烯烃类最为突出。要克服热塑性树脂的上述缺点,使气泡稳定,一般采取下列两种方法。

1)加压发泡　在热塑性熔体中施加压力,使熔体内气泡不逸出熔体外,固定在熔体内形成气孔。加压发泡的具体过程为:产生的气体在树脂内形成气溶胶,均匀地压缩在熔体中,待熔体冷却形成制品后,去掉压力,将制品在蒸缸中加热,使压缩的气溶胶开始膨胀而形成泡孔,一个气溶胶可以形成许多个泡孔,因而其泡孔细小而均匀。

采用加压的方法可以防止气泡的逸出,但不能防止气泡的聚集,为此要合理选择分解温度与熔体黏度,以相互适应,尽可能防止气泡聚集。

2)交联发泡　发泡配方中加入交联剂,在熔体中气泡形成以前,交联剂分解,熔体开始交联,从而抑制熔体黏度急剧下降,增大泡孔壁强度,防止泡孔穿破熔体、泡孔壁互相聚集或逸出熔体外。交联度一般控制在20%~80%范围内。交联度太小,气泡不易固定;而交联度太大,成型困难。交联方法主要用于聚烯烃类树脂,其他热塑性树脂如PVC、PS及PU等有时也采用。

热固性塑料发泡成型的固化机理与热塑性塑料有所不同,热固性塑料的发泡成型与缩聚反应是同时进行的,随着缩聚反应的进行,增长的分子链逐步形成网,反应液体的黏弹性逐渐升高,流动性逐渐下降,最后反应完成,达到固化定型。泡沫体的固化是分子结构发生变化的结果,因此要提高热固性塑料泡沫体的固化速度,应加速缩聚反应,加速使分子形成网状结构的速度。加速热固性泡沫塑料的固化过程,一般通过提高加热温度和加催化剂等途径实现。因为热固性泡沫塑料的黏弹性和流动性取决于分子结构交联的程度，因此气泡的膨胀和固化必须与聚合物缩聚反应的程度相适应。由于影响因素较多、关系比较复杂，因此热固性泡沫塑料的固化定型的控制难度比热塑性泡沫塑料大。

泡沫塑料生产过程在经历上述三个阶段时，每个阶段都必须进行严格控制，才能达到生产高质量泡沫塑料制品的目的。

9.3 机械发泡法

机械发泡法（又称为气体混入法），是采用强烈的机械搅拌，将空气卷入树脂乳液、悬浮液或溶液中成为均匀的泡沫体，然后再经过物理或化学变化使之胶凝，固化而将气泡均匀地分布于制品内的成型方法。为缩短成型周期可通入空气和加入乳化剂或表面活性剂。

其特点是无需特别加入发泡剂，但缺点是所需设备要求较高。通常应用于脲甲醛、聚乙烯醇缩甲醛、聚乙酸乙烯、聚氯乙烯溶胶等泡沫塑料。现以脲甲醛泡沫塑料为例进行介绍。

9.3.1 生产工艺

脲甲醛泡沫塑料是以脲甲醛树脂为原料，以二丁基萘磺酸钠（商品名称为“拉开粉”）为表面活性剂，在催化剂存在下固化成型，再经过干燥而制成闭孔结构的白色块状料。

脲甲醛泡沫塑料的生产过程包括脲甲醛树脂溶液的制备、发泡剂溶液的配制、打泡、固化、干燥与切割等6个阶段。其生产工艺流程见图9-3。

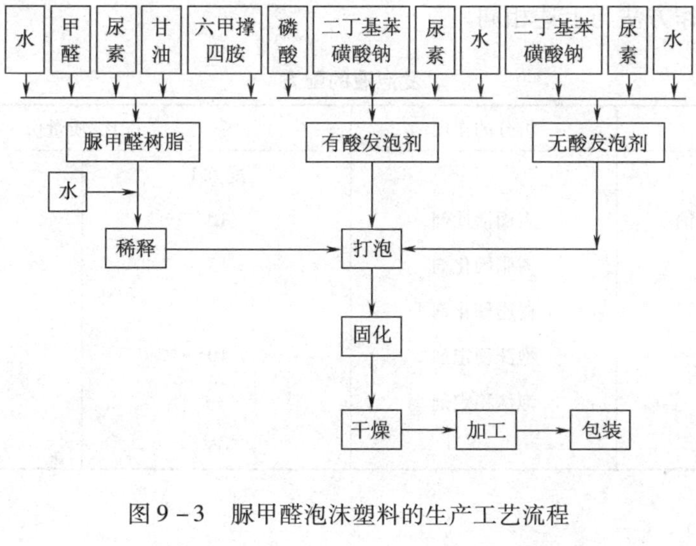

图9-3 脲甲醛泡沫塑料的生产工艺流程

(1)脲甲醛树脂的制备

首先将甲醛水溶液加至反应釜中,并用10%的烧碱水溶液将其pH调整到6.4~6.5。然后在搅拌和回流的情况下加入尿素和甘油,在80~100℃下回流加热缩合,沸腾15min后,用10%甲醛水溶液使混合物的pH降至5.0~5.5,继续在沸腾温度下使反应进行到混合物的黏度达0.025~0.030Pa·s时为止。用烧碱水溶液中和反应混合物,使pH上升到6.8~7.0。冷却至20~30℃后,用水稀释使反应混合物中的树脂含量达到27%~32%。最后将树脂溶液放在铝制的储备槽中备用。脲甲醛树脂配方见表9-2。其生产设备见图9-4。

表9-2 脲甲醛树脂的配方

原料名称	配比/质量份
尿素	100
甲醛水溶液(30%)	300
甘油	20
六亚甲基四胺	7.2

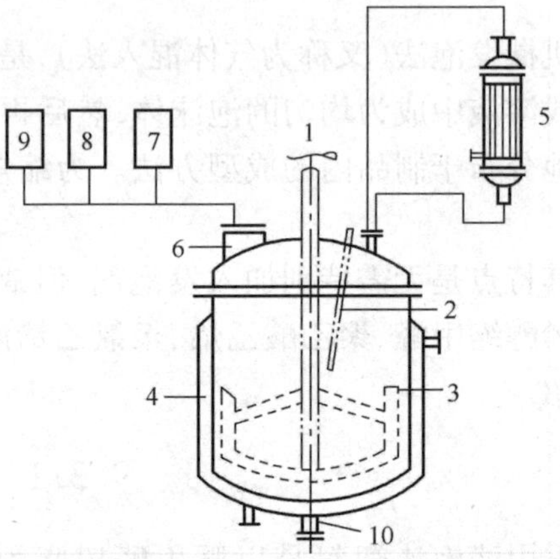

图9-4 脲甲醛树脂生产设备

1—搅拌器转动部分 2—温度计 3—锚式搅拌 4—反应器夹套 5—冷凝器 6—加料 7—甲醛计量槽 8—氢氧化钠溶液高位槽 9—甲醛高位槽 10—放料口

(2)发泡液的制备

按配方称取定量的二丁基萘磺酸钠和水,并投入配制锅,开动搅拌并在夹套内通入蒸汽加热。待反应温度至70~80℃,加入已溶化的苯酚液,并继续搅拌1h;全部溶化后,将反应物加入无酸发泡液高位槽内备用,有酸发泡液按表9-3的配方配制,操作方法与上述相同。

表9-3 发泡液的配方

组分名称	组分的作用	配比/质量份	
		配方1	配方2
二丁基萘磺酸钠	表面活性剂	10	2
磷酸	树脂硬化剂	15	1.5
草酸	树脂硬化剂	—	0.4
间苯二酚	泡沫稳定剂	10	—
苯酚	泡沫稳定剂	—	0.3
水		65	95.8

(3)打泡

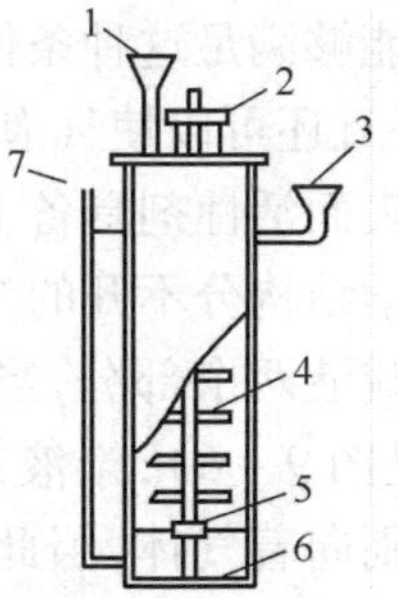

图 9-5 打泡设备

1—发泡液进口 2—传动轮
3—树脂进口 4—搅拌桨叶
5—搅拌轴 6—闸门
7—通空气的管道

打泡用的设备(见图 9-5)是由钢或不锈钢制的圆筒和搅拌系统共同组成的。筒的直径和高度分别为 0.6m 和 2m。搅拌器是多桨叶式的,转速约 400r/min,可以按顺逆两个方向转动。顺转时,桨叶使液体向上运动,是作为打泡用的;逆转时正相反,是作为出料用的。筒的下部设有空气进口,而底部设有出料口。出料口由轻便的闸板操纵其启闭。

打泡时,在顺转的搅拌情况下,向鼓泡设备先加入一定量的按表 9-3 所列配方配成的发泡液,2~3min 后便会产生大量的泡沫。随后,在 1~2min 内加入定量的树脂溶液。继续搅拌 15~20s 后,将搅拌改成逆转并开启闸门以便泡沫物注入金属或木制的敞口模中。鼓泡设备经用清水洗涤后即可进行下一轮的操作。鼓泡过程也有设计为连续作业的。

加到鼓泡设备中的发泡液和树脂溶液的质量比约为 2:5,而每次装入的总料量则应根据发泡液和树脂溶液的膨胀倍数确定,一般约为鼓泡设备容量的 6.5%。

(4)泡沫物的固化和干燥

从打泡器出来的液体泡沫流入涂有脱模剂的塑模中,此过程叫预型。预型的作用一方面是使泡沫体初步硬化,以便于脱模,另一方面是使大量水分从塑模底部排走。预型最好在预型室内进行,以防甲醛气体泄出毒害人体。在室温下的预型时间为 4h 以上。

脱模后的泡沫物先静置 24h 左右,沥去酸液,待其略微干燥后,放入蒸汽加热的烘道干燥,一般烘道长 12m。烘道第一道温度为 30~40℃,第二道温度为 40~45℃,第三道温度为 45~50℃。泡沫物在第一道干燥 24h 后,进入第二道烘道,继续干燥 24h 后,抽样测试密度,如密度不大于 20kg/m^3 即为合格,否则再送入第三道烘道继续干燥。

在干燥阶段不仅使泡沫再脱水,而且使树脂进一步缩合,直至完全固化。

(5)切割

切割工具为细齿锯、机械锯、锐利刀具、细钢丝等。一般质量较好的产品无需切割,有时由于烘干不当,造成硬皮则必须切除。

9.3.2 泡 沫 理 论

液体与气体相混能否成为泡沫物主要决定于液体的性质。当液体与气体形成泡沫时,液体的表面积就会有很大的增加。这意味着液、气系统的能量增加。衡量的尺度是液—气界面张力与增加表面的乘积。从热力学角度来说,这种能量的增加势必造成该系统物的不稳定。能量增加越大,稳定性就越小,越会受到该系统物为维持稳定而进行缩小表面的自发过程所控制。显而易见,作为形成泡沫物的首要条件就是液—气的界面张力(如果气体是空气,则这种界面张力即为液体的表面张力)必须具有较小的数值。

界面张力并不是形成泡沫物的足够条件,例如表面张力小的纯液体就不能与空气组成泡沫物。许多实验证明,形成泡沫物的另一条件是液体必须具有多相性,而且界面处的液体组分比率应与液体主体部分有所不同。从实践得知，在纯液体中加入表面活化剂不仅能够满足这种条件，而且还能使液—气界面张力降低，因此就容易使液体成为泡沫物，并且还可以使气泡的大小比较均匀。

表面活性剂具备上列作用的原因是与它的化学结构分不开的。它的分子结构具有亲液和疏液两个部分，当它与液体和气体共存时(见图9－6)，亲液部分向着液体，而疏液部分则向着气体，因此就会改善液体和气体之间的吸引力，从而降低了液体和气体之间的界面张力。此外，从图9－6还可以看出，表面活性剂在气、液界面和液体中的浓度是不相同的。必须注意，界面处的表面活性剂是单分子层，分子之间都充有液体分子。如果表面活性剂的分子在界面处聚集太多，以致排除应有的液体分子，则界面处的表面活性剂分子就不可能出现如图9－6所示的整齐的定向情况，而且不符合多相的原则，这对泡沫物的形成是不利的。反之，如果聚集的表面活性剂分子少到不能构成单分子层，对泡沫物的形成同样也是不利的。因此，表面活性剂在液体中的浓度应有一定限制。

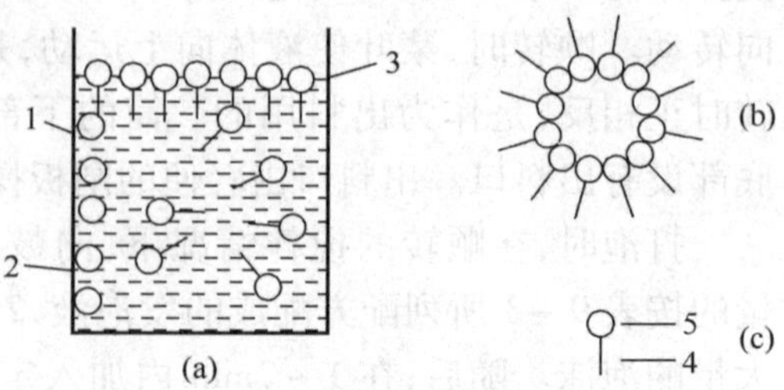

图9－6　表面活性剂的作用机理

(a)含有表面活性剂的液体　(b)表面活性剂分子排列成气泡的形状　(c)表面活性剂分子

1—液体　2—容器　3—液－气界面

4—表面活性剂分子中疏液部分

5—表面活性剂分子中亲液部分

泡沫物是热力学的不稳定体，它的持续时间不会很长。从制造泡沫塑料来说，这种持续时间必须大于泡沫物中树脂成为固体所需的时间。泡沫物的持续时间在很大程度上决定于其中液体的性质。由于液体是泡壁的构成物，壁的力学强度越大，泡沫就越能持久。所以，具有凝胶结构的液体对泡沫物的持久性是有利的。其次，组成泡壁的液体因受重力的作用，常会向下流动，这样便会使泡壁薄化以致破裂。因此，加大液体的黏度就能增加泡沫物持续的时间。再次，形成泡壁的液体不应有很大的挥发度，不然泡壁也会因液体不断的散失而发生破裂。环境的温度对泡沫物的持久性也有很大的影响，因为液体的黏度和挥发度都是温度的函数。

虽然这种理论是从物理观点对溶液成泡的研究结果，不过由许多溶液或液体混合物制成的热固性泡沫塑料，在它们开始发泡一直到树脂硬化前这一过程中，无疑是受这种理论支配的。

还需要说明两点：①表9－3中所列的间苯二酚的稳定作用有特殊性，不适用于其他泡沫物。脲甲醛树脂在硬化过程中有水和甲醛的释出，水在硬化温度下是液体，对泡沫物的稳定并无多大妨碍。但甲醛是气体，可以突破气泡而使泡沫塌陷。间苯二酚的加入即在借助它与甲醛的快速化学反应从而去除甲醛。②按上述方法制造脲甲醛泡沫塑料时，最初产生的气泡都是彼此独立的。但当树脂固化和泡沫物脱水时，泡壁便逐渐变薄，且在最后树脂成为脆性物质时，泡沫即会破裂，使整个泡沫物成为开孔性的泡沫塑料。

9.4 物理发泡法

物理发泡法是利用物理原理实施发泡,包括以下两种方法。

1)惰性气体发泡法　在加压下把惰性气体压入熔融聚合物或糊状物料中,然后减压升温,使溶解的气体膨胀而发泡。其特点是气体发泡后不会留下残渣,不影响泡沫塑料的性能和使用。但缺点是需要较高的压力和比较复杂的高压设备。通常应用于聚氯乙烯、聚乙烯等泡沫塑料。

2)低沸点液体发泡法　利用低沸点液体蒸发汽化而发泡,把低沸点液体压入聚合物中或在一定压力、温度下,使液体溶入聚合物颗粒中,然后将聚合物加热软化,液体也随之蒸发汽化而发泡,后一种方法又称为可发性珠粒法。通常应用于聚苯乙烯、交联聚乙烯等泡沫塑料。本节将分别以聚氯乙烯和聚苯乙烯为例介绍这两种方法。

9.4.1 物理发泡剂

物理发泡剂(简称 PBA)通过物理变化为聚合物发泡提供气体。这种变化包括液体的挥发(汽化),或者是混合有压缩气体的聚合物经高温和(或)高压后,在大气压下释放。普通液体物理发泡剂是低沸点液体,包括短链(C_5至C_7)脂肪族烃和C_1到C_4卤代脂肪族烃。普通气体发泡剂包括:CO_2、N_2、短链(C_2至C_4)脂肪族烃。物理发泡剂用于生产各种类型的发泡塑料,包括各种密度的热塑性和热固性发泡塑料。当要生产密度很低(小于$50kg/m^3$)的发泡塑料时,物理发泡剂几乎是唯一可供使用的发泡剂。PBA 成本较低,但有时需要使用特殊的设备。

9.4.1.1 物理发泡剂的选择标准

在选择 PBA 时除考虑聚合物类型和使用场所等因素外,环境的可接受性也是必须考虑的因素,它包括同温层臭氧损耗、全球变暖、地面空气污染、对流层破坏、长时间分解的制品、卤素含量、酸化指数等。发泡剂的同温层臭氧消耗潜值(ODP)定义为单位质量的给定制品对同温层臭氧损耗与单位质量的三氯氟甲烷(CFC-11)对同温层臭氧损耗的比值。发泡剂的 ODP 最终会影响生产和发泡剂的使用。给定质量的发泡剂在一给定的时间(通常为 100 年)内对地球变暖的影响程度与同样质量的二氧化碳的影响程度的比值称为发泡剂的地球温室效应潜值(GWP)。发泡剂的 GWP 是它在大气中的寿命和它吸收红外线的能力的函数,大气寿命是表示发泡剂在大气中总的稳定性。一些发泡剂在较低的大气层中可能发生光化学反应,生成烟雾,称作挥发性的有机化合物(VOC)。它们的使用在世界的有些地方是有严格规定的,比如在美国,为了限制泡沫塑料生产过程中发泡剂的泄漏,要求采取相应的监控和测量控制措施。对于泡沫塑料制品的出口,制造和使用国家的环境要求都需要考虑。

毒性、易燃性及与其他结构材料的相容性,安全又经济的加工工艺也是选择发泡剂时需要考虑的一些因素。发泡剂的毒性如何直接影响人们的身体健康,包括急性和慢性的作用都需要考虑。许多发泡剂都表现出不同程度的易燃性,要安全地使用易燃发泡剂,需要对发泡剂的着火、储存和运输以及泡沫塑料制品燃烧的危险性进行评估。同时还需考虑发泡剂和结构材料的相容性。

在使用温度范围内的沸点、相对分子质量和蒸汽压，在原料和成品泡沫塑料中的汽化热和溶解度，是选择发泡剂时必须考虑的性能特征。例如在其他所有性能标准都满足的基础上，同时还具有低分子量或每摩尔发泡剂的成本较低则是更加理想的。这是因为，通常相对分子质量越低，每单位质量发泡剂能够产生的气体体积越高。发泡剂在泡沫塑料成型时的高聚物/低聚物中具有好的溶解度，而在泡沫塑料成品中具有低的溶解度是另外一个通常需要的特性，尽管热塑性泡沫塑料成型和热固性泡沫塑料成型对这一特性要求的原因不同。

对于热塑性塑料，物理发泡剂在熔体中具有好的溶解度意味着需要相对较低的熔体压力以获得和保持发泡剂的溶液状态，而且通过发泡剂使熔体塑化得更好。这样允许降低熔体温度，使得冷却熔体至理想的发泡温度更加容易。相反，如果发泡剂具有低的溶解度，就需要较高的熔体压力和温度将发泡剂变成溶液状态。这可能使聚合物降解，而且将熔体冷却至理想的发泡温度更加困难，导致泡孔结构较差、发泡效率降低、表面有缺陷、泡孔没有完全封闭等。在给定发泡剂的条件下，泡沫塑料的最低密度取决于气体溶解于熔融聚合物中的含量。发泡剂在大多数常用聚合物中的溶解度遵守 Henry 定律。也就是溶解气体的量和气体压力成正比。Henry 定律常数和所使用的发泡剂与聚合物密切相关。

对于热固性泡沫塑料，在反应液体组分中较低的溶解度意味着它在树脂组分的储存期有限和较大的泡孔尺寸等。无论哪种情况，都可以通过添加某些助剂如表面活性剂和增容剂来防止溶解度差的相关问题。物理发泡剂在泡沫塑料制品中低的溶解度对于防止由于溶剂效应使聚合物的强度变差是很重要的。

一般来说，在获得高发泡效率的同时，希望发泡剂具有高的蒸发热。对于热固性泡沫塑料，这可以减小最大放热温度，从而减少泡沫塑料的热降解和复合材料制品中的残余应力梯度。对于热塑性塑料，这使得在挤出模头中将熔体冷却至理想发泡温度更加容易。

对于闭孔泡沫塑料，发泡剂在室温时的蒸汽压应足够抵挡大气压力，以避免泡沫塑料在使用时发生收缩。而且发泡剂从泡沫塑料中渗透出去的速率应低于空气渗入泡沫塑料中的速率，以防止泡孔中的总压力下降，导致泡沫塑料收缩。很明显，这对柔性泡沫塑料如低密度聚乙烯（LDPE）比对较硬的泡沫塑料如 PS 更为重要。发泡剂的蒸汽压同样影响加工条件。发泡剂的蒸汽压越高，要使它在聚合物熔体中保持为液体相所需要的压力就越高。例如，使用丁烷比使用戊烷需要更高的熔体压力。

发泡剂的选择最终取决于发泡剂的性能、性价比和制成品在具体应用中的竞争力。制品的市场价格常常是一种发泡剂能否被使用和是否具有市场竞争力的决定因素。

9.4.1.2 物理发泡剂的主要类型

当前正在使用和正被考虑使用的物理发泡剂有以下几类。

(1)卤代烃类

许多氯化或氟化脂肪族烃（$C_1 \sim C_4$）具有独特的特性，使得它们非常适合用作各种类型聚合物的物理发泡剂。卤代烃是其中一种最早用来生产泡沫塑料的发泡剂。特别是氯氟烃(CFC)具有作为发泡剂所需要的理想性能:低的相对分子质量、沸点适宜、易于气化、毒性低、不易燃烧和低的气相热导率。除此之外,CFC 还具有优异的化学和热稳定性以及低的成本,使得其成为大部分聚合物泡沫塑料首选的发泡剂,尤其对于刚性热绝缘泡沫塑料更为适宜。CFC－11 用于加工刚性 PU 泡沫塑料,CFC－12 用于生产挤出 PS 泡沫塑料等。

但在 20 世纪 70 年代,科学家发现散发在大气中的 CFC 可缓慢破坏臭氧层,引起了全球环保学家的重视。1987 年起,有关发达国家参与签订了涉及臭氧消耗物质(ODS)控制计划的"蒙特利尔议定书",并且经常修订,对 CFC 等高 ODP 值的化学物质的使用进行限制,并开始寻找相应的替代物。

不同 CFC 替代品,其主要特性如工艺性(沸点等)、绝热性能(气体热导率)、是否易燃、来源和价格、毒性、环保性能等,各有其优势和不利之处。到目前为止,还没有发现有一种发泡剂替代物的综合性能及经济性可与 CFC 媲美。

在我国,CFC 虽然还没有完全禁止使用,但产量和应用已严格受限,几年后将禁止使用。作为 CFC 的替代物的主要发泡剂类型有 HCFC(氢氯氟烃)、HFC(氢氟烃)等。

在可以替代 CFC 的化合物中,HCFC 类化合物含较少的氯原子,分子中含有氢,化学特性不稳定,通常在较低大气压中已开始分解。HCFC 化合物的臭氧消耗潜值(ODP)及地球温室效应潜值(GWP)比 CFC 低得多,对环境影响比 CFC 小。

HFC 化合物的 ODP 值为零,GWP 值很小,仅是 CFC－11 的 1.5%～3.0%,大多数 HFC 不燃、低毒。HFC 的 ODP 为零意味着任何情况包括非绝缘泡沫塑料都可使用它们作为发泡剂。然而,将 HFC 用作 PBA 却没有 20 世纪 80～90 年代的 CFC 和 90 年代或 20 世纪末的 HCFC 用作 PBA 那么普遍。这主要是因为它们的成本高,和其他可用于生产绝缘泡沫塑料的发泡剂(如碳氢化合物、二氧化碳等)相比,利润较低。

(2)烃类化合物(HC)

许多低沸点的脂肪族烃具有理想的性能,即低成本、高比体积、零 ODP、接近零的 GWP、无卤素、和普通聚合物相容、普通易得。不足之处是具有可燃性。例如,戊烷在空气中易燃的极限含量(体积分数)为 1.4%～8.0%,点火能量极低,戊烷的蒸汽密度大约为空气的 2.5 倍。其易燃特性使其在早些年未被考虑用作制造泡沫塑料的发泡剂,但最近有所改变。采用适当的设备和方法储存、处理、制造、检测、运输 HC 和泡沫塑料成品,使得很多泡沫塑料使用 HC 作发泡剂成为可能。为了使用 HC,工厂需要进行不同程度的改造,取决于当地的规范与条例,一般要求改进排风、防爆和报警系统。碳氢化合物被归成 VOC 类,很多城市都有排放限制。

HC 可用作多种聚合物的发泡剂,根据应用的不同可制成密度范围很宽的泡沫塑料。可用于制造起绝缘作用的 PU、PS 和聚烯烃泡沫塑料等。戊烷已成为许多 PU 绝缘泡沫塑料和预发泡聚苯乙烯(EPS)的主要发泡剂。丁烷和丙烷是保护性包装和缓冲用聚烯烃泡沫塑料的主要发泡剂。

(3)惰性气体

惰性气体尤其是 CO_2(二氧化碳)和 N_2(氮气)是使用最广泛的发泡剂。这一部分原因是因为 N_2 便宜,且到目前为止是环境最可接受的,因为只是从大气中借用。CO_2 也是如此，尽管它是一种温室气体，这是因为不管是作为制造氨水和发酵加工的副产品，还是从空气或其他自然资源中抽取，CO_2都被认为是温室中性的气体。

CO_2和N_2被广泛用作发泡剂的原因是它们相对适度的临界温度和压力，尤其是CO_2。众所周知，当某材料被维持在超过它的临界温度和临界压力下时，该材料则会处于超临界流体状态。处于超临界状态时，材料会变得稠密得像液体一样，但仍然保持气体似的性能，流动起来几乎没有黏度和表面张力。它在聚合物中的溶解度显著增加，这可以降低大部分聚合物的玻璃化转变温度（Tg）。当充满超临界流体的聚合物熔体被快速降压时，聚合物中的气体会变得超饱和，在非常高的浓度下泡孔成核并持续生长直到聚合物变成玻璃态。利用这一现象，许多聚合物使用CO_2和N_2作为发泡剂，可加工泡孔（典型泡孔尺寸$>70\mu m$）、微孔（泡孔尺寸在$1\sim70\mu m$）和超微孔（泡孔尺寸$<1\mu m$）泡沫塑料。

尽管许多气体在典型的热塑性塑料加工的温度和压力范围内表现出超临界行为，但CO_2当它的温度超过31℃，压力超过7.38MPa时，就处于超临界状态。在超临界状态，CO_2是许多聚合物的超强溶剂，尤其是PS，其Tg可因为CO_2的作用而降到接近环境温度，这使得PS/CO_2体系快速降压较容易，许多绝缘和吸收冲击能量泡沫塑料都使用这些材料加工而成。由于同样的原因，许多其他塑料包括高密度聚乙烯（HDPE）和聚丙烯（PP），也使用CO_2作发泡剂来加工低密度泡沫塑料，应用于各种场所。另外，许多热塑性塑料在使用常规的CO_2来加工泡沫塑料时，同时注入异相成核剂。

CO_2处于它所有的物理状态如气体、液体和超临界流体，都可作为发泡剂使用，是当今加工聚合物泡沫塑料使用最多的发泡剂。

N_2也可以用于制备热塑性聚合物的微孔泡沫塑料和传统泡沫塑料。压缩N_2可通过特殊注射模塑过程加工结构泡沫塑料，还可通过高压气体溶解过程加工聚乙烯包装泡沫塑料。N_2在大多数聚合物中的溶解度低于CO_2，因此使用N_2时需要比CO_2更高的熔体压力来获得同样的密度。通常N_2用于具有较高熔体黏度的塑料，或用于难于充填的注塑零件。N_2或空气时常用作一些热固性泡沫塑料的成核剂，但很少用作主发泡剂。其他注入气体如氩气和氦气已经在许多专利中被提及作为发泡剂，但其商业应用很少。

选择惰性气体作为发泡剂时，要特别注意它在聚合物中的渗透速度。一般应选用具有较低渗透率的，否则会影响发泡效率。表9－4所示为几种惰性气体对多种塑料膜壁的渗透率。

表9－4　惰性气体在塑料膜壁的渗透率　单位：$g/m^2 \cdot 24h$

名称	LDPE	HDPE	PP	SPVC	HPVC	聚偏氟乙烯
透湿度	16～22	5～10	8～12	25～90	25～40	1～2
CO_2	70～80	20～30	25～35	10～40	1～20	1.0
O_2	13～16	4～6	3～5	4～16	0.5	0.003
N_2	3～4	1～1.5	—	0.2～8	—	0.01

(4)其他物理发泡剂

水在聚氨酯工业中被广泛用作发泡剂，在加工过程中它和异氰酸盐反应放出CO_2气体。最近水也被考察单独用作发泡剂，尤其是对于热塑性弹性体(TPE)如PP/EPDM和SEBS等。除了低成本和环境友好，水作为物理发泡剂(PBA)还具有其特殊的性能，同其他PBA如CO_2和N_2相比，它有低的挥发性、低的溶解度和低的发泡压力。

三氯乙烷(CCl_3CH_3，ODP=0.1，GWP=140，沸点=74℃)、丙酮(CH_3COCH_3，ODP=O，沸点=56.1℃)和乙醇是一些其他物理发泡剂，主要用来加工非绝缘泡沫塑料。全氟化碳如全氟戊烷(C_5F_{12})和全氟己烷(C_6F_{14})已被尝试当作发泡剂和HCFC的协同发泡剂，但是它们不被认为是可行的发泡剂选择，因为它们在大气中的寿命很长，达到数百至数千年，而且很容易红外激活，因此GWP高。

(5)物理发泡剂的共混

两种或多种PBA的共混常用来满足泡沫塑料最终用途的所有性能要求和/或发泡加工要求。例如，在PU泡沫塑料中，常将一种液体和一种气体发泡剂混合来平衡流动性，泡沫塑料制品尺寸稳定性和对用于日常用品、建筑材料等绝缘泡沫塑料的热阻性能。低沸点发泡剂如HCFC-22、HFC-134a和异丁烷分别与更绝缘的气体如HCFC-141b、HFC-365mfc和戊烷并用来改善流动性和PU泡沫塑料的尺寸稳定性。相似地，发泡剂共混也常用来解决加工问题。例如，挤出聚对苯二甲酸乙二醇酯(PET)泡沫塑料时，单独使用一种发泡剂如CO_2、HCFC-22或丁烷可能使泡沫塑料密度减少60%以上，这是由于在结晶PET由熔体温度冷却至它的Tg之前发泡剂就高度挥发，导致泡孔塌陷。而将一种具有高沸点的发泡剂(如正辛烷)和一种低沸点发泡剂(如正戊烷)共混，可使泡沫塑料密度减少超过80%，而且没有泡孔塌陷。这是因为正辛烷提供了发泡所需的塑化条件，而正戊烷提供了在冷却过程中防止泡孔塌陷的蒸汽压。

(6)封装物理发泡剂

虽然一些物理发泡剂被广泛使用，但它们的使用一般要求特殊的储存、处理和加工设备。将物理发泡剂封装在热塑性塑料壳中，从而避免使用这样的设备，并制造可控的泡孔结构。这种发泡剂常被称为膨胀性填料，为了满足加工和使用的要求，一般使用热塑性塑料作为壳封装通常是碳氢化合物的物理发泡剂，它们可使热塑性聚合物膨胀至密度范围为300~900kg/m^3。

9.4.2 聚氯乙烯泡沫塑料(以溶解气体为发泡剂)

由于聚氯乙烯本身并不能溶解惰性气体，能够溶解这种气体的只是它的增塑剂或溶剂，故采用溶解惰性气体为发泡剂来生产聚氯乙烯泡沫塑料时须选用增塑剂含量大的聚氯乙烯糊或溶液为原料。以这种方法生产硬质泡沫体时只用少量溶剂，就需施加很高的压力30~40MPa。显然，施加高压对设备的要求就高。如采用大量溶剂，则事后的溶剂脱除与回收都比较麻烦，不仅成本提高，还要采取严格的防火和防爆措施。所以，用溶解惰性气体发泡的方法大多用来生产软质聚氯乙烯泡沫塑料更具优势。

生产软质聚氯乙烯泡沫塑料有间歇法和连续法两种。间歇法比较简单，生产时，将适当的聚氯乙烯糊放入加压釜中，然后在搅拌下通入高压惰性气体(如二氧化碳)。待压力稳定在2～3MPa时，即将充气的聚氯乙烯糊由釜底喷嘴放至塑模中，并在较短的时间内送至110～135℃的烘室中烘熔，经过冷却和脱模，即获得泡沫塑料制品。此法所用塑模，可采用纸板、铝或其他金属制成。凡是用敞口塑模生产的制品均为开孔的泡沫制品，而用密闭塑模生产的均为闭孔泡沫制品。烘熔时如能采用高频加热，常能使时间大为缩短。例如厚约75mm的泡沫物只需4min，而用一般烘室需时长达3h。制得的开孔与闭孔泡沫塑料的密度分别以80～110kg/m^{3}和190～290kg/m^{3}最普遍。

连续法的生产流程如图9－7所示。操作时将聚氯乙烯糊用泵连续送至特殊的混合器内与2.0～2.5MPa压力的二氧化碳充分混合。混合器备有温度控制装置以保证良好的混合。混合好的物料不断由混合器的喷嘴向输送带定量排出，经刮刀刮平后，即用高频电加热进行胶凝和熔化。控制熔化温度约150℃。熔化完全的泡沫物，通过冷却和切片后，即成为一定厚度的片状物。制品系开孔结构，密度为80～110kg/m^3。

上述两种方法中所用原料为聚氯乙烯糊，要求黏度适宜，胶凝温度范围中等，以便气体在糊塑料中易于成泡。如果胶凝温度范围较小，黏度将会很大，不利于成泡；反之，黏度太小，气体易外逸。为了使糊塑料捕捉足够的气体而成为稳定的泡沫体，并能维持这种稳定状态而渡过胶凝过程，要求糊塑料的流动行为应是假塑性的。只有这样，糊塑料在搅拌充气及气体膨胀过程中，黏度不高，操作阻力较小；而当剪切速率下降时（即停止充气和膨胀时），黏度就会增大，对泡沫的稳定有利。制品密度主要决定于惰性气体的压力和吸收程度以及原料中的增塑剂含量。压力低、吸收不良和增塑剂用量少均会使制品的密度偏高。

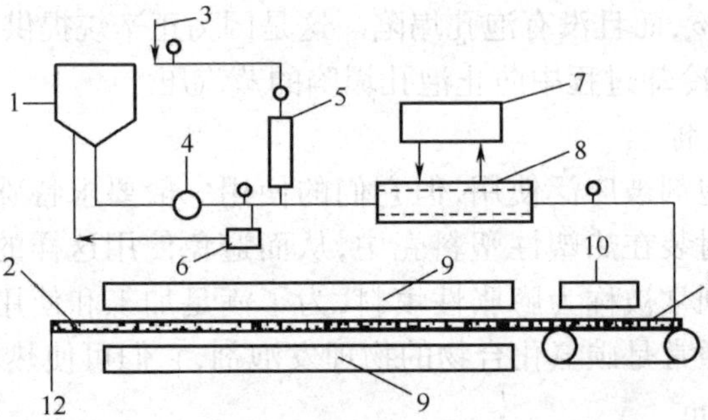

图9－7　聚氯乙烯泡沫塑料连续生产流程图

1—聚氯乙烯糊储槽　2—泡沫塑料　3—二氧化碳进口　4—泵　5—转子流量计　6—回流接受槽　7—温度控制装置　8—混合器　9—冷却装置　10—高频电热器　11—刮刀　12—送至切块与包装车间

9.4.3　聚苯乙烯泡沫塑料（以溶解液体为发泡剂）

用溶解液体为发泡剂制造聚苯乙烯泡沫塑料的具体生产方法可分为两种类型：直接挤出发泡法和可发性珠粒发泡法。

直接挤出发泡法是将高相对分子质量的聚苯乙烯加入挤出机内熔化，然后用高压加料设备把液体发泡剂（二氯甲烷或氯甲烷）注入挤出机的熔化区段，最后在严格控制温度下从环形口模中将料筒内的混合物挤出，经过膨胀、缓慢冷却和切割，即可制得片状的聚苯乙烯泡沫塑料。此法的缺点是：需要附设高压加料设备，控制泡孔大小比较困难，制品仅限于挤出的型材，比较单一。

可发性珠粒发泡法是将发泡液体与聚苯乙烯先制成易于流动的球状半透明的可发性聚苯乙烯珠粒（通称为可发性聚苯乙烯），再用珠状物作为原料，通过蒸汽箱模塑法、挤出法或注射模塑法生产泡沫塑料制品。现介绍可发性珠粒发泡方法。

9.4.3.1 可发性聚苯乙烯珠粒的制造

可发性聚苯乙烯珠粒的制造有以下几种方法。

（1）由单体制备

将苯乙烯单体、悬浮稳定剂、液体发泡剂和引发剂等加入反应釜中，苯乙烯悬浮在水箱中，成为浆状悬浮液。通过加热和搅拌使其聚合，冷却后制得含有发泡剂的高相对分子质量聚苯乙烯珠粒，再经过滤、漂洗、干燥、筛分和包装，即得可发性聚苯乙烯珠粒。

可发性聚苯乙烯珠粒中的发泡剂有戊烷、丁烷、异戊烷和石油醚等低沸点液体。最常用的是戊烷，它具有无毒、价廉、无残留物及极微溶于聚合物等特点。

由单体悬浮聚合方法制得可发性聚苯乙烯珠粒，再由这种珠粒制得的泡沫塑料制品具有泡孔均匀、细小和弹性好的优点。缺点是发泡剂有阻聚作用，影响聚合度。因此，珠粒的相对分子质量不高，悬浮稳定剂难以除尽。

（2）由珠粒制备

悬浮聚合聚苯乙烯珠粒经筛选分级，同级珠粒加入搅拌釜中，釜中预先按配比加入液体发泡剂戊烷、分散剂硬脂酸钠和水，在搅拌情况下加热，发泡剂气化，使釜中压力升高不超过1.0MPa。在此情况下发泡剂气体通过扩散快速渗入珠粒中，然后冷却，经水洗、脱水、干燥和包装，即得可发性聚苯乙烯珠粒。

该方法的优点是制造工序简单，聚合物分子量不受发泡剂影响。缺点是发泡剂扩散渗透时间长，生产效率低。

一般来说，可发性聚苯乙烯珠粒中戊烷最高含量不超过8%。可发性聚苯乙烯珠粒尺寸应按泡沫制品的不同用途来选择，珠粒直径在0.25~2mm。珠粒尺寸直接关系着发泡后珠粒的体积，通常，大尺寸珠粒适合制造低密度、厚壁的泡沫制品；小尺寸珠粒适合制造高密度、薄壁的泡沫制品。若在悬浮液中加入阻燃剂可制得阻燃型可发性聚苯乙烯珠粒。

9.4.3.2 可发性聚苯乙烯泡沫塑料模压发泡

可发性聚苯乙烯泡沫塑料模压发泡成型分为三个阶段：第一阶段将可发性聚苯乙烯珠粒进行预发泡制得不同密度的预发泡珠粒；第二阶段将预发泡后的珠粒进行熟化处理；第三阶段按泡沫塑料制品的密度要求选择相应密度的预发泡珠粒，进行模压发泡成型制得泡沫塑料制品。

（1）可发性聚苯乙烯珠粒预发泡

预发泡是靠加热使珠状物膨胀到一定程度，以便使模塑制品的密度得到更多的降低和减少密度梯度倾向的形成。经过预发泡的珠状物仍然是珠粒状的，但其体积已比原来大很多倍，通常称为预胀物。如果对制品密度要求大于100kg/m^{3}时，则可直接用珠状物成型而不必经过预发泡和熟化两个过程。聚苯乙烯泡沫制品的用途不同，对泡沫制品密度的要求也不同。泡沫制品的密度决定于预发泡聚苯乙烯珠粒的密度，也就是说，预发泡聚苯乙烯珠粒密度直接关系到泡沫制品的密度。因此，可发性聚苯乙烯珠粒的预发泡不仅是泡沫制品制造工序之一，而且是控制泡沫制品的密度及其他物理性能的关键。

可发性聚苯乙烯珠粒的预发泡按加热方法可分为蒸汽预发泡、真空预发泡、热水预发泡、热空气预发泡和红外线预发泡。现介绍蒸汽预发泡法。

蒸汽预发泡有间歇法和连续法两种，但大多采用连续法，其主要设备为连续蒸汽预发泡机，结构如图9－8所示。蒸汽预发泡是蒸汽直接通入预发泡机加热珠粒而发泡。

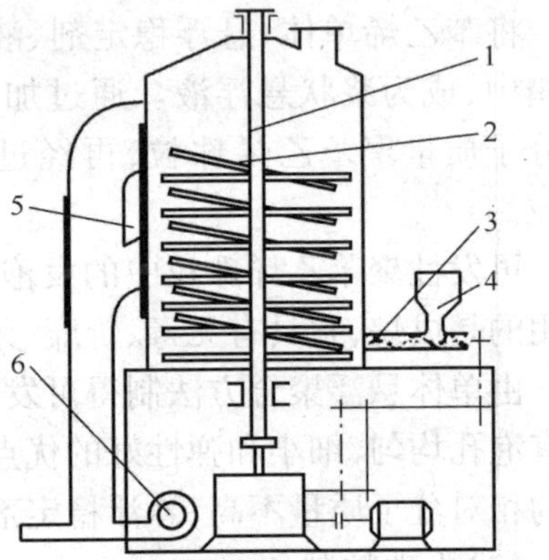

图9－8　连续蒸汽浴发泡机结构示意图

1—旋转搅拌器　2—固定搅拌器

3—螺旋进料器　4—加料斗

5—出料口　6—鼓风机

预发泡时，使可发性聚苯乙烯珠粒连续而均匀地通过螺旋进料器进入料筒内。进入后珠粒受热膨胀，在搅拌器作用下，因容重的不同，轻的上浮，重的下沉。随着螺旋进料器不断进料，底部珠粒推动上部珠粒，沿筒壁不断上升而到出料口，再由离心力将其推出筒外而落大风管内，并送入吹干器。出料口有蜗轮机构，可调节升降，从而控制预发泡珠粒在筒内停留时间使预胀物取得规定的容重。筒内有搅拌器和四根管子，三根管道通蒸汽，从管上细孔直接进入筒体，以助发泡。最底部一根管道通压缩空气以调节底部温度。泡机筒体内温度控制在90～105℃。预发泡容重可根据筒体内温度、出料口高度和加料量三者的配合来控制。温度高，出料口位置高，进料量少，珠粒预发泡容重就小。反之，则容重大。

该方法的优点是生产连续化，劳动强度低，产量高，预发泡珠粒密度低，成型后的泡沫塑料制品质量好。

(2)预发泡机理

由于聚苯乙烯分子结构中存在自由空间，容许发泡剂戊烷渗入其中。可发性聚苯乙烯珠粒预发泡是将珠粒加热，加热温度为85～95℃，此温度下聚苯乙烯呈软化状态。加热过程中自由空间内发泡剂戊烷蒸发成气体，从而在珠粒中形成无数泡孔核，随气体量的增加和膨胀，珠粒中泡孔体积增大，珠粒密度下降冷却后成为具有闭孔结构特征的泡沫珠粒。

可发性聚苯乙烯珠粒在预发泡机中的滞留时间，加热介质的温度及加热介质的渗透性等都直接影响预发珠粒的性能，现讨论如下。

1)滞留时间　指珠粒进入预发泡机接触加热介质至开始冷却的加热时间。蒸汽预发泡泡沫珠粒松散密度与珠粒滞留时间关系曲线如图9－9所示。从图中看出，预发泡开始珠粒被加热，珠粒中戊烷蒸发成气体，随着气体量的增多和膨胀以及外界气体的渗入，泡孔内压力升高，泡孔体积增大，珠粒密度减小。当泡孔内压力升高至等于外界压力时，泡孔停止增大，密度减至最低。此时应立即停止加热而转入冷却，最终可获得最低密度的预发泡聚苯乙烯珠粒。若继续加热，泡沫珠粒的密度反而趋于增大，这是因为泡孔内戊烷气体连续地通过泡孔壁向外渗出而损耗，导致泡孔内压力降低而引起泡孔收缩或塌瘪，泡沫珠粒体积变小而造成密度增大。由此可知，要获得最低密度的预发泡珠粒，存在珠粒最佳滞留时间。

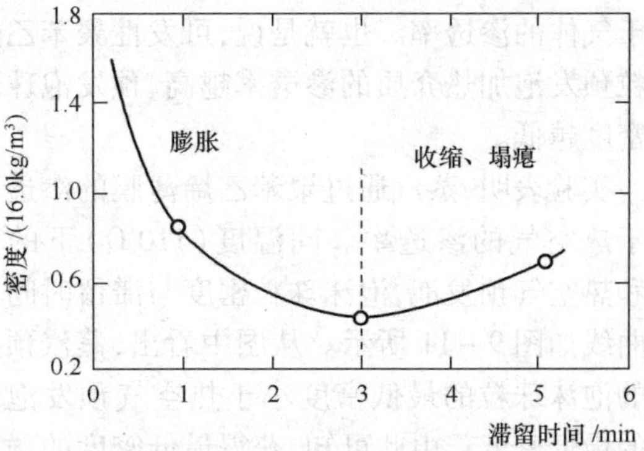

图 9－9 泡沫珠粒松散密度—滞留时间关系曲线

2）加热温度　在加热温度低于 80℃时，可发性聚苯乙烯珠粒不发生任何变化，当温度达到 80℃时，珠粒中产生泡孔核而开始发泡，可推测该温度是聚苯乙烯—戊烷（气体）的二次转变点。根据实验检测，可发性聚苯乙烯珠粒发泡初期（约 80℃）泡孔核的个数和预发泡后泡沫珠粒中泡孔的个数相同。此外数学计算证明预发泡过程中珠粒密度的减小与泡孔体积的增大是一致的，据此可认为珠粒中的泡孔核在聚苯乙烯分子结构中的自由空间内同时形成和增长，最终形成无数均匀细小泡孔的泡沫珠粒。最终的泡孔尺寸约为 50μm，泡孔壁厚度约为 1μm，极薄的泡孔壁必须在低的温度（80～100℃）下形成，泡孔壁处于高度取向或受力状态。

不同温度下预发泡珠粒密度与滞留时间关系曲线如图 9－10 所示。从图中可以看

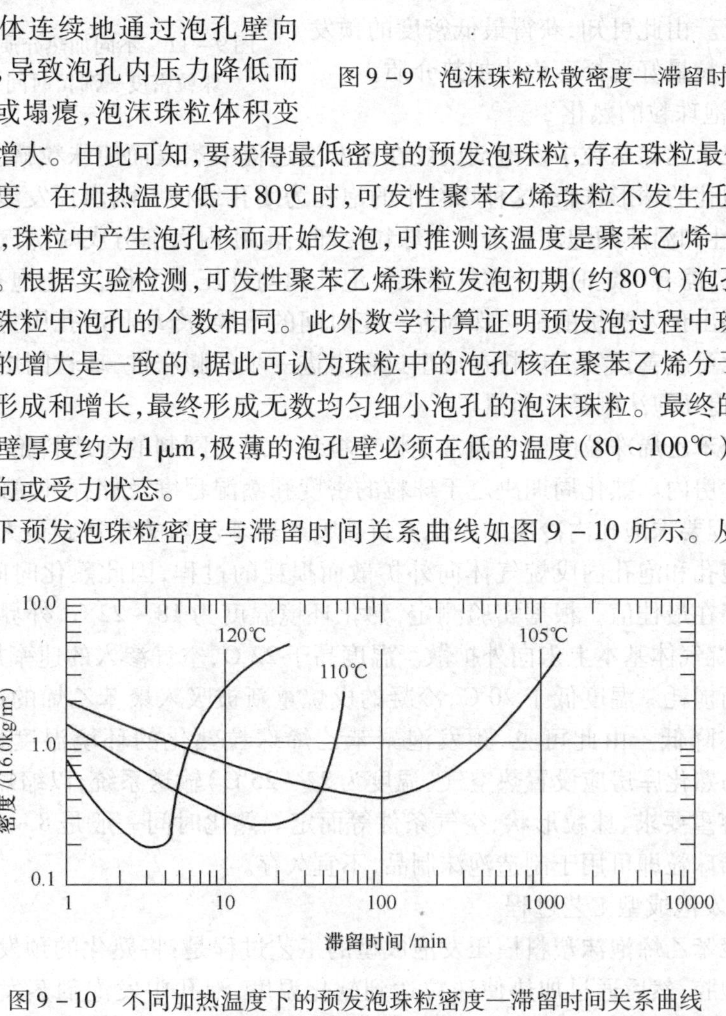

图 9－10 不同加热温度下的预发泡珠粒密度—滞留时间关系曲线

出，加热蒸汽温度提高，发泡速率增快，滞留时间缩短。加热蒸汽温度降低，发泡速率减慢，泡孔内戊烷渗出损耗量增多，预发泡珠粒的最低密度值升高。因此，加热蒸汽的温度不仅影响珠粒发泡速率，而且还影响预发泡珠粒的最低密度值。

3）加热介质的渗透性　珠粒预发泡过程中泡孔的增长主要依赖于戊烷气体，同时也

与外界气体渗入泡孔有关,气体渗入量的多少决定于气体的渗透率。也就是说,可发性聚苯乙烯珠粒预发泡加热介质的渗透率越高,预发泡珠粒的密度越低。

实验表明,蒸汽通过聚苯乙烯薄膜的渗透率高于热空气的渗透率。同温度(110℃)下的蒸汽和热空气预发泡,泡沫珠粒密度与滞留时间关系曲线如图9-11所示。从图中看出,蒸汽预发泡的泡沫珠粒的最低密度小于热空气预发泡珠粒的最低密度。由此可知,获得最低密度的预发泡聚苯乙烯珠粒最好选择蒸汽为加热介质。

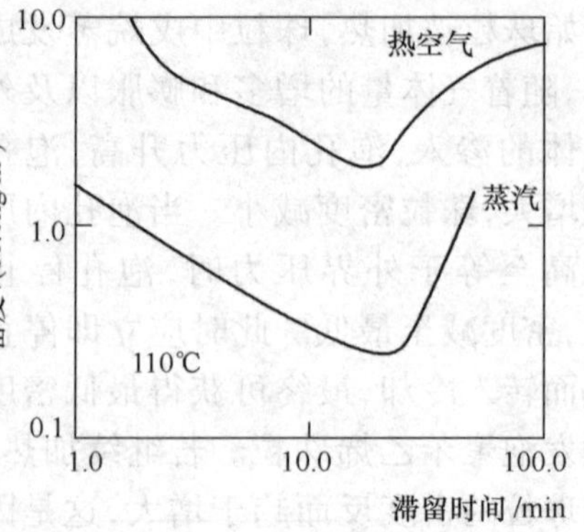

图9-11　不同加热介质下的预发泡珠粒密度—滞留时间关系曲线

(3)预发泡珠粒的熟化

可发性聚苯乙烯珠粒中发泡剂戊烷在预发泡过程中蒸发而使珠粒膨胀,从而形成无数均匀细小泡孔的球形珠粒,这种珠粒中的泡孔为闭孔结构。刚出预发泡机的珠粒是一种潮湿、无弹性和温热的泡沫粒子。当珠粒冷却后泡孔内大部分戊烷蒸汽冷凝成液体而形成部分真空,需有一定时间让空气渗入使泡孔内与外压力平衡,以免泡孔塌瘪,使珠粒具有弹性。刚出预发泡机的泡沫珠粒经一定时间的干燥、冷却和泡孔压力稳定的过程称为熟化。熟化可改善预发泡珠粒在成型过程中进一步的膨胀性、珠粒间熔结性及珠粒的脆性,有利于提高泡沫制品的质量。

预发泡聚苯乙烯珠粒的熟化通常是将珠粒装在尼龙网制的袋或料箱中,然后储存于空气流通的库房内。熟化周期决定于珠粒的密度和潮湿程度及储存环境的温度等因素。此外,熟化过程要求泡孔内冷凝的戊烷重新被吸入聚苯乙烯的量达到最大。熟化又是外界空气渗入泡孔和泡孔内戊烷气体向外扩散而损耗的过程,因此熟化时间存在最佳值。熟化温度也存在最佳值。根据实验测定,熟化环境温度为18~22℃,外界空气向泡孔渗入,泡孔内戊烷气体基本上未向外扩散。温度高于22℃,空气渗入的速率加快,泡孔内戊烷向外扩散而损耗。温度低于20℃,冷凝的戊烷重新被吸入聚苯乙烯的速率减慢,空气渗入的速率亦降低。由此可见,预发泡聚苯乙烯珠粒熟化的环境温度最佳值为20~25℃。理想的熟化库房应设置热空气(温度为22~25℃)输送系统,以缩短熟化周期。熟化时间根据容重要求、珠粒形状、空气条件等而定。熟化时间一般是8~10h。熟化的预发泡聚苯乙烯珠粒即可用于制造泡沫制品,不宜久存。

(4)模压发泡成型工艺过程

可发性聚苯乙烯泡沫塑料模压发泡成型的工艺过程是:将熟化的预发泡聚苯乙烯珠粒填满模具型腔;然后通过加热使珠粒达到软化温度,泡孔中发泡剂蒸发成气体和加热介质的渗入使珠粒进一步膨胀,由于模具型腔体积的限制,膨胀珠粒填满全部型腔空间而熔结为一整体,如图9-12所示。经冷却定型后,启模取出,即是可发性聚苯乙烯泡沫塑料模压发泡成型制品。

常用的成型方法是蒸汽加热模压法。按加热方式的不同又分为蒸缸发泡和液压机直接通蒸汽发泡两种。对于生产小型、薄壁和复杂的带件大多用蒸缸发泡,即将预胀物

模压发泡成型

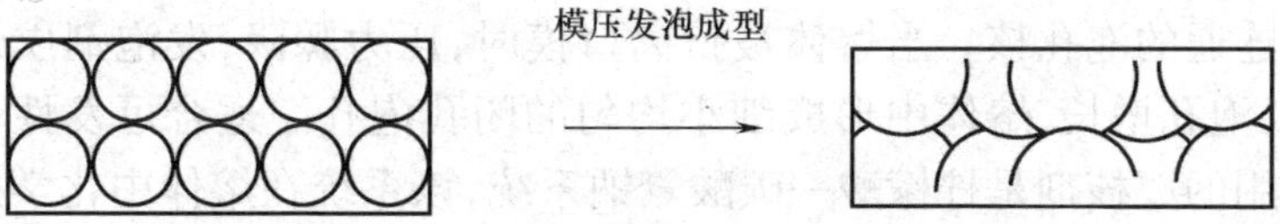

图 9-12　模压发泡成型

填满模具后放进蒸缸通蒸汽加热。蒸汽压力与加热时间视制品大小和厚度而定。一般蒸汽压力为0.05~0.1MPa,加热时间为10~50min。模内预胀物经受热软化、膨胀、互相熔接在一起,冷却脱模后即成为泡沫塑料制品。此法所用模具简单,但操作劳动强度较大,难以实现机械化和自动化生产。要求厚度大的泡沫板材常采用在液压机上直接通蒸汽的方法进行发泡成型。成型时常用气送法将料加至模内。模具上开有供通气用的0.1~0.4mm 的通气孔(或槽),它们不会被珠粒堵塞。当模腔内装满预胀物后,直接通入0.1~0.2MPa 的蒸汽。蒸汽进入模腔,首先赶走珠粒间的空气并使料的温度升至110℃左右,随后模内预胀物膨胀粘接为一体。关闭蒸汽,保持一定时间1~2min,通水冷却后脱膜。容重小的薄壁制件,冷却时间短;容重大的厚壁制件冷却时间较长些。

直接通蒸汽的模压发泡法的优点是:塑化时间短,冷却定型快,制件内珠粒熔接良好,质量稳定,生产效率提高,能实现机械化及自动化生产。

模塑过程中冷却时间很重要,它决定着设备的生产能力和制品质量。缓慢冷却时,制品内部与表层的冷却程度相差较大,冷却时间长,压力差大,制品的密度梯度也大;快速冷却则可使压力均匀地降低,制品的密度梯度也较小。不过在快速冷却中,如果水蒸气分压下降过快,而聚合物因冷却硬化所具有的强度尚不足承受残存压力,则因冷却而产生的部分真空即会导致泡沫体的较大收缩。模压发泡成型是可发性聚苯乙烯泡沫塑料制品的主要制造方法,如制造包装用泡沫塑料制品、泡沫塑料块状材料等。

9.4.3.3　可发性聚苯乙烯珠粒挤出发泡

可发性聚苯乙烯珠粒也可用挤出法成型为片材和薄膜。厚度小于0.5mm 泡沫塑料薄膜,采用平挤上吹成型工艺,其工艺过程类似聚乙烯吹塑薄膜制造工艺,工艺过程如图9-13 所示,包括挤出成型发泡泡管、吹胀、夹片、纵切边缘,形成两张平坦的片材,通过辊筒牵引、卷绕,即成可发性聚苯乙烯泡沫塑料片材卷;厚度大于0.5mm 泡沫塑料片材,采用平挤定径环发泡成型工艺,如图 9-14 所示,工艺过程包括通过环形口模挤出成型发泡泡管,经定径芯模扩张、分切成两平行片材,经辊筒牵引、卷绕、分切,即成可发性聚苯乙烯泡沫塑料片材。

(1)挤出发泡成型机理

可发性聚苯乙烯珠粒挤出发泡过程中泡孔的成核和增长的机理不同于预发泡珠粒模压发泡。可发性聚苯乙烯珠粒在挤出加工条件下,挤出机料筒中聚苯乙烯树脂熔体和发泡剂戊烷气体是相溶的,也就是说,熔体中不存在泡孔核,当熔体被挤出离开口模时,压力骤降,戊烷气体膨胀,熔体中只能形成粗大且不均匀的泡孔。因此,为了获得细小而均匀的泡孔,必须在未被挤出的熔体中人为地建立泡孔核。惯用的方法是在可发性聚苯乙烯珠粒中添加成核剂,这种成核剂在熔体中产生气体并不溶于熔体,在熔体中形成无数微小的互不连通的泡孔核。当熔体被挤离口模时,压力骤降,发泡剂戊烷气体通过扩散进入泡孔核,泡孔增长,熔体中形成细小均匀的闭孔泡孔。适合可发性聚苯乙烯珠粒挤出发泡最常用的成核剂是柠檬酸—碳酸氢钠系统,该系统在熔体中化学反应产生不溶的 CO_2 和水蒸气,能形成极微小的泡孔核。其他成核剂系统有石油醚—硼酸—碳酸氢钠、碳酸盐—硼酸等。

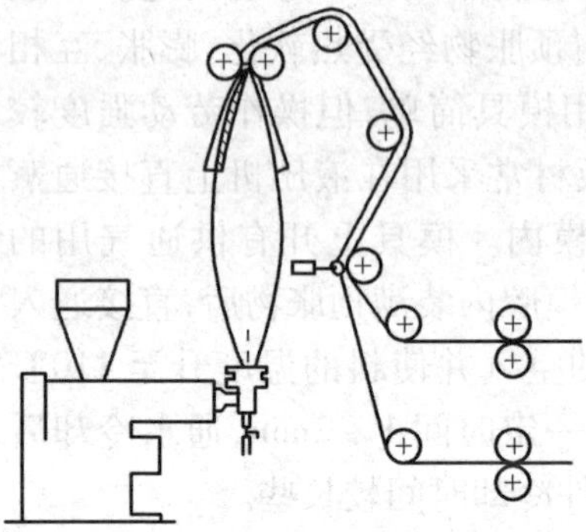

图 9-13　平挤上吹发泡成型工艺

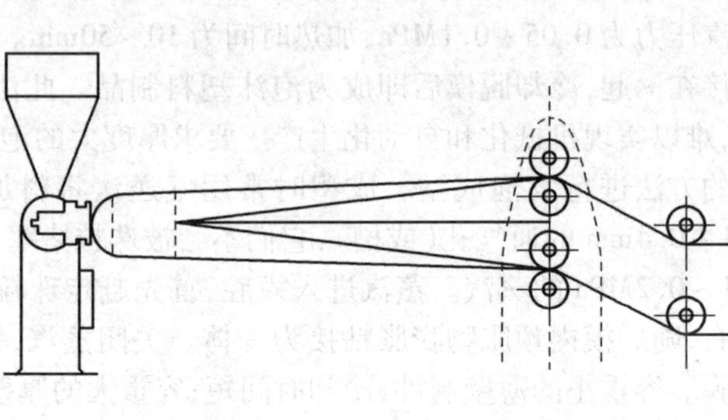

图 9-14　平挤定径环发泡成型工艺

一般来说,成核剂在熔体中的浓度增大,泡沫中泡孔的数量增多,泡孔尺寸减小,但是实际上并非如此,成核剂浓度只有在一定范围内才能有效地形成泡孔核。成核剂柠檬酸—碳酸氢钠系统在可发性聚苯乙烯珠粒熔体中的含量在 0.6~1.0 质量份,成核剂浓度增加,泡孔尺寸减小。但是当含量超过 1.0 份,成核剂浓度再增大,泡孔尺寸减小趋势不很明显。成核剂的细度直接影响泡沫中所形成泡孔的大小。泡孔尺寸小于 240μm,必须使用超细珠粒的成核剂。泡孔尺寸对泡沫塑料的力学性能有影响,泡沫塑料的拉伸和剪切强度随泡孔尺寸的增大而减小,弯曲模量随泡孔尺寸的增大而升高。泡孔尺寸小,泡沫塑料冲击性能好。

(2)挤出发泡成型设备

挤出时,一般采用单螺杆挤出机,长径比为 18~20,压缩比为 2~4。压缩比不能太小,否则发泡剂在螺杆内受压不足,会使挤出物中存有较大的泡孔;压缩比也不能太大,不然物料对气体的后推力增大,发泡气体容易从料斗中逸出。螺杆与料筒的间隙宜小。螺杆头部应呈鱼雷状以提高混合效率并防止料流产生脉动。机头口模内应有一定压力差以阻止物料在模内发泡,如果在模内发泡,物料流动会使泡壁破裂并孔而呈粗孔。挤出物应在离开口模时立即发泡并使泡孔能均匀地双向膨胀。此时由于发泡剂气化吸热,因此能使树脂冷却并使泡壁有一定的张力,后者还有助于防止气泡的并孔。吹塑成型的吹胀比为 3~6,并应配合较快的牵引速度,以便挤出物在张力下冷却。这样,大分子将沿着牵引方向定向而使物理性能提高。为此,牵伸温度、牵伸速度及冷却速度均应严格而合理地进行控制。

(3)挤出发泡成型片材后发泡处理

为制得更低密度的挤出发泡成型片材,可进行后发泡处理。后发泡处理有以下两种方法。

蒸汽后发泡处理　挤出发泡成型片材经冷却定型后再次连续地通过蒸汽加热处理，片材变软，蒸汽快速渗入泡孔中，增大泡孔体积，从而降低了泡沫片材的密度。最低密度可达 $32kg/m^3$。挤出发泡成型的片材最低密度为 $64kg/m^3$。蒸汽后发泡处理可获得超低密度的泡沫片材。

红外线辐射后发泡处理　挤出发泡成型片材经冷却定型后可再次通过红外线辐射加热处理。片材所受辐射强度必须精确控制，应不使片材发生严重变形。片材受热变软，周围热空气快速渗入泡孔，增大泡孔体积，从而降低泡沫片材的密度。

以上两种后发泡处理方法中，蒸汽后发泡处理可获得超低密度($32kg/m^3$)泡沫片材。红外线辐射后发泡处理所需时间较蒸汽后发泡处理短，蒸汽后发泡处理时间约为红外线辐射后发泡处理时间的 3 倍，但是蒸汽后发泡操作易于控制。

9.5　化学发泡法

制造泡沫塑料时，如果发泡的气体是由混合原料的某些组分在过程中的化学作用产生的，这种方法即称为化学发泡法。按照发泡的原理不同，工业上常用以下两种类型：

1)化学发泡剂发泡法　加入化学发泡剂受热分解产生气体而发泡。其特点是只需在配方中加入发泡剂就可以发泡，而无需特殊设备，而且对塑料品种又无多大限制，因此它是泡沫塑料生产中最主要的方法，发展很快。化学发泡法的关键在于发泡剂分解温度要与树脂的成型温度相匹配，即分解温度应稍高于熔融温度。常应用于聚氯乙烯、聚乙烯等泡沫塑料。

2)聚合物组分间相互作用产生气体的发泡法　利用发泡体系中的两个或多个组分之间发生化学反应，生成惰性气体(如二氧化碳或氮气)致使聚合物膨胀而发泡。发泡过程中为控制聚合反应和发泡反应平衡进行，为保证制品有较好的质量，一般加入少量催化剂和泡沫稳定剂(或表面活性剂)。由于该法只以生产时有该项条件的为前提，目前用得最多的是聚氨酯泡沫塑料的生产。

9.5.1　化学发泡剂

化学发泡剂是一种加热能释放出气体(如二氧化碳、氮气或氨气等)的物质。理想的化学发泡剂应具有下列各种性能：

①发泡剂分解温度范围应比较狭窄而稳定，并与相应待发泡聚合物的最佳发泡温度相适应；

②释放气体的速率应能控制，而且不受压力的影响和相当快；

③放出气体应无毒、无腐蚀性、无燃烧性；

④发泡剂分解时不应有大量的热放出；

⑤发泡剂在树脂中应具有良好的分散性；

⑥价廉，在储藏和运输中相当稳定；

⑦分解残余物应无色、无味、无毒，能与塑料混溶，并对塑料的熔化和硬化以及制品的物理和化学性能无不良影响。

9.5.1.1 常用的化学发泡剂

化学发泡剂的品种很多，具有能分解放出气体的化合物不少，但对塑料发泡成型有使用价值的并不很多，完全符合上述性能要求的发泡剂至今还没有。目前工业生产中主要使用的化学发泡剂有无机和有机两大类。

(1)无机化学发泡剂

无机化学发泡剂中用得较多的是碱金属的碳酸盐和碳酸氢盐，如碳酸氢钠和碳酸铵等。它们是最早采用的化学发泡剂，它们的发泡性能如表 9－5 所示。

表 9－5　无机化学发泡剂的发泡性能

发泡剂	分解温度/℃	发气量/(mL/g)	放出气体	适用的塑料
碳酸铵	60～100	>500	氨气、CO_2	酚醛塑料，脲醛塑料
碳酸氢钠	100～140	267	CO_2和水蒸气	酚醛塑料，PVC

工业上采用无机化学发泡剂为主发泡剂的比较少，原因是这类发泡剂在聚合物中不易分散均匀，产生的气体 CO_2 渗透力强，容易透过膜壁散逸。分解放出气体的温度范围比较宽，不易控制。这类发泡剂的价格低廉，常被用作助发泡剂，PVC、PE、环氧树脂、聚酰胺、酚醛树脂、脲醛树脂等发泡成型都有应用。

其他如草酸脲，硼氢化钠等也可作发泡剂用，草酸脲的分解温度为 130～145℃，可以用作 PVC 的发泡剂。硼氢化钠在酸液中分解生成氢气，反应很快，可用作 PVC、PS 的发泡剂。

(2)有机化学发泡剂

有机化学发泡剂是目前塑料化学发泡中的主要发泡剂，常用的有机化学发泡剂有十几种，主要有偶氮类、亚硝基类和磺酰肼类等三大类。其在化学结构上都具有如表 9－6 所列示的一种官能团作为特征，这类物质加热后主要放出氮气，其优点是它们放出的气体无毒，无臭，无色，对大多数聚合物渗透性比氧气、二氧化碳和氨都要小，更突出的是在聚合物熔体中易分散。但是，大多数有机发泡剂都是易燃易爆物质，因此应保存于低温、阴凉、干燥和通风处，存储量不应过多，与其他组分混合时应分批缓慢加入，并应严格执行安全措施。几种常用的有机发泡剂主要性能见表 9－7。

表 9－6　有机发泡剂的特征官能团

—N	偶氮基
═N—NO	N—亚硝基
$—SO_2—NH—NH—$	硫代肼撑基
	叠氮基

表 9－7　常用的有机发泡剂主要性能

名称	化学结构式	缩写	在塑料中的分解温度(℃)	分解气体	发气量(mL/g)	适用树脂
偶氮甲酰胺	$H_2N—CO—N{=}N—OC—NH_2$	ADCA	165～200	N_2 NH_3	220	PVC,ABS,PE,PS
偶氮二异丁腈	$H_3C—C(CH_3)(CN)—N{=}N—C(CH_3)(CN)—CH_3$	ABIN	110～125	N_2	135	PVC
对,对′－氧代二苯基磺酰肼	$O(C_6H_4—SO_2—NHNH_2)_2$	OBSH	150～160	N_2	110～130	PVC,PE
苯基磺酰肼	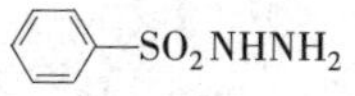	BSH	90～100	N_2	130	PVC
N,N′－二甲基－N,N′－二亚硝基对苯二甲酰胺	$H_3C—N(NO)—OC—C_6H_4—CO—N(NO)—CH_3$	DNTA	90～105	N_2	126	PVC
N,N′二亚硝基五次甲基四胺	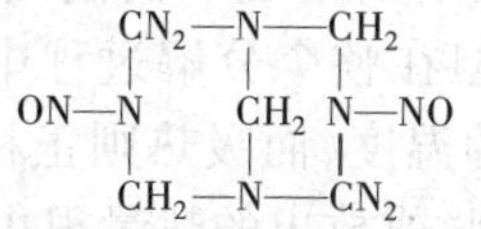	DPT 或 DNPT	130～190	N_2 CH_2O	265	PO,PA,PVC

9.5.1.2　化学发泡剂的特征与选择

没有一种发泡剂可以适用于制造各种泡沫塑料,这是因为各种树脂的固有性能不可能相同,加工条件也不一样。此外,为了求得性能各异的同一种泡沫塑料,加入的助剂也往往不同。毫无疑义,这些不同都是选择发泡剂的根据。选择时就是在这些根据和发泡剂特性之间求得平衡。下面是对选择中所用的几项主要特性进行的讨论。

1)分解温度　发泡剂的分解温度就是它开始产生气体的温度,是与塑料的加工温度密切相关的,因此所选发泡剂的分解温度要与塑料的熔融温度接近。对非结晶型的聚合物,应比聚合物的流动温度高出 10℃左右。如果高出过多,则需加入催化剂降低发泡剂的分解温度;对结晶型的聚合物,发泡剂的分解温度不仅应高于聚合物的熔点,而且应比所用交联剂的活化温度高 10℃左右。其次,发泡剂应能在一狭窄的温度范围内迅速分解,即当热塑性树脂达到适宜的黏度或热固性树脂达到所需的交联度时的温度范围内均匀放气,否则是很难取得密度均匀的制品。最后,发泡剂的分解作用要在较短的时间全部完成,以满足工艺上对发泡体的快速冷却定型,提高生产效率或有效地利用发泡剂的要求。

2)分解速率　发泡剂的分解速率是随温度变化的,通常用实验方法求得。有机发泡剂受热后,一般能在很短时间内分解完毕。图 9－15 即为三肼基三嗪有机发泡剂在不同温度下的分解速率。由图可见,当温度在 240～316℃时,三肼基三嗪只需要 25min 即完成分解反应。无机发泡剂受热后的分解反应却进行得较慢,需要较长的时间才能完成。图9-16所示即为无机发泡剂碳酸氢钠在不同温度下的分解速率。由图可见,碳酸氢钠在100℃和123℃下,需要80min以上才能结束分解反应。

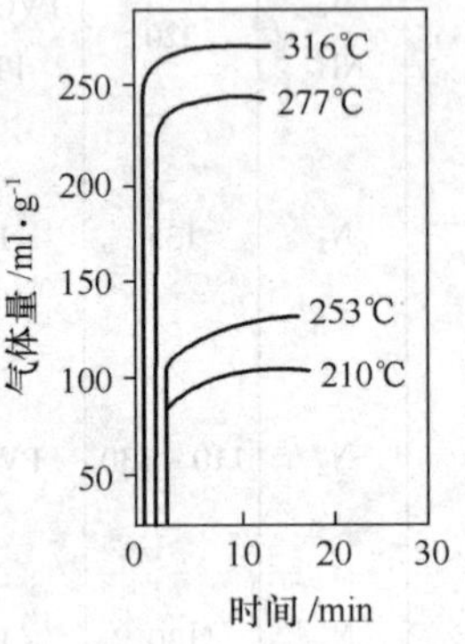

图9-15 在流动石蜡中的三肼基三嗪的气体产量

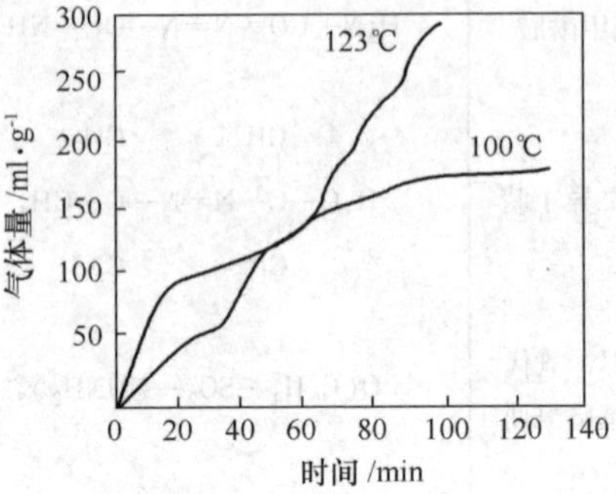

图9-16 在流动石蜡中的碳酸氢钠的气体产量

反应热量 有机发泡剂分解时是放热反应,而无机发泡剂分解则是吸热反应,如表9-8所列。N、N′-二亚硝基五次甲基四胺为单一的放热反应,而偶氮二异丁腈和偶氮二甲酰胺在某一温度下分别发生吸热和放热反应,但在整个分解过程中,放热量超过吸热量,故仍为放热反应。放热可以提高发泡时原料的温度,而吸热则正相反。为此,工艺上必须有相应的措施,否则会影响制品质量,除非吸收或放出的热量很小,才可以不计。

表9-8 几种发泡剂的反应热量

有机发泡剂名称	N、N′-二亚硝基五次甲基四胺	偶氮二异丁腈		偶氮二甲酰胺	
分解温度/℃	218	100	118	229	246
分解热量/J·g⁻¹	+2403.5	-159	+1630	+698	-335
平衡热量/J·g⁻¹		+1463		+359.5	

3)发泡剂分解的抑制和促进 任何化学发泡剂都是在一定的温度下进行热分解而产生气体。但是,可以借助于某些助剂来调节产气量,并控制它的分解温度和分解速率。因此,在工艺中最好能掌握这些资料,以便适应各种树脂发泡加工的需要。例如磺酰肼系发泡剂,可借助于磷酸酯系、苯二甲酸酯系增塑剂来控制其分解速率;又如偶氮甲酰胺的分解温度较高,常可在其中加入铅、镉、锌的盐类及氧化锌等来降低其分解温度和增加分解速率。

4)发泡效率 有机发泡剂分解出的氮气比无机发泡剂分解出的二氧化碳气体发泡效率高,这是因为二氧化碳对塑料泡壁的扩散速度比氮气高,所以二氧化碳气体的发泡效率低,用于制造低相对密度的泡沫塑料是比较困难的。

此外,少数有机发泡剂分解时的残留物对树脂有相溶性,相应起到增塑作用从而使发泡效率降低,这对制造低密度的泡沫塑料是不适宜的。例如偶氮亚氨基二苯胺于90~

100℃时分解产生氮气和二苯胺，二苯胺对有些树脂常有增塑效果，致使泡壁柔软而收缩，从而降低泡孔率。

5）发泡剂的并用　某些有机与无机发泡剂并用时较单独使用有机或无机发泡剂能显示较好的效果。表9－9是聚乙烯泡沫塑料采用不同发泡剂及混用发泡剂的效果。由表可见，单独使用偶氮二异丁腈发泡剂的泡沫塑料制品容重不低于50kg/m^3，并用无机发泡剂碳酸铵后，泡沫制品的密度可低到30kg/m^3。

表9－9　聚乙烯发泡剂的组成

编号	聚乙烯	偶氮二异丁腈	偶氮亚氨基二苯胺	碳酸铵	乙醇	制品密度/(kg/m^3)
1	100	2～5	—	—	—	50
2	100	—	5～7	—	—	100
3	100	0.75～1	—	3～4	2～3	30

9.5.2　聚氯乙烯泡沫塑料的生产

选用发泡剂生产聚氯乙烯泡沫塑料有软质与硬质两种。添加增塑剂的称为软质聚氯乙烯泡沫塑料，不加增塑剂的称为硬质聚氯乙烯泡沫塑料。

聚氯乙烯泡沫塑料按聚氯乙烯（PVC）树脂的不同可分为两类：一类是以悬浮法PVC树脂为主要原料制造的软质和硬质聚氯乙烯泡沫塑料。软质聚氯乙烯泡沫塑料，主要是采用模压及注射发泡成型工艺，制造的泡沫塑料片材和其他模塑泡沫塑料制品。硬质聚氯乙烯泡沫塑料主要有两种发泡工艺，一种是模塑成型发泡工艺，制造硬质泡沫塑料板材和其他模塑泡沫制品；另一种是挤出发泡成型工艺，制造硬质泡沫塑料棒材、管材、板材及异型材等。另一类是以乳液法PVC树脂为主要原料，采用增塑糊涂布发泡成型工艺，制造的微孔泡沫塑料制品，如人造革、泡沫塑料地板和墙纸及其他模塑泡沫制品。

9.5.2.1　聚氯乙烯泡沫塑料的原料

（1）PVC树脂

软质和硬质聚氯乙烯泡沫塑料选用悬浮法PVC树脂。其型号按平均相对分子质量划分，一般可分为7种型号，即PVC－SG1～7。软和硬质泡沫塑料制造用PVC树脂通常选用SG2～4，平均相对分子质量在4万～6万。乳液法PVC树脂用于增塑糊发泡。

（2）增塑剂

为制取具有柔曲性和伸缩性的软质聚氯乙烯泡沫，需要添加大量的增塑剂。但使用成糊树脂时又要求所成的糊具有较高的黏度以利于发泡剂的发泡效果，故一般以相容性好的邻苯二甲酸二丁酯和相容性较小的邻苯二甲酸二辛酯或邻苯二甲酸二异辛酯混合使用效果较好。增塑剂对树脂的溶剂化能力太强，升温时糊塑料黏度急剧增加，能使糊的胶凝温度（即糊失去流动性的温度）降低，对成泡不利。胶凝温度虽然是树脂的剪切黏度和相对分子质量的函数，但与所用增塑剂也有关系。一般用的糊塑料的胶凝温度最好在120℃以上，而且应有一个较大的范围，以便发泡在较宽的温度范围内完成。制造硬质聚氯乙烯泡沫塑料,不加增塑剂,而是加入溶剂(丙酮、烃类或氯化烃类)以改进操作,并利用其热挥发而有助于发泡。

(3)发泡剂

发泡剂的分解温度一般不能高于糊塑料的胶凝温度,否则就不能生产密度较小的泡沫塑料。对分解温度较高的发泡剂,常可用添加铅盐等稳定剂或增塑剂的办法来降低其分解温度,借以防止树脂降解而有利于制取微孔泡沫。

(4)稳定剂

为了防止聚氯乙烯的热分解而加入的一种助剂。加入的稳定剂往往同时对发泡剂的分解能起催化作用,而且还能适当调整树脂的溶剂化速率和糊塑料的表面张力。

(5)其他组分

根据制品性能的需要还可加入润滑剂、填料、颜料等其他组分。

9.5.2.2 聚氯乙烯泡沫塑料的成型方法

(1)软质聚氯乙烯泡沫塑料模压发泡成型

软质聚氯乙烯泡沫塑料的模压成型主要用于制鞋方面。常见配方及工艺流程分别见表9-10和图9-17。

表9-10 软质聚氯乙烯泡沫塑料配方

原料名称	拖鞋/质量份		凉鞋/质量份		
	面层	底层	面层	中间层	底层
聚氯乙烯	100	100	100	100	100
邻苯二甲酸二辛酯	25	20	22	20	20
邻苯二甲酸二丁酯	30	35	30	30	30
石油酯	—	20	—	—	—
偶氮二甲酰胺	5.5	5.8	—	6	—
三碱式硫酸铅	3	3	3	3	3
硬脂酸	0.8	0.8	0.8	0.8	0.8
着色剂	适量	适量	适量	适量	适量

其主要生产过程及工艺条件:

①先将发泡剂、稳定剂等粉状助剂与增塑剂按1:1的比例混合均匀,置于三辊研磨机上研磨,制成浆料;

②按配方加入其他组分,于捏合机中捏合45~60min,温度为100~120℃;

③捏合好的物料于两辊塑炼机中进行混炼5~15min,温度控制在120℃;

④按模腔容量将称好的片料放入模具中,送入多层液压机中加热塑化发泡。加热温度:160~165℃;压力:60MPa;时间:30~45min;

⑤塑化发泡的物料在压力下冷却定型,于50℃左右开模出片;

⑥再将片材置于蒸汽烘室中于90~100℃,热处理10~15min,片材受热软化发泡气

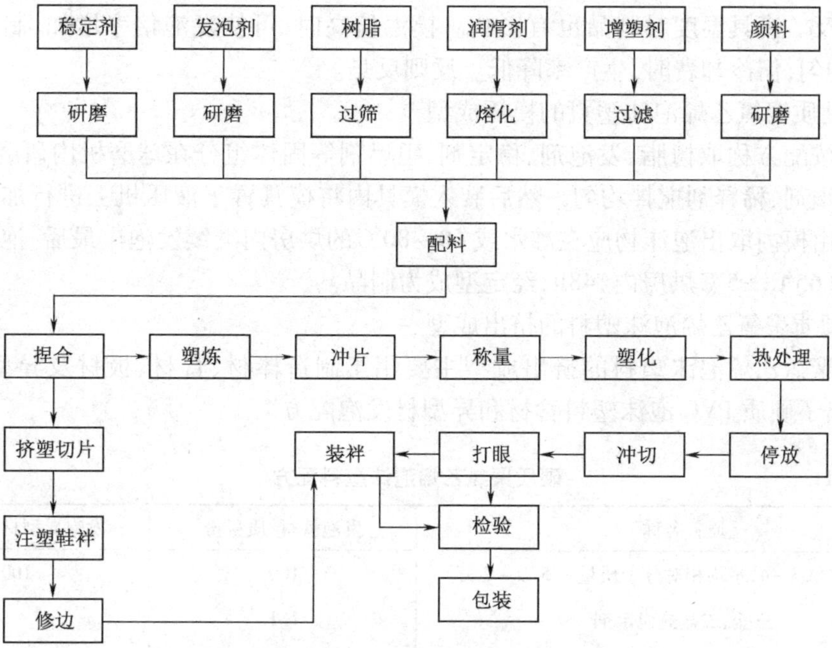

图 9－17　聚氯乙烯模压成型工艺流程

体进一步膨胀。

在捏合和混炼过程中，必须将温度控制在发泡剂的分解温度以下，以防发泡剂过早分解难以得到质量较好的泡沫塑料。压制法成品属于闭孔型的。如果需要制品成为开孔型的，则可将模具改为敞开式的，也就是发泡和烘熔均在烘室中于不加压的情况下进行。

(2)软质聚氯乙烯泡沫塑料注射发泡成型

注射成型目前只限于高密度的低发泡制品，与模压成型相比具有工艺简单，生产效率高、边角料少等特点。注射设备通常均为移动螺杆式。注射工艺大体与一般注射相同，塑料的升温、混合、塑化和发泡(多于50%)都在注射机内进行。控制发泡的因素，除发泡剂本身的特性外，尚有料筒温度、螺杆背压等。为了正确控制制品的密度，每次的注射量必须相等。每次注入模内的料，其体积略比型腔小，入模后能充满型腔的原因是发泡剂尚有残余发泡的能力和原有气泡的膨胀力。在型腔充满后，模内的压力只有寻常注射模塑的10%~20%。在锁模力不变的情况下，制品的横截面尺寸相应的比一般制品大。据此，所用模具的材质可改用铝合金或锌合金等，以降低成本。为防止注射中熔料或气体由喷嘴处漏出，喷嘴处应设置阀门。

注射时，一般都采用较高的注射速率。这样，不仅可以减少气体的逸失而使发泡倍率增加；同时还可以取得表层光滑和芯层均匀的制品(通常制品表层是没有气泡的)。料筒温度除影响发泡的数量和大小外，对料的黏度也有影响，而且两者之间存有复杂关系。料筒温度偏低时，料的黏度增大，这不仅使发泡剂分解不充分，而且料的流动也不顺畅。

因此，制品的密度增大或发生充模不满，但制品表面细腻却为其优点。料筒温度偏高，其情况正相反。模具温度对制品也有影响。模温偏高时，可使发泡倍率增加、制品表层变薄、芯层均匀，但冷却费时，生产率降低。反则反是。

(3)硬质聚氯乙烯泡沫塑料的模压成型

首先按配方称取树脂、发泡剂、稳定剂、阻燃剂等固体组分在球磨机内研磨3～12h，再加入增塑剂、稀释剂搅拌均匀。然后装入模具内将模具置于液压机上进行加压加热塑化成型。由模内取出泡沫物应在沸水或60～80℃的烘房内继续发泡。最后，泡沫物还需经热处理(65℃ ±5℃烘房内)48h，经定型成为制品。

(4)硬质聚氯乙烯泡沫塑料的挤出成型

硬质聚氯乙烯泡沫塑料的挤出成型主要用于制造棒材、管材、板材及异型材等，表9－11列出了硬质PVC泡沫塑料管材和异型材发泡配方。

表9－11　硬质聚氯乙烯泡沫塑料配方

原料名称	发泡管材/质量份	发泡异型材/质量份
PVC树脂(SG3～4，平均相对分子质量6.5万～7万)	100	100
三盐、二盐热稳定剂	1.1	—
Ba、Cd硬脂酸盐稳定剂	1.1	3.6
硬脂酸钙	1.7	1.6
石蜡	2.2	2.24
聚乙烯蜡	—	2.0
偶氮二甲酰胺	0.9	1.3
丙烯酸酯改性剂	11.1	—
$CaCO_3$粉	—	10.0

1)混合　发泡配方各组分经计量投入捏和机混合，冷却后的粉状混合料即可加入挤出机。或将粉状混合料经造粒制成可发性颗粒，再将其加入挤出机中。

2)挤出　将粉状混合料加入单螺杆挤出机，在树脂熔融状态下发泡剂分解产生气体，并在熔体压力下气体溶于熔体中，形成饱和的气体－熔体混合物，混合物在螺杆挤压力作用下经机头和口模成型。

挤出发泡使用的挤出机有如下三种型式。

①单螺杆挤出机　粉状混合料挤出发泡使用的单螺杆挤出机的螺杆结构特征是，螺杆为三段式、等距不等深、渐变型结构，螺杆长径比为24～30，压缩比为2.5～3.0，均化段长度为10*D*。采用多段加热方式。

②单螺杆挤出机(可发性粒料挤出发泡)　可发性粒料挤出发泡使用的单螺杆挤出机，基本上与非发泡聚氯乙烯挤出机相似。

③双螺杆挤出机　双螺杆挤出机具有塑化时间短、混合均匀、料温控制精度高等特点，特别适合于非发泡和发泡聚氯乙烯粉状料挤出成型。

3)机头和口模　机头是挤出机料筒与口模的过渡部件,机头的作用是使料流均匀进入口模缝隙各处,产生必要的成型压力。对于发泡机头来说,产生的压力必须高于熔体中气体的压力,以避免提前发泡。

口模是气体-熔体混合物挤出连续体的成型部件,对于挤出发泡成型,口摸又是控制发泡的部件。根据挤出发泡成型工艺的不同,口模的结构型式也不同。挤出可控发泡成型的口模结构较复杂,设计和加工难度高。

4)定型模　定型模是控制挤出制品最终断面尺寸的部件。对于挤出发泡成型,定型模还是控制制品密实表层质量和厚度的装置,通过冷却温度的调节可实现上述控制。

冷却、牵引和切割等装置均与普通挤出成型所用设备相似,并无特殊要求。

9.5.3　聚烯烃交联泡沫塑料的生产

现以聚烯烃交联泡沫塑料的生产为例,对使用化学发泡剂生产泡沫塑料的方法作进一步说明。

由于聚烯烃是结晶聚合物,在结晶熔融温度以下几乎不流动,而在熔融温度以上其熔体黏度急剧下降,熔融后的黏度不高和出现高弹态的范围不宽(高密度聚乙烯和聚丙烯尤其突出),因此发泡时发泡剂分解出来的气体不易保持在树脂中,使发泡工艺难于控制。此外,聚烯烃从熔融态转变为结晶态要放出大量的结晶热,而熔融聚烯烃的比热容较大,因此从熔融态转变为固体状态的时间比较长;又因聚烯烃的透气率较高,这样就使得发泡气体容易逸出,克服这种缺点的最有效的方法是使聚烯烃分子交联成部分网状结构以提高树脂的熔融黏度和使黏度随温度的升高而缓慢降低,从而调整熔融物黏弹性,以适应发泡的要求,同时也提高聚乙烯泡沫塑料的物理力学性能。聚乙烯温度与熔体黏度的关系见图9-18。

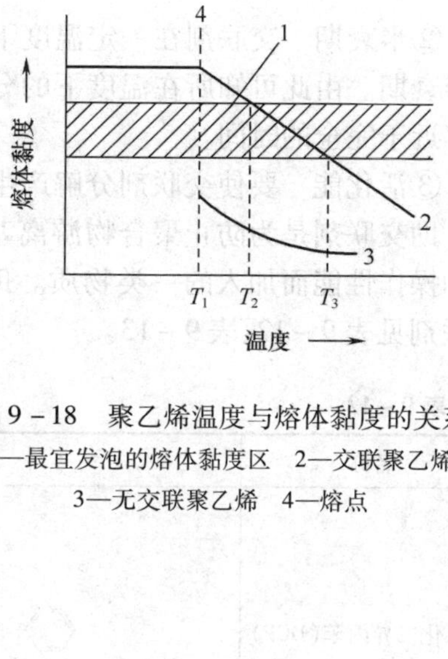

图9-18　聚乙烯温度与熔体黏度的关系
1—最宜发泡的熔体黏度区　2—交联聚乙烯
3—无交联聚乙烯　4—熔点

9.5.3.1　聚烯烃的交联

聚合物交联有辐射交联和化学交联两种方法。辐射交联是聚烯烃在高速电子射线或丙种射线辐射下,发生交联反应形成网状大分子。辐射交联设备投资大,但片材质量好,一般只用于生产5~10mm厚的交联聚烯烃泡沫片材和细颈电缆等。化学交联一般采用有机过氧化物做交联剂,因价廉、操作方便,工业上广泛使用。

(1)辐射交联

将聚烯烃和相当聚烯烃质量10%的偶氮二甲酰胺混炼均匀后,挤成3mm厚、10cm长的可发性片材,再用电子射线辐射。辐射过程在空气中以室温状态进行,以计量为10~100kGy的射线辐射,使之交联。辐射交联可在高温或较低温度下进行,不像化学交联那样，需要在物料的熔点以上进行。

辐射交联使用的能源有两种，丙种射线和电子辐射，两者的主要区别在于速度和透入材料的深度不同。由放射性同位素产生的丙种射线，可处理厚度为 30 ~ 60cm 的聚烯烃，但处理速度慢，照射时间从数小时至一天；电子辐射只透入 1.25cm 左右，但速度很快，每分钟可达数百平方米以上。

(2)化学交联

聚烯烃分子的化学交联通常是由加入的交联剂和助交联剂通过化学作用而取得的。交联剂的化学结构式为 ROOH 或 ROOR′。由于分子中—O—O—键的键能小而不稳定，在热和光的作用下容易分解生成游离基，从而引发交联反应。

1)交联剂与助交联剂的选择

交联剂的特性值：

①活性氧含量　它表示交联剂分解时产生的游离基数量，通常用下式计量：

$$理论活性氧含量(\%) = \frac{氧键的数 \times 16}{相对分子质量} \times 100$$

$$纯度(\%) = \frac{测定活性氧含量}{理论活性氧含量} \times 100$$

②半衰期　交联剂在一定温度下加热分解时，其浓度降至原来的一半所需的时间称为半衰期。由此可知所在温度下的分解速率。通常都以半衰期的 12 倍的加热时间作为分解近于完全的时间。

③活化能　要使交联剂分解产生游离基，必须给以分子活化所需要的能量。

助交联剂是为防止聚合物游离基的断裂、提高交联效果、改善交联聚合物的物理性能和操作性能而加入的一类物质。助交联剂都是多官能团的物质。常用的交联剂和助交联剂见表 9-12、表 9-13。

表 9-12　　常用化学交联剂

名称	结构式	分解温度/℃	
		半衰期 1min	半衰期 10h
过氧化二异丙苯(DCP)	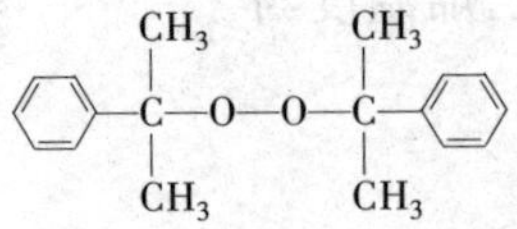	171	117
过氧化二特丁烷	$(CH_3)_3C—O—O—C(CH_3)_3$	193	126
2,5-二甲基 2,5-特丁基过氧化己烷(DMDBH)	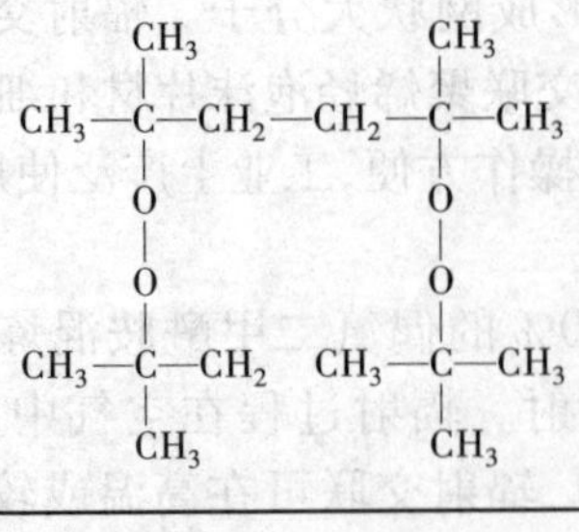	179	118

续表

名称	结构式	分解温度/℃
过氧化苯甲酰	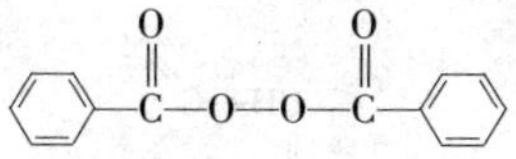	133
特丁基过氧化氢	$(CH_3)_3COOH$	>200
异丙基过氧化氢	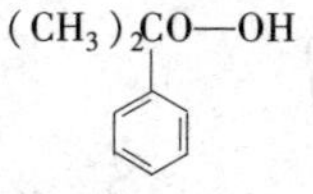	>200
1,3－二特丁基过氧化异丙基苯	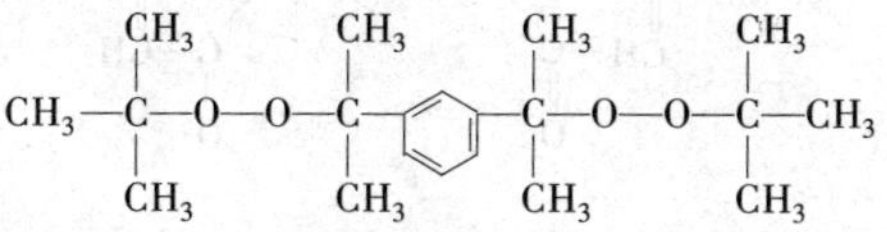	182

表 9－13　各种助交联剂

名称	分类	结构式	熔点或沸点
对醌二肟	醌类	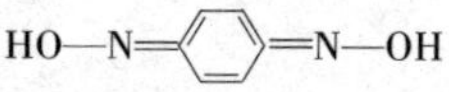	m. p. 215℃以上
对,对′－二苯甲酰苯醌二肟		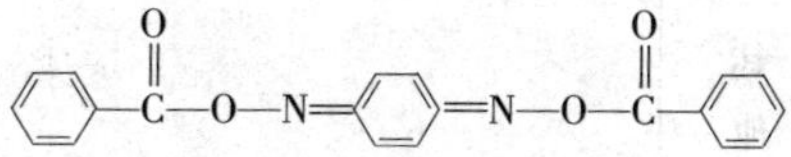	m. p. 200℃以上
甲基丙烯酸甲酯	甲基丙烯酸酯类	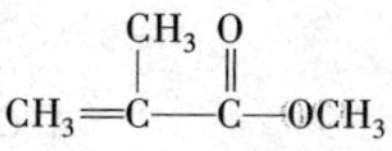	m. p. －48℃
甲基丙烯酸乙二醇酯		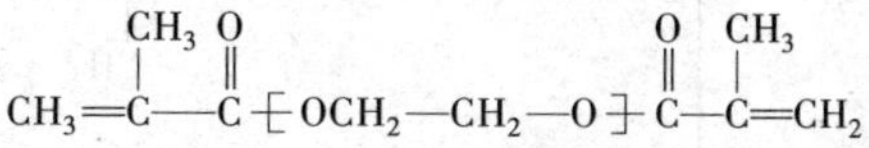	m. p. 97℃/4mmHg
二甲基丙烯酸三乙二醇酯		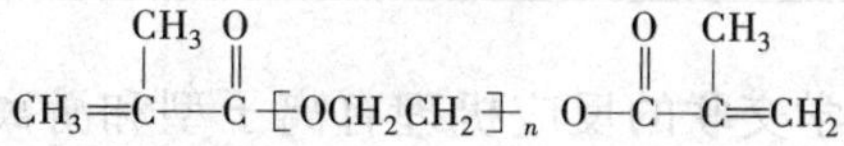	m. p. 162℃/2mmHg
邻苯二甲酸二丙烯酯	丙烯基类	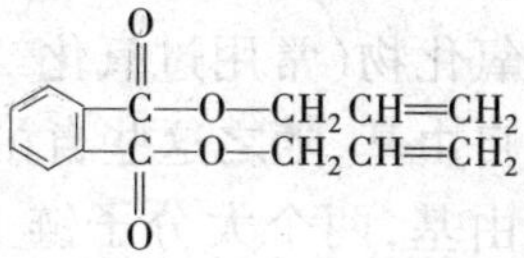	B. p. 305℃
二烯丙基氰脲酸酯		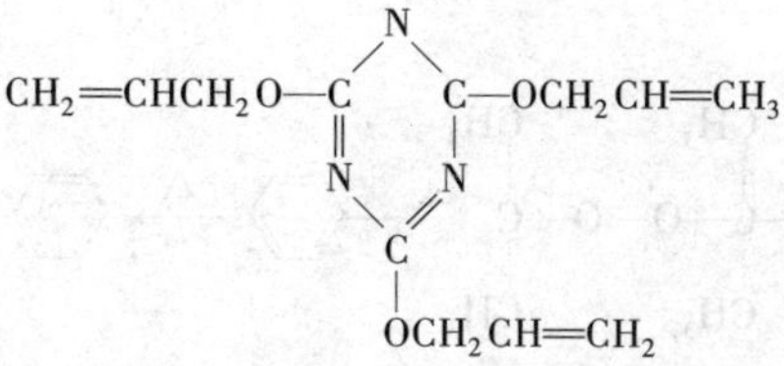	m. p. 23℃

续表

名称	分类	结构式	熔点或沸点
马来酰亚胺	马来酰亚胺	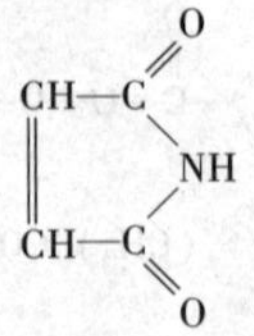	B. p. 93℃
N,N′-间苯基双马来酰亚胺		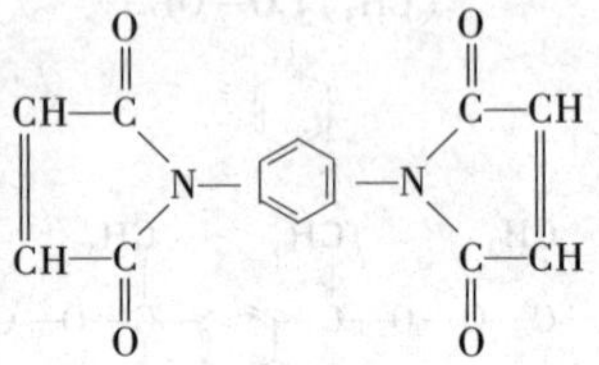	m. p. 20 ~ 205℃
顺丁烯二酸酐		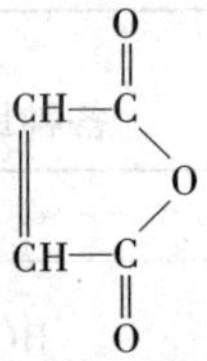	B. p. 195℃ 相对分子质量 1000 ~ 4000
二乙烯基苯	其他类	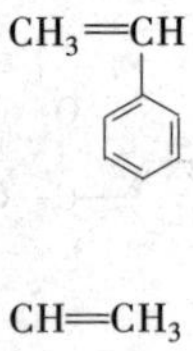	
1,2-聚丁二烯		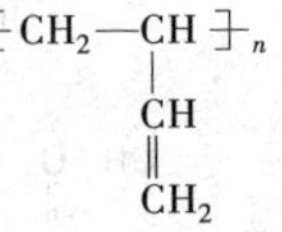	
乙烯基三(β-甲氧乙氧基)硅烷		$CH_2═CHSi\{OCH_2CH_2OCH_3\}_3$	

2)交联原理　化学交联的反应机理有离子型和游离基型两大类。用上述交联剂使聚烯烃交联都属于游离基型。

当聚乙烯树脂与有机过氧化物(常用过氧化二异丙苯)混合并加热后,有机过氧化物首先分解为化学活性很高的自由基,随之这些自由基夺取聚乙烯分子中的氢原子使主链的某些碳原子转变为活性自由基,两个大分子链上的活性自由基相互结合而形成 C—C 交联键。

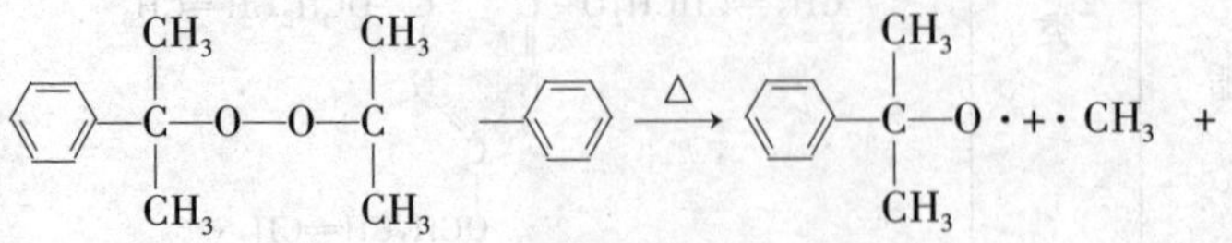

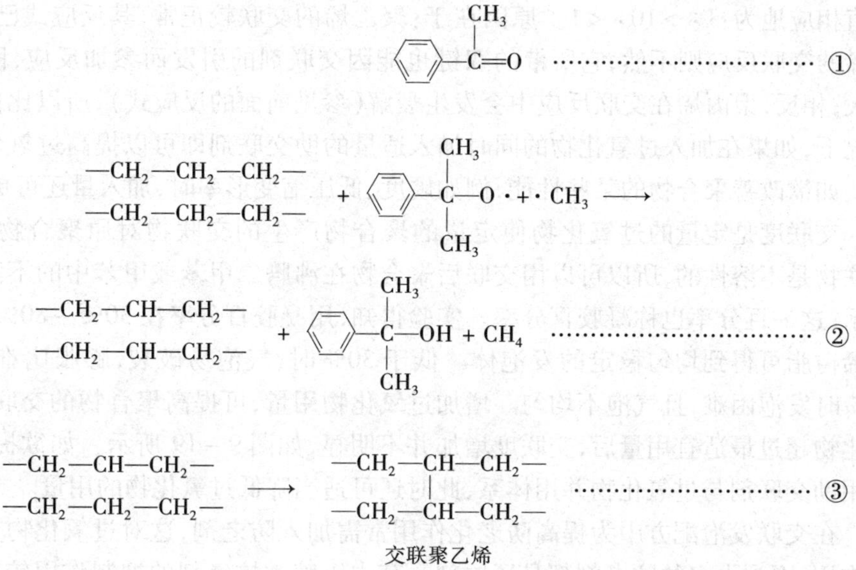

由于聚丙烯主链旁附有甲基，所以其不宜发生交联作用。其次，交联时所产生的聚丙烯大分子自由基很不稳定，容易发生 β - 裂解而使聚丙烯降解，所以不能采用过氧化物进行单独的化学交联。通常它的交联是以迭氮化合物作为交联剂，或并用过氧化物与助交联剂的情况下进行的。聚丙烯的交联与裂解机理如下：

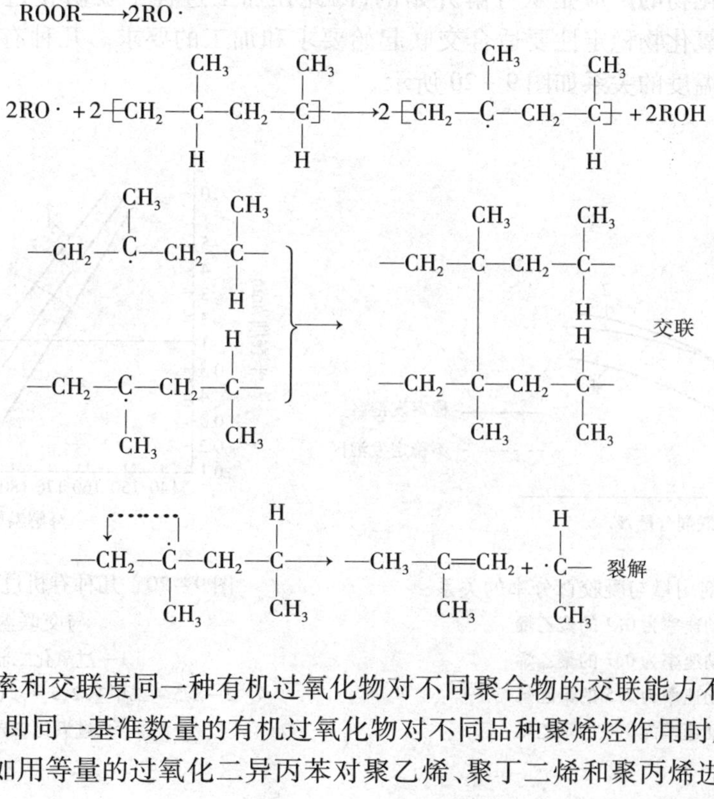

3）交联效率和交联度同一种有机过氧化物对不同聚合物的交联能力不同，一般用交联效率来表示，即同一基准数量的有机过氧化物对不同品种聚烯烃作用时所产生交联物的数量比。例如用等量的过氧化二异丙苯对聚乙烯、聚丁二烯和聚丙烯进行交联时，其

比值相应地为:1∶>10∶<1。原因在于:聚乙烯的交联较正常,其反应式已见前述;聚丁二烯的交联反应则不然,它所带的双键也能因交联剂的引发而参加反应,因此导致比值增大;相反,聚丙烯在交联反应中会发生裂解(参见前面的反应式),所以比值趋小。通常情况下,如果在加入过氧化物的同时加入适量的助交联剂即可以提高过氧化物的交联效率。如欲改善聚合物的某些性能,例如硬度、低压缩变形率时,加入量还可更多一些。

交联度是定量的过氧化物使定量的聚合物产生的交联物对原聚合物的重量比值。交联物是不溶性的,所以可以用交联后聚合物在沸腾二甲苯或甲苯中的不溶解物百分率表示,这一百分率也称凝胶百分率。实验得知,用凝胶百分率在30%~80%的低、高密聚乙烯树脂可得到均匀稳定的发泡体。低于30%时,气泡易破裂,膨胀比难于上升;超过80%时发泡困难,且气泡不均匀。增加过氧化物用量,可提高聚合物的交联度。但是,过氧化物超过最适宜用量后,交联度增加并不明显,如图9-19所示。如欲提高交联度,应采用助交联剂与过氧化物并用体系,此时还可适当降低过氧化物的用量。

在交联发泡配方中为提高防老化作用常需加入防老剂,这对过氧化物交联活性有抑制作用,因为大多数防老剂都是还原剂。其中以胺类抗氧剂的抑制作用较大,酚类次之,故一般用量都不应超过0.5份。如用量增加,则要相应增加过氧化物用量以补偿被抗氧剂抵消的部分。

4)交联时间　是指在聚合物中的过氧化物耗尽所需的时间。一般取预定交联温度下过氧化物半衰期的10~12倍的时间。

有机过氧化物的反应是从分解开始的,因此在加工过程中要防止过早达到分解温度。选用的过氧化物稳定性要适合交联起始要求和加工的要求。几种有机过氧化物的半衰期与交联温度的关系如图9-20所示。

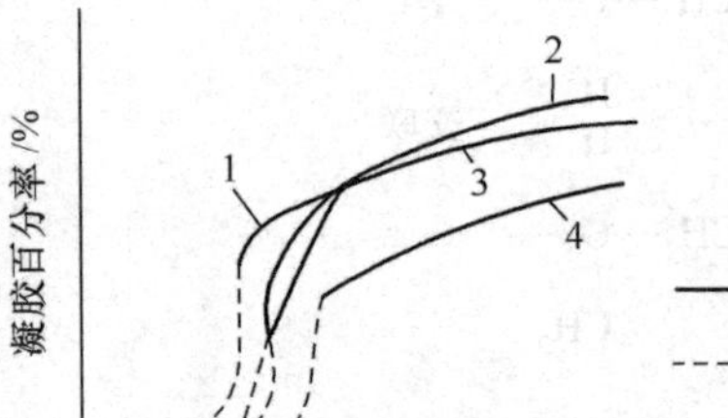

图9-19　交联剂用量与凝胶百分率的关系

1—熔体流动速率为0.2的聚乙烯

2—熔体流动速率为0.7的聚乙烯

3—熔体流动速率为2.5的聚乙烯

4—熔体流动速率为5.0的聚乙烯

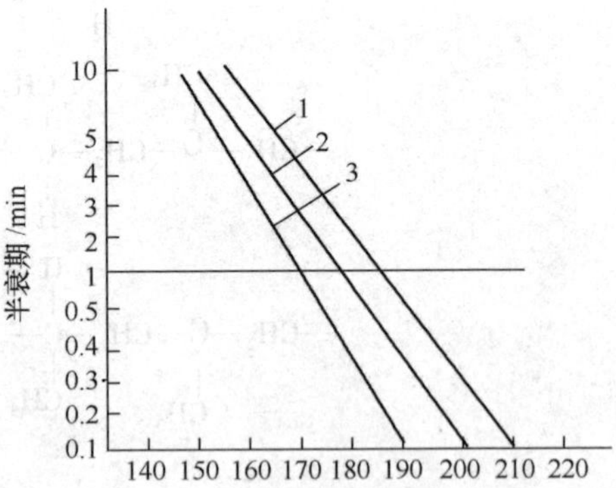

图9-20　几种有机过氧化物的半衰期与交联温度的关系

1—过氧化二叔丁烷

2—2,5-二甲基2,5-双(叔丁基过氧)己烷

3—过氧化二异丙苯

由于过氧化物，特别是过氧化二异丙苯和叔丁基异丙苯基过氧化物，所生产的制品都有难闻的气味。为了减少气味，可选用二烷基过氧化物，或采用助交联剂与过氧化物并用体系以减少这种过氧化物的用量，减轻难闻的气味。

9.5.3.2 聚烯烃泡沫塑料的成型方法

聚烯烃泡沫塑料生产方法很多，主要分为挤出法、模压法和可发性珠粒法。我国主要采用挤出法和模压法生产聚乙烯泡沫塑料产品。

（1）挤出法

挤出法是将含有发泡剂的聚乙烯熔融物料从挤出机头口模挤出，熔融物料从高压降为常压时，溶于熔融物料中的气体膨胀而进行发泡的。多用于低发泡制品，如电线电缆绝缘层的制备。

（2）模压法

采用化学发泡生产聚烯烃泡沫塑料制品多采用模压法，具体实施又分一步法和二步两种。生产密度高的采用一步法，低密度的采用二步法。现以聚乙烯制品为例进行说明。

1）原料　聚乙烯的熔体流动速率标志着聚乙烯熔体的流动性能，对发泡体的性能有明显的影响，关系见表 9－14。

表 9－14　聚乙烯熔体的流动速率对泡沫塑料性能的影响

性能		熔体流动速率/（g/10min）			
		0.2	0.7	2.5	5.0
泡沫密度/kg·m^{-3}		140	130	335	140
平均泡孔直径/mm		0.05	0.05	0.1	0.055
弯曲模量		49.6	53.0	62.8	73.5
压缩载荷/MPa	压缩量 5%	5.59	9.80		11.77
	压缩量 10%	8.34	10.78	11.77	12.75
	压缩量 25%	9.12	10.78	11.77	13.73
拉伸模量/MPa		45.5	48.2		54.4
拉伸强度/MPa		2.66	2.53		2.53
断裂伸长率/%		100	300		320

一般使用熔体流动速率为 2g/10min 左右的低密度聚乙烯。多数以过氧化二异丙苯为化学交联剂，以偶氮二甲酰胺为发泡剂，使用三碱式硫酸铅为活化剂。

2）工艺流程　聚乙烯模压发泡工艺流程如图 9－21 所示。

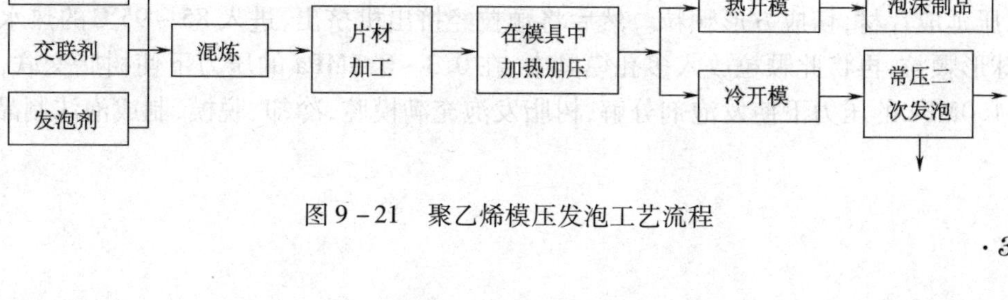

图 9－21　聚乙烯模压发泡工艺流程

3)操作工艺

①配料　按配方分别进行称料并按顺序加料。②混炼　将聚乙烯树脂在炼塑机中混炼3～5min,温度控制在110～120℃左右。将聚乙烯树脂混炼成片之后加入偶氮二甲酰胺和三碱式硫酸铅,此时温度降至70～100℃,再混炼10min,然后加入过氧化二异丙苯,在同一温度下混炼5min,制成片状。③切片　按所要加工制品的形状冲切成所需要尺寸的片料。④模压成型　把片料装入模具中,此时对模具加热至160℃,加压至0.6MPa,模压12～15min。⑤开模发泡　有两种开模方式。热开模法——待发泡剂分解完全后,解除液压机压力,使热熔融片材膨胀弹出,并在2～3min完成发泡。熔融物料的快速膨胀发泡,有利于形成细小的泡孔,但不能达到太高的发泡倍率。因发泡剂分解产生的气体压力与物料的黏性和弹性之间难以达到平衡,发泡时微小的阻力都会导致泡沫塑料龟裂,所以必须特别注意控制熔融体的弹性,以保证生产的正常进行。冷开模法——将完成交联发泡的模具冷却到65℃左右,开模取出泡沫块,立即送入120～170℃的烘箱中加热进行二次发泡;也可将热压泡沫块置于容积比其大的模具中二次加热膨胀,冷却后开模得到具有闭孔结构、泡孔细微均匀、力学强度优良的聚乙烯泡沫塑料制品。在常压下加热二次发泡即得到高发泡倍率的泡沫片材。

(3)其他成型方法

1)挤出-化学交联-化学发泡工艺　将化学发泡剂、交联剂和树脂一起混炼均匀。挤出成型过程中,加热先使交联剂分解,树脂交联,接着使发泡剂分解,使树脂发泡,制成泡沫制品。

2)挤出-辐射交联-化学发泡工艺　将聚乙烯树脂和发泡剂在低于发泡剂的分解温度下混炼均匀,然后以同样的温度挤出薄膜或片材,随后以计量为1～200Gy的射线照射,使之交联。再加热到发泡剂的分解温度以上,使发泡剂分解,树脂发泡制成泡沫制品。

3)化学发泡-化学交联一步法模压工艺　首先将发泡剂、交联剂、填料和树脂混合均匀,然后制成片、粒或板放入模具中,加压(通常为5～21MPa),加热使交联剂分解,树脂达到一定交联度后,进一步升高温度,使发泡剂分解,待完全分解后,突然解除压力,熔融物料膨胀弹出,2～3s就完成发泡。该生产方法设备投资少,物料可发泡3～15倍。

4)化学发泡-化学交联-两步法模压工艺　将发泡剂、交联剂、填料和树脂等混合均匀后,压延成薄片放入模具中加压(通常压力2.0MPa)、加热(140℃),使树脂达到一定的交联度,并使发泡剂部分分解,突然卸压,使物料弹出,制得预发泡板坯。再将此板坯趁热放入预先规定的模具中加压(初始压力为0.5MPa。终压为1MPa)、加热(160～180℃)使发泡剂完全分解,树脂膨胀充满模腔,经冷却、脱模而制成高发泡钙塑板材。

5)可发性聚乙烯珠粒工艺　首先将各组分在低于交联剂的分解温度(140℃)下混炼均匀,压延成片材,切成方形颗粒。然后将颗粒经挤出机挤出,进入85～95℃的热水中切成半球形颗粒,再将此颗粒放入多孔模具中,在0.3～0.5MPa的压力下使树脂交联,再在0.5～1.0MPa的压力下使发泡剂分解,树脂发泡充满模腔,冷却、脱模,制成泡沫制品。

9.5.4 利用聚合物生成反应中副产物的发泡法一聚氨酯泡沫塑料

聚氨酯泡沫塑料是由含有烃基的聚醚或聚酯树脂、异氰酸酯、水以及其他助剂共同反应生成的。在聚氨酯泡沫塑料成型过程中，自始至终伴随着化学反应，其反应机理也比较复杂。制造时按所用原料不同可以分为聚醚型和聚酯型聚氨酯泡沫塑料；按制品的性能不同，可以分为软质、半硬质和硬质泡沫塑料；而按生产时反应控制的步序不同又可分为一步法和二步法（又称预聚体法）。

9.5.4.1 聚氨酯泡沫塑料的原料

原料的品种很多，但可以归为以下几种类型。

(1)异氰酸酯类

二异氰酸酯类是生成聚氨酯的主要原料，异氰酸酯是一类反应活性极高的化合物，这是它本身的化学结构所决定的。它具有较多的不饱和基团 —N═C═O，除能和许多化合物进行加成反应外，还可以在加热或在催化剂作用下发生自身聚合反应。异氰酸酯种类很多（表 9－15），采用最多的是甲苯二异氰酸酯（TDI）。

甲苯二异氰酸酯有 2、4 和 2、6 两种同分异构体，由于空间位阻效应的影响，前者活性大，后者活性小，故常用此两种异构体的混合物。二种异构体的用量比工业上常称为异构比。一般异构比为 TDI80/20。异构比越高，化学反应越快，趋于形成闭孔泡沫结构；异构比越低则趋于形成开孔结构。生产中常采用 TDI80/20 来生产软质聚醚型泡沫塑料，采用 TDI65/35 生产软质聚酯型泡沫塑料。

粗制甲苯二异氰酸酯约含 85% TDI，它主要用于一步法聚醚型硬质聚氨酯泡沫塑料。它与精制 TDI 相比成本低，活性小一些，更适用于硬质泡沫塑料。除甲苯二异氰酸酯外，还可用二苯基甲烷二异氰酸酯（MDI）、多苯基多次甲基多异氰酸酯（粗 MDI）等制造硬质聚氨酯泡沫塑料。由于 MDI 无毒，阻燃性比 TDI 高，模塑熟化快，对模具温度要求低等优点，20 世纪 80 年代后，MDI 逐渐替代 TDI，世界 MDI 的总产量已超过 TDI。

表 9－15　异氰酸酯的主要品种与结构

名称	化学结构	用途
甲苯二异氰酸酯	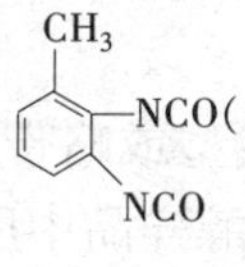 (含 2,4;2,6 两种异构体)	软、半硬、硬泡等
二苯基甲烷二异氰酸酯（粗品）	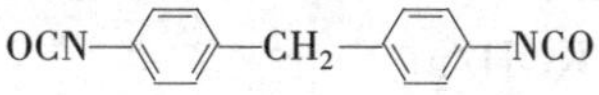	半硬及硬泡
多苯基多次甲基多异氰酸酯	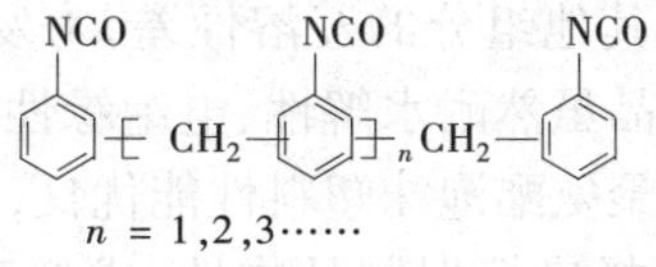 $n = 1,2,3\cdots\cdots$	硬泡

续表

名称	化学结构	用途
聚合 TDI	含聚合物的改性甲苯二异氰酸酯	半硬、硬泡
液化 MDI	含碳二亚胺的改性 MDI	整皮模塑泡沫 微孔泡沫等
异丙叉双(环己基异氰酸酯 -4)	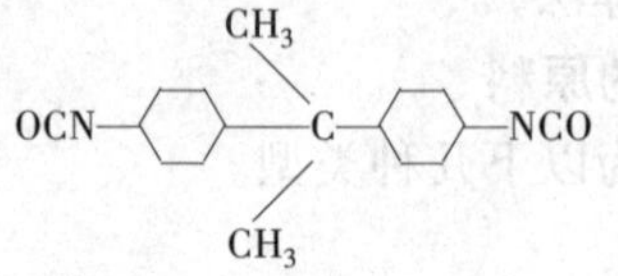	不变黄泡沫制品
甲基环己烷二异氰酸酯	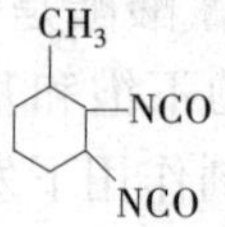	不变黄泡沫制品
含磷异氰酸酯	$(RO)_x-\overset{O}{\overset{\vert}{P}}-(NCO)_{3-x}$	耐燃泡沫制品
混合苯二甲撑二异氰酸酯	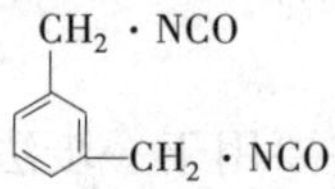	不变黄泡沫制品

(2)聚酯或聚醚多元醇

聚酯或聚醚多元醇是生成聚氨酯的另一主要原料。聚酯多元醇通常都是分子末端带有醇基的树脂,一般由二元羧酸(己二酸、癸二酸、苯二甲酸)和多元醇(乙二醇、丙三醇、季戊四醇、山梨糖醇等)制成。聚醚多元醇是以低分子多元醇为起始剂,在碱催化剂作用下由氧化烯烃开环聚合而得到的末端带烃基的多元醇类。聚氨酯泡沫塑料制品的柔软性可由聚酯或聚醚的官能团数和相对分子质量来调节,即控制聚合物分子中支链密度来加以调节。

用于制造软质泡沫塑料的聚酯或聚醚都是线型或略带支链的结构,相对分子质量为2000 ~4000;官能度小(2 ~3),羟值(指每克多元醇样品中所含羟基量)比较低 40 ~60mg KOH/g;制造硬质的相对分子质量为 270 ~1200,而且有支化结构,其官能度大(指醇基)在 3 ~8,羟值比较高 380 ~580mg KOH/g。

通常聚酯或聚醚的官能度大,羟值高,则制得的泡沫塑料硬度大,机械物理性能较好,耐温性佳。但与异氰酸酯等其他组分的互溶性差,为发泡工艺带来一定困难。聚醚与聚酯相比,所制得泡沫塑料制品虽然耐水解性、电绝缘性、手感等优良,但机械性能、耐温性、耐油性略为逊色。聚酯型聚氨酯泡沫塑料性能优良,但价格较高,一般用于特殊用途。为此,对于聚酯或聚醚的选择应根据制品物性、成型工艺、原料来源等因素全面考虑,合理取舍。

(3)催化剂

根据泡沫塑料的生产要求,必须使发泡反应完成时泡沫网络的强度足以使气泡稳定地包裹在内,这可由催化剂来调整。聚氨酯生产中最主要的催化剂是叔胺类化合物(三乙胺、三乙撑二胺、N、N′-二甲基苯胺等)和有机锡化合物(二月桂酸二丁基锡等)。叔胺类化合物对异氰酸酯与醇基和异氰酸酯与水的两种化学反应都有催化能力,而有机锡化合物对异氰酸酯与醇基的反应特别有效。因此,目前常将两类催化剂混合使用,以达到协同效果。

(4)发泡剂

作为聚氨酯泡沫塑料的发泡剂是异氰酸酯与水作用生成的二氧化碳。由于这种作用能使聚合物常带有聚脲结构,以致泡沫塑料发脆。其次生成二氧化碳的反应还会放出大量反应热,使气泡因温度升高所增加的内压而发生破裂。用二氧化碳发泡会过多地消耗昂贵的异氰酸酯。因此,在硬质泡沫塑料中常采用三氯氟甲烷等氯氟烃类化合物作为发泡剂。由于氯氟烃在聚合物形成过程中吸收热量变为气体,从而使聚合物发泡。为了减少异氰酸酯的用量,在软质泡沫塑料中也可适当掺用。但是,由于氯氟烃(CFC)的生产与使用导致大气臭氧层的破坏,对人类生态平衡产生不利影响,1987年蒙特利尔协议决定对氯氟烃分期削减其生产和使用。面对这一挑战,世界各国正在积极研究开发氯氟烃发泡剂的替代物和替代技术。

(5)表面活化剂

为了降低发泡液体的表面张力使成泡容易和泡沫均匀,又使水(产生二氧化碳)能与聚酯或聚醚均匀混合,常须在原料中加入少量的表面活化剂。常用的有水溶性硅油(聚氧烯烃与聚硅氧烷共聚而成)、磺化脂肪醇、磺化脂肪酸以及其他非离子型表面活性剂等。

(6)其他助剂

为了提高聚氨酯泡沫塑料的质量常需要加入某些特殊的助剂。例如:为了提高制品的耐温性及抗氧性而加入防光剂264(2,6-二叔丁基对甲酚);为了提高自熄性而加入含卤含磷有机衍生物,含磷聚醚及无机的溴化铵等;为了提高机械强度而加入铝粉;为了提高柔软性而加入增塑剂;为了降低收缩率而加入粉状无机填料;为了增加美观色泽而加入各种颜料等。

9.5.4.2 聚氨酯泡沫塑料发泡原理

聚氨酯泡沫塑料在形成过程中,始终伴有复杂的化学反应,但是主要可以归为六种。

(1)链增长反应

异氰酸酯与聚醚或聚酯多元醇生成氨基甲酸酯的反应,即异氰酸酯与醇基间的反应。

$$\cdots\cdots NCO+OH\cdots\cdots\longrightarrow\cdots\cdots\overset{\displaystyle H}{\overset{|}{N}}-\overset{\displaystyle O}{\overset{\|}{C}}-O\cdots\cdots$$

(氨基甲酸酯)

(2)放气反应

异氰酸酯与水作用放出二氧化碳的反应。

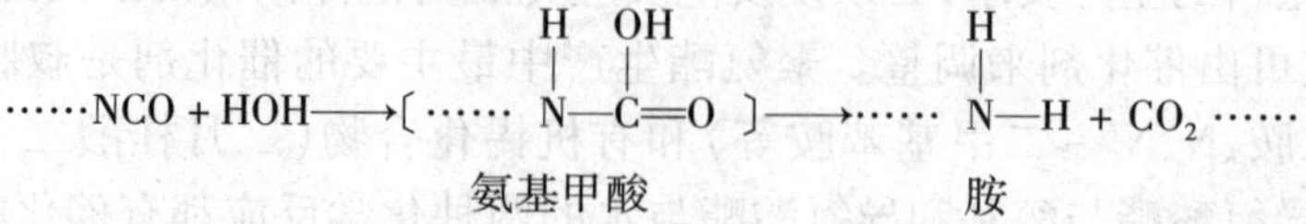

(3)胺基与异氰酸酯的反应

反应(2)生成的胺又与异氰酸酯作用形成脲的衍生物反应。如果聚合物中出现多个脲结构即称为聚脲。

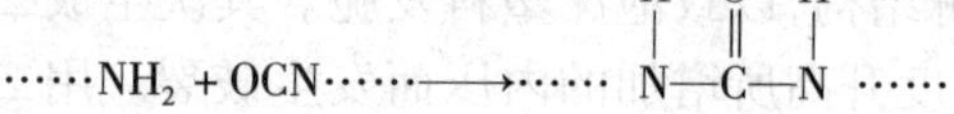

(脲衍生物)

(4)交联和支化反应

氨基甲酸酯基中氮原子上的氢与异氰酸酯反应。这一反应可使线型聚合物形成支化和交联的结构。反应式如下:

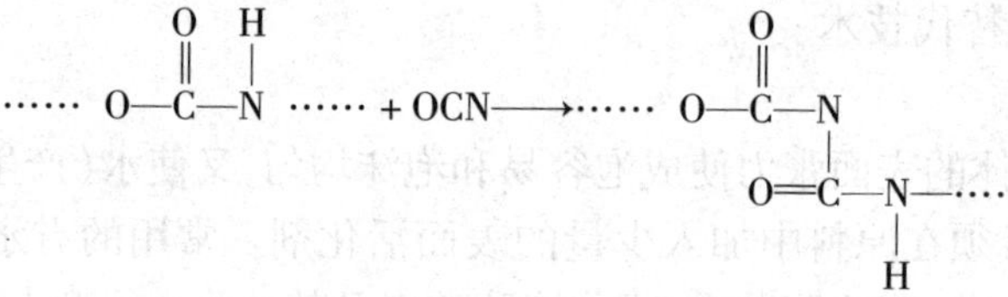

(脲基甲酸酯)

(5)缩二脲的形成反应

缩二脲是由脲衍生物[见反应(3)]与异氰酸酯反应生成的。通过这一反应,也能使线型分子转为支化和交联结构。

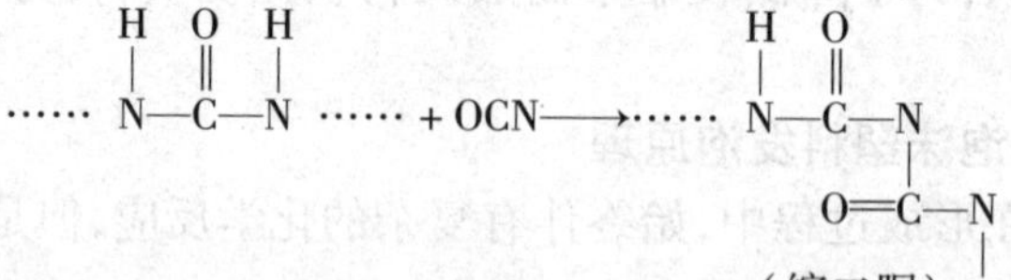

(缩二脲)

(6)羧基(聚酯带有竣基)与异氰酸酯反应

如果用的原料聚酯中带有羧基,则它与异氰酸酯将会发生反应而生成二氧化碳。

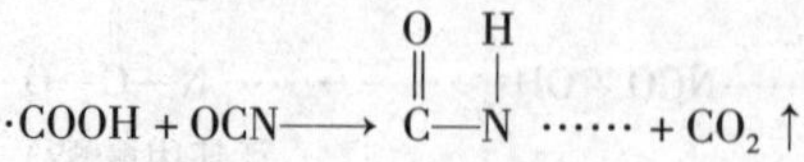

上述六种化学反应,在制造泡沫塑料时,同时起到聚合与发泡两种作用,必须平衡进

行。如聚合作用过快,发泡时聚合物的黏度太大,不易获得泡孔均匀和密度低的泡沫塑料。反之,聚合作用慢,发泡快,则气泡会大量逸失,亦难获得低密度的泡沫体。发泡反应过程中脲链和脲基甲酸酯的相对含量,决定聚氨酯泡沫塑料的软硬程度。生产中的控制方法是:选用适当浓度和品种的催化剂;错开反应的次序,即采用二步法等。

9.5.4.3 聚氨酯泡沫塑料的发泡工艺

聚氨酯泡沫塑料的发泡方法有一步法和二步法(预聚体法)两种。一步法是把所有的原料(聚醚或聚酯多元醇、异氰酸酯、水和催化剂等)混在一起而形成泡沫塑料。二步法又分为预聚体法和半预聚体法:预聚体法是使异氰酸酯先与聚酯或聚醚反应生成预聚体,而后再加入其他组分而生成泡沫塑料;半预聚体法是使部分聚酯或聚醚多元醇先与所有的异氰酸酯作用,而后再加入剩余的聚酯或聚醚与其他组分的混合物使其成为泡沫塑料。

(1)一步法发泡工艺

一步法发泡工艺是目前普遍采用的聚氨酯泡沫塑料生产工艺,主要是将聚醚(或聚酯)多元醇、二异氰酸酯、水、催化剂、泡沫稳定剂及其他添加剂等原料一步加入,在高速搅拌条件下混合后发泡。由于使用有机锡等高效催化剂,反应速率较快,放热时温度较高,不需要在发泡后再加热熟化,并采用有机硅泡沫稳定剂,因而即使在聚醚等物料黏度较低的情况下也能得到泡孔较为均匀的泡沫制品。加之不需要制备预聚体的反应装置,因而具有工艺简单、设备投资少、易于操作管理等优点。由于物料黏度较小,对制造低密度和模塑成型制品尤为有利。所以,目前绝大部分生产采用一步法。其工艺流程如图9-22所示。

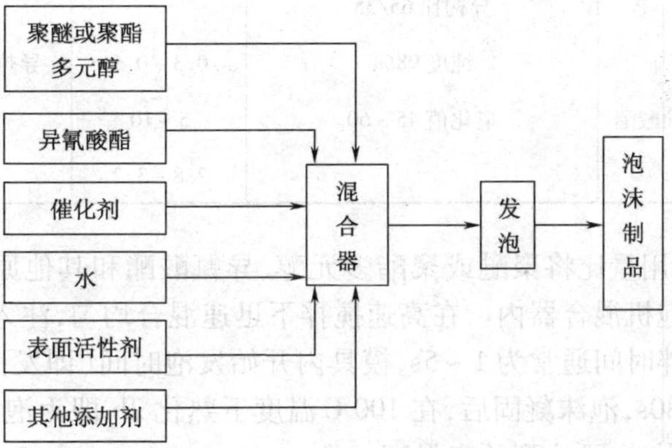

图9-22 一步法发泡工艺流程示意图

在一步法发泡工艺中聚酯和聚醚两种发泡体系基本相同,只是具体配方有所不同。表9-16和表9-17分别为聚醚和聚酯型软质聚氨酯泡沫塑料的配方示例。

表 9-16　聚醚型软质聚氨酯泡沫塑料的典型配方及制品性能

原料	规格	配比/%	泡沫性能
聚醚多元醇	羟值 54～57mgKOH/g	100	密度≤30～39kg/m^3
	酸值≤0.1mgKOH/g		拉伸强度≥0.1MPa
甲苯二异氰酸酯	水分≤0.1%	35～40	伸长率≥200%
	纯度>98%		25%压缩强度≥0.003MPa
	异构比 65/35 或 80/20		回弹率≥35%
三乙烯二胺	纯度 98%	0.15～0.20	导热系数≤0.041W/(m.K)
水溶性硅油	密度(20℃)1030kg/m^3	1.0	压缩变形≤10%
二月桂酸二丁基锡	含锡量 17%～19%	0.05～01	60%成穴强度≥300N
蒸馏水		2.5～3.0	

表 9-17　聚酯型软质聚氨酯泡沫塑料的典型配方及制品性能

原料	规格	配比/%	泡沫性能
聚酯多元醇	羟值 55～65mgKOH/g	100	密度≤40～42kg/m^3
	酸值≤3mgKOH/g		拉伸强度≥0.16MPa
	水分<0.2%		伸长率≥250%
甲苯二异氰酸酯	纯度>98%	35～40	25%压缩强度≥0.004MPa
	异构比 65/35		回弹率≥30%
三乙烯二胺	纯度 98%	0.3～0.5	导热系数≤0.043W/(m.K)
聚氧乙烯山梨糖醇酐单油酸酯	皂化值 45～60	5～10	
蒸馏水		2.8～3.2	

生产时，按配方用量比将聚醚或聚酯多元醇、异氰酸酯和其他原料用计量泵送至附有高速搅拌器的发泡机混合器内。在高速搅拌下迅速混合均匀，注入带状输送器上或模具内进行发泡。搅拌时间通常为 1～5s，模具内开始发泡时间（即发白时间）为 4～6s，发泡时间一般为 40～80s，泡沫凝固后，在 100℃温度下熟化 2h 即为泡沫塑料制品。另外，可在室温下放置一周，也可达到预定强度。

（2）两步法发泡工艺

两步法又分为预聚体法和半预聚法体法两种。

1）预聚体法　预聚体法发泡工艺通常应用于聚醚型泡沫塑料，而聚酯型泡沫塑料因聚酯本身黏度较大，生成预聚体后黏度更大，导致在发泡时不易操作。

预聚体法是先将异氰酸酯和多元醇反应，生成含有一定量游离异氰酸基的预聚物，然后在预聚体中加水、催化剂、表面活性剂等其他添加剂，在高速搅拌下混合进行发泡生成泡沫塑料。工艺流程和典型配方分别见图 9-23 及表 9-18 和表 9-19。

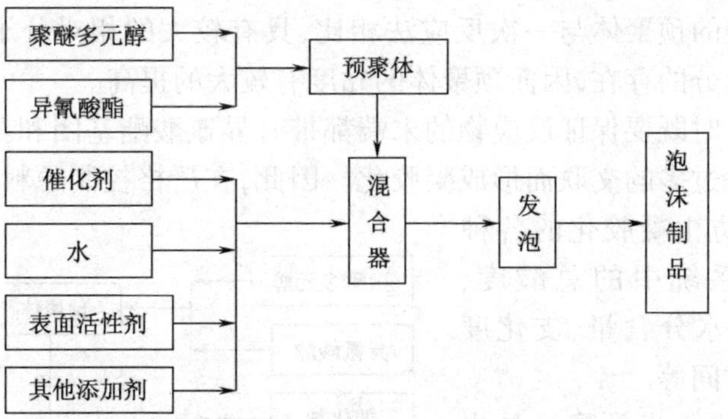

图 9－23　预聚体法发泡工艺流程示意图

表 9－18　　预聚体的典型配方

原料	规格	配比/%	预聚体性能
聚醚多元醇	羟值 56mgKOH/g	100	游离异氰酸基为 9.6% 左右
	酸值 0.05mgKOH/g		
	水分 0.05%		
甲苯二异氰酸酯	相对密度(25℃)1.21	38～40	
	纯度 >98%		
	异构比 65/35 或 80/20		
蒸馏水		0.1～0.2	

表 9－19　　发泡混合料的配方

原料	规格	配比/%	泡沫性能
预聚体	游离异氰酸基 9.6%	100	密度≤30～36kg/m³
			拉伸强度≥0.106MPa
三乙烯二胺	纯度 >98%	0.4～0.45	伸长率≥225%
			50% 压缩强度≥0.003MPa
二月桂酸二丁基锡	含锡量 17%～19%	1.0	回弹率≥35%
			导热系数≤0.039W/(m. K)
蒸馏水		2.04	压缩变形≤12%

在预聚体的制备中，预聚体的黏度是一个重要指标。对于聚酯型预聚体的制备，由于聚酯本身黏度大，通常采用一次加料，即将配方中所需聚酯和异氰酸酯一次加入进行反应即可达到预聚体所需的黏度。聚醚型预聚体制备则通常采用二步法合成。

第一步，先将聚醚和一部分异氰酸酯反应，NCO 与 OH 的摩尔比一般采用(1∶1)～(1∶5)，使之生成末端带有异氰酸酯基团和具有较高相对分子质量的预聚体；第二步，在该生成物中加入配方中剩余的异氰酸酯进行稀释，使最终产物的异氰酸酯含量在8%～10%。该法所制得的预聚体与一次反应法相比，具有较大的相对分子质量分布，由于较高相对分子质量组分的存在，因而预聚体的黏度有较大的提高。

在预聚体制备时既要保证反应物的末端都带有异氰酸酯基团和获得一定黏度，同时又要防止物料产生过多的交联而形成凝胶化。因此，在严格控制原料质量的同时还必须控制影响黏度和防止凝胶化的各种因素，例如反应系统中的总酸度、NCO/OH的比例、水分含量、支化度以及反应温度和时间等。

2）半预聚体法　半预聚法是先将配方中的部分多元醇与全部异氰酸酯反应生成游离异氰酸基含量较高的半预聚物，然后再与剩余的多元醇及水、催化剂、表面活性剂或其他添加剂，在较高速度下混合进行发泡制得泡沫塑料。其流程如图9－24所示。半预聚体发泡工艺目前在一般软质泡沫塑料中应用较少，大部分应用于制造半硬质制品。

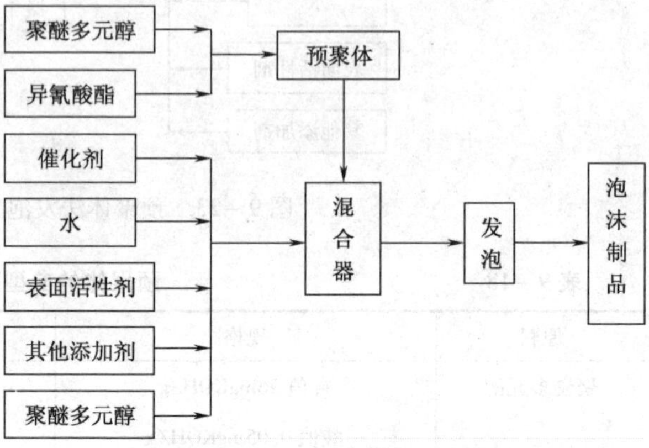

图9－24　半预聚体法发泡工艺流程示意图

9.5.4.4　聚氨酯泡沫塑料的生产控制因素

影响制品性能的工艺因素主要有下列四种：

（1）原料用量比

生产聚氨酯泡沫塑料主要原料是聚酯或聚醚多元醇、异氰酸酯和水，三者之间的用量应满足以下关系。

（水的当量数）+（聚酯或聚醚多元醇当量数）=（异氰酸酯的当量数）

实践证明，异氰酸酯的用量最好为理论值的1.0～1.05倍。过多时会使泡沫硬脆；过少时泡沫容易发生老化。因此，必须严格控制原料用量。每100g聚酯或聚醚树脂的克当量数（N_A）为：

$$N_A = \frac{\text{树脂的羟基值} + \text{酸值}}{10 \times 56.1} + \frac{\text{原料中水分百分数}}{9}$$

每100g异氰酸酯的克当量数（N_B）为：

$$N_B = \frac{\text{原料纯度百分数}}{\text{异氰酸酯百分数}} \times \text{每一异氰酸酯分子中含}-\text{NCO数}$$

（游离异氰基）

每100g水的克当量数（N_C）为100/9＝11.1

聚氨酯泡沫塑料的密度取决于配方中的发泡剂用量（水的份数/100份聚醚多元醇）称为发泡指数。当1份水/100份聚醚多元醇时，其发泡指数为1。在聚氨酯泡沫塑料中，一般是用水作发泡剂，也可加入三氯氟甲烷和二氯甲烷等作辅助发泡剂。关于水与三氯氟甲烷和二氯甲烷的发泡效率按以下经验公式计：

$$1\text{ 份水(发泡效率)} = 10\text{ 份三氯氟甲烷} = 9\text{ 份二氯甲烷}$$

因此，发泡指数表示为：

$$\text{发泡指数} = \frac{\text{三氯氟甲烷份数}}{10} + \text{水份数} + \frac{\text{二氯甲烷份数}}{9}$$

配方中，用水量和泡沫密度之间的关系如图 9-25 所示。

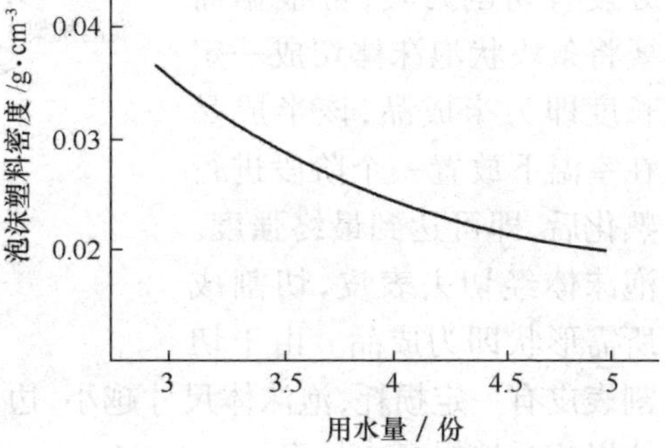

图 9-25　用水量于泡沫密度之间的关系

由图可见，泡沫密度随发泡剂(水)的增加而降低。泡沫体的密度对其物理力学性能有对应的关系。综合适用性能优良的最佳泡沫配方可确定密度范围，从而指导生产，降低原材料消耗，提高经济效益。

(2)温度

聚氨酯泡沫塑料制造过程中的化学反应类型较多，温度稍有波动，各种反应之间的比率即会失调，直接影响反应速度及发泡质量。因此，为了保证制品质量必须严格控制温度。

(3)搅拌速率和时间

这对泡沫塑料的结构有重要影响。当泡沫塑料的气孔大小有一定要求时，搅拌速率和时间往往都有一固定范围。搅拌速度和搅拌时间反映混合时加入能量的大小，加入能量过低，泡孔粗糙；加入能量过高，泡沫又会开裂。

(4)熟化

聚氨酯泡沫的最后熟化是指随着聚合物相对分子质量的增加和剩余异氰酸酯基的消失而达到最终机械性能的过程。高温熟化有良好的效果，可提高胺类化合物与异氰酸酯的反应速度常数，加速异氰酸酯的消失及多余催化剂的挥发，熟化温度一般控制在 45~60℃。

9.5.4.5　软质聚氨酯泡沫塑料的成型

软质聚氨酯泡沫塑料是聚氨酯泡沫塑料中用量最大、产量最高的一个品种，其主要成型工艺为块状发泡成型和模塑发泡成型。

(1)块状发泡工艺

块状发泡设备的产量较大，适宜于大规模生产。大型矩形块状制品的产量占软质聚氨酯泡沫塑料总产量的 80% 左右，块状发泡机最大的生产能力可达到 600kg/min，能生产宽 2~2.4m，高1~1.2m，长度可根据厂房条件和需要任意调节的泡沫块。矩形块状泡沫体成型后可进一步用切片机切割成各种需要的片状和块状制品。

按其发泡工艺流程又分为平顶式发泡工艺和垂直法发泡工艺两种。

1)平顶式发泡工艺　平顶式块状发泡的生产流程示意可见图 9-26。

物料分别由储料罐通过计量系统送至附有高速搅拌器的发泡机混合头内，混合头能往复移动(14~18 次/min)，以加强搅拌作用。各组分经搅拌均匀混合后注入衬有牛皮纸的皮带运输机上。此时，混合物即在皮带运输机上进行发泡，泡沫体经装有红外线（或其他热源）和排气装置的加热烘道中熟化成型后，由另一端连续送出，在出口处装有切割刀具，可根据需要将条块状泡沫体切成一定长度即为半成品，该半成品在室温下放置一个阶段进行熟化后，即可达到最终强度。泡沫体经切去表皮，切割成所需形状即为成品。由于切割表皮有一定损耗，泡沫体尺寸越小，边皮损耗越多，故近年来都生产大型矩形块状泡沫体以相对地提高成品率。

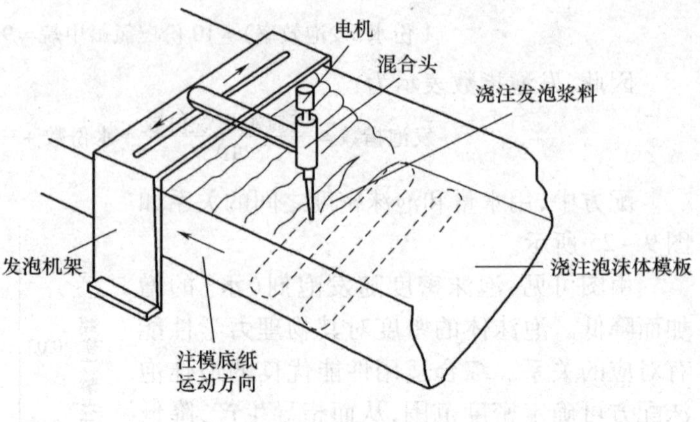

图 9－26 平顶式块状发泡生产流程示意图

最终泡沫体孔径的大小可由混合头的输入能量来调节，与该能量有关的包括两个方面：一是与物料进入混合头的线速度有关；二是与搅拌的转速和剪切力有关。在低压高剪切发泡机械中，从混合头中注入微量干燥空气，对改善孔径有一定效果，而在高压低剪切发泡机械中则效果并不显著。混合头的物料排出孔的尺寸及混合头的背压大小对制品孔径也是有一定影响的。通常，背压降低、排出孔口径加大均有利于使泡沫孔径细密。

混合头出料口与物料倾注平面之间的距离越近越好，以避免物料飞溅，在飞溅的物料中往往夹杂着空气，在发泡后易在泡沫中形成针孔，有的上升至泡沫表面后，在表皮上形成大孔，影响表皮外观。底部衬纸必须平整，如有皱纹，易使形成的泡沫开裂和增加边皮切割废料。

运输带在注料口处必须有一倾斜角，以便使物料向单一方向移动，该倾斜角一般控制在 4°～9°。运输带线速度通常控制在 1.5～3.0m/min，线速度大小根据泡沫体产量和制品尺寸而定。

一般块状发泡配方的发白时间（即物料从混合头出口至开始发泡之间的时间）为5～12s。发泡时间（即物料从混合头出口到发泡至最大高度之间的时间）一般为 80～160s。发泡时间可由有机锡和胺催化剂的用量来加以调节。由混合头喷嘴出口至发白线（即开始发泡的区域）的距离一般为 30～60cm。可以通过喷料量以及运输带角度和速度来加以调节。

发泡后在烘道内加热熟化至表面不粘手即可。熟化时间视配方而定，一般为5～30min。

由预聚体法发泡工艺所得的半成品，有的还需要机械挤压使泡沫开孔；而在一步法发泡中则不需要进行机械挤压开孔，基本都能做到自然开孔。

2）垂直法发泡工艺　20 世纪 80 年代开发了垂直法连续生产聚氨酯软泡的新工艺。

垂直法工艺现已取得迅速发展，与平顶发泡工艺相比，它有许多突出的优点。其工艺特点是：占地面积大大减少；同一台设备可生产圆形泡沫块和矩形泡沫块，只需更换部分部件，即可交替生产；泡沫块的尺寸比较规整，修切的废料可降低至4%～6%；在同一横断面上，泡沫物性分布均匀；减少了开/停车的损失，次品长度在1m左右，同时投资费用低，节省劳力。

垂直法工艺过程，由原料储存、计量、混合、输入、发泡、熟化、泡沫提升、切断、泡沫输送等几个步骤组成。具体生产流程示意见图9－27。

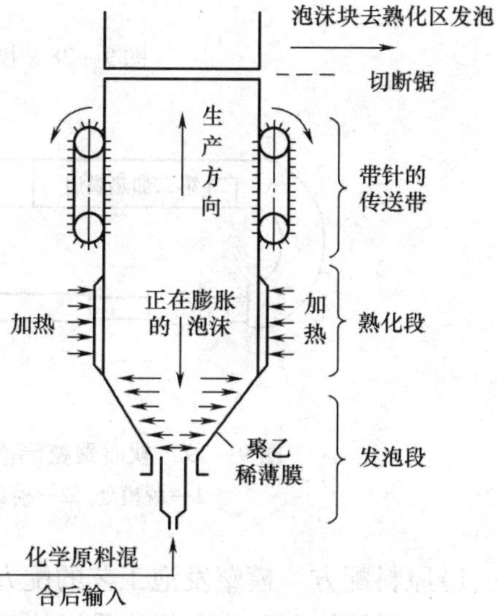

图9－27　垂直法发泡生产流程示意图

具体操作是先将各种化学原料经计量泵计，输入混合头混合后，再送入发泡托盘，开始发泡。发泡过程是在聚乙烯薄膜围成的袋子内进行的，随着横截面积的增大，发泡方向沿水平方向进行。在发泡室内，密度由下往上逐渐变小，有一个密度梯度。由于重力的作用，正在发泡的物料层与层之间不会返混，在同一个横断面上重力的影响是等同的，所以在同一横断面上泡沫制品的物理性能基本一致。

经发泡后的泡沫体进入熟化段，熟化段有一加热筒，加热筒外围有保温层，加热促使泡沫快速熟化。发泡之前先将加热筒预热到65℃左右，正常运行之后。可停止加热，靠发泡热维持此温度。

熟化后的泡沫再进入提升段，由板条组成传送带，板条上有小针（针长约1.5cm），小针刺入泡沫的外表皮，带着泡沫连续上升，由10条传送条围成一个圆形。

切割锯是按预先给定的长度切割泡沫，然后输送到熟化区。

影响垂直法聚氨酯块状泡沫的工艺因素很多，但最重要的还是掌握好发泡机运行过程中配方的平衡与稳定性。应随时观察，了解原料温度、熟化温度、环境温度以及各物料的流量、压力、混合因素（搅拌速度、混合头压力、空气注入量）、催化剂用量等，及时在发泡过程中加以调整、控制，以制得高性能的聚氨酯泡沫制品。

（2）模塑发泡工艺

模塑发泡工艺即是由计量泵将各种液态物料按配方比例，通过混合头混合均匀后定量地注入模具内，在模具内进行反应发泡，熟化后取出即得到与模具型腔相同的泡沫制品。

模塑发泡与块状发泡工艺相比，不需要后切割加工，边皮损失少，生产率高，有利于自动化生产，制造成本低，特别是批量大而结构复杂的产品尤为合适，近年来发展较快。模塑发泡工艺的生产流程如图9－28所示。

其生产流水线及模塑发泡机的注模部位可参见图9－29。

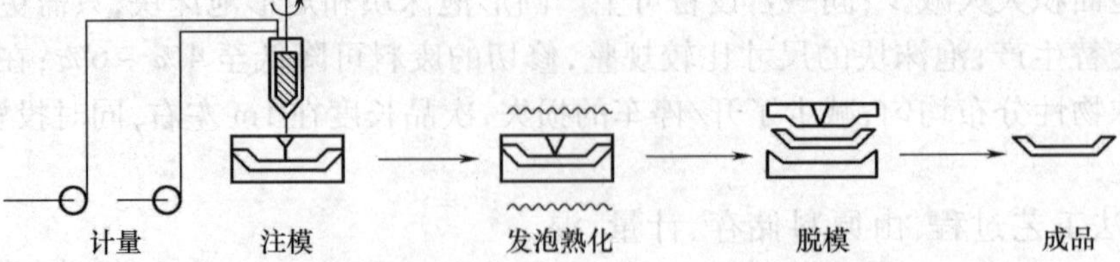

图 9－28　模塑发泡生产流程示意图

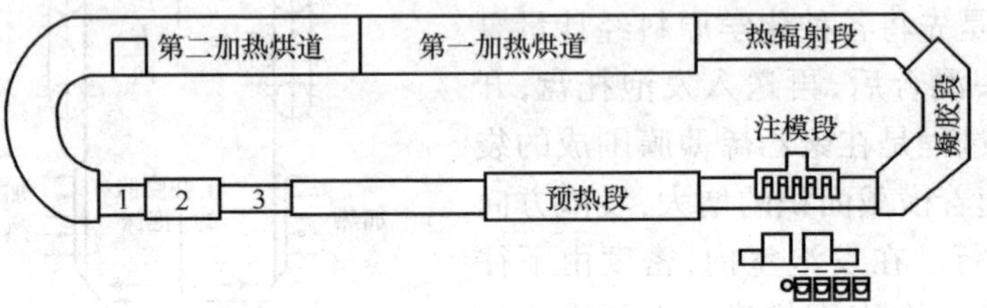

图 9－29　软质聚氨酯泡沫塑料模塑发泡生产流水线示意图

1—脱模处　2—模具清洗工段　3—脱模剂涂布工段

1）原料配方　模塑发泡工艺的配方原则大致和块状发泡工艺相似，只是在聚醚型模塑配方中所用的聚醚绝大部分采用的都是高活性聚醚（即伯羟基含量较高的聚醚），它不但可以缩短成型和熟化时间，同时所得泡沫制品具有较高的压缩负荷值。二官能团聚醚虽然使泡沫制品具有较高的抗张强度和伸长率，但凝固速度及熟化速度均较慢，因而一般很少单独使用，如需要可和高官能团数的聚醚混合使用。目前用于软质泡沫塑料的聚醚大部分为三官能团聚醚。

模塑发泡与块状发泡配方相比。在制造密度小于 $32kg/m^3$ 以下制品时，有机硅泡沫稳定剂用量必须略有增加或采用性能较好的泡沫稳定剂，以增加泡沫的稳定性。

2）影响模塑发泡的因素

①物料的流动性　在模塑过程中必须使物料在发泡时有较好的流动性，特别是生产结构复杂的大型构件时，以使其均匀地充满模腔的每一部分，为此必须严格控制有机锡和胺类催化剂的用量和比例，使发泡速度和凝固速度有较好的平衡。为了改善在模塑过程中物料的流动性，也有在配方中采用聚醚三醇中掺用聚醚二醇或使用高相对分子质量聚醚三醇来取得发泡速度和凝固速度的平衡。

②模具温度　模温是模塑成型的关键因素，它直接影响到发泡速度和凝固速度，因此必须严格控制。

③配方　在模塑工艺的配方中，异氰酸酯指数［（NCO/OH）摩尔比］的控制也是十分重要的。TDI 指数太低，压缩变定性能较差；当超过 110% 时，又将延长凝固速度造成泡沫闭孔，同时由于凝固速度慢，常会引起在脱模时制品变形。助发泡剂用量直接影响到制品密度，当用量较多时，必须适当增加催化剂和泡沫稳定剂用量，以使泡沫具有较好的

孔径结构,特别是制造密度较小的泡沫制品。为了在模塑过程中使物料在非凝固状态下泡沫能够稳定,必须适当增加泡沫稳定剂用量或选用高效泡沫稳定剂。

④机械因素　模塑工艺一般是间歇注模的,因而其混合头的操作也是间歇的。为了使注入的物料在模具中分布均匀,在大型模具中,通常将物料在不同的部位分几次注模,而且在注射时必须协调一致并分布均匀,以免造成制品中泡沫孔径不匀和密度有所差异,从而影响性能。

⑤混合头的清洗　在每模注射后,混合头必须自动清洗一次以备下一次注射。如果清洗不净,混合头中积料将会使进料口堵塞,造成下一模进料比例失调。如果在混合头出口部分堵塞,亦会影响泡沫制品的孔径结构和最终性能,严重的还会使整个操作无法进行。因此,混合头的清洗是设备的关键。在整个发泡设备中另有一套溶剂储罐和附属泵的输送装置与混合头相连,一般先以溶剂喷入清洗,接着以压缩空气将残余溶剂吹干。

9.5.4.6　硬质聚氨酯泡沫塑料的成型

浇注发泡和喷涂发泡是硬质聚氨酯泡沫塑料最常用的成型方法。

(1)浇注发泡成型

浇注发泡是常用的成型方法,50%以上的硬质聚氨酯泡沫塑料是用此方法成型的。浇注发泡操作过程是:按配方比例将各种化学原料均匀混合后,注入模具或制件的空腔(例如热水器内外壳体之间),在发生化学反应的同时进行发泡、固化,制得硬质聚氨酯泡沫塑料。

如果按对成品泡沫的处理方式分,浇注发泡又分成两种类型:一种是原料混合注入空腔发泡,不必把泡沫塑料从空腔中取出,如注入冰箱、热水器中的硬质聚氨酯泡沫塑料;另一种是把充分混合后的原料注入模具中去,发泡成型后,泡沫塑料需从模具中取出。有些熟化后要经过切割后才能使用;另外还有的泡沫塑料带有一层光滑、坚硬不发泡的表皮,这种方法也称模塑发泡。

1)浇注发泡成型中的原料及配方

①聚醚和聚酯多元醇都能作为浇注发泡成型的原料,但应用较广的是聚醚多元醇。如甘油聚醚、三羟甲基丙烷聚醚、季戊四醇聚醚等都能用于浇注发泡。多异氰酸酯原料一般使用粗MDI(即PAPI)。发泡物料黏度要小,流动性好。在物料发泡之前要流平、充满。

②多元醇与多异氰酸酯的配比是很重要的。按完全反应计,应控制异氰酸酯基与羟基摩尔比为1.00,考虑原料中水分所消耗少量异氰酸酯等因素,多异氰酸酯一般过量5%左右,即异氰酸酯指数是1.05左右。配方中,如果多元醇偏多,所得泡沫塑料制品较软,高温下尺寸稳定性差;异氰酸酯指数过高,泡沫塑料硬而脆。

③浇注发泡成型的催化剂是以叔胺类化合物为主体,也可适当加一些有机锡类化合物。延迟性胺类催化剂对浇注成型硬泡工艺甚为重要。这类催化剂可提高原料体系的流动性,但不影响其固化性。

④浇注发泡成型时,以前多选用一氟三氯甲烷(CFC-11)为发泡剂,所制得的制品热导率小。现在,国内聚氨酯硬泡行业大多选用 HCFC-141b、环戊烷等发泡剂取

代CFC－11。

2）浇注发泡成型中的工艺因素

①温度　浇注发泡成型过程中，原料温度与环境温度的高低及恒定与否，直接影响泡沫塑料制品的质量。环境温度以20～30℃为宜。原料温度可控制在20～30℃或稍高一些。

温度较低时，化学反应进行缓慢，泡沫塑料固化时间长；温度高，则化学反应进行得快，泡沫塑料固化时间短。温度过高或过低，都不易得到高质量的制品。对于船舶、车辆等大型制品现场浇注成型，难以控制环境温度时，应适当控制原料温度，并调节催化剂用量。

②模具温度　羟基与异氰酸酯基反应是一个放热过程，放出的热量使发泡剂汽化而形成泡沫。模具温度的高低直接影响反应热移走的速度。模具温度低，发泡倍数小，制品密度大，表皮厚；模具温度高则相反。为制得高质量的制品，一般情况下，模具温度控制在40～60℃，并尽量予以恒定。

③熟化温度和时间　熟化是指泡沫塑料固化后，在一定温度下放置的过程，目的是让化学反应进行完全，得到良好的制品。在注入模具内发泡时，应在脱模前把制品与模具一起放在温度较高的环境中熟化。熟化温度越高，所需时间越短。熟化不充分，泡沫塑料强度达不到应有水平。原料品种与制件形状尺寸不同，所需的熟化时间与温度也不同。固化性能好的原料，几分钟即可脱模。

④物料的混合　浇注发泡时，反应液在发泡机混合室内停留的时间是很短的，一般仅数秒。所以，混合效率是一个很重要的因素。根据反应液的性质（特别是黏度），选用合适的高效混合装置，以达到充分混合的目的。反应液混合得均匀，泡沫塑料制品泡孔细而均匀；混合不好，泡孔粗而不均匀，甚至会在局部范围内出现化学配比失调的现象，大大影响制品质量。

⑤模具　硬质聚氨酯泡沫塑料发泡过程中产生一定的压力，模具应有足够的强度。金属、碳钢、铝合金、玻璃纤维增强的环氧树脂、硅橡胶等均适合制作模具。模具内表面一般需涂脱模剂。

3）浇注发泡过程的发泡压力　浇注发泡成型中，发泡压力是一个很重要的参数。经测定得知，硬质聚氨酯泡沫塑料在浇注发泡过程中，发泡压力是随着时间而变化的。反应原料注入后，压力逐渐上升，达到最高值后，逐渐降低。发泡压力随时间变化的趋势可参见图9－30所示。

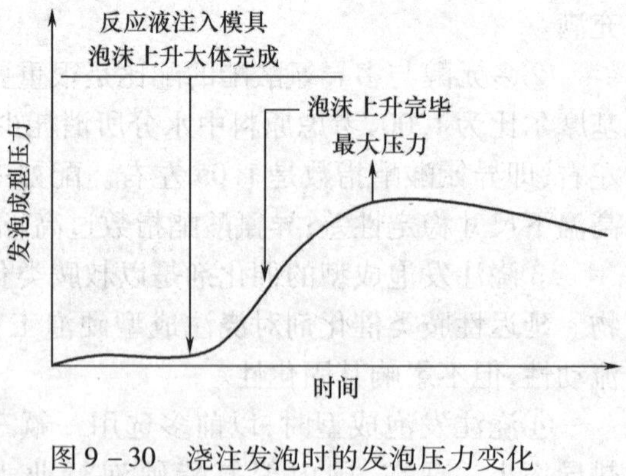

图9－30　浇注发泡时的发泡压力变化

发泡压力受多种因素的影响，其中包括：多元醇的官能度、羟值与分子结构，异氰酸酯的品种，催化剂、发泡剂的品种及用量，原料温度，模具温度和制品尺寸等。在其他条件大体相同时，采用芳香族聚醚多元醇的配方发泡压力比脂肪族聚醚的为高；多元醇的羟值相等时,官能度高的原料发泡压力较高;催化剂用量增大,发泡压力也随着增大。

模具温度对发泡压力的影响很明显。模具温度低,发泡压力小,反之,压力则大。一般来说,制品尺寸越大、原料用量越多,发泡压力越大。此外,在反应液中加入少量酸性物质可降低发泡压力。但是,发泡过程中发泡压力过低,所得制品往往会出现明显收缩、表面发脆、湿老化性能差、表皮厚和泡孔质量差等弊病。

(2)喷涂发泡成型

喷涂发泡成型是指把硬质聚氨酯泡沫塑料的原料直接喷射到物件的表面,并在该面上发泡的成型方法。各种聚氨酯泡沫塑料都可以用喷涂法成型,但是实际上,喷涂成型法主要用于硬质泡沫塑料。

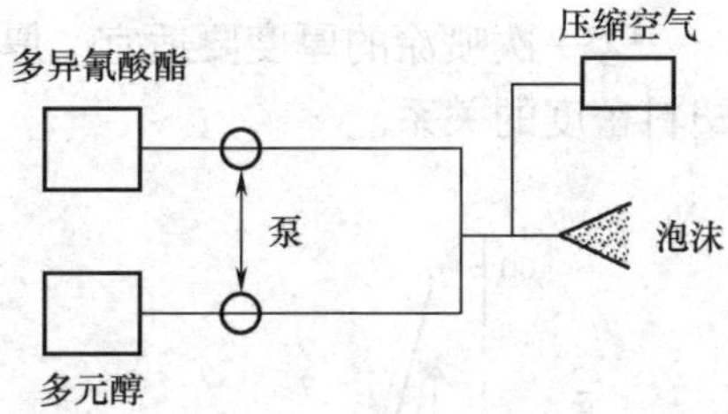

图 9-31　聚氨酯喷涂发泡工艺原理

把原料分别由计量泵输送至喷枪内混合,使用干燥的高压空气作为搅拌能源(或用风动马达带动搅拌器),在压缩空气作用下将混合物喷射至目的物,一般在 5s 左右生成硬质聚氨酯泡沫塑料。

1)喷涂发泡成型工艺对原料的要求　用于喷涂发泡的原料,应具备以下几个条件:

①毒性小　喷涂发泡时,原料喷散成很细的液滴。为减少对环境的污染,除发泡剂外,其他原料中的低沸点成分应严加控制。

②黏度小　喷涂发泡时,黏度小,有利于在短时间内混合均匀。

③催化剂活性大　喷涂发泡成型时,应用高活性催化剂,如乙烯二胺、辛酸亚锡等。具有自催化作用的叔胺类多元醇,以保证反应液混合、喷射到基材表面后,立即形成泡沫塑料。这一点对顶部喷涂显得尤为重要。

表 9-20 为聚醚型一步法聚氨酯泡沫塑料喷涂成型的典型配方与性能。

表 9-20　聚醚型一步法聚氨酯泡沫塑料喷涂成型的典型配方与性能

原料	规格	配比/%	泡沫性能
含磷聚醚多元醇	羟值 350mgKOH/g	65	密度 46~52kg/m³
	酸值 <5mgKOH/g		拉伸强度 0.18~0.23MPa
甘油聚醚多元醇	羟值 570~630mgKOH/g	20	伸长率 7%~15%
	含水量 <0.1%		压缩强度 0.25~0.45MPa
乙二醇聚醚多元醇	羟值 730~830mgKOH/g	15	导热系数 0.025W/(m.K)
	含水量 <0.2%		自熄性:离开火焰后,2s 内自熄
β-三氯乙基磷酸酯	工业级	10	吸水率≤2kg/m²
水溶性硅油		2	使用温度 +120~-90℃
三氯氟甲烷	沸点 23.8℃	35~45	
三乙烯二胺	纯度≥98%	3~5	
二月桂酸二丁基锡	含锡量 17%~19%	0.5~1.0	
多亚甲基多苯基多异氰酸酯	纯度 85%~90%	160	

2）喷涂发泡的环境与条件

①环境温度与待喷物体的表面温度　喷涂发泡较合适的温度范围是15～35℃。温度过低，泡沫塑料容易从物体表面脱落，且泡沫塑料密度明显增大。图9－32表示环境温度与密度的关系。由图可见，环境温度在15～25℃范围内，泡沫塑料的密度没有明显变化，温度为5℃时密度明显升高。环境温度过高，发泡剂损耗太大，也会导致密度的增加。

②一次喷涂的厚度要适宜　厚度太薄，密度增大。图9－33是一次喷涂厚度与泡沫塑料密度的关系。

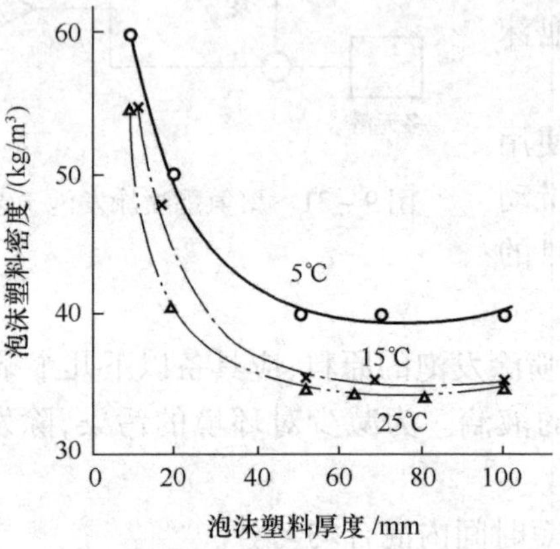

图9－32　喷涂发泡中泡沫塑料的密度与温度的关系

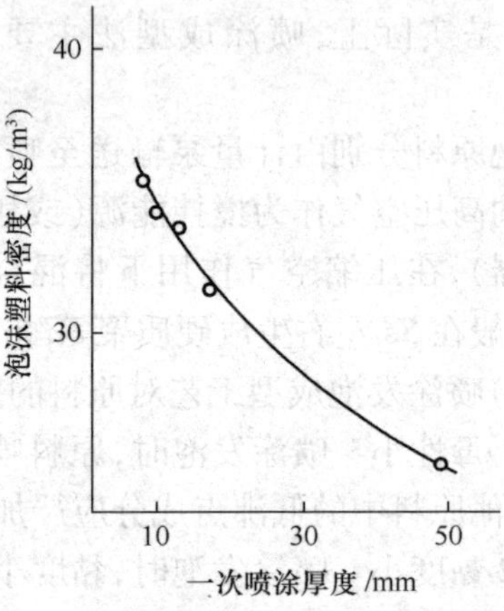

图9－33　喷涂发泡中一次喷涂厚度与泡沫塑料密度的关系

③水分　异氰酸酯很容易和水反应生成脆性的含脲基物质。待喷涂的物体表面若有露水或霜，应予以去除，否则会影响硬质泡沫塑料与物体的粘接性，同时也会影响泡沫的性能。另外，待喷物体表面应无锈、无粉尘、无油污。必要时，应预先清洗干净，达到上述要求。

④气流　在室外进行喷涂发泡，当风速超过5m/s时，热量损失太大，不易得到优质的泡沫塑料。风速过大，原料损耗也大。为防止喷涂反应液的细滴飞散，减少对环境的污染，必要时可用防风帷幕。

喷涂发泡成型的优点是：①不需要模具；②无论是水平面、垂直面、顶面、形状简单或复杂的表面都可以喷涂；③劳动生产率高，大面积施工时，喷涂发泡成型的优越性更为突出；④所得泡沫塑料制品无接缝，绝热效果好。

（3）结构泡沫与反应性注射模塑

硬质聚氨酯结构泡沫是指高密度、光滑而坚韧的外表皮与低密度泡沫芯同时形成整体的泡沫塑料。图9－34是它的密度分布情况。高密度表皮使结构泡沫具有良好的强度与硬度；低密度泡沫芯使它保留重量轻、导热系数小等优点。

硬质聚氨酯结构泡沫可以部分代替木材、金属和其他塑料，制作家具，如椅子骨架、桌子;门框和窗框;收音机、电视机和打字机等办公用品的外壳　以及运动器材,如雪橇等。它与木材比,不易腐蚀,成型容易;缺点是弯曲强度和冲击强度较差;与金属比,重量轻,隔热性好,不易生锈;缺点是易燃烧,强度差。与其他通用塑料比较,优点是加工设备费用低,能量消耗少,大型制件较易加工;缺点是原材料费用稍高一些。

硬质聚氨酯结构泡沫通常是用反应性注射模塑(简称 RIM)加工成型的,就是把多种反应活性较高的液体原料,通过混合头,注射到密闭的模具中去成型的方法。RIM 过程对原料要求是反应活性大,黏度小。硬质聚氨酯结构泡沫的总体密度一般在 400 ~ 600kg/m^3(图 9 - 34)。

硬质聚氨酯结构泡沫和反应性注射模塑是现代塑料工业中极为重要的新产品和新工艺,其优点是:设备费用低加工热塑性结构泡沫时,要把树脂加热熔化,并加入发泡剂,最适宜的成型压力较高。所以,若要生产大型制品,设备费用是很高的。硬质聚氨酯结构泡沫则是在接近室温条件下发泡成型的,发泡压力为 0.39MPa 左右。所以,它的设备费用仅为热塑性结构泡沫的 1/2 ~ 1/3。制件的密度在相当大的幅度范围内可以调节。RIM 过程一次注射量一般在 1 ~ 50g,大型的可达 100kg,所以大小制品均能生产,几分钟就可以脱模,劳动生产率高,生产过程中能量消耗少。

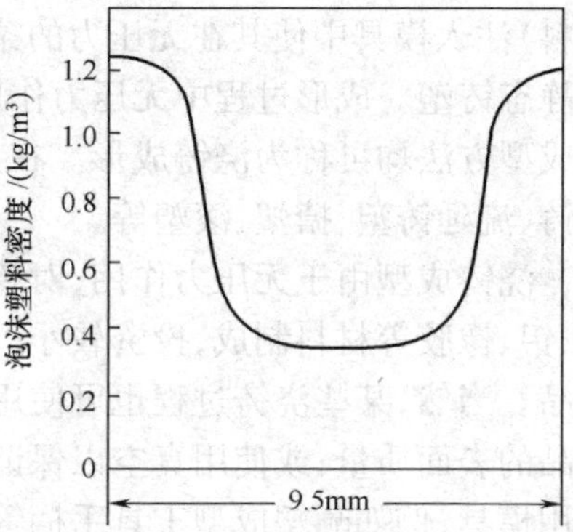

图 9 - 34　聚氨酯结构泡沫的密度分布

第10章 浇 铸

10.1 概 述

浇铸又称铸塑,是借用金属浇铸方法而来的一种塑料成型方法。浇铸是将准备好的浇铸原料(通常是单体、经初步聚合的浆状物或聚合物与单体的溶液等液态物质或粉末物料)注入模具中使其在无压力的条件下固化,得到与模具型腔相似制品的一种方法,也称静态铸塑。成形过程中无压力作用是浇铸成型方法的重要特点,所有无压力作用的塑料成型方法均可称为浇铸成形。在此基础上还发展了一些其他铸塑方法,如嵌铸、离心浇铸、流延铸塑、搪塑、滚塑等。

浇铸成型由于无压力作用,对模具和设备的强度要求较低,模具可用木材、石膏、塑料、铝、橡胶等材料制成,投资较小。浇铸成型对产品的尺寸限制较小,可用于生产大型制品。当然,某些浇铸过程也可使用很小的压力。例如可在模具中使用模板来保证浇铸制品的表面质量;或使用真空以保证浇铸原料进入模具型腔等。某些浇铸方法甚至并不使用模具,例如蘸塑成型工具手柄等。产品内应力低也是浇铸成型方法的优点之一。由于这些特点,浇铸近年来在生产上有较大增长。浇铸方法的缺点是成型周期长,制品尺寸准确性较差。

10.2 静 态 浇 铸

很多塑料品种都可用于浇铸成型,包括液态树脂、热熔树脂、塑料溶胶、有机溶胶、粉末树脂等。静态浇铸是浇铸成型中较简便和使用较广泛的一种,所使用的塑料品种主要有聚酰胺、环氧树脂和聚甲基丙烯酸甲酯等。酚醛、不饱和聚酯等塑料也有用于静态浇铸的,但为数极少。

10.2.1 原 材 料

浇铸用树脂一般需满足下列要求:①浇铸原料熔体或溶液的流动性好,容易充满模具型腔;②浇铸成型的温度应比产品的熔点低;③原料在模具中固化时没有低沸点物质或气体等副产物生成,制品不易产生气泡;④浇铸原料的化学变化、反应的放热及结晶、固化等过程在反应体系中能均匀分布且同时进行,体积收缩较小,不易使制品出现缩孔或残余内应力。以下就主要品种作简单介绍。

10.2.1.1 聚己内酰胺

聚己内酰胺的铸塑制品又称铸型尼龙、单体浇铸尼龙、MC 尼龙制品,是用己内酰胺铸塑而成的。铸塑时,己内酰胺单体加入碱性催化剂和助催化剂使之进行聚合而成为聚己内酰胺。除己内酰胺外,还可以用八、十一和十二内酰胺,但后两种原料产量较小。

己内酰胺为白色片状晶体，熔点69.2℃，沸点266.9℃，聚合时放热为117kJ/kg。

助催化剂又称活化剂，种类较多。其主要形式为 $X-\underset{\llcorner(CH_2)_5\lrcorner}{N-\!\!-\!\!-CO}$ 或 $X-\underset{\underset{R'}{|}}{N}-COR$，其中X为极性基团，R和R′均为烷基碳氢链。由于两个极性基团与氮原子相连，羰基的极化效应加强，因而助催化剂是极活泼的化合物。此外，还可以使用能与内酰胺单体或其碱金属盐起反应，间接生成上述结构化合物的试剂。各种助催化剂对提高聚合反应速度和活性的能力各有不同，应根据浇铸工艺要求来选择。通过助催化剂的加入，可在产品中引入新的官能团，改进聚合物的性能，以利于填料、颜料或防老剂的加入。当使用双官能或多官能助催化剂时，可使聚合物相对分子质量增高或具有体型结构以提高制品的冲击强度。常用的助催化剂见表10-1。铸型尼龙中有时还加入一定量的矿物油类，以增加其自润滑性，用于钢材热轧机轴承等要求使用温度较高，耐磨，耐老化的场合。

10.2.1.2　环氧树脂

通常使用的是双酚A型环氧树脂。某些国产双酚A型环氧树脂的牌号和指标列于表10-2中。这类环氧树脂由于冲击韧性较差、耐热性较低，因此目前有用其他聚合物(如聚硫橡胶，聚酰胺等)进行改性的。此外，也合成并生产了一些新型的环氧树脂。

表10-1　　常用的己内酰胺碱聚合物助催化剂

名称	分子结构式	相对分子质量	当量	外观	常用量(1kg己内酰胺)/mL	相应的NaOH用量(g/kg己内酰胺)	备注
乙酰基己内酰胺	$CH_3CO\underset{\llcorner\quad\lrcorner}{N(CH_2)_5CO}$	155	155	无色透明油状液体	4~5	1.4	反应较TDI、MDI较慢
己二异氰酸酯(HDI)	$OCN(CH_2)_6NCO$	168	84	无色油状液体	—	—	—
2,4-或2,6-甲苯二异氰酸酯(TDI)	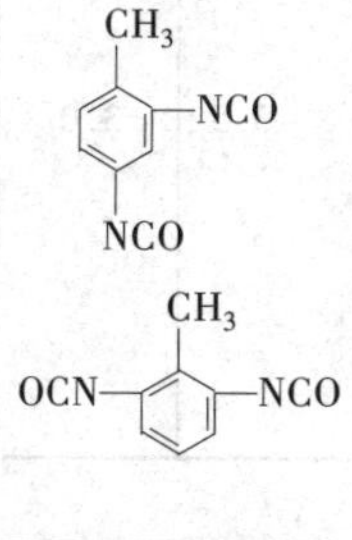	174	87	浅黄液体	4~6	1.4	有强烈刺激味，有毒

续表

名称	分子结构式	相对分子质量	当量	外观	常用量（1kg己内酰胺）/mL	相应的NaOH用量（g/kg己内酰胺）	备注
二苯甲烷二异氰酸酯（MDI）	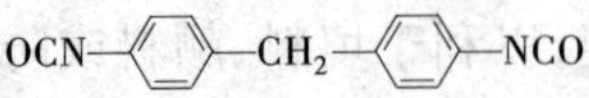	250	125	褐色液体	3～4	1.4	有强烈刺激味，有毒
多亚甲基多苯基多异氰酸酯（PAPI）	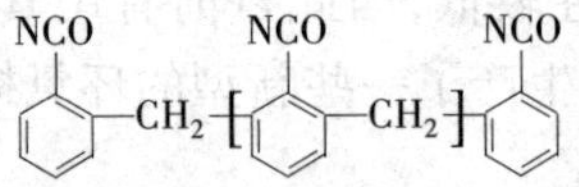	350～400	·	黑褐色稠油状液体	3～4	1.4	须注意出厂产品标明的相对分子质量或自行测定当量。计算一般按相对分子质量的1/3计，因黏度大、易吸潮，故加入后不易分散均匀、易结块，故很少使用
三苯基甲烷三异氰酸酯（列克纳胶）	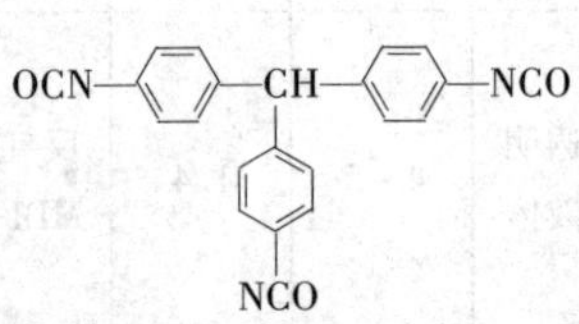	367	122	深蓝色液体	4～6	1.4	通常产品是氯苯的溶液含量20%
碳酸二苯酯（DPC）	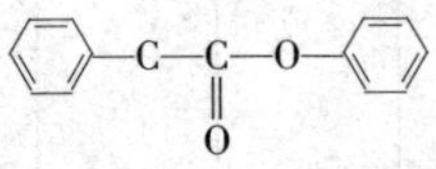	214	107	白色晶体	3～3.5	3.0	相对密度1.2，熔点<78℃，沸点302℃，不溶于水，毒性小，操作方便，制品性能较好，故近年来采用较多

表 10－2　某些国产双酚 A 型环氧树脂的牌号和指标

环氧树脂牌号	软化点/℃	环氧值	无机氯含量	有机氯含量	挥发物/%(110℃,3h)	平均相对分子质量	外观
#618,E－51	液体	≥0.48	≤0.05	≤0.02	≤0.5	350～400	黄色至琥珀色高黏度液体
#6101,E－44	14～22	0.41～0.47	≤0.05	≤0.02	≤1.0	350～450	
#634,E－42	20～28	0.38～0.45	≤0.05	≤0.02	≤1.0	350～600	
#637,E－33	20～35	0.28～0.38	≤0.05	≤0.02	≤1.0	550～700	
#638,E－28	40～45	0.23～0.33	≤0.05	≤0.02	≤1.0	600～870	
#601,E－20	64～76	0.18～0.22	≤0.05	≤0.02	≤1.0	850～1050	黄色至琥珀色脆性液体
#603,E－14	78～85	0.10～0.18	≤0.05	≤0.02	≤1.0	1100～2000	
#604,E－12	85～95	0.09～0.15	≤0.05	≤0.02	≤1.0	1400～2200	

表 10－3　常用的胺类固化剂

名称	简称	化学式	相对分子质量	状态	份/100 份树脂	固化条件
乙二胺	EDA	$H_2N—CH_2—CH_2—NH_2$	60.1	无色有气味液体	7～8	25℃,2～4 天或80℃,3～5h
二乙基三胺	DTA	$H_2NC_2H_4NHC_2H_4NH_2$	103.2	同上	8～11	25℃,4～7 天或150℃,2～4h
三乙基四胺	TTA	$H_2NC_2H_4NHC_2H_4NHC_2H_4NH_2$	146.2	无色黏稠液体	9～11	同上
四乙基五胺	TPA	$H_2N(C_2H_4NH)_2C_2H_4NH_2$	189	同上	13～15	同上
多乙基多胺	PEDA	$H_2N(C_2H_4NH)_nC_2H_4NH_2$	>200	黏稠液体	14～15	同上
己二胺	HDA	$H_2N(CH_2)_6NH_2$	116	白色晶体,熔点 40℃	15～16	同乙二胺
双氰胺	DICY	$H_2N—C(=NH)—NH—CN$	84.08	白色晶体	6	145～165℃ 2～4h

续表

名称	简称	化学式	相对分子质量	状态	份/100 份树脂	固化条件
间苯二胺	MPD	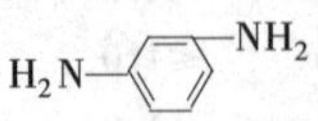	108.14	灰黑色固体熔点 63℃	14 ~ 16	60℃,12h 再 100℃,2h
间苯二甲胺	MXDA	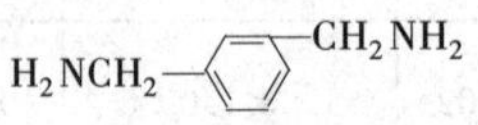	136.2	无色（或微黄色）液体	18 ~ 23	25℃,1.5 ~ 2 天或 80℃,3 ~ 5h
4,4′-二胺基二苯基甲烷	DAM	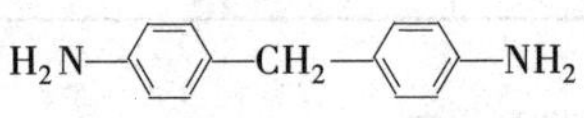	193.26	淡黄色粉末熔点 101℃	27 ~ 30	80℃,3 ~ 4 天 150℃,1 ~ 2h
二胺基二苯砜	DDS	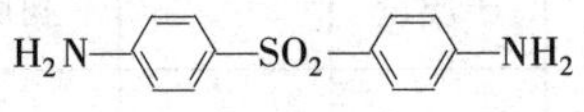	174	淡黄色粉末熔点 176 ~ 178℃	30 ~ 35	130℃,2h 再 200℃,2h
N,N-二甲基苯胺		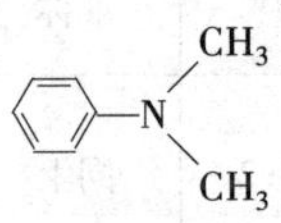	121	有气味液体	1 ~ 3	25℃,2 天
三乙基胺		$(CH_3CH_2)_3N$	101.19		10 ~ 15 份（当用促进剂 1 ~ 3 份时）	120 ~ 140℃ 4 ~ 6h
三乙醇胺	TEA	$(C_2H_4OH)_3N$	149.19	油状液体	10 ~ 15 份（当用促进剂 1 ~ 3 份时）	120 ~ 140℃ 4 ~ 6h
咪唑		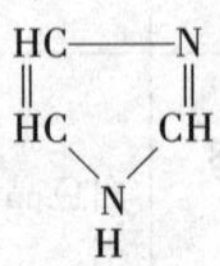	68.03	白色固体，熔点 88 ~ 90℃	3 ~ 5	60 ~ 80℃ 4 ~ 6h

续表

名称	简称	化学式	相对分子质量	状态	份/100份树脂	固化条件
α-甲基咪唑		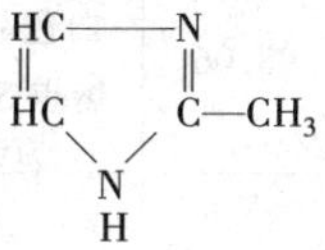	82.08	白色固体，熔点136℃	3~5	60~80℃ 4~6h
α-乙基，4-甲基咪唑		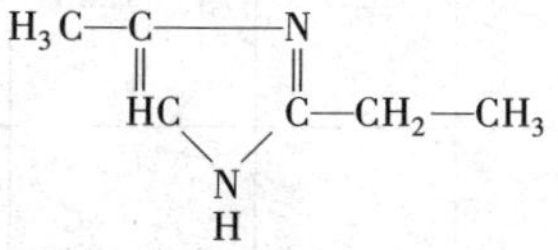	110.08	熔点45℃，但常呈黏稠液体	2~5	同上
β-羟乙基乙二胺		$H_2NC_2H_4NHC_2H_4OH$	104.15	无色液体	16	25℃,7天或80~100℃,3h
β-羟乙基己二胺		$H_2NC_6H_{12}NHC_2H_4OH$	160	有气味液体	30	70℃,2~4h
一氰乙基乙二胺		$H_2NC_2H_4NHC_2H_4CN$	113	同上	30	室温2天
一氰乙基己二胺		$H_2NC_6H_{12}NHC_2H_4CN$	169	同上	30~35	同上
1,3,5-三二甲胺基甲基苯酚	DMP-30	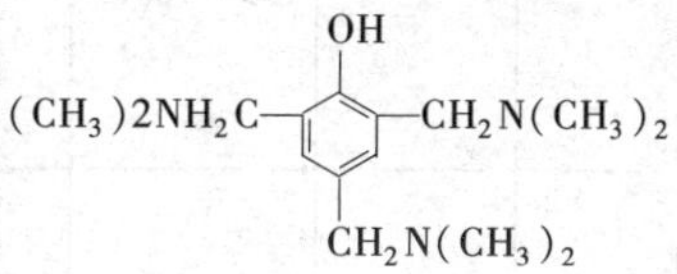			10.5~13.5	50℃,12h或80℃,2h

环氧树脂的固化剂常用的有两类:①胺类固化剂。多元胺类能使环氧树脂在室温下固化,对生产大型铸塑制品的工艺很方便,但有些品种毒性较大。常用的胺类固化剂列于表10-3中。也可使用低相对分子质量聚酰胺作固化剂,可室温固化,操作方便,毒性较低,但固化周期较长(1~2天)。②酸酐类固化剂。毒性较低,但需加热才能使环氧树脂固化。酸酐一般在室温下为固体,配制时需先磨细再加到已加热熔融的树脂中并充分混合均匀。酸酐受热后易升华,有浓烈的刺激味,对眼睛和呼吸器官有刺激作用。因此,近年来也采用了室温下为液态的甲基四氢苯酐等固化剂。常用的酸酐类固化剂列于表10-4中。

表 10-4　　常用的酸酐固化剂

名称	简称	化学式	相对分子质量	状态	用量/份	固化条件
顺丁烯二酸酐	MA	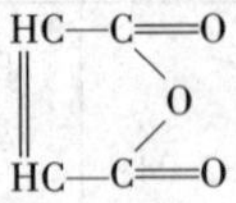	98.06	白色晶体 熔点 53℃	30~40	160~200℃ 2~4h
邻苯二甲酸酐	PA	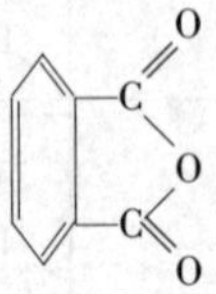	148.11	白色晶体 熔点 128℃	35~45	150℃,6h 或 120℃,1h
均苯四甲酸酐	PMDA	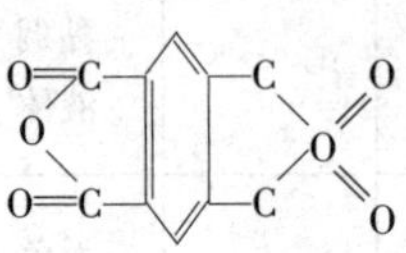	218	白色粉末 熔点 286℃	多和 MA, PA 混用 PMDA/PA = 20/28	160~200℃ 16~24h
六氢邻苯二甲酸酐	HHPA	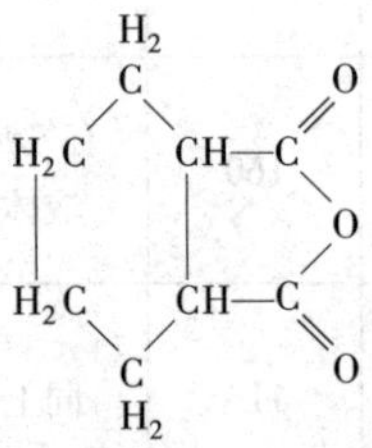	154.16	玻璃态 固体熔点 35~36℃	65~80	80℃,3h 再 120℃,3h
内次甲基四氢邻苯二甲酸酐	NA	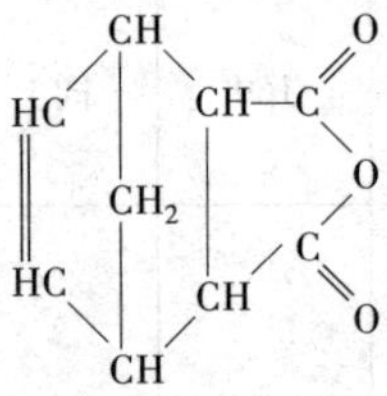	164	白色晶 体熔点 159~160℃	80~93	80℃,3h 然后 120℃,3h, 再 200℃,4~5h
甲基内次甲基四氢邻苯二甲酸酐	MNA	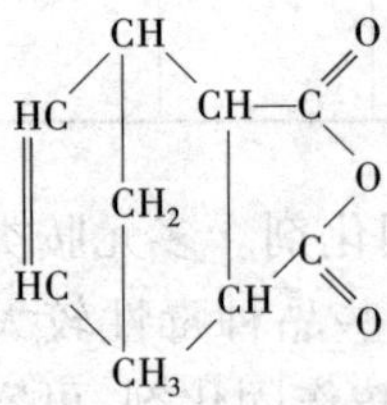	178	淡黄色 液体	72~90	25℃,10 天或 120℃,16h 再 180℃,1h
十二烷甲顺丁烯二酸酐	DDSA	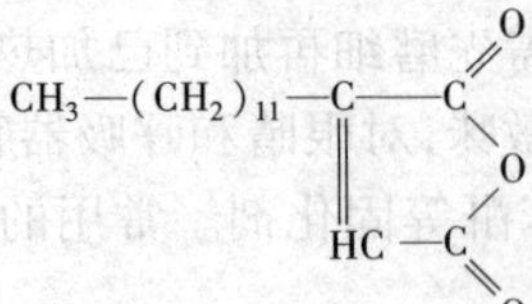	266	黄色 黏稠 液体	130	25℃,7 天或 100℃,7~8h

续表

名称	简称	化学式	相对分子质量	状态	用量/份	固化条件
647 酸酐		环戊二烯与过量顺丁二酸酐的加成物,如混合酸酐,当量 137 ~ 146	—	白色粉末 最低熔点 为 34℃	52 ~ 62	150℃,1 ~ 3h

固化后的环氧树脂,由于其交联键并不十分稠密,故可加入少量增塑剂使制品的冲击韧性有所提高,同时也可降低配料时树脂的黏度,有利于填料的侵润等。常用品种有邻苯二甲酸二丁酯、邻苯二甲酸二辛酯、癸二酸二丁酯等。其用量一般为树脂量的10% ~20%。

为了降低树脂黏度以便浇铸,常在原料中加入稀释剂。稀释剂有活性与非活性两类,前者是指含有环氧基或其他活性基团的物质,在固化时也参与化学反应而成为制品中网状聚合物的组成部分;后者又称惰性稀释剂,是环氧树脂的一般溶剂,如甲苯、丙酮等。采用惰性稀释剂时,在固化过程中要逸出,会增大产品的收缩率,降低黏合力,甚至会降低热变形温度、冲击强度、拉伸强度等,同时还会产生气泡,并有一定的毒性,因而在配制时应慎重选择。稀释剂用量一般为环氧树脂的5% ~20%,若过量,特别是在使用惰性稀释剂时,将使产品性能下降。而当采用双环氧或多环氧基的活性稀释剂时影响就很小。几种常用的活性稀释剂的性质和用量见表 10 – 5。

表 10 – 5　　环氧树脂的活性稀释剂

名称	简称	结构式	相对分子质量	沸点/℃	用量/份
环氧丙烷丁基醚	501# 或 BGE	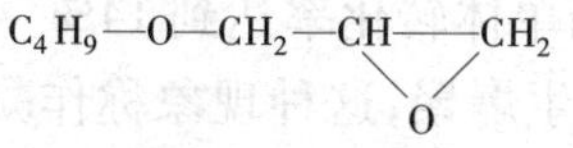	130	在 4kPa 下为 80℃	5 ~ 15
环氧丙烷苯基醚	690# 或 PGE	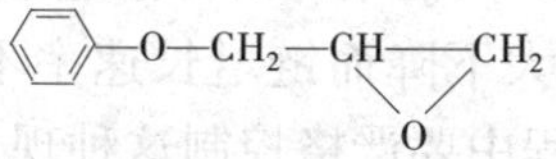	150	245	10 ~ 20
环氧丙烷丙烯醚	AGE	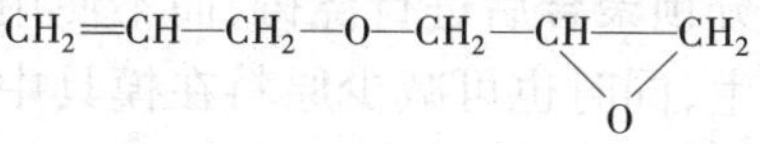	114	154	5 ~ 15
二缩水甘油醚	600# 或 DGE	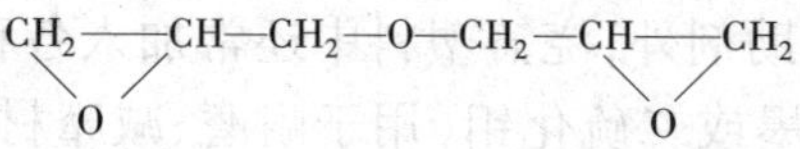	131.1	在 2.6kPa 下为 103℃	

续表

名称	简称	结构式	相对分子质量	沸点/℃	用量/份
3,4-环氧-6-甲基环己基甲酸-3,4-环氧-6-甲基环己基甲酯	201#	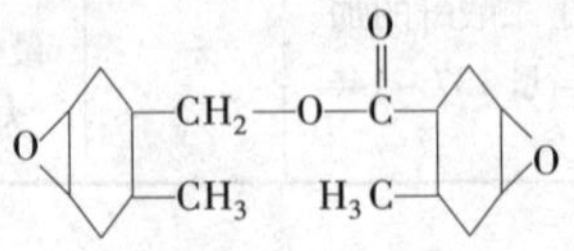	280.35	在0.66kPa下为215℃	
3,4-环氧环己基甲酸-3,4-环氧己基甲酯	221#	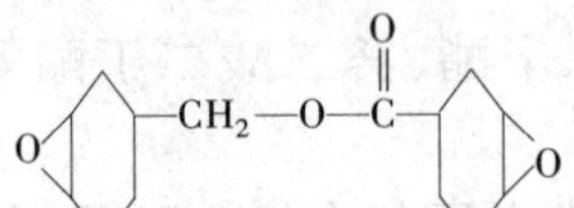	252.3	在0.66kPa下为198℃	
甘油环氧树脂	662#	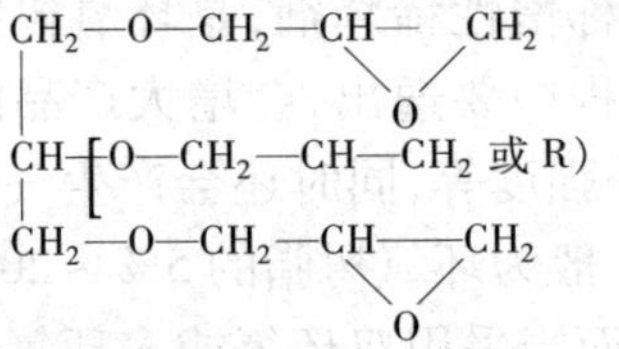	约300		

10.2.1.3 聚甲基丙烯酸甲酯

聚甲基丙烯酸甲酯是由甲基丙烯酸甲酯（$CH_2{=}C(CH_3){-}COOCH_3$）聚合而成的，聚合热为48.6~54.0kJ/mol。聚合反应中，当单体转化率达到14%~40%时，黏度迅速上升，聚合速度显著提高，常导致局部过热，发生爆聚，这种现象称作凝胶效应。这是由于在转化率为0~50%的聚合过程中，增长链的运动逐渐变得困难，使链终止速率随反应物黏度的逐步上升而下降（下降的数量级约为10^3），而单体的扩散速率不受影响，使链增长速率不致发生大的变化。由于链终止速率大大下降而链增长速率不变，总的结果是聚合速率加快，以致发生爆聚。因此，在聚合过程中要严格控制这种现象，否则产品可能发生带有大量气泡，软心，物理力学性能恶化等。所以，铸塑中一般均用单体与聚合体组成的浆状物为原料，或者将单体直接进行部分预聚合后进行浇铸，而不使用纯单体，这样不仅使生产过程控制较容易，避免爆聚的发生，同时也可减少原料在模具中的漏损并缩短生产周期。聚合用的引发剂通常为过氧化二苯甲酰（用量为单体量的0.02%~0.12%）或偶氮二异丁腈（用量为单体量的0.02%~0.05%）。

除上述几种原料（单体）及助剂外，浇铸塑料中还常加入各种类型的填料。例如，在己内酰胺及环氧树脂中加入石墨或二硫化钼（用于耐磨、减摩材料及降低热膨胀系数）、金属粉（提高导热性）、各类增强纤维（提高力学强度）、滑石粉（增加环氧树脂触变性，防止流淌)及云母、高岭土、石棉、石英等粉末及橡胶和在聚甲基丙烯酸甲酯中加入的各类色料等。由于填料的相对密度一般均较大,在浇铸中容易下沉,使其分散不均匀。所以需要增加填料细度,对填料进行表面处理,在浇铸系统中加入表面活性剂。也可在单体中溶入少量聚合物进行增稠,或使模具在振动、旋转等条件下进行浇铸及固化。

10.2.2 模　　具

静态浇铸的制品设计和模具设计,在总的要求上和注射成型是相同的。由于成型过程多在较低压力或无压力条件下进行,因此对模具强度的要求不高,只要模具材料对浇铸过程无不良影响,能经受浇铸过程所需要的温度和加工性能良好即可。常用的制模材料有铸铁、钢、铝合金、型砂、硅橡胶、塑料、玻璃以至水泥、石膏等。选用时需视塑料品种,制品要求及所需数量而定。例如,环氧塑料在小批量生产时可用石膏模,而大量生产则用金属模。此外,环氧树脂用于电子零件的封装中,有时零件本身或其外壳已起到模具的作用。

对于一些外形简单的制品,模具一般只用阴模。使用此类模具,由于浇铸过程中塑料因固化而发生体积收缩(如己内酰胺浇铸时,收缩可达15% ~20%),将使制品高度减小和上表面不平整,因此模具高度应考虑有充分的余量,以便在制品脱模后进行切削加工。

使用强度较差的模具材料,特别是在生产大型制品(如在汽车、飞机制造中用作压制工具的环氧塑料制品)时,为使模具有足够的刚度,常以其他硬性材料制成模框作为支承体,这种支承体常称作模框、模座、骨架或基体。支承体的材料常用钢、木材、石膏等。

用于环氧塑料的模具,有常压和真空浇铸两类。按照模具的不同又可分为敞开式浇铸、水平浇铸(正浇铸)、侧立式浇铸、倾斜式浇铸等。采用不同的浇铸方式主要有利于料流充满模具和气泡的排出或使气泡移至非工作部位。

敞开式浇铸,如图10-1所示,装置较简单,一般只有阴模,易于排气,因而所得制品内部的缺陷较少,通常用于制造外形较简单的制品。

水平式浇铸,如图10-2所示。将所生产制品的基体(制品中作为支承塑料部分用的)事先安装固定于阴模之上,然后用密封板密封,再向基体上的浇口铸入环氧塑料并由基体上的排气口排气。密封板可用石棉板或油毛毡。用石膏浆或环氧胶泥密封其缝隙。此种方法适用于制造飞机或汽车工业中使用的环氧塑料模具。

侧立式浇铸,如图10-3所示。将两瓣模具(或一瓣为基体)对合并侧立放置,两瓣模具对合时中间所余的缝隙即为模腔。对合缝处用环氧胶泥或石棉板与石膏浆密封。侧立放置模具的颈部留出环氧塑料的浇口和排气口。模具外部用固定夹夹紧,环氧塑料即由浇口铸入。这种方法可使制品的气泡集中在制品顶部非工作部位,而较之相似制品用平放模时制品质量较高。

真空浇铸法,如图10-4所示。为了更好地排气,可用抽真空的方法将模具型腔内的空气抽出,使之在真空下进行浇铸,真空度以维持在99.9kPa以上为宜。对于小型模具可直接放在真空烘箱中进行浇铸,而对于较大的模具则可采用对模具型腔直接抽空的方法浇铸。使用此法时应选用难挥发的固化剂。真空管道也应定时清理。真空浇铸不仅可使制品中气泡减少，并可在模具型腔中事先铺入增强的玻璃毡或布从而提高制品的力学强度。

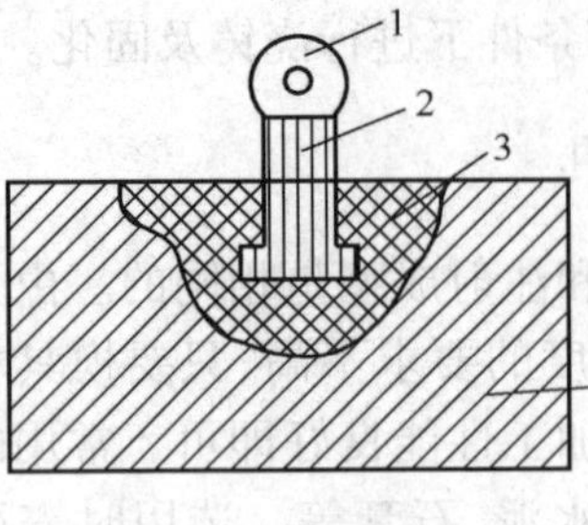

图 10－1　敞开式浇铸

1—固定嵌件及拔出制品圆环　2—嵌件

3—制品　4—阴模

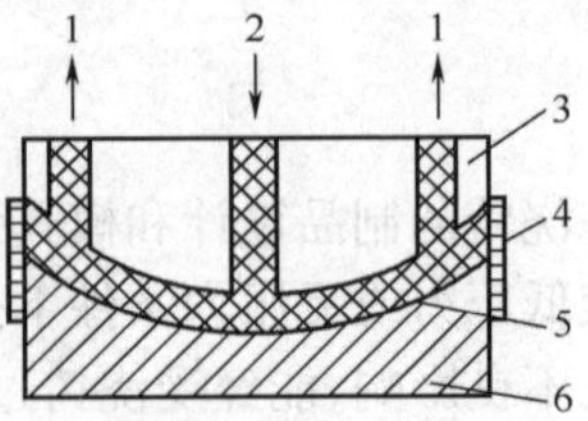

图 10－2　水平式浇铸

1—排气口　2—浇口　3—基体

4—密封板　5—环氧塑料　6—阴模

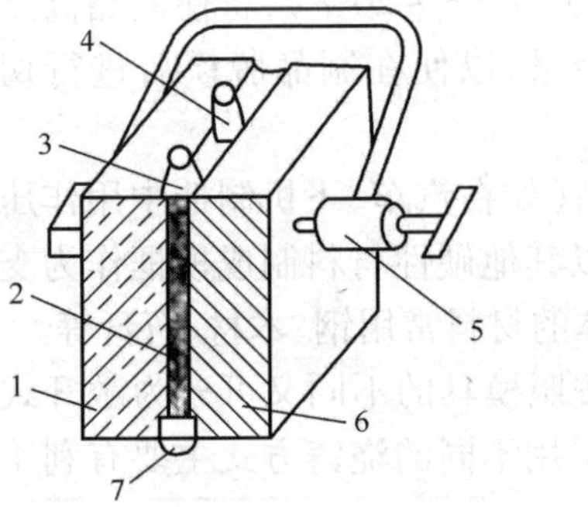

图 10－3　侧立式浇铸示意图

1—模具　2—制品　3—排气口　4—浇口

5—G 形夹　6—模具或基体　7—密封物

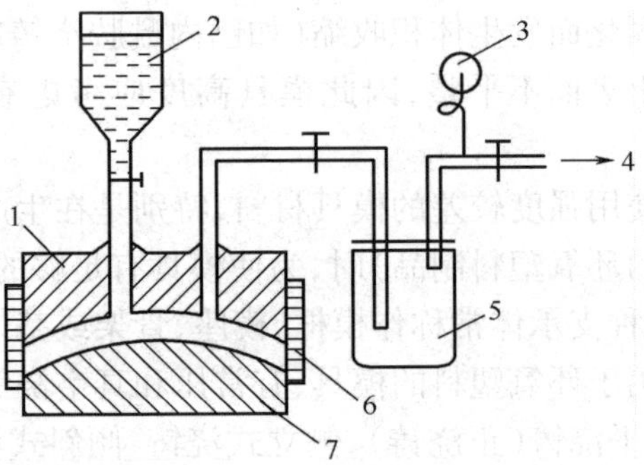

图 10－4　真空浇铸示意图

1—阴模或基体　2—浇铸用环氧塑料容器

3—真空表　4—连接真空装置　5—过滤器

6—密封板　7—阳模

用于甲基丙烯酸甲酯铸塑的模具有所不同。铸塑片材的模具通常采用用两块表面平整无缺的硅酸盐玻璃板，厚约 1cm，长 1.0～2.2m，宽 0.9～1.4m。将玻璃板上的灰垢及绒毛等洗净干燥，然后将已清洁干燥的两块玻璃板对齐平放在平整台面上并用等厚的小木板（也可用聚氯乙烯块或有机玻璃块）衬在两块玻璃板的边角上将其隔开沿着两块玻璃板的四周，依次用等厚而贴有玻璃纸的橡皮条（也可用软聚氯乙烯或铝等做的条状物）衬在玻璃板四边，但应在其一边留出长约 20mm 的缺口作为浇铸口。作隔开用的小木块应在衬橡皮条的过程中及时抽去。衬垫安好后，凡有衬垫的部位均应用胶（丙烯酸树脂等）加以密封。最后还需用橡皮带或牛皮纸紧包封边并用夹子夹紧，即可作为铸塑板材的模具用。

制造棒或管材时，一般用铝或铅为模具。铸塑棒材时，当模具（铝管）灌满液态原料后，继续聚合是在静态加热下完成的。而在铸塑管材时，铝管内只装入小于其容量很多的液态原料，并用氮气或二氧化碳排去管内空气，然后将其封闭。原料的继续聚合则是在将管子平放并沿管轴旋转（200～300r/min）和加热（常用热水浇淋）条件下完成。

10.2.3 浇铸工艺

浇铸工艺过程包括模具准备、原料配制和浇铸、固化等几个步骤。

10.2.3.1 模具的准备

包括模具的清洁、脱模剂涂刷、嵌件准备与安放以及预热等过程。需视具体品种而有所取舍。

模具应清洁、干燥。某些要求较高的，如聚甲基丙烯酸甲酯板材浇铸中所用的硅酸盐玻璃板，应经仔细洗涤、擦净和干燥后使用。

有的浇铸过程（如聚甲基丙烯酸甲酯板材）并不需要脱模剂，但另一些（如环氧塑料的浇铸）则是十分重要的。由于环氧塑料的粘结性很强，脱模剂选择不当将造成脱模困难以致损坏制品或模具。常用的脱模剂有矿物润滑油、润滑脂，如机油，液体石蜡，黄色凡士林等。此外还用到某些聚合物溶液，但使用时需要进行适当的配制。需进行配制的脱模剂的种类、配方及使用温度范围列于表10－6中。

表10－6　常用需配制的脱模剂种类、配方及适用范围

脱模剂种类	配方	适宜使用的温度范围
4号高温润滑脂	4号高温润滑脂5份，汽油85份	不超过120℃
石蜡	石蜡10份，汽油或松节油90份	不超过60℃
聚苯乙烯	聚苯乙烯10份，甲苯100份	不超过120℃
过氯乙烯清漆	过氯乙烯清漆10份，香蕉水65份	不超过120℃
聚乙烯醇	聚乙烯醇5份，乙醇35份，水60份	不超过120℃
虫胶漆片	虫胶漆片15份，乙醇85份	不超过80℃
有机硅橡胶	有机硅橡胶10份，甲苯100份	适用于高温固化
有机硅油	有机硅油5份，汽油或甲苯95份	适用于高温固化

润滑油及润滑脂具有较好的脱模能力，但成膜性不强。当采用石膏、木材等多孔性材料作模具时，由于润滑油（脂）易渗透到多孔材料的孔隙中去，而致部分地失去隔离作用，也使环氧塑料在浇铸时可能部分渗入模具的微孔中造成脱模困难或制品表面毛糙，而石膏或木材中的水分也可能向模内渗透，使制品表面出现气泡或针孔，因此在这种情况下就宜于采用成模能力强的脱模剂（如聚苯乙烯、过氯乙烯、有机硅橡胶等聚合物的溶液）。例如以聚苯乙烯脱模剂作底层，再涂一层201号油膏。也可以中间层用201号油膏，底层及面层用聚苯乙烯或过氯乙烯等脱模剂。此外，也可以单独使用成模能力强的聚合物溶液的脱模剂。选择脱模剂时，还需注意环氧塑料的固化温度，例如在用酸酐类固化剂时，就应选用耐高温的脱模剂。选用聚合物溶液作脱模剂时，在涂刷或喷涂脱模剂后，应待其溶剂挥发后才能进行浇铸，以免在制品表面产生气泡或针孔。

有些浇铸过程（如己内酰胺单体的浇铸），需事先将模具预热到固化温度（如160℃），而有些则不需要。

10.2.3.2 浇铸原料的配制

浇铸所使用原料的不同,其配制过程也有所不同。

(1)己内酰胺

己内酰胺在浇铸时的聚合过程是阴离子型的催化聚合反应。在碱催化剂存在下,如加入少量助催化剂,能大大降低反应活化能,使反应速度成百倍提高。这样,原来在200℃以下反应极其缓慢,一般要在200℃以上经过一段诱导时间才能迅速聚合的过程,在加了助催化剂后可在150℃(甚至低到120℃)下很快聚合。加入一定量的助催化剂时,也控制了分子链的数目和生长过程,使产品相对分子质量较稳定,也不致因继续加热产生显著的相对分子质量下降。聚合物一经生成就会凝结出来成为固体状的聚合块,聚合时的容器也就决定了它的形状。由于反应温度较低,产物为结晶的固体,所以反应平衡后的单体含量比在高温液相聚合时低得多,产率较高。

图10-5为尼龙6中己内酰胺单体平衡含量与温度的关系。在聚合物熔点以下,单体平衡含量显然低于外推虚线。这是因为聚合物中的结晶部分已不参加平衡,只有无定形部分有平衡单体存在。

己内酰胺在聚合时,其内酰胺环的酰胺键打开,聚合反应的放热约13.4kJ/mol,所放出的热量可使反应系统的温度升高50~60℃。这样,预热至140~150℃的己内酰胺活性料,在加入绝热的容器中进行聚合达到最高的转化率时,仍能够使反应体系的温度控制在200~210℃。由于聚合和结晶整个过程中所有的变化都是在反应物料各个部位同时进行的,所以得到的聚合物是较均匀的。在聚合和结晶过程中,总体积的收缩大部分为过程中的放热膨胀所抵消,因此生成的聚合块能够很好地充满内腔,成为聚合容器的形状,而且制品的内应力很小。这和熔融尼龙聚合物的情况有所不同,尼龙熔体浇铸入模后进行冷却固化时是从外面向里面冷凝的,其表面首先冷凝而形成一层硬壳,当内部的熔体继续冷凝而发生收缩时则在内外层之间产生较大的内应力,从面易使制品出现裂痕、凹陷或气泡。

活性己内酰胺原料的制备过程,视其产量大小而在流程及设备上有不同选择。少量生产时,可按模具容量称取己内酰胺置于反应器中加热,当原料开始熔化时即开始抽真空(真空度要大于99.9kPa)以脱去部分水分。待原料全部熔化后(约120℃)停止加热和抽真空,加入催化剂(如NaOH)并继续加热和抽真空。待反应物沸腾后,温度控制在140℃左右,视真空度的高低而定。关于己内酰胺在减压后的沸点可参见图10-6。维持20~30min使反应物中水分含量减低到$300 \times 10^{-6}\%$以下,一般可凭经验判断。取下脱水完成的反应器,迅速加入助催化剂并混合均匀。此反应物应立即进行浇铸,不宜放置。

(2)环氧树脂

1)配方的选定按照制品性能的要求和铸塑成型工艺条件,选择恰当的塑料配方很重要。例如从制品性能考虑,不同的环氧树脂和固化剂有不同的耐热性和力学性能。从成型工艺条件考虑,如需制造大型制品,则宜选用室温固化体系,这样可避免使用大型加热设备。选用相对分子质量较低,室温下为液体的树脂,而固化剂亦需用脂肪族多胺类,即固化剂要有较大的活性,但活性又不能太大,以免配制的环氧塑料使用寿命太短,不便于操作,生产模具用环氧塑料的三个配方及性能列于表10-7中。

表 10－7　　　　生产注射成型用模具的三个环氧塑料配方及性能

项目		配方Ⅰ	配方Ⅱ	配方Ⅲ
配方	6207 环氧树脂(工业用)		83	83
	634 环氧树脂(工业用)	100	17	17
	铝粉(100～200 目)	170	220	150
	铁粉(还原铁粉)			100
	均苯四甲酸酐	21		
	顺丁烯二酸酐	19	48	48
	甘　油		5.8	5.8(6207 树脂量的 7%)
环氧塑料固化后的性能	外　观	银灰色呈金属光泽	银灰色呈金属光泽	深灰色呈稀有金属光泽
	马丁耐热性	205℃	240℃	209.3℃
	布氏硬度	24.4	28.8	34.13
	冲击强度	$5.2kJ/m^2$	$18.2kJ/m^2$	$15.5kJ/m^2$
	压缩强度	300MPa	200MPa 后有延展性	200MPa 后变形
	收缩率	0.44%	0.15%	

2)环氧树脂的配制过程中主要应注意的因素是:①使各组分完全均匀温合;②设法消除带入的空气和挥发物;③控制好固化剂的加入温度。

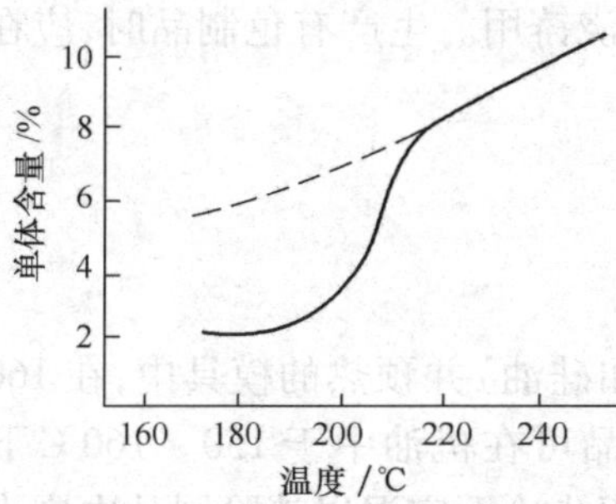

图 10－5　不同温度下尼龙 6 中己内酰胺单体的平衡含量

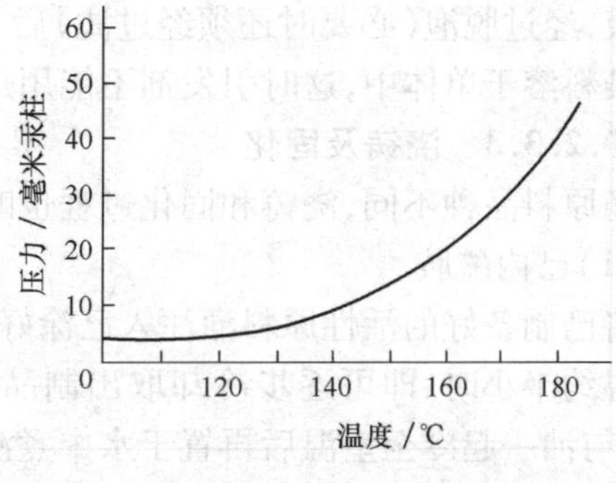

图 10－6　己内酰胺在减压下的沸点

1mmHg = 133.3Pa

加入固化剂时所允许的温度应视其活性而定,如乙二胺、二乙基三胺、三乙基四胺等活性大的固化剂,加入环氧树脂的温度可在 28～32℃;间苯二胺、已二胺与间苯二胺配制的混合胺,根据工作环境温度的不同,可控制为 30～45℃,而使用咪唑时则可控制为 40～50℃。

物料中含有的挥发物质及吸附、溶解或混合加料过程等卷入的空气是铸塑制品产生气泡和针孔的重要原因。除对各种添加剂(如填料)应充分干燥外,还可在配料后采用抽真空或常压放置进行脱泡。也有报道采用超声波振荡可以起到脱泡并降低塑料黏度,增加填料加入量的作用。操作时可将填料(除包装良好的金属粉外)在 100～105℃下干燥 4～6h,使含水量降至<0.1%。在配料时先将环氧树脂与填料混合,加热到 80℃左右,然后加入除固化剂外的其他组分,混合均匀并使其自然冷却,在此加热与冷却过程中使挥

发物与气体排除。

每模浇铸所需环氧塑料的用量可按式(10－1)作近似计算。

$$G = 1.1\rho V \tag{10-1}$$

式中 G 为浇铸时每模所需环氧树脂的用量(kg);ρ 为环氧塑料的密度(kg/m^3),当使用石英粉、铁粉等粉状填料配制环氧塑料时,其相对密度按填料加入量的不同一般为1.8～2.5,通常可事先进行测定;V 为模具型腔中待浇入环氧塑料的体积(m^3);1.1为富余系数。

树脂中一经加入固化剂(特别是室温固化剂),事实上固化反应即已开始进行,只是在生产中把配制、浇铸与固化作为工艺过程分开而已。

(3)甲基丙烯酸甲酯其单体－聚合体浆状物的配制,常用的有两种方法。

1)在不锈钢或搪瓷混合器中,向单体中加入少量增塑剂(如邻苯二甲酸二丁酯,用量为单体量的1%～10%,制品厚度或直径增大时用量可减少),引发剂(常用过氧化二苯甲酰为单体量的0.02%～0.12%或偶氮二异丁腈单体量的0.02%～0.05%,制品厚度增大时用量可减少)和润滑剂,在升温(80～110℃)和搅拌的条件下进行部分聚合,当反应液的黏度达到需要值(70～80℃时为0.7～1.0Pa·s)时,用急冷使其温度降至30℃左右。所得浆状物经真空脱泡后即可用于浇铸。暂时不用的浆状物应在5℃以下保存,否则聚合仍将继续进行。

2)一定量的聚合物(平均相对分子质量为12万～17万)溶在单体内使其成为均匀的溶液,经过脱泡(必要时还须经过滤)后,即可作为浇铸用。生产有色制品时,应在聚合前将染料溶于单体中,这时引发剂不能用过氧化物。

10.2.3.3 浇铸及固化

随原料品种不同,浇铸和固化过程也略有差别。

(1)己内酰胺

将已制备好的活性原料灌注入已涂好脱模剂(如硅油)并预热的模具中,在160℃左右保温约半小时、即可逐步冷却取出制品。所得制品可在机油中于150～160℃下保温2h,待与油一起冷至室温后再置于水中煮沸24h,再逐步冷至室温以消除制品内应力及稳定尺寸。

(2)环氧树脂

将已加入固化剂并混合均匀的原料灌入已涂好脱模剂的模具中。其固化工艺条件,视所用固化剂的不同而异,可参照表10－3、表10－4执行。通常在采用室温固化剂时,只需在25℃左右放置一段时间即可。为加速固化,也可升温进行。温度升高,固化时间相应缩短,但升温不宜过快,保温温度也不能太高,以免造成某些固化剂的挥发损失。同时原料中的空气、水分、低分子物逸失太快时,也易使制品起泡,造成次品或废品。

(3)甲基丙烯酸甲酯

浇铸时将配制好的浆状物用漏斗灌入模具中并尽量避免带入气泡,灌满后即将模具封闭。其固化通常是在常压下于烘房或水浴中进行的。固化温度应逐步分段提高,必要时还需插入几个冷却阶段。各段的温度和所占的时间主要决定于制品的厚度。当转化率未达92%～96%以前,固化温度均不得高于100℃,而在这以后,则需提高到100℃或更高,且应维持数小时,这是因为单体在此时的聚合速度已十分缓慢。

聚合反应也可在高压(1MPa 左右)惰性气体下进行,即在高压釜内进行,这样可适当提高固化温度(70~135℃)而缩短生产周期。采用高压聚合时,浆状物可不经过脱气过程。例如,以水浴法生产厚度小于 20mm 的板材时,其固化条件可取为 35~50℃下经 30~38h,65~100℃下经 7h,最后降温至 45~65℃即可取出。所得片材经修边、裁切、检验、分级后即可包装入库。

在用空气浴聚合时,先在 85~100℃的烘房中聚合到一定黏度,并将溶解于浆状物中的空气排除,随即降温至 35~45℃,将模具放平,然后再送至另一烘房,在 40~60℃低温下聚合,再在 90~105℃下进行高温聚合。冷却至 60~70℃后即可出模。此外,据报道亦有采用连续浇铸工艺,可生产宽 2.4m,长度不限的板材,其性能与一般板框浇铸法一致,但成本大为降低。

有机玻璃板材生产中容易出现的缺陷,产生原因及克服方法简单讨论如下:

1)厚度不均　一般允许公差应为 ±3% ~6%,为使制品厚度均匀,应控制模具内腔在受热、受压下发生的变形不应过大。

2)制品出现气泡、皱纹、凹陷等　主要由于局部聚合过快,放热很大,单体中的溶解气体及水分挥发而出现气泡及因不均匀收缩而出现皱纹与凹陷。

3)表面产生裂纹　主要是制品内应力过大所造成。将制品在 70~80℃下烘 3~4h,有助于提高制品表面抗裂性。

4)耐热性能　有机玻璃的耐热性较差,是其主要缺点。铸塑时适当延长低温聚合时间和提高最终聚合的温度以提高聚合物的平均相对分子质量将有助于提高其耐热性。

10.3 嵌　铸

嵌铸又称封入成型,是将各种非塑料物件包封在塑料中的一种成型方法。使用最多的是用透明塑料包封各种生物或医用标本、商品样本、纪念品等。在工业上还有借嵌铸而将某些电气元件及零件与外界环境隔绝,以便起到绝缘、防腐蚀、防振动破坏等作用。用于前一类的塑料主要有丙烯酸类,如聚甲基丙烯酸甲酯,其次是不饱和聚酯及脲醛塑料等,而用于后一类的都为环氧塑料类。被嵌铸的样品、元件等在嵌铸工艺中常称作嵌件。

嵌铸的工艺过程首先是要将嵌件进行适当处理,然后按照要求的位置使其固定于模具内,最后是塑料浇铸和固化。塑料的浇铸及固化与前面所述的静态铸塑中的过程是相同的。

10.3.1　嵌铸工艺所用的塑料

嵌铸工艺目前使用的塑料品种有脲甲醛、不饱和聚酯、有机玻璃及环氧塑料等。

使用脲甲醛时通常都不加填料,成本较其他几种塑料低,但制品表面容易龟裂。可以在脲甲醛塑料中加入聚丙烯乙二醇等增塑剂,以降低树脂硬度,防止发生龟裂,但制品的耐水性能不好,故使用不多。

用于嵌塑的不饱和聚酯塑料应选用无色、透明、黏度小、固化反应放热较缓和及固化后硬度适中(太软易变形,太硬易碎)的树脂。固化时通常用氧化甲乙酮(约占树脂重量的0.25%)作催化剂,钴盐(约为树脂重量的0.25%)作促进剂。使用时先将树脂分为两半,分别与催化剂和促进剂均匀混合。然后再将两者混合成混合料备用(催化剂及促进剂不可一开始就混合在一起,已配制好的混合料不应放置过久以免黏度上升甚至发生固化)。不饱和聚酯固化时放热不多,可在室温下固化成型,故宜用于对热敏感的嵌件的嵌铸。

聚甲基丙烯酸甲酯可参照静态铸塑部分,其透明性及耐气候性均较好,但价格较贵,故多用于要求较高的样品的嵌铸。浇铸用的原料多使用单体与聚合体配制成的浆状物,为了避免发生爆聚现象,在嵌铸工艺上要求采取一些相应的措施。也有报道采用钴60辐照使甲基丙烯酸甲酯聚合,可避免在较高温度下固化,适用于嵌铸时受热易变质损坏的样品。为了使固化后制品在40℃以上时略具有弹性,可以采用甲基丙烯酸甲酯、乙酯和丁酯共聚的浆状物来进行浇铸。

环氧塑料也可参见静态铸塑部分,环氧塑料一般均用于包封电气元件及某些工业器件等。为了减少塑料的收缩率,防止制品产生较大的内应力或开裂,可在塑料配方中多加些填料或加一定量的增塑剂。近年来有些电子元件的包封已为生产率高、性能更好的注射成型的聚苯硫醚等封装的电子元件所代替。

10.3.2 嵌铸用的模具

嵌铸用模具的要求都较低,因为一般制品外形都较简单(大多呈立方体或其他简单几何形状的立体,在嵌铸小件样品时,也有将某些部分作成凸镜形的,使有放大作用),制品脱模后一般还需要进行机械加工(如去掉顶部因浇铸后收缩成的不平整部分等)及抛光等。模具材料可用玻璃、塑料(如玻璃增强塑料)、铝、石膏、木材等,也可用钢质模具但表面应镀铬。

某些嵌铸制品为了携带方便等原因,常需在其外部附一个坚实的外壳(多用金属或玻璃增强塑料制成),此时即可以其外壳作为模具。

在使用不饱和聚酯塑料时,脱模剂可用聚乙烯醇、硅油或放一层聚乙烯薄膜或玻璃纸。在使用有机玻璃时,如使用玻璃或镀铬抛光的钢模具,只要模具彻底清洗干净后可以不用脱模剂,也可用一层玻璃纸贴在模具型腔内。环氧塑料的脱模剂参见静态铸塑部分。

10.3.3 嵌铸工艺过程

嵌铸工艺可以简单地分为下面三个步骤。

(1)嵌件的预处理

为使塑料与嵌件之间没有不良的影响(如发生化学反应或浸溶作用等)或在嵌件上带有气泡,不能相互紧密粘合等,常需对嵌件预处理。随处理目的不同,大体可以分以下几种:

1)干燥　如嵌件带有水分,则在嵌铸的高温下可能因其气化而使制品带有气泡,所以应先进行干燥。如果嵌件不能经受常压干燥或真空干燥,如鱼、蛙之类(干后会发生变形),则可依次在30%,50%,80%,100%的甘油中各浸一天,把内部的水分都抽出来,然后取出用吸湿纸把表面吸干即可用于嵌铸。另一种方法是将动物冷冻至-30℃后再真空干燥。嵌铸花草等植物时,通常的干燥会使其变形或变色。如果将其埋在干燥的硅胶中,数日后取出,可使形状和颜色不变。再一种方法是用已调好pH的叔丁醇抽提花中的水分,随后将花从叔丁醇中取出后放在吸湿纸上并一起放入真空干燥器中脱除叔丁醇,这种花可在真空下保持数年不变。

2)嵌件表面润湿　如用不饱和聚酯嵌铸时,为避免塑料与嵌件间粘结不牢或夹带气泡,可先将嵌件在苯乙烯(不饱和聚酯树脂的交联剂)单体中进行润湿。

3)表面涂层　某些嵌件会对塑料的固化过程起不良影响,如铜或铜合金会对丙烯酸类树脂的聚合起阻聚作用,但又不能找到其他代用嵌件材料时,可在嵌件表面涂上一层惰性物质(如水玻璃、醋酸纤维素或聚乙烯醇等),然后再进行嵌铸。如在制品中需嵌入文字说明时,可用墨汁写在玻璃纸上,再在其上涂一层聚乙烯醇,然后嵌铸在制品中,这样在制品中可以只看见字,而看不出衬底。

4)表面糙化　嵌铸某些电子原件时,由于金属与塑料的膨胀系数不同,且在使用中元件有可能发热,而可能导致塑料层开裂,塑料与嵌件的联接脱落。除在塑料品种、配方及嵌件大小、外形上适当考虑外,也可将嵌件进行喷砂或用粗砂纸打磨使表面糙化,以提高嵌件与塑料的粘结力。

(2)嵌件的固定

1)生物标本等样品(如蝴蝶)可用钉子(竹钉、铁钉或特制的与浇铸塑料相同的塑料钉,后者在制品中可以看不出来)固定在模具上。

2)某些嵌件因与塑料相对密度不同以致发生上浮或下沉,此时可用分次浇铸,以便嵌件能固定在制品中部或其他规定位置。

(3)浇铸

不饱和聚酯及环氧塑料等的浇铸与静态浇铸基本相同,但有机玻璃则有所不同。静态铸塑有机玻璃板材时,因厚度一般较小,散热比较容易,但嵌铸制品的厚度有时要大得多,故聚合过程中散热困难,容易引起爆聚。为了改进这种状况,常采用静态铸塑中所介绍的在高压釜内于惰性气体下进行聚合的方法。例如用有机玻璃嵌铸一只蝴蝶时,先以甲基丙烯酸酯单体与其悬浮聚合体以5/5~3/7的比例混合成泥浆状的混合物备用,再在另一容器内放入100(质量)份单体,然后加入120(质量)份聚合物,搅拌成浆状物,将它直接倒入模具内,再放上要封入的蝴蝶,最后再加一些上述的泥浆状混合物在蝴蝶上面。当料加完后须在它的表面上贴上玻璃纸,放置一夜后泥浆状混合物就变成橡胶状的弹性体。将整个模具放入热压釜中,再充以压力1MPa的二氧化碳,将釜加热至100℃时停止加热(此时釜内压力上升到1.3MPa,无须再升高压力)。待釜渐渐冷却后(不可骤然降温)即可取出。由于CO_2气压的作用会使贴在树脂表面的玻璃纸向下塌陷,故取出后尚需将塌陷变形的上表面削平、抛光。

泥浆状的混合物因为内部夹有空气所以是不透明的,靠加压而逐出其内部的空气就能使其变得透明;有时可在制品底下一层衬以乳白色的有机玻璃板,使制品看起来更美观。

10.4 离心浇铸

离心浇铸是将液状塑料浇入旋转的模具中，在离心力的作用下使其充满回转体形的模具，再使其固化定型而得到制品的一种方法。因而制品多为圆柱形或近似圆柱形的，如轴套、齿轮、滑轮、转子、垫圈等。离心浇铸与滚塑（旋转成型）之区别在于前者主要靠离心力的作用，故转速较大，通常从每分钟几十转到两千转。滚塑主要是靠塑料自重的作用流布并粘附于旋转模具的型腔内，因而转速较慢，一般每分钟几转到几十转。但是两者有时也并不严格区分。

根据制品的形状和尺寸可以采用水平式（卧式）或立式的离心铸速设备。当制品轴线方向尺寸很大时，宜采用水平式设备，而当制品直径较大而轴线方向尺寸较小时，宜采用立式设备。单方向旋转的离心铸塑设备通常都用以产生空心制品，如欲制造实心制品，则在单方向旋转后还需要在紧压机上进行旋转，以保证制品质量。此外，也有同时使模具作两个方向旋转的。

离心铸塑所采用的塑料通常都是熔融黏度较小，熔体热稳定性较好的热塑性塑料，如聚酰胺、聚乙烯等。此外，己内酰胺单体碱催化聚合也常用离心铸塑法成型。

离心铸塑与静态铸塑相比的优点是：

1）宜于生产薄壁或厚壁的大型制品，如大型轴套，而静态铸塑则难以生产大型的薄壁制品。

2）制品无内应力或内应力很低，外表面光滑，内部不致产生缩孔。

3）制品较静态铸塑的精度高，机械加工量减少。

4）制品的机械强度（如弯曲强度、硬度等）较静态铸塑高。

离心铸塑的缺点是较静态铸塑复杂。与其他成型工艺比较，离心铸塑的优点是设备及模具简单、投资小、工艺过程简单、制品尺寸及重量所受限制较少（离心铸塑的单件制品的重量常可达几十公斤），制品质量高；缺点是生产周期长，难以成型外形复杂的精密制品。

离心铸塑所用的模具通用一般碳钢支撑，因受力不大，故模具的壁厚可较小，这样也有利于减少旋转动能的消耗。

生产中通常是将模具固定于离心铸塑设备的壳体内，靠电动机经减速装置带动其旋转，所产生的离心力即基本决定了塑料在模具内所受压力的大小。离心力（F）的大小与模具转速（n），模具半径（R），熔融塑料的密度（ρ）是相关联的。

$$即\ F \propto n^2 R^2 \rho \tag{10-2}$$

随所用塑料品种和制品类型的不同，要求的离心力大小也略有差异（塑料熔体的黏度越大，制品的形状复杂时要求离心力大些）。通常离心力 $F = 0.3 \sim 0.5$MPa 即可。由于所成型的熔融塑料的密度（ρ）为定值，故当所生产制品的直径（R）增大时，设备的转速可以低些，而生产小型制品时则要求较高转速。此外，还应考虑到塑料自重的影响。在采用水平式和立式设备时，重力的影响是不同的。离心铸塑设备的转速，可按经验公式（10－3）、公式（10－4）计算。

$$立式设备:n = 5520\sqrt{\rho r} \tag{10-3}$$

$$水平式设备:n = 5520\sqrt{R-\delta} \tag{10-4}$$

式中:n 为模具每分钟转数;ρ 为塑料熔体的相对密度;r 为制品内径(cm);R 为制品外径(cm);δ 为制品壁厚(cm)。

10.4.1　立式离心铸塑

图 10－7 为立式离心铸塑的示意图。铸塑时,首先用挤出机将塑料熔化并挤到旋转(约 150r/min)和加热(高于塑料熔点 20～30℃)的模具中,由模具上部送入的惰性气体以防止塑料氧化。模具型腔上部留有相当大的空间(为型腔的 10%～20%),用于储备塑料以便此后填补型腔的空余部分。当模具中已装入规定量的塑料后,停止挤出并提高挤出机的供料口,同时高速(约 1500r/min)旋转模具。几分钟后,塑料中的气泡即会向模具的中央集中。此时停止模具的旋转并将它送到紧压机(图 10－8)上。经过在紧压机上旋转(约 300～500r/min)十几分钟后,型腔上部的储料即将气泡置换到型腔上部的储料部分。旋转时,模具内的塑料因受空气冷却逐步由表及里地进行固化。储料部分需要加设绝热层就在于保持这部分塑料为熔融状态,以便填补型腔中空部分和型腔内塑料因冷却收缩而缺少的部分。模具由紧压机上卸下后,即取出粗制品并将送到温度较低的烘箱内冷却,以便内应力降低到最小。粗制品在进烘箱时,其内部还可能存有融态塑料,因此在冷却时还会发生收缩。这种收缩仍需借储料部分的余料来填补。为使这种填补能顺利进行,储料部分已经固化的面层必须戳破以使其与大气相通。经过几小时的冷却后,即用粗加工方法将储料部分多余的料截去。如果塑料是吸水性的,此时即应进行调湿处理。处理后的粗制品再经经加工即成为制品。

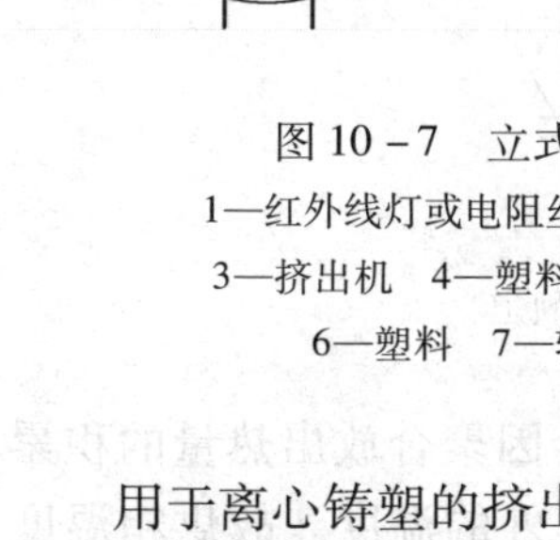

图 10－7　立式离心铸塑示意图
1—红外线灯或电阻丝　2—惰性气体输入管
3—挤出机　4—塑料储存部分　5—绝热层
6—塑料　7—转动轴　8—模具

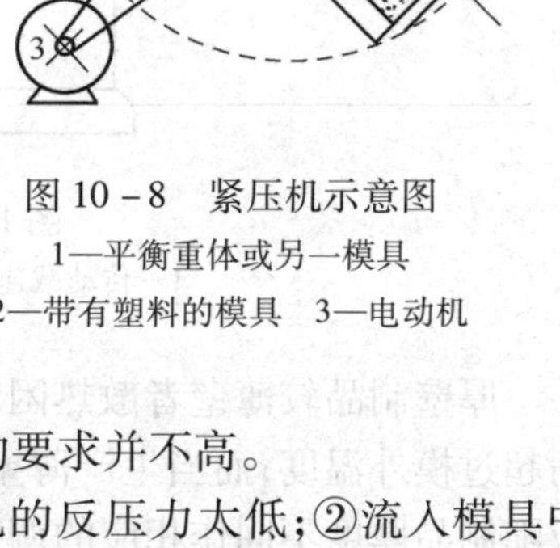

图 10－8　紧压机示意图
1—平衡重体或另一模具
2—带有塑料的模具　3—电动机

用于离心铸塑的挤出机,主要作用是塑化塑料,对它的要求并不高。

铸入模具中的塑料带有较多气泡的原因是:①挤出机的反压力太低;②流入模具中的塑料有较多的折叠和扰动;③熔融塑料的表面张力不大。带入的气泡会恶化制品的质量，所以要使模具旋转和经紧压机处理，以增加气泡的浮力，使能很快地脱除。从理论分析可知：①脱泡速率与气泡直径的平方成正比而与塑料的熔融黏度成反比。因此，铸料入模的过程应设法避免小泡存在，在不影响制品质量的前提下，应尽量提高塑料的温度使其黏度降低。②脱泡速率粗略地与转速平方成正比，所以转速越快越好。③模具旋转时，气泡所受的压力与其离开旋转轴的距离平方成正比。由于气泡是可以压缩的，所以相同质量的气泡，离开旋转轴越远时，它的体积就越小。如果单从这一点来说，推动气泡的浮力是越靠近旋转轴而越大。但是气泡向心力又与气泡离旋转轴的距离成正比。因此，结合前一种情况，离开旋转轴过远或过近的气泡的逸出速率并不是最大的。所以，用离心铸塑法制造半径过大的制品就比较麻烦。若生产空心制品时，可不采用紧压机，工序和设备上都可更简单。

10.4.2 水平式离心铸塑

图10－9为一种水平式离心铸塑设备的示意图。模具的旋转用电动机经变速箱带动，模具外面有可移动的电加热烘箱。常用于碱催化单体浇铸尼龙轴承的成型。其工艺过程是将已加入催化剂并搅拌均匀的活性体原料用专用漏斗加入旋转的模具内，原料随即在离心力的作用下附着于模具型腔壁上形成中空的圆柱形。将电热烘箱移动使旋转模具悬于烘箱内，进行加热并控制活性体原料在稳定的条件下聚合固化。所得轴承的外径是由模具型腔的大小决定的（考虑一定的收缩率和机加工余量），轴承内径的大小则取决于加入活性体原料的量。用式（10－5）即可计算所需加入的活性体量。

$$m=\frac{\pi(D^2-d^2)L\rho}{4K} \tag{10-5}$$

式中：m为己内酰胺浇铸料（活性料）的质量（g）；D为制品的外径（cm）；d为制品的内径（cm）；L为制品的长度（cm）；ρ为尼龙聚合体的密度（1.15～1.16g/cm^3）；K为聚合产率系数，约为0.92（实验值）。

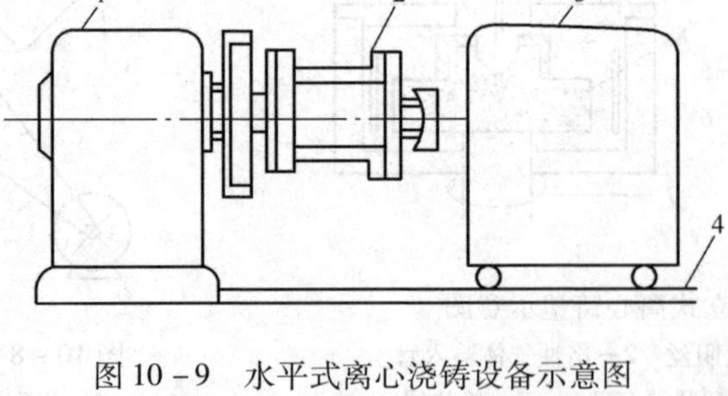

图10－9 水平式离心浇铸设备示意图

1—传动减速机构 2—旋转模具 3—可移动烘箱 4—轨道

厚壁制品较薄壁者散热困难，生产厚壁制品时模内温度常会因聚合放出热量的积累而超过模外温度；而当生产薄壁制品时，模内温度大多达不到模外的温度。故烘箱温度应随制品厚度不同作相应的调整，使模具维持的实际温度符合要求。模具中聚合开始温度与制品内径（d）及外径（D）的比值（d/D）的关系如图10－10所示。模具温度可按制品壁厚从图 10 - 10 中选取。活性体加入模具后在该温度下保持 20 ~ 30min 后停止加热，待温度降至 150 ~ 160℃时停止模具旋转，将制品与模具一起冷至 120℃即可脱模，再将制品放入烘箱内进行保温冷却。

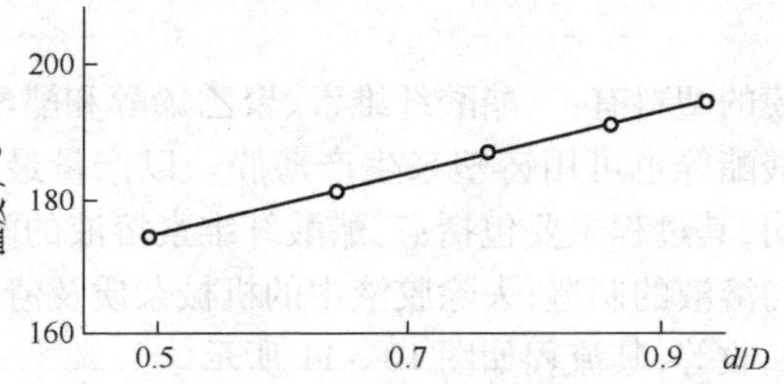

图 10 - 10　模具温度与制品内外径之比的关系

由于己内酰胺单体铸型尼龙的吸水性很大，吸水后容易膨胀变形，在作为水下使用的轴承时常会在长期使用后膨胀变形而发生把转轴卡得过紧以致无法转动的“抱轴”现象。为此，可采用吸水性较小的尼龙 1010 粒料进行离心（熔融）铸塑，生产水下使用的大型轴套。其方法是：选用白色透明的尼龙 1010 粒料，黏度（硫酸法）1.8 ~ 2.2，熔点 202 ~ 205℃。树脂中最好能多加一点抗氧剂（加入量为树脂量的 0.5% ~ 0.8%）。将模具在设备上固定好后，开动电动机让模具开始旋转至转速达 1500r/min，同时开始升温加热，然后将尼龙 1010 粒料一次加入模具内。当温度升高到 100℃时，开始往模具中通入干燥的惰性气体（CO_2、N_2），以免原料氧化使制品变色发脆。继续升温加热，模具温度最高应控制在 220 ~ 230℃，以待料全部熔化。温度高些虽有利于加速物料的熔化，但又易引起氧化降解，温度过低物料熔化太慢，生产周期加长，而且长期受热也易引起制品的性能下降。熔料保温时间应根据制品壁厚确定。例如当轴承壁厚为 10mm 时，保温时间可在 30min 左右，而当壁厚增至 40mm 时则可在 65min 左右。经保温熔料后即可停止加热并在继续旋转下让其自然冷却，同时还应该继续通入惰性气体。待模具温度降至 100℃左右时可停止旋转。移开烘箱，在模具外用水淋冷却，至 50℃以下即可脱模。大型厚壁制品脱模后建议在沸水中煮 24h，然后缓慢冷却以消除内应力。制品的收缩率（轴向及径向）为 3.5% ~ 4.0%。

水平式离心铸塑还用于生产聚烯烃的大口径管材，其管径所受限制较少，设备较简单，投资较低。缺点是管材的力学强度不如挤出成型高，生产周期较长。例如，国内曾用聚乙烯生产长 1600mm，直径 700mm，厚 5mm 的管材。

10.5　流 延 铸 塑

流延铸塑的工艺过程是将热塑性或热固性塑料配成一定黏度的溶液，然后以一定的速度流布在连续回转的基材（一般为不锈钢带）上，通过加热脱掉溶剂并进而使塑料固化，随后将其从基材上剥离下来即得到流延法薄膜（铸塑薄膜）。薄膜的宽度取决于基材的宽度，长度可以是连续的，厚度则取决于所配制胶液的浓度和基材的运动速度等。流延法也是一种浇铸成型，其模具则是平面的连续基材。

铸塑薄膜的特点是厚度小（最薄可达 0.05～0.10mm），厚薄均匀，不易带入机械杂质，因而透明度高，内应力小，多用于光学性能要求很高的塑料薄膜的制造，如电影胶卷、安全玻璃的中间夹层薄膜等。缺点是生产速度较慢，需要耗费大量的溶剂，成本高及强度较低等。

用于生产铸塑薄膜的塑料有：三醋酸纤维素、聚乙烯醇和醋酸乙烯的共聚物等，此外某些工程塑料如聚碳酸酯等也可用铸塑来生产薄膜。以产量最大的三醋酸纤维素薄膜的生产工艺来进行说明，其过程主要包括：三醋酸纤维素溶液的配制（又分作溶液各组分的混合及一定黏度均匀溶液的制造，去除胶液中的机械杂质及清除气泡），溶液的（流延）铸塑及干燥和溶剂的回收等，其流程如图 10－11 所示。

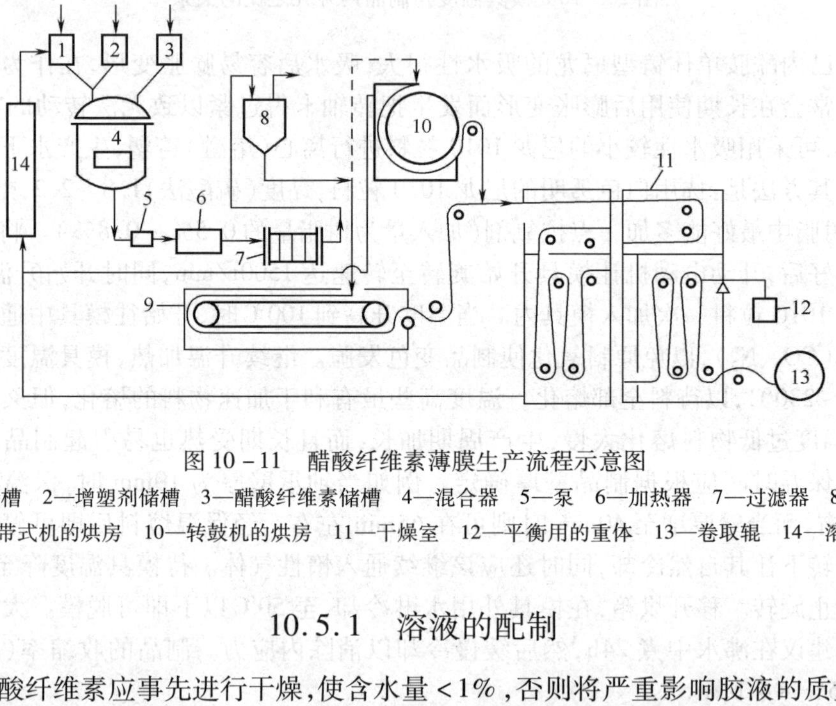

图 10－11　醋酸纤维素薄膜生产流程示意图

1—溶剂储槽　2—增塑剂储槽　3—醋酸纤维素储槽　4—混合器　5—泵　6—加热器　7—过滤器　8—脱泡器　9—带式机的烘房　10—转鼓机的烘房　11—干燥室　12—平衡用的重体　13—卷取辊　14—溶剂

10.5.1　溶液的配制

三醋酸纤维素应事先进行干燥，使含水量＜1%，否则将严重影响胶液的质量并会对设备造成腐蚀。使用的溶剂一般都为混合溶剂，以获得溶解度高、黏度低和有一定挥发速度的液体。通常使用的溶液组分有二氯甲烷、三氯甲烷、甲醇、丁醇等。此外有时也加入少量增塑剂（如三苯基磷酸酯、邻苯二甲酸二丁酯等）。可采用的配方如：三醋酸纤维素 100 份，混合溶剂 700 份［其中 90%（体积）的三氯甲烷、10%（体积）的甲醇］，增塑剂（三苯基磷酸酯）20 份。

溶液各组分是在混合器中配制的，配好后经过滤（用压滤机）并在恒温下（如 30℃）静置 8h 以脱去气泡，即可用作铸塑。

10.5.2　铸　　塑

所用设备主要是带式流延机，也有采用大型镀银金属回转转鼓的。流延机系由回转的、表面无接头的、有镜面光洁度的不锈钢带（溶液铸塑时的载体）及加热装置等组成。不锈钢带用两个回转的辊筒张紧并带动，带宽一般在1m以上（决定薄膜的最大宽度）。流延嘴的断面为三角形，宽度较不锈钢带稍小，其下部有开缝。配好的溶液送至流延嘴并从开缝处流布于不锈钢带表面上。流布溶液的厚度由不锈钢带的转速和流延嘴缝口的距离决定。整个流延装置均密封在一烘房内。从不锈钢带下边逆向吹入热空气（约65℃），使溶液逐步干燥。带有溶剂的气体从上部排气口排出并送至回收装置回收溶剂。溶剂回收常用冷冻回收及吸附回收两种装置，以尽量回收溶剂和安全生产。送入流延机的热空气主要是在回收装置排出的尾气中加入少量的新鲜空气并经过加热器而来，其气量和温度可调。溶液从流延嘴流布在不锈钢带上后即随之转动，由前辊筒上部绕至后辊筒上部，再绕至后辊筒下部，至前辊筒下部时，溶液已初步干燥并能形成薄膜，此时即与不锈钢带剥离，再送去进一步干燥。用镀银的加热金属转鼓时，转鼓的直径多在6m以上，而宽度则在1.2m左右。流延法薄膜的生产速度在0.5~7.0m/min。制造厚膜（最厚约达2mm）时速度较慢，反之则较大。

10.5.3 干 燥

从流延机不锈钢带上剥下的薄膜通常还含有15%~20%的溶剂，需再进行干燥。干燥薄膜的方法有烘干和熨烫两种。烘干的主要设备是长方形的烘房，通常都隔成几个部分，每个部分所保持的温度不一定相同，而且均可调整。温度顺着薄膜前进方向逐渐升高，而后由高温突然变为低温。准备干燥的薄膜在支承辊、转向辊和卷取辊的运送下通过烘房。烘房所能容纳薄膜的长度很大，有的可达150m。干燥后的薄膜所含的挥发物（大部分为水）应低于1%。熨烫法是利用一系列加热辊直接熨烫薄膜来达到干燥目的。与烘干一样，熨烫也应该在烘房中进行。某些流延设备其熨烫干燥辊筒是与流延部分紧联在一起的。

为不使空气中的灰尘污染薄膜而影响它的光学性能，薄膜的整个制造过程均应在十分清洁的环境中进行。

近年来随着挤出双轴拉伸聚酯（PET）薄膜（胶片）的广泛应用，三醋酸纤维薄膜的应用受到了较大的冲击。

采用流延（铸塑）法的聚丙烯膜，由于性能优良，用途广阔得到较大的发展。其生产过程通常由挤出机经T型模由模唇将熔融塑化好的聚丙烯流延挤出并迅速绕过流延辊及冷却辊使之急冷至接近室温，再由一系列辊筒使薄膜受到振荡、展平并经自动测厚，表面电晕处理，切边等再卷取收存。

所用原料聚丙烯，通常均有专用牌号，其熔体流动速率（MFR）较大。为使聚丙烯能塑化良好，挤出机螺杆长径比常在30左右。挤出模头宽度一般在1200~2000mm。膜厚一般10~200μm，但也有厚达0.4~0.6mm的。挤出熔体应充分均匀塑化，温度均匀一致，无杂质和未熔粒（加强过滤），以免膜上出现斑点或晶点。考虑到出模膨胀，模唇的间隙通常较要求的膜厚小10%左右并可灵活调节。为了使膜的结晶度尽量降低，增加膜的韧性和透明性，从模唇挤出的聚丙烯，应以一定的角度，经很短距离后尽快贴在流延辊上冷却。流延辊的辊速可比挤出速度稍高。同时还采用压缩空气（一个宽度与膜宽相当、具有窄缝形出气口且与膜面呈一定角度相距离并可调的装置。该装置应保证有稳定而均匀的风压和风量）从上面吹出，使膜紧贴流延辊也同时使膜的上表面得到冷却，使薄膜厚度均匀、稳定、不致变形和在横向上收缩。薄膜再经冷却辊即可从离开挤出机时的240～250℃冷至远低于90℃，使之具有一定强度并避开了聚丙烯的最大结晶速率温度区。然后再经一系列传送导辊送向下工序。挤出机出料温度不能过低，以免影响料的良好塑化，但温度过高，特别是出模后未及时冷却，在空气中聚丙烯易发生高温氧化分解。因此，流延辊应靠近模唇，使流出的热熔片坯尽快冷却，以提高膜的光洁程度，减少氧化，避免距离过大发生皱折。流延辊温控制应使膜快速冷却，但辊温太低膜面缺少光泽，太高膜易粘辊，出现连续的横向强制剥离条纹。冷却后的薄膜在传送过程中，常安装振荡系统，使聚丙烯大分子松弛定型，增加平整度。聚丙烯是非极性聚合物，与其他材料的黏合、印花等较困难，因此冷却好的薄膜通常都采用高频高压电晕放电处理，使表面产生一定的羰基等极性基团和微细的凹坑，以利于消除膜上所带静电、改善热封合和黏结性能。电晕强度应有一定要求，过低效果不明显或造成薄膜放置后作用减退。过强的处理会产生大量O_3，既影响劳动条件，也使膜面糙化，透明度降低甚至会被击穿。经电晕处理后的薄膜，可再经一组冷却辊进行冷却定型，防止受热收缩。膜的牵引和卷绕应速度适中。由于要求薄膜结晶度低、透明、挺括，在纵横向均不宜有明显的拉伸。卷取时如纵向拉伸明显，则纵向强度提高的同时横向易收缩发皱。另外膜应在等张力条件下牵引和卷取。

用这种方法制得的薄膜，纵横向的物理力学性能均衡，结晶度低，结晶部分的球晶细小，脆性低，挺括，透明，表面均匀。这种薄膜通常少有单独使用，而多与铝箔、镀铝聚酯膜、双向拉伸聚丙烯膜、牛皮纸等作多层复合，使之具有优良的综合性能，如高的气体性阻隔性、良好的印刷性、热封合性、强度和外观等。广泛应用于食品、药物、化妆品等的包装。

用这种方法生产的片材，纵横向强度较一致、收缩也较一致，厚度在0.30～0.60mm的片材，常用于真空（吸塑）成型聚丙烯容器（杯、小盘等）。为了提高片材的熔体强度，加宽熔融的温度范围即加宽可成型温度的适应范围、减少片材的过大垂伸等，有时也采用在聚丙烯中加入少部分高密度聚乙烯的共混物来生产片材。这时挤出及成型温度均可适当降低，由于片材厚度较大，挤出、卷取等速度也应适当降低。

此外也将挤出流延成的聚丙烯薄膜同时涂覆在编织好的聚丙烯（或部分高密度聚乙烯）织物（布基）上，以改善编织物、袋、篷布等的外观及防水性能等，生产上也得到广泛应用。此时要求涂覆用聚丙烯树脂的流动性良好（MFR＝10～20g/10min），工业上有专用牌号。

10.6 搪塑

搪塑又称作涂凝模塑或涂凝成型，是用糊塑料制造空心软制品（如玩具）的一种重要方法。其法是将糊塑料（塑性溶胶）倾倒到预先加热至一定温度的模具（只用阴模）中，接近模壁的塑料即会因受热而胶凝，然后将没有胶凝的塑料倒出，并将附在模上的塑料进行热处理（烘熔），再经冷却即可从模中取得空心制品。搪塑的优点是设备费用低，生产速度高，工艺控制也较简单，但制品的厚度、重量等的准确性较差。

搪塑目前所使用的主要是聚氯乙烯糊塑料。这里就糊塑料在热处理过程中的物理作用简单说明后再介绍搪塑工艺。

10.6.1 糊塑料热处理中的物理作用

糊塑料由悬浮体变为制品的过程是树脂在加热下继续溶解成为溶液的一个过程。这一过程常称作热处理，一般又将其分作"胶凝"和"熔化"前后两个过程。需要指出的是，用这两个术语意义并不十分确切。

胶凝阶段是从糊塑料开始加热起，直到由糊塑料形成的薄膜出现一定力学强度为止的一个阶段。这一阶段中，由于加热，树脂不断地吸收分散剂，并因此而发生膨胀。过程进行时，糊塑料中的液体部分逐渐减少，而其黏度则逐渐增大，树脂颗粒间的距离也越靠近，终于使残余的液体成为不连续相而包含在凝胶的颗粒之间。在更高的温度和更长的时间下，残余液体也被吸收或挥发(指有机溶胶与凝胶)，糊塑料因而成为一种表面无光和干而易碎的物料。此时可认为凝胶阶段已达到终点，其温度通常都在100℃以上。

"熔化"是指糊塑料在继续加热下，从凝胶终点发展到力学性能达到最佳的一段时间内的物理变化。严格说来，这里的"熔化"并不等于固体物质的真正熔化。在这一阶段中，膨胀的树脂颗粒先在界面之间发生粘结，也就是所谓的"熔化"；随之界面越来越小以致全部消失，这样树脂也逐渐由颗粒的形式而成为连续的透明体或半透明体。"熔化"完全后，除色料和填料外，其余的成分都处于一种十分均匀的单一相，而且在冷却后能继续保持这种状态，因而具有较高的力学强度。如果糊塑料是有机溶胶或凝胶，则在熔化阶段还有液体挥发的物理变化。熔化的最终温度约175℃左右。

实际操作中，糊塑料的热处理过程在烘房中进行。热处理的时间取决于制品的厚度和所用糊塑料的性质，其终点应以糊塑料各点都已达到最终熔化温度为标志。在不降低制品应有强度的前提下，热处理的时间越短越好，熔化的最终温度随所用糊塑料的性质而异，须由试验确定。温度过高时，常会出现糊塑料的降解，增塑剂的损失以及制品表面不平整等现象；温度过低时，制品的力学强度又不能达到最好的状况。

在有机溶胶和凝胶的热处理中，由于有液体挥发，通常都采用快速加热，以便使挥发性分散剂在逸失最少的情况下温度已很快地上升到最高值。从而能够最大限度地发挥它对树脂地溶解能力。加热太慢的缺点是塑料还没有达到应得强度之前已经变干，并且会使制品产生裂纹。但加热也不能过快，否则稀释剂就不能平稳地逸出，以致制品会带有气泡。

10.6.2 搪 塑 工 艺

搪塑法的一般生产操作是将配制好并经脱泡后的糊塑料先注入已加热(约130℃左右)的模具(阴模)中，灌注时应注意保持模具及糊的清洁以使整个模具型腔均能被糊润湿，同时还须对模具稍加振动以逐出其中的气泡。待糊塑料完全灌满模具后，停留15～30s，再将糊塑料倾倒向盛器中，这时模壁余下的一层糊塑料(厚1～2mm)已部分发生胶凝，随即将模具送入加热至160℃左右的烘箱内10～40min，然后取出模具，用风冷或水冷

(浸入水中 1 ~ 2min)至低于 80℃,即可从模具中取出制品。以上时间数据仅指一般制品,产品变大,时间则相应长些。制品的厚度取决于糊塑料的黏度,灌注时模具的加热温度和糊塑料在模具中停留的时间。如果单用预热模具仍不能使制品达到要求的厚度时,则可在未倒出糊塑料前对模具进行短时间加热(用红外线照射或将模具浸在热水浴中)或者使用重复灌注的方法。生产上也有不用热模具而直接冷模的,此时模具壁上所附着的塑料层即较薄。如用冷模而又需生产较厚的制品时,也可用短时间加热模具或重复灌注的方法。采用重复灌注时,每次灌注后都应进行适当的热处理,但不能完全熔化,而只在最后一次灌注后再完成全部热处理过程,以避免制品发生脱层。重复灌注法的工艺稍微复杂,但可减少制品带入空气的机会,并能较准确地控制厚度。用重复灌注法也可以生产内外层不同的制品,例如内层可以是发泡的,而外层则不是。

搪塑工艺对糊塑料的要求是:黏度适中(常在 10Pa · s 以下),从而可以在灌入模具后使整个型腔表面都能充分润湿并使制品表面上微细的凹凸或花纹均能清晰显现,黏度过大则达不到此要求,而黏度过低则制品厚度太薄。由于搪塑制品多用作玩具,因而从配方上考虑要求无毒。制品应柔软、富有弹性、适当透明、表面不易污染、易用肥皂水清洗、制品耐光稳定性良好等。此外,有时还加入少量填料(如低吸油值的碳酸钙),使制品呈半透明。

关于制品造型设计及模具型腔设计的要求,基本原则大致与注射成型相同,但更应注意的是:不能有过深的凸凹或尖角,凸出或转弯部分的最高点应不超过主体部分,否则很容易使糊灌注不满而产生气泡;不能有显著的缩颈;进料口不能小于主体最大处的 1/2,否则均难以脱模。

搪塑所用的模具大多是整块阴模并在一端开口,通常由电镀法制成。制造时先用黏土捏成制品形样,再用石膏翻制成阴模(为了便于脱模,有时需将石膏阴模作成几个组合块),然后用熔化的蜡(熔点 40 ~ 60℃的石蜡 60% ~ 70%,硬脂酸 40% ~ 30%)进行浇铸制得蜡质阳模。蜡模经仔细修整后涂以石墨或进行化学镀银(表面要求较高时多用镀银法),再进行镀铜。铜层厚度达 1.5mm 左右时停止。加热把蜡熔化倒出,再进行清洗,锯去浇口,然后进行表面抛光及镀镍。所得模具经再 180 ~ 200℃下退火 2h 后即可使用。

搪塑工艺可用恒温烘箱进行间歇性生产,也可采用洞道式加热方式进行连续生产。

10.6.3 蘸浸成型

蘸浸成型又称蘸浸模塑,方法与搪塑大体相似,不同的只是所用模具是阳模而不是阴模。成型时将阳模浸入装有糊塑料的容器中,然后将模具慢慢提出,即可使其表面蘸上一层糊塑料。通过热处理与冷却后即可从阳模上剥下中空型的制品,如图 10 - 12。可生产的制品有泵用隔膜、柔性管、工业用手套、玩具等。制造模具的材料有铝、黄铜、钢材、陶瓷、玻璃等。

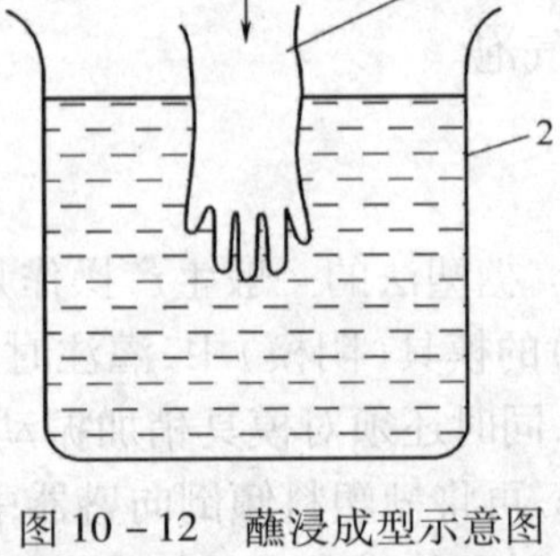

图 10 - 12　蘸浸成型示意图

1—模具　2—糊塑料

工业上用这种方法生产时,可采用流水作业,并用环形输送带进行连续生产。用有机溶胶和塑性溶胶蘸浸一次所能制得的厚度分别为0.003～0.5mm，厚度的大小决定于所用糊塑料的黏度，如需厚度较大的制品，可用多次蘸浸，预热模具或提高糊塑料的温度来解决。用预热的模具进行蘸浸时，伸入浸槽的速度应很快，但提出的速度则与不预热的完全相同，通常为10～15cm/min。制品增厚的程度决定于模具的预热温度，在多数情况下，用150℃的模具蘸浸塑性溶胶所得制品的厚度为1.6～2.4mm。用提高糊塑料温度来增加制品厚度时，最高温度不应超过32℃，否则对余料的继续使用会有不良影响。

10.7 滚　塑

滚塑又称作旋转铸塑或旋转浇铸成型，是将定量的液状或糊状塑料加入模具中，通过对模具的加热及纵横向的滚动旋转，使塑料熔融塑化并借塑料自身的重力作用均匀地布满模具型腔的整个表面，待冷却固化后脱模即可得到中空的制品。滚塑与离心铸塑生产的制品是类似的，但由于滚塑的转速不高，故设备较简单，更有利于小批量生产大型的中空制品（如直径和高均达数米的容器等）。滚塑制品的厚度较挤出吹塑制品均匀，无熔接缝，废料少，产品几乎无内应力，因而也不易发生变形、凹陷等。滚塑工艺是20世纪50年代后期开始出现的，最初主要用于聚氯乙烯糊塑料生产小型制品如玩具、皮球、瓶罐等。近年来在大型制品生产上也有较多的应用。

滚塑所用的模具，小型制品常用铝或铜的瓣合模，而大型制品则多采用钢板制成。

用聚氯乙烯糊塑料生产小型制品时，先将定量的塑性溶胶塑料加入型腔可以完全闭合的模具中，然后将模具合拢并将固定在能够顺着两根正交的（或几根互相垂直的）轴同时进行旋转的机器上（如图10－13）。当模具旋转时，即用热空气或红外线等对它加热。模具的旋转速度主轴为5～20r/min，次轴转速为主轴的1～1/5倍，并且是可以调整的。靠模内半液态物料的自重而使其停留于底部。当模腔表面旋转而触及这些物料时就能从中带走一层，直至积存的半液态塑料用尽为止。模内的糊塑料在一边随模具旋转，一边受热的情况下，就能均匀地分布在型腔的表面，并逐渐由凝胶达到完全熔化。随所用糊塑料的性质和制品厚度的不同，所需旋转、加热的时间为5～20min。塑料完全熔化后即冷却，然后开模取出完整的制品。

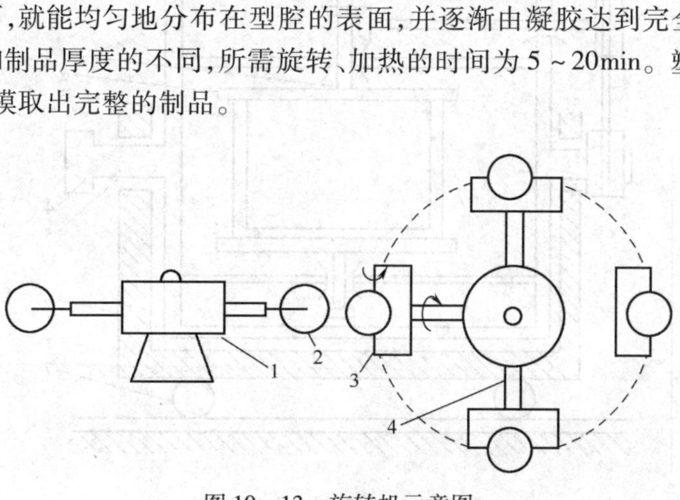

图10－13　旋转机示意图

1—旋转机　2—模具　3—次轴　4—主轴

在滚塑过程中，加热不能过快，否则制品厚度不易均匀。旋转速度偏高时可增加糊料的流动性，制品均匀性较好。而采用黏度偏低的糊塑料也有利于提高制品厚度的均匀性。

近年来，也有使用粉状塑料代替液状或糊状塑料用于滚塑成型的，这虽然与浇铸原来的定义有些不合，但就其本质来说，却与浇铸有很多相同之处，此处也加以简单介绍。这种方法所使用的塑料品种，主要有聚乙烯、改性聚苯乙烯、聚酰胺、聚碳酸酯及纤维素塑料等。其产品有用几种塑料生产的夹层结构制品。这类产品兼具有几种塑料的优点，如内外层为聚乙烯，中间层为发泡聚乙烯的储槽，用尼龙 11 作内层，聚乙烯作外层的储槽等。用特种牌号的聚碳酸酯生产大型容器（直径达 2.5m）、车、船及飞机壳体或结构体。此外，还有试验使用玻璃纤维增强的聚乙烯和用于热固性塑料（如聚酯、聚氨酯）等。用粉料生产大型中空制品时，为保证制品有良好的刚性、韧性、耐环境应力开裂性能，目前使用较多的原料是线型低密度聚乙烯。工业上有专用的牌号，其性能要求为拉伸强度 >13MPa，拉伸屈服强度 >11MPa，断裂伸长率 >480%，冲击强度 >32kJ/m^2，弯曲强度 >15MPa，MFR >2.8。采用的设备如图 10-14 所示，其主轴 5 系电动机经减速机构带动。联轴器 4 应是经常可折卸的。5 的转动同时使模架 2 及模具 3 旋转，转速通常在 7 ~ 28r/min。转速过高可能导致制品厚薄不匀。次轴 1 是靠主轴 5 经传动减速机构带动的，其转速为主轴的一半左右。整个装置系固定在支承架 6 上，并通过导轮 7 而可作来回移动。成型时将配好的聚乙烯材料加入模具并将其闭合，然后固定在模具架上。将装好模具的整个支承架通过导轮推入已加热的烘箱中，并使联轴器与传动机构啮合。关闭烘箱，开动电动机，模具即在烘箱内作两方向同时旋转。烘箱温度维持在 230℃左右。温度偏高可加速物料熔融，缩短生产周期，易于排出气泡，制品表面光洁程度较好。但温度过高则易使制品变色、降解等。保温旋转的时间视制品的大小、厚薄等决定。待物料全部熔融后，从烘箱中推出支承架，但仍应在转动下自然冷却或喷水冷却后才可取得产品。

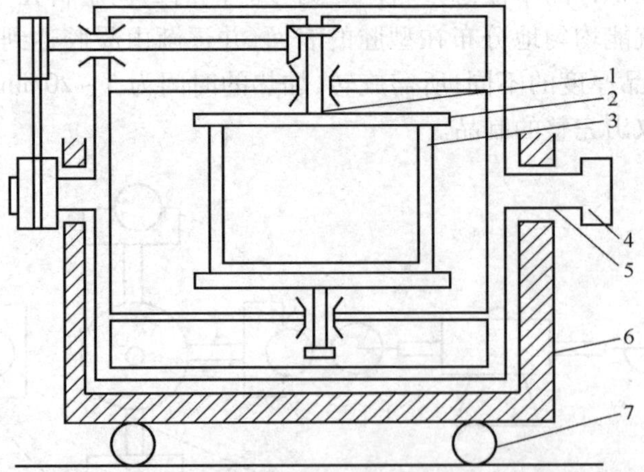

图 10-14　滚塑设备示意图

1—次轴　2—模架　3—模具　4—联轴器　5—主轴　6—支承架　7—导轮

某些加热下易氧化变色、变质的塑料，如聚酰胺类，应在惰性气体保护下进行整个操作。

适当选择脱模剂是重要的因素。如在制得产品前塑料还未充分固化则会产生塑料与模具局部脱层（即脱模太容易或脱模太早），可使制品发生变形，卷曲。目前常用的脱模剂主要是硅树脂类。近年来采用交联聚乙烯生产滚塑制品也有较大的发展，其特点在于制品耐汽油性，耐应力破裂及冲击性能均较好，适于生产带嵌件的制品。

第11章 压延成型

11.1 概 述

压延成型是对橡胶和塑料进行成型加工的主要方法之一,压延成型可适用的原材料范围很广,橡胶材料可为各种天然及合成橡胶,以及橡塑共混改性的压延涂层产品生产。塑料原材料主要以热塑性塑料为主,较常用的有聚氯乙烯,其次是丙烯腈—丁二烯—苯乙烯共聚物、乙烯—乙酸乙烯酯共聚物以及改性聚苯乙烯等塑料。

压延成型简称压延,它是将加热基本塑化的热塑性塑料送入一系列相对转动的平行金属辊筒辊隙中,在辊筒的进一步加热及辊筒表面给予的挤压作用下,使物料延展、拉伸、并利用辊筒间隙加工成具有一定厚度、一定表面要求的连续薄膜或片材的一种成型方法。

压延产品除薄膜和片材外,还有人造革和其他涂层制品。薄膜与片材之间的区分主要在于厚度,但也与其柔软性有关。前者一般指厚度在0.25mm以下平整而柔软的塑料制品;后者一般指厚度在0.25~2mm的软质平面材料和厚度在0.5mm以下的硬质平面材料。聚氯乙烯薄膜和片材还有硬质、半硬质和软质之分,由配方中的增塑剂含量而定。通常以增塑剂含量0~5份者为硬质品,6~25份为半硬质品,25份以上为软质品。聚氯乙烯压延薄膜主要用于农业、工业包装、人造革表面贴膜、室内装饰以及生活用品等。压延片材常用作地板、录音唱片基材、传送带以及热成型和层压用片材等。压延成型适于生产厚度在0.05~0.60mm的软质聚氯乙烯薄膜和片材。以及0.10~0.70mm的硬质聚氯乙烯片材和板材。

压延成型的生产特点是加工能力大,生产速度快,产品质量好,生产连续。一台普通四辊压延机的年加工能力可达5000~10000t,压延薄膜时的生产线速度为60~100m/min,甚至可达300m/min。压延产品厚薄均匀,厚度公差可控制在10%以内,而且表面平整,若与轧花辊或印刷机械配套还可直接得到各种花纹和图案。此外,压延生产的自动化程度高,具有联动装置和先进在线监测系统的一条压延成型生产线所需的操作人员很少。因而压延成型在塑料加工中占有相当重要的地位。

压延成型的主要缺点是设备庞大、投资较高、维修复杂、制品宽度受压延机辊筒长度的限制等,因而在生产连续片材方面不如挤出成型的技术发展快。

压延软质塑料薄膜时,如果将布或纸随同塑料熔体通过压延机的最后一对辊筒辊隙,则薄膜就会紧覆在布或纸上,所得制品常称为涂层布或涂层纸(亦称人造革),这种方法通称压延涂层法。涂层布或纸的制造方法并不限用压延,也可用其他方法成型,有关涂层制品将在第12章讨论。根据同样的原理,还可由压延成型制造复合薄膜。本章仅对聚氯乙烯薄膜及片材的压延生产进行论述。

11.2 压延设备

压延过程可分为前后两个阶段。前阶段是压延前的备料阶段，主要包括所用塑料的配制、塑化和向压延机供料等。除供料外，其他在第3章中均已有所叙述。后阶段，包括压延、牵引、轧花、冷却、卷取、切割等，是压延成型的主要阶段。图11－1表示压延生产中常用的四种工艺过程。图中长方形表示过程，正方形表示原料、中间产物或成品，箭头表示流程前进的方向。

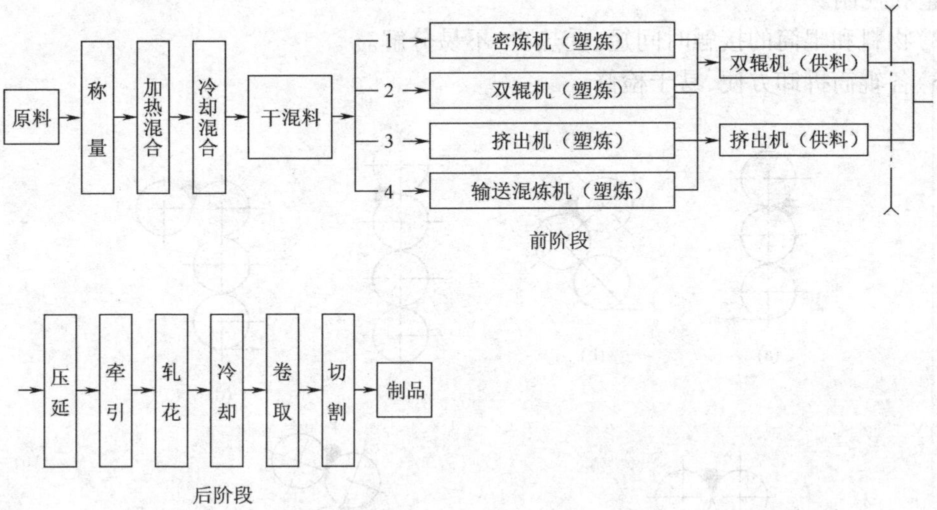

图11－1　压延成型工艺流程

从图11－1可见四种工艺过程中的供料装置只有挤出机和双辊（开炼）机两种。前一种是将塑化好的料先用挤出机挤成条或带的形状，随后乘热用适当的输送装置均匀连续地供给压延机。后一种与前一种基本上无多大差别，只是将挤出改为辊压，供料形状只限于带状而已。目前，在新的压延机组中有采用行星挤出机替代混炼设备直接给压延机供料的配置方式，这样可以减少物料受热时间，并可提高混炼效果。图11－1所示的压延过程包括的分过程很多，它们都应各有其相应的设备或装置，但其中以压延设备为主而且是最复杂的，下面的论述，除将压延机分立外，其余均归在辅机一项中。

11.2.1　压延机的分类

压延机通常以辊筒数目及其排列方式分类。根据辊筒数目不同，压延机有双辊、三辊、四辊、五辊、甚至六辊。双辊压延机通常称为开放式炼胶机或辊压机，主要用于原材料的塑炼和压片。压延成型以使用三辊或四辊压延机为主，由于四辊压延机对物料的压延比三辊压延机多了一次，因而可生产较薄的膜，并且厚度均匀，表面光滑。辊筒的线速度还可以更高，例如三辊压延机的辊速一般只有30m/min，而四辊压延机能达到它的2～8倍。此外，四辊压延机还可以一次完成双面贴胶工艺，因此它已取代三辊压延机成为目前使用的主流机种。而五辊和六辊压延机的压延效果会更好,但是设备太复杂庞大、造价高,目前尚未普遍使用。

辊筒的排列方式很多,而且同样的排列往往有不同的命名。通常三辊压延机的排列方式有 I 型、三角型等几种,四辊压延机则有 I 型、倒 L 型、正 Z 型、斜 Z 型等(图 11-2)。排列辊筒的主要原则是尽量避免各辊筒在受力时彼此发生干扰,并应充分考虑提供方便的操作条件、自动供料和在线检测的需要等。实际上没有一种排列方式是尽善尽美的,往往顾此失彼。例如目前应用比较普遍的斜 Z 型,它与倒 L 型相比有如下优点:

1)各辊筒互相独立,受力时可以不相互干扰,这样传动平稳、操作稳定,制品厚度容易调整和控制。

2)物料和辊筒的接触时间短、受热少,不易分解。

3)各辊筒拆卸方便,易于检修。

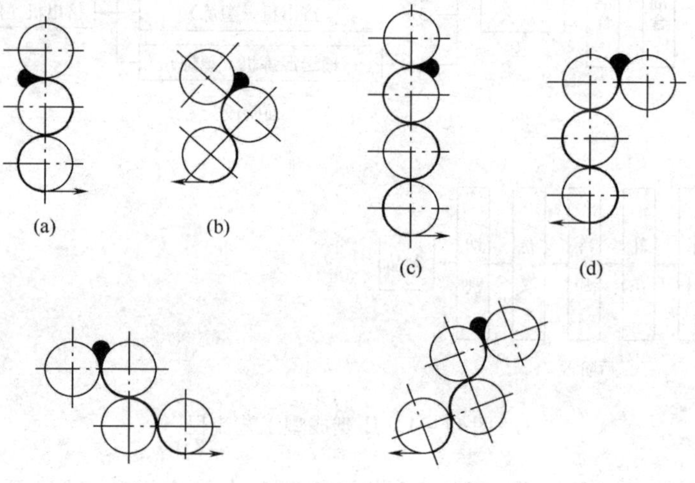

图 11-2 常见的压延机辊筒排列方式

(a)I 型(三辊) (b)三角型 (c)I 型(四辊) (d)倒 L 型 (e)正 Z 型 (f)斜 Z 型

4)上料方便,便于观察存料。

5)厂房高度要求低。

6)便于双面贴胶。

可是在另一些方面却不如倒 L 型,如:

1)物料包住辊筒的面积比较小,因此产品的表面光洁程度受到影响。

2)杂物容易掉入。

使用倒 L 型压延机生产薄而透明的薄膜要比用斜 Z 型的好。这是因为用前者生产时中辊受力不大(上下作用力差不多相等,相互抵消),因而辊筒挠度小、机架刚度好,牵引辊可以距离更近,只要补偿第四辊的挠度就可压出厚度均匀的制品。至于它所存在的中辊浮动和易过热等缺点,由于目前已采取零间隙精密滚柱轴承、钻孔辊筒、辊筒预应力以及轴交叉装置等办法而得到解决。此外,对斜 Z 型压延机来说,第三辊与第四辊速度不能相差太小,否则物料容易包住第四辊;若两辊速度相差太大,对生产透明薄膜又不利。而当用倒 L 型压延机时,第三辊和第四辊的速度可以互相接近。因此,近年来一些塑料压延机又呈现从 Z 型和斜 Z 型向倒 L 型发展的趋势(图 11-3)。

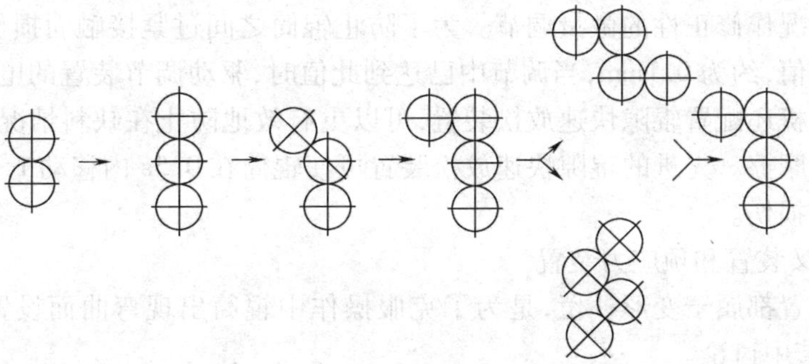

图 11-3　塑料压延机的发展过程

11.2.2　压延机的构造

各类压延机除辊筒数目及排列方式不同外,其基本构造大致相同。由于压延塑料需要较高的温度和压力,辊筒转动既要求平稳快速,其转速和位置又要求能在较大范围内作精密调节,因而压延机必须有较高的力学强度,某些重要部件还须有很高的精度。四辊压延机的主要组成部分有(图 11-4)以下几项。

(1)辊筒

辊筒是压延机的核心部件,被压延物与其直接接触并对它加热、施压和成型,辊筒的表面和内在性能都直接影响压延产品的质量和产量,因此有必要在后续内容里再加以讨论。

(2)机架

机架是压延机的主要承力体,由铸钢制成。其主要部分是左右两侧的夹板,用以支承辊筒的轴承、调节装置和其他附件。机架采用固定方式安装在地面的基础上。

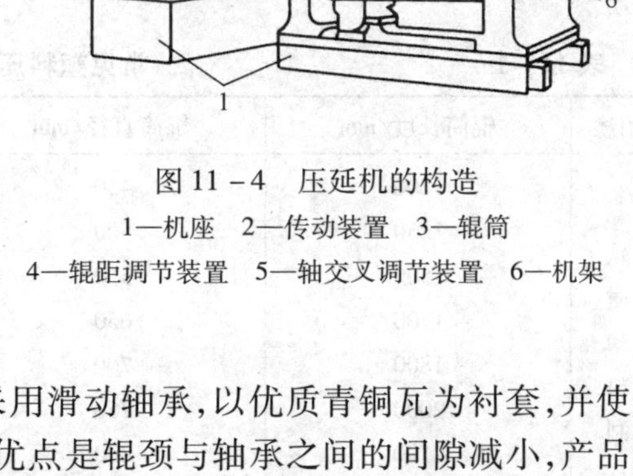

图 11-4　压延机的构造

1—机座　2—传动装置　3—辊筒

4—辊距调节装置　5—轴交叉调节装置　6—机架

(3)轴承

轴承不但支承辊筒,而且承受压延加工时产生的压力。压延辊筒的轴承过去都采用滑动轴承,以优质青铜瓦为衬套,并使用加压循环加油润滑。目前采用滚动轴承,其优点是辊颈与轴承之间的间隙减小,产品厚度均匀性提高;减少摩擦,压延机驱动功率降低;由润滑油带走的热量减少,辊筒温度容易控制;使用寿命长,维修费用降低。

(4)辊距调节装置

四辊压延机的第三辊的轴承位置是固定不变的,即设定为基准辊,其他三个辊筒都设调节装置相对基准辊调节辊筒间隙,以满足产品厚度的需要。一般压延机辊筒应有粗细两套调节装置,粗调的调速5倍于细调,用为空车时作较大幅度的调节;细调是在生产中针对产品状况作修正性的微量调节。为了防止辊筒之间过紧接触而损伤辊面,辊筒间距常设有下限值,约为0.1mm,当调节中已达到此值时,驱动调节装置的电动机能自动停止。新型压延机还配置辊隙快速放松装置,可以更有效地防止在缺料情况下辊筒之间可能发生的直接摩擦。先进的辊隙快速放松装置可使辊筒在0.5s内移动1.5mm从而保证辊筒表面不受损伤。

(5)轴交叉装置和预应力装置

这两种装置都属于变形补偿,是为了克服操作中辊筒出现弯曲而设置的,其详细情况将在11.4节中讨论。

(6)润滑系统

这一系统是由输油泵、油管、加热器、冷却器、过滤器和油槽等共同组成的。润滑油先由加热器加热到一定温度(80~100℃)而后由输油泵送到各个需要润滑的部分。润滑后的润滑油又由油管回到油槽,经过滤和冷却后,即可再用。注入各部分的油量都是可以调节的。压延机的主要润滑部分是辊筒的轴承,耗油量占整个润滑系统的90%,润滑的好坏对制品质量和压延机的寿命均有影响。

(7)传动与减速装置

压延机各个辊筒的转动既可由一台电动机通过齿轮副带动,也可分别由多台电动机各自带动。为了使辊筒的转动平稳,一般都采用直流电动机,并附有精确的调速装置。由于电动机转速很快,一般都要经过齿轮型的减速装置。正齿轮的旋转都是细小断续的动作,对制品质量是不利的,人字齿轮可以消除这一弊病,同时也可减少轴向应力。

11.2.3 压延机的辊筒

压延机的规格通常都以辊筒直径和工作面长度来表示。常见的塑料压延机规格如表11-1所示。

表11-1　常见塑料压延机的规格

用途	辊筒长度/mm	辊筒直径/mm	辊筒长径比	制品最大宽度/mm
软质塑料制品	1200	450	2.67	950
	1250	500	2.5	1000
	1500	550	2.75	1250
	1700	650	2.62	1400
	1800	700	2.58	1450
	2000	750	2.67	1700
	2100	800	2.63	1800
	2500	915	2.73	2200
	2700	800	3.37	2300

续表

用途	辊筒长度/mm	辊筒直径/mm	辊筒长径比	制品最大宽度/mm
硬质制品	800	400	2	600
	1000	500	2	800
	1200	550	2.18	1000
	1800	700	2.58	1450

压延机辊筒必须具有足够的强度和刚度，工作面应耐磨、耐腐蚀并有足够的硬度。一般压延机辊筒由冷铸钢制成，也可使用由冷硬铸铁壳和球墨铸铁芯制成的冷硬铸铁辊。压延硬质制品或高黏度物料时，可使用铬钼合金钢辊，以满足高负荷的要求。这种合金钢辊在压延软聚氯乙烯塑料时，物料会粘附在辊筒上，所以辊筒表面最好镀铬。压延机辊筒表面粗糙度要求很高，应达到粗糙度 $Ra0.08\mu m$。为了保证压延精度，辊筒最后一道磨光工序应在压延机工作温度下操作。辊筒越长，其刚度越差，弹性变形也越大。因而压延机辊筒的长径比有一定限制，通常为 1:(2～3)，压延软质制品时取较大值，硬质制品取较小值(参见表 11－1)。一般说来，同一压延机的各辊筒直径和长度都是相同的，但近年来出现了异径辊筒压延机，这将在后文叙述。

辊筒可通入蒸汽或过热水加热。按照载热体流道形式的不同，辊筒结构有空心式和钻孔式两种，如图 11－5 所示。空心式辊筒常用蒸汽加热，筒壁厚约 10cm。由于这种辊筒的筒壁太厚以及冷凝水会附着在辊筒内壁。因此，传热较慢，不利于及时控制操作温度。其次，由于结构上的缺陷，辊筒中部温度要比两端高，有时温差高达 10～15℃。这样就使辊筒各部分的热变形不一致，从而导致制品厚薄不均。钻孔式辊筒的载热体流道与表面较为接近(约为 2.5cm)，且又沿辊筒圆周和有效长度均匀分布，因此温度的控制比较准确和稳定，辊筒表面温度均匀，温差可小于 ±1℃。但是这种辊筒制造费用高，辊筒的刚性有所削弱。

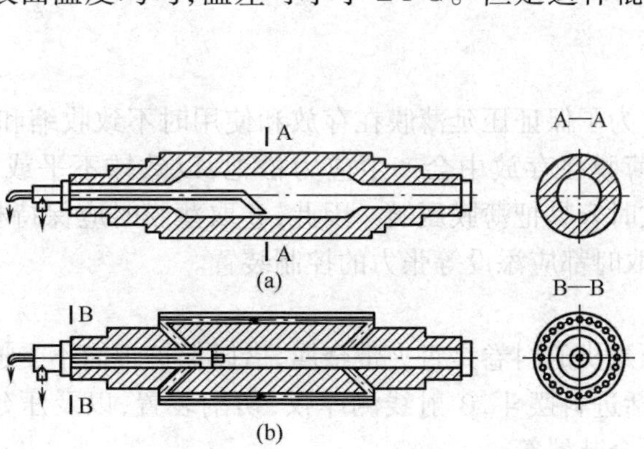

图 11－5　辊筒的结构
(a)空心式辊筒　(b)钻孔式辊筒

11.2.4 辅　　机

(1)引离辊

引离辊的作用是从压延机辊筒上均匀而无皱折地剥离已成型的薄膜,同时对制品进行一定的拉伸。引离辊设置于压延机辊筒出料的前方,距离最后一个压延辊筒为75～150mm,内部可通蒸汽或载热体加热,以防止出现冷拉伸现象和增塑剂等挥发物质凝结在引离辊表面;并可单独驱动和无级调速,以适应不同产品生产需要。辊温和速比是影响引离的主要因素,生产薄膜时,引离辊的线速度通常比主辊高30%左右。有时为了减少对薄膜的牵伸作用,还在压延辊和引离辊之间设置一根直径较小的引离辊,亦即使用两根引离辊,小引离辊的位置可以通过气缸调节。引离辊与压延辊筒的相对位置是很重要的。位置过高,薄膜在压延辊筒上虽然有较多的包覆面,但在高速运转时,更易出现包辊或断料而中断生产。

(2)轧花装置

轧花装置由轧花辊和橡胶辊组成,内腔均通水冷却。轧花辊上的压力、转速和冷却水流量都是影响轧花操作和质量的主要因素。

轧花的意义不限于使制品表面轧上美丽的花纹,还包括使用表面镀铬和高度磨光的平光辊轧光,以增加制品表面的光亮度,或者使用辊表面包覆含磨料胶层的橡胶辊生产消光制品。

(3)冷却装置

对压延后的物料起冷却定型作用,主要由4～8只冷却辊筒组成。为了避免与薄膜粘连,冷却辊不宜镀铬,最好采用铝质磨砂辊筒。

(4)橡皮运输带

使冷却后的薄膜平坦而放松地通过无端橡皮运输带,可以消除或减少成型过程中产生的内应力。

(5)卷取装置

用于卷取成品。为了保证压延薄膜在存放和使用时不致收缩和发皱,卷取张力应该适当。张力过大时,薄膜在存放中会产生应力松弛,以致摊不平或严重收缩;张力过小时,卷取太松,则堆放时容易把薄膜压皱。因此,卷取薄膜时应保持相等的松紧程度。为了满足这种要求,卷取时都应添设等张力的控制装置。

(6)金属检测器

用于检测送往压延机的料卷是否夹带金属,借以保护辊筒不受损伤。

此外,辅机还包括进料摆斗,β射线测厚仪,切割装置,以及压延人造革时使用的烘布辊筒、预热辊筒、贴合装置等。

11.3　压延过程中的流动分析

对压延过程中的物料流动进行分析讨论,目的是试图建立起诸如辊筒直径、线速度、间隙以及物料压力等设备和工艺参数之间的关系。加斯克尔(Gaskell)20世纪50

年代首先提出压延流体动力学理论，20 世纪 60 年代麦凯尔维（Mckelvely）又将此理论推广应用到符合指数定律的非牛顿流体中。近年来对非牛顿流体的压延流动理论分析更加深入，对非等温及非对称（不等辊径、不同转速）压延过程的流变理论研究亦已取得一定成果。当前，用电子计算机处理压延流变理论中的对称和非对称问题，已见到重大的实际成效。本节着重讨论加斯克尔的经典理论，并限于牛顿流体的对称压延。尽管这种分析中的假设条件与实际情况不完全一致，因而不能得到确切的定量结果，但可以对压延过程的流动特性做出重要论证，而讨论又可大为简化。读者如有兴趣深入研究，可参阅有关资料。

11.3.1 基本假设及微分方程的处理

图 11－6 表示压延机的一对辊筒，半径为 R，二辊之间的间隙为 $2H_0$。压延中物料受辊筒挤压时受有压力的部分称为钳住区，辊筒开始对物料加压的点称为始钳住点，加压终止点为终钳住点，两辊中心（两辊筒横截面圆心连线的中点）称中心钳住点，钳住区压力最大处称最大压力点。为了使分析简单，作如下假没：

1）过程为不可压缩牛顿流体所作的等温、层状、稳定流动，因而物料黏度 η 为常数，各流动参数对时间的导数皆为零。

2）忽略质量力的作用，即 $\rho g=0$。式中：ρ 为物料的密度，g 为重力加速度。

3）由于 $H_0<<R$，因而可以认为钳住区内的两辊筒表面互相平行，这样 y 方向无物料流动，即物料在 y 方向的流动速度 $v_y=0$。物料在 x 方向流动速度 v_x 的变化远小于它在 y 方向的变化，因而 dv_x/dx 可忽略不计。压力 p 仅为 x 的函数，而且压力降如 $d\rho/dx$ 为常数。

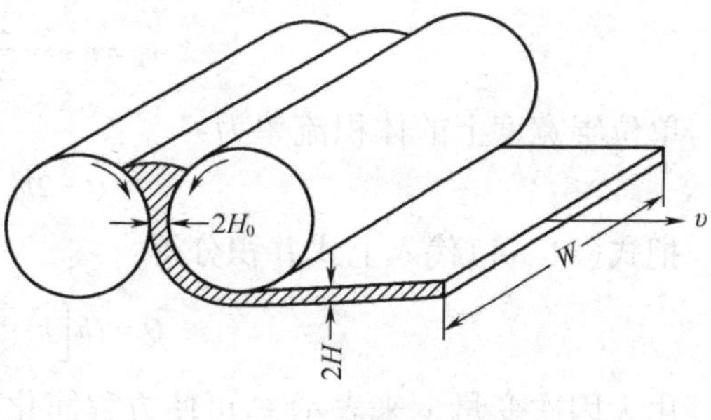

图 11－6　压延过程示意图

4）物料严格按照 x、y 二维流动，在辊筒宽度方向，即 z 向，无物料流动，亦即物料在 z 方向的流动速度 $v_z=0$。

5）忽略物料的弹性，并认为物料在辊筒表面没有滑动。

6）两辊筒的半径和线速度相等。辊筒的刚度足够大，因而流动的几何边界不受辊隙间压力的影响。

根据上述假设，采用图 11－7 所示的直角坐标系统，物料的连续方程和动量方程可简化为如下形式：

$$\frac{\partial v_x}{\partial x}+\frac{\partial v_y}{\partial y}=0 \tag{11-1}$$

$$\eta\left(\frac{\partial^2 v_x}{\partial^2 v_y}\right)=\frac{dp}{dx} \tag{11-2}$$

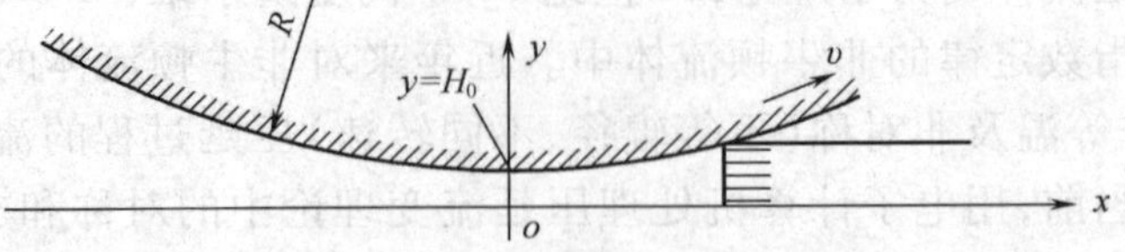

图 11－7　压延流动分析的坐标图

11.3.2　始钳住点和终钳住点的关系

对式(11－2)积分得：

$$\left(\frac{\partial v_x}{\partial y}\right) = \gamma = \frac{1}{\eta}\left(\frac{\mathrm{d}p}{\mathrm{d}x}\right)y + c \tag{11-3}$$

因为当 $y=0$ 时，$\gamma=0$，所以积分常数 $c=0$。进行二次积分，并应用 $y=h$ 时，$v_x=v$ 这一边界条件计算积分常数，式中 h 为 x 轴上任一给定点到辊筒表面的线速度，得到速度分布方程：

$$v_x = v + \frac{y^2 - h^2}{2\eta}\left(\frac{\mathrm{d}p}{\mathrm{d}x}\right) \tag{11-4}$$

单位辊宽度上的体积流率为：

$$Q = 2h_0^h \int v_x \mathrm{d}y$$

把式(11－4)代入上式并积分得：

$$Q = 2h\left[v - \frac{h^2}{3\eta}\left(\frac{\mathrm{d}p}{\mathrm{d}x}\right)\right] \tag{11-5}$$

用无因次变量 x' 来表示 x，可使方程简化：

$$x' = \frac{x}{(2RH_0)^{\frac{1}{2}}} \tag{11-6}$$

把上式代入式(11－5)，解出 $\frac{\mathrm{d}p}{\mathrm{d}x'}$，得：

$$\frac{\mathrm{d}p}{\mathrm{d}x'} = (2RH_0)^{\frac{1}{2}}\left(\frac{3\eta}{h^2}\right)\left(v - \frac{Q}{2h}\right) \tag{11-7}$$

h 对 x 有如下函数关系：

$$h = H_0 + [R - (R^2 - x^2)^{\frac{1}{2}}]$$

该式实用的近似形式为：

$$h = H_0 + \frac{x^2}{2R} \tag{11-8}$$

由式(11－6)和式(11－8)消去 x 得：

$$\frac{h}{H_0} = 1 + x'^2 \tag{11-9}$$

引入另一无因次变量 λ：

$$\lambda^2 = \frac{Q}{2vH_0} - 1 \tag{11-10}$$

为了明确 λ 的物理意义，设在终钳住点处 $x = X, h = H$，而 $x' = \dfrac{X}{(2RH_0)^{\frac{1}{2}}}$，这时式(11－9)成为：

$$\frac{H}{H_0} = 1 + x'^2 \tag{11-11}$$

由于物料在此处脱离辊筒表面，物料的流动速度将与辊速相同，即 $v_x = v$，而 $Q = 2vH_0$，把这些关系式代入式(11－10)可得：

$$\lambda^2 = x'^2 \tag{11-12}$$

或

$$\lambda^2 = \frac{X^2}{2RH_0} \tag{11-13}$$

可见，λ 等于终钳住点处 x' 的值。

把 λ^2 引入式(11－7)可得：

$$\left(\frac{dp}{dx'}\right) = \frac{\eta v}{H_0}\sqrt{\frac{18R}{H_0}}\left[\frac{x'^2 - \lambda^2}{(1 + x'^2)^3}\right] \tag{11-14}$$

物料在钳住区任一点的压力可由上式积分得到，根据 $\lambda = x'$ 时终钳住点处 $p = 0$（忽略大气压力），可得积分常数近似为 $5\lambda^3$，于是得：

$$p = \frac{\eta v}{H_0}\sqrt{\frac{9R}{32H_0}}\left[g(x',\lambda) + 5\lambda^3\right] \tag{11-15}$$

$g(x',\lambda)$ 是一个复杂函数，它有两个重要的根，即压力为零的那两点。其中一点为始钳住点处，假设此点 $x' = -x'_0$；另一点为终钳住点处，此处 $x' = \lambda$。方程(11－15)表明，这两点的 $g(x',\lambda) = -5\lambda^3$，亦即：

在始钳住点处，$g(-x'_0,\lambda) = -5\lambda^3$

在终钳住点处，$g(\lambda,\lambda) = -5\lambda^3$ 因而：

$$g(-x'_0,\lambda) = g(\lambda,\lambda) \tag{11-16}$$

式(11－16)说明始钳住点和终钳住点之间存在着唯一的关系，此关系由图11－8表示。

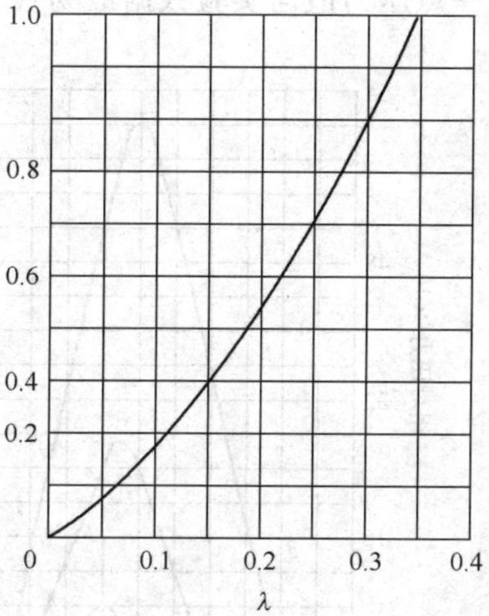

图11－8　λ 和 x'_0 之间的曲线关系

11.3.3　钳住区的物料压力分布

式(11－14)表明，当 $x' = \pm\lambda$ 时，$\dfrac{dp}{dx'} = 0$，这时 p 分别为极小值和极大值。在 $x' = -\lambda$ 处，$p = p_{max}$，为最大压力点，最大压力点值经推算为：

$$p_{max} = \frac{5\lambda^3 \eta v}{H_0}\sqrt{\frac{9R}{8H_0}} \tag{11-17}$$

如果把钳住区任一点压力和最大压力之比定义为相对压力，并用 p' 表示，则从式(11－15)和式(11－17)可得：

$$p' = \frac{p}{p_{\max}} = \frac{p(x')}{p(-\lambda)} = \frac{1}{2}\left[1 + \frac{g(x',\lambda)}{5\lambda^3}\right] \tag{11-18}$$

由此可得钳住区各主要点上的 p' 值为：

始钳住点：$x' = -x'_0, p' = 0$；

最大压力点：$x' = -\lambda, p' = 1$；

中心钳住点：$x' = 0, g(0,\lambda) = 0, p' = \frac{1}{2}$；

终钳住点：$x' = \lambda, p' = 0$。

若把式(11－15)中的常数都集中在一起，并与式(11－18)联列，解得：

$$p = k\lambda^3 p' \tag{11-19}$$

式中 k 即为常数项。由此可清楚地看到 λ 对压力分布的影响。图 11－9 表示 λ 值的 $p-\lambda$ 曲线。随着 λ 的增加，钳住区范围扩大，最大压力上升。由于 $p_{\max}$ 和 λ 呈三次方关系，所以 λ 的微小变化即会引起 $p_{\max}$ 很大改变，例如 λ 增加 1 倍时，$p_{\max}$ 就增至 8 倍。

虽然 λ 对压力分布曲线的斜率影响很大，但它只能用实验方法测定。如果得到压力分布，那么 λ 可根据零压力点，最大压力点，也可根据辊隙处的压力来确定，这取决于哪一点压力值与实验数据最吻合。

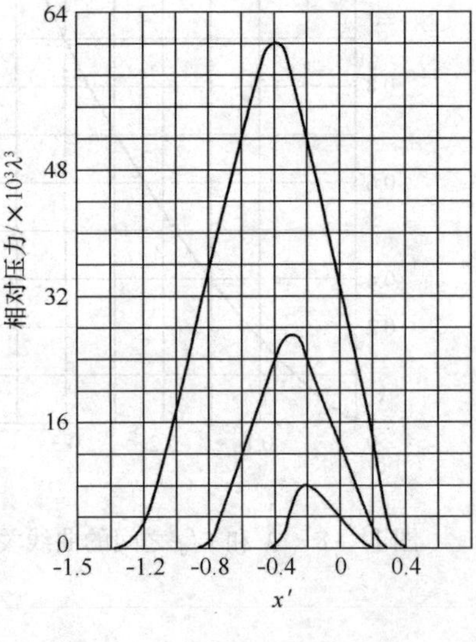

图 11－9　不同 λ 值的相对压力分布

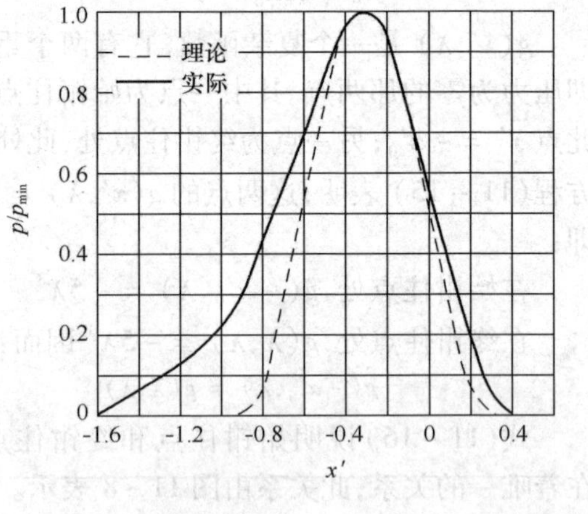

图 11－10　理论压力曲线与实际压力曲线的比较

有人采用应变式压力传感器在直径为 250mm 的辊筒表面上测得了压力分布，压延的物料为软聚氯乙烯。测试数据和理论曲线的比较表明(图 11－10)，它们的最大压力点是一致的。若以最大压力点 $(x' = -\lambda)$ 为分界线，则在 $x' > -\lambda$ 这段，理论曲线与实际比较一致；而在 $x' < -\lambda$ 这段，理论值比实际值低。在 $\frac{p}{p_{\max}} > \frac{1}{2}$ 的情况下，理论曲线与实测曲线比较一致；而在 $\frac{p}{p_{\max}} < \frac{1}{2}$ 的部分，理论曲线就将在实际曲线之下。理论与实际不相符的主

要原因是熔体的非牛顿性。理论假设所有各点的熔体黏度为常数，但是实际上熔体为假塑性，在辊隙区剪切速率大，η 值比较小，故压力建立必定比牛顿流动理论所要求的早。此外，忽略熔体的弹性及喂料端有存料也是产生误差的重要原因。

11.3.4 钳住区的速度分布

联列式(11－4)和式(11－14)，把 x 化为 x'，并重新整理，便得到钳住区物料的速度分布：

$$\frac{v_x}{v}=\frac{2+3\lambda^2[1-(y/h)^2]-x'^2[1-3(y/h)^2]}{2(1+x'^2)} \quad (11-20)$$

该式表明 $\frac{v_x}{v}$ 是 x'，y/h 和 λ 的函数。由此式可以发现[图 11－11(a)]：

1）当 $x'=\pm\lambda$ 时，$v_x=v$，速度分布为直线，亦即最大压力点和终钳住点处物料速度等于辊筒表面线速度。

2）当 $-\lambda<x<\lambda$ 时，压力梯度为负，速度分布为凸状曲线。在此区域内，除了与辊筒接触的物料 $v_x=v$ 外，其他各点的 v_x 值都大于辊筒线速度。在 x' 轴方向上，v_x 由 $-\lambda$ 处至中心钳住点处逐渐增加到最大值，过了中心钳住点后又逐渐下降，在终钳住点处等于辊筒线速度。

3）当 $x'<\lambda$ 时，压力梯度为正，速度分布为凹状曲线。

4）$x'<-\lambda$ 域内，当 $x'=x'^*$ 时，在 $y=0$ 处，$v_x=0$，这一点称为“滞留点”。使式(11－20)中的 $\frac{v_x}{v}=0$，即可求得：

$$x'^*-3\lambda^2-2=0$$

该式说明 x'^* 是 λ 的函数。

5）当 $x'<x'^*$ 时，物料运动出现两个相反方向的速度：靠近中心面处，物料速度为负值，离开钳住区向负 x 方向流动；靠近辊筒表面处，物料速度为正值，向着正 x 方向流动。因而在此区域内，存在局部环流。

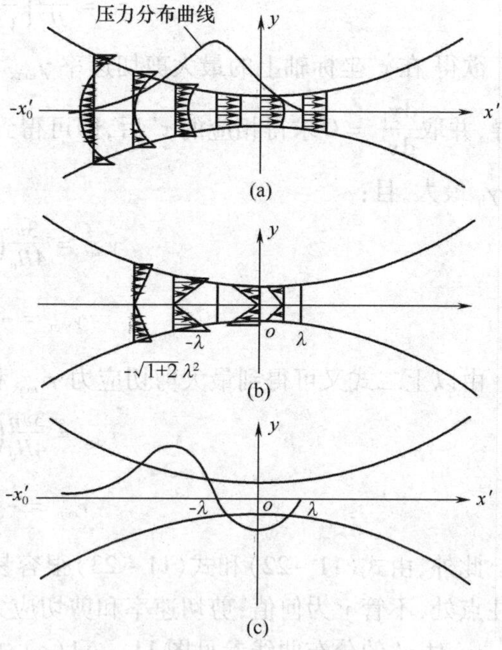

图 11－11 钳住区速度和剪切速率的分布曲线
(a)速度和压力分布曲线
(b)剪切速率在 y 轴方向的分布曲线
(c)辊筒表面的剪切速率在 x' 轴方向的分布曲线

11.3.5 压延过程中的剪切作用

熔体在钳住区的剪切速率可由式(11－20)给出的 v_x 对 y 进行偏导求得：

$$\dot{\gamma}=\frac{\partial v_x}{\partial y}=\frac{1}{h}\left[\frac{\partial v_x}{\partial(y/h)}\right]=\frac{3v(y/h)}{h}\left(\frac{x'^2-\lambda^2}{1+x'^2}\right) \tag{11-21}$$

由式(11 - 9) $\frac{h}{H_0}=1+x'^2$,可将上式变换为:

$$\dot{\gamma}=\frac{3v}{H_0}\frac{y}{h}\left[\frac{x'^2-\lambda^2}{(1+x'^2)}\right] \tag{11-22}$$

剪切应力 $\tau=\eta\dot{\gamma}$,即:

$$\tau=\frac{3v\eta}{H_0}\frac{y}{h}\left[\frac{x'^2-\lambda^2}{(1+x'^2)}\right] \tag{11-23}$$

式(11 - 22) 和(11 - 23) 表示 γ 和 τ 都与 y 成正比关系,而且当 $y=0$ 时,γ 和 τ 也都等于零,所以 γ 和 τ 在 y 方向上的分布为通过原点的直线,如图 11 - 11(b) 所示。

在辊筒表面处,$y/h=1$,剪切速率 γ_h 和 τ_h 剪切应力为:

$$\dot{\gamma}_h=\frac{3v}{H_0}\left[\frac{x'^2-\lambda^2}{(1+x'^2)}\right] \tag{11-24}$$

$$\tau_h=\frac{3v\eta}{H_0}\left[\frac{x'^2-\lambda^2}{(1+x'^2)}\right] \tag{11-25}$$

欲得 在 x' 坐标轴上的最大剪切速率 γ_{max} 和最小剪切速率 γ_{min},可由式(11 - 24) 对 x' 求导,并取 $\frac{d\dot{\gamma}_h}{dx'}=0$ 求得相应的 x' 后,即可得到:当 $x'=0$ 时,$\dot{\gamma}_h$ 最小;当 $x'=-\sqrt{1+2\lambda^2}$ 时,$\dot{\gamma}_h$ 最大,且:

$$\dot{\gamma}_{max}=\frac{3v}{4H_0}\left(\frac{1}{1+\lambda^2}\right) \tag{11-26}$$

$$\dot{\gamma}_{min}=-\frac{3v\lambda^2}{H_0} \tag{11-27}$$

由以上二式又可得到最大剪切应力 τ_{max} 和最小剪切应力 τ_{min}:

$$\tau_{max}=\frac{3v\eta}{4H_0}\left(\frac{1}{1+\lambda^2}\right) \tag{11-28}$$

$$\tau_{min}=-\frac{3v\eta}{H_0}\lambda^2 \tag{11-29}$$

此外,由式(11 -22)和式(11 -23)很容易得到:当 $x'=\pm\lambda$ 时,即在最大压力处和终钳住点处,不管 y 为何值,剪切速率和剪切应力都等于零。

γ_h 对 x' 的分布曲线参见图 11 - 11(c)。由图可见,物料刚进入钳住区时,$\gamma>0$,$\tau>0$。在 $x'=-\sqrt{1+2\lambda^2}$ 处,γ 和 τ 达到最大值。自此以后,γ 和 τ 渐趋减小,但仍为正值。当 $x'=-\lambda$ 时,虽然压力达到最大值,但 γ 和 τ 都为零。以后 γ 和 τ 变为负值,当 $x'=0$ 时。γ 和 τ 达到最小值。过了这点以后,γ 和 τ 逐渐增加,但仍为负值。直到 $x'=\lambda$ 时,γ 和 τ 变为零,于是物料离开钳住区。

11.3.6 驱动辊筒的功率消耗

驱动每一个辊筒所需的功率 N 由以下几项乘积确定:

1) 辊筒表面速度 v;

2）辊筒轴向工作面宽度 W；

3）熔体黏度 η；

4）沿熔体与辊筒接触的全部剪切速率 γ 的总和。

每次压延过程必定有两个辊筒同时作用，因此：

$$N = 2vW\eta\int\dot{\gamma}_h dx \tag{11-30}$$

把 x 转变为 x' 后，上式成为：

$$N = 2vW\eta\sqrt{2RH_0}\int_{-x'_0}^{\lambda}\dot{\gamma}_h dx' \tag{11-31}$$

把式(11－24)代入上式中的 $\dot{\gamma}_h$，并积分

$$N = 3Wv^2\eta\sqrt{\frac{2R}{H_0}}f(\lambda) \tag{11-32}$$

式中：$f(\lambda)$ 为仅与 λ 变化有关的函数式，其曲线关系由图 11 － 12 表示。

由于 γ_h 存在正、负两种情况，从式(11 － 30) 可知，N 也会出现正负两种情况：在 $x' < -\lambda$ 这一区域内 N 为正值，辊筒推动物料前进，物料吸热、升温；$\lambda > x' > -\lambda$ 这一区域内辊筒做负功，物料反而推动辊筒，这时物料放热。

式(11－32)表示辊筒的功率与线速度平方成正比关系，因此在提高辊筒速度时，要特别注意压延机功率的增长。

11.3.7　辊筒的分离力

在压延过程中，辊筒对物料施加压力，而物料对辊筒又产生反作用力，这个力使辊筒趋向分离，通常称为分离力。显然，总压力和分离力是彼此相等的。辊筒所受的分离力分布在整个钳住区，而且沿工作面长度均布，因而可以由物料压力 p 在钳住区积分求得：

$$F = W\int p dx \tag{11-33}$$

式中：F 即为辊筒的分离力。把 x 转变为 x' 后，上式成为：

$$F = W\sqrt{2RH_0}\int_{-x'_0}^{\lambda} p dx' \tag{11-34}$$

把式(11 － 15) 代入上式中的 p，并积分得：

$$F = \frac{3\eta vRW}{4H_0}q(\lambda) \tag{11-35}$$

式中：函数 $q(\lambda)$ 由另一个复杂方程确定，该方程的曲线由图 11 － 12 表示。

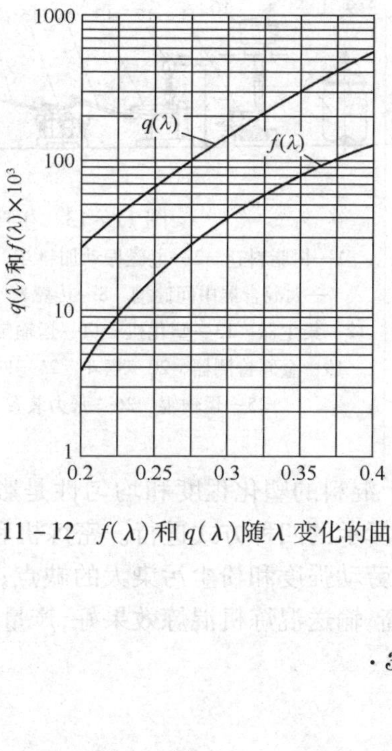

图 11－12　$f(\lambda)$ 和 $q(\lambda)$ 随 λ 变化的曲线

分离力是设计压延机的主要参数，常用以推测某种材料在一定的工艺条件下压延时，辊筒和轴承是否安全。式(11 －35) 表示辊

筒分离力与H_0成反比关系，因而在生产很薄的制品时，分离力显著增加，即使辊筒和轴承的强度允许，而辊筒挠度将增加，制品厚薄均匀度必然受影响，高速生产时影响更严重，应引起注意。

实际生产中，辊筒分离力常由压力传感器或液压加载装置测量得到。为了设计计算方便，通常引入"横压力"的概念，它表示每单位厘米辊筒宽度上的分离力。由实验测知，实际生产中辊筒横压力在4000～7000N/cm 范围变化。

11.4 压延工艺

11.4.1 压延工艺过程

聚氯乙烯压延产品主要有软质薄膜和硬质片材两种。由于它们的配方及用途不同，生产工艺也有差别，现分别叙述如下。

11.4.1.1 软质聚氯乙烯薄膜

生产软质聚氯乙烯薄膜的工艺流程见图 11－13，首先将各种组分的原料配制成干混料。按照配方计量，再依据各种原料的性质按一定的顺序投入到高速混合机中，加热混合使物料温度达到 100℃左右，以保证分散和混合均匀；然后将捏合好的物料转入带冷却水夹套的冷却混合设备，并慢速搅拌、冷却到 60℃以下，以防结块。

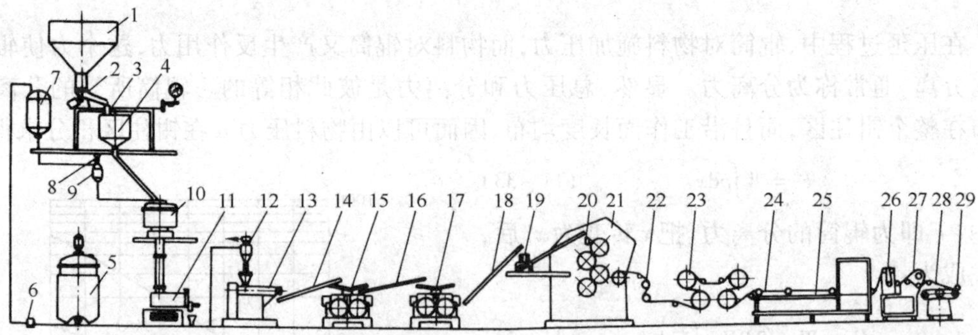

图 11－13 生产软质聚氯乙烯薄膜的工艺流程

1—树脂料仓 2—电磁振动加料斗 3—自动磅秤 4—称量计 5—大混合器 6—齿轮泵 7—大混合器中间储槽 8—传感器 9—电子秤料斗 10—加热混合机 11—冷却混合机 12—集尘器 13—塑化机 14—运输带 15—双辊机 16—运输带 17—双辊机 18—运输带 19—金属检测器 20—摆斗 21—四辊压延机 22—冷却导辊 23—冷却辊 24—运输带 25—运输辊 26—张力装置 27—切割装置 28—复卷装置 29—压力辊

干混料的塑化程度和均匀性是影响压延制品质量至关重要的因素，其过程可按图 11－1所示的四种方式进行。密炼机和双辊机都是间歇性操作，混炼质量易波动，且有效率低、劳动强度和粉尘污染大的缺点；专用挤出机塑化效果好，能够连续供料，但设备投资较高；输送混炼机混炼效果好，产量大，而且设备费用和电力消耗都少。输送混炼机是一种新型螺杆式混炼塑化装置，料斗带有可强制加料的柱塞缸，螺杆为不等距、不等深、不等径的多头螺纹，由于螺杆与机筒上的料槽深度不断改变，所以物料经充分剪切和反复混合，塑化非常均匀。

连续向压延机供料的方式取代了间歇的喂料操作（见图 11－14）。连续加料装置通常在加料输送带的末端加一往复摆动装置，使加入的圆棒形或扁带形物料分配均匀。加料装置的安装位置也很重要。物料若经较长的距离传送，温度下降过多，会使产品出现条纹。这些条纹是由部分冷料与正常温度的物料相混合而形成的。如果加料装置距离压延机工作面超过 2m，通常需要采取保温或补充加热措施。

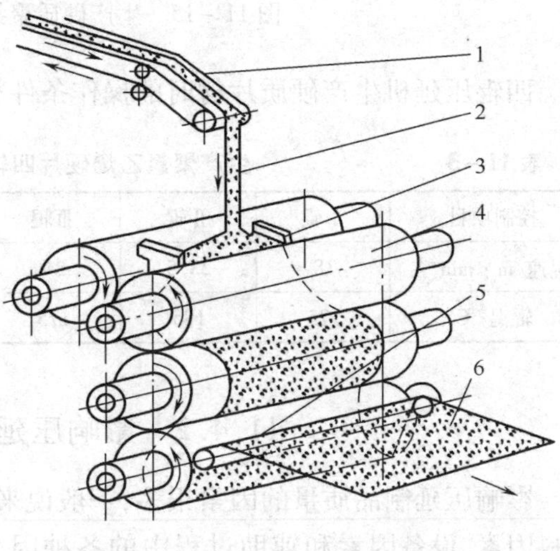

图 11－14　压延机的连续供料装置

若用双辊机供料，需要配置两台以使物料均匀塑化。其中第二台用于进一步混炼前道工序输送来的物料，并切成带状连续向压延机供料，并将压延过程中的边角余料送到前一台双辊机中混炼后重新使用。

送往压延机的坯料先经过金属检测器检测后，即由辊筒连续辊压成一定厚度的薄膜，然后由引离辊承托而撤离压延机，并经进一步拉伸，使薄膜厚度再行减小。根据产品需要可以接着进行轧花处理，然后经冷却和测厚，薄膜即作为成品卷取。

四辊压延机生产薄膜时的操作条件举例见表 11－2。

表 11－2　　生产薄膜时四辊压延机的操作条件

控制项目	Ⅰ辊	Ⅱ辊	Ⅲ辊	Ⅳ辊	引离辊	冷却辊	运输辊
辊速/$m \cdot min^{-1}$	42	53	60	50.5	78	90	86
辊温/℃	165	170	170～175	170	—	—	—

11.4.1.2　硬质聚氯乙烯片材

硬质聚氯乙烯片材的生产工艺流程与生产软质聚氯乙烯薄膜大致相同，但生产透明片材时，对干混料的塑化要求十分严格，应特别注意避免物料分解而导致制品发黄。这就要求干混料能在短时间内达到塑化要求，亦即应尽量缩短混炼时间和降低混炼温度。采用密炼机和普通单螺杆挤出机难以达到这样的要求。比较理想的混炼设备是专用双螺杆挤出机或行星式挤出机，它们可在 130～140℃ 的温度下把干混料预塑化，挤出成棒状料块，然后再经双辊机混炼后连续供料。

硬质聚氯乙烯片材的压延工艺流程图由图 11－15 表示。

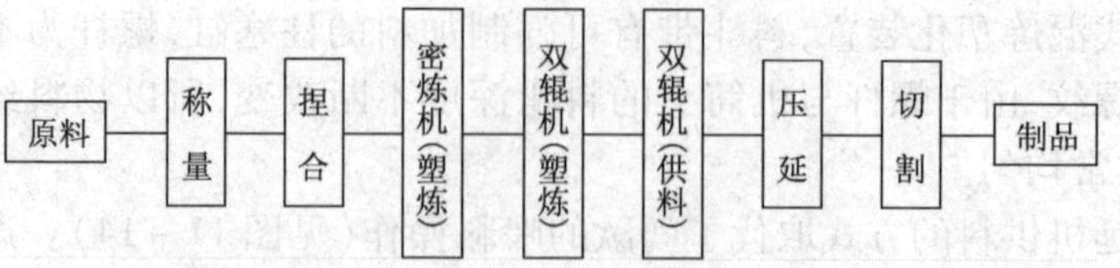

图 11－15　生产硬质聚氯乙烯片材的工艺流程

四辊压延机生产硬质片材时的操作条件举例见表 11－3。

表 11－3　　生产聚氯乙烯硬片四辊压延机的操作条件

控制项目	Ⅰ辊	Ⅱ辊	Ⅲ辊	Ⅳ辊	引离辊	冷却辊	运输辊
辊速/m · min^{-1}	18	23.5	26	22.5	0	36	32
辊温/℃	175	185	175	180	—	—	—

11.4.2　影响压延制品质量的因素

影响压延制品质量的因素很多，一般说来有以下四个方面，即压延机的操作因素、原材料因素、设备因素和辅助过程中的各种因素。所有因素对压延各种塑料的影响都相同，但以压延软质聚氯乙烯最为复杂，这里即以该种塑料为例，说明各种因素的影响。

11.4.2.1　压延机的操作因素

压延机操作因素主要包括辊温、辊速、速比、存料量、辊距等，它们又是互相联系和互相制约的。

(1)辊温和辊速

物料在压延成型时所需要的热量，一部分由加热辊筒供给，另一部分则来自物料与辊筒之间的摩擦以及物料承受剪切作用产生的热量。产生摩擦热的大小除了与辊速有关外，还与物料的增塑程度有关，亦即与其黏度有关。因此，压延不同配方的塑料时，在相同的辊速下，要采用不同温度控制；同理，相同配方不同的辊速，温度控制也不应一样。例如用相同配方的物料生产 0.10mm 厚的软质薄膜时，在两种不同辊速下，辊温控制如表 11－4 所示。如果在 60m/min 的辊速条件下仍然采用 40m/min 时的辊温操作，则料温会上升而引起包辊故障。反之，如果在 40m/min 的线速度下采用 60m/min 时的辊温，料温就会过低，从而使薄膜表面毛糙、不透明、有气泡，甚至出现孔洞等产品缺陷。

表 11－4　　不同辊速时的温度控制

辊速	辊筒温度控制范围
40/m · min^{-1}	第Ⅲ辊蒸汽压力 0.45～0.5MPa
60/m · min^{-1}	第Ⅲ辊蒸汽压力 0.4MPa

辊温与辊速之间的关系还涉及辊温分布、辊距与辊隙存料量调节等条件的变化。如果其他条件不变而将辊速由 40m/min 升到 60m/min，这样必然引起物料压延时间的缩短

和辊筒分离力的增加,使产品偏厚以及辊隙存料量和产品横向厚度分布发生变化。相反,辊速由60m/min降低到30m/min时,因压延时间延长及分离力减小,产品的厚度会变薄;并且摩擦热下降引起的热量不足而出现产品表面发毛现象。

压延时,物料常粘附于高温和快速的辊筒上。为了使物料能够依次贴合辊筒,避免夹入空气而使薄膜产生孔泡,各辊筒的温度一般是依次增高的,但Ⅲ、Ⅳ两辊温度应近于相等,这样有利于薄膜的引离。各辊温差在5~10℃。

(2)辊筒的速比

压延机相邻两辊筒线速度之比称为辊筒的速比。使压延辊保持速比的目的不仅在于使压延物依次贴辊,而且能使物料受到更多的剪切作用,有利于塑料能更好地塑化。此外,还可使压延物取得一定的延伸和定向,从而使薄膜厚度减薄和性能得到提高。为了达到延伸和定向的目的,辅机各转辊的线速度也应调控速比。这就是引离辊、冷却辊和卷绕辊的线速度须依次增高,并且都大于压延机主辊筒(四辊压延机中的第Ⅲ辊)的线速度。但是速比不能太大,否则薄膜的厚度将会不均匀,有时还会产生过大的内应力和尺寸不稳定性。

调节速比的要求是不能使物料包辊和不吸辊。速比过大会出现包辊现象;反之则会不易吸辊,以致空气夹入而使产品出现气泡,如对硬片来说,则会产生"脱壳"现象,塑化不良,造成质量下降。

根据薄膜厚度和辊速的不同,四辊压延机各辊速比控制范围参见表11-5。

表11-5　Φ650mm×1800mm斜Z型四辊压延机各辊筒速比

薄膜厚度/mm	0.1	0.23	0.14	0.50
主辊辊速/m·min⁻¹ / 速比范围	45	35	50	18~24
$v_{Ⅱ}/v_{Ⅰ}$	1.19~1.20	1.21~1.22	1.20~1.26	1.06~1.18
$v_{Ⅲ}/v_{Ⅱ}$	1.18~1.19	1.16~1.18	1.14~1.16	1.20~1.23
$v_{Ⅳ}/v_{Ⅲ}$	1.20~1.22	1.20~1.22	1.16~1.21	1.24~1.26

在三辊压延机中,上、中辊的速比一般为1∶1.05,中、下辊一般取相同速度,借以起烫平作用。

此外,引离辊与压延机主辊的速比也要控制恰当,速比低了,会影响引离;速比过大则会产生过多的延伸。生产厚度为0.10~0.23mm的薄膜时,引离辊线速度一般比主辊高10%~30%。

(3)辊距及辊隙间的存料

调节辊距的目的,一是为了适应不同厚度产品的要求;二是改变存料量。压延辊的辊距,除最后一道与产品厚度大致相同外(应为牵引和轧花留有余量),其他各道都比这一数值大,而且按压延辊筒的排列次序自下而上逐渐增大,使辊隙间有少量存料。辊隙存料在压延成型中起储备、补充和进一步塑化的作用。存料的多少和旋转状况均能直接影响产品质量。存料过多,薄膜表面毛糙和出现云纹,并容易产生气泡。在硬片生产中还会出现冷疤。此外,存料过多时对设备也不利,因为增大了辊筒的负荷。存料太少,常因压力不足而造成薄膜表面毛糙,在硬片中且会连续出现菱形孔洞。存料太少还可能经常引起边料的断裂,以致不易连续牵出再用。存料旋转不佳,会使产品横向厚度不均匀、薄膜有气泡、硬片有冷疤。存料旋转不佳的原因在于料温太低,辊温太低或辊距调节不当。基于上述种种,可知辊隙存料是压延操作中需要经常观察和调节的重要环节,合适的存料量见表 11 -6。

表 11 -6　　　　ϕ700mm×1800mm 斜 Z 型四辊压延机辊隙存料控制

辊隙 / 存料量 / 制品	Ⅱ/Ⅲ辊存料量	Ⅲ/Ⅳ辊存料量
0.10mm 厚农用薄膜	直径 7 ~10mm,呈铅笔状旋转	直径 5 ~8mm,旋转时流动性好
0.23mm 厚普通薄膜	直径 12 ~16mm,呈铅笔状旋转	直径 10 ~14mm,旋转着向两边流动
0.50mm 厚硬片	折叠状连续消失,直径约 10mm,呈铅笔状旋转	直径 10 ~20mm,缓慢旋转

(4)剪切和拉伸

由于在压延机上压延物的纵向上受有很大的剪切应力和一些拉伸应力,因此高聚物分子会顺着薄膜前进方向(压延方向)发生分子定向,以致薄膜在物理力学性能上出现各向异性。这种现象在压延成型中称为定向效应或压延效应。就软聚氯乙烯薄膜来说,由定向效应引起的性能变化主要有:①与压延方向平行和垂直两向(即纵向和横向)上的断裂伸长率不同,纵向为 140% ~150%,横向为 37% ~73%;②在自由状态加热时,由于解取向作用,薄膜各向尺寸会发生不同的变化;纵向出现收缩,横向与厚度则出现膨胀。

如果压延制品需要这种定向效应,例如要求薄膜具有较高的单向强度,则生产中应促进这种效应,否则就需避免。定向效应的程度随辊筒线速度、辊筒之间的速比、辊隙存料量以及物料表观黏度等因素的增长而上升,但随辊筒温度和辊距以及压延时间的增加而下降。此外,由于引离辊、冷却辊和卷取辊等均具有一定的速比,所以也会引起压延物的分子定向作用。

11.4.2.2　原材料的因素

(1)树脂

一般说来,使用相对分子质量较高和相对分子质量分布较窄的树脂,可以得到物理力学性能、热稳定性和表面均匀性好的制品。但是这会提高压延温度和增加设备的负荷,不利于生产较薄的膜。所以,在压延制品的配方设计中,应权衡利弊,选用适当的树脂。

树脂中的灰分、水分和挥发物含量都不能过高。灰分过高会降低薄膜的透明度,而水分和挥发物过高则会使制品带有气泡。

(2)其他组分

配方中对压延影响较大的其他组分是增塑剂和稳定剂。

增塑剂含量越多，物料黏度就越低，因此在不改变压延机负荷的情况下，可以提高辊筒转速或降低压延温度。

采用不适当的稳定剂常会使压延机辊筒（包括花辊）表面蒙上一层蜡状物质，使薄膜表面不光、生产中发生粘辊或在更换产品时发生困难。压延温度越高，这种现象越严重。出现蜡状物质的原因在于所用稳定剂与树脂的相容性较差而且其分子极性基团的正电性较高，以致压延时被挤出而包围在辊筒表面形成蜡状层。颜料、润滑剂及螯合剂等原料也有形成蜡状层的可能，但相对属次要因素。

避免形成蜡状层的方法有：①选用适当的稳定剂。一般说来，稳定剂分子中极性基团的正电性越高时，越易形成蜡状层。例如钡皂比镉皂和锌皂析出严重，因为钡的正电性高，镉较小，锌更小，所以压延配方应控制钡皂的用量。此外，最好少用或不用月桂酸盐而用液态稳定剂，如乙基己酸盐和环烷酸盐等。②掺入吸收金属皂类更强的填料如含水氧化铝等。③加入酸性润滑剂，如硬脂酸等。酸性润滑剂对金属具有更强的亲合力，可以先占领辊筒表面并对稳定剂起润滑作用，因而能避免稳定剂粘附于辊筒表面。但是硬脂酸用量不能太多，否则易从薄膜中析出。

(3)供料的预混合和塑炼

预先混合和塑炼的目的是使塑料各组分的分散和塑化均匀。分散不均，常会使薄膜出现鱼眼、柔曲性降低以及其他方面的质量缺陷；塑化不均则会使薄膜出现斑痕。

塑炼温度不能过高，时间不宜太长，否则会使过多的增塑剂散失及引起树脂分解。塑炼温度又不能太低，不然会出现不贴辊或塑化不均的现象。适宜的塑炼温度视具体配方而定，一般为150～180℃。

11.4.2.3 设备因素

压延产品质量的一个突出问题是横向厚度不均，通常是中间和两端厚而近中区两边薄，俗称“三高两低”现象。这种现象主要是辊筒的弹性变形和辊筒两端温度偏低引起的。

(1)辊筒的弹性变形

实测或计算都证明压延时辊筒受有很大的分离力，因而两端支承在轴承上的辊筒就如承载梁一样，会发生弯曲变形。这种变形从变形最大处的辊筒中心，向辊筒两端逐渐展开并减弱，这就导致压延产品的横向断面呈现中厚边薄的现象（图11－16）。这样的薄膜在卷取时，中间张力必然高于两边，以致放卷时就出现薄膜不平整的现象。

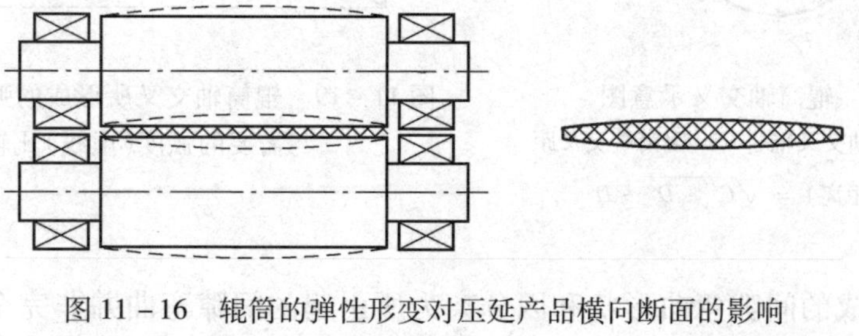

图11－16 辊筒的弹性形变对压延产品横向断面的影响

辊筒长径比越大，弹性变形也越大。为了消除此现象的影响，除了从辊筒材料及增强结构等方面着手提高其刚度外,生产中还采用中高度、轴交叉和预应力等措施进行纠正。三种措施在一台设备中是联用的,因为任何一种措施都有其限制性,联用的目的就是相互补偿。

1)中高度　这一措施是将辊筒的工作面磨成腰鼓形,如图 11-17 所示。辊筒中部凸出的高度即中间与端部辊径之差称为中高度或凹凸系数,其补偿量相当有限,通常的补偿量在 0.02~0.1mm(表 11-7)。产品偏薄或物料黏度偏大所需要的中高度偏高。基于这种理由,既定中高度的辊筒所生产的薄膜,在选用的原料和制品的厚度上,均应固定,最多亦只能对原料(主要是流变性能)和厚度两者的限制略为放宽,否则厚度公差就会增大,以致达不到要求。

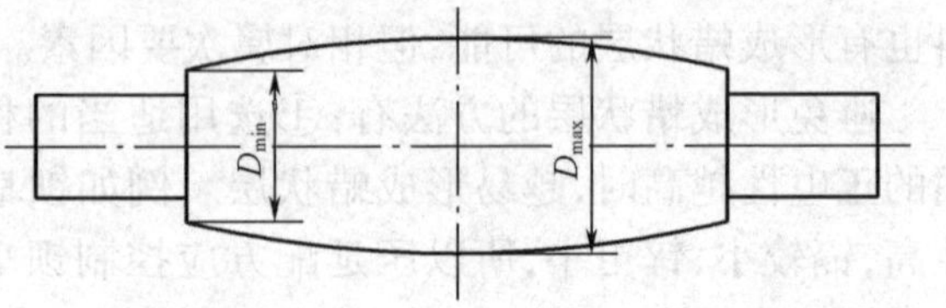

图 11-17　中高度凸缘辊筒

表 11-7　**Φ700×1800mm 斜 Z 形四辊压延机中高度**

辊筒	Ⅰ辊	Ⅱ辊	Ⅲ辊	Ⅳ辊
中高度/mm	0.06	0.02	0	0.04

2)轴交叉　压延机相邻两辊筒的轴线一般都是在同一平面上相互平行的。在没有负荷下可以使其间隙保持均匀一致。如果将其中一个辊筒的轴线在水平面上稍微偏动一个角度时(轴线仍不相交),则在辊筒中心间隙不变的情况下增大了两端的间隙,这就等于辊筒表面有了一定弧度(图 11-18)。

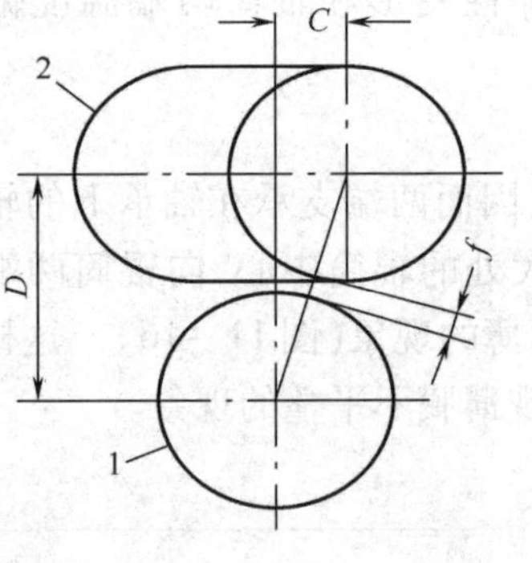

图 11-18　辊筒轴交叉示意图

1—固定辊　2—轴交叉辊　C—辊筒端交叉距

f(辊偏移的距离) $= \sqrt{C^2 + D^2} - D$

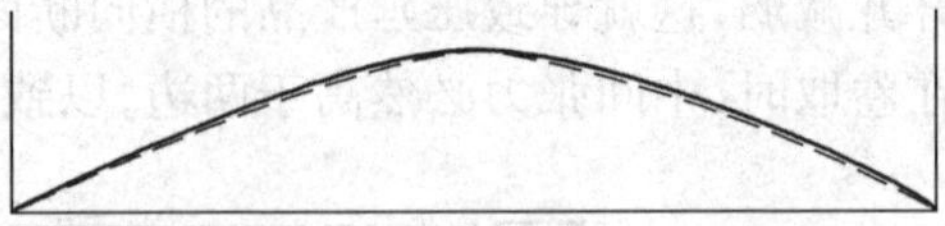
图 11-19　辊筒轴交叉所形成的弧度(实线)与需要的弧度(虚线)比较

轴交叉造成的间隙弯曲形状和因分离力所引起的间隙弯曲并非完全一致(图 11-19),当用轴交叉方法将辊筒中心和两端调整到符合要求时,在其两侧的近中区部分却出现了偏差，也就是轴交叉产生的弧度超过了因分离力所引起的弯曲，致使产品在这里偏薄。轴交叉角度越大，这种现象越严重。不过在生产较厚制品时，这一缺点并不突出。

轴交叉法通常都用于最后一个辊筒，而且常与中高度结合使用。轴交叉的优点是可以随产品规格、品种不同而调节，从而扩大了压延机的加工范围。轴交叉角度通常由两只电动机经传动机构对两端的轴承壳施加外力来调整，两只电动机应当完全同步。轴交叉的角度一般均限制在2°以内。

3）预应力　这种方法是在辊筒轴承的两侧设一辅助轴承，用液压或弹簧通过辅助轴承对辊筒施加应力，使辊筒预先产生弹性变形（图11－20），其方向正与分离力所引起的变形方向相反。这样，在压延过程中辊筒所受的两种变形便可互相抵消。所以这种装置也称为辊筒反弯曲装置。

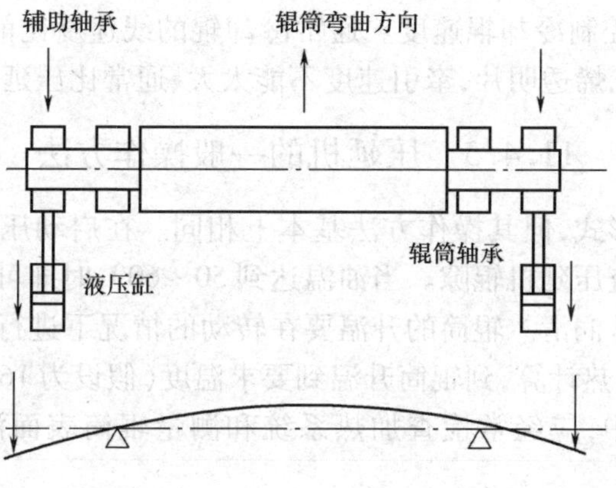

图11－20　预应力装置示意图

预应力装置可以对辊筒的两个不同方向进行调节。当压延制品中间薄两边厚时，也可以用此装置予以校正。这种方法理论上可以使辊筒弧度有较大变化范围并使弧度的外形接近实际要求。但是，如果完全依靠这种方法来调整，则大大增加了辊筒轴承的负荷，降低了轴承的使用寿命。在实际使用中，预应力只能用到需要量的一小部分，因而预应力一般也不能作为唯一的校正方法。采用预应力装置通常保持辊筒始终处于工作位置（通常称为“零间隙”位置）以克服压延过程中辊筒的浮动现象。

（2）辊筒表面温度的变动

在压延机辊筒上，两端温度常比中间的低。其原因一方面是轴承的润滑油带走了热量；另一方面是辊筒不断向机架传热。辊筒表面温度不均匀，必然导致整个辊筒热膨胀的不均匀，这就造成产品两端厚的现象。

为了克服辊筒表面的温差，虽然可在温度低的部位采用红外线或其他方法作补偿加热，或者在辊筒两边近中区采用风管冷却，但这样又会造成产品内在质量的不均。因此，保证产品横向厚度均匀的关键仍在于中高度、轴交叉和预应力装置的合理设计、制造和使用。

11.4.2.4 冷却定型的因素

(1)冷却温度

制品在卷取时应冷却至20～25℃。若冷却不足,薄膜会发粘,成卷后起皱和摊不平,收缩率也大;若冷却过分,辊筒表面会因温度过低而凝有水珠,制品被沾上后会在储藏期间发霉或起霜,夏天潮湿季节尤需注意。

(2)冷却辊流道的结构

为了提高冷却效果并进行有控制性地散热,一般都采用强制冷却的方法。但冷却辊进水端辊面温度往往低于出水端,所以制品两端冷却程度不同,收缩率也就不一样,薄膜成卷后也会起皱和摊不平,硬片则会产生单边翘曲。解决的方法是改进冷却辊的流道结构,务使冷却辊表面温度均匀。

(3)冷却辊速度

冷却辊速度太小,会使薄膜发皱;若速度太大,产品出现冷拉现象,导致收缩率增大,所以操作时必须严格控制冷却辊速度。通常冷却辊的线速度比前面的轧花辊快20%～30%。对于硬质聚氯乙烯透明片,牵引速度不能太大、通常比压延机线速度快15%左右。

11.4.3 压延机的一般操作方法

压延机虽有多种形式,但其操作方法基本上相同。在启动压延机之前,首先要加热油箱内的润滑油和检查压延机辊隙。当油温达到50～60℃时即可停止加热,开启进油阀对压延机轴承进行正常润滑。辊筒的升温要在转动的情况下进行,升温速度通常为每分钟1℃。从对润滑油加热计算,到辊筒升温到要求温度(假设为165℃),大约需要4h。

在辊筒升温过程中,应经常检查加热系统和测量辊筒表面温度,同时做以下准备工作:

1)投料前半小时对引离辊筒加热(蒸汽压力一般为0.7～0.8MPa);

2)检查冷却辊筒和轧花装置的冷却水是否达到预定要求;

3)按照产品的宽度要求装好切边刀;

4)调节投料挡板的距离。

在上述工作完成后,即可通知前工序投料。

压延机辊距的调整,按规定必须在投料以后才能进行,但有经验的操作人员可以先把辊隙收紧到1.25～1.50mm后投料。

以下以斜Z型四辊压延机为例,说明投料后对辊隙进行调整的过程。

在Ⅰ、Ⅱ辊之间投入物料以后,先让物料包覆在Ⅰ辊上,然后使Ⅰ辊向Ⅱ辊靠拢。这时可用竹刀来回切割物料,观察包覆在Ⅰ辊上的物料厚度是否均匀。当包在Ⅰ辊上的物料成为起脱壳的条状时,即可停止收紧辊隙。在调节的过程中,若两端间隙有差异,原则上是先把间隙小的一端放松,待两端基本一致后再同步收紧。

Ⅰ、Ⅱ辊的辊隙调妥后,用竹刀把物料切下并包覆在Ⅲ辊上。这时即调节Ⅱ辊向Ⅲ辊靠拢,直至包覆在Ⅲ辊上的薄膜两端厚薄均匀(厚度为1～0.75mm)。

最后使Ⅳ辊向Ⅲ辊靠拢。不断地观察辊筒两端存料是否均匀,用竹刀来回划动,必要时可割下两边薄膜,测量其厚度是否接近制品要求。调整最后辊隙存料至手指般粗细的铅笔状。

物料从压延机引出后，再进一步调节辊隙和存料（参见表11－8），使薄膜达到指定的厚度要求。

表11－8　斜Z型四辊压延机生产不同厚度薄膜时的辊隙

辊隙顺序 / 辊隙/mm / 薄膜厚度/mm	Ⅰ/Ⅱ	Ⅱ/Ⅲ	Ⅲ/Ⅳ
0.09	0.14～0.18	0.11～0.14	0.09～0.10
0.14	0.20～0.22	0.18～0.20	0.14～0.15
0.23	0.30～0.33	0.25～0.30	0.23～0.24
0.45	0.50～0.52	0.48～0.50	0.45～0.46

在薄膜厚度达到要求后，再按要求调整压延速度。如果转速很快，还要重新调整辊筒温度，否则会由于温度突然升高而造成粘辊断料事故。

压延机停车时，应在辊隙还有少量物料的情况下逐步松开每一对辊隙。辊隙调至0.75mm左右，清除存料。这样可以确保压延机的安全。

关于制品外观不良的原因及改进方法参见附录表15。

11.5　压延成型的进展

近年来，压延制品在品种、质量、产率等方面都有显著提高，这归因于原材料和压延设备的不断改进。以下就这两方面的情况作简要阐述。

11.5.1　原料的进展

聚氯乙烯树脂虽然已有多年的生产历史，但仍然有新的发展，市场出现不少新的产品。这些新产品的共同特点是质量均匀，对提高压延薄膜很有利。二步本体聚合法聚氯乙烯树脂的应用有所扩大，这种原料具有特殊的颗粒结构形态，吸收增塑剂的性能十分优良，特别适用于制造软质透明薄膜。氯乙烯与乙烯或丙烯的共聚树脂在生产硬质制品时，可降低加工温度，热稳定性也较好。用作冷冻食品包装的聚氯乙烯硬质片材要求有较高的韧性，MBS树脂和聚丙烯酸酯树脂（ACR）目前大量用作生产透明聚氯乙烯薄膜和硬质片材的增韧改性剂。

为了满足高速压延的要求，出现了一些新的稳定剂，液体镉钡稳定剂析出少，特别适用于压延加工。适用于食品、医用的透明硬质聚氯乙烯薄膜、片材生产的多种有机锡类稳定剂有了很大的发展。近年来还开发了一定数量的压延加工专用润滑剂，如属于低相对分子质量聚乙烯蜡等。

11.5.2　压延机的大型、高速、精密、自动化

压延机的大型化主要表现在压延机辊筒直径和数量的增加。例如初期压延机都

为三辊,其规格为 Φ350mm×1000mm 或 Φ450mm×1250mm,而目前使用的压延机大多是直径为 600mm 以上的四辊压延机,大型压延机可达到 Φ1000mm×3300mm 或 Φ1200mm×2740mm。

压延机的大型化可使产量大幅度上升。例如辊筒直径为 450mm 与 600mm 的压延机相比,后者辊筒直径增加 30%,但在相同转速下产量可提高 70%。如果辊筒线速度相同,大型压延机转速可降低,有利于生产控制。此外,增加辊筒直径和长度,可以使辊筒的挠曲度减小,增加了制品横向厚度的均匀性,并且以增加压延产品的幅宽。

目前一般压延机的加工速度已达 80~100m/min,最大可达 300m/min。压延精度可达 ±0.0025mm。

通过在压延生产过程中运用在线监测和计算机程序控制系统,采用在线装置对制品厚度进行监测,并通过闭环反馈与控制系统进行自动调整。程序化控制的自动化生产装置可在显示屏上连续显示薄膜外形图像和各个辊隙的图形,通过测量仪测得由辊筒负荷所产生的轴承力,并将它反馈给系统数据库,自动控制系统即会对轴交叉等装置的参数作对比和相应调整,从而精确地控制整个生产过程。

11.5.3 冷却装置的改进

随着压延速度的不断提高,制品的冷却已成为生产控制的关键,它对制品的性能,特别是收缩性能,影响很大。

冷却装置过去大多采用直径为 400~600mm 的辊筒,数量约 4 个,辊筒之间有较大距离,有时还在大冷却辊之间设置小冷却辊。目前的冷却辊筒特点是:“小、多、近”,直径为 60~120mm,数量有 9 个以上,它们分组控温,分组驱动。冷却装置因辊筒直径减小,有较好的传热效果,并且有利于消除高速运转时夹在薄膜与辊筒之间的空气。压延制品在不同温度下缓慢冷却,内应力减少,使收缩率降低。此外,由于前面几个冷却辊筒温度较高,有利于去除薄膜表面的挥发物质,因而制品手感爽滑,同时还可避免薄膜粘附在辊筒表面。

生产硬质聚氯乙烯片材时,冷却辊筒直径可以更小些,但数量要增加。

11.5.4 异径辊筒压延机

在异径辊筒压延机中,至少有一个辊筒的直径与其他辊筒不同(图 11-21)。采用异径辊筒后,压延机的分离力和驱动扭矩减少,因而具有节能、高速和提高制品精度的优点。

当辊筒直径增大时,对两个等径辊筒来说,进料角度就会减小。若要维持存料高度不变,就要增加钳住区面积。采用异径辊筒就可以避免这种现象。例如两个直径为 550mm 的等径辊筒,进料角度为 21.7°;把其中一个辊筒的直径减为 350mm,进料角度就增大到 25.7°。如果要求存料高度为 10mm,那么存料区的横截面积就从前者的 211mm^2 降为后者的 147mm^2,存料量可减少 30%。由于存料量减少,不但降低了压延机的驱动功率,而且空气也不易为物料包覆,对提高制品质量有显著作用。只要小径辊与上下两大辊之间的辊隙和存料量基本相同,那么上下两大辊对小辊的作用力便可抵消,因而小辊的挠度很小，制品厚度公差可控制到 ±0.0025mm。此外，大辊与小辊之间摩擦热降低，有利于产品的冷却和提高生产速度。

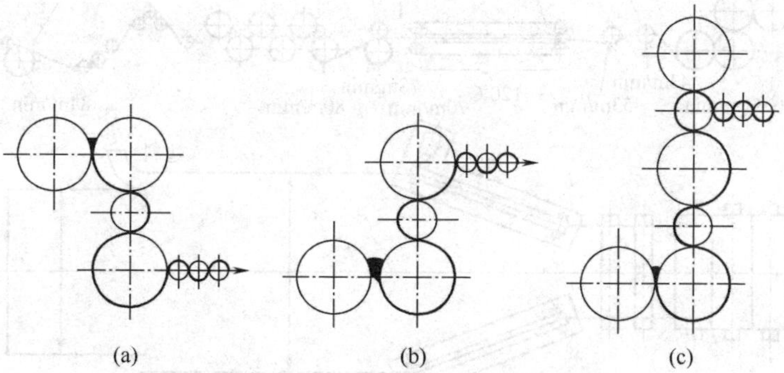

图 11－21　不同形式的异径辊筒压延机

11.5.5　压延牵伸（拉伸扩幅）

如果在压延机后配备一台扩幅机，就可利用较小规格的压延机生产宽幅软质薄膜。这对节约设备投资、减少动力消耗及利用现有的中、小型压延机生产较宽幅制品有一定的意义。

扩幅装置是设置在轧花辊以前左右两边的一对环形皮带（图 11－22）。环形皮带由前后两个皮带轮支承，若两皮带轮中心距较大，则可在两轮之间增添适当小托辊，以使压力均匀。两边的环形皮带各有一套传动装置，由直流电机经减速带动下面环形皮带的前皮带轮转动。前皮带轮座能前后移动，以便将环形皮带张紧。左右两边的环形皮带可沿着后部皮带轮摆动。改变环形皮带摆动的角度，便可获得不同幅宽的制品。

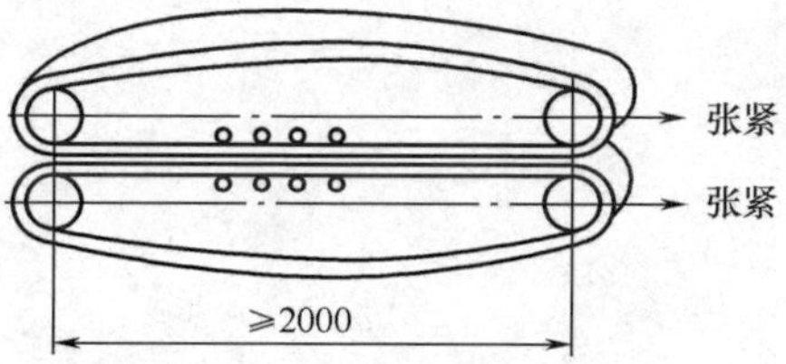

图 11－22　环形皮带示意图

工作时，当薄膜从引离辊引出后，立即将薄膜的两边夹在左右两侧的环形皮带上，然后在环形皮带的前进中薄膜就逐步向两边扩幅。如果进入的薄膜幅宽为 2.3m，经扩幅后可达到 4.3m，切去两端边料后，可得到 4m 左右宽的成品。此装置最大扩幅率（扩幅率与扩幅前薄膜宽度之比）约为 1.85 左右，厚度之比与此值相同。扩幅装置示意图见图 11－23，经过扩幅后还可以明显提高产品的横向强度。

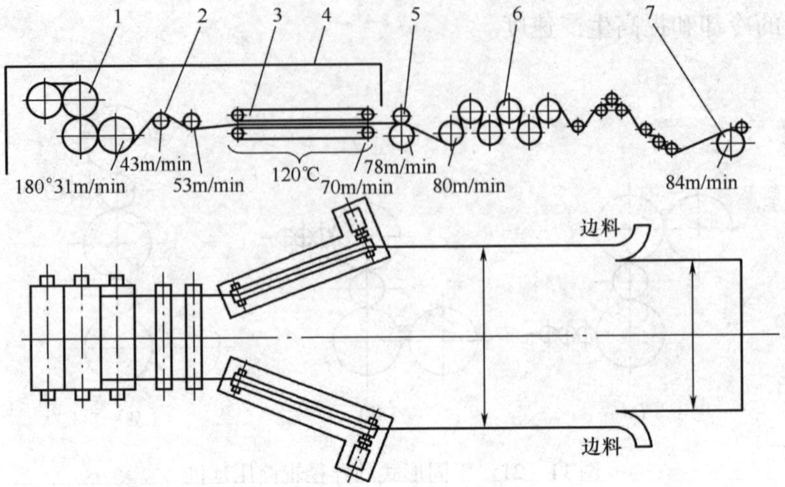

图 11－23　扩幅装置示意图

1—压延机　2—引离辊　3—扩幅机　4—保温罩　5—压花辊　6—冷却辊　7—卷取装置

第12章 涂 层

12.1 概 述

广义而言,涂层(或涂布、涂覆、涂装)工艺是指以某种功能为目的(如防腐、绝缘、装饰等),通过液体或粉末与基材的直接接触或喷涂工艺在织物、纸张、金属和塑料等物体表面形成厚度为0.025~0.65mm的高分子材料(涂料)覆合层的所有方法,包括涂刷法、辊涂法、浸渍法、压延涂敷法喷涂法、热熔敷法和电泳法等。

塑料涂层包括一般涂料、清漆、瓷釉漆、真漆、水乳状和溶液状涂料、非水分散体系(有机溶胶)、塑料溶胶和粉末涂料。

12.1.1 涂层形成机理

涂层是指通过涂装工艺在制件表面形成的固体膜,其形成机理可以是溶剂(或水)蒸发,也可以通过化学反应、聚合反应、交联反应及塑料粒子的凝聚。

1)环氧树脂、热固性树脂、聚酯、聚氨酯、酚醛树脂、脲醛树脂、有机硅树脂等通过化学反应、聚合或交联形成涂层。

2)通过蒸发或烘干除去载体后,在载体中分散的塑料凝聚生成塑料溶胶、有机溶胶、水基或乳液涂料、氟塑料等的膜。

3)溶解在溶剂中的塑料经过溶剂的蒸发留下乙烯基树脂、丙烯酸树脂、醇酸树脂、氯化橡胶、纤维素树脂等的塑料膜。

4)醇酸树脂、瓷釉漆、清漆等油中的色料在氧气和干燥剂的存在下聚合成膜。

5)制件通过在聚乙烯或乙烯基等热熔塑料中浸渍而形成涂层膜。

6)将粉末塑料熔融,形成多种不同的热塑性塑料的涂层膜。

塑料涂料通常含有三种基本组分:成膜物质(或黏合剂)的多组分混合物、颜料(或多种颜料)混合物以及易挥发液体。黏合剂和易挥发液体通常被称作载体,粘结剂大多为高相对分子质量的非反应性塑料,也有相对分子质量较低的反应性塑料经过链的增长或交联反应,进一步聚合成高相对分子质量膜。多数涂料在制造和应用时为液体,一旦与基材接触便转化为固体膜。而粉末涂料应用时为固体粉末状,在基材上变为液体,然后形成固体膜。

用作涂层的塑料很多,根据其热性能可分为热塑性塑料和热固性塑料两大类。

12.1.2 热塑性塑料

作为涂层材料的热塑性塑料膜必须具有最低强度,以满足制品的最终用途。涂层塑料的分子量和溶剂的蒸发速率是影响涂层的成膜速率及最终膜性能的主要因素。

这类塑料在溶剂喷涂时,大部分溶剂在涂料离开喷枪出气口时蒸发,少量随塑料附着在被涂饰材料的表面。随着溶剂的蒸发，体系黏度加大，致使少量溶剂残留在干燥膜中。

12.1.3 热固性塑料

使用热固性塑料涂装时，须控制使用前涂层的储存稳定性和使用后膜固化所需时间及温度之间的关系。由于热固性塑料的交联反应速率取决于聚合物官能团的浓度，可通过加入易挥发组分（溶剂）提高涂料的储存寿命。塑料涂敷后，随溶剂蒸发交联反应速率加快。

若用较低相对分子质量塑料配制热固性涂料只需很少溶剂，当涂在基材上，溶剂蒸发后，低相对分子质量的热固性涂料可进一步聚合成为较高相对分子质量的聚合物。所用涂料分子的平均官能度须大于2，以保证最后固化膜的相对分子质量足够高，从而获得良好的涂层性质。涂层最终的力学性能取决于交联聚合物的玻璃化转变温度及交联度，而交联度取决于平均官能度、体系原料配比和反应程度。

本章以聚氯乙烯人造革和聚氨酯合成革（PU 革）为例，分别介绍压延涂层、涂敷法、层合法以及几种主要的金属表面的塑料涂敷和塑料涂装方法及工艺。

12.2 压延法人造革的生产工艺

人造革通常是以布或纸为基材的塑料涂层制品，可以代替天然皮革应用。早在 20 世纪 20 年代以后就有所谓硝化纤维漆布的生产。20 世纪 40 年代末出现了聚氯乙烯人造革，20 世纪 60 年代初，工业上又以尼龙、聚氨酯以及氨基酸系树脂等代替聚氯乙烯作为涂层原料，制得的制品具有一定的透气性和透湿性，在性能上与天然皮革更为相近。聚氯乙烯因原料丰富、价格低廉，生产过程较简单，尽管性能不如其他合成革，但总产量仍居首位。

人造革（或合成革）的分类常以基材、结构、表观特征和用途为基础。根据所用基材，分为纸基聚氯乙烯壁纸，一般纺织布基普通人造革和针织布基人造革等；不用基材的片材通称为无衬人造革；根据结构，分为单面人造革、双面人造革、泡沫人造革及透气人造革等；根据表观特征，分为贴膜革、表面涂饰革、印花贴膜革、套色革等；根据用途分为家具人造革、衣着人造革、箱包人造革、鞋用人造革、地板人造革以及墙壁覆盖人造革等。

将 PVC 树脂压延成薄膜，与基材贴合制得 PVC 人造革的方法称为压延法。用压延法可生产不同布基，如市布、帆布，针织布的 PVC 人造革，以及不同品种如普通革，发泡革等 PVC 人造革。就生产方法可分为擦胶法和贴胶法两种。普通人造革的生产是在压延软质聚氯乙烯薄膜的过程中引入基材，使薄膜和基材牢固地贴合在一起。此法的优点是可以使用廉价的悬浮法聚氯乙烯树脂，生产效率高，特别适用于制造箱包革、家具革和地板革。但压延机的投资大，此法仅适合于本身有压延机的厂家使用。

生产时按选定的配方将聚氯乙烯树脂、增塑剂及各种助剂先配制成塑料，而后将其塑炼成为熔体并送至压延机。按所需厚度、宽度压延成膜后与布基贴合，再经轧花、冷却即能制得压延人造革。所得制品，必要时还须经过适当的表面处理。用压延法可以生产一般人造革，也可以生产泡沫人造革。生产泡沫人造革时，膜层发泡是用后烘方法完成的，故在膜层与布基贴合以前的所有工序中，都必须把操作温度控制在发泡剂的分解温度以下。如用偶氮二甲酰胺作发泡剂时，密炼机温度不得超过140℃，辊压机不得超过145℃，压延机不得超过160℃。图12－1是用三辊压延机使膜层与基材进行直接贴合的示意图。送往压延机的布基应在60℃左右提前预热。

压延法生产人造革可分为贴胶法和擦胶法两种。用贴胶法生产时，三辊压延机的中、下两辊转速相同，上辊的速度可以稍慢或相等于中、下辊。中、下两辊的辊距必须严格控制，以保证粘贴在基材上的薄膜厚度一致。由于塑料和基材对金属的摩擦因数不同，因此贴胶过程中有可能使制品表面产生横形条纹。消除这种弊病的有效办法是：①适当降低塑料的温度以增加其黏度；②将进布（或纸）的速度稍放快；③使成品的卷取速度略快于压延速度，以拉紧成品并保证它有均匀的运行速度。擦胶法的特点是压延机中辊转速比上、下两辊都快，其速比为1.3∶1.5∶1。由于中辊转速快，一部分物料就被擦进布缝中，而另一部分则贴附在布的表面。为了保证物料能擦进布缝，通过压延机的布应有足够张力，中、下两辊的间距应调整适当（过小时会把布擦破，过大时则会降低擦进作用）。辊筒温度应尽可能提高，以便物料黏度下降而易于擦进布缝，否则就会使剪切应力太大引起布基破裂。

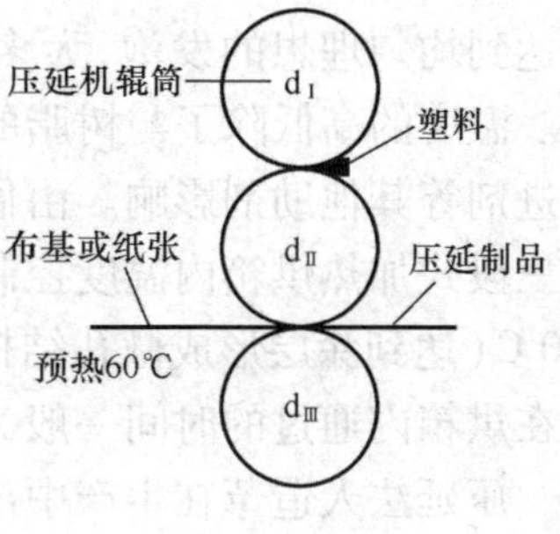

图12－1　三辊压延机生产人造革示意图

上述两种方法各有优缺点。由擦胶法制得的制品，塑料与布基粘结比较牢固，但产品僵硬、手感差，生产过程较难控制，常会将布撕裂，所以需要较厚实的布作为基材。贴胶法的优缺点则与擦胶法相反。

用四辊压延机生产人造革时，基材的导入方式有以下几种（图12－2）。

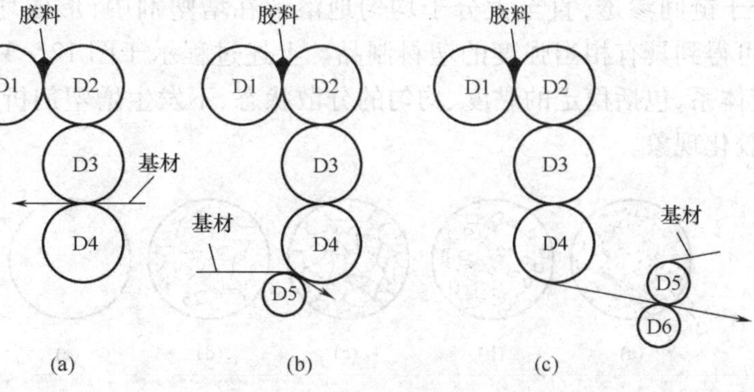

图12－2　四辊压延机生产人造革示意图

（a）擦胶法　（b）内贴法　（c）外贴法

1）擦胶法（辊间贴合）　如图12－2（a）所示，布基在第三、四辊间导入与膜层贴合，布基不需预先涂胶粘剂。

2)内贴法　如图 12－2(b)所示,膜层与布基不在压延机主机上贴合,而在主机下辊处装一个橡胶辊,布基在橡胶辊与压延辊之间穿入,给以适当压力,使布基与膜层贴牢。为了提高粘合效果,通常先在布基上涂一层黏合剂。

3)外贴法　如图 12－2(c)所示。在这种操作中,贴合辊的温度较低,因而使用寿命长,但是布基也需先经涂底。

由压延法制造泡沫人造革时,涂层的发泡虽可在轧花时进行,但为了便于控制温度而达到均匀理想的发泡,大多通过烘道进行发泡。烘箱温度一般分两段或三段进行控制。温度的高低除了与树脂的黏度和发泡剂的性能有关外,还受增塑剂、稳定剂和发泡促进剂等其他助剂影响。由偶氮二甲酰胺作发泡剂生产衣料用压延人造革时,在长 18m 的三段式加热烘箱内温度控制为:第一段 190～200℃(发泡剂开始分解);第二段 180～190℃(达到涂层形成微孔结构所需黏度);第三段 170～180℃(涂层微孔结构固定)。制品在烘箱内通过的时间一般为 60～75s,较厚的制品可适当延长时间。

压延法人造革在生产中出现的不正常现象及其改进方法参见附录表 16。

12.3　涂覆法人造革的生产工艺

涂敷法是将树脂配成溶液或溶胶,均匀涂敷到基材上,而后除去溶剂形成涂层的成型方法。聚氯乙烯和聚氨酯均可用涂覆法生产人造革。

先将聚氯乙烯树脂与增塑剂等其他助剂配制成塑性溶胶,而后均匀地涂(或刮)在基材上,再经过热处理,使其成为涂层制品。根据涂覆的方式不同,可分为直接涂覆和间接涂覆。

聚氯乙烯溶胶亦称聚氯乙烯糊,其含义、组成及配制工艺在第 3 章中已有较详细的论述。溶胶由室温状态逐渐加热,增塑剂即开始向每个树脂颗粒渗透。当全部增塑剂被树脂吸收时,体系便失去流动性形成胶体强度很低的凝胶态。温度继续升高,增塑剂分子在聚合物分子链间渗透,直至大分子均匀地溶解在增塑剂中,形成均匀的熔融状态。将其冷却,即可得到具有相当强度的塑料制品。上述过程示于图 12－3。溶胶在常温下应是一种稳定体系,包括稳定的黏度、均匀的分散状态、不发生增塑剂析出分层或树脂沉淀、不出现凝胶化现象。

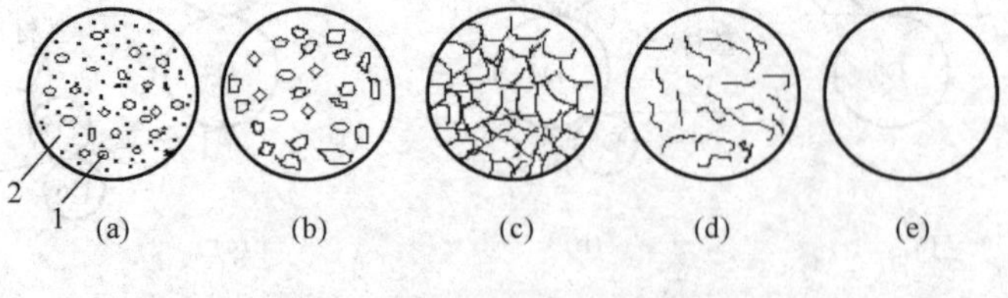

图 12－3　聚氯乙烯塑性溶胶的凝胶化和熔融作用

1—树脂颗粒(非连续相)　2—增塑剂(连续相)

(a)25℃　(b)55℃(颗粒溶胀)　(c)80℃(凝胶化作用,液相实际上消失)

(d)140℃(部分熔融)　(e)165℃(熔融)注:所示温度随不同配方而变化

12.3.1　聚氯乙烯溶胶的流变性能

在不同的剪切速率下,溶胶的黏度变化比较复杂。剪切速率极低时,溶胶接近于牛顿流体;剪切速率略升高,可转变为假塑性液体;随着剪切速率继续增加,出现膨胀性液体的流动特征;而当剪切速率再增加时,又成为假塑性液体。在此变化过程中,有时还会出现与时间有依赖关系的流动行为。溶胶流变性能还随树脂品种的不同而有差异。对于聚氯乙烯溶胶流变行为的复杂性,目前还只能作一些简单的解释:在低剪切作用下,随着剪切速率的增加,树脂颗粒的布朗运动受到剪切作用抑制,在宏观上表现为黏度随剪切速率增加而降低,于是流动行为由牛顿性转变为假塑性。在较高剪切作用下,随着剪切速率的增加,树脂颗粒发生碰撞的机会增加,它们会积聚起来,对流动产生相当大的阻力(参见图 12-4),即表观黏度增加,出现了膨胀性流体的行为。在更高的剪切作用下,颗粒积聚的时间变短,溶胶的流变行为又呈现假塑性。尽管树脂颗粒吸附的表面活化剂能把聚合物和增塑剂隔离开来,但是增塑剂仍然会逐渐扩散到聚合物内部,并使其溶胀,游离的液体量也随之减少。这两种因素会导致体系黏度随时间增加。

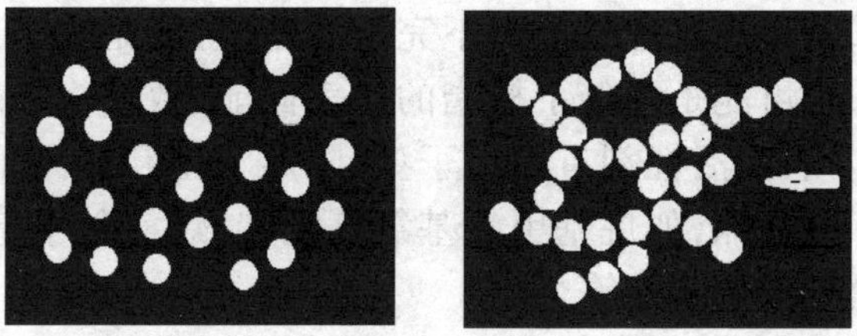

(a)　　　　(b)

图 12-4　聚氯乙烯溶胶的流变性能示意图
(a)处于静止状态的膨胀性物料颗粒
(b)受剪切后膨胀性物料的颗粒

温度对溶胶黏度的影响也比较复杂。温度升高,起初会使溶胶黏度下降,但在短时间后由于聚合物的溶胀和凝胶化作用,黏度便会显著增加。特别是当温度升到 60℃以后,溶胀和凝胶作用会急速产生。因此聚氯乙烯溶胶的储存温度最好低于 30℃。

实验证明,由不同牌号的聚氯乙烯树脂按同样配方制得的溶胶,在低剪切速率下的初始黏度不同,这种差别与树脂的粒径及其分布密切相关,而与树脂相对分子质量无必然联系。树脂的粒径小、分布窄,溶胶的初始黏度就大,反之则相反。必须指出,树脂在溶胶中呈现的颗粒状态不但决定于初级粒子的大小和分布,而且与次级粒子在增塑剂中和在剪切条件下的崩解强度有关,因为溶胶中的树脂颗粒是由次级粒子崩解成的初级粒子、次级粒子未完全崩解的残片和完全未崩解的次级粒子组成的。因而根据初级粒子大小不同和次级粒子崩解程度,会出现以下几种情况:①当次级粒子全部崩解为初级粒子和次级粒子残片时,如果崩解物的粒径较大(1.40μm 以上)而又有合适的粒度分布,它们不易凝聚,在剪切作用下微粒运动单元尺寸不发生显著变化,因而近似于牛顿液体;若崩解物的粒径偏低，又存在着较多的微小初级粒子，它们易凝集成聚集体，流动行为呈现假塑性；又若崩解后的体系中粒径分布狭窄，静态时候排列紧密，在剪切作用下颗粒占有的空间增大，成为膨胀性液体。②次级粒子仅部分崩解，那么由于增塑剂向未崩解的次级粒子内扩散，体系具有较高的初始黏度；同时又由于微小的初级粒子发生凝聚，体系具有假塑性流动行为。由此可见，如果次级粒子崩解强度高，这种树脂不易制得优质人造革，目前有些乳液法聚氯乙烯树脂正存在这样的问题，使用时应予注意。

增塑剂的用量、化学结构和溶剂化能力对聚氯乙烯溶胶的流变行为有重要影响。溶胶的黏度在给定剪切速率下随增塑剂用量的增加而降低，但增塑剂用量高达一定程度后即对黏度的影响显著减小。溶剂化能力强的增塑剂易被树脂颗粒吸收，使固体的体积分数增加；同时，增塑剂又使树脂表面溶解而导致连续相黏度增加。因而由相容性好的增塑剂制成的溶胶，不但初始黏度高，而且存放过程中的黏度变化也大。

稳定剂的种类对溶胶的黏度也有很大影响。液状有机锡与液体 Ba - Cd 或液体Ba - Cd - Zn 稳定剂使溶胶黏度降低；固体的盐基性无机酸铅稳定剂使溶胶中的固相含量增加，导致黏度上升；金属皂类能促使溶胶凝胶化，使黏度大大增加。不过也有例外，例如蓖麻酸皂对溶胶黏度的影响就不如硬脂酸皂大。

配制溶胶过程中加入 1 ~ 2 份表面活性剂，可使黏度下降并消除气泡。这种表面活性剂也称黏度抑制剂，其作用机理目前尚不完全清楚，可能是它被树脂吸附后阻止了增塑剂向树脂内部扩散，也可能是降低了树脂的比表面能，致使次级粒子容易破裂而释放出其中禁锢的增塑剂。表面活性剂有阳离子型、阴离子型和非离子型三大类，效果最好的属阳离子型，但有一些臭味，如烷基甲氧基氯化吡啶、烷氨基甲基氯化吡啶、聚氧化乙烯 - 椰子油苯酚醚、琥珀酸烷基酯等。

当溶胶被强制通过涂布设备时，应具有适当低的剪切黏度，不呈现膨胀性流动行为。因为高黏度可使刮刀变形，或引起辊筒间隙发生不均匀变化，从而导致沿基材幅宽方向涂布不均。如果溶胶在这种情况下呈现膨胀性流动，高剪切下的黏度升高将迫使基材减速，这时涂刮的剪切速率也相应降低。溶胶黏度降低，结果又使基材加速。然而随着基材的加速，膨胀效应又使溶胶黏度上升。这样加速、减速，并以很高的频率交替出现，引起基材颤动，必然影响制品质量。

当涂覆在基材上的物料还处于湿的未熔状态时，有可能出现流线。如果溶胶这时没有足够的低剪切流动性，那么当它在烘箱中凝胶化后，这些流线就保留在制品上。所以，溶胶在这一点的触变性流动行为对其流平性的影响极为重要。

溶胶与基材贴合时，流变性能对控制渗透作用的影响很大。渗透不仅影响制品外观和手感，而且将织物的纱线粘结在一起，使基材的强度和伸长率降低。一种控制渗透作用的技术是使溶胶具有足够高的塑流值。溶胶既不能有过高的室温黏度，又要防止渗透，这就要选择最适当的树脂、增塑剂或增黏剂，使黏度下降减至最小，并使溶胶以尽可能快的速度通过其最低黏度阶段。

控制渗透的另一种方法是使溶胶部分凝胶，即是在与基材贴合前，使其通过有严格控制的小型烘箱，溶胶在此经过其最低黏度阶段，达到足够高的黏度，就可以避免在贴合时发生渗透。当然，溶胶仍需具有足够的粘性，使涂层能与基材牢固地结合。

综上所述，理想的溶胶应该能满足这样的流变性能要求：低剪切黏度适中，可以提供满意的重力流动，有利于涂布后的流平，但又不向基材渗透。此外，为了达到高速涂布，还需要高剪切黏度低，溶胶黏度随剪切速率变化的要求见图12－5。由图可见，配方A在低剪切速率下黏度太高，而在高剪切速率下出现明显的膨胀性流动，黏度也太高。利用掺混树脂（配方B），即可在整个剪切速率范围内降低黏度。这种掺混树脂即悬浮法聚氯乙烯树脂，把它加入到溶胶中，除了能降低黏度和成本外，还有利于脱气和提供干燥表面。作为涂刮用的悬浮树脂，要求达到70目（210μm）细度。配方B的高剪切黏度虽已降低到可用范围，但低剪切黏度又太低，渗透不易控制。要提高溶胶的低剪切黏度，而又不使高剪切黏度超过其可用范围，可通过添加高吸油填料来实现，并可进一步降低溶胶成本（配方C）。各配方详见表12－1。

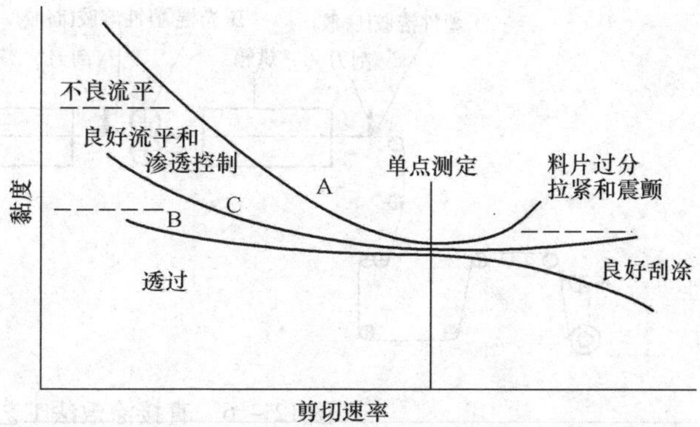

图12－5　用于布基的塑性溶胶流变图

表12－1　涂布用聚氯乙烯溶胶配方

配方	A	B	C
PVC乳液树脂	100	70	70
PVC掺混树脂	0	30	30
增塑剂	60	60	60
稳定剂	3	3	3
碳酸钙（高吸油）	0	0	20

12.3.2　直接涂覆

直接涂覆是把聚氯乙烯塑性溶胶直接涂覆在经过预处理的布基上，再使其通过熔融塑化、轧花、冷却、表面处理等工序成为人造革的工艺。用这种工艺可生产各种布基的普通人造革、贴膜革和泡沫革，其工艺流程如图12－6所示。

（1）塑性溶胶的配制

由乳液法聚氯乙烯树脂配制塑性溶胶时，只需将树脂与增塑剂及其他助剂混合搅拌即可。悬浮法聚氯乙烯树脂不能通过直接混合制取溶胶，而要采用冲糊工艺。冲糊的过程是先用少量悬浮树脂和少量增塑剂混合，然后加入大量的经预先加热到一定温度的热增塑剂，同时迅速搅拌，使其混合均匀，得到具有黏性的糊。待其冷却后，再按配方加入树脂（这时也可加入少量乳液树脂）和其他助剂，搅拌成所需溶胶。

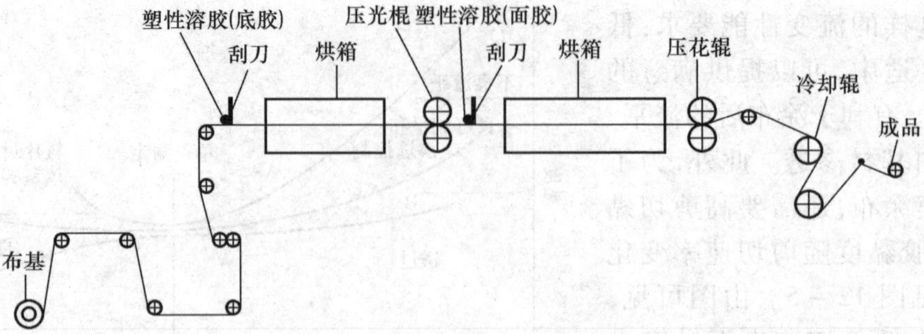

图 12－6　直接涂敷法工艺流程图

配制好的溶胶应均匀一致,无夹生、结块和杂质,否则将会对涂覆质量发生严重影响。

(2)基材处理

制造聚氯乙烯人造革最常用的基材有市布、帆布、再生布、针织布等。其中针织布因其质地疏松,易变形,适合于间接涂覆。

在直接涂覆法生产人造革时,布基被拉伸张紧,这样布基上的一些瑕疵就会明显地呈现出来,因此布基在使用前通常都要经过处理。

布基首先要经过拼接,然后进行刷毛处理,把布基两面的布毛、线头等杂物刷干净,再进行轧光处理。轧光辊把布基上的疙瘩、折纹等轧平后,由晃码机将布基均匀地折叠在平板小车上备用。

(3)涂覆

将溶胶均匀地涂覆在基材上,是涂覆法制造人造革的中心环节。涂覆的方法很多,主要可归纳为刮刀法和辊涂法两类。

1)刮刀法　刮刀法主要用于布基的刮涂,其装置见图 12－7。图中 12－7(a)是一种最简单的装置。在这种装置中,由于在刮刀作用点的下面没有任何支承物承托运行的布基,因而不宜用为刮涂强度小的布基。此法中的涂层厚度控制因素很多,很难同时进行控制。当布基的拉紧程度越低和溶胶的黏度越大时,涂层的厚度也越大;刀位越低和刮刀与前进布基形成的角度越大时,涂层的厚度越小。如果其他情况不变,增加布基的移动速度会使刮刀与布基之间的分离力以及溶胶的剪切速率增大。如果所用的聚氯乙烯

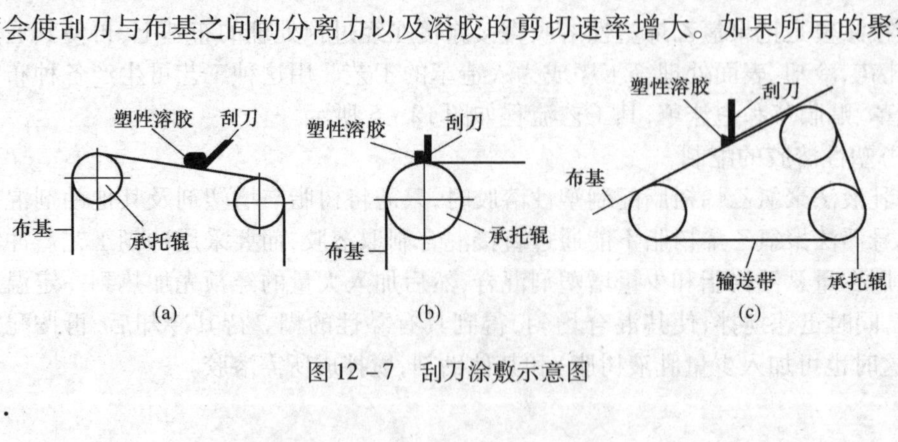

图 12－7　刮刀涂敷示意图

塑性溶胶属于膨胀性液体，那么在分离力增加的情况下，涂层时溶胶黏度变大使涂层厚度显著增加。此外，刮刀的外形对涂层厚度也有很大影响：锋口弧度（一般约为1.6～2.0mm）越小的刮刀，涂层厚度也越小。用图12－8（a）、（b）所示刮刀刮涂时，如果刮刀上沾有颗粒物，或者有物料堆积在刮刀后面，则涂层表面常会出现伤痕或涂层厚薄不均，堆积物料落到基材上也影响制品表观（称为"喷溅"）。改用锋口上带有直角缺口的钩形刮刀［图12－8（c）］时，可避免上述现象。用第二把刮刀刮平喷溅物料的痕迹，也是一种解决办法。当涂层较薄，而且又是单层时，用两把刮刀串联，可以消除涂层中的气孔。由于涂刮过程中溶胶的剪切速率不可能完全相同，因此采用流变行为对剪切速率极为敏感的塑性溶胶也可能导致涂层厚薄不均。另外还有其他原因，如刮刀不平、布基表面不光滑以及配制的溶胶不很均匀等。

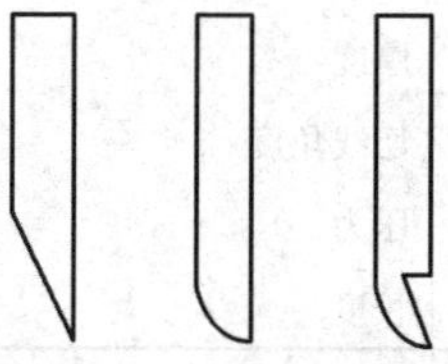

图12－8　刮刀形式
（a）刮薄层用　（b）刮层层用
（c）带直角缺口

图12－7（b）所示的装置，因为有金属或橡皮辊承托，所以可用于涂刮强度较小的布基。涂刮时，不仅涂层均匀，而且溶胶透入布缝也较深。但当底部辊筒表面不光时（这种情况很容易发生，因为溶胶会透过布缝沾在辊筒上），涂层厚度就不易保证均匀。其次，如果溶胶中存有不规则的凝结块状物，布基还可能被撕破。

图12－7（c）所示的装置是用橡皮输送带承托布基，其结构是前述两种装置的折衷，也可以用于涂刮强度较小的布基。

如果布基与溶胶的粘附力不强，则可在布上先涂一层聚氯乙烯胶乳或聚氯乙烯低聚物的溶液，待其干燥后再行涂刮。

刮刀法涂覆中影响涂覆量的各种因素列于表12－2中。为保证制品质量，所有因素都应该很好地控制。

表12－2　　影响涂敷量的因素

因素	涂敷量增加	涂敷量减少
溶胶		
流变行为	膨胀性	塑性或假塑性
触变性	没有	有
黏度	增加	减少
固体含量	增加	减少
温度	增加	减少
液体动压力	大	小
机器速度	快	慢
基材		
表面	粗糙	平滑
预涂底	没有	有

续表

因素	涂敷量增加	涂敷量减少
形态	疏松	密实
密度	低	高
透气性	高	低
刮刀		
厚度	薄	厚
切线角度	小	大
压力	轻	重
长度	长	短

2)辊涂法　用辊筒将溶胶塑料涂覆在基材上的方法称为辊涂法。辊涂装置上的辊筒排列方式很多,目前应用最多的是逆辊涂胶法。

逆辊涂胶有顶部供料式和底部供料式两种。溶胶黏度高时用前者,黏度低时用后者。图 12 -9 是最简单的逆辊涂胶装置,主要包括计量辊、涂胶辊和涂有耐油橡胶的托辊(弹性支承辊)三个辊筒。涂胶辊通常固定不动,计量辊和托辊可以移动,通过楔块调节计量辊与涂胶辊、涂胶辊与托辊之间的间隙。间隙量可从螺旋测微计读得,以精确控制涂胶量。在计量辊与涂胶辊之间装有一对可调节涂层宽度的挡板,它与计量辊、涂胶辊构成一盛料区,溶胶自盛料区通过计量辊与涂胶辊的间隙定量形成膜层。计量辊转速缓慢,以防止溶胶被包卷而滴落到基材上,并且应设置一刮刀来连续保持此辊面的清洁。涂胶辊将计量的溶胶带至它与托辊形成的间隙中,在此依靠托辊对涂胶辊产生的压力,使溶胶涂覆在基材上。溶胶在这时受到很高的剪切作用,因而必须小心控制其流变性能。

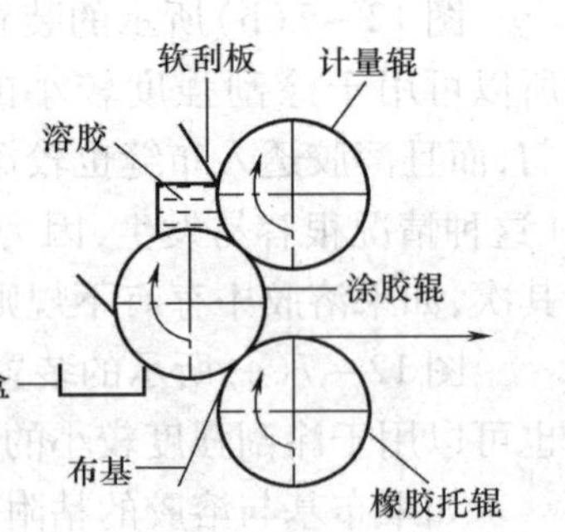

图 12 -9　逆辊涂敷示意图

逆辊涂覆能控制较宽的厚度范围,并对基材的依赖性较小。涂覆厚度主要通过三个变量来控制:①计量辊与涂胶辊的间隙,其调节范围一般为 0.065 ~0.64mm;②涂胶辊上的膜层厚度还与溶胶的流变性及涂胶辊与计量辊的线速度之比有关。一般而言,溶胶的黏度越大、触变性越小、两个辊筒的速比越大,膜层就越厚。正常情况下,涂胶辊与计量辊之间的线速度比为 3∶1 ~18∶1;③涂胶辊与基材之间的线速度比,称为"擦拭比"或"抹留比"。此比值在绝大多数情况下都大于 1,最高可达 4,但根据经验最好小于 2。擦拭比越大,涂胶量也越多。擦拭比是基材对涂胶辊压力的函数,可通过调节托辊改变。通常为保持一定厚度的膜层,计量辊与涂胶辊之间应控制有较小的间隙,配以较高的涂胶辊转速,而不是选择较大的间隙而配以较低的转速。这样由于强烈的剪切,既可以把溶胶中的气泡挤出,又可以破坏溶胶的触变性。

涂胶辊与计量辊的速度差不但影响涂层厚度,而且影响其表面质量。相对速度适当时,可以得到非常平滑的涂覆层。如果计量辊速度过快,有可能使计量后的溶胶出现粗糙的波浪形花纹,这种花纹也会出现在制品上。如果计量辊速度过低,计量后的溶胶会在涂胶辊上出现许多围绕涂胶辊的同心圆。

与压延过程相似,逆辊涂胶的辊筒也存在分离力,因而辊筒中部涂层往往偏厚。为了补偿这一效应,装配计量辊时可像压延机辊筒的轴交叉那样,以其宽度中心处为轴转动一定角度使辊筒间隙得到调整。

与刮刀法相比,逆辊涂胶是比较完善的涂覆装置。虽然投资较大,但是涂胶速度高,胶层均匀,特别是涂薄层时表面异常光滑,而且由于溶胶渗入布基少,因而手感好。逆辊涂胶可使用黏度范围较宽的溶胶:从像水那样稀的低黏度到50Pa·s以上的高黏度,而刮刀法对黏度小于0.5Pa·s的溶胶就不易涂刮。刮刀法涂胶由于溶胶渗入布基较多,制品手感差,同时布基上的缺陷会明显地反映在制品表面,因而十分粗糙的布基或是针织布、无纺布都不宜采用。逆辊涂胶显然要比刮刀法要求较高的操作技术,对设备的维护保养也更应精心。

如果胶层厚度较大或底层与面层的配方要求不同时,则可分两次或多次涂胶。两次涂胶时,底层胶应比面层胶厚,如表12-3所示。

表12-3 涂胶厚度 单位:mm

布基	帆布	市布
布基厚	0.6	0.3
第一遍涂胶厚度(包括布基)	0.8	0.45
第二遍涂胶厚度(包括布基和第一次涂胶)	0.90~0.95	0.57~0.60

底层胶渗入织物的深度约为织物厚度的1/3~1/2。渗透太浅,制品柔软性虽好,胶层与织物的粘附性却较差;反之,粘附性虽好,柔软性则受影响。

(4)熔融塑化

基材上涂有胶层的中间产品必须经过烘熔过程,即加热到足够温度而使胶层完全塑化,冷却后涂胶层方能均匀地紧贴在基材上。最低熔融塑化温度取决于树脂与增塑剂比率、特性及所加其他组分的用量和性能。熔融温度通常为90~200℃,加热时间可在几十秒至20~30min的范围内变化,一般产品约50~60s。加热时间长短是保证涂胶层熔融均匀的重要因素,但最重要的是溶胶实际达到的温度。涂层较厚时,应提高塑化温度或延长加热时间。理想的熔融温度是使涂层的物理、力学性能都达到最佳的温度;在低于熔融温度下加热没有意义,但温度太高时又容易引起分解。如果溶胶中加有稀释剂,应首先让它在较低温度(150℃以下)挥发,然后再充分熔融加热,以防止涂层表面硬化后留存的挥发物形成气泡。烘熔后的中间产物应即进行轧花(或砑光),再经冷却、检验、卷取等过程即可作为成品。

由直接涂覆法生产普通人造革,需分两次涂胶(底层和面层),或者涂一层胶后再贴一层聚氯乙烯薄膜。如果涂胶分两次进行,则在涂上底层胶后就应进入烘箱预塑化,接着再涂覆面层胶,随后的过程与涂一次胶层相同。如果制造的是贴膜革,则在预塑化后须立即利用轧花辊将聚氯乙烯薄膜贴上。生产泡沫革需要进行三次（底层、发泡层、面层）涂胶，或者两次（底层和泡沫层）涂胶后再贴一层聚氯乙烯薄膜，其过程并无任何特殊之处，只是要注意控制在发泡剂大量分解之前溶胶即应达到熔融温度，以免气体散逸。在此过程之后，即进行发泡处理，接着再轧花、冷却，即得制品。

烘箱的设计，应使热空气流直接与溶胶表面接触，并均匀地把热量传递给涂层。烘箱通常采用隧道式结构，长度一般为 8～14m，宽 2m，由 2m 长的长方形箱体组装而成。烘箱内每隔 2m 左右设置一个导向辊筒。辊筒两端轴承应装在箱壁外侧，避免烘箱内的高温使其损坏。生产双面革时，烘箱内靠近轧花部位的导向辊应能通冷却水，防止革面粘结。有的烘箱内还装有展幅装置，以防止制品幅面变窄，这在生产针织布基人造革时更有必要。

烘箱的加热方式可采用热辐射式或热风循环式。前者加热速度快，后者加热温度均匀，因而也可使二者相结合。为了准确控制烘箱温度，烘箱内还装配有电子加热控制器和热风温度电子控制器。

为了限制烘箱内的挥发性物质在厂房内扩散，在增塑剂挥发最强烈处应设置排风管，烘箱出口处应设置排风罩。烘箱内的热空气回流比（与新鲜空气混合比）不能太高，以防止易燃气体达到危险浓度。同时还应注意，排气系统中任何冷的部位，都可使挥发的增塑剂冷凝，滴落到涂层或基材上污染制品。

与间接涂覆生产工艺比较，直接涂覆的优点是：工艺流程简单，设备投资小，生产效率高。其缺点是：布基须预处理，产品表观质量不高而且直接受布基的影响，涂层厚度不易控制，不宜采用强度低的布基、纸基及易产生变形的针织布基，增塑剂容易渗入布基。

直接涂覆法生产人造革过程中出现的不正常现象及改进方法参见附录表 16。

（5）间接涂覆

将塑性溶胶用刮刀或逆辊涂覆的方法涂覆到一个循环运转的载体上，通过预热烘箱使其在半凝胶状态下与布基贴合，再使其进入主烘箱塑化或发泡。随后冷却并从载体上剥下，再经轧花（或印花）、表面涂饰处理即可作为成品，这种方法称为间接涂覆或转移涂覆。

在同一载体上如用两台涂覆机即可进行二次涂覆，例如做泡沫人造革时，第一次可涂一层薄（0.1mm 以下）而不含发泡剂的涂层，以形成表面比较耐磨的面层；第二次可涂较厚（0.4mm 左右）并含有发泡剂的涂层，以形成柔软而有弹性的泡沫层，然后贴上布基就形成既有表面耐磨性，又有柔软性特点的双层结构泡沫人造革。其工艺流程如图 12－10 所示。

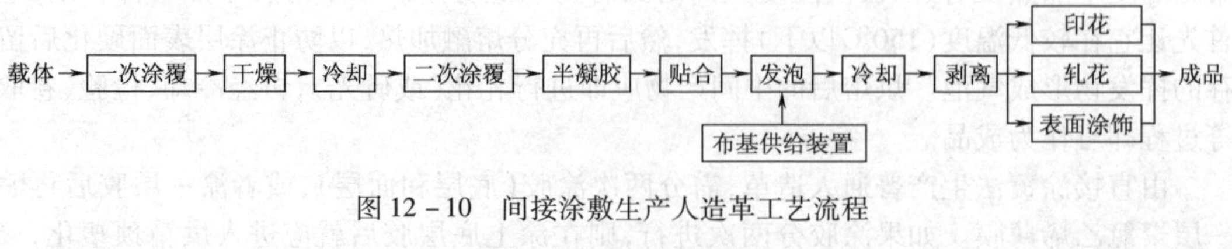

图 12－10　间接涂敷生产人造革工艺流程

循环运转的载体主要有钢带和离型纸两种。以钢带作为载体时设备投资较大，但经久耐用(可用2～3年),维修费用省。用离型纸作为载体时设备简单,而且只需在离型纸上轧上花纹就可将这种花纹转移到人造革上,不再需要另行轧花。但离型纸常会断裂以致造成临时停车,每次使用后还要修剪损坏的边沿,储藏麻烦,使用寿命常少于10次(一般为3～4次),总成本反比钢带高。此外,用作载体的还有金属网或硅橡胶织物带等。

间接涂覆法生产工艺有如下特点:

1)由于布基能在不受拉伸的情况下与涂层贴合,因此用伸缩性很大的针织布或拉伸强度很低的无纺织布作为基材时,此法特别适宜;

2)产品表面平整光滑,不受布基影响,质量很差的粗布也能制得表观较好的人造革;

3)受溶胶黏度及涂层厚度的限制较少,对生产增塑剂含量多的薄型柔软衣着和手套用革尤为相宜;

4)需用较多的乳液树脂。

在间接涂覆过程中,当半凝胶状态的溶胶在载体上与基材相贴合时,通常都要使用栽有马尾满毛的毛刷辊对基材施加压力,使之紧密结合。毛刷辊的压力要适当,压力过小贴合不牢,压力过大又易将溶胶从基材边缘挤出,或是使溶胶大量渗透过基材。在贴合时,适当控制溶胶的凝胶程度十分重要。如果温度太高,凝胶过分,涂层表面干燥,贴合不牢,出现脱层现象;如果温度太低,凝胶不足,溶胶渗入基材太多,制品手感僵硬。适当的凝胶温度应使溶胶与布基有足够的黏合力,却又不渗入基材太多。具体温度可在生产过程中根据溶胶的光泽、黏度及基材性质决定,一般为60～70℃。溶胶黏度较大或布基较粗糙,凝胶温度可以高一些,反之则可低一些。

由于溶胶的凝胶温度不易掌握,为了克服这一困难,可以先使溶胶达到完全凝胶状态,待其冷却至70℃左右,涂一层黏合剂,再与布基贴合;也可以先将基材用黏合剂处理,再与完全凝胶的膜层贴合。

用间接涂覆法生产人造革,基材不受牵引,制品外观受基材影响较小,所以对布基的处理要求就不如直接涂覆那么高。而且由于在间接涂覆过程中,溶胶与布基的附着力不如直接涂覆,因此布基不需要轧得太光,这样可以增加它与涂层的黏合力。针织布基虽不需轧光处理,但由于它是圆筒形的,必经剖幅机剖开,两侧边缘用聚醋酸乙烯酯乳液处理,再卷成布轴备用。

泡沫人造革的泡孔结构是制品质量的关键,它与原材料的性能、配方及发泡工艺有关。在发泡工艺中,温度的影响最大。为了得到厚度均匀的泡沫层,烘箱内的断面温度波动范围应小于2℃。烘箱温度高虽可提高生产率,但温度过高,溶胶黏度下降,易形成穿孔。发泡时的烘箱温度一般在220～260℃范围。此温度不但与原材料种类和配方有关,而且还与制品用途有关。例如手套、鞋、帽及衣用革要求柔软,就需要较高的发泡温度,使发泡完全;生产箱、包用革,要求弹性好,但又不要太柔软,不需要发泡太足,发泡温度可稍低一些。此外,发泡温度还随膜厚度而异,厚者温度高,薄者温度低。

由贴膜代替面层涂覆,工艺简单,所以应用很广。其过程是将剥离后的半成品通过一组加热器,加热至70～110℃,然后与聚氯乙烯薄膜贴合。薄膜的厚度可以在0.1～0.45mm范围内选择。贴膜要平整、牢固,不能夹有气泡。

间接涂覆法生产人造革可能出现的不正常现象及其改进方法见附录表18。

12.3.3 聚氨酯合成革(PU 革)的涂覆法生产工艺

以聚氨酯树脂溶液为涂料,均匀地涂覆在基材上,然后设法除去溶剂,聚氨酯膜层便与基材牢固结合,这样制得的涂层制品即为聚氨酯人造革(常称作合成革)。

聚氯乙烯人造革中加有大量增塑剂,使用过程中增塑剂会逐渐散逸,因而制品会变硬、产生裂纹,剥离强度也较低。聚氨酯革则是依靠树脂本身的弹性而形成柔软的涂膜,因而长期使用不会发硬,而且具有质轻、耐磨、拉伸强度高、抗溶剂性好等优点。

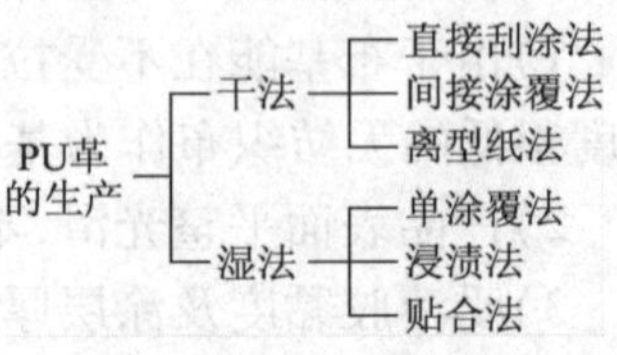

图 12-11 聚氨酯合成革的生产方法

聚氨酯合成革的生产方式有干法和湿法两种,见图 12-11。前者的工艺过程与前述涂覆法生产聚氯乙烯人造革相似,树脂溶液的涂层通过烘箱时,溶剂被加热挥发。在湿法生产中,溶剂通过水洗清除,涂层具有连续的气孔结构,因而透气性和透湿性大为提高,制品性能更加接近天然皮革。为了突出其优点,常称为"合成革"。

12.3.3.1 干法聚氨酯革的生产工艺

干法聚氨酯革为多层结构体,从上到下依次为:涂饰层、面层、底层和基材。涂饰层采用聚氨酯系的表面处理剂,使制品具有天然皮革的花纹和光泽。面层对制品的手感和物理性能起着重要作用。底层把面层和基材结合,使之成为整体。基材对制品的手感和物理性能也有很大影响,根据用途不同而有所选择。具有这种结构的聚氨酯革,外观类似天然皮革,质轻,坚韧,耐热性和耐寒性优良,特别是在低温条件下具有手感变化小的特点,而且很容易着色,其性能优于聚氯乙烯人造革(参见表 12-4),适用于聚氯乙烯人造革的使用领域,但价格较贵。

表 12-4　干法聚氨酯革与聚氯乙烯人造革物理性能比较

项目		手套用聚氨酯革	手套用聚氯乙烯革
厚度/mm		0.55	1.1
单位面积质量/$g.m^{-2}$		约 240	约 275
拉伸强度/$N\cdot cm^{-2}$	径向	153	60
	纬向	153	35
撕裂强度/$N\cdot cm^{-2}$	径向	28	16
	纬向	25	14
曲折/次·kg^{-1}荷重	径向	20000	6000
	纬向	7000	6000
耐揉试验/次·kg^{-1}	径向	10600	3800
	纬向	10600	3800
耐寒冲击/$g(m^2\cdot 24h)^{-1}$		-35℃无异常	-25℃无异常
透湿度/$g(m^2\cdot 24h)^{-1}$		740	250
熨烫性/160~180℃		可	不可
耐药品性	甲醇	可	不可
	丙酮	可	不可
	苯	可	不可

干法聚氨酯革的生产可以使用直接刮涂或间接涂覆法，直接刮涂法是将溶剂型的聚氨酯树脂与溶剂及其他各种配合剂按照工艺配方，用高速搅拌机搅拌成为黏稠状的液体，用涂刮刀直接把这种黏稠状液体涂覆在经过预处理的基布上，然后进入烘箱干燥、冷却、卷取、分卷等生产工艺。这种方法一般用于生产较薄的聚氨酯合成革，主要用做防水衣料、帐篷、遮阳篷等，而不适合生产较厚的产品，其生产工艺流程见图 12－12。

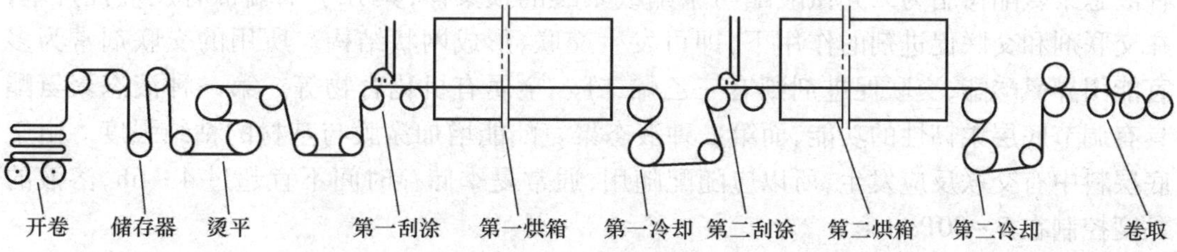

图 12－12　聚氨酯革的直接刮涂法生产工艺流程图

目前干法聚氨酯革以间接涂覆的离型纸法最多，其生产工艺流程如图 12－13 所示。

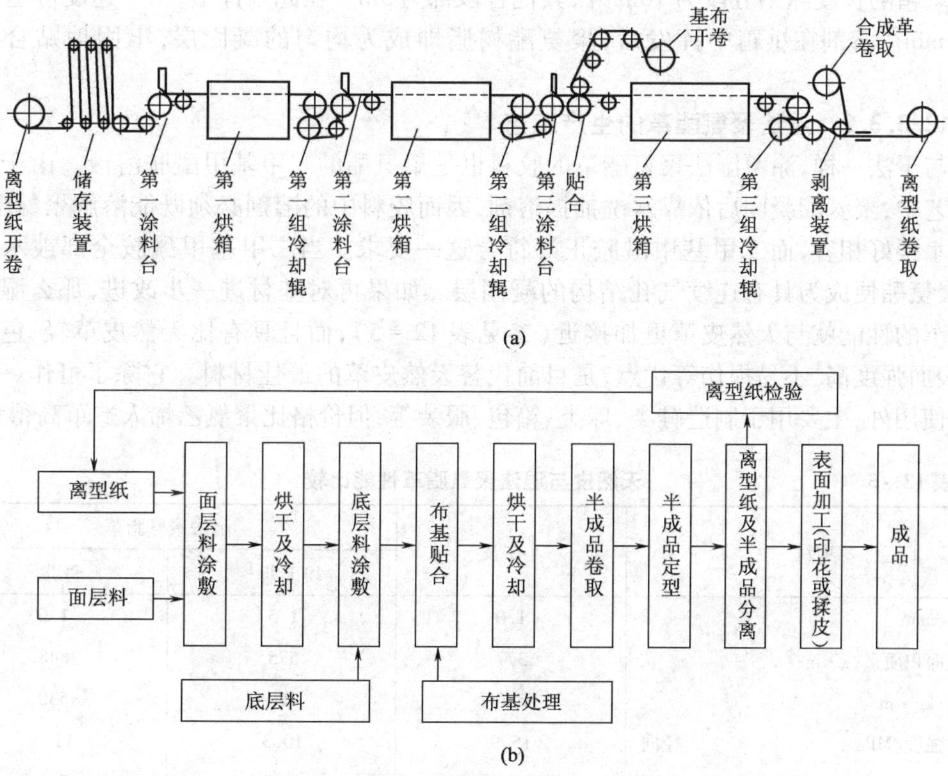

图 12－13　聚氨酯革的离型纸法生产工艺流程及示意图
(a)聚氨酯革的离型纸法生产工艺流程示意图　(b)聚氨酯革的离型纸法生产工艺流程

面层料所用的树脂是一种线形结构的液态热塑性聚氨酯树脂。如前所述，其分子结构系由聚酯或聚醚构成的柔性长链结构和羟基与异氰酸酯反应形成的氨基甲酸酯刚性基团相互穿插连接成链状,大分子之间产生很强的氢键。其性能与柔性基团和刚性基团的含量有关,随刚性基团比例增加,涂层变硬,拉伸强度和软化点提高。面层涂料中的溶剂为二甲基甲酰胺和丁酮混合液。配制溶液时,把聚氨酯树脂、溶剂、着色剂及其他助剂充分搅拌溶解均匀后,用尼龙编织物滤去杂质,然后静止或抽真空除去气泡备用。黏度控制在2~3.5Pa·s。底层料所用树脂除液态聚氨酯外,还加有第二种液态聚氨酯。这种液态聚氨酯树脂为二异氰酸酯与聚酯或聚醚的预聚体,其分子末端带有反应性羟基,在交联剂和交联促进剂的作用下,即可发生交联,形成网状结构。所用的交联剂常为多官能团异氰酸酯,交联促进剂则有三乙烯二胺、金属有机化合物等。第一种液态聚氨酯具有调节底层柔韧性的功能,而第二种液态聚氨酯能增加涂膜与基材的粘结强度。由于底层料中有交联反应发生,所以应随配随用,通常夏季储存时间不宜超过4~6h,溶液的黏度控制在5~80Pa·s。

聚氨酯胶料的涂覆大多采用刮刀法,但也可采用逆辊涂胶。涂覆后进人烘箱进行干燥,烘箱的温度逐步升高。面层料的干燥温度第一段约100℃,第二段约130℃,第三段约170℃。底层料的干燥温度为第一段120℃,第二段140℃,三、四段160℃,第五段150℃。

烘箱的长度除第五段为10m外,其他各段都为5m。在此条件下,生产速度可达12~16m/min。溶剂在烘箱中挥发后,聚氨酯树脂即成为均匀的凝固层,牢固地贴合在基材上。

12.3.3.2 湿法聚氨酯革的生产工艺

与干法一样,涂覆湿法聚氨酯革的胶料也是聚氨酯的二甲基甲酰胺溶液。由于在湿法工艺中,聚氨酯凝固后依靠水洗抽提溶剂,因而胶料中的溶剂必须既能溶解聚氨酯,又能与水很好相容,而二甲基甲酰胺正好符合这一要求。当二甲基甲酰胺全部被水洗以后,聚氨酯便成为具有连续气孔结构的凝固层。如果再对基材进一步改进,那么湿法聚氨酯革的性能就与天然皮革更加接近(参见表12-5),而且具有比天然皮革轻、色彩丰富、表面强度高、不易损伤等优点,是目前代替天然皮革的最佳材料。它除了可作一般人造革使用外,主要用于制造鞋类、球类、箱包、服装等,但价格比聚氯乙烯人造革高得多。

表12-5　　天然皮与湿法聚氨脂革性能比较

项目		小牛皮	湿法聚氨脂革	
			埃卡斯[①]	哥芬[②]
厚度/mm		1.0	1.5	1.6
单位面积质量/$g \cdot m^{-2}$		377	575	848
密度/$kg \cdot m^{-3}$		580	380	530
拉伸强度/MPa	径向	15.9	10.3	11.2
	纬向	23.0	10.0	7.2
延伸率/%	径向	44.0	68.0	63.0
	纬向	75.5	64.0	70.0
撕裂强度/$N \cdot m^{-1}$	径向	63	39	30
	纬向	38	52	50

续表

项目		小牛皮	湿法聚氨酯革	
			埃卡斯[1]	哥芬[2]
破裂强度/MPa		3.3	1.8	1.45
透湿度/$g \cdot cm^{-2} \cdot h^{-1}$		4.7	2.4	2.6
吸湿度/%		14.0	1.4	1.3
曲折疲劳	原试样	>20 万次	>20 万次	—
	老化后[3]	>20 万次	>20 万次	—
表面磨耗[4]		600	1200	900
耐寒强度(-30℃,180°曲折)		良	优	—

注:①埃卡斯(アイカス)为商品名,日本东洋人造丝公司产品。

②哥芬(Carfan)为商品名,杜邦公司产品。

③在耐候试验器中暴露100h。

④荷重为1.6kg的折痕磨耗试验,以尼龙平纹布为对照进行同程度的次数。

为了增加制品的透气和透湿性,通常选用无纺织布作为湿法聚氨酯革的基材。无纺织布由具有海岛结构的共混合成纤维制成,以后又用溶剂抽去纤维中的岛相成分,例如若以尼龙-6与聚苯乙烯共混纺丝,则以甲苯为溶剂洗去聚苯乙烯,纤维即成为中空藕状,增加了基材的孔隙率。

湿法聚氨酯革的生产过程是先用二甲基甲酰胺把聚氨酯溶解,并加入着色剂及其他助剂均匀混合,再用二甲基甲酰胺稀释成一定浓度和黏度的胶料。将此胶料浸渍基材,接着又用水洗去二甲基甲酰胺,使聚氨酯在基材中形成细微多孔的凝固层,同时又作为基材纤维的粘结层,增加基材的弹性和强度。待基材经热风干燥后,再涂覆上述胶料,再次经过水洗和凝固,形成细微多孔的聚氨酯涂覆层,然后干燥、涂饰、印刷,得到制品。其工艺流程如图12-14所示。

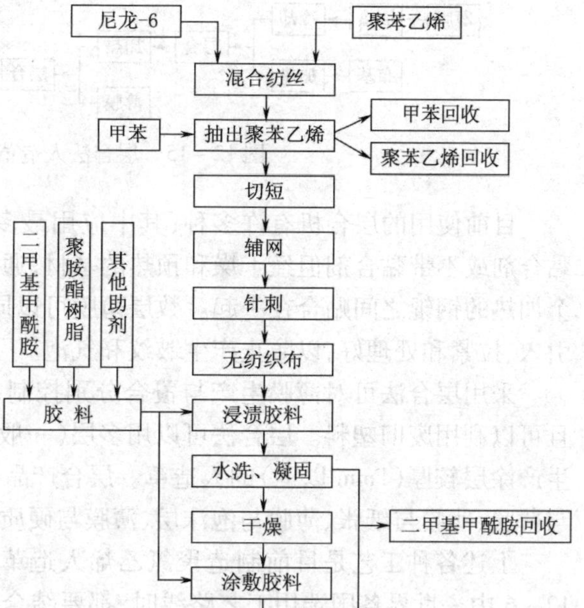

图12-14 湿法聚氨酯革生产工艺流程及装置

在上述过程中,也可以把浸渍的无纺织布经辊压后即涂覆聚氨酯胶料,然后只进行一次湿法凝固,这样有利于提高制品的整体性和剥离强度。基材纤维中聚苯乙烯的抽出，也可以在把纤维制成无纺织布以后进行。

由 20 世纪 20 年代的硝化纤维漆布发展到当前的所谓合成革，虽然与天然皮革的距离越来越缩小，但仍然存在不少问题，如透气、透湿性还不够，冬季会发生硬化，表面易龟裂，由于带静电而易被污染，成本太高等，这些都有待于进一步改进。

12.4 层合法人造革的生产工艺

层合法是在层合机上将预先制得的聚氯乙烯薄膜与基材贴合而制得人造革的方法。根据薄膜制造方法不同，有压延层合法和挤出层合法。层合的方法有两种：一种是先把黏合剂涂在基材（或薄膜）上，然后再压贴薄膜（或基材）；另一种是把薄膜加热后与经过预热的基材接触贴合。压延层合以黏合剂法应用较多，挤出层合则是将刚从口模挤出的薄膜乘热通过夹辊与基材贴合。层合法的工艺流程如图 12 - 15 所示。

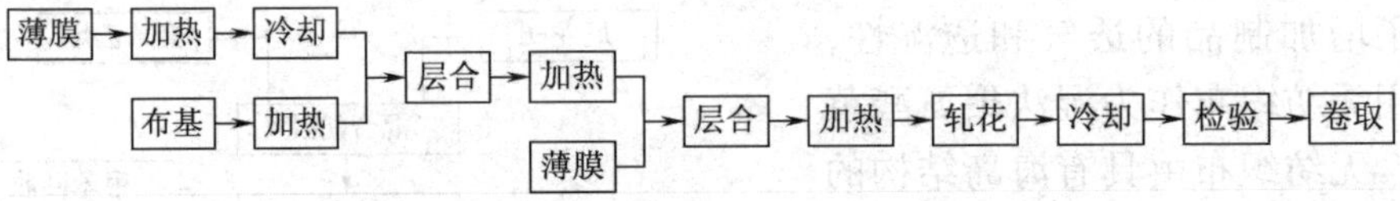

图 12 - 15　层合法人造革的生产工艺流程

目前使用的层合机有许多种，其中应用最多、结构最简单的是双辊筒层合机。带有黏合剂或不带黏合剂但经干燥和预热的基材，通常与薄膜在一个橡胶包覆的轧辊和另一个加热的钢辊之间贴合在一起。数层薄膜可以同时进行层合，但每一种薄膜必须正确地引入、拉紧和处理好，以防止产生皱纹和气泡。

采用层合法可对薄膜生产与覆合分别控制，灵活性大，容易操作，更换品种方便，而且可以利用废旧塑料。层合法可以用多层（一般以 5 层为限）薄膜进行层合，特别适用于生产涂层较厚（1mm 以上）的人造革。层合产品也并不限于薄膜与织物层合，还包括薄膜与薄膜、薄膜与纸张、薄膜与泡沫层、薄膜与硬质聚氯乙烯板材的多层复合制品。

上述各种工艺是目前制造聚氯乙烯人造革最常用的方法，其优缺点比较归纳于表 12 - 6 中。世界各国选用工艺路线时，都要结合本国的资源情况。例如欧洲乳液树脂较多且便宜，因而离型纸载体法占优势；日本压延法约占 80%；而美国则压延法和离型纸法各占一半。

表 12 - 6　　聚氯乙烯人造革不同生产工艺比较

项目＼优缺点＼生产工艺	直接涂敷法	间接涂敷法（钢带载体）	压延法	层合法
设备投资	小	较大	大	小
生产效率	较高	较低	最高	高
对原材料的要求	较高	高	不高	不高
产品外观质量	较差	较好	较好	尚好

尽管压延PVC合成革在合成革发展史上起过十分重要的作用，但由于其本身易分解、难塑化、硬度高等缺点不能单独使用，必须加入多种加工助剂(如稳定剂、增塑剂等)才能生产出合成革制品，增塑剂易析出使制品变硬或发霉；稳定剂中含有欧共体、美国等国所限制的重金属元素，因此现在许多国家汽车行业和食品包装业开始禁止使用PVC合成革制品。

聚氨酯合成革是一种性能优良的环保材料，但其价格高，生产条件苛刻、助剂有毒。因此各国都在大力开发价格低廉、环境友好的合成革材料，EVA树脂和聚烯烃弹性体属于首选，但其生产工艺和配方上不成熟，需进一步研究。

12.5 人造革的表面修饰

为了改善聚氯乙烯人造革的手感、美感和光泽等，塑化完全的涂层制品还需经过表面修饰处理。表面修饰包括轧花、印花、表面涂饰等。

12.5.1 轧　花

将熔融塑化后的涂层制品立刻通过一对由钢制轧花辊和橡皮辊共同组成的轧花装置，便可使辊筒上的花纹压在聚氯乙烯涂层上。制品离开轧花装置后应即进行冷却使花纹固定。轧花装置与生产人造革的各种装置配套的，称为直接连结式。另外还有一种所谓独立式轧花，它是将塑化、冷却、卷取的人造革重新加热再进行轧花。直接连结式的轧花速度会受前一工序的限制，以致不能按花纹深浅来选择恰当的轧花速度。因此，对花样复杂或花纹较深的产品，都宜采用独立式轧花。

对泡沫人造革，如果轧花控制不当，常会使泡孔破坏。因此，可考虑采用如下方式：①余隙轧花花辊与橡皮辊各自驱动，并存有可以调节的间隙，使泡孔结构不致因受压而破坏。②离型法采用轧花的离型纸作载体，已见前述。③热辊轧花仅将加热花辊与不处于热熔状态的涂层作适当的接触使制品取得花纹的一种方法。用于泡沫革时，其泡孔不致被压破。

12.5.2 印　花

印花一般采用转轮影印法，如果花纹是多色的，则印刷时应分别用几只辊筒相继进行，且每次印刷后必须烘干。此外，也可采用胶版印刷法。在这种印刷中，油墨涂在印花软辊上的凸出部分，每次印刷时不需进行干燥。如果需要大面积的彩色和大的套色花纹时，也可采用丝网印刷方法，但每次印上的花纹均应干燥，干燥时间约几分钟，效率较低。

近来还有一种印制立体花纹的方法，通称“化学印花法”。该法是用含有发泡抑制剂(有机酸、有机酸酐、有机酰氯等)的塑料油墨将花纹先印在未经发泡处理的泡沫革中间产品的涂层上，之后在高温塑化发泡中凡印有花纹处的发泡剂就不会发生分解或分解迟缓，而没有花纹的部分则仍然发泡，这样，涂层表面就按印刷的花纹形成立体花纹。

12.5.3 表面涂饰

由以上各法所制的人造革，通常都需要用涂饰剂处理其表面，目的是得到滑爽的手感以及特殊的表面光泽（有光或无光），并提高耐磨性能和不使表面发粘与吸尘。

聚氯乙烯人造革使用的表面涂饰剂有：聚氯乙烯、聚丙烯酸酯类、聚酰胺、氯磺化聚乙烯、氯丁橡胶、丁腈橡胶、氯乙烯与甲基丙烯酸甲酯共聚物、聚醋酸乙烯酯等，其中以聚氯乙烯与丙烯酸酯类的联用最为普遍。聚氨酯常用的表面涂饰剂有聚氨酯漆和醇酸树脂漆。涂饰的方法一般采用逆辊涂覆法，但也有用印花机作表面涂饰的。

为了赋予人造革某些特殊性能，例如透气、透湿、表面具有鹿皮或绒面效果，可进行一些特殊的工艺处理，此处不详述。

12.6 超细纤维合成革生产工艺简介

近年超细纤维合成革的开发研究受到各国高度重视。所谓的“超细纤维合成革”是以聚氨酯为基体，用三维网状结构的超细纤维非织造布增强的复合材料，成为替代天然皮革的最佳材料。超细纤维合成革的纤维增强材料有两类，一类是将 PA_6/PE 共混物按一定比例熔融纺丝，制备所谓的不定岛型海岛纤维，再将其制成高密度针刺非织造布，而后经浸胶→固化→剥离→染色→起绒等过程，最终得到合成革；另一类是采用如 PA_6（或 PET）/EHDPET 为原料，经复合纺丝制备所谓的定岛型海岛纤维，而后按照同样的后续工艺制成合成革。

我国超细纤维合成革大多采用 PA_6/PE 共混纺丝制备不定岛海岛纤维，而后通过浸胶—湿法成型—剥离等工艺制成。部分公司开发了 PET/PE 共混纺丝技术制备超细纤维合成革或采用 PA_6（PET）/EHDPET 复合纺丝工艺制备定岛型海岛纤维，而后制成合成革。典型的超细纤维合成革生产工艺见图 12－16。

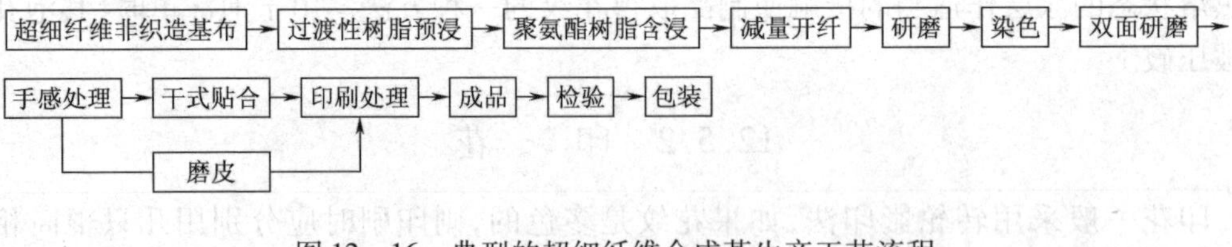

图 12－16 典型的超细纤维合成革生产工艺流程

超细纤维合成革的生产工艺包括五部分：①特殊纤维制造技术，即 PA_6（或 PET）/LDPE 按照一定的比例共混纺丝制造海岛（不定岛）型共混纤维以及海岛形态结构的控制技术；②非织造布制造技术（共混纤维的排布与立体交络）；③PU 树脂加工技术（包括 PU 树脂的合成、含浸、涂敷及固化技术）；④溶解抽出技术，即使用溶剂将 LDPE 抽出；⑤表面整理技术（包括压花、起绒和染色技术），如含浸 PU 胶，则再造面将得到银面革，若含浸 PU 胶后仅作起绒整理则得仿鹿皮织物。

12.7　金属制件的塑料涂覆

金属零部件表面涂覆一层塑料后,既可保持其原有的内在质量(高强度、高刚度),又可使其具有塑料的外观和某些特性,如色彩艳丽、外观精致、耐腐蚀、耐磨、电绝缘、自润滑等,因此具有广泛的工业用途和商业价值。

塑料涂覆的方法很多,有火焰喷涂、流化喷涂、粉末静电喷涂、热熔敷、悬浮液涂覆等。可以用作涂覆的塑料种类也很多,最常用的是80~120目的聚氯乙烯、聚乙烯、尼龙等粉料,塑料种类的选择以对涂层性能的要求为准。

为提高涂层与基体金属之间的粘结力,常对金属制件表面进行喷砂、化学处理或其他机械方法处理以保证无尘和干燥,没有锈迹和油脂。其中喷砂可使制件表面粗糙,增加表面积并形成钩角,使粘结力提高,故喷砂处理效果较好。砂粒的品种及外形对涂层质量也有影响,例如对黄铜、紫铜、铸铝等硬度较低的制件,宜用直径1~1.5mm的黄砂;对钢件而言,则宜选用直径1.5~2.5mm的硬度高并有尖角的石英砂。喷砂用的压缩空气(压力约为0.5MPa)须经过油水分离器以除去油和水。喷砂后的制件表面要用清洁的压缩空气吹去灰尘,并在6h内喷涂塑料,否则表面将会氧化,影响涂层的附着力。如果制件表面经清洗、喷砂处理后,仍不能与塑料涂层很好粘附,则需在喷涂前先涂一层对涂层和制件都有较好粘合作用的树脂(底漆)。

一般情况下,塑料涂层与各种金属粘接强度按钢材、铸钢、铸铁和有色金属的顺序依次递减。由于塑料在冷却时的收缩比金属大,涂层容易在制件边缘处开裂。克服的方法是将制件边缘做成圆角,圆角半径以5mm左右为好。另外,涂覆好的制件最好乘热放入冷水中骤冷至水温时取出,以降低塑料涂层的结晶度、提高水含量,提高涂层的韧性、表面光亮及粘结力,且可克服由于内应力而使涂层脱落的弊病。

用作塑料涂料的形式有液体和粉末固体,直接由粉状塑料进行涂覆的优点是:①可直接使用只能以粉状形式供应的树脂;②一次涂覆即可得到很厚的涂层;③形状复杂或带有锐利边缘的制品都能很好涂覆;④多数粉状塑料具有极好的储存稳定性;⑤不需溶剂,物料配制过程简单。但粉料涂覆也存在一些缺点或局限,例如制件若需预热,尺寸受限制。因为涂覆塑料需要一定时间,若制件尺寸过大,喷涂尚未结束,局部有可能已冷却到所需温度以下。另外在塑料粉末喷涂过程中,粉料散失可高达60%,必须收集再用,以保证工艺经济。同时粉尘的易爆炸性和毒性也应充分重视,当微细的树脂颗粒与空气混合点燃时,可能出现爆炸,所以在喷涂施工中要注意安全。而且多数塑料粉末可能对皮肤、口、眼等有刺激作用,应采取必要的防护措施。

以下简单介绍几种主要的涂覆工艺。

12.7.1　浸　涂　法

浸涂法是将被涂制件进于盛装塑料涂料的容器中,经过一定时间后,用悬挂的吊钩把浸涂后的制件取出,干燥后即可获得一定厚度的涂层。

浸涂方法包括:手工浸涂法、传动浸涂法、离心浸涂法和真空浸涂法等,可根据制件尺寸、数量及生产条件确定。该方法的优点是生产效率较高,可实现机械化、自动化生产最适合单一制品的大量涂敷。且技术简单,操作方便。缺点是挥发性和含有重质颜料的涂料以及双组分涂料(如胺固化环氧漆、聚氨酯漆等)均不适合。涂层外观不够平整,容易上薄下厚,边缘出现流挂现象,所以仅适用于外观质量要求不太高的制件。

为保证获得一定厚度、均匀完整的涂层,在浸涂操作时需严格控制涂料的黏度以及维持制件均匀的升降速度。涂料的黏度直接影响制件涂层的外观和厚度,黏度过低,涂层太薄;反之,涂料在制件表面的流动慢,因而涂层外观差,流痕严重,余料滴不尽。一般施工时间在18~30s内。另外,在操作过程中随溶剂挥发,涂料逐渐增稠,需经常测定黏度(最好配备自动黏度调节装置),并及时补加溶剂。

12.7.2 热熔敷法

热熔敷法的工作原理是在已经预热好的制件上用喷枪喷上塑料粉末,借制件的热量使塑料熔融,冷却后就能使制件包覆上塑料涂层。必要时还需经过后烘处理。

热熔敷法工艺控制关键是制件的预热温度。预热温度过高时,常会导致金属表面严重氧化,涂层黏着性降低,甚至可能会引起树脂分解和涂层起泡变色等现象。预热温度过低,树脂流动性差,不易得到均匀的涂层。涂覆聚氯乙烯、高密度聚乙烯、尼龙1010以及氯化聚醚这四种塑料时,制件预热温度可参考表12-7。

表12-7　热熔敷法工件预热温度

材料	聚氯乙烯	高密度聚乙烯	尼龙1010	氯化聚醚
工作预热温度/℃	170	310	290	230

热熔敷法一次喷涂往往不能获得所需厚度,因此要反复喷涂多次。在每次喷涂后均需加热处理,使涂层完全熔化、发亮,然后再喷涂第二层。这样不仅可使涂层均匀、光滑,而且还能显著提高力学强度。高密度聚乙烯加热处理温度为170℃左右,氯化聚醚为200℃左右,时间1h为宜。

热熔敷法所得涂层质量高、美观、粘结力大、树脂损失小、容易控制、气味少,其喷枪不带燃烧系统,结构简单,可利用普通喷漆用喷枪。

12.7.3 喷涂法

喷涂法是金属制件最常用的涂层方法,尤其适合用在制件已安装完毕,且具有不规则形状和表面。其优点是工效高,施工方便,适应性强,且涂层表面均匀、光滑平整;缺点是涂料的利用率低,损耗稀释剂(溶剂)多。喷涂过程中有约20%的塑料和100%的溶剂弥散在施工场所,因此良好的通风和除尘等安全措施尤为重要。

根据喷涂雾化方式和喷涂加速装置的不同,可分为空气喷涂法、热熔喷涂法、高压无空气喷涂法、气雾喷涂法、流化喷涂法、静电喷涂法、火焰喷涂法和等离子喷涂法等。

(1)空气喷涂法

利用喷枪,由压缩空气的气流将液体涂料喷出并成雾状,而后分散沉积在制件上的涂层方法。空气喷涂法的操作方式有 2 种:纵横交替法和纵行双重喷涂法。涂料黏度、工作压力、喷嘴与制件的距离以及操作技术是影响质量的主要因素。图 12 - 17 为空气喷涂法的基本原理。

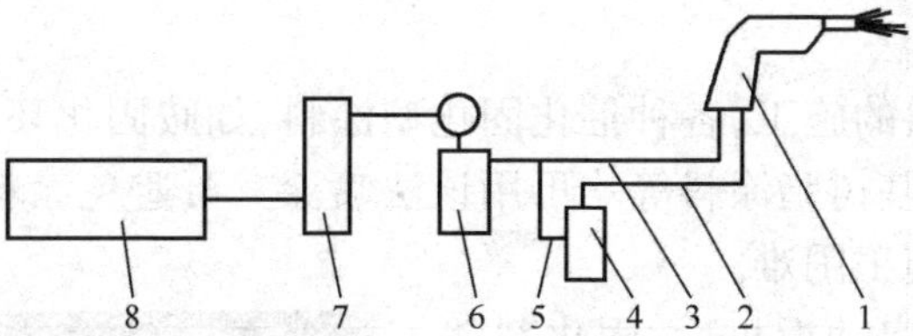

图 12 - 17　空气喷涂法的基本原理

1—喷枪　2—涂料输送管　3—压缩空气输送管　4—涂料储存罐
5—压缩空气输送管　6—压力表及压力控制器　7—油水分离器　8—空压机

(2)热喷涂法

喷涂加热的涂料称为热喷涂。该法是首先将涂层材料在加热源中熔化,然后这一液态或熔融的涂层材料得到工艺气体的推动,并喷涂到一个基底材料上,最后固化成一个坚硬的固体层。图 12 - 18 为热喷涂法的基本原理。根据液体涂料的黏度受热降低的特性,一般预热温度为 70℃左右。由于热喷涂时涂料流动性好,故喷涂工作压力只需0.17 ~ 0.2MPa。该法主要适用于稀释剂用量较多的硝基塑料,也可用于乙烯类和氨基树脂类涂层。

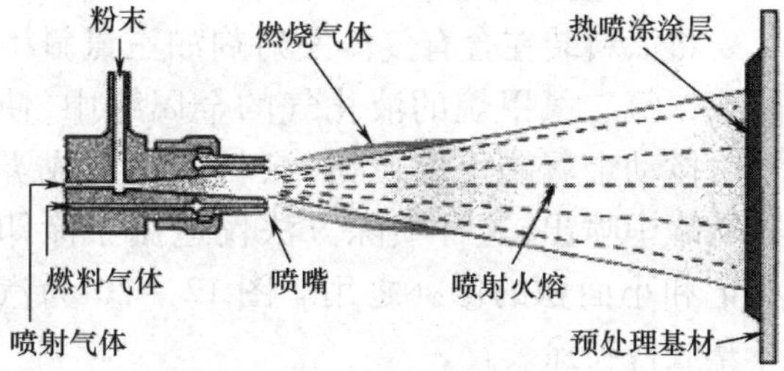

图 12 - 18　热喷涂的基本原理

(3)高压无空气喷涂法

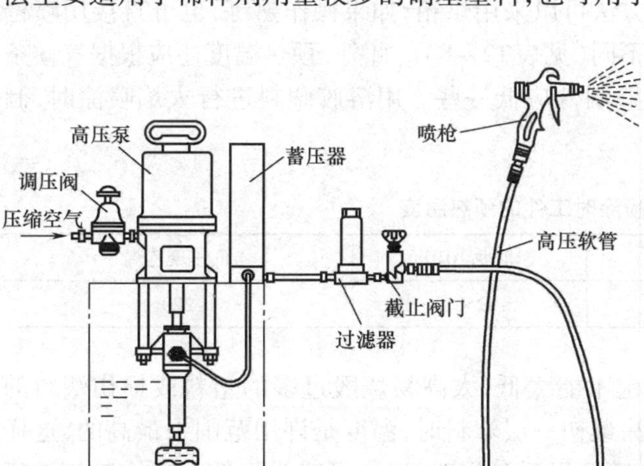

图 12 - 19　高压无空气喷涂示意图

将涂料在 10 ~ 20MPa 的高压作用下,经过喷嘴(0.2 ~ 1mm)喷出。受高压作用的涂料离开喷嘴后,立即膨胀成很细的流线。受表面张力的作用,流线变成很细的微粒喷射到制件表面。它的主要特点是没有一般空气喷涂时发生的涂料粒子回弹和大量漆雾飞散的现象。这种涂层方法具有如下优点:涂装效率高;拐角和间隙处也能很好涂层(因涂料喷雾中不混杂空气,涂料易达到细小部位);喷雾飞散小,涂料利用率高,环境污染小;适用于高黏度涂料,可获得厚涂层。该法已广泛用于船舶、汽车车辆、桥梁、钢结构件、建筑及各种机械行业。其缺点主要是操作时喷雾幅度和喷出量不能调节,必须以更换喷嘴来调节;与空气喷涂法相比涂层质量差,不适用于薄层的装饰性涂层。图 12－19 为高压无空气喷涂法示意图。

(4)双口喷枪喷涂法

专用于双组分涂料的施工,各种催化固化型涂料,如胺固化环氧树脂、不饱和聚酯树脂、聚氨酯及酸固化氨基树脂涂料等均可用该法喷涂。可避免涂料两组分在短时间内发生化学反应凝胶造成施工困难。

使用双口喷枪时,启动扳机后、固化剂就会与中部气流相互混合,并且产生足够的动能与来自涂料管的液体涂料在枪外预混,用量可按比例计量,然后在行进过程中混合。同时发生化学反应,使涂膜在制件表面固化。

(5)气雾喷涂法

将涂料装在含有气体发射剂如三氯氟甲烷或二氯二氟甲烷的液化气的金属罐中,使用时掀动金属罐上的掀钮,涂料液化气成雾状从罐中喷出,这种喷除方法仅适用于涂印标记和小面积的修补之用。图 12－20 为汽车塑胶件喷涂装置。

图 12－20　汽车塑胶件喷涂装置

(6)火焰喷涂法

使粉状或糊状塑料通过喷枪发射的火焰变为熔融或半熔融状态,并随火焰的气流射到物体表面而结成塑料涂层,这就是火焰喷涂。涂层厚度约 0.1～0.7mm。用粉状塑料进行火焰喷涂时,制件应预热。预热方法可以采用烘箱,如果操作熟练,也可直接用喷枪预热。喷涂不同塑料时,预热温度也不同(见表 12－8)。此外,预热温度还应根据气候条件和制件大小作适当调整:夏天和厚壁制件应低一些。用溶胶塑料进行火焰喷涂时,制件可不预热。

表 12－8　　火焰喷涂时工件的预热温度

材料	氯化聚醚	尼龙 1010	低压聚乙烯
预热温度/℃	200	250	220

喷涂时的火焰温度既不能太高,也不能太低,太高易烧毁过多的塑料或损伤塑料的性能;太低会影响粘附效果。一般喷涂最初一层塑料时,温度是许用范围中最高的,这样可以增进金属与塑料的粘附效果。在喷涂以后各层时,温度可略为降低。喷枪口与被喷制件距离为 100～200cm。当第一层塑料粉末塑化后,即可大量出粉加厚,直至需要的厚度。如果制件为平面,则将平面放在水平位置,手持喷枪来回移动进行喷涂;如制件为圆柱形或内孔,则须装在车床上作旋转喷涂。制件旋转的线速度为 20～60m/min。当喷涂

层厚度达到要求而停止喷涂时，制件应继续旋转，直至熔融的塑料凝固为止，然后再进行急冷。

虽然火焰喷涂的生产效率不很高，过程中常带有刺激性的气体，并且还需要相当熟练的技术。但其设备投资不大，对罐、槽内部和大型制件的涂层比用其他方法有效，因此工业上仍不失为一种重要的加工方法。火焰喷涂的工作原理及主要设备装置见图12－21。

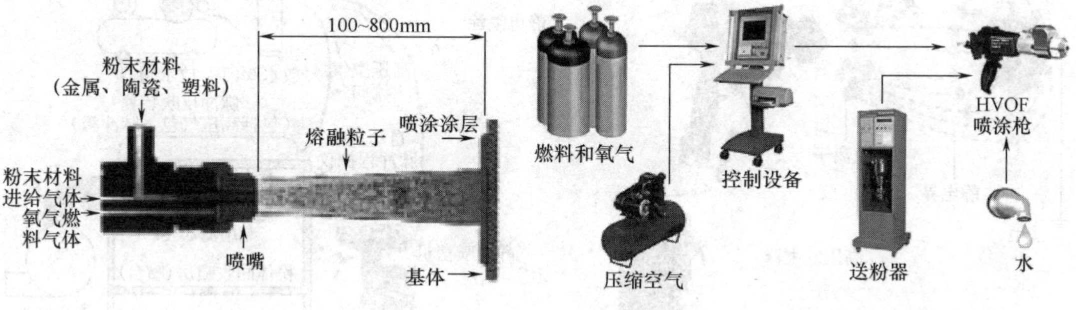

(a)　(b)

图12－21　粉末火焰喷涂的工作原理及主要设备装置
(a)粉末火焰喷涂的工作原理　(b)粉末火焰喷涂的工艺流程

(7)流化喷涂

流化喷涂的工作原理是：将树脂粉末放在一个内部装有一块只能通空气而不能通粉末的多孔隔板的筒形容器的上部（见图12－22），当压缩空气由容器下部进入就能将粉末吹起并使之悬浮于容器中。此时若将经过预热的制件浸入其中，树脂粉末就会因熔化粘附在制件上而成为涂层。

流化喷涂中制件所得涂层厚度决定于制件进入流化室的温度、比热容、表面系数、喷涂时间和所用塑料的种类，但在工艺中能够加以控制的只有制件的温度和喷涂时间两种，在生产中均须由实验来决定。

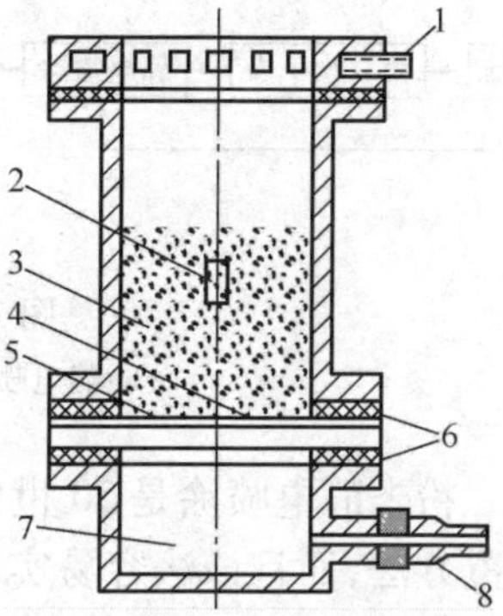

图12－22　流化床示意图
1—抽吸接头　2—被涂物体
3—流化室中的流化塑料粉
4—过滤网　5—透气板
6—密封垫　7—空气室
8—入气口

喷涂时，要求塑料粉流化平稳而均匀，没有结块和涡流现象以及散逸的塑料微粒较少等。为了达到这种要求，技术上应该作出相应的措施。添加搅拌装置时可以减少结块和涡流，而在塑料粉中加入少许滑石粉则对流化有利；不过滑石粉会影响涂层质量。防止塑料微粒的散逸是严格控制空气的流速和塑料粉颗粒的均匀度。但是散逸总是难免的，所以流化床上部应设回收装置。

流化喷涂的优点是能涂覆形状复杂的制件、涂层质量高、一次涂覆就可得到较厚的涂层、树脂损失少、工作环境清洁等，缺点是加工大型制件困难。

(8)粉末静电喷涂

在静电喷涂中,树脂粉末依靠静电力固定于制件表面,而不是依靠熔融或烧结。其原理是利用高压静电发生器所形成的静电场,使喷枪中喷射出的树脂粉末带上静电荷,而接地的制件成为高压正极,于是制件表面很快沉积一层均匀的塑料粉末(参见图12-23)。在电荷消失前,粉末层附着很牢固,经加热塑化和冷却后,即可得到均匀的塑料涂层。

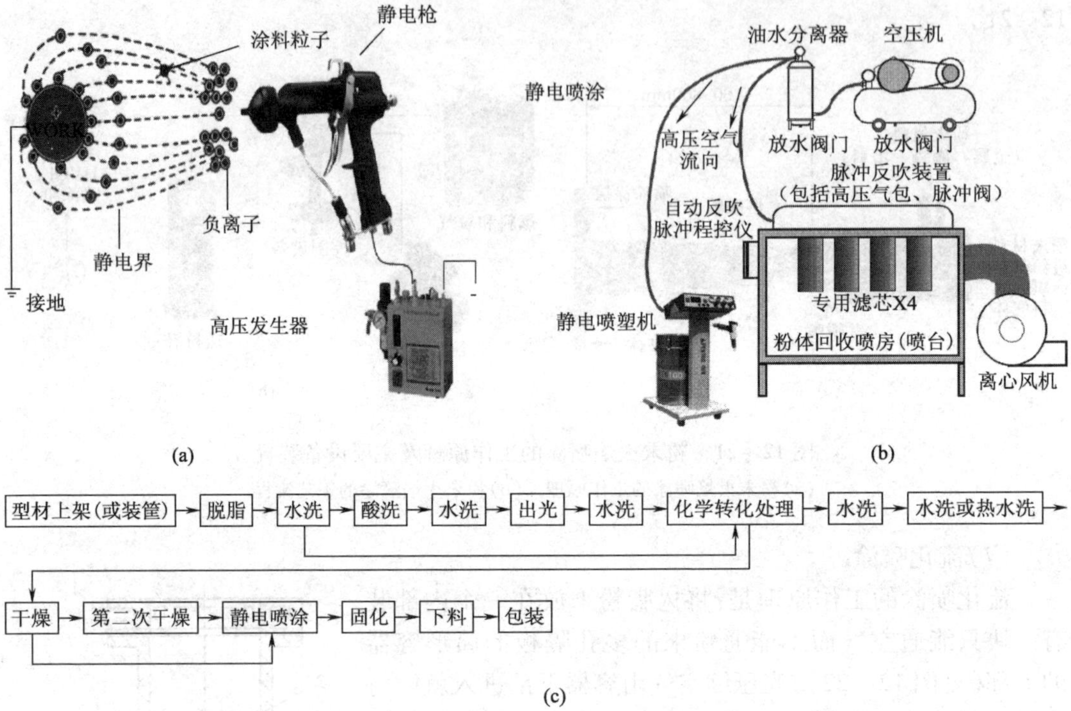

图12-23　静电喷涂原理、装置及工艺流程图

(a)静电喷涂原理　(b)静电喷涂装置　(c)静电喷涂工艺流程图

粉末静电喷涂是20世纪60年代中期发展起来的,很快就成为工业上所普遍使用的涂覆方法,而且该法容易实现自动化。如果涂层不需要很厚,静电喷涂不要求制件预热,因而可用于热敏性物料或不适于加热的制件涂覆。它也不需要流化喷涂中必不可少的大型储器。由于绕过制件的粉末会被吸引到制件反面,所以溅失的粉料要比其他喷涂少得多,而且只需在一面喷粉,就可把整个制件涂覆。但大型制件还需从两面喷涂。

带有不同断面的制件,会给后加热带来困难。若断面差别过大,可能较厚部位的涂层尚未达到熔融温度,而薄处的涂层已熔融或降解。在这种情况下,树脂的热稳定性是很重要的。带有整齐内角和深孔的制件,不易完全为静电喷涂所涂覆,因为这些区域存在静电屏蔽而排斥粉料,妨碍涂层进入角或孔内,除非喷枪可插入其中。此外,静电喷涂所要求的颗粒较细,因为较大的颗粒易从制件上脱落,而比150目更细的颗粒,静电作用更有效。

(9)等离子喷涂法

用等离子喷枪使流经等离子发生区的惰性气体(如氩气、氮气、氦气的混合气体)成为5500～6300℃的高速高能等离子流，卷引粉状树脂以高速喷射至工件表面熔结成涂层。

等粒子喷涂技术是继火焰喷涂之后大力发展起来的一种新型多用途的精密喷涂方法，它具有：①超高温特性，便于进行高熔点材料的喷涂；②喷射粒子的速度高，涂层致密，粘结强度高；③由于使用惰性气体作为工作气体，所以喷涂材料不易氧化。

等离子喷涂包括大气等离子喷涂、保护气氛等离子喷涂、真空等离子喷涂和水稳等离子喷涂。图12－24为等离子喷涂原理及装置。

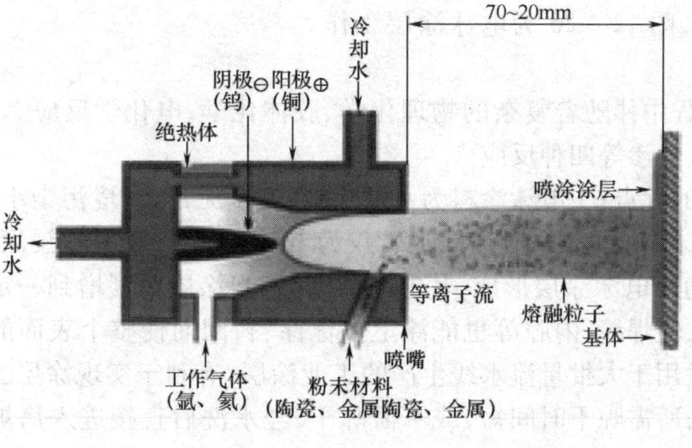

图12－24　等离子喷枪结构及喷涂原理示意图

12.7.4　电泳(电镀)法

电泳涂层就是将被涂物浸渍在水溶性涂料中作为阳极(或阴极)，另设一与其相对应的阴极(或阳极)，在两极间通直流电。靠电所产生的物理化学作用，使涂料涂布在金属制件上的涂层方法。根据被涂制件的极性和电泳涂料的种类，电泳涂层可分为阳极电泳和阴极电泳两种，典型的阴极电泳工艺流程见图12－25。

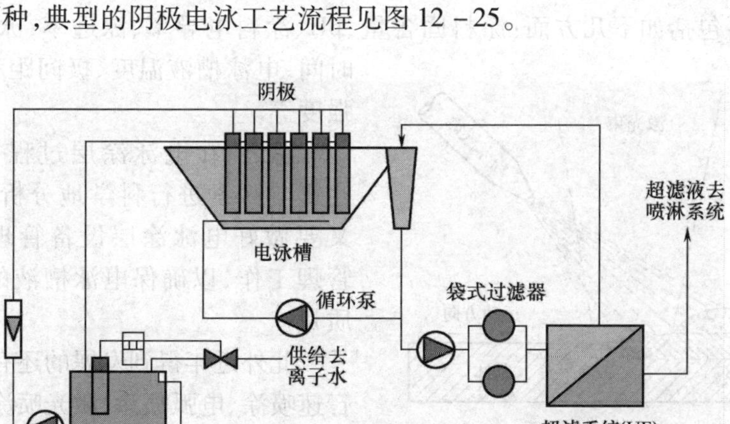

图12－25　阴极电泳工艺流程图

电泳涂层原理将被涂制件浸入固体含量为10% ~20%的电泳涂料中。槽内设置电极，在通电压为50 ~300V 的直流电后，涂料中的树脂、颜料在制件为电极的表面上沉积，形成不溶于水的涂层，根据涂料品种的不同，被涂制件可作为阳极或阴极。被涂制件作为阳极时所用涂料带负电荷称作阴离子型涂料；反之，被涂制件作为阴极所用涂料带正电荷，称为阳离子型涂料，图 12 – 26 为电泳涂层工作原理示意图。

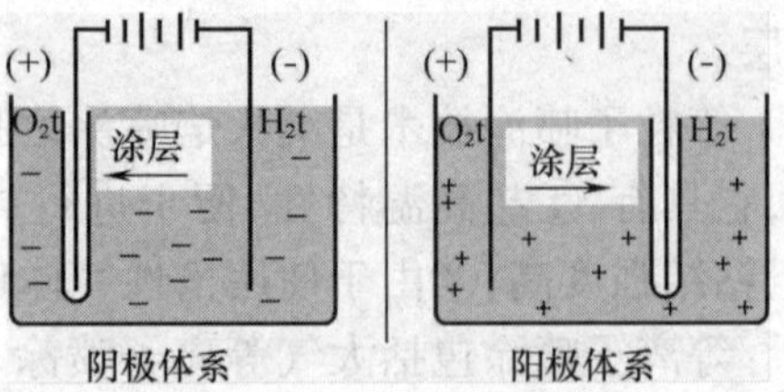

图 12 – 26　电泳涂层工作原理

电泳涂层过程中伴随着复杂的物理化学、胶体化学、电化学反应。一般至少包括电解、电泳、电沉积、电渗等四种反应。

电泳涂装法的优点：①电泳涂料为水性涂料，安全无毒，环境污染小；②涂层效率高，涂料损失小。电泳涂层槽液固体含量通常仅为10% ~20%，而其他浸涂法的固体含量为70% ~90%；③随着电泳涂层形成，其电阻值增高，当涂层厚度增到一定值时，涂料会自动涂到未涂表面，使焊缝、内腔等也能涂上电泳涂料，因而使整个表面的涂层厚度均匀；④生产效率高，适用于大批量流水线生产的工业涂层，有利于实现涂层工艺自动化；由于涂层中含水量少，所需晾干时间短，或不需晾干，经水洗后直接进入烤炉烘干；⑤附着力优良，作为底漆能显著提高涂层的防腐性和耐湿性，尤其采用阴极电泳涂层。

电泳涂装法的缺点：①设备复杂，投资费用高，耗电量大。除电源装置外，为保持涂料、涂层条件稳定，需要相当复杂的设备（超滤装置、反渗透装置、控温装置、绝缘和供电装置以及后冲洗系统等）；②涂料、涂层管理复杂。大量涂料在不断补充的情况下长期使用，涂料组成的管理必须十分注意，各种涂层条件也必须精心控制；③生产过程中不能改变颜色。与浸涂法一样不能换色，不适用于多色的装饰性涂层。适用于采用同一涂料的大批量生产或涂料耗量大（即槽液更新期短）的涂层。此外，电泳涂装法的影响因素主要包括如下几方面：涂料固含量、pH、涂料电导率、泳透率；泳涂电压、泳涂时间、电泳槽液温度、极间距和槽液的搅拌强度等。

总之，在电泳涂层过程中，既要对上述影响因素进行科学地分析和严格控制，又要做好电泳涂层设备管理及涂层现场管理工作，以确保电泳槽液的稳定和涂层质量。

此外近年得到发展的还有爆炸喷涂、超音速喷涂、电弧喷涂、激光喷涂等方法，主要用于金属涂层或无机涂层。图 12 – 27 为激光喷涂原理示意图。

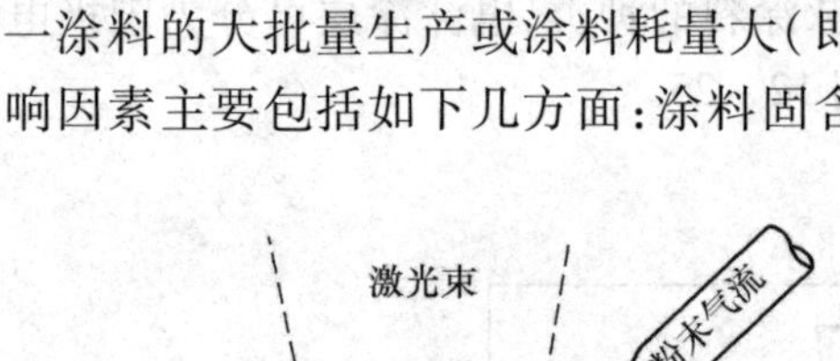

图 12 – 27　激光喷涂原理示意图

12.8 塑料涂装

随着塑料材料品种的开发增多，塑料制品的应用领域日益广泛，塑料制品的美观要求也不断提高，尤其是塑料制件在汽车工业中的大量应用，使得塑料表面涂料涂装技术已成为一个新产业，得到快速发展。

塑料涂装的目的主要有：①防护作用保护基材，提高表面硬度、耐候性、耐溶剂性；②表面装饰赋予制品色彩，满足家电外观装饰，协调汽车中不同材质组成的色彩和谐搭配；③特殊功能改善表面导电性、防静电、阻燃、防辐射和发光性能，为塑料真空镀膜提供保护。

12.8.1 塑料表面的预处理

塑料的表面张力较金属小，无极性，故涂料对其的润湿性和铺展性差，涂层附着力低。大多数热塑性塑料不耐高温，大于100℃时已发生热变形，涂料烘干温度受到限制。另外，塑料加工成型后的残余内应力、涂层过程中溶剂挥发导致的内应力以及涂料成膜过程中发生交联反应、加热固化和环境温度变化时产生的热应力等会影响涂层质量，导致制件表面粗糙、裂纹或龟裂等。通常，可以通过表面预处理消除上述隐患，提高涂层附着力和质量。

塑料制件常用的表面预处理方法主要有：

1）退火　塑料制品在加工成型时产生的内应力，在涂层时受涂料中溶剂的浸透，内聚力减弱，应力得以释放，塑料表面会产生细裂。将塑料制品在其热变形温度以下进行一定时间的退火，消除内应力，则可防止细裂。

2）溶剂清洗　对涂层附着良好的塑料，如ABS、聚苯乙烯、有机玻璃等，大多可简单地用溶剂揩拭，或用砂纸打磨。采用溶剂揩拭时应注意溶剂的选择。耐溶剂性差的塑料，要用低级醇，如甲醇、异丙醇等。此外，亦可用中性清洗液、碱性洗剂清洗。用加压冲洗或浸洗后，用清水洗净。

3）溶剂蒸气清洗　耐溶剂性良好的塑料，如聚烯烃和热固型塑料，可采用三氯乙烷、三氯乙烯等含氯溶剂，或甲苯等芳族溶剂进行蒸气清洗。将塑料制品在溶剂蒸气中放置1～3min，沾污物即可除去。在清洗结晶型塑料时，非晶区可被溶解而形成粗糙表面，从而提高涂层附着力。但该方法所用热溶剂的渗透力大，易使塑料制品变形，溶剂残留。故需选样适当的处理条件，且在塑料热变形温度以下加热，除去残留溶剂。

4）化学药品处理　聚烯烃等非极性、且结晶度高的塑料，可用强酸强氧化剂组合的化学药品，使表面氧化而引入羰基、羧基等官能团，以提高涂层附着力。同时，该方法可侵蚀塑料形成粗糙表面，提高涂层附着力。所用的强酸，如硫酸、硝酸等，强氧化剂如铬酸钾（钠）、高锰酸钾等。但该法废液排放存在问题，使用不多。

5）等离子处理　在等离子流中，有红外线、紫外线、离子、游离基等，由于其高能反应性可与塑料表面发生各种反应，从而使表面沾污物质除去，并生成双键和其他官能团。该法不需预清洗和后干燥，短时间内一次完成表面处理。

6）紫外线处理　单纯用紫外线辐照，处理效果差，须在塑料表面先涂布处理液（单体/光敏剂混合物），再进行辐照，使之接枝获得良好的处理表面，但该法不适用于复杂形状制品。

7）火焰处理　火焰处理是使塑料表面氧化，故又称火焰氧化法。即将氧化火焰吹过塑料表面进行氧化而不能使其损伤。氧化火焰温度为1000～2600℃，使用时要注意塑料制品的软化变形。此法只能适用于中空吹塑制品或形状较简单的塑料制品。

8）电晕处理法　电晕处理法又称电晕放电氧化法，其装置为一台高压交流电机、一台输出变压器和两个电极。一个电极连接高压金属极板（耐压15～35kV）及高频发生器，另一个电极连接地面钢轮，与高压电极距离为1.2～3mm。金属极板宽度略窄于被处理薄膜（约10mm），以免形成放电短路。当需处理的薄膜进入两电极中，高电压使空气中的氧发生电离而产生强氧化剂的臭氧，从而使薄膜表面得到氧化处理，生成极性基团而发生极化，产生静电吸附和微小的毛斑，使薄膜表面与涂料的结合力增强。

电晕处理法仅限于塑料薄膜的表面处理，常用于薄膜吹塑生产线。由于形成塑料薄膜的基材中需加入抗氧剂和爽滑剂等助剂，而这些助剂的效能有时间限度，须在电化处理完毕立即进行印刷或涂装，最好在生产过程中进行连续化的生产，即吹塑、电晕处理、印刷、涂装连续生产，才能达到理想效果。

12.8.2　塑料涂料的选择

可用于塑料制品的涂料品种很多，主要有过氯乙烯、聚醋酸乙烯、氯乙烯－醋酸乙烯共聚物、醋酸纤维素、乙基纤维素、硝基树脂、氨基树脂、醇酸树脂、环氧树脂、酚醛树脂、缩醛类、聚氨酯、聚酰胺、丙烯酸酯、有机硅树脂等。各种涂料的使用范围不同，部分涂料的适用性列于表12－9。

表12－9　塑料涂料选择参考表

塑料	推荐的涂料类型
硬聚氯乙烯	过氯乙烯、醋酸乙烯、聚氨酯、硝基树脂
软聚氯乙烯	聚氯乙烯、聚氯乙烯糊、聚氨酯、氨基树脂、乙烯基丙烯酸酯
聚苯乙烯	乙烯纤维素、缩丁醛、乙烯基聚合物
缩丁醛塑料、聚醋酸乙烯及其共聚物	乙烯基聚合物
ABS	乙烯基聚合物、改性乙烯基聚合物、聚氨酯、环氧树脂
聚丙烯酸酯	丙烯酸酯、改性丙烯酸酯、硝基树脂、聚氨酯、环氧树脂、醋酸纤维素等
氨基树脂	醇酸树脂、氨基树脂、乙烯基树脂、环氧树脂、聚酰胺
聚酯	聚酯树脂、聚氨酯、环氧树脂
聚氨酯	聚氨酯、醇酸树脂
玻纤增强聚酯	醇酸树脂、硝基树脂、乙烯基聚合物、缩醛树脂
聚酰胺	聚丙烯酸、乙烯基聚合物、聚氨酯、聚酯

续表

塑料	推荐的涂料类型
聚苯醚	聚氨酯
聚碳酸酯、聚甲醛、聚烯烃(表面处理)	聚氨酯、丙烯酸、改性丙烯酸
醇酸塑料	醇酸树脂、硝基树脂
环氧树脂	大多数均可以用
乙基纤维素塑料	乙基纤维素、硝基树脂
醋酸纤维素塑料,丁酸纤维素塑料	丙烯酸、改性丙烯酸、硝基树脂、醋酸纤维素、醋酸丁酸纤维素
硝酸纤维素塑料	硝基树脂、其他纤维素树脂
酚醛塑料	醇酸树脂、聚氨酯、丙烯酸、环氧树脂
密胺塑料	硝基树脂、缩醛树脂等

12.8.3 塑料涂层制件的应用

塑料制件的涂层方法与前述金属涂层基本相同,此处不赘述。

塑料涂层制件在汽车工业中不断替代金属材料,应用范围和性能日趋扩大和提高,现已形成较为完善的工艺。

(1)汽车保险杠涂层

汽车保险杠是汽车用塑料涂层中最具代表性的涂层工艺。表12-10是DURR、日本岩田、法国阿尔斯通公司、国内通用的轿车保险杠生产线涂装流程。

表12-10　轿车保险杠生产线涂装流程

项目	DURR	日本岩田	法国阿尔斯通	国内参照
涂层前处理	脱脂水洗和烘干	火焰处理	火焰处理	水洗过程中增加表面调整
静电除尘	静电除尘	静电除尘	静电除尘	静电除尘
底漆	机器人操作	机器人	手工	机器人
流平/min	8	8	5	5~10
底漆烘干	有	无	无	有
强冷	有	无	无	有
检查打磨	有	无	无	有
喷面漆	机器人	机器人	手工	机器人
流平/min	8	8	5	7~10
罩光	机器人	机器人	手工	机器人
面漆烘干	直通U形	U形	三行程通过	
强冷	有		无	有
检查	有			有
涂层体系	三喷二烘	三喷二烘	三喷一烘	三喷二烘

(2)车灯反射罩(镜)涂层

图 12－28 为汽车车灯反射罩(镜)涂层流程图。

坯件检查 → 溶剂擦拭 → 脱脂 → 清洗 → 压力冲洗 → 表面活化 → 干燥 → 静电除尘 → 涂底漆12~15s/涂-4杯 → 静电流平10min → 烘干80~90℃/25~50min视塑料品种而定 → 真空蒸发镀保护膜或喷UV清漆-UV固化 → 验收

图 12－28　汽车车灯反射罩(镜)涂层流程图

(3)轿车外饰件涂层

图 12－29 为轿车外饰件涂层工艺流程图。

预脱脂 → 脱脂 → 水洗2遍 → 新鲜去离子水 → 空气吹干 → 热风烘干(60~70℃) → 静电除尘 → 喷涂底漆 → 晾干 → 静电除尘 → 喷涂底色漆 → 晾干 → 喷涂罩光漆 → 晾干 → 烘干 → 冷却 → 验收

图 12－29　轿车外饰件涂层流程图

(4)手机、笔记本电脑外壳涂层

手机、笔记本电脑外壳涂层流程见图 12－30。

静电除尘 → 内部喷漆导电底漆 → 流平 → 烘干 → 冷却 → 静电除尘 → 外部喷底漆 → 流平 → 烘干 → 冷却 → 静电除尘 → 喷涂底色漆 → 流平 → 烘干 → 静电除尘 → 喷涂UV清漆 → 流平 → UV固化 → 冷却 → 验收

图 12－30　手机、笔记本电脑外壳涂层流程

第13章　热成型及固相成型

13.1　概　　述

热成型（Thermoforming）及固相成型（Solid state processing）是20世纪60年代以后发展起来的一种新型成型加工方法。该方法是使塑料在黏流温度或熔点以下的固体状态下成型。通常，以玻璃化温度为界，把无定形聚合物在玻璃化温度以上、黏流温度（或熔点）以下的高弹区域的加工称为热成型；而把玻璃化温度以下区域的加工称为固相成型或冷成型、常温成型。但有时热成型和冷成型之间很难进行严格的区分，特别是对一些结晶型聚合物，如聚丙烯加工的固相压力成型（Solid - phase pressure forming），就是一种介乎于两者之间的成型方式。工业上热成型应用范围远比冷成型广泛，因此本章将主要介绍热成型的基本方法、主要设备及工艺因素分析。

热成型是一种以热塑性塑料片材为成型对象的二次成型技术，其方法一般是先将片材裁切成一定形状和尺寸的坯件，再将坯件在一定温度下加热到弹塑性状态，然后施加压力使坯件弯曲与延伸，在达到预定的型样后使其冷却定型，经过适当的修整，即成为制品。热成型过程中对坯件施加的压力，在大多数情况下是靠真空和引进压缩空气在坯件两面形成气压差，有时也借助于机械压力或液压力。

热成型的主要优点在于制件应用范围广、适应性强、生产设备投资少和生产效率较高。热成型制件在包装业、快餐业、食品零售业、运输业、标牌制造业、家用电器业、医疗品工业、园艺业、文化娱乐业、箱包业等几乎所有领域都具有广泛的应用，尤其是近年来在包装行业的应用发展最为迅速。就制件规格上看，热成型可以制造特大、特小、特厚、特薄的制件，以适应不同使用场合的要求，既可用于单件塑料制品的试制或者小批量产品的生产，也可用于大批量产品的生产。总的来说，热成型所需的压力不高，因此对模具及其他成型设备无太苛刻的要求，故造价相对低廉。热成型的第一次投资大约只有挤出成型的2%左右，而热成型模具的制造成本也只及注塑模具的10%或更低，且模具制造周期短，产品设计变换方便。

热成型的主要缺点在于通常只能生产结构简单的半壳型制品，制品深度受到一定限制，制件的成型精度较差，相对误差一般在1%以上。而且所用的原料需预成型为片材或板材，成本较高，制品后加工较多，材料利用率较低。

目前热成型工艺所用的片材或板材种类主要是聚苯乙烯及其改性品种、聚氯乙烯、聚甲基丙烯酸甲酯、聚丙烯、聚乙烯、聚碳酸酯以及聚对苯二甲酸二乙酯等。作为原料的片材或板材用挤出、压延或浇铸方法制造。

13.2 热成型方法

热成型在生产中已采用的方法有几十种，这些方法大致可分为简单成型方法和有预拉伸成型法两大类。通过热成型动力及模具类型的改变，这两大类方法又可派生出其他成型方法。

13.2.1 简单成型方法

该法的共同特性是片材或板材仅经过一次拉伸变形即成制品，成型过程除模具外不用其他辅助成型装置。简单热成型方法按动力不同可分为真空成型、气压成型和机械加压成型。

13.2.1.1 真空成型

这种成型方法是依靠真空力使片材拉伸变形。真空力容易实现、掌握与控制，因此简单真空成型是出现最早，也是目前应用最广的一种热成型方法。根据模具不同可将真空成型方法分为真空无模成型，真空阴模成型和真空阳模成型三种。

(1)真空无模成型

真空无模成型又称为自由真空成型(Free forming)，过程如图 13－1 所示，将片材加热到所需温度后，置于夹持环上，用压环压紧，打开真空泵阀门抽真空，通过光电管控制真空阀调节真空度，直到片材达到所需的成型深度为止。由于真空无模成型法中制件不接触任何模具表面，制件表面光泽度高，不带任何瑕疵。如果塑料本身是透明的，制件可以具有最小的光吸收率和透明性，故可用于制造飞机部件如仪器罩和天窗等。

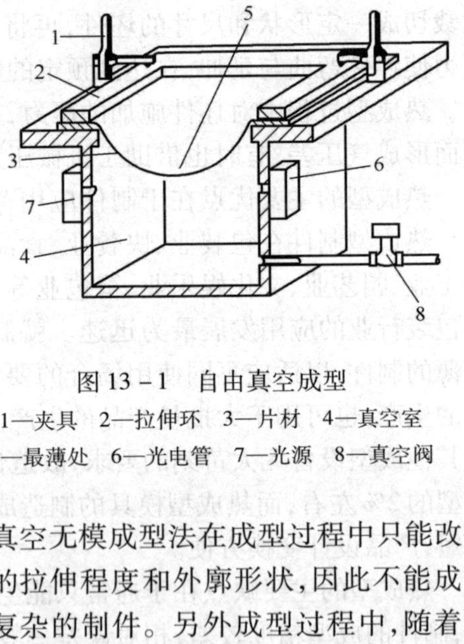

图 13－1 自由真空成型

1—夹具 2—拉伸环 3—片材 4—真空室 5—最薄处 6—光电管 7—光源 8—真空阀

真空无模成型法在成型过程中只能改变制件的拉伸程度和外廓形状，因此不能成型外形复杂的制件。另外成型过程中，随着拉伸程度的增大，最大变形区（即片材中心）的厚度不断减小（如图 13－2 所示），半球最深处的厚度只有片材厚度的 30% 左右，因此实际生产中拉伸比（H/D）一般应小于 75%，而且在塑料种类选择上应考虑其黏弹性行为，较为适宜的透明塑料品种有聚甲基丙烯酸甲酯和聚碳酸酯。

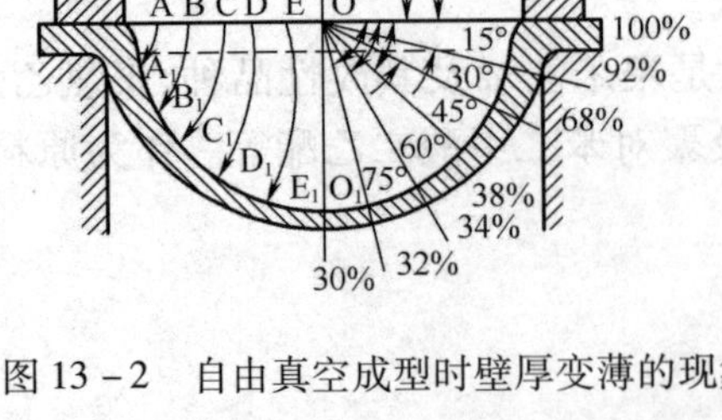

图 13－2 自由真空成型时壁厚变薄的现象

（2）真空阴模成型

真空阴模成型（Cavity forming）过程如图 13－3 所示。真空阴模成型法生产的制品与模腔壁贴合的一面质量较高，结构上也比较鲜明细致，壁厚的最大部位在模腔底部，最薄部位在模腔侧面与底面的交界处，而且随模腔深度的增大制品底部转角处的壁就变得更薄。因此真空阴模成型法不适于生产深度很大的制品。

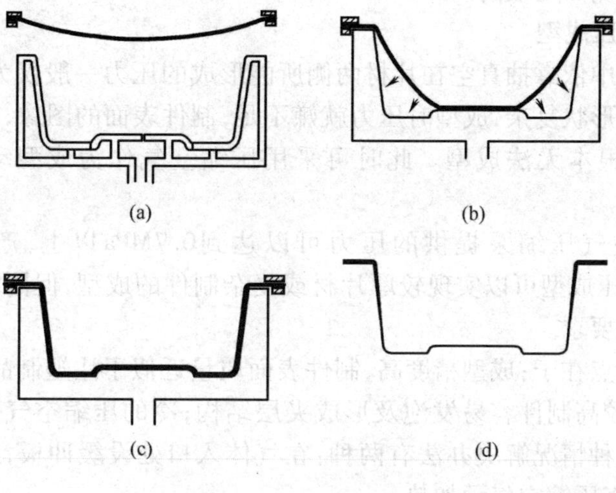

图 13－3　真空阴模成型

（a）预热片材　（b）、（c）抽真空　（d）制件

（3）真空阳模成型

真空阳模成型（Drape forming）工艺过程如图 13－4 所示。本法对于制造壁厚和深度

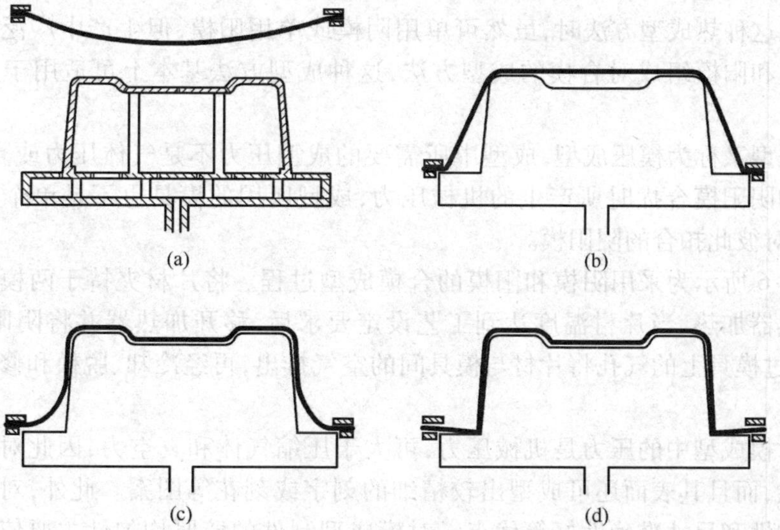

图 13－4　真空阳模成型

（a）预热片材　（b）、（c）抽真空　（d）制件

较大的制品比较有利。制品的主要特点是，与真空阴模成型法一样，模腔壁贴合的一面质量较高，结构上也比较鲜明细致。壁厚的最大部位在阳模的顶部，而最薄部位在阳模侧面与底面的交界区，该部位也是最后成型的部位，制品侧面常会出现牵伸和冷却的条纹，造成条纹的原因在于片材各部分贴合模面的时候有先后之分，先与模面接触的部分先被模具冷却，而在后继的相关过程中，其牵伸行为较未冷却的部位弱。这种条纹通常在接近模面顶部的侧面处最高。

13.2.1.2 气压成型

真空成型过程中依靠抽真空在片材两侧所能形成的压力一般仅为0.01～0.03MPa，若片材较厚或制件形状复杂，成型时压力就嫌不足，制件表面的图像，文字等细微结构显得模糊不清，甚至根本无法成型。此时可采用压缩空气作为成型动力进行气压成型（Pressure forming）。

气压成型中空气压缩泵提供的压力可以达到0.7MPa以上，产生的成型差压约0.6MPa。因此，气压成型可以实现较厚片材或复杂制件的成型，但同时也对机械和模具提出了很高的耐压要求。

气压成型的优点在于：成型精度高，制件表面质量近似于注塑制品；成型速度快。缺点在于，由于压力较高制件容易发泡及形成夹层结构；冷的压缩空气会造成制件表面提前硬化。对于后一种情况解决办法有两种：在气体入口处设缓冲板，避免冷空气直接吹到热片材上，或者将压缩空气预加热。

气压成型可以采用模具成型（阳模或阴模）或不用模具。图13－5所示为使用模具的气压成型方法。将片材预加热，从上部通入压缩空气，压缩空气经过缓冲板后均匀地在片材表面施压，使片材紧贴在下部模腔中，冷却定型后即得制件。

13.2.1.3 机械加压成型

机械加压成型（Mechanical thermoforming）是依靠机械压力使预热片材弯曲与延伸。在具体实施这种热成型方法时，虽然可单用阴模或单用阳模，但生产中广泛应用的还是同时用阴模和阳模组成对合模的成型方法，这种成型方法基本上可适用于所有热塑性塑料。

对模成型又称为模压成型，成型中所需要的成型压力不是气体压力或真空力，而是彼此扣合的阴阳模合拢时所产生的机械压力，成型所用的模具也不是单个的阴模或阳模，而是一对彼此扣合的阴阳模。

图13－6所示为采用阴模和阳模的合模成型过程。将片材夹持于两模之间并用可移动的加热器加热，当片材温度达到工艺设定要求后，移开加热器并将阴阳模合拢、加压，同时通过模具上的气孔将片材与模具间的空气排出，再经冷却、脱模和修整即可得到制品。

由于对模成型中的压力是机械压力，可大于压缩气体和真空力，因此对模成型制件可以较复杂，而且其表面还可成型出较精细的刻字或刻花等图案。此外，对模成型制件还具有复制性和尺寸准确性好等优点。对模成型制件的壁厚均匀性主要依赖于制件本身的结构。

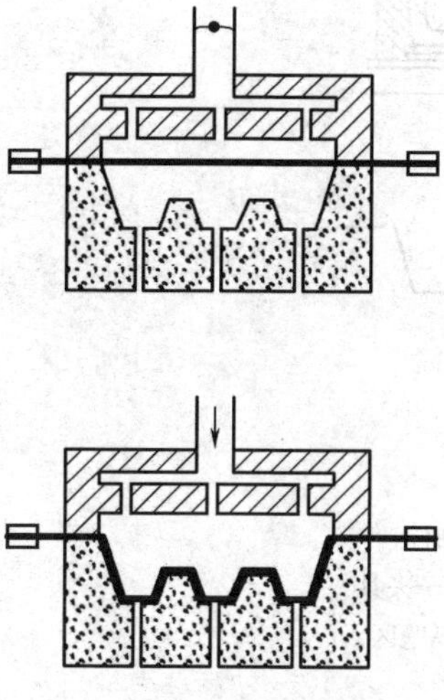

图 13－5　使用模具的气压成型方法

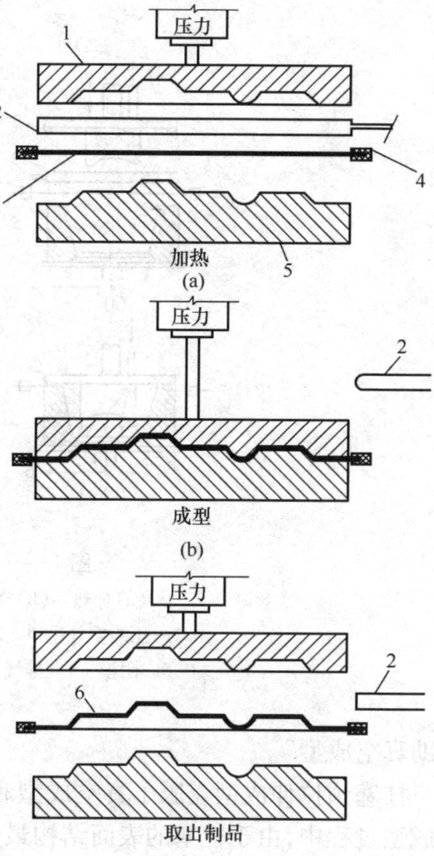

图 13－6　对模成型

1—阴模　2—加热器　3—塑料片材

4—夹持架　5—阳模　6—成型后的制品

13.2.2　拉伸热成型方法

简单热成型方法有两个突出的缺点，一是片材的拉伸强度不能太大，因而不适合深腔制品的生产；二是所得制品的壁厚均一性差，制品中常存在强度上的薄弱区。采用先将预热片材进行预拉伸再真空或气压成型的方法，就能够较好地克服以上缺点，从而方便地制得壁厚较均匀的深腔热成型制品。根据预拉伸作用方式一般可分为柱塞预拉伸成型、气胀预拉伸成型和真空预拉伸成型三种。

13.2.2.1　柱塞预拉伸成型

柱塞预拉伸成型（Plug－assist forming）基本过程如图 13－7 所示，成型开始时需将预热过的片材紧压到阴模顶面上，用机械力推动柱塞下移，拉伸预热片材直至柱塞底板与阴模顶面上的片材紧密接触，这样片材两侧均成为密闭的气室。若通过柱塞内的通气孔往片材上面的气室内充入压缩空气，使片材再次受到拉伸而完成成型过程，这种方法称作“柱塞辅助气压成型”，若依靠对片材下面的模腔抽真空而完成成型过程，则称为“柱塞

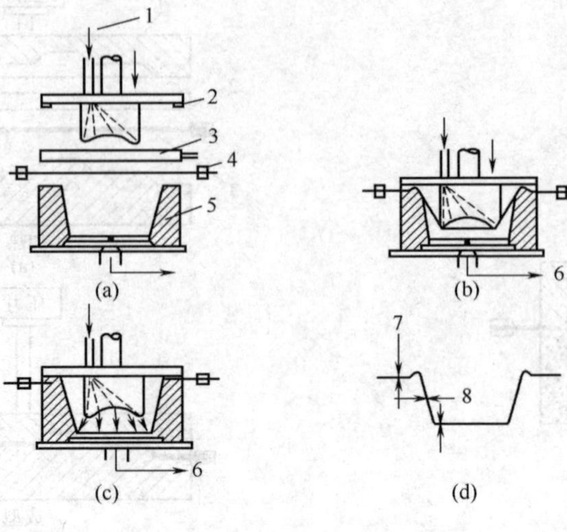

图 13－7　柱塞辅助气压成型

(a)加热　(b)柱塞拉伸　(c)吹胀　(d)制件

1—压缩空气进口　2—密封垫　3—加热器　4—夹具

5—阴模　6—排气口　7—厚壁区　8—均匀厚壁区

辅助真空成型”。

柱塞预拉伸成型克服了真空成型和阳模成型中制件底部薄弱的缺点。在柱塞预拉伸成型过程中,由于柱塞的表面结构最终不成为制件表面结构,因此柱塞的表面应尽可能光滑。为防止片材与柱塞贴合可能造成的制件壁厚不均匀,柱塞顶部通常做成凹面,而不是平头状。柱塞伸入片材的速度在不受其他因素制约下越快越好,柱塞尺寸对预拉伸程度有明显影响,其体积通常约为模腔体积的70%～90%,金属制造的柱塞在拉伸前应预热,温度略低于片材温度,以避免拉伸时片材经柱塞散失热量,而对于其他热导率较低的材料如木材,热固性塑料等制造的柱塞则不需要温度控制。

13.2.2.2　气胀预拉伸成型

气胀预拉伸成型是利用高压空气的“吹胀”作用,使预热片材受到预拉伸。根据预拉伸后片材的成型方式一般又可分为气胀预拉伸真空成型、气胀阳模成型和反向柱塞拉伸辅助成型三种。

气胀预拉伸真空成型又称为气滑成型(Air－slip forming),是气胀预拉伸成型中最简单的一种,其基本过程如图13－8所示,从阳模顶部向预热片材吹气,片材被吹胀成泡,同时阳模上升嵌入预热片材中,当阳模完全插入片材后,关闭压缩空气,从下部抽真空成型。该法成型时应精确控制片材温度、真空度和压缩气压。

气胀阳模成型(Billow drap forming)又称为反向拉伸成型(Reverse draw forming),基本过程如图13－9所示,预热片材向上吹胀,顶部片材为最薄处,此时阳模下移,最先接触泡顶,同时拉伸两侧片材使壁厚趋向均匀。其后过程同阳模覆盖成型一致,也可在覆盖结束后从阳模抽真空辅助成型,以利于片材更紧密地贴合在阳模壁上。由于经历了相

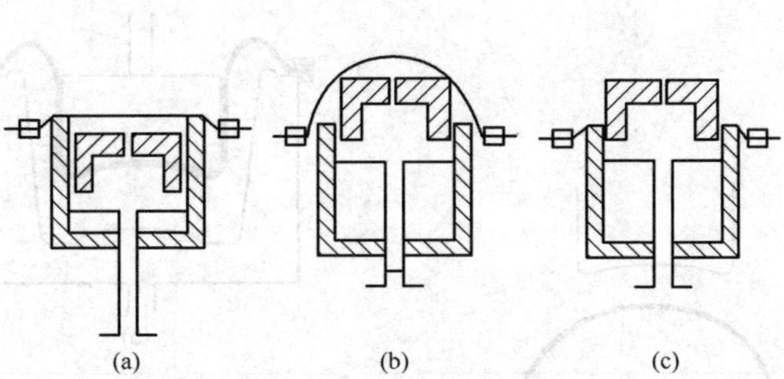

图 13-8　气胀预拉伸真空成型
(a)准备　(b)阳模推气　(c)回吸成型

反方向的两次预拉伸,采用这种成型方法可使制件壁厚更加均匀,是所有阳模成型方式中最精密的一种。

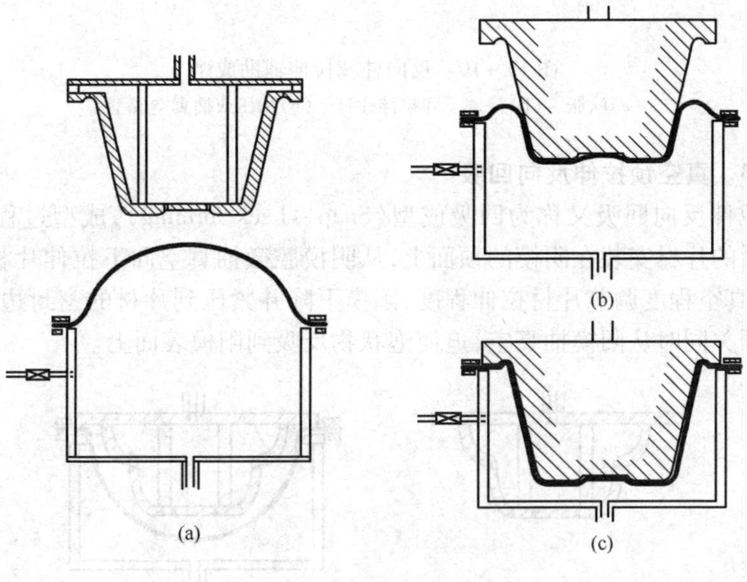

图 13-9　气胀阳模成型
(a)吹胀　(b)阳模下降拉伸片材　(c)抽真空回吸

反向柱塞拉伸辅助成型(Reverse draw with plug - assist forming)又称为气胀柱塞辅助成型。该法是在柱塞助压成型的基础上进行的改进。其基本过程如图 13-10 所示,先用压缩空气将预热片材吹胀为泡状物,然后再将柱塞下降对片材进行拉伸。其后可采用阴模底部抽真空成型或从柱塞向泡状物通压缩空气成型。前者可称为气胀柱塞助压真空成型,后者称为气胀柱塞助压气压成型。

反向柱塞拉伸辅助成型是所有阴模成型方式中最精密的一种,由于经历了相反方向的两次预拉伸,采用这种成型方法可使制件壁厚更加均匀,而且通过调节片材温度、片材吹胀程度、柱塞温度和下降速度、压缩空气压力及真空度小,可精确控制制品任何断面的厚度。

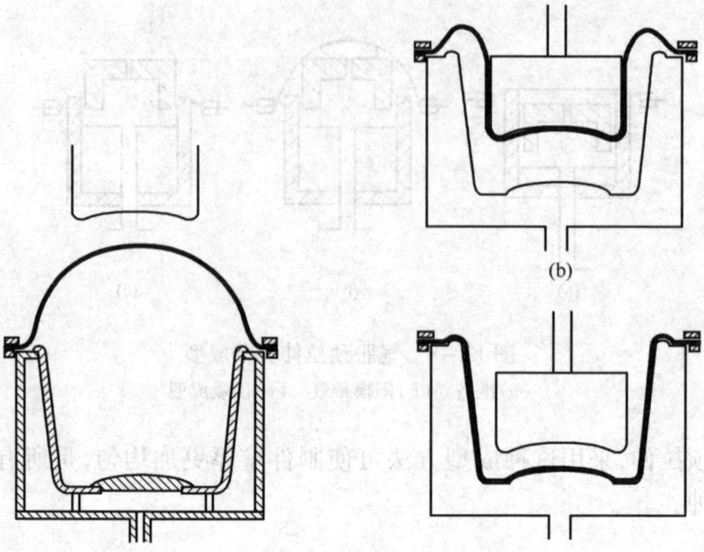

图 13 - 10 反向柱塞拉伸辅助成型

(a)吹胀 (b)柱塞下降拉伸片材 (c)加压或抽真空成型

13.2.2.3 真空预拉伸反向回吸

真空预拉伸反向回吸又称为回吸成型(Snap - back forming),成型过程如图 13 - 11 所示。预热后的片材安装在阴模的顶面上,从阴模腔微抽真空向下拉伸片材使其成为泡状物,通过抽真空程度调节片材拉伸程度,阳模下降并紧压到片材的密封边上,此时关闭阴模腔真空开关同时从阳模抽真空,迫使泡状物反吸到阳模表面上。

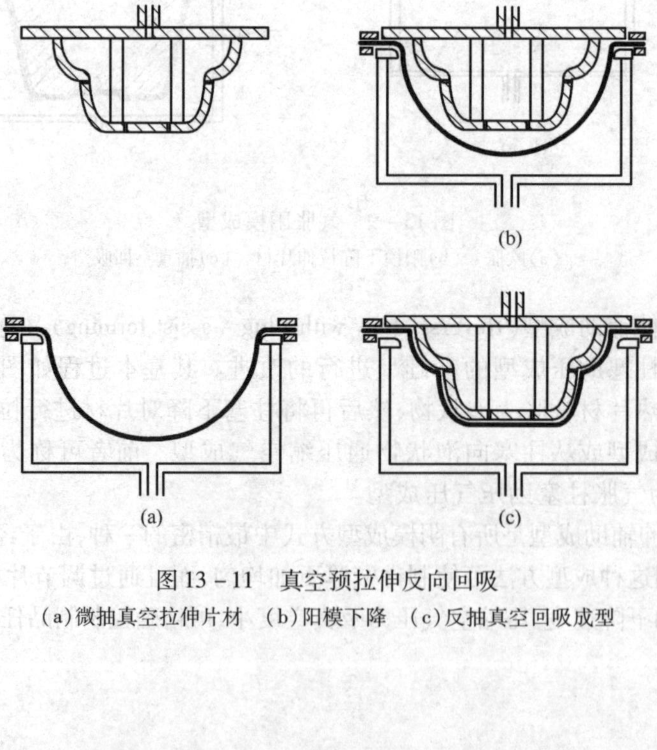

图 13 - 11 真空预拉伸反向回吸

(a)微抽真空拉伸片材 (b)阳模下降 (c)反抽真空回吸成型

真空预拉伸反向回吸过程中不使用柱塞，因而制品表面可以充分表现阳模壁的结构特点，而且采用真空力更便于调节片材预拉伸程度。由于真空力远比机械力和气压力小，因而产生的预拉伸力较低，所用片材应比较薄，这种方法不适合大型制品的生产。

13.2.3　双片热成型

一般热成型都是采用一块片材或板材成型，为制作中空制品新发展出了双片热成型（Twin sheet forming）技术。双片热成型的过程如图 13－12 所示。先将两块加热至要求温度的片材夹持在半合模具的模框中，合模使片材边缘粘合，然后将吹针插入两片材间将压缩空气送至两片材间的中空区。与此同时，通过设在两半合模上的气门将片材与模具间的气体抽出，则片材就在内部压缩空气及外部真空的作用下与模腔内壁紧密贴合，经冷却、脱模、修壁等步骤即取得制品。

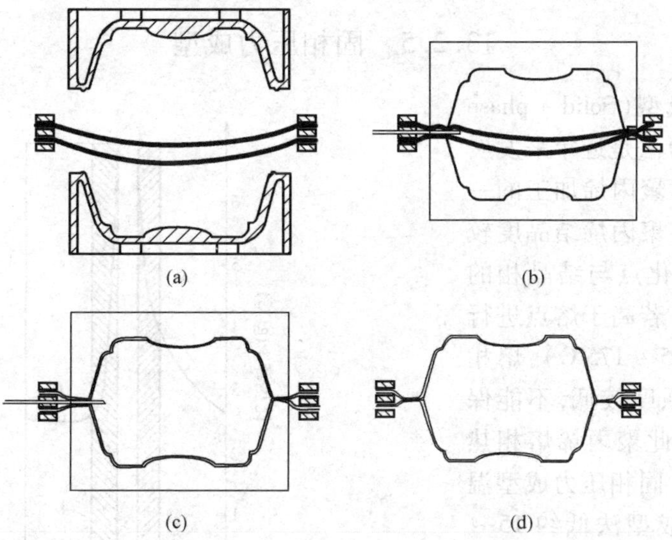

图 13－12　双片热成型

（a）预热片材放入模具中　（b）合模并热合片材边缘　（c）通入压缩空气　（d）脱模得制品

双片热成型成型中空制品具有成型快、制件壁厚均匀的特点，制件成型效果类似于吹塑和旋转模塑成型，并且该成型方法可方便地实现中空制品两组成部分在颜色、厚度及其他结构性质方面的灵活组合。如果中空制品两部分材料成型条件差异太大，也可以采用两片分别成型，即先将其中一片在模具中成型（通常是下半模），然后再加热成型另一片，最后将两片边缘熔合的方法，但这样成型效率会下降。

13.2.4　原体包装成型

现在热成型的最重要的应用领域是包装工业，产品塑料外包装往往只需要薄片低成型力，但要贴合产品形状，因此原体包装成型法得到了广泛应用。该法中包紧制品的本身就起到了模具的作用。图 13－13 所示为自来水笔原体成型包装过程。先将型坯加热，然后在压力作用下包紧笔体，这时的自来水笔起到模具的作用，用手将同一种型坯片铺上，与包装盒成型的同时可完成与底片的热合。

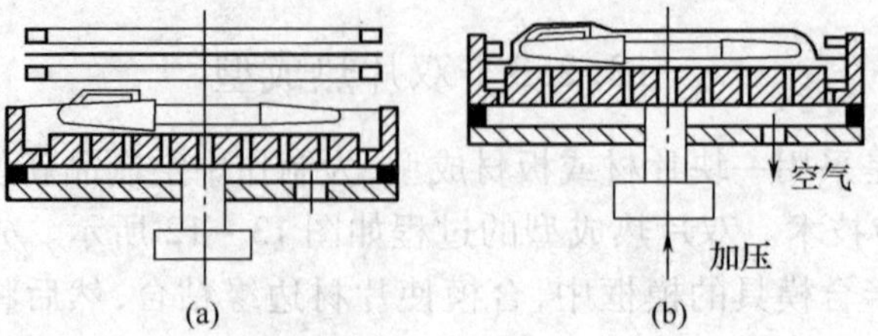

图 13－13 自来水笔原体成型包装成型

（a）预热 （b）热合

13.2.5 固相压力成型

固相压力成型（Solid－phase pressure forming）法是近年来发展起来的主要针对聚丙烯加工的一种热成型方法。聚丙烯结晶度较高，而其加热软化点与结晶相的熔点又很接近。若高于熔点进行熔相热成型（165～175℃），熔相片材由于熔体强度较低，不能保持片材平直，因此聚丙烯熔相热成型较为困难。固相压力成型温度比一般的热成型法低约 15～20℃，大多数热塑性塑料在预热不足时受压常会撕裂或破碎，由于聚丙烯具有独特的可拉伸性能，在晶体熔点以下，聚丙烯可以顺利地成型而无撕裂或破碎现象，很适合于采用固相压力成型（SPPF）（见图 13－14）。

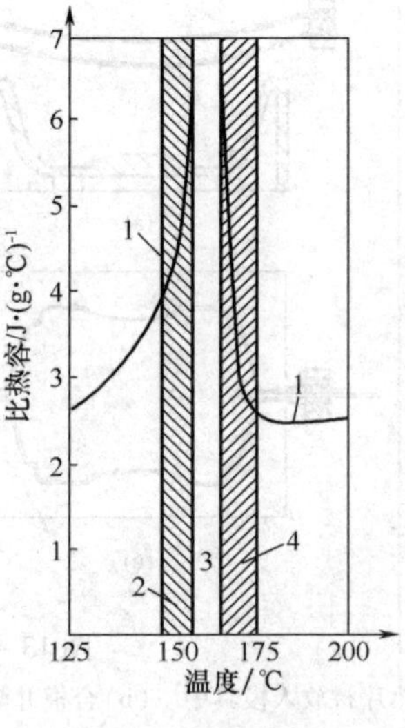

图 13－14 聚丙烯固相和熔相热成型区

1—聚丙烯的比热曲线 2—固相热成型区（150～160℃）

3—结晶相熔化区（160～165℃） 4—熔相成型区（165～175℃）

13.2.6 冷 成 型

用热塑性塑料板材在玻璃态和结晶状态拉伸成型容器类制品，在工业上称冷成型。该办法是借助于金属加工中板材冷冲压法发展起来的新方法，其主要特点是型坯在低于玻璃化温度（无定形塑料）或低于熔融温度（结晶型塑料）下成型。型坯在室温下或加热到 20～40℃，低于玻璃化温度或熔融温度，将其周边固定在夹紧装置上，用阳模施以成型压力，进行成型。减少或完全取消了型坯的加热工序，也没有冷却阶段。用冷成型法制得的产品厚度精度和壁厚均匀性都优于热成型法。

塑料板材的冷成型法，按照型坯拉伸方法和材料变形的特点可分为径向拉伸、侧壁拉伸和综合拉伸。

径向拉伸法如图 13 – 15 所示，用夹具将板材型坯固定，放下阳模拉伸型坯成型。径向拉伸成型时，阴模内径应大于原始型坯厚度和阳模外径的总和。冷成型的拉伸深度可用拉伸系数表示，其值是拉伸深度与阴模内径之比，理论上证明，径向拉伸不可能得到拉伸系数大于 2.72 的制品。要得到拉伸比更大的制品，则需要对制品侧壁部分进行拉伸，使侧壁变薄以增加制品深度。图 13 – 16 为侧壁拉伸法示意图，侧壁拉伸法的制品底部厚度近似于型坯厚度，侧壁厚度等于阴阳模间隙。生产上常采用两种工艺复合的综合拉伸工艺，即先用径向拉伸法制得半成品，再通过侧壁拉伸制得高拉伸系数的制品。

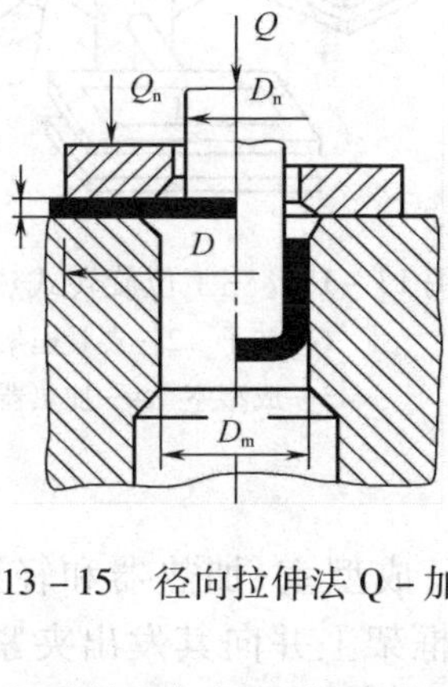

图 13 – 15　径向拉伸法 Q – 加压

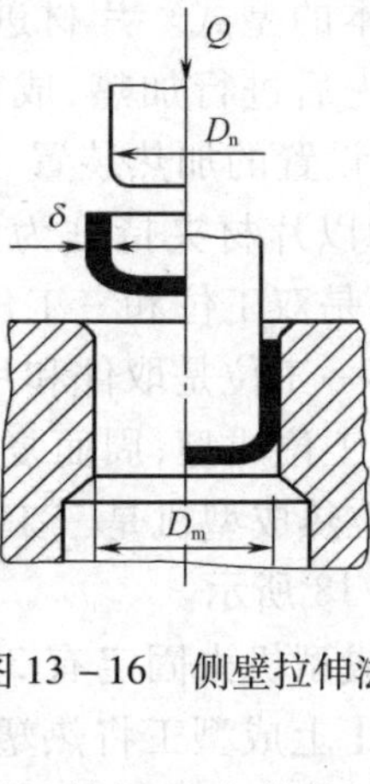

图 13 – 16　侧壁拉伸法

除拉伸变形外，冷成型法还可用于管材的折边以及片材、管材的弯曲等。

冷成型与热成型相比，成型温度低，能耗小，工艺过程简单，但成型制品内应力较大。图 13 – 17 是分别用冷成型法和热成型法制成的制品的偏振光照片，由图可见，热成型制品仅在底顶部拐角处有应力集中条纹（黑色），而冷成型品的应力分布不均匀。在选择是否采用冷成型时应综合考虑其利弊。

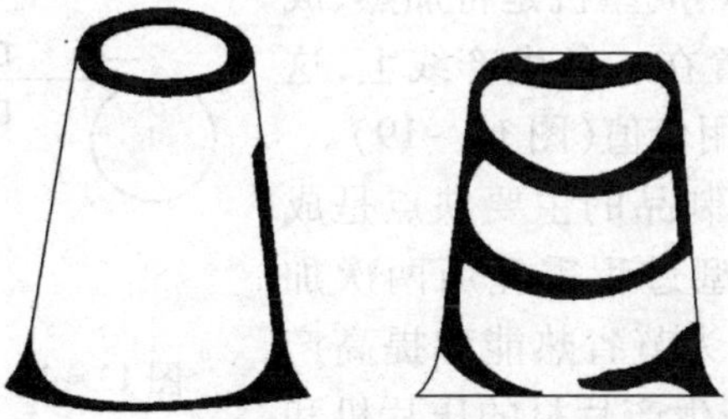

(a)　　(b)

图 13 – 17　成型制品的偏振光照片

（a）热成型制品　（b）冷成型制品

13.3 热成型设备

热成型设备包括成型机及其相适应的加热系统、夹持系统、模具及其支承部件、成型动力系统(真空系统、空气压缩系统、液压系统等)、控制系统等。

13.3.1 成 型 机

热成型机可按成型方法、用途、工位数、供料方式、被加工物料运行路线、配套型式、型坯种类或加料机构的型式进行分类。一般按供料方式分为单片供料和连续供料两种。

单片供料热成型机适于不易成卷的厚片及板材的热成型,特别是大型制件的生产,有单工位和多工位之分。单工位热成型机是片材热成型机中最基本的型式。片材进入成型机之后,在同一位置先后进行加热、成型、冷却,取件等操作,所以所设置的加热装置、模具台、柱塞、冷却装置等,均以片材夹持框为中心。多工位热成型机,主要是双工位和三工位,以三工位热成型机为例:第一工位是取件和片材夹持,第二工位加热,第三工位成型,周而复始。工业上广泛采用的多工位热成型机是三工位旋转式热成型机,如图 13-18 所示。

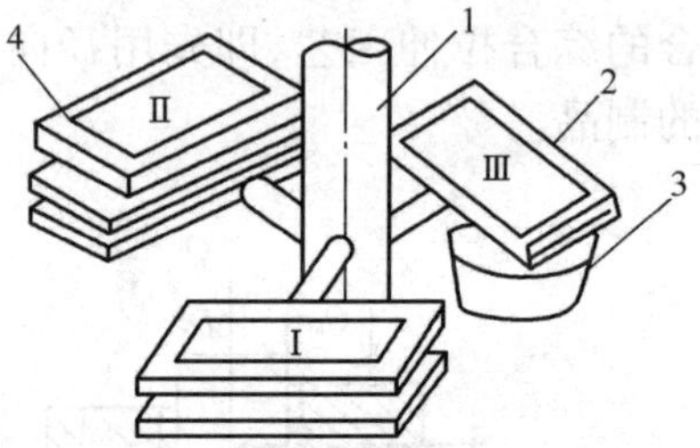

图 13-18 三工位旋转式热成型机
1—转子 2—夹紧框架
3—成型室 4—加热器

此种热成型机由固定有 3 个夹紧框架中的转子、成型室、加热器和轻型焊接架组成。在工位Ⅰ上成型工将热塑性塑料型坯置于夹紧框架上并向其发出夹紧信号,经过一定的时间,转子转动 120°,加热好的型坯落到工位Ⅱ上,在此工位上进行加热,然后转子再转 120°,使加热好的型坯正好落在工位Ⅲ上,在这里进行制品的成型和冷却。在转子再旋转时,成型好的坯料再落到工位Ⅰ上,在这里成型后取出成品并放置新型坯。

连续片卷供料热成型机,适用于卷材或连续挤出片材的热成型。这类热成型机是将加热、成型、冷却和整饰各工段配置在一条生产线上,这对生产包装用制品最有应用价值(图 13-19)。

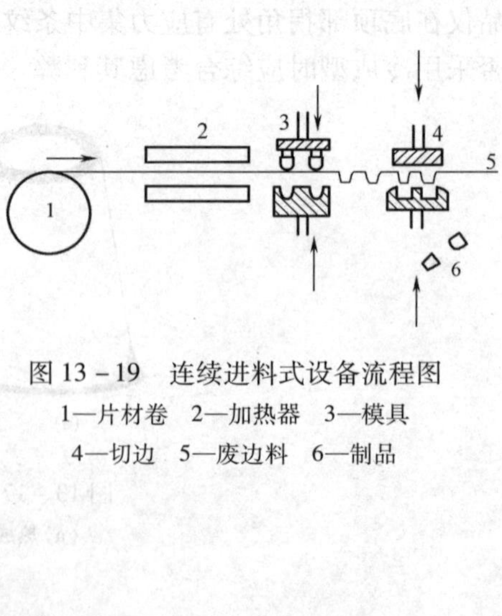

图 13-19 连续进料式设备流程图
1—片材卷 2—加热器 3—模具
4—切边 5—废边料 6—制品

采用单片或片卷成型制品的主要缺点是成本比较高,而且塑料在成型过程需经历两次加热,不利于保持材料物性,为节省热能和提高产品质量,也有将热成型机与生产片材的压片机和挤出机联用的方法。图 13-20 示出配有一台挤出机的自动生产线的机械气动真空热成型装置,由挤出机6挤出成型较厚的板材，直接送到两辊压光机5上，进行压光和定型，使其表面具有光泽，进行冷却。板材沿辊道3进入切割装置4，再送到电加热装置2上，加热后的板坯送到成型装置1上，进行制品成型并冲压。

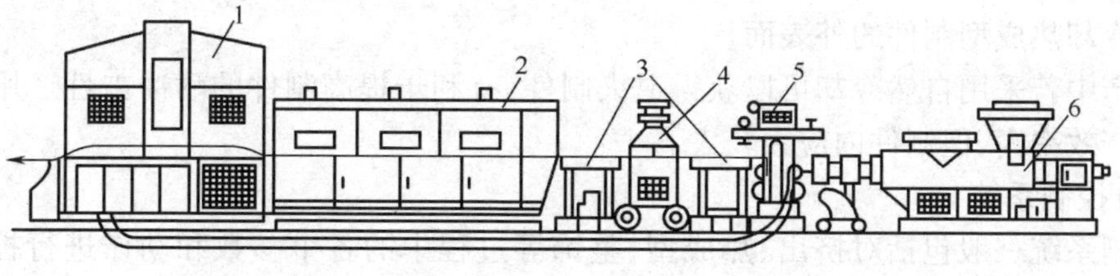

图13-20　用薄板材成型中空容器的"挤出—热成型生产线"

1—成型装置　2—电加热装置　3—辊道　4—切割装置　5—两辊压光机　6—挤出机

挤出-热成型生产线的特点是能耗低，板材加热均匀，减少原料加工成本，但控制比较复杂，机组各部分工作必须精确同步，对原料性能稳定性要求高。

13.3.2　辅助设备

(1)加热设备

片材热成型的主要工序之一就是型坯加热。加热的持续时间和质量取决于加热器的结构、辐射表面的温度、型坯与加热器间的距离、辐射能吸收系数、加热器表面的特性以及材料的热物理性能。常用的加热器有电加热器、晶体辐射器和红外线加热器。

(2)夹紧设备

塑料型坯成型时，型坯被固定在夹紧装置上。在热成型的通用型和复合型的热成型机上多采用便于固定各种尺寸片材的夹紧装置。有的是整个热成型机配一套夹紧框架。

夹紧装置可分为两类。一类是框架式，另一类是分瓣式。框架式夹紧装置由上、下两个框架组成。片材夹在两个框架之间。框架打开时，下框架一般保持固定状态。各种类型单工位成型机上框架的下部直接固定在成型室上。用手装型坯和成品取出的手动和半自动成型机上，当框架尺寸很大时，都装有在框架打开范围内的安全操作装置。对成型滑移性较大的型坯，要求夹紧力能在比较宽的范围内调节，为此，采用两个包胶辊，用弹簧相互压紧，并配有压力调节装置。

(3)成型动力系统

热成型动力多采用真空或气压，或者二者同时兼用。真空系统由真空泵、储气罐、阀门、管路以及真空表等组成，在真空成型中常采用所谓低真空泵，此种泵在流量为零时能在进气管路中产生$4\times10^{-3}\sim1.3\times10^{-5}$MPa(30~0.1mmHg)的压力。储气罐一般是用薄钢板焊接的圆柱形箱体，底是椭圆形的。储气罐的强度按在外部压力下工作的容器计算。

气动系统可由成型机自身带有压缩机和储气罐和由车间主管路集中供给。成型机需要压力为0.4~0.5MPa的压缩空气，各种热成型机广泛采用活塞式空气压缩机。压缩空气除大量应用于成型外，还有相当一部分用于脱模、初制品的外冷却、操纵模具、框架的运动和运转片材。

(4)冷却装置

为了提高生产效率,热成型制品脱模前常需进行冷却。理想的情况是制件与模具接触的内表面和外表面都冷却,而且最好采用内装冷却盘管的模具。对于非金属模具,如木材、石膏、玻璃纤维增强塑料、环氧树脂等模具,因无法用水冷,可改用风冷,并可另加水雾来冷却热成型制件的外表面。

生产中若采用自然冷却可以获得退火制件,有利于提高制件的耐冲击性。用水冷却虽然生产效率高,但制件内应力较大。

(5)控制系统

控制系统一般包括对挤出、热成型、整饰等过程中的各个参数和动作进行控制。控制方式有手动、电气-机械自动控制、电脑控制等。

13.4 模　　具

热成型模具是决定热成型制件形状和尺寸的最直接的成型设备。除极少数热成型件可不用模具成型(如自由吹胀泡罩成型天窗制件时,泡罩仅靠空气压力成型,调节泡罩内部的压力即能决定吹胀泡罩的尺寸)外,约有95%的制件热成型需用模具。在热成型中,模具是影响产品质量、生产效率和成本的关键。在采用模具成型时,制品表面质量较高的部位是与模具接触的一面,而且在结构上也比较鲜明和细致。所以,设计合理的模具是很重要的。不过与塑料的一次成型相比,由于模具受压较小,制件形状简单,模具的设计和制造也就较为简单。在选择和设计模具,特别是设计真空成型模具时,应注意如下一些问题。

牵伸比应控制在一个极限范围内。采用单阴模成型时牵伸比(模腔深度与宽度的比值)通常不超过0.5,否则会使制件壁厚分布不均匀性增加,还会使片材受到过分牵伸。采用单阳模成型时牵伸比可适当增大,但也不宜超过1。如果采用预拉伸的成型方法则牵伸比可较大,目前为制备深拉制品也推出了一些专用树脂。

为避免产生内应力,模具的转角处应有充分的圆弧过渡,其曲率半径不能太小,最小不应小于片材的厚度。制件在脱模方向应有一定的斜度,以利于制件脱模,这个角度称脱模斜度。比较而言,同样情况下单阴模可采用的脱模斜度小,单阳模的脱模斜度则应稍大。以ABS为例,阴模的脱模角可为0.5°~1°,阳模为2°~3°,若制品表面有花纹,脱模角应适当增大。在制件较薄部位,最好设计加强筋,借以增加刚性,在设计大型平面制件时,更应如此。

根据对制件各部位厚度及光洁度的要求,选用不同类型的模具。制品表面质量要求较高的一面应是在热成型过程中与模具表面接触、贴合的一面,这也是单模成型时选择阴模或阳模的依据之一。用单阴模成型时,制件顶部是壁厚最薄的区域;而采用单阳模成型时,制件壁厚最小的区域是制件侧边,制件顶部壁厚近似等于成型用片材的初始厚度。这是阴模与阳模成型制件的特点,也是选择模具的又一依据。例如,要获得边缘较厚而中央较薄的制件,宜选用阴模,反之,宜选用阳模。原因在于:先与模具接触的材料,首先冷却,壁较厚,反之则较薄。材料与模具接触的部位,光洁度较好,外形也比较鲜明和细致。为此,可以根据表面质量的要求,分别选用阳模或阴模。在选用两个以上的阳模成型时,各阳模之间要有一适当的距离,否则,制件边缘容易产生折皱现象。阴模无此现象,不必考虑。

热成型模具上通常都开有气孔作为排出气体的通道。气孔直径随所成型片材种类和厚度的不同而变化,确定的总的原则是既保证气体排出顺畅、高效,又不会由于气体的存在给制件质量特别是外观质量造成不利影响。模具上气孔的位置,一般要均匀分布在制件各部,但在转角处或轮廓部位,可适当集中。气孔直径应尽可能小些,约为0.5~1,最大不应超过片材厚度的1/2,以免在制件上留下孔痕。例如,成型软质PVC和PE片材时,气孔直径约为0.25~0.6mm;成型其他片材时为0.6~1.0mm;成型硬而厚的片材时则可大到1.5mm。

设计模具时,应考虑片材的收缩率。热成型制件会产生较大的收缩率(约为0.2%~2.5%)。这一点在进行热成型模具设计时应充分加以注意,以期获得尺寸准确的制件。

塑料热成型特点是模具承受压力较低,因此模具材料选用范围较广。常用作制模材料的有木材、石膏、塑料、金属等多种材料。通常应根据塑料性能、片材厚度、成型方法、生产批量和模具成本等因素,进行综合考虑后选择。一般来说,对于生产量较大,表面粗糙度低,结构精细而复杂的制件,宜用钢、铝、铜等金属材料制造模具;反之,则可用硬木、高强度石膏模型或塑料材料。

13.5 工艺因素分析

热成型的工艺虽然比较简单,但是这种工艺所牵涉到的因素却很多,其中主要的控制工序是加热和成型。

13.5.1 加　　热

将片材加热到成型温度所需的时间,一般约为整个成型工作周期的50%~80%。因此,如何缩短加热时间有其重要的意义。加热(或冷却)的时间,随片材厚度和比热的增大而加长,随片材的导热系数和传热系数的增大而减少,但都不是单纯的直线关系。依据上述理由,采用的片材应力求厚薄均匀,不然会出现温度不均的现象,从而使制品具有内应力。在加热厚片材时,最好采用双面加热、预热或用高频加热(如片材可以用这种方法加热时)来缩短加热时间,提高片材内外受热均匀性,从而提高成型质量和效率。在整个热成型工艺过程中,加热过程控制是一个非常重要的工艺环节。

热成型温度控制通常根据制品形态、厚薄不同而变化,以经验性为主,一般温度的下限应以片材在牵伸最大的区域内不发白或不出现明显的缺陷为度,而上限则是片材不发生降解和不会在夹持架上出现过分下垂的最高温度。

片材在夹持架上出现下垂的原因是热膨胀和熔融流动。热膨胀是所有非定向片材自室温加热至成型温度的通有现象。在这种情况下,每向增长的尺寸约为1%~2%。熔融流动的大小依赖于塑料熔体的黏度。下垂现象常可因改用定向的片材而得到一定的克服,因为定向的片材有热收缩的行为。但过分定向的片材常会由于具有太大的应力而使成型发生困难。

对于吸湿性较强的,或对水分限制较严格的塑料,如 ABS、聚酰胺和聚碳酸酯等,在加热前应该干燥。

13.5.2 成　型

热成型的工序包括片材的夹持、片材的加热、成型、冷却、脱模五个部分,在片材的成型工序中所需考虑的工艺因素有成型温度、牵伸比、成型速度和模具温度等。现就这些工艺因素加以讨论。

(1)成型温度

用作热成型的塑料片材均有比较大的成型温度范围,各种塑料片材的成型条件和热膨胀系数见表 13-1。

表 13-1　部分塑料的热成型条件和热胀系数

塑料材料	热成型条件				热胀系数 $\times 10^{-5}$ /cm. cm^{-1} · $℃^{-1}$
	成型温度/℃		模具温度/℃	柱塞温度/℃	
	最佳值	最低值			
硬聚氯乙烯	135~180	95~125	40~45	60~150	5~8.5
低密度聚乙烯	120~180	105	50~75	150	15~30
高密度聚乙烯	135~190	120	65~95	150	15~30
聚丙烯	150~200	—	70~90	—	11
双向拉伸聚苯乙烯	180~195	110	50~60	115~120	6~8
ABS	150~175	140~160	60~80	—	4.8~11.2
PMMA(浇铸)	145~180	—	60~80	—	5~9
PMMA(挤出)	110~160	—	—	—	7.5~9
醋酸纤维素	130~165	100~120	50~60	—	10~15
醋酸丁酸纤维素	95~120	—	—	30~40	11~17
硝酸纤维素	90~115	—	—	30~40	8~12
乙基纤维素	105~135	—	—	30~40	10~20
聚碳酸酯	225~245	215	75~95	275~315	7
尼龙 6	215~220	210	—	—	7.9~8.7
尼龙 66	220~250	—	—	—	9~10
聚对苯二甲酸乙二酯	175~255	—	—	—	—
聚砜	220~280	—	160	—	6

(2)牵伸比

牵伸比为成型最大深度与宽度之比,一般表示为 H/L(或 D),H 为深度,L 为宽度,D 为直径。

热成型的牵伸比不宜过大,实际生产中选用牵伸比时以不超过 1/3 为宜。否则圆角处将急剧变薄,影响产品质量。

成型时,造成制品厚薄不均的主要原因是片材各部分所受的牵伸不同。不均的问题虽可用花板遮蔽加热和模具上通气孔的合理分布得到一定改善,但这些方法都会使制品的因次稳定性下降。

为了增大牵伸比(深拉),确保制品断面厚度的均匀性,可采用预拉伸的办法,即在成型前通过抽气(或吹气)使片材成为泡状体,泡状体厚度应接近底面厚度的1.1~1.3倍,并在此状态下保持几秒钟的时间让其自行调整形状、均化断面并使片材较热(厚的)的部分继续延伸和较冷(薄的)的部分取得轻微的收缩,然后再继续牵伸。一般来说,阳模真空成型时预拉伸不足,易造成制品顶部过厚及两侧过薄;预拉伸过大则结果相反。因此,阳模成型时应视制品结构特点,将泡状体高度控制在阳模高度的约1/2~3/4;对于阴模成型,预拉伸太大会引起片材陷入阴模时在辅助柱塞边缘周围膨胀,从而造成模具不闭合、泡状体破裂、制品表面裂纹等现象。因此,应将泡状体高度控制在阴模深度的70%~90%。

(3)成型速度

在这里的成型速度即是指片材的牵伸速率,提高成型速度可以缩短成型周期,对提高生产率是有利的,但成型速度过大又将影响到产品质量。

过大的成型速度虽然可以缩短成型周期,但也会因为流动不足而使产品在偏凹(或凸)的位置出现厚度过薄的现象,甚至被拉穿而成为废品。但过小的速率又会因片材的先行冷却而出现裂纹。

成型速度的选择,还应考虑成型温度。当成型温度较低时,应选择较大的成型速度,以避免在未完全成型之时片材已先行冷却,而造成成型不足或出现裂纹的现象。成型速度还依赖于片材厚度。因此,薄型片材的牵伸一般都应快于厚型的,因为前者的温度在成型时下降较快,应适当提高成型速度。

(4)模具温度

模具温度也是影响片材成型后制品厚度分布的因素。一般来说,片材拉伸后最先接触到模具的部位最先冷却,在上模及抽真空时该部分拉伸比最小,因而厚度较大,其相邻的部位则拉伸比较大,厚度较小。模温对成型的影响表现在很多方面,模温高时,制品表面光泽度高,轮廓清晰,但成型周期延长。适当的模温还可减小制品的内应力,减少制品拉伸皱痕。

13.5.3 冷却脱模

由于塑料导热性差,随着成型片材厚度的增加,冷却时间就会增长,必须采用人工冷却以缩短成型周期。如前所述,冷却分内冷和外冷两种,它们既可单独使用也可组合使用,这应根据制品的需要而定。通常大多采用外冷却,因为简单易行。不管用什么方式冷却,重要的是必须将成型制品冷却到变形温度以下才能脱模。例如,聚氯乙烯为40~50℃,醋酸纤维素为50~60℃,聚甲基丙烯酸甲酯为60~70℃,冷却不足,制品脱模后会变形,但过分冷却在有些情况下会由于制品收缩而包紧在模具上,使脱模发生困难。

除塑料片材因加热过度而引起分解或因模具表面过于粗糙外,片材很少有粘附在模具上的现象。如果偶尔出现这种情况,可在模具成型面上涂抹少许脱模剂以清除这一弊病。但用量不能过多,以免影响制品的光洁度和透明度。脱模剂的常用品种有硬脂酸锌,二硫化钼和有机硅油的甲苯溶液等。

热成型制件的缺陷和解决办法见附录表19。

13.5.4 材料选择

(1)材料种类

热成型加工对材料种类的选择主要需从材料的热性能、力学性能和聚集态结构等方面考虑,其中热性能是最主要因素。材料的热性能包括材料的热变形温度、软化温度范围、热态力学强度、比热容、导热系数、热膨胀系数、熔融热、热扩散系数、热稳定性等。

热变形温度是热成型加工中需考虑的重要的温度条件,理论上成型过程中材料内部温度上限不能高于材料本身的无负荷热变形温度,否则成型过程中制件自身重力就会破坏制件。对于大型制件一般可采用1.82MPa下材料的热变形温度作为加工时的温度,而对于小型制件则一般按0.46MPa负荷下的材料的热变形温度作为热成型上限温度。实际成型中由于塑料片材的表面温度高于内部温度,因此工艺控制温度往往比材料的热变形温度高得多。

热成型过程中材料的温度下降很快,需要材料在较宽的温度范围都能保持适当的柔韧性,可塑性和弹性,才能保证最终制品边角部分的完整性。材料还需具有较高的热态力学强度,否则热态下一经牵伸就会厚薄严重不均,这就要求用于热成型的热塑性塑料相对分子质量不宜过低。另外,可通过在分子链中引入强极性基团或交联结构限制分子链的相互滑移,提高材料的热成型加工性能。现在的合成技术更多着眼于提高树脂的支化度从而增加拉伸过程熔体强度,如近年来发展迅速的PP熔相热成型树脂等。

材料的比热,导热系数,热膨胀系数,熔融热,热扩散系数等主要是用于计算加热功率及时间以及冷却时间的。虽然热成型同挤出、注塑等成型工艺相比,加工温度低很多,一般可以不考虑材料的热稳定性问题,但在热稳定性较差的PVC等材料制作厚壁制品时,也需注意避免片材表面过热分解。

(2)材料用量

热成型时所用片材大小及厚度是依据成型制品尺寸、厚度进行计算的。从热成型方法的介绍中已经知道,实际生产时很难保证制品厚度完全一致。因此,在成型前计算片材厚度及大小时所依据的制品厚度只能取其平均值。通常假定片材在成型前后的体积保持不变,则片材的大小和厚度可按下式计算:

$$S = \frac{A}{B}S' \tag{13-1}$$

式中:S为材料的原始厚度,mm;A为成品的表面积,mm^2;B为成品的投影面积,mm^2;S'为成品的平均厚度,mm。

上式是在夹持部分的边角料完全未被计入制品的情况下计算的,但在大多数情况下,边角料部分总会被计入制品,特别是用多模腔模具成型时,从而使制品实际体积偏大,导致计算的片材所需厚度偏大。通常可以采用将式(13-1)乘以0.95的系数来抵消。

13.6 热成型及固相成型技术新进展

热成型及固相成型技术主要有以下几个方面的进展。

(1)开发新型热成型材料

针对热成型工艺特点一些专用树脂相继被开发出来,例如聚丙烯(PP)材料由于质轻价廉卫生性好,是很理想的热成型包装材料,但过去由于熔体强度低难于熔相成型,限制了其应用。Dow、Montell、Shell Chemical、Basell、韩国三星、北欧化工等公司均相继开发出了高熔体强度从而适合于熔相成型的专用 PP 树脂,提高聚丙烯熔体强度的主要途径有增大相对分子质量、增加长支链结构等,主要技术手段包括聚合改性、树脂掺混、辐照处理以及反应挤出等。主要品种有 Dow 公司的 Inspire EFP500、Montell 公司的 Profax SD613\\814、三星的 HSM200F、HM200S 等。

其他一些新的树脂品种及复合材料也已用于热成型。如日本 UBE 公司推出了聚酰胺三元共聚物,其共聚单体为尼龙 6、尼龙 66、尼龙 12,熔点为 190℃,比这三种单体任何两种二元共聚物的熔点都低,特别适合于做深拉制品。美国 Arkema 公司开发了具有高熔体强度的 PVDF 支化树脂,在热成型时耐悬垂。一些新型环保材料如聚乳酸等也已被用于热成型加工。大量的增强复合材料板材也用于热成型加工,如玻纤增强聚苯硫醚(PPS)树脂已被用于热成型为制造 A340 和 A380 飞机的主翼缘材,其他特种热塑性工程塑料如聚醚砜(PES)、聚醚酰亚胺(PEI)、聚醚醚酮(PEEK)等与连续玻纤、芳纶、碳纤维等增强材料复合板也已用于热成型为航空航天部件。在食品包装领域,由于卫生性和阻隔性、耐热性的综合考虑,共挤复合片材热成型得到了广泛的应用,如无菌灌装塑杯用的 PS-PVDC-PE、PS-EVOH-PE、PS-EVOH-PP 材料以及微波加工食品包装用的 PE、PP 涂布纸板热成型容器。除此之外,泡沫材料也已广泛用于热成型及固相成型。

(2)更多运用计算机技术进行工艺设计及控制

运用计算机模拟进行热成型工艺设计是目前热成型工艺发展的重要趋势,传统的热成型及固相成型过程中型坯的变形可靠性较差,制件的厚度虽可以通过控制片材不同的加热或利用辅助拉伸来实现,但控制最终制件厚度的一些临界参数目前主要还要靠试差法进行,依靠数值模拟可以为模具设计和利用最少量的材料获得最佳产品提供一些合理的建议。近年来计算机模拟已广泛应用于热成型生产的几个环节,如加拿大 Compuplat 公司 2005 年推出的 T-SIM4.5 热成型模拟软件,可直接拟定控制部件壁厚大小,精确预测出部件的机械性能,同时还可设定某一部件区域特定的加工温度。除此之外,计算机技术和微电子技术在热成型工艺控制方面的应用也是发展趋势之一,例如德国 BOSCH 公司的 HESSER 工厂采用模块化设计在真空包装技术方面实现单机多功能化,大大提高了生产效率和设备使用率。

(3)推出新的成型工艺

过去热成型制品仅限于薄壁制品,近年来厚板成型(Thick Sheet Forming,TSF)技术也已实现了工业化应用。TSF 技术尤其适合于制造带有装饰性薄膜的厚壁制品,如保险杠托板、汽车尾灯、汽车外装饰面板等,从而免去了喷漆工序。与这类制品传统生产工艺模内装饰(In-mold Decorating,IMD)相比,在模具成本和开模周期上有明显优势,尤其能满足汽车消费日益个性化的要求。另外,采用更优的温度加热控制,如采用红外线传感器精确测量片材表面温度,可以减少不必要的过度预热,节约能耗可达 40% 以上,同时减小了材料在热成型加工过程中的降解程度,也有利于厚板成型。除此之外,可快速换模的模具系统的推出、将热成型同上游的挤出、压片或下游的包装、灌封等工艺流程联用，使得热成型的生产效率大为提高，接近挤出和注塑工艺。随着热成型模具构造的复杂化和加工精度的日益提高，热成型制品甚至在质量效果上也已接近注塑制品，加上其特有的低设备投入和模具成本，热成型已成为注塑工艺的竞争性解决方案。

第 14 章　塑料的机械加工、修饰和装配

14.1 概　　述

塑料的机械加工,是采用机械方法对塑料进行加工的总称。虽然塑料制品一般都采用模塑等方法制造,但在下列情况下常需要用机械加工来制造:①制品尺寸小、精度高,采用模塑方法达不到精度要求时;②产品批量小,采用模塑方法成本高,生产周期长,而机械加工又可满足使用要求时。此外,机械加工还作为模塑或其他成型作业的辅助性工序。例如对模塑成型制品浇道凝料的切除,板材、管材的裁切和修边,制品的表面整饰等。

修饰是对模塑制品或其他成型制品进行的后加工,目的在于去除制品的废边和附生赘物以及美化制品表面、提高或改变制品的性能等(如抛光、印花、电镀等)。装配是指用粘接、焊接及机械连接等方法使塑料部件结合完整制品的作业。

塑料的机械加工、修饰和装配过程中制品所处的状态,除极少数几种方法外,都具有“冷”、“硬”和“固状”的特点。同时,这些作业都是在塑料已经成型的基础上进行的。为此,工业上将这些作业称为二次加工,以别于一次加工(前文中各种成型方法的总称)。虽然热成型也可列二次加工,因为它是用塑料片材作原料的,而且片材在热成型时没有“冷”、“硬”等特点,所以热成型既有称为一次加工的,也有称为二次加工的,没有严格规定。

除少数几种型材外,几乎所有一次加工的制品都需要经过或多或少的修饰,但是否需要经过机械加工和装配,则须由具体情况决定。如果能在设计制品时考虑周详,即使需要上述作业,工作量上也不会很多,对提高生产率和降低成本都有积极意义。凡需要该类作业时,在制品设计上务必注意以下几点:①不因进行该类作业使产品质量不合要求;②尽量为进行所需要作业提供方便;③必要时应在制品上留出加工余量。

本章将分别对塑料机械加工、修饰和装配的方法进行叙述。叙述各种具体方法时,均在可能情况下附给若干经验数据。但必须指出,由于塑料的种类繁多,即使同属一种,其性能也可能因为制造方法的不同而有出入,所以给出的数据只具有一定的参考价值。

14.2 机 械 加 工

14.2.1　塑料切削的基本概念

由于塑料的性能与金属或木材相差很大,因此不能用切削金属或木材的要求和条件来加工塑料。其次,即使同是塑料,其性能还会因种类、牌号等的不同而有较大的差别,对切削要求也不可能完全一样。虽然目前对这方面的研究还很有限,但仍可将几种影响

切削的主要因素进行分析，以便认清一些基本规律，作为求取高质量塑料制品时选择切削条件的依据。

（1）力学性能对切削的影响

用刀具对物料（即被切削物或称工件）进行切削就是使物料有控制地发生断裂分离，即将工件上不需要的部分在控制的条件下变成切屑，而留下来的部分即是产品。塑料制件的切削过程，就是用刀具刃口挤压塑料件的切削层，使之断裂变为切屑并与塑料件分离而得到所需形状制品的过程。它在很大程度上与将楔形物推进物料中的情况相同。当将刀具推进物料进行切削时，刀具必须克服其前倾面上所受到的正压力与切屑之间的摩擦力。这两个需要克服的力（见图14－1中的 F_1 和 F_2）的合力 R 就是将切屑切下的作用力，它是由物料内应力组成的抗合力 R' 来平衡的。抗力分水平抗力（F_3）和垂直抗力（F_4）两部分。在切削过程中，作用力沿着刀具的前进方向连续地促使邻近刀刃周围的物料发生变形，直至在逼近刃口处发生断裂，使一部分物料变成切屑。切屑的形样和加工后物料表面的粗糙度决定于作用力的方向和大小，以及物料的力学性能。例如，在缓慢变形时，力学性能表现为软而韧的聚四氟乙烯，其切屑常易成为连续状的，加工后的表面光洁程度也比较好。相反，性能上表现为硬而脆的聚酯玻璃纤维增强塑料，切屑为不连续状的，加工后的表面光洁程度也不如前者好。因此，一般认为前者的加工性能比后者的优良。

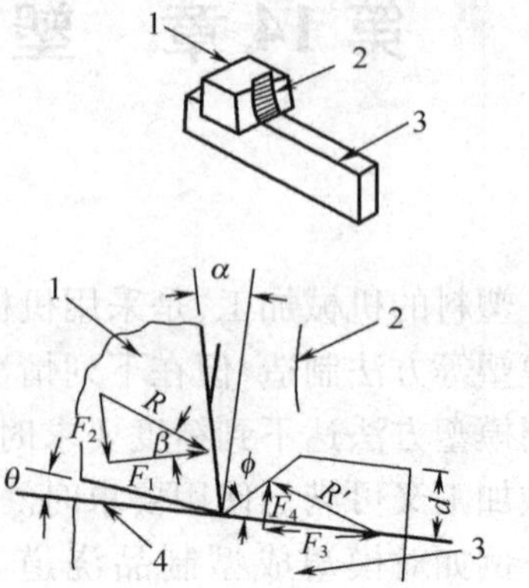

图14－1　简单切削和刀具几何参数图
1—刀具　2—切屑　3—工件　4—后隙面
R—作用力　R'—抗合力　F_1—克服正压力的力　F_2—克服摩擦力的力　F_3—水平抗力
F_4—垂直抗力　ϕ—剪角　β—摩擦角
α—前角　θ—后角　d—切削厚度

同一种塑料的力学性能会随变形速率和温度而变化。所以，切削条件不同时，切屑的形样也不同。变形速度缓慢，切屑倾向成连续状，而断裂则是韧性的。相反，断裂为脆性，切屑为不连续状的。温度偏高时，物料的断裂趋向于韧性；反之，易成为脆性。这种温度效应在热塑性和热固性两种塑料中常以前者更为显著。

大多数塑料的压缩强度均比其拉伸强度大2～3倍。因此，塑料对压缩断裂的阻力恒大于对牵伸断裂的阻力。如切削中能利用这种关系，即将刀具的形样和切削条件选为有利于使塑料发生牵伸的断裂，将收到积极的切削效果。从力学分析知，刀具前角越大越有利于塑料发生牵伸断裂，越能减少切削所需要的功。但事实上，刀具前角的增大却有一定的限制，过大时，某些塑料的断裂会成为脆性的，使加工后的表面比较粗糙。

塑料的弹性模量一般只能达到金属的1/10～1/60。因此，切削时一切夹具和刀具对它所施加的力只要大一些，则所引起的扭变或偏差就比金属大得多，这对切削是不利的。在相同的切削条件下，刃口迟钝的刀具对塑料工件所施加的力比刃口锋利的刀具要大得多。结合塑料弹性模量较小的特点来看，不能期望用迟钝刀具和锋利刀具的切削取得十分相近的结果。这就是在切削塑料时应该时时保持刀具刃口锋利的原因。

塑料还有一个与时间有关的机械性能，即弹性恢复，它对切削加工也有较大的影响。这将在以后讨论。

（2）热性能对切削的影响

以等量的热量加热等容的金属和塑料，则后者温度的上升量总要高些，而塑料的导热能力却不及金属的千分之三。因此，在切削过程中，由金属刀具和塑料摩擦所产生的热主要将传给刀具。少量传给塑料的热，由于很难进入内部，因而使表面温度显著增高。此外，塑料的热膨胀系数比金属高得多，某些塑料甚至高至20倍左右，这对加工制件尺寸精度的控制就不利。因为尽管温度的变动不大，但也能使制件的尺寸产生相当大的变化。其次，过多的膨胀将使摩擦变大而产生更多的热，这样上述的情况将越益激化。结合塑料的变形、软化和降解等温度都不很高的特点，热固性塑料就会发生燃烧和变色，而热塑性塑料就会发生变色和胶着。

（3）塑料在切削中的变形

图14－2为在刀具前角改变而其他因素不变时切削聚四氟乙烯工件的真实变形情况。切削时采用的切削速度是190m/min，切削深度为0.5mm，刀具的后角都是10°。图中虚线格子表示切削前材料的方位，而实线格子则表示切削时虚线格子位移的情况，也就是材料的变形情况。可以看出，切削中材料的变形是随刀具前角而变的。当前角为40°时如图14－2(a)，刀口上下的材料变形都是牵伸变形，而沿着刀口前进的方向则为压缩变形。两种变形在工件中都会传至相当的深度。前角变至0°时如图14－2(b)各部分材料的牵伸变形已有所缓和，但压缩变形却有所增加。换成－20°的前角时如图14－2(c)，则沿刀口横直方向上的材料变形都是压缩变形，且很大。由此可知，在前角逐渐由大变小的过程中，材料变形的总趋势是，原占优势的牵伸变形逐渐变为压缩变形，面且在量上还不断地加大。更明显的是，刀口下面的材料是先被提起，而在前角变小的过程中逐渐转为压下。所以，只要前角不同，即令其他因素都不变，加工后的制件尺寸必定不会一样。此外，在材料被压下的切削中，刀具后隙面上的摩擦总比材料被提起时的大。实验证明，如果将上述的切削条件改变，则材料变形随前角变化的总情况依然不变，即由牵伸变形逐渐变向压缩变形，但在数量和具体的转变点上却不相同。实验同样证明，上述现象对任何塑料的切削都是准确的。

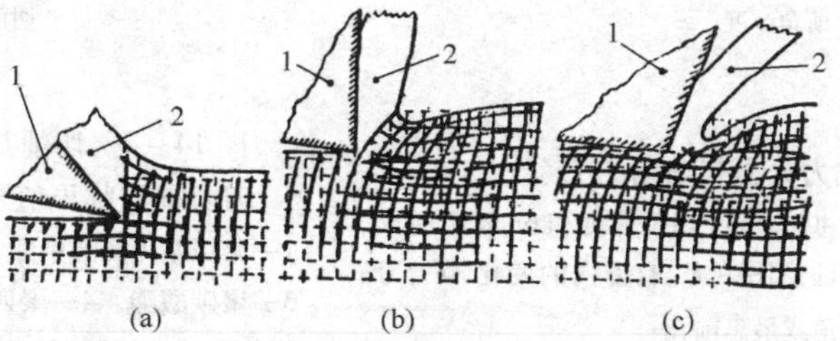

图14－2　刀具前角在切削中对工件变形的影响（放大）

1—刀具　2—切屑

由于塑料具有弹性恢复的性能，因此这种性能必会在变形后的塑料中得到响应，而响应的发生则既可在切削之中，也可在切削之后。这不仅会导致刀具后隙面的过多磨损，还会产生更多的摩擦热，从而导致刀具温度的过高。久处于高温的刀具，其硬度即会因退火而下降。切削后的弹性恢复的结果会导致钻削或攻丝的孔眼直径小于刀具的直径，而车削制品的尺寸在存放时会变小。

（4）塑料对切削的抗力

图14－2说明被切削的塑料变形是随刀具的前角变动而在大小和方向上发生变化的，这也是说塑料对切削的抗力会随刀具前角而变化。又从图14－1得知，被切塑料的抗力是由F_3和F_4两个分力所组成。在实验中，两个分力都可用刀具功率计分别测定。图14－3即为用不同前角的刀具切削聚碳酸酯时所测定的两个分力的结果。可以看出：塑料对切削的抗力是随着前角由负到正而逐渐降低的。其次，F_4分力随着前角由负到正会发生方向的转变，且在一定点上的值等于零。这说明当前角偏向负值的一边时，邻近刀具刃口而与切削方向垂直的一部分塑料受的是压缩力；反之，则为牵伸力。F_4等于零时，该部分塑料既不被提起又不被压下。使F_4等于零的前角称为“临界前角”。临界前角是用单刃刀具切削坯料的最佳前角，不但可以从它得到准确度最大的加工制件，而且还可使刀具的磨损最小。因为在这种情况下的切削不会导致塑料的“提起”和“压下”，同时又使作用合力的方向与切削方向彼此符合。实验证明，用前角的数值等于或稍大于前角临界值的刀具都是可以的，这在切削中极为重要。不同的塑料和不同的加工条件，可以有不同的前角临界值（参见表14－1和图14－4）。

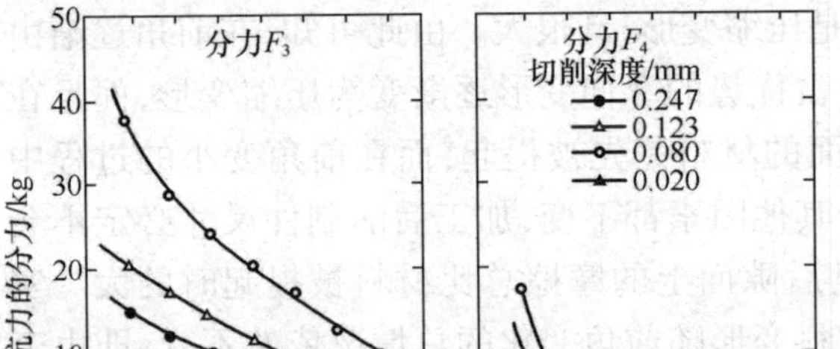

图14－3　抗力分力与前角的关系

图中所有曲线均系用400m/min切削速度和6mm切削宽度的条件所取得的结果。注意图中F_4有方向的变化。F_4为零时所指的前角是临界前角或最惠前角

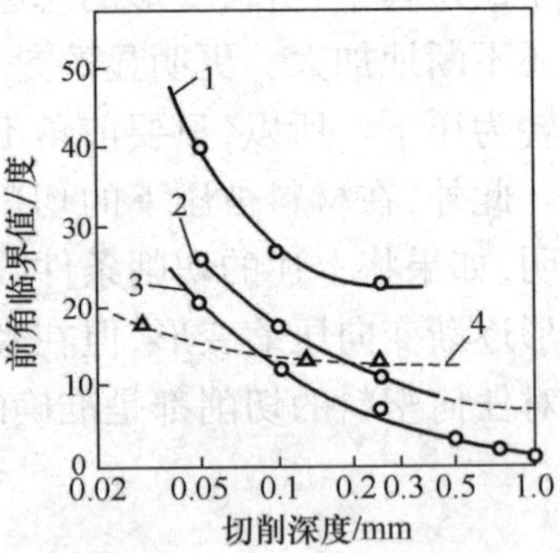

图14－4　切削几种热塑性塑料时刀具前角临界值与切削深度的关系

1—聚甲基丙烯酸甲酯　2—聚苯乙烯

3—聚碳酸酯　4—聚四氟乙烯取用的数据均以切削速度等于80m/min的为准

表 14－1　切削聚乙烯的刀具前角的临界值

切削速度/m/min	不同切削深度的前角临界值		
	0.05mm	0.10mm	0.15mm
0.80	41°	30°	24°
50	35°	25°	20°
100	26°	16°	13°
200	18°	9°	8°
400	10°	4°	3°

(5)热效应对切削的影响

塑料在切削过程中产生热的根源有两个：①分离或断裂塑料的能量所变成的热，②塑料与刀具前倾面、后隙面和刃口间摩擦所产生的热。切削时，用发热量的大小尚不足以说明热量对切削的影响，能够说明这种影响的是单位时间内发热量的大小，也就是发热的强度。后者的标志是切削中刀具和工件的温度上升的情况。

第一种热源的发热强度主要随切削速度、切削宽度和切削深度的增加而增加，并随刀具前角的增大而减小。但这些都不是线性的关系。

对第二种热源的发热强度，凡刀具的前倾面、后隙面的抛光程度越差、刀具后角越小、被切塑料的弹性恢复和膨胀系数以及刀具和塑料之间的摩擦因数越大时，则发热强度就越高。

由于两种发热强度牵涉的因素很广，且又彼此相互影响；再者某些物理常数还会随着过程中温度的上升而发生变化。因此，切削中刀具和工件的温度上升情况以及发热量的多少，目前还只能由实验确定。

切削中刀具和工件的温度上升对刀具本身和工件的切削质量都不利，这在前面已论及。这里再作一小结：由于切削时刀具和工件的温度上升，对工件来说，常会导致切削尺寸的误差较大、切削表面质量不高以至发生熔化和烧伤等；对刀具的影响则是使其发生退火而在硬度上有所下降，并从而缩短其使用寿命。

鉴于热在切削中的不良影响，所以切削中采用冷却剂排热是一种有效的措施。使用的冷却剂有压缩空气、水和肥皂水等，但以不妨碍操作和降低制品的性能为原则。冷却是否有效，一般从切屑是否熔化来检查。当然，这只限于热塑性塑料。

(6)刀具几何参数和切削条件对切削的影响

总的说来，这些影响是颇为复杂的，因为它们之间存在着较多的内在联系。通过实验总结，用单刃刀具对塑料进行切削时，各因素所能引起的主要影响见表 14－2。表中所列的影响是单刃刀具的切削情况（如刨削和某些车削），但也适用于多刃刀具的切削（如锯切、钻削、铣削和某些车削等）。因为后一种切削可以认为是前一种的综合方式，只是内在关系更为复杂而已。表 14－2 提供的情况仅能作为切削塑料时探求正确切削刀具和条件的线索，至于具体的刀具几何参数和切削条件，一般都由实验确定。有关的经验数据，将在以后各节中陆续介绍。这里需要着重说明的是，在设计刀具和选取切削的各项因素时,应力求切屑成为连续状而又是平滑的。这样,加工后的表面就能在尺寸精度和表面粗糙度上得到较好的效果。

表 14 –2　　切削塑料时各因素产生的主要影响

因素名称	主要影响
1. 刀具方面	
(1)刀具的几何参数	
前角	切屑的形成
后角	刀具的磨损
刀尖圆弧半径	切削面的粗糙程度
(2)刀具材料	刀具的磨损
2. 切割条件方面	
(1)切削深度	切屑的形成和切削面的粗糙程度
(2)切削速度	同上
(3)不排热	容易发生烧伤和胶着,尺寸精度较差
(4)使用冷却剂	尺寸精度较好,但有可能使制品性能变劣

14.2.2　车削和铣削

车削和铣削是分别在车床和铣床上完成的。前者的目的是车圆柱、车斜度、车平面和车螺纹等,而后者的目的则为铣平面、铣斜接面、铣直角面、铣榫头、铣齿轮和铣圆边等。

能够满足车铣热塑性塑料要求的刀具可由高速钢、镀铬高速钢、碳化钨或金刚石制成。四种材料所制刀具对切削的区别列于表 14 –3[1(最好)到 10(最坏)代表等级的区别。好坏仅从比较而得,并无严格标准]。(1)、(2)两种刀具适宜于临时性的生产,其他两种刀具则适宜于长期性的生产。车铣一般热塑性塑料的温度不宜超过 75℃。车削和铣削的经验性数据见表 14 –4 和表 14 –5。

表 14 –3　　不同材料所制刀具切削效果的比较

刀具材料	间断切削	表面质量	耐久性	光滑均匀性	每件切削成本	加工精度
(1)高速钢	1	5	10	10	10	10
(2)镀铬高速钢	1	4	8	8	8	8
(3)碳化钨	5	6	5	5	5	5
(4)金刚石	10	1	1	1	1	1

表 14－4　车削

加工材料	侧后角/°	后角/°	前角/°	侧前角/°	表面切削速度/m·min^{-1}	走刀量/mm·r^{-1}
聚碳酸酯	3	3	0～5	0～5	150～450	0.15～0.65
聚甲醛	4～5	4～6	0～5	2～6	120～300	0.15～0.40
聚酰胺	5～20	15～25	－3～0	0	300～360	0.15～0.25
聚四氟乙烯 聚乙烯 聚丙烯	5～20	0.5～10	0～15	0～15	240	0.015～0.15
聚甲基丙烯酸甲酯	5～10	5～10	0～5	5～10	150	0.10～0.15
苯乙烯类塑料①	0～5	0～5	0	0～5	230～300	0.03～0.10
软性热固性塑料	—		—	—	60～180	0.12～0.25
硬性热固性塑料	—	—	—	—	50～180	0.12～0.25
玻璃纤维增强塑料②	—		－5～0	—	90	适当控制

注:①这类塑料当切削中发热过多时,表面易开裂,最好在切削后立即进行热处理。

②此处指的是用圆头刀具。

酚醛和氨基塑料的模塑制品,除不能在模塑中形成所需要的形样外,都不用车铣的方法来完成。因为经过车铣的表面没有光泽。两种塑料制品的车铣难易程度与其中所含填料的品种有关。现按其难易的顺序排列如下:①玻璃纤维(最难),②矿物性填料;③棉花;④纤维织物;⑤木粉(最易)。车铣酚醛塑料的较大困难是容易碎裂。这样车铣与其说是削,不如说是磨,故刀具极易失去锋利。减轻这种困难的方法是在切削中加用风冷。

表 14－5　铣削(铣面)

材料	硬度	切削深度/mm	表面切削速度/m·min^{-1}		走刀量/mm(每齿)	
			(1)*	(2)*	(1)*	(2)*
热塑性塑料	$31R_R$至	3	10	400	0.12	0.12
	$116R_R$	1.5	230	480	0.25	0.25
热固性塑料	$50R_R$至	3	45	150	0.12	0.12
	$119R_R$	1.5	90	300	0.25	0.25
玻璃纤维增强塑料**				120～240		

注:*(1)为用高速钢刀具;(2)为用硬质合金刀具。

**刀具前角为0°,最好用顺铣。

车铣玻璃纤维增强塑料时,最好用硬质合金的刀具。车削用的刀具还必须是略呈圆头的。刀具安放的位置最好稍微偏于中心线的下方。

用铣削方法使层压塑料成为齿轮时，先是将各向同性的层压塑料片材用锯切方法切成坯材或用压制方法将附胶材料压成坯材，而后即与铣削金属齿轮一样（切削刀具与切削条件应不同）将其铣成制品。齿轮虽然也可以用压制方法直接制成，但由于压制时层叠复杂而又费时，加以齿轮的塑模投资较大，在生产费用上不一定比铣削低，故工业上采用不多。此外，压制齿轮的力学强度不很均匀，工作性能不如用铣削的好，是工业上不用压制方法制造层压塑料齿轮的另一个原因。

14.2.3　钻孔、铰孔和镗孔

钻孔是在工件上加工出圆眼的操作，所用的刀具是钻头。铰孔是将工件上已有的孔眼内部加光或修整到需要尺寸的操作，采用的刀具是铰刀。用一种可以调整的单刃刀具使孔眼扩大的操作称为镗孔。对塑料钻孔和铰孔可采用各式钻床来完成，铰孔最好用车床进行，镗孔虽亦可用钻床，但须用特定的刀具夹持架。

塑料的导热系数不大而热膨胀系数和弹性恢复都较大，钻孔中已成的孔壁常会发生内膨胀，在继续深钻中使钻削力和力矩都有所增加，并使钻头与孔壁间的摩擦热越来越大。结合塑料的软化和降解温度均不高的特点，钻孔时胶着、降解以至燃烧等现象的发生在所难免。其次，如果是热塑性塑料，则在继续钻削时钻屑还会因熔化而粘在孔壁或钻头上。这种现象的发生将使钻削力和力矩进一步增加，并使加工后的孔面质量很差。增加钻削力和力矩还会造成孔边开裂和已成孔的制件事后开裂。总的说来，塑料的钻削比金属困难得多。

钻孔中最为常用的刀具是麻花钻（见图 14－5）。塑料的性能与金属不同，对钻头的要求也不一样。实验证明：①钻头的螺旋角越小越不易导屑。这样，越易产生胶着或燃烧；②钻头的顶角越大越容易使孔边开裂。以上都是一般性的规律。不过各种塑料之间的性能还有不同，因此它们所用钻头的螺旋角和顶角都有各自的要求（见表 14－6）。为防止孔边开裂，钻头形样应有专门的设计。图 14－6 所示的双割头钻就是其中的一种。这种钻头的特点在于能够使靠近孔壁出的钻屑较孔心带的薄，这样就能免除或减轻孔边开裂。

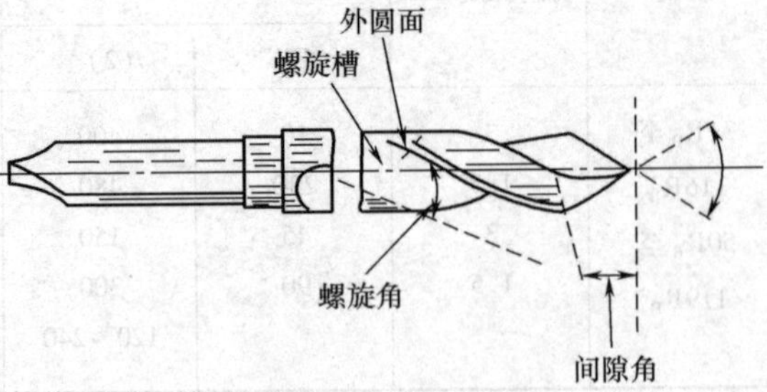

图 14－5　钻孔用的麻花钻

已成孔的表面质量随钻削的条件而变化。例如钻头边缘速率过大而走刀量过小时，常会产生过多的摩擦热，以致形成热塑性塑料的胶着和热固性塑料的燃烧。走刀量过大

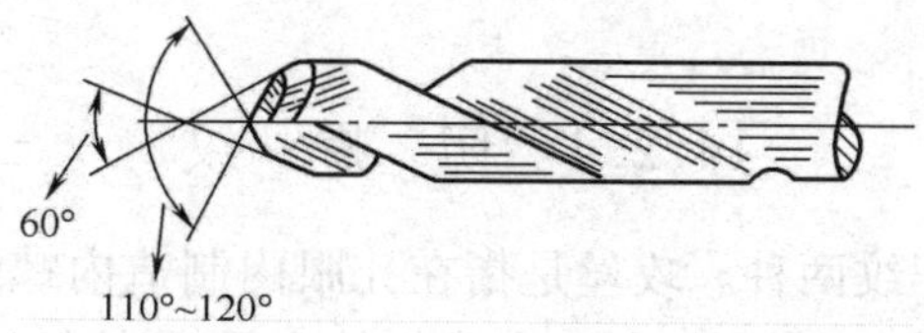

图 14-6　双割头钻头

时又常会造成孔边的开裂。边缘速率和走刀量均应适当控制。表 14-7 列出了两者的经验数据。钻削时,如果能采取以下的措施:①使用冷却剂,②钻削中途不时拔出钻头以排除钻屑,③使用螺旋槽镀铬和螺旋角偏大的钻头,均有利于上述问题的解决。

铰孔与钻孔相仿,但困难远无钻孔时严重。镗孔在很多地力与车削的要求相似。均不再作评论。

表 14-6　　**钻头的几何参数**

塑料种类	螺旋角/°	顶角/°	后角/°	前角/°
聚乙烯	10~20	70~90	9~15	0
硬质聚氯乙烯	27	120	9~15	
聚甲基丙烯酸甲酯	27	120	12~20	
聚苯乙烯	40~50	60~90	12~15	0
聚酰胺	17	70~90	9~15	
聚碳酸酯	27	80	9~15	—
聚甲醛	10~20	60~90	10~15	
热固性塑料	—	70~90	—	
层压塑料①	—	60	—	—
层压塑料②	—	110~120	—	—

注:①表示与层压塑料相互垂直的钻削。如果层压塑料是玻璃纤维增强的,顶角可用 55°,如果是深钻,则顶角都应用 90°。

②表示与层压塑料相互平行的钻削。

表 14-7　　**钻削(高速钢钻头)**

塑料种类	边缘速度 /m·min^{-1}	走刀量/mm·r^{-1} 钻头直径/mm			
		1.6	3.2	6.4	12.7
聚乙烯、聚丙烯和聚四氟乙烯	35	0.12	0.25	0.30	0.38
苯乙烯-丁二烯-丙烯腈共聚物	35	0.05	0.10	0.12	0.15
聚酰胺、聚甲醛和聚碳酸酯	35	0.05	0.12	0.15	0.20
聚甲基丙烯酸甲酯	35	0.05	0.12	0.15	0.20
聚苯乙烯	70	0.025	0.05	0.075	0.10
热固性塑料(软性)	50	0.075	0.12	0.15	0.20
热固性塑料(硬性)	35	0.05	0.12	0.15	0.20
层压塑料	10	0.075	0.18	0.38	0.50

14.2.4 切 螺 纹

切螺纹分攻丝与车螺纹两种。攻丝是指在孔眼内制造内螺纹，车螺纹则是在圆柱体上制出外螺纹。攻丝是采用丝锥在攻丝床或有攻丝附件的钻床上进行的，也可手工进行。车螺纹可用车削或铣削完成，也可以手工用螺纹板牙来完成。

小直径的螺纹使用丝锥用手工加工，大直径（大于6mm）螺纹用车削加工。用丝锥攻螺纹时，应在制件上先钻出一底孔，孔径应稍大于丝锥底径。所钻底孔直 径 d 与丝锥外径 D 的关系为：

$$d = D - 2nh$$

式中，h 为螺牙深度，n 为螺牙深度的百分比，通常取 50% ~75%，D 较大时，n 取大些。D 和 n 的对应数值，有标准可查。

由于塑料，特别是热塑性塑料，具有较大的回弹性能，故所用的丝锥直径，应比要求的直径大 0.05mm 或更多些，对于攻切尼龙塑料的丝锥，则应大到 0.12mm，在选取丝锥时需注意。

除直径在 6mm 以下的外，手用丝锥每套都为三个，分别称为头锥、二锥和三锥。头锥的顶端因需作出斜度，故至少去掉六个螺牙。同样，二锥应去掉三四个牙，三锥则去掉最后一个牙。每套丝锥，除特别规定的外，直径部是相等的。攻穿孔时，单用头锥即可。攻盲孔，通常都是先用头锥，次用二锥，只有在孔眼较浅时再用三锥。

板牙是用于加工外螺纹的刀具，外形似螺母，但它有很多削孔，其间形成切削刃。板牙用于切 3 级或 3 级下的螺纹。因为板牙的螺纹牙形不能磨削，板牙淬火后的变形无法消除，但完全可以满足塑料的螺纹加工要求。板牙都是旋转切出螺纹，一般加工直径不超过 52mm 的螺纹。螺纹板牙有整块的，也有分成二、三或四瓣并将其固定在外壳中组成的。螺纹板牙的尺寸也有一定的标准。分瓣的螺纹板牙，其大小可在规定的尺寸以外的一定范围内调整。在套螺纹时，不妨先将其放大少许，再分一次或几次缩小到规定的尺寸，因而螺纹的车削分粗铰、光铰几次完成的。由这种方式完成的螺纹，其光滑和准确程度较一次完成的高得多。用手工套扣之前，圆柱体的前端应先作成 45°的斜角，斜角的长度应达到一个牙深。

对热塑性塑料的攻丝，一般都用粗牙，极少用细牙。攻丝后的成品最好经过热处理，否则成品常会因攻丝所造成的内应力而强度不足。由于热塑性塑料具有较大的弹性恢复，所以攻丝用的丝锥直径应比预定孔眼直径小 0.05mm，有时甚至更小。用高速钢丝锥攻丝的切削速度可参照表 14 - 8 的数值。丝锥的沟槽要求光滑以利导屑。攻丝时最好不用润滑油和风冷。攻丝中途能将丝锥倒回几次则对胶着的避免较为有利。在热塑件塑料上所攻或所车的螺纹，如果是与金属制成的螺旋配合，则应考虑两种材料的热膨胀不同而须留间隙。

如果制品是在温度变化较大情况下使用的，则最好不用螺旋接合。热固性塑料、层压塑料和玻璃纤维增强塑料的车螺纹和攻丝，除丝柱或丝孔直径不超过 6mm 的外，一般都用车削或铣削完成。诚然，对上述几类塑料采用细牙螺纹的问题要少些，尤其是层压塑

表 14-8　　攻丝时的切削速度

塑料材料	丝锥应具有的沟槽数	切削线速度/(m/min)
醋酸纤维素	2~3	15~30
有机玻璃	4	12~25
聚酰胺	3~4	25~40
聚苯乙烯	3~4	8~12
热固性塑料	3~4	18
层压塑料	3~4	8~12
玻璃钢①	3~4	20

注:①应使用带有硬质合金顶尖的丝锥。

料和玻璃纤维增强塑料,但最好还是用粗螺纹。切削螺纹时能不用冷却剂应尽量不用,实在有困难时可用松节油,水或轻质油料。对层压塑料和玻璃纤维增强塑料进行螺纹切制时,为防止胶层的分离,必须将材料夹定在钳子上。

14.2.5 锯　　切

锯切在塑料成型工业中的应用是颇为广泛的,如挤压型材的切割、热成型坯材的裁切及层压塑料和塑料板材的修边等。此外,还有将塑料片材锯切成一定的形样后再经过或不经过加工而作为成品的。也有将锯切后具有一定形样的片材通过粘接或连接等作为成品的。两类成品大多用为电工零件或日常用品,主要不同在于前一类制品是平板式的,后一类则为立体式的。对塑料锯切,可进行直线锯切,也可曲线锯切。直线锯切可使用圆片锯、带锯、砂轮锯、手工锯等。曲线锯割用手工锯,但圆形曲线锯切的专用锯是圆筒锯。用于塑料锯切的各种锯的锯齿,都应保持锋利,因此应经常刃磨,并用油石磨去锯齿的毛刺。

带锯主要用于直线锯切,亦可用于曲线锯切,或用于制品修饰,锯切厚度大,可切断厚度大于25mm的塑料板材,生产率高。带锯的各种参数与圆锯相同。用于直线锯切的锯宽度一般为13~20mm,用于曲线锯切的宽度一般为5~9.5mm。直线锯切时带锯齿错可较小,曲线锯切时锯齿错应较大。

在锯切各种塑料时,锯齿的前角均可取5°~8°,后角取30°~40°。此时,热固性塑料锯切速度可取1500~2000m/min;热塑性塑料则可取120m/min,所取锯条的齿距为3mm。对较硬的塑料,齿距最好为5~7mm。表14-9、表14-10是各种塑料锯切的工艺条件。带锯材料一般是碳素工具钢,并不适宜热固性塑料的锯切,特别是玻璃纤维增强热固性塑料。用带锯锯切时散热情况较好,一般不需要采取冷却措施,且适于较厚工件的锯切。对于泡沫塑料的锯切,多数情况下采用高速无齿带锯,也可用有齿锯或刀片切割。

表 14－9　小尺寸塑料板的带锯锯切工艺

塑料材料	材料厚度 s/mm	齿锯 /mm	锯切线速度 v_2/m·min^{-1}	进给速度 v_1/m·min^{-1}
ABS、韧性聚苯乙烯	<6	3～6	600～910	0.6～3.0
硬质聚氯乙烯、醋酸纤维素	<6	3	300～460	1.5～6.0
	6～25	3～5	225～300	0.3～3.0
聚苯乙烯、聚碳酸酯、聚苯醚	<6	2～3	300～600	0.6～3.0
	6～25	2～4	600～910	
聚酰胺、聚甲醛	<6	2～3	1200～1800	0.6～3.0
	6～25	3～6	910～1200	

表 14－10　大尺寸塑料板的带锯锯切工艺

参数类别		齿锯/mm				锯切线速度 v_2/m.min^{-1}			
塑料材料 \ 板厚/mm		12	50	100	150	12	50	100	150
热塑性塑料	聚氯乙烯	4	6	8	12	1400	1350	1250	1200
	聚苯乙烯	4	6	6	8	1460	1350	1250	1200
	聚丙烯酸酯	4	6	8	12	1100	900	800	750
热固性层压塑料	以纸和棉织物为基材	4	6	6	8	1350	1300	1200	1050
	以玻璃纤维和石棉为基材	4	6	6	8	1200	1000	850	750

圆锯主要用于直线锯切，也可用于制品的修饰。用于锯切塑料的圆锯片可分为：平圆锯片、单面右偏锥形圆锯片、单面左偏锥形圆锯片、双面锥形圆片等，但主要是平圆锯片和刨削圆锯片。

圆片锯的规格，可随具体的塑件选择。锯片直径、厚度、齿距、齿高、齿错等应随工件的厚度增大而增大。用于塑料锯切的圆锯直径，一般在 150～300mm，其前角 α 一般为 0～15°，后角 β 约取 45°。圆片锯的锯路，一般是按锯齿厚度的一半，顺次向左右扳出而形成，这样在锯切时可减小与工件的摩擦。锯路宽度大于锯片厚度部分，称为齿错。

一般说来，圆锯的齿根比齿尖薄，称齿根薄差。当锯切塑料薄板（厚度 <6mm）时，因为有足够的齿根薄差，用无齿错的圆锯即可。这样锯出的锯边平滑，锯缝也小。但随塑件厚度增加，则需带齿错的锯，塑件厚度越大，圆锯的齿错也应增大。

用于塑料锯切的圆锯齿距 m，一般为 2～8mm，若齿距太大，锯出的板边会崩裂，若齿距太小，则锯片易摩擦发热，造成锯切面的烧焦或留下齿痕。因此，应随工件厚度不同，恰当选择圆锯的齿距，工件厚度大者，可取上述范围偏大值，厚度小者取偏小值。

热塑性塑料，可用调整钢圆锯，也可用镶嵌硬质合金刀片的圆锯。热固性塑料，一般要用碳化硅砂轮。玻璃纤维增强塑料，可使用碳化硅或硬质合金砂轮，但最好使用金刚石砂轮。

圆锯锯切的工艺参数，不仅与锯切的塑料材料的品种及其厚度有关，也与锯切目的及圆锯的结构参数有关（表 14－11、表 14－12）。在锯切时，如工具固定，需按紧工件，使工件紧贴台面，并与锯片平行移动，以免跳动和发生意外。进给速度应严格控制并保持平稳。在接近锯切终点时，锯切速度要降低，以免工件截角或崩裂。锯切时，通常无须冷却。易燃材料要在水下锯切或水淋冷却。锯切有覆盖纸的板板时，可使用胶合板或硬纸做成的滑动夹具，让其在工作台上滑动，以防止覆盖纸破损而影响表面质量。此外，也可采用活动工作台的办法。

表 14－11　　热塑性塑料圆锯锯切工艺

塑料材料	材料厚度 s/mm	齿距/mm	锯切线速度 v_2/m·min^{-1}	进给速度 v_1/m·min^{-1}
ABS、刚性聚苯乙烯	<6	4~6	600~1500	0.6~3.0
硬聚氯乙烯、醋酸纤维素	<6	3~5	1200~1500	1.5~6.0
	6~25	5~8	910~1200	
聚苯乙烯、聚碳酸酯、聚苯醚	<6	2~3	1800	0.3~3.0
	6~25	3~8	2400	
聚酰胺、聚甲醛	<6	3~5	1200~1800	0.6~3.0
	6~25	5~8	910~1200	
聚乙烯、聚丙烯、聚四氟乙烯	<6	3~5	910	0.6~6.0
	6~25	5~8	600	
聚丙烯酸酯	<6	2	3000	1.5~6.0
	6~25	2	2100	
	>25	3	1900	
硝酸纤维素	–	3~6	4000	—
三聚氰胺、脲醛、酚醛、醇酸	<6	2~3	3000	0.3~1.5
	>6	2~5	1800	

表 14－12　　修饰锯工艺

直径 D/mm	齿距/mm	锯切线速度 v_2/m·min^{-1}
75~100	≤2	2400~4600

不论是热塑性塑料还是热固性塑料，用砂轮锯切都可取得良好的效果。对磨蚀性很强的玻璃钢也适用。若将砂轮两面制作成带有网状突出物，并用金属薄膜覆盖，则效果

更佳。用这种锯锯切，摩擦因数小、导热快，与金属片锯比较，不仅可提高锯切速度，也可减小磨损，改善工件表面质量。

砂轮锯虽可用于锯切，但强度不足，操作中时有破裂现象，很不安全且在使用中锯片磨损大，砂轮两面的磨损情况又不均匀，容易造成偏离。初用的砂轮锯的锯切尚可，用久后锯缝易变为曲线形，使砂轮两面受力不均，导致破坏。因此对于玻璃钢的锯切，更好的人造金刚石圆锯片，可避免上述现象，其特点是锯切速度快，质量好，不易损坏，操作方便、省力、安全、锯缝也小（不超过3mm）。

筒锯是锯切圆形板材或板材上开孔的专用锯。筒锯形状为圆筒形，锯齿排列在圆筒的一端，另一端由轴固定。筒锯中心通常装有一指示钻或导锯，用以定筒锯的中心。筒锯顶端有孔，可以取出锯下的塑料片。筒锯的锯齿可以有齿错，也可无齿错，带齿错的锯用于厚板材锯切，无齿错锯用于薄板材。筒锯用于在板材上开较大的孔，一般开直径16～100mm 的孔。

用于塑料锯切的还有木工用锯，手工钢锯，绕锯，钢丝锯等。

14.2.6 剪切、冲切和冲孔

剪切是用铡刀借适当的机械压力将塑料片材进行剪裁的方法。用具有一定形状且带有刃口的冲模进行剪裁时则为冲切。冲模为圆杆状（通称冲头），冲切只限于在片材上形成孔眼，这种冲切即为冲孔。三种方法使用目的虽各不同，操作原理却很一致，且同为塑料成型工业中广用的加工方法。

用于将塑料制品剪断的工具，应根据塑料性质加以选择。一般说来，硬制品采用剪床，铡床，软制品采用切纸机、电剪刀，普通剪刀。剪床的剪断原理，如图 14－7 所示。

剪切常用的设备是四方剪机，冲切和冲孔常用的设备则为人力或机械压机。采用设备的大小根据加工材料的尺寸、厚度及生产率的高低等决定。三种方法中分别用的铡刀、冲模和冲头，一般用工具钢制成。为节省钢材和时间，临时用的或要求不高的冲模也可用带有刃口的钢皮嵌入木块中制成。

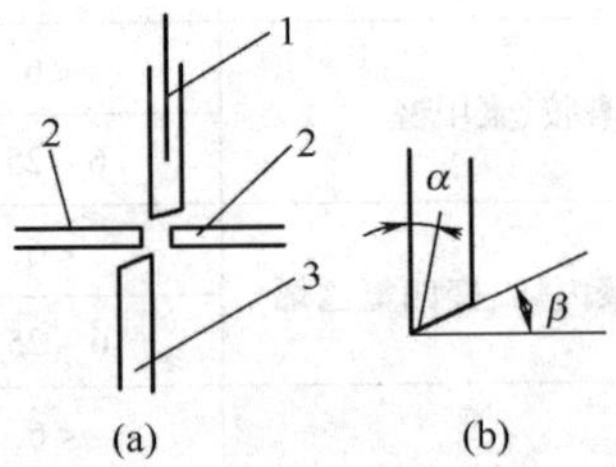

图 14－7 剪床剪断原理示意图

1—动刀 2—工件 3—定刀 α—前角 β—后角

如果塑料性能较脆，则沿着切口常会发生缺口或破裂。由于塑料的脆性随温度的提高而减小，所以对任一种塑料只要工作温度范围选择得当，则会有恰当的流变性能而可使三种操作顺利进行，同时得到的表面不需再加工就能符合一般要求的质量。温度范围通常由实验确定。实验证明，温度范围不仅与塑料的品种有关，而且还依赖于塑料的厚度。厚度大温度应偏高，因为厚度大操作中单位长度切边上的抗力也大。

剪切或冲切乙酸纤维素、聚乙烯和软聚氯乙烯等片材时，如厚度不大于 1.5mm，则在≥20℃下均可进行。厚度大于 15mm 的，剪切或冲切前须加热。例如厚度为 1.5～3.0mm的乙酸纤维素和硬聚氯乙烯片材，其剪切或冲切温度范围在 38℃ 左右；厚度为

20mm 的为 80 ~105℃。又如丙烯酸酯类塑料片材的操作温度约在 160℃左右;而耐热性的丙烯酸酯类塑料片材则在 170℃左右。聚甲基丙烯酸甲酯材的剪切或冲切条件见表 14 -13。上述两种切法的准确度约在 ±0.4mm。在室温下剪切或冲切较薄的片材时,其准确度可高达 0.005mm。对准确度要求较高的剪切或冲切应对加热后的收缩有充分的估计。热固性塑料制品和层压塑料一般都不大用剪切或冲切,因为容易造成破裂。

表 14 -13 聚甲基丙烯酸甲酯的剪切或冲切

厚度/mm	在 160 ~170℃下加热时间/min	剪切压力/MPa 切边长
6.4	8	3.25
9.5	10	3.25
12.5	12	4.2

各种薄型热塑性塑料片材的冲孔均可在常温下进行,较厚的则应在较高温度下进行,一般不超过 50℃,需结合材料特性和具体要求由实验确定。例如丙烯酸酯类塑料厚片的冲孔温度需 95℃。冲孔也不用于热固件塑料制品,但可用于厚度不大于 2.5mm 的层压塑料和玻璃纤维增强塑料。这种冲孔通常也都在常温下进行。如有困难,不妨提高温度,加热必须迅速而均匀,最好用红外线加热,加热温度过高或加热时间过长均能使材料发脆,故应特别注意。由于塑料都具有弹性恢复的特性,冲成的孔眼直径总比冲头小,所以冲头直径须比孔眼规定的尺寸大些。基于同样的理由,被冲的材料必须夹紧,以免冲头退回时损坏孔边。冲孔方法也用于去除模塑制品的某些特殊形样的废边,如穿孔上的废边等。

14.2.7 激光加工

激光束的功率很高,在近代工业中正得到广泛应用。激光的方向性和单色性较好,能量高度集中的平行光,能量密度可达 $10^7 W/cm^2$ 以上。这种光束,可在瞬间将塑料熔融并裂解,甚至气化,达到烧蚀裁断的目的。激光的利用对许多塑料的加工具有很多优点,能量高度集中,加工速度快,加工部位表面光滑,无应力集中,非加工部位,不受任何影响;操作成本低;可完成直线和各种曲线裁断等多种加工;激光光束很细,可以加工很小的缝隙(约 0.025 ~1.2mm);对各种纤维增强热塑性塑料的加工,可以解决机械加工难以克服的刀具磨损、层间分离、粉尘飞扬等问题。尤其是加工速度快,成本低、工种变化多等。

在所有各类激光器中以二氧化碳激光器作为加工塑料的工具比较适合。这种激光器具有结构简单、造价低廉、工作效率较高以及所放出的 10.6μm 波长的红外光正能为塑料强烈吸收而转为热能等优点。

利用激光实现塑料加工的机理是,塑料能将吸收的光迅速转化成为热能,并在很短的时间内将塑料本身烧蚀。如果将激光集中在塑料工件的某一点上,则激光就能在光束所触及的范围内沿着激光前进的方向将塑料全部摧毁。这样,在塑料制品不作任何移动时,指定照射的部位就会被激光打成孔眼;而当工件移动时就能被它“切”成长缝。由激光转化成的热能向非照射部分的传递接近于零。

绝大部分塑料可用激光加工，但有些塑料是不适宜的，如聚氯乙烯，用激光加工会有刺激性气体放出；酚醛、环氧等热固性塑料，在加工过程中会产生气泡；硝酸纤维素则易燃。在塑料二次加工中，激光不仅可用于裁断，还可用于塑料打孔、焊接、刻印等。

在塑料加工过程中用激光，因不用刀具也无机械接触工件，不会使工件产生振动或位移，所以具有无刀具亦无夹具的特点，也就不存在刀具和夹具的维修和更新等问题，在加工时仅需用吸尘器吸去细尘状烧蚀残渣即可。

打孔一般采用脉冲式激光，对薄片（壁）材料来说，一个脉冲足以打一只孔，如果一次打不透，可以再打一次或若干次。若需钻一系列孔，可通过控制脉冲速率和工件的传送速度来调节，因脉冲持续的时间不足 10^{-3}s，所以不必考虑工件的停顿动作。采用一般透镜系统聚焦的光束，孔的直径范围为 0.0064 ~ 1.2mm，若要打更大的孔，可采取移动工件，使激光沿孔边切割的方法，或采用特殊透镜将激光变为空心光柱，再行打孔。

在激光打孔中，激光器并不直接与塑料接触，只需激光能够射至打孔的方位就行。因此，当用钻削不很方便时，利用激光打孔却往往是可行的。激光加工有其独具的特点，由于聚焦后的激光柱总是圆锥形的，因此所打孔眼的孔边即具有一定的斜度。另一个特点是，孔眼边缘每会凸起少许，这是因为在激光所射的范围边缘处塑料发生短暂熔化的结果，用激光打成的孔眼，其尺寸精度并不很高。例如在厚度 0.25mm 的聚对苯二甲酸乙二酯的片材上打直径为 0.3mm 的孔眼时，误差是 +25% ~8%。

降低激光强度或对激光不聚焦，这样的激光对塑料的作用就被抑制成仅能熔化而不能烧蚀，从而为焊接塑料提供了新途径。

14.3 修　饰

14.3.1 锉　削

锉削本质上也是切削作业的一种，属于机械加工的范畴。但在塑料成型工业中，锉削大多用作模塑制品和片材的修平、去除毛口、去除废边及修改尺寸等，如在制品上锉成斜面等。为此，将它归在修饰中叙述。

去除废边时，如有可能均应尽量采用转鼓滚光法，因为该法比较经济。只有在该法不易奏效以及塑料硬度较高且又相当耐热的，才采用锉削。

锉削时，锉刀的选择十分重要。锉刀的形式、大小以及锉刀的粗细等有很多不同，若选择不当，则对锉削的难易和速率以及锉削后的表面质量都将发生影响。所选锉刀的类型应与塑料的硬度、脆性、柔曲性和耐热性相适应。锉刀的大小和形状应以能配合塑料制品被锉部分的大小、形状和曲面等为原则。

热塑性塑料模塑制品废边的去除，通常都用三角刮刀而不用锉刀。因其他目的而需用锉刀的，以用倾斜角为 45°的单纹剪齿形粗锉（平的或半圆形的）为好。粗齿和长角的锉刀有利于锉屑的自落。锉削时宜采用轻而锉程长的锉法，以免损伤被锉的制件。锉片材的边缘时，宜采用铣齿锉，同时锉刀与被锉的边缘最好形成 20°的角度。

去除热固性塑料模塑制品的废边时,宜先碎除废边的较大部分(但不能伤及制品主体),再进行锉削。初锉时,应用锉刀平稳地推压废边,使其沿着主体的边缘拆裂,再将表面锉光。锉刀的选择以实验为准。至于去除模塑制品凸面的废边、片材的边角和锯切的毛口或开切斜面时,则宜采用铣齿锉中锉纹较为中等的锉刀。精致或较小的热固性塑料的模塑制品,宜用粗纹的样板锉去除废边,用锉纹较细的进行修整。清理空口或圆口时宜用圆锉或半圆锉;清理细长槽口时可用刀锉或什锦锉。

层压塑料废边的去除,通常都用切割而不用锉削,只有在修整表面、修整大小、清除毛边和清理孔口时才用锉削,这与热固性塑料制品的锉削极为相似。

锉刀的设计本来只供往一个方向上锉削的,所以也只能在一个方向上施加压力,而在返回时放松。实践得知:锉削较为精致或细小的制品时,锉刀来回都施加平稳的压力,常能取得较好的表面,但这样对锉刀的损害较大。锉削时,锉刀的两端和两侧都应尽量发挥作用,使锉刀的磨损均匀。

锉刀的选择、使用和维护不当,将加速其损坏。锉刀存放时应悬挂或支承在适当的锉刀架上,并应保持干燥以免生锈。锉削时,应在锉几下后稍稍击动锉刀的一端,使锉屑脱落而保持锉面的洁净。存放之前应用锉刀刷作全面的刷洗。如果锉刀沾有油腻,则可先在锉面上放些粉笔灰再进行刷洗。锉刀磨利的次数一般不超过四次。

大批生产时,圆形或筒形制品的废边可采用半自动方法去除。方法为由一个转动夹持器将制品夹稳,制品能沿其心轴转动。此时,由踏板推动,将已装就的锉刀或砂轮推至制品的废边上,即能将废边除去。锉刀或砂轮也可用适当的弹簧支承,以便具有弹性而不致损伤制品。锉刀也可不装在机架上而用手操纵。小型的圆形制品,如纽扣等,其废边的去除也可用上述类似的原理借特殊设备达到全部自动操作。

14.3.2 转鼓滚光

转鼓滚光是对小型模塑制品的一种修饰作业,其作用是圆角、去除废边和铸口残根、减少尺寸以及磋光表面等。具体的方法是将该类制品连同附加的菱形木块与磨料(随需要而定)等放入八角转鼓内(放入的总容量不超过转鼓容量的1/3),靠转鼓的转动即能达到目的。放入菱形木块的作用是,使转动中的制品发生参差不齐的运动,有利于彼此之间的摩擦。不管采用转鼓滚光的目的是什么,制品上都不应带有易碎的凸出物。转鼓滚光是去除废边的一种极为经济的方法。在表面磋光上虽不及磨削和抛光等有效,但费用少却是其独特之处,对表面光滑程度要求不高的制品仍然适用。

热塑性塑料制品使用转鼓抛光的目的不外是圆角,去除废边、去除铸口残根和磋光表面。转鼓用钢材或木材制造,径长约50~75cm,转速约15~25r/min。生产上有时要求同时能处理几种颜色或形状的制品,为此,转鼓也有隔成两个或几个小室的。为达到相同目的也有不用分隔转鼓而用不同口袋分装的。如果制品体积较大,使用转鼓滚光的目的又只是去除废边或铸口残根,由于不需放入磨料(但应放入直径约25mm的硬木球,以协助制品滚动。放入硬木球的总体积最好是制品的两倍),采用的八角转鼓周围的八个面可以是轮回封闭和敞开的。敞开的四面都嵌有较粗的金属网,便于操作中已除脱的碎屑分出。为使制品硬脆面有利于废边和残根的去除,操作时可加入适量干冰,这时就不应采用四面敞开的八角转鼓。磋光表面一般分两次完成。第一次可用木屑、轻石粉、碳酸钙粉等作磨料,因为这些材料的磨蚀作用快。第二次应用磨蚀作用小的磨料,如棉子壳和废革头等。用这些磨料要取得全面均匀的磋光是比较困难的,因为转鼓转动中磨料和打光膏等常会积聚在沟槽中。加用一些用狭布条或棉绳扎成的花状物,常能取得较好的效果。转鼓工作时间随处理制品的类型和要求而不同,去除废边和残根所需的时间较短,而磋光则较长。

转鼓滚光对热固性塑料模塑制品废边和残根的去除、圆角以及磋光等均与热塑性塑料相同。用转鼓滚光减小热固性塑料制品的尺寸,处理上有所不同,转鼓应是封闭式的,同时还须加入有切削作用的磨料,可由形状、大小不一,且很有磨蚀料的橡皮充任。这种方法处理的制品表面常会出现缎带状的条纹且无任何粗糙切痕。如要这种作用加快,可用砂布或砂纸条为切削物料,甚至转鼓内壁也可用砂布镶衬。减小尺寸的要求不大时,尤其是在抛光之前,用菱形木块和轻石粉即可,转鼓转速一般约 20 ~ 35r/min。

14.3.3 磨　削

用砂轮或砂带去除模塑制品废边或铸口残根的方法常称为磨削。磨削也常用为磨平表面、磨出斜角或圆角、修改尺寸和糙化表面等。

热塑性和热固性塑料制品的磨削并无显著差别,一般都用砂带进行。既可干磨,也可湿磨。湿磨的优点是无灰尘飞扬、不致过热、磨带使用寿命长、磨带堵塞少及磨出的表面比较细等;缺点则为磨后的制品必须清洗与干燥。干磨的优缺点与湿磨相反,干磨须有排尘装置,以防燃烧和爆炸。砂带按磨料粒度有很多型号,例如 50#、60#、150#、200#、600#等,号数越大颗粒越小。磨削量大的宜先用粗磨,后用细磨;反之可选用细磨。砂带的线速度一般 600 ~ 1500m/min。值得一提的是聚甲基丙烯酸甲酯片材上的划痕或其他斑痕的磨平时,将抗水砂纸裹卷在橡皮或毛毡等较软的物体上,用水或肥皂水为润滑剂并以圆运动的方式对其表面作较轻微的研磨。研磨面积的直径应等于划痕或其他斑痕长度的 2 ~ 3 倍。磨平先用粗砂纸后用细砂纸分几次完成。砂纸上磨料的细度按磨平的顺序是:300#、400# ~ 500#或 600#。每次研磨后都应进行清洗。如果研磨的片材很多,可不用砂纸而直接用混合磨料。

层压塑料已具有光泽的表面,很少需要磨削,只在修改尺寸、糙化表面、修整毛边和要求具有一致的厚度时始行采用。磨削时通常都用砂轮,一般是将它固定在可移动的机台上,通过旋转砂轮并与砂轮表面发生摩擦。平整层压塑料厚度时,可采用上下相对的两个砂轮磨削。被磨层压塑料是由砂轮夹缝中通过。

14.3.4 抛　光

用表面附有磨蚀料或抛光膏的旋转布轮对塑料制品表面进行处理的作业统称为抛光。随要求不同(反映在布轮表面上附加的物料种类)又可分为砂磨(亦称灰抛)、磨削抛光和增泽抛光等。

砂磨主要用于清除不规则表面上不能用湿磨去掉的冷疤和斑迹,处理的制品大多是热塑性塑料。工具是涂有湿轻石粉的布轮。布轮以用较软的为好,表面速度约 1200m/

min。轻石粉按要求不同,可以是 100~150 目的。由于湿轻石粉易被旋转的布轮甩脱,所以须有防护罩。灰抛后的制品应清洗和干燥后方能进行次一步的增泽抛光。

磨削抛光是指将粗糙的平面抛光为平滑的表面。布轮上附加物的主要组分是矿物性的细粉。随情况不同,可加或不加蜡脂等物料。所用布轮的柔软程度视具体情况而定。磨削抛光后的制品有时还需要经过增泽抛光。

增泽抛光的目的是将平滑的表面变成光泽的表面。布轮上可以加或不加附加物。所加的附加物大多是脂膏一类的物料,但也有再加入少量极细的矿物性物料的。加入的矿物性物料的少而细,是增泽抛光附加物与磨削抛光附加物的主要区别。增泽抛光所用的布轮应比前两种抛光更为柔软。增泽抛光后的制品,如其表面上附着的脂膏太多,应用干净而又柔软的布轮再度抛光。

上述三种抛光机床,有小型台式的,也有大至 30~40kW 座式的。常用的是 1~3kW 座式的。机床的转速应在不停车的情况下可于 1500~3000r/min 范围内任意调整。干抛设备应用防护罩掩盖且与通风集尘装置连通,保证安全和免除火险。

抛光用的布轮是由细棉布的圆片叠合而成的。按照对布轮软硬的要求不同,可以将圆片加缝或不加缝。加缝的布轮较硬;加缝针脚(一般为 3~6mm)小的又比大的硬。不加缝的布轮中,折叠的又比不折叠的硬。如果需要非常柔软的抛光轮,可采用圆形的绳刷,也就是用棉纱或布条代替猪鬃作的圆刷。

热塑性塑料制品的抛光不应有过热现象,否则会因塑料的热软化引起表面出现波纹或弯曲。基于这种理由,应避免用柔性小和转速过大的抛光轮,也不应使制品和抛光轮接触的压力过大。其余两种抛光所用抛光轮的速度均为 1000~1200m/min。磨削抛光轮上用的附加物一般是拌有二氧化硅细粉的脂膏;而增泽抛光用的则为蜡脂一类的物料,但也有不用附加物的。两种抛光所用的抛光轮均以柔软的为好。

热固性塑料制品磨削抛光所用的附加物,可以是拌有脂膏的细粉,也可以是不含脂膏的细粉。用后一种的磨削作用较大,常用为除去制品表面上的缺陷、微量的剩余废边以及机械加工的刀痕等。抛光轮的速度约 1500m/min。用拌有脂膏的细粉作附加物的磨削抛光,主要是将较为粗糙的表面抛为平滑的表面。抛光轮的速度约 1200~1800m/min。两种磨削抛光所用抛光轮的软硬程度均视具体情况而定:制品需要抛除的物料偏多时,抛光轮应偏硬;反之就偏软。热固性塑料制品在增泽抛光中所用的附加物大多是加有水磨矾土的脂膏。采用的抛光轮都是平直不加缝的布轮,速度约 1200~1500m/min。

层压塑料制品的抛光与热固性塑料制品的抛光相同。

14.3.5 溶浸增亮和透明涂层

将热塑性塑料制品在一种可溶的有机溶剂中浸约一分钟,再在一种不溶的液体内浸少许时间以去除其表面上附着的溶剂,则制品表面上的细小不规则物,如机械加工的刀痕等,就能借此而除去。这种处理方法称为溶浸增亮。它不仅可以增添制品表面的光泽,同时还因为细小不规则物已被去除,其表面的染污和吸湿能力均有所减少,使制品的介电性能得到提高。不过对环境应力开裂敏感的塑料,如聚苯乙烯、聚碳酸酯等,除在严格控制的情况下进行外,最好不用这种方法。

从溶浸增亮出发，工业上又将它改进成为喷涂透明涂层。这种方法就是将树脂溶液直接喷涂于制品的表面。如果树脂溶液对被涂塑料制品具有溶解作用，则它与溶浸增亮并无多大的区别，不过这种方法还有一种用途，即可用于不能为树脂溶液溶解的塑料制品。

塑料制品越大时，其表面加工越重要，因为大件制品的成本不在加工费用而在塑料本身。如果能将大件制品的主体用低廉塑料制造而用透明涂层的方法改善其表面性能，就能大大降低制品的成本。为这种目的而采用透明涂层的意义和金属电镀并无不同。

除聚四氟乙烯、聚乙烯和聚丙烯少数几种塑料外，大多数的塑料都已有有效的表面涂料。使用透明涂层最多的塑料是玻璃纤维基的聚酯、环氧和三聚氰胺层压塑料。进行喷涂时，须有一定的喷涂技术，否则不易奏效。喷涂好的制品应用热空气干燥并避免灰尘。

施行溶浸增亮和透明涂层时，具有内应力的制品常会出现裂纹。因此，进行这些操作的最好先做小样试验，再决定应该采取的步骤。进行两种方法的操作时，如用的是较弱的溶剂，对制品的裂纹可起到适当的抑制作用。不过在透明涂层中对涂层的附着力却带来了不良的影响，所以对溶剂的选择必须谨慎。

大气湿度较高时喷涂是不相宜的，因为湿度大时涂层的附着力低。相反，大气湿度过低，制品又有被毁损的可能，这是溶解过分的结果。克服这种困难的方法是在所用溶剂系统中加入适当的非溶剂液体。如果涂层附着力不强的现象是在正常操作下发生的，其原因可能是：压制制品时模具上用的润滑剂和现用的涂层溶液之间缺乏互溶性；压制时润滑剂的用量太多或被处理的制品已沾有油腻或水等。

透明涂层能否在应用中符合抗湿、耐光、耐热、耐磨等要求，应结合具体情况制定出简便的检定方法。这不仅能保证用户的要求，也有利于生产。

14.3.6 彩　饰

彩饰是对塑料制品表面添加彩色花纹或图案的一种作业。目的是使塑料增添美观或便于区别。每一类塑料制品在形样和所用材料上各有特点，因此彩饰时就各有其特定的问题。彩饰的方法甚多，这里仅对彩饰中广泛采用的几种方法作简单论述。

(1)热压印

热压印是利用彩箔和刻有花纹或字体的热模，在控制温度和压力下，对塑料制品表面制造彩色浮凸花纹或字体的方法。其操作只须用装在固定压机上的热模隔着彩箔对制品需要彩饰的区域施加压力即可。

彩箔由底材、脱除剂和色料（或金属粉）三部分组成。底材用乙酸纤维素或聚对苯二甲酸乙二酯等薄膜。脱除剂是介于底材和色料层间的一种物质，在制造时先于色料层敷涂于底材上的。其作用为便于色料层在适当的温度下与底材相互脱离而移植到塑料制品上。色料（或金属粉）是树脂和色料（或金属粉）的混合物，色彩可以不止一种。从彩箔的组成和热压印的操作可以看出，热压印事实上就是热印和焊接的过程。

采用的热模，随需要不同，可用黄铜、钢、锌、铅或硅橡胶等制成。长期生产或处理硬性塑料（聚苯乙烯）应用黄铜或钢材制模；短期生产可用锌、铅；制品上具有凸起物的（如阳文字体)应用硅橡胶。硅橡胶模由硅橡胶薄片和金属(黄铜、钢或铝)板粘结而成,通过金属板与压机连结在一起。生产时,金属部分的温度一般应高于规定的热压温度80℃,因为硅橡胶是热的不良导体。

热压印的压机种类很多,手动到全自动的都有。完善的压机至少应具备以下部分:①加热模具的装置,其温度范围65~260℃,并应附有控制仪;②正确夹持被处理制品的装置;③连续并准确供应彩箔的装置;④操纵热模进退和压力高低的装置。

热压的温度、时间和压力是主要控制因素,须按规定严格控制。温度过低,彩箔上的色料层不能完全贴附在制品上;过高,热印的图案又会因色料层的溢流而不很清晰。热压时间随被处理的塑料品种而异,硬质的常需较长的时间。热压精致图案的时间应比粗放的图案短。施加压力大小的原则和要求热压时间的长短相同。软质塑料和精致图案的热压只需作短暂的轻压即可。

热压印是一种简单经济的彩饰方法,通用于所有热塑性塑料制品。少数热固性塑料制品和层压塑料也可以用,但效果不太令人满意。热压印法不能用于三聚氰胺甲醛塑料制品,对脲甲醛塑料制品也很少用。

(2)绢印

绢印和寻常的油印很相似,广泛用于模塑制品平面和曲面上的印花。在平面上印花,比漆花方法经济,且能取得精巧的图案。

绢印的基本工具是橡皮辊和丝网。橡皮辊是推挤油墨通过丝网的一种工具,辊的主体用耐油橡胶制成,并附有操作用的把手或夹持器。丝网是作为印花底板用的,其作用和油印中刻就的蜡纸相同。制造丝网的材料有蚕丝、尼龙、钢丝、不锈钢丝及合成纤维等。称为绢印的原因是在于这种丝网早期都用蚕丝做成,在塑料工业化之前已用于印刷工业。丝网是绷在一定的木框或金属框上的。为了能够印出花纹或图案,丝网上贴有精心设计的模绘板,以划出能使油墨通过和不通过的区域,在印刷时构成应有的花纹或图案。模绘板用水粘性的薄膜制造。如果模绘板是借助于摄影技术制成的,则能使花纹或图案更为精致和逼真。要求花纹或图案同时具备几种颜色时,应分几次用不同的丝网分上不同的颜色。这种印法称为套印。丝网用丝越细和网孔目数越高,绢印的质量越高。

绢印操作与油印完全相同,可以手动也可以是机动的。采用的油墨决定于印制情况和被印塑料的种类。一般说来,油墨可以分为真漆(树脂、色料和挥发性溶剂配成的溶液。干结的膜在化学组分上与原用树脂相同)和瓷漆(热固性树脂、色料和挥发性溶剂配成的溶液。干结后的膜在化学组分上是原用树脂经化学作用后的产物)两种。瓷漆印制的花纹和图案,在耐久、柔曲、光泽和抗腐蚀等方面均较真漆好,但印制后须经热处理,使热固性树脂发生化学作用成为不熔的物质。在热固性塑料上印花,即令用附着性好的油墨,仍不很可靠。因此,表面上应再涂一层清漆。花纹或图案的质量依赖于油墨的质量和对油墨的选择。

(3)照相凹版印刷

凹版印刷所用印版的特点,是图文部分低于空白部分,凹板多制成圆筒形,称为印辊。照相凹版是用照相显影技术将原稿图文转移到镀铜的印辊表面,再用腐蚀的方法使图文部分下凹。这种方法的基本过程是:在墨盆中滚过的印辊整个版面都沾上一层油墨,刮刀刮去辊面上的油墨使其成为空白区,而凹下的部分仍为油墨所填满,当印辊轻压承印物(薄膜)时,即将凹下部分所含油墨转移到对油墨有一定附着力的薄膜面上形成与原稿相同的图文。凹版印刷法印出的墨层较厚,而且可借助凹下部分的深浅变化使着墨层有浓淡之分,能使图文细致部分和色调很好再现;加之所用溶剂型油墨多具有速干性。容易实现多色复杂图案的印刷。这种方法主要用于塑料薄膜和其他连续卷材的大批量连续印刷。

(4)橡胶凸版印刷

凸版印刷特点是印版图文部分高于空白部分。橡胶凸版是指印版由橡皮材料制成。凸版印刷可采取平压、圆压和轮转压等方式进行,以轮转压较为常见。过程是:盛在油墨盘中的油墨,通过浸渍辊和网纹辊将一定厚度的墨层传送到版辊(或称铜辊)上的凸起部分,当承印物(塑料薄膜)通过版辊与压辊的间隙时,版辊凸起部分的墨层即转移到薄膜表面形成与原稿相同的图文。

凸版印刷一般难于像凹版印刷那样使图文的微细部分和色调的浓淡再现,但用橡胶材料制版成本较低,印刷时的压力低,适合在很薄的塑料膜上印出粗线条的图文,是中、小批量塑料薄膜包装袋常采用的印刷方法。

(5)转印

先由版面将花纹或图案印在胶版或胶辊上,再由胶版或胶辊将花纹或图案转印到塑料制品表面上,这种方法称为转印。转印的优点是能在一次操作中施用几种色彩,且不妨害花纹或图案的清晰和光滑。此外,转印的花纹或图案还不会因为塑料制品的大小略有不同而受到影响。其缺点是:生产率低和不能取得不透明性较强的印痕。转印的成功要点是如何择合适的胶版或胶辊以及油墨等。

(6)填漆

将稠厚适当的彩色油漆填嵌在制品表面已经模塑好的花纹或图案中的作业称为填漆。填漆时,应将不应上漆的区域,在油漆没有完全干燥之前,完全拂拭干净。这种方法的费用比上列三种彩饰方法都高,但花纹或图案不受尺小公差的影响却为其特点。所以在某些情况下仍然比较经济。

(7)漆花

漆花法是彩饰塑料制品的一种重要方法。它与前述喷涂透明涂层在本质上是相同的,所不同的只是,喷涂透明涂层是在模塑制品表面上进行全面的上漆,而漆花则是透过一种截花板对模塑制品进行部分的上漆。上漆部分的外形正是设计上要求的花纹或图案。花纹或图案有时须多种颜色。这时,喷涂应分次用不同的截花板和不同颜色的油漆进行。漆花与喷涂透明涂层在本质上既然相同。因此,凡前述的对喷涂透明涂层的注意事项也都适用于漆花。截花板就是镂空的纸版、木片或金属片,镂空部分的形状即为设计要求的花纹或图案。漆花时,应力求截花板和模塑制品的表面间有很好的吻合,使所漆的花纹或图案鲜明。事实上,求得完全吻合是困难的,因此要求花纹或图案精致的场合,用漆花方法是不相宜的。其次,被处理的模塑制品的表面起伏过多时,漆花方法也是不相宜的。

14.3.7 涂盖金属

凡以金属覆盖塑料制品表而面的方法都称为涂盖金属。对塑料制品表面涂盖金属的目的是:①装饰;②消除塑料某些不需要的性能;③组成一种兼具塑料和金属某些性能的复合材料;④利用废塑料。涂盖金属的方法甚多,工业上常用的是真空淀积法、喷雾镀银法和电镀法。

(1)真空淀积法

真空淀积就是将金属(一般用铝,但也有用金、银、铜、锌的)在真空情况下加热蒸发而使其蒸气在塑料制品表面凝结成为均匀的金属薄膜。具体操作可分为以下几个步骤。

1)制品表面的预处理　预处理的主要目的是去除塑料制品表面上的污垢、油腻、灰尘和脱模剂等,以保证真空淀积后的产品无表面缺陷和粘结不牢等缺点。常用的预处理方法是溶剂清洗法。采用的溶剂应随塑料的种类而异,以不伤害塑料制品表面性能快速挥发为好。例如,聚苯乙烯和酚醛塑料通用乙醇浸洗4~5min即可,而乙酸纤维素就以用乙醇、丁醇、石蜡油(1:1:1)的混合溶剂为好。脱模剂是很难去除干净的,所以需要真空淀积的模塑制品最好不用脱模剂。

聚乙烯和聚丙烯制品仅经过溶剂洁洗是不够的,因为它们的表面对油漆的附着力不强。因此,必须在清洗后再用高温(1100~2800℃)火焰或重铬酸钾-硫酸溶液作较短时间的处理,使其表面物质氧化从而对油漆具有较好的附着。

存有内应力的制品应事先经过热处理,否则在清洗和涂底漆时常会开裂和翘曲。聚酰胺和酚醛等热固性塑料制品,即使不存在内应力,也须经过热处理以排除一些低分子物(聚酰胺中是少量水分,热固性塑料中则是与交联时有关的残余物)。这些物质不排除,抽空时即会逸出,导致不易达到高度真空或最后制品表面起泡等。

2)上底漆　经过预处理的制品,其待淀积金属的表面上还须上一层底漆,目的是:①堵塞和封闭制品上的微孔,这些微孔常会吸留若干气体,影响制品质量。②消除制品表面上的微小不规则物和缺陷,使其平滑而有利于金属的淀积。这些障碍物不去除,淀积金属后会因光学效应而显眼。

底漆的种类随塑料种类而不同。总的来说,应符合下列要求:①对塑料制品无显著的蚀刻作用,彼此间应有良好的附着力。②形成的漆膜既不应有任何残余的挥发物,也不至于为塑料中的增塑剂所伤害。③漆膜应有很好的光泽和柔韧性。通常以烤漆和风干熟化漆为好。

涂漆操作是,将制品按一定的排列装在特制的机架上,用喷涂、蘸浸或流化喷涂等方法将漆涂上,再经适当的烘烤或干燥即能进行金属的淀积。

3)淀积金属　淀积金属设备有钟罩式和连续式两种。两种设备都由镀膜室和真空系统两大部分组成(见图14-8、图14-9)。钟罩式镀膜室内的主要部件是蒸发源和可旋转的镀件台,适于单件塑料制品的淀积。连续式镀膜室内的主要部件是蒸发源、供料装置和冷却装置等,适用于薄膜和线材的淀积。现以钟罩式设备在制品表面的镀铝为例简要说明其操作。

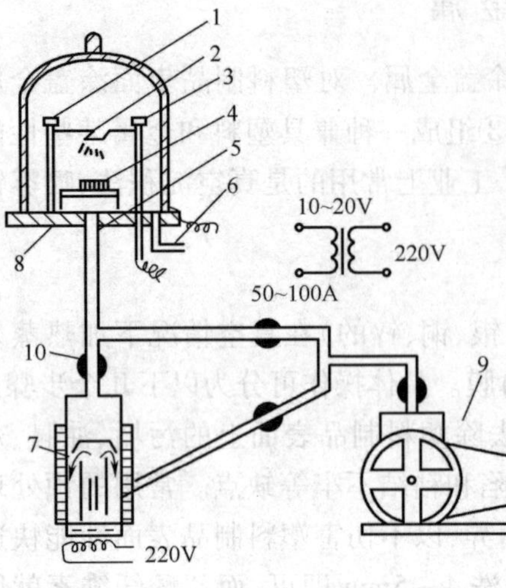

图 14－8　钟罩式真空镀膜装置示意图

1、3—蒸发电极　2—挂在钨丝上的待镀金属　4—镀件　5—真空计　6—放气阀　7—扩散泵　8—镀件台　9—机械泵　10—阀门

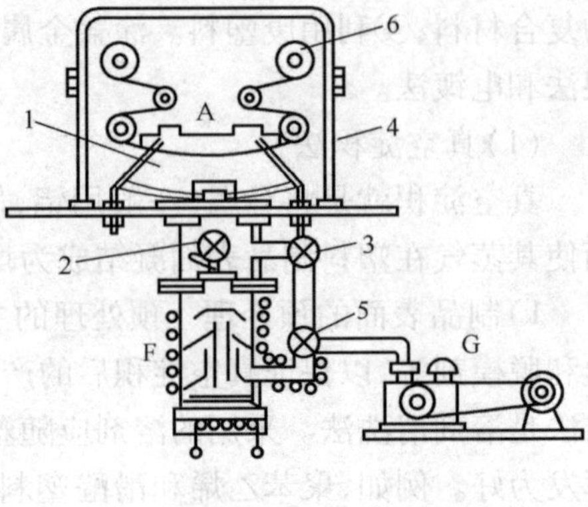

图 14－9　连续式真空镀膜装置示意图

A—真空镀膜室　F—扩散泵　G—旋转机械泵　1—水箱　2—高真空阀　3、5—真空阀　4—罩壳　6—传动辊

将塑料件置于钟罩内的镀件台上，并将清洁的高纯铝材挂在蒸发源的钨丝加热圈上。放入的铝材重量可计算确定，与要求的镀层厚度、镀层密度、铝材与塑料件的垂直距离等因素有关。关闭钟罩后，先用机械泵抽真空，再用扩散泵使罩内的真空度达到 $10^{-2} \sim 10^{-3}$Pa，随后加热铝材使其温度升高到约 1000℃的蒸发点。在铝材全部蒸发后蒸镀即可停止，这一过程仅需 5～15s，铝层厚度应在 1μm 以下，过厚容易脆裂脱落。铝膜结构与铝材蒸发速度、钟罩内真空度、塑料件表面温度和铝蒸气对塑料件表面的入射方向等有关。

4）上面漆　真空淀积后，新由真空室卸出的制品，表面十分光亮，但必须再上一层水白色或其他色彩的透明漆，以便使用中能抗御摩擦、潮湿、氧化、腐蚀等。选用的面漆性随制品用途而定。如没有较高的要求，大多用真漆而不用烤漆。必须注意，所上面漆不允许对底漆有蚀刻、溶胀、游移等作用，以免降低质量或毁损制品。上面漆的方法与上底漆相同。

淀积的金属层，随制品用途不同，可在制品的正面或反面（限于透明塑料制品）。上述操作是以淀积在正面为依据的。淀积在反面的操作与淀积在正面的并无很大的不同，只是在上底漆和面漆的要求上有些差异。进行反面淀积时，所用底漆必须是透明的，但也可不上底漆，这需视制品所用的塑料性质和具体应用情况而定，所上的面漆只要求对金属层起保护作用，并不要求其具有透明性。近年来随着复合薄膜包装的发展，在塑料薄膜表面进行真空镀铝的日益增多，国产真空镀金属设备已大量生产。例如对流延聚丙烯（CPP）膜进行真空镀铝，设备主要参数为：极限真空度 5×10^{-4}Pa，工作真空度 4×10^{-3}Pa，速度 60～120m/min，功率 100kW。将基膜放入真空室抽真空至

10^{-3}Pa，再将铝丝送至真空室的蒸发源熔化、气化、蒸发（蒸发温度1100℃，实际控制1500℃）并附着于膜上，即成为镀铝膜。铝层厚约$(2\sim3)\times10^{-8}$m。镀膜时要求基膜平整，有一定刚性、无污染，则所得镀层均匀，粘结牢固，光泽好。此外对一些塑料零件，如家用电器的旋钮，装饰件等塑料（如ABS）零件，也采用真空镀金属的方法。为了使形状不规整的制件在要求的部位顺利镀上金属，在真空镀膜设备上，设有磁控装置以控制金属蒸发的途径，达到在预期部位镀上完整的金属层，称为真空磁控溅射镀金属，也已在国内得到广泛应用。

（2）喷雾镀银法

这一方法是由制镜法演变而来的。镀于塑料制品表面上的银层，是同时喷涂于表面上的银盐溶液和醛溶液产生化学作用的结果。方法的基本步骤是：①制品表面的预处理；②上底漆；③底漆层表面的清洗和活化；④喷雾镀银；⑤上面漆。步骤是顺序进行的，其中①、②及⑤与真空淀积中所述的完全相同。现分述其余两项如下。

1）底漆层表面的清洗和活化　清洗是使底漆层表面能够为水溶液全部浸湿，否则以后喷镀的银层会出现不均甚至斑驳的现象。清洗是用肥皂水（也可用pH与肥皂水相仿的洗涤剂水溶液）和热水漂洗。

活化是用活化溶液对清洗后的制品表面进行处理，其目的在于：提高制品表面与银层之间的粘结力、缩短银层形成的时间和增进银层的均匀性。活化溶液的配方很多，下面所列是其中的一个。

氯化亚锡　1g

蒸馏水　4000mL

因为活化溶液容易氧化，最好即配即用。为防止氧化，可在溶液中放入纯锡块或棒。活化是将活化溶液喷涂在制品表面或将制品浸在搅动的活化溶液中2～3min。活化后的制品须用蒸馏水彻底洗净，去除表面留有微量的活化溶液，不然所镀的银层会出现黑斑，洗净后的制品可在60～65℃的烘室内干燥。

2）喷雾镀银　将镀银液和还原液分别同时用喷枪喷到活化后的制品表面上。两种溶液的配方随着对镀银的速度、成本和银层质量等要求不同而有很多变化。但原理都是相同的，即以醛还原硝酸银使其中银离子成为金属银。

配制还原溶液是按规定用量将各组分相互混合并搅匀即可。配镀银溶液时，宜先将硝酸银溶在2000mL的蒸馏水中再在强烈搅拌下加入氢氧化铵。加入时先有棕色沉淀出现，但当氢氧化铵加完后，沉淀即全部溶解。最后加入蒸馏水，使总容积到4000mL。两种溶液中所用的化学药品至少应是工业纯的。

两种溶液的喷涂最好在固定的风柜中进行，以便控制恒定的空气湿度和温度，否则所镀银层的质量会发生波动。供应的空气应是无灰、无油烟和无硫的。过程中的废液应回收利用，因为银盐的成本较高。

镀有银层的制品经清洗与烘干再涂上面漆即可作为成品。

（3）电镀法

电镀法是利用电化学原理对导电材料进行涂盖金属层的方法。如能将塑料制品通身或表面变为导电的，则电镀法就能施行于塑料制品。变塑料制品为导电的措施只限于它的表面，没有必要使其通身都成为导电的。使塑料制品表面具有导电性能有不同的方法，最为常用的是喷雾镀银法。

进行塑料制品电镀时，先按前述要求和方法使制品表面取得导电的银层，但当银层形成后即行停止，不需要干燥及上面漆。

镀有银层的制品应立即放在碱性铜浴内进行初步电镀，再转入正常的酸性铜内进一步电镀。不直接用酸性铜浴电镀的原因是导电银层较薄，在酸性溶液中常有剥落的危险。通用碱性铜浴的成分为：

硫酸铜	60g/L
氢氧化钠	50g/L
酒石酸钠	160g/L

所用的电流密度为0.0045～0.0055A/cm^2。电镀时间约为5min。酸性铜浴溶液的成分为：

硫酸铜	150～200g/L
硫　酸	25～37g/L

此时电流流密度为0.02～0.03A/cm^2，电镀1h所得铜层的厚度约为0.03～0.04mm。

制品表面镀至所需的铜层厚度时即取出，经过清洗、干燥、抛光和上漆（按需要决定）后，即可作为制品。如果要求电镀金、银、镍、铬或其他金属的，则镀铜可视为必须的初步涂盖层。也就是镀铜层经清洗后，再按寻常在铜制品上电镀金、银、镍、铬或其他金属的方法进行处理。

14.3.8 植　绒

植绒是指在涂有黏合剂的塑料制品表面上散布作为绒毛的短纤维后，经干燥或固化使绒毛整齐地固定在制品表面的作业。塑料制品表面经过植绒后，可取得装饰和保护的双重效果。植绒后的膜、片既可再用热成型等制成各种绒面立体产品，也可直接用作室内天花板和各种外壳件的罩面装饰。植绒的实施方法很多，有手撒法、机械法、交流电静电法和直流电静电法等多种，以直流电静电法的应用最广泛。按塑料制品形状分，有膜与片等平面植绒和立体单件模塑制品植绒两种，无论哪一种方法，其工艺过程，一般都由绒毛预处理、基材表面涂胶、植绒和绒毛固定等组成。

（1）绒毛预处理

用于塑料制品表面植绒的绒毛多为尼龙-6和尼龙-66的低纤度纤维。有时也用聚酯纤维和不燃的改性腈纶纤维。绒毛纤维的长度通常在0.3～3.0mm。绒毛预处理主要有染色和提高导电性的增湿。染色是使绒毛具有产品要求的颜色，增湿则是使绒毛的电阻保持在$8\times10^{7}\sim1\times10^{6}\Omega$以满足对绒毛导电性的要求。

（2）基材表面涂胶

涂胶前应对植绒表面进行仔细清洗（用物理或化学方法），然后用刷、浸、辊或喷等方法涂布厚度均匀的黏合剂层。涂胶操作可间歇进行，也可在植绒生产线上连续地进行，所用的黏合剂应保证在涂胶后到植绒前不失去良好的粘结性。常用的有溶剂型聚氨酯、环氧树脂、水溶性聚乙烯醇、聚丙烯酸酯和聚氯乙烯增塑糊等。

(3)植绒

植绒是塑料植绒的关键工序。直流电静电植绒装置的工作原理如图 14 - 10。经过预处理的绒毛自下部为栅电极的撒布器 B 下落,当通过与高压静电发生器 A 相连的栅电极时带上负电,由于绒毛有一定导电性,因而进入高压电场后,负电荷即位移到面向接地金属丝网电极 D 的一端,使其成为偶极体。借助偶极体的取向作用,绒毛在电场中下落时沿电场力线整齐地落到基材 C 的涂胶层上,并只有一端与胶层接触而保持直立位置。大量绒毛以上述方式均匀落在胶层上,即形成基材的植绒表面。影响植绒过程和植绒效果的主要因素是绒毛尺寸、胶层质量和与电场强度调节有关的各项参数。

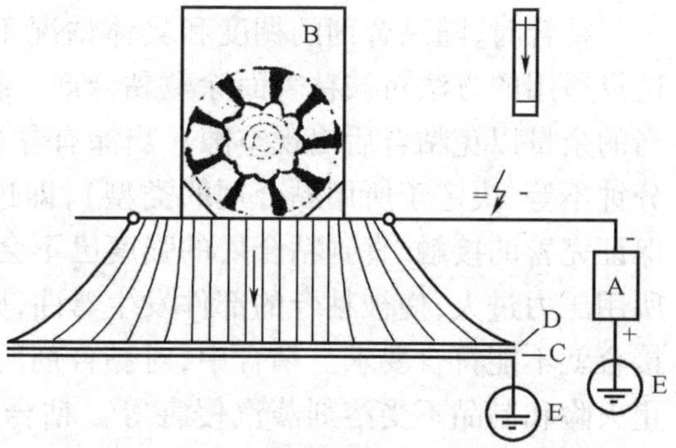

图 14 - 10 直流电静电植绒装置原理

(4)绒毛固定

植绒后按照所用黏合剂的性质,使胶层挥发干燥或交联固化,并使已植上的绒毛牢固地附着在塑料件表面。

植绒技术也可在塑料薄膜等表面制得绒面的花纹图案,其过程是先在薄膜表面按图案要求印上黏合剂,再在有图案的胶层上植绒并固定。

14.4 装 配

14.4.1 粘 合

通过胶粘剂(或称黏合剂)使塑料与塑料或其他材料被此连结的作业称为粘合。粘合可使简单部件成为复杂完整的大件,以弥补模塑的不足。此外,粘合还有其他不少用途,例如修残补缺等。

黏合剂大致可分为以下几类:①溶剂黏合剂,是被粘塑料的溶剂或混合溶剂,靠其溶解和事后的挥发使被粘物相互粘接。②溶液黏合剂,是溶剂和被粘塑料或与它相似的聚合物所组成的溶液。粘合原理与前一类相同。③活性黏合剂,是与被粘物相同或相容的单体以及催化剂和促进剂组成的混合物;也可以是它们的部分聚合产物以及催化剂和促进剂组成的混合物。它们在粘接后都能于室温或比被粘塑料软化点低的温度下进行近于完全的聚合。这类黏合剂借共价键或(和)机械结合力使被粘物连结在一起。使用部分聚合产物作黏合剂时,被粘塑料不必限定其化学类型和黏合剂相同。例如,不少热塑性塑料都可以用环氧树脂和固化剂的混合物粘合。

被粘合的物料表面应力求清洁平整,但不需抛光。光泽的表面并不利于粘合,反而是较为粗糙的好，而且机械加工的表面就已能满足粘合的要求。被粘合的表面上切忌存有油脂、水分、脱模剂或抛光剂，即使是微量的，都会降低粘结强度，甚至使粘合失效。粘合的结构种类甚多，最常用的是搭接、对接、斜接和凸凹接等，少数也有用嵌接和V形接的。

粘合时，随黏合剂的稠度和具体情况不同，可以在浸渍、涂刷、辊涂或刀刮等方法中选择适用的方法对被粘表面涂敷黏合剂。黏合剂应均匀涂敷在被粘表面上，并应保有适当的余量以免粘合后出现空隙。当涂有黏合剂的表面发黏时（一般约在涂后几秒钟到几分钟不等，决定于所用黏合剂的类型），即进行接合，并用适当的夹具施加足够的压力以保证完善的接触，直到粘合处的强度已不会因为解除压力而出现活动为止。如果夹持中所用压力过大，使被粘合的部件发生弯曲，则应在黏合剂没有完全变硬时进行纠正，否则接合就不能符合要求。粘合中，对黏合剂所释出的气体应作有效的排除，以保证安全、防止火险和制品不受溶剂蒸汽侵害等。粘合后的修整工作必须在黏合剂变硬后进行。有关塑料的粘合情况分述如下。

（1）热塑性塑料

用溶剂作黏合剂是热塑性塑料独有的一种粘合，但能用溶剂粘合取得较好效果的热塑性塑料并不多。表14－14列出用溶剂作黏合剂的几种常用的热塑性塑料以及所用的溶剂。为减少操作困难不使溶剂挥发太快或太慢，可在溶剂中加入适量的稀释剂。用溶剂粘合时，被粘塑料制品最好事先经过热处理，否则在敷涂溶剂后常有开裂的可能。理论上溶剂粘合的接口事后应经过热处理，以将溶剂排除，而将溶剂排除完全又不容易。相反，在热处理中，残余的溶剂常会进一步渗入制品内部，引起不良结果。如热处理实属必要，则应小心从事。所用温度不能使制品翘曲，也不能使溶剂处于沸腾状态在接合处形成气泡。

用溶液黏合剂的粘合只限于热塑性塑料，溶液黏合剂中含有树脂，溶剂虽在粘合后已经挥发，但树脂却留在接合处。这样，接合处如有细小的孔隙就会被填塞，对接合强度无疑是有益的。其次，溶液黏合剂的黏度较高，在接合处的溢流不大，同时溶剂向制品内部的渗入也会受到一定的抑制。再次，溶液黏合剂的挥发速率不如纯溶剂快，操作时间更充分。例如，除表14－14所列的各种塑料都可以用其本身的溶液作黏合剂外，所有纤维素塑料都可以用硝酸纤维素的丙酮溶液作黏合剂；聚苯乙烯可以用丙烯酸酯类树脂的二氯甲烷溶液作黏合剂；聚氯乙烯可以用过氯乙烯的二氯甲烷溶液（通用的溶液浓度是10%）作黏合剂等。

表14－14　塑料品种和所用溶剂黏合剂

塑料种类	溶剂黏合剂
聚苯乙烯	二氯甲烷、乙酸乙酯、苯、甲苯、乙苯、二甲苯、松节油
苯乙烯－丁二烯－丙烯腈共聚物	酮类、酯类、氯化烃类
丙烯酸酯类塑料	二氯甲烷、冰醋酸
纤维素塑料	丙酮、乙酸乙酯、二氯乙烷、乙酸戊酯
聚碳酸酯	二氯甲烷
聚酰胺	苯酚水溶液（水含量12%）
氯乙烯－乙酸乙烯酯共聚物	丙酮、甲乙酮、环己酮

用加有催化剂的单体作黏合剂时，通常须对接合处加热以使单体聚合。能用单体粘合的塑料只限于：①确有单体存在的（如聚乙烯醇就不可能）；②单体在常温下是液体；③单体无严重的危害性。即令单体满足以上条件，其操作技术要求仍然较高。

用部分聚合产物作热塑性塑料的黏合剂，其粘合虽因需要加热处理（也有采用冷交联剂而不需要加热的）等而比用溶剂或溶液黏合剂麻烦；同时还因为本质上或色泽上与被粘塑料不一样而在外观上出现不协调的现象（尤其是透明塑料），但是这种黏合剂的粘合范围比较宽，而且品种和黏合技术在不断增长和提高。表 14 – 15 列出常用塑料采用这类黏合剂的具体用品。黏合时，可结合具体情况进行选择。

表 14 – 15　　常用塑料用的活性黏合剂（不包括单体）

塑料品种	黏合剂品种*	塑料品种	黏合剂品种*
聚乙烯	2,3,9		
聚丙烯	2,3,9	聚酰胺	1,2,4,6
聚氯乙烯	4,7,8	聚胺酯	2,4,7,8
聚苯乙烯	2,3,4,7,8	聚四氟乙烯	1,2
纤维素塑料	4,7,8	酚醛塑料	2,3,4,6,7,8
聚甲基丙酸甲酯	3,4,8	聚酯玻璃纤维增强塑料	2,3,4,7
聚对苯二甲酸乙二酯	4,8	三聚氰胺甲醛塑料	2,3,4,6,7
聚甲醛	2,7	脲甲醛塑料	2,3,6,7
聚碳酸酯	建议不用	环氧塑料	2,3,4,6,7

注：* 本项中所列数字代表的品种：1 – 间苯二酚 – 甲醛或酚 – 间苯二酚甲醛树脂；2 – 环氧树脂；3 – 酚甲醛 – 聚乙烯缩丁醛树脂；4 – 聚酯树脂；5 – 天然橡胶；6 – 氯丁橡胶；7 – 丁腈橡胶；8 – 聚胺酯橡胶；9 – 天然或合成橡胶（水基）。

（2）热固性塑料的粘合

由于热固性塑料的不溶性，只能用部分聚合产物黏合剂。几种常见的热固性塑料通用黏合剂见表 14 – 15。热固性塑料模塑制品的表面一般都很光滑，这对粘合很不利，在粘合前须将被粘表面用机械加工或砂磨使其变糙。

（3）塑料和非塑料的粘合

这类粘合在工业上已日趋重要，并已逐渐取代原用的机械连接方法（如铆接、螺钉接合等）。表 14 – 16 列出各种塑料和非塑料粘合用的黏合剂。

表 14 – 16　　塑料与非塑料的黏合剂

塑料种类	金属	陶瓷	橡胶	织物	木材	皮革
聚乙烯	5	5,9	2.9	5,9	5,9	5,9
聚丙烯	5	5,9	2.9	5,9	5,9	5,9
聚苯乙烯	3	9	8	6,8	3,4	3,8
聚氯乙烯	4,6,7	7,8	7,8	7,8	4,7	7,8,13
聚四氟乙烯	1,2	2	2	1	2	1
聚甲基丙酸甲酯	6,7	6,7	5 ~ 8	7	6,7	6,7
纤维素塑料	6,7	7	5 ~ 8	7	6,7	6,7

续表

塑料种类	金 属	陶 瓷	橡 胶	织 物	木 材	皮 革
聚碳酸酯	2	2,4	4,8	2,4	2,4	2,4
聚酰胺	2,6	2,7	6	6,7	6,7	6,7
聚甲醛	2,7	2	7	2,7	2	2,7
聚胺酯	7,8	7	4,8	4,8	4	7,8
聚对苯二甲酸乙二酯	4,	4	4	4,8	4	4,8
环氧塑料	2,3	2,3	7	7	2,3	7
三聚氰胺甲醛塑料	7,	6	6,7	7	6	6,7
酚醛塑料	6	6	6,7	7	6	6,7
聚酯塑料	8	6	5~8	7	6	8
脲甲醛塑料	6,7	7	5~8	7	6	6,7

注:表中数字代表的意义同表14-15。

14.4.2 焊　　接

加热熔化使塑料部件间接合的作业称为焊接。它是一种基于自粘结过程的塑料连接工艺。自粘合性是指两个表面接触时能形成稳态键的能力。目前焊接机理主要有两种理论。一是扩散理论,认为自粘合能力与接触面上分子链自由末端的存在有关。焊接时由于有剧烈的分子运动,两个焊件表面层分子链末端能通过接触面扩散形成自粘合键。这种扩散相互间能越过界面交织起来,使表面层消失,两个被焊件熔合为一体。其次是黏弹性理论,认为在焊接加工时,两个焊件的表面在热和焊接压力的作用下,发生粘性及部分弹性变形。作用于接触表面的分子间的吸引力不断增大,分子间距离的缩短,原子间距离的接近,导致氢键力和次价力的大幅度增加,使之聚集成一个整体。这两种理论都能说明焊接时需要一定的时间以达到焊成一个整体的目的。焊接时,可以加入新的塑料,如焊条;也可以不加。由于加热方式不同,焊接有很多方法,大体包括热焊接,摩擦(发热)焊接和电磁(发热)焊接三类,其中较重要的是,加热工具焊接、感应焊接、热气焊接、超声焊接、摩擦焊接和高频焊接。所有焊接方法只适用于热塑性塑料,但硝酸纤维素则例外,它在高温下很不稳定。而聚四氟乙烯因难于熔融,一般只能用加热工具焊接较薄的制品和板材,对较厚的大面积板材则难以保证焊接质量。遇有这类情况目前多使用与聚四氟乙烯性能相近,能够熔融和焊接的,四氟乙烯与全氟代烷基乙烯基醚的共聚物(PFA)来代替。多数情况下,焊接是在两种相同材料的零部件间进行的,但也有少数是不同材料(通常是相容性良好的)间的焊接。这时通常都要使用两种材料的共混物制成的焊条。

(1)加热工具焊接

利用电热的工具,如热板、热带或烙铁等,对被焊接的两个塑料表面直接加热,直至其面层发生足够的熔化,抽开加热工具并立刻将两个表面压拢,直到熔化部分冷却、硬化,就能使塑料部件彼此连接,这即称为加热工具焊接。图14-11和图14-12分别示出用热板焊接板材和烙铁焊接薄膜的情况。当然,其他如棒材、管材、模塑制品等也均可焊接。加热工具焊接法主要用于焊接聚甲基丙烯酸甲酯、增塑的聚氯乙烯、聚酰胺、高密度聚乙烯和聚四氟乙烯等塑料制品，但也可用于聚碳酸酯、聚丙烯、低密度聚乙烯、硬聚氯乙烯等塑料制品。

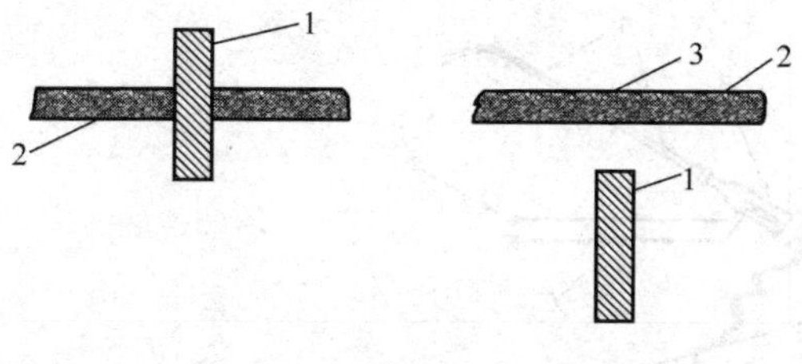

图 14－11　塑料板材的热板焊接法示意图

1—加热用热板　2—塑料板材　3—焊缝

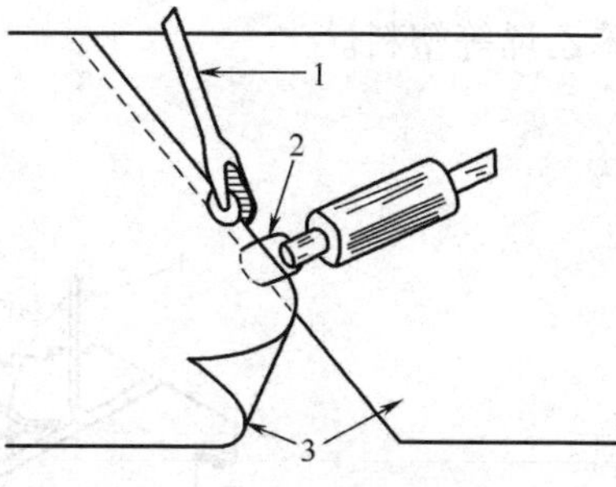

图 14－12　塑料薄膜的烙铁焊接法

1—手辊　2—电热烙铁　3—塑料薄膜

为操作需要，加热工具的形样有不同的变化，焊接设备有简单手提轻便式的；也有全自动固定式的。不论设备大小，操作原理均相同。加热工具一般由钢、铜或铝制成。为防止被焊塑料熔化而粘污加热工具，工具表面通常镀镍或涂有聚四氟乙烯，也有粘贴四氟乙烯胶带的情形。镀银或覆盖涂层还另有一种作用，即避免铜或钢制的工具在高温下促使某些塑料的降解。加热工具一般可随焊接不同塑料而控制在一定温度范围。

焊接聚甲基丙烯酸甲酯为320～350℃；高密度聚乙烯约200～205℃；低密度聚乙烯约150～200℃；增塑聚氯乙烯约160～180℃。压向焊接处的压力约0.02～0.08MPa。压拢时，接合处的气泡应完全排除，以保证焊缝的强度。加热时间一般在4～10s。自加热工具移出至被焊部件接合的时间，最好不超过1s，时间越长，焊接强度越低。

由于焊接时施压，焊接处总会鼓出一道焊痕。如果接合后还须进一步成型，例如管材弯成适当角度或板材热成型等，这道焊痕可暂不除去，因为成型时接合处常会发生下陷。如果不需要再成型，焊痕可用砂磨法除去。

(2)感应焊接

将金属嵌件放在被粘合的塑料表面之间，以适当的压力使它们暂时结合在一起，并将其置于高频磁场内。金属嵌件因感应生热使塑料熔化，再通过冷却而使塑料部件连接。上述方法即称为感应焊接。这种方法几乎对所有热塑性塑料都有效。

焊接中，不用金属嵌件而用金属网或热压印法贴上的金属箔，或者涂一层金属粉和树脂的混合物，同样也能达到目的。焊接时，推向接合处的压力越高，塑料与金属件间的接触越紧，塑料的温度上升也越快，对焊接是有利的。通常所用的压力约0.6～0.7MPa。有些塑料则需更大些，以排除热降解所产生的气泡。

感应焊接是一种非常快速（一般3～10s；甚至只1s）和多样化的焊接方法，焊接强度多数情况下都能符合使用要求。缺点是焊缝处留有金属件、设备投资高和焊接强度不如其他焊接方法高。

(3)热气焊接

用焊枪喷出的热气流使塑料焊条熔结在待焊塑料的接口处使之接合的方法称为热气焊接(见图 14-13)。这种焊接一般都是手工操作,操作周期长,焊接质量影响因素较多。主要用于聚乙烯、聚丙烯、聚甲醛、聚氯乙烯、聚酰胺等塑料的焊接,也可用于聚碳酸酯、聚苯乙烯等塑料。

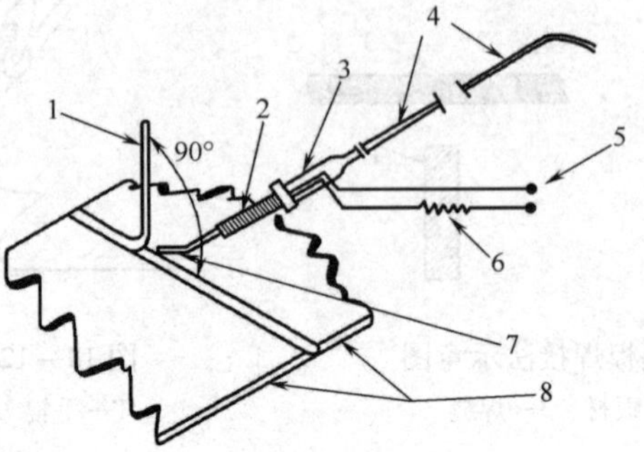

图 14-13　热气焊接示意图

1—焊条　2—加热元件　3—焊枪　4—压缩空气导入管　5—电源接头
6—温度调整装置　7—对准板材与焊条的热气喷头　8—待焊的塑料板材

待焊塑料接口的结构,按需要不同,可有如图 14-14 所示的各种变化。可以看出,多数接口都须事先开出斜面。接口的表面应做到平整、干净、无任何油腻和脱模剂。

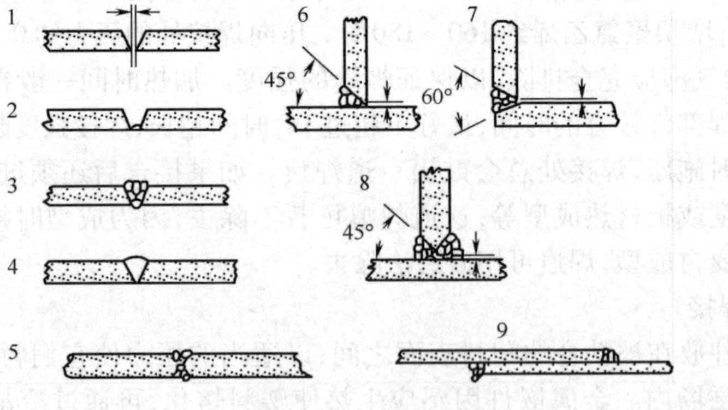

图 14-14　接头的结构

1—部件之间的间隙　2—第一根焊条焊的位置　3—V 形结构焊后的情况
4—用角焊条的焊接　5—双 V 形焊接　6、7—角焊　8—双边角焊　9—搭焊

焊条的化学组分通常都与待焊的塑料相同,也可在主成分相同或相似的情况下稍稍改变其次要成分。焊条外形以圆杆状居多,其直径 1.5~4.5mm。近来倾向于用三角形杆状的焊条(其宽度有达 9.5mm 的)。这种焊条的优点是接口处的空隙少和只需一次就能完成焊接工作(见图 14-14)。焊条粗细要适当。焊条形状除圆形与三角形外,也有采

用带状焊条的。

焊枪主要由加热元件、导引气流的管道和喷嘴组成。电热元件的功率约400～600W。喷嘴口径约3～6.5mm。喷嘴喷出的气体温度在200～480℃内变化,决定于所焊塑料的种类和待焊部件的情况。喷出的风量和风压分别为0.015～0.085m^3/min和0.03～0.10MPa(表压)。通入焊枪的气体,随被焊塑料的品种而异。聚氯乙烯可用压缩空气但对易氧化的塑料,如聚乙烯,则用氮气或二氧化碳。焊枪引入气体和电流的一端有手柄,以便握持。

焊接前,将已开切斜面的待焊部件相互对齐并夹持在木质或不导热的垫板上(导热垫板常会导致不良的接合)。待焊部外之应留有0.4～1.5mm的间隙(见图14－14),使焊条能够伸至底部,保证焊接强度。当焊枪喷出气体的温度、压力和气量调整到正常后,焊接即行开始,先将焊条放在接口处,在焊枪喷嘴朝着接口和焊条(须保持一定距离)及摆动焊枪的情况下,使喷出的热气流对待焊的两个表面作均匀的加热。当待焊表面和焊条已软化时,使焊条在适当压力下并与焊面保持保持一定的角度(焊聚氯乙烯和高密度聚乙烯时约90°,见图14－14;焊低密度聚乙烯时可大于90°)沿焊接的方向作等速前进。前进的速度取决于喷嘴结构、接口结构和加热软化的具体情况,一般约0.6～0.3m/min。这种焊接与金属的焊接不同,不需要使焊条完全熔化和流动,只需要有适当的软化达到良好的焊接即可。焊接时,有些塑料常会因热而裂解处毒性气体,因此,必须有适当的安全措施。

焊接速度可随喷嘴结构的改进而得到提高,图14－15就是快速焊接所用喷嘴的一种。

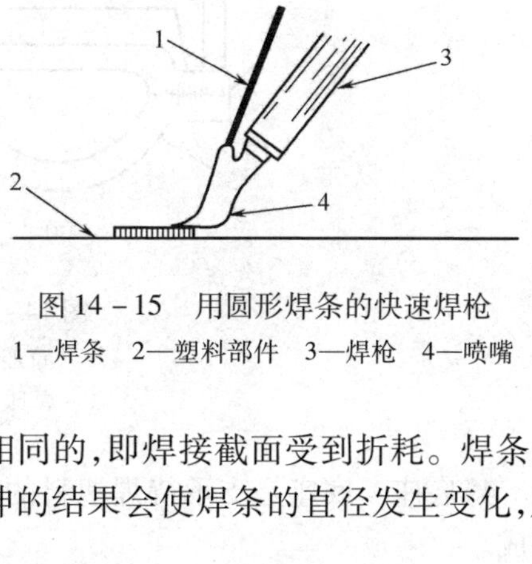

图14－15　用圆形焊条的快速焊枪
1—焊条　2—塑料部件　3—焊枪　4—喷嘴

热气焊接的焊接强度取决于:①被焊件和焊条的塑料种类;②接口结构;③待焊面的机械加工质量;④焊接技术。焊接强度不足的因素是焊接温度过高或过低,焊条没有贯穿接口、焊条受到延伸和接口处存在气泡等。过高的焊接温度常会引起塑料的降解,以致损伤焊接强度。温度过低,熔合不够,也会损伤焊接强度。焊条没有贯穿和接口处存有气泡对焊接强度不利的原因是相同的,即焊接截面受到折耗。焊条出现延伸是由于焊接中焊条的推进过快造成的。延伸的结果会使焊条的直径发生变化,从而形成内应力,以致焊接强度受到损伤。

(4)超声焊接

超声焊接也是热焊接,只是所需热量系用超声激发塑料作高频机械振动取得的。当超声被引向待焊的塑料表面处,塑料质点被超声激发而作快速振动并从而产生机械功,随着再转化为热,热塑性塑料的温度即会上升以至于熔化,非焊接表面处的塑料,温度则不会上升。机械功的形式是塑料质点因振动引起的连续交替的受压与解压以及被焊表面之间因振动引起的摩擦。振动的频率等于超声的频率,其范围为20～40kHz。

所有超声焊接设备都有以下四个基本部件:

1)高频电流发生器　主要作用是将输入的低频电流转换为输出的高频电流。其频率范围与超声频率范围相同。

2）换能器　将高频电流转成高频的机械振动，也就是转换成超声波。完成这种转换的常用方法有两种：一种是利用压电效应。某些不对称的晶体，如天然的石英晶片和合成的钛酸锂或钡的晶片等，当处于交变电场时，即会随着电压的变化而发生相同频率的机械变形或尺寸伸缩，这种现象即所谓压电效应，利用这类晶片的压电效应即可将高频电能转换为超声波能。另一种方法是利用磁致伸缩效应，这种效应指的是像铁、钴、镍一类金属或它们的合金在交变磁场下所发生的收缩和膨胀的变化。利用这种效应也可以将高频电能转换为超声波能。从声学原理可知，声强是正比于声波振幅平方的。由上列两种方法转换的超声波振幅都不大。因此，这种不大的运动还须适当放大（振幅 2.5 ~ 250μm）才能使用。

3）焊具　焊具是将超声能量传送给待焊塑料的工具，通常由铝、钛或蒙涅尔合金做成圆锥体（见图 14 - 16）。锥体是便于超声能量能够在待焊部件上集中，而圆锥体则是便于焊具的制造。为了防止焊具与塑料接触部分的过多磨损，焊具顶端一般镶有碳化钨的接头。焊具顶端的直径随焊接工作的情况而异，通常在 12 ~ 120mm 内变化。

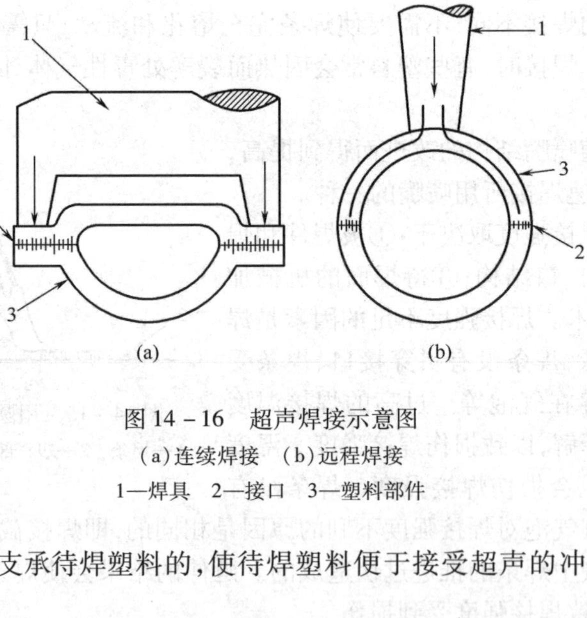

图 14 - 16　超声焊接示意图

（a）连续焊接　（b）远程焊接

1—焊具　2—接口　3—塑料部件

4）底座　底座是支承待焊塑料的，使待焊塑料便于接受超声的冲击，通用硬性金属制成。

超声焊接时，将被焊工件夹在底座与焊具之间并给予一定压力。超声波传至塑料待焊部分，在较短时间（0.5 ~ 5s）内交接处的塑料即会熔化而相互熔接。按照焊具与塑料待焊部分间的距离超声焊接有接触焊接和远程焊接之分。接触焊接几乎对所有热塑性塑料都有效，但远程焊接只适用于硬质和半硬质的热塑性塑料，而对软质热塑性塑料就不是很有效，因为超声能量在这种塑料中的损耗很快。

在许多情况下，对塑料制品加入金属嵌件也可以用超声进行。具体的方法是：塑料制品需要加入金属嵌件的部位在模塑时预先形成孔眼。孔眼的直径应稍小于嵌件。将嵌件坐落在孔眼上，连同塑料制品一并放在超声焊机上（见图 14 - 17）。焊机开动时，超声能量即由焊具传至金属嵌件,且有部分传入塑料中。这时与金属界面处的一部分塑料就会熔化,金属嵌件遂能因势而压入塑料制品中。经短暂冷却后,嵌件即被正确地固定在预定的位置上。

(5)摩擦焊接

利用热塑性塑料间摩擦生成的摩擦热使摩擦面发生熔化,在加压下冷却,就能使其接合,这种方法即为摩擦焊接。此法最适用圆柱形制件。如果制品是非圆柱形而其待接合的部分是圆柱形或其他简单几何形,也可以使用。

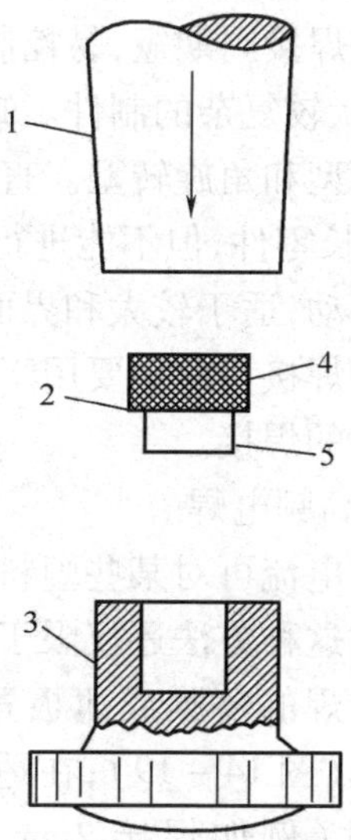

图 14－17　用超声法在塑料制品中加入金属嵌件进行焊接

1—焊具　2—金属嵌件　3—塑料制品　4—嵌件的滚花部分　5—嵌件的导入部分

操作时,将一个部件固定在筒式车床或钻床的车头上并使其旋转(待焊面边缘转动的直线速度约100～500m/min),而将另一部件静止固定在车床尾部或钻床底部,抵紧两个部件使在接合面上发生强烈摩擦,抵紧压力一般0.1～1.0MPa,视待焊塑料的刚度和强度而定。待有足够的塑料熔化后即停车而使其冷却。冷却时,两个部件仍应相互抵紧,以免接合处有气泡。为增进焊接质量,此时所用压力也可比摩擦时的大,有大至几倍的。冷却后,两个部件即熔接成一整体。

焊接实心部件时,由于接合面中心至边缘有线速度梯度,随之发生温度梯度,接合面的温度自中心向边缘逐渐上升。这样,制件在接合处就会存在残余应力,对质量不利。为此,可将接合面改为微具球面状的,以期摩擦先在接合面的中心发生,而后逐渐推向边缘。

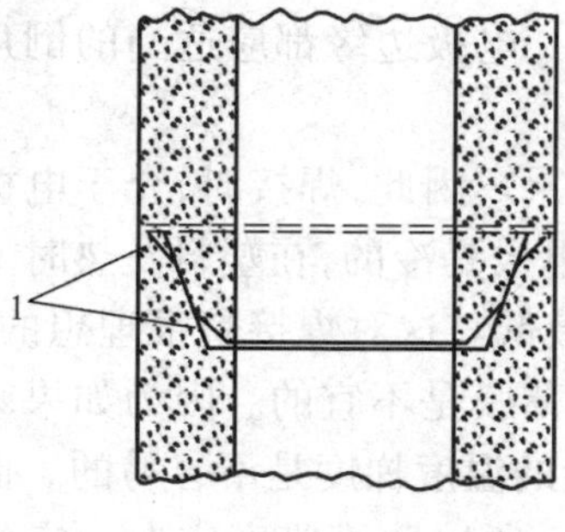

图 14－18　摩擦焊接中空制品接合面结构的设计

1—切除部分

摩擦焊接制件的焊接处常会鼓出一道焊痕。如果制件是中空的,则内外都会有焊痕,焊痕是熔融塑料被挤而溢出的。因此,在保证所需的摩擦和焊接强度的前提下,抵紧塑料部件的压力不应过大,摩擦时间也不能过长,否则将增多熔融塑料的溢出。此外,由于离心力增加,提高旋转速度会增大熔融塑料向制件外表面的溢出,减少中空制品向内表面的溢出。鼓出的焊痕常可由接合面结构的设计得当而得到减少或免去。图 14－18 所示的结构即为中空制品常用的一种,榫边和榫口有一部分被切除。留出空位作为容纳多余熔融塑料,这样,鼓出的焊痕即能减小或免去。

摩擦焊接对很多热塑性塑料都是适用的。主要用途在于焊接工具把手、仪表按钮、上下瓶身等。

此外还发展了一种靠振动摩擦进行焊接的方法称为振动焊。焊件置于固定装置上,在一定压力下在接触面上进行振动摩擦,使界面熔化,停止振动,在保压下待焊面固化。

一般振动焊机的频率为 100 ~ 250Hz，振幅 < 5mm，振动压力 1 ~ 4MPa，焊接时间 1 ~ 20s。其优点是焊接周期短，易控制，被焊塑料不易降解，适于低熔体黏度的塑料，可焊接焊面较大，形状较复杂的制件。缺点是焊面需平整，不适于低模量的塑料等。振动焊可分为直线振动型和角旋转型。直线振动型沿直线往复振动，可同时焊接几对焊件或长宽比 > 1.5 的狭长零件，但不能进行圆周面的焊接。角旋转型以轴为中心在较小的旋转角内前后旋转运动，适于较大和界面为圆周面等零件的焊接。

振动焊接目前主要用于汽车制造、家用机械等，如加油箱、保温外壳、液压制动阀、仪表按钮等的焊接。

(6)高频电焊

高频电流可对某些塑料进行加热，这种加热当然也可使某些塑料熔化并取得接合效果。不过这种方法还仅限于塑料薄膜和薄板等的焊接。

将待焊的薄膜或薄板置于高频电焊设备的电板之间(图 14 - 19)；在适当压紧下，使电流短时间通过(例如焊接 2mm 的聚氯乙烯薄板约 5s)；再放松电极，即得焊接完的制品。

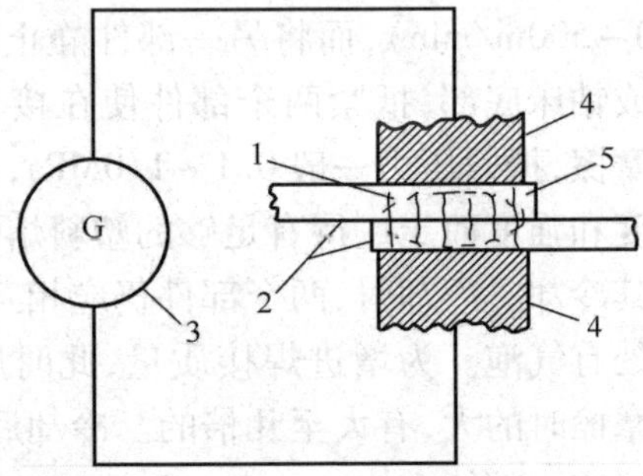

图 14 - 19 高频焊接示意图

1—电场 2—塑料薄板 3—高频电流发生器 4—电极 5—发热量最高的区域

通用高频电焊设备的功率约 4 ~ 6kW，特殊用途的可达 50kW。焊接的电压为 4000 ~ 10000V；电频约 2 ~ 100MHz。电极上下移动和压紧待焊塑料可以机械力或流体压力。设备上一般都附有输出功率、通电时间和夹持塑料压力的调整装置。作为焊接工具用的金属高频电极，从焊接原理上，只须两极对口处保持干整，形样并无特殊要求。但按具体工作的需要，可将电极做成特殊形样，甚至可以刻花。也可将电极改成滑轮式的、短距离移动式的等，以便连续焊接或提高生产率。电极边缘都应适当的倒角而不应是尖角，不然电场会在尖角处集中，造成该处过热。

高频电热是极性分子在高频电场发生频繁振动的结果。因此，焊接时，介于电极之间的塑料似乎都将同时达到熔化状态。但是事实上因为电极是冷的，在塑料发热时又能导走若干热量，所以塑料温度是中心最高而两面及四侧最低。这对焊接是很理想的，尤其对等厚度的薄膜或薄板的焊接。不过焊接厚度较小的薄膜是不宜的。因为如果塑料发热速率不高，在待焊塑料中心至其面和底之间形成较陡的温度梯度是不容易的。而提高发热速率就需增大电压，这会使较薄的膜出现电击穿。所以薄膜厚度应有一定的限度，一般不低于0.1mm。过厚的板材也不宜用高频电焊，因为同样也需要采用高电压，这时虽然不会电击穿，但一般焊接设备能承受的电压却有一定限度，同时过高电压的生产危险性也大。

高频电焊虽只能用于分子有极性的材料，如聚氯乙烯、聚酰胺、聚偏二氯乙烯和乙酸纤维素等，但经适当改进，也可用于聚乙烯。常用的一种方法是在两个电极上各贴一层分子极性较高且在 120℃下无很大变形的材料，如玻璃纸或乙酸纤维素等。这样就会因所贴材料的分子振动而发热，并以热传导方式传给聚乙烯。所贴材料的厚度约0.05～0.15mm。其使用寿命依赖于所焊聚乙烯薄膜的厚度、焊接设备的设计等因素，在许多情况下都有满意的效果。

14.4.3 机械连接

借机械力使塑料部件之间或其他材料（多数是金属）的部件连接的方法都称为机械连接。机械连接的方法较多，每种方法所用的结构设计类型更多，且与日俱增。方法的种类或结构设计的类型，至今绝大多数都是从经验积累而得，因此对它们的选择也多从经验判断。塑料制品的机械连接包括自攻螺钉连接、金属螺纹嵌件连接、塑料螺纹连接、片螺母连接、螺栓连接、铆钉连接、卡入连接等，这些连接方式都是随着塑料应用的日趋广泛而逐步发展起来。在众多的连接方法中使用范围、连接性能有较大的差别。在应用时，连接方法的选择不仅与连接性能要求有关，而且与所用塑料种类有关，表14－17列出了常用塑料对连接方法的适应性。现将几种较为常用的机械连接方法举述如下，对各种方法所用的结构类型则从略。

表14－17　塑料对机械连接的适应性

材料		连接方法										
名称	缩写代号	自攻螺钉			金属螺纹嵌件		塑料螺纹嵌件		片状螺母连接	铆钉连接		卡入连接
		有刀螺钉	无刀螺钉	新型螺钉	模塑嵌入	超声嵌入	模塑	车制		塑料	金属	
聚乙烯	PE	#	○	⊙	○	⊙	○	○	⊙	△	△	⊙
聚丙烯	PP	#	○	⊙	○	⊙	○	○	⊙	△	△	⊙
聚苯乙烯	PS	○	○	⊙	○	⊙	△	○	○	△	△	△
高抗冲聚苯乙烯	HIPS	○	○	⊙	○	⊙	△	○	○	△	△	△
丙烯腈－丁二烯－苯乙烯共聚	ABS	○	○	⊙	⊙	⊙	○	○	○	△	△	⊙
聚氯乙烯	PVC	○	○	⊙	○	⊙	○	○	⊙	△	△	⊙
聚酰胺	PA	⊙	○	⊙	⊙	⊙	○	○	○	△	○	⊙
聚碳酸酯	PC	⊙	○	⊙	⊙	⊙	○	○	○	△	○	⊙
聚甲醛	POM	⊙	○	⊙	⊙	⊙	○	○	○	△	○	⊙
聚苯醚	PPO	⊙	○	⊙	⊙	⊙	○	○	○	△	○	⊙
酚醛塑料		△	#	△	○	×	#	#	×	△	○	#
有机硅塑料		△	#	△	○	×	#	#	×	△	○	#

注：表中适应性没有考虑其经济性，其中：⊙—好，○—较好，△——一般，#—差，×—不能适应。

(1)螺钉连接

通过被连接部件上的原有孔眼，用金属或塑料螺钉使其彼此连接的方法称为螺钉连接。塑料部件上的孔眼可以用模塑或机械加工方法形成，孔眼的结构可以按其中是否有内螺牙而分为丝孔与光孔两种。

用丝孔的螺钉连接，紧密程度不如光孔好，且丝孔的形成又比光孔复杂，但能用于厚度不大的部件。用光孔的螺钉连接的优缺点与丝孔的相反，但这种连接在连接处常会形成内应力集中，同时连接时必须用金属制的自攻螺钉。

自攻螺钉是利用自身的螺纹，在拧入螺母零件的光孔时可以攻出内螺纹的螺钉。常见的几种自攻螺钉见图14－20。

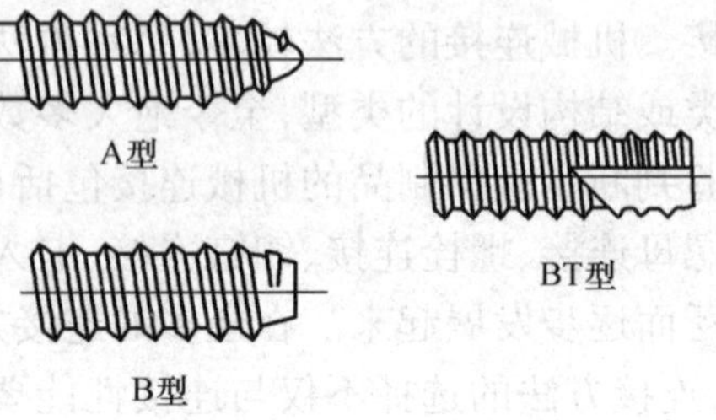

图14－20　常见的几种自攻螺钉

自攻螺钉与机螺钉的螺纹参数主要区别在于螺距、螺纹高度、末端形状不同。前者螺距大、螺纹高度高、末端形状利于拧入。其他如所用材料、力学性能也有所不同。一些新型自攻螺钉还在牙型角，螺纹头数、螺杆外形等方面作了改进，使更好地适应螺纹自攻的特点和有更好的连接性能。

自攻螺钉开始在塑料中应用只是简单的“移用”，后来才有了适应塑料性能特点的自攻螺钉。随着塑料品种不断增加和应用范围日趋广泛，自攻螺钉仍在不断改进以适应新的需要。

自攻螺钉连接一般由三个部分组成：①自攻螺钉；②被连接零件；③螺母（塑料）零件。其中被连接零件可以是金属或塑料等材料，螺母零件是带有支柱的塑料零件。支柱有螺纹底孔（光孔）供拧入自攻螺钉。由于自攻螺钉的自锁性能好，一般不需要加弹簧垫圈或平垫圈。自攻螺钉是可拆连接，实验表明正确的装配和拆卸可反复数十次，而保证良好的连接强度。但最好是不拆或少拆。在大批装配时，由于装配的不一致性，这一点尤为重要。自攻螺钉的最大优点是成本低，塑件的模具结构简单。

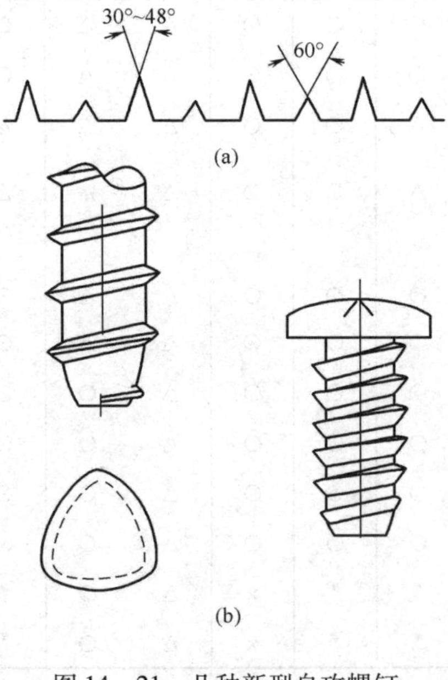

图14－21　几种新型自攻螺钉
(a)双头螺钉螺纹　(b)自攻锁紧螺纹

目前国内大量使用的按GB 922—1986和日本JISB 1115—76生产的自攻螺钉AB、B、BT型三种。它们存在如下缺点：①大的拧入力矩；②易产生环状应力（Hoop stress）；③螺纹浅，螺距小，牙型角大。近年来，先后研制了一些新型自攻螺钉，见图14－21。这些自攻螺钉弥补了普通自攻螺钉的不足，提高了连接性能，它们主要包括：①双头螺纹自攻螺钉；②自攻锁紧螺钉；③大螺距、小牙型角自攻螺钉；④锯齿形螺纹自攻螺钉;⑤小直径自攻螺钉;⑥压入型自攻螺钉。这些新型自攻螺钉在设计思想上一个重要内容是,让不同的螺钉适用不同的塑料,让螺钉的连接性能尽量适应塑料的性能。

(2)金属螺纹嵌件连接

它是指在塑件中嵌入金属螺纹嵌件,然后用普通机螺钉将被连接零件与塑件紧固在一起的方法。在塑件中嵌入金属嵌件,可有效增加塑件的局部强度,弥补塑料固有弱点。金属螺纹嵌件所能提供的连接强度远比自攻螺钉连接强度高,且适用于反复拆装的场合。金属螺纹嵌件常用的材料有钢、铜、铝等,嵌件有螺母形螺柱形式等,应用较多的是螺母嵌件。按嵌入塑料的时间不同,可分为两大类:一类为模塑时嵌入的嵌件,另一类为模塑后嵌入的嵌件。

模塑时嵌入嵌件技术比较成熟,应用时主要考虑嵌件周围的壁厚,塑件的合理结构等。设计时可选用标准的嵌装圆螺母(GB 809—1988)嵌件,也可根据需要自行设计。这种连接的缺点是模具结构复杂,生产效率低、成本高,除非必须,不轻易采用。

模塑后嵌入的嵌件避免了模具的复杂结构,又能保证很好的连接强度。其主要种类有①超声嵌入嵌件;②扩张型嵌件;③自攻旋入嵌件:④线圈螺纹嵌件;⑤压入型嵌件;⑥粘接型嵌件。这些嵌件是近年逐步发展起来的,并有成功的应用。常见的几种模塑后嵌入的嵌件见图14-22。这类嵌件连接的缺点是嵌件嵌入塑件时往往需专用的设备,一次性投资较大,但在大批量生产时,这些连接方法还是经济的。

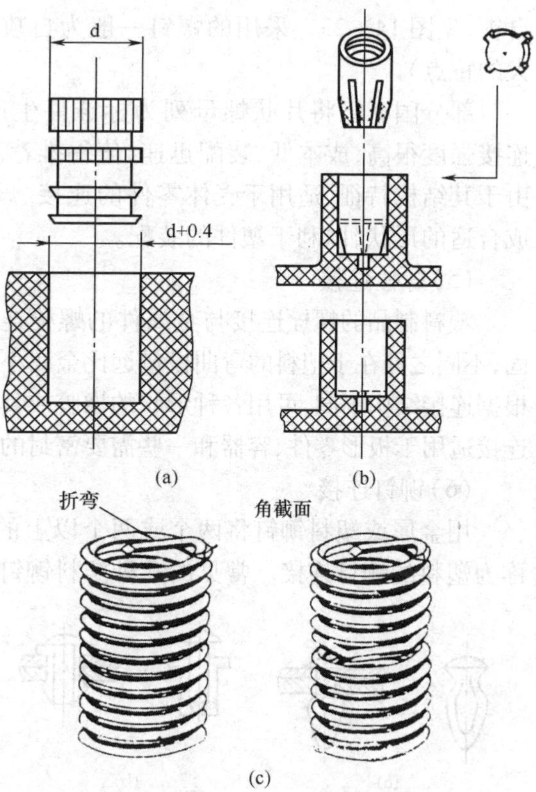

图14-22 几种模塑后嵌入的嵌件
(a)超声嵌入嵌件 (b)扩张型嵌件 (c)线圈型嵌件

(3)塑料螺纹连接

塑料螺纹连接是指在塑件中采用塑料内螺纹和塑料外螺纹的连接。其连接的紧固件可以是塑料内螺纹与金属机螺钉,也可以是塑料内螺纹与塑料螺钉,或是塑料螺钉加金属螺母。塑料螺纹连接的设计主要是塑料螺纹的设计。塑料螺纹一般均采用普通粗牙螺纹,细牙螺纹会因强度太低而使螺牙开裂。塑料螺纹可由模塑和机械切削两种方法获得。

模塑螺纹是指成型时在制件上留下的螺纹,其成型方法有:①用成型杆成型内螺纹,用成型环成型外螺纹;②用瓣合模成型外螺纹;③对韧性塑料采用强制脱模成型内外螺纹。模塑螺纹不能达到高精度,一般低于IT10~IT11级,螺纹直径不能小于2mm,螺纹的长度一般不宜大于螺纹直径的1.5倍。模塑螺纹的设计还要考虑塑件本身及模具制造时的工艺性，这是非常重要的。

切削螺纹是在塑料毛坯上用机械切削获得的。外螺纹常用车削或板牙套扣的方法，也有用成型铣刀在铣床上加工的。切削内螺纹时先钻孔，再用丝锥攻丝而获得。切削塑料螺纹要根据塑料的特性选择切削工艺参数。

塑料螺纹连接的强度不高，生产效率低，只使用于单件或小批量生产且螺纹直径较大的场合。

（4）片状螺母连接

片状螺母又称为快速装配螺母，具有良好的自锁性能和快速装配的特点。这种螺母用薄钢板冲制而成。将约10mm ×10mm 的薄钢板中间冲成两夹片，夹片的上下错开距离等于所用螺钉的螺距，两夹片中间形成的孔比螺钉内径略大，钢板厚度略小于螺距。装配时，首先将这种螺母插入塑件的固定槽，拧入螺钉时螺母有一定的弹性从而夹紧螺钉，达到自锁，见图 14－23。采用的螺钉一般为自攻螺钉（取其螺距大的特点）。

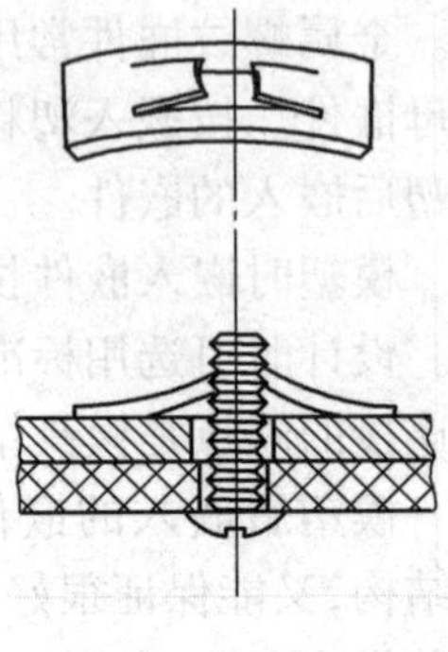

图 14－23　快速装配螺母及其连接

部分国家已将片状螺母列为标准件生产。片状螺母的连接强度很高，成本低、装配迅速，值得推荐采用。这种连接由于其结构特征，适用于壳体零件的连接。片状螺母的外形可以根据连接的需要，设计成合适的形状，以利于塑件的装配。

（5）螺栓连接

塑料制品的螺栓连接与金属件的螺栓连接类似，即用普通螺栓螺母将两零件夹持紧固，不同之处在于塑料的弯曲模量远比金属小，容易产生应力松弛，须采取措施来分散应力。根据连接结构不同，可用各种形状的橡胶或其他材料的弹性垫以及大面积的垫圈等。这种连接适用于板形零件、容器和一些需要密封的场合。这种连接的强度和可靠性很高。

（6）铆钉连接

用金属或塑料铆钉将两个或两个以上的零件（至少有一个为塑料零件）连接在一起称为塑料的铆钉连接。常见的几种塑料铆钉连接见图 14－24。

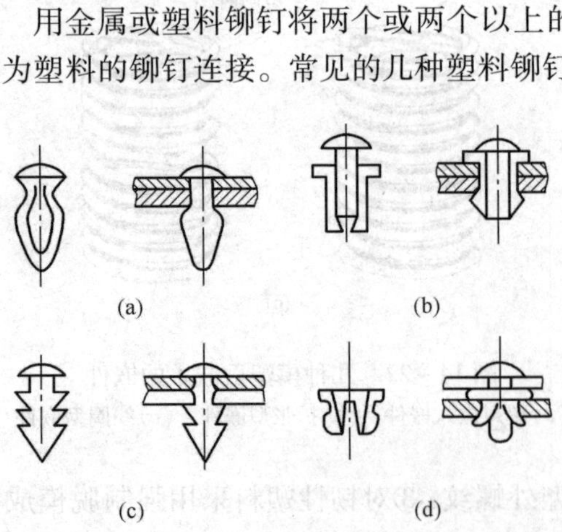

(a)　(b)　(c)　(d)

图 14－24　几种塑料铆钉连接

当零件壁厚较薄时，可以用标准的金属空心铆钉穿过两零件用专用的冲头将铆钉一端铆死，这样就形成了一个简单的铆钉连接。空心铆钉铆入塑件后可作为轴套，穿入轴后形成轴与套的连接，减少塑料的磨损。金属铆钉可根据需要，设计以适应各种情况的连接。

塑料铆钉可以利用塑料固有的弹性变形设计成空心的，穿入两连接零件后，再敲入芯棒以胀紧连接；也可设计成实心的，采用过盈配合，装配后将一端烫牢。塑料铆钉常用尼龙、聚乙烯、聚丙烯、ABS 塑料等。

塑件铆钉连接适用于连接强度要求不高的场合,多数情况下其连接也是不可拆的。

(7)卡入连接

卡入连接又称卡装或钩扣连接。这种连接有多种形式,但都具有一个共同特征,即连接的两零件中一个带有凸缘部分,另一个带有凹槽,装配时其配合处产生瞬时挠曲变形使凸缘卡人凹槽,将两个零件锁定,并处于无应力状态。卡入连接示例见图 14-25。

卡入连接要求所用材料有很大的弹性变形,因而特别适用于中低弹性模数的塑料如 ABS、聚酰胺、聚碳酸酯、聚丙烯等。正确设计的塑件卡入连接具有良好的可靠性,连接强度好,结构简单、经济、可迅速连接两个相同或不同材料的零件。大量生产时,卡入连接是所有塑料连接方法中成本最低,装配最简单速度最快的。

卡入连接按结构特征和受力状态,可分为悬臂卡入连接,环状卡入连接,扭转卡入连接等。其中悬臂卡入连接是最简单,最常用的。设计卡入连接可以通过计算许用挠曲力,过盈量,卡入力来保证连接的可靠性和连接强度。在结构设计时要尽量避免模具的抽芯,以方便模具制造和生产。

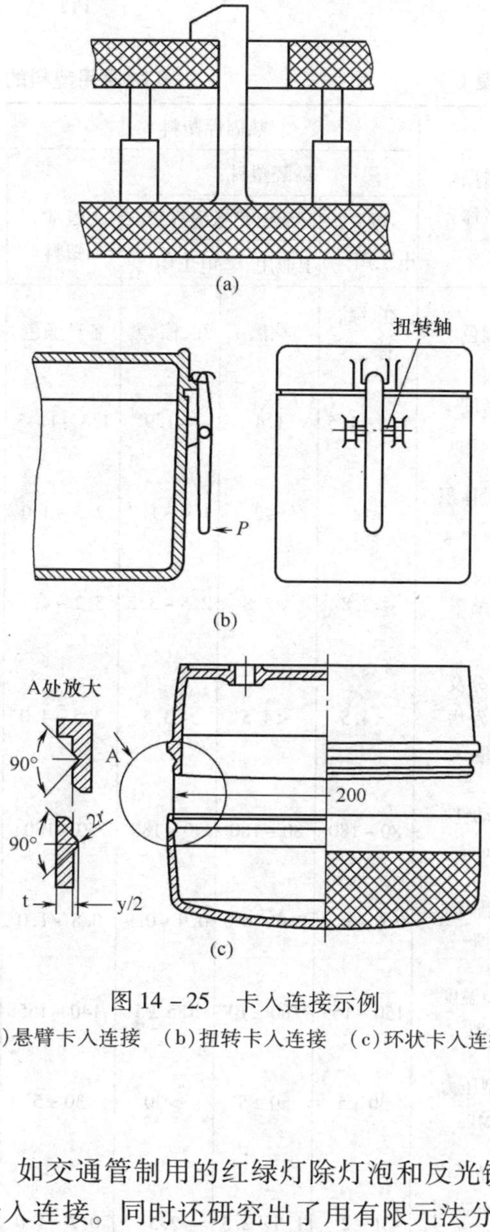

图 14-25　卡入连接示例

(a)悬臂卡入连接　(b)扭转卡入连接　(c)环状卡入连接

卡入连接已广泛应用于各种塑料制品。如交通管制用的红绿灯除灯泡和反光镜外零件全部用塑料制造,其连接也全部采用卡入连接。同时还研究出了用有限元法分析、计算悬臂卡入连接的计算机软件包,能对卡入连接的参数求得精确解,使计算变得容易、高效、连接更加合理可靠。

(8)其他活动连接

根据具体情况,塑料部件也可用弹簧夹、弹簧插销、铰链、活栓锁、弹簧锁等进行连接。这些连接方法与金属或其他非金属制品的连接相同。采用的铰链、活栓锁、弹簧锁等通由金属制成,且有一定规格和标准。

附　录

表1　　**几种通用塑料的成型工艺性能**

指标名称	热固性塑料							
	酚醛塑料			氨基塑料	醋酸纤维塑料	硝酸纤维塑料	聚苯乙烯	聚氯乙烯
	一级工业电工用(1)	高压电绝缘工业用(2)	耐高频电工用(3)					
颜色	红、绿、棕、黑	棕黑	红、棕、黑	各种颜色	各种颜色	各种颜色	各种颜色	深色
密度 $*/g \cdot cm^{-3}$	1.4~1.5	1.4	≤1.9	1.3~1.45	<1.4	1.8~2.0	1.05~1.65	1.38
质量体积 $*/cm^3 \cdot g^{-1}$	≤2	≤2	1.4~1.7	2.5~3.0	2.0~3.0	1.6~2.0	2.5~3.0	2.0~2.5
压缩率	≥2.8	≥2.8	2.5~3.2	3.2~4.4	2.8~4.2	2.9~4.0	2.6~5.0	2.8~3.5
水分及挥发物含量/%	<4.5	<4.5	<3.5	3.5~4.0	1.7~3.0	<2.0	0.6~1.0	—
流动性/mm	80~180	80~180	50~180	50~180	5~15(4)	135~145(4)	—	—
收缩率/%	0.6~1.0	0.6~1.0	0.4~0.9	0.8~1.0	0.4~0.5	—	0.3~0.5	0.4~0.6
成型温度/℃	150~165	160±10	185±5	140~155	155~230(5)	—	150~260(5)	165~190(5)
成型压力/MPa	30±5	30±5	>30	30±5	20~200(5)	—	20~100(5)	16.5~150(5)
制品厚度1mm需要成型时间/min	1±2	1.5~2.5	2.5	0.7~1.0	—	—	—	—
*(注)此处所指密度系对制品而言，质量体积则对压塑粉而言	(1)系以苯酚甲醛树脂为基材和以木粉为填料 (2)系以甲酚—甲醛可熔性树脂为基材和以木粉为填料所制成的压塑粉			氨基塑料指以脲—甲醛树脂及三聚氰胺—甲醛树脂为基材的塑料	(3)系以苯酚苯胺—甲醛树脂为基材和以无机矿物为 (4)此处所测流动性数据系以 mg/s 计 (5)成型温度、压力及时间对热固性塑料系指模压成型			

热塑性塑料							
聚甲基丙烯酸甲酯	聚乙烯	聚丙烯	聚酰胺（66）	聚碳酸酯	聚甲醛（均聚）	聚砜	苯乙烯－丁二烯－丙烯腈共聚物
透明	白色及银灰色	白色	乳白色	透明	白色	黄色透明	浅黄色
1.20	0.92～0.95	0.902～0.95	1.13～1.15	1.2	1.42	1.24	1.01～1.07
2.0～3.0	1.9～3.9	2.2～0.7	1.8～1.9	1.45～4.6	—	1.5～1.8	1.02～1.2
2.4～3.6	1.8～3.6	2.0～2.4	2.0～2.2	1.74～5.5	—	1.8～2.2	1.1～1.2
—	—	—	<0.1～0.3	<0.03～0.05	—	<0.05	—
—	—	—	—	—	—	—	—
—	2.0～2.5	1.0～2.5	1.5	0.5～0.7	2.0～2.5	0.7	0.5～0.8
160～230[5]	160～180[5]	205～285[5]	270～380[5]	250～345[5]	195～245[5]	345～400[5]	195～275[5]
80～230[5]	20～100[5]	70～140[5]	70～175[5]	70～140[5]	70～140[5]	100～140[5]	56～175
—	—	—	—	—	—	—	—

填料所制成的压塑粉

条件,对热塑性塑料则系指用注射成型条件

表2 通用溶剂的溶度参数 δ $(cal/cm^3)^{1/2}$

溶剂	溶度参数 δ	溶剂	溶度参数 δ
季戊烷	6.3	四氯乙烷	9.4
异丁烯	6.7	四氢化萘	9.5
正己烷	7.3	氯甲烷	9.7
正庚烷	7.43	二氯甲烷	9.7
乙醚	7.4	氯化乙烯	9.8
正辛烷	7.6	环己酮	9.9
甲基环己酮	7.8	溶纤剂	9.9
异丁酸乙酮	7.9	二恶烷	9.9
二异丙基甲酮	8.0	二硫化碳	10.0
环己烷	8.2	丙酮	10.0
2,2－二氯丙烷	8.2	丁腈	10.5
甲基异丙基甲酮	8.4	正己醇	10.7
四氯化碳	8.6	吡啶	10.9
哌啶	8.7	正丁醇	11.4
二甲苯	8.8	环己醇	11.4
二甲醚	8.8	氰化氟	12.1
丁基溶纤剂	8.9	乙醇	12.7
1,2－二氯丙烷	9.0	甲酚	13.3
异丙叉丙酮	9.0	甲酸	13.5
乙酸乙酯	9.1	甲醇	14.5
苯	9.2	苯酚	14.5
氯仿	9.3	甘油	16.5
三氯乙烯	9.3	水	23.4

表3 常用增塑剂的溶度参数 δ $(cal/cm^3)^{1/2}$

增塑剂	溶度参数 δ
石蜡油	约7.5
芳族油	约8.0
樟脑	7.5
已二酸二异辛酯	8.7
癸二酸二辛酯	8.7
邻苯二甲酸二异癸酯	8.8
癸二酸二丁酯	8.9
邻苯二甲酸二乙基已酯	8.9
邻苯二甲酸二乙异辛酯	8.9
邻苯二甲酸二丁氧乙酯	9.3
邻苯二甲酸二丁酯	9.4
磷酸三苯酯	9.8
磷酸三甲苯酯	9.8
磷酸三二甲苯酯	9.9
二苯醚	10.0

表 4　　　　　　某些聚合物的溶度参数(cal/cm^3)

聚合物	溶度参数 δ
聚四氟乙烯	6.2
聚二甲基硅烷	7.3
聚乙烯	7.9
聚丙烯	7.9
聚异丁烯	8.05
聚苯乙烯	8.5 ~9.7
聚醋酸乙烯酯	9.4
聚甲基丙烯酸甲酯	9.0 ~9.5
聚氯乙烯	9.38 ~9.7
双酚 A 聚碳酸酯	9.5
聚偏氯二烯	9.8
涤纶	10.7
二硝酸纤维	10.56
二醋酸纤维	11.35
环氧树脂	约 11.0
均聚甲醛	11.1
尼龙 66	13.6
聚丙烯晴	15.4

表 5　　连续方程、能量方程和动量方程在不同的坐标系中的不同形式

连续性方程	(x,y,z) 直角坐标系	$\frac{\partial\rho}{\partial t}=-\left[\frac{\partial(\rho v_x)}{\partial x}+\frac{\partial(\rho v_y)}{\partial y}+\frac{\partial(\rho v_z)}{\partial z}\right]$
	(r,θ,z) 圆柱坐标系	$\frac{\partial\rho}{\partial t}=-\left[\frac{\partial(\rho v_r)}{r\partial r}+\frac{\partial(\rho v_\theta)}{r\partial\theta}+\frac{\partial(\rho v_z)}{\partial z}\right]$
	(r,θ,ϕ) 球坐标系	$\frac{\partial\rho}{\partial t}=-\left[\frac{1}{r}\frac{\partial}{\partial r}(\rho r^2 v_r)+\frac{1}{r\sin\theta}\frac{\partial}{\partial\theta}(\rho v_\theta\sin\theta)+\frac{1}{r\sin\theta}\frac{\partial}{\partial\phi}(\rho v_\phi)\right]$
动量方程	(x,y,z) 直角坐标系	$\rho\left(\frac{\partial v_x}{\partial t}+v_x\frac{\partial v_x}{\partial x}+v_y\frac{\partial v_x}{\partial y}+v_z\frac{\partial v_x}{\partial z}\right)=-\frac{\partial P}{\partial x}+\left(\frac{\partial\tau_{xx}}{\partial x}+\frac{\partial\tau_{yx}}{\partial y}+\frac{\partial\tau_{zx}}{\partial z}\right)+\rho g_x$
		$\rho\left(\frac{\partial v_y}{\partial t}+v_x\frac{\partial v_y}{\partial x}+v_y\frac{\partial v_y}{\partial y}+v_z\frac{\partial v_y}{\partial z}\right)=-\frac{\partial P}{\partial y}+\left(\frac{\partial\tau_{xy}}{\partial x}+\frac{\partial\tau_{yy}}{\partial y}+\frac{\partial\tau_{zy}}{\partial z}\right)+\rho g_y$
		$\rho\left(\frac{\partial v_z}{\partial t}+v_x\frac{\partial v_z}{\partial x}+v_y\frac{\partial v_z}{\partial y}+v_z\frac{\partial v_z}{\partial z}\right)=-\frac{\partial P}{\partial z}+\left(\frac{\partial\tau_{xz}}{\partial x}+\frac{\partial\tau_{yz}}{\partial y}+\frac{\partial\tau_{zz}}{\partial z}\right)+\rho g_z$
	(r,θ,z) 圆柱坐标系	$\rho\left(\frac{\partial v_r}{\partial t}+v_r\frac{\partial v_r}{\partial r}+\frac{v_\theta}{r}\frac{\partial v_r}{\partial\theta}-\frac{v_\theta^2}{r}+v_z\frac{\partial v_r}{\partial z}\right)$ $=-\frac{\partial P}{\partial r}-\left(\frac{1}{r}\frac{\partial(r\tau_{rr})}{\partial r}+\frac{1}{r}\frac{\partial\tau_{r\theta}}{\partial\theta}-\frac{\tau_{r\theta}}{r}+\frac{\partial\tau_{rz}}{\partial z}\right)+\rho g_r$
		$\rho\left(\frac{\partial v_\theta}{\partial t}+v_r\frac{\partial v_\theta}{\partial r}+\frac{v_\theta}{r}\frac{\partial v_\theta}{\partial\theta}+\frac{v_r v_\theta}{r}+v_z\frac{\partial v_\theta}{\partial z}\right)$ $=-\frac{1}{r}\frac{\partial P}{\partial\theta}-\left(\frac{1}{r^2}\frac{\partial(r^2\tau_{r\theta})}{\partial r}+\frac{1}{r}\frac{\partial\tau_{\theta\theta}}{\partial\theta}+\frac{\partial\tau_{\theta z}}{\partial z}\right)+\rho g_\theta$
		$\rho\left(\frac{\partial v_z}{\partial t}+v_r\frac{\partial v_z}{\partial r}+\frac{v_\theta}{r}\frac{\partial v_z}{\partial\theta}+v_z\frac{\partial v_z}{\partial z}\right)$ $=-\frac{\partial P}{\partial z}-\left(\frac{1}{r}\frac{\partial(r\tau_{rz})}{\partial r}+\frac{1}{r}\frac{\partial\tau_{\theta z}}{\partial\theta}+\frac{\partial\tau_{zz}}{\partial z}\right)+\rho g_z$
	(r,θ,ϕ) 球坐标系	$\rho\left(\frac{\partial v_r}{\partial t}+v_r\frac{\partial v_r}{\partial r}+\frac{v_\theta}{r}\frac{\partial v_r}{\partial\theta}+\frac{v_\phi}{r\sin\theta}\frac{\partial v_r}{\partial\phi}-\frac{v_\theta^2+v_\phi^2}{r}\right)$ $=-\frac{\partial P}{\partial r}-\left(\frac{1}{r^2}\frac{\partial(r^2\tau_{rr})}{\partial r}+\frac{1}{r\sin\theta}\frac{\partial(\tau_{r\theta}\sin\theta)}{\partial\theta}+\frac{1}{r\sin\theta}\frac{\partial\tau_{r\phi}}{\partial\phi}-\frac{\tau_{\theta\theta}+\tau_{\phi\phi}}{r}\right)+\rho g_r$
		$\rho\left(\frac{\partial v_\theta}{\partial t}+v_r\frac{\partial v_\theta}{\partial r}+\frac{v_\theta}{r}\frac{\partial v_\theta}{\partial\theta}+\frac{v_\phi}{r\sin\theta}\frac{\partial v_\theta}{\partial\phi}+\frac{v_r v_\theta}{r}-\frac{v_\phi^2\cot\theta}{r}\right)$ $=-\frac{1}{r}\frac{\partial P}{\partial\theta}-\left(\frac{1}{r^2}\frac{\partial(r^2\tau_{r\theta})}{\partial r}+\frac{1}{r\sin\theta}\frac{\partial(\tau_{\theta\theta}\sin\theta)}{\partial\theta}+\frac{1}{r\sin\theta}\frac{\partial\tau_{\theta\phi}}{\partial\phi}+\frac{\tau_{r\theta}}{r}-\frac{\cot\theta}{r}\tau_{\phi\phi}\right)+$ ρg_θ

续表

动量方程	(r,θ,ϕ)球坐标系	$\rho\left(\frac{\partial v_\phi}{\partial t}+v_r\frac{\partial v_\phi}{\partial r}+\frac{v_\theta}{r}\frac{\partial v_\phi}{\partial\theta}+\frac{v_\phi}{r\sin\theta}\frac{\partial v_\phi}{\partial\phi}+\frac{v_r v_\phi}{r}+\frac{v_\theta v_\phi\cot\theta}{r}\right)$ $=-\frac{1}{r\sin\theta}\frac{\partial P}{\partial\phi}-\left(\frac{1}{r^2}\frac{\partial(r^2\tau_{r\phi})}{\partial r}+\frac{1}{r}\frac{\partial\tau_{\theta\phi}}{\partial\theta}+\frac{1}{r\sin\theta}\frac{\partial\tau_{\phi\phi}}{\partial\phi}+\frac{\tau_{r\phi}}{r}+\frac{2\cot\theta}{r}\tau_{\theta\phi}\right)+\rho g_\phi$
能量方程	(x,y,z)直角坐标系	$\rho c_v\left(\frac{\partial T}{\partial t}+v_x\frac{\partial T}{\partial x}+v_y\frac{\partial T}{\partial y}+v_z\frac{\partial T}{\partial z}\right)$ $=-\left[\frac{\partial q_x}{\partial x}+\frac{\partial q_y}{\partial y}+\frac{\partial q_z}{\partial z}\right]-T\left(\frac{\partial P}{\partial T}\right)_P\left(\frac{\partial v_x}{\partial x}+\frac{\partial v_y}{\partial y}+\frac{\partial v_z}{\partial z}\right)-$ $\left\{\tau_{xx}\frac{\partial v_x}{\partial x}+\tau_{yy}\frac{\partial v_y}{\partial y}+\tau_{zz}\frac{\partial v_z}{\partial z}\right\}$ $-\left\{\tau_{xy}\left(\frac{\partial v_x}{\partial y}+\frac{\partial v_y}{\partial x}\right)+\tau_{xz}\left(\frac{\partial v_x}{\partial z}+\frac{\partial v_z}{\partial x}\right)+\tau_{yz}\left(\frac{\partial v_y}{\partial z}+\frac{\partial v_z}{\partial y}\right)\right\}$
	(r,θ,z)圆柱坐标系	$\rho c_v\left(\frac{\partial T}{\partial t}+v_r\frac{\partial T}{\partial r}+\frac{v_\theta}{r}\frac{\partial T}{\partial\theta}+v_z\frac{\partial T}{\partial z}\right)$ $=-\left[\frac{1}{r}\frac{\partial(rq_r)}{\partial r}+\frac{1}{r}\frac{\partial q_\theta}{\partial\theta}+\frac{\partial q_z}{\partial z}\right]-T\left(\frac{\partial P}{\partial T}\right)_P\left(\frac{1}{r}\frac{\partial(rv_r)}{\partial r}+\frac{1}{r}\frac{\partial v_\theta}{\partial\theta}+\frac{\partial v_z}{\partial z}\right)$ $-\left\{\tau_{rr}\frac{\partial v_r}{\partial r}+\tau_{\theta\theta}\frac{1}{r}\left(\frac{\partial v_\theta}{\partial\theta}+v_r\right)+\tau_{zz}\frac{\partial v_z}{\partial z}\right\}$ $-\left\{\tau_{r\theta}\left[r\frac{\partial}{\partial y}\left(\frac{v_\theta}{r}\right)+\frac{1}{r}\frac{\partial v_y}{\partial\theta}\right]+\tau_{rz}\left(\frac{\partial v_z}{\partial r}+\frac{\partial v_r}{\partial z}\right)+\tau_{\theta z}\left(\frac{1}{r}\frac{\partial v_z}{\partial\theta}+\frac{\partial v_\theta}{\partial z}\right)\right\}$

表 6　　影响热固性塑料收缩率的因素和原因

影响收缩率的因素	左列因素变量增加时对收缩率的影响	影响收缩率的主要原因				影响收缩率的次要原因	备注
		热收缩		弹性回复	塑性变形		
		制件温度	热膨胀系数	对制件的压缩	机械扭曲		
1. 模塑条件类							
成型温度	增加	●					
预热温度	降低		●			水分降低 硬化增加	
硬化时间	降低		●			硬化增加	
成型压力	降低			●			
脱模时间	增加				●		
模内冷却时间	增加	—	—	—	—		原因不明
2. 模具与制件设计类							
料流形状	增加或降低		●			填料定向	与模具型腔流道的形样和上料情况有关
铸口尺寸	降低			●			铸口大时，模内流料受压高
塑料在模内受压	降低			●			由模具结构造成的，例如用不溢式模能形成高压
型腔深度	增加或降低			●			模内塑料上部受压低，下部高
制品厚度	增加		●			硬化程度	
3. 模压塑料性质类							
流动性	增加		●	●			流动性大的塑料易于在模内形成低压，因为溢流的关系
水分	增加		●				
填料类型	增加或降低		●				与填料定向和填料的特膨胀系数有关

表7　　一般热固性塑料产生废品的类型、原因及处理方法

废品类型	产生的原因	处理方法
1. 表面起泡或鼓起	1. 塑料中水分与挥发物的含量太大 2. 塑模过热或过冷 3. 模压压力不足 4. 模压时间过短 5. 塑料压缩率太大,所含空气太多 6. 加热不均匀	1. 将塑料进行干燥或预热后再加入模塑 2. 适当调节温度 3. 增加压力 4. 延长模压时间(指固化阶段) 5. 将塑料进行预压或用适当的分配方式使有利于气体的逸出。对于疏松状塑料,宜将塑料堆成山峰状,且不易使峰顶平坦或下陷 6. 改进加热装置
2. 翘曲	1. 塑料固化程度不足 2. 塑模温度过高或阴阳两模的表面温差太大,使制件各部间的收缩率不一致 3. 制件结构的刚度不够 4. 制件壁厚与形状过分不规则使料流固化与冷却不均匀,从而造成各部分的收缩不一致 5. 塑料流动性太大 6. 闭模前塑料在模内停留的时间过长 7. 塑料中水分或挥发物含量太大	1. 增加固化时间 2. 降低温度或调整阴阳两模的温差在±3℃的范围内,最好相同 3. 设计制件时应考虑增加制件的厚度或增添加强筋 4. 改用收缩率小的塑料;相应调整各部分的温度;预热塑料;变换制件的设计 5. 改用流动性小的塑料 6. 缩短塑料在闭模前停留于模内的时间 7. 预热塑料 注:翘曲现象虽可用制件在塑模内冷却的方法消除,但使模压周期延长或需用几副塑模,对生产不够经济。如特殊需要也可采用
3. 欠压(即制件没有完全成型,不均匀,制件全部或局部成疏松状)	1. 压力不足 2. 加料量不足 3. 塑料的流动性大或小 4. 闭模太快或排气太快,使塑料自塑模溢出 5. 闭模太慢或塑模温度过高,以致有部分塑料过早固化	1. 增大压力 2. 增加料量 3. 改用流动性适中的塑料,或在模压流动性大的塑料时缓缓加大压力;在模压流动性小的塑料时则增大压力与降低温度 4. 减慢闭模与排气温度 5. 加快闭模或降低塑模温度
4. 裂缝	1. 嵌件与塑料的体积比率不当或配入的嵌件太多 2. 嵌件的结构不正确 3. 模具设计不当或顶出装置不好 4. 制件各部分的厚度相差太大 5. 塑料中水分和挥发物含量太大 6. 制件在模内冷却时间太长	1. 制件应另行设计或改用收缩率小的塑料 2. 改用正确的嵌件 3. 改正模塑或顶出装置的设计 4. 改正制件的设计 5. 预热塑料 6. 缩短或免去在模内冷却的时间

续表

废品类型	产生的原因	处理方法
5. 表面灰暗	1. 模面光洁度不够 2. 润滑剂质量差或用量不够 3. 塑模温度过高或过低	1. 仔细清理塑模并加强维护:抛光或镀铬 2. 改用适当的润滑剂 3. 校正模塑温度
6. 表面出现斑点或小缝	塑料内含有外来杂质,尤其是油类物质;或模塑未很好清理	塑料应过筛;防止外来杂质的沾染,仔细清理模腔
7. 制件变色	塑模温度过高	降低模温
8. 粘膜	1. 塑料中可能无润滑剂或用量不当 2. 模面粗糙度差	1. 塑料内应加入适当的润滑剂 2. 增加模面的粗糙度
9. 废边太厚	1. 上料分量过多 2. 塑料流动性小 3. 模具设计不当 4. 导合钉的套筒堵塞	1. 准确加料 2. 预热塑料,降低温度及增大压力 3. 改正设计错误 4. 清理套筒
10. 表面呈橘皮状	1. 塑料在高压下闭模太快 2. 塑料流动性太大 3. 塑料颗粒太粗 4. 塑料水分太多(暴露太久)	1. 降低闭模速度 2. 该用流动性较小的塑料或将原用塑料进行烘焙 3. 预热塑料,将粗颗粒料模压薄壁长流距的制件 4. 进行干燥
11. 脱模时呈柔软状	1. 塑料固化程度不够 2. 塑料水分太多 3. 塑模上润滑油太多	1. 增长模压周期(指固化阶段)或提高模压温度 2. 预热塑料 3. 不用或少用
12. 制件尺寸不合要求	1. 上料量不准 2. 塑模不准确或已磨损 3. 塑料不合规格	1. 调整上料量 2. 修理或更换夹具 3. 改用符合规格的塑料
13. 电性能不合要求	1. 塑料水分太多 2. 塑料固化程度不够 3. 塑料中含有金属污物或油脂等杂质	1. 预热塑料 2. 增长模压周期或提高模量 3. 防止外来杂质
14. 力学强度差与化学性能低劣	1. 塑料固化程度不够,一般是由模温太低造成的 2. 模压压力不足或上料量不够	1. 增加塑模温度与模压周期(指固化阶段) 2. 增加模压压力和上料量

表 8　聚四氟乙烯冷压烧结成型中制品容易出现的问题、原因及处理方法

出现的问题	产生的原因	处理方法
1. 裂纹	1. 树脂热稳定性差 2. 模压压力过大或冲击式加压压力不足 3. 模压时加料不均匀，加料量不足或分批加料 4. 烧结时型坯放置方法或位置不当 5. 烧结时升温速度太快 6. 烧结温度过高或保温时间太长 7. 炉内温度不均匀 8. 转盘振动大 9. 冷却太快	1. 选择热稳定性好的树脂，大型制品应选择加热损失小于 0.05% 的树脂 2. 采用适当的模压压力，施压过程要慢 3. 作相应的调整 4. 由于受热膨胀，型坯之间应留适当间隙 5. 正确控制升温速度 6. 作适当的调整 7. 改进炉子加热和热风循环系统，确保炉内各点温差不得大于 5℃ 8. 炉温升至 250℃ 或 300℃ 时才开动转盘或对设备作适当改进 9. 减慢冷却速度
2. 变形	1. 模压时，加料不均匀 2. 模压时施压不均匀，保压时间太短 3. 树脂热稳定性差，烧结后内部开裂，表面凹下 4. 降温太快 5. 炉温不均匀 6. 烧结时采用的铝垫板或铝槽不合格	1. 注意加料 2. 施压要均匀，对高度大的制品要两端施压，增长保压时间 3. 大型制品要选择热稳定性好的原料 4. 冷却速度减慢，必要时应在中途作适当保温 5. 改进炉子加热和热风循环系统 6. 应平整恰当
3. 气泡	1. 型坯中空气未排尽 2. 树脂中含挥发物过多 3. 烧结温度过高	1. 缓慢升压或中途放气 2. 树脂应预热处理 3. 作适当降低
4. 尺寸不合要求	1. 模具结构尺寸与树脂收缩率配合不当 2. 加料量不当	1. 模具设计应合理，正确选择烧结冷却工艺条件 2. 正确计算加料量
5. 表面粗糙有斑点，发黄变色	1. 树脂质量差，颗粒大而硬 2. 树脂中混入了机械杂质或其他污物 3. 模压时压力太小或模具表面光洁度差 4. 烧结温度太高或保温时间过长使成型物粘铝垫板而带来斑点	1. 树脂质量应符合要求 2. 注意清洁卫生 3. 作相应改进 4. 选择合适的工艺条件
6. 车削薄膜有水渍状斑纹	毛坯未烧透	提高烧结温度和延长保温时间

表 9　挤压管材的反常现象、原因及消除方法

反常现象	原因	消除方法
1. 管材内外表面毛糙	1. 塑料中水分含量过大 2. 料温太低 3. 机头与口模内部不洁净 4. 挤出速率太快	1. 干燥塑料 2. 适当提高温度 3. 清理机头与口模 4. 降低螺杆转速
2. 制品带有焦粒或变色	1. 挤压温度过高 2. 机头与口模内部不洁净或有死角	1. 降低温度 2. 清理机头与口模,改进机头与口模的流线型
3. 管材起皱	1. 料流发生脉动 2. 牵引速度不平稳	1. 检查发生脉动的原因,采取相应的措施,放慢挤压速度和严格控制温度 2. 检查牵引装置使达到平稳
4. 管壁厚度不均	1. 芯棒和模套定位不正 2. 口模各点温度不均 3. 牵引位置偏离挤出机的轴线	1. 校正其相对位置 2. 校正温度 3. 校正牵引的位置
5. 管材口径不圆	1. 定径套口径不圆 2. 牵引前部的冷却不足	1. 换掉或改正定径套 2. 校正冷却系统或放慢挤出速度
6. 管材口径大小不同	1. 挤出温度有波动 2. 牵引速度不均	1. 控制温度恒定 2. 检查牵引装置,使达到平衡
7. 制品带有杂质	1. 滤网破损或滤网不够细 2. 塑料发生降解 3. 用料中加入的填料太多	1. 更换滤网 2. 校正各段温度 3. 降低填料的比例

表 10　　吹塑薄膜的反常现象、原因及消除方法

反常现象	原因	消除方法
1. 光学性能	1. 熔体温度偏低 2. 吹胀比过小 3. 冷却太慢	1. 提高挤出温度 2. 提高吹胀比(4:1) 3. 加快冷却速度
2. 单向强度偏低	横竖两向的定向作用不平衡	调整牵伸比与吹胀比
3. 薄膜撕裂强度偏低	1. 熔体温度偏高 2. 定向作用不够 3. 冷却太快	1. 降低挤出温度 2. 增加吹胀比 3. 减慢冷却
4. 薄膜变色	树脂发生降解	降低料温
5. 鱼眼泡	树脂发生降解	降低料温
6. 薄膜中出现痕迹	1. 口模不洁净 2. 发生降解	1. 清理口模 2. 降低挤出温度
7. 薄膜厚度不均	口模出料不均	1. 调整口模缝隙宽度 2. 调整口模各点的温度 3. 调整冷却风环的位置
8. 厚度与宽度发生波动(官泡不稳定)	1. 料流出现脉动 2. 压缩空气压力不稳定 3. 外面空气流不稳定	1. 放慢挤出速度和严格控制温度 2. 检查供气系统有无漏气或障碍,并作适当处理 3. 设法使外在空气流稳定
9. 薄膜发皱	1. 薄膜厚度不均 2. 口模各部温度不均	1. 参见第四条 2. 调整温度使其均匀
10. 薄膜两层间发黏	1. 冷却不够 2. 润滑剂用量不够	1. 增强冷却效果 2. 适当增加润滑剂用量

表 11　　注射模塑的缺陷及其可能产生的原因

制品缺陷	产生的原因
1. 模腔未充满，制品缺料	1. 料筒、喷嘴及模具温度偏低 2. 加料量不够 3. 料筒剩料过多 4. 注射压力太低 5. 注射速度太慢 6. 流道或浇口太小，浇口数目不够，位置不当 7. 模腔排气不良 8. 注射时间太短 9. 浇注系统发生堵塞 10. 原料流动性太差
2. 制品溢边	1. 料筒、喷嘴及模具温度太高 2. 注射压力太大，锁模力不足 3. 模具密封不严，有杂物或模板弯曲变形 4. 模腔排气不良 5. 原料流动性太大 6. 加料量太多
3. 制品有气泡	1. 塑料干燥不良，含有水分、单体、溶剂和挥发性气体 2. 塑料有分解 3. 注射速度太快 4. 注射压力太小 5. 模温太低、充模不完全 6. 模具排气不良 7. 从加料端带入空气
4. 制品凹陷	1. 加料量不足 2. 料温太高 3. 制品壁厚或壁薄相差大 4. 注射及保压时间太短 5. 注射压力不够 6. 注射速度太快 7. 浇口位置不当
5. 熔接痕	1. 料温太低，塑料流动性差 2. 注射压力太小 3. 注射速度太慢 4. 模温太低 5. 模腔排气不良 6. 原料受到污染 7. 模具设计或浇口位置开设不当

续表

制品缺陷	产生的原因
6. 制品表面有银丝及波纹	1. 原料含有水分及挥发物 2. 料温太高或太低 3. 注射压力太低 4. 流道浇口尺寸太大 5. 嵌件未预热或温度太低 6. 制品内应力太大
7. 制品表面有黑点及条纹	1. 塑料有分解 2. 螺杆转速太快，背压太高 3. 塑料碎屑卡入柱塞和料筒间 4. 喷嘴和主流道吻合不好，产生积料 5. 模具排气不良 6. 原料污染或带进杂质 7. 塑料颗粒大小不均匀
8. 制品翘曲变形	1. 模具温度太高，冷却时间不够 2. 制品厚薄悬殊 3. 浇口位置不当，数量不够 4. 顶出位置不当，受力不均 5. 制品中大分子定向作用太大
9. 制品尺寸不稳定	1. 加料量不稳 2. 原料颗粒不均，新旧料混合比例不当 3. 料筒和喷嘴温度太高 4. 注射压力太低 5. 充模保压时间不够 6. 浇口、流道尺寸不均 7. 模温不均匀 8. 模具尺寸不准确 9. 脱模杆变形或磨损 10. 注射机的电气、液压系统不稳定
10. 制品粘模	1. 注射压力太高，注射时间太长 2. 模具温度太高 3. 浇口尺寸太大和位置不当 4. 模腔光洁度不够 5. 脱模斜度太小，不易脱模 6. 顶出位置结构不合理

续表

制品缺陷	产生的原因
11. 主流道粘模	1. 料温太高 2. 冷却时间太短,主流道料尚未凝固 3. 喷嘴温度太低 4. 主流道无冷料穴 5. 主流道粗糙度差 6. 喷嘴孔径大于主流道直径 7. 主流道衬套弧度与喷嘴弧度不吻合 8. 主流道斜度不够
12. 制品内冷块或僵块	1. 塑化不均匀 2. 模温太低 3. 料内混入杂质或不同牌号的原料 4. 喷嘴温度太低 5. 无主流道或分流道冷料穴 6. 制品重量和注射机最大注射量接近,而成型时间太短
13. 制件分层脱皮	1. 不同塑料混杂 2. 同一种塑料不同级别相混 3. 塑化不均匀 4. 原料污染或混入异物
14. 制品褪色	1. 塑料污染或干燥不够 2. 螺杆转速太大,背压太高 3. 注射压力太大 4. 注射速度太快 5. 注射保压时间太长 6. 料筒温度过高,使塑料、着色剂或添加剂分解 7. 流道、浇口尺寸不合适 8. 模具排气不良
15. 制品强度下降	1. 塑料分解 2. 成型温度太低 3. 熔接不良 4. 塑料潮湿 5. 熟料混入杂质 6. 浇口位置不当 7. 制品设计不当,有锐角缺口 8. 围绕金属嵌件周围的熟料厚度不够 9. 模具温度太低 10. 塑料回料次数太多

表 12　　常用中空吹塑树脂的加工温度、制品的弹性模量及用途

树脂	加工温度/°C	弹性模量/GPa	用途
HMW - HDPE	180 ~ 230	1 ~ 1.6	邮箱、储罐、桶、瓶
HDPE	160 ~ 220	1 ~ 1.6	罐
MDPE	150 ~ 200	0.34	医用包装瓶
LDPE	130 ~ 180	0.23	瓶、空气导管
PP	200 ~ 220	0.7 ~ 1.4	瓶、医用包装
PVC	190 ~ 205	3	瓶
PA	240 ~ 270	1.3	工业制品、贮存器
POM	150 ~ 180	3.2	工业制品
ABS	200 ~ 230	2.1 ~ 2.8	工业制品
ABS/PC	230 ~ 250	2.2	工业制品
改性 PBT	245 ~ 260	1.8	工业制品
PBT/PC	240 ~ 260	2.25	工业制品、保险杠

表 13　挤出吹塑制品易出现的问题、原因及解决办法

出现的问题	产生原因	解决办法
1. 制品翘曲	1. 模具内冷却不足	1. 检查模具水冷系统流道是否畅通，若堵塞必须清理 2. 降低冷却水进水温度 3. 适当延长冷却时间
	2. 模具由冷却流道设计不合理	1. 重新设计冷却流道，加强冷却 2. 提高冷却时间
2. 制品破裂	1. 合模线处温度过高	1. 检查冷却系统是否有问题 2. 降低型坯温度
	2. 合模线处有小孔或缝隙	1. 检查原材料中是否有杂质 2. 塑模的封断切口是否太锐
	3. 合模力不足	检查合模系统是否正常
	4. 吹胀压力过大	降低吹胀压力
	5. 合模太快	控制合模速度
	6. 模具封断切口设计不合理	修整吹塑模封断切口
	7. 坯口太厚	1. 塑模的封断口是否太锐 2. 精心修边
3. 制品表面有黑点	1. 温度过高，树脂分解 2. 滤网孔径太小 3. 机头设计不良 4. 树脂污染	1. 降低成形温度 2. 检查加热控制器是否失灵 3. 更换孔径小的滤网 4. 检查机头流道设计是否合理 5. 加强生产现场管理
4. 型坯打褶起皱	1. 温度过高 2. 机头设计不良 3. 机头未对准，料流不均匀	1. 降低成形温度 2. 改变机头设计，加长口模和芯棒之间平直部分 3. 对准机头使料流均匀
5. 型坯起卷曲	1. 温度过低 2. 制品设计壁厚太薄 3. 机头设计不良	1. 开机容易出现，随芯棒或口模的升温而消失 2. 改变制品设计，增加壁厚 3. 改变机头设计
6. 型坯有条纹	1. 局部加热失灵 2. 设备装备不良 3. 机头内有杂质 4. 模套及芯棒粗糙度不好	1. 检查加热圈或加热系统 2. 检查机头中的模套及机头与挤出机的连接部分 3. 清洗机头，排除杂质 4. 降低模套及芯棒的粗糙度

续表

出现的问题	产生原因	解决办法
7. 制品有气泡或冷疤	温度过高或过低	逐步降低或提高温度
	2. 树脂有水分及低分子物	对树脂进行干燥处理，除去水分及低分子物
	3. 熔体内返压太低	1. 往复式吹塑机应调整返压 2. 连续式吹塑机更换目数较高的滤网
8. 制品表面花纹不清晰	1. 温度太低 2. 吹胀压力低 3. 吹塑模具温度太低	1. 逐步调整提高成形温度 2. 提高吹胀压力 3. 检查进气杆是否漏气 4. 提高模具温度
9. 制品表面出现“橘皮状”	1. 温度太低 2. 挤出速率不当	1. 逐步提高型坯温度 2. 连续挤出时逐步降低挤出压力，放慢挤出速率 3. 往复式吹塑，应提高挤出速率
10. 制品壁厚不均	1. 型坯控制不好 2. 制品设计不合理	1. 型坯径向壁厚不均匀，调整模套和芯棒间隙 2. 没有型坯控制，采用5点以上的型坯控制器 3. 型坯温度过高，降低温度重新设计或调整制品的壁厚
11. 制品表面瘪膛	1. 冷模表面有水分 2. 吹胀压力不足	1. 在模具内设除湿器 2. 提高吹胀压力
12. 检制品过度收缩	1. 吹塑模具冷却不良 2. 吹胀压力和时间不足	1. 检查模具冷却流道设计，或延长冷却时间 2. 提高吹胀压力，延长吹胀时间

表 14　　注塑吹塑制品容易出现的问题、原因及解决办法

出现问题	产生原因	处理办法
1. 型坯缺料	1. 注塑量不足 2. 注塑压力低 3. 树脂熔体温度低 4. 注塑浇口堵塞 5. 芯棒或模腔温度低 6. 芯棒偏移	1. 增加注塑量 2. 增加注塑压力，提高注塑速度 3. 提高料筒和热流道温度 4. 清除浇口堵塞 5. 调整芯棒和吹塑温度 6. 检查或调校模具
2. 型坯溢边	1. 注塑量过大 2. 注塑压力大或锁模力不足 3. 树脂熔体温度过高 4. 模具未完全闭合，有间隙	1. 减少注塑量 2. 调整合模压力或降低注塑压力 3. 降低料筒或热流道温度 4. 模板调整是否平衡. 有杂物或模板是否弯曲
3. 型坯偏移厚度不均匀	1. 芯棒偏移 2. 芯棒刚性差. 变形 3. 注塑压力过大 4. 注塑速率过快 5. 熔体温度低	1. 检查并调整模具 2. 更换高强度的芯棒 3. 降低注塑压力 4. 调整注塑速率 5. 提高料筒温度
4. 浇口拉丝	1. 热流道温度高 2. 浇口温度高 3. 无防延流或防延流量较少	1. 低流道温度 2. 降低浇口温度 3. 增加防延流行程
5. 型坯有条纹或挤缝线	1. 芯棒偏移 2. 熔体温度低 3. 注塑压力和速率不当 4. 树脂污染	1. 调整芯棒或模具 2. 提高料筒或热流道温度 3. 调整注塑压力和速率 4. 加强生产现场管理
6. 制品变薄. 尺寸不稳定或破裂	1. 芯棒偏移. 型坯壁厚不均 2. 吹胀空气压力过大 3. 芯棒或型坯温度过高 4. 吹气口位置不当	1. 调整模具、检查芯棒是否弯曲、保证型坯壁厚均匀 2. 压缩空气压力 3. 调整芯棒或型坯温度 4. 调整吹气口位置
7. 浇口有印痕	1. 浇口温度过低 2. 注塑速率过低 3. 浇口直径过大	1. 调整浇口温度 2. 降低注塑速率 3. 缩小浇口直径
8. 制品有皱皮或型坯有部分粘附现象	1. 浇口外型坯温度高，而其他部位温度低 2. 模具粘附力大	1. 调节温度使型坯温度一致 2. 用脱模剂清洗模具

续表

出现问题	产生原因	处理办法
9. 制品底部发白	1. 型坯温度低 2. 浇口温度低	1. 调节模具温度达到均匀 2. 提高浇口温度
10. 制品颈部变形	1. 冷却时间短 2. 模具颈口太热 3. 芯棒温度过高	1. 增长冷却时间 2. 冷却模具颈口位置 3. 降低芯棒温度
11. 制品内壁不光滑	1. 冷却速率 2. 吹气道不干净 3. 压缩空气不干净	1. 增加制冷量 2. 清洁吹气道 3. 过滤压缩空气

表 15　　压延法人造革生产中可能出现的不正常现象及其改进办法

不正常现象	可能原因	改进方法
涂层与布基贴合不牢	1. 布温低 2. 辊温低，塑化不好 3. 中下辊之间辊距太大 4. 底涂粘合剂不理想	1. 提高布基预热温度 2. 提高辊筒温度 3. 调节辊距 4. 改变或调换粘合剂
涂层薄厚不均	1. 辊距不等 2. 存料不稳定 3. 发泡不均匀	1. 调节辊距 2. 控制好存料 3. 改进发泡
革面有疙瘩，小孔或缺边	1. 塑炼温度低 2. 塑炼机供料有辊边冷料 3. 供料卷过大，有剩余冷料 4. 原料中有杂志或捏合机的锅壁料	1. 提高塑炼机辊温 2. 切除辊边料 3. 减小供料卷，采用小量多次的供料法 4. 使用合格原料，排除捏合机锅壁料
涂层中有气泡	1. 塑炼温度偏高 2. 压延温度偏高	1. 降低塑炼温度 2. 减少塑炼时间 3. 降低压延温度 4. 用竹片尖端划破中辊膜层表面，除去气泡 5. 采用割气泡设备
革面发毛或光泽不佳	1. 辊隙存料过多或不均匀 2. 压延温度偏低	1. 调节存料量，并使之有好的流动性 2. 适当提高压延温度 3. 若涂层厚度超过 0.8mm，应使用两次贴合
革面有横纹	1. 中辊温度偏高 2. 制品卷取速度太慢	1. 降低中辊温度，使之低于下辊 2. 提高卷取速度，使制品拉紧
布基皱折	1. 边角料包住下辊 2. 压延速度小于进步速度 3. 布基松紧辊调节不当	1. 拉下边料 2. 调节压延速度 3. 调节松紧辊
粘辊	物料塑炼时间太长，硬脂酸分解过多	控制好塑炼时间或适当增加硬脂酸用量

表 16　聚氯乙烯压延加工中外观不良的原因及其改进方法

种类	现象	原因	改进方法			
			原材料	混合、塑炼	压延	卷取
1. 形状尺寸	横折皱	垂直于压延方向的折皱［冷却卷取时张力不均匀］	加强外部润滑防止粘着		防止辊面粘着	◎使张力均等 ◎不可急冷，要缓慢冷却
	纵折皱	平行于压延方向发生的折皱［冷却卷取时悬垂等］	同上		同上	同上 ◎消除牵引，冷却辊之间的悬垂
	针孔	穿透薄膜的小孔（针孔）［尘埃、树脂分解物、填料等在冷却卷取时析出或辊筒表面有异物］	◎防止尘埃、异物混入 减小粉末配合剂（如调料等）的粒径		◎除去辊筒表面异物（这种场合发生规则的穿孔）	检查各辊面是否有异物
	厚薄变动	厚度不均，a 纵向 b 横向 c 边缘厚度不均	采用剥离性优良配方 增加热稳定性及润滑性	均一混炼	清洁辊面 保证辊筒轴向温度均匀 调节轴交叉辊曲面 防止边缘粘附辊筒	选用圆滑的牵引
2. 表面	喷霜	表面析出白粉［助剂的相容性差］	使用相容性好的助剂			
	渗料	表面渗出油状物［助剂的相容性差］	不透明产品适当使用些填料可以防止 减少助剂用量（特别是润滑剂和副增塑剂）避免使用不饱和助剂			
	渗移	一部分助剂向接触物质上迁移［这种助剂对接触物质的相容性优良］	◎同上 ◎选择与接触物质相容性不良的助剂			

续表

种类	现象	原因	改进方法			
			原材料	混合、塑炼	压延	卷取
	油斑	表面出现油性斑点	使用相容性好的助剂 减少助剂中的挥发成分	采用真空料斗或排气式挤出机除去材料的挥发成分	除去下辊的油膜	◎防止挥发物粘附辊筒 清除粘附的油性物
	印刷性和粘接性差	油墨、粘合剂的“吸附”不良 [多为油性物质渗出所致]	◎同上(也可以增用相容性好的共聚物) 特别要注意防止润滑剂析出	同上	同上	同上
	粘连	成品卷取时受压,相互粘着[表面析出低熔点物质,热成型场合由于静电吸引、堆积的成品减压吸着等]	◎与喷霜、渗料的场合相同 使用有效的高熔点外部润滑剂 添加二氧化硅微粉 加防静电剂(热成型场合)			
2. 表面	气泡	片材中含有气泡 [由挥发分、水分、空气引起]	◎选用水分、挥发分少的材料 注意配方的润滑性	◎材料预先干燥 用真空料斗 选用排气式挤出机	供料量恒定 不供给冷料 ◎使辊隙存料的旋转良好 避免辊隙存料过多或过少 防止不吸辊现象	选用圆滑的牵引
	环形山状气痕	制品表面呈现月球面上的环形山状、表面塌陷 [多由气泡卷入所致]	同上	同上	同上 ◎特别注意防止片材卷入气泡	防止冷却时水滴附着
	鱼眼	残留在产品上小椭圆形透明(偶尔不透明)小颗粒 [主要是未塑化的高聚物、尘埃或异物]	◎检查树脂中有没有高聚合度或膨润性差的粒子、尘埃、异物等 选用相容性好的增塑剂和稳定剂	均匀混合和塑炼 适当延长塑炼时间和提高塑化温度		

续表

种类	现象	原因	改进方法			
			原材料	混合、塑炼	压延	卷取
	冷斑	产品中出现不光滑的筋或不透明的硬疤 [料卷中混入生料]		均一混炼	◎供料量恒定 ◎提高辊温(是辊隙料柔软) ◎保持适当的辊隙存料(辊隙存料太多易出现冷斑)	
2.表面	粗面	产品表面粗糙 [大多由于辊面受污染或混炼不充分残留粉体]	增强润滑性,防止粘着 考虑防止渗出的配方	充分塑化 保证配合剂分散良好	◎除出去辊面污物 ◎防止渗出 ◎保证辊面平滑光洁 提高辊温	除去各辊污物
	波流横	表面形成波流伏凹凸 [部分弹性回复]	考虑熔融粘度低的配方	塑化均匀	◎提高辊温 减小辊的轴向温差	
3.透明性色调	混浊(乳白色)	淡的乳白色混浊 [助剂分散不良、相容性差或用量太大]	◎减小助剂(特别是润滑剂)用量 ◎改用相容性好的助剂	使助剂分散良好 高温掺混	提高辊温	
	色条	在压延方向筋状着色[着色剂分散不良]	◎使用分散性好的着色剂 着色剂分批配料	良好混合和塑炼	防止着色剂渗出	
	黄度	产品全部黄褐色 [聚氯乙烯树脂全部热分解]	◎选用热稳定性优良的配方 ◎增强润滑性	不要过分混炼 注意及时除去分解物料	降低辊温	
	没有光泽或光泽不足	没有光泽或光泽不足 [辊筒污染、温度低、渗出]	增加外润滑剂用量		提高辊温 ◎消除辊面污物 防止渗出	清除辊面污物 避免冷却辊凝集水滴(湿度高时要特别注意)

续表

种类	现象	原因	改进方法			
			原材料	混合、塑炼	压延	卷取
3. 透明性色调	麻点	黑麻点[聚氯乙烯树脂热分解产物] 白麻点[助剂分散不良]	◎提高热稳定性改进润滑性 ◎使用分散性好的助剂(特别是填料)	◎避免滞留部分 ◎ 提高分散性	降低温度	

注:[ ] 内是不良现象的原因 ◎是特别重要的措施

表 17　　直接涂覆法生产人造革可能出现的不正常现象及其改进办法

不正常现象	可能原因	改进方法
刮刀唾沫	1. 刮刀和溶胶对布基压力过大 2. 溶胶黏度低 3. 刀型不适合	1. 减小刮刀和溶胶对布基的压力 2. 增加溶胶的黏度 3. 使用钩形刮刀
涂层较厚	1. 刮刀位置和刀锋圆弧度不合适 2. 布基张力较小,涂刮速度较快,溶胶黏度较大	1. 缩小刮刀固定点与布基支架之间的距离,增大刮刀与布基前进方向的角度,采用刀锋半径较小的刮刀 2. 稍为增加布基张力,减慢涂刮速度,降低溶胶黏度
涂层厚薄不均	1. 刮刀调整不适当 2. 溶胶黏度不均匀 3. 布基有松紧边,松紧纱	1. 调整刮刀 2. 严格制备溶胶的操作工艺 3. 严格处理好布基
布基渗透严重	1. 增塑剂用量太大或溶胶混合不均匀 2. 树脂颗粒太大或增塑剂的相容性差 3. 塑化温度过高或过低	1. 调整增塑剂的用量,增强对溶胶的搅拌混合 2. 选用细颗粒树脂和相容性好的增塑剂,或者掺混部分乳液树脂 3. 调整塑化温度
制品出现死褶,活绺	1. 布基有死褶 2. 布基进入涂刮台时不平整	1. 处理好布基 2. 布基接头要平整,涂刮台改用弧形
制品表面花纹不清晰	1. 轧花辊倾斜 2. 轧花滚温度不均	1. 调整轧花辊成水平位置 2. 轧花辊两端温度较低处辅助加热
制品表面出现道痕	溶胶中含有杂质或胡疙瘩	容器清理洁净,防止杂质进入
泡沫革泡孔结构不好	1. 配方组分不理想 2. 发泡温度不均 3. 轧花辊压力太大	1. 选用理想的增塑剂和发泡促进剂 2. 改进烘箱,使温度均匀 3. 减少轧花辊压力,最后采用余隙刻花装置

表 18　间接涂覆法生产人造革可能出现的不正常现象及其改进方法

不正常现象	可能原因	改进方法
制品边缘附近有较小的凹点	凝胶温度较低	提高凝胶温度
制品表面出现较大的凹点	1. 凝胶温度太低 2. 溶胶黏度太大	1. 快速大幅度提高凝胶温度 2. 增加少量增塑剂
制品表面出现道痕	1. 溶胶中混有杂质 2. 钢带表面有较深的划道	1. 清除杂质 2. 更换钢带
布基渗透严重，制品手感僵硬	1. 凝胶温度太低 2. 溶胶黏度低	1. 提高预热烘箱温度或关闭小排风口 2. 提高溶胶的黏度
制品表面出现有规律的疵点	毛刷辊、贴膜辊或轧花辊等辊筒上有杂质、料疙瘩或缺陷	检查各辊筒，清除杂质或更换有缺陷的辊筒
制品中有气泡	1. 贴膜辊夹得不紧 2. 橡胶辊变形	1. 调整贴膜辊 2. 修理橡胶辊
表面光泽不佳	1. 轧花温度太低 2. 轧花辊前面的托辊放得太低	1. 升高轧花温度 2. 提高托辊位置
表面花纹不清晰	1. 轧花辊位置不水平 2. 泡沫层表面温度不均匀	1. 调整轧花辊位置 2. 对温度较低处进行辅助加热
横向厚度不均匀	1. 涂层横向厚度不均匀 2. 发泡温度不均匀	1. 调整逆辊涂胶机的辊距 2. 调整塑化发泡烘箱温度
制品卷取、贮藏后，表面有布纹	轧花后制品冷却不够	使制品充分冷却
泡沫革中有大泡	1. 发泡温度太高 2. 溶胶中含有较多水分 3. 布基潮湿	1. 降低温度 2. 更换溶胶 3. 布基充分预热
泡沫层与布基附着不牢或完全脱离	1. 凝胶温度太低 2. 毛刷辊离布基太高	1. 适当降低预热烘箱温度 2. 调整毛刷辊与布基之间的距离
泡沫层与薄膜附着不牢	1. 贴膜温度太低 2. 贴膜辊夹得不紧	1. 升高贴膜温度 2. 调整贴膜辊
开车时泡沫层不能从钢带上剥离下来	钢带温度太高	降低钢带温度
发泡后炮孔消失	1. 轧花辊间隙太小 2. 制品受到的牵引力太大	1. 适当加大间隙 2. 减小牵引力

表 19　　热成型制件的缺陷和解决办法

缺陷	产生原因	解决措施
加热时片材下垂幅度太大	1. 片材过热 2. 片材面积太大	1. 缩短加热时间 2. 采取预热，或用遮蔽等方法降低片材中心温度
片材熔塌，起皱、折痕	1. 片材过热 2. 模具过热 3. 模具设计不当，片材取向度过大 4. 夹具不好，夹持不紧 5. 真空度不够 6. 片材的熔体流动速率太大 7. 不同性能的原料混用，造成片材熔塌位置不同	1. 缩短加热时间 2. 冷却模具 3. 改善模具设计 4. 改善夹具 5. 检查真空系统，增加气孔孔数，或提高真空度 6. 采用熔体流动速率小的原料 7. 避免不同原料混用，并控制再生料的用量和质量
气泡	1. 片材中有气泡 2. 片材湿度过大 3. 加热器温度过高 4. 片材过热 5. 加热不匀	1. 调整片材生产工艺 2. 片材进行预干燥处理 3. 降低加热器温度 4. 缩短加热时间 5. 采用遮蔽或加设隔板等方法
有孔痕	1. 气孔直径过大 2. 真空泄压或气压成型加压速度过快 3. 片材过热	1. 缩小气孔直径 2. 调整真空泄压或气压成型的加压速度 3. 缩短加热时间
变色	1. 片材过热 2. 在片材生产过程中造成的缺陷	1. 缩短加热时间 2. 改善废旧料的管理和使用
制品粘在模具上	1. 模具斜度不够 2. 脱模时温度太高 3. 模具上有凹槽 4. 采用木模	1. 加大模具斜度或改用阴模成型 2. 延长冷却时间或降低模温 3. 增大脱模的气压或采用脱模框 4. 在木模上涂脱模剂
制品粘在柱塞上	1. 制件温度太高 2. 柱塞温度太高	1. 延长冷却时间 2. 降低柱塞温度或用绒布包在柱塞上，或涂脱模剂
角破裂，细裂痕	1. 片材过热 2. 模具过冷 3. 残留应力	1. 改善加热设备，缩短加热时间 2. 提高模具温度 3. 改进模具设计

续表

缺陷	产生原因	解决措施
脱模困难	1. 模具设计不当 2. 模具加工不好 3. 气孔数目不够 4. 模具温度偏高 5. 脱模力不够 6. 拉伸过度	1. 改善模具设计 2. 提高模具的加工精度 3. 增加气孔数 4. 加强模具冷却 5. 用压缩空气脱模 6. 降低拉伸率
成型不完全,轮廓不清	1. 片材温度过低 2. 真空度不够或气压不够 3. 气孔数不够 4. 真空或压缩空气泄漏 5. 管道、阀门、三通的孔径太小 6. 模内有多余的空隙 7. 工艺不当	1. 增加加热时间 2. 增加真空或气压贮罐容量 3. 增加气孔数 4. 堵塞泄漏 5. 加大管道、阀门、三通的孔径 6. 减少模内空隙 7. 选用辅助柱塞
壁厚不匀	1. 片材厚度不匀 2. 成型方法不当 3. 片材加热不均匀 4. 阴模设计不当 5. 阳模温度偏低 6. 片材滑离夹框 7. 设备周围有较大气流	1. 选择厚度均匀的片材 2. 改变成型方法 3. 检查加热元件,改善加热装置或用遮网调节温度 4. 改善阴模设计 5. 提高阳模温度,加快其移动速度 6. 调整夹框各部分压力 7. 屏蔽操作场所

有关单位的符号及其换算

1. 国际基本单位

物理量	名称	代号	
		中文	国际
长度	米	米(公尺)	m
质量	千克(公斤)	千克(公斤)	kg
时间	秒	秒	S
热力学温度	开尔文	开	K
电流	安培	安	A
物质的量	摩尔	摩	mol
光强度	坎德拉	坎	cd

2. 部分力学计量的国际单位和工程单位的关系

物理量	代号	国际单位(SI)	工程单位	备注
力	F	牛顿(N) 1N = 1kg · m	公斤力(kgf) 1kgf = 9.8N	国际单位制的基本单位: 长度——米(m) 时间——秒(s) 质量——千克(kg) 工程制的单位: 长度——米(m) 时间——秒(s) 力——公斤力(kgf)
质量	M	公斤(kg)	公斤力 · 米(kgf · s^2/m) 1kgf · s^2/m = 9.8kg	
重量	G	牛(N)	公斤力(kgf)	
功	A	焦耳(J) 1J = 1N · m	公斤力 · 米(kgf · m) 1kgf · m = 9.8J	
功率	P	瓦(W) 1W = 1J/s = 1N · m/s	公斤力 · 米/秒(kgf · m/s) 1kgf · m/s = 9.8W	

3. 有关计量单位的换算

物理量	换算关系
力	1 牛(N) = 0.102 公斤力(kgf) = 10^5 达因(dyn) 1 公斤力 = 9.8 牛 = 9.8 × 10^5 达因 1 达因 = 1.0 × 10^{-5} 牛 = 1.02 × 10^{-4} 公斤力
功与能	1 公斤力·米(kgf·m) = 9.8 焦耳(J) 1 焦耳 = 0.102 公斤力·米 1 卡(Cal) = 1.163 × 10^{-6} 千瓦时(kw·h) = 4.1868 焦耳
功率	1 马力(hp) = 0.746 千瓦
压力	1 公斤力/厘米^2(kgf·cm^2) = 0.9678 大气压(at) = 0.9807 巴(bar) = 9.8 × 10^4 牛/米^2(帕)[N/m^2(Pa)] 1 大气压 = 1.013 巴 = 1.033 公斤力/厘米^2 = 1.01 × 10^5 牛/米^2(帕) 1 巴 = 0.9869 大气压 = 1.02 公斤力/厘米^2 = 10^5 牛/米^2(帕) 1 牛/米^2(帕) = 9.869 × 10^{-6} 大气压 = 1.0 × 10^{-5} 巴 = 1.02 × 10^{-5} 公斤力/厘米^2

主要参考文献

1. 黄锐,曾邦禄主编. 塑料成型工艺学. 第二版. 北京:中国轻工业出版社,1996

2. 杨鸣波主编. 聚合物成型加工基础. 北京:化学工业出版社,2010

3.【以色列】Z. 塔莫尔.【美】C. G 高戈斯. 聚合物加工原理. 任冬云译. 北京:化学工业出版社,2009

4.【美】S. 米德尔曼. 聚合物加工基础. 赵得禄等译. 北京:科学出版社,1984

5. 黄锐主编. 塑料工程手册(上下册). 北京:机械工业出版社,2000

6.【美】L. 塔莫尔. I. 克莱因. 塑化挤出工程原理. 夏廷文等译. 北京:轻工业出版社,1984

7. 何曼君,陈维,董西侠主编. 高分子物理. 上海:复旦大学出版社,1990

8.【德】G. W. 埃伦思坦. 聚合物材料 – 结构、性能、应用. 张萍,赵树高译. 北京:化学工业出版社,2007

9. 杨鸣波,唐志玉主编. 中国材料工程大典. 第六卷. 北京:化学工业出版社,2006

10. [苏]拉普辛. 热塑性塑料注塑原理. 林师沛译. 北京:轻工业出版社,1983

11.【美】L. I 纳斯. 聚氯乙烯大全. 第二卷. 黄锐等译. 北京:化学工业出版社,1985

12.【美】L. I 纳斯. 聚氯乙烯大全. 第三卷. 韩宝仁等译. 北京:化学工业出版社,1987

13. HA. 萨维特尼克主编. 聚氯乙烯糊. 陈立瑛译. 北京:轻工业出版社,1975

14. W. Michali. Extrusìon Dies for Plastics and Rubber. Hanser,Munich,1992

15. 林师沛编著. 塑料加工流变学. 成都:四川成都科技大学出版社,1989

16.【美】C. D 韩. 聚合物加工流变学. 徐僖等译. 北京:科学出版社,1985

17. 周持兴,俞炜. 聚合物加工理论. 北京:科学出版社,2004

18. 申开智主编. 塑料成型模具. 第二版. 北京:中国轻工业出版社,2002

19. 杨东洁主编. 塑料制品成型工艺. 北京:中国纺织出版社,2007

20. 李树,贾毅编著. 塑料吹塑成型与实例. 北京:化学工业出版社,2006

21. Norman C. Lee 著. 吹塑成型技术 – 制品 · 模具 · 工艺. 揣成智,李树译. 北京:中国轻工业出版社,2003

22. 黄锐. 塑料热成型和二次加工. 北京:化学工业出版社,2005

23. 周祥兴,任显诚. 塑料包装材料成型及应用技术. 北京:化学工业出版社,2004

24. 刘敏江. 塑料加工技术大全. 北京:中国轻工业出版社,2001

25. 栾华. 塑料二次加工. 北京:中国轻工业出版社,1999

26. 李泽青. 塑料热成型. 北京:化学工业出版社,2005

27. 吴崇周. 塑料加工原理及应用. 北京:化学工业出版社,2008

28. 师范大学环境材料开发研究所编著. 环境友好材料. 北京:科学出版社,2010